Thermodynamik

Christa Lüdecke · Dorothea Lüdecke

Thermodynamik

Physikalisch-chemische Grundlagen
für Naturwissenschaftler und Ingenieure
der thermischen Verfahrenstechnik

2., aktualisierte und überarbeitete Auflage

Springer Vieweg

Christa Lüdecke
Potsdam, Deutschland

Dorothea Lüdecke
Potsdam, Deutschland

ISBN 978-3-662-58799-7 ISBN 978-3-662-58800-0 (eBook)
https://doi.org/10.1007/978-3-662-58800-0

Die Deutsche Nationalbibliothek verzeichnet diese Publikation in der Deutschen Nationalbibliografie; detaillierte bibliografische Daten sind im Internet über http://dnb.d-nb.de abrufbar.

Springer Vieweg

Springer Vieweg ist ein Imprint der eingetragenen Gesellschaft Springer-Verlag GmbH, DE und ist ein Teil von Springer Nature.
Die Anschrift der Gesellschaft ist: Heidelberger Platz 3, 14197 Berlin, Germany

Vorwort zur zweiten Auflage

Was man nicht versteht, besitzt man nicht.
Goethe

Die erste Auflage wurde von einem weiten Leserkreis sehr positiv aufgenommen – Studierende schätzen die verständliche Einführung in die Grundlagen, Doktoranden die Erklärung weiter führender Überlegungen und in der Praxis tätige Wissenschaftler die Vollständigkeit und Ausführlichkeit, um Detailkenntnisse aufzufrischen und thermodynamische Beziehungen und Daten nachzuschlagen. Der Umfang des Buches mag allerdings zusätzlich zu der bekanntermaßen abstrakten und daher schwer zugänglichen Materie auf manche Studierende einschüchternd wirken, so dass wir in der zweiten Auflage folgende Änderungen vorgenommen haben: Der Inhalt (von den Grundlagen bis zu den Phasengleichgewichtsberechnungen, incl. wissenschaftlicher Strenge und Gliederung) ist vollständig und nicht ergänzungsbedürftig und wird fast vollkommen von der ersten Auflage übernommen. Er bleibt so ausführlich und gründlich, wie es für das Verständnis nötig ist; gleichwohl wird der Text – ohne an Details, Informationen oder Erklärungen einzubüßen – so gestrafft, dass Darstellung und Gestaltung kürzer und übersichtlicher sind:

Manche Definitionen werden nicht in Form eines Fließtextes wieder gegeben, sondern als Auflistung. Manche Gleichungen werden, wenn deren Herleitungen analog zu der Herleitung einer anderen Gleichung ist, nicht hergeleitet, sondern nur als Ergebnis angeführt. Manche solcher Beziehungen werden außerdem in einer tabellarischen Darstellung zusammen gestellt, um die Analogien und Unterschiede zwischen diesen Gleichungen zu verdeutlichen.

Die Beispiele werden fast vollständig beibehalten. Die Lösungswege mit den angewendeten Gleichungen und Rechenschritten werden weiterhin genau erläutert, nur das Einsetzen der Zahlenwerte der physikalischen Größen wird nicht mehr vollständig dargestellt.

Die Zusammenfassungen, die bisher in der Abfolge des Textes organisiert und an das Ende eines jeden Kapitels gestellt waren, sind nun inhaltlich gestrafft, übersichtlicher dargestellt und daher rascher zugänglich. Zu einem Kompendium zusammengefasst sind sie als selbständiges Repetitorium und Nachschlagewerk im Anhang platziert.

Das ausführliche Tabellenwerk der thermodynamischen Daten ist gekürzt, da in der Praxis elektronische Datenbanken für thermodynamische Daten sowie spezielle Software zur Verfügung stehen.

Zielgruppen und Inhalt des Buches sind unverändert die der ersten Auflage. Die kompaktere Darstellung und Gestaltung soll das Verständnis fördern und den Leser bei der Aneignung und Durchdringung der Materie unterstützen.

Potsdam   Christa Lüdecke
im Januar 2019   Dorothea Lüdecke

Aus dem Vorwort zur ersten Auflage

Die größte Achtung, die ein Autor für sein Publikum haben kann, ist, daß er niemals bringt, was man erwartet, sondern was er selbst auf der jedesweiligen Stufe eigener und fremder Bildung für recht und nützlich hält.
Goethe

Dieses Buch behandelt die physikalisch-chemischen Grundlagen der Thermodynamik, insbesondere die Thermodynamik der Phasengleichgewichte als Grundlage thermischer Trennverfahren. Es behandelt nicht die technische Thermodynamik als Grundlage der Energietechnik und die Thermodynamik und Kinetik chemischer Reaktionen als Grundlage der Reaktionstechnik.

Die Thermodynamik gilt als besonders schwer zugängliches Gebiet der Physik. Die thermodynamischen Größen sind wenig anschaulich, und es gibt eine unvorstellbar große Zahl mathematischer Beziehungen zwischen ihnen. Während in der Mechanik die Größen Kraft und Geschwindigkeit sowie ihre Zeitableitungen aus dem täglichen Leben vertraut sind, sind thermodynamische Größen, wie die Entropie, freie Enthalpie und insbesondere ihre partiellen Ableitungen, schwer vorstellbar.

Dieses Buch schlägt eine Brücke zwischen dem recht abstrakten Gebäude der Thermodynamik und den praktischen Anwendungen der thermischen Verfahrenstechnik. Es behandelt die physikalisch-chemischen Zusammenhänge thermischer Trennverfahren und ist für VerfahrensingenieurInnen aus dem Blickwinkel der Physikalischen Chemie geschrieben. Dieses Buch ist aus der Vorlesung Physikalische Chemie für Verfahrenstechnik hervorgegangen.

Das Buch richtet sich an Studierende der Verfahrenstechnik an Universitäten und Fachhochschulen sowie an VerfahrensingenieurInnen in der Praxis.

Die Thermodynamik zieht sich wie ein roter Faden durch das Studium der Verfahrenstechnik: In den Anfangssemestern die Grundkenntnisse der Thermodynamik als Teilgebiet der Physik, im Hauptstudium die Grundlagen der Mischungsthermodynamik als Teilgebiet der Physikalischen Chemie und im Vertiefungsstudium insbesondere Phasengleichgewichtsberechnungen als Grundlage der thermischen Trennverfahren. Dieses Buch ist als Begleitung während des gesamten Studiums bis hinein in den Beruf gedacht. Insbesondere wegen der vielen ausführlichen Berechnungsbeispiele eignet es sich aber auch zum

Selbststudium. Schließlich kann es den IngenieurInnen während ihrer beruflichen Tätigkeit zur Weiterbildung oder zur Einarbeitung in ein neues Teilgebiet dienen und natürlich zum Nachschlagen von Gleichungen und Daten bei der Lösung praktischer Probleme.

Da die Berechnungsbeispiele wesentlich zum Verständnis des Stoffes beitragen, möchten wir dringend anraten, sie nicht zu übergehen. Auch wenn man in der Praxis viele der Berechnungen und graphischen Darstellungen mit Hilfe einer Software durchführen mag, sind die Beispiele hier so gewählt, daß sie schrittweise mit einem Taschenrechner nachvollzogen werden können, um die Lösungswege zu verdeutlichen.

Gelegentlich gibt es Abweichungen in Sichtweise und Nomenklatur zwischen der Physikalischen Chemie und der Verfahrenstechnik. Wir haben uns weitgehend der in der Verfahrenstechnik üblichen Nomenklatur angepaßt. Insbesondere haben wir die in der Verfahrenstechnik weit verbreitete Konvention übernommen, mit Komponente 1 die leichter flüchtige Komponente zu bezeichnen, auch wenn diese Übereinkunft prinzipiell nicht notwendig und in der Physikalischen Chemie nicht üblich ist.

Dieses Buch enthält viele umfassende Tabellen, um stets auch dann Daten zur Hand zu haben, wenn nicht auf Datenbanken in gedruckter oder elektronischer Form zurückgegriffen werden kann. Es gibt verschiedene Möglichkeiten, in welcher Reihenfolge die Elemente und Verbindungen angeordnet werden können. Eine alphabetische Anordnung der Namen hat den Nachteil, daß es für viele Verbindungen mehrere Synonyme gibt. Daher haben wir uns für folgendes System entschieden: In den Tabellen, die in den Text von Kap. 1 bis Kap. 4 eingestreut sind und die Eigenschaften an einigen wenigen Verbindungen beispielhaft aufzeigen sollen, sind die Elemente und Verbindungen meist so angeordnet, daß verwandte Elemente und Verbindungen direkt untereinander stehen, um deren Daten vergleichen zu können (in der Reihenfolge Edelgase, Gase der 1. Periode des Periodensystems, Halogene, weitere Nichtmetallelemente, Übergangsmetalle, Alkane, Alkene, Alkine, cyclische Kohlenwasserstoffe, sauerstoffhaltige Kohlenwasserstoffe, halogenhaltige Kohlenwasserstoffe, Amine). In den ausführlichen Tabellen des Anhangs verwenden wir die modifizierte Hill-Konvention, die wir dort erläutern.

Besonderer Dank gilt auch Prof. Dr. John M. Prausnitz (Dept. of Chemical Engineering, UC Berkeley, USA), bei dem ich (D.L.) über Phasengleichgewichtsthermodynamik gearbeitet habe. Ohne diese erfolgreiche zweijährige Zusammenarbeit, für deren finanzielle Unterstützung ich auch der Alexander von Humboldt Stiftung danken möchte, wäre dieses Buch nicht entstanden.

Konstanz, Schwenningen   Christa Lüdecke
Juli 2000   Dorothea Lüdecke

Es ist nicht genug zu wissen, man muß auch anwenden; es ist nicht genug zu wollen, man muß auch tun.
Goethe

Inhaltsverzeichnis

Grundlagen der Thermodynamik

Die *Thermodynamik* ist das Gebiet der Physik, das die Umwandlung verschiedener Energieformen ineinander, unter besonderer Berücksichtigung von Wärme und mechanischer Arbeit, behandelt.

Innerhalb der Thermodynamik gibt es zwei Teilgebiete:

Die *klassische* oder *phänomenologische Thermodynamik* beschreibt einen Stoff durch seine makroskopisch messbaren Eigenschaften, z. B. durch Temperatur, Druck und Volumen.

Die *statistische Thermodynamik* führt die makroskopischen Eigenschaften eines Stoffes auf die Eigenschaften seiner mikroskopischen Bestandteile zurück, z. B. auf die Orts-Koordinaten, Geschwindigkeiten bzw. Impulse der Atome oder Moleküle, und berechnet aus den Eigenschaften dieser mikroskopischen Teilchen mit Hilfe der statistischen Methoden der klassischen Mechanik und der Quantenmechanik die makroskopischen Eigenschaften des Stoffes. So entspricht die Temperatur eines Stoffes der kinetischen Energie seiner Atome oder Moleküle, und der Druck eines Gases ist der von den Gasteilchen auf die Gefäßwandung übertragene Impuls pro Flächeneinheit.

Die Thermodynamik baut auf wenigen *Axiomen* auf, d. h. *Grundsätzen*, die nicht von anderen Sätzen abgeleitet und prinzipiell nicht bewiesen werden können. Sie stellen *empirische Erfahrungssätze* dar, die selbst oder deren Folgen bisher nicht durch die Erfahrung widerlegt worden sind. Alle Folgerungen, die man aus einem Satz herleiten kann und die von der Erfahrung bestätigt werden, gelten als Bestätigung für die Gültigkeit dieses Satzes. Umgekehrt aber ist ein Satz widerlegt, wenn nur eine seiner Folgerungen der Erfahrung widerspricht.

Es gibt vier solche Erfahrungssätze in der Thermodynamik, die sog. *Hauptsätze der Thermodynamik.* Von ihnen haben der erste und der zweite Hauptsatz eine besondere Bedeutung. Der erste Hauptsatz ist ein Energieerhaltungssatz, der eine Energiebilanz aufstellt zwischen den an einem thermodynamischen Prozess beteiligten unterschiedlichen Energieformen und dabei die Wärme als besondere Energieform mit einbezieht. Der zweite

© Springer-Verlag GmbH Deutschland, ein Teil von Springer Nature 2020
C. Lüdecke, D. Lüdecke, *Thermodynamik*, https://doi.org/10.1007/978-3-662-58800-0_1

Hauptsatz schränkt die nach dem ersten Hauptsatz mögliche Umwandlung der verschiedenen Energieformen ein und bewertet die Energieformen nach der Möglichkeit ihrer Umwandelbarkeit in andere Energieformen.

1.1 Grundbegriffe

1.1.1 System

Ein *thermodynamisches System* ist ein abgegrenzter Raum, der von dem außerhalb liegenden Bereich, der *Umgebung*, durch Grenzen, die *Systemgrenzen*, getrennt ist. Je nach der Durchlässigkeit dieser Grenzen für Materie und Energie unterscheidet man drei Arten von Systemen:

Offenes System: Das System kann mit der Umgebung sowohl Materie als auch Energie austauschen.

Geschlossenes System: Das System kann mit der Umgebung keine Materie aber Energie austauschen.

Abgeschlossenes (isoliertes) System: Das System kann mit der Umgebung weder Materie noch Energie austauschen.

Ein Beispiel für ein System sei eine in einen Zylinder eingeschlossene Menge Gas. Dieses System ist offen, wenn durch eine Öffnung Gas ein- oder ausströmen kann und unabhängig davon mittels eines Kolbens mechanische Arbeit an oder von dem Gas geleistet werden oder über den Kontakt mit einem Wärmebad Wärme zu- oder abgeführt werden kann. Das System ist geschlossen, wenn zwar kein Gas mit der Umgebung ausgetauscht werden kann aber Energie, z. B. in Form von mechanischer Arbeit oder Wärme. Das System ist abgeschlossen, wenn jeglicher Austausch von Gas oder Energie unterbunden ist.

Es gibt verschiedene physikalische Größen, die geeignet sind, die Größe eines Systems zu beschreiben. Es gelten folgende Definitionen:

Ein *Mol* ist die Menge eines Systems, das aus $6{,}0221367 \cdot 10^{23}$ einander gleichen Teilchen, seien es Atome, Moleküle, Ionen oder Elektronen, besteht. Die SI-Einheit ist mol. Diese Zahl

$$N_A = 6{,}0221367 \cdot 10^{23}\,\text{mol}^{-1}$$

ist eine universelle Naturkonstante und heißt *Avogadro-Konstante* (oder *Loschmidt-Zahl*).

Die *Stoffmenge* oder *Molzahl n* ist die Zahl der in einem System enthaltenen Mole.

Die *Teilchenzahl N* ist die Zahl der Teilchen, die das System enthält.

Es gilt

$$\boxed{N = nN_A} \tag{1.1}$$

Die *Molmasse* oder *molare Masse M* ist die Masse eines Mols eines Stoffes. Sie hat die SI-Einheit $g \, mol^{-1}$, und es gilt:

$$M = \frac{m}{n} \qquad (1.2)$$

wobei m die Masse und n die Molzahl des Stoffes ist.

Die *relative Atom-* oder *Molekülmasse* ist definiert als die Masse eines Atoms oder Moleküls in Einheiten von ein Zwölftel der Masse des Kohlenstoff-Isotops ^{12}C, der sog. atomaren Masseneinheit $m_u = 1,6605402 \cdot 10^{-27}$ kg. Sie ist eine reine Zahl und gleich dem Zahlenwert der Molmasse, wenn diese in Einheiten $g \, mol^{-1}$ angegeben wird. Die relative Molekülmasse ist die Summe der relativen Atommassen aller in dem Molekül enthaltenen Atome. Die Molmasse von ^{12}C ist $12 \, g \, mol^{-1}$, die relative Atommasse ist 12. Da natürlicher Kohlenstoff eine Mischung der Isotope ^{12}C, ^{13}C und ^{14}C ist, ist die relative Atommasse von natürlichem Kohlenstoff der gemäß den Anteilen der einzelnen Isotope gewichtete Mittelwert der relativen Atommassen der Isotope und beträgt 12,01114. Die relative Atommasse von natürlichem Wasserstoff ist 1,00794, und daher ergibt sich die relative Molekülmasse von Methan CH_4 zu 16,0429. Die Atom- und Molmassen einiger Elemente und Verbindungen sind in Tab. A.20 aufgelistet.

Das *Molvolumen* oder *molare Volumen* V_m ist das Volumen, das ein Mol eines Stoffes einnimmt:

$$V_m = \frac{V}{n} \qquad (1.3)$$

wobei V das Volumen des Systems ist und n seine Molzahl. Es hat die SI-Einheit $cm^3 \, mol^{-1}$ oder $m^3 \, kmol^{-1}$.

Das *spezifische Volumen* v eines Stoffes ist definiert als

$$v = \frac{V}{m} \qquad (1.4)$$

und hat die SI-Einheit $m^3 \, kg^{-1}$ oder $cm^3 \, g^{-1}$.

Aufgrund der Gln. (1.2) und (1.3) gilt

$$v = \frac{V_m}{M} \qquad (1.5)$$

Die *Dichte* ρ ist definiert durch die Gleichung

$$\rho = \frac{m}{V} = \frac{M}{V_m} = \frac{1}{v} \qquad (1.6)$$

ρ hat die SI-Einheit $kg \, m^{-3}$ oder $g \, cm^{-3}$.

Beispiel

Man berechne Molzahl und Teilchenzahl von 1 kg Sauerstoff (O_2) sowie sein Volumen bei Normbedingungen (Normtemperatur $T_n = 273{,}15$ K und Normdruck $p_n = 101{,}325$ kPa), außerdem die Masse eines Sauerstoffatoms. Die Dichte von Sauerstoff bei Normbedingungen ist $\rho = 1{,}429$ kg m^{-3}, die Molmasse von Sauerstoff beträgt $M = 32{,}00$ g mol^{-1}.

Lösung: Die Molzahl n berechnen wir nach Gl. (1.2) zu 31,25 mol, die Teilchen-Zahl N mit Gl. (1.1) zu $188{,}2 \cdot 10^{23}$; die Masse m_{O_2} eines Sauerstoffmoleküls ist $m/N = 5{,}313 \cdot 10^{-23}$ g und die des Sauerstoffatoms m_O ist die Hälfte, also $2{,}657 \cdot 10^{-23}$ g. Das Normvolumen ergibt sich aus Gl. (1.6) zu $0{,}700$ m^3.

1.1.2 Zustandsgrößen

Der *Zustand* eines Systems ist charakterisiert durch die Gesamtheit seiner physikalischen Eigenschaften. Dieser Zustand heißt *Gleichgewichtszustand*, wenn unter den gegebenen Bedingungen kein freiwilliger Stoff- oder Energieumsatz stattfindet und sich die Systemeigenschaften nicht ändern. Geht das System als Folge äußerer Einwirkungen in einen anderen Zustand über, so heißt dieser Übergang *Zustandsänderung* oder *Prozess*.

Der Zustand eines Systems wird mit sog. *Zustandsgrößen* beschrieben. Dies sind physikalische Größen, die für einen gegebenen Zustand des Systems einen bestimmten Wert annehmen, wobei dieser Wert nur vom Zustand des Systems abhängt, aber nicht davon, auf welchem Weg dieser Zustand erreicht wurde. Der Zustand eines Systems ist durch diese Zustandsgrößen eindeutig definiert.

Man unterscheidet:

Äußere Zustandsgrößen: Sie geben die Eigenschaften des Gesamtsystems relativ zu einem äußeren Beobachter an, z. B. Orts- und Geschwindigkeitskoordinaten seines Schwerpunktes.

Innere Zustandsgrößen: Sie beschreiben die Eigenschaften der Materie innerhalb der Systemgrenzen, z. B. Volumen V, Temperatur T, Druck p und Dichte ρ sowie die Energiegrößen innere Energie U, Enthalpie H, freie Energie F, freie Enthalpie G, Entropie S und die isochore und isobare Wärmekapazität.

Man unterscheidet weiterhin:

Thermische Zustandsgrößen oder *einfache Zustandsgrößen*, da sie direkt messbar sind: Volumen V, Druck p und Temperatur T.

Kalorische Zustandsgrößen oder *abgeleitete Zustandsgrößen*, die indirekt aus kalorischen Messungen, d. h. Messungen von Wärmemengen, gewonnen werden: Die innere Energie U, Enthalpie H, freie Energie F, freie Enthalpie G, Entropie S sowie die isochore und isobare Wärmekapazität.

Man unterscheidet außerdem:

Extensive Zustandsgrößen: Sie sind proportional zur Größe des Systems. Beispiele sind Volumen, Masse, innere Energie und Entropie. Extensive Zustandsgrößen sind *additiv*, d. h. der Wert einer Zustandsgröße eines Systems ist gleich der Summe der Werte seiner Teilsysteme. So ist die Masse m eines Systems gegeben durch $m = m_1 + m_2 + m_3 + \ldots$, wenn $m_1, m_2, m_3, \ldots$ die Massen der Teilsysteme sind.

Intensive Zustandsgrößen: Sie hängen nicht von der Größe des Systems ab. Beispiele sind Druck und Temperatur. Intensive Zustandsgrößen sind *nicht additiv*. Besitzen z. B. die Teilsysteme eines Systems jeweils die Temperatur T und den Druck p, so besitzt das Gesamtsystem dieselben Werte T und p und nicht etwa die Summe. Weitere größenunabhängige und stoffspezifische intensive Zustandsgrößen erhält man, wenn man eine extensive Zustandsgröße durch eine andere extensive Zustandsgröße dividiert: Ist Z eine extensive Zustandsgröße, n die Molzahl und m die Masse des Systems, so nennt man den Quotienten Z/n die *molare Zustandsgröße* und Z/m die (auf die Masse bezogene) *spezifische Zustandsgröße*. Beispielsweise ist für die extensive Zustandsgröße Volumen V das *Molvolumen* $V_m = V/n$ (s. Gl. (1.3)) und das *spezifische Volumen* $v = V/m$ (s. Gl. (1.4)). Beide sind größenunabhängige Zustandsgrößen ebenso wie der Kehrwert des spezifischen Volumens, die *Dichte* $\rho = m/V$.

1.1.3 Zustandsgleichungen

Zur vollständigen Beschreibung des Zustands eines Systems müssen nicht alle seine Zustandsgrößen angegeben werden, da die Zustandsgrößen eines Systems i. a. nicht alle unabhängig voneinander sind. Die Zahl der voneinander unabhängigen Zustandsgrößen, die den Zustand eines Systems eindeutig bestimmen, hängt von der Beschaffenheit des Systems ab. So benötigt man z. B. für die vollständige Beschreibung des Zustands eines reinen Gases eine extensive Zustandsgröße, um die Größe des Systems eindeutig festzulegen (z. B. die Masse), und zwei intensive Zustandsgrößen (z. B. Druck und Temperatur). Dann liegen die anderen Zustandsgrößen fest (z. B. das Volumen, da es bei gegebener Masse abhängig ist von den Werten für Druck und Temperatur). Die Zahl der unabhängigen intensiven Zustandsgrößen nennt man die Anzahl der *Freiheitsgrade* des Systems. Man bezeichnet sie mit F. Ein reines Gas besitzt zwei Freiheitsgrade, es ist $F = 2$.

Zustandsgrößen, deren Werte frei gewählt und unabhängig voneinander variiert werden können und die den Zustand des Systems eindeutig beschreiben, nennt man *Zustandsvariable*. Alle anderen Zustandsgrößen stellen Verknüpfungen der Zustandsvariablen dar, sie sind von diesen abhängig und werden durch sie festgelegt. Sie heißen *Zustandsfunktionen*. Wenn man also für ein reines Gas Masse, Temperatur und Druck als Zustandsvariable vorgibt, dann sind Volumen und alle anderen Eigenschaften des Gases Zustandsfunktionen und festgelegt. Welche der Zustandsgrößen man als Zustandsvariable wählt, ist prinzipiell beliebig und richtet sich nach der Zweckmäßigkeit. Daher kann man eine Zustandsfunktion als Funktion verschiedener Sätze von Zustandsvariablen darstellen. Der funktionale

Zusammenhang ist aber natürlich ein anderer. So kann man z. B. die Enthalpie sowohl als Funktion von Druck und Temperatur als auch als Funktion von Druck und Entropie beschreiben.

Die mathematische Verknüpfung zwischen den Zustandsvariablen und den Zustandsfunktionen heißt *Zustandsgleichung*.

Die *thermische Zustandsgleichung* ist der funktionale Zusammenhang der drei thermischen Zustandsgrößen p, v (oder V_m) und T. Für reine homogene Stoffe lautet sie $f(p, v, T) = 0$. Je nachdem, welche Zustandsgröße man als Zustandsvariable auffasst und welche als Zustandsfunktion, erhält man drei verschiedene Formen der thermischen Zustandsgleichung:

$$\boxed{p = p(v, T), \quad v = v(p, T), \quad T = T(p, v)} \qquad (1.7)$$

Die ersten beiden Formen sind am gebräuchlichsten. Man nennt sie *druckexplizite* bzw. *volumenexplizite thermische Zustandsgleichungen*.

Die einfachste thermische Zustandsgleichung ist die thermische Zustandsgleichung des idealen Gases $pV = nRT$ (s. Abschn. 1.3.1), wobei R die *allgemeine (universelle) Gaskonstante* ist. Sie hat den Wert $R = 8{,}314510\,\mathrm{J\,mol^{-1}\,K^{-1}}$.

Eine *kalorische Zustandsgleichung* ist eine Beziehung zwischen der spezifischen inneren Energie u (bzw. molaren inneren Energie U_m) oder spezifischen Enthalpie h (bzw. molaren Enthalpie H_m) und je zwei der drei intensiven thermischen Zustandsgrößen p, v (oder V_m) und T: $u = u(v, T)$ und $h = h(p, T)$.

Die *Entropie-Zustandsgleichung* stellt die spezifische Entropie s (oder molare Entropie S_m) als Funktion der beiden thermischen Zustandsgrößen T und v (bzw. V_m) oder T und p dar: $s = s(T, v)$ bzw. $s = s(T, p)$.

Die *kanonischen Zustandsgleichungen* oder *(integralen) Fundamentalgleichungen* $u = u(s, v)$ und $h = h(s, p)$ verknüpfen die Entropie (s), eine kalorische Zustandsgröße (u oder h) und eine thermische Zustandsgröße (p oder v) miteinander. Die kanonische Zustandsgleichung vereinigt die thermische Zustandsgleichung $p = p(v, T)$, die kalorische Zustandsgleichung $u = u(v, T)$ und die Entropie-Zustandsgleichung $s = s(v, T)$. Sie beschreibt vollständig den Zustand und die thermodynamischen Eigenschaften eines Systems, so dass man mit ihr alle thermodynamischen Größen eines Systems berechnen kann. Daher hat sie eine umfassende Bedeutung in der Thermodynamik.

1.1.4 Mathematische Eigenschaften von Zustandsgrößen

Totales und partielles Differential

Eine Zustandsgröße ist definitionsgemäß nur abhängig vom Zustand des Systems, nicht aber vom Prozess, mit dem das System diesen Zustand erlangt. Mathematisch ausgedrückt heißt das, dass jede *Zustandsgröße Z* als eindeutige Funktion von F unabhängigen *Zustandsvariablen* $Z_1, \ldots, Z_F$ beschrieben werden kann, wobei F die Anzahl der Freiheitsgrade des Systems ist:

$$Z = Z(Z_1, \ldots, Z_F) \qquad (1.8)$$

Die Wahl der Zustandsvariablen ist jedoch nicht eindeutig, und die Funktion Z hängt von der Wahl der Zustandsvariablen ab. Dennoch ist der Wert von Z eindeutig durch die Werte $Z_1, \ldots, Z_F$ bestimmt. Diese Aussage ist äquivalent zu der mathematischen Formulierung, dass Z ein vollständiges Differential besitzt oder die Reihenfolge der Differentiation bei der gemischten zweiten partiellen Ableitung unwichtig ist.

Das *vollständige (totale) Differential* dZ ist die differentielle Änderung von Z aufgrund der differentiellen Änderungen $dZ_1, \ldots, dZ_F$ von $Z_1, \ldots, Z_F$:

$$\boxed{dZ = \left(\frac{\partial Z}{\partial Z_1}\right)_{Z_{i,i \neq 1}} dZ_1 + \ldots + \left(\frac{\partial Z}{\partial Z_F}\right)_{Z_{i,i \neq F}} dZ_F} \qquad (1.9)$$

dZ ist die Summe der partiellen Differentiale $(\partial Z / \partial Z_j)_{Z_{i,i \neq j}} dZ_j$. Das *partielle Differential* ist das Produkt aus dem Differential einer Zustandsvariablen (dZ_j) und dem *partiellen Differentialquotienten* $(\partial Z / \partial Z_j)_{Z_{i,i \neq j}}$. Der partielle Differentialquotient $(\partial Z / \partial Z_j)_{Z_{i,i \neq j}}$ wird gebildet, indem die Zustandsfunktion Z nach der Variablen Z_j abgeleitet wird, wobei alle übrigen Variablen Z_i mit $i \neq j$ konstant gehalten werden. Diese bei der Differentiation konstant gehaltenen Variablen stehen als Indizes hinter der Klammer. Da eine Zustandsfunktion i. a. von mehreren Zustandsvariablen abhängt und man eine Zustandsfunktion mit verschiedenen Sätzen von Zustandsvariablen beschreiben kann, ist es notwendig, die bei der partiellen Ableitung konstant gehaltenen Variablen anzugeben. Z. B. kann man die innere Energie U als Funktion von T und V oder T und p beschreiben und erhält die beiden unterschiedlichen Differentialquotienten $(\partial U / \partial T)_V$ und $(\partial U / \partial T)_p$.

Die partiellen Differentialquotienten sind i. a. auch Funktionen der Zustandsvariablen und daher selbst Zustandsgrößen.

Wenn die Zustandsfunktion nur von einer einzigen Zustandsvariablen abhängt, wird der totale Differentialquotient identisch mit dem partiellen Differentialquotient, denn es ist nach Gl. (1.9) $dZ = (\partial Z / \partial Z_1)dZ_1$, also $dZ/dZ_1 = \partial Z/\partial Z_1$.

Die Aussage, dass eine Zustandsgröße ein totales Differential besitzt, ist gleichbedeutend mit der Aussage, dass die Reihenfolge der Differentiation bei der gemischten zweiten partiellen Ableitung unwichtig ist:

$$\boxed{\left(\frac{\partial^2 Z}{\partial Z_i \partial Z_j}\right)_{Z_{k,k \neq i,j}} = \left(\frac{\partial^2 Z}{\partial Z_j \partial Z_i}\right)_{Z_{k,k \neq i,j}} , \quad i,j,k = 1, \ldots, F} \qquad (1.10)$$

Die Gleichung heißt *Eulersche Reziprozitätsbeziehung* oder *Integrabilitätsbedingung* oder *Schwarzscher Satz*.

Für eine Zustandsfunktion $Z = Z(Z_1, Z_2)$ gelten die Differentiationsregeln

$$\left(\frac{\partial Z_1}{\partial Z_2}\right)_Z = \frac{1}{\left(\frac{\partial Z_2}{\partial Z_1}\right)_Z} \tag{1.11a}$$

$$\left(\frac{\partial Z_1}{\partial Z_2}\right)_Z = -\left(\frac{\partial Z_1}{\partial Z}\right)_{Z_2}\left(\frac{\partial Z}{\partial Z_2}\right)_{Z_1} \tag{1.11b}$$

Hieraus ergibt sich für das Produkt der partiellen Ableitungen der Zustandsgrößen die *Eulersche Kettenformel*

$$\boxed{\left(\frac{\partial Z}{\partial Z_1}\right)_{Z_2}\left(\frac{\partial Z_1}{\partial Z_2}\right)_Z\left(\frac{\partial Z_2}{\partial Z}\right)_{Z_1} = -1} \tag{1.12}$$

Weitere nützliche Differentiationsregeln sind:

$$\left(\frac{\partial Z}{\partial Z_1}\right)_{Z_3} = \left(\frac{\partial Z}{\partial Z_1}\right)_{Z_2} + \left(\frac{\partial Z}{\partial Z_2}\right)_{Z_1}\left(\frac{\partial Z_2}{\partial Z_1}\right)_{Z_3} \tag{1.13}$$

$$\left(\frac{\partial Z}{\partial Z_1}\right)_{Z_2} = \left(\frac{\partial Z}{\partial Z_3}\right)_{Z_2}\left(\frac{\partial Z_3}{\partial Z_1}\right)_{Z_2} \tag{1.14}$$

Das totale Differential dZ einer Zustandsfunktion stellt eine infinitesimale Änderung ihres Wertes dar. Die endliche Änderung ΔZ dieser Zustandsgröße beim Übergang von Zustand 1 (Anfangszustand) nach Zustand 2 (Endzustand) erhält man durch Integration von dZ über die Kurve, die die Zustandspunkte 1 und 2 verbindet:

$$\Delta Z = Z(2) - Z(1) = \int_1^2 dZ \tag{1.15}$$

Da die Werte von Z im Zustand 1, $Z(1)$, und im Zustand 2, $Z(2)$, Zustandsgrößen sind, ist auch ΔZ eine Zustandsgröße und nur vom Anfangs- und Endzustand abhängig, nicht aber vom Weg, auf dem die Zustandsänderung erfolgt ist.

Durchläuft das System einen *Kreisprozess*, d. h. einen Prozess, der von einem beliebigen Zustand auf einem beliebigen Weg zu dem Ausgangszustand zurückführt, dann darf sich der Wert der Zustandsgröße nach Ablauf dieses Prozesses nicht geändert haben. Daher gilt für das Kreisintegral $\oint dZ$ als Summe aller infinitesimalen Änderungen dZ entlang eines in sich geschlossenen Weges:

$$\Delta Z = \oint dZ = 0$$

Wenn man den Kreisprozess aufspaltet in den Weg A, der von Zustand 1 nach Zustand 2 führt, und den Weg B zurück von 2 nach 1, so ergibt sich

$$\int\limits_{\substack{1 \\ \text{Weg A}}}^{2} \mathrm{d}Z = \int\limits_{\substack{1 \\ \text{Weg B}}}^{2} \mathrm{d}Z \tag{1.16}$$

d. h. das Integral ist nur vom Anfangs- und Endzustand abhängig, aber unabhängig vom Prozessweg. Dies ist gleichbedeutend mit der Aussage, dass Z eine Zustandsgröße und $\mathrm{d}Z$ ein totales Differential ist.

Partielle Ableitungen der thermischen Zustandsgrößen

Die partiellen Differentialquotienten der thermischen Zustandsgrößen definieren die folgenden stoffspezifischen Eigenschaften:

$$\beta = \frac{1}{V}\left(\frac{\partial V}{\partial T}\right)_{p} \qquad \begin{array}{l}\textit{isobarer thermischer kubischer} \\ \textit{(oder Volumen-) Ausdehnungskoeffizient}\end{array} \tag{1.17}$$

$$\chi = -\frac{1}{V}\left(\frac{\partial V}{\partial p}\right)_{T} \qquad \textit{isothermer Kompressibilitätskoeffizient} \tag{1.18}$$

$$\gamma = \frac{1}{p}\left(\frac{\partial p}{\partial T}\right)_{V} \qquad \textit{isochorer Spannungs- oder Druckkoeffizient} \tag{1.19}$$

β, χ und γ sind Zustandsgrößen und hängen von den Zustandsvariablen p und T ab. Zwischen ihnen gilt die Beziehung

$$\beta = p\gamma\chi \tag{1.20}$$

Beispiel

Ein Pyknometer ist ein Wägefläschchen aus Glas mit einem eingeschliffenen Stopfen, durch den eine kapillarförmige Öffnung führt und das meist mit einem Thermometer versehen ist. Es hat ein äußerst genau bestimmtes Volumen und dient der Dichtemessung insbes. von Flüssigkeiten. Ein solches Pyknometer mit dem Volumen $30{,}000\,\mathrm{cm}^3$ werde bei $20{,}00\,°\mathrm{C}$ mit Ethanol gefüllt. Dies sind $23{,}670\,\mathrm{g}$. Anschließend wird es in einem Wasserbad auf $80{,}00\,°\mathrm{C}$ erwärmt, wobei $1{,}451\,\mathrm{g}$ Flüssigkeit durch die Kapillaröffnung aus dem Pyknometer austreten. Man berechne
(a) die Dichte von Ethanol bei den beiden Temperaturen und
(b) den mittleren isobaren thermischen Volumenausdehnungskoeffizienten von Ethanol.
Die thermische Ausdehnung des Glasgefäßes kann vernachlässigt werden.

Lösung: (a) Die Dichte von Ethanol bei 20,00 °C folgt aus Gl. (1.6) zu $\rho_0 = m_0/V_0 = 0{,}7890\,\mathrm{g/cm^3}$. Bei 80,00 °C hat sich die im Pyknometer enthaltene Masse Ethanol um die ausgetretene Masse verringert, so dass nun $\rho = 0{,}7406\,\mathrm{g/cm^3}$.

(b) Vorausgesetzt, der Ausdehnungskoeffizient β von Ethanol ist in dem betrachteten Temperaturbereich näherungsweise konstant und die Erwärmung erfolgt isobar, dann vereinfacht sich Gl. (1.17) zu $\beta = (1/V_0)\,(\Delta V/\Delta T)$. Die Volumenänderung erhalten wir aus der Dichte und der ausgetretenen Masse Δm zu $\Delta V = \Delta m/\rho = 1{,}959\,\mathrm{cm^3}$. Also ist $\beta = 1{,}09 \cdot 10^{-3}\,\mathrm{K^{-1}}$.

1.1.5 Prozessgrößen

Ein *Prozess* ist eine Zustandsänderung. Ein Prozess heißt

isotherm, wenn die Temperatur während des Prozesses konstant bleibt

isobar, wenn der Druck während des Prozesses konstant bleibt

isochor, wenn das Volumen während des Prozesses konstant bleibt

adiabat, wenn während des Prozesses kein Wärmeaustausch mit der Umgebung stattfindet

isentrop, wenn die Entropie während des Prozesses konstant bleibt

reversibel (umkehrbar), wenn der Anfangszustand des Systems wieder hergestellt werden kann, ohne dass Änderungen in der Umgebung zurück bleiben

irreversibel (nicht umkehrbar), wenn der Anfangszustand des Systems ohne eine Änderung in der Umgebung nicht wieder hergestellt werden kann (s. Abschn. 1.4.1).

Eigenschaften von Prozessgrößen

Die innere Energie U, Enthalpie H, freie Energie F und freie Enthalpie G sind Energieformen (s. Abschn. 1.5), und als Zustandsgrößen charakterisieren sie den Zustand des Systems. Arbeit und Wärme sind auch Energieformen; sie kennzeichnen aber nicht das System, sondern die Eigenschaften des Prozesses, während dessen das System Arbeit und Wärme mit der Umgebung austauscht. Arbeit und Wärme existieren als Energieformen nur beim Überschreiten der Systemgrenzen; nach Abschluss des Austauschprozesses sind sie nicht mehr vorhanden, auch wenn sich als Ergebnis des Austauschs von Arbeit und Wärme die Energie des Systems geändert hat. Das System enthält weder Arbeit noch Wärme, sondern Energie als Fähigkeit, Wärme abzugeben oder Arbeit zu leisten. So kann z. B. die innere Energie eines Gases abnehmen, indem das Gas Wärme abgibt oder Arbeit leistet. Als Eigenschaften eines Prozesses hängen Arbeit und Wärme vom Prozessweg (und nicht von den Zustandsgrößen des Anfangs- und Endzustands) ab, d. h. von der Art und Weise, wie die Zustandsänderung erfolgt. Im Gegensatz zu den wegunabhängigen *Zustandsgrößen* (die einen Zustand beschreiben) nennt man die wegabhängigen Größen (die eine Zustandsänderung beschreiben) *Prozess- oder Austauschgrößen. Arbeit* und *Wärme* sind Prozessgrößen.

Während das Integral über Zustandsgrößen wegunabhängig ist und bei der Integration nur Anfangs- und Endzustand, aber nicht der Prozessweg angegeben werden müssen, muss – da Prozessgrößen wegabhängig sind – bei der Integration des Differentials einer Prozessgröße der Prozessweg, über den integriert wird, angegeben werden, und das Differential von Prozessgrößen ist unvollständig. Daher kennzeichnet man die infinitesimalen Änderungen einer Prozessgröße nicht mit dem lateinischen Buchstaben d des vollständigen (totalen) Differentials, sondern mit dem griechischen Buchstaben δ, und die endliche Änderung einer Prozessgröße während einer Zustandsänderung von Zustandspunkt 1 nach 2 nicht mit dem griechischen Buchstaben Δ, sondern mit dem Index „12". Bezeichnet man die Prozessgrößen Arbeit und Wärme mit W bzw. Q, so schreibt man also z. B. für eine infinitesimale Änderung der Arbeit δW (statt dW) und für eine makroskopische Änderung der Wärme Q_{12} (statt ΔQ).

Eine Prozessgröße, die kein vollständiges Differential besitzt, kann in eine Zustandsgröße mit vollständigem Differential überführt werden durch Multiplikation mit dem sog. *integrierenden Faktor* oder durch Division durch den sog. *integrierenden Nenner*. So ist z. B. die absolute Temperatur T ein integrierender Nenner und die reziproke absolute Temperatur $1/T$ ein integrierender Faktor für die Wärme: Obwohl die reversibel ausgetauschte Wärme δQ_{rev} kein vollständiges Differential ist, ist $\delta Q_{rev}/T$ ein vollständiges Differential; es definiert die Zustandsgröße Entropie S durch die Gleichung d$S = \delta Q_{rev}/T$ (s. Abschn. 1.4.4). Außerdem können unter bestimmten Bedingungen Prozessgrößen wegunabhängig sein und dann mathematisch wie Zustandsgrößen behandelt werden.

Mechanische Arbeit

Die *mechanische Arbeit* δW wird in der klassischen Mechanik definiert als das Produkt aus der an einem Körper in Richtung des Weges angreifenden Kraftkomponente (F) und dem unter ihrer Einwirkung zurückgelegten Weg (ds): $\delta W = F\,\mathrm{d}s$. Die SI-Einheit für die Arbeit ist $1\,\mathrm{N\,m} = 1\,\mathrm{J}$.

In der Thermodynamik hat man es häufig mit der Arbeit zu tun, die mit der Volumenänderung einer Flüssigkeit oder eines Gases verbunden ist. Die Arbeit, die von oder an einem Gas, welches in einem Zylinder mit verschiebbarem Kolben eingeschlossen ist, bei Verschiebung des Kolbens verrichtet wird, berechnet man aus dem Gasdruck bzw. dem äußeren, auf den Kolben wirkenden Druck p, der Kolbenfläche A und der Verschiebung des Kolbens um die Strecke ds: Die auf den Kolben wirkende Kraft ist $F = pA$, die Änderung des Gasvolumens ist d$V = A\,\mathrm{d}s$, und die vom oder am Gas verrichtete Arbeit, die sog. *Volumenänderungsarbeit* ist $\delta W = -F\,\mathrm{d}s = -p\,A\,\mathrm{d}s$, also

$$\boxed{\delta W = -p\,\mathrm{d}V} \tag{1.21}$$

Das Minuszeichen entspricht der in der Thermodynamik vereinbarten *Vorzeichen-Konvention*, die das Vorzeichen der ausgetauschten Energie vom Standpunkt des Systems aus betrachtet: Eine dem System zugeführte Energie erhält ein positives Vorzeichen, da sie die Energie des Systems erhöht, und eine vom System abgegebene Energie erhält ein negatives Vorzeichen, da sie die Energie des Systems erniedrigt. So wird z. B. bei einer Kompression (Volumenabnahme, $dV < 0$) am System Arbeit geleistet und seine Energie erhöht, so dass $\delta W > 0$ ist, während bei einer Expansion (Volumenzunahme, $dV > 0$) das System Arbeit gegen den äußeren Druck leistet, so dass seine Energie abnimmt und $\delta W < 0$ ist.

Legt der Kolben nicht nur einen infinitesimal kleinen, sondern einen endlichen, messbaren Weg zurück, dann berechnet man die ausgetauschte Arbeit, indem man den Weg in unendlich viele kleine Teilschritte zerlegt und die infinitesimalen Beträge der Arbeit δW über den gesamten Weg aufsummiert. Die Kompressions- bzw. Expansionsarbeit des Gases zwischen Anfangszustand (1) und Endzustand (2) ist daher gegeben durch das Integral

$$\boxed{W_{12} = \int_{1}^{2} \delta W = -\int_{V_1}^{V_2} p\,dV} \tag{1.22}$$

Wenn der Druck während des Prozesses bei $p = p_1 = p_2$ konstant gehalten wird (isobare Zustandsänderung), dann erhält man

$$\boxed{W_{12} = -p(V_2 - V_1)} \quad \text{isobare Volumenänderungsarbeit} \tag{1.23}$$

Wenn die Kompression oder Expansion isotherm geführt wird und sich als Folge der Volumenänderung auch der Druck ändert, kann man die Volumenänderungsarbeit nur dann mit Gl. (1.22) berechnen, wenn die thermische Zustandsgleichung $p(V)$ bekannt ist. Im Falle des idealen Gases ist $p(V) = nRT/V$, und die isotherme Kompressions- oder Expansionsarbeit des idealen Gases zwischen den Zuständen (p_1, V_1) und (p_2, V_2) ist

$$W_{12} = -\int_{V_1}^{V_2} p\,dV = -nRT \int_{V_1}^{V_2} \frac{1}{V}\,dV$$

also

$$\boxed{W_{12} = -nRT \ln \frac{V_2}{V_1}} \quad \text{isotherme Volumenänderungsarbeit} \tag{1.24}$$

Die Volumenänderungsarbeit W_{12} der Gl. (1.22) ist als Integral über $p\,dV$ gleich der Fläche unter der Kurve $p(V)$ im p, V-Diagramm zwischen den Grenzen V_1 und V_2. In Abb. 1.1 ist die Volumenänderungsarbeit bei Kompression graphisch dargestellt, im p-V-Diagramm (a) und als System (b). Man erkennt, wie sich die infinitesimalen Arbeiten δW zur insgesamt geleisteten Arbeit W_{12} aufsummieren. Für die isobare Zustandsänderung bei konstantem Druck p_1 ist W_{12} gleich der Fläche unter der Horizontalen p_1 zwischen den Volumina V_1 und V_2, also gleich dem Rechteck $p_1(V_2 - V_1)$ (Gl. (1.23)). Für die iso-

Abb. 1.1 Volumenände-
rungsarbeit bei Kompression:
a p, V-Diagramm, **b** System

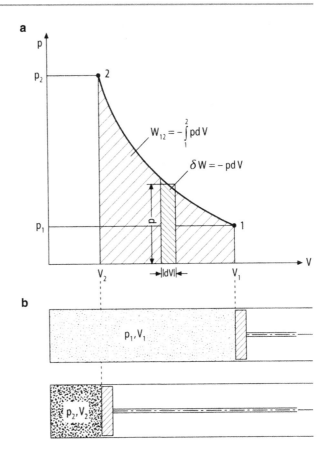

therme Zustandsänderung des idealen Gases ist W_{12} gleich der Fläche unter der Hyperbel
zwischen V_1 und V_2 (Gl. (1.24)). Die Größe der Fläche und damit die Arbeit W_{12} hängt
davon ab, wie das System von Zustand 1 nach Zustand 2 gelangt, ob auf dem Weg längs
der Hyperbel (isotherm) oder längs eines anderen Kurvenverlaufs (z. B. der Horizontalen,
isobar). Also hängt die Arbeit W_{12} nicht nur von Anfangs- und Endzustand, sondern auch
davon ab, wie diese Zustandsänderung erfolgt ist. Damit ist die Volumenänderungsarbeit
keine Zustandsgröße, sondern eine Prozessgröße.

Beispiel

Die Leistung eines Verbrennungsmotors soll abgeschätzt werden. Das gezündete Gasgemisch treibe den Kolben mit einem nahezu konstanten Druck von 5 bar. Der überstri-
chene Kolbenweg betrage 60 mm, der Innendurchmesser des Zylinders 75 mm. Welche
Arbeit leistet der Zylinder?

Lösung: Da die Verbrennung bei nahezu konstantem Druck $p_0 = 5$ bar abläuft, ist
die von dem Zylinder geleistete Volumenänderungsarbeit W_{12} nach Gl. (1.23) $W_{12} =$
$-p_0 \Delta V$, wobei ΔV die Volumenänderung des Gases ist. Sie ergibt sich aus dem Zylin-

derdurchmesser d und dem Kolbenweg l zu $\Delta V = \pi(d/2)^2\, l = 265\,\text{cm}^3$. Damit wird die vom Zylinder geleistete Arbeit $W_{12} = -132{,}5\,\text{J}$. W_{12} ist negativ, da der Zylinder Arbeit leistet.

Wärme

Wärme ist die Energie, welche auf Grund eines Temperaturunterschiedes zwischen einem System und seiner Umgebung durch die Systemgrenze transportiert wird. Da Wärme von selbst immer von einem Körper höherer Temperatur zu einem niedrigerer Temperatur fließt (s. Abschn. 1.4.7), kann man die Temperaturdifferenz als treibende Kraft für den Wärmetransport betrachten.

Ein System heißt

diatherm, wenn ein Wärmeübergang zwischen dem System und seiner Umgebung möglich ist

adiabat, wenn kein Wärmeübergang zugelassen ist.

Ein isobarer Prozess heißt

exotherm, wenn das System während des Prozesses Wärme an die Umgebung abgibt

endotherm, wenn das System während des Prozesses Wärme aufnimmt,

(s. Abschn. 1.2.3).

Für das Vorzeichen der Wärmeenergie, die man mit dem Symbol Q bezeichnet, gilt dieselbe Vereinbarung wie für die mechanische Arbeit: Eine dem System zugeführte Wärmeenergie erhält ein positives Vorzeichen ($Q > 0$), eine vom System abgeführte Wärmemenge erhält ein negatives Vorzeichen ($Q < 0$). Setzen bei einer isobar-isotherm geführten Verbrennungsreaktion die Reaktionspartner Wärme frei, so ist diese Reaktion exotherm, und es gilt $Q < 0$. Eine verdunstende Substanz nimmt unter isobar-isothermen Bedingungen Wärmeenergie aus der Umgebung auf, und dieser Prozess ist endotherm, es gilt $Q > 0$.

Die Wärme wird wie die mechanische Arbeit in der SI-Einheit $1\,\text{J} = 1\,\text{N m}$ angegeben.

Die Wärme ist ebenso wie die Arbeit keine Zustands-, sondern eine Prozessgröße.

Wegunabhängige Prozessgrößen

Unter bestimmten Bedingungen können Prozessgrößen wegunabhängig sein und damit mathematisch wie Zustandsgrößen behandelt werden. So kann man zeigen, dass, wenn die Prozessführung reversibel ist, d. h. der Vorgang in allen seinen Auswirkungen rückgängig gemacht werden kann (s. Abschn. 1.4.1), die isochor ausgetauschte Wärmemenge, die isobar ausgetauschte Arbeit und Wärme sowie die adiabat ausgetauschte Arbeit Zustandsgrößen sind.

1.2 Der nullte und der erste Hauptsatz der Thermodynamik

1.2.1 Nullter Hauptsatz

Satz von der Existenz der Temperatur

Die Temperatur ist eine physikalische Größe, die uns aus der Erfahrung wohl vertraut ist: Mit den Begriffen „warm" und „kalt" bezeichnen wir hohe und tiefe Temperaturen. Auch wissen wir, dass zwei Stoffe, die verschiedene Temperaturen besitzen und miteinander in Kontakt stehen, Wärmeenergie austauschen, so dass der Stoff mit der höheren Temperatur kälter und der mit der niedrigeren Temperatur wärmer wird bis beide schließlich gleich warm sind. Dieser Zustand ändert sich dann nicht mehr. Er heißt *thermisches Gleichgewicht*, und die diesen Zustand charakterisierende Zustandsgröße ist die *Temperatur*.

Die soeben beschriebene Erfahrung ist Inhalt des *nullten Hauptsatzes der Thermodynamik*: Systeme im thermischen Gleichgewicht haben dieselbe Temperatur, und Systeme derselben Temperatur sind im thermischen Gleichgewicht. Stehen zwei Systeme jeweils mit einem dritten System im thermischen Gleichgewicht, so befinden sie sich auch im thermischen Gleichgewicht miteinander.

Der nullte Hauptsatz der Thermodynamik postuliert die Existenz der thermischen Zustandsgröße Temperatur und definiert sie zugleich. Daher heißt der nullte Hauptsatz auch *Satz von der Existenz der Temperatur*.

Die Temperatur ist eine intensive Zustandsgröße: Wenn zwei Teilsysteme miteinander im thermischen Gleichgewicht stehen und daher die gleiche Temperatur besitzen, so hat auch das aus diesen beiden Teilsystemen bestehende Gesamtsystem dieselbe Temperatur und nicht die Summe der beiden Temperaturen.

Temperaturskalen

Man misst die Temperatur mit *Thermometern*. Diese geben an, wie sich eine physikalische Größe in Abhängigkeit von der Temperatur ändert. Dazu eignen sich leicht messbare Größen wie die thermische Ausdehnung oder der elektrische Widerstand. Die Temperaturabhängigkeit dieser Größen muss allerdings eindeutig bestimmt und genau bekannt sein.

Um eine *Temperaturskala* zu definieren, müssen genau definierten physikalischen Zuständen des Arbeitsmediums bestimmte Werte der Temperatur zugeordnet werden. Die Wahl dieser Festpunkte ist prinzipiell willkürlich, und dementsprechend unterscheiden sich die verschiedenen Temperaturskalen.

Die *Celsius-Skala* (Einheit *Celsius*, Zeichen °C) ist folgendermaßen definiert: Der Nullpunkt der Skala (0 °C) wird als die Schmelztemperatur von Wasser bei Atmosphärendruck (1,01325 bar) gewählt. Die Siedetemperatur von Wasser bei Atmosphärendruck wird 100 °C gesetzt. Bei linearer Teilung der Skala ergibt sich die Einheit 1 °C damit als der 100ste Teil der Temperaturdifferenz zwischen Schmelzpunkt und Siedepunkt von Wasser bei Atmosphärendruck. Die Skala wird unterhalb von 0 °C und oberhalb von 100 °C fortgesetzt.

Die *absolute* oder *thermodynamische Temperatur* oder *Temperaturskala des idealen Gases* oder *Kelvin-Skala* (SI-Einheit *Kelvin*, Zeichen K) übernimmt die Teilung der Celsius-Skala, wählt aber einen anderen Nullpunkt. Der Nullpunkt der Kelvin-Skala, der *absolute Nullpunkt der Temperatur*, 0 K, wird als die Temperatur definiert, bei der das Volumen des idealen Gases gemäß der thermischen Zustandsgleichung des idealen Gases Null werden muss. Er stellt die unterste Grenze der Temperatur dar. Man kann sich dem absoluten Nullpunkt der Temperatur experimentell beliebig nähern, erreichen kann man ihn jedoch nicht (gemäß dem Dritten Hauptsatz der Thermodynamik, s. Abschn. 1.4.10). Die Einheit 1 K bezieht man nun definitionsgemäß nicht auf den Schmelzpunkt von Wasser, sondern auf den Tripelpunkt (Zustand, bei dem Eis, flüssiges Wasser und Wasserdampf miteinander im Gleichgewicht stehen, s. Abschn. 2.4.4), da der Tripelpunkt von Wasser im Gegensatz zum Schmelzpunkt unabhängig vom Druck und damit besser reproduzierbar ist. Die Tripeltemperatur ist 273,16 K, und 1 K ist der 273,16te Teil der absoluten Temperatur des Tripelpunkts von Wasser. Der Schmelzpunkt von Wasser bei Atmosphärendruck (1,01325 bar) beträgt 273,15 K.

Temperaturen in der Skala der absoluten Temperatur werden mit T bezeichnet, Temperaturen in der Celsius-Skala mit t. Daher gilt für die Umrechnung beider Skalen folgende Zahlenwertgleichung:

$$\boxed{\frac{T}{\mathrm{K}} = \frac{t}{{}^\circ\mathrm{C}} + 273,15} \tag{1.25}$$

Temperaturdifferenzen haben in der Kelvin-Skala und der Celsius-Skala die gleichen Zahlenwerte, d. h. es gilt

$$\frac{\Delta T}{\mathrm{K}} = \frac{\Delta t}{{}^\circ\mathrm{C}}$$

1.2.2 Erster Hauptsatz und innere Energie

Energieerhaltungssatz

Für die mechanischen Energieformen kinetische und potentielle Energie gilt der Energieerhaltungssatz der Mechanik: In einem abgeschlossenen System bleibt die Summe aus potentieller und kinetischer Energie eines Körpers zeitlich konstant. Es wird Energie weder erzeugt noch vernichtet, die beiden Energieformen können aber ineinander umgewandelt werden.

Joule hat experimentell nachgewiesen, dass mechanische Energie in Wärme umgewandelt werden kann und daher Wärme ebenso wie mechanische Arbeit eine Energieform ist. Umgekehrt lässt sich auch Wärme in mechanische Arbeit umwandeln.

Da mechanische Arbeit und Wärme ineinander umwandelbar sind, erweitert man den Energieerhaltungssatz der Mechanik, indem man das Prinzip der Energieerhaltung nicht nur auf die mechanischen Energieformen der kinetischen und potentiellen Energie bezieht, sondern die Wärme als Energieform mit einbezieht. Das Ergebnis ist der Energieerhaltungssatz für thermodynamische Systeme, der *erste Hauptsatz der Thermodynamik*. Er sagt aus, dass in einem abgeschlossenen System die Summe aller Energieformen konstant ist oder – gleichbedeutend – die Summe aller Energieänderungen gleich Null ist. Dies bedeutet, dass die Summe der Energien, die ein abgeschlossenes System in Form von Wärme oder Arbeit mit der Umgebung austauscht, gleich der Änderung der in dem System gespeicherten Energie ist. Man nennt diese in dem System gespeicherte Energie die *innere Energie U*. Die innere Energie ist also konstant für abgeschlossene Systeme.

Weitere häufig verwendete äquivalente Formulierungen des ersten Hauptsatzes der Thermodynamik lauten: Energie kann weder erzeugt noch vernichtet werden. Es gibt keine Maschine, die dauernd Arbeit leistet, ohne dass ihr von außen Energie zugeführt wird; eine solche Maschine heißt *perpetuum mobile 1. Art*.

Der erste Hauptsatz der Thermodynamik lässt sich mathematisch folgendermaßen formulieren:

$$\boxed{\mathrm{d}U = \delta Q + \delta W} \tag{1.26}$$

Hierin ist $\mathrm{d}U$ die infinitesimale Änderung der inneren Energie eines abgeschlossenen Systems, und δQ und δW sind die in Form von Wärme bzw. Arbeit mit der Umgebung ausgetauschten infinitesimalen Energien.

Für eine endliche Zustandsänderung, die vom Anfangszustand (1) zum Endzustand (2) führt und in dessen Verlauf die Wärme Q_{12} und Arbeit W_{12} ausgetauscht werden, gilt für die Änderung der inneren Energie

$$U_2 - U_1 = \Delta U = Q_{12} + W_{12} \tag{1.27}$$

wobei U_1 bzw. U_2 die innere Energie im Zustand 1 bzw. 2 ist.

Die innere Energie U hat die SI-Einheit $1\,\mathrm{J} = 1\,\mathrm{N\,m}$.

Die Bedeutung des ersten Hauptsatzes liegt in seiner Anwendung auf thermodynamische Prozesse, die mit einer Umwandlung verschiedener Energieformen verbunden sind, wie dies z. B. bei Wärmekraftmaschinen oder Wärmepumpen der Fall ist.

Prinzipiell können auch weitere Energieformen wie die chemische und elektrische Energie in die Energiebilanz mit einbezogen werden, wie sie für chemische Reaktionen und elektrochemische Vorgänge von Bedeutung sind. Wir werden solche Prozesse in diesem Buch jedoch nicht behandeln und daher diese Energieformen nicht betrachten.

Innere Energie

Der Begriff der inneren Energie ist gewählt als Gegensatz zu den äußeren Energien des Systems, nämlich der kinetischen Energie aufgrund der Bewegung seines Schwerpunkts und der potentiellen Energie aufgrund des Vorhandenseins äußerer Felder, z. B. des Gravitationsfeldes. Wenn sich die Feldstärke dieser Felder zeitlich nicht ändert, sind die äußeren Energien für ein ruhendes System konstant und brauchen daher nicht weiter betrachtet zu

werden. Die neue Energiegröße innere Energie definiert man folglich als die Gesamtenergie des Systems vermindert um die potentielle und kinetische Energie des Systems. Sie
ist die Energie, die im Inneren des Systems gespeichert ist und hängt nur vom inneren
Zustand des Systems ab. Sie besteht aus der kinetischen und potentiellen Energie aller das
System aufbauenden Teilchen, sowie aus der Energie innerer elektrischer und magnetischer Felder. Die verschiedenen Energieformen kann man geeignet zusammenfassen zur
thermischen, chemischen und nuklearen Energie. Die thermische Energie ist die in der
Bewegung der Teilchen, sei es Translation, Rotation oder Oszillation, gespeicherte kinetische und potentielle Energie einschließlich der Energie der zwischen ihnen wirkenden
Abstoßungs- und Anziehungskräfte. Die chemische Energie ist die Energie der zwischen
den Atomen eines Moleküls wirkenden Bindungskräfte, also die Energie der Anziehung
der Elektronen und Atomkerne. Die nukleare Energie ist die Energie der Kernkräfte, also die Bindungsenergie der Nukleonen. Die chemische und nukleare Energie können wir
hier unberücksichtigt lassen, da wir keine chemischen Reaktionen oder Kernreaktionen
betrachten. Bei den von uns untersuchten Prozessen ändert sich nur die thermische Energie.

Die innere Energie hängt von der Temperatur ab, da die Bewegungsenergie der Teilchen
mit der Temperatur zunimmt, und vom Volumen, da die zwischenmolekularen Wechselwirkungskräfte bei kleiner werdenden Molekülabständen zunehmen. Nur für das ideale
Gas, dessen Atome und Moleküle keine Kräfte aufeinander ausüben, hängt die innere
Energie nicht vom Volumen, sondern nur von der Temperatur ab (s. Abschn. 1.3.2).

Die innere Energie kann, da sie eine Zustandsfunktion ist, als eindeutige Funktion der
Zustandsvariablen ausgedrückt werden. Für reine homogene Stoffe (d. h. Stoffe, die aus
einer Phase bestehen, s. Abschn. 2.4) hängt sie von zwei der drei thermischen Zustandsgrößen p, V und T ab. Je nach Wahl der Zustandsvariablen ergeben sich drei verschiedene
kalorische Zustandsgleichungen:

$$U = U(V, T), \quad U = U(p, T), \quad U = U(p, V) \tag{1.28}$$

Bei isochoren Zustandsänderungen ($dV = 0$ also $\delta W_V = -p\,dV = 0$) ist nach
Gl. (1.26)

$$\boxed{(dU)_V = \delta Q_V} \tag{1.29}$$

d. h. die isochore zugeführte Wärme δQ_V erhöht die innere Energie des Systems um denselben Betrag. Sie führt zu dessen Erwärmung, und umgekehrt führt die isochor abgeführte
Wärme zu einer Abkühlung.

Bei adiabaten Zustandsänderungen ($\delta Q_{ad} = 0$) ist nach Gl. (1.26)

$$\boxed{(dU)_{ad} = \delta W_{ad} = -p\,dV} \tag{1.30}$$

d. h. die Änderung der inneren Energie ist gleich der adiabat ausgetauschten Arbeit δW_{ad}.
Die bei einer adiabaten Kompression am System geleistete Volumenarbeit erhöht also

dessen innere Energie um denselben Betrag und führt zu einer Erwärmung. Ebenso wird die bei adiabater Expansion vom System geleistete Arbeit der inneren Energie entzogen und führt zu einer Abkühlung.

1.2.3 Enthalpie

Definition der Enthalpie

Häufig werden Prozesse unter Druckausgleich mit der Atmosphäre und damit unter konstantem Druck, dem Atmosphärendruck, durchgeführt. Um solche Zustandsänderungen mathematisch zu beschreiben, ist es zweckmäßig, eine weitere Zustandsgröße, die *Enthalpie H*, zu definieren:

$$\boxed{H = U + pV} \tag{1.31}$$

Für eine isobare Zustandsänderung ($p = $ const) ergibt sich durch Differentiation dieser Gleichung und Anwendung des ersten Hauptsatzes (Gl. (1.26))

$$\boxed{(\mathrm{d}H)_p = \delta Q_p} \tag{1.32}$$

D. h. bei isobaren Zustandsänderungen ist die vom System ausgetauschte Wärme δQ_p gleich der Änderung $\mathrm{d}H$ der Zustandsgröße Enthalpie, und die Prozessgröße δQ_p kann durch die Zustandsgröße $\mathrm{d}H$ ersetzt werden. Bei isochoren Zustandsänderungen ist die ausgetauschte Wärme δQ_V gleich der Änderung der inneren Energie $\mathrm{d}U$ (Gl. (1.29)). Die Enthalpie spielt also in isobaren Prozessen die Rolle, die die innere Energie in isochoren Prozessen spielt. Für isobare Prozesse ist die Änderung der Enthalpie $\mathrm{d}H = \mathrm{d}U + p\,\mathrm{d}V = \mathrm{d}U - \delta W$, d. h. sie unterscheidet sich von der Änderung der inneren Energie um die Volumenänderungsarbeit.

Eine Zustandsänderung, bei der das System isobar Wärme an die Umgebung abgibt ($Q_p < 0$), ist mit einer Abnahme der Enthalpie verbunden ($\Delta H < 0$) und heißt *exotherm*, eine solche, bei der das System isobar Wärme aufnimmt ($Q_p > 0$), ist mit Zunahme an Enthalpie verbunden ($\Delta H > 0$) und heißt *endotherm*.

Die Zustandsfunktion Enthalpie kann als eindeutige Funktion von zwei thermischen Zustandsvariablen ausgedrückt werden, und man erhält die folgenden kalorischen Zustandsgleichungen:

$$H = H(p,T), \quad H = H(p,V), \quad H = H(V,T) \tag{1.33}$$

Der Begriff Enthalpie leitet sich ab von enthálpein (gr.) = darin erwärmen.

Die Enthalpie H hat die SI-Einheit $1\,\mathrm{J} = 1\,\mathrm{N\,m}$.

Beispiel

In einem Druckluftbehälter stehe Luft unter einem Druck von 10 bar. Es entweiche isotherm 1 m^3 aus dem Behälter und entspanne sich auf 1 bar. Welche Arbeit verrichtet die
Luft bei dem Vorgang, und welche Wärmemenge nimmt die Luft dabei auf? Welche
Änderungen erfahren die innere Energie und die Enthalpie bei dem Prozess? Man diskutiere die Vorzeichen. Luft kann näherungsweise mit dem Gesetz des idealen Gases
beschrieben werden.

Lösung: Seien p_1 und V_1 Druck bzw. Volumen des Gases vor dem Ausströmen, p_2 und
V_2 ihre Werte danach. Da das Ausströmen isotherm verläuft, folgt aus der thermischen
Zustandsgleichung des idealen Gases (s. Abschn. 1.1.3) $p_1V_1 = nRT = p_2V_2$. Daher
ist das Volumen des ausgeströmten Gases $V_2 = p_1V_1/p_2 = 10\,\text{m}^3$. Beim Ausströmen
verrichtet es nach Gl. (1.24) die Arbeit $W_{12} = -nRT\ln(V_2/V_1) = -p_1V_1\ln(V_2/V_1) =$
$-2{,}3 \cdot 10^6$ J. Die beim Ausströmen umgesetzte Wärme berechnen wir mit dem ersten
Hauptsatz in Form von Gl. (1.27). Da das Ausströmen isotherm verläuft und die innere Energie des idealen Gases nicht vom Volumen, sondern nur von der Temperatur
abhängt, ändert sich die innere Energie nicht, und es gilt $0 = \Delta U = Q_{12} + W_{12}$ und
daher $Q_{12} = -W_{12} = 2{,}3 \cdot 10^6$ J. Die Arbeit ist negativ, da das Gas Arbeit verrichtet.
Die Wärme ist positiv, da das Gas Wärme aufnimmt. Beide Energien sind dem Betrage
nach gleich, so dass die innere Energie und damit die Temperatur konstant bleiben. Die
Enthalpie des idealen Gases ist $H = U + pV = U + nRT$ und hängt daher wie die innere Energie nur von der Temperatur ab. Daher ändert sie sich während des isothermen
Ausströmens nicht.

Enthalpieänderung bei Phasenumwandlungen und Gasreaktionen

Festkörper und Flüssigkeiten besitzen im Vergleich zu Gasen ein kleines Molvolumen und
eine geringe thermische Ausdehnung. Daher sind die Energiebeträge pV und $p\,dV$ klein.
Innere Energie und Enthalpie unterscheiden sich daher kaum, und bei einer Zustandsänderung ist die Enthalpieänderung etwa gleich der Änderung der inneren Energie.

   Bei einer Zustandsänderung, bei der sich feste oder flüssige Stoffe in gasförmige Stoffe
umwandeln, sei es durch eine Phasenumwandlung oder durch eine chemische Reaktion, unterscheiden sich die mit dieser Zustandsänderung verbundenen Änderungen der
inneren Energie und der Enthalpie jedoch deutlich voneinander. Analoges gilt für die
Umwandlung von Gasen in Flüssigkeiten oder Festkörper. Verdampft beispielsweise bei
Zimmertemperatur und Atmosphärendruck 1 mol Wasser, so entstehen aus 18 cm^3 Flüssigkeit etwa 24 000 cm^3 Gas; bei der Kondensation von Wasserdampf nimmt das Volumen
entsprechend drastisch ab. Reagiert fester Kohlenstoff C (s) mit gasförmigem Sauerstoff
O_2 (g) unter Bildung von gasförmigem Kohlenstoffmonoxid CO (g) nach der Reaktions-
gleichung $2\,\text{C (s)} + O_2\,\text{(g)} \rightarrow 2\,\text{CO (g)}$, so verdoppelt sich während der Reaktion die
Anzahl der Mole Gas. Dagegen nimmt bei der Reaktion $2\,\text{CO (g)} + O_2\,\text{(g)} \rightarrow 2\,\text{CO}_2\,\text{(g)}$
die Anzahl der Mole Gas ab. Die Änderung der Molzahl Δn ist mit einer Volumenän-
derung ΔV und damit bei konstantem Druck p mit der Volumenänderungsarbeit $-p\,\Delta V$

verbunden, und um diese Energie unterscheiden sich die Änderungen der inneren Energie ΔU und der Enthalpie ΔH voneinander (der Beitrag der Flüssigkeit oder des Festkörper kann gegen den des Gases vernachlässigt werden). Verhalten sich die Gase annähernd ideal, so ist bei isothermer-isobarer Prozessführung $p\Delta V = \Delta(p\,V) = \Delta nRT$ und daher $\Delta H = \Delta U + \Delta(p\,V) = \Delta U + \Delta nRT$.

Beispiel

Man berechne den Unterschied der inneren Energie und der Enthalpie für 1 mol gasförmigen und flüssigen Wassers am Normalsiedepunkt ($T_b = 373,15\,\text{K}$, $p = 1,013\,\text{bar}$) aus den folgenden Versuchsdaten: 250 g siedendes Wasser werden bei Atmosphärendruck innerhalb von 9,4 min mit einer elektrischen Heizung der Leistung 1000 W vollständig verdampft. Die Molmasse von Wasser beträgt $M = 18,02\,\text{g mol}^{-1}$, die Dichte flüssigen Wassers am Normalsiedepunkt ist $\rho = 0,958\,\text{g cm}^{-3}$.

Lösung: Dem Wasser wird über die elektrische Heizung mit der Leistung $P = 1000\,\text{W}$ über die Zeit $t = 9,4\,\text{min}$ die Wärmeenergie $Q = Pt = 564,00\,\text{kJ}$ zugeführt. Die während des isobaren Verdampfens geleistete Volumenänderungsarbeit gegen den Atmosphärendruck ist $W = -p\Delta V$, wobei die mit dem Verdampfen verbundene Volumenänderung $\Delta V = V^v - V^l$ die Differenz der Volumina des Dampfes V^v und der Flüssigkeit V^l ist. (Die hochgestellten Buchstaben v und l bezeichnen die beiden unterschiedlichen Aggregatzustände.) V^v berechnet man mit der thermischen Zustandsgleichung des idealen Gases (s. Abschn. 1.1.3) $V^v = nRT/p$ und der Molzahl $n = m/M = 13,87\,\text{mol}$ zu $V^v = 0,425\,\text{m}^3$. Das Volumen der Flüssigkeit ist mit $V^l = m/\rho = 261,0\,\text{cm}^3$ gegen das des Dampfes vernachlässigbar. Daher ist die Volumenänderungsarbeit $W = -p\,V^v = -nRT = -43,03\,\text{kJ}$. Die Änderung der inneren Energie ist nach dem ersten Hauptsatz $\Delta U = Q + W = 520,97\,\text{kJ}$. Die Änderung der Enthalpie ist $\Delta H = \Delta U + \Delta(p\,V) = Q + W + p\Delta V = Q = 564,00\,\text{kJ}$. Die Enthalpieänderung ist gleich der isobar ausgetauschten Wärme (s. Gl. (1.32)). ΔH ist um den Betrag der Volumenänderungsarbeit $p\Delta V$ größer als ΔU. ΔU und ΔH sind positiv, da mit dem Verdampfungsvorgang die innere Energie und die Enthalpie des Wassers zunehmen.

Die Änderung der molaren Enthalpie ergibt sich zu $\Delta H_m = \Delta H/n = 40,66\,\text{kJ}$ mol^{-1}. Es ist die molare Verdampfungsenthalpie von Wasser unter Normalbedingungen. Man findet den Wert $\Delta H_m = 40,65\,\text{kJ mol}^{-1}$ tabelliert.

1.2.4 Wärmekapazität

Definition der Wärmekapazität

Wird einem System eine Wärmemenge δQ zugeführt und findet weder ein Austausch von Arbeit mit der Umgebung noch eine Phasenumwandlung (s. Abschn. 2.4) statt, so ergibt sich eine Temperaturerhöhung $\text{d}T$, die zu δQ proportional ist, d. h. $\delta Q \sim \text{d}T$. Der Quotient aus zugeführter Wärme und Temperaturerhöhung

$$C = \frac{\delta Q}{dT} \tag{1.34}$$

wird *Wärmekapazität* genannt. Sie ist i. a. temperatur- und druckabhängig.

Die SI-Einheit der Wärmekapazität ist $J\,K^{-1}$.

Je größer das System ist, desto mehr Wärme wird für eine bestimmte Temperatur-erhöhung benötigt: Die Wärmekapazität ist proportional zur Größe des Systems, sie ist extensiv. Um die Wärmekapazitäten verschiedener Stoffe miteinander vergleichen zu können, definiert man mengenbezogene Wärmekapazitäten:

$$\text{Die } molare \text{ Wärmekapazität} \quad \boxed{C_m = \frac{C}{n}} \quad (n = \text{Molzahl}) \tag{1.35}$$

(veraltet: *Molwärme*) ist die auf 1 mol bezogene Wärmekapazität. Die molare Wärme-kapazität ist die Wärmemenge, die man 1 mol eines Stoffes zuführen muss, um dessen Temperatur um 1 K oder 1 °C zu erhöhen. Sie hat die SI-Einheit $J\,mol^{-1}\,K^{-1}$.

$$\text{Die } spezifische \text{ Wärmekapazität} \quad \boxed{c = \frac{C}{m}} \quad (m = \text{Masse}) \tag{1.36}$$

(veraltet: *spezifische Wärme*) ist die auf 1 kg bezogene Wärmekapazität. Die spezifische Wärmekapazität ist die Wärmemenge, die man 1 kg eines Stoffes zuführen muss, um des-sen Temperatur um 1 K oder 1 °C zu erhöhen. Sie hat die SI-Einheit $kJ\,kg^{-1}\,K^{-1}$.

Zwischen beiden Wärmekapazitäten besteht die Beziehung

$$\boxed{C_m = Mc} \quad (M = m/n = \text{Molmasse}) \tag{1.37}$$

Die Wärmekapazitäten C, C_m und c sind keine Zustandsgrößen, sondern wie die Wärme δQ Prozessgrößen. Die Wärmekapazität ist abhängig davon, unter welchen Bedingungen der Wärmeaustausch stattfindet, ob bei konstantem Druck (z. B. bei Atmosphärendruck in einem System mit Druckausgleich zur Außenluft) oder bei konstantem Volumen (z. B. in einem Autoklaven). Dementsprechend unterscheidet man:

C_p = *Wärmekapazität bei konstantem Druck (isobare Wärmekapazität)*

$C_{p,m}$ = *molare isobare Wärmekapazität*

c_p = *spezifische isobare Wärmekapazität*

sowie

C_V = *Wärmkapazität bei konstantem Volumen (isochore Wärmekapazität)*

$C_{V,m}$ = *molare isochore Wärmekapazität*

c_V = *spezifische isochore Wärmekapazität.*

Die isobare Wärmekapazität ist stets größer als die isochore Wärmekapazität: Bei der isochoren Wärmezufuhr findet keine Volumenänderung statt, und es wird keine Volumenänderungsarbeit geleistet, so dass sich die gesamte aufgenommene Wärme in innere Energie umwandelt und zu einer entsprechenden Temperaturerhöhung führt. Die isobare Wärmezufuhr ist dagegen mit einer Volumenzunahme verbunden, so dass nur der um die entsprechende Volumenänderungsarbeit verminderte Teil der zugeführten Wärme der Temperaturerhöhung zur Verfügung steht. Um bei der isobaren Wärmezufuhr dieselbe Temperaturerhöhung wie bei der isochoren Wärmezufuhr zu erzielen, muss entsprechend mehr Wärme zugeführt werden, so dass $C_p > C_V$ ist.

Die Differenz zwischen der molaren isobaren und isochoren Wärmekapazität ergibt sich aus den Maxwell-Relationen (s. Abschn. 1.5.3) zu

$$C_{p,\mathrm{m}} - C_{V,\mathrm{m}} = \frac{T V_{\mathrm{m}} \beta^2}{\chi} \tag{1.38}$$

(β = isobarer thermischer Volumenausdehnungskoeffizient, χ = isothermer Kompressibilitätskoeffizient, s. Abschn. 1.1.4). Für das ideale Gas gilt $C_{p,\mathrm{m}} - C_{V,\mathrm{m}} = R$ (s. Abschn. 1.3.3).

Das Verhältnis der isobaren und isochoren Wärmekapazitäten

$$\kappa = \frac{C_p}{C_V} = \frac{C_{p,\mathrm{m}}}{C_{V,\mathrm{m}}} = \frac{c_p}{c_V} \tag{1.39}$$

heißt *Adiabatenexponent* oder *Isentropenexponent* oder *Poisson-Konstante*. Da $C_p > C_V$, ist $\kappa > 1$. κ ist temperaturabhängig.

Die spezifische isobare Wärmekapazität c_p einiger Gase, Flüssigkeiten und Festkörper bei 25 °C sind in Tab. A.15 wiedergegeben, der Adiabatenexponent κ einiger Gase in Tab. A.16.

Die isochoren und isobaren Wärmekapazitäten kann man aus der Änderung der inneren Energie bzw. der Enthalpie berechnen:

Für eine isochore Zustandsänderung ($dV = 0$) ist die Änderung der inneren Energie $U(V, T)$ unter Anwendung der Gln. (1.29) und (1.9): $(dU)_V = \delta Q_V = (\partial U/\partial T)_V \, dT$, und daher ist die isochore Wärmekapazität

$$C_V = \frac{\delta Q_V}{dT} = \left(\frac{\partial U}{\partial T} \right)_V \tag{1.40}$$

Wenn man für U die molare oder spezifische innere Energie einsetzt, wird C_V zur molaren bzw. spezifischen isochoren Wärmekapazität $C_{V,\mathrm{m}}$ bzw. c_V.

Mit U ist auch C_V eine Funktion von Volumen und Temperatur. Meist kann man aber die Volumenabhängigkeit vernachlässigen und berücksichtigt nur die Temperaturabhängigkeit.

Für eine isobare Zustandsänderung ($dp = 0$) ist die Änderung der Enthalpie $H(p, T)$: $(dH)_p = \delta Q_p = (\partial H / \partial T)_p \, dT$, und daher ist die isobare Wärmekapazität

$$\boxed{C_p = \frac{\delta Q_p}{dT} = \left(\frac{\partial H}{\partial T} \right)_p} \tag{1.41}$$

Mit der molaren oder spezifischen Enthalpie erhält man die molare bzw. spezifische isobare Wärmekapazität $C_{p,m}$ bzw. c_p.

Wie H ist auch C_p eine Funktion von p und T. Meist kann man aber die Druckabhängigkeit vernachlässigen und berücksichtigt nur die Temperaturabhängigkeit.

Obwohl die Wärmekapazität C eine Prozess- und keine Zustandsgröße ist, sind C_p und C_V Zustandsgrößen, denn unter isobaren und isochoren Bedingungen ist die ausgetauschte Wärme δQ gleich der Änderung der Enthalpie dH bzw. der inneren Energie dU und damit selbst eine Zustandsgröße, so dass $C_p = (\partial H / \partial T)_p$ und $C_V = (\partial U / \partial T)_V$ auch Zustandsgrößen sind.

Beispiel

Ein Scheibengasbehälter ist ein zylindrischer Gasbehälter, in dem das Gasvolumen durch eine auf dem Gas lastende bewegliche Scheibenkonstruktion begrenzt ist. Ein solcher Behälter enthalte in einem Volumen von $100 \, m^3$ $70 \, kg$ Methangas unter einem leichten Überdruck von $10 \, mbar$ gegenüber dem Außendruck ($1013 \, mbar$). Durch Sonneneinstrahlung erwärme sich das Gas von $10 \, °C$ auf $50 \, °C$.
(a) Wie groß ist die vom Gas aufgenommene Wärme?
(b) Wie groß ist die vom Gas geleistete Volumenänderungsarbeit?
(c) Wie groß ist die Änderung der inneren Energie und der Enthalpie?
Methan kann näherungsweise durch die ideale Gasgleichung beschrieben werden. Die molare isobare Wärmekapazität von Methan für den betrachteten Temperaturbereich ist $C_{p,m} = 35{,}9 \, J \, mol^{-1} \, K^{-1}$, die Molmasse $M = 16{,}0 \, g \, mol^{-1}$.

Lösung: (a) Die Scheibe ist beweglich und gewährleistet den Druckausgleich mit der Umgebung, d. h. es handelt sich hier um einen isobaren Prozess. Da die Wärmekapazität in dem betrachteten Temperaturbereich einen konstanten Wert hat, ist die vom Gas aufgenommene Wärmeenergie nach Gl. (1.41) unter Verwendung der Gln. (1.35) und (1.2):

$$Q_{12} = C_p \Delta T = n \, , \quad C_{p,m} \Delta T = (m/M) \, , \quad C_{p,m} \Delta T = 6{,}27 \, MJ$$

(b) Das Gas dehnt sich aufgrund der isobaren Erwärmung von V_1 auf V_2 aus. Nach der Zustandsgleichung des idealen Gases ist $RT_1/V_1 = p = RT_2/V_2$, also $V_2 = V_1 T_2/T_1$ und daher die Volumenänderung $\Delta V = V_2 - V_1 = V_1(T_2/T_1 - 1)$ und die Volumenänderungsarbeit nach Gl. (1.23) $W_{12} = -p\Delta V = -p \, V_1(T_2/T_1 - 1) = -1{,}45 \, MJ$. Sie wird vom Gas an der Umgebung geleistet und ist daher negativ.

(c) Die Änderung der inneren Energie ergibt sich aus dem ersten Hauptsatz zu $\Delta U = U_2 - U_1 = Q_{12} + W_{12} = 4,82\,\text{MJ}$. Die Änderung der Enthalpie ist bei isobaren Prozessen gleich der ausgetauschten Wärme (s. Gl. (1.32)), also $\Delta H = H_2 - H_1 = Q_{12} = 6,27\,\text{MJ}$.

Temperaturabhängigkeit der Wärmekapazität

Die Wärmekapazität ist i. a. temperaturabhängig. Man beschreibt die Temperaturabhängigkeit der Wärmekapazität in Form analytischer Funktionen, meist als Potenzreihen in T, so die molare isobare Wärmekapazität des idealen Gases mit folgendem Ansatz:

$$\boxed{C_{p,m}^{\text{id}} = a + bT + cT^2 + dT^{-2}} \tag{1.42}$$

Die Koeffizienten $a, b, c, d, \dots$ sind Stoffkonstanten, die man durch Anpassung der Gleichung an experimentell bestimmte Wärmekapazitäten bestimmt. Sie liegen tabelliert vor. Tab. A.17 gibt die Koeffizienten einiger ausgewählter Stoffe wieder.

Die Wärmekapazität von Festkörpern nimmt bei sehr tiefen Temperaturen (in der Nähe des absoluten Nullpunkts) proportional zur dritten Potenz der absoluten Temperatur zu (*Debyesches T^3-Gesetz*):

$$C_{V,m} \sim T^3 \tag{1.43}$$

Bei hohen Temperaturen (im Bereich von Raumtemperatur und darüber) steigt die Wärmekapazität von Festkörpern schwach an und ist oberhalb von Raumtemperatur näherungsweise konstant:

$$C_{V,m} \approx 3R \approx 25\,\text{J}\,\text{mol}^{-1}\,\text{K}^{-1} \tag{1.44}$$

Dies ist die *Dulong–Petitsche Regel*. Empirisch gefunden, kann sie doch mit atomistischen Überlegungen erklärt werden (s. Abschn. 1.3.3).

Der Temperaturverlauf der molaren isobaren Wärmekapazität einiger Festkörper ist in Abb. 1.2 dargestellt. Die Wärmekapazität steigt zunächst bei $T = 0\,\text{K}$ mit T^3 an und mündet bei hohen Temperaturen in einen Wert ein, der nur schwach temperaturabhängig ist. Da $C_{p,m}$ im Gegensatz zu $C_{V,m}$ den Beitrag der thermischen Ausdehnung beinhaltet, liegen die Hochtemperaturwerte von $C_{p,m}$ etwas oberhalb des Wertes von $C_{V,m}$ der Dulong-Petitschen Regel. Zur Temperaturabhängigkeit der molaren isobaren Wärmekapazität einiger Gase s. Abb. 1.5.

Beispiel

Man berechne die spezifische isobare Wärmekapazität von Aluminium und Blei bei 300 und 600 K mit Hilfe der empirischen Gleichung

$$\frac{C_{p,m}}{\text{J}\,\text{mol}^{-1}\,\text{K}^{-1}} = a + b\frac{T}{\text{K}} + c\left(\frac{T}{\text{K}}\right)^{-2}$$

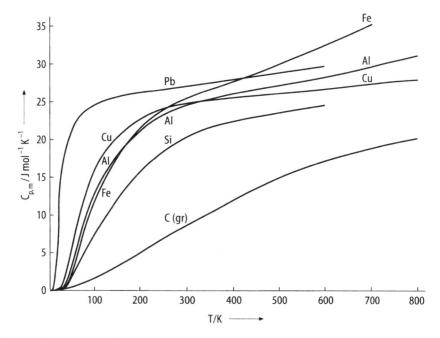

Abb. 1.2 Molare isobare Wämekapazität einiger reiner Festkörper in Abhängigkeit von der Temperatur

T ist die absolute Temperatur, und die Koeffizienten nehmen für den Druck $p = 1,013\,\text{bar}$ und den Temperaturbereich von 298 bis 2000 K die folgenden Werte an:

$$a_{\text{Al}} = 20,67, \quad b_{\text{Al}} = 12,38 \cdot 10^{-3}, \quad c_{\text{Al}} = 0$$
$$a_{\text{Pb}} = 22,13, \quad b_{\text{Pb}} = 11,72 \cdot 10^{-3}, \quad c_{\text{Pb}} = 0,96 \cdot 10^5$$

Man vergleiche das Ergebnis mit den Werten, die man aus der Dulong-Petitschen Regel erhält. Die Molmassen der Metalle sind $M_{\text{Al}} = 26,982\,\text{g mol}^{-1}$ und $M_{\text{Pb}} = 207,2\,\text{g mol}^{-1}$.

Lösung: Die molaren isobaren Wärmekapazitäten berechnet man durch Einsetzen der Temperaturen 300 und 600 K in die empirische Gleichung zu

$$C_{p,\text{m,Al}}(300\,\text{K}) = 24,38\,\text{J mol}^{-1}\,\text{K}^{-1}, \quad C_{p,\text{m,Al}}(600\,\text{K}) = 28,10\,\text{J mol}^{-1}\,\text{K}^{-1},$$
$$C_{p,\text{m,Pb}}(300\,\text{K}) = 26,71\,\text{J mol}^{-1}\,\text{K}^{-1}, \quad C_{p,\text{m,Pb}}(600\,\text{K}) = 29,43\,\text{J mol}^{-1}\,\text{K}^{-1}$$

Daraus folgt mit $c_p = C_{p,\text{m}}/M$ (Gl. (1.37))

$$c_{p,\text{Al}}(300\,\text{K}) = 0,904\,\text{J g}^{-1}\,\text{K}^{-1}, \quad c_{p,\text{Al}}(600\,\text{K}) = 1,041\,\text{J g}^{-1}\,\text{K}^{-1}$$
$$c_{p,\text{Pb}}(300\,\text{K}) = 0,129\,\text{J g}^{-1}\,\text{K}^{-1}, \quad c_{p,\text{Pb}}(600\,\text{K}) = 0,142\,\text{J g}^{-1}\,\text{K}^{-1}$$

Die Abweichungen der empirischen molaren isobaren Wärmekapazitäten zu dem Wert der Dulong-Petitschen Regel (Gl. (1.44), $C_{p,m} \approx C_{V,m} \approx 25 \, \text{J} \, \text{mol}^{-1} \, \text{K}^{-1}$) betragen bei 300 K nur wenige Prozent, werden mit zunehmender Temperatur aber deutlich größer. Obwohl die beiden Metalle fast die gleiche molare Wärmekapazität besitzen, unterscheiden sich ihre spezifischen Wärmekapazitäten deutlich voneinander aufgrund der großen Unterschiede der Atommassen.

Mittlere Wärmekapazitäten

In der Praxis arbeitet man häufig mit *mittleren Wärmekapazitäten*, die aus dem Temperaturverlauf $C_V(T)$ bzw. $C_p(T)$ der Wärmekapazität durch Mittlung über ein bestimmtes Temperaturintervall $[T_1, T_2]$ berechnet und in diesem Bereich als konstant angesehen werden. Sie sind folgendermaßen definiert:

$$\langle C_V \rangle = \frac{1}{T_2 - T_1} \int_{T_1}^{T_2} C_V(T) \, \mathrm{d}T \quad \text{bzw.} \quad \langle C_p \rangle = \frac{1}{T_2 - T_1} \int_{T_1}^{T_2} C_p(T) \, \mathrm{d}T \tag{1.45}$$

Bei einer linearen Temperaturabhängigkeit der Wärmekapazität ist der Mittelwert der Wärmekapazität gleich der Wärmekapazität bei dem Mittelwert $(T_1 + T_2)/2$ des Temperaturintervalls $[T_1, T_2]$.

1.2.5 Berechnung kalorischer Zustandsgrößen

Mit der Wärmekapazität und ihrer Temperaturabhängigkeit kann man die Änderung des Energieinhalts eines Systems als Folge einer Zustandsänderung berechnen.

Für eine isochore Zustandsänderung ($V = $ const) oder eine solche, für die $(\partial U/\partial V)_T$ vernachlässigbar ist, z. B. für das ideale Gas, ist mit Gl. (1.40) $\mathrm{d}U = C_V \, \mathrm{d}T$, und durch Integration ergibt sich die Änderung der inneren Energie zu

$$\Delta U = U(T_2) - U(T_1) = \int_{T_1}^{T_2} C_V(T) \, \mathrm{d}T \tag{1.46}$$

Analog gilt für eine isobare Zustandsänderung ($p = $ const) oder für den Fall, dass $(\partial H/\partial p)_T$ vernachlässigbar ist, wie für das ideale Gas oder Flüssigkeiten und Festkörper, mit Gl. (1.41) für die Enthalpieänderung

$$\Delta H = H(T_2) - H(T_1) = \int_{T_1}^{T_2} C_p(T) \, \mathrm{d}T \tag{1.47}$$

Die Gln. (1.46) und (1.47) sind nur dann gültig, wenn im Temperaturbereich $[T_1, T_2]$ keine Phasenumwandlungen auftreten. Solche Phasenumwandlungen (Änderungen des Aggregatzustandes oder Änderungen der Kristallstruktur eines Festkörpers (allotrope Umwandlung)) sind mit einer Umwandlungswärme verbunden, die man in die Gleichungen einfügen muss, wenn es Phasenumwandlungen in dem Temperaturintervall gibt. Bezeichnet man die molare Umwandlungsenthalpie mit $\Delta_U H$, so ist die Änderung der molaren Enthalpie auf Grund der Temperaturänderung von T_0 nach T nach Gl. (1.47) also

$$\Delta H_m = H_m(T) - H_m(T_0) = \int_{T_0}^{T} C_{p,m}(T)\, dT + \Delta_U H$$

Man kann diese Gleichung graphisch darstellen in einem $C_{p,m}(T), T$-Diagramm, wie in Abb. 1.3 schematisch gezeigt. Die Enthalpieänderung ist gleich der Fläche unter der $C_{p,m}(T), T$-Kurve zuzüglich der Umwandlungsenthalpie $\Delta_U H$. ΔH_m macht einen Sprung um $\Delta_U H$ bei der Umwandlungstemperatur, verläuft zwischen den Umwandlungen aber stetig, da $C_{p,m}(T)$ stetig ist.

Beispiel

Man berechne die Enthalpieänderung für 1 mol Stickstoff bei der isobaren Erwärmung von 20 °C auf 100 °C. Die molare isobare Wärmekapazität von N_2 werde bei 1,013 bar und Temperaturen im Bereich von 293 bis 2000 K durch die Funktion

$$\frac{C_{p,m}}{\text{J mol}^{-1}\,\text{K}^{-1}} = a + b\frac{T}{\text{K}} + c\left(\frac{T}{\text{K}}\right)^{-2}$$

beschrieben, wobei T die Temperatur in der Einheit Kelvin ist und die Koeffizienten folgende Werte annehmen: $a = 28,58$, $b = 3,77 \cdot 10^{-3}$, $c = -0,50 \cdot 10^5$.

Lösung: Die Änderung der molaren Enthalpie aufgrund der Temperaturänderung berechnen wir mit Gl. (1.47), indem wir für $C_{p,m}(T)$ die Temperaturfunktion einsetzen und die Integration ausführen:

$$\frac{\Delta H_m}{\text{J mol}^{-1}} = a(T_2 - T_1) + \frac{b}{2}\left(T_2^2 - T_1^2\right) - c\left(\frac{1}{T_2} - \frac{1}{T_1}\right)$$

Also ist $\Delta H_m = 2350,3\,\text{J mol}^{-1}$, und die Enthalpie hat um 2,35 kJ zugenommen.

Kalorimetrische Bestimmung der Wärmekapazität

Bringt man zwei Stoffe unterschiedlicher Temperaturen in thermischen Kontakt miteinander und misst die Temperatur, die sich nach dem Temperaturausgleich einstellt, so kann man, wenn die Anfangstemperaturen beider Stoffe sowie die Wärmekapazität eines Stoffes bekannt sind, aus der Energiebilanz die Wärmekapazität des anderen Stoffes

Abb. 1.3 Graphische Darstellung der Berechnung der Enthalpieänderung eines Stoffes aus der Wärmekapazität (schematisch): **a** $C_{p,\mathrm{m}}(T)$, T-Diagramm, **b** $\Delta H_{\mathrm{m}}(T)$, T-Diagramm. In den Temperaturbereichen, in denen keine Phasenumwandlung stattfindet, ändern sich $C_{p,\mathrm{m}}(T)$ und $\Delta H_{\mathrm{m}}(T)$ stetig mit der Temperatur, bei den Umwandlungstemperaturen jedoch sprunghaft. s = Festkörper, l = Flüssigkeit, g = Gas, T_{f} = Schmelzpunkt, T_{b} = Siedepunkt, $\Delta_{\mathrm{f}}H$ = molare Schmelzenthalpie, $\Delta_{\mathrm{b}}H$ = molare Verdampfungsenthalpie

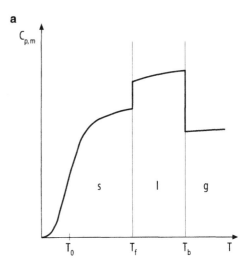

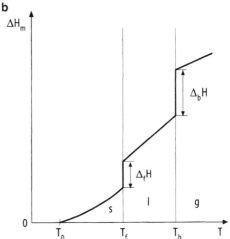

berechnen. Ebenso kann man aus den Wärmekapazitäten und den Anfangstemperaturen beider Stoffe die Mischungstemperatur berechnen: Seien $c_{p,1}$ und $c_{p,2}$ die in dem betrachteten Temperaturbereich als konstant angenommenen oder gemittelten spezifischen isobaren Wärmekapazitäten der Stoffe 1 und 2, m_1 und m_2 ihre Massen, T_1 und T_2 ihre Temperaturen vor der Mischung, wobei ohne Einschränkung der Allgemeingültigkeit $T_2 > T_1$ sein soll, und T_{m} die Mischungstemperatur. Der Stoff mit der höheren Ausgangstemperatur T_2 gibt, wenn er sich auf die Mischungstemperatur T_{m} abkühlt, an Stoff 1 die Wärmemenge $Q_2 = m_2 c_{p,2}(T_{\mathrm{m}} - T_2) < 0$ (da $T_{\mathrm{m}} < T_2$) ab. Die Wärmeenergie, die Stoff 1 aufnimmt, ist $Q_1 = m_1 c_{p,1}(T_{\mathrm{m}} - T_1) > 0$ (da $T_{\mathrm{m}} > T_1$). Da Stoff 1 die Wärmeenergie von Stoff 2 aufnimmt, muss nach dem Energieerhaltungssatz $Q_1 + Q_2 = 0$ gelten, also $m_1 c_{p,1}(T_{\mathrm{m}} - T_1) + m_2 c_{p,2}(T_{\mathrm{m}} - T_2) = 0$. Löst man diese Gleichung nach der zu bestimmenden Wärmekapazität, z. B. $c_{p,2}$ auf, so erhält man

$$c_{p,2} = \frac{m_1}{m_2} c_{p,1} \frac{T_m - T_1}{T_2 - T_m}$$

(1.48)

Löst man sie nach der Mischungstemperatur T_m auf, so ergibt sich

$$T_m = \frac{m_1 c_{p,1} T_1 + m_2 c_{p,2} T_2}{m_1 c_{p,1} + m_2 c_{p,2}}$$

(1.49)

Wenn man die Summe in Gl. (1.49) nicht nur auf zwei, sondern auf beliebig viele Terme erstreckt, erhält diese Gleichung auch Gültigkeit für eine Mischung beliebig vieler Stoffe.

Für die molaren Wärmekapazitäten erhält man zu den Gln. (1.48) und (1.49) analoge Gleichungen, wenn man $m_i c_{p,i}$ durch $n_i C_{p,m,i}$ ersetzt (n_i und $C_{p,m,i}$ sind die Molzahl bzw. molare Wärmekapazität des Stoffes i). Entsprechende Gleichungen gelten für die isochore Wärmekapazität.

Beispiel

Wir wollen die Wärmekapazität eines Metalls mit Hilfe eines Kalorimeters bestimmen. Ein Kalorimeter ist ein gegen Wärmeaustausch mit der Umgebung isoliertes Gefäß zum Messen von Wärmemengen, die bei physikalischen oder chemischen Vorgängen umgesetzt werden. Da die einzelnen Teile des Kalorimeters (Gefäß, Rührer, Thermometer und anderes Zubehör) abhängig von ihrer jeweiligen Masse und spezifischen Wärmekapazität selbst Wärme aufnehmen, fasst man die Wärmekapazität aller Teile des Kalorimeters zur Wärmekapazität C_K des Kalorimeters, dem sog. Wasserwert des Kalorimeters, zusammen.

Die Messung der Wärmekapazität des Metalls geschieht in zwei Schritten:

(a) Wir bestimmen den Wasserwert des Kalorimeters nach der Mischungsmethode: Wir wiegen in das Kalorimeter 500 g Wasser (m_1) von etwa 40 °C ein; nach dem Temperaturausgleich messen wir die Wassertemperatur zu 38,3 °C (t_1). Dann fügen wir die gleiche Menge Wasser (m_2) mit der Temperatur 15,1 °C (t_2) hinzu; die Mischungstemperatur ergibt sich zu 28,6 °C (t_m).

(b) Wir bestimmen die mittlere spezifische isobare Wärmekapazität c_p des Metalls nach der Mischungsmethode: Wir erhitzen einen metallischen Probekörper der Masse 80 g (m_1) in einem Ofen auf 240,8 °C (t_1) und lassen ihn dann aus dem Ofen in das darunter befindliche Kalorimeter fallen, welches mit 500 g (m_2) Wasser der Temperatur 17,3 °C (t_2) gefüllt ist. Es stellt sich die Mischungstemperatur 22,9 °C (t_m) ein.

(c) Um welches Metall handelt es sich vermutlich?

Die spezifische isobare Wärmekapazität von Wasser in dem betrachteten Temperaturbereich ist $c_W = 4{,}18\,\mathrm{J\,g^{-1}\,K^{-1}}$.

Lösung: (a) Wir berechnen den Wasserwert C_K des Kalorimeters: Nach dem Hinzufügen des kühleren Wassers wird von dem anfänglich vorhandenen wärmeren

Wasser und vom Kalorimeter die folgende Wärmemenge abgegeben: $Q_1 = (C_K + m_1 c_W)(T_m - T_1) < 0$. Die von dem hinzugefügten Wasser aufgenommene Wärme ist $Q_2 = m_2 c_W(T_m - T_2) > 0$. Nach dem Energieerhaltungssatz muss $Q_1 + Q_2 = 0$ gelten und daher $(C_K + m_1 c_W)(T_1 - T_m) = m_2 c_W(T_m - T_2)$. Wir lösen diese Gleichung nach der Wärmekapazität des Kalorimeters auf und erhalten

$$C_K = \frac{m_2 c_W(T_m - T_2)}{T_1 - T_m} - m_1 c_W = c_W \frac{m_2(T_m - T_2) - m_1(T_1 - T_m)}{T_1 - T_m}.$$

Wir erhalten für den Wasserwert des Kalorimeters $C_K = 818{,}8\,\text{J}\,\text{K}^{-1}$.

(b) Wir berechnen die mittlere spezifische isobare Wärmekapazität des Metallkörpers: Der Metallkörper gibt die Wärmemenge $Q_1 = m_1 c_p(T_m - T_1) < 0$ ab, Wasser und Kalorimeter nehmen die Wärme $Q_2 = (C_K + m_2 c_W)(T_m - T_2) > 0$ auf. Wegen $Q_1 + Q_2 = 0$ gilt $m_1 c_p(T_1 - T_m) = (C_K + m_2 c_W)(T_m - T_2)$. Lösen wir diese Gleichung nach der unbekannten Wärmekapazität des Metallkörpers auf, so erhalten wir

$$c_p = \frac{C_K + m_2 c_W}{m_1} \frac{T_m - T_2}{T_1 - T_m} = 0{,}934\,\text{J}\,\text{g}^{-1}\,\text{K}^{-1}$$

(c) Die molare isobare Wärmekapazität von Festkörpern ist nach der Dulong-Petitschen Regel (Gl. (1.44)) $C_{p,m} \approx 25\,\text{J}\,\text{mol}^{-1}\,\text{K}^{-1}$. Mit $C_m = M c$ (Gl. (1.37)) erhalten wir für die Molmasse der Metallprobe $M = C_{p,m}/c_p \approx 26{,}8\,\text{g}\,\text{mol}^{-1}$. Dies kommt dem Wert von Aluminium ($M = 26{,}98\,\text{g}\,\text{mol}^{-1}$) sehr nahe, so dass es sich bei der Metallprobe um Aluminium handeln wird.

1.3 Das ideale Gas

Jedes Gas füllt den ihm zur Verfügung stehenden Raum gleichmäßig aus. Dies ist darauf zurückzuführen, dass die Atome oder Moleküle von Gasen frei beweglich sind, da sie kaum Kräfte aufeinander ausüben. Ein Gas, dessen Teilchen keinerlei Wechselwirkungskräfte aufeinander ausüben und zudem keinen Raum einnehmen, folgt besonders einfachen thermodynamischen Gesetzmäßigkeiten. Man nennt dieses Modellgas *ideales Gas*. Es existiert in Wirklichkeit nicht, aber viele reale Gase befolgen bei mäßigen Drücken und Temperaturen annähernd seine Gesetzmäßigkeiten, und die Eigenschaften realer Gase können häufig mit ausreichender Genauigkeit mit den Gesetzen des idealen Gases beschrieben werden. Als Ausgangspunkt zur Beschreibung realer Substanzen hat das ideale Gas daher große theoretische und praktische Bedeutung (s. Abschn. 2.1).

1.3.1 Thermische Zustandsgleichung

Kinetische Gastheorie

Das *ideale Gas* besteht definitionsgemäß aus Teilchen, die punktförmig sind (d. h. keine räumliche Ausdehnung besitzen) und keine Wechselwirkungskräfte aufeinander ausüben (außer bei elastischen Stößen). Sie bevorzugen bei ihren Bewegungen keine Raumrichtung und bewegen sich geradlinig und unabhängig voneinander, bis sie einen Stoß erleiden, sei es mit anderen Teilchen oder der Gefäßwand. Dann tauschen sie Energie und Impuls aus, wobei gemäß den Gesetzen des elastischen Stoßes die Gesamtenergie und der Gesamtimpuls erhalten bleiben, wenn keine Energie von der Umgebung auf das Gas übertragen wird.

Die *kinetische Gastheorie* berechnet die makroskopisch beobachtbaren Eigenschaften des idealen Gases (wie Druck, Volumen und Temperatur) aus den mikroskopischen Eigenschaften der Gasteilchen (wie Masse und Geschwindigkeit), indem es sowohl die geradlinige Bewegung als auch die elastischen Stöße der Teilchen mit den Gesetzen der Mechanik und der Statistik beschreibt. Zwar haben die einzelnen Teilchen verschiedene Energien, und diese Energien ändern sich mit jedem Stoß, aber gemittelt über die Zeit folgen die Geschwindigkeiten der Moleküle in jedem Moment einer statistischen Verteilung, der *Maxwellschen Geschwindigkeitsverteilung*. Gemittelt über die Gesamtheit aller Teilchen kann man den Teilchen je nach ihrer Masse und abhängig von der Temperatur des Gases eine bestimmte mittlere Geschwindigkeit zuordnen. Es zeigt sich, dass der sich hieraus ergebende Mittelwert der kinetischen Energie der Teilchen direkt proportional zur Temperatur des Gases ist und der vom Gas auf eine Gefäßwand ausgeübte Druck dem von den Teilchen auf die Gefäßwand übertragenen Impuls entspricht. Somit werden die makroskopischen Größen Druck und Temperatur auf die mikroskopischen Größen (Geschwindigkeit, Impuls, kinetische Energie der Teilchen) zurückgeführt.

Thermische Zustandsgleichung

Die Überlegungen der kinetischen Gastheorie führen zur *thermischen Zustandsgleichung des idealen Gases*:

$$\boxed{pV = nRT} \tag{1.50}$$

wobei n die Anzahl der Mole des Gases ist, die beim Druck p und der Temperatur T im Volumen V enthalten sind. $R = 8{,}3144\,\mathrm{J\,mol^{-1}\,K^{-1}}$ ist eine Naturkonstante, die *allgemeine (universelle) Gaskonstante*.

Für ein Mol Gas gilt

$$p\,V_{\mathrm{m}} = RT \tag{1.51}$$

wobei $V_{\mathrm{m}} = V/n$ das Molvolumen ist. Es ist also unter gleichen Bedingungen von Druck und Temperatur für alle Gase, die das Gesetz des idealen Gases erfüllen, gleich groß, nämlich $V_m = RT/p$. Es ist im Normzustand ($T = 273,15\,\text{K}$ und $p = 1,01325\,\text{bar}$) $V_{m0}^{id} = 22,4141\,\text{l}\,\text{mol}^{-1}$.

Der Quotient aus der allgemeinen Gaskonstante R und der Avogadro-Konstante N_A, der Zahl der in einem Mol enthaltenen einander gleichen Teilchen (s. Abschn. 1.1.1), definiert die *Boltzmann-Konstante*

$$k = \frac{R}{N_A} = 1,380658 \cdot 10^{-23}\,\text{J}\,\text{K}^{-1} \tag{1.52}$$

Sie ist eine Naturkonstante und sozusagen die Gaskonstante eines Atoms oder Moleküls.

Ersetzt man in Gl. (1.50) die Molzahl n durch den Quotienten aus der Masse m des Systems und der Molmasse M, $n = m/M$, so erhält man $pV = m(R/M)T$. Man definiert die *spezielle (individuelle) Gaskonstante R_i* durch die Gleichung

$$\boxed{R_i = \frac{R}{M}} \tag{1.53}$$

Sie ist im Gegensatz zur allgemeinen Gaskonstante R keine Naturkonstante, sondern eine stoffspezifische Konstante, welche für jedes Gas einen anderen Wert besitzt. Damit erhält man $pV = mR_iT$ und mit dem spezifischen Volumen $v = V/m$

$$pv = R_iT \tag{1.54}$$

Da die thermische Zustandsgleichung des idealen Gases abgeleitet wurde unter der Voraussetzung, dass die Teilchen kein Eigenvolumen und keine Wechselwirkung aufweisen, gilt sie für reale Gase nur im Grenzfall verschwindenden Druckes, weil dann sowohl das Eigenvolumen als auch die Wechselwirkungskräfte vernachlässigbar sind. Dennoch befolgen viele Gase die Zustandsgleichung des idealen Gases auch bei mittleren Drücken mit einer für viele Anwendungen ausreichenden Genauigkeit.

Beispiel

In einer Gasflasche mit einem Fassungsvermögen von 60 l befindet sich Argon unter einem Fülldruck von 80 bar bei einer Temperatur von 22 °C. Beim Schweißen unter Inertgas wird ein Teil des Gases entnommen, und der Druck sinkt bei gleich bleibender Temperatur auf 60 bar. Welche Masse Argon wurde entnommen, und welches Volumen nimmt es außerhalb der Gasflasche (1,013 bar, 22 °C) ein? Argon verhält sich als Edelgas annähernd wie ein ideales Gas. Seine Molmasse ist $M = 39,95\,\text{g}\,\text{mol}^{-1}$.

Lösung: Die Molzahlen n_1 und n_2 des Argons in der Flasche (Volumen V) vor bzw. nach der Entnahme (Drücke p_1 bzw. p_2) ergeben sich aus der thermischen Zustandsgleichung des idealen Gases Gl. (1.50) zu $n_1 = p_1V/(RT) = 195,6\,\text{mol}$ bzw. $n_2 = p_2V/(RT) = 146,7\,\text{mol}$. Die Zahl der Mole, die entnommen wurden, ist also $n = n_1 - n_2 = 48,9\,\text{mol}$. Die entnommene Masse ist daher $m = nM = 1,954\,\text{kg}$. Außerhalb der Gasflasche nimmt es das Volumen $V = nRT/p = 1,185\,\text{m}^3$ ein.

Gesetze von Boyle-Mariotte, Gay-Lussac und Charles
Die thermische Zustandsgleichung des idealen Gases beinhaltet drei Gesetzmäßigkeiten, die man bei der Untersuchung des p, V, T-Verhaltens von Gasen empirisch gefunden hatte:

Gesetz von Boyle-Mariotte:

$$\text{für } T = \text{const} \quad \text{ist} \quad pV = \text{const} \quad \text{oder} \quad V \sim 1/p \tag{1.55}$$

d. h. bei konstanter Temperatur ist das Volumen eines Gases umgekehrt proportional zum Druck.

(Erstes) Gesetz von Gay-Lussac:

$$\text{für } p = \text{const} \quad \text{ist} \quad V / T = \text{const} \quad \text{oder} \quad V \sim T \tag{1.56}$$

d. h. bei konstantem Druck ist das Volumen eines Gases proportional zur Temperatur.

Gesetz von Charles (und Gay-Lussac):

$$\text{für } V = \text{const} \quad \text{ist} \quad p / T = \text{const} \quad \text{oder} \quad p \sim T \tag{1.57}$$

d. h. bei konstantem Volumen ist der Druck eines Gases proportional zur Temperatur.

Ausdehnungs-, Kompressibilitäts- und Spannungskoeffizient
Stellt man die thermische Zustandsgleichung des idealen Gases in einem p, V-, V, T- oder p, T-Diagramm graphisch dar (s. Abb. 1.4), so haben die Steigungen der Kurven physikalische Bedeutung als Stoffkonstanten.

Trägt man für konstanten Druck das Volumen gegen die absolute Temperatur auf, so ist diese sog. *Isobare* im V, T-Diagramm nach dem (ersten) Gesetz von Gay-Lussac Gl. (1.56) eine Gerade durch den Nullpunkt (Abb. 1.4a). D. h. unter isobaren Verhältnissen ändert sich das Volumen des idealen Gases linear mit der Temperatur. Daher eignet sich das ideale Gas zur Messung der Temperatur. Den Anstieg der Geraden, $(\partial V/\partial T)_p$, berechnet man durch Differentiaton der Zustandsgleichung des idealen Gases Gl. (1.50), und der *isobare thermische Volumenausdehnungskoeffizient* β (s. Gl. (1.17)). ergibt sich für das ideale Gas zu

$$\beta = \frac{1}{V} \left(\frac{\partial V}{\partial T} \right)_p = \frac{1}{T} \tag{1.58}$$

Trägt man für konstante Temperatur den Druck gegen das Volumen auf, so erhält man eine sog. *Isotherme* im p, V-Diagramm, die nach dem Gesetz von Boyle-Mariotte Gl. (1.55) eine gleichseitige Hyperbel mit Abszisse und Ordinate als Asymptoten darstellt (Abb. 1.4b). Ihre Steigung, $(\partial p/\partial V)_T$, ergibt den *isothermen Kompressibilitätskoeffizienten* χ (Gl. (1.18)) für das ideale Gas zu

$$\chi = -\frac{1}{V} \left(\frac{\partial V}{\partial p} \right)_T = \frac{1}{p} \tag{1.59}$$

Abb. 1.4 Die thermische Zustandsgleichung des idealen
Gases:
a Das Volumen in Abhängigkeit von der Temperatur
für verschiedene Drücke
($p_1 < p_2 < p_3$)
b Der Druck in Abhängigkeit
vom Volumen für verschiedene
Temperaturen ($T_1 < T_2 < T_3$)
c Der Druck in Abhängigkeit von der Temperatur
für verschiedene Volumina
($V_1 < V_2 < V_3$)

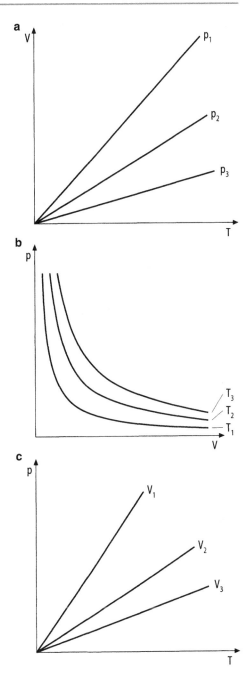

Trägt man für konstantes Volumen den Druck gegen die Temperatur auf, so erhält man eine sog. *Isochore* im p, T-Diagramm, die nach dem Gesetz von Charles (und Gay-Lussac) Gl. (1.57) eine Gerade ist, die durch den Nullpunkt geht (Abb. 1.4c). Ihre Steigung $(\partial p/\partial T)_V$, ergibt den *isochoren Spannungskoeffizienten* γ (Gl. (1.19)) für das ideale Gas zu

$$\gamma = \frac{1}{p}\left(\frac{\partial p}{\partial T}\right)_V = \frac{1}{T} \tag{1.60}$$

Der Spannungskoeffizient des idealen Gases ist also gleich seinem Ausdehnungskoeffizienten.

1.3.2 Kalorische Zustandsgleichungen

Gay-Lussac hat gezeigt, dass bei der adiabatischen Expansion ($\delta Q = 0$, $dV > 0$) eines idealen Gases in einen evakuierten Raum ($p = 0$ und daher $\delta W = -p\,dV = 0$) die Temperatur des Gases sich nicht ändert (s. Abschn. 2.3.1). Da während des Vorgangs gemäß des ersten Hauptsatzes ($dU = \delta Q + \delta W = 0$) die innere Energie konstant bleibt, gleichzeitig aber das Volumen ab- und der Druck zunimmt, hängt die innere Energie des idealen Gases weder vom Volumen noch vom Druck ab, sondern nur von der Temperatur. Dies kann man nicht nur aus empirischen Befunden herleiten, sondern auch theoretisch durch Anwendung der Maxwell-Relationen auf die thermische Zustandsgleichung des idealen Gases (s. Lüdecke und Lüdecke 2000). Es gilt also für das ideale Gas

$$\left(\frac{\partial U}{\partial V}\right)_T = 0, \tag{1.61a}$$

$$\left(\frac{\partial U}{\partial p}\right)_T = 0, \tag{1.61b}$$

$$\boxed{U = U(T)} \tag{1.61c}$$

Gl. (1.61a) heißt *zweites Gesetz von Gay-Lussac*. Wegen $H = U + p\,V = U + nRT$ hängt auch die Enthalpie des idealen Gases nicht vom Druck oder Volumen ab, sondern nur von der Temperatur:

$$\left(\frac{\partial H}{\partial p}\right)_T = 0, \tag{1.62a}$$

$$\left(\frac{\partial H}{\partial V}\right)_T = 0, \tag{1.62b}$$

$$\boxed{H = H(T)} \tag{1.62c}$$

Daher gilt für das vollständige Differential der inneren Energie mit den Gln. (1.61a) und (1.40)

$$dU = \left(\frac{\partial U}{\partial T}\right)_V dT = C_V dT \tag{1.63}$$

also

$$U = U(T_0) + \int_{T_0}^{T} C_V(T)\, dT \tag{1.64}$$

Analog gilt mit Gl. (1.41)

$$dH = \left(\frac{\partial H}{\partial T}\right)_p dT = C_p dT \tag{1.65}$$

also

$$H = H(T_0) + \int_{T_0}^{T} C_p(T)\, dT \tag{1.66}$$

$U = U(T)$, $H = H(T)$ sowie die Gln. (1.64) und (1.66) sind Formen der *kalorischen Zustandsgleichungen des idealen Gases*. Sie gelten für isochore bzw. isobare Zustandsänderungen auch für andere Systeme als das ideale Gas (solange kein Phasenübergang stattfindet) (s. Gln. (1.40) und (1.41)).

Da innere Energie und Enthalpie des idealen Gases unabhängig von Volumen und Druck und nur abhängig von der Temperatur sind, sind dies auch deren Ableitungen, die isochoren und isobaren Wärmekapazitäten C_V und C_p sowie der Adiabatenexponent $\kappa = C_p/C_V$. Für das einatomige ideale Gas sind sie temperaturunabhängig (s. Abschn. 1.3.3).

1.3.3 Wärmekapazität

Gleichverteilungssatz

Nach der *kinetischen Gastheorie* ist die thermische Energie eines Gases gespeichert in den verschiedenen Bewegungsformen der Moleküle, die je nach der Struktur des Moleküls bei der gegebenen Temperatur angeregt sind: Translation (geradlinig fortschreitende Bewegung), Rotation (Drehung) und Oszillation (Schwingung). Die Zahl der unabhängigen Bewegungsmöglichkeiten aller Atome eines Moleküls nennt man die *Zahl der Freiheitsgrade f* eines Moleküls; sie ist die Summe der Freiheitsgrade der Bewegungsformen

Translation, Rotation und Oszillation. Für die Translation im dreidimensionalen Raum ist $f = 3$ entsprechend der Bewegungsmöglichkeiten in Richtung der drei Koordinaten, die den Raum aufspannen. Für die Rotation eines nicht linearen polyatomaren Moleküls gilt ebenfalls $f = 3$ entsprechend der Drehungen um die drei zueinander senkrecht stehenden Achsen. Für die Rotation eines linearen polyatomaren Moleküls gilt $f = 2$ entsprechend der Drehungen um die beiden zur Molekülachse senkrechten Achsen. Die Anzahl der Schwingungen eines Moleküls hängt von der Zahl und Anordnung der Atome im Molekül ab. Dabei hat jede Schwingung entsprechend der in ihr gespeicherten kinetischen und potentiellen Energie $f = 2$. Nach dem *Gleichverteilungssatz (Äquipartitionsgesetz)* enthält jeder angeregte Freiheitsgrad der Translation, Rotation und Oszillation eines Teilchens im zeitlichen Mittel die Energie $kT/2$ ($k = $ *Boltzmann-Konstante*). Für ein Mol, d. h. N_A Teilchen, ist die mittlere Energie für jeden angeregten Freiheitsgrad $RT/2$ ($R = kN_A$). Daher ist die in einem Mol des Gases als innere Energie gespeicherte Bewegungsenergie $U_m = (f/2)RT$, wenn f die Anzahl der angeregten Freiheitsgrade ist. Bei 0 K ist die innere Energie Null.

Die molare isochore Wärmekapazität des idealen Gases ergibt sich mit Gl. (1.63) zu

$$C_{V,m} = \left(\frac{\partial U_m}{\partial T} \right)_V = \frac{f}{2} R \qquad (1.67a)$$

und die molare isobare Wärmekapazität mit Gl. (1.65) und der Beziehung $H_m = U_m + pV_m = U_m + RT$ zu

$$C_{p,m} = \left(\frac{\partial H_m}{\partial T} \right)_p = C_{V,m} + R = \frac{f+2}{2} R \qquad (1.67b)$$

$C_{V,m}$ und $C_{p,m}$ nehmen mit der Temperatur zu, da mit zunehmender Temperatur mehr Freiheitsgrade angeregt werden. Nur für Edelgase sind $C_{V,m}$ und $C_{p,m}$ temperaturunabhängig, da die einzige Bewegungsmöglichkeit der Edelgasatome die Translation ist und damit $f = 3$ unabhängig von der Temperatur gilt.

Die Differenz der molaren isobaren und isochoren Wärmekapazitäten des idealen Gases ist

$$C_{p,m} - C_{V,m} = R \qquad (1.68)$$

Zwar sind die molaren isobaren und isochoren Wärmekapazitäten des idealen Gases temperaturabhängig, doch ist ihre Temperaturabhängigkeit dergestalt, dass ihre Differenz temperaturunabhängig ist und gleich der allgemeinen Gaskonstante.

Gl. (1.68) kann man auch mit den Maxwell-Relationen aus der Zustandsgleichung des idealen Gases ableiten (s. Lüdecke und Lüdecke 2000).

Tab. 1.1 gibt $C_{p,m}$, $C_{V,m}$ und $C_{p,m} - C_{V,m}$ für einige Gase wieder. Sie zeigt, dass Gl. (1.68) sehr gut erfüllt ist für Edelgase und unpolare, kleine Moleküle, während die Alkane Abweichungen aufweisen, die mit der Kettenlänge zunehmen.

Tab. 1.1 Molare isobare und isochore Wärmekapazität $C_{p,m}$ bzw. $C_{V,m}$ sowie ihre Differenz $C_{p,m} - C_{V,m}$ für einige Gase bei 300 K und 1 bar (Quelle: Lide 1999)

Gas	$C_{p,m}$ $\mathrm{J\,mol^{-1}\,K^{-1}}$	$C_{V,m}$ $\mathrm{J\,mol^{-1}\,K^{-1}}$	$C_{p,m} - C_{V,m}$ $\mathrm{J\,mol^{-1}\,K^{-1}}$
He, Ne, Ar, Kr, Xe	20,8	12,5	8,3
H_2	29,9	21,6	8,3
N_2	29,2	20,8	8,4
O_2	29,4	21,1	8,3
CH_4	35,9	27,5	8,4
C_2H_6	53,1	44,5	8,6
C_3H_8	75,1	66,2	8,9

Für den Adiabatenexponenten erhält man

$$\kappa = \frac{C_{p,m}}{C_{V,m}} = 1 + \frac{R}{C_{V,m}} = 1 + \frac{2}{f} \tag{1.69}$$

Da f mit der Temperatur zunimmt, nimmt κ mit zunehmender Temperatur ab. Nur für das einatomige ideale Gas ist der Adiabatenkoeffizient temperaturunabhängig.

Temperaturabhängigkeit der Wärmekapazität

Die verschiedenen Bewegungsformen können nur oberhalb einer bestimmten Temperatur Energie aufnehmen und speichern, so dass bei einer gegebenen Temperatur nicht immer alle Bewegungsmöglichkeiten tatsächlich angeregt sind. Die Translation benötigt von den drei Bewegungsformen die geringste Energie und nimmt schon bei tiefen Temperaturen Energie auf. Die Rotation des Atoms oder Moleküls um seine Achsen benötigt höhere Energiebeträge und wird daher erst bei höheren Temperaturen angeregt, was zu einem Anstieg der Wärmekapazität mit der Temperatur führt. Oszillationen, d. h. Eigenschwingungen der Atome eines Moleküls, können erst durch noch größere Energien angeregt werden, so dass sie erst bei hohen Temperaturen zur Wärmekapazität beitragen. Daher sind die Wärmekapazität und der Adiabatenexponent temperaturabhängig. Man kann die Wärmekapazität von Gasen und ihre Temperaturabhängigkeit näherungsweise berechnen, indem man die Zahl der angeregten Freiheitsgrade abzählt. Dabei muss man die Struktur des Moleküls berücksichtigen und zwischen ein-, zwei- und mehratomigen sowie linearen und gewinkelten Molekülen unterscheiden (s. Lüdecke und Lüdecke 2000).

Abb. 1.5 zeigt die molare isobare Wärmekapazität verschiedener Gase in Abhängigkeit von der Temperatur. Die Wärmekapazitäten nehmen aufgrund der mit steigender Temperatur zunehmenden Anregung der verschiedenen Bewegungsformen der Moleküle zu und streben oberen Grenzwerten zu, die sich für ein-, zwei- und mehratomige Gase deutlich voneinander unterscheiden.

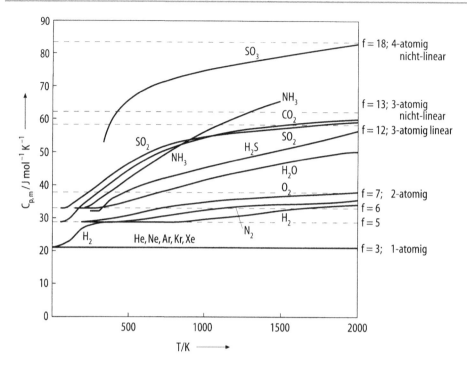

Abb. 1.5 Molare isobare Wärmekapazität einiger Gase in Abhängigkeit von der Temperatur. Die für verschiedene Molekülsorten aus der Theorie berechneten Grenzwerte für hohe Temperaturen sind angegeben

Einatomige Gase (z. B. Edelgase, Metalldämpfe) haben als einzig mögliche Bewegungsform die Translation in alle drei Raumrichtungen. Daher ist $f = 3$ und

$$C_{V,\mathrm{m}} = \frac{3}{2}R, \quad C_{p,\mathrm{m}} = \frac{5}{2}R, \quad \kappa = \frac{5}{3} = 1{,}667$$

Die Wärmekapazitäten und der Adiabatenexponent sind also temperaturunabhängig. Die hergeleiteten Werte entsprechen denen, die man für einatomige Gase, die sich annähernd ideal verhalten, experimentell findet (s. Abb. 1.5).

Bei *zweiatomigen Molekülen* (z. B. O_2) werden zusätzlich zur Translation, die schon bei tiefen Temperaturen angeregt ist ($f = 3$), bei mittleren Temperaturen die Rotation um die beiden zur Molekülachse senkrechten Achsen angeregt ($f = 5$) und bei hohen Temperaturen die Oszillation der beiden Atome ($f = 7$). Die Wärmekapazitäten und der Adiabatenexponent nehmen für zweiatomige Moleküle mit der Temperatur schwach zu, erreichen meist bei mittleren Temperaturen einen konstanten Wert und streben bei hohen Temperaturen den folgenden Werten zu (s. Abb. 1.5):

$$C_{V,\mathrm{m}} = \frac{7}{2}R, \quad C_{p,\mathrm{m}} = \frac{9}{2}R, \quad \kappa = \frac{9}{7} = 1{,}286$$

Dreiatomige Moleküle besitzen je nach ihrer Struktur (linear wie z. B. CO_2 oder gewinkelt wie z. B. H_2O) unterschiedliche Möglichkeiten der Bewegung und daher Zahl der Freiheitsgrade, so dass ihre Wärmekapazitäten unterschiedliche Verläufe mit der Temperatur aufweisen (s. Abb. 1.5).

Gase von *mehratomigen Molekülen* zeigen eine deutliche Temperaturabhängigkeit der Wärmekapazität und des Adiabatenexponenten, die umso größer ist, je mehr Atome das Molekül enthält.

Auch die Wärmekapazität von *Festkörpern* kann auf die innere Energie zurückgeführt werden, die in den Bewegungen der Atome des Kristallgitters gespeichert ist. Jedes Atom eines Festkörpers kann Schwingungen in allen drei Raumrichtungen um seinen Gitterplatz ausführen, wobei jede Schwingung sowohl kinetische als auch potentielle Energie enthält. Daher besitzt jedes Atom sechs Freiheitsgrade, von denen jeder nach dem Gleichverteilungssatz die Energie $kT/2$ enthält. Für die molare isochore Wärmekapazität eines Kristalls ergibt sich daher der Wert

$$C_{V,\mathrm{m}} = \frac{6}{2}R = 3R \approx 25\,\mathrm{J\,mol^{-1}\,K^{-1}}$$

also die empirisch gefundene *Dulong-Petitsche Regel* (Gl. (1.44)).

Wenn diese auf dem Gleichverteilungssatz beruhenden Abschätzungen der Wärmekapazitäten keine ausreichende Genauigkeit haben, greift man auf Messungen der Wärmekapazität zurück, die in Form analytischer Funktionen, meist einer Potenzreihe in T, dargestellt werden (s. Gl. (1.42)).

1.3.4 Isotherme Zustandsänderung

Die *isotherme Zustandsänderung* ist eine Zustandsänderung, bei der die Temperatur konstant gehalten wird, d. h. es gilt $\mathrm{d}T = 0$.

Eine solche Zustandsänderung ist verwirklicht in Systemen, deren Systemgrenzen für Wärme durchlässig sind und die Kontakt mit einem Wärmereservoir haben.

Für die isotherme Zustandsänderung folgt aus der thermischen Zustandsgleichung des idealen Gasen das *Gesetz von Boyle-Mariotte* (Gl. (1.55)) $pV = $ const oder $p \sim 1/V$.

Die *Isothermen* des p, V-Diagramms (s. Abb. 1.6) stellen gleichseitige Hyperbeln dar mit den Abszissen- und Ordinatenachsen als Asymptoten.

Die Volumenänderungsarbeit während einer infinitesimalen isothermen Zustandsänderung ist

$$\delta W = -p\,\mathrm{d}V = -\frac{nRT}{V}\mathrm{d}V \qquad (1.70)$$

Abb. 1.6 Isotherme Zustandsänderung des idealen Gases:
a p, V-Diagramm,
b System.
Die bei der isothermen Expansion von (p_1, V_1) nach (p_2, V_2)
ausgetauschte Arbeit W_{12} und
Wärme Q_{12} sind dem Betrage nach gleich und gleich der
Fläche unter der Isotherme

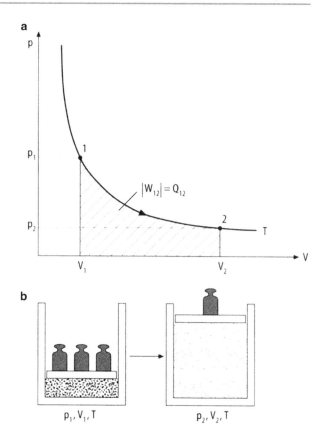

Für eine endliche isotherme Zustandsänderung zwischen dem Anfangszustand (p_1, V_1)
und dem Endzustand (p_2, V_2) ergibt sich durch Integration (s. Gl. (1.24)).

$$W_{12} = -nRT \ln \frac{V_2}{V_1} = nRT \ln \frac{p_2}{p_1} \tag{1.71}$$

Die ausgetauschte Arbeit W_{12} ist als Integral über $p \, dV$ die Fläche unter der $p(V)$-
Isothermen im p, V-Diagramm zwischen Anfangs- und Endvolumen (s. Abb. 1.6).

Die Volumenänderungsarbeit hängt also von der Temperatur und dem Volumen- bzw.
Druckverhältnis ab. Bei einer Expansion ($V_2 > V_1$ bzw. $p_2 < p_1$) ist $W_{12} < 0$, d. h. das
System leistet Arbeit, es gibt mechanische Energie nach außen ab; bei einer Kompression
($V_2 < V_1$ bzw. $p_2 > p_1$) ist $W_{12} > 0$, d. h. am System wird Arbeit geleistet, es nimmt
mechanische Energie von außen auf.

Die innere Energie ändert sich bei der isothermen Zustandsänderung nicht, da die innere Energie des idealen Gases nur von der Temperatur abhängt. Also gilt

$$dU = 0 \tag{1.72}$$

bzw.

$$\boxed{\Delta U = 0} \tag{1.73}$$

Die ausgetauschte Wärmeenergie ergibt sich nach dem ersten Hauptsatz zu

$$\delta Q = dU - \delta W = -\delta W = p\,dV \tag{1.74}$$

bzw. mit Gl. (1.71) zu

$$\boxed{Q_{12} = -W_{12} = +nRT \ln \frac{V_2}{V_1} = -nRT \ln \frac{p_2}{p_1}} \tag{1.75}$$

Bei einer isothermen Expansion ($V_2 > V_1$ bzw. $p_2 < p_1$) wird die vom System geleistete Volumenänderungsarbeit ($W_{12} < 0$) durch die von außen aufgenommenen Wärmeenergie ($Q_{12} = -W_{12} > 0$) gedeckt, die zugeführte Wärme ($Q_{12} > 0$) wird vollständig als Arbeit nach außen abgegeben ($W_{12} = -Q_{12} < 0$). Umgekehrt wird die bei der isothermen Kompression ($V_2 < V_1$ bzw. $p_2 > p_1$) am System geleistete Volumenänderungsarbeit ($W_{12} > 0$) vollständig als Wärmeenergie ($Q_{12} = -W_{12} < 0$) nach außen abgeführt. Mechanische Arbeit und Wärme werden also vollständig ineinander umgewandelt, und innere Energie und Temperatur bleiben konstant. (Wird die isotherme Zustandsänderung nicht an idealen Gasen, sondern an realen Gasen und Flüssigkeiten durchgeführt, so wird die ausgetauschte Wärme nicht vollständig in Volumenänderungsarbeit gegen den äußeren Druck umgewandelt, sondern zum Teil in Arbeit gegen die zwischen den Teilchen wirkenden Wechselwirkungskräfte.)

Die Enthalpie ändert sich ebenso wie die innere Energie nicht, da für das ideale Gas die Enthalpie nur von der Temperatur abhängt. Es ist also

$$dH = 0 \tag{1.76}$$

bzw.

$$\boxed{\Delta H = 0} \tag{1.77}$$

Beispiel

Ein Luftstrom von $100\,\text{m}^3/\text{h}$ werde bei Atmosphärendruck und $20\,°C$ angesaugt und auf 5 bar verdichtet an eine Druckleitung abgegeben. Die Verdichtung soll isotherm und verlustlos erfolgen.

(a) Wie groß ist das Volumenverhältnis (Verhältnis des Endvolumens zum Ansaugvolumen)?

(b) Welche Leistung muss der Verdichter erbringen?

(c) Wie viel Wärmeenergie muss pro Stunde abgeführt werden, damit der Prozess isotherm verläuft?

(d) Wie ändern sich innere Energie und Enthalpie während des Prozesses?

Luft kann durch das Gesetz des idealen Gases beschrieben werden.

Lösung: (a) Im Anfangszustand (1) ist $p_1 = 1{,}013$ bar, im Endzustand (2) $p_2 = 5$ bar. Für eine isotherme Verdichtung ist $p_1 V_1 = p_2 V_2 = nRT$ und das Volumenverhältnis $V_2/V_1 = p_1/p_2 = 0{,}203$. Die Druckzunahme auf das Fünffache führt also zu einer Volumenabnahme um den Faktor 5.

(b) Um $100 \, \text{m}^3$ zu verdichten, muss der Kompressor nach Gl. (1.71) die Volumenänderungsarbeit $W_{12} = nRT \ln(p_2/p_1) = p_1 V_1 \ln(p_2/p_1) = 16{,}2 \, \text{MJ}$ erbringen. Die erforderliche Leistung, um stündlich $100 \, \text{m}^3$ zu verdichten, ist $P = 4{,}50 \, \text{kW}$.

(c) Da $Q_{12} = -W_{12}$ (Gl. (1.75)) gilt, muss stündlich die Wärmemenge $Q_{12} = -16{,}2 \, \text{MJ}$ abgeführt werden, damit die als mechanische Arbeit aufgenommene Energie kompensiert und die Temperatur konstant bleibt.

(d) Da die Temperatur konstant bleibt und die innere Energie und Enthalpie eines idealen Gases nur von der Temperatur abhängen, ändern sich ihre Werte während des Prozesses nicht (s. Gln. (1.73) und (1.77)): $\Delta U = \Delta H = 0$.

1.3.5 Isochore Zustandsänderung

Die *isochore Zustandsänderung* ist eine Zustandsänderung, bei der sich das Volumen nicht ändert ($dV = 0$).

In der Praxis findet man isochore Zustandsänderungen bei Prozessen, die in einem Autoklaven durchgeführt werden, z. B. eine Verbrennungsreaktion in einem sog. Bombenkalorimeter.

Für die isochore Zustandsänderung folgt aus der thermischen Zustandsgleichung des idealen Gases das *Gesetz von Charles (und Gay-Lussac)* (Gl. (1.57)) $p/T = $ const bzw. $p \sim T$.

Die *Isochoren* stellen im p, V-Diagramm Vertikalen dar (Abb. 1.7).

Die Volumenänderungsarbeit, die während einer isochoren Zustandsänderung geleistet wird, ist

$$\delta W = -p \, dV = 0 \tag{1.78}$$

$$\boxed{W_{12} = 0} \tag{1.79}$$

d. h. es wird keine mechanische Arbeit geleistet.

Tauscht das System mit der Umgebung eine Wärmemenge δQ aus, so resultiert dies in einer Temperaturänderung dT, und es gilt (s. Gl. (1.40)).

$$\delta Q = C_V \, dT \tag{1.80}$$

Abb. 1.7 Isochore Zustandsänderung des idealen Gases:
a p, V-Diagramm,
b System.
Bei der isochoren Erwärmung
von 1 nach 2 wird keine Arbeit
geleistet, aber es wird Wärme
ausgetauscht

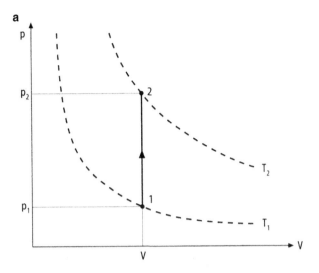

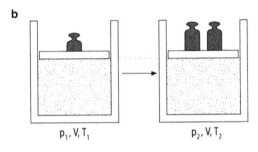

Die Änderung der inneren Energie ist nach dem ersten Hauptsatz

$$\mathrm{d}U = \delta Q = C_V\, \mathrm{d}T \tag{1.81}$$

Entsprechend gilt

$$Q_{12} = \Delta U = \int_{T_1}^{T_2} C_V(T)\, \mathrm{d}T \tag{1.82}$$

Isochor zugeführte Wärme wird vollständig in innere Energie umgesetzt und führt zu einer
Erwärmung. Isochor abgeführte Wärme wird vollständig der inneren Energie entnommen
und führt zu einer Abkühlung.

Für die Änderung der Enthalpie gilt (s. Gln. (1.65) und (1.68)).

$$\mathrm{d}H = C_p \mathrm{d}T = (C_V + nR)\, \mathrm{d}T \tag{1.83}$$

$$\Delta H = \int_{T_1}^{T_2} (C_V(T) + nR)\, \mathrm{d}T \tag{1.84}$$

Beispiel

In einem Autoreifen befindet sich Luft bei 18 °C unter einem Überdruck von 1,8 bar. Durch Sonneneinstrahlung erwärmt sich die Luft auf 45 °C, wobei das Reifenvolumen näherungsweise konstant bleibt.

(a) Welcher Druck herrscht in dem erwärmten Reifen?

(b) Welcher Massenanteil der Luft ist abzulassen, damit der Reifendruck bei dieser höheren Temperatur den ursprünglichen Wert annimmt (die Temperatur ändere sich beim Ablassen der Luft nicht)?

Lösung: (a) Da bei der Erwärmung des Reifens sein Volumen näherungsweise konstant ist, gilt $p_1/T_1 = p_2/T_2$ (Zustand 1 und 2: Zustand bei 18 bzw. 45 °C). Daher ist der Druck im erwärmten Reifen $p_2 = p_1 T_2/T_1 = 3{,}07$ bar, und der Überdruck im Reifen ist nun 2,06 bar.

(b) Die Zustandsgleichung des idealen Gases im Anfangszustand und im Zustand nach Ablassen der Luft lauten $p_1 V = n_1 R T_1$ bzw. $p_1 V = n_2 R T_2$, so dass $n_1 T_1 = n_2 T_2$. Die Masse der Luft vor und nach dem Ablassen ist $m_i = n_i M$, $i = 1$ bzw. 2 ($M = $ Molmasse von Luft). Damit ist die relative Massenänderung $\Delta m/m_1 = (m_2 - m_1)/m_1 = T_1/T_2 - 1 = -0{,}085$. 8,5 % der Luft wird aus dem Reifen abgelassen.

1.3.6 Isobare Zustandsänderung

Die *isobare Zustandsänderung* ist eine Zustandsänderung, bei der der Druck konstant bleibt ($\mathrm{d}p = 0$).

Prozesse, die unter Druckausgleich mit der Atmosphäre durchgeführt werden, können als isobare Zustandsänderungen betrachtet werden.

Für isobare Zustandsänderungen gilt das *(erste) Gesetz von Gay-Lussac* (Gl. (1.56)) $V/T = $ const bzw. $V \sim T$.

Im p, V-Diagramm ist die *Isobare* eine Horizontale (Abb. 1.8).

Abb. 1.8 Isobare Zustandsänderung des idealen Gases:
a p, V-Diagramm,
b System.
Die bei der isobaren Expansion von V_1 nach V_2 vom Gas
geleistete Arbeit W_{12} ist dem
Betrage nach gleich der Fläche
unter der Isobare p

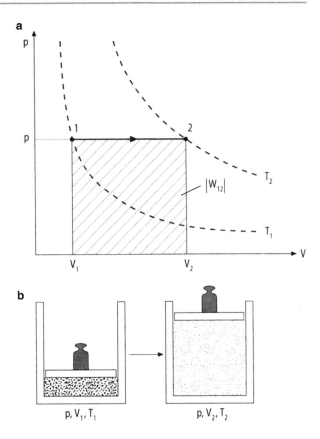

Die während einer isobaren Zustandsänderung geleistete Arbeit ist

$$\delta W = -p\,\mathrm{d}V \tag{1.85}$$

$$\boxed{W_{12} = -\int_{V_1}^{V_2} p\,\mathrm{d}V = -p(V_2 - V_1)} \tag{1.86}$$

Die Volumenänderungsarbeit W_{12} entspricht der schraffierten Fläche unter der $p(V)$-Isobare (s. Abb. 1.8).

Die mit der Umgebung isobar ausgetauschte Wärmemenge ist

$$\delta Q = C_p\,\mathrm{d}T \tag{1.87}$$

und die Änderung der Enthalpie

$$\mathrm{d}H = C_p\,\mathrm{d}T \tag{1.88}$$

also

$$Q_{12} = \Delta H = \int_{T_1}^{T_2} C_p(T)\, \mathrm{d}T \qquad (1.89)$$

Die Änderung der inneren Energie ist nach dem ersten Hauptsatz

$$\mathrm{d}U = \delta Q + \delta W = \delta Q - p\, \mathrm{d}V \qquad (1.90)$$

$$\Delta U = Q_{12} + W_{12} = \int_{T_1}^{T_2} C_p(T)\, \mathrm{d}T - p(V_2 - V_1) \qquad (1.91)$$

Werden die Gln. (1.87), (1.88) und (1.90) zusammengefasst, so erhält man eine Beziehung aller vier Energieformen:

$$\mathrm{d}H = \delta Q = \mathrm{d}U - \delta W \qquad (1.92)$$

Da H und U Zustandsgrößen sind, sind für eine isobare Zustandsänderung auch die Wärmeenergie Q und die Arbeit W Zustandsgrößen.

Wird bei einem isobaren Prozess Wärme zugeführt ($\delta Q > 0$), so dient sie vollständig der Erhöhung der Enthalpie ($\mathrm{d}H > 0$), so dass die Temperatur des Systems entsprechend zunimmt ($\mathrm{d}T > 0$). Umgekehrt wird die bei einem isobaren Prozess abgeführte Wärme ($\delta Q < 0$) vollständig aus der Enthalpie gedeckt ($\mathrm{d}H < 0$), was zu einer Temperaturabnahme ($\mathrm{d}T < 0$) führt.

1.3.7 Adiabate Zustandsänderung

Die *adiabate Zustandsänderung* ist eine Zustandsänderung, bei der keine Wärme zwischen dem System und der Umgebung ausgetauscht wird, d. h. es gilt $\delta Q = 0$. Da bei reversiblen adiabaten Zustandsänderungen die Entropie konstant bleibt (s. Abschn. 1.4.4), nennt man reversible adiabate Zustandsänderungen auch *isentrope Zustandsänderungen*.

Eine adiabate Zustandsänderung ist verwirklicht, wenn entweder das System wärmeisoliert ist oder der Prozess so schnell abläuft, dass während des Prozesses kein Wärmeaustausch möglich ist. Dieses ist z. B. in Kompressoren näherungsweise der Fall.

Für adiabate Zustandsänderungen gilt

$$\mathrm{d}U = \delta W \qquad (1.93)$$

$$\delta W = -p\, \mathrm{d}V = -\frac{nRT}{V}\, \mathrm{d}V \qquad (1.94)$$

$$\mathrm{d}H = C_p\, \mathrm{d}T \qquad (1.95)$$

Da bei der adiabaten Kompression das System keine Wärme mit der Umgebung austauscht, dient die dem Gas zugeführte Volumenänderungsarbeit ($\delta W > 0$) ausschließlich der Erhöhung der inneren Energie ($dU = \delta W > 0$), und die Temperatur steigt ($dT > 0$); umgekehrt wird bei der adiabaten Expansion die vom Gas geleistete Volumenänderungsarbeit ($\delta W < 0$) vollständig der inneren Energie entzogen, so dass diese abnimmt ($dU < 0$) und die Temperatur sinkt ($dT < 0$).

Aus den Gln. (1.63), (1.93) und (1.94) folgt für eine adiabate Zustandsänderung die Beziehung

$$C_V dT = -\frac{nRT}{V}\, dV$$

und nach Separation der Variablen

$$\frac{dT}{T} = -\frac{nR}{C_V}\frac{dV}{V}$$

Mit der Definition des Adiabatenexponenten $\kappa = C_p/C_V$ (Gl. (1.39)) und $C_p - C_V = nR$ (Gl. (1.68)) ergibt sich

$$\frac{dT}{T} = -(\kappa - 1)\frac{dV}{V}$$

Diese Gleichung kann unter der Voraussetzung, dass κ nahezu temperaturunabhängig ist, integriert werden zu

$$\ln\frac{T_2}{T_1} = -(\kappa - 1)\ln\frac{V_2}{V_1}$$

Durch Delogarithmieren erhält man

$$\frac{T_2}{T_1} = \left(\frac{V_2}{V_1}\right)^{-(\kappa-1)}$$

und

$$T_1 V_1^{\kappa-1} = T_2 V_2^{\kappa-1}$$

Für die adiabate Zustandsänderung gilt also

$$\boxed{T V^{\kappa-1} = \text{const}} \qquad (1.96)$$

Eliminiert man mit der thermischen Zustandsgleichung des idealen Gases zuerst das Volumen, indem man $V = \text{const} \cdot T/p$ einsetzt, und dann die Temperatur mit $T = \text{const} \cdot pV$, so erhält man entsprechende Gleichungen mit den beiden anderen thermischen Zustandsgrößen:

$$\boxed{T^{\kappa} p^{1-\kappa} = \text{const}} \qquad (1.97)$$

Abb. 1.9 Adiabate Zustandsänderung des idealen Gases:
a p, V-Diagramm,
b System.
——— Adiabate, - - - - - - Isotherme, ////// Fläche unter der
Adiabate
Bei der adiabaten Expansion
von 1 nach 2 leistet das Gas
die Arbeit W_{12}

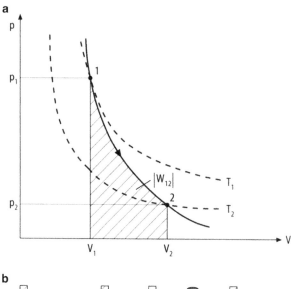

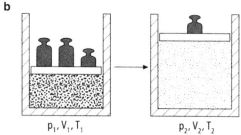

sowie

$$\boxed{pV^{\kappa} = \text{const}} \tag{1.98}$$

Die Gln. (1.96) bis (1.98) heißen *Poisson-Gleichungen* oder *Adiabatengleichungen* oder
Isentropengleichungen. Sie gelten unter der Voraussetzung, dass der Adiabatenexponent
temperaturunabhängig ist. Diese Annahme ist für das ideale Gas gleichbedeutend damit,
dass die isobare und isotherme Wärmekapazität selbst temperaturunabhängig sind, denn
sonst könnten die beiden Gleichungen $C_p - C_V = nR = \text{const}$ und $C_p/C_V = \kappa = \text{const}$
nicht erfüllt werden.

Die Temperaturunabhängigkeit der Wärmekapazitäten C_p und C_V ist nur bei einato-
migen idealen Gasen erfüllt (Abschn. 1.3.3). Bei zwei- und mehratomigen idealen Gasen
sind C_p und C_V temperaturabhängig. Dennoch kann man die Temperaturabhängigkeit des
Adiabatenexponenten meist vernachlässigen, da die Temperaturabhängigkeit des Adiabatenexponenten als Quotient von C_p und C_V schwächer ist als die der Wärmekapazitäten
selbst. Man kann κ auch durch die über das Temperaturintervall gemittelte Größe $\langle \kappa \rangle =
\langle C_p \rangle / \langle C_V \rangle$ ersetzen.

Trägt man für eine adiabate Zustandsänderung eine thermische Zustandsgröße als Funktion einer anderen bei Konstanthaltung der dritten auf, so nennt man die resultierende Kurve *Adiabate*. Abb. 1.9 gibt ein p, V-Diagramm wieder, in dem eine Adiabate und zusätzlich zwei Isothermen dargestellt sind. Man erkennt, dass die Adiabate steiler verläuft als die Isotherme. Die Steigungen der Adiabate und der Isotherme berechnet man durch Differentiation der Zustandsgleichungen.

Der Anstieg der Adiabate im p, V-Diagramm folgt aus Gl. (1.98) zu

$$\left(\frac{\partial p}{\partial V}\right)_{ad} = \left(\frac{\partial}{\partial V}\left(\text{const } V^{-\kappa}\right)\right)_{ad} = -\text{const } \kappa \, V^{-\kappa-1} = -\kappa \, \frac{p}{V}$$

Der Anstieg der Isothermen folgt aus der thermischen Zustandsgleichung des idealen Gases zu

$$\left(\frac{\partial p}{\partial V}\right)_T = \left(\frac{\partial}{\partial V}\right)\left(\frac{nRT}{V}\right)_T = -\frac{nRT}{V^2} = -\frac{p}{V}$$

Die Steigung der Tangente an die Adiabate ist die mit κ multiplizierte Steigung der Isothermen durch denselben Punkt, und da $\kappa > 1$, verläuft die Adiabate um den Faktor κ steiler als die Isotherme.

Da die bei adiabater Kompression am System geleistete Arbeit vollständig in innere Energie umgesetzt wird, nimmt die Temperatur zu, und als Folge davon ist der Druckanstieg größer als bei der isothermen Kompression, bei der die Temperatur konstant bleibt, da die geleistete Arbeit als Wärmeenergie abgegeben wird. Daher verläuft im p, V-Diagramm die Adiabate steiler als die Isotherme. Im p, V-Diagramm kann man außerdem durch Vergleich der Flächen unter der Isothermen bzw. Adiabaten erkennen, dass (jeweils bezogen auf dieselben Anfangs- und Endvolumina) die isotherme Kompression (s. Abb. 1.10a) einen geringeren Arbeitsaufwand benötigt als die adiabat geführte und die bei isothermer Expansion (s. Abb. 1.10b) vom System geleistete Volumenänderungsarbeit größer ist als die bei adiabater Führung. Daher ist die isotherme Zustandsänderung gegenüber der adiabaten zu bevorzugen. Um annähernd isotherme Bedingungen herzustellen, werden Verdichter gekühlt, was am effektivsten bei mehrstufigen Verdichtungsanlagen mit Zwischenkühlung erreicht werden kann.

Die bei Expansion oder Kompression entlang der Adiabaten von (p_1, T_1) zu (p_2, T_2) geleistete Arbeit W_{12} ist mit der Adiabatengleichung Gl. (1.98)

$$W_{12} = -\int_{V_1}^{V_2} p \, dV = -\int_{V_1}^{V_2} \frac{p_1 V_1^{\kappa}}{V^{\kappa}} \, dV = -p_1 V_1^{\kappa} \int_{V_1}^{V_2} V^{-\kappa} \, dV$$

$$= -p_1 V_1^{\kappa} \left(-\kappa + 1\right)^{-1} \left(V_2^{1-\kappa} - V_1^{1-\kappa}\right)$$

Abb. 1.10 Adiabate und isotherme Zustandsänderung im
p, V-Diagramm:
a Kompression,
b Expansion.
—— Adiabate, ------- Iso-
therme, ////// Fläche unter der
Isotherme, \\\\\\ Fläche unter
der Adiabate

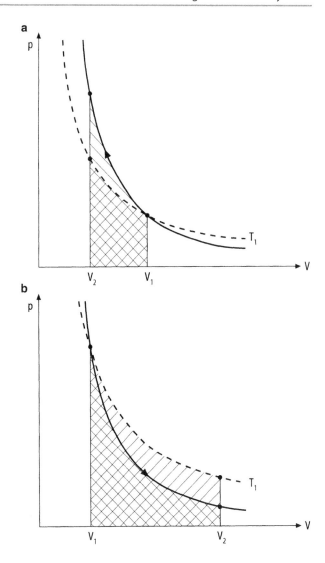

also

$$W_{12} = \frac{p_1 V_1}{\kappa - 1} \left(\left(\frac{V_2}{V_1} \right)^{1-\kappa} - 1 \right) \qquad (1.99a)$$

und mit den Gln. (1.98), (1.50) und (1.97)

$$W_{12} = \frac{p_1 V_1}{\kappa - 1} \left(\left(\frac{p_2}{p_1} \right)^{\frac{\kappa - 1}{\kappa}} - 1 \right) \qquad (1.99b)$$

$$W_{12} = \frac{nRT_1}{\kappa - 1}\left(\left(\frac{p_2}{p_1}\right)^{\frac{\kappa-1}{\kappa}} - 1\right)$$

(1.99c)

$$W_{12} = \frac{nR}{\kappa - 1}(T_2 - T_1)$$

(1.99d)

$$W_{12} = \frac{p_2 V_2 - p_1 V_1}{\kappa - 1}$$

(1.99e)

Außerdem gilt (s. Gln. (1.93) und (1.95)):

$$Q_{12} = 0$$

(1.100)

$$\Delta U = W_{12}$$

(1.101)

$$\Delta H = \int\limits_{T_1}^{T_2} C_p(T)\,\mathrm{d}T$$

(1.102)

Beispiel

Luft werde bei 22 °C von 1 bar auf 10 bar komprimiert. Dies soll mit verschiedenen Prozessen erreicht werden (s. Abb.):

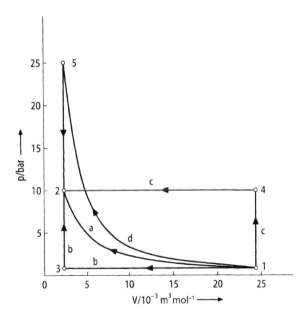

(a) Isotherme Kompression ($1 \rightarrow 2$)

(b) Isobare Abkühlung ($1 \rightarrow 3$) gefolgt von isochorer Erwärmung ($3 \rightarrow 2$)

(c) Isochore Erwärmung ($1 \rightarrow 4$) gefolgt von isobarer Abkühlung ($4 \rightarrow 2$)

(d) Adiabate Kompression ($1 \rightarrow 5$) gefolgt von isochorer Abkühlung ($5 \rightarrow 2$)

Man berechne für jeden Schritt der verschiedenen Prozesse und für die Gesamtprozesse die pro Mol geleistete Arbeit und ausgetauschte Wärme sowie die Änderung der inneren Energie und Enthalpie und diskutiere die Ergebnisse. Luft kann als ideales Gas betrachtet und seine Wärmekapazität mit dem Gleichverteilungssatz berechnet werden.

Lösung: Da Luft im Wesentlichen aus den beiden zweiatomigen Gasen Stickstoff und Sauerstoff besteht und diese neben den drei Freiheitsgraden der Translation zwei der Rotation besitzen, sind die molaren Wärmekapazitäten nach Gln. (1.67a) und (1.67b) gegeben durch $C_{V,m} = (5/2)R = 20{,}785 \, \text{J} \, \text{mol}^{-1} \, \text{K}^{-1}$ und $C_{p,m} = (7/2)R = 29{,}099 \, \text{J} \, \text{mol}^{-1} \, \text{K}^{-1}$, und der Adiabatenkoeffizient ist $\kappa = C_{p,m}/C_{V,m} = 7/5 = 1{,}4$. Die Molvolumina im Anfangs- und Endzustand 1 bzw. 2 ergeben sich aus der thermischen Zustandsgleichung des idealen Gases unter Berücksichtigung von $T_1 = T_2$ zu $V_1 = RT_1/p_1 = 0{,}02454 \, \text{m}^3 \, \text{mol}^{-1}$ bzw. $V_2 = RT_1/p_2 = 0{,}002454 \, \text{m}^3 \, \text{mol}^{-1}$.

(a) Für die isotherme Kompression ist nach den Gln. (1.73) und (1.77) $\Delta U_a = \Delta H_a = 0$: Die innere Energie und Enthalpie ändern sich bei einem isothermen Prozess nicht, da sie für ein ideales Gas nur von der Temperatur abhängig sind. Nach Gl. (1.75) ist $Q_{12,a} = -W_{12,a} = -RT_1 \ln(p_2/p_1) = -5{,}650 \, \text{kJ} \, \text{mol}^{-1}$, d. h. die bei der Kompression am Gas geleistete Arbeit ist, entsprechend dem ersten Hauptsatz der Thermodynamik, dem Betrage nach gleich der vom Gas abgegebenen Wärmeenergie.

(b) Der erste Schritt dieser Zustandsänderung, die isobare Kompression von Zustand 1 nach Zustand 3, wird durch Abkühlung erreicht, wobei sich die Temperatur aus der Zustandsgleichung des idealen Gases ergibt unter Berücksichtigung von $p_3 = p_1$ und $V_3 = V_2$ zu $T_3 = p_3 V_3/R = p_1 V_2/R = 29{,}52 \, \text{K}$. Die am System geleistete Arbeit ist nach Gl. (1.86) $W_{13} = -p_1(V_3 - V_1) = 2{,}209 \, \text{kJ} \, \text{mol}^{-1}$. Die dabei von dem System ausgetauschte Wärmemenge ist nach Gl. (1.89) gleich der Änderung der Enthalpie: $Q_{13} = \Delta H_{13} = C_{p,m}(T_3 - T_1) = -7{,}730 \, \text{kJ} \, \text{mol}^{-1}$. Die Änderung der inneren Energie ist nach Gl. (1.91) $\Delta U_{13} = Q_{13} + W_{13} = -5{,}521 \, \text{kJ} \, \text{mol}^{-1}$ oder nach Gl. (1.63) $\Delta U_{13} = C_{V,m}(T_3 - T_1) = -5{,}521 \, \text{kJ} \, \text{mol}^{-1}$.

Für den zweiten Schritt, die isochore Erwärmung ($3 \rightarrow 2$), gilt nach Gln. (1.79), (1.82) und (1.84) $W_{32} = 0$, $Q_{32} = \Delta U_{32} = C_{V,m}(T_1 - T_3) = 5{,}521 \, \text{kJ} \, \text{mol}^{-1}$ und $\Delta H_{32} = C_{p,m}(T_1 - T_3) = 7{,}730 \, \text{kJ} \, \text{mol}^{-1}$.

Für den Gesamtprozess ist die Änderung der Energiegrößen gleich der Summe der Werte der beiden Teilschritte $1 \rightarrow 3$ und $3 \rightarrow 2$:

$W_{12,b} = 2{,}209 \, \text{kJ} \, \text{mol}^{-1}$, $Q_{12,b} = -2{,}209 \, \text{kJ} \, \text{mol}^{-1}$, $\Delta H_b = 0 \, \text{kJ} \, \text{mol}^{-1}$, $\Delta U_b = 0 \, \text{kJ} \, \text{mol}^{-1}$.

Obwohl sich die innere Energie und Enthalpie während der Teilprozesse ändern, ist deren Änderung für den Gesamtprozess Null, da die Temperatur im Anfangs- und

Endzustand die gleiche ist. Die während des Gesamtprozesses ausgetauschte Arbeit und Wärme genügen dem ersten Hauptsatz: $\Delta U_b = Q_{12,b} + W_{12,b} = 0\,\text{kJ}\,\text{mol}^{-1}$.

(c) Für den ersten Schritt, die isochore Erwärmung ($1 \rightarrow 4$), erhält man mit $p_4 = p_2$ und Gl. (1.57) $T_4 = T_1(p_4/p_1) = 2951{,}5\,\text{K}$. Die Energiebeiträge sind nach den Gln. (1.79), (1.82) und (1.84): $W_{14} = 0$, $Q_{14} = \Delta U_{14} = C_{V,m}(T_4 - T_1) = 55{,}212\,\text{kJ}\,\text{mol}^{-1}$, $\Delta H_{14} = C_{p,m}(T_4 - T_1) = 77{,}297\,\text{kJ}\,\text{mol}^{-1}$. Für die anschließende isobare Abkühlung ($4 \rightarrow 2$) gilt nach den Gln. (1.86), (1.89) und (1.91) unter Berücksichtigung von $V_4 = V_1$ und $T_2 = T_1$: $W_{42} = -p_2(V_2 - V_4) = 22{,}086\,\text{kJ}\,\text{mol}^{-1}$, $Q_{42} = \Delta H_{42} = C_{p,m}(T_2 - T_4) = -77{,}297\,\text{kJ}\,\text{mol}^{-1}$, $\Delta U_{42} = Q_{42} + W_{42} = -55{,}212\,\text{kJ}\,\text{mol}^{-1}$ oder $\Delta U_{42} = C_{V,m}(T_2 - T_4) = -55{,}212\,\text{kJ}\,\text{mol}^{-1}$. Für den Gesamtprozess gilt:
$$W_{12,c} = 22{,}086\,\text{kJ}\,\text{mol}^{-1}, \quad Q_{12,c} = -22{,}085\,\text{kJ}\,\text{mol}^{-1}, \quad \Delta H_c = \Delta U_c = 0\,\text{kJ}\,\text{mol}^{-1}.$$

Auch hier sind ΔU und ΔH für die Einzelprozesse ungleich Null aber für den Gesamtprozess gleich Null, und es gilt in Erfüllung des ersten Hauptsatzes $Q_{12,c} = -W_{12,c}$.

(d) Für die adiabate Erwärmung ($1 \rightarrow 5$) gilt $V_5 = V_2$. T_5 und p_5 ergeben sich aus den Gln. (1.96) und (1.98) zu $T_5 = T_1(V_1/V_5)^{\kappa-1} = 741{,}38\,\text{K}$ bzw. $p_5 = p_1(V_1/V_5)^{\kappa} = 25{,}119\,\text{bar}$. Es gilt nach Gl. (1.100) $Q_{15} = 0$, nach Gl. (1.102) $\Delta H_{15} = C_{p,m}(T_5 - T_1) = 12{,}985\,\text{kJ}\,\text{mol}^{-1}$ und nach Gl. (1.101) $W_{15} = \Delta U_{15} = C_{V,m}(T_5 - T_1) = 9{,}275\,\text{kJ}\,\text{mol}^{-1}$ oder gleichwertig nach Gl. (1.99e) $W_{15} = (p_5 V_2 - p_1 V_1)/(\kappa - 1) = 9{,}275\,\text{kJ}\,\text{mol}^{-1}$. Für die isochore Abkühlung ($5 \rightarrow 2$) ist $W_{52} = 0$, $Q_{52} = \Delta U_{52} = C_{V,m}(T_2 - T_5) = -9{,}275\,\text{kJ}\,\text{mol}^{-1}$, $\Delta H_{52} = C_{p,m}(T_2 - T_5) = -12{,}985\,\text{kJ}\,\text{mol}^{-1}$. Für den gesamten Prozess gilt also
$$W_{12,d} = 9{,}275\,\text{kJ}\,\text{mol}^{-1}, \quad Q_{12,d} = -9{,}275\,\text{kJ}\,\text{mol}^{-1}, \quad \Delta H_d = \Delta U_d = 0\,\text{kJ}\,\text{mol}^{-1}.$$

Ein Vergleich der Ergebnisse für die Prozesse (a) bis (d) zeigt, dass die Zustandsgrößen ΔU und ΔH für alle vier Prozesse übereinstimmend Null sind. Die ausgetauschte Arbeit und Wärme, W_{12} bzw. Q_{12}, hängen aber vom Prozessweg ab; sie sind keine Zustandsgrößen, sondern Prozessgrößen. Es gilt nach dem ersten Hauptsatz immer $Q_{12} = -W_{12}$. Die Flächen unter den Kurven im p,V-Diagramm entsprechen der jeweils verrichteten Arbeit.

Beispiel

Der Zylinder eines Stoßdämpfers (Volumen $0{,}02\,\text{m}^3$) sei mit Luft gefüllt (Druck 1 bar, Temperatur 22 °C). Bei einem Stoß wird das Gas komprimiert (Druck 10 bar).
(a) Auf welches Volumen wird die Luft komprimiert, und auf welche Temperatur erwärmt sie sich dabei?
(b) Welche Stoßenergie kann der Stoßdämpfer maximal aufnehmen?
Die Kompression erfolge so schnell, dass der Vorgang als adiabat betrachtet werden kann. Der Adiabatenexponent von Luft ist $\kappa = 1{,}4$.

Lösung: (a) Das Volumen nach der Kompression (Endzustand p_2, T_2, V_2) ergibt sich mit der Adiabatengleichung Gl. (1.98) aus dem Anfangszustand (p_1, T_1, V_1) zu $V_2 =$

$V_1 (p_1/p_2)^{1/\kappa} = 0,00386\,\mathrm{m}^3$. Die Endtemperatur erhält man mit dem idealen Gasgesetz zu $T_2 = T_1 p_2 V_2/(p_1 V_1) = 569,6\,\mathrm{K}$ oder $t_2 = 296,5\,°\mathrm{C}$. Während der Kompression nimmt das Volumen ab, Druck und Temperatur nehmen zu.

(b) Die Stoßenergie ist die Kompressionsarbeit vermindert um die Volumenänderungsarbeit, die vom äußeren Luftdruck verrichtet wird. Die Kompressionsarbeit beträgt nach Gl. (1.99e) $W_{12} = (p_2 V_2 - p_1 V_1)/(\kappa-1) = 4,65\,\mathrm{kJ}$. Die von dem konstanten äußeren Luftdruck p_1 verrichtete Volumenänderungsarbeit beträgt $W_{12,\mathrm{a}} = -p_1(V_2 - V_1) = 1,61\,\mathrm{kJ}$. Die Stoßenergie ist die Nutzarbeit $W_{12,\mathrm{N}} = W_{12} - W_{12,\mathrm{a}} = 3,04\,\mathrm{kJ}$.

Beispiel

In einem Dieselmotor (Volumen des Zylinders $2000\,\mathrm{cm}^3$) werden Luft von Umgebungsdruck (1 bar) und Umgebungstemperatur ($298{,}15\,\mathrm{K}$) adiabat auf 50 bar komprimiert. Der hochverdichteten und dadurch erhitzten Luft wird Brennstoff zugeführt, der sich dann selbständig entzündet und bei der Verbrennung Wärme (2,5 kJ) freisetzt. Das Einspritzen wird geeignet dosiert, so dass sich der Druck während der Verbrennung kaum ändert. Nach der Verbrennung findet eine adiabate Expansion auf das Ausgangsvolumen statt und abschließend eine isochore Abkühlung.

(a) Man zeichne die Zustandsänderung in ein p,V-Diagramm.

(b) Auf welches Volumen wird die Luft komprimiert, und welche Temperatur herrscht dann im Zylinder?

(c) Welche Temperatur und welches Volumen hat die Luft nach der Verbrennung? Welche Arbeit leistet die Luft bei der isobaren Expansion?

(d) Welcher Druck und welche Temperatur stellen sich nach der adiabaten Expansion ein? Welche Arbeit wird geleistet?

Luft kann als ideales Gas behandelt werden. Die mittlere molare isobare Wärmekapazität von Luft in dem betrachteten Temperaturbereich beträgt $35{,}22\,\mathrm{J\,mol^{-1}\,K^{-1}}$, der Adiabatenexponent $\kappa = 1{,}4$. Es kann vernachlässigt werden, dass sich Masse und Zusammensetzung des Gases im Zylinder durch die Verbrennung ändern.

Lösung: (a) Die Zustandsänderungen bilden einen Kreisprozess (s. Abb.): Adiabate Kompression mit Erwärmung ($1 \to 2$), isobare Expansion mit Erwärmung ($2 \to 3$), adiabate Expansion mit Abkühlung ($3 \to 4$) und isochore Abkühlung ($4 \to 1$).

(b) Nach der adiabaten Kompression (Zustand 2) betragen die thermischen Zustandsgrößen gemäß der Adiabatengleichung Gl. (1.97) bzw. Gl. (1.98)

$$T_2 = T_1 (p_1/p_2)^{(1-\kappa)/\kappa} = 911{,}71\,\mathrm{K} \quad \text{und} \quad V_2 = V_1 (p_1/p_2)^{1/\kappa} = 122{,}3\,\mathrm{cm}^3$$

Das Volumen ergibt sich auch aus der thermischen Zustandsgleichung des idealen Gases: $V_2 = p_1 V_1 T_2/(p_2 T_1) = 122{,}3\,\mathrm{cm}^3$.

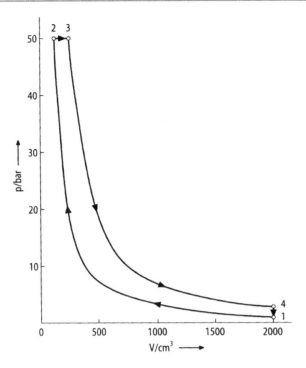

(c) Die isobare Verbrennung (zu Zustand 3, $p_3 = p_2$) setzt die Energie $Q_{23} = n\langle C_{p,m}\rangle(T_3 - T_2) = 2,5\,\text{kJ}$ frei. Mit der Molzahl n gemäß der thermischen Zustandsgleichung des idealen Gases $n = p_1 V_1/(R T_1) = 0,081\,\text{mol}$ ergibt sich hieraus die Temperatur nach der Verbrennung zu $T_3 = T_2 + Q_{23}/(n\langle C_{p,m}\rangle) = 1788,04\,\text{K}$. Das Volumen nach der Verbrennung folgt aus Gl. (1.56) zu $V_3 = V_2 T_3/T_2 = 239,9\,\text{cm}^3$. Damit ist die vom Gas geleistete Arbeit nach Gl. (1.86) $W_{23} = -p_2(V_3 - V_2) = -588,0\,\text{J}$.

(d) Druck und Temperatur nach der adiabaten Expansion ergeben sich aus der Adiabatengleichung in Form der Gln. (1.98) und (1.96) mit $V_4 = V_1$ und $p_3 = p_2$ zu $p_4 = p_3(V_3/V_4)^\kappa = 2,568\,\text{bar}$ und $T_4 = T_3(V_3/V_4)^{\kappa-1} = 765,56\,\text{K}$. Die vom Gas geleistete Arbeit ist nach Gl. (1.99e) $W_{34} = (p_4 V_4 - p_3 V_3)/(\kappa - 1) = -1,715\,\text{kJ}$.

1.3.8 Polytrope Zustandsänderung

Während isobare und isochore Prozesse in der Praxis recht häufig auftreten, lassen sich isotherme und adiabate Zustandsänderungen eines Gases strenggenommen nicht realisieren, denn der für isotherme Führung notwendige vollkommene Wärmeaustausch mit einem Wärmereservoir kann nur bei sehr langsamem Prozessablauf erreicht werden, und der für adiabate Führung notwendige vollständige Ausschluss eines Wärmeaustausches mit der Umgebung kann nur bei sehr schnell ablaufenden Prozessen oder vollkommener Isolierung verwirklicht werden. Verdichtungs- oder Entspannungsvorgänge liegen in

Tab. 1.2 Spezialfälle der polytropen Zustandsgleichung

Zustandsänderung	Zustandsgleichung			Polytropenexponent
Isobare	$p = \text{const}$	$\Leftrightarrow$	$pV^0 = \text{const}$	$\nu = 0$
Isotherme	$pV = \text{const}$	$\Leftrightarrow$	$pV^1 = \text{const}$	$\nu = 1$
Adiabate/Isentrope	$pV^\kappa = \text{const}$			$\nu = \kappa$
Isochore	$V = \text{const}$	$\Leftrightarrow$	$p^{1/\infty}V = \text{const}$	$\nu \to \infty$

der Praxis i. a. zwischen der isothermen und adiabaten Führung, und so liegen die $p(V)$-Kurven der realen Prozesse im p, V-Diagramm meist zwischen der Isothermen und der Adiabaten. Die Gleichung für die Isotherme des idealen Gases $pV = \text{const}$ und die Adiabatengleichung $pV^\kappa = \text{const}$ unterscheiden sich nicht in der Form, sondern nur im Wert des Exponenten, und daher beschreibt man reale Prozesse durch Zustandsgleichungen, die diese Form haben, allerdings mit einem Exponenten, dessen Wert zwischen 1 (isotherme Zustandsänderung) und κ (adiabate Zustandsänderung) liegt.

Ganz allgemein kann man nicht nur isotherme und adiabate Zustandsänderungen, sondern auch isochore und isobare Zustandsänderungen durch eine Gleichung dieser Form beschreiben, wenn man für den Exponenten die Werte 0 (Isobare) und ∞ (Isochore) zulässt. Diese allgemeine Zustandsgleichung lautet:

$$\boxed{pV^\nu = \text{const}} \tag{1.103}$$

Sie heißt *polytrope Zustandsgleichung*. Der Exponent ν heißt *Polytropenexponent*. Er kann Werte zwischen 0 und ∞ annehmen, liegt in der Praxis allerdings meist zwischen 1 und κ. Je schneller der Prozess abläuft, desto näher liegt er bei κ.

Mit der thermische Zustandsgleichung des idealen Gases $pV/T = \text{const}$ erhält man die entsprechende Gleichungen mit den beiden anderen Paaren der thermischen Zustandsgrößen:

$$\boxed{T^\nu p^{1-\nu} = \text{const}} \tag{1.104}$$

$$\boxed{T V^{\nu-1} = \text{const}} \tag{1.105}$$

Alle bisher behandelten Zustandsänderungen sind Spezialfälle dieser allgemeinen polytropen Zustandsänderung (s. Tab. 1.2). Ihre $p(V)$-Verläufe sind im p, V-Diagramm der Abb. 1.11 graphisch dargestellt. So wird eine Zustandsänderung mit $1 < \nu < \kappa$ im p, V-Diagramm durch eine Kurve wiedergegeben, die zwischen der Isothermen und Isentropen liegt.

Während bei einer isothermen Expansion die vom System geleistete Arbeit vollständig durch die aus einem Wärmebad zugeführte Wärme gedeckt wird und die bei der adiabaten Expansion geleistete Arbeit von der inneren Energie stammt und eine Temperaturerniedrigung zur Folge hat, wird bei einer Expansion, die zwischen der rein isothermen und rein adiabaten verläuft, die Arbeit z. T. von der zugeführten Wärme und z. T. von der inneren Energie bestritten. Entsprechendes gilt für die Kompression.

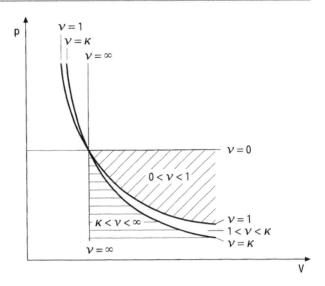

Abb. 1.11 Polytrope Zustandsänderungen des idealen Gases
im p, V-Diagramm: $\nu = 0$ Isobare, $\nu = 1$ Isotherme, $\nu = \kappa$
Adiabate, $\nu = \infty$ Isochore

Die während einer polytropen Zustandsänderung von (p_1, T_1) nach (p_2, T_2) ausgetauschte Arbeit W_{12} berechnet man aus der Polytropengleichung Gl. (1.103) (mit Rechenschritten entsprechend der Herleitung der Gln. (1.99a)–(1.99e) zu

$$W_{12} = \frac{p_1 V_1}{\nu - 1}\left(\left(\frac{V_2}{V_1}\right)^{1-\nu} - 1\right) \tag{1.106a}$$

$$W_{12} = \frac{p_1 V_1}{\nu - 1}\left(\left(\frac{p_2}{p_1}\right)^{\frac{\nu-1}{\nu}} - 1\right) \tag{1.106b}$$

$$W_{12} = \frac{n R T_1}{\nu - 1}\left(\left(\frac{p_2}{p_1}\right)^{\frac{\nu-1}{\nu}} - 1\right) \tag{1.106c}$$

$$W_{12} = \frac{n R}{\nu - 1}(T_2 - T_1) \tag{1.106d}$$

$$W_{12} = \frac{p_2 V_2 - p_1 V_1}{\nu - 1} \tag{1.106e}$$

W_{12} ist die Fläche unter der Polytropen im p-V-Diagramm.

Die ausgetauschte Wärme ergibt sich mit dem ersten Hauptsatz der Thermodynamik
aus der geleisteten Arbeit zu $Q_{12} = \Delta U - W_{12}$. Die Änderung der inneren Energie ΔU der
polytropen Zustandsänderung berechnet man, indem man die polytrope Zustandsänderung
durch einen adiabaten und isothermen Prozess ersetzt: Da sich die innere Energie bei der
isothermen Zustandsänderung nicht ändert, ist die Änderung der inneren Energie für den
polytropen Prozess gleich der Änderung der inneren Energien für den adiabaten Prozess,

und die ist nach den Gln. (1.101) und (1.99e)

$$\Delta U = \frac{p_2 V_2 - p_1 V_1}{\kappa - 1} = \frac{nR}{\kappa - 1}(T_2 - T_1) \tag{1.107}$$

Daher ist die ausgetauschte Wärme

$$Q_{12} = (p_2 V_2 - p_1 V_1)\left(\frac{1}{\kappa - 1} - \frac{1}{\nu - 1}\right) = nR(T_2 - T_1)\left(\frac{1}{\kappa - 1} - \frac{1}{\nu - 1}\right) \tag{1.108}$$

Beispiel

Ein Kompressor mit 3 l Hubraum verdichtet Luft der Temperatur 20 °C von Atmosphä-rendruck (1,013 bar) auf Druckluft von 4 bar, wobei die Kompression polytrop verläuft mit dem Polytropenexponenten $\nu = 1,3$.

(a) Man berechne die Kompressionsarbeit für einen Arbeitszyklus.

(b) Wie viel Wärme wird abgeführt?

Lösung: (a) Die Kompressionsarbeit W_{12} ergibt sich aus Gl. (1.106d) mit der Molzahl n (aus der idealen Gasgleichungen $n = p_1 V_1/(RT_1) = 0,125$ mol) und der Temperatur T_2 nach der Kompression (aus der thermischen Zustandsgleichung des idealen Gases oder Gl. (1.104) $T_2 = T_1(p_1/p_2)^{(1-\nu)/\nu} = 402,47$ K) zu $W_{12} = 378,70$ J.

(b) Die abgegebene Wärme erhält man aus Gl. (1.108) zu $Q_{12} = -94,68$ J < 0.

Informationen zu den Zustandsänderungen des idealen Gases sind in Abb. A.1 zusam-mengestellt.

1.4 Der zweite und der dritte Hauptsatz der Thermodynamik

1.4.1 Reversibilität und Irreversibilität

Ein Keramiktopf, der zu Boden fällt, zerbricht, aber dass die Scherben sich zum heilen Topf zusammen fügen und dieser sich vom Erdboden auf die Höhe, von der er gefallen ist, erhebt, hat man noch nicht beobachtet – obwohl dies nach dem ersten Hauptsatz der Thermodynamik möglich wäre. Um die Erfahrung, dass in der Natur Vorgänge im all-gemeinen spontan nur in einer bestimmten Richtung ablaufen und sich nicht umkehren lassen, beschreiben zu können, muss der erste Hauptsatz der Thermodynamik durch einen weiteren Erfahrungssatz, den zweiten Hauptsatz der Thermodynamik, ergänzt werden.

Der erste Hauptsatz der Thermodynamik ist ein Energieerhaltungssatz und sagt aus, dass bei einer Zustandsänderung die Summe aller Energieformen konstant bleibt und die verschiedenen Formen von Energie (innere Energie, Wärme und Arbeit) quantitativ in-einander umgewandelt werden können. Nach dem ersten Hauptsatz kann grundsätzlich jede Energieform in eine andere umgewandelt werden, ohne dass dabei Energie verloren-geht oder gewonnen wird, und ein Prozess kann gleichermaßen in den beiden einander entgegengesetzten Richtungen ablaufen. Er macht aber keine Aussage darüber, ob solche Umwandlungen unter den gegebenen Bedingungen tatsächlich stattfinden, d. h. ob die Umwandlung einer Energieform in eine andere gleichermaßen in die eine wie die andere Richtung erfolgen kann und ob sie vollständig ist.

Der erste Hauptsatz der Thermodynamik entspricht der Erfahrung mit vielen Vorgängen in der Mechanik. So schwingt ein reibungsarm gelagertes Fadenpendel auf ein und derselben Bahnkurve hin und zurück, wobei sich ständig potentielle und kinetische Energie ineinander umwandeln, und erreicht dabei immer wieder fast seine Ausgangslage, weil die Energie fast erhalten bleibt – aber nur fast, denn das Pendel verliert langsam an Höhe und kommt schließlich im tiefsten Punkt zur Ruhe. In der Natur gibt es offenbar eine bevorzugte Richtung.

Beispiele für die Nichtumkehrbarkeit von thermodynamischen Prozessen, die von großer praktischer Bedeutung sind, sind die folgenden: Wärme geht von selbst nur von einem wärmeren auf einen kälteren Körper über, so dass Temperaturunterschiede sich ausgleichen aber nicht entstehen. Eine kleine Menge Salz löst sich von selbst in Wasser auf, scheidet sich aber nicht von selbst wieder als Kristall aus. Gase nehmen von selbst den ihnen zur Verfügung stehenden Raum ein, sie konzentrieren sich jedoch nicht von selbst in einem Teil des Raumes. Zwei Gase vermischen sich von selbst miteinander, entmischen sich aber nicht wieder von selbst. Wenn ein elektrischer Strom fließt, wird elektrische Energie in Wärme umgewandelt, aber Wärme wandelt sich nicht direkt in elektrische Energie um. Mechanische Arbeit lässt sich, z. B. durch Reibung, vollständig in Wärme umwandeln, Wärmeenergie mit Hilfe von Wärmekraftmaschinen aber nur teilweise in mechanische Arbeit.

Nicht alle Energieumwandlungen, die nach dem ersten Hauptsatz möglich sein sollten, sind tatsächlich realisierbar. Vielmehr laufen viele Prozesse von selbst nur in einer bestimmten Richtung aber nicht in der Rückrichtung ab. Die verschiedenen Energieformen sind gleichwertig bzgl. der Energiebilanz aber nicht bzgl. ihrer Umwandelbarkeit in andere Energieformen. Zur vollständigen Beschreibung von Prozessen reicht der erste Hauptsatz alleine nicht aus. Er wird ergänzt durch den zweiten Hauptsatz. Der zweite Hauptsatz der Thermodynamik nimmt eine Bewertung der verschiedenen Energieformen bezüglich ihrer Umwandelbarkeit vor und macht Aussagen über die Richtung spontaner Vorgänge. *Spontane Prozesse* sind Vorgänge, die von selbst, d. h. ohne äußere Einwirkung, geschehen. Sie laufen nur in einer Richtung aber niemals in der Rückrichtung ab. Die Rückrichtung kann nur durch äußere Einwirkung, durch Energieaufwand erzwungen werden.

Die Ursache für die Nichtumkehrbarkeit von Vorgängen kann man verdeutlichen, wenn man den Fall einer Stahlkugel auf eine Stahlplatte mit dem eines Tennisballs auf einen Rasen vergleicht. Beim Fallen der Stahlkugel wandelt sich fortwährend potentielle Energie (Lageenergie) in kinetische Energie (Bewegungsenergie) um, bis im Moment des Aufpralls auf die Unterlage die potentielle Energie minimal und die kinetische Energie maximal ist, wobei ihre Summe nach dem Energieerhaltungssatz jedoch konstant geblieben ist. Beim elastischen Aufprall auf die Stahlplatte bleiben seine potentielle und kinetische Energie erhalten, nur das Vorzeichen der Geschwindigkeit der Kugel ändert sich. Während des Hochspringens der Kugel wandelt sich kinetische in potentielle Energie um, bis alle kinetische Energie in potentielle Energie umgewandelt ist und die Kugel die Ausgangsposition erreicht hat – vorausgesetzt, der Vorgang findet unter den Bedingungen des idealen elastischen Stoßes und im luftleeren Raum statt. Findet die Bewegung allerdings in Luft oder einem anderen zähen Medium statt, so überträgt die Kugel während des Fluges einen Teil ihrer kinetischen Energie auf die Moleküle des umgebenden Mediums, wodurch sich deren kinetische Energie erhöht, sie selbst aber gebremst wird. Der Tennisball gibt während seines Falls nicht nur kinetische Energie an die Luft ab, sondern verwandelt beim Aufprall auf den Rasen, der unelastisch ist, kinetische Energie in Formänderungsarbeit des Balles und des Bodens, was die kinetische Energie ihrer Moleküle erhöht. Die Gesamtenergie des Balles hat abgenommen, und er kann die ursprüngliche Höhe nicht wieder erreichen. Der Teil der Gesamtenergie des Balles, der sich umgewandelt hat in kinetische Energie der Moleküle der beteiligten Materie, führt zu einer Zunahme der Geschwindigkeit dieser Moleküle. Die in der Bewegung der Moleküle gespeicherte Energie stellt Wärme dar und macht sich in einer Temperaturzunahme der umgebenden Luft, des Balles und des Bodens bemerkbar. Da die Moleküle in der Luft, dem Boden und dem Ball sich nicht in die gleiche Richtung, sondern vollkommen regellos bewegen und alle Richtungen statistisch gleich häufig vertreten sind, kann die in der Wärmebewegung gespeicherte Energie nicht wieder in die kinetischer Energie einer gerichteten Bewegung zurückverwandelt und als mechanische Arbeit (Hubarbeit) auf den Flugkörper übertragen werden. Daher kann der Ball nicht einfach seine in Wärme umgewandelte kinetische Energie zurückgewinnen, um seine anfängliche Position zu erreichen. Da mechanische Energie vollständig in Wärmeenergie umgewandelt werden kann, Wärmeenergie aber nicht vollständig in mechanische Energie, läuft der Vorgang von selbst nur in einer Richtung ab, d. h. er ist nicht umkehrbar.

Die Energie des Systems aus Kugel, Luft und Unterlage bleibt in den beiden Fällen des elastischen und unelastischen Aufpralls gemäß dem ersten Hauptsatz der Thermodynamik zwar erhalten; aber bei dem unelastischen Stoß werden Lage- und Bewegungsenergie der Kugel in Wärmeenergie umgewandelt, die nicht vollständig in kinetische oder potentielle Energie zurückverwandelt werden kann, so dass die in (mechanische) Arbeit umwandelbare Energie abnimmt.

Die Tatsache, dass viele Vorgänge spontan nur in einer Richtung ablaufen, bedeutet nicht, dass sie prinzipiell nicht umkehrbar sind. So kann man dem unelastischen Tennisball von außen gerade so viel Energie zuführen, dass er seine Ausgangsposition wieder erreicht. Auch kann man den Temperaturausgleich zwischen Körpern unterschiedlicher Temperatur rückgängig machen, indem man mit einer Wärmepumpe dem einen Körper Wärme entzieht und dem anderen bei höherer Temperatur zuführt. Außerdem kann man Gas, das sich spontan in einen Raum ausgedehnt hat, mit einem Kompressor in einen kleinen Raum pressen. Man kann also die Umkehr von Vorgängen, die spontan nur in eine Richtung ablaufen, erzwingen, indem man in geeigneter Weise dem System von außen

Energie zuführt. So wird der Anfangszustand des Systems wieder hergestellt, es hat sich dabei aber der Zustand der Umgebung geändert.

Zustandsänderungen heißen *umkehrbar* oder *reversibel*, wenn sie wieder vollständig rückgängig gemacht werden können, d. h. der ursprüngliche Zustand des Systems wieder hergestellt werden kann, ohne dass Änderungen in der Umgebung zurückbleiben. Dies bedeutet, dass der Vorgang nicht nur bzgl. der Zustandsänderungen des Systems, sondern in allen seinen Auswirkungen umkehrbar sein muss.

Zustandsänderungen heißen *nicht umkehrbar* oder *irreversibel*, wenn sie nicht wieder vollständig rückgängig gemacht werden können, d. h. der Anfangszustand des Systems ohne Änderung in der Umgebung nicht wieder hergestellt werden kann. Man kann den Anfangszustand des Systems nur durch eine Einwirkung von außen wieder herstellen, wobei Änderungen in der Umgebung zurückbleiben.

Die Umkehrbarkeit oder Nichtumkehrbarkeit eines Prozesses betrifft also nicht nur die Rückführung des Systems aus dem End- in den Anfangszustand, sondern auch die Zustandsänderung der Umgebung.

Die Umkehrbarkeit einer Zustandsänderung setzt zwei Bedingungen voraus. Erstens muss der Vorgang quasistatisch erfolgen. Zweitens dürfen nur konservative Kräfte, keine dissipativen Kräfte wirksam sein.

Eine *quasistatische Zustandsänderung* ist eine Zustandsänderung, bei der in jedem Moment die Abweichungen der Zustandsgrößen von den Gleichgewichtswerten so gering sind, dass in jedem Moment des quasistatischen Prozesses eine infinitesimale Änderung der äußeren Bedingungen die Richtung des Vorgangs umkehren kann. Daher kann das System in jedem Moment als im Gleichgewichtszustand betrachtet werden, und eine quasistatische Zustandsänderung stellt eine kontinuierliche Folge von infinitesimal kleinen Schritten dar, bei denen sich das System im Gleichgewicht befindet. Das System ist also fast statisch, quasistatisch. So ist der Wärmeübergang von einem Körper zu einem anderen quasistatisch, wenn der Wärmeübergang in Schritten mit beliebig kleinen Temperaturänderungen vorgenommen wird und die Wärme sowohl in die eine wie die andere Richtung fließen kann.

Dissipative Kräfte sind Kräfte, die eine beliebige Energieform in Wärme überführen; die dissipierte Energie nennt man *Dissipationsenergie*. Die wichtigste dissipative Kraft ist die Reibungskraft; sie verwandelt mechanische Energie in Wärme. Da Wärme nicht vollständig in mechanische Arbeit umgewandelt werden kann, geht die dissipierte Energie der Arbeitsleistung verloren und ist daher meist unerwünscht. Ebenso wird aufgrund des elektrischen Widerstandes in einem elektrischen Leiter bei Stromfluss elektrische Energie in Wärmeenergie umgewandelt, die nicht vollständig in elektrische Energie zurückverwandelt werden kann und daher der Arbeitsleistung nicht zur Verfügung steht. Umgekehrt können sowohl mechanische als auch elektrische Energie vollständig in Wärme umgewandelt werden. Diese Einschränkung bzgl. der Umwandelbarkeit verschiedener Energieformen führt dazu, die Energieformen, obwohl sie bzgl. der Energiebilanz des ersten Hauptsatzes gleichwertig sind, unterschiedlich zu bewerten.

Die Abwertung von Energie durch Dissipation führt zu einer Asymmetrie in der Richtung von Energieumwandlungen und damit zu einer Einschränkung in der Richtung von Zustandsänderungen, d. h. zur Irreversibilität von Prozessen. Mit Dissipation behaftete Prozesse verlaufen von selbst nur in der Richtung ab, in der Energie dissipiert wird, nicht in der Rückrichtung.

In der Natur laufen Zustandsänderungen weder quasistatisch langsam ab, noch sind dissipative Kräfte vollkommen ausgeschlossen. Daher sind alle in der Natur vorkommenden Vorgänge irreversibel. Dieser Erfahrungssatz ist Aussage des zweiten Hauptsatzes der Thermodynamik (s. Abschn. 1.4.7).

Ein reversibler Vorgang stellt eine Idealisierung dar, einen Grenzfall, den es in Wirklichkeit nicht gibt, dem man sich aber mehr oder weniger stark annähern kann. Dennoch ist es zweckmäßig, solche idealisierten reversiblen Vorgänge zu behandeln, da die für sie berechneten Zustandsgrößen auch für irreversible Prozesse gelten, weil Zustandsgrößen unabhängig sind von der Art der Prozessführung.

1.4.2 Reversible und irreversible Arbeit und Wärme

Reversible und irreversible Arbeit und Wärme Reversible und irreversible Arbeit und Wärme Die Art der Prozessführung, ob reversibel oder irreversibel, wirkt sich auf die an oder von einem System geleistete Arbeit aus. Man kann dies verdeutlichen am Beispiel der isothermen Kompression und Expansion des idealen Gases. Die p, V-Diagramme für die quasistatische Prozessführung und einen Prozessweg, der nicht über Gleichgewichtszustände abläuft, sind in Abb. 1.12 dargestellt. Die schraffierten Flächen unter den Kurven stellen die von oder an dem System geleistete Arbeit dar. Bei quasistatisch geführter Expansion $(p_1, V_1) \rightarrow (p_2, V_2)$ (s. Abb. 1.12a) ändern sich Druck und Volumen nach der Zustandsgleichung des idealen Gases längs der Isothermen $p V = $ const, und die von dem System geleistete Arbeit ist gleich der Fläche unter der $p(V)$-Isothermen zwischen den Anfangs- und Endvolumina. Bei quasistatischer Kompression $(p_2, V_2) \rightarrow (p_3, V_3)$ verlaufen die Druck- und Volumenänderungen auf derselben Kurve, so dass die Fläche und damit die am System geleistete Arbeit dem Betrage nach gleich ist wie bei der Expansion, sie unterscheidet sich nur um das Vorzeichen. Die geleistete Arbeit beträgt nach Gl. (1.71)

$$W_{12,\,\text{rev}} = -nRT \ln \frac{V_2}{V_1} = -nRT \ln \frac{V_2}{V_3} = -W_{23,\,\text{rev}} \qquad (1.109)$$

Wird die Expansion nicht quasistatisch geführt (Abb. 1.12b), sondern erfolgt so plötzlich, dass Druck und Volumen sofort die Endwerte annehmen und der Druck vor dem Kolben verschieden ist vom Druck im System, dann ist die vom System geleistete Arbeit nicht die Fläche unter der $p(V)$-Isothermen, sondern die Fläche, die von der Isobaren des Enddrucks und den Anfangs- und Endvolumina eingeschlossen wird:

$$W_{12,\text{irr}} = -p_2(V_2 - V_1) < 0 \qquad (1.110a)$$

Abb. 1.12 Isotherme Expansion ($1 \rightarrow 2$) und Kompression ($2 \rightarrow 3$) des idealen Gases im p, V-Diagramm für
a quasistatische Prozessführung und
b nicht quasistatische Prozessführung.
W_{12} und W_{23} sind die von bzw. an dem System geleistete Arbeit. \\\\\\ $|W_{12}|$, ////// W_{23}

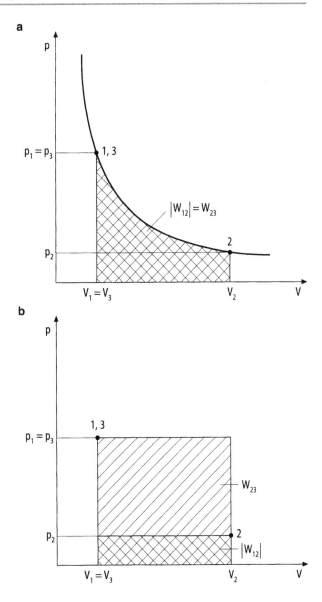

Bei plötzlicher Kompression ist die am System geleistete Arbeit entsprechend

$$W_{23,\mathrm{irr}} = -p_3(V_3 - V_2) > 0 \tag{1.110b}$$

Daher ist die bei nicht-quasistatisch geführter Kompression an dem System geleistete Arbeit größer als bei quasistatischer Führung und entsprechend die bei nicht-quasistatischer Expansion von dem System geleistete Arbeit kleiner als bei quasistatischer Führung. Dies

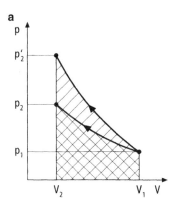
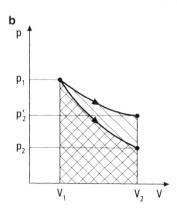

Abb. 1.13 p, V-Diagramm für **a** adiabatische Kompression und **b** adiabatische Expansion mit und ohne Dissipation. \\\\\\ Arbeit ohne Dissipation, ////// Arbeit mit Dissipation

ist darauf zurückzuführen, das die Energie, die durch dissipativen Kräfte (z. B. Wirbelbildung) in Wärmeenergie umgewandelt wird, bei der Kompression durch zusätzliche Arbeitsleistung am System aufgebracht werden muss und bei Expansion der vom System zu leistenden Arbeit verlorengeht.

Vergleichen wir nun eine dissipationsfreie Zustandsänderung mit einem reibungsbehafteten Prozess anhand der adiabatischen Kompression und Expansion des idealen Gases (s. Abb. 1.13). Bei adiabatischer Kompression (Abb. 1.13a) ändern sich, wenn dissipative Kräfte ausgeschlossen sind, p und V entlang der Adiabaten, und die an dem System geleistete Arbeit ist die Fläche unter der Adiabate. Sind aber dissipative Kräfte wirksam, so wird ein Teil der mechanischen Energie in Wärme umgewandelt, und es stellt sich für dasselbe Endvolumen ein höherer Druck ein. Daher ist die Fläche unter der $p(V)$-Kurve und damit auch die an dem System geleistete Arbeit bei Dissipation größer, und zwar um die Dissipationsenergie. Die insgesamt bei der Kompression verrichtete Arbeit ist die Summe aus der Volumenänderungsarbeit und der Dissipationsarbeit. Entsprechendes gilt für die adiabatische Expansion (Abb. 1.13b): Bei adiabatischer Expansion ist die von dem System unter Dissipation geleistete Arbeit dem Betrag nach um die Dissipationsenergie kleiner als ohne Dissipation.

Dissipative Effekte vergrößern also die zur Kompression eines Systems erforderliche Arbeit, bei Expansion verringern sie den Betrag der nach außen abgegebenen Arbeit.

Bei reversibler Führung ist die Arbeit, die an oder von einem System geleistet wird, die minimal bzw. maximal mögliche. Bei irreversibler Führung ist die von dem System geleistete Arbeit dem Betrage nach kleiner und die an dem System geleistete Arbeit größer als bei reversibler Führung. Reversible Prozesse zeichnen sich also durch die bestmögliche Energieumwandlung aus und dienen daher als Maßstab für die Güte eines realen Prozesses, indem man die tatsächlich erreichte Energieumwandlung eines realen, irreversiblen Prozesses vergleicht mit dem maximal erreichbaren eines idealen, reversiblen Vorgangs.

Für die Kompression und die Expansion gilt folgende Ungleichung für die an oder von einem System geleistete Arbeit:

$$\boxed{\delta W_{\mathrm{irr}} > \delta W_{\mathrm{rev}}} \tag{1.111}$$

Bei der Kompression sind δW_{irr} und δW_{rev} positiv, und die reversibel am System geleistete Arbeit ist kleiner als die irreversible. Bei der Expansion sind δW_{irr} und δW_{rev} negativ, und die vom System irreversibel geleistete Arbeit ist dem Betrage nach kleiner als die reversibel geleistete Arbeit ($|\delta W_{\mathrm{irr}}| < |\delta W_{\mathrm{rev}}|$).

Die bei einem reversiblen und irreversiblen Prozess ausgetauschte Wärmeenergie kann man mit dem ersten Hauptsatz, der gleichermaßen für reversible und irreversible Zustandsänderungen gilt, berechnen, indem man berücksichtigt, dass die innere Energie eine Zustandsgröße und ihre Änderung daher unabhängig von der Art der Prozessführung ist. Daher gilt

$$\mathrm{d}U = \delta W_{\mathrm{rev}} + \delta Q_{\mathrm{rev}} = \delta W_{\mathrm{irr}} + \delta Q_{\mathrm{irr}} \tag{1.112}$$

und mit Gl. (1.111) ergibt sich

$$\boxed{\delta Q_{\mathrm{irr}} < \delta Q_{\mathrm{rev}}} \tag{1.113}$$

Die beim irreversiblen Prozess aufgenommene Wärme ist also geringer als beim dissipationsfreien Prozess, und zwar um die Dissipationsenergie, und die beim irreversiblen Prozess abgegebene Wärme ist dem Betrage nach um die Dissipationsenergie größer als ohne Dissipation.

Bei Naturprozessen sind immer dissipative Kräfte wirksam, so dass ständig Wärme entsteht. Da diese nicht vollständig zurück verwandelt werden kann, verwandelt sich schließlich alle Energie in Wärme.

Beispiel

1 kg Sauerstoff werde bei 20 °C isotherm einer Zustandsänderung unterworfen.

(a) Wie groß ist die vom Gas verrichtete Arbeit bei plötzlicher Entspannung von 5 bar auf 1 bar?

(b) Wie groß ist die am Gas verrichtete Arbeit, wenn man es einer plötzlichen Verdichtung von 1 bar auf 5 bar unterwirft?

(c) Wie groß ist die ausgetauschte Arbeit, wenn Entspannung und Verdichtung reversibel erfolgen?

Sauerstoff kann als ideales Gas behandelt werden. Seine Molmasse beträgt $M = 32{,}00\,\mathrm{g\,mol^{-1}}$.

Lösung: (a) Bei der isothermen Expansion nimmt gemäß der Zustandsgleichung des idealen Gases das Volumen von V_1 auf $V_2 = p_1 V_1 / p_2 = 5 V_1$ zu. Bei der plötzlichen Expansion stellt sich der niedrigere Druck p_2 sofort ein, und die vom Gas geleistete

Volumenänderungsarbeit ist nach Gl. (1.110a) $W_{12,\text{irr}} = -p_2(V_2 - V_1) = -(4/5)p_1V_1$. Mit $p_1V_1 = (m/M)RT_1$ ergibt sich $W_{12,\text{irr}} = -60{,}9\,\text{kJ}$.

(b) Bei der Kompression von $p_2 = 1$ bar auf den fünffachen Druck $p_3 = p_1 = 5$ bar nimmt das Volumen von V_2 auf $V_3 = V_2/5 = V_1$ ab. Bei der plötzlichen Kompression stellt sich der höhere Druck p_1 sofort ein, und die am Gas geleistete Volumenänderungsarbeit ist nach Gl. (1.110b) $W_{23,\text{irr}} = -p_3(V_3 - V_2) = 304{,}7\,\text{kJ}$.

(c) Bei reversibler Expansion ist die vom Gas geleistete Arbeit nach Gl. (1.109)

$$W_{12,\text{rev}} = -(m/M)RT_1 \ln(V_2/V_1) = -122{,}6\,\text{kJ}.$$

Bei reversibler Kompression ist die an dem System geleistete Arbeit

$$W_{23,\text{rev}} = -(m/M)RT_1 \ln(V_3/V_2) = +122{,}6\,\text{kJ}.$$

Bei reversibler Führung sind die von und an dem System geleistete Arbeit dem Betrage nach gleich. Die vom Gas reversibel geleistete Arbeit ist etwa um den Faktor zwei größer als die irreversibel geleistete Arbeit, und die am Gas reversibel geleistete Arbeit ist etwa um den Faktor 2,5 kleiner als die irreversibel geleistete Arbeit. Die während der Expansion vom Gas irreversibel geleistete Arbeit ist nur etwa ein Fünftel der während der Kompression irreversibel an ihm geleisteten Arbeit.

1.4.3 Carnotscher Kreisprozess

Ein *Kreisprozess* ist eine Zustandsänderung, die von einem beliebigen Zustand auf einem beliebigen Prozessweg zu demselben anfänglichen Zustand zurückführt. Die Zustandsgrößen besitzen also am Anfang und Ende des Prozesses die gleichen Werte. Charakterisiert man den Zustand eines Systems durch die thermischen Zustandsgrößen p und V, so beschreibt der Kreisprozess eine beliebige geschlossenen Kurve im p, V-Diagramm (s. Abb. 1.14).

Abb. 1.14 Kreisprozess im p, V-Diagramm: Anfangs- und Endzustand stimmen überein

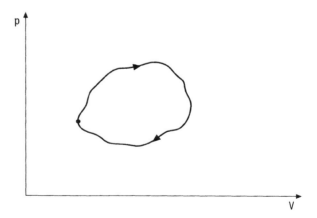

Der *Carnotsche Kreisprozess* ist ein reversibler Kreisprozess, der aus zwei isothermen und zwei adiabaten Zustandsänderungen besteht, genauer: aus einer Folge isothermer, adiabater, isothermer und adiabater Zustandsänderung (s. Abb. 1.15). Durchläuft man die Zustandsänderungen im p, V-Diagramm im Uhrzeigersinn, so heißt der Kreisprozess *vorwärts* oder *rechtslaufender Kreisprozess*, durchläuft man sie im Gegenuhrzeigersinn, so heißt er *rückwärts* oder *linkslaufender Kreisprozess*. Beide Kreisprozesse unterscheiden sich voneinander bezüglich der Umsetzung der Energieformen Wärme und Arbeit: Der rechtslaufende Kreisprozess wandelt Wärme in mechanische Energie um, die er nach außen als Arbeit abgibt, und entspricht einer *Wärmekraftmaschine*. Der linkslaufende Kreisprozess nimmt Wärme auf, um sie bei einer höheren Temperatur an ein Reservoir abzugeben, wozu am System Arbeit geleistet wird; je nach Betrachtungsweise entspricht diesem Prozess eine *Wärmepumpe* (dem wärmeren Reservoir wird Wärme zugeführt, es wird geheizt) oder eine *Kältemaschine* (dem kälteren Reservoir wird Wärme entzogen, es wird gekühlt).

Rechtslaufender Carnotscher Kreisprozess (Wärmekraftmaschine)
Den in Nutzarbeit umgewandelten Teil der zugeführten Wärme wird im folgenden für das ideale Gas als Arbeitsmedium berechnet, indem die während der vier Teilschritte zu- und abgeführten Wärmemengen und Volumenänderungsarbeiten berechnet und die Energiebilanz gezogen wird.

(a) Isotherme Expansion von V_1 nach $V_2 > V_1$ unter Aufnahme der Wärmemenge $Q_{12} > 0$ bei der oberen Temperatur T_o (s. Abb. 1.15a): Die vom System geleistete, nach außen abgegebene Volumenänderungsarbeit beträgt nach Gl. (1.71)

$$W_{12} = -nRT_o \ln \frac{V_2}{V_1} < 0 \qquad (1.114)$$

Da die Temperatur konstant ist, gilt $U_2 - U_1 = 0$, und nach dem ersten Hauptsatz ist die von dem System aufgenommene Wärme

$$Q_{12} = -W_{12} = +nRT_o \ln \frac{V_2}{V_1} > 0 \qquad (1.115)$$

Die vom System geleistete Arbeit wird quantitativ durch die aufgenommene Wärme kompensiert, um die Temperatur konstant zu halten.

(b) Adiabate Expansion von V_2 nach V_3 bei Abnahme der Temperatur von T_o auf die untere Temperatur $T_u < T_o$ (s. Abb. 1.15b): Da die Zustandsänderung adiabat verläuft, wird keine Wärmeenergie ausgetauscht, d. h. es gilt

$$Q_{23} = 0 \qquad (1.116)$$

Die vom System geleistete Arbeit ist nach dem ersten Hauptsatz und unter der Voraussetzung, dass die isochore Wärmekapazität in dem betrachteten Temperaturintervall annä-

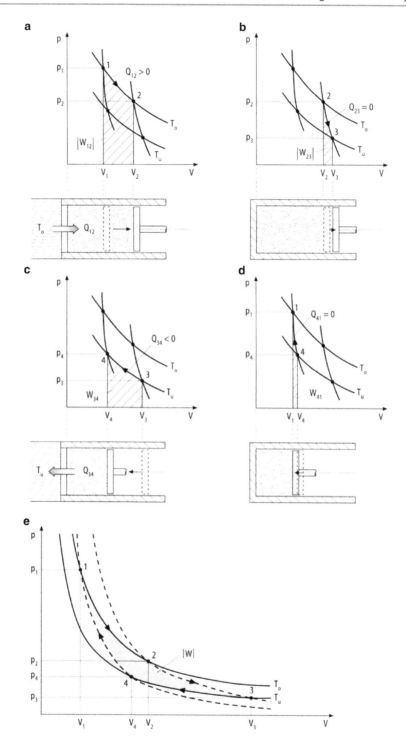

Abb. 1.15 Rechtslaufender Carnotscher Kreisprozess im p, V-Diagramm und als System: **a** Isotherme Expansion ($1 \rightarrow 2$), **b** Adiabate Expansion ($2 \rightarrow 3$), **c** Isotherme Kompression ($3 \rightarrow 4$), **d** Adiabate Kompression ($4 \rightarrow 1$), **e** Gesamtprozess. Die eingeschlossene Fläche (grau schattiert) ist dem Betrage nach gleich der während eines Umlaufs geleisteten Arbeit W. ------- Adiabate ———Isotherme

hernd konstant ist

$$W_{23} = U_3 - U_2 = \int_{T_o}^{T_u} C_V \, dT = C_V (T_u - T_o) \tag{1.117}$$

Die vom Gas geleistete Arbeit wird von der inneren Energie kompensiert, so dass die Temperatur des Gases sinkt.

(c) Isotherme Kompression von V_3 nach $V_4 < V_3$ unter Abgabe der Wärmemenge $Q_{34} < 0$ bei der Temperatur T_u (s. Abb. 1.15c): Die am System geleistete Volumenänderungsarbeit und die vom System ausgetauschte Wärme betragen analog Gl. (1.114) bzw. Gl. (1.115)

$$W_{34} = -nRT_u \ln \frac{V_4}{V_3} > 0 \tag{1.118}$$

$$Q_{34} = -W_{34} = +nRT_u \ln \frac{V_4}{V_3} < 0 \tag{1.119}$$

(d) Adiabate Kompression von V_4 nach V_1 bei Zunahme der Temperatur von T_u nach $T_o > T_u$ (s. Abb. 1.15d), so dass der Anfangszustand wieder hergestellt und der Kreisprozess geschlossen ist: Wegen

$$Q_{41} = 0 \tag{1.120}$$

ist die vom System geleistete Arbeit

$$W_{41} = U_1 - U_4 = \int_{T_u}^{T_o} C_V \, dT = C_V (T_o - T_u) \tag{1.121}$$

Die Nutzarbeit W des Carnotschen Kreisprozesses ist die während des reversiblen Kreisprozesses vom System abgegebene mechanische Arbeit. Sie ist gleich der Summe aller zu- und abgeführten mechanischen Arbeiten:

$$W = W_{12} + W_{23} + W_{34} + W_{41} \tag{1.122}$$

Mit Gln. (1.114), (1.117), (1.118) und (1.121) ergibt sich

$$W = -nRT_o \ln \frac{V_2}{V_1} - nRT_u \ln \frac{V_4}{V_3} \tag{1.123}$$

Mit der Adiabatengleichung Gl. (1.96) erhält man für die jeweils auf einer Adiabate liegenden Zustände 1 und 4 sowie 2 und 3 die Beziehungen $T_o V_1^{\kappa-1} = T_u V_4^{\kappa-1}$ bzw. $T_o V_2^{\kappa-1} = T_u V_3^{\kappa-1}$, also $V_1/V_2 = V_4/V_3$ und damit

$$W = -nR(T_o - T_u)\ln\frac{V_2}{V_1}, \tag{1.124}$$

Die bei der Expansion vom System abgegebene Volumenänderungsarbeit ist größer als die während der Kompression aufgenommene, so dass während des rechtslaufenden Kreisprozesses von dem System insgesamt Arbeit abgeführt wird ($W < 0$).

Die Volumenänderungsarbeiten der einzelnen Zustandsänderungen können im p, V-Diagramm als Flächen unter der $p(V)$-Kurve zwischen den Anfangs- und Endvolumina dargestellt werden, und die Nutzarbeit des Kreisprozesses als Summe aller zu- und abgeführten Arbeiten ist dann die Fläche, welche durch die zwei Isothermen und Adiabaten eingeschlossen wird (s. Abb. 1.15a–e).

Die Summe der während des Kreisprozesses ausgetauschten Wärmen ergibt sich mit den Gln. (1.115), (1.116), (1.119) und (1.120) zu

$$Q = Q_{12} + Q_{23} + Q_{34} + Q_{41} = -W_{12} - W_{34}$$

und daher zu

$$\boxed{Q = -W > 0} \tag{1.125}$$

Die Summe aller zu- und abgeführten Wärmen ist dem Betrage nach gleich der Nutzarbeit des Carnotschen Prozesses. Für einen rechtslaufenden Kreisprozess ist $W < 0$, also $Q > 0$, d. h. das System nimmt insgesamt Wärme auf.

Da die Nutzarbeit dem Betrage nach gleich der Summe der ausgetauschten Wärmen ist, wird die aufgenommene Wärmemenge Q_{12} nicht vollständig in mechanische Arbeit umgewandelt, denn die Energie, die als Wärme Q_{34} abgegeben wird, ist nicht umwandlungsfähig. Obwohl keine dissipativen Kräfte wirksam sind, wird also nicht alle aufgenommene Wärme in mechanische Arbeit umgesetzt.

Der *thermische Wirkungsgrad* η des rechtslaufenden Carnotschen Kreisprozesses wird definiert als das Verhältnis aus dem Betrag der während des Kreisprozesses geleisteten Nutzarbeit W und der zugeführten Wärmemenge Q_{12}

$$\boxed{\eta = \frac{|W|}{Q_{12}}} \tag{1.126}$$

Der Wirkungsgrad gibt an, welchen Bruchteil der Wärme, die einem Kreisprozess zugeführt wird, maximal in Arbeit umgewandelt werden kann, und er beschreibt die Güte des

Tab. 1.3 Der Wert des thermischen Wirkungsgrads $\eta = 1 - T_u/T_o$ für verschiedene obere und untere Temperaturen (t_o bzw. t_u)

t_u	$t_o = 100\,°C$	$200\,°C$	$500\,°C$	$1000\,°C$
$0\,°C$	0,2680	0,4227	0,6467	0,7855
$20\,°C$	0,2144	0,3804	0,6208	0,7697
$50\,°C$	0,1340	0,3170	0,5820	0,7462

Kreisprozesses. Mit Gln. (1.124) und (1.115) ergibt sich

$$\eta = \frac{T_o - T_u}{T_o} = 1 - \frac{T_u}{T_o} < 1 \qquad (1.127)$$

Der Wirkungsgrad ist eine eindeutige Funktion der beiden Temperaturen T_u und T_o, zwischen denen der Kreisprozess läuft, d. h. den Temperaturen, bei denen Wärme aufgenommen bzw. abgegeben wird. Der Wirkungsgrad ist immer kleiner als 1, da ein Teil der zugeführten Wärme abgeführt und die Wärme damit nicht vollständig in Arbeit umgewandelt wird. Er ist umso größer, je kleiner das Verhältnis T_u/T_o ist, d. h. je kleiner die Temperatur des unteren und je größer diejenige des oberen Temperaturbades ist. Er nimmt den Wert 1 nur im Grenzfall $T_o = \infty$ oder $T_u = 0$ an. In Tab. 1.3 sind die Werte des thermischen Wirkungsgrads für verschiedene obere und untere Temperaturen aufgelistet. Um einen hohen Wirkungsgrad zu erzielen, betreibt man Motoren mit möglichst hohen Verbrennungstemperaturen. Die untere Temperatur liegt normalerweise nicht unter der Umgebungstemperatur, meist deutlich höher.

Der Wirkungsgrad des Carnotschen Kreisprozesses wurde hier für das ideale Gas als Arbeitsmedium berechnet. Man kann jedoch zeigen, dass er nicht von der Art des Arbeitsmediums abhängt, sondern nur von den Temperaturen der beiden Wärmereservoirs gemäß Gl. (1.127).

Der Wirkungsgrad des rechtslaufenden Carnotschen Kreisprozesses ist der maximal mögliche für Wärmekraftmaschinen.

Beispiel

In einem kohlebetriebenen Dampfkraftwerk werden stündlich 1 t Steinkohle (Heizwert $32,8\,MJ\,kg^{-1}$) verbrannt. Die Temperatur des Wasserdampfs beträgt $400\,°C$. Die Abwärme wird in einen Fluss der Temperatur $15\,°C$ abgeführt.

(a) Wie groß ist der thermische Wirkungsgrad des Kraftwerks unter der Voraussetzung, dass es wie ein Carnotscher Kreisprozess arbeitet?

(b) Welche Leistung kann aus der Verbrennungswärme entnommen werden, wenn der tatsächliche Wirkungsgrad 70 % des maximal möglichen ist?

(c) Wie viel Wärme gibt das Kraftwerk an den Fluss ab?

Lösung: (a) Der Wirkungsgrad der nach dem Carnotschen Kreisprozess arbeitenden Wärmekraftmaschine ergibt sich aus Gl. (1.127), wenn man für T_o die Temperatur des Dampfes und T_u die Temperatur des Flusses einsetzt, zu $\eta_C = 57,2\,\%$.

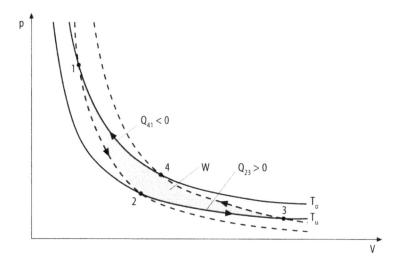

Abb. 1.16 Linkslaufender Carnotscher Kreisprozess im p, V-Diagramm. ----- Adiabate ―― Isotherme. Q_{23} ist die bei T_u aufgenommene Wärme, Q_{41} ist die bei T_o abgegebene Wärme. Die
während eines Umlaufs aufgenommene mechanische Energie W ist die vom Kreisprozess eingeschlossene Fläche (grau schattiert)

(b) Der tatsächliche Wirkungsgrad ist $\eta = 0{,}70 \cdot \eta_\mathrm{C} = 40\,\%$. Aus ihm ergibt sich
die pro Stunde geleistete Nutzarbeit W mittels Gl. (1.126), $\eta = |W|/Q_\mathrm{o}$, wobei Q_o die
bei T_o stündlich zugeführte Wärmemenge ist, die man aus der Masse m der stündlich
verbrannten Kohle und ihrem Heizwert H_K berechnet: $Q_\mathrm{o} = m H_\mathrm{K} = 32{,}8\,\mathrm{GJ}$. Also
ist die vom Kraftwerk pro Stunde geleistete Nutzarbeit $|W| = \eta Q_\mathrm{o} = 13{,}1\,\mathrm{GJ}$ und die
Leistung (t = Zeit) $P = |W|/t = 3{,}64\,\mathrm{MW}$.

(c) Für den Kreisprozess ist nach dem ersten Hauptsatz $Q_\mathrm{o} + Q_\mathrm{u} + W = \Delta U = 0$.
Daher ist die pro Stunde an den Fluss abgeführte Abwärme $Q_\mathrm{u} = -Q_\mathrm{o} + \eta Q_\mathrm{o} =$
$-19{,}7\,\mathrm{GJ}$. Diese Abwärme erhöht die Temperatur eines mittelgroßen Flusses messbar.

Linkslaufender Carnotscher Kreisprozess (Wärmepumpe und Kältemaschine)
Die Güte des linkslaufenden Carnotschen Kreisprozesses wird wie die des rechtslaufenden
Kreisprozesses für das ideale Gas berechnet (s. Abb. 1.16):

(a) Adiabate Expansion von V_1 nach V_2 bei Abnahme der Temperatur von T_o auf T_u:
Es ist

$$Q_{12} = 0 \qquad\qquad (1.128)$$

und

$$W_{12} = U_2 - U_1 = C_V(T_\mathrm{u} - T_\mathrm{o}) < 0 \qquad\qquad (1.129)$$

(b) Isotherme Expansion von V_2 nach V_3 bei T_u: Es ist

$$Q_{23} = -W_{23} = nRT_u \ln \frac{V_3}{V_2} > 0 \qquad (1.130)$$

(c) Adiabate Kompression von V_3 nach V_4 bei Zunahme der Temperatur von T_u auf T_o: Es ist

$$Q_{34} = 0 \qquad (1.131)$$

und

$$W_{34} = U_4 - U_3 = C_V(T_o - T_u) > 0 \qquad (1.132)$$

(d) Isotherme Kompression von V_4 nach V_1 bei T_o: Es ist

$$Q_{41} = -W_{41} = nRT_o \ln \frac{V_1}{V_4} < 0 \qquad (1.133)$$

Die insgesamt ausgetauschte Arbeit ist unter Berücksichtigung von $W_{12} = -W_{34}$ (s. Gln. (1.129) und (1.132)) und $V_1/V_4 = V_2/V_3$

$$\boxed{W = -nR(T_o - T_u) \ln \frac{V_1}{V_4} > 0} \qquad (1.134)$$

Die insgesamt während des Kreisprozesses ausgetauschte Wärme ist unter Berücksichtigung von $Q_{12} = Q_{34} = 0$ und Gln. (1.130) und (1.133)

$$\boxed{Q = -W < 0} \qquad (1.135)$$

Von dem linkslaufenden Kreisprozess wird also insgesamt Arbeit aufgenommen ($W > 0$) und Wärme abgeführt ($Q < 0$). Beide sind dem Betrage nach gleich und gleich der von den beiden Isothermen und Adiabaten im p, V-Diagramm eingeschlossenen Fläche.

Um die Güte des linkslaufenden Kreisprozesses zu beschreiben, definiert man die Leistungsziffer (analog zum Wirkungsgrad der Wärmekraftmaschine). Je nachdem, ob der Kreisprozess als Wärmepumpe oder Kältemaschine betrieben wird, ist der Nutzen des Prozesses ein anderer, und dementsprechend sind die Leistungsziffern als Verhältnis der genutzten Wärmemengen zur geleisteten Arbeit verschieden definiert. Bei der Wärmepumpe ist der Nutzen des Prozesses die zum Zwecke des Heizens an den Körper mit der höheren Temperatur abgegebene Wärme. Bei der Kältemaschine ist der Nutzen die zum Zwecke der Kühlung dem Körper mit der niedrigeren Temperatur entzogene Wärme. Die von der Kältemaschine abgegebene Wärme ist für den Prozess nicht nutzbare Wärme und daher wertlose Abwärme, die an die Umgebung durch Kühlung abgeführt wird.

Die *Leistungszahl* oder *Leistungsziffer* ε_W des als *Wärmepumpe* arbeitenden linkslaufenden Carnotschen Kreisprozesses ist definiert als der Quotient aus dem Betrag der bei der höheren Temperatur T_o abgegebenen Wärmemenge Q_{41} zur aufzuwendenden Arbeit W:

$$\varepsilon_\mathrm{W} = \frac{|Q_{41}|}{W} \tag{1.136}$$

Mit Gln. (1.133), (1.134) und (1.127) gilt

$$\varepsilon_\mathrm{W} = \frac{T_\mathrm{o}}{T_\mathrm{o} - T_\mathrm{u}} = \frac{1}{1 - \frac{T_\mathrm{u}}{T_\mathrm{o}}} = \frac{1}{\eta} > 1 \tag{1.137}$$

Da $T_\mathrm{u} < T_\mathrm{o}$ bzw. $\eta < 1$ ist, ist $\varepsilon_\mathrm{W} > 1$, das System gibt also mehr Wärmeenergie ab als es mechanische Arbeit aufnimmt. Die Differenz ist die bei der tieferen Temperatur aufgenommene Wärme.

Die *Leistungszahl* oder *Leistungsziffer* ε_K des als *Kältemaschine* arbeitenden linkslaufenden Carnotschen Kreisprozesses ist definiert als der Quotient aus der bei der niedrigeren Temperatur T_u von dem Reservoir aufgenommenen Wärmemenge Q_{23} zur aufzuwendenden Arbeit W:

$$\varepsilon_\mathrm{K} = \frac{Q_{23}}{W} \tag{1.138}$$

Also ist

$$\varepsilon_\mathrm{K} = \frac{T_\mathrm{u}}{T_\mathrm{o} - T_\mathrm{u}} = \frac{1}{\frac{T_\mathrm{o}}{T_\mathrm{u}} - 1} \tag{1.139}$$

Mit Gl. (1.137) gilt

$$\varepsilon_\mathrm{W} = \varepsilon_\mathrm{K} + 1 \tag{1.140}$$

Beispiel

Eine Wärmepumpe soll im Winter ein Haus auf 22 °C heizen. Sie arbeite nach dem reversiblen Stirling-Prozess (zwei Isothermen und zwei Isochoren), dessen Leistungsziffer gleich der des Carnot-Prozesses ist. Die Wärmepumpe nehme die Wärme aus der Umgebungsluft bei 0 °C auf und habe eine Heizleistung von 10 kW.

(a) Man skizziere den Kreisprozess schematisch im p, V-Diagramm.

(b) Man berechne die maximale Leistungsziffer und die erforderliche Leistung der Wärmepumpe unter der Voraussetzung, dass die tatsächliche Leistungsziffer 40 % der maximal möglichen ist.

(c) Man berechne das Verhältnis der vom Haus aufgenommenen Wärme zu der mit der Wärmepumpe aufgewendeten Arbeit.

Lösung: (a) Im p, V-Diagramm schneiden sich die beiden Isothermen und Isochoren und bilden einen Kreisprozess.

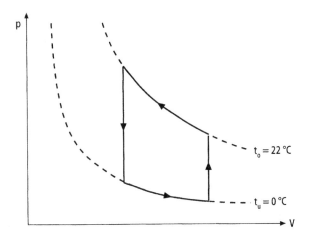

    (b) Die maximale Leistungsziffer der Wärmepumpe ist die des Carnot-Prozesses (Gl. (1.137)). Sie ergibt sich zu $\varepsilon_W = 13{,}42$. Die tatsächliche Leistungsziffer ist daher $\varepsilon'_W = 0{,}40\,\varepsilon_W = 5{,}37$. Da die Leistungsziffer definiert ist als der Quotient aus dem Betrag der bei der höheren Temperatur abgegebenen Wärme Q zur aufzuwendenden Arbeit W, die Leistung P die in der Zeit t geleistete Arbeit und $|Q|/t$ die Heizleistung ist, ist die erforderliche Leistung der Wärmepumpe $P = W/t = |Q|/(t\varepsilon'_W) = 1{,}86\,\mathrm{kW}$.

    (c) Das Verhältnis der aufgenommenen Wärme des Hauses zur aufgewendeten Arbeit der Wärmepumpe ist mit den Daten aus (a) und (b) $|Q|/(Pt) = \varepsilon'_W = 5{,}37$. Dem Haus wird also fünfmal soviel Wärme zugeführt wie mechanische Arbeit geleistet wird.

Beispiel

Ein Kühlschrank soll Kühlgut von Raumtemperatur ($22\,°\mathrm{C}$) auf $7\,°\mathrm{C}$ kühlen. Die Leistung des Antriebsmotors sei $100\,\mathrm{W}$. Die Leistungsziffer betrage $30\,\%$ der idealen Kälteleistung eines Carnot-Prozesses. Die spezifische Wärmekapazität des Kühlguts sei $4\,\mathrm{kJ\,kg^{-1}K^{-1}}$.

(a) Welche Kälteleistung erbringt der Kühlschrank?

(b) Wie viel kg Kühlgut kann pro Stunde von Raumtemperatur auf die Kühlschranktemperatur gekühlt werden?

(c) Welche Wärmemenge wird von dem Kühlschrank pro Stunde an die Umgebung abgegeben?

Lösung: (a) Die von der Kältemaschine erbrachte Kälteleistung ist die pro Zeiteinheit bei der niedrigeren Temperatur aufgenommenen Wärmemenge, die sich wiederum aus der tatsächlichen Leistungsziffer ε'_K der Kältemaschine und der aufzuwendenden Arbeit (Gl. (1.138)) ergibt: $Q/t = \varepsilon'_K W/t$. Die tatsächliche Leistungsziffer ist $30\,\%$ des maximal möglichen Wertes, d. h. des Wertes des Carnotschen Kreisprozesses

(Gl. (1.139)) und beträgt $\varepsilon_K' = 5{,}6$. Mit der Leistung des Antriebsmotors $P = W/t$ ergibt sich die Kälteleistung zu $Q/t = 560\,\text{W}$.

(b) Aus der Kälteleistung ergibt sich die pro Stunde dem Kühlgut entzogene Wärmemenge zu $Q = 2017\,\text{kJ}$. Sind m und c_p die Masse bzw. spezifische Wärmekapazität des Kühlguts, so gilt $Q = m\,c_p(T_o - T_u)$ und die pro Stunde gekühlte Menge ergibt sich daher zu $m = 33{,}62\,\text{kg}$.

(c) Sei Q' die vom Kühlschrank an die Umgebung abgegebene Wärmemenge, so ist $Q' + Q + W = 0$ und daher für eine Stunde $Q' = -Q - W = -Q - P\,t = -2377\,\text{kJ}$. Dies entspricht einer Wärmeleistung von $Q'/t = 660{,}3\,\text{W}$.

Der rechtslaufende und linkslaufende Carnotsche Kreisprozess unterscheiden sich wesentlich in der Umsetzung der Energieformen Wärme und Arbeit voneinander: Beim rechtslaufenden Kreisprozess wird mehr Wärme zu- als abgeführt, so dass das System insgesamt Wärme aufnimmt ($Q > 0$) und mehr Arbeit ab- als zugeführt wird, so dass das System insgesamt Arbeit leistet ($W < 0$). Er wandelt Wärme in mechanische Energie um und gibt sie nach außen als Arbeit ab. Beim linkslaufenden Kreisprozess gibt das System unter Arbeitsleistung ($W > 0$) Wärme ab ($Q < 0$). Es wird Wärme zu höherer Temperatur transportiert.

Der rechtslaufende Carnotsche Kreisprozess besitzt den theoretisch maximal möglichen Wirkungsgrad von Wärmekraftmaschinen, er wandelt also den maximal möglichen Teil der zugeführten Wärme in nutzbare mechanische Arbeit um. Daher dient er als Referenz zur Beurteilung des Wirkungsgrades anderer Wärmekraftmaschinen. Entsprechendes gilt für den linkslaufenden Kreisprozess: Auch die Leistungsziffern der Wärmepumpe und der Kältemaschine des Carnotschen Kreisprozesses sind die maximal möglichen.

Den gleichen Wirkungsgrad der Wärmekraftmaschine (Gl. (1.127)) und die gleichen Leistungzahlen für Wärmepumpe und Kältemaschine (Gln. (1.136) und (1.139)) gelten auch für den Stirling-Prozess. Dieser ist eine Abfolge der folgenden vier Zustandsänderungen: Isotherme Kompression bei niedriger Temperatur, isochore Wärmezufuhr mit Temperaturerhöhung, isotherme Expansion bei hoher Temperatur und isochore Wärmeabfuhr mit Temperaturabnahme.

1.4.4 Definition der Entropie

Der Wirkungsgrades η des rechtslaufenden Carnotschen Kreisprozesses ist definiert als Quotient aus dem Betrag der Nutzarbeit W und der zugeführten Wärmemenge Q_{12} (Gl. (1.126)).

$$\eta = \frac{|W|}{Q_{12}}$$

Ersetzen von W und Q_{12} durch die Volumenänderungsarbeit ergibt für den Wirkungsgrad die reine Temperaturfunktion (Gl. (1.127))

$$\eta = 1 - \frac{T_u}{T_o} \tag{1.141}$$

Abb. 1.17 p, V-Diagramm eines in viele Carnotsche Kreisprozesse zerlegten beliebigen reversiblen Kreisprozesses

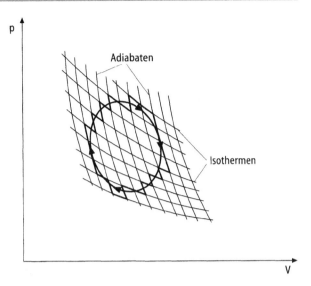

Ersetzt man aber W nach Gln. (1.122), (1.115), (1.116), (1.119) und (1.120) durch die ausgetauschten Wärmen, $W = -Q_{12} - Q_{34}$, so erhält man

$$\eta = \frac{Q_{12} + Q_{34}}{Q_{12}} = 1 + \frac{Q_{34}}{Q_{12}} \qquad (1.142)$$

Gleichsetzen von Gln. (1.141) und (1.142) ergibt

$$\frac{Q_{12}}{T_{\mathrm{o}}} + \frac{Q_{34}}{T_{\mathrm{u}}} = 0 \qquad (1.143)$$

Man nennt den Quotienten Q/T aus der bei einer konstanten Temperatur T reversibel ausgetauschten Wärme Q und dieser Temperatur T die *reduzierte Wärme*. Die Wärmemengen Q_{12} und Q_{34} werden bei den Temperaturen T_{o} bzw. T_{u} ausgetauscht. Daher besagt Gl. (1.143), dass für einen Carnotschen Kreisprozess die Summe der reduzierten Wärmen gleich Null ist.

Nun kann man jeden beliebigen reversiblen Kreisprozess durch eine Serie von aufeinanderfolgenden reversiblen isothermen und adiabatischen Zustandsänderungen näherungsweise darstellen. Abb. 1.17 zeigt ein enges Netz aus Adiabaten und Isothermen im p, V-Diagramm und wie die geschlossene Kurve des Kreisprozesses durch kurze Stücke von Adiabaten und Isothermen approximiert werden kann. Jedes solches Paar benachbarter Adiabaten und Isothermen bildet einen Carnotschen Kreisprozess, und daher kann jeder beliebige Kreisprozess durch eine Serie von Carnotschen Kreisprozessen dargestellt werden. Innerhalb der einzelnen Carnotschen Prozesse werden entlang der Isothermen $T_1, T_2, T_3, \ldots$ die Wärmemengen $Q_1, Q_2, Q_3, \ldots$ reversibel ausgetauscht, und für jeden dieser Kreisprozesse gilt Gl. (1.143). Daher verschwindet auch für einen aus vielen Carnotschen Prozessen zusammengesetzten beliebigen reversiblen Kreisprozess die Summe

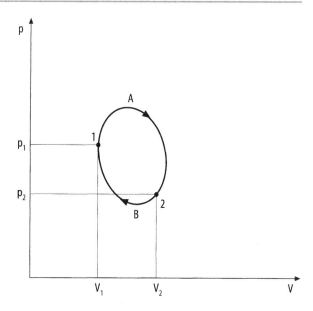

Abb. 1.18 p, V-Diagramm eines rechtslaufenden Kreisprozesses bestehend aus den Teilprozessen A $(1 \rightarrow 2)$ und B $(2 \rightarrow 1)$

der reduzierten Wärmen, und es gilt

$$\sum \frac{Q_i}{T_i} = 0 \qquad (1.144)$$

Im Grenzfall einer Folge unendlich vieler Carnotscher Kreisprozesse infinitesimal kleiner Schritte geht die Summe in ein Integral über, und es gilt

$$\oint \frac{\delta Q_{\text{rev}}}{T} = 0 \qquad (1.145)$$

wobei δQ_{rev} die bei der Temperatur T in jedem Moment des Kreisprozesses reversibel ausgetauschte infinitesimale Wärmemenge ist.

Teilt man einen Kreisprozess in zwei Teilprozesse auf (s. Abb. 1.18), in die Zustandsänderung längs des Weges A, der von Zustand 1 (mit den Zustandsgrößen p_1, V_1, T_1) über den oberen Zweig der Kurve zu Zustand 2 (p_2, V_2, T_2) führt, und die Zustandsänderung längs des Weges B, der von Zustand 2 über den unteren Zweig der Kurve zurück zu Zustand 1 führt, dann kann man auch das Kreisintegral der Gl. (1.145) aufspalten, und man erhält nach Umkehr der Integrationsrichtung und daher des Vorzeichens des Integrals

$$\int_{\substack{1 \\ A}}^{2} \frac{\delta Q_{\text{rev}}}{T} = \int_{\substack{1 \\ B}}^{2} \frac{\delta Q_{\text{rev}}}{T} \qquad (1.146)$$

Also hängt das Integral $\int_1^2 \frac{\delta Q_{\text{rev}}}{T}$ nur vom Anfangs- und Endzustand 1 bzw. 2 ab aber nicht vom Weg, auf dem die Zustandsänderung erfolgt. Daher ist $\delta Q_{\text{rev}}/T$ ein totales Differential und definiert eine Zustandsgröße. Diese neue Zustandsfunktion heißt *Entropie* und wird mit S bezeichnet. Sie wird definiert durch ihr totales Differential

$$dS = \frac{\delta Q_{rev}}{T} \tag{1.147}$$

Die bei der Temperatur T reversibel ausgetauschte Wärme δQ_{rev} ist als Prozessgröße zwar ein unvollständiges Differential, aber durch Division durch T geht es in ein vollständiges (totales) Differential über. Daher ist T ein integrierender Nenner (s. Abschn. 1.1.5). Die Entropie ist eine extensive Zustandsgröße, da sie der Quotient aus der extensiven Größe Wärmemenge und der intensiven Größe Temperatur ist.

Die SI-Einheit der Entropie ist $J\,K^{-1}$.

Der Name Entropie weist auf die Bedeutung dieser Zustandsgröße hin. Die erste Silbe deutet an, dass diese physikalische Größe in enger Beziehung zur Energie steht. Der zweite Teil leitet sich von dem griechischen Wort trope ab, das die Bedeutung Wendung, Umkehr hat, und zeigt an, dass die Entropie die Zustandsgröße ist, die über die Umkehrbarkeit eine Zustandsänderung bestimmt (s. Abschn. 1.4.7).

Für eine endliche Zustandsänderung zwischen dem Anfangszustand 1 und dem Endzustand 2 gilt für die Entropieänderung $S_2 - S_1$ nach Gl. (1.147)

$$\Delta S = S_2 - S_1 = \int_1^2 \frac{\delta Q_{rev}}{T} \tag{1.148}$$

Für eine isotherme reversible Zustandsänderung ist

$$\Delta S = \frac{Q_{rev}}{T} \tag{1.149}$$

wobei Q_{rev} die bei der Temperatur T reversibel übertragene Wärme ist.

Für einen reversiblen adiabaten Prozess ist wegen $Q_{rev} = 0$

$$\Delta S = 0 \tag{1.150}$$

also $S =$ const. Daher nennt man reversible adiabate Zustandsänderungen auch *isentrope Zustandsänderungen*. $\Delta S = 0$ bedeutet, dass die Entropie einen Extremwert annimmt. Die Erfahrung zeigt, dass es ein Maximalwert ist (s. Abschn. 1.4.7).

Da die Entropie eine Zustandsgröße ist, kann man jedem Zustand eines Systems einen bestimmten Wert der Entropie zuordnen; dieser hängt nur vom Zustand ab aber nicht davon, wie er erreicht wurde. Daher hängt die mit einer Zustandsänderung verbundene Entropieänderung nur von Anfangs- und Endzustand des Systems aber nicht von der Art der Prozessführung ab, insbesondere nicht davon, ob sie reversibel oder irreversibel erfolgt. Da nur $\delta Q_{rev}/T$ ein totales Differential ist aber nicht $\delta Q_{irr}/T$ (δQ_{irr} ist die bei T

irreversibel ausgetauschte Wärme), kann die Entropieänderung bei irreversiblen Zustandsänderungen nicht mit Gl. (1.147) berechnet werden, sondern man muss die irreversible
Zustandsänderung durch einen reversiblen Ersatzprozess zwischen demselben Anfangs-
und Endzustand ersetzen und die Entropieänderung aus dem totalen Differential dieser
reversiblen Zustandsänderung berechnen (s. Abschn. 1.4.7).

Da die Entropie durch ihr totales Differential definiert ist, kann man zunächst nur En-
tropiedifferenzen berechnen; der Absolutwert der Entropie ist nur bis auf eine additive
Konstante bestimmt. Zu ihrer Festlegung muss man den Nullpunkt der Entropieskala definieren. Dies ist Aussage des dritten Hauptsatzes der Thermodynamik (s. Abschn. 1.4.10).

Ein Wärmestrom ist nach Gl. (1.147) von einer Entropieänderung begleitet. Ein Energieaustausch in Form von mechanischer oder elektrischer Arbeit geschieht dagegen entro-
pielos.

Die Definition der Entropie durch Gl. (1.147) gilt nur für geschlossene Systeme, also
unter der Voraussetzung, dass kein Materieaustausch stattfindet. In offenen Systemen kann
sich die Entropie durch Stoffaustausch ändern, ohne dass ein Wärmeaustausch erfolgt.
Zum Entropiebeitrag durch Mischung s. Kap. 3.

1.4.5 Entropieänderung des idealen Gases

Man berechnet die Entropieänderung des idealen Gases, indem man in der Definitionsgleichung für die Entropie (Gl. (1.147)) $\delta Q_{\text{rev}} = dU - \delta W$ (erster Hauptsatz) setzt sowie
$dU = C_V\, dT$ (Gl. (1.63)) und $\delta W = -p\, dV$ (Gl. (1.21)). Mit der thermischen Zustandsgleichung des idealen Gases ergibt sich

$$dS = \frac{C_V\, dT}{T} + nR\frac{dV}{V} \tag{1.151}$$

und durch Integration zwischen Anfangs- und Endzustand (T_1, V_1) bzw. (T_2, V_2)

$$S_2 - S_1 = \int_{T_1}^{T_2} \frac{C_V}{T}\, dT + nR \ln\frac{V_2}{V_1} \tag{1.152}$$

Falls man die isochore Wärmekapazität in dem betrachteten Temperaturintervall durch
ihren temperaturunabhängigen Mittelwert $\langle C_V \rangle$ (s. Gl. (1.45)). ersetzen kann, ergibt sich

$$S_2 - S_1 = \langle C_V \rangle \ln\frac{T_2}{T_1} + nR \ln\frac{V_2}{V_1} \tag{1.153}$$

Die Entropie nimmt also mit Temperatur und Volumen zu. Bei isothermer oder isochorer
Zustandsänderung ist der erste bzw. zweite Term Null.

Wenn man dU durch $dH = dU + p\,dV + V\,dp$ ausdrückt (s. Gl. (1.31)). und $dH = C_p\,dT$ (Gl. (1.65)) setzt, so ergibt sich

$$dS = \frac{C_p\,dT}{T} - nR\frac{dp}{p} \tag{1.154}$$

Durch Integration folgt

$$\boxed{S_2 - S_1 = \int_{T_1}^{T_2} \frac{C_p}{T}\,dT - nR\ln\frac{p_2}{p_1}} \tag{1.155}$$

und mit dem temperaturunabhängigen Mittelwert der Wärmekapazität

$$\boxed{S_2 - S_1 = \langle C_p\rangle \ln\frac{T_2}{T_1} - nR\ln\frac{p_2}{p_1}} \tag{1.156}$$

Die Entropie nimmt also mit der Temperatur zu und mit zunehmendem Druck ab. Bei isothermer oder isobarer Zustandsänderung fällt der erste bzw. zweite Term weg.

Bei isothermer Ausdehnung ($T_1 = T_2$, $V_1 < V_2$, $p_1 > p_2$) nimmt die Entropie also zu gemäß

$$\boxed{S_2 - S_1 = nR\ln\frac{V_2}{V_1} = -nR\ln\frac{p_2}{p_1} > 0} \tag{1.157}$$

1.4.6   *T, S*-Diagramm

Zustandsänderungen werden häufig im p, V-Diagramm graphisch dargestellt, da auf diese Weise die druckexplizite thermische Zustandsgleichung $p = p(V)$ und die Volumenänderungsarbeit $\delta W = -p\,dV$ als Kurve bzw. Fläche unter der Kurve anschaulich wiedergeben werden können. So ist die isotherm geleistete Arbeit die Fläche unter der Isothermen in der p, V-Ebene, und der Carnotsche Kreisprozess ist ein geschlossener Kurvenzug entlang zweier Isothermen und Adiabaten, wobei die umgrenzte Fläche ein Maß für die bei einem Umlauf ausgetauschte Arbeit ist.

Möchte man in einem Diagramm nicht die bei einer Zustandsänderung geleistete Arbeit, sondern die bei der Temperatur T reversibel ausgetauschte Wärme $\delta Q_{rev} = T\,dS$ darstellen, dann wählt man eine Darstellung mit der Temperatur T als Ordinate und der Entropie S als Abszisse, das sog. *T, S-Diagramm*. In einem solchen Diagramm ist auf Grund der Beziehung $dS = \delta Q_{rev}/T$ das Flächenelement $T\,dS$ ein Maß für die Wärmemenge δQ_{rev}, und die Fläche unter der $T(S)$-Kurve einer beliebigen Zustandsänderung ist das Integral über die Flächenelemente $T\,dS$, $\int_{S_1}^{S_2} T\,dS$, und damit ein Maß für die insgesamt ausgetauschte Wärmeenergie. Da ein solches *T, S-Diagramm* die Wärmemenge veranschaulicht, heißt es auch *Wärmediagramm*. Jede durch eine Kurve im p, V-Diagramm

Abb. 1.19 T, S-Diagramm einer reversiblen isothermen Zustandsänderung. Die Fläche unter der Isotherme ist dem Betrage nach gleich der ausgetauschten Wärme Q_{12} und für das ideale Gas gleich der Arbeit $-W_{12}$

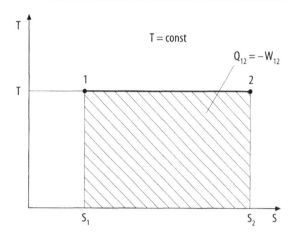

dargestellte Zustandsänderung kann man auch durch eine Kurve im T, S-Diagramm wiedergeben.

Die Wärme wird also im T, S-Diagramm durch eine Fläche veranschaulicht, kann aber im p, V-Diagramm nicht dargestellt werden, während die Arbeit im p, V-Diagramm als Fläche wiedergegeben wird aber nicht im T, S-Diagramm repräsentiert ist.

Eine reversible isotherme Zustandsänderung wird im T, S-Diagramm durch eine Horizontale ($T = $ const) dargestellt (s. Abb. 1.19). Die Entropieänderung, die mit einer isothermen Zustandsänderung verbunden ist, die unter Austausch der Wärme $Q_{12} = Q_{\mathrm{rev}}$ vom Anfangszustand 1 (T, S_1) zum Endzustand 2 (T, S_2) führt, beträgt $S_2 - S_1 = Q_{\mathrm{rev}}/T$, und $Q_{\mathrm{rev}} = T(S_2 - S_1)$ ist die Fläche unter der Isothermen T zwischen den beiden Entropiewerten S_1 und S_2. Sie ist für das ideale Gas dem Betrage nach gleich der ausgetauschten Arbeit, da die innere Energie des idealen Gases konstant bleibt und somit nach dem ersten Hauptsatz mechanische Arbeit und Wärme vollständig ineinander umgewandelt werden.

Einer reversiblen adiabaten (isentropen) Zustandsänderung entspricht im T, S-Diagramm eine Vertikale ($S = $ const) (s. Abb. 1.20). Während eines adiabaten Vorgangs ($S_2 = S_1$) wird keine Wärme ausgetauscht ($\delta Q_{\mathrm{rev}} = 0$), die Fläche im T, S-Diagramm ist Null.

Für eine reversible isochore Zustandsänderung ($\mathrm{d}V = 0$) gilt mit dem ersten Hauptsatz in der Form $\mathrm{d}U = \delta Q_{\mathrm{rev}} + \delta W = T\,\mathrm{d}S - p\,\mathrm{d}V$

$$\mathrm{d}U = \delta Q_{\mathrm{rev}} = T\,\mathrm{d}S \qquad (1.158)$$

Die Fläche unter der Isochore im T, S-Diagramm entspricht also der bei konstantem Volumen reversibel ausgetauschten Wärme oder Änderung der inneren Energie (s. Abb. 1.21).

Für eine reversible isobare Zustandsänderung ($\mathrm{d}p = 0$) gilt (s. Gl. (1.32))

$$\mathrm{d}H = \delta Q_{\mathrm{rev}} = T\,\mathrm{d}S \qquad (1.159)$$

Abb. 1.20 T, S-Diagramm einer reversiblen adiabaten (isentropen) Zustandsänderung. Während des Vorgangs wird keine Wärme ausgetauscht

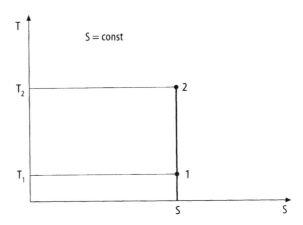

Abb. 1.21 T, S-Diagramm einer reversiblen isochoren Zustandsänderung. Die Fläche unter der Isochoren ist gleich der ausgetauschten Wärme Q_{12} und gleich der Änderung der inneren Energie ΔU

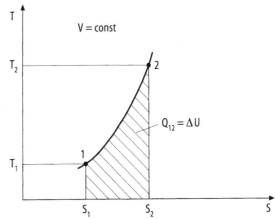

Die Fläche unter der Isobaren im T, S-Diagramm stellt die bei konstantem Druck reversibel ausgetauschte Wärme oder Änderung der Enthalpie dar (s. Abb. 1.22).

Der Verlauf der Isochoren und Isobaren des idealen Gases im T, S-Diagramm ergibt sich aus Gl. (1.153)

$$S_2 - S_1 = \langle C_V \rangle \ln \frac{T_2}{T_1} \tag{1.160}$$

und Gl. (1.156)

$$S_2 - S_1 = \langle C_p \rangle \ln \frac{T_2}{T_1} \tag{1.161}$$

Sind die Wärmekapazitäten temperaturunabhängig, so zeigen die Isochoren und Isobaren einen exponentiellen Verlauf, wobei wegen $C_p > C_V$ die Isobare flacher verläuft als die Isochore. Sind die Wärmekapazitäten temperaturabhängig, so weichen die Isochore und die Isobare von dem exponentiellen Verlauf ab. Verwendet man für die Temperaturkoordinate des T, S-Diagramms statt der linearen eine logarithmische Skala, so sind

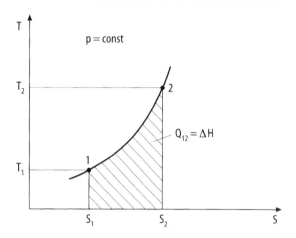

Abb. 1.22 T, S-Diagramm einer reversiblen isobaren Zustandsänderung. Die Fläche unter der Isobare ist gleich der ausgetauschten Wärme Q_{12} und gleich der Änderung der Enthalpie ΔH

die Isochoren und Isobaren des idealen Gases für den Fall, dass die Wärmekapazitäten temperaturunabhängig sind, Geraden. Dies gilt, wie man mit Hilfe thermodynamischer Beziehungen zeigen kann, nicht nur für das ideale Gas, sondern allgemein. In einer solchen $\ln T, S$-Darstellung kann man aber die Flächen nicht als Wärmeenergien deuten.

Der Carnotsche Kreisprozess als eine Folge von zwei reversiblen isothermen und adiabaten Zustandsänderungen wird im T, S-Diagramm durch ein Rechteck dargestellt (s. Abb. 1.23). Für den rechtsläufigen Kreisprozess entsprechen den Flächen unter den Isothermen T_o und T_u die zu- bzw. abgeführten Wärmen, und die vom Rechteck eingeschlossene Fläche ist ein Maß für die bei einem Umlauf ausgetauschte Wärme und geleistete Arbeit, da diese dem Betrage nach gleich sind (s. Gl. (1.125)). Da der thermische Wirkungsgrad nach Gl. (1.126) der Quotient aus der insgesamt ausgetauschten Wärme und der zugeführten Wärmemenge ist, ist er gleich dem Verhältnis der Flächen unter den beiden Isothermen im T, S-Diagramm.

Einen beliebigen Kreisprozess kann man durch eine Schar von Isothermen und Adiabaten im T, S-Diagramm ebenso darstellen wie im p, V-Diagramm (s. Abb. 1.24).

Außer dem T, S-Diagramm sind auch H, S-Diagramme von technischer Bedeutung. Diagramme, in denen eine Koordinate die Enthalpie ist, heißen *Mollier-Diagramme*.

Beispiel

Eine Wärmekraftmaschine, die nach dem Carnotschen Kreisprozess arbeite, laufe zwischen den Temperaturen 15 und 460 °C und leiste je Umlauf 4,40 kJ Arbeit. Man berechne die Entropieänderung des Arbeitsmediums, der Umgebung und des aus ihnen bestehenden Gesamtsystems für jeden Prozessschritt und für einen Umlauf und zeichne das T, S-Diagramm.

Lösung: Der Kreisprozess besteht aus den vier Teilschritten (s. Abb.) der isothermen Expansion (Zustand 1 nach Zustand 2, T_o), adiabaten Expansion (2 → 3), isothermen Kompression (3 → 4, T_u) und adiabaten Kompression (4 → 1). Der Wirkungsgrad der

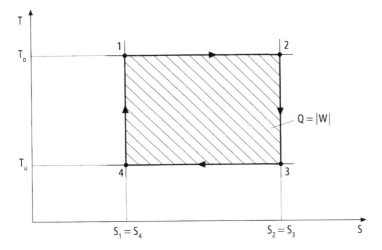

Abb. 1.23 T, S-Diagramm eines rechtslaufenden Carnotschen Kreisprozesses. Die eingeschlossene Fläche ist gleich der während eines Umlaufs ausgetauschten Wärme Q und gleich der geleisteten Arbeit W

Abb. 1.24 T, S-Diagramm eines in viele Carnotsche Kreisprozesse zerlegten beliebigen Kreisprozesses

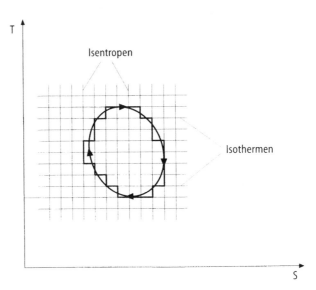

Wärmekraftmaschine ist (Gl. (1.127)) $\eta = 1 - T_\mathrm{u}/T_\mathrm{o} = 60{,}7\,\%$. Also ist die bei T_o aufgenommene Wärme (Gl. (1.126)) $Q_{12} = |W|/\eta = 7{,}25\,\mathrm{kJ}$. Die bei T_u abgeführte Wärme berechnen wir aus $Q_{12} + Q_{34} + W = 0$ zu $Q_{34} = -2{,}85\,\mathrm{kJ}$. Die Entropieänderungen des Arbeitsmediums für die vier Prozessschritte sind $\Delta S_{12} = Q_{12}/T_\mathrm{o} = 9{,}89\,\mathrm{J\,K^{-1}}$, $\Delta S_{23} = 0$ ($Q_{23} = 0$), $\Delta S_{34} = Q_{34}/T_\mathrm{u} = -9{,}89\,\mathrm{J\,K^{-1}}$, $\Delta S_{41} = 0$ ($Q_{41} = 0$). Für den gesamten Kreisprozess gilt $\Delta S = \Delta S_{12} + \Delta S_{23} + \Delta S_{34} + \Delta S_{41} = 0$.

Da der Kreisprozess reversibel und die Entropie eine Zustandsgröße ist, ändert sich die Entropie während des Kreisprozesses nicht.

Für die Entropieänderung der Umgebung erhalten wir, da der Wärmeaustausch zwischen dem Arbeitsmedium und der Umgebung stattfindet, $\Delta S_{U,12} = -Q_{12}/T_o = -9{,}89\,\mathrm{J\,K^{-1}}$, $\Delta S_{U,23} = 0$, $\Delta S_{U,34} = -Q_{34}/T_u = 9{,}89\,\mathrm{J\,K^{-1}}$, $\Delta S_{U,41} = 0$, $\Delta S_U = 0$.

Für die Entropieänderung des aus dem Arbeitsmedium und der Umgebung bestehenden Gesamtsystems ergibt sich damit $\Delta S_{G,12} = \Delta S_{12} + \Delta S_{U,12} = 0$, $\Delta S_{G,23} = 0$, $\Delta S_{G,34} = 0$, $\Delta S_{G,41} = 0$, $\Delta S_G = 0$. Die Entropieänderung des Gesamtsystems ist bei jedem Teilprozess Null, jeder Schritt des Kreisprozesses ist reversibel.

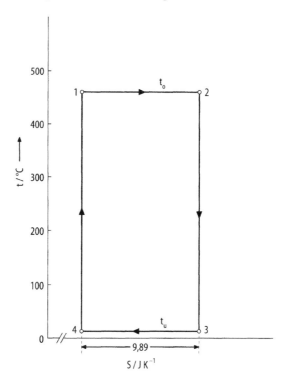

1.4.7 Zweiter Hauptsatz

Die Clausiussche Ungleichung

Die bei einem Prozess ausgetauschte mechanische Arbeit und Wärme nehmen für reversible und irreversible Prozesse verschiedene Werte an (s. Abschn. 1.4.2), und es gilt (Gl. (1.111))

$$\boxed{\delta W_{\mathrm{irr}} > \delta W_{\mathrm{rev}}} \tag{1.162}$$

und (Gl. (1.113))

$$\boxed{\delta Q_{\text{irr}} < \delta Q_{\text{rev}}} \tag{1.163}$$

wobei

$$dU = \delta W_{\text{rev}} + \delta Q_{\text{rev}} = \delta W_{\text{irr}} + \delta Q_{\text{irr}} \tag{1.164}$$

da die innere Energie eine Zustandsgröße ist und ihre Änderung von der Art der Prozessführung unabhängig ist.

Da für eine reversible Zustandsänderung $\delta W_{\text{rev}} = -p\,dV$ und $\delta Q_{\text{rev}} = T\,dS$ gilt, ergeben sich für irreversible Prozesse aus den Gln. (1.162) und (1.163) die Ungleichungen

$$\delta W_{\text{irr}} > -p\,dV \tag{1.165}$$

bzw.

$$\delta Q_{\text{irr}} < T\,dS \tag{1.166}$$

Während die mit einer reversiblen Zustandsänderung verbundene Entropieänderung durch die Gleichung $dS = \delta Q_{\text{rev}}/T$ gegeben ist, gilt für die irreversible Prozessführung die Ungleichung

$$dS > \frac{\delta Q_{\text{irr}}}{T} \tag{1.167}$$

Die Änderung der Entropie ist im irreversiblen Fall also größer als der ausgetauschten Wärmemenge entspricht. Daher gilt

$$\boxed{dS \geq \frac{\delta Q}{T}} \tag{1.168}$$

wobei das Gleichheitszeichen für reversible Prozesse und Gleichgewicht, das Ungleichheitszeichen für irreversible Prozesse gilt. Diese Beziehung heißt *Clausiussche Ungleichung*. Es ist die Unsymmetrie der Clausiusschen Ungleichung, die die Richtung von Zustandsänderungen angibt. Denn ein Vorgang läuft, wenn er irreversibel ist, in die Richtung, die mit einer Entropiezunahme verbunden ist.

Das abgeschlossene System

Die Entropieänderung eines beliebigen Prozesses in einem abgeschlossenen System ($\delta Q = 0$) ist nach Gl. (1.168)

$$\boxed{dS \geq 0} \tag{1.169}$$

Abb. 1.25 Rechtslaufender irreversibler Kreisprozess im p, V-Diagramm bestehend aus dem irreversiblen Teilprozess A ($1 \rightarrow 2$) und dem reversiblen Teilprozess B ($2 \rightarrow 1$)

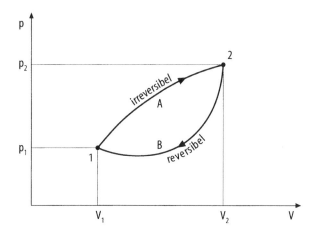

wobei das Gleichheitszeichen für reversible, das Ungleichheitszeichen für irreversible Prozessführung gilt. Die Entropie eines abgeschlossenen Systems kann also niemals abnehmen; sie nimmt bei irreversiblen Prozessen zu, bei reversiblen Prozessen und im Gleichgewicht bleibt sie konstant. Nimmt umgekehrt die Entropie eines abgeschlossenen Systems zu, so handelt es sich bei der Zustandsänderung um einen irreversiblen Prozess, bleibt die Entropie konstant, um einen reversiblen Prozess oder um ein System im Gleichgewicht. Die Entropieänderung ist also ein Kriterium für die Irreversibilität einer Zustandsänderung. Gl. (1.169) ist eine Formulierung des *zweiten Hauptsatzes der Thermodynamik*.

Mit der Entropie kann man den zweiten Hauptsatz kurz und präzise formulieren und zugleich die verschiedenen Phänomene dieses Erfahrungssatzes erfassen. Die Entropie ist die entscheidende Größe im zweiten Hauptsatz der Thermodynamik, ähnlich wie die innere Energie eine zentrale Rolle im ersten Hauptsatz spielt. Nach dem ersten Hauptsatz ändert sich die innere Energie eines abgeschlossenen Systems nicht, nach dem zweiten Hauptsatz nimmt die Entropie eines abgeschlossenen Systems nicht ab, sondern bleibt konstant oder nimmt zu. Aus den nach dem ersten Hauptsatz energetisch möglichen Vorgängen benennt der zweite Hauptsatz die spontan ablaufenden.

Um eine Aussage über die Entropieänderung nicht nur für infinitesimal kleine, sondern für endlich große irreversible Zustandsänderungen zu machen, konstruiert man für den zu betrachtenden irreversiblen Prozess einen reversiblen Ersatzprozess (s. Abb. 1.25), der die irreversible Zustandsänderung ($1 \rightarrow 2$, Weg A) auf reversiblem Wege in umgekehrter Richtung vornimmt ($2 \rightarrow 1$, Weg B), so dass der reversible Ersatzprozess (Weg B) mit dem irreversiblen Prozess (Weg A) einen insgesamt irreversiblen Kreisprozess bildet.

Während für einen reversiblen Kreisprozess Gl. (1.145)

$$\oint \frac{\delta Q_{\text{rev}}}{T} = 0 \qquad (1.170)$$

gilt, gilt für einen irreversiblen Kreisprozess wegen Gl. (1.163)

$$\oint \frac{\delta Q_{irr}}{T} < 0 \qquad (1.171)$$

Das Kreisintegral für den aus dem reversiblen und irreversiblen Zweig bestehenden irreversiblen Kreisprozess kann in zwei Teile aufspalten werden:

$$0 > \oint \frac{\delta Q_{irr}}{T} = \int_{\substack{1 \\ A}}^{2} \frac{\delta Q_{irr}}{T} + \int_{\substack{2 \\ B}}^{1} \frac{\delta Q_{rev}}{T}$$

Der zweite Term der rechten Seite der Gleichung ist nach Gl. (1.148) die Entropieänderung $S_1 - S_2$, und es ergibt sich

$$\Delta S = S_2 - S_1 > \int_{\substack{1 \\ A}}^{2} \frac{\delta Q_{irr}}{T} \qquad (1.172)$$

In einem abgeschlossenen System ($\delta Q_{irr} = 0$) gilt für die irreversible Zustandsänderung

$$\Delta S = S_2 - S_1 > 0 \quad \text{oder} \quad S_2 > S_1 \qquad (1.173)$$

d. h. die Entropie nimmt zu, und zwar so lange, bis im Gleichgewicht der größte Wert (S_{max}) erreicht ist, und bleibt dann konstant ($\Delta S = S_2 - S_1 = 0$). Ein irreversibler adiabater Prozess ist daher nicht isentrop.

Bei reversibler Prozessführung im abgeschlossenen System gelten statt der Ungleichungen Gl. (1.173) die Gleichungen

$$\Delta S = S_2 - S_1 = 0 \quad \text{bzw.} \quad S_2 = S_1 \qquad (1.174)$$

und die Entropie bleibt konstant. Die reversible adiabate Zustandsänderung ist isentrop.

Man kann die Gln. (1.173) und (1.174) zusammenfassen zu

$$\Delta S = S_2 - S_1 \geq 0 \quad \text{bzw.} \quad S_2 \geq S_1 \qquad (1.175)$$

(Gleichheitszeichen für reversible, Ungleichheitszeichen für irreversible Zustandsänderungen). Dies ist eine äquivalente mathematische Formulierung des zweiten Hauptsatzes.

Das geschlossene System

Um mit dem Prinzip der Entropiemaximierung, das nur für abgeschlossene Systeme gilt, auch Aussagen über Zustandsänderungen geschlossener Systeme zu gewinnen, konstruiert man sich aus dem geschlossene System ein abgeschlossenes, indem man das eigentliche System mit seiner Umgebung zu einem Gesamtsystem zusammenfasst, über dessen Grenzen keine Energie transportiert wird. Auf dieses aus dem eigentlichen System (kein Index) und seiner Umgebung (Index U) bestehende Gesamtsystem (Index G) kann der zweite Hauptsatz angewendet werden. Die Entropieänderung des Gesamtsystems ist, da die Entropie eine extensive Größe ist, $\Delta S_G = \Delta S + \Delta S_U$, und für sie gilt der zweite Hauptsatz (Gl. (1.175)) $\Delta S_G = \Delta S + \Delta S_U \geq 0$ wobei das Ungleichheitszeichen für eine irreversible Zustandsänderung und das Gleichheitszeichen für eine reversible Zustandsänderung oder das Gleichgewicht gelten.

Nach dem zweiten Hauptsatz kann die Entropie eines abgeschlossenen Systems nicht abnehmen, sie nimmt zu oder bleibt konstant. Die Entropie eines geschlossenen Systems muss aber nicht zunehmen oder konstant bleiben, sie kann auch abnehmen, wenn gleichzeitig die Entropie eines anderen geschlossenen Systems, das mit diesem ein abgeschlossenes Gesamtsystem bildet, zunimmt. Die Entropieabnahme des einen Systems muss durch eine Entropiezunahme des anderen Systems (über)kompensiert werden. Dies kann durch Austausch von Wärme zwischen den beiden Teilsystemen geschehen: Aufgrund der Vorzeichenkonvention für Wärmeströme nimmt die Entropie des einen Teilsystems ab, wenn es Wärme abgibt, und die des anderen Teilsystems zu, da es die Wärme aufnimmt.

Um die Richtung eines spontanen Prozesses eines geschlossenen Systems zu bestimmen, genügt es also nicht, die Entropie des Systems alleine zu betrachten, sondern man muss auch die Entropieänderung der Umgebung berücksichtigen und die Entropie des Gesamtsystems, bestehend aus dem eigentlichen System und der Umgebung, berechnen.

Aussagen des zweiten Hauptsatzes

Aus den Ungleichungen Gln. (1.169) und (1.175), die eine Form des zweiten Hauptsatzes der Thermodynamik darstellen, kann man weitere gleichwertige Formulierungen des *zweiten Hauptsatzes der Thermodynamik* ableiten:

- Die Entropie eines abgeschlossenen Systems kann niemals abnehmen; sie nimmt bei irreversiblen Prozessen zu und bleibt bei reversiblen Prozessen konstant.
- Alle natürlichen Prozesse erzeugen Entropie.
- Alle natürlichen Prozesse sind irreversibel.
- Es gibt keine periodisch arbeitende Maschine, die nichts weiter bewirkt, als einem Wärmespeicher positive Wärme zu entziehen und diese vollständig als mechanische Arbeit zu leisten. (Unmöglichkeit eines *perpetuum mobile 2. Art.*)
- Es gibt keinen höheren Wirkungsgrad als den des Carnot-Prozesses.
- Wärme kann nicht von selbst von einem Körper niedrigerer Temperatur auf einen Körper höherer Temperatur übergehen.

Die ersten Formulierungen werden aus dem oben gesagten unmittelbar klar, die beiden letzten ergeben sich aus den folgenden Überlegungen.

Ersetzt man in einem rechtsläufigen Carnotschen Kreisprozess den Prozessschritt der reversiblen isothermen Kompression ($3 \rightarrow 4$, s. Abb. 1.15) durch eine irreversible isotherme Kompression, so wird der Kreisprozess insgesamt irreversibel. Die Wirkungsgrade des ursprünglich vollständig reversiblen Kreisprozesses η_{rev} und des modifizierten irreversiblen Kreisprozesses η_{irr} sind gemäß Abschn. 1.4.3 $\eta_{rev} = (Q_{12} + Q_{34rev})/Q_{12}$ bzw. $\eta_{irr} = (Q_{12} + Q_{34irr})/Q_{12}$. Mit Gl. (1.163) ergibt sich die Ungleichheit

$$\eta_{irr} < \eta_{rev} \tag{1.176}$$

Man schließe zwei Systeme der Temperaturen T_1 und T_2 zu einem abgeschlossenen Gesamtsystem zusammen, wobei ohne Einschränkung der Allgemeinheit $T_2 > T_1$ gelte und beide Systeme hinreichend groß seien, so dass ein Austausch einer infinitesimalen Wärmemenge nicht zu einer Änderung der Zustandsgrößen, insbesondere der Temperatur, führt und sie sich in jedem Moment im Gleichgewicht befinden und damit reversibel verhalten. Der Übergang einer differentiellen Wärmemenge δQ beliebigen Vorzeichens von Teilsystem 2 zu Teilsystem 1 führt zu einer Entropieänderung der beiden Systeme um $dS_1 = +\delta Q/T_1$ bzw. $dS_2 = -\delta Q/T_2$. D. h. als Folge des Wärmetransports wächst die Entropie des einen Systems, während gleichzeitig die des anderen abnimmt, wobei sich die Beträge der Entropieänderungen unterscheiden, da die beiden Systeme unterschiedliche Temperaturen haben. Daher ist die Entropieänderung des Gesamtsystems nicht gleich Null, sondern beträgt

$$dS = dS_1 + dS_2 = \delta Q \left(\frac{1}{T_1} - \frac{1}{T_2} \right) \tag{1.177}$$

Da nach dem zweiten Hauptsatz der Thermodynamik für einen irreversiblen Prozess eines abgeschlossenen Systems $dS > 0$ gilt, muss wegen $T_2 > T_1$ $\delta Q > 0$ sein, d. h. es wird Wärme von dem System höherer Temperatur auf das System geringerer Temperatur übertragen. Die Entropie des Teilsystems 1 nimmt während des Wärmeaustausches zu, die von Teilsystem 2 ab und die des Gesamtsystems zu. Im thermischen Gleichgewicht ($T_1 = T_2$) ändert sich die Entropie nicht, die Entropie hat ihren maximalen Wert erreicht. Der Gleichgewichtszustand eines adiabaten Systems ist der Zustand maximaler Entropie. Dies ist in Übereinstimmung mit dem zweiten Hauptsatz. Hätte man $T_1 > T_2$ vorausgesetzt, so ergäbe sich aus Gl. (1.177) und dem zweiten Hauptsatz $\delta Q < 0$, d. h. auch in diesem Fall findet ein Wärmetransport von der höheren zur niedrigeren Temperatur statt. Der Wärmeübergang von einem wärmeren zu einem kälteren Körper ist also ein spontaner Prozess.

Eine weitere Folge des zweiten Hauptsatzes ist das Phänomen, dass Gas spontan den ihm zur Verfügung stehenden Raum einnimmt und sich nicht von selbst in einen kleineren

Raum zurückzieht: Das Gas (kein Index) bilde mit seiner Umgebung (Index U) ein abgeschlossenes Gesamtsystem (Index G). Bei der isothermen Expansion des idealen Gases von V_1, nach $V_2 > V_1$ nimmt die Entropie gemäß Gl. (1.157) zu:

$$\Delta S = S_2 - S_1 = nR \ln \frac{V_2}{V_1} > 0 \tag{1.178}$$

wobei die Entropieänderung, da die Entropie eine Zustandsgröße ist, nur abhängig ist vom Anfangs- und Endzustand des Gases aber unabhängig davon, wie die Zustandsänderung erfolgt, insbesondere ob sie reversibel oder irreversibel ist. Erfolgt die isotherme Expansion reversibel, dann ist die Entropieänderung des Gesamtsystems $\Delta S_G = 0$ und daher die Entropieänderung der Umgebung

$$\Delta S_U = -\Delta S = -nR \ln \left(\frac{V_2}{V_1} \right) < 0$$

d. h. die Entropie der Umgebung nimmt bei reversibler Prozessführung um den Betrag, um den die Entropie des Gases zunimmt, ab. Erfolgt die isotherme Expansion irreversibel, z. B. in ein evakuiertes Gefäß, so leistet das Gas keine Volumenänderungsarbeit ($W = 0$), und nach dem ersten Hauptsatz wird, da die Änderung der inneren Energie für isotherme Expansion des idealen Gases Null ist, keine Wärme ausgetauscht ($Q = 0$), also gilt $\Delta S_U = 0$. Die Entropieänderung des Gesamtsystems ist daher

$$\Delta S_G = \Delta S = nR \ln \left(\frac{V_2}{V} \right) > 0$$

D. h. die Entropie des Gesamtsystems nimmt bei irreversibler Prozessführung um die des Gases zu, und das Gas dehnt sich spontan in den ihm zur Verfügung stehenden Raum aus – entsprechend der Aussage des zweiten Hauptsatzes. Der umgekehrte Vorgang, das Zurückziehen des Gases in einen Teil des Raumes, hätte eine Abnahme der Entropie zur Folge und würde dem zweiten Hauptsatz widersprechen.

Beispiel

4 l Stickstoff von 5 bar und 22 °C werden auf 20 l entspannt. Die Expansion soll

(a) reversibel isotherm

(b) reversibel adiabat

(c) irreversibel isotherm

(d) irreversibel adiabat

durchgeführt werden. Man berechne für jeden Prozess die Entropieänderung des Gases, der Umgebung und des Gesamtsystems aus Gas und Umgebung. Welche Arbeit muss in den vier Fällen aufgewendet werden, um das Gas und die Umgebung wieder in den Anfangszustand zurück zu versetzen? Stickstoff kann als ideales Gas behandelt werden.

Lösung: Zunächst werden die Entropieänderungen für die vier verschiedenen Zustandsänderungen berechnet.

(a) Die Entropieänderung von Stickstoff bei der isothermen Expansion von V_1 nach V_2 ist nach Gl. (1.178) mit der thermischen Zustandsgleichung des idealen Gases $\Delta S = nR \ln(V_2/V_1) = (p_1 V_1/T_1) \ln(V_2/V_1) = 10,9 \, \text{J K}^{-1}$. Das Gas leistet bei der isothermen Expansion die Volumenänderungsarbeit W, die die Umgebung als Wärme Q an das System bei der konstanten Temperatur $T_U = T_1$ abgibt. Dies führt zu einer Entropieänderung der Umgebung von $\Delta S_U = Q/T_1$, wobei nach Gl. (1.75) $Q = W = -nRT_1 \ln(V_2/V_1) = -p_1 V_1 \ln(V_2/V_1) = -3,22 \, \text{kJ}$ und daher $\Delta S_U = -10,9 \, \text{J K}^{-1}$. Die Entropieänderung des Gesamtsystems ist daher $\Delta S_G = \Delta S + \Delta S_U = 0$. Die Entropie des abgeschlossenen Gesamtsystems ändert sich bei der reversiblen Zustandsänderung nicht entsprechend dem zweiten Hauptsatz.

(b) Findet die Expansion reversibel adiabat statt, so gibt die Umgebung keine Wärmeenergie an das Gas ab, es ist $Q = \int \delta Q = 0$. Während des Prozesses ändert sich die Temperatur des Gases, die der Umgebung aber nicht. Daher ist

$$\Delta S = \int_1^2 \frac{\delta Q}{T} = 0, \quad \Delta S_U = \frac{Q}{T_U} = 0 \quad \text{und} \quad \Delta S_G = \Delta S + \Delta S_U = 0$$

in Übereinstimmung mit dem zweiten Hauptsatz. Da das Gas Volumenänderungsarbeit verrichtet aber keine Wärmeenergie von der Umgebung aufnimmt, nimmt seine Temperatur gemäß der Adiabatengleichung Gl. (1.96) ab auf den Wert $T_2 = T_1 (V_1/V_2)^{\kappa-1} = 155,04 \, \text{K}$.

(c) und (d) Bei der irreversiblen Expansion, z. B. in ein evakuiertes Gefäß, leistet das Gas keine Arbeit. Nach dem ersten Hauptsatz ist daher die ausgetauschte Wärme gleich der Änderung der inneren Energie. Für eine irreversible isotherme Expansion ist wegen $\Delta U = 0$ auch $Q = 0$, für die irreversible adiabate Expansion gilt sowieso $Q = 0$. Da die Entropie als Zustandsgröße nur vom Zustand aber nicht vom Prozess abhängt, mit dem der Zustand erreicht wurde, kann man Anfangs- und Endzustand des Gases durch den reversiblen isothermen Prozess als Ersatzprozess verbinden, für den die Entropieänderung nach (a) $\Delta S = 10,9 \, \text{J K}^{-1}$ beträgt. Die Entropieänderung der Umgebung ist wegen $Q = 0$ $\Delta S_U = 0$. Also ändert sich die Entropie des Gesamtsystems um $\Delta S_G = 10,9 \, \text{J K}^{-1}$, nimmt also bei dem irreversiblen Vorgang in Übereinstimmung mit dem zweiten Hauptsatz zu.

Im folgenden werden die Arbeiten berechnet, die man aufwenden muss, um das System wieder in den Anfangszustand zurückzuführen.

(a) und (b) Da bei der reversiblen isothermen und adiabaten Expansion die Gesamtentropie konstant ist, kann der Ausgangszustand ohne zusätzlichen Arbeitsaufwand wieder hergestellt werden. Es muss die bei der Expansion des Gases an die Umgebung abgegebene Arbeit dieser wieder entzogen und das Gas komprimiert werden.

(c) und (d) Bei der irreversiblen isothermen und adiabaten Expansion nimmt die Gesamtentropie zu. Daher kann man das System nur dann in seinen Ausgangszustand zurückführen, wenn man die der Entropie entsprechende Arbeit

$$W = T_1 \Delta S_G = p_1 V_1 \ln(V_2/V_1) = 3{,}22\,\mathrm{kJ}$$

als Kompression des Gases dem System zuführt. Bei der irreversiblen Expansion verliert man also Nutzarbeit, die dem Betrage nach gleich der reversiblen Expansionsarbeit ist.

Weitere Folgerungen des zweiten Hauptsatzes sind: Es ist nicht möglich, dem Meerwasser ständig Wärme zu entziehen und ohne andere Auswirkungen in mechanische Arbeit umzuwandeln. Daher können Schiffe ihre Antriebsleistung nicht alleine durch Abkühlen des Meerwassers gewinnen. Ebenso kann man die zum Heizen von Gebäuden oder Antrieb von Fahrzeugen benötigte Energie nicht alleine aus der in der Atmosphäre gespeicherten Energie entnehmen.

1.4.8   Exergie und Anergie

Der erste Hauptsatz der Thermodynamik stellt als Satz von der Erhaltung der Energie eine Energiebilanz dar: Energie kann weder geschaffen noch vernichtet werden, und die verschiedenen Energieformen können ineinander umgewandelt werden. Der zweite Hauptsatz der Thermodynamik stellt eine Entropiebilanz auf: Bei irreversiblen Prozessen wird Entropie erzeugt. Da irreversible Prozesse spontan nur in der Richtung ablaufen können, bei der die Entropie zunimmt, können nicht alle Energieformen, die nach dem ersten Hauptsatz ineinander umgewandelt werden können, auch tatsächlich vollständig ineinander umgewandelt werden. Nutzarbeit sowie mechanische und elektrische Energie können vollständig in jede andere Energieform umgewandelt werden: Mechanische Energie kann mit reversibel arbeitenden Generatoren vollständig in elektrische Energie und elektrische Energie mit reversiblen Elektromotoren vollständig in mechanische Energie umgewandelt werden; sie können durch Dissipation auch vollständig in Wärme und innere Energie umgewandelt werden. Auch die chemische Energie kann durch eine chemische Reaktion (z. B. eine Verbrennungsreaktion) vollständig in Nutzarbeit und auch in Wärme umgewandelt werden. Dagegen lassen sich Wärme und innere Energie selbst mit reversiblen Prozessen nicht vollständig in mechanische oder elektrische Energie umwandeln. Mit der reversiblen Wärmekraftmaschine, dem rechtsläufigen Carnotschen Kreisprozess, einem Prozess mit größtmöglichem Wirkungsgrad, kann nur ein Teil der zugeführten Wärme in Arbeit umgewandelt werden, der Rest wird als Abwärme an einen Energiespeicher abgegeben (s. Abschn. 1.4.3). Da nicht alle Energieformen gleichermaßen technisch verwertbar und daher wirtschaftlich wertvoll sind, stellt der Grad der Umwandelbarkeit einer Energieform eine wichtige Eigenschaft bzgl. ihrer Anwendung in der Energietechnik dar.

Um den Grad der Umwandelbarkeit von Energien in andere Energieformen zu beschreiben und die Energieformen bzgl. der Umwandelbarkeit zu bewerten, definiert man folgende Begriffe:

Exergie E: Alle Energieformen, die sich mit reversiblen Prozessen vollständig in jede andere Energieform umwandeln lassen.

Anergie B: Alle Energieformen, die nicht in Exergie umwandelbar sind.

Exergie ist nach der Definition in Anergie überführbar.

Die Begriffe Exergie und Anergie sind Analogiebildungen zum Begriff der Energie, wobei die Vorsilben andeuten, dass die Exergie die Energie ist, die uneingeschränkt als Nutzarbeit vom System abgegeben werden kann (ex (lat.) = aus, heraus, ergo (gr.) = Arbeit), und die Anergie die Energie ist, die nicht in Nutzarbeit umwandelbar ist (an (gr.) = verneinende Vorsilbe).

Die Exergie ist als uneingeschränkt umwandelbare Energie die *Nutzarbeit* oder *Arbeitsfähigkeit, technische* und daher der technisch verwertbare und wirtschaftlich wertvolle Teil der Energie. Die Anergie als nicht in Nutzarbeit umwandelbare Energieform ist von keinem praktischen Nutzen und daher der wertlose Teil der Energie.

Allgemein gilt, dass jede Energie aus Exergie und Anergie besteht:

$$\boxed{\text{Energie} = \text{Exergie} + \text{Anergie} = E + B} \qquad (1.179)$$

Die Anteile von Exergie und Anergie an der Gesamtenergie hängen dabei von der Energieform und den Eigenschaften der Umgebung ab: Die mechanischen Energieformen wie die potentielle und kinetische Energie sowie die elektrische Energie lassen sich uneingeschränkt ineinander und in jede andere Energieform umwandeln. Sie sind reine Exergie. Ihre Anergie ist Null. Sie lassen sich auch vollständig in die nur beschränkt umwandelbaren Energieformen wie die Wärme oder in Anergie umwandeln. Die innere Energie der Umgebung lässt sich nicht in Exergie umwandeln und enthält ausschließlich Anergie. Die Wärme enthält sowohl Exergie als auch Anergie.

Die Tatsache, dass nicht alle Energieformen uneingeschränkt ineinander umwandelbar sind und dass Energie in Exergie und Anergie eingeteilt werden kann, ist eine Folge des zweiten Hauptsatzes. Formulierungen des *zweiten Hauptsatzes* mit den Begriffen Exergie und Anergie sind die folgenden:

– Es gibt Exergie und Anergie.
– Bei reversiblen Prozessen bleibt die Exergie konstant; bei irreversiblen Prozessen wird Exergie in Anergie umgewandelt.
– Bei reversiblen Prozessen bleibt mit der Exergie auch die Umwandlungsfähigkeit der Energie erhalten; bei irreversiblen Prozessen geht die Umwandlungsfähigkeit der Energie verloren (nicht die Energie selbst).

Bei irreversiblen Prozessen geht zwar Exergie verloren, da sich Exergie in Anergie umwandelt, aber nach dem ersten Hauptsatz bleibt die Gesamtenergie als Summe von Exergie und Anergie konstant. Der erste Hauptsatz lautet in der Formulierung mit den Begriffen

Exergie und Anergie: Bei allen Prozessen bleibt die Summe aus Exergie und Anergie konstant.

Energieformen, die sowohl Exergie als auch Anergie enthalten, lassen sich nur zum Teil in andere Energieformen umwandeln, wobei der Umwandlungsgrad von der Energieform und dem Zustand der Umgebung abhängt. Die Exergie eines Systems ist die technische Nutzarbeit oder Arbeitsfähigkeit, die bei reversibler Angleichung des Systemzustands an den Zustand der Umgebung zur Verfügung steht. Hat ein System sich mit der Umgebung ins Gleichgewicht gesetzt, dann hat es die maximal mögliche Nutzarbeit geleistet, und das System enthält nur noch Anergie. Ebenso wie die innere Energie eines Systems, das sich mit der Umgebung im Gleichgewicht befindet, als reine Anergie sich nicht in Exergie umwandeln lässt, sind Wärme, die bei Umgebungstemperatur ausgetauscht wird, und Verdrängungsarbeit gegen den Umgebungsdruck nicht in Exergie umwandelbar. Daher sind die Atmosphäre und die Weltmeere zwar unermessliche Energiespeicher, dessen Energie unbeschränkt und kostenlos zur Verfügung steht, aber ihr Energieinhalt ist reine Anergie und damit Energie, die sich nicht in Exergie, also in Nutzarbeit umwandeln lässt. So können z. B. Ozeandampfer nicht alleine mit Energie aus den Weltmeeren angetrieben werden. Die potentielle Energie gegenüber einem Umgebungsniveau ist dagegen als Wasserkraft zu nutzen und stellt Exergie dar.

Exergie der Wärme
Wärme enthält Exergie und Anergie. Die Exergie der Wärme ist der Teil der Wärme, der maximal in Nutzarbeit umgewandelt werden kann. Sie hängt ab von der Temperatur T, bei der die Wärme zur Verfügung steht, und der Umgebungstemperatur T_U. Sie ist gleich der Arbeit, die man aus der Wärme gewinnen kann, wenn man sie einer reversiblen Wärmekraftmaschine zuführt, die nach dem Carnotschen Kreisprozess zwischen den beiden Temperaturen T und T_U arbeitet. Der Teil der zugeführten Wärme, der als Abwärme an einen Energiespeicher bei Umgebungstemperatur abgegeben wird, ist die Anergie der Wärme. Denn Wärme, die bei Umgebungstemperatur zur Verfügung steht, kann nicht in Exergie umgewandelt werden. Die aus der Wärme gewonnene Arbeit ist nach Gl. (1.126) $|\delta W| = \eta \delta Q$, wobei der Wirkungsgrad nach Gl. (1.127) $\eta = 1 - T_U/T$ durch die Anfangstemperatur T des Systems als der oberen Temperatur und die Umgebungstemperatur T_U gegeben ist. Damit ist die Exergie der Wärme

$$dE = \left(1 - \frac{T_U}{T}\right)\delta Q \quad \text{oder} \quad E = \int_1^2 \left(1 - \frac{T_U}{T}\right)\delta Q \qquad (1.180)$$

Für einen isothermen Prozess ist

$$E = \left(1 - \frac{T_U}{T}\right) Q \qquad (1.181)$$

Der in Arbeit umgesetzte Teil der Wärme ist umso größer, je niedriger die untere Temperatur und je höher die obere Temperatur ist, zwischen denen der Prozess läuft. Die

Temperatur des Energiespeichers kann meist gleich der Umgebungstemperatur gesetzt werden, da das Reservoir, an das die Abwärme abgegeben wird, i. a. die Luft, Flüsse oder Seen sind.

Der an die Umgebung bei der Temperatur T_U abgegebene Teil der Wärme besteht nur aus Anergie. Wärme von höherer Temperatur als Umgebungstemperatur enthält jedoch Exergie und ist technisch verwertbar. Sie ist umso wertvoller, je höher die Temperatur ist.

Beispiel

1 kg Wasser werde von 20 auf 100 °C erhitzt. Man berechne den Anteil der Exergie an der zugeführten Wärme. Die spezifische isobare Wärmekapazität von Wasser in dem betrachteten Temperaturbereich beträgt $4,18\,\mathrm{kJ\,kg^{-1}\,K^{-1}}$.

Lösung: Die beim Erhitzen des Wassers zugeführte Wärme ist mit $m = $ Masse des Wassers, $c_p = $ spezifische isobare Wärmekapazität des Wassers: $Q = m\,c_p\,(T_o - T_u) = 334,40\,\mathrm{kJ}$. Die Exergie dieser Wärme ist der Anteil, der bei Abkühlung des Wassers auf die Ausgangstemperatur maximal in Arbeit umgewandelt werden kann. Sie ist gleich der Arbeit, die man mit einer nach dem Carnotschen Kreisprozess zwischen den beiden Temperaturen arbeitenden Wärmekraftmaschine gewinnen kann. Führt man die bei der Abkühlung des Wassers bei der Temperatur T um dT frei werdende Wärmeenergie $\delta Q = mc_p\,dT$ der Carnotschen Wärmekraftmaschine zu, dann ist die von ihr erzeugte Arbeit, also die Exergie nach Gl. (1.180) $dE = (1 - T_u/T)m\,c_p\,dT$, wobei T_u die untere Temperatur ist. Durch Integration erhält man die bei der Abkühlung von T_o auf T_u insgesamt zur Verfügung stehende Exergie

$$E = mc_p \int_{T_u}^{T_o} \left(1 - \frac{T_u}{T}\right)\,dT = mc_p(T_o - T_u) - mc_p T_u \ln\frac{T_o}{T_u}\ ,$$

$$= -mc_p T_u \left(1 - \frac{T_o}{T_u} + \ln\frac{T_o}{T_u}\right) = 38,72\,\mathrm{kJ}$$

Der Anteil der Exergie an der Wärme ist $E/Q = 11,6\,\%$.

1.4.9   Statistische Deutung der Entropie

Im Gegensatz zu Temperatur, Wärmeenergie und mechanischer Arbeit, die aus der alltäglichen Erfahrung vertraut sind, entzieht sich die Entropie der unmittelbaren Anschauung. Eine anschauliche Deutung der Entropie vermittelt die *statistische Thermodynamik*: Sie geht von der Annahme aus, dass die Bewegung der Teilchen, aus denen die Materie besteht, den Gesetzen der klassischen Mechanik folgt und dass man aus den mikroskopischen Eigenschaften der Teilchen wie Masse und Geschwindigkeit die makroskopisch beobachtbaren thermodynamischen Zustandsgrößen eines Systems mit Hilfe der Gesetze der Statistik berechnen kann. Auf diese Weise werden die physikalischen Größen der Thermodynamik auf die der klassischen Mechanik zurückgeführt.

Mikrozustand und Makrozustand

Betrachten wir eine Gesamtheit von N Teilchen, beispielsweise Atomen oder Molekülen. Dann wird deren Bewegungszustand gemäß der klassischen Mechanik eindeutig bestimmt durch die Werte der $3N$ Ortskoordinaten und $3N$ Impulskoordinaten aller N Teilchen im dreidimensionalen Raum. Wenn die N Teilchen nicht alle identisch sind, muss außer den Orts- und Impulskoordinaten auch die Teilchenart jedes Teilchens angegeben werden, um den Zustand des Systems zu charakterisieren. Diesen Satz der physikalischen Eigenschaften aller Teilchen nennt man den *Mikrozustand* des Systems.

Da die Teilchen ständig in Bewegung sind, ändert sich der Mikrozustand eines Systems ständig. In der klassischen Mechanik kann aus den Orts- und Impulskoordinaten eines Teilchens zu einem bestimmten Zeitpunkt die Bahnkurve seiner Bewegung für jeden späteren Zeitpunkt berechnet werden. Für eine große Zahl von Teilchen ist das prinzipiell auch möglich, jedoch praktisch nicht durchführbar. Allerdings kann man die Mittelwerte für eine große Zahl von Teilchen mit statistischen Verfahren berechnen, ohne dass das Verhalten jedes einzelnen Teilchens bekannt sein muss, und durch die Mittelwerte die beobachtbaren makroskopischen thermodynamischen Zustandsgrößen definieren. Auf diese Weise führt man Volumen, Druck und Temperatur auf die Orts- und Impulskoordinaten sowie die kinetische Energie der Teilchen zurück. Der Druck ist z. B. der Mittelwert der Kraft, die die Teilchen bei ihren Stößen auf die Wand pro Flächeneinheit übertragen, wobei aufgrund der großen Zahl der Teilchen Druckschwankungen vernachlässigbar sind. Diesen durch die Werte der makroskopischen Zustandsgrößen charakterisierten Zustand nennt man den *Makrozustand*.

Auf Grund der Bewegung der Teilchen ändern sich die Orts- und Impulskoordinaten der Gasteilchen ständig. Wenn sich ihr Mittelwert aber nicht ändert, bleiben Druck, Temperatur und innere Energie des Gases konstant. Bei gegebenem Makrozustand ändert sich also der Mikrozustand ständig. Ein und derselbe Makrozustand, charakterisiert durch die makroskopischen Zustandsgrößen, wird durch eine sehr große Zahl verschiedener Mikrozustände, entsprechend den verschiedenen Orts- und Impulskoordinaten der einzelnen Teilchen, verwirklicht. Umgekehrt führen sehr viele Mikrozustände zu demselben Makrozustand. Ein Mikrozustand bestimmt den Makrozustand, aber durch den Makrozustand ist der Mikrozustand nicht bestimmt.

Thermodynamische Wahrscheinlichkeit

Die statistische Thermodynamik nimmt an, dass alle Mikrozustände die einem Makrozustand entsprechen und dieselbe Gesamtenergie besitzen, gleich wahrscheinlich sind, und definiert die Wahrscheinlichkeit, mit der ein Makrozustand besteht, durch die Anzahl seiner Mikrozustände, durch die er verwirklicht werden kann. Diese Anzahl der möglichen unterscheidbaren Mikrozustände eines bestimmten Makrozustands nennt man die *thermodynamische Wahrscheinlichkeit W* des Makrozustands.

Dieser Begriff der thermodynamischen Wahrscheinlichkeit unterscheidet sich wesentlich von dem Begriff der *mathematischen Wahrscheinlichkeit*. In der Wahrscheinlichkeitsrechnung der Mathematik ist die Wahrscheinlichkeit definiert als das Verhältnis der Anzahl der günstigsten Fälle zur Anzahl der möglichen Fälle; sie ist damit immer kleiner oder gleich eins. Die thermodynamische Wahrscheinlichkeit dagegen ist definiert als die Anzahl der günstigen Fälle (ohne Division durch die Anzahl der möglichen Fälle) und damit immer größer oder gleich eins.

Der Würfel

Die Begriffe Makrozustand und Mikrozustand und die beiden unterschiedlichen Wahrscheinlichkeitsbegriffe der Thermodynamik und der Mathematik werden im folgenden mit Hilfe von Würfeln erläutert.

Ein Würfel trägt auf seinen sechs Seitenflächen die Augenzahlen 1 bis 6, und bei einem Wurf tritt jede Augenzahl mit der gleichen Wahrscheinlichkeit auf. Die mathematische Wahrscheinlichkeit, eine beliebige Zahl zwischen 1 und 6 zu würfeln, ist daher 1/6. Die thermodynamische Wahrscheinlichkeit aber als Anzahl der verschiedenen Arten von Würfen, nämlich der Würfe mit den Augenzahlen 1 bis 6, ist gleich 6.

Würfelt man mit zwei Würfeln, dann können alle Gesamtaugenzahlen eines Wurfs, d. h. die Summe aus den Augenzahlen beider Würfel, zwischen 2 und 12 liegen. Dabei können die beiden extremen Würfe mit der Gesamtzahl 2 bzw. 12 nur auf genau eine Weise verwirklicht werden, nämlich indem beide Würfel gleichzeitig eine 1 bzw. eine 6 zeigen. Für alle anderen Gesamtaugenzahlen gibt es dagegen mehr als eine Möglichkeit, sie zu realisieren. So können die Zahlen 3 und 11 auf zwei Arten entstehen: Die 3 ergibt sich, indem der erste Würfel eine 1 und der zweite eine 2 zeigt oder indem der erste Würfel eine 2 und der zweite eine 1 zeigt; die 11 entsteht durch die Kombination 5 und 6 bzw. 6 und 5. Daher wird man bei einem Wurf die Gesamtaugenzahlen 3 und 11 doppelt so häufig antreffen wie 2 und 12. Analoge Überlegungen führen dazu, dass die Zahl der Realisierungsmöglichkeiten und daher Häufigkeiten des Auftretens für die Gesamtaugenzahlen 4 und 10 drei, für 5 und 9 vier, für 6 und 8 fünf und für 7 sechs ist (für die Gesamtaugenzahl 7 kann der eine Würfel alle Zahlen von 1 bis 6 annehmen, wobei der andere die komplementären Zahlen 6 bis 1 zeigt). Man kann die Gesamtaugenzahl eines Wurfes als Makrozustand betrachten und die verschiedenen möglichen Kombinationen der Augenzahlen der beiden Würfel, mit denen diese Gesamtaugenzahl erreicht werden kann, als Mikrozustände. Dann haben die Makrozustände 2 und 12 nur einen Mikrozustand und daher die thermodynamische Wahrscheinlichkeit 1, die Makrozustände 3 und 11 besitzen zwei Mikrozustände und die thermodynamische Wahrscheinlichkeit 2, usw., und der Makrozustand 7 schließlich hat sechs Mikrozustände und die thermodynamische Wahrscheinlichkeit 6.

Expansion von Gasen

Gas befinde sich in einem Raum mit dem Volumen V. Bestände das Gas nur aus einem einzigen Teilchen, so wäre die mathematische Wahrscheinlichkeit, das Gasteilchen in dem

Volumen V anzutreffen, gleich 1. Würde man das Volumen halbieren, so wäre die Wahrscheinlichkeit, das Teilchen in einer dieser Hälften zu finden, gleich $1/2$, und würde man das Volumen weiter verkleinern, z. B. auf den n-ten Teil, so wäre die Wahrscheinlichkeit für das Vorhandensein des Teilchens in einem dieser Teilvolumina gleich $1/n$. Bestände das Gas aus zwei Teilchen, dann wäre die mathematische Wahrscheinlichkeit, beide Teilchen in demselben Teilvolumen V/n zu finden, gleich dem Produkt der beiden Einzel-Wahrscheinlichkeiten $1/n$, also $(1/n)^2$. Besteht das Gas aber aus N Teilchen, dann ist die mathematische Wahrscheinlichkeit, alle N Teilchen in dem Teilvolumen V/n anzutreffen, gleich $(1/n)^N$. Daher ist die mathematische Wahrscheinlichkeit, dass alle $6{,}022 \cdot 10^{23}$ Teilchen eines Mols des Gases sich auf die Hälfte des ursprünglichen Volumens zurückziehen, gleich $(1/2)^{6 \cdot 10^{23}}$. Dies ist eine unvorstellbar kleine Zahl, sie ist praktisch Null. Das bedeutet, dass der Vorgang, dass sich ein Mol Gas spontan, d. h. ohne äußeres Dazutun, in der einen Hälfte des Volumens sammelt, so unwahrscheinlich ist, dass er in überschaubaren Zeiträumen nicht auftreten wird. Dieser Vorgang kann also mit an Sicherheit grenzender Wahrscheinlichkeit ausgeschlossen werden. Die Wahrscheinlichkeit, dass sich zwei Teilchen gleichzeitig in dem halben Anfangsvolumen aufhalten, ist mit $(1/2)^2 = 0{,}25$ vergleichsweise nahe bei 1, so dass diese Verteilung durchaus auftreten kann. Mit wachsender Teilchenzahl werden Abweichungen von der gleichmäßigen Verteilung der Teilchen aber rasch seltener.

Der Makrozustand eines Gases, bestehend aus N Teilchen, ist gekennzeichnet durch das Volumen V. Dieser Makrozustand besitzt eine bestimmte Zahl von Mikrozuständen; diese ist die thermodynamische Wahrscheinlichkeit. Da die Zahl der möglichen Zustände eines einzelnen Teilchens des Gases proportional dem dem Gas zur Verfügung stehenden Volumen ist, nimmt bei einer Verkleinerung des Volumens auf die Hälfte oder den n-ten Teil die Zahl seiner Zustände auf die Hälfte oder den n-ten Teil ab. Die Zahl der Mikrozustände aller voneinander unabhängiger N Teilchen ist das Produkt der Zahl der Zustände jedes einzelnen Teilchens und daher proportional zur N-ten Potenz des Volumens. Die Zahl der Mikrozustände ist für das Volumen V proportional zu V^N, für das halbe Volumen $V/2$ proportional zu $(V/2)^N$ und für das Volumen V/n proportional zu $(V/n)^N$. Also ist die Zahl der Mikrozustände eines Gases, welches ein Teilvolumen V/n gleichmäßig ausfüllt, um den Faktor $(1/n)^N$ kleiner als die Zahl der Mikrozustände für das gesamte Volumen V, und der Zustand des auf den n-ten Teil das Anfangsvolumens kontrahierten Gases ist um den Faktor $(1/n)^N$ unwahrscheinlicher als die gleichmäßige Verteilung auf das ganze Volumen. Für ein Mol eines Gases ergibt sich für diesen Faktor die gleiche unvorstellbar kleine Zahl wie bei der mathematischen Wahrscheinlichkeit, so dass die thermodynamische Wahrscheinlichkeit für diesen Vorgang so gering ist, dass das spontane Versammeln aller Teilchen eines Gases in einem Teil des ursprünglich zur Verfügung stehenden Raumes so unwahrscheinlich ist, dass er ausgeschlossen werden kann.

Boltzmann-Gleichung

Nach der statistischen Thermodynamik entspricht die thermodynamische Wahrscheinlichkeiten eines Makrozustands eines Systems der Anzahl der unterscheidbaren Mikrozustände, mit denen der Makrozustand realisiert werden kann, wobei alle Mikrozustände eines Makrozustands gleich wahrscheinlich sind. Eine Zustandsänderung wird häufiger zu einem Makrozustand führen, der durch viele Mikrozustände verwirklicht werden kann und eine höhere Wahrscheinlichkeit besitzt, als zu einem mit geringerer Zahl von Realisierungsmöglichkeiten und geringerer Wahrscheinlichkeit. Daher wird eine Zustandsänderung sehr wahrscheinlich vom Zustand geringer thermodynamischer Wahrscheinlichkeit zu einem Zustand größerer thermodynamischer Wahrscheinlichkeit führen. Der Makrozustand mit der größten Zahl möglicher Mikrozustände entspricht dem thermodynamischen Gleichgewicht. Bei Abweichungen vom Gleichgewichtszustand nimmt die Zahl der Realisierungsmöglichkeiten und damit die thermodynamische Wahrscheinlichkeit ab. Daher ist die Rückkehr vom Gleichgewichtszustand zum ursprünglichen Nichtgleichgewichtszustand unwahrscheinlich. Sie ist jedoch nicht unmöglich. Bei kleinen Teilchenzahlen kann die Wahrscheinlichkeit Werte annehmen, die eine spontane Umkehr eines solchen Prozesses möglich machen. Bei großen Teilchenzahlen jedoch ist die Rückkehr vom Gleichgewichts- zum anfänglichen Nichtgleichgewichtszustand so unwahrscheinlich, dass der Prozess der Einstellung des thermodynamischen Gleichgewichts unumkehrbar, irreversibel ist.

Eine irreversible, adiabate Zustandsänderung ist nach dem zweiten Hauptsatz durch Maximierung der Entropie gekennzeichnet; in der Betrachtungsweise der statistischen Thermodynamik ist sie der Übergang in den wahrscheinlicheren Zustand. Boltzmann hat den Zusammenhang zwischen der makroskopischen thermodynamischen Zustandsgröße Entropie S und der thermodynamischen Wahrscheinlichkeit W der statistischen Thermodynamik hergestellt mit der *Boltzmann-Gleichung*

$$\boxed{S = k \ln W}$$ (1.182)

wobei $k = R/N_A = 1{,}381 \cdot 10^{-23}\,\mathrm{J\,K^{-1}}$ die Boltzmann-Konstante ist, R die universelle Gaskonstante, N_A die Avogadro-Konstante. Die Entropie eines Zustands ist also umso größer, je größer die thermodynamische Wahrscheinlichkeit bzw. die Zahl der Realisierungsmöglichkeiten des Zustands ist.

Mit der Boltzmann-Gleichung kann man den Absolutwert der Entropie für einen Zustand berechnen und nicht nur die Änderung der Entropie für eine Zustandsänderung.

Obwohl sich die thermodynamische Wahrscheinlichkeit W als ganze Zahl nur in Sprüngen von mindestens 1 ändern kann, kann die Änderung der Entropie S als stetig angesehen werden, da die thermodynamische Wahrscheinlichkeit i. a. eine äußerst große Zahl ist und einer Änderung der thermodynamischen Wahrscheinlichkeit um die Einheit 1 daher eine äußerst kleine, infinitesimale Entropieänderung entspricht.

Die Boltzmann-Gleichung ist in Übereinstimmung mit der Tatsache, dass die Entropie eine extensive Zustandsgröße ist: Ein System, bestehend aus zwei voneinander unabhängigen Teilsystemen 1 und 2 mit den thermodynamischen Wahrscheinlichkeiten W_1 bzw. W_2 und den Entropien S_1 bzw. S_2, besitze die thermodynamische Wahrscheinlichkeit W und die Entropie S. Dabei ist die thermodynamische Wahrscheinlichkeit W des Gesamtsystems nach der Wahrscheinlichkeitstheorie gleich dem Produkt der thermodynamischen Wahrscheinlichkeiten der Teilsysteme, $W = W_1 W_2$. Es gilt gemäß der Boltzmann-Gleichung $S_1 = k \ln W_1$ und $S_2 = k \ln W_2$ sowie

$$S = k \ln W = k \ln(W_1 W_2) = k \ln W_1 + k \ln W_2 = S_1 + S_2 \qquad (1.183)$$

d. h. die Entropie des Gesamtsystems ist gleich der Summe der Entropien der Teilsysteme.

Entropie und zweiter Hauptsatz

Führt eine Zustandsänderung eines Systems von Zustand 1 mit der thermodynamischen Wahrscheinlichkeit W_1 zu Zustand 2 mit der thermodynamischen Wahrscheinlichkeit W_2, so ist dies nach der Boltzmann-Gleichung mit der Entropieänderung

$$\Delta S = S_2 - S_1 = k \ln \frac{W_2}{W_1} \qquad (1.184)$$

verbunden. Den Quotienten W_2/W_1 der thermodynamischen Wahrscheinlichkeiten der beiden Zustände nennt man die *Übergangswahrscheinlichkeit*. Die phänomenologische Formulierung des zweiten Hauptsatzes, dass bei irreversiblen Prozessen die Entropie eines abgeschlossenen Systems zunimmt ($\Delta S > 0$), ist gemäß Gl. (1.184) gleichbedeutend mit der statistischen Formulierung, dass ein irreversibler Prozess von einem unwahrscheinlicheren zu einem wahrscheinlicheren Zustand führt ($W_2/W_1 > 1$). Der umgekehrte Prozess würde zu einem Zustand kleinerer thermodynamischer Wahrscheinlichkeit führen, was außerordentlich unwahrscheinlich, wenngleich genaugenommen nicht unmöglich ist. Der zweite Hauptsatz und die aus ihm ableitbaren Gesetzmäßigkeiten sind in der Formulierung der klassischen Thermodynamik streng gültig, nach der statistischen Thermodynamik gelten sie jedoch nicht mit absoluter Sicherheit, sondern nur mit sehr großer Wahrscheinlichkeit. Der zweite Hauptsatz ist gültig für sehr große Systeme; eine Aussage über die Entropie eines einzelnen Teilchens ist jedoch sinnlos, ebenso wie die Begriffe der Temperatur und Wärme für wenige Teilchen nicht definiert sind.

Gln. (1.184) und (1.157) haben die gleiche mathematische Struktur, wobei die thermodynamische Wahrscheinlichkeit in der Boltzmann-Gleichung die Stelle des Volumens in der Gleichung der klassischen Thermodynamik einnimmt. Dies zeigt, dass die thermodynamischen Wahrscheinlichkeit als Anzahl der Realisierungsmöglichkeiten proportional zum Volumen ist. Die Irreversibilität der Expansion des Gases wird in der klassischen Thermodynamik dadurch erklärt, dass die Beschränkung der Gasteilchen auf ein kleineres Volumen eine Entropieabnahme mit sich bringt, was dem zweiten Hauptsatz widerspricht. Die statistische Thermodynamik führt die Irreversibilität darauf zurück, dass es sehr unwahrscheinlich ist, dass die Gasteilchen sich auf einen kleineren Raum als dem ihnen zur Verfügung stehenden beschränken.

Unordnung

Die Entropie und die thermodynamische Wahrscheinlichkeit kann man als quantitative Ausdrücke für den qualitativen Begriff der *Unordnung* auffassen, wenn man einen Zustand mit einer großen Zahl von Realisierungsmöglichkeiten als einen Zustand großer Unordnung ansieht. Der zweite Hauptsatz bedeutet dann, dass ein irreversibler Prozess vom unwahrscheinlichen Zustand hoher Ordnung zum wahrscheinlicheren Zustand größerer Unordnung führt bzw. spontane Vorgänge stets in Richtung größerer Unordnung gehen. Die Unordnung ist also die treibende Kraft aller natürlichen Vorgänge. So wird die geordnete Energieform Arbeit während dissipativer Prozesse auf viele Teilchen verteilt und damit in die ungeordnete Energieform Wärme umgewandelt. Da aber ein Zustand größerer Unordnung (größerer Wahrscheinlichkeit) nicht von selbst in einen Zustand größerer Ordnung (kleinerer Wahrscheinlichkeit) übergeht, ist Wärme nicht vollständig in Arbeit umwandelbar.

Der Zustand größter Ordnung ist der eines fehlerfreien Kristalls am absoluten Nullpunkt. Die Teilchen besetzen feste Plätze im regelmäßigen Kristallgitter und bewegen sich nicht. Daher hat dieser Makrozustand nur einen einzigen Mikrozustand, die thermodynamische Wahrscheinlichkeit dieses Makrozustands ist $W = 1$, und die Entropie nach der Boltzmann-Gleichung (1.182) $S = 0$. Der Zustand am absoluten Nullpunkt ist gekennzeichnet durch maximale Ordnung und daher minimale Wahrscheinlichkeit und Entropie. Mit zunehmender Temperatur und damit Bewegungsenergie und Schwingungsamplitude der Teilchen nehmen die thermodynamische Wahrscheinlichkeit und die Entropie zu ($S > 0$).

Während Teilchen eines Festkörpers nur um die Ruhelage im Kristallgitter schwingen können, können Gasteilchen sich vollkommen frei bewegen. Daher ist der gasförmige Zustand ein Zustand größerer Unordnung und sehr viel höherer Entropie als der feste Zustand. Teilchen einer Flüssigkeit sind weder auf die Schwingungen um die Ruhelage im Kristallgitter beschränkt noch sind sie so frei beweglich wie die Gasteilchen, so dass der Ordnungszustand und die Entropie von Flüssigkeiten zwischen denen von Festkörpern und Gasen liegt.

Bei einer Phasenumwandlung ändert sich der Ordnungszustand des Systems und damit die Entropie. So nehmen Unordnung und Entropie beim Schmelzen und Sieden zu, beim Verflüssigen und Erstarren ab.

So ist die molare Entropie S^0 in Einheiten von $J\,mol^{-1}\,K^{-1}$ für den Standardzustand $298{,}15\,K$ und $1\,bar$ für die Festkörper C (Diamant) 2,4 und C (Graphit) 5,7, für die Flüssigkeiten H_2O (Wasser) 70,0 und C_6H_6 (Benzol) 173,4 und für die Gase N_2 (Stickstoff) 191,6 und NO_2 (Stickstoffdioxid) 240,1 (Lide 1999). Wasser hat unter den Flüssigkeiten einen bemerkenswert niedrigen Wert, da es aufgrund der Wasserstoffbrückenbindungen zwischen den polaren Molekülen eine recht hoch geordnete Struktur aufweist.

1.4.10   Dritter Hauptsatz

Die Entropie ist definiert durch das totale Differential $dS = \delta Q_{rev}/T$, wobei δQ_{rev} die bei der Temperatur T reversibel ausgetauschte Wärme ist. Durch Integration dieser Definitionsgleichung kann man die mit einer endlichen Zustandsänderung eines Systems verbundene Entropieänderung bestimmen. Die Absolutwerte der Entropie in den beiden Zuständen können aber nur bis auf eine additive Integrationskonstante angegeben werden. Bei Zustandsänderungen, bei denen sich die Zusammensetzung des Systems nicht ändert, fällt die Integrationskonstante bei der Berechnung der Entropieänderung heraus und ist daher bedeutungslos. Bei der Berechnung von Reaktionsentropien, d. h. Entropieänderungen aufgrund chemischer Reaktionen, z. B. einer Oxidation, enthalten Anfangs- und Endzustand des Prozesses aber unterschiedliche Stoffe mit meist unterschiedlichen Konstanten, die sich nicht gegenseitig aufheben. Daher ist es wichtig, auch den Absolutwert der Entropie zu kennen. Um Absolutwerte der Entropie angeben zu können, muss man den Nullpunkt der Entropieskala festlegen. Ein solcher Wert ist aus dem ersten und zweiten Hauptsatz der Thermodynamik nicht herleitbar. Er ist Gegenstand eines weiteren Erfahrungssatzes, des dritten Hauptsatzes der Thermodynamik: Dieser macht Aussagen über das Verhalten der Entropie am absoluten Nullpunkt der Temperatur.

Nernstscher Wärmesatz
Experimentelle Untersuchungen bei tiefen Temperaturen führten *Nernst* zu dem Postulat, dass die mit einer Zustandsänderung verbundene Entropieänderung bei Annäherung an den absoluten Nullpunkt der Temperatur gegen Null geht, die Entropie also konstant ist. D. h. es gilt

$$\lim_{T \to 0} dS = 0 \qquad (1.185)$$

Zustandsänderungen werden am absoluten Nullpunkt isentrop.

Quantenstatistische und quantenmechanische Betrachtungen führten *Planck* dazu, über diese Aussage hinaus gehend zu postulieren: Bei Annäherung an den absoluten Nullpunkt der Temperatur strebt die Entropie jedes *perfekten, kondensierten, chemisch homogenen, stabilen Stoffes* dem Wert Null zu. D. h. es gilt

$$\boxed{\lim_{T \to 0} S = 0} \qquad (1.186)$$

Dieser Erfahrungssatz ist der *dritte Hauptsatz der Thermodynamik*, auch *Nernstscher Wärmesatz* oder *Nernstsches Wärmetheorem* oder *Satz von der Unerreichbarkeit des absoluten Nullpunkts* genannt.

Die Plancksche Formulierung des dritten Hauptsatzes der Thermodynamik kann mit Hilfe der statistischen Thermodynamik und der Quantenmechanik theoretisch begründet werden: Bei Annäherung an den absoluten Nullpunkt nimmt mit der Bewegungsenergie der Teilchen die Anzahl der Mikrozustände und damit die thermodynamische Wahrscheinlichkeit ab. Am absoluten Nullpunkt gibt es keine thermische Bewegung mehr, die Teilchen nehmen feste Plätze ein, die Anzahl der Mikrozustände und die thermische Wahrscheinlichkeit sind 1 (vorausgesetzt der Kristall ist perfekt), und nach der Boltzmann-Gleichung ist die Entropie $S(0\,\text{K}) = 0$.

Daher gilt der dritte Hauptsatz der Thermodynamik, Gl. (1.186), auch nur für perfekte, kondensierte, chemisch homogene und stabile Stoffe. Die Entropie wird am absoluten Nullpunkt Null für einen reinen perfekten Kristall, nicht aber für einen Mischkristall oder einen Kristall mit Gitterfehlern, da die Besetzung des Kristallgitters mit verschiedenen, unterscheidbaren Spezies (verschiedene Atomsorten oder Fehlstellen) eine Unordnung zur Folge hat, die sich in einem entropischen Beitrag, der Mischungsentropie, bemerkbar macht. Der Stoff muss aber nicht notwendigerweise ein Kristall sein, er muss nur kondensiert sein. So ist die Entropie von superflüssigem Helium am absoluten Nullpunkt Null, denn es besitzt eine perfekte Struktur, obwohl es kein Kristall ist. Dagegen haben Gläser und amorphe Festkörper positive Werte der Entropie, da sie weder perfekt noch stabil sind.

Da die Entropie mit zunehmender Temperatur zunimmt, folgt aus der Planckschen Formulierung des dritten Hauptsatzes, dass jedes System für endliche Temperaturen eine positive Entropie besitzt. D. h. es gilt

$$\boxed{S > 0 \quad \text{für} \quad T > 0} \tag{1.187}$$

Da der dritte Hauptsatz den Nullpunkt der Entropieskala festlegt, kann man absolute Werte der Entropie berechnen (s. Abschn. 1.4.11).

Folgerungen aus dem dritten Hauptsatz
Aus der Nernstschen Formulierung des dritten Hauptsatzes, Gl. (1.185), kann man mit der Definitionsgleichung der Entropie, $dS = \delta Q_{\text{rev}}/T$, und den Definitionsgleichungen für die isochore und isobare Wärmekapazität, Gln. (1.40) bzw. (1.41), $C_V = \delta Q_V/dT$, bzw. $C_p = \delta Q_p/dT$, schließen, dass bei Annäherung an den absoluten Nullpunkt der Temperatur die isochoren und isobaren Wärmekapazitäten sich einander annähern und gegen Null streben. D. h. es gilt

$$\boxed{\lim_{T \to 0} C_V = \lim_{T \to 0} C_p = 0} \tag{1.188}$$

Der Adiabatenexponent, Gl. (1.39), $\kappa = C_p/C_V$ geht gegen Eins:

$$\boxed{\lim_{T \to 0} \kappa = 1} \tag{1.189}$$

Die Wärmekapazität von Festkörpern geht bei tiefen Temperaturen gemäß dem *Debyeschen T^3-Gesetz* (Gl. (1.43)) proportional zur dritten Potenz der absoluten Temperatur gegen Null: $C_V(T) \sim T^3$.

Die Ableitungen der Wärmekapazitäten dC_V/dT und dC_p/dT gehen am absoluten Nullpunkt auch gegen Null.

Der isobare thermische kubische Ausdehnungskoeffizient $\beta = \frac{1}{V}\left(\frac{\partial V}{\partial T}\right)_p$ (Gl. (1.17)) und der isochore Spannungs- oder Druckkoeffizient $\gamma = \frac{1}{p}\left(\frac{\partial p}{\partial T}\right)_V$ (Gl. (1.19)) gehen am absoluten Nullpunkt ebenfalls gegen Null.

Da die Wärmekapazitäten am absoluten Nullpunkt gegen Null streben, rufen beliebig kleine Wärmemengen endliche Temperaturänderungen hervor. Da aber ein System nicht vollständig von der Umgebung wärmeisoliert werden kann, sondern es immer kleinste Wärmemengen aus der Umgebung aufnehmen wird, kann man es nicht auf den absoluten Nullpunkt abkühlen. Daher kann man sich dem absoluten Nullpunkt zwar beliebig nähern, man kann ihn aber nicht erreichen. Aus diesem Grunde heißt der dritte Hauptsatz der Thermodynamik auch *Satz von der Unerreichbarkeit des absoluten Nullpunkts*.

Beispiel

Wie viel mechanische Energie braucht man, um z. B. Helium bei 10, 1 und 0,1 K jeweils die Wärmeenergie 1 J zu entziehen, wenn man eine nach dem Carnotschen Kreisprozess laufende Kältemaschine verwendet, dessen warmes Reservoir Umgebungstemperatur (295,15 K) besitzt?

Lösung: Für eine Carnotsche Kältemaschine ist die Leistungsziffer ε_K definiert als der Quotient aus der bei der niedrigeren Temperatur T_u dem Reservoir entnommenen Wärmemenge Q zur aufzuwendenden Arbeit W (Gl. (1.138)), $\varepsilon_K = Q/W$. Sie ist gegeben durch die Temperaturen T_o und T_u der beiden Reservoirs gemäß Gl. (1.139), $\varepsilon_K = 1/(T_o/T_u - 1)$. Daher ist die zu leistende Arbeit $W = Q(T_o/T_u - 1)$. Die Arbeit, die man aufwenden muss, um Helium 1 J zu entziehen, ergibt sich für die drei Temperaturen zu $W_{10} = 28,5\,\text{J}$, $W_1 = 294,2\,\text{J}$, $W_{0,1} = 2950,5\,\text{J}$. Je näher man dem absoluten Nullpunkt kommt, umso mehr Arbeit muss man aufwenden, um dem Helium ein und dieselbe Wärmemenge zu entziehen.

1.4.11 Temperaturabhängigkeit der Entropie

Die Entropie und ihre Temperaturabhängigkeit kann man nicht direkt messen, aber man kann sie aus Messungen der spezifischen Wärmekapazität berechnen.

Die Entropieänderung aufgrund einer Zustandsänderung von Zustand 1 nach Zustand 2 ist nach Gl. (1.148)

$$S_2 - S_1 = \int\limits_1^2 \frac{\delta Q_\text{rev}}{T}$$

wobei S_i die Entropie im Zustand i bedeutet (i $= 1, 2$) und δQ_rev die bei der Temperatur T reversibel ausgetauschte Wärme.

Für eine isochore Temperaturänderung gilt $\delta Q_{\text{rev},V} = C_V\,\mathrm{d}T$ (Gl. (1.40)), und für eine isobare Temperaturänderung $\delta Q_{\text{rev},p} = C_p\,\mathrm{d}T$ (Gl. (1.41)), wenn es in dem Temperaturintervall keine Phasenumwandlung gibt. Daher ist die Entropieänderung für eine isochore und isobare Zustandsänderung

$$S_2 - S_1 = \int_{T_1}^{T_2} \frac{C_V}{T}\,\mathrm{d}T \quad \text{bzw.} \quad S_2 - S_1 = \int_{T_1}^{T_2} \frac{C_p}{T}\,\mathrm{d}T \tag{1.190}$$

Wenn man einen perfekten, kondensierten, chemisch homogenen, stabilen Stoff voraussetzt, für den nach dem dritten Hauptsatz die Entropie am absoluten Nullpunkt Null ist, und die Integration bei $T_1 = 0\,\text{K}$ beginnt, dann erhält man für die Entropie die Absolutwerte

$$S(T) = \int_{0\,\text{K}}^{T} \frac{C_V}{T}\,\mathrm{d}T \quad (V = \text{const}) \quad \text{bzw.} \quad S(T) = \int_{0\,\text{K}}^{T} \frac{C_p}{T}\,\mathrm{d}T \quad (p = \text{const}) \tag{1.191}$$

Bei Temperaturen nahe dem absoluten Nullpunkt ist nach dem Debyeschen T^3-Gesetz (Gl. (1.43)) $C_V \sim T^3$. Bei tiefen Temperaturen kann man also das Integral lösen und erhält

$$S(T) = \int_{0\,\text{K}}^{T} \frac{C_V}{T}\,\mathrm{d}T = \text{const}\frac{1}{3}T^3 = \frac{1}{3}C_V(T) \tag{1.192}$$

In der Praxis berechnet man die Entropie für Temperaturen oberhalb von Raumtemperatur nicht durch Integration von $0\,\text{K}$ aus, sondern man greift auf die molare Standardentropie S° zurück, d. h. die molare Entropie bei Standardbedingungen (298,15 K und 1 bar), die tabelliert vorliegen, und beginnt die Integration bei 298,15 K. Dann gilt für die molare Entropie

$$S_{\mathrm{m}}(T) = S^{\circ} + \int_{298,15\,\text{K}}^{T} \frac{C_{V,\mathrm{m}}}{T}\,\mathrm{d}T \quad \text{bzw.} \quad S_{\mathrm{m}}(T) = S^{\circ} + \int_{298,15\,\text{K}}^{T} \frac{C_{p,\mathrm{m}}}{T}\,\mathrm{d}T \tag{1.193}$$

In Temperaturbereichen, in denen die Wärmekapazität durch ihren Mittelwert für das betrachtete Temperaturintervall ersetzt oder als konstant angesehen werden kann, ergibt sich aus den Gln. (1.190), (1.191) und (1.193) ein logarithmischer Verlauf der Entropie mit der Temperatur.

Meistens stellt man die Temperaturabhängigkeit der Wärmekapazität als eine analytische Funktion dar, z. B. in Form der folgenden Potenzreihe (vgl. Gl. (1.42))

$$C_{p,\mathrm{m}} = a + bT + cT^2 + dT^{-2} \tag{1.194}$$

Dann ergibt sich für die Entropie nach Gl. (1.193)

$$S_{\mathrm{m}}(T) = S^{\circ} + a \ln \frac{T}{298{,}15\,\mathrm{K}} + b(T - 298{,}15\,\mathrm{K}) + \frac{1}{2}c(T^2 - (298{,}15\,\mathrm{K})^2)$$
$$- \frac{1}{2}d(T^{-2} - (298{,}15\,\mathrm{K})^{-2}) \tag{1.195}$$

Umwandlungsentropie

Die Gln. (1.190) bis (1.195) gelten nur, wenn es in dem betrachteten Temperaturintervall keine Phasenumwandlung (z. B. Änderung des Aggregatzustands, s. Abschn. 2.4) gibt. Eine Phasenumwandlung ist auf Grund des Wärmeaustauschs mit einer Entropieänderung verbunden. Die Umwandlung findet bei konstanter Temperatur, der Umwandlungstemperatur T_{U} statt, und da auch der Druck konstant bleibt, ist die *Umwandlungswärme* gleich der *Umwandlungsenthalpie*. Wird die molare Umwandlungsenthalpie mit $\Delta_{\mathrm{U}}H$ bezeichnet, dann ist die molare Entropieänderung während der Phasenumwandlung, die molare *Umwandlungsentropie*

$$\boxed{\Delta_{\mathrm{U}}S = \frac{\Delta_{\mathrm{U}}H}{T_{\mathrm{U}}}} \tag{1.196}$$

Die Entropie ändert sich bei der Umwandlungstemperatur sprunghaft um diesen Wert.

Schmelzen und Sieden sind endotherme Vorgänge, es ist $\Delta_{\mathrm{U}}H > 0$. Daher ist $\Delta_{\mathrm{U}}S > 0$, d. h. die Entropie nimmt zu. Dies entspricht der Tatsache, dass Flüssigkeiten weniger geordnet sind als Festkörper und Gas weniger als Flüssigkeiten. Erstarren und Verflüssigen sind exotherm ($\Delta_{\mathrm{U}}H < 0$), so dass die Entropie abnimmt ($\Delta_{\mathrm{U}}S < 0$), übereinstimmend mit der Zunahme an Ordnung während der beiden Zustandsänderungen.

Unter Berücksichtigung der Phasenumwandlungen beim Schmelzen (Index f) und Sieden (Index b) ergibt sich die molare Entropie für eine Temperatur oberhalb des Siedepunkts aus Gl. (1.191) zu

$$\boxed{S_{\mathrm{m}}(T) = \int_{0\,\mathrm{K}}^{T_{\mathrm{f}}} \frac{C_{p,\mathrm{m}}^{\mathrm{s}}}{T}\,\mathrm{d}T + \frac{\Delta_{\mathrm{f}}H}{T_{\mathrm{f}}} + \int_{T_{\mathrm{f}}}^{T_{\mathrm{b}}} \frac{C_{p,\mathrm{m}}^{\mathrm{l}}}{T}\,\mathrm{d}T + \frac{\Delta_{\mathrm{b}}H}{T_{\mathrm{b}}} + \int_{T_{\mathrm{b}}}^{T} \frac{C_{p,\mathrm{m}}^{\mathrm{g}}}{T}\,\mathrm{d}T} \tag{1.197}$$

wobei T_{f} und T_{b} die Schmelz- bzw. Siedetemperatur sind, $\Delta_{\mathrm{f}}H$ und $\Delta_{\mathrm{b}}H$ die molare Schmelzenthalpie bzw. Verdampfungsenthalpie, sowie $C_{p,\mathrm{m}}^{\mathrm{s}}$, $C_{p,\mathrm{m}}^{\mathrm{l}}$ und $C_{p,\mathrm{m}}^{\mathrm{g}}$ die molare isobare Wärmekapazität des Festkörpers (s), der Flüssigkeit (l) bzw. des Gases (g).

Solche Umwandlungsentropien sind nicht nur für Änderungen des Aggregatzustands zu berücksichtigen, sondern auch für allotrope Umwandlungen (Strukturänderung von Elementen, insbes. Metallen). Gl. (1.197) nimmt dann die allgemeine Form an

$$\boxed{S_{\mathrm{m}}(T) = \int_{0\,\mathrm{K}}^{T} \frac{C_{p,\mathrm{m}}}{T}\,\mathrm{d}T + \sum \frac{\Delta_{\mathrm{U}}H}{T_{\mathrm{U}}}} \tag{1.198}$$

Abb. 1.26 Graphische Darstellung der Berechnung der Entropie eines Stoffes aus den Wärmekapazitäten und Umwandlungsenthalpien seiner Phasen nach Gl. (1.198) (schematisch):
a $C_{p,\,m}(T)$, T-Diagramm,
b $C_{p,\,m}(T)/T$, T-Diagramm,
c $S_m(T)$, T-Diagramm.
In den Temperaturbereichen, in denen keine Phasenumwandlung stattfindet, ändern sich $C_{p,\,m}$, $C_{p,\,m}/T$ und S_m stetig mit der Temperatur, bei den Umwandlungstemperaturen ändern sie sich jedoch sprunghaft. s = Festkörper, l = Flüssigkeit, g = Gas, T_f = Schmelzpunkt, T_b = Siedepunkt, $\Delta_f H$ und $\Delta_f S$ = molare Schmelzenthalpie bzw. -entropie, $\Delta_b H$ und $\Delta_b S$ = molare Verdampfungsenthalpie bzw. -entropie

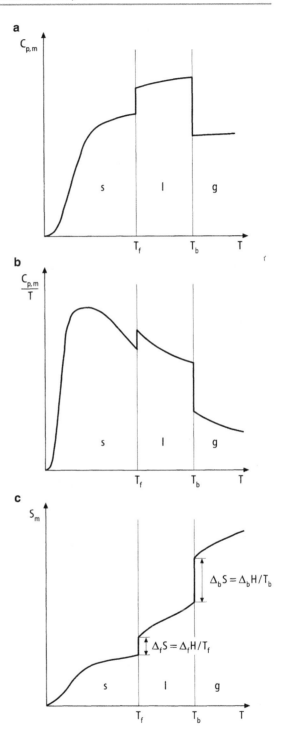

In dem Temperaturbereich $[0\,\mathrm{K}, T]$, über den sich das Integral erstreckt und in dem mehrere Umwandlungen stattfinden, ist die Wärmekapazität $C_{p,\mathrm{m}}(T)$ keine stetige Funktion der Temperatur, sondern sie ist unstetig bei den Umwandlungstemperaturen. Daher muss das Integral in die einzelnen Temperaturbereiche zwischen zwei benachbarten Umwandlungen aufgespalten werden, in denen die Wärmekapazität stetig ist. Die Umwandlungsentropie ergibt sich durch Summation über alle in dem Temperaturbereich stattfindenden Umwandlungen. Bezieht man sich wieder auf den Standardwert S° der molaren Entropie bei 298,15 K und 1 bar, so gilt

$$S_{\mathrm{m}}(T) = S^{\circ} + \int\limits_{298,15\,\mathrm{K}}^{T} \frac{C_{p,\mathrm{m}}}{T}\,\mathrm{d}T + \sum \frac{\Delta_{\mathrm{U}} H}{T_{\mathrm{U}}} \qquad (1.199)$$

Hierbei beinhaltet die Standardentropie die Umwandlungen bis 298,15 K, und die Summation berücksichtigt Umwandlungen oberhalb der Standardtemperatur.

Man findet sowohl die molaren Umwandlungsenthalpien als auch die molaren Umwandlungsentropien tabelliert.

Die Temperaturabhängigkeit der Entropie und ihre Berechnung aus der Wärmekapazität und der Umwandlungsenthalpie gemäß Gl. (1.198) kann man graphisch darstellen, s. Abb. 1.26. Die Wärmekapazität C_p nimmt in den Temperaturbereichen, in denen keine Phasenumwandlungen stattfinden, stetig mit der Temperatur zu, macht aber bei den Umwandlungstemperaturen Sprünge. Auch C_p/T ist unstetig beim Phasenübergang aber sonst stetig. Die Entropie bei einer beliebigen Temperatur T ist als Integral über C_p/T gleich der Fläche unter der Kurve $C_p(T)/T$ bis zu der betreffenden Temperatur, zuzüglich der Entropiebeiträge der in dem betrachteten Temperaturbereich auftretenden Phasenübergänge. Daher nimm die Entropie in den Temperaturbereichen, in denen keine Phasenumwandlungen stattfinden, stetig mit der Temperatur zu und macht bei den Umwandlungstemperaturen Sprünge.

Der Anstieg der $S(T)$-Kurve im S, T-Diagramm ist wegen $\mathrm{d}S = \delta Q_{\mathrm{rev}}/T$ sowie $C_V = \delta Q_V/\mathrm{d}T$ und $C_p = \delta Q_p/\mathrm{d}T$ gegeben durch die isochore bzw. isobare Wärmekapazität:

$$\left(\frac{\partial S}{\partial T}\right)_V = \frac{C_V}{T} \quad \text{bzw.} \quad \left(\frac{\partial S}{\partial T}\right)_p = \frac{C_p}{T} \qquad (1.200)$$

1.5 Thermodynamische Potentiale

Ein geschlossenes mechanisches System strebt einem Zustand minimaler potentieller Energie zu und erreicht seinen Gleichgewichtszustand, wenn die potentielle Energie minimal ist. Das Streben des geschlossenen Systems (z. B. eines Pendels) nach minimaler potentieller Energie ist auf das Streben des abgeschlossenen Gesamtsystems (Pendel und Umgebung) nach maximaler Entropie zurückzuführen (die von dem Pendel an die

Umgebung dissipierte Energie erhöht die Entropie des Gesamtsystems aus Pendel und Umgebung). Allgemein kann man aus dem Prinzip der Entropiemaximierung abgeschlossener Systeme das Prinzip der Energieminimierung geschlossener Systeme herleiten – auch in der Thermodynamik.

Während in der Mechanik der Gleichgewichtszustand charakterisiert ist durch das Minimum der potentiellen Energie, gibt es in der Thermodynamik bei verschiedenen Bedingungen unterschiedliche thermodynamische Gleichgewichtszustände, die durch das Minimum unterschiedlicher kalorischer Zustandsgrößen charakterisiert sind. So ist für isobar-isentrope geschlossene Systeme das Gleichgewicht durch die minimale Enthalpie gegeben, für isobar-isotherme geschlossene Systeme aber durch das Minimum einer anderen Zustandsfunktion, die von der Enthalpie abgeleitet ist, der freien Enthalpie. Es ist daher nützlich, neben der inneren Energie und Enthalpie weitere kalorische Zustandsfunktionen zu definieren. Man nennt sie – im Unterschied zum chemischen Potential (s. Abschn. 3.1) – *thermodynamische Potentiale*.

1.5.1 Fundamentalgleichungen

Der erste Hauptsatz der Thermodynamik sagt aus, dass die Änderung der inneren Energie dU eines geschlossenen Systems gleich der Summe der dem System in Form von Arbeit (δW) und Wärme (δQ) zu- oder abgeführten Energien ist:

$$dU = \delta Q + \delta W \qquad (1.201)$$

Für einen reversiblen Prozess ist die Wärme gemäß der Definitionsgleichung der Entropie (Gl. (1.147)) $\delta Q_{rev} = T\,dS$ und die Volumenänderungsarbeit $\delta W_{rev} = -p\,dV$, und es ergibt sich

$$\boxed{dU = T\,dS - p\,dV} \qquad (1.202)$$

Diese Gleichung als Kombination des ersten und zweiten Hauptsatzes der Thermodynamik enthält die gesamte thermodynamische Information über den Zustand eines Systems und hat eine zentrale Bedeutung für die Betrachtung von Gleichgewichten. Sie heißt *differentielle* oder *Gibbssche Fundamentalgleichung*.

Gl. (1.202) ist auch für irreversible Vorgänge und damit für beliebige Prozesse gültig: Da U eine Zustandsgröße ist und dU ein vollständiges Differential, ist dU unabhängig vom Prozessweg und nimmt denselben Wert für eine reversible oder irreversible Prozessführung an (s. Gl. (1.112)): $dU = \delta Q_{irr} + \delta W_{irr} = \delta Q_{rev} + \delta W_{rev}$.

Es gelten für eine irreversible Zustandsänderung die Ungleichungen $\delta Q_{irr} < \delta Q_{rev} = T\,dS$ (Gl. (1.163)) und $\delta W_{irr} > \delta W_{rev} = -p\,dV$ (Gl. (1.162)), aber für die Summe aus beiden gilt die Gleichung $\delta Q_{irr} + \delta W_{irr} = T\,dS - p\,dV$.

Innere Energie $U(S, V)$

Integration der Gl. (1.202) liefert die innere Energie (bis auf eine Integrationskonstante) als Funktion der Entropie und des Volumens. Wie sich zeigen wird, ist es vorteilhaft, U als Zustandsfunktion der beiden unabhängigen Zustandsvariablen S und V darzustellen:

$$\boxed{U = U(S, V)} \tag{1.203}$$

Diese Gleichung verknüpft die thermische Zustandsgleichung $p = p(V, T)$, die kalorische Zustandsgleichung $U = U(V, T)$ und die Entropiezustandsgleichung $S = S(V, T)$ und ist daher äquivalent zu diesen drei Zustandsgleichungen, die die thermodynamischen Eigenschaften eines Systems vollständig beschreiben. Sie enthält alle Informationen über die Zustandsgrößen eines Systems. Gl. (1.203) ist die *integrale Form der Fundamentalgleichung* oder *kanonische Zustandsgleichung*. Sie ist die Energieform der kanonischen Zustandsgleichung. Das totale Differential von U ist nach Gl. (1.203)

$$\mathrm{d}U = \left(\frac{\partial U}{\partial S}\right)_V \mathrm{d}S + \left(\frac{\partial U}{\partial V}\right)_S \mathrm{d}V \tag{1.204}$$

Durch Koeffizientenvergleich mit Gl. (1.202) erhalten wir

$$\boxed{\left(\frac{\partial U}{\partial S}\right)_V = T} \tag{1.205}$$

und

$$\boxed{\left(\frac{\partial U}{\partial V}\right)_S = -p} \tag{1.206}$$

Die Gln. (1.205) und (1.206) sind Zustandsgleichungen der inneren Energie. Sie stellen einen Zusammenhang her zwischen der schwer bestimmbaren kalorischen Zustandsgröße innere Energie und den leichter messbaren thermischen Zustandsgrößen p und T und sind für die Berechnung der inneren Energie als Funktion von p und T von praktischer Bedeutung (s. Abschn. 1.5.4). Da man aus der Fundamentalgleichung $U = U(S, V)$ durch Differentiation die anderen thermodynamischen Größen Temperatur und Druck ableiten kann und eine physikalische Größe, deren Ableitungen wieder eine physikalische Größe ergibt, Potential heißt, nennt man die innere Energie *thermodynamisches Potential*. Ist ein thermodynamisches Potential als Funktion seiner Variablen bekannt, so kann man durch Differentiation andere thermodynamische Potentiale oder Zustandsgrößen gewinnen.

Die Gln. (1.205) und (1.206) stellen die thermodynamische Definition von Temperatur bzw. Druck dar. Ist die innere Energie $U = U(S, V)$ eines Systems als Funktion seiner Variablen S und V bekannt, so kann man aus ihr durch partielle Differentiation den Druck $p = p(S, V)$ und die Temperatur $T = T(S, V)$ des Systems berechnen.

Aus den Fundamentalgleichungen Gln. (1.202) und (1.203) lassen sich nicht nur Temperatur und Druck ableiten, sondern alle thermodynamischen Größen eines Systems. Zum Beispiel lässt sich die Enthalpie H auf die innere Energie U zurückführen (s. Gl. (1.31)):

$$H = U + pV = U - \left(\frac{\partial U}{\partial V}\right)_S V \qquad (1.207)$$

Außerdem kann man aus den Zustandsgleichungen Gln. (1.205) und (1.206) durch Integration die innere Energie $U = U(S, V)$ (bis auf eine Integrationskonstante) bestimmen.

Diese umfassende Eigenschaft besitzt die Zustandsgleichung der inneren Energie aber nur in Form der Gl. (1.203), d. h. mit den Variablen Entropie S und Volumen V. Zwar kann man U auch als Funktion anderer Variablen darstellen, S und p oder T und V, da diese Zustandsgrößen über die Zustandsgleichungen zusammenhängen, doch enthalten diese Funktionen weniger Information als Gl. (1.203). Würde man U als Funktion von T und V auffassen, so hätte die Zustandsgleichung wegen Gl. (1.205) die Form

$$U = U(T, V) = U\left(\left(\frac{\partial U}{\partial S}\right)_V, V\right) \qquad (1.208)$$

Diese Gleichung stellt eine partielle Differentialgleichung erster Ordnung dar, aus der man durch Integration wieder die innere Energie als Funktion der Entropie und des Volumens gewinnen kann, aber nur bis auf unbestimmte Größen. Daher enthält die Fundamentalgleichung $U = U(S, V)$ einen höheren Informationsgehalt als eine Zustandsgleichung der Form $U = U(T, V)$ und ist der Gleichung $U = U(T, V)$ vorzuziehen. Das Analoge gilt für die Zustandsgleichung der Form $U = U(S, p)$.

Die innere Energie hat insbesondere Bedeutung für isochore und adiabate Zustandsänderungen, da unter diesen Bedingungen die Änderung der inneren Energie gleich der ausgetauschten Wärme bzw. Arbeit ist (Abschn. 1.2.2).

Entropie $S(U, V)$
Löst man Gl. (1.202) nach dS auf, so erhält man die Entropieform der Gibbsschen Fundamentalgleichung:

$$\boxed{\mathrm{d}S = \frac{1}{T}\,\mathrm{d}U + \frac{p}{T}\,\mathrm{d}V} \qquad (1.209)$$

Die Integration ergibt (bis auf eine Integrationskonstante) die Zustandsgröße Entropie als Funktion der beiden unabhängigen Zustandsgrößen innere Energie und Volumen:

$$\boxed{S = S(U, V)} \qquad (1.210)$$

Diese Gleichung verknüpft die thermische, die kalorische und die Entropiezustandsgleichung miteinander und ist die Entropieform der kanonischen Zustandsgleichung. Sie ist die Umkehrfunktion der Gleichung $U = U(S, V)$ und äquivalent zu ihr.

Das totale Differential der Entropie ist also

$$dS = \left(\frac{\partial S}{\partial U}\right)_V dU + \left(\frac{\partial S}{\partial V}\right)_U dV \qquad (1.211)$$

Vergleich mit Gl. (1.209) liefert die partiellen Differentialquotienten:

$$\boxed{\left(\frac{\partial S}{\partial U}\right)_V = \frac{1}{T}} \qquad (1.212)$$

und

$$\boxed{\left(\frac{\partial S}{\partial V}\right)_U = \frac{p}{T}} \qquad (1.213)$$

Die Entropie ist ein thermodynamisches Potential, da ihre Ableitungen wieder physikalische Größen ergeben. Ihre Zustandsgleichungen verknüpfen die Entropie mit den thermischen Zustandsgrößen p und T. Aus der differentiellen oder integralen Entropieform der Gibbsschen Fundamentalgleichung kann man ebenso wie aus den Fundamentalgleichungen der inneren Energie alle thermodynamischen Zustandsgrößen eines Systems berechnen.

Die Fundamentalgleichungen $U = U(S, V)$ und $S = S(U, V)$ enthalten nur extensive Zustandsgrößen. Die intensiven Zustandsgrößen p und T ergeben sich aus ihnen durch Differentiation. Die extensiven Zustandsgrößen, insbesondere die innere Energie und die Entropie, sind aber experimentell schwer zugänglich, während die intensiven thermischen Zustandsgrößen relativ leicht und genau messbar sind. Daher ist es nicht sinnvoll, die intensiven Zustandsgrößen durch Differentiation der integralen Fundamentalgleichung aus gemessenen Werten der extensiven Zustandsgrößen zu berechnen, zumal sich durch Differentiation Messfehler fortpflanzen. Daher ist es wünschenswert, in der kanonischen Zustandsgleichung die extensiven Zustandsvariablen durch die intensiven Zustandsgrößen zu ersetzen. Die so entstandenen neuen Zustandsfunktionen sollen aber den ursprünglichen thermodynamischen Potentialen äquivalent sein in der Beziehung, dass sie auch die vollständige Information über den Zustand des Systems enthalten. Den Austausch der Variablen ohne Verlust an Information kann man mathematisch mit Hilfe der Legendre-Transformation erreichen. Man gelangt so zu weiteren thermodynamischen Potentialen.

Im folgenden werden diese neuen thermodynamischen Potentiale definiert und die Fundamentalgleichungen und Zustandsgleichungen aufgestellt (bzgl. der Durchführung der Legendre-Transformation s. Stephan und Mayinger 1990).

Enthalpie $H(S, p)$

Ersetzt man in der Fundamentalgleichung der Form $U = U(S, V)$ die extensive Zustandsgröße V durch die intensive p, so transformiert man die innere Energie U zu dem ihr äquivalenten thermodynamischen Potential der Enthalpie H

$$H = H(S, p)$$ (1.214)

definiert durch die Gleichung (s. Gl. (1.31)).

$$H = U + pV$$ (1.215)

Das totale Differential dieser Zustandsgröße ist $dH = dU + p\,dV + V\,dp$ und bei Anwendung der Gibbsschen Fundamentalgleichung Gl. (1.202)

$$dH = T\,dS + V\,dp$$ (1.216)

in Einklang mit der Darstellung $H = H(S, p)$. Aufgrund von Gl. (1.214) gilt auch

$$dH = \left(\frac{\partial H}{\partial S}\right)_p dS + \left(\frac{\partial H}{\partial p}\right)_S dp$$ (1.217)

Vergleich der Gln. (1.216) und (1.217) ergibt

$$\left(\frac{\partial H}{\partial S}\right)_p = T$$ (1.218)

und

$$\left(\frac{\partial H}{\partial p}\right)_S = V$$ (1.219)

Die Gln. (1.218) und (1.219) stellen eine Verbindung her zwischen der kalorischen Zustandsgröße Enthalpie und den thermischen Zustandsgrößen T und V. Die Gln. (1.214) und (1.216) sind die zur Enthalpie gehörende integrale bzw. differentielle Fundamentalgleichung. Gl. (1.214) verknüpft die thermische Zustandsgleichung $V = V(p, T)$, die kalorische Zustandsgleichung $H = H(p, T)$ und die Entropiezustandsgleichung $S = S(p, T)$ und ist eine kanonische Zustandsgleichung. Sie ist äquivalent zu $U = U(S, V)$. Durch die Funktion $H(S, p)$ sind alle thermodynamischen Größen eines Systems bestimmt. Diese Eigenschaft besitzt die Fundamentalgleichung der Enthalpie aber nur in Form der Gl. (1.214), d. h. mit den Variablen S und p.

Die Enthalpie spielt in isobaren Prozessen die Rolle, die die innere Energie in isochoren Prozessen spielt (s. Abschn. 1.2.3): Während die isochor ausgetauschte Wärme gleich der Änderung der inneren Energie ist, ist die isobar ausgetauschte Wärme gleich der Änderung der Enthalpie.

Freie Energie $F(T, V)$

Ersetzt man in der Fundamentalgleichung $U = U(S, V)$ die extensive Zustandsgröße S durch die intensive T, so transformiert man die innere Energie U in das neue, ihr äquivalente thermodynamisches Potential F, die *freie Energie* oder *Helmholtz-Energie*

$$\boxed{F = F(T, V)} \tag{1.220}$$

definiert durch die Gleichung

$$\boxed{F = U - TS} \tag{1.221}$$

(Sie wird, insbesondere im englischsprachigen Raum, auch mit dem Buchstaben A bezeichnet.) Das totale Differential dieser Zustandsgröße ist $\mathrm{d}F = \mathrm{d}U - T\,\mathrm{d}S - S\,\mathrm{d}T$, also mit Gl. (1.202)

$$\boxed{\mathrm{d}F = -S\,\mathrm{d}T - p\,\mathrm{d}V} \tag{1.222}$$

in Einklang mit der Darstellung Gl. (1.220). Nach Gl. (1.220) gilt

$$\mathrm{d}F = \left(\frac{\partial F}{\partial T}\right)_V \mathrm{d}T + \left(\frac{\partial F}{\partial V}\right)_T \mathrm{d}V \tag{1.223}$$

und daher

$$\boxed{\left(\frac{\partial F}{\partial T}\right)_V = -S} \tag{1.224}$$

und

$$\boxed{\left(\frac{\partial F}{\partial V}\right)_T = -p} \tag{1.225}$$

Die Gln. (1.220) und (1.222) sind die Fundamentalgleichungen der freien Energie.

Die freie Energie hat Bedeutung für isotherm-isochore Zustandsänderungen, denn unter diesen Bedingungen ist die Änderung der freien Energie gleich der ausgetauschten Nichtvolumenänderungsarbeit (s. Gl. (1.303)).

Freie Enthalpie $G(T, p)$

Ersetzt man in der Fundamentalgleichung $U = U(S, V)$ beide extensiven Variablen durch die intensiven Variablen T und p, so transformiert man U in das thermodynamischen Potential G, die *freie Enthalpie* oder *Gibbs-Energie*

$$\boxed{G = G(T, p)} \tag{1.226}$$

definiert durch die Gleichung

$$\boxed{G = U + pV - TS = F + pV = H - TS}$$ (1.227)

Das totale Differential dieser Zustandsgröße ist $dG = dU + p\,dV + V\,dp - T\,dS - S\,dT$, also mit Gl. (1.202)

$$\boxed{dG = -S\,dT + V\,dp}$$ (1.228)

in Einklang mit Gl. (1.226). Mit

$$dG = \left(\frac{\partial G}{\partial T}\right)_p dT + \left(\frac{\partial G}{\partial p}\right)_T dp$$ (1.229)

ergibt sich

$$\boxed{\left(\frac{\partial G}{\partial T}\right)_p = -S}$$ (1.230)

und

$$\boxed{\left(\frac{\partial G}{\partial p}\right)_T = V}$$ (1.231)

Die Gln. (1.226) und (1.228) sind die Fundamentalgleichungen der freien Enthalpie.

Da als Folge des dritten Hauptsatzes bei endlichen Temperaturen die Entropie eines Systems stets positiv ist, ist nach Gl. (1.230) $(\partial G/\partial T)_p < 0$. Die freie Enthalpie nimmt also bei konstantem Druck mit zunehmender Temperatur ab, und diese Abnahme ist umso größer, je größer die Entropie ist. Dies hat zur Folge, dass Gase, die auf Grund der hohen Beweglichkeit der Gasteilchen eine höhere Entropie aufweisen als Flüssigkeiten und Festkörper, eine stärkere Temperaturabhängigkeit der freien Enthalpie besitzen als kondensierte Phasen. Weiterhin gilt wegen $V > 0$ auch stets $(\partial G/\partial p)_T > 0$. Also nimmt bei konstanter Temperatur G mit dem Druck zu. Auch hier zeigen Gase eine stärkere Temperaturabhängigkeit, da sie ein sehr viel größeres Volumen einnehmen als Flüssigkeiten oder Festkörper.

Die freie Enthalpie G ist in der Thermodynamik von besonderer Bedeutung, da in der Praxis die Zustandsvariablen Druck und Temperatur häufig vorgegeben und konstant sind, beispielsweise als Atmosphärendruck und Raumtemperatur, und die isotherm-isobar ausgetauschte Nichtvolumenänderungsarbeit gleich der Änderung der freien Enthalpie ist (s. Gl. (1.306)).

Analog zu den Begriffen exotherm und endotherm für Zustandsänderungen mit $\Delta H < 0$ bzw. $\Delta H > 0$ (s. Abschn. 1.2.3), nennt man Vorgänge mit $\Delta G < 0$ bzw. $\Delta G > 0$ *exergonisch* bzw. *endergonisch* (s. Abschn. 1.5.5).

Die bei der Transformation der Variablen erhaltenen Zustandsfunktionen S, H, F und G sind *thermodynamische Potentiale*, und jede der *differentiellen* bzw. *integralen Fundamentalgleichungen* enthält die gesamte thermodynamische Information der Gibbsschen Fundamentalgleichungen Gln. (1.202) und (1.203). Ihre Zustandsgleichungen stellen eine Verbindung her zwischen den schwer zugänglichen thermodynamischen Potentialen S, U, F, H, G und den leicht messbaren thermischen Zustandsgrößen p, T, V und sind in der Praxis zur Berechnung der Potentiale als Funktion der thermischen Zustandsgrößen von Bedeutung (s. Abschn. 1.5.4).

Die Definitionsgleichungen der thermodynamischen Potentiale sowie ihre differentiellen und integralen Fundamentalgleichungen sind in Tab. A.2 zusammengestellt.

1.5.2 Gibbs-Helmholtz-Gleichungen

Ausgehend von den Definitionsgleichungen für F und G (Gln. (1.221) und (1.227)) erhält man mit den Gln. (1.224) und (1.230)

$$\boxed{F = U - TS = U + T \left(\frac{\partial F}{\partial T} \right)_V} \tag{1.232}$$

und

$$\boxed{G = H - TS = H + T \left(\frac{\partial G}{\partial T} \right)_p} \tag{1.233}$$

Mit der Umformung

$$\left(\frac{\partial (F/T)}{\partial T} \right)_V = -\frac{F}{T^2} + \frac{1}{T} \left(\frac{\partial F}{\partial T} \right)_V = -\frac{1}{T^2} \left(F - T \left(\frac{\partial F}{\partial T} \right)_V \right)$$

ergibt sich aus Gl. (1.232)

$$\boxed{\left(\frac{\partial (F/T)}{\partial T} \right)_V = -\frac{U}{T^2}} \tag{1.234}$$

und daher

$$\boxed{\left(\frac{\partial (F/T)}{\partial (1/T)} \right)_V = U} \tag{1.235}$$

Für die freie Enthalpie gilt analog

$$\left(\frac{\partial (G/T)}{\partial T} \right)_p = -\frac{G}{T^2} + \frac{1}{T} \left(\frac{\partial G}{\partial T} \right)_p = -\frac{1}{T^2} \left(G - T \left(\frac{\partial G}{\partial T} \right)_p \right)$$

also

$$\left(\frac{\partial(G/T)}{\partial T}\right)_p = -\frac{H}{T^2}$$

(1.236)

und

$$\left(\frac{\partial(G/T)}{\partial(1/T)}\right)_p = H$$

(1.237)

Die Gln. (1.232) bis (1.237) heißen *Gibbs-Helmholtz-Gleichungen*. Mit ihnen kann man die Temperaturabhängigkeit von F und G bestimmen, wenn U bzw. H bekannt sind. Umgekehrt lassen sich aus der Temperaturabhängigkeit von F und G die Potentiale U bzw. H berechnen. Diese Beziehungen finden insbesondere für Mischungen und chemische Reaktionen Anwendung.

1.5.3 Maxwell-Relationen

Maxwell-Relationen
Die ersten partiellen Ableitungen der thermodynamischen Potentiale stellen eine Verbindung her zwischen den thermodynamischen Potentialen und den thermischen Zustandsgrößen (s. Abschn. 1.5.1). Die gemischten zweiten partiellen Ableitungen dieser thermodynamischen Potentiale ergeben weitere wichtige thermodynamische Beziehungen zwischen den verschiedenen thermodynamischen Zustandsgrößen, die Maxwell-Relationen.

Die gemischten zweiten partiellen Ableitungen von Zustandsfunktionen sind von der Reihenfolge der Differentiation unabhängig (Integrabilitätsbedingung oder Schwarzscher Satz, Gl. (1.10)). Also gilt für die innere Energie

$$\left(\frac{\partial}{\partial V}\left(\frac{\partial U}{\partial S}\right)_V\right)_S = \left(\frac{\partial}{\partial S}\left(\frac{\partial U}{\partial V}\right)_S\right)_V$$

und aus ihren ersten partiellen Ableitungen $(\partial U/\partial S)_V = T$ und $(\partial U/\partial V)_S = -p$ (Gln. (1.205) bzw. (1.206)) ergibt sich

$$\left(\frac{\partial T}{\partial V}\right)_S = -\left(\frac{\partial p}{\partial S}\right)_V$$

(1.238)

Ebenso erhält man aus den ersten partiellen Ableitungen der Enthalpie (Gln. (1.218) und (1.219)) durch Differentiation die Beziehung

$$\left(\frac{\partial T}{\partial p}\right)_S = \left(\frac{\partial V}{\partial S}\right)_p$$

(1.239)

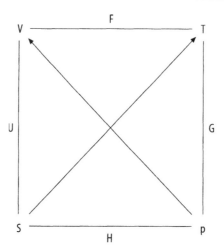

Abb. 1.27 Thermodynamisches Viereck. Die Ecken des Vierecks bilden die thermischen Zustands-variablen V, T, p und S, die Kanten die Zustandsfunktionen, die von den Variablen der beiden begrenzenden Ecken abhängen. Die erste partielle Ableitung einer Zustandsfunktion nach einer Variablen bei Konstanthaltung der anderen Variablen ist gleich der dieser Variablen im Viereck diagonal gegenüberliegenden Variablen, wobei man ein Minuszeichen einführen muss, wenn man gegen die Pfeilrichtung verfährt

Analog ergibt sich aus den Gln. (1.224) und (1.225)

$$\boxed{\left(\frac{\partial S}{\partial V}\right)_T = \left(\frac{\partial p}{\partial T}\right)_V} \tag{1.240}$$

und aus den Gln. (1.230) und (1.231)

$$\boxed{\left(\frac{\partial S}{\partial p}\right)_T = -\left(\frac{\partial V}{\partial T}\right)_p} \tag{1.241}$$

Die Gln. (1.238) bis (1.241) heißen *Maxwell-Relationen*. In ihnen kommen außer der Entropie S nur die thermischen Zustandsgrößen p, V und T vor. Mit ihnen kann man die Entropie als Funktion der thermischen Zustandsgrößen berechnen.

Thermodynamisches Viereck
Für einen Überblick über die thermodynamischen Potentiale, ihre Variablen und die Maxwell-Relationen ist das *thermodynamische Viereck* hilfreich (Abb. 1.27). Die Ecken des Vierecks werden von den Zustandsvariablen V, T, p und S gebildet, die Kanten von den Zustandsfunktionen, die von den Variablen der beiden begrenzenden Ecken abhängen, also $U(S, V)$, $H(S, p)$, $F(T, V)$ und $G(T, p)$. Die erste partielle Ableitung einer Zustands-funktion nach einer Variablen bei Konstanthaltung der anderen Variablen ist gegeben

durch die dieser Variablen im Viereck diagonal gegenüberliegenden Variablen, wobei ein Minuszeichen einzuführen ist, wenn man gegen die Pfeilrichtung verfährt. So ist $(\partial U/\partial S)_V = T$ und $(\partial G/\partial T)_p = -S$. Die Maxwell-Relationen ergeben sich aus diesem Diagramm folgendermaßen: Ableitung der Variablen, die an einem Ende einer Kante des Vierecks liegt, nach der Variablen am anderen Ende der Kante bei konstant gehaltener Variablen in der gegenüberliegenden Ecke, ist gleich der analog gebildeten Ableitung auf der anderen Seite des Vierecks, wobei das Vorzeichen sich wieder nach dem Sinn richtet, in dem die Diagonale durchlaufen wird. So ist $(\partial V/\partial S)_p = (\partial T/\partial p)_S$.

Thermodynamische Zustandsgleichungen
Mit den Maxwell-Relationen Gln. (1.240) und (1.241) können die kalorischen Zustandsgrößen U und H auf die thermischen Zustandsgrößen T, p und V zurückgeführt werden. Wendet man die Differentiationsregel Gl. (1.13) auf die innere Energie an, so erhält man

$$\left(\frac{\partial U}{\partial V}\right)_T = \left(\frac{\partial U}{\partial S}\right)_V \left(\frac{\partial S}{\partial V}\right)_T + \left(\frac{\partial U}{\partial V}\right)_S$$

Ersetzt man hierin die partiellen Differentialquotienten $(\partial U/\partial S)_V$ und $(\partial U/\partial V)_S$ durch die Gln. (1.205) und (1.206), so ergibt sich

$$\left(\frac{\partial U}{\partial V}\right)_T = T\left(\frac{\partial S}{\partial V}\right)_T - p$$

Mit der Maxwell-Relation Gl. (1.240) erhält man

$$\boxed{\left(\frac{\partial U}{\partial V}\right)_T = T\left(\frac{\partial p}{\partial T}\right)_V - p} \tag{1.242}$$

Für die Enthalpie erhält man analog mit Gl. (1.13)

$$\left(\frac{\partial H}{\partial p}\right)_T = \left(\frac{\partial H}{\partial S}\right)_p \left(\frac{\partial S}{\partial p}\right)_T + \left(\frac{\partial H}{\partial p}\right)_S$$

und weiter mit den Gln. (1.218) und (1.219)

$$\left(\frac{\partial H}{\partial p}\right)_T = T\left(\frac{\partial S}{\partial p}\right)_T + V$$

sowie mit der Maxwell-Relation Gl. (1.241)

$$\boxed{\left(\frac{\partial H}{\partial p}\right)_T = -T\left(\frac{\partial V}{\partial T}\right)_p + V} \tag{1.243}$$

Diese Beziehungen sind *thermodynamische Zustandsgleichungen*. Mit ihnen kann man die kalorischen Zustandsgrößen $U(T, V)$ und $H(T, p)$ als Funktion der thermischen Zustandsgrößen V und T bzw. p und T berechnen (s. Abschn. 1.5.4).

Diese und weitere thermodynamische Zustandsgleichungen sind in Tab. A.4 zusammengestellt.

Isobare und isochore Wärmekapazität

Die Differenz der isobaren und isochoren Wärmekapazitäten, $C_p = (\partial H/\partial T)_p$ bzw. $C_V = (\partial U/\partial T)_V$, kann man berechnen, indem man die beiden partiellen Differentialquotienten umformt: Mit $H = U + p\,V$ ist

$$\left(\frac{\partial H}{\partial T}\right)_p = \left(\frac{\partial U}{\partial T}\right)_p + p\left(\frac{\partial V}{\partial T}\right)_p \tag{1.244}$$

$(\partial U/\partial T)_p$ wird mit Gl. (1.13) umgerechnet in $(\partial U/\partial T)_V$:

$$\left(\frac{\partial U}{\partial T}\right)_p = \left(\frac{\partial U}{\partial T}\right)_V + \left(\frac{\partial U}{\partial V}\right)_T \left(\frac{\partial V}{\partial T}\right)_p \tag{1.245}$$

Setzt man diese Gleichung in Gl. (1.244) ein und stellt die Terme $(\partial H/\partial T)_p$ und $(\partial U/\partial T)_V$ auf die linke Seite, so ergibt sich

$$C_p - C_V = \left(\frac{\partial H}{\partial T}\right)_p - \left(\frac{\partial U}{\partial T}\right)_V = \left(\frac{\partial V}{\partial T}\right)_p \left(p + \left(\frac{\partial U}{\partial V}\right)_T\right)$$

Mit der thermodynamischen Zustandsgleichung Gl. (1.242) erhält man

$$\boxed{C_p - C_V = T\left(\frac{\partial V}{\partial T}\right)_p \left(\frac{\partial p}{\partial T}\right)_V} \tag{1.246}$$

$C_p - C_V$ kann man also aus der thermodynamischen Zustandsgleichung berechnen.

Gl. (1.246) kann man mit der Eulerschen Kettenformel (Gl. (1.12))

$$\left(\frac{\partial p}{\partial T}\right)_V \left(\frac{\partial T}{\partial V}\right)_p \left(\frac{\partial V}{\partial p}\right)_T = -1$$

und mit den Definitionen des isobaren thermischen Volumenausdehnungskoeffizienten (Gl. (1.17))

$$\beta = \frac{1}{V}\left(\frac{\partial V}{\partial T}\right)_p$$

und des isothermen Kompressibilitätskoeffizienten (Gl. (1.18))

$$\chi = -\frac{1}{V}\left(\frac{\partial V}{\partial p}\right)_T$$

weiter umformen zu

$$C_p - C_V = \frac{T V \beta^2}{\chi}$$ (1.247)

Die Druck- und Volumenabhängigkeit von C_p und C_V berechnet man, indem man in die partiellen Differentiale die Fundamentalgleichungen Gln. (1.216) und (1.202) für isobare bzw. isochore Bedingungen einsetzt, also $dS = dH/T$ ($p = $ const) bzw. $dS = dU/T$ ($V = $ const),

$$C_p = \left(\frac{\partial H}{\partial T}\right)_p = T\left(\frac{\partial S}{\partial T}\right)_p$$ (1.248)

bzw.

$$C_V = \left(\frac{\partial U}{\partial T}\right)_V = T\left(\frac{\partial S}{\partial T}\right)_V$$ (1.249)

und diese nach p bzw. V ableitet:

$$\left(\frac{\partial C_p}{\partial p}\right)_T = T\frac{\partial^2 S}{\partial p \partial T} \quad \text{bzw.} \quad \left(\frac{\partial C_V}{\partial V}\right)_T = T\frac{\partial^2 S}{\partial V \partial T}$$

Mit Hilfe der thermodynamischen Zustandsgleichungen (s. Tab. A.4)

$$\left(\frac{\partial S}{\partial p}\right)_T = -\left(\frac{\partial V}{\partial T}\right)_p \quad \text{und} \quad \left(\frac{\partial S}{\partial V}\right)_T = \left(\frac{\partial p}{\partial T}\right)_V$$

ergibt sich schließlich

$$\left(\frac{\partial C_p}{\partial p}\right)_T = -T\left(\frac{\partial^2 V}{\partial T^2}\right)_p$$ (1.250)

bzw.

$$\left(\frac{\partial C_V}{\partial V}\right)_T = T\left(\frac{\partial^2 p}{\partial T^2}\right)_V$$ (1.251)

Beispiel

Es sollen die kalorischen Eigenschaften des idealen Gases berechnet werden.

(a) Man leite her, dass die innere Energie und die Enthalpie des idealen Gases unabhängig von Volumen bzw. Druck sind.

(b) Man zeige, dass auch die isobare und isochore Wärmekapazität des idealen Gases reine Temperaturfunktionen sind.

(c) Man berechne die Differenz der isobaren und isochoren Wärmekapazität des idealen Gases.

Lösung: (a) Die Volumenabhängigkeit der inneren Energie und die Druckabhängigkeit der Enthalpie sind durch die thermischen Zustandsgleichungen Gln. (1.242) bzw. (1.243) gegeben. Aus der thermischen Zustandsgleichung das idealen Gases $p\,V = nRT$ folgt

$$\left(\frac{\partial p}{\partial T}\right)_V = \frac{nR}{V} \quad \text{sowie} \quad \left(\frac{\partial V}{\partial T}\right)_p = \frac{nR}{p} \tag{I}$$

Einsetzen ergibt, dass $(\partial U/\partial V)_T = 0$ und $(\partial H/\partial p)_T = 0$, d. h. die innere Energie und die Enthalpie des idealen Gases nur von der Temperatur abhängen (s. Gln. (1.61a) bis (1.61c) und (1.62a) bis (1.62c)).

(b) Die Druck- und Volumenabhängigkeit der isobaren bzw. isochoren Wärmekapazität ergeben sich aus den Gln. (1.250) bzw. (1.251), indem man die Differentialquotienten mit den Gln. (I) berechnet:

$$\left(\frac{\partial C_p}{\partial p}\right)_T = -T\left(\frac{\partial}{\partial T}\left(\frac{nR}{p}\right)\right)_p = 0 \text{ und } \left(\frac{\partial C_V}{\partial V}\right)_T = T\left(\frac{\partial}{\partial T}\left(\frac{nR}{V}\right)\right)_V = 0$$

Da U und H von Volumen bzw. Druck unabhängig sind, sind es auch ihre partiellen Differentialquotienten und daher die Wärmekapazitäten. Also ist auch der Adiabatenexponent $\kappa = C_p/C_V$ des idealen Gases eine reine Temperaturfunktion.

(c) Die Differenz der isobaren und isochoren Wärmekapazitäten ergibt sich aus Gl. (1.247), indem man den isobaren thermischen Ausdehnungskoeffizienten β und den isothermen Kompressibilitätskoeffizienten χ (s. Gln. (1.17) bzw. (1.18)). durch Differentiation der Zustandsgleichung des idealen Gases berechnet:

$$\beta = \frac{1}{V}\left(\frac{\partial V}{\partial T}\right)_p = \frac{1}{V}\left(\frac{\partial}{\partial T}\left(\frac{nRT}{p}\right)\right)_p = \frac{1}{T}$$

bzw.

$$\chi = -\frac{1}{V}\left(\frac{\partial V}{\partial p}\right)_T = -\frac{1}{V}\left(\frac{\partial}{\partial p}\left(\frac{nRT}{p}\right)\right)_T = \frac{1}{p}$$

Also ist $C_p - C_V = T\,V\,(1/T)^2 p = nR$ in Übereinstimmung mit Gl. (1.68).

1.5.4 Thermodynamische Potentiale als Funktion thermischer Zustandsgrößen

Ausgehend von den Fundamentalgleichungen und den Maxwell-Relationen werden im folgenden Gleichungen hergeleitet, die die thermodynamischen Potentiale in Abhängigkeit der thermischen Zustandsgrößen p, V und T darstellen. Mit diesen Gleichungen lassen sich die experimentell nur aufwendig zu bestimmenden thermodynamischen Potentiale – mit denen man unter Anwendung des ersten und zweiten Hauptsatzes der Thermodynamik Zustandsänderungen beschreibt – aus den thermischen Zustandsgleichungen, die auf experimentell leichter und genauer bestimmbaren p, V, T-Daten beruhen, berechnen. Es gilt allerdings zu berücksichtigen, dass die p, V, T-Daten hohe Genauigkeit besitzen müssen, da sich messtechnisch bedingte Fehler bei der Differentiation der experimentell bestimmten Zustandsgleichung vergrößern.

Innere Energie $U(T, V)$

Stellt man die innere Energie U als Funktion der unabhängigen thermischen Zustandsgrößen T und V dar, so ist die kalorische Zustandsgleichung

$$U = U(T, V) \tag{1.252}$$

und das totale Differential

$$dU = \left(\frac{\partial U}{\partial T}\right)_V dT + \left(\frac{\partial U}{\partial V}\right)_T dV \tag{1.253}$$

Hieraus folgt mit der Definitionsgleichung für die isochore Wärmekapazität Gl. (1.40) und der thermodynamischen Zustandsgleichung Gl. (1.242)

$$\boxed{dU = C_V(T, V)\, dT + \left(T\left(\frac{\partial p}{\partial T}\right)_V - p\right) dV} \tag{1.254}$$

Durch Integration kann die Änderung der inneren Energie für eine Zustandsänderung von einem bestimmten Anfangszustand (T_0, V_0) zu einem beliebigen Endzustand (T, V) berechnet werden. Die Integration der Gl. (1.254) geschieht in zwei Schritten, zunächst längs einer Isothermen, dann längs einer Isochoren. Integration über V bei festem aber beliebigem T ergibt

$$U(T, V) - U(T, V_0) = \int_{V_0}^{V} \left(T\left(\frac{\partial p}{\partial T}\right)_V - p\right) dV$$

Integration über T bei dem konstanten Volumen V_0 ergibt

$$U(T, V_0) - U(T_0, V_0) = \int_{T_0}^{T} C_V(T, V_0)\, dT$$

Durch Addition dieser beiden Gleichungen erhält man

$$U(T, V) = U(T_0, V_0) + \int_{T_0}^{T} C_V(T, V_0)\, dT + \int_{V_0}^{V} \left(T\left(\frac{\partial p}{\partial T}\right)_V - p\right) dV \tag{1.255}$$

wobei die Integrationskonstante $U(T_0, V_0)$ die innere Energie im Bezugszustand (T_0, V_0) ist. Die kalorische Zustandsgleichung $U = U(T, V)$ kann aus der thermischen Zustandsgleichung $p = p(T, V)$ berechnet werden, wenn die isochore Wärmekapazität und ihre Temperaturabhängigkeit in dem betrachteten Temperaturbereich (T_0, T) für das Volumen V_0 bekannt sind.

Wählt man als Bezugszustand des Systems den Zustand des idealen Gases, d. h. setzt das Bezugsvolumen $V_0 \to \infty$, dann entspricht das Verhalten des Systems im Bezugszustand dem des idealen Gases: Die innere Energie ist die volumenunabhängige innere Energie des idealen Gases, $U(T_0, V_0) \to U^{\mathrm{id}}(T_0)$, und die isochore Wärmekapazität ist die volumenunabhängige isochore Wärmekapazität des idealen Gases, $C_V(T, V_0) \to C_V^{\mathrm{id}}(T)$. Damit wird Gl. (1.255) zu

$$U(T, V) = U^{\mathrm{id}}(T_0) + \int_{T_0}^{T} C_V^{\mathrm{id}}(T)\,\mathrm{d}T + \int_{V}^{\infty} \left(p - T \left(\frac{\partial p}{\partial T} \right)_V \right) \mathrm{d}V \qquad (1.256)$$

Indem man diese Gleichung auf das ideale Gas anwendet, d. h. die Zustandsgleichung des idealen Gases $p(T, V) = nRT/V$ einsetzt, erhält man die innere Energie des idealen Gases:

$$\boxed{U^{\mathrm{id}}(T) = U^{\mathrm{id}}(T_0) + \int_{T_0}^{T} C_V^{\mathrm{id}}(T)\,\mathrm{d}T} \qquad (1.257)$$

und Gl. (1.256) wird

$$\boxed{U(T, V) = U^{\mathrm{id}}(T) + \int_{V}^{\infty} \left(p - T \left(\frac{\partial p}{\partial T} \right)_V \right) \mathrm{d}V} \qquad (1.258)$$

Das Integral beschreibt die Volumenabhängigkeit der inneren Energie auf Grund der Abweichung der realen Substanz vom Verhalten des idealen Gases und kann mit der druckexpliziten thermischen Zustandsgleichung $p = p(T, V)$ berechnet werden.

Die innere Energie der realen Substanz ist auf seine thermische Zustandsgleichung und die isochore Wärmekapazität des idealen Gases zurückgeführt und kann bei Kenntnis der Zustandsgleichung und der Wärmekapazität berechnet werden.

Die Gln. (1.254), (1.257) und (1.258) sind in Tab. A.5 zusammengestellt.

Entropie $S(T, V)$

Die Entropie S lässt sich ebenso wie die innere Energie U als Funktion der unabhängigen thermischen Zustandsgrößen T und V und der isochoren Wärmekapazität $C_V^{\mathrm{id}}(T)$ des idealen Gases darstellen. Man führt die Entropieänderung auf die Änderung der inneren

Energie zurück mittels der Gibbsschen Fundamentalgleichung Gl. (1.209)

$$dS = \frac{1}{T} dU + \frac{p}{T} dV \qquad (1.259)$$

ersetzt dU durch Gl. (1.254) und erhält

$$dS = \frac{C_V(T, V)}{T} dT + \left(\frac{\partial p}{\partial T}\right)_V dV \qquad (1.260)$$

Integration längs einer Isothermen und einer Isochoren ergibt für die Entropiedifferenz gegenüber einem beliebigen Bezugszustand (T_0, V_0)

$$S(T, V) = S(T_0, V_0) + \int_{T_0}^{T} \frac{C_V(T, V_0)}{T} dT + \int_{V_0}^{V} \left(\frac{\partial p}{\partial T}\right)_V dV \qquad (1.261)$$

Für das ideale Gases gilt wegen $p(T, V) = nRT/V$

$$S^{\mathrm{id}}(T, V) = S^{\mathrm{id}}(T_0, V_0) + \int_{T_0}^{T} \frac{C_V^{\mathrm{id}}(T)}{T} dT + nR \ln \frac{V}{V_0} \qquad (1.262)$$

Die Differenz der Entropie der realen Substanz und des idealen Gases bei einer beliebigen aber festen Temperatur T ist dann

$$S(T, V) - S^{\mathrm{id}}(T, V) = S(T_0, V_0) - S^{\mathrm{id}}(T_0, V_0) + \int_{T_0}^{T} \frac{C_V(T, V_0) - C_V^{\mathrm{id}}(T)}{T} dT$$

$$+ \int_{V_0}^{V} \left(\frac{\partial p}{\partial T}\right)_V dV - nR \ln \frac{V}{V_0} \qquad (1.263)$$

Für $V_0 \to \infty$ gilt $S(T_0, V_0) = S^{\mathrm{id}}(T_0, V_0)$ und $C_V(T, V_0) = C_V^{\mathrm{id}}(T)$ und daher

$$S(T, V) = S^{\mathrm{id}}(T, V) - \int_{V}^{\infty} \left(\left(\frac{\partial p}{\partial T}\right)_V - \frac{nR}{V}\right) dV \qquad (1.264)$$

Ersetzt man $S^{id}(T, V)$ durch Gl. (1.262), so erhält man

$$S(T, V) = S^{id}(T_0, V_0) + \int_{T_0}^{T} \frac{C_V^{id}(T)}{T} \, dT + nR \ln \frac{V}{V_0}$$

$$- \int_{V}^{\infty} \left(\left(\frac{\partial p}{\partial T} \right)_V - \frac{nR}{V} \right) dV \qquad (1.265)$$

Man kann also die Entropie einer realen Substanz aus der druckexpliziten thermischen Zustandsgleichung und der isochoren Wärmekapazität des idealen Gases berechnen.

Die Gln. (1.260), (1.262) und (1.264) sind in Tab. A.5 zusammengestellt.

Freie Energie $F(T, V)$

Um die freie Energie F als Funktion der thermischen Zustandsgrößen T und V darzustellen, setzt man in die Definitionsgleichung $F = U - TS$ die Funktionen für U und S nach den Gln. (1.258) bzw. (1.264) ein und erhält

$$F(T, V) = F^{id}(T, V) + \int_{V}^{\infty} \left(p - \frac{nRT}{V} \right) dV \qquad (1.266)$$

mit

$$F^{id}(T, V) = U^{id}(T) - TS^{id}(T, V) \qquad (1.267)$$

Auch die freie Energie ist damit auf die thermische Zustandsgleichung der realen Substanz und die isochore Wärmekapazität des idealen Gases zurückgeführt.

Die Gln. (1.266) und (1.267) sind in Tab. A.5 enthalten.

Enthalpie $H(T, V)$ und freie Enthalpie $G(T, V)$

Die Enthalpie als Funktion von Temperatur und Volumen ergibt sich mit $H = U + pV$ und Gl. (1.258) zu (s. Tab. A.5)

$$H(T, V) = H^{id}(T) + \int_{V}^{\infty} \left(p - T \left(\frac{\partial p}{\partial T} \right)_V \right) dV + pV - nRT \qquad (1.268)$$

mit

$$H^{id}(T) = H^{id}(T_0) + \int_{T_0}^{T} C_p^{id}(T) \, dT \qquad (1.269)$$

Die freie Enthalpie als Funktion von Temperatur und Volumen ergibt sich mit $G = F + pV = H - TS$ zu (s. Tab. A.5)

$$G(T, V) = G^{\text{id}}(T, V) + \int\limits_{V}^{\infty} \left(p - \frac{nRT}{V} \right) dV + pV - nRT \qquad (1.270)$$

mit

$$G^{\text{id}}(T, V) = H^{\text{id}}(T) - TS^{\text{id}}(T, V) \qquad (1.271)$$

und H^{id} und S^{id} aus Gln. (1.268) und (1.262).

Enthalpie $H(T, p)$

Die Enthalpie kann man als Funktion von Temperatur und Druck darstellen, indem man – ähnlich der Berechnung von $U(T, V)$ – zunächst das totale Differential mit Hilfe der Gln. (1.41) und (1.243) berechnet,

$$dH = C_p(T, p)\, dT + \left(V - T \left(\frac{\partial V}{\partial T} \right)_p \right) dp \qquad (1.272)$$

dann zwei Integrationen durchführt, erst über den Druck längs einer Isothermen, dann über die Temperatur längs einer Isobaren, und als Bezugszustand den Zustand des idealen Gases ($p_0 = 0$) wählt:

$$H(T, p) = H^{\text{id}}(T) + \int\limits_{0}^{p} \left(V - T \left(\frac{\partial V}{\partial T} \right)_p \right) dp \qquad (1.273)$$

mit $H^{\text{id}}(T)$ aus Gl. (1.269) (s. Tab. A.5). Die Druckabhängigkeit der Enthalpie aufgrund der Abweichung der realen Substanz vom Verhalten des idealen Gases wird durch das Integral wieder gegeben und mit der volumenexpliziten thermischen Zustandsgleichung $V = V(T, p)$ berechnet.

Entropie $S(T, p)$

Die Entropie S als Funktion von T und p berechnet man, indem man in die umgeformte Gibbssche Fundamentalgleichung Gl. (1.216), $dS = (1/T)\, dH - (V/T)\, dp$, dH aus Gl. (1.272) einsetzt,

$$dS = \frac{C_p(T, p)}{T}\, dT - \left(\frac{\partial V}{\partial T} \right)_p dp \qquad (1.274)$$

und zwei Integrationen durchführt mit dem Zustand des idealen Gases als Bezugszustand:

$$S^{\mathrm{id}}(T, p) = S^{\mathrm{id}}(T_0, p_0) + \int_{T_0}^{T} \frac{C_p^{\mathrm{id}}(T)}{T}\, \mathrm{d}T - nR \ln \frac{p}{p_0} \tag{1.275}$$

$$S(T, p) = S^{\mathrm{id}}(T, p) - \int_{0}^{p} \left(\left(\frac{\partial V}{\partial T} \right)_p - \frac{nR}{p} \right) \mathrm{d}p \tag{1.276}$$

(s. Tab. A.5).

Freie Enthalpie $G(T, p)$

Die freie Enthalpie G als Funktion von T und p ergibt sich aus der Definitionsgleichung $G = H - TS$, indem die Funktionen H und S der Gln. (1.273) bzw. (1.276) eingesetzt werden:

$$G(T, p) = G^{\mathrm{id}}(T, p) + \int_{0}^{p} \left(V - \frac{nRT}{p} \right) \mathrm{d}p \tag{1.277}$$

mit

$$G^{\mathrm{id}}(T, p) = H^{\mathrm{id}}(T) - TS^{\mathrm{id}}(T, p) \tag{1.278}$$

und H^{id} und S^{id} aus Gln. (1.268) und (1.274) (s. Tab. A.5).

Thermodynamische Potentiale als Funktion von p und V

Stellt man die thermodynamischen Potentiale als Funktion der Variablen p und V dar, so erhält man z. B. für innere Energie, Enthalpie und Entropie folgende Beziehungen:

$$\mathrm{d}U = C_V \left(\frac{\partial T}{\partial p} \right)_V \mathrm{d}p + \left(C_p \left(\frac{\partial T}{\partial V} \right)_p - p \right) \mathrm{d}V \tag{1.279}$$

$$\mathrm{d}H = \left(C_V \left(\frac{\partial T}{\partial p} \right)_V + V \right) \mathrm{d}p + C_p \left(\frac{\partial T}{\partial V} \right)_p \mathrm{d}V \tag{1.280}$$

$$\mathrm{d}S = \frac{C_V}{T} \left(\frac{\partial T}{\partial p} \right)_V \mathrm{d}p + \frac{C_p}{T} \left(\frac{\partial T}{\partial V} \right)_p \mathrm{d}V \tag{1.281}$$

Diese Gleichungen können zu $U(p, V)$, $H(p, V)$ und $S(p, V)$ integriert werden.

Druckabhängigkeit der freien Enthalpie

Die Änderung der freien Enthalpie während einer isothermen Zustandsänderung kann man einfach berechnen, indem man auf die Fundamentalgleichung zurückgeht und als Bezugszustand nicht den Zustand des idealen Gases wählt, sondern einen beliebigen Zustand des Systems.

Um die Druckabhängigkeit der freien Enthalpie bei konstant gehaltener Temperatur zu berechnen, geht man von Gl. (1.231) aus, und es gilt

$$\mathrm{d}G = V\,\mathrm{d}p \quad (T = \text{const}) \tag{1.282}$$

Integration der Gleichung ergibt

$$G(p) = G(p_0) + \int_{p_0}^{p} V(p)\,\mathrm{d}p \tag{1.283}$$

Die Druckabhängigkeit der freien Enthalpie kann man aus der Druckabhängigkeit des Volumens berechnen. Da das Volumen immer positiv ist, nimmt die freie Enthalpie mit dem Druck zu.

Das Volumen von Festkörpern und Flüssigkeiten kann als druckunabhängig angesehen werden, da kondensierte Stoffe nahezu inkompressibel sind. Dann vereinfacht sich Gl. (1.283) zu

$$G(p) = G(p_0) + (p - p_0)V \tag{1.284}$$

Der zweite Term der rechten Seite ist unter den üblichen Laborbedingungen so klein, dass er vernachlässigbar ist und man für die meisten Anwendungen im Labor für kondensierte Stoffe $G(p) = G(p_0)$ setzen und die freie Enthalpie als druckunabhängig ansehen kann. In der Geophysik allerdings, die mit sehr hohen Drücken im Erdinnern zu tun hat, darf der Term nicht vernachlässigt werden, sondern die Druckabhängigkeit der freien Enthalpie kondensierter Stoffe muss berücksichtigt werden.

Für Gase darf der zweite Term in Gl. (1.283) schon bei kleinen Druckänderungen nicht vernachlässigt werden. Außerdem ist das Volumen von Gasen stark druckabhängig. Daher kann Gl. (1.284) für Gase nicht angewendet werden. Setzt man für das Volumen näherungsweise das Volumen des idealen Gases $V = nRT/p$, so erhält man mit Gl. (1.282)

$$\mathrm{d}G^{\mathrm{id}} = nRT\,\mathrm{d}\ln p \tag{1.285}$$

und

$$\boxed{G^{\mathrm{id}}(p) = G^{\mathrm{id}}(p_0) + nRT\ln\frac{p}{p_0}} \tag{1.286}$$

Wärmekapazitäten

Die isochore und isobare Wärmekapazität sowie ihre Volumen- und Druckabhängigkeit kann man aus der thermischen Zustandsgleichung herleiten.

Die isochore Wärmekapazität ergibt sich durch Integration der Gl. (1.251)

$$\left(\frac{\partial C_V}{\partial V}\right)_T = T\left(\frac{\partial^2 p}{\partial T^2}\right)_V$$

zu

$$C_V(T, V) - C_V(T, V_0) = \int_{V_0}^{V}\left(\frac{\partial C_V}{\partial V}\right)_T dV = T\int_{V_0}^{V}\left(\frac{\partial^2 p}{\partial T^2}\right)_V dV \qquad (1.287)$$

Die isobare Wärmekapazität ergibt sich durch Integration der Gl. (1.250)

$$\left(\frac{\partial C_p}{\partial p}\right)_T = -T\left(\frac{\partial^2 V}{\partial T^2}\right)_p$$

zu

$$C_p(T, p) - C_p(T, p_0) = \int_{p_0}^{p}\left(\frac{\partial C_p}{\partial p}\right)_T dp = -T\int_{p_0}^{p}\left(\frac{\partial^2 V}{\partial T^2}\right)_p dp \qquad (1.288)$$

1.5.5 Richtung spontaner Prozesse und Gleichgewicht

Der zweite Hauptsatz der Thermodynamik postuliert, dass in abgeschlossenen Systemen irreversible Prozesse unter Zunahme der Entropie ablaufen und reversible Prozesse sowie Gleichgewichtszustände durch maximale Entropie gekennzeichnet sind. Dieses Prinzip der Entropiemaximierung gibt die Richtung von Prozessen in abgeschlossenen Systemen an. Die Bedingungen für irreversible Prozesse sowie reversible Prozesse und Gleichgewichtszustände eines geschlossenen Systems kann man aus denen des abgeschlossenen Systems herleiten, indem man das geschlossene System mit seiner Umgebung zu einem abgeschlossenen System ergänzt. Das Gleichgewichtskriterium, welches nach dem zweiten Hauptsatz für ein abgeschlossenes System mit der Entropie formuliert ist, wird für geschlossene Systeme mit anderen thermodynamischen Potentialen formuliert, der inneren Energie, der Enthalpie, der freien Energie und der freien Enthalpie, und aus dem Prinzip der maximalen Entropie folgt das Prinzip der minimalen Energie. Dieses Extremalprinzip der thermodynamischen Potentiale stellt das Gleichgewichtskriterium dar und ist Grundlage für die Berechnung von Gleichgewichten thermodynamischer Systeme. Es wird im folgenden hergeleitet.

Abgeschlossene und geschlossene Systeme

Nach dem zweiten Hauptsatz der Thermodynamik nimmt die Entropie $S = S(U, V)$ eines abgeschlossenen Systems, d. h. eines geschlossenen Systems mit konstanten Werten der inneren Energie U und des Volumens V, im Gleichgewicht einen Maximalwert S_{max} an:

$$(dS)_{U,V} > 0 \qquad\qquad\qquad\qquad \text{irreversibler Prozess} \qquad (1.289a)$$

$$(dS)_{U,V} = 0 \quad \text{und} \quad S = S_{max} = \text{const} \qquad \text{reversibler Prozess,} \qquad (1.289b)$$
$$\text{Gleichgewicht}$$

Die Gleichgewichtsbedingungen für ein geschlossenes System berechnet man, indem man das geschlossene System (kein Index) mit seiner Umgebung (Index U) zu einem abgeschlossenen Gesamtsystem (Index G) zusammenfasst (s. Abschn. 1.4.7). Nach dem zweiten Hauptsatz gilt $dS_G \geq 0$. Da die Entropieänderung des Gesamtsystems gleich der Summe aus der Entropieänderung des Systems dS und der Umgebung dS_U ist, gilt $dS_G = dS + dS_U \geq 0$, also $dS \geq -dS_U$. Dabei gilt das Gleichheitszeichen für reversible Zustandsänderungen sowie Gleichgewichtszustände und das Ungleichheitszeichen für irreversible Zustandsänderungen. dS_U ergibt sich aus der von dem System mit der Umgebung ausgetauschten Wärmeenergie $\delta Q = -\delta Q_U$, wenn man berücksichtigt, dass sich die Umgebung im thermischen Gleichgewicht mit dem System befindet, d. h. $T = T_U$ gilt: $dS_U = \delta Q_U/T_U = -\delta Q/T$ und daher

$$dS \geq \frac{\delta Q}{T} \qquad (1.290)$$

Obwohl der zweite Hauptsatz nur Aussagen macht über die Entropie des aus dem eigentlichen geschlossenen System und der Umgebung bestehenden abgeschlossenen Gesamtsystems, kann man die Richtung von Prozessen oder den Gleichgewichtszustand auch im geschlossenen System mit systemeigenen Größen beschreiben, denn Gl. (1.290) enthält nur physikalische Größen des Systems aber nicht der Umgebung oder des Gesamtsystems.

Isochor-isentrope Zustandsänderungen

Die bei einer isochoren Zustandsänderung ($dV = 0$, also $\delta W = -p\,dV = 0$) ausgetauschte Wärmeenergie δQ_V ist nach dem ersten Hauptsatz gleich der Änderung der inneren Energie dU, $\delta Q_V = dU$. Daher ist nach Gl. (1.290) $dS \geq dU/T$, also

$$dU - T\,dS \leq 0 \qquad (1.291)$$

Wird außer dem Volumen auch die Entropie konstant gehalten, so erhält man $(dU)_{S,V} \leq 0$.

Es gilt also für isochor-isentrope geschlossene Systeme

$(dU)_{S,V} < 0$	irreversibler Prozess	(1.292a)
$(dU)_{S,V} = 0$ und $U = U_{min} = \text{const}$	reversibler Prozess, Gleichgewicht	(1.292b)

Eine Zustandsänderung verläuft bei gegebenen Werten der Entropie und des Volumens spontan in Richtung abnehmender innerer Energie. Die Richtung des Prozesses wird also vom Vorzeichen von $(dU)_{S,V}$ bestimmt. Die innere Energie nimmt für gegebene Werte von S und V im Gleichgewicht ein Minimum an und ändert sich dann nicht mehr.

Isochor-isotherme Zustandsänderung

Wird bei einem isochoren Prozess außer dem Volumen auch die Temperatur konstant gehalten, so ergibt sich aus Gl. (1.291) $d(U - TS)_{T,V} \leq 0$ und mit der Definition der freien Energie $F = U - TS$: $(dF)_{T,V} \leq 0$

Es gilt also für isochor-isotherme geschlossene Systeme

$(dF)_{T,V} < 0$	irreversibler Prozess	(1.293a)
$(dF)_{T,V} = 0$ und $F = F_{min} = \text{const}$	reversibler Prozess, Gleichgewicht	(1.293b)

Werden bei einer Zustandsänderung Temperatur und Volumen konstant gehalten, so verläuft sie spontan in Richtung abnehmender freier Energie und erreicht im Gleichgewicht das Minimum der freien Energie.

Isobar-isentrope Zustandsänderung

Die während einer isobaren Zustandsänderung ausgetauschte Wärmeenergie ist nach dem ersten Hauptsatz gleich der Änderung der Enthalpie (s. Gl. (1.32)): $\delta Q_p = dH$. Damit wird Gl. (1.290) zu $dS \geq dH/T$ oder

$$dH - T\,dS \leq 0 \tag{1.294}$$

Wird neben dem Druck auch die Entropie konstant gehalten, so folgt

$$(dH)_{S,p} \leq 0$$

Es gilt also für isobar-isentrope geschlossene Systeme

$(dH)_{S,p} < 0$	irreversibler Prozess	(1.295a)
$(dH)_{S,p} = 0$ und $H = H_{min} = \text{const}$	reversibler Prozess, Gleichgewicht	(1.295b)

Ein irreversibler Prozess verläuft bei konstantem Druck und konstanter Entropie spontan in Richtung fallender Enthalpie und nimmt im Gleichgewicht den Minimalwert der Enthalpie an.

Isobar-isotherme Zustandsänderungen

Wird bei dem isobaren Prozess außer dem Druck auch die Temperatur konstant gehalten, so folgt aus Gl. (1.294) $d(H - TS)_{T,p} \leq 0$ und mit der Definitionsgleichung der freien Enthalpie $G = H - TS$: $(dG)_{T,p} \leq 0$.

Es gilt also für isobar-isotherme geschlossene Systeme

$$(dG)_{T,p} < 0 \qquad\qquad\qquad \text{irreversibler Prozess} \qquad\qquad (1.296a)$$

$$(dG)_{T,p} = 0 \quad \text{und} \quad G = G_{\min} = \text{const} \qquad \begin{array}{l}\text{reversibler Prozess,} \\ \text{Gleichgewicht}\end{array} \qquad (1.296b)$$

Bei festen Werten der Temperatur und des Druckes verläuft eine Zustandsänderung spontan in Richtung fallender freier Enthalpie. Die freie Enthalpie erreicht im Gleichgewicht für gegebene Werte von T und p ein Minimum und ändert sich dann nicht mehr.

Viele Prozesse werden in offenen Gefäßen bei Atmosphärendruck und Raumtemperatur durchgeführt, d. h. bei festem Druck und fester Temperatur. Für sie ist die freie Enthalpie G das geeignete thermodynamische Potential zur Beschreibung von Zustandsänderungen. Daher kommt ihr für Reaktions- und Phasengleichgewichtsberechnungen besondere Bedeutung zu.

Exotherm-endergonische und endotherm-exergonische Prozesse

Zustandsänderungen, bei denen ein System isobar Wärme abgibt oder aufnimmt ($\Delta H < 0$ bzw. $\Delta H > 0$), heißen *exotherm* bzw. *endotherm* (s. Abschn. 1.2.3). Vorgänge mit $\Delta G < 0$ oder $\Delta G > 0$ nennt man *exergonisch* bzw. *endergonisch* (s. Abschn. 1.5.1). Daher laufen unter isentrop-isobaren Bedingungen exotherme Prozesse freiwillig ab, während endotherme Prozesse nur mit äußerer Einwirkung stattfinden können. Unter isobar-isothermen Bedingungen laufen exergonische Prozesse spontan ab, endergonische können nur erzwungen werden.

ΔG und ΔH sind für konstante Temperatur durch die Beziehung $\Delta G = \Delta H - T \Delta S$ miteinander verknüpft. Daher können endotherme Vorgänge, d. h. solche Vorgänge, die unter isentrop-isobaren Bedingungen nicht freiwillig ablaufen, unter isobar-isothermen Bedingungen durchaus freiwillig ablaufen, d. h. exergonisch sein. Dies ist der Fall, wenn der Vorgang mit einer Zunahme an Entropie verbunden ist, die so groß ist, dass bei der gegebenen Temperatur $T \Delta S > \Delta H$ gilt. Das ist z. B. gegeben, wenn während eines Prozesses der Anteil an Gas auf Kosten von Flüssigkeit oder Festkörper zunimmt, da Gase auf Grund der hohen Beweglichkeit ihrer Atome oder Moleküle eine höhere Entropie besitzen als Flüssigkeiten oder Festkörper. Auch beim Lösen von Salzen in Wasser nimmt die Entropie zu, da beim Lösungsvorgang die hohe Ordnung des Kristalls aufgehoben

wird und die Zahl der Teilchen, die sich frei bewegen können, zunimmt, was einer erhöhten Unordnung entspricht. Obwohl das Lösen des Salzes mit einer Enthalpiezunahme
verbunden ist, läuft bei vielen Salzen der Lösungsvorgang dennoch freiwillig ab, da die
Entropiezunahme zu einer Abnahme der freien Enthalpie führen kann. Umgekehrt muss
ein exothermer Vorgang unter isobar-isothermen Bedingungen nicht notwendigerweise
freiwillig ablaufen, sondern kann endergonisch sein, dann nämlich, wenn die Entropie
des Systems abnimmt und $|T \Delta S| > |\Delta H|$ ist, z. B. wenn bei einer Reaktion der Anteil
Gas abnimmt. Die Richtung der Zustandsänderung wird also sowohl durch die Enthalpie-
als auch Entropieänderung des Systems bestimmt. Es ist nicht die Zunahme der Entropie
des Systems maßgeblich, sondern das Zusammenspiel der Änderung von Entropie und
Enthalpie. Letztlich ist die Zunahme der Entropie des Systems samt seiner Umgebung
entscheidend für die Richtung eines Prozesses.

1.5.6 Freie Energie und freie Enthalpie als Exergie der inneren Energie und Enthalpie

Die innere Energie U und Enthalpie H eines Systems können nicht vollständig in Nutzarbeit umgewandelt werden, sondern maximal die in ihnen enthaltenen Anteile der freien
Energie F bzw. freien Enthalpie G. Hierauf deutet das Wort „frei" in den Bezeichnungen
freie Energie und freie Enthalpie hin. Da Exergie definitionsgemäß die Energie ist, die
sich mit reversiblen Prozessen vollständig in jede andere Energieform umwandeln lässt
(s. Abschn. 1.4.8), ist die freie Energie die Exergie der inneren Energie und die freie Enthalpie die Exergie der Enthalpie, wie im folgenden gezeigt wird.

Freie Energie als Exergie der inneren Energie
Um den Anteil der inneren Energie, der maximal in Nutzarbeit umgewandelt werden kann,
zu berechnen, berechnet man die Änderung der inneren Energie mit dem ersten Hauptsatz,
$\mathrm{d}U = \delta Q + \delta W$. Die ausgetauschte Arbeit δW kann jede Form von Arbeit sein, nicht
nur Volumenänderungsarbeit, sondern insbesondere auch elektrische Arbeit. Die ausgetauschte Wärmemenge δQ erhält man aus der Clausiusschen Ungleichung (Gl. (1.168)),
$\delta Q \leq T \, \mathrm{d}S$. Damit ergibt sich

$$\mathrm{d}U \leq T \, \mathrm{d}S + \delta W \tag{1.297}$$

also $\mathrm{d}U - T \, \mathrm{d}S \leq \delta W$. Da nach Gl. (1.221) bei konstanter Temperatur für die Änderung
der freien Energie $\mathrm{d}F = \mathrm{d}U - T \, \mathrm{d}S$ gilt, ergibt sich für die isotherm ausgetauschte Arbeit
die Ungleichung

$$\boxed{(\mathrm{d}F)_T \leq \delta W} \tag{1.298}$$

Hierin gilt das Gleichheitszeichen für die reversible Zustandsänderung oder das Gleichgewicht, das Ungleichheitszeichen für die irreversible Zustandsänderung. Für einen irrever-

siblen isothermen Prozess ist also

$$(dF)_T < \delta W_{irr} \qquad (1.299a)$$

d. h. die mit einer irreversiblen isothermen Zustandsänderung verbundene Änderung der freien Energie ist kleiner als die ausgetauschte Arbeit. Für die reversible isotherme Zustandsänderung gilt

$$(dF)_T = \delta W_{rev} \qquad (1.299b)$$

d. h. bei reversibler Führung ist die mit einer isothermen Zustandsänderung verbundene Änderung der freien Energie gleich der Arbeit, die das System mit der Umgebung austauscht. Aus den Gln. (1.299a) und (1.299b) folgt, dass bei einem reversiblen Prozess die an dem System geleistete Arbeit die minimal mögliche ist und die von dem System geleistete Arbeit die maximal mögliche ist. Gl. (1.299b) gilt nur für isotherme Vorgänge; ändert sich während des Prozesses die Temperatur, so hat dF nicht diese physikalische Bedeutung.

Mit Gl. (1.299b) ergibt sich

$$\boxed{\delta W_{rev} = (dF)_T = dU - T\,dS} \qquad (1.300)$$

Es kann also dU nicht vollständig vom System als Arbeit geleistet werden, sondern maximal der um $T\,dS$ verminderte Teil. Ist ein Prozess z. B. mit einer Entropieabnahme des Systems verbunden, so ist dF und damit die vom System geleistete Arbeit dem Betrage nach um $T\,dS$ kleiner als dU. Der Entropieabnahme des Systems entspricht eine Abgabe von Wärmeenergie an die Umgebung (so dass deren Entropie in Übereinstimmung mit dem zweiten Hauptsatz zunimmt), und diese an die Umgebung abgegebene Wärme geht der Nutzarbeit verloren. Umgekehrt ist bei einem Prozess, bei dem die Entropie des Systems zunimmt, dF und damit die maximal vom System geleistete Arbeit dem Betrage nach um $T\,dS$ größer als dU. $T\,dS$ ist der gebundene Teil der inneren Energie, dF ist der freie Anteil der inneren Energie. Daher ist bei reversiblen isothermen Vorgängen nicht die innere Energie U, sondern der Anteil, der der freien Energie $F = U - TS$ entspricht, uneingeschränkt in jede beliebige Energieform umwandelbar. Die freie Energie ist also die Exergie der inneren Energie.

Die Exergie einer Energie ist als die mit reversiblen Prozessen vollständig in jede andere Energieform umwandelbare Energie die Nutzarbeit (s. Abschn. 1.4.8). Die Exergie oder Nutzarbeit der inneren Energie ist für einen isothermen reversiblen Prozess nach Gl. (1.300) gleich der Änderung der freien Energie:

$$dE_U = |\delta W_{rev}| = |(dF)_T| = |dU - T\,dS| \qquad (1.301)$$

Ein Verlust an Exergie ist durch Entropiezuwachs gegeben.

Arbeit kann sowohl Volumenänderungsarbeit $(-p\,\mathrm{d}V)$ als auch andere Formen von Arbeit (δW_A), z. B. elektrische Arbeit, enthalten, und nach Gl. (1.299b) gilt

$$\boxed{(\mathrm{d}F)_T = \delta W_\mathrm{rev} = -p\,\mathrm{d}V + \delta W_\mathrm{A}} \qquad (1.302)$$

Falls der isotherme Vorgang isochor verläuft, wird keine Volumenänderungsarbeit, sondern nur Nichtvolumenänderungsarbeit δW_A ausgetauscht, und es gilt

$$\boxed{(\mathrm{d}F)_{T,V} = \delta W_\mathrm{A}} \qquad (1.303)$$

Bei reversiblen isochor-isothermen Prozessen ist die Änderung der freien Energie gleich der ausgetauschten Nichtvolumenänderungsarbeit. Diese Aussage gilt nur für isotherm-isochore Vorgänge; ändern sich Temperatur und/oder Volumen, so hat sie nicht diese physikalische Bedeutung.

Die freie Enthalpie als Exergie der Enthalpie
Um den Anteil der Enthalpie, der maximal in Nutzarbeit umgewandelt werden kann, zu berechnen, berechnet man die Änderung der Enthalpie mit dem ersten Hauptsatz und der Clausiusschen Ungleichung (Gl. (1.168)) zu $\mathrm{d}H = \mathrm{d}U + \mathrm{d}(pV) = \delta Q + \delta W + \mathrm{d}(pV) \leq T\,\mathrm{d}S + \delta W + \mathrm{d}(pV)$. Für isotherme Bedingungen ist $\mathrm{d}G = \mathrm{d}H - T\,\mathrm{d}S$ und daher

$$\boxed{(\mathrm{d}G)_T \leq \delta W + \mathrm{d}(pV)} \qquad (1.304)$$

wobei das Gleichheitszeichen für reversible Zustandsänderung und Gleichgewicht, das Ungleichheitszeichen für die irreversible Zustandsänderung gilt. Bei reversibler Führung ist also

$$(\mathrm{d}G)_T = \delta W_\mathrm{rev} + \mathrm{d}(pV) \qquad (1.305)$$

Spaltet man die Arbeit δW_rev in die Volumenänderungsarbeit $-p\,\mathrm{d}V$ und die Nichtvolumenänderungsarbeit δW_A auf, so ergibt sich

$$(\mathrm{d}G)_T = \delta W_\mathrm{rev} + \mathrm{d}(pV) = -p\,\mathrm{d}V + \delta W_\mathrm{A} + p\,\mathrm{d}V + V\,\mathrm{d}p = \delta W_\mathrm{A} + V\,\mathrm{d}p$$

Wird außer der Temperatur auch der Druck konstant gehalten, so gilt

$$\boxed{(\mathrm{d}G)_{p,T} = \delta W_\mathrm{A}} \qquad (1.306)$$

Die Nichtvolumenänderungsarbeit, die ein isotherm-isobares System bei einem reversiblen Prozess mit der Umgebung austauscht, ist gleich der Änderung der freien Enthalpie. Diese Aussage ist nur für isotherm-isobare Vorgänge gültig; werden Temperatur und/oder Druck geändert, so hat $\mathrm{d}G$ nicht diese physikalische Bedeutung.

Die Nichtvolumenänderungsarbeit eines isotherm-isobaren Prozesses ist

$$\delta W_A = (dG)_{p,T} = dH - T\,dS \qquad (1.307)$$

dH und dG unterscheiden sich um die Energie $T\,dS$, die nur als Wärme aber nicht als Nutzarbeit vom System abgegeben werden kann, so dass nur der um $T\,dS$ verminderte Teil von dH vom System als Nichtvolumenänderungsarbeit geleistet werden kann. Nimmt während des Prozesses die Entropie des Systems ab, so ist die vom System geleistete Arbeit dem Betrage nach um $T\,dS$ kleiner als dH, entsprechend der an die Umgebung abgegebenen Wärmeenergie. $T\,dS$ ist der gebundene Teil der Enthalpie, dG ist der freie Anteil der Enthalpie. Nicht die Enthalpie, sondern der Anteil der freien Enthalpie $G = H - T\,S$ ist bei reversiblen isotherm-isobaren Vorgängen uneingeschränkt in jede beliebige Energieform umwandelbar. Die freie Enthalpie ist die Exergie der Enthalpie:

$$dE_H = |\delta W_A| = \left|(dG)_{p,T}\right| = |dH - T\,dS| \qquad (1.308)$$

Mit dieser Gleichung lässt sich die Arbeit berechnen, die man maximal aus chemischen Reaktionen mit Hilfe elektrochemischer Zellen und Brennstoffzellen gewinnen kann. Andere Prozesswege, die beispielsweise über Verbrennung, Dampferzeugung und Wärmekraftmaschinen führen, sind mit Exergieverlusten verbunden.

Ähnlich kann man zeigen, dass unter isobar-isentropen Bedingungen die Änderung der Enthalpie gleich der reversibel ausgetauschte Nichtvolumenänderungsarbeit ist:

$$(dH)_{p,S} = \delta W_A \qquad (1.309)$$

Literatur

Lide DR (Hrsg) (1999) CRC handbook of chemistry and physics. Springer, Berlin Heidelberg New York

Lüdecke C, Lüdecke D (2000) Thermodynamik. Springer, Berlin Heidelberg New York

Stephan K, Mayinger F (1990) Einstoffsysteme, 13. Aufl. Thermodynamik, Bd. 1. Springer, Berlin Heidelberg New York

Thermodynamische Eigenschaften reiner Fluide 2

Gase und Flüssigkeiten unterscheiden sich von Festkörpern insbesondere bezüglich der Beweglichkeit ihrer Teilchen. Festkörper besitzen langreichweitige Wechselwirkungskräfte; die Atome sind im Kristallgitter regelmäßig angeordnet und können nur Schwingungen um die Gitterpunkte ausführen; daher sind Festkörper form- und volumenbeständig. In Gasen und Flüssigkeiten hingegen herrschen schwache zwischenmolekularen Wechselwirkungskräfte, so dass die Teilchen recht frei beweglich und Gase und Flüssigkeiten form- und volumenunbeständig sind. Zwar unterscheiden sich Gase und Flüssigkeiten deutlich durch ihre Kompressibilität, doch weisen sie in vielen Eigenschaften so große Ähnlichkeiten auf, dass sie häufig durch die gleichen Gesetzmäßigkeiten beschrieben werden können. Außerdem gehen bei Temperaturen oberhalb der sog. kritischen Temperatur gasförmige und flüssige Phase kontinuierlich ineinander über, so dass im überkritischen Bereich Flüssigkeit und Gas ununterscheidbar sind und man sie als eine einzige Phase betrachten kann. Daher fasst man Flüssigkeiten und Gase unter dem Begriff *Fluid* oder *fluide Phase* zusammen.

2.1 Reale Fluide

Das ideale Gas ist eine Modellsubstanz, die aus punktförmigen Teilchen besteht, die keine Kräfte aufeinander ausüben (außer bei elastischen Stößen), so dass die thermodynamischen Beziehungen für dieses Gas besonders einfach sind (z. B. die thermische Zustandsgleichung $pV = nRT$ sowie die kalorischen Zustandsgleichungen $U = U(T)$ und $H = H(T)$ (s. Abschn. 1.3)). Die an das ideale Gas gestellten Voraussetzungen werden aber von realen Gasen nicht erfüllt: Die Teilchen des realen Gases sind nicht punktförmig, sondern besitzen ein Eigenvolumen, und ihre Wechselwirkungskräfte sind häufig nicht vernachlässigbar. Nur bei niedrigen Drücken und hohen Temperaturen (im Grenzfall $p \rightarrow 0$ bzw. $V \rightarrow \infty$) verhalten sich viele reale Gase wie das ideale Gas und können mit ausreichender Genauigkeit mit den Gesetzen des idealen Gases beschrieben werden. Bei hohen

Abb. 2.1 Druckabhängigkeit
des Kompressibilitätsfaktors z:
Isothermen verschiedener Gase
bei 0 °C. Im Grenzfall $p \to 0$
gilt $z \to 1$

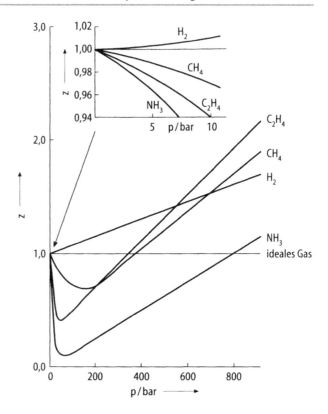

Drücken bzw. kleinen Volumina treten aber deutliche Abweichungen von der thermischen Zustandsgleichung des idealen Gases auf. Trägt man den Quotienten $p\,V/nRT$, den sog. Kompressibilitätsfaktor z (s. Abschn. 2.1.1), gegen p auf, so wird in einem solchen z,p-Diagramm (s. Abb. 2.1) das ideale Gas wegen $p\,V = nRT$ durch eine Horizontale durch den Wert $z = 1$ beschrieben. Für Gase, die sich nicht ideal verhalten, weicht $z(p)$ von dieser Horizontalen ab: $z(p)$ realer Gase verläuft nur bei Drücken nahe Null horizontal, entfernt sich aber mit zunehmendem Druck deutlich von der Horizontalen und durchläuft bei mittleren Drücken meist ein Minimum, bevor es bei hohen Drücken steil ansteigt.

Die Minima der $z(p)$-Isothermen deuten an, dass sich im realen Gas zwei entgegengesetzt wirkende Kräfte überlagern: Die anziehende und die abstoßende Wechselwirkung. Die potentielle Energie der Wechselwirkung zweier Teilchen ist in Abb. 2.2 als Funktion des Teilchenabstands aufgetragen. Positive Werte der potentiellen Energie entsprechen abstoßenden Wechselwirkungen, negative anziehenden Wechselwirkungen. Einerseits üben die Atome oder Moleküle aufgrund der elektrostatischen Abstoßung der Elektronenhüllen eine abstoßende Wechselwirkung aufeinander aus; sie wird unendlich groß, wenn die Teilchen sich so nahe kommen, dass ihre Elektronenwolken sich mehr oder weniger stark durchdringen, nimmt aber, wenn die Entfernung der Teilchen größer ist als ihr Durchmesser, innerhalb eines Bruchteils des Teilchendurchmessers sehr rasch auf Null ab; die Abstoßungskraft hat also eine kurze Reichweite, die Potentialkurve $V(r)$ verläuft steil.

Abb. 2.2 Potentielle Energie $V(r)$ der Wechselwirkung
zwischen zwei Teilchen als
Funktion ihres Abstands r. Anziehende (-·····) und abstoßende
(---) Potentiale addieren sich
zur resultierenden Potentialfunktion (—). Der Abstand r_0
des Minimums der potentiellen
Energie ist der Gleichge-
wichtsabstand der Teilchen

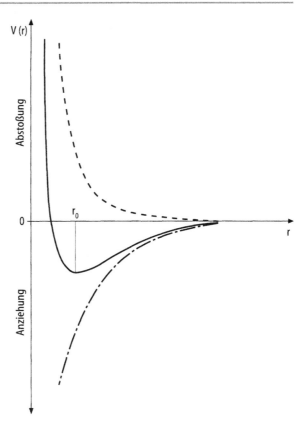

Andererseits wirken zwischen den Atomen oder Moleküle anziehende Kräfte, die auf
Dipol-Wechselwirkungen zwischen den Teilchen zurückzuführen sind; diese nehmen mit
der Entfernung der Teilchen ab, jedoch über Entfernungen von mehreren Teilchendurch-
messern und damit sehr viel langsamer als die abstoßenden Kräfte; die Anziehungskräfte
sind also langreichweitig; ihre Potentialkurve $V(r)$ verläuft flacher. Diese anziehenden und
abstoßenden Wechselwirkungen überlagern sich, und je nach Abstand der Teilchen wird
die eine oder die andere Kraft vorherrschen: Bei großen Drücken und daher kleinen Entfernungen zwischen den Teilchen dominieren die kurzreichweitigen abstoßenden Kräfte,
bei mittleren Drücken und Teilchenabständen überwiegen die langreichweitigen anziehenden Kräfte, und bei kleinen Drücken und daher großen Teilchenabständen verschwindet
die potentielle Energie, da die Teilchen aufgrund der großen Entfernung keinerlei Kräfte
aufeinander ausüben. Da die Abstoßungsenergie mit dem Abstand sehr viel stärker ab-
fällt als die Anziehungsenergie zunimmt, durchläuft die aus Anziehung und Abstoßung
resultierende Wechselwirkung bei mittleren Drücken ein Minimum, und es ist diese anziehende Kraft, welche zur Kondensation von Gasen zu Flüssigkeiten und Festkörpern
führt. Aus einer solchen Potentialfunktion kann man durch Anwendung der statistischen
Mechanik Zustandsgleichungen für reale Fluide berechnen, so z. B. die Virialgleichung
(s. Abschn. 2.2.1).

Diese Wechselwirkungskräfte zwischen den Atomen oder Molekülen zeigen sich in den Abweichungen der $z(p)$-Isothermen der realen Fluide vom horizontalen Verlauf des idealen Gases: Bei kleinen Drücken üben die Gasteilchen keine Kräfte aufeinander aus und verhalten sich ideal. Bei mittleren Drücken überwiegen die anziehenden Wechselwirkungen, so dass die z-Werte kleiner als die des idealen Gases sind und die $z(p)$-Isotherme ein Minimum aufweist. Bei hohen Drücken dominieren die abstoßenden Wechselwirkungen, so dass die $z(p)$-Kurve steil ansteigt.

Um das Verhalten realer Fluide zu beschreiben, ist es zweckmäßig, den Zustand des idealen Gases als Bezugszustand zu wählen und die Eigenschaften des realen Fluids auf die des idealen Gases zu beziehen, sie relativ zu den Eigenschaften des idealen Gases anzugeben, indem in die Gleichungen des idealen Gases geeignete additive Korrekturterme oder Korrekturfaktoren eingeführt werden. Die Nichtidealität realer Fluide kann man durch den Kompressibilitätsfaktor (oder Realgasfaktor) (s. Abschn. 2.1.1), den Realanteil (s. Abschn. 2.1.2) und die Fugazität (s. Abschn. 2.1.3) beschreiben.

2.1.1 Kompressibilitätsfaktor (Realgasfaktor)

Der *Kompressibilitätsfaktor* oder *Realgasfaktor* z eines Fluids (nicht zu verwechseln mit dem isothermen Kompressibilitätskoeffizienten χ) ist definiert als

$$\boxed{z = z(p, T) = \frac{pV}{nRT} = \frac{pV_\mathrm{m}}{RT} = \frac{pv}{R_\mathrm{i}T}} \qquad (2.1)$$

wobei V_m das Molvolumen, $v = V_\mathrm{m}/M$ das spezifische Volumen, $R_\mathrm{i} = R/M$ die spezielle oder individuelle Gaskonstante (s. Abschn. 1.3.1), M die Molmasse und n die Molzahl bedeuten.

Aus der Definitionsgleichung folgt, dass der Realgasfaktor für das ideale Gas z^id gleich Eins ist:

$$\boxed{z^\mathrm{id} = 1} \qquad (2.2)$$

Für reale Fluide weicht z von $z^\mathrm{id} = 1$ ab, und zwar umso stärker, je stärker das Verhalten des realen Fluids von dem des idealen Gases abweicht. Im Grenzfall verschwindenden Druckes nähern sich die Eigenschaften der realen Fluide denen des idealen Gases an, so dass gilt

$$\boxed{\lim_{p \to 0} z = 1 \quad \text{bzw.} \quad \lim_{V \to \infty} z = 1} \qquad (2.3)$$

Für endliche Drücke kann z sowohl kleiner als auch größer als 1 sein. Normalerweise ist $z < 1$, ausgenommen bei sehr hohen Drücken und Temperaturen. Bei Flüssigkeiten liegt z normalerweise weit unterhalb von 1.

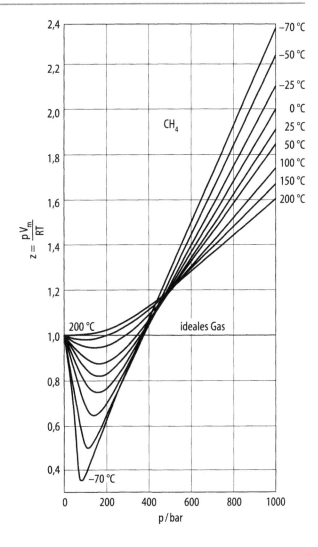

Abb. 2.3 Druckabhängigkeit des Kompressibilitätsfaktors: Isothermen für Methan (nach Kvalnes und Gaddy 1931)

Abb. 2.1 zeigt die $z(p)$-Isothermen verschiedener Gase für 0 °C. Abb. 2.3 zeigt die $z(p)$-Isothermen von Methan für verschiedene Temperaturen zwischen −70 und 200 °C. Für das ideale Gas ist für alle Drücke $z = 1$ und die $z(p)$-Isotherme eine Horizontale durch Eins. Die realen Fluide weichen von dieser Horizontalen in der erwarteten Weise ab: Bei Drücken nahe Null verhält sich das Fluid ideal, und die Isothermen läuft bei $z = 1$ ein. Bei mittleren Drücken dominieren die Anziehungskräfte, so dass $z < 1$ ist, das reale Gas ist leichter komprimierbar als das ideale. Bei hohen Drücken überwiegen die Abstoßungskräfte, und es gilt $z > 1$, das reale Gas ist schwerer komprimierbar als das ideale.

Formt man Gl. (2.1) um zu

$$pV_{m} = zRT \tag{2.4}$$

so erkennt man, dass der Kompressibilitätsfaktor einen Korrekturfaktor zur Berücksichtigung der Nichtidealität in der thermischen Zustandsgleichung des idealen Gases darstellt.

Aus der Definitionsgleichung des Kompressibilitätsfaktors Gl. (2.1) ergibt sich mit der thermischen Zustandsgleichung des idealen Gases, dass z das Verhältnis der Volumina eines Fluids und des idealen Gases bei derselben Temperatur und demselben Druck ist:

$$z = \frac{V}{V^{\mathrm{id}}} = \frac{V_{\mathrm{m}}}{V_{\mathrm{m}}^{\mathrm{id}}} \tag{2.5}$$

2.1.2 Realanteil

Eine weitere Möglichkeit, die Eigenschaften realer Fluide durch Bezug auf die Eigenschaften des idealen Gases zu beschreiben, ist die Verwendung eines additiven Korrekturterms für die Zustandsgrößen (anstelle eines Korrekturfaktors in der thermischen Zustandsgleichung, wie ihn der Kompressibilitätsfaktor darstellt). Die Differenz zwischen der Zustandsgröße des realen Fluids, Z, und des idealen Gases, Z^{id}, bei derselben Temperatur und demselben Druck definiert den *Realanteil* (*residual function*) Z^{r} einer thermodynamischen Zustandsgröße:

$$\boxed{Z^{\mathrm{r}} = Z(T, p) - Z^{\mathrm{id}}(T, p)} \tag{2.6}$$

Der Realanteil ist ein direktes Maß für den Beitrag der intermolekularen Wechselwirkungskräfte zu den Eigenschaften des realen Fluids bei gegebenen p und T. Aus der Definitionsgleichung ergibt sich, dass der Realanteil für das ideale Gas identisch Null ist. Für reale Gase ist er klein, für Flüssigkeiten groß.

Der Realanteil ist aus zweierlei Gründen geeignet, den Zustand eines Fluids zu beschreiben: Zum einen kann man für die kalorischen Zustandsgrößen keine absoluten Werte angeben, sondern nur Differenzen zu einem geeigneten Bezugszustand, und als solcher ist der Zustand des idealen Gases besonders günstig. Zum anderen kann man die kalorischen Zustandsgrößen und die Entropie nur mit großem experimentellem Aufwand messen, die thermischen Zustandsgrößen jedoch vergleichsweise einfach und mit hoher Genauigkeit. Da man den Realanteil mit der thermischen Zustandsgleichung, sei es in Form von experimentellen p, V, T-Daten oder in Form einer analytischen Gleichung, berechnen kann (s. u.) und der Wert einer Zustandsgröße des idealen Gases leicht aus der thermischen und kalorischen Zustandsgleichung des idealen Gases zugänglich ist, kann man so die Zustandsgröße eines realen Fluids berechnen.

Realanteil der Entropie
Der Realanteil der Entropie S^{r} ergibt sich aus

$$S(T, p) = S(T, 0) + \int_0^p \left(\frac{\partial S}{\partial p}\right)_T \mathrm{d}p$$

zu

$$S^{\mathrm{r}}(T, p) = S(T, p) - S^{\mathrm{id}}(T, p)$$

$$= S(T, 0) - S^{\mathrm{id}}(T, 0) + \int_0^p \left(\left(\frac{\partial S}{\partial p} \right)_T - \left(\frac{\partial S^{\mathrm{id}}}{\partial p} \right)_T \right) \mathrm{d}p$$

Bei verschwindendem Druck nähert sich das reale Verhalten dem idealen an, so dass $S(T, 0) = S^{\mathrm{id}}(T, 0)$ ist. Außerdem kann man den partiellen Differentialquotienten der Entropie nach dem Druck mit der Maxwellschen Relation Gl. (1.241) $(\partial S/\partial p)_T = -(\partial V/\partial T)_p$ durch die thermischen Zustandsgrößen ausdrücken, wobei für das ideale Gas $(\partial S^{\mathrm{id}}/\partial p)_T = -(\partial V^{\mathrm{id}}/\partial T)_p = -nR/p$ gilt. Damit ergibt sich für den Realanteil der Entropie

$$\boxed{S^{\mathrm{r}}(T, p) = \int_0^p \left(-\left(\frac{\partial V}{\partial T} \right)_p + \frac{nR}{p} \right) \mathrm{d}p} \qquad (2.7)$$

Der Realanteil der Entropie des realen Fluids lässt sich also aus der volumenexpliziten thermischen Zustandsgleichung $V = V(T, p)$ berechnen.

Gl. (2.7) steht in Übereinstimmung mit Gl. (1.276). Hier interessiert die Differenz der Entropie des realen Fluids zur Entropie des idealen Gases, dort der Absolutwert der Entropie.

Realanteil der Enthalpie

Der Realanteil der Enthalpie H^{r} wird auf analoge Weise berechnet zu

$$H^{\mathrm{r}}(T, p) = H(T, p) - H^{\mathrm{id}}(T, p)$$

$$= H(T, 0) - H^{\mathrm{id}}(T, 0) + \int_0^p \left(\left(\frac{\partial H}{\partial p} \right)_T - \left(\frac{\partial H^{\mathrm{id}}}{\partial p} \right)_T \right) \mathrm{d}p$$

Dabei ist $H(T, 0) - H^{\mathrm{id}}(T, 0) = 0$, da sich bei $p = 0$ das Fluid ideal verhält. Der partielle Differentialquotient der Enthalpie kann mit der thermodynamischen Zustandsgleichung Gl. (1.243) $(\partial H/\partial p)_T = V - T(\partial V/\partial T)_p$ ersetzt und für das ideale Gas berechnet werden zu $(\partial H^{\mathrm{id}}/\partial p)_T = V^{\mathrm{id}} - T(\partial V^{\mathrm{id}}/\partial T)_p = V^{\mathrm{id}} - nRT/p = 0$ (die Enthalpie des idealen Gases ist nur von der Temperatur abhängig, nicht vom Druck, s. Gl. (1.62a)). Damit ergibt sich für den Realanteil der Enthalpie

$$\boxed{H^{\mathrm{r}}(T, p) = \int_0^p \left(V - T \left(\frac{\partial V}{\partial T} \right)_p \right) \mathrm{d}p} \qquad (2.8)$$

in Übereinstimmung mit Gl. (1.273). Auch der Realanteil der Enthalpie des realen Fluids kann aus der volumenexpliziten thermischen Zustandsgleichung berechnet werden.

Realanteil der freien Enthalpie

Der Realanteil der freien Enthalpie G^r folgt aus der Definitionsgleichung der freien Enthalpie $G = H - TS$ und dem Realanteil der Enthalpie und der Entropie (Gln. (2.8) bzw. (2.7)) zu

$$
\begin{aligned}
G^r(T, p) &= G(T, p) - G^{id}(T, p) \\
&= H^r - TS^r \\
&= \int_0^p \left(V - T \left(\frac{\partial V}{\partial T} \right)_p + T \left(\frac{\partial V}{\partial T} \right)_p - \frac{nRT}{p} \right) dp
\end{aligned}
$$

also

$$
\boxed{G^r(T, p) = \int_0^p \left(V - \frac{nRT}{p} \right) dp}
\tag{2.9}
$$

(vgl. Gl. (1.277)). Auch der Realanteil der freien Enthalpie des realen Fluids lässt sich aus der volumenexpliziten thermischen Zustandsgleichung berechnen.

Realanteil und Kompressibilitätsfaktor

Man kann den Realanteil einer Zustandsgröße sehr einfach mit dem Kompressibilitätsfaktor ausdrücken. So folgt für den Realanteil V^r des Volumens mit der Definition des Kompressibilitätsfaktors z (Gl. (2.1))

$$
V^r(T, p) = V(T, p) - V^{id}(T, p) = \frac{nRT}{p}(z - 1)
$$

Der Realanteil des Molvolumens $V_m^r = V_m - V_m^{id}$ ist analog

$$
\boxed{V_m^r(T, p) = V_m(T, p) - V_m^{id}(T, p) = \frac{RT}{p}(z - 1)}
\tag{2.10}
$$

Der Realanteil der molaren freien Enthalpie ergibt sich, wenn man in Gl. (2.9) die thermische Zustandsgröße V mit dem Kompressibilitätsfaktor Gl. (2.1) ausdrückt, zu

$$
\boxed{G_m^r(T, p) = RT \int_0^p (z - 1) \frac{dp}{p}}
\tag{2.11}
$$

Den Realanteil der Enthalpie und der Entropie kann man aus bekannten Beziehungen zwischen thermodynamischen Zustandsgrößen herleiten, indem man sie auf die Realanteile überträgt. So ergibt sich der Realanteil der molaren Enthalpie aus der Gibbs-Helmholtz-Gleichung Gl. (1.236)

$$H_m^r = -T^2 \left(\frac{\partial \left(G_m^r / T \right)}{\partial T} \right)_p$$

mit Gl. (2.11) zu

$$H_m^r(T, p) = -RT^2 \int_0^p \left(\frac{\partial z}{\partial T} \right)_p \frac{\mathrm{d}p}{p} \qquad (2.12)$$

Für den Realanteil der molaren Entropie ergibt sich aus $S_m^r = H_m^r / T - G_m^r / T$ mit den Gln. (2.12) und (2.11)

$$S_m^r(T, p) = -RT \int_0^p \left(\frac{\partial z}{\partial T} \right)_p \frac{\mathrm{d}p}{p} - R \int_0^p (z - 1) \frac{\mathrm{d}p}{p} \qquad (2.13)$$

Die Gln. (2.7) bis (2.13) sind in Tab. A.6 zusammen gefasst.

Beispiel

Man berechne für Ethylen den Realanteil des Molvolumens und der molaren freien Enthalpie bei 200 °C und 7 MPa. Das p, V, T-Verhalten von Ethylen wird durch die Zustandsgleichung $z = pV_m/RT = 1 + B'p + C'p^2$ dargestellt mit den Koeffizienten $B' = -1{,}09 \cdot 10^{-3} \, \mathrm{bar}^{-1}$ und $C' = -1{,}32 \cdot 10^{-6} \, \mathrm{bar}^{-2}$ bei 200 °C.

Lösung: Der Kompressibilitätsfaktor ergibt sich für 200 °C und 7 MPa aus der Zustandsgleichung $z = 1 + B'p + C'p^2$ mit den angegebenen Koeffizienten zu $z = 0{,}917$. Die Realanteile des Molvolumens und der molaren freien Enthalpie ergeben sich mit den Gln. (2.10) bzw. (2.11) zu $V_m^r = RT(z - 1)/p = -46{,}6 \, \mathrm{cm}^3 \, \mathrm{mol}^{-1}$ bzw.

$$G_m^r = RT \int_0^p (z - 1) \frac{\mathrm{d}p}{p} = RT \int_0^p (B'p + C'p^2) \frac{\mathrm{d}p}{p}$$

$$= RT \left(B'p + \frac{1}{2}C'p^2 \right) = -312{,}8 \, \mathrm{J} \, \mathrm{mol}^{-1}$$

Departure Function

In der englischsprachigen Literatur wird neben dem Realanteil (residual function) die sog. *departure function* verwendet. Sie ist ebenfalls definiert als Differenz aus der Zustandsfunktion des realen Fluids und des idealen Gases, wobei sich die beiden Substanzen zwar bei derselben Temperatur befinden aber nicht bei demselben Druck: Das reale Fluid befindet sich bei dem Systemdruck p, das ideale Gas aber bei einem Bezugsdruck p_0 (meist

1 atm). Die departure function Z^{d} einer thermodynamischen Zustandsgröße Z ist also definiert als

$$Z^{\mathrm{d}} = Z(p, T) - Z^{\mathrm{id}}(p_0, T) \tag{2.14}$$

2.1.3 Fugazität und Fugazitätskoeffizient

Eine weitere Möglichkeit, reale Fluide durch Bezug auf das ideale Gas zu beschreiben, besteht darin, die einfache mathematische Form der Gleichung für die freie Enthalpie des idealen Gases beizubehalten, aber die darin enthaltene, die thermischen Eigenschaften des Gases charakterisierende Zustandsgröße des Drucks durch eine druckähnliche Größe, einen fiktiven Druck, die sog. Fugazität, zu ersetzen. Die Gleichung der freien Enthalpie wird herangezogen, da die freie Enthalpie insbesondere zur Berechnung von Phasengleichgewichten große Bedeutung hat.

Definition der Fugazität und des Fugazitätskoeffizienten
Die Druckabhängigkeit der freien Enthalpie des idealen Gases ist gegeben durch Gl. (1.285):

$$\boxed{\mathrm{d}G^{\mathrm{id}} = nRT\,\mathrm{d}\ln p} \tag{2.15}$$

Sie gilt für das reale Fluid solange es sich annähernd ideal verhält.

Es ist zweckmäßig, diese, für das ideale Gas gültige einfache mathematische Beziehung auch für reale Fluide beizubehalten und in dieser Gleichung Abweichungen des Verhaltens des realen Fluids vom idealen Verhalten zu berücksichtigen, indem man den Druck durch die sog. Fugazität, einen korrigierten fiktiven Druck ersetzt, der den intermolekularen Wechselwirkungen Rechnung trägt. Die *Fugazität f* ist definiert durch die zu Gl. (2.15) analoge Gleichung

$$\boxed{\mathrm{d}G = nRT\,\mathrm{d}\ln f} \tag{2.16}$$

Die Fugazität hat die gleiche physikalische Einheit wie der Druck. Sie ist eine Funktion der Temperatur und des Druckes.

Gl. (2.16) muss die Randbedingung erfüllen, dass sie im Grenzfall $p \to 0$ in Gl. (2.15) übergeht, da mit verschwindendem Druck sich das Verhalten des realen Fluids dem des idealen Gases annähert. Im Grenzfall $p \to 0$ müssen Fugazität und Druck identisch sein, d. h. es muss gelten

$$\lim_{p \to 0} (f/p) = 1 \tag{2.17}$$

Die Fugazität ist durch die beiden Gln. (2.16) und (2.17) vollständig definiert.

Für das ideale Gas gilt

$$\boxed{f^{\mathrm{id}} = p} \tag{2.18}$$

Die Fugazität des idealen Gases ist gleich dem Druck.

Der Quotient aus der Fugazität f und dem Druck p definiert den *Fugazitätskoeffizienten* φ:

$$\boxed{\varphi = \frac{f}{p}} \tag{2.19}$$

Der Fugazitätskoeffizient ist dimensionslos. Er ist wie die Fugazität eine Funktion von Druck und Temperatur. Als Korrekturfaktor berücksichtigt er die Abweichungen des Verhaltens des realen Fluids vom Verhalten des idealen Gases und ist daher ein direktes Maß für die intermolekularen Wechselwirkungen.

Aus den Gln. (2.17) und (2.19) folgt die Randbedingung

$$\lim_{p \to 0} \varphi = 1 \tag{2.20}$$

Für das ideale Gas gilt

$$\boxed{\varphi^{\mathrm{id}} = 1} \tag{2.21}$$

Für reale Fluide weicht der Fugazitätskoeffizient von Eins ab.

Mit der Definition der Fugazität können wir den Realanteil der freien Enthalpie G^{r} als einfache mathematische Funktion des Fugazitätskoeffizienten darstellen: Die Änderung der freien Enthalpie eines realen Fluids und eines idealen Gases auf Grund einer isothermen Druckänderung ergibt sich durch Integration der Gln. (2.16) bzw. (2.15) zu

$$G(T, p) = G(T, p_0) + nRT \ln \frac{f}{f_0}$$

bzw.

$$G^{\mathrm{id}}(T, p) = G^{\mathrm{id}}(T, p_0) + nRT \ln \frac{p}{p_0}$$

Dabei ist $f_0 = f(T, p_0)$ die Fugazität bei der Temperatur T und einem beliebigen Bezugsdruck p_0. Der Realanteil der freien Enthalpie ergibt sich hieraus zu

$$G^{\mathrm{r}}(T, p) = G(T, p) - G^{\mathrm{id}}(T, p) = G(T, p_0) - G^{\mathrm{id}}(T, p_0) + nRT \ln \left(\frac{f}{p} \frac{p_0}{f_0} \right)$$

Wählt man als Bezugszustand $p_0 = 0$, so ist $G(T, p_0) - G^{\mathrm{id}}(T, p_0) = 0$ und $p_0/f_0 = 1$. Dann wird mit Gl. (2.19) der Realanteil der freien Enthalpie

$$\boxed{G^{\mathrm{r}}(T, p) = nRT \ln \frac{f}{p} = nRT \ln \varphi} \tag{2.22}$$

bzw. der Realanteil der molaren freien Enthalpie

$$\boxed{G_{\mathrm{m}}^{\mathrm{r}}(T, p) = RT \ln \frac{f}{p} = RT \ln \varphi} \tag{2.23}$$

Temperatur- und Druckabhängigkeit der Fugazität und des Fugazitätskoeffizienten

Die Temperaturabhängigkeit der Fugazität und des Fugazitätskoeffizienten ergibt sich aus der Gibbs-Helmholtz-Gleichung Gl. (1.236) in der Form der Realanteile

$$\left(\frac{\partial(G^{\mathrm{r}}/T)}{\partial T}\right)_p = -\frac{H^{\mathrm{r}}}{T^2}$$

und Gl. (2.22) zu

$$\boxed{\left(\frac{\partial \ln f}{\partial T}\right)_p = \left(\frac{\partial \ln \varphi}{\partial T}\right)_p = -\frac{H^{\mathrm{r}}}{nRT^2} = -\frac{H_{\mathrm{m}}^{\mathrm{r}}}{RT^2}} \tag{2.24}$$

Die Druckabhängigkeit der Fugazität und des Fugazitätskoeffizienten ergibt sich aus der Zustandsgleichung Gl. (1.231)

$$\left(\frac{\partial G^{\mathrm{r}}}{\partial p}\right)_T = V^{\mathrm{r}}$$

und Gl. (2.22). Für den Fugazitätskoeffizienten erhält man

$$\left(\frac{\partial \ln \varphi}{\partial p}\right)_T = \frac{1}{nRT}\left(\frac{\partial G^{\mathrm{r}}}{\partial p}\right)_T = \frac{1}{nRT}V^{\mathrm{r}} = \frac{V - V^{\mathrm{id}}}{nRT}$$

also

$$\boxed{\left(\frac{\partial \ln \varphi}{\partial p}\right)_T = \frac{V}{nRT} - \frac{1}{p} = \frac{V_{\mathrm{m}}}{RT} - \frac{1}{p}} \tag{2.25}$$

und für die Fugazität

$$\left(\frac{\partial \ln f}{\partial p}\right)_T = \left(\frac{\partial (\ln \varphi + \ln p)}{\partial p}\right)_T = \left(\frac{\partial \ln \varphi}{\partial p}\right)_T + \frac{1}{p}$$

also mit Gl. (2.25)

$$\boxed{\left(\frac{\partial \ln f}{\partial p}\right)_T = \frac{V}{nRT} = \frac{V_{\mathrm{m}}}{RT}} \tag{2.26}$$

Die Gln. (2.23) bis (2.26) sind in Tab. A.6 zusammengestellt.

Die Definitionen der Fugazität und des Fugazitätskoeffizienten sind nur dann zweckmäßig, wenn sich f und φ leicht aus der Messgröße p berechnen lassen. Der funktionale Zusammenhang zwischen dem Fugazitätskoeffizienten und dem Druck erhält man durch Integration der Gl. (2.25) zwischen dem Bezugsdruck p_0 und dem Systemdruck p

$$\ln \varphi - \ln \varphi_0 = \frac{1}{nRT}\int_{p_0}^{p}(V - V^{\mathrm{id}})\,\mathrm{d}p$$

mit $\varphi_0 = \varphi(T, p_0)$. Setzt man für den Bezugszustand $p_0 = 0$, so ist $\varphi_0 = 1$ und daher

$$
\ln \varphi = \frac{1}{nRT} \int_0^p (V - V^{\text{id}}) \, dp = \frac{1}{RT} \int_0^p \left(V_{\text{m}} - V_{\text{m}}^{\text{id}} \right) dp
$$

$$
= \frac{1}{RT} \int_0^p \left(V_{\text{m}} - \frac{RT}{p} \right) dp \tag{2.27}
$$

Diese Gleichung kann auch als Definitionsgleichung für f gelten.

Der Fugazitätskoeffizient lässt sich auch mit Hilfe des Kompressibilitätsfaktors z ausdrücken. Setzt man $V_{\text{m}} = zRT/p$ in Gl. (2.27) ein, so erhält man

$$
\ln \varphi = \int_0^p \frac{z - 1}{p} \, dp \tag{2.28}
$$

und

$$
\varphi(p) = \exp \left(\int_0^p \frac{z - 1}{p} dp \right) \tag{2.29}
$$

Für das ideale Gas ist $z = 1$ und daher $\varphi = 1$ erfüllt. Für reale Fluide kann man mit den Gln. (2.27) bis (2.29) den Fugazitätskoeffizienten in Abhängigkeit vom Druck berechnen, wenn die thermische Zustandsgleichung in volumenexpliziter Form $V = V(T, p)$ oder der Kompressibilitätsfaktor $z = z(T, p)$ im Druckbereich $[0, p]$ bekannt ist.

Liegt die thermische Zustandsgleichung bzw. der Kompressibilitätsfaktor in druckexpliziter Form $p = p(T, V)$ bzw. $z = z(T, V)$ vor, so bestimmt man den Fugazitätskoeffizienten als Funktion des Volumens nach der zu Gl. (2.28) äquivalenten Gleichung (s. z. B. Gmehling und Kolbe 1992)

$$
\ln \varphi = z - 1 - \ln z + \frac{1}{RT} \int_{V_{\text{m}}}^{\infty} \left(p - \frac{RT}{V_{\text{m}}} \right) dV_{\text{m}} \tag{2.30}
$$

Liegt die thermische Zustandsgleichung bzw. der Kompressibilitätsfaktor als algebraische Beziehung vor, dann löst man das Integral analytisch; liegt die thermodynamische Information über das System in tabellierter Form vor, so berechnet man das Integral numerisch.

Mit Gl. (2.29) kann man bei Kenntnis der Druckabhängigkeit des Kompressibilitäts-faktors (s. z. B. Abb. 2.1 und Abb. 2.3) den Verlauf des Fugazitätskoeffizienten mit dem Druck abschätzen. Bis hinauf zu mittleren Drücken ist meist $z < 1$, bei hohen Drücken ist $z > 1$. Gilt $z < 1$ im gesamten Integrationsintervall des Integrals der Gl. (2.29), so ist das Argument des Integrals im gesamten Integrationsintervall negativ und damit auch der Exponent, so dass $\varphi < 1$ und $f < p$ sind. In diesem Fall überwiegen die anziehenden Wechselwirkungen. Bei hohen Drücken wird $z > 1$, und bei ausreichend hohen Drücken wird das Integral positiv, $\varphi > 1$ und $f > p$. Nun herrschen die abstoßenden Wechselwir-kungen vor. So ist der Fugazitätskoeffizient von Stickstoff bei 273 K bei 1 bar 0,99955, also nahe bei Eins, bei 100 bar 0,9703, also deutlich kleiner als Eins, und bei 1000 bar 1,839, also viel größer als Eins.

Beispiel

Man berechne die Fugazität und den Realanteil der molaren freien Enthalpie von Ethy-len bei 200 °C und 7 MPa. Das p, V, T-Verhalten von Ethylen werde durch die im Bei-spiel des Abschn. 2.1.2 angegebene Zustandsgleichung beschrieben.

Lösung: Den Fugazitätskoeffizienten erhält man mit Gl. (2.28), indem der Kompressi-bilitätsfaktor

$$z = \frac{pV_{\mathrm{m}}}{RT} = 1 + B'p + C'p^2$$

eingesetzt und das Integral ausgewertet wird:

$$\ln \varphi = \int_0^p \frac{z-1}{p} \, \mathrm{d}p = \int_0^p (B' + C'p) \, \mathrm{d}p = B'p + \frac{1}{2}C'p^2 = -0{,}0795$$

Also ist der Fugazitätskoeffizient $\varphi = 0{,}9236$ und die Fugazität $f = \varphi p = 6{,}465$ MPa. Bei den angegebenen Bedingungen ist $\varphi < 1$ und $f < p$; es herrschen also anziehende Wechselwirkungskräfte vor.

Der Realanteil der molaren freien Enthalpie ist nach Gl. (2.23) $G_{\mathrm{m}}^{\mathrm{r}} = RT \ln \varphi = -312{,}7$ J mol^{-1}. Die Realanteile der molaren Enthalpie und Entropie kann man nur berechnen, wenn die Temperaturabhängigkeit der Koeffizienten der Zustandsgleichung bekannt ist.

2.2 Thermische Zustandsgleichungen

Eine *thermische Zustandsgleichung* ist eine mathematische Verknüpfung der drei thermi-schen Zustandsgrößen p, V und T. Die einfachste thermische Zustandsgleichung ist die des idealen Gases, $pV = nRT$. Reale Fluide zeigen auf Grund der zwischen den Gasteilchen wirkenden anziehenden und abstoßenden Kräfte Abweichungen vom Verhalten des idealen Gases, insbes. bei mittleren und hohen Drücken. Da der Einfluss der intermolekularen Wechselwirkungen auf die thermischen Zustandsgrößen von der Art des Fluids abhängt, kann man den Zustand der realen Fluide nicht durch eine für alle Fluide und den gesamten Zustandsbereich gültige einfache Zustandsgleichung beschreiben. Vielmehr enthalten die Gleichungen neben der universellen Gaskonstante R zusätzlich individuelle Konstanten, die die spezifischen Eigenschaften des realen Fluids berücksichtigen. Daher sind die Zustandsgleichungen realer Fluide i. a. recht kompliziert.

Es besteht großes Interesse an der Kenntnis thermischer Zustandsgleichungen, da man mit ihnen die thermodynamischen Potentiale berechnen sowie Phasengleichgewichte beschreiben kann.

Zur Beschreibung des p, V, T-Verhaltens realer Fluide wurde eine Vielzahl thermischer Zustandsgleichungen entwickelt, die für eine möglichst große Zahl von Stoffen, insbesondere von technisch wichtigen Stoffen, gelten sollen. Man unterscheidet drei verschiedene Arten von Zustandsgleichungen:

1. Die *Virialgleichungen* sind theoretisch fundierte thermische Zustandsgleichungen in Form von Potenzreihen des Druckes oder des reziproken Molvolumens. Sie werden mit Hilfe der statistischen Thermodynamik aus den Potentialfunktionen der intermolekularen Wechselwirkungen abgeleitet, und die Koeffizienten der Virialgleichungen folgen direkt aus den Koeffizienten der intermolekularen Wechselwirkungskräfte.

2. Die *generalisierten Zustandsgleichungen* sind thermische Zustandsgleichungen, die mit den sog. reduzierten thermischen Zustandsgrößen formuliert sind. Daher enthalten sie keine individuellen Konstanten. Sie beruhen auf der Beobachtung, dass viele Fluide ein qualitativ ähnliches p, V, T-Verhalten zeigen, insbesondere dass am sog. kritischen Punkt gasförmiger und flüssiger Zustand des Fluids ohne Phasentrennung kontinuierlich ineinander übergehen. Indem man die thermischen Zustandsgrößen p, V und T auf die Werte am kritischen Punkt bezieht, werden in den Zustandsgleichungen die individuellen Konstanten eliminiert und so die Zustandsgleichungen der verschiedenen Stoffe in Übereinstimmung gebracht. Die van-der-Waals-Gleichung ist von dieser Art.

3. Die *empirischen Zustandsgleichungen* sind Polynome, die man durch Anpassung an die p, V, T-Messwerte erhält. Sie sind rein mathematische Beziehungen. Weder die Form der Gleichungen noch die in ihnen enthaltenen Konstanten haben physikalische Bedeutung. Die stoffspezifischen Konstanten der einfachen Gleichungen werden zwar mit den intermolekularen Wechselwirkungen und der Geometrie der Moleküle in Verbindung gebracht, die zahlreichen Terme und Koeffizienten der komplizierteren Gleichungen verlieren jedoch ihre physikalische Bedeutung. Manche empirischen kubischen Zustandsgleichungen sind halbempirische Modifikationen der van-der-Waals-Gleichung (s. Abschn. 2.2.5). Die empirischen Zustandsgleichungen gelten nur für den betrachteten Stoff und für den Zustandsbereich der Interpolation; sie sind nicht auf einen anderen Stoff anwendbar und nicht über den Zustandsbereich hinaus extrapolierbar.

Je höher die Anzahl der anpassbaren Parameter einer Zustandsgleichung ist, umso genauer lassen sich die gemessenen p, V, T-Daten durch die Zustandsgleichung wiedergeben und umso größer ist ihr Gültigkeitsbereich – vorausgesetzt, es liegt eine ausreichende Anzahl von Messdaten genügender Genauigkeit vor. Allerdings werden die Zustandsgleichungen dann zunehmend komplexer, und die mathematische Behandlung wird entsprechend aufwendiger. Bei der Virialgleichung arbeitet man meist mit einem, selten mit zwei Koeffizienten. Die van-der-Waals-Gleichung enthält zwei Stoffkonstanten, welche der anziehenden und abstoßenden intermolekularen Wechselwirkung entsprechen. Die von der van-der-Waals-Gleichung abgeleiteten empirischen kubischen Zustandsgleichungen beinhalten drei oder mehr Parameter.

2.2.1 Virialgleichung

Die *Virialgleichung* ist eine thermische Zustandsgleichung, die man aus den Potentialfunktionen der intermolekularen Wechselwirkungskräfte mit Hilfe der statistischen Thermodynamik herleiten kann. Hierauf deutet der Name hin (vis, vires (lat.) = Kraft, Kräfte).

Die Virialgleichung stellt das p, V, T-Verhalten realer Fluide als eine Reihenentwicklung von pV_m oder z nach dem Druck p oder dem reziproken Molvolumen $1/V_m$ dar.

Berlin- und Leiden-Form
Es gibt verschiedene Formen der Virialgleichung, je nachdem, ob man als Variable der Potenzreihe den Druck p oder das reziproke Molvolumen $1/V_m$ wählt. Die *Berlin-Form* der Virialgleichung ist eine Entwicklung nach dem Druck. Sie lautet

$$\boxed{pV_m = RT\left(1 + B'p + C'p^2 + D'p^3 + \ldots\right)} \tag{2.31a}$$

oder

$$\boxed{z = \frac{pV_m}{RT} = 1 + B'p + C'p^2 + D'p^3 + \ldots} \tag{2.31b}$$

Die *Leiden-Form* der Virialgleichung ist eine Entwicklung nach dem reziproken Molvolumen $1/V_m$ und lautet

$$\boxed{pV_m = RT\left(1 + \frac{B}{V_m} + \frac{C}{V_m^2} + \frac{D}{V_m^3} + \ldots\right)} \tag{2.32a}$$

oder

$$\boxed{z = \frac{pV_m}{RT} = 1 + \frac{B}{V_m} + \frac{C}{V_m^2} + \frac{D}{V_m^3} + \ldots} \tag{2.32b}$$

Mit der Definition der *Moldichte* $\rho = 1/V_m$ als dem reziproken Molvolumen kann man die Leiden-Form der Virialgleichung auch folgendermaßen schreiben:

$$pV_m = RT(1 + B\rho + C\rho^2 + D\rho^3 + \ldots) \tag{2.33a}$$

bzw.

$$z = \frac{pV_m}{RT} = 1 + B\rho + C\rho^2 + D\rho^3 + \ldots \tag{2.33b}$$

B' und B, C' und C sowie D' und D heißen zweiter, dritter bzw. vierter *Virialkoeffizient*. Sie sind Stoffkonstanten, die für reine Stoffe nur von der Temperatur abhängen aber nicht vom Druck oder der Dichte. Ihre physikalischen Einheiten sind $[B'] = \text{bar}^{-1}$, $[C'] = \text{bar}^{-2}$, $[D'] = \text{bar}^{-3}$, und $[B] = \text{cm}^3\,\text{mol}^{-1}$, $[C] = \text{cm}^6\,\text{mol}^{-2}$, $[D] = \text{cm}^9\,\text{mol}^{-3}$.

Der erste Term der Virialgleichung entspricht der thermischen Zustandsgleichung des idealen Gases, denn für das ideale Gas gilt $pV_m = RT$ bzw. $z^{id} = 1$. Die höheren Terme stellen additive Korrekturterme dar, die Abweichungen im Verhalten des realen Fluids vom idealen Gasgesetz aufgrund der intermolekularen Wechselwirkungskräfte berücksichtigen, und die Virialkoeffizienten sind durch die Koeffizienten der Potentialfunktionen der intermolekularen Wechselwirkungen gegeben. Der zweite Virialkoeffizient entspricht der Wechselwirkung zwischen zwei Molekülen, der dritte derjenigen zwischen drei Molekülen usw. Die Bedeutung der Wechselwirkungen nimmt jedoch mit der Zahl der miteinander wechselwirkenden Moleküle ab, so dass in der Praxis die höheren Virialkoeffizienten vernachlässigt werden können und die Potenzreihe nach dem dritten Glied oder gar dem zweiten Glied abgebrochen wird.

Virialkoeffizienten
Die Virialkoeffizienten sind durch die Virialgleichungen Gln. (2.31a) bis (2.33b) definiert. Man kann sie aber auch als Ableitungen des Kompressibilitätsfaktors definieren. Dazu stellt man den Kompressibilitätsfaktor z näherungsweise durch eine Taylor-Reihe dar, also durch die Polynomfunktion um den Referenzpunkt p_0

$$z(p) = z(p_0) + \left(\frac{\partial z}{\partial p}\right)_{T,p_0}(p - p_0) + \frac{1}{2}\left(\frac{\partial^2 z}{\partial p^2}\right)_{T,p_0}(p - p_0)^2 + \ldots \tag{2.34}$$

Wählt man als Referenzdruck $p_0 = 0$, so ist, da bei verschwindendem Druck reale Fluide das ideale Gasgesetz befolgen, $z(p_0) = 1$, und Gl. (2.34) wird zu

$$z(p) = 1 + \left(\frac{\partial z}{\partial p}\right)_{T,p=0} p + \frac{1}{2}\left(\frac{\partial^2 z}{\partial p^2}\right)_{T,p=0} p^2 + \ldots \tag{2.35}$$

Der Vergleich mit der Virialgleichung Gl. (2.31b) liefert für die Virialkoeffizienten der Berlin-Form die folgenden Beziehungen:

$$B' = \left(\frac{\partial z}{\partial p}\right)_{T,p=0}, \quad C' = \frac{1}{2}\left(\frac{\partial^2 z}{\partial p^2}\right)_{T,p=0}, \quad D' = \frac{1}{3}\left(\frac{\partial^3 z}{\partial p^3}\right)_{T,p=0} \tag{2.36a–c}$$

Analog erhält man für die Virialkoeffizienten der Leiden-Form die Gleichungen

$$B = \left(\frac{\partial z}{\partial \rho}\right)_{T,p=0}, \quad C = \frac{1}{2}\left(\frac{\partial^2 z}{\partial \rho^2}\right)_{T,p=0}, \quad D = \frac{1}{3}\left(\frac{\partial^3 z}{\partial \rho^3}\right)_{T,p=0} \tag{2.37a–c}$$

Die Koeffizienten der beiden Formen der Virialgleichung können folgendermaßen ineinander umgerechnet werden. Löst man die Berlin-Form Gl. (2.31a) und die Leiden-Form Gl. (2.32a) der Virialgleichung nach p auf, so erhält man

$$p = \frac{RT}{V_m} + \frac{B'RTp}{V_m} + \frac{C'RTp^2}{V_m} + \dots \tag{2.38}$$

bzw.

$$p = \frac{RT}{V_m} + \frac{BRT}{V_m^2} + \frac{CRT}{V_m^3} + \dots \tag{2.39}$$

Substituiert man in Gl. (2.38) p durch den Ausdruck Gl. (2.39), so ergibt sich

$$p = \frac{RT}{V_m} + \frac{B'RT}{V_m}\left(\frac{RT}{V_m} + \frac{BRT}{V_m^2} + \frac{CRT}{V_m^3} + \dots\right)$$
$$+ \frac{C'RT}{V_m}\left(\frac{RT}{V_m} + \frac{BRT}{V_m^2} + \frac{CRT}{V_m^3} + \dots\right)^2 + \dots \tag{2.40}$$

Die Gln. (2.39) und (2.40) sind Potenzreihen in $1/V_m$. Der Vergleich der Koeffizienten der Glieder gleicher Potenz in $1/V_m$ führt zu den gesuchten Beziehungen zwischen den Virialkoeffizienten. Von den Termen zweiter Ordnung in $1/V_m$ ergibt sich $BRT = B'(RT)^2$ also

$$\boxed{B' = \frac{B}{RT}} \tag{2.41a}$$

Von den Termen dritter Ordnung in $1/V_m$ ergibt sich $CRT = B'B(RT)^2 + C'(RT)^3$ also mit Gl. (2.41a)

$$\boxed{C' = \frac{C - B^2}{(RT)^2}} \tag{2.41b}$$

Von den Termen vierter Ordnung in $1/V_m$ erhält man die Beziehung zwischen den vierten Virialkoeffizienten D bzw. D' zu

$$\boxed{D' = \frac{D - 3BC + 2B^3}{(RT)^3}} \tag{2.41c}$$

Die Gln. (2.41a) bis (2.41c) gelten nur dann exakt, wenn man die beiden unendlichen Reihen der Gln. (2.31a) und (2.32a) miteinander vergleicht, d. h. die Virialkoeffizienten mit den Gln. (2.36a–c) bzw. (2.37a–c) berechnet. Tatsächlich sind aber die experimentellen p, V, T-Daten im Bereich $p = 0$ recht ungenau, so dass es in der Praxis nicht möglich ist, die Virialkoeffizienten, insbesondere den dritten und die höheren, mit den Gln. (2.36a–c) und (2.37a–c) aus Messungen zu berechnen. Daher stellt die Umrechnung der Virialkoeffizienten mit den Gln. (2.41a) bis (2.41c) eine Näherung dar.

Beispiel

Man berechne das Molvolumen und den Kompressibilitätsfaktor von Isopropanol bei $200\,°C$ und 1 bar sowie 10 bar

(a) mit der thermischen Zustandsgleichung des idealen Gases,

(b) mit der nach dem zweiten Koeffizienten abgebrochen Leiden-Form der Virialgleichung,

(c) mit der nach dem zweiten Virialkoeffizienten abgebrochenen Berlin-Form,

(d) mit der nach dem dritten Virialkoeffizienten abgebrochenen Berlin-Form.

Die Virialkoeffizienten für die Leiden-Form sind bei $200\,°C$ $B = -388\,\mathrm{cm^3\,mol^{-1}}$ und $C = -26 \cdot 10^3\,\mathrm{cm^6\,mol^{-2}}$.

Lösung: (a) Mit der Gleichung des idealen Gases ergibt sich das Molvolumen

für $p = 1$ bar: $V_m^{id}(1\,\mathrm{bar}) = RT/p = 3{,}934 \cdot 10^{-2}\,\mathrm{m^3\,mol^{-1}}$

für $p = 10$ bar: $V_m^{id}(10\,\mathrm{bar}) = 3{,}934 \cdot 10^{-3}\,\mathrm{m^3\,mol^{-1}}$.

Es ist $z^{id} = pV_m/(RT) = 1$ unabhängig vom Druck.

(b) Die nach dem zweiten Virialkoeffizienten abgebrochene Leiden-Form lautet nach Gl. (2.32a)

$$pV_m = RT\left(1 + \frac{B}{V_m}\right).$$

Dies ist eine Gleichung zweiten Grades in V_m: $V_m^2 - (RT/p)V_m - (RT/p)B = 0$. Löst man sie nach V_m auf, so erhält man

$$V_m = \frac{RT}{2p} \pm \sqrt{\left(\frac{RT}{2p}\right)^2 + \frac{RT}{p}B} = \frac{V_m^{id}}{2}\left(1 \pm \sqrt{1 + \frac{4B}{V_m^{id}}}\right)$$

Mit $z = V_{\mathrm{m}}/V_{\mathrm{m}}^{\mathrm{id}}$ ist

$$z = \frac{1 \pm \sqrt{1 + \frac{4B}{V_{\mathrm{m}}^{\mathrm{id}}}}}{2}$$

wobei nur das positive Vorzeichen vor der Wurzel physikalisch sinnvoll ist. Mit $V_{\mathrm{m}}^{\mathrm{id}}$ aus (a) ergibt sich für den Kompressibilitätsfaktor und das Molvolumen

für $p = 1$ bar: $z = 0,9901$, $V_{\mathrm{m}} = zV_{\mathrm{m}}^{\mathrm{id}} = 3,895 \cdot 10^{-2}\,\mathrm{m}^3\,\mathrm{mol}^{-1}$

für $p = 10$ bar: $z = 0,8891$, $V_{\mathrm{m}} = 3,498 \cdot 10^{-3}\,\mathrm{m}^3\,\mathrm{mol}^{-1}$

(c) Die nach dem zweiten Virialkoeffizienten abgebrochene Berlin-Form lautet (Gln. (2.31a) und (2.41a))

$$pV_{\mathrm{m}} = RT\left(1 + B'p\right) = RT\left(1 + \frac{Bp}{RT}\right)$$

Also ist der Kompressibilitätsfaktor $z = V_{\mathrm{m}}/V_{\mathrm{m}}^{\mathrm{id}} = 1 + Bp/(RT)$. Es ergibt sich

für $p = 1$ bar: $z = 0,9901$, $V_{\mathrm{m}} = zV_{\mathrm{m}}^{\mathrm{id}} = 3,895 \cdot 10^{-2}\,\mathrm{m}^3\,\mathrm{mol}^{-1}$

für $p = 10$ bar: $z = 0,9014$, $V_{\mathrm{m}} = 3,546 \cdot 10^{-3}\,\mathrm{m}^3\,\mathrm{mol}^{-1}$

(d) Berücksichtigt man den dritten Virialkoeffizienten, so lautet die Berlin-Form (Gl. (2.31a))

$$pV_{\mathrm{m}} = RT\left(1 + B'p + C'p^2\right)$$

wobei mit den Gln. (2.41a) und (2.41b)

$$B' = B/RT = -9{,}863 \cdot 10^{-3}\,\mathrm{bar}^{-1} \text{ und } C' = (C - B^2)/(RT)^2 = -1{,}141 \cdot 10^{-4}\,\mathrm{bar}^{-2}.$$

Also ist der Kompressibilitätsfaktor $z = V_{\mathrm{m}}/V_{\mathrm{m}}^{\mathrm{id}} = 1 + B'p + C'p^2$ und es ist

für $p = 1$ bar: $z = 0,9900$, $V_{\mathrm{m}} = zV_{\mathrm{m}}^{\mathrm{id}} = 3,895 \cdot 10^{-2}\,\mathrm{m}^3\,\mathrm{mol}^{-1}$

für $p = 10$ bar: $z = 0,8900$, $V_{\mathrm{m}} = 3,501 \cdot 10^{-3}\,\mathrm{m}^3\,\mathrm{mol}^{-1}$

Für 1 bar ergeben die Leiden-Form und die Berlin-Form mit dem zweiten und dritten Virialkoeffizienten innerhalb von 10^{-4} dieselben Ergebnisse. Für 10 bar weichen die Ergebnisse der beiden Virialgleichungen leicht voneinander ab, der dritte Virialkoeffizient macht sich bemerkbar.

Experimentelle Bestimmung der Virialkoeffizienten

Man kann die Virialkoeffizienten auf die Potentialfunktionen der intermolekularen Wechselwirkung zurückführen, jedoch sind diese nicht mit ausreichender Genauigkeit bekannt, so dass man die Virialkoeffizienten mit anderen Methoden berechnet (s. z. B. Tsonopoulos 1974).

Man kann die Virialkoeffizienten auch aus Messungen der thermischen Zustandsgrößen bestimmen. Um zu einer geeigneten graphischen Auswertung der experimentellen p, V, T-Daten zu gelangen, formt man die Virialgleichung, z. B. die Leiden-Form Gl. (2.32a) um zu

$$\left(\frac{pV_\mathrm{m}}{RT} - 1\right) V_\mathrm{m} = B + \frac{C}{V_\mathrm{m}} + \frac{D}{V_\mathrm{m}^2} \cdots \tag{2.42}$$

Unter der Voraussetzung, dass die Virialgleichung nach dem dritten Virialkoeffizienten abgebrochen werden kann, ergibt die Auftragung von $V_\mathrm{m}(p\,V_\mathrm{m}/(RT) - 1)$ gegen $1/V_\mathrm{m}$ für feste T Geraden. Deren Ordinatenabschnitte ergeben den zweiten Virialkoeffizienten B für die entsprechenden Temperaturen:

$$B = \lim_{1/V_\mathrm{m} \to 0} \left(\left(\frac{pV_\mathrm{m}}{RT} - 1\right) V_\mathrm{m}\right) \tag{2.42a}$$

Ihre Anstiege bei $1/V_\mathrm{m} \to 0$ liefern den dritten Virialkoeffizienten C für die verschiedenen Temperaturen:

$$C = \lim_{1/V_\mathrm{m} \to 0} \left(\frac{\partial}{\partial\left(\frac{1}{V_\mathrm{m}}\right)} \left(\left(\frac{pV_\mathrm{m}}{RT} - 1\right) V_\mathrm{m}\right)\right)_T \tag{2.42b}$$

Abb. 2.4 zeigt beispielhaft eine solche Auftragung.

Den dritten Virialkoeffizienten kann man außer als Anstieg der genannten Auftragung nach Gl. (2.42b) auch mit der folgenden graphischen Auswertung gewinnen. Formt man die Virialgleichung Gl. (2.32a) um zu

$$\left(\frac{pV_\mathrm{m}}{RT} - 1 - \frac{B}{V_\mathrm{m}}\right) V_\mathrm{m}^2 = C + \frac{D}{V_\mathrm{m}} + \ldots \tag{2.43}$$

und trägt $(pV_\mathrm{m}/(RT) - 1 - B/V_\mathrm{m})\,V_\mathrm{m}^2$ gegen $1/V_\mathrm{m}$ auf, so ist, vorausgesetzt, man kann die Virialgleichung nach dem dritten Virialkoeffizienten abbrechen, der Ordinatenabschnitt der sich ergebenden Geraden der dritte Virialkoeffizient C:

$$C = \lim_{1/V_\mathrm{m} \to 0} \left(\left(\frac{pV_\mathrm{m}}{RT} - 1 - \frac{B}{V_\mathrm{m}}\right) V_\mathrm{m}^2\right) \tag{2.43a}$$

Diese zweite Methode hat gegenüber der erstgenannten den Vorteil, dass sie prinzipiell genauer ist. Sie ermöglicht außerdem, die Virialkoeffizienten höherer Ordnung auf analoge Weise zu bestimmen, vorausgesetzt, die p, V, T-Messungen weisen ausreichende Genauigkeit auf. Dies ist allerdings oft schon für den dritten Virialkoeffizienten nicht erfüllt.

Die zweiten Virialkoeffizienten einiger Stoffe sind in Tab. A.18 aufgelistet.

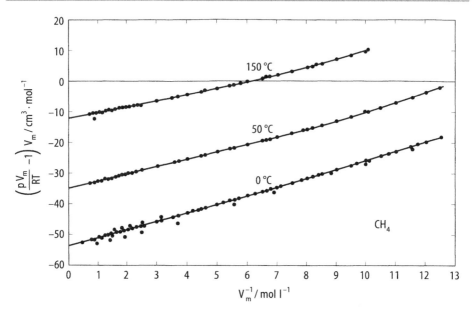

Abb. 2.4 Darstellung der p, V, T-Daten von Methan zur Ermittlung der Virialkoeffizienten (Douslin 1962): Der zweite Virialkoeffizient B ergibt sich aus dem Ordinatenabschnitt, der dritte Virialkoeffizient C aus dem Anstieg bei $1/V_m \to 0$

Temperaturabhängigkeit der Virialkoeffizienten, Boyle-Temperatur

Die Virialkoeffizienten sind definitionsgemäß von Druck und Molvolumen bzw. Moldichte unabhängig, hängen jedoch von der Temperatur ab. Abb. 2.3 zeigt z als Funktion von p für verschiedene Temperaturen für das Fluid Methan. Für hohe Temperaturen steigen die $z(p)$-Isothermen von $p = 0$ aus mit dem Druck an, während für niedrigere Temperaturen die Isothermen von $p = 0$ aus zunächst abfallen und erst bei höheren Drücken nach Durchlaufen eines Minimums ansteigen. Zwischen diesen beiden Temperaturbereichen gibt es eine Grenztemperatur, bei der die $z(p)$-Isotherme mit einer horizontalen Tangente aus der Ordinatenachse heraustritt und für einen relativ großen Druckbereich dem Verlauf des idealen Gases folgt und damit dem Gesetz von Boyle-Mariotte ($pV = $ const für $T = $ const, Gl. (1.55)). Man nennt diese Temperatur *Boyle-Temperatur* T_B. Die Boyle-Temperatur ist definiert durch die Gleichung

$$\boxed{\left(\frac{\partial z}{\partial p}\right)_{T_B} = \left(\frac{\partial (pV)}{\partial p}\right)_{T_B} = 0 \quad \text{bei} \quad p = 0} \tag{2.44}$$

Die erste Ableitung des Kompressibilitätsfaktors nach dem Druck für verschwindenden Druck, also die Anfangsneigung der $z(p)$-Isothermen, ist nach Gl. 2.36a gleich dem zweiten Virialkoeffizienten B'. Daher sind die zweiten Virialkoeffizienten B und B' bei der Boyle-Temperatur gleich Null, und die Boyle-Temperatur kann definiert werden durch die

Tab. 2.1 Boyle-Temperatur T_B einiger Fluide (Quelle: Gray 1972)

Gas	T_B K	Gas	T_B K
He	22,64	H_2	110,04
Ne	122,11	N_2	327,22
Ar	411,52	O_2	105,88
Kr	575,00	CO_2	714,81
Xe	768,03	Luft	346,81
		CH_4	509,66

Gleichungen

$$B(T_B) = 0 \quad \text{bzw.} \quad B'(T_B) = 0 \qquad (2.45)$$

Bei Temperaturen unterhalb der Boyle-Temperatur ist der Anstieg $(\partial z/\partial p)_T$ der $z(p)$-Isothermen bei kleinen Drücken negativ und daher auch der zweite Virialkoeffizient. Oberhalb der Boyle-Temperatur sind der Anstieg der Isotherme und der zweite Virialkoeffizient positiv. Die zweiten Virialkoeffizienten B und B' nehmen also mit der Temperatur zu und gehen bei der Boyle-Temperatur durch Null.

Die Temperaturabhängigkeit des zweiten Virialkoeffizienten B ist für einige Stoffe in Abb. 2.5 dargestellt.

Die Boyle-Temperaturen einiger Stoffe sind in Tab. 2.1 zusammengestellt.

Bei Temperaturen unterhalb der Boyle-Temperatur weisen die $pV(p)$-Isothermen Minima auf. Im Minimum besitzt die $pV(p)$-Kurve eine horizontale Tangente, d. h. es ist $(\partial(pV)/\partial p)_T = 0$. Im Bereich der Minima ist pV also näherungsweise unabhängig von p und nur von T abhängig, und das reale Gas verhält sich hier annähernd ideal. Bei dieser Temperatur kompensieren sich die anziehenden und abstoßenden Wechselwirkungen. Die Kurve, die die Minima der Isothermen verbindet, heißt *Boyle-Kurve*. Die Boyle-Kurve erreicht $p = 0$ bei der Boyle-Temperatur. Eine solche Boyle-Kurve ist im pv, p-Diagramm der Abb. 2.6 dargestellt.

Berechnung von Realanteilen und Fugazitätskoeffizient

Die Realanteile verschiedener Zustandsgrößen sowie der Fugazitätskoeffizient und seine Temperatur- und Druckabhängigkeit werden im folgenden aus der Virialgleichung berechnet, und zwar mit Berlin-Form, die für diesen Fall genauer ist als die Leiden-Form.

Wird die Virialgleichung nach dem zweiten Virialkoeffizienten abgebrochen, so lautet sie (Gln. (2.31b) und (2.41a)):

$$z = \frac{pV_m}{RT} = 1 + B'p = 1 + \frac{Bp}{RT} \qquad (2.46)$$

Den Realanteil der molaren freien Enthalpie erhält man mit dieser Zustandsgleichungleichung aus Gl. (2.11), wenn man berücksichtigt, dass B definitionsgemäß druckunabhängig

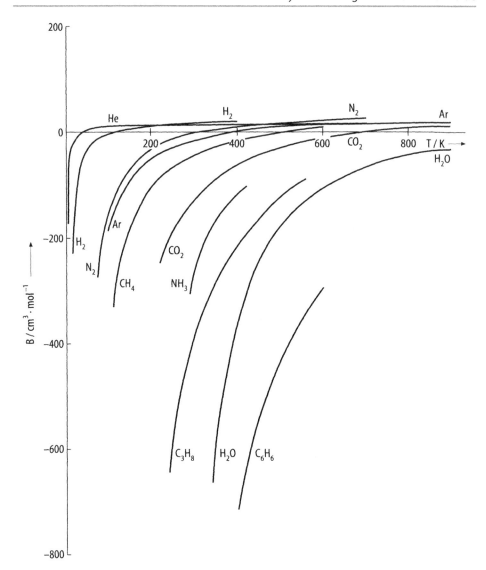

Abb. 2.5 Temperaturabhängigkeit des zweiten Virialkoeffizienten B verschiedener Stoffe

ist, zu

$$G_m^r = RT \int_0^p (z - 1)\frac{\mathrm{d}p}{p} = \int_0^p B\,\mathrm{d}p = Bp \qquad (2.47)$$

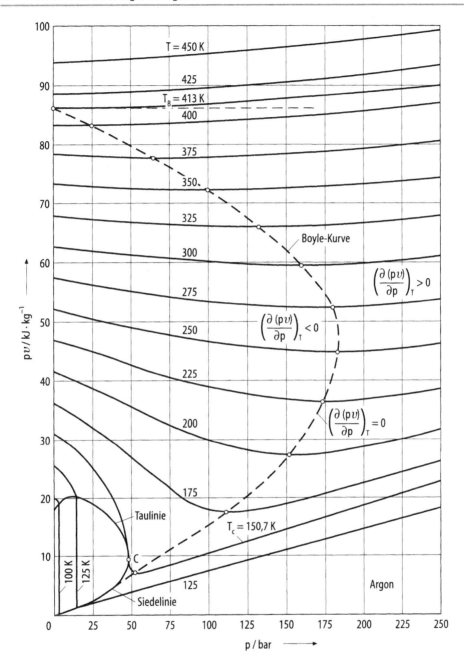

Abb. 2.6 $pv(p)$-Isothermen von Argon für verschiedene Temperaturen (nach Baehr 1996). Die Boyle-Kurve verbindet die Minima der Isothermen. T_B ist die Boyle-Temperatur, T_C die kritische Temperatur, C der kritische Punkt. Die Boyle-Temperatur ist etwa das Dreifache der kritischen Temperatur (s. Gl. (2.87))

Der Realanteil der molaren Enthalpie ergibt sich hieraus mit der Gibbs-Helmholtz-Gleichung Gl. (1.236) zu

$$H_m^r = -T^2 \left(\frac{\partial}{\partial T} \left(\frac{G_m^r}{T} \right) \right)_p = -T^2 \left(\frac{\partial}{\partial T} \left(\frac{Bp}{T} \right) \right)_p$$

$$= -T^2 \left(-\frac{Bp}{T^2} + \frac{p}{T} \frac{dB}{dT} \right) = Bp - Tp \frac{dB}{dT}$$

also

$$H_m^r = \left(B - T \frac{dB}{dT} \right) p \tag{2.48}$$

Der Realanteil der molaren Entropie ist dann

$$S_m^r = \frac{H_m^r}{T} - \frac{G_m^r}{T} = -p \frac{dB}{dT} \tag{2.49}$$

Der Fugazitätskoeffizient φ ergibt sich aus den Gln. (2.23) und (2.47) zu

$$\ln \varphi = \frac{G_m^r}{RT} = \frac{Bp}{RT} \tag{2.50}$$

Die Temperaturabhängigkeit des Fugazitätskoeffizienten erhält man aus Gl. (2.24) mit Gl. (2.48)

$$\left(\frac{\partial \ln \varphi}{\partial T} \right)_p = -\frac{H_m^r}{RT^2} = \frac{p}{RT} \left(\frac{dB}{dT} - \frac{B}{T} \right) \tag{2.51}$$

Die Druckabhängigkeit ergibt sich aus Gl. (2.25) mit Gl. (2.46)

$$\left(\frac{\partial \ln \varphi}{\partial p} \right)_T = \frac{V_m}{RT} - \frac{1}{p} = \frac{B}{RT} \tag{2.52}$$

Berücksichtigt man auch den dritten Virialkoeffizienten, so lautet die Berlin-Form der Virialgleichung

$$z = \frac{pV_m}{RT} = 1 + B'p + C'p^2 \tag{2.53}$$

wobei die Virialkoeffizienten durch die Gln. (2.41a) und (2.41b)

$$B' = \frac{B}{RT} \quad \text{und} \quad C' = \frac{C - B^2}{(RT)^2}$$

gegeben sind.

Der Realanteil der molaren freien Enthalpie ist dann nach Gl. (2.11)

$$G_m^r = RT \int_0^p (B'p + C'p^2)\frac{dp}{p} = RT\left(B'p + \frac{1}{2}C'p^2\right) \tag{2.54}$$

Der Realanteil der molaren Enthalpie ist mit Gl. (1.236)

$$H_m^r = -RT^2\left(\frac{\partial\left(B'p + \frac{1}{2}C'p^2\right)}{\partial T}\right)_p = -RT^2\left(p\frac{dB'}{dT} + \frac{1}{2}p^2\frac{dC'}{dT}\right) \tag{2.55}$$

Der Realanteil der molaren Entropie ist

$$S_m^r = \frac{H_m^r}{T} - \frac{G_m^r}{T} = -RTp\left(\frac{B'}{T} + \frac{1}{2}p\frac{C'}{T} + \frac{dB'}{dT} + \frac{1}{2}p\frac{dC'}{dT}\right) \tag{2.56}$$

Den Fugazitätskoeffizienten berechnet man nach Gl. (2.23) zu

$$\ln\varphi = B'p + \frac{1}{2}C'p^2 \tag{2.57}$$

Um die Realanteile der molaren Enthalpie und Entropie bestimmen zu können, muss also die Temperaturabhängigkeit der Virialkoeffizienten bekannt sein.
Die Gln. (2.46) bis (2.52) sowie Gl. (2.53) bis (2.57) sind in Tab. A.7 zusammengestellt.

Beispiel

Man berechne für Isopropanol-Dampf die Fugazität bei 200 °C für 1 und 10 bar. Das Gas werde durch die Virialgleichung in der Berlin-Form beschrieben, wobei die Gleichung

(a) nach dem zweiten,

(b) nach dem dritten

Virialkoeffizienten abgebrochen werden soll. Die Virialkoeffizienten der Leiden-Form sind für Isopropanol bei 200 °C: $B = -388\,\text{cm}^3\,\text{mol}^{-1}$, $C = -26\cdot 10^3\,\text{cm}^6\,\text{mol}^{-2}$.

Lösung: (a) Der Fugazitätskoeffizient ist für die nach dem zweiten Virialkoeffizienten abgebrochene Berlin-Form der Virialgleichung (s. Gl. (2.50)) $\ln\varphi = Bp/(RT) = -9{,}863\cdot 10^{-3}\,\text{bar}^{-1}\,p$. Also ist $\varphi(1\,\text{bar}) = 0{,}9902$ und $\varphi(10\,\text{bar}) = 0{,}9061$. Daher ist die Fugazität mit $f = \varphi p$: $f(1\,\text{bar}) = 0{,}9902\,\text{bar}$ und $f(10\,\text{bar}) = 9{,}061\,\text{bar}$.

(b) Berücksichtigt man den dritten Virialkoeffizienten, so lautet die Berlin-Form (Gl. (2.53)) $pV_m = RT(1 + B'p + C'p^2)$. Die Virialkoeffizenten B' und C' sind

(s. obiges Beispiel) $B' = B/(RT) = -9{,}863 \cdot 10^{-3}\,\text{bar}^{-1}$ bzw. $C' = (C - B^2)/(RT)^2 = -1{,}141 \cdot 10^{-4}\,\text{bar}^{-2}$. Der Fugazitätskoeffizient und die Fugazität ergeben sich aus Gl. (2.57) und aus $f = \varphi p$:

$$\text{für } p = 1\,\text{bar:} \qquad \varphi = 0{,}9901, \quad f = 0{,}9901\,\text{bar}$$

$$\text{für } p = 10\,\text{bar:} \qquad \varphi = 0{,}9009, \quad f = 9{,}009\,\text{bar}$$

Bei 1 bar stimmen die Berechnungen mit dem zweiten und dritten Virialkoeffizienten innerhalb von 10^{-4} überein. Bei 10 bar macht sich die Korrektur durch den dritten Virialkoeffizienten bemerkbar, sie beträgt 0,5 %.

Genauigkeit und Anwendungsbereich der Virialgleichung

Um die Genauigkeit der Berlin- und der Leiden-Form zu vergleichen, gilt es zu prüfen, wie gut die experimentellen p, V, T-Daten durch die Berlin- bzw. Leiden-Form wiedergegeben werden.

Es werden die nach dem dritten Koeffizienten abgebrochenen Virialgleichungen betrachtet. Man bestimmt zunächst aus den p, V, T-Daten bei niedrigen Drücken bzw. Dichten den zweiten und dritten Virialkoeffizienten der Leiden-Form, indem man die Daten wie beschrieben graphisch auswertet (s. Gl. (2.42) und Abb. 2.4). Aus den Virialkoeffizienten der Leiden-Form werden mit den Gln. (2.41a) und (2.41b) die Virialkoeffizienten der Berlin-Form bestimmt. Schließlich werden mit den so berechneten Koeffizienten beider Formen der Virialgleichung die Kompressibilitätsfaktoren nach den Gln. (2.31b) und (2.32b) berechnet, und zwar auch für höhere Drücke bzw. Moldichten. Diese werden dann mit den Messwerten verglichen. In Abb. 2.7 ist dies anhand der Auftragung des Kompressibilitätsfaktors als Funktion der Moldichte für Argon dargestellt. Die drei Kurven geben die Messwerte und die nach den beiden Virialgleichungen berechneten Werte wieder. Man erkennt, dass die Leiden-Form die experimentellen Daten über einen größeren Druck-Bereich genauer wiedergibt als die Berlin-Form.

Ähnliche Überlegungen zeigen, dass, wenn die Virialgleichung statt nach dem dritten schon nach dem zweiten Koeffizienten abgebrochen wird, nicht die Leiden-Form, sondern die Berlin-Form die genauere Näherung darstellt (Chueh und Prausnitz 1967; Prausnitz et al. 1999).

Im Prinzip enthalten die Potenzreihen der Berlin- und der Leiden-Form der Virialgleichung unendlich viele Glieder. In der Praxis kann jedoch nur eine endliche Zahl von Termen verwendet werden. Je größer der Zustandsbereich ist, den die Virialgleichung beschreiben soll, umso mehr Virialkoeffizienten werden benötigt. Da der vierte Koeffizient und höhere Koeffizienten meist unbekannt sind und auch der dritte Koeffizient oft nur ungenügend abgeschätzt werden kann, ist die Virialgleichung nicht für Flüssigkeiten geeignet, sondern nur für Gase bis zu mäßigen Dichten (etwa 50 bis 75 % der Moldichte am kritischen Punkt (s. Abschn. 2.2.4)). Es gelten etwa folgende Regeln (s. Prausnitz et al. 1999; Reid et al. 1987): Wird die Virialgleichung nach dem dritten Koeffizienten abgebrochen, so werden die p, V, T-Daten bis zur halben kritischen Dichte gut und bis zur

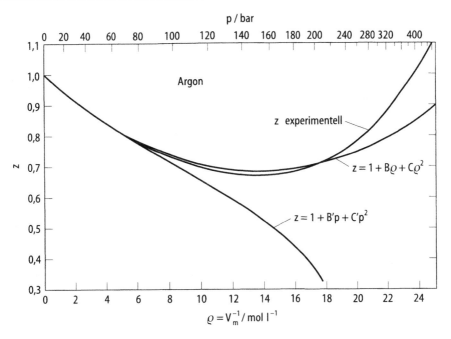

Abb. 2.7 Kompressibilitätsfaktor von Argon bei 203,15 K (nach Prausnitz et al. 1999). Wenn nach dem dritten Virialkoeffizienten abgebrochen wird, gibt die Leiden-Form der Virialgleichung die experimentellen Daten über einen größeren Druckbereich genauer wieder als die Berlin-Form

kritischen Dichte befriedigend wiedergegeben. Wird die Virialgleichung bereits nach dem zweiten Koeffizienten abgebrochen, so ist sie nur bis zur halben kritischen Dichte anwendbar. Für höhere Dichten als die kritische Dichte ist die Virialgleichung nicht anwendbar.

2.2.2 Modifizierte Virialgleichungen

Die Virialgleichung ist, wenn sie nach dem zweiten oder dritten Glied abgebrochen wird, nur für Gase bis zu mäßigen Dichten geeignet. Um auch das p, V, T-Verhalten von Gasen bei hohen Dichten und von Flüssigkeiten sowie Gas-Flüssigkeits-Gleichgewichte beschreiben zu können, ist die Virialgleichung weiterentwickelt worden, wobei die Modifikationen empirischer Art sind und darin bestehen, die Temperaturabhängigkeit der Virialkoeffizienten in Form von analytischen Ausdrücken darzustellen. Damit nimmt die Anzahl der Parameter, die durch Anpassung der Gleichung an die experimentellen p, V, T-Daten bestimmt werden, deutlich zu. Die Genauigkeit solcher Virialgleichungen steigt mit der Zahl der anpassbaren Parameter – vorausgesetzt, es steht ausreichendes Datenmaterial zur Verfügung. Ist dies der Fall, so geben die empirisch modifizierten Virialgleichungen das p, V, T-Verhalten über einen weiten Druck- und Temperaturbereich i.a. sehr gut wieder.

Gleichung von Kamerlingh Onnes

Die *Gleichung von Kamerlingh Onnes*

$$pV_\mathrm{m} = RT \left(1 + \frac{B}{V_\mathrm{m}} + \frac{C}{V_\mathrm{m}^2} + \frac{D}{V_\mathrm{m}^4} + \frac{E}{V_\mathrm{m}^6} + \frac{F}{V_\mathrm{m}^8} \right) \tag{2.58}$$

ist eine modifizierte Virialgleichung. Die Temperaturabhängigkeit der Virialkoeffizienten wird durch Potenzreihen in der Temperatur dargestellt:

$$B = b_1 T + b_2 + \frac{b_3}{T} + \frac{b_4}{T^2} + \ldots \tag{2.59a}$$

$$C = c_1 T + c_2 + \frac{c_3}{T} + \frac{c_4}{T^2} + \ldots \tag{2.59b}$$

Darin sind b_i und c_i ($i = 1, 2, \ldots$) temperaturunabhängige Koeffizienten. Für D, E und F gelten analoge Gleichungen. Die Genauigkeit der Gl. (2.58) steigt mit der Zahl der berücksichtigten Virialkoeffizienten und der Koeffizienten für die Reihenentwicklung der Virialkoeffizienten nach der Temperatur.

Benedict-Webb-Rubin-Gleichung

Die *Zustandsgleichung nach Benedict, Webb und Rubin* (1940, 1942, 1951), abkürzend *BWR-Gleichung* genannt, war die erste modifizierte Virialgleichung von praktischer Bedeutung, da sie Dampf-Flüssigkeits-Gleichgewichte recht genau wiedergeben konnte, ohne mathematisch zu komplex und aufwendig zu sein. Sie ist die bekannteste empirisch modifizierte Virialgleichung. Sie lautet

$$z = 1 + B\rho + C\rho^2 + D\rho^5 + \frac{\alpha + \beta\rho^2}{RT} \rho^2 \exp(-\gamma\rho^2) \tag{2.60}$$

wobei die Koeffizienten B, C, D, α, β und γ temperaturabhängig sind gemäß den Gleichungen

$$B = B_0 - \frac{A_0}{RT} - \frac{C_0}{RT^3}, \quad C = b - \frac{a}{RT}, \quad D = \frac{a\,\delta}{RT} \tag{2.61a–c}$$

$$\alpha = \frac{c}{T^2}, \quad \beta = \frac{c\,\gamma}{T^2} \tag{2.61d–e}$$

Die BWR-Gleichung enthält die acht stoffspezifischen Konstanten A_0, B_0, C_0, a, b, c, γ und δ, die man durch Anpassung an experimentelle p, V, T-Daten gewinnt. Man findet die Konstanten mit dem gültigen Temperaturbereich für eine Reihe von Stoffen aufgelistet bei Reid et al. (1987) und Benedict et al. (1940, 1942, 1951).

Die BWR-Gleichung ist vor allem geeignet zur Beschreibung thermodynamischer Daten der flüssigen Phase und der Dampfphase, insbesondere von leichten Kohlenwasserstoffen und ihren Mischungen. Um das *p, V, T*-Verhalten mit einer der Messgenauigkeit entsprechenden Genauigkeit wiederzugeben, wurde die BWR-Gleichung um weitere Parameter erweitert. Diese vielparametrigen Zustandsgleichungen ermöglichen durch die große Zahl der Parameter eine hohe Genauigkeit der Beschreibung des *p, V, T*-Verhaltens der reinen Fluide, sie haben allerdings, wie die BWR-Gleichung selbst, die folgenden Nachteile: Oft sind die Parameter nur für wenige Stoffe bekannt; weiterhin benötigt man bei Anwendungen auf Stoffmischungen für die große Zahl von Koeffizienten eine große Zahl von Mischungsregeln, mit denen man aus den Konstanten der reinen Stoffe die der Mischung bestimmen kann (sie lassen sich nicht aus physikalischen Überlegungen herleiten, da die Koeffizienten keine physikalische Bedeutung besitzen, sondern empirischer Natur sind). Dies erschwert die Anwendung auf Gemische und macht sie für Mischungen wenig geeignet. Daher wird auf die BWR-Gleichung für Mischungen in diesem Buch nicht eingegangen.

Lee und Kesler (1975) entwickelten eine modifizierte Benedict-Webb-Rubin-Gleichung in Form einer dreiparametrigen generalisierten Zustandsgleichung (s. Abschn. 2.2.6).

Zusammenfassend kann man sagen, dass die Bedeutung der Virialgleichung darin liegt, dass sie die einzige Zustandsgleichung ist, die vollständig theoretisch herleitbar ist, sowohl für Reinstoffe als auch für Mischungen. Jedoch muss für die Wiedergabe des *p, V, T*-Verhaltens des Fluids über den gesamten Dichtebereich und des Gas-Flüssigkeits-Gleichgewichts eine große Anzahl von anpassbaren Parametern verwendet werden. Mit zunehmender Zahl der Parameter geht aber der physikalische Gehalt verloren, und die numerischen Berechnungen werden umfangreich und aufwendig.

2.2.3 Van-der-Waals-Gleichung

Die thermische Zustandsgleichung des idealen Gases wurde hergeleitet für ein Modellgas, das aus Teilchen ohne Eigenvolumen und ohne energetische Wechselwirkungen (außer elastischen Stößen) besteht. Reale Fluide erfüllen diese Voraussetzungen jedoch nur bei sehr kleinen Drücken, denn dann sind die Eigenvolumina und Wechselwirkungen der Teilchen vernachlässigbar. Daher ist das ideale Gas ein Grenzzustand, dem sich reale Fluide zwar im Falle verschwindenden Druckes nähern, den sie aber nicht erreichen.

Die van-der-Waals-Gleichung war die erste Zustandsgleichung, die das *p, V, T*-Verhalten nicht nur von Gasen, sondern auch von Flüssigkeiten darstellen und die Verflüssigung von Gasen und das Verdampfen von Flüssigkeiten sowie das Gleichgewicht von Flüssigkeit und Dampf beschreiben konnte. Indem sie das Verhalten von Gas und Flüssigkeit und das Dampf-Flüssigkeitsgleichgewicht mit einer einzigen Gleichung erfassen kann, bringt sie mathematisch zum Ausdruck, dass Gas und Flüssigkeit sich auf Grund ihres ähnlichen molekularen Aufbaus in vielen thermodynamischen Eigenschaften ähneln.

Die van-der-Waals-Gleichung wurde mit relativ einfachen physikalischen Überlegungen über die Eigenschaften der Gasteilchen aus der thermischen Zustandsgleichung des idealen Gases abgeleitet und vermag das Verhalten realer Fluide qualitativ richtig zu beschreiben. Allerdings reicht ihre Genauigkeit bei kleinen Temperaturen und hohen Drücken für praktische Anwendungen nicht aus. Um die Wiedergabe des p, V, T-Verhaltens von Fluiden zu verbessern, wurde die van-der-Waals-Gleichung weiterentwickelt, und ihre halbempirischen Modifikationen finden in der Praxis weite Anwendung (s. Abschn. 2.2.5). Außerdem wurden ausgehend von der van-der-Waals-Gleichung die generalisierten Zustandsgleichungen entwickelt (s. Abschn. 2.2.6).

Die Zustandsgleichung von van der Waals

Um das Verhalten des realen Fluids zu beschreiben, geht van der Waals von der thermischen Zustandsgleichung des idealen Gases aus. Er behält die Struktur der Gleichung des idealen Gases bei, ergänzt aber die Zustandsgrößen Druck und Volumen durch geeignete additive Terme, welche die anziehende Wechselwirkung und das Eigenvolumen der Gasteilchen erfassen.

Die thermische Zustandsgleichung des idealen Gases $pV_m = RT$ bzw. $pV = nRT$ wurde hergeleitet unter der Voraussetzung, dass die Gasteilchen keine räumliche Ausdehnung besitzen und keine Kräfte aufeinander ausüben (außer bei elastischen Stößen) (s. Abschn. 1.3.1). Die Teilchen des realen Fluids besitzen aber ein Eigenvolumen und ziehen sich bei den üblichen Drücken i. a. gegenseitig an. Nur bei verschwindenden Drücken ($p \rightarrow 0$), wenn das Gas also ein sehr großes Volumen einnimmt ($V \rightarrow \infty$), sind die mittleren Abstände der Teilchen so groß, dass der Durchmesser der Teilchen klein gegen ihren Abstand, also ihr Eigenvolumen klein gegen das Gesamtvolumen ist und die Wechselwirkungskräfte vernachlässigbar sind. Bei mittleren oder gar hohen Drücken und mittleren oder niedrigen Temperaturen müssen die Wechselwirkungskräfte und das Eigenvolumen der Teilchen jedoch berücksichtigt werden.

Das Volumen in der Zustandsgleichung des idealen Gases ist das den Teilchen für die thermische Bewegung zur Verfügung stehende Volumen. Es ist gleich dem Gefäßvolumen, da die Teilchen des idealen Gases definitionsgemäß punktförmig sind. Den Teilchen des realen Fluids steht von dem Gesamtvolumen aber nur das um das Eigenvolumen verminderte Volumen für die Bewegung zur Verfügung. Daher wird in der Zustandsgleichung des idealen Gases das Volumen korrigiert um dieses der Bewegung der Teilchen unzugängliche Volumen, das sog. *Covolumen b*, und V_m ersetzt durch $V_m - b$ bzw. V durch $V - nb$. b ist eine für das reale Fluid charakteristische Stoffkonstante. Sie ist etwa das vierfache Eigenvolumen von 1 mol Teilchen. Das Volumen realer Fluide lässt sich nicht unter das Covolumen verringern. Es ist etwa gleich dem Molvolumen der Flüssigkeit bei hohen Drücken.

Der Druck in der Zustandsgleichung des idealen Gases gilt unter der Voraussetzung, dass es zwischen den Teilchen des idealen Gases keine Wechselwirkungen gibt. Bei den üblichen Drücken wirken aber zwischen den Gasmolekülen Dipolkräfte, die zu einer Anziehung führen. Da ein Teilchen im Innern des Gasraums von seinen Nachbarn allseitig angezogen wird, heben sich die Wechselwirkungskräfte für ein Gasteilchen auf, und die resultierende Kraft ist Null. Für ein Teilchen in der Nähe der Gefäßwände bleibt jedoch eine resultierende Anziehungskraft, die in das Innere des Volumens gerichtet ist, die *Kohä-*

sionskraft. Diese Kraft vermindert den auf die Gefäßwände wirkenden Druck und erhöht den Innendruck gegenüber dem Wert des idealen Gases. Daher wird in der Zustandsgleichung des idealen Gases der herrschende Druck um einen positiven additiven Term korrigiert, den sog. *Binnendruck* oder *Kohäsionsdruck.* Diese Druckkorrektur kann man abschätzen, wenn man berücksichtigt, dass die Stärke der Anziehungskräfte umgekehrt proportional zum Molekülabstand ist und proportional zur Moleküldichte (Zahl der Moleküle pro Volumeneinheit). Da der Molekülabstand proportional zum Molvolumen ist, die Moleküldichte aber umgekehrt proportional zum Molvolumen, ist die Druckkorrektur proportional zum Quadrat des reziproken Molvolumens. Führt man den Proportionalitätsfaktor a ein, so kann man für den in die ideale Gasgleichung einzusetzenden korrigierten Druck $p + a/V_m^2$ bzw. $p + n^2 a/V^2$ schreiben. a ist eine für das reale Fluid charakteristische Stoffkonstante.

Unter Berücksichtigung des Covolumens und des Binnendrucks erhält man aus der thermischen Zustandsgleichung des idealen Gases die für ein reales Fluid geltende *van-der-Waals-Gleichung*

$$\boxed{\left(p + \frac{a}{V_m^2} \right)(V_m - b) = RT} \quad \text{intensive Form} \qquad (2.62a)$$

bzw.

$$\boxed{\left(p + \frac{n^2 a}{V^2} \right)(V - nb) = nRT} \quad \text{extensive Form} \qquad (2.62b)$$

Die Konstanten a und b sind unabhängig von Druck und Temperatur.

a und b werden durch Anpassung der van-der-Waals-Gleichung an experimentelle p, V, T-Daten bestimmt. Dabei werden die Konstanten a und b weniger als Moleküleigenschaften betrachtet, sondern vielmehr als Parameter, die es für eine optimale Anpassung der Gleichung an die Messungen zu variieren gilt.

Die van-der-Waals-Konstanten einiger Fluide sind in Tab. A.19 (Abschn. A.5.5) aufgelistet.

Vergleich mit der Virialgleichung, Boyle-Temperatur

Um einen Zusammenhang herzustellen zwischen den van-der-Waals-Konstanten a und b und dem zweiten Virialkoeffizienten B, formt man die van-der-Waals-Gleichung um in eine Reihenentwicklung von der Form der Virialgleichung. Multipliziert man die intensive Form der van-der-Waals-Gleichung Gl. (2.62a) aus, so erhält man

$$pV_m - bp + \frac{a}{V_m} - \frac{ab}{V_m^2} = RT \qquad (2.63)$$

Bei nicht zu hohen Drücken kann man den Term ab/V_m^2 vernachlässigen und erhält

$$pV_m = RT + bp - \frac{a}{V_m} \qquad (2.64)$$

Ersetzt man in dem Korrekturterm a/V_m das Molvolumen durch den Wert für das ideale Gas, $V_\mathrm{m} = RT/p$, so ergibt sich

$$pV_\mathrm{m} = RT + \left(b - \frac{a}{RT}\right)p \tag{2.65}$$

Diese Gleichung entspricht der nach dem zweiten Glied abgebrochenen Berlin-Form der Virialgleichung (Gl. (2.31a))

$$pV_\mathrm{m} = RT(1 + B'p)$$

Koeffizientenvergleich ergibt für den zweiten Virialkoeffizienten

$$\boxed{B' = \frac{b - \frac{a}{RT}}{RT}} \tag{2.66}$$

Ersetzt man jedoch in dem Korrekturterm bp von Gl. (2.64) den Druck p durch den Wert des idealen Gases, $p = RT/V_\mathrm{m}$, so ergibt sich

$$pV_\mathrm{m} = RT\left(1 + \frac{b - \frac{a}{RT}}{V_\mathrm{m}}\right) \tag{2.67}$$

Diese Gleichung entspricht der nach dem zweiten Glied abgebrochenen Leiden-Form der Virialgleichung (Gl. (2.32a))

$$pV_\mathrm{m} = RT\left(1 + \frac{B}{V_\mathrm{m}}\right)$$

Koeffizientenvergleich ergibt für den zweiten Virialkoeffizienten

$$\boxed{B = b - \frac{a}{RT}} \tag{2.68}$$

Die Gln. (2.66) und (2.68) stehen in Übereinstimmung mit der Beziehung $B' = B/RT$ (Gl. (2.41a)).

Die Temperaturabhängigkeit des zweiten Virialkoeffizienten folgt aus Gl. (2.68) durch Differentiation von B nach der Temperatur:

$$\boxed{\frac{\mathrm{d}B}{\mathrm{d}T} = \frac{a}{RT^2}} \tag{2.69}$$

Da die rechte Seite der Gleichung positiv ist, nimmt B mit der Temperatur zu (s. Abschn. 2.2.1, Abb. 2.5).

Aus Gl. (2.68) kann man mit der Definitionsgleichung für die Boyle-Temperatur ($B(T_\mathrm{B}) = 0$, Gl. (2.45)) T_B für das van-der-Waals-Gas berechnen:

$$\boxed{T_\mathrm{B} = \frac{a}{bR}} \tag{2.70}$$

Für $T > T_\mathrm{B}$ ist $a/(RT) < b$, d. h. die Abstoßung (zurückzuführen auf das Covolumen b) überwiegt die Anziehung (repräsentiert durch die Konstante a). Für $T < T_\mathrm{B}$ ist $a/(RT) > b$, d. h. die Anziehung überwiegt die Abstoßung.

Berechnung von Realanteilen und Fugazitätskoeffizient

Im folgenden werden die Realanteile verschiedener Zustandsgrößen sowie der Fugazitätskoeffizient und seine Temperatur- und Druckabhängigkeit berechnet mit der vereinfachten van-der-Waals-Gleichung Gl. (2.65) in der Form der Virialgleichung

$$z = \frac{pV_m}{RT} = 1 + \left(b - \frac{a}{RT}\right)\frac{p}{RT} = 1 + \frac{Bp}{RT} \qquad (2.71)$$

mit $B = b - a/(RT)$ (Gl. (2.68)), wobei $dB/dT = a/(RT^2)$ (Gl. (2.69)), so dass auf die in Abschn. 2.2.1 für die Virialgleichung hergeleiteten Beziehungen zurückgegriffen werden kann.

Die Realanteile der molaren freien Enthalpie, der molaren Enthalpie und der molaren Entropie ergeben sich aus den Gln. (2.47) bis (2.49) zu

$$G_m^r = Bp = \left(b - \frac{a}{RT}\right)p \qquad (2.72)$$

$$H_m^r = \left(B - T\frac{dB}{dT}\right)p = \left(b - \frac{2a}{RT}\right)p \qquad (2.73)$$

$$S_m^r = -p\frac{dB}{dT} = -\frac{ap}{RT^2} \qquad (2.74)$$

Der Fugazitätskoeffizient φ, seine Temperaturabhängigkeit und Druckabhängigkeit ergeben sich aus den Gln. (2.50) bis (2.52) zu

$$\ln\varphi = \frac{Bp}{RT} = \left(b - \frac{a}{RT}\right)\frac{p}{RT} \qquad (2.75)$$

$$\left(\frac{\partial \ln\varphi}{\partial T}\right)_p = \frac{p}{RT}\left(\frac{dB}{dT} - \frac{B}{T}\right) = \left(\frac{2a}{RT^2} - \frac{b}{T}\right)\frac{p}{RT} \qquad (2.76)$$

$$\left(\frac{\partial \ln\varphi}{\partial p}\right)_T = \frac{B}{RT} = \frac{b - \frac{a}{RT}}{RT} \qquad (2.77)$$

Die Gln. (2.72) bis (2.77) sind in Tab. A.8 zusammengefasst.

Beispiel

Man berechne die Realanteile der molaren freien Enthalpie, der molaren Enthalpie und der molaren Entropie sowie die Fugazität für Methan bei 50 °C und 50 bar. Das p, V, T-Verhalten werde durch die vereinfachte van-der-Waals-Gleichung Gl. (2.71) beschrieben mit den van-der-Waals-Konstanten $a = 2{,}303 \, \text{dm}^6 \, \text{bar mol}^{-2}$ und $b = 4{,}31 \cdot 10^{-2} \, \text{dm}^3 \, \text{mol}^{-1}$.

Lösung: Der Realanteil der molaren freien Enthalpie ist nach Gl. (2.72)

$$G_m^r = \left(b - \frac{a}{RT}\right)p = -213{,}1 \, \text{J mol}^{-1}$$

Der Realanteil der molaren Enthalpie ist nach Gl. (2.73)

$$H_{\mathrm{m}}^{\mathrm{r}} = \left(b - \frac{2a}{RT} \right) p = -0{,}642 \,\mathrm{kJ\,mol^{-1}}$$

Der Realanteil der molaren Entropie ist nach Gl. (2.74)

$$S_{\mathrm{m}}^{\mathrm{r}} = -\frac{ap}{RT^2} = -1{,}326 \,\mathrm{J\,mol^{-1}\,K^{-1}}$$

Den Fugazitätskoeffizienten erhält man aus Gl. (2.75)

$$\ln \varphi = \left(b - \frac{a}{RT} \right) \frac{p}{RT} = \frac{G_{\mathrm{m}}^{\mathrm{r}}}{RT} = -0{,}0793$$

zu $\varphi = \exp(-0{,}0793) = 0{,}924$, und die Fugazität ist $f = \varphi\, p = 46{,}2\,\mathrm{bar}$.

2.2.4 Kritischer Punkt

Um die Eigenschaften der van-der-Waals-Gleichung und den Verlauf der $p(V)$-Isothermen zu diskutieren, wird die van-der-Waals-Gleichung in ein Polynom in V_{m} umgewandelt, indem Gl. (2.63) mit V_{m}^2/p multipliziert wird und die Terme nach Potenzen von V_{m} geordnet werden:

$$V_{\mathrm{m}}^3 - \left(\frac{RT}{p} + b \right) V_{\mathrm{m}}^2 + \frac{a}{p} V_{\mathrm{m}} - \frac{ab}{p} = 0 \tag{2.78}$$

Die van-der-Waals-Gleichung ist eine Gleichung dritten Grades in V_{m}. Eine Gleichung dritten Grades hat stets drei Lösungen. Diese sind entweder alle drei reell und verschieden oder alle drei reell und einander gleich, oder es gibt eine reelle Lösung und zwei komplexe Lösungen. Dies hängt von der Größe der Koeffizienten ab, also von den Stoffkonstanten a und b und für eine gegebene Temperatur T von dem gewählten Druck p.

Kritische Größen

Die Lösungen der van-der-Waals-Gleichung kann man anhand der van-der-Waals-Isothermen im p, V-Diagramm (s. Abb. 2.8) diskutieren. Bei hohen Temperaturen gibt es für jeden Wert von p tatsächlich nur eine reelle Lösung, und der Druck ist eine eindeutige Funktion des Molvolumens. Bei diesen Temperaturen ist das Covolumen b gegen das Molvolumen V_{m} vernachlässigbar ($b \ll V_{\mathrm{m}}$), und auch der Binnendruck ist klein, verglichen mit dem Gasdruck ($a/V_{\mathrm{m}}^2 \ll p$). Daher geht die van-der-Waals-Gleichung in die Zustandsgleichung des idealen Gases über, und die Isothermen sind nahezu die Hyperbeln des idealen Gases, wobei die vertikale Asymptote allerdings statt bei $V_{\mathrm{m}} = 0$ bei $V_{\mathrm{m}} = b$ liegt. Mit abnehmender Temperatur werden die Abweichungen vom Verhalten des idealen Gases größer. Bei niedrigen Temperaturen weisen die Isothermen für jedes

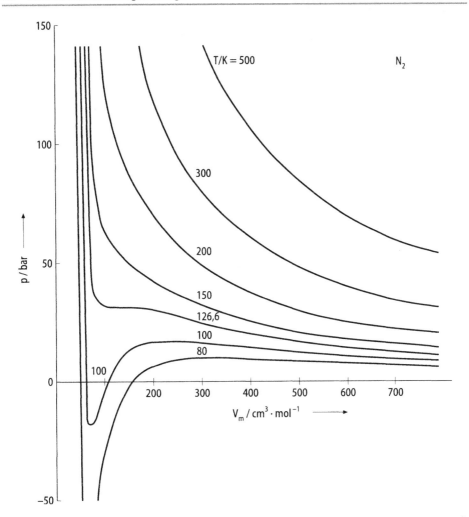

Abb. 2.8 van-der-Waals-Isothermen im p, V_m-Diagramm für Stickstoff ($a = 1,408\,l^2\,bar\,mol^{-2}$, $b = 0,03913\,l\,mol^{-1}$). Die Isothermen nähern sich bei hohen Temperaturen den Hyperbeln des idealen Gases und bei hohen Drücken asymptotisch der Vertikalen $V_m = b$. (Beim idealen Gas ist die Asymptote die Ordinate $V_m = 0$.)

p drei reelle Lösungen für V_m auf; die Kurven besitzen je ein Minimum, ein Maximum und einen Wendepunkt. (Zur physikalische Bedeutung des schleifenförmigen Verlaufs s. Abschn. 2.4.1.) Minimum, Maximum und Wendepunkt und damit auch die drei reellen Lösungen rücken mit zunehmender Temperatur zusammen, bis sie bei einer bestimmten Temperatur in einem Punkt, dem Sattelpunkt, zusammenfallen. Hier besitzt die Kurve eine waagerechte Tangente. Dieser Punkt heißt *kritischer Punkt*, und die Zustandsgrößen in diesem Punkt heißen *kritische Temperatur* T_c, *kritischer Druck* p_c und *kritisches Molvolumen* V_c (bzw. *kritische Moldichte* $\rho_c = 1/V_c$). Diese kritischen Größen sind wie die van-der-Waals-Konstanten a und b stoffspezifische Konstanten. (Die kritische

Temperatur ist die Grenztemperatur, oberhalb der ein Fluid gasförmig ist und selbst durch Anwendung beliebig hoher Drücke nicht verflüssigt werden kann, s. Abschn. 2.4.1.) Beispielsweise liegt der kritische Punkt von Wasser bei $T_c = 647{,}3\,\mathrm{K}$, $p_c = 221{,}2\,\mathrm{bar}$ und $V_c = 57{,}1\,\mathrm{cm^3\,mol^{-1}}$.

Die thermischen Zustandsgrößen am kritischen Punkt, T_c, p_c und V_c kann man aus den van-der-Waals-Konstanten a und b berechnen und umgekehrt a und b aus T_c, p_c und V_c. Dazu berücksichtigt man, dass im kritischen Punkt sowohl die Steigung $(\partial p/\partial V_m)_T$ als auch die Krümmung $(\partial^2 p/\partial V_m^2)_T$ dieser kritischen $p(V)$-Isotherme gleich Null sein muss. Aus der van-der-Waals-Gleichung Gl. (2.62a) erhält man für die funktionelle Abhängigkeit des Druckes p vom Molvolumen V_m die Gleichung

$$p = \frac{RT}{V_m - b} - \frac{a}{V_m^2} \tag{2.79}$$

Die erste Ableitung von p ist dann

$$\left(\frac{\partial p}{\partial V_m}\right)_T = -\frac{RT}{(V_m - b)^2} + \frac{2a}{V_m^3}$$

Am kritischen Punkt ist sie gleich Null, und es gilt

$$-\frac{RT_c}{(V_c - b)^2} + \frac{2a}{V_c^3} = 0$$

Die zweite Ableitung von p ist

$$\left(\frac{\partial^2 p}{\partial V_m^2}\right)_T = \frac{2RT}{(V_m - b)^3} - \frac{6a}{V_m^4}$$

und am kritischen Punkt gilt

$$\frac{2RT}{(V_c - b)^3} - \frac{6a}{V_c^4} = 0$$

Zusammen mit der auf den kritischen Punkt angewendeten van-der-Waals-Gleichung Gl. (2.79)

$$p_c = \frac{RT_c}{V_c - b} - \frac{a}{V_c^2}$$

gibt es drei Bestimmungsgleichungen, mit denen man die drei kritischen Zustandsgrößen berechnen kann. Die Lösung ist

$$\boxed{V_c = 3b} \tag{2.80}$$

$$\boxed{p_c = \frac{1}{3}aV_c^{-2} = \frac{a}{27b^2}} \tag{2.81}$$

$$\boxed{T_c = \frac{8p_c V_c}{3R} = \frac{8a}{27Rb}} \tag{2.82}$$

Hieraus ergibt sich der Kompressibilitätsfaktor am kritischen Punkt, der *kritische Kompressibiltätsfaktor* zu

$$z_c = \frac{p_c V_c}{R T_c} = \frac{3}{8} = 0{,}375$$
(2.83)

Er ist eine reine Zahl und damit unabhängig von a und b und für alle Stoffe gleich groß. Er ist deutlich kleiner als der Wert $z^{id} = 1$ für das ideale Gas.

Die kritischen thermischen Zustandsgrößen und der kritische Kompressibilitätsfaktor einiger Stoffe sind in Tab. A.20 (Abschn. A.5.6) aufgelistet. Die kritischen Kompressibilitätsfaktoren sind aus den gemessenen kritischen Zustandsgrößen zu berechnen. z_c liegt für die meisten organischen Verbindungen mit Ausnahme von Fluiden, die aus hochpolaren oder großen Molekülen bestehen, zwischen 0,27 und 0,29 (Reid et al. 1987). Der kritische Kompressibilitätsfaktor erweist sich also tatsächlich als annähernd konstant, wenn auch eine Abweichung von dem theoretischen Wert der Gl. (2.83) besteht.

Ebenso wie man die kritischen Größen T_c, p_c und V_c aus den van-der-Waals-Konstanten a und b berechnen kann, kann man die van-der-Waals-Konstanten a und b aus den kritischen Größen T_c, p_c und V_c berechnen. Man formt die Gln. (2.80) bis (2.82) um und erhält

$$a = 3 p_c V_c^2$$
(2.84a)

$$a = \frac{9}{8} R T_c V_c$$
(2.84b)

$$a = \frac{27}{64} \frac{R^2 T_c^2}{p_c} = 0{,}421875 \frac{R^2 T_c^2}{p_c}$$
(2.84c)

und

$$b = \frac{V_c}{3}$$
(2.85a)

$$b = \frac{64}{27} \frac{p_c^2 V_c^3}{R^2 T_c^2} = 2{,}370370 \frac{p_c^2 V_c^3}{R^2 T_c^2}$$
(2.85b)

$$b = \frac{1}{8} \frac{R T_c}{p_c}$$
(2.85c)

Weiter gilt

$$p_c V_c = \frac{3}{8} R T_c$$
(2.86)

Die thermische Zustandsgleichung des idealen Gases ist also am kritischen Punkt um den Faktor $3/8 = 0,375$, den kritischen Kompressibilitätsfaktor modifiziert (s. Gl. (2.83)).

Man kann mit den Gln. (2.84a) bis (2.84c) und (2.85a) bis (2.85c) die van-der-Waals-Konstanten aus Messungen der kritischen Größen berechnen. Für die Berechnung von a und b stehen jeweils drei Gleichungen zur Verfügung, je nachdem, welche Wertepaare man als Daten zugrunde legt, p_c und V_c oder T_c und V_c oder T_c und p_c. Man erhält für a und b je drei Werte, die sich i. a. voneinander unterscheiden, da reale Fluide nicht exakt von der van-der-Waals-Gleichung beschrieben werden. Da sich T_c und p_c experimentell genauer bestimmen lassen als V_c, ist es ratsam, für die Berechnung von a und b die Gln. (2.84c) und (2.85c) zu verwenden.

Hat man a und b aus den thermischen Zustandsgrößen am kritischen Punkt berechnet, so kann man mit der van-der-Waals-Gleichung alle Zustandspunkte berechnen.

Ersetzt man in der Gleichung für die Boyle-Temperatur T_B (Gl. (2.70)) die van-der-Waals-Konstanten durch die kritischen Größen (Gln. (2.84c) und (2.85c)), so zeigt sich, dass die Boyle-Temperatur des van-der-Waals-Gases etwa das Dreifache der kritischen Temperatur ist:

$$\boxed{T_B = \frac{27}{8} T_c} \tag{2.87}$$

Beispiel

Man berechne für Methan

(a) die van-der-Waals-Parameter,
(b) das Volumen und den Durchmesser des als kugelförmig angenommenen Moleküls,
(c) den Druck von 200g Methan, das bei 20 °C das Volumen 20 l einnimmt, mit der van-der-Waals-Gleichung und der idealen Gasgleichung.

Die kritischen Daten von Methan sind $T_c = 190,4\,\mathrm{K}$, $p_c = 46,0\,\mathrm{bar}$, $V_c = 99,2\,\mathrm{cm^3\,mol^{-1}}$.

Lösung: (a) Die van-der-Waals-Konstanten a und b ergeben sich aus den Gln. (2.84c) und (2.85c) zu

$$a = \frac{27}{64} \frac{R^2 T_c^2}{p_c} = 0,2298\,\mathrm{N\,m^4\,mol^{-2}} \quad b = \frac{1}{8} \frac{R T_c}{p_c} = 43,02\,\mathrm{cm^3\,mol^{-1}}$$

Die in der Literatur tabellierten Werte (s. Tab. A.20) $a = 0,2303\,\mathrm{N\,m^4\,mol^{-2}}$, $b = 43,10\,\mathrm{cm^3\,mol^{-1}}$ stimmen mit den aus den kritischen Daten berechneten Konstanten innerhalb von 2 % überein.

(b) Die Konstante b ist etwa das Vierfache des Eigenvolumens von 1 mol Moleküle, d. h. $b = 4 N_A V_M$, wobei N_A die Avogadro-Konstante und V_M das Volumen eines Moleküls bedeuten. Also ist $V_M = b/(4 N_A) = 1,786 \cdot 10^{-3}\,\mathrm{cm^3}$. Der Moleküldurchmesser

d ist dann wegen $V_M = (4/3)\pi(d/2)^3$

$$d = 2\sqrt[3]{\frac{3}{4\pi}V_M} = 3{,}243 \cdot 10^{-8}\,\text{cm}$$

(c) Die Anzahl Mole, die in 200 g Methan enthalten sind, ergeben sich mit der Molmasse $M = 16{,}04\,\text{g mol}^{-1}$ (s. Tab. A.20) zu $n = m/M = 12{,}47\,\text{mol}$.

Mit der Gleichung des idealen Gases ist der Druck $p^{\text{id}} = nRT/V = 15{,}19\,\text{bar}$.

Aus der van-der-Waals-Gleichung

$$p = \frac{RT}{V_m - b} - \frac{a}{V_m^2}$$

ergibt sich der Druck mit den oben berechneten van-der-Waals-Konstanten a und b sowie dem Molvolumen $V_m = V/n = 1603{,}9\,\text{cm}^3\,\text{mol}^{-1}$ zu $p = 14{,}72\,\text{bar}$.

Abschätzung der kritischen Größen

Die van-der-Waals-Isothermen haben gezeigt, dass jedes Fluid einen ausgezeichneten Punkt, den kritischen Punkt, besitzt, der die individuellen Eigenschaften des Fluids widerspiegelt. Daher stellen die kritischen Daten wichtige stoffspezifische Größen dar, aus denen man andere thermodynamische Eigenschaften eines Stoffes berechnen kann. Folglich besteht ein großes Interesse daran, die kritischen Konstanten zu kennen. Für viele Stoffe hat man die kritischen Größen gemessen und tabelliert. Aber häufig liegen keine Messwerte vor, und es wurden verschiedene Verfahren vorgeschlagen, mit denen man die kritischen Größen einer Substanz berechnen oder abschätzen kann. Die Guldbergsche Regel und die Inkrementmethode nach Lydersen sind zwei von ihnen.

Die *Guldbergsche Regel* besagt, dass die Normalsiedetemperatur (Siedetemperatur bei 1,013 bar) T_b und die kritischer Temperatur T_c im Verhältnis 2/3 stehen:

$$\boxed{\frac{T_b}{T_c} \approx \frac{2}{3}} \tag{2.88}$$

Die Guldbersche Regel hat den Vorteil, dass sie sehr einfach und die Normalsiedetemperatur experimentell leicht zugänglich ist, aber den Nachteil, dass sie nur eine recht grobe Schätzung mit Fehlern bis zu 30 % ist.

Sehr viel genauere Methoden zur Berechnung nicht nur der kritischen Temperatur, sondern auch des kritischen Drucks und des kritischen Molvolumens sind die sog. *Inkrementmethoden*. Diese betrachten die Moleküle als aus einzelnen Strukturgruppen bestehend, wobei verschiedene Moleküle oft gleiche Strukturgruppen enthalten. So bestehen z. B. alle kettenförmigen Alkanole aus den Strukturgruppen $-CH_3$, $-CH_2-$ und $-OH$, und dieselben Strukturgruppen $-CH_3$ und $-CH_2-$ findet man zugleich in organischen Säuren oder in Chloriden, bei denen zusätzlich die Strukturgruppen $-COOH$ bzw. $-Cl$ hinzukommen.

Diesen Strukturgruppen werden Gruppenbeiträge für jede kritische Größe zugeordnet, und die kritischen Größen einer Substanz sind die Summen der entsprechenden Gruppenbeiträge. Die Werte der einzelnen Gruppenbeiträge werden für möglichst viele verschiedene Verbindungen, deren kritische Daten aus Messungen bekannt sind, durch Anpassung berechnet. Mit den so ermittelten Gruppenbeiträgen werden dann die kritischen Größen von Verbindungen, für die keine experimentellen Daten vorliegen, berechnet.

Eine der ersten erfolgreichen *Inkrementmethoden* ist die von *Lydersen* (1955). Die kritische Temperatur T_c, der kritische Druck p_c und das kritische Molvolumen V_c sind durch folgende Gleichungen gegeben:

$$\boxed{\frac{T_c}{\text{K}} = \frac{T_b}{0,567 + \sum \Delta_T - \left(\sum \Delta_T\right)^2}} \tag{2.89}$$

$$\boxed{\frac{p_c}{\text{atm}} = \frac{M}{(0,34 + \sum \Delta_p)^2}} \tag{2.90}$$

$$\boxed{\frac{V_c}{\text{cm}^3 \, \text{mol}^{-1}} = 40 + \sum \Delta_V} \tag{2.91}$$

wobei die Normalsiedetemperatur T_b in K und die Molmasse M in g mol^{-1} einzusetzen sind. Die Gruppenbeiträge Δ_T, Δ_p und Δ_V findet man tabelliert. Das Summenzeichen $\sum$ bedeutet, dass über alle Strukturgruppen des Moleküls summiert wird. Die Gruppenbeiträge für einige Strukturgruppen sind in Tab. A.21 (Abschn. A.5.7) aufgelistet.

Die Methode von Lydersen ist eine recht genaue und zuverlässige Inkrementmethode; die Fehler liegen für T_c meist unter 2 %, für p_c und V_c bei 4 %. Modifikationen dieser Methode sowie weitere Ansätze werden bei Reid et al. (1987) vorgestellt und verglichen.

Beispiel

Man berechne die kritischen Daten von Propanol-1 ($CH_3-CH_2-CH_2-OH$) mit der Lydersen-Methode. Der Normalsiedepunkt ist $T_b = 370,4$ K und die Molmasse $M = 60,096$ g/mol. Die Gruppenbeiträge Δ_T, Δ_p und Δ_V der Strukturgruppen sind

	Δ_T	Δ_p	Δ_V
$-CH_3$	0,02	0,227	55
$-CH_2-$	0,02	0,227	55
$-CH_2-$	0,02	0,227	55
$-OH$	0,082	0,06	18
$\sum$	0,142	0,741	183

Lösung: Propanol-1 besteht aus den Strukturgruppen $-CH_3$, $-CH_2-$ und $-OH$. Die Summen ihrer Gruppenbeiträge, $\sum \Delta_T$, $\sum \Delta_p$ und $\sum \Delta_V$, sind in der untersten Zeile der obigen Tabelle aufgeführt. Setzt man sie in die Gln. (2.89) bis (2.91) ein, so erhält man $T_c/\mathrm{K} = 537,7, p_c/\mathrm{atm} = 51,43$ und $V_c/(\mathrm{cm}^3\,\mathrm{mol}^{-1}) = 223$. Experimentell findet man (s. Tab. A.20) $T_c = 536,8\,\mathrm{K}$, $p_c = 51,7\,\mathrm{bar}$ und $V_c = 219,0\,\mathrm{cm}^3\,\mathrm{mol}^{-1}$. Die Abweichungen von der Abschätzung nach Lydersen liegen zwischen 0,2 und 2 %.

2.2.5 Empirische kubische Zustandsgleichungen

Die van-der-Waals-Gleichung ist eine Gleichung dritten Grades in V_m, eine kubische Zustandsgleichung. Daher kann man analytische Ausdrücke für die drei Wurzeln der Gleichung angeben, also das Volumen eines Stoffes für gegebene Werte von Druck und Temperatur explizit, d. h. ohne Iteration, berechnen. Sie ist eine mathematisch recht einfache Gleichung und enthält nur zwei Konstanten, die spezifisch sind für den Stoff. Dennoch beschreibt sie das p, V, T-Verhalten und das Dampf-Flüssigkeit-Gleichgewicht qualitativ richtig. Für quantitative Berechnungen jedoch reicht die Genauigkeit der van-der-Waals-Gleichung für die meisten Anwendungen nicht aus. Um das p, V, T-Verhalten realer Fluide mit der für die Praxis erforderlichen Genauigkeit zu beschreiben, wurde sie um Korrekturterme erweitert und so den experimentellen p, V, T-Daten angepasst und ist daher Ausgangspunkt und Grundlage vieler empirisch modifizierter kubischer Zustandsgleichungen, der sog. *empirischen kubischen Zustandsgleichungen*. Diese müssen im Grenzfall verschwindender Drücke in die Zustandsgleichung des idealen Gases übergehen und außerdem die Kriterien des kritischen Punktes (erste und zweite Ableitung des Druckes nach dem Volumen verschwinden) erfüllen. Eine einzige Zustandsgleichung, die das p, V, T-Verhalten aller Fluide von niedrigen bis hohen Drücken mit großer Genauigkeit beschreibt, gibt es nicht, aber es wurden Zustandsgleichungen entwickelt, die das p, V, T-Verhalten einiger wichtiger Substanzklassen in einem ausreichenden Dichtebereich mit guter Genauigkeit wiedergeben. Einige in der Praxis gebräuchliche empirische kubische Zustandsgleichungen werden im folgenden vorgestellt.

Um aus der van-der-Waals-Gleichung modifizierte Zustandsgleichungen herzuleiten, wird Gl. (2.62a) nach dem Druck aufgelöst:

$$p = \frac{RT}{V_m - b} - \frac{a}{V_m^2} \tag{2.92}$$

In dieser Form ist der Druck eine Summe aus zwei Termen: Der erste enthält das Covolumen b und berücksichtigt damit die abstoßende Wechselwirkung (repulsion). Er wird mit p^{rep} bezeichnet: $p^{\mathrm{rep}} = RT/(V_m - b)$. Der zweite Term beschreibt über die Konstante a die anziehende Wechselwirkung (attraction) und wird mit p^{att} bezeichnet: $p^{\mathrm{att}} = -a/V_m^2$. Gl. (2.92) hat dann die Form

$$p = p^{\mathrm{rep}} + p^{\mathrm{att}} \tag{2.93}$$

Analog kann man die äquivalenten Gleichungen für den Kompressibilitätsfaktor herleiten. Aus Gl. (2.92) folgt

$$z = \frac{pV_m}{RT} = \frac{V_m}{V_m - b} - \frac{a}{RTV_m} \tag{2.94}$$

und mit den Bezeichnungen $z^{rep} = V_m/(V_m - b)$ und $z^{att} = -a/(RTV_m)$ ergibt sich

$$z = z^{rep} + z^{att} \tag{2.95}$$

Ausgehend von der van-der-Waals-Gleichung in der Form der Gln. (2.92) bzw. (2.94) werden die empirischen kubischen Zustandsgleichungen als Summe eines Abstoßungs- und eines Anziehungsterms geschrieben. Dabei wird der erste Term, der die Abstoßung berücksichtigt, unverändert von der van-der-Waals-Gleichung übernommen, was sich für einfache Stoffsysteme als erfolgreich erwiesen hat, und nur der zweite Term, der der Anziehung entspricht, wird modifiziert. Die erfolgreichsten und gebräuchlichsten kubischen Zustandsgleichungen kann man in der Form

$$\boxed{p = \frac{RT}{V_m - b} - \frac{\Theta}{V_m^2 + \delta V_m + \varepsilon}} \tag{2.96a}$$

bzw.

$$\boxed{z = \frac{V_m}{V_m - b} - \frac{\Theta V_m}{RT(V_m^2 + \delta V_m + \varepsilon)}} \tag{2.96b}$$

darstellen. Θ, δ und ε sind Parameter. Die verschiedenen Zustandsgleichungen unterscheiden sich darin, welche Werte die Parameter annehmen und ob diese temperaturabhängig sind. Enthalten die Parameter nur die beiden van-der-Waals-Konstanten a und b, so nennt man die Zustandsgleichungen *zweiparametrige Zustandsgleichungen*. Enthalten die Parameter weitere stoffspezifische Konstanten, so nennt man sie *drei- oder mehrparametrige Zustandsgleichungen*.

Für $\Theta = a$, $\delta = 0$ und $\varepsilon = 0$ reduziert sich die allgemeine Formulierung der kubischen Zustandsgleichung (Gl. (2.96a)) auf die van-der-Waals-Gleichung.

In Tab. 2.2 sind die Parameter einiger ausgewählter bekannter empirischer kubischen Zustandsgleichungen zusammengestellt.

Tab. 2.2 Parameter einiger empirischer kubischer Zustandsgleichungen für die allgemeine empirische kubische Zustandsgleichung $p = \frac{RT}{V_m - b} - \frac{\Theta}{V_m^2 + \delta V_m + \varepsilon}$

Zustandsgleichung	Θ	δ	ε
van-der-Waals	a	0	0
Redlich-Kwong	$\frac{a}{\sqrt{T}}$	b	0
Redlich-Kwong-Soave	$a(T) = a_c \alpha(T)$	b	0
Peng-Robinson	$a(T) = a_c \alpha(T)$	$2b$	$-b^2$

Redlich-Kwong-Gleichung

Die erfolgreichste und bekannteste zweiparametrige kubische Zustandsgleichung ist die *Redlich-Kwong-Gleichung* (Redlich und Kwong 1949). Für sie gilt $\Theta = a/\sqrt{T}$, $\delta = b$, $\varepsilon = 0$ und daher

bzw.

$$p = \frac{RT}{V_{\mathrm{m}} - b} - \frac{a}{\sqrt{T}\, V_{\mathrm{m}}(V_{\mathrm{m}} + b)} \tag{2.97a}$$

$$z = \frac{V_{\mathrm{m}}}{V_{\mathrm{m}} - b} - \frac{a}{R T^{3/2}(V_{\mathrm{m}} + b)} \tag{2.97b}$$

Da die Redlich-Kwong-Gleichung eine kubische Zustandsgleichung ist, zeigen die Isothermen im p, V-Diagramm qualitativ einen ähnlichen Verlauf wie die van-der-Waals-Isothermen: Die Gleichung hat für $T > T_{\mathrm{c}}$ eine reelle Lösung für das Volumen bei gegebenem Druck und für $T < T_{\mathrm{c}}$ drei reelle Lösungen, so dass unterhalb der kritischen Temperatur die Isothermen schleifenförmig verlaufen.

Der Zusammenhang zwischen den Konstanten a und b sowie den kritischen Daten T_{c}, p_{c} und V_{c} wird wie bei der van-der-Waals-Gleichung berechnet: Da im kritischen Punkt sowohl die Steigung als auch die Krümmung der p, V-Isotherme gleich Null sein müssen, werden die erste und zweite Ableitung des Druckes nach dem Volumen gleich Null gesetzt. Man erhält

$$a = \frac{1}{3\left(2^{1/3} - 1\right)} R T_{\mathrm{c}}^{3/2} V_{\mathrm{c}} = 1{,}28244\, R T_{\mathrm{c}}^{3/2} V_{\mathrm{c}} \tag{2.98a}$$

$$b = \left(2^{1/3} - 1\right) V_{\mathrm{c}} = 0{,}25992 V_{\mathrm{c}} \tag{2.98b}$$

$$z_{\mathrm{c}} = \frac{1}{3} = 0{,}333 \quad \text{oder} \quad p_{\mathrm{c}} V_{\mathrm{c}} = \frac{1}{3} R T_{\mathrm{c}} \tag{2.98c}$$

Dieser Wert für den Kompressibilitätsfaktor am kritischen Punkt kommt den gemessenen Werten, die für die meisten organischen Verbindungen zwischen 0,27 und 0,29 liegen (s. Tab. A.20 (Abschn. A.5.6)) näher als der Wert 0,375 der van-der-Waals-Gleichung (s. Gl. (2.83)), liegt aber immer noch oberhalb der experimentell bestimmten Werte.

Mit Gl. (2.98c) ergibt sich aus den Gln. (2.98a) und (2.98b)

$$a = \frac{1}{9\left(2^{1/3} - 1\right)} \frac{R^2 T_{\mathrm{c}}^{5/2}}{p_{\mathrm{c}}} = 0{,}42748 \frac{R^2 T_{\mathrm{c}}^{5/2}}{p_{\mathrm{c}}} \tag{2.99a}$$

$$b = \frac{1}{3}\left(2^{1/3} - 1\right) \frac{R T_{\mathrm{c}}}{p_{\mathrm{c}}} = 0{,}08664 \frac{R T_{\mathrm{c}}}{p_{\mathrm{c}}} \tag{2.99b}$$

Während die Gleichung für b dieselbe Form besitzt wie die entsprechende Gleichung für die van-der-Waals-Gleichung und sich lediglich der Zahlenfaktor geändert hat (s. Gl. (2.85c)), weist a eine andere Abhängigkeit von der kritischen Temperatur auf (s. Gl. (2.84c)).

Berechnet man a und b nach den Gln. (2.98a) und (2.98b) aus T_c und V_c oder nach den Gln. (2.99a) und (2.99b) aus T_c und p_c, so kommt man zu unterschiedlichen Ergebnissen, da die Redlich-Kwong-Gleichung die experimentellen Daten nicht exakt wiedergeben kann und die gemessenen kritischen Größen Gl. (2.98c) nicht exakt erfüllen. Da sich T_c und p_c genauer messen lassen als V_c, werden zur Berechnung von a und b meist die Gln. (2.99a) und (2.99b) verwendet.

Man kann die Parameter a und b statt aus den Zustandsgrößen am kritischen Punkt auch durch Anpassung an experimentelle p, V, T-Daten bestimmen, wenn diese über einen ausreichend großen Temperatur- und Druckbereich bekannt sind.

Vergleich mit der Virialgleichung, Boyle-Temperatur
Um einen Zusammenhang herzustellen zwischen den Parametern a und b der Redlich-Kwong-Gleichung und dem zweiten Virialkoeffizienten der Virialgleichung, formt man die Redlich-Kwong-Gleichung in eine Reihenentwicklung von der Form der Virialgleichung um. Der Koeffizientenvergleich ergibt für den zweiten Virialkoeffizienten der Leiden-Form

$$B = RTB' = b - \frac{a}{RT^{3/2}} \qquad (2.100)$$

Seine Temperaturabhängigkeit ist

$$\frac{\mathrm{d}B}{\mathrm{d}T} = \frac{3a}{2RT^{5/2}} \qquad (2.101)$$

B nimmt also mit der Temperatur zu (s. Abschn. 2.2.1, Abb. 2.5).

Die Boyle-Temperatur, die durch die Gleichung $B(T_B) = 0$ definiert ist, erhält man aus Gl. (2.100) zu

$$T_B = \left(\frac{a}{Rb} \right)^{2/3} \qquad (2.102)$$

Die Redlich-Kwong-Gleichung hat sich bei der Berechnung der Eigenschaften von Gasen und Gasmischungen bewährt. Sie wurde jedoch weiter modifiziert, um Anwendungsbereich und Genauigkeit, insbes. bzgl. der Zustandsgrößen längs der Siedelinie, zu verbessern.

Man kann mit der Redlich-Kwong-Gleichung (und den im folgenden zu behandelnden Zustandsgleichungen von Redlich-Kwong-Soave und Peng-Robinson) die Realanteile der verschiedenen thermischen Zustandsgrößen sowie den Fugazitätskoeffizienten und seine Temperatur- und Druckabhängigkeit berechnen. Die Vorgehensweise ist die gleiche ist wie für die Virialgleichung und die van-der-Waals-Gleichung.

Beispiel

Welchen Druck hat 1 kmol Methan bei 50 °C in einem Volumen von 0,5 m³? Man berechne den Wert mit

(a) der thermischen Zustandsgleichung des idealen Gases,
(b) der van-der-Waals-Gleichung,
(c) der Redlich-Kwong-Gleichung,
(d) der Virialgleichung

Die kritischen Daten von Methan sind $T_c = 190{,}4\,\text{K}$ und $p_c = 46{,}0\,\text{bar}$. Die van-der-Waals-Konstanten sind $a = 2{,}303\,\text{dm}^6\,\text{bar}\,\text{mol}^{-2}$ und $b = 4{,}310 \cdot 10^{-2}\,\text{dm}^3\,\text{mol}^{-1}$. Der zweite Virialkoeffizient ist $B(323\,\text{K}) = -33\,\text{cm}^3\,\text{mol}^{-1}$.

Lösung: Das Molvolumen von Methan ist $V_m = V/n = 0{,}5 \cdot 10^{-3}\,\text{m}^3\,\text{mol}^{-1}$

(a) Aus der thermischen Zustandsgleichung des idealen Gases ergibt sich der Druck zu

$$p^{\text{id}} = RT/V_m = 53{,}73\,\text{bar}$$

(b) Aus der nach dem Druck aufgelösten van-der-Waals-Gleichung (Gl. (2.62a)) ergibt sich der Druck zu $p^{\text{vdW}} = RT/(V_m - b) - a/V_m^2 = 49{,}59\,\text{bar}$.

(c) Die Redlich-Kwong-Gleichung lautet (s. Gl. (2.97a))

$$p^{\text{RK}} = \frac{RT}{V_m - b} - \frac{a}{T^{1/2} V_m (V_m + b)}$$

mit den Koeffizienten $a = 0{,}42748 R^2\, T_c^{5/2}/p_c$ (Gl. (2.99a)) und $b = 0{,}08664 RT_c/p_c$ (Gl. (2.99b)). Mit den kritischen Daten von Methan erhält man $a = 3{,}2133\,\text{N}\,\text{m}^4\,\text{K}^{1/2}\,\text{mol}^{-2}$ und $b = 2{,}982 \cdot 10^{-5}\,\text{m}^3\,\text{mol}^{-1}$ und schließlich $p^{\text{RK}} = 49{,}54\,\text{bar}$.

(d) Aus der Berlin-Form der Virialgleichung (Gl. (2.31a))

$$p^{\text{V}} = \frac{RT}{V_m}\left(1 + B'p^{\text{V}}\right) = p^{\text{id}}\left(1 + B'p^{\text{V}}\right)$$

ergibt sich der Druck zu

$$p^{\text{V}} = \frac{p^{\text{id}}}{1 - B'p^{\text{id}}}$$

Mit Gl. (2.41a) erhält man $B' = B/(RT) = -1{,}228 \cdot 10^{-3}\,\text{bar}^{-1}$ und damit $p^{\text{V}} = 50{,}40\,\text{bar}$.

Redlich-Kwong-Soave-Gleichung

Die erfolgreichsten Modifikationen der Redlich-Kwong-Gleichung sind die, bei der die Konstanten a und b als temperaturabhängig angenommen werden. Unter diesen hat sich die Modifikation von Soave (1972) besonders bewährt. Soave übernimmt für die in Gl. (2.96a) auftretenden Parameter δ und ε die Werte der ursprünglichen Redlich-Kwong-Gleichung ($\delta = b$ und $\varepsilon = 0$), führt jedoch für den Parameter Θ eine empirische Temperaturfunktion $a(T)$ ein. Die so entstandene *Redlich-Kwong-Soave-* oder *Soave-Redlich-Kwong-Gleichung* (RKS- oder SRK-Gleichung) lautet daher folgendermaßen:

$$p = \frac{RT}{V_m - b} - \frac{a(T)}{V_m(V_m + b)}$$

(2.103a)

oder

$$z = \frac{V_m}{V_m - b} - \frac{a(T)}{RT(V_m + b)}$$

(2.103b)

Die Temperaturfunktion $a(T)$ ist durch folgende Gleichung gegeben

$$a(T) = a_c \alpha(T)$$

(2.104)

Dabei ist a_c eine Stoffkonstante, die aus den kritischen Daten berechnet wird (s. u.), und $\alpha(T)$ eine Temperaturfunktion, die durch Anpassung der Zustandsgleichung an experimentelle Dampfdruckdaten für verschiedene Stoffe bestimmt wurde und gegeben ist durch die Gleichung

$$\alpha(T) = \left(1 + \left(0{,}480 + 1{,}574\omega - 0{,}176\omega^2\right)\left(1 - T_r^{1/2}\right)\right)^2$$

(2.105)

$T_r = T/T_c$ ist die reduzierte Temperatur (Definition der reduzierten Größen s. Abschn. 2.2.6) und ω der von Pitzer et al. (1955) definierte *azentrische Faktor*

$$\omega = -1{,}000 - \log_{10}\left(p_r^0\right)_{T_r = 0{,}7}$$

(2.106)

Hierin ist $\left(p_r^0\right)_{T_r = 0{,}7}$ der reduzierte Sättigungsdampfdruck p^0/p_c bei der reduzierten Temperatur $T/T_c = 0{,}7$. Der azentrische Faktor ist eine stoffspezifische Größe. Für einfache Fluide, d. h. solche, die kugelsymmetrisch sind bzgl. der Geometrie und des Kraftfelds wie die Edelgase, findet man $\left(p_r^0\right)_{T_r = 0{,}7} = 0{,}1$. Für sie ist also $\omega = 0$. Für die meisten Fluide ist $\omega > 0$. Man findet den azentrischen Faktor tabelliert. Die Werte einiger Stoffe sind in Tab. A.20 (Abschn. A.5.6) aufgelistet. Genaueres zum azentrischen Faktor s. Abschn. 2.2.6.

Am kritischen Punkt ($T = T_c$, d. h. $T_r = 1$) ist nach Gl. (2.105) $\alpha(T_c) = 1$, so dass nach Gl. (2.104) $a(T_c) = a_c$ gilt.

Man berechnet den Zusammenhang zwischen den Konstanten a_c und b und den kritischen Größen nach der gleichen Vorgehensweise wie bei der van-der-Waals-Gleichung und der Redlich-Kwong-Gleichung, indem man die Redlich-Kwong-Soave-Gleichung auf den kritischen Punkt anwendet. Man erhält

$$a_c = \frac{1}{9\left(2^{1/3}-1\right)} \frac{R^2 T_c^2}{p_c} = 0{,}42748 \frac{R^2 T_c^2}{p_c} \tag{2.107a}$$

$$b = \frac{1}{3}\left(2^{1/3}-1\right)\frac{RT_c}{p_c} = 0{,}08664 \frac{RT_c}{p_c} \tag{2.107b}$$

$$z_c = \frac{1}{3} = 0{,}333 \tag{2.107c}$$

z_c und b stimmen mit den Werten für die originale Redlich-Kwong-Gleichung überein (s. Gl. (2.98c) bzw. Gl. (2.99b)), a weicht um den Faktor $T_c^{1/2}$ von dem Wert der Redlich-Kwong-Gleichung ab (Gl. (2.99a)).

Die Redlich-Kwong-Soave-Gleichung hat sich in der Praxis für leichte Kohlenwasserstoffe bewährt und insbesondere bei der Berechnung von Dampf-Flüssigkeits-Gleichgewichten breite Anwendung gefunden.

Peng-Robinson-Gleichung

Auch die Redlich-Kwong-Soave-Zustandsgleichung wurde weiter modifiziert. Die wichtigste Modifikation ist die von Peng und Robinson (1976). Die Parameter der allgemeinen kubischen Zustandsgleichung Gl. (2.96a) werden $\Theta = a(T)$, $\delta = 2b$ und $\varepsilon = -b^2$ gesetzt, wobei die empirische Funktion $a(T)$ die gleiche Form wie die Funktion der Redlich-Kwong-Soave-Gleichung hat, wobei deren Koeffizienten aber andere Zahlenwerte aufweisen. Die *Peng-Robinson-Gleichung* lautet

$$p = \frac{RT}{V_m - b} - \frac{a(T)}{V_m^2 + 2bV_m - b^2} = \frac{RT}{V_m - b} - \frac{a(T)}{V_m(V_m + b) + b(V_m - b)} \tag{2.108a}$$

bzw.

$$z = \frac{V_m}{V_m - b} - \frac{a(T)V_m}{RT(V_m(V_m + b) + b(V_m - b))} \tag{2.108b}$$

mit

$$a(T) = a_c \alpha(T) \tag{2.109}$$

und

$$\alpha(T) = \left(1 + \left(0{,}37464 + 1{,}54226\omega - 0{,}26992\omega^2\right)\left(1 - T_r^{1/2}\right)\right)^2 \tag{2.110}$$

Es gilt auch hier $\alpha(T_c) = 1$ und daher $a(T_c) = a_c$.

Die Konstanten a_c und b ergeben sich aus den kritischen Größen zu

$$a_c = 0{,}4572 \frac{R^2 T_c^2}{p_c} \tag{2.111a}$$

$$b = 0{,}07780 \frac{R T_c}{p_c} \tag{2.111b}$$

b stimmt bis auf den Zahlenfaktor mit der entsprechenden Beziehung der Redlich-Kwong-Gleichung überein, a_c weicht außer um den Zahlenfaktor um den Faktor $T^{1/2}$ von a ab (s. Gln. (2.99b) bzw. (2.99a)).

Der kritische Kompressibilitätsfaktor ergibt sich zu

$$z_c = 0{,}307 \tag{2.111c}$$

Er ist deutlich niedriger als der Wert, der sich aus der van-der-Waals-, der Redlich-Kwong- oder der Redlich-Kwong-Soave-Gleichung ergibt, und kommt den Messwerten sehr nahe. Die Peng-Robinson-Gleichung liefert insbesondere eine genauere Beschreibung der Flüssigkeitsdichte.

Vergleich der empirischen kubischen Zustandsgleichungen
Die Redlich-Kwong-Soave- und Peng-Robinson-Gleichung eignen sich gleichermaßen zur Berechnung von p, V, T- und Dampfdruckdaten. Beide haben sich insbesondere bei der Anwendung auf polare und große Moleküle praktisch bewährt. Diese sind von den einfachen empirischen kubischen Zustandsgleichungen diejenigen, die am häufigsten zur Berechnung von Phasengleichgewichten angewendet werden. Je nach Anwendungsfall wird die eine oder andere Zustandsgleichung gewählt.

Die Wiedergabe der experimentellen Daten und die Genauigkeit der Berechnungen von p, V, T- und Dampfdruckdaten mit einer kubischen Zustandsgleichung kann weiter verbessert werden, wenn man die Anzahl der anpassbaren Parameter erhöht. Jedoch werden die Zustandsgleichungen ungleich komplexer und die Berechnungen entsprechend aufwendiger.

Die Konstanten a und b der verschiedenen empirischen kubischen Zustandsgleichungen sind in Tab. 2.3 zusammengestellt.

Tab. 2.3 Die Parameter a und b sowie der kritische Kompressibilitätsfaktor z_c für verschiedene empirische kubische Zustandsgleichungen

Zustandsgleichung	a $R^2 T_c^2 p_c^{-1}$	b $R T_c p_c^{-1}$	z_c
van-der-Waals-Gleichung	0,42188	0,12500	0,375
Redlich-Kwong-Gleichung	0,42748 $T_c^{1/2}$	0,08664	0,333
Redlich-Kwong-Soave-Gleichung	0,42748 $\alpha(T)$	0,08664	0,333
Peng-Robinson-Gleichung	0,4572 $\alpha(T)$	0,07780	0,307

2.2.6 Korrespondenzprinzip und generalisierte Zustandsgleichungen

Das p, V, T-Verhalten realer Fluide kann nicht durch eine für alle Stoffe gültige Zustandsgleichung beschrieben werden, sondern die zwischen den Molekülen wirkenden Anziehungs- und Abstoßungskräfte müssen in der Zustandsgleichung in Form von stoffspezifischen Konstanten berücksichtigt werden. Da diese in enger Beziehung zu den kritischen Daten eines Fluids stehen, sollte das p, V, T-Verhalten verschiedener Stoffe übereinstimmen, wenn man die thermischen Zustandsgrößen nicht als absolute Größen angibt, sondern in Einheiten der kritischen Größen. Dies ist tatsächlich der Fall. Man nennt das Phänomen *Korrespondenzprinzip*, den kritischen Punkt als Bezugspunkt auch *Korrespondenzpunkt* und die kritischen Daten *Korrespondenzparameter*. Dies bedeutet, dass sich das p, V, T-Verhalten verschiedener Stoffe durch eine einzige Zustandsgleichung beschreiben lässt, die mit Ausnahme der kritischen thermischen Zustandsgrößen keine stoffspezifischen Konstanten enthält. Diese mit den thermischen Zustandsgrößen in Einheiten der kritischen Größen formulierte und für verschiedene Fluide gültige Zustandsgleichung heißt – im Gegensatz zu einer nur für einen einzigen Stoff gültigen individuellen Zustandsgleichung – *generalisierte Zustandsgleichung*. Ihre Bedeutung liegt darin, dass man die Eigenschaften vieler verschiedener Fluide mit einer einzigen Zustandsgleichung wiedergeben und sie mit guter Genauigkeit aus wenigen stoffspezifischen Daten, i. a. T_c und p_c, berechnen kann.

Reduzierte thermische Zustandsgrößen
Jede Substanz besitzt einen ausgezeichneten Zustand, den *kritischen Punkt*, der mathematisch als Sattelpunkt der $p(V)$-Isothermen definiert ist (s. Abschn. 2.2.4). Er ist charakterisiert durch die stoffspezifischen kritischen thermischen Zustandsgrößen: die *kritische Temperatur* T_c, den *kritischen Druck* p_c und das *kritische Molvolumen* V_c. Dividiert man die thermischen Zustandsgrößen T, p und V_m durch die entsprechenden kritischen Größen T_c, p_c bzw. V_c, so gelangt man zu dimensionslosen, normierten Zustandsgrößen, den sog. *reduzierten thermischen Zustandsgrößen*:

$$\boxed{p_r = \frac{p}{p_c}} \qquad \text{reduzierter Druck} \qquad\qquad (2.112)$$

$$\boxed{T_r = \frac{T}{T_c}} \qquad \text{reduzierte Temperatur} \qquad\qquad (2.113)$$

$$\boxed{V_r = \frac{V_m}{V_c}} \qquad \text{reduziertes Molvolumen} \qquad\qquad (2.114)$$

Gemäß der Definition des Kompressibilitätsfaktors als $z = pV_m/(RT)$ ist der reduzierte Kompressibilitätsfaktor definiert als

$$\boxed{z_r = \frac{p_r V_r}{R T_r}} \tag{2.115}$$

Mit dem kritischen Kompressibilitätsfaktor $z_c = p_c V_c/(R T_c)$ ist $z_r = z/(R z_c)$, d. h. $z_r \neq z/z_c$.

Korrespondenzprinzip

In Abb. 2.9 ist der Kompressibilitätsfaktor $z = pV_m/(RT)$ verschiedener Fluide als Funktion des reduzierten Druckes p_r für einige reduzierte Temperaturen T_r aufgetragen. Die Isothermen der verschiedenen Stoffe fallen zusammen, das p_r, V_r, T_r-Verhalten stimmt überein. Man vergleiche dazu Abb. 2.1, in der der Kompressibilitätsfaktor einiger Substanzen als Funktion des absoluten (statt des reduzierten) Drucks aufgetragen ist und in der sich die Isothermen der verschiedenen Stoffe stark voneinander unterscheiden.

Eine Darstellung mit reduzierten Größen, wie sie die Abb. 2.9 zeigt, heißt Darstellung in *Amagat-Koordinaten* oder *Amagat-Diagramm*. Als Parameter werden meist die kritische Temperatur und der kritische Druck verwendet, da das kritische Molvolumen experimentell nicht so genau bestimmt werden kann. In einem Amagat-Diagramm kann man die Eigenschaften vieler verschiedener Fluide in einer einzigen Kurve wiedergeben und umgekehrt die Eigenschaften unterschiedlicher Fluide aus einer Kurve berechnen.

Die Beobachtung, dass die Eigenschaften verschiedener Fluide übereinstimmen, wenn sie in Form der reduzierten Zustandsgrößen dargestellt werden, heißt *Korrespondenzprinzip* oder *Gesetz der übereinstimmenden Zustände*. Es lautet: Fluide, die die gleiche reduzierte Temperatur und den gleichen reduzierten Druck haben, besitzen auch den gleichen Kompressibilitätsfaktor. Es gibt also eine universelle, für alle Fluide gültige Zustandsgleichung $z = z(T_r, p_r)$. Da die Zustandsgleichung $z = z(T_r, p_r)$ außer den beiden kritischen Zustandsgrößen T_c und p_c keine stoffspezifischen Konstanten enthält, handelt es sich um das sog. *Zwei-Parameter-Korrespondenzprinzip*.

Das Zwei-Parameter-Korrespondenz-Prinzip ist je nach Stärke und Richtung der intermolekularen Wechselwirkungskräfte und der Struktur der Moleküle mehr oder weniger gut erfüllt. Es gilt insbesondere für Gase, die aus kugelförmigen, unpolaren und nicht assoziierenden Teilchen bestehen (Edelgase, Stickstoff, Sauerstoff, Kohlenstoffmonoxid und leichte Kohlenwasserstoffe wie Methan, Ethan und Propan) und eignet sich in diesen Fällen für praktische Anwendungen. Es weist aber deutliche Abweichungen für nicht-kugelförmige und polare Moleküle (z. B. Wasser, Alkohole, organische Säuren) auf. Eine genauere Wiedergabe der Eigenschaften von Substanzen mit nicht kugelförmiger Molekülgeometrie und stark gerichteten intermolekularen Wechselwirkungskräften erreicht man durch Hinzunahme eines oder mehrerer weiterer stoffspezifischer Parameter und gelangt damit zum *erweiterten Korrespondenzprinzip*. Häufig verwendet man als dritten

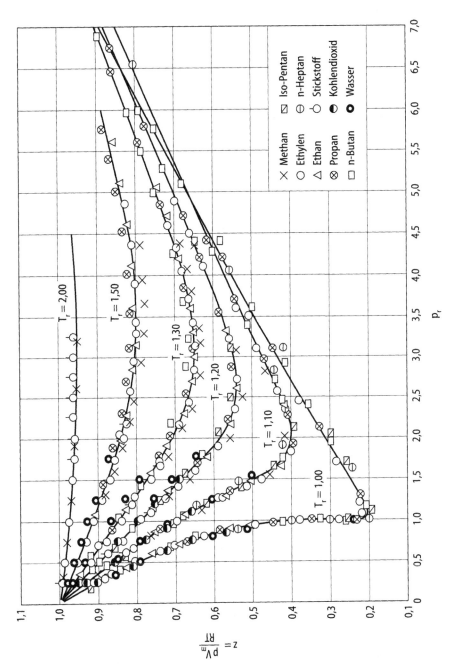

Abb. 2.9 Kompressibilitätsfaktor verschiedener Gase als Funktion des reduzierten Druckes bei verschiedenen reduzierten Temperaturen (nach Goup-Jen Su 1946)

Korrespondenzparameter den sog. azentrischen Faktor ω. Damit kommt man von der *zweiparametrigen generalisierten Zustandsgleichung* $z = z(T_r, p_r)$ zur *dreiparametrigen generalisierten Zustandsgleichung* $z = z(T_r, p_r, \omega)$ und damit zum *Drei-Parameter-Korrespondenzprinzip*.

Generalisierte van-der-Waals-Gleichung

Die van-der-Waals-Gleichung kann man mit reduzierten thermischen Zustandsgrößen ausdrücken und damit in eine generalisierte Zustandsgleichung umformen. Indem man in der van-der-Waals-Gleichung (Gl. (2.62a)) die Konstanten a und b sowie R mit Hilfe der Gln. (2.84a), (2.85a) und (2.86) durch die kritischen Zustandsgrößen ersetzt und die reduzierten Zustandsgrößen einführt (s. Lüdecke und Lüdecke 2000), erhält man die *generalisierte van-der-Waals-Gleichung*

$$\left(p_r + \frac{3}{V_r^2} \right)(3V_r - 1) = 8T_r \tag{2.116}$$

Diese Gleichung besitzt die gleiche Form wie die van-der-Waals-Gleichung, sie enthält jedoch die thermischen Zustandsgrößen in Form reduzierter Größen, dafür aber nicht die individuellen Stoffkonstanten a und b. Da sie außer den kritischen Zustandsgrößen T_c und V_c bzw. p_c keine stoffspezifischen Konstanten enthält, ist sie eine zweiparametrige generalisierte Zustandsgleichung und erfüllt das Zwei-Parameter-Korrespondenzprinzip. Alle Stoffe, die die van-der-Waals-Gleichung befolgen, besitzen also dieselbe generalisierte Zustandsgleichung. In diesem Sinne ist Gl. (2.116) allgemeingültig.

In Abb. 2.10 ist die generalisierte van-der-Waals-Gleichung im p_r, V_r-Diagramm dargestellt. Die Isothermen zeigen bei hohen reduzierten Temperaturen den bekannten hyperbelförmigen Verlauf, bei Temperaturen unterhalb der reduzierten Temperatur $T_r = 1$ (d. h. unterhalb der kritischen Temperatur T_c) den schleifenförmigen Verlauf, die Isotherme $T_r = 1$ hat einen Sattelpunkt. Die Form der $p(V)$-Isothermen bleibt erhalten, es sind aber die thermischen Zustandsgrößen p, V und T nicht als absolute, sondern als reduzierte Größen angegeben. Bei gleicher reduzierter Temperatur und gleichem reduzierten Druck besitzen alle Fluide, die die van-der-Waals-Gleichung befolgen, das gleiche reduzierte Volumen, ihr p_r, V_r, T_r-Verhalten stimmt überein. Daher gilt dieses Diagramm nicht für einen bestimmten Stoff, sondern für alle Stoffe, die die van-der-Waals-Gleichung erfüllen.

Man kann die van-der-Waals-Gleichung mit den Gln. (2.94), (2.84b) und (2.85a) auch in der generalisierten Form

$$z = z(T_r, V_r) = \frac{V_r}{V_r - 0{,}333} - \frac{1{,}125}{T_r V_r} \tag{2.117}$$

schreiben. Da das reduzierte Molvolumen durch die reduzierte Temperatur und den reduzierten Druck dargestellt werden kann, kann man den Kompressibilitätsfaktor auch als Funktion der reduzierten Temperatur und des reduzierten Druckes wiedergeben: $z = z(T_r, p_r)$.

Abb. 2.10 T_r-Isothermen der van-der-Waals-Gleichung im p_r, V_r-Diagramm

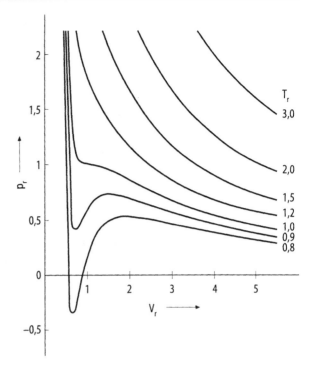

Da die van-der-Waals-Gleichung die beiden Parameter a und b enthält bzw. die generalisierte van-der-Waals-Gleichung $z = z(T_r, p_r)$ die beiden Konstanten T_c und p_c, ist die van-der-Waals-Gleichung eine zweiparametrige Zustandsgleichung und erfüllt das Zwei-Parameter-Korrespondenzprinzip.

Sind T_c und p_c eines Stoffes bekannt, so kann man mit der reduzierten van-der-Waals-Gleichung V_c bzw. z für verschiedene Temperaturen und Drücke berechnen. Dabei ist die generalisierte van-der-Waals-Gleichung nicht genauer als die van-der-Waals-Gleichung selbst. Dies gilt analog für die anderen generalisierten Zustandsgleichungen.

Man kann den Kompressibilitätsfaktor z des van-der-Waals-Gases in den reduzierten Kompressibilitätsfaktor z_r (s. Gl. (2.115)) umrechnen mit Hilfe des kritischen Kompressibilitätsfaktors z_c (Gl. (2.83)):

$$z = \frac{pV_m}{RT} = \frac{3}{8}\frac{p_r V_r}{T_r} = \frac{3}{8}Rz_r \qquad (2.118)$$

Beispiel

2 kg Stickstoff sind bei 20 °C in einen 50 l fassenden Behälter eingeschlossen. Welcher Druck herrscht im Behälter? Stickstoff befolgt die generalisierte van-der-Waals-Gleichung. Die kritischen Größen von Stickstoff sind $T_c = 126{,}2$ K, $p_c = 33{,}9$ bar, $V_c = 89{,}8$ cm³ mol^{-1}, die Molmasse von Stickstoff ist $M = 28{,}0$ g mol^{-1}.

Lösung: Das Molvolumen ist $V_m = V/n = VM/m = 700{,}0\,\mathrm{cm}^3\,\mathrm{mol}^{-1}$, die reduzierten thermischen Zustandsgrößen sind $V_r = V_m/V_c = 7{,}786$ und $T_r = T/T_c = 2{,}323$. Der reduzierte Druck ergibt sich aus der nach p_r aufgelösten generalisierte van-der-Waals-Gleichung Gl. (2.116)

$$p_r = \frac{8T_r}{3V_r - 1} - \frac{3}{V_r^2} = 0{,}782$$

Der Druck ist $p = p_r\, p_c = 26{,}51$ bar. Das idealen Gasgesetz ergibt $p = RT/V_m = 34{,}82$ bar. Stickstoff weist unter den gegebenen Bedingungen deutlich nichtideales Verhalten auf.

Generalisierte Redlich-Kwong-Gleichung
Auch die Redlich-Kwong-Gleichung Gl. (2.97b) kann man in ihre generalisierte Form umwandeln, indem man die Konstanten a und b durch die kritischen Größen ersetzt und damit die reduzierten Größen in die Redlich-Kwong-Gleichung einführt (s. Lüdecke und Lüdecke 2000):

$$z = \frac{V_r}{V_r - 0{,}25992} - \frac{1{,}28244}{T_r^{3/2}(V_r + 0{,}25992)} \qquad (2.119)$$

Dies ist die *generalisierte Redlich-Kwong-Gleichung*. Da die generalisierte Redlich-Kwong-Gleichung außer den kritischen Zustandsgrößen T_c und V_c bzw. p_c keine stoffspezifischen Konstanten enthält, erfüllt sie das Zwei-Parameter-Korrespondenzprinzip. Alle Fluide haben also in einem Zustand, der durch die gleichen reduzierten thermischen Zustandsgrößen gekennzeichnet ist, dieselben Werte des Kompressibilitätsfaktors. Sind die kritischen Zustandsgrößen eines Fluids bekannt, so kann man den Kompressibilitätsfaktor für jeden beliebigen Zustand berechnen.

Auch die reduzierte Form der Redlich-Kwong-Gleichung ist eine kubische Zustandsgleichung und lässt sich in ein Polynom in Potenzen von V_r umwandeln. Daher kann man für gegebene Werte von T_r und p_r das reduzierte Volumen V_r durch algebraische Lösung der Gleichung berechnen.

Der azentrische Faktor
Um die Genauigkeit der generalisierten Zustandsgleichungen zu verbessern, führt man in die zweiparametrige generalisierte Zustandsgleichung zusätzlich zu den kritischen thermischen Zustandsgrößen einen oder mehrere weitere stoffspezifische Parameter ein. Es wurden verschiedene Korrespondenzparameter vorgeschlagen. Der am häufigsten verwendete dritte Korrespondenzparameter ist der von Pitzer et al. (1955) eingeführte *azentrische Faktor ω* (s. Gl. (2.106))

$$\omega = -1{,}000 - \log_{10}\left(p_r^0\right)_{T_r = 0{,}7} \qquad (2.120)$$

Pitzer stellte fest, dass der reduzierte Sättigungsdampfdruck p_r^0 einfacher, nahezu idealer Fluide (Argon, Krypton, Xenon) bei $T_r = 0{,}7$ den Wert 0,1 hat. Für diese Fluide gilt also $\omega = 0$. Pitzer nahm an, dass andere Fluide durch die Abweichung ihrer relativen Dampfdrücke bei $T_r = 0,7$ vom Wert 0,1 charakterisiert werden können, und definierte daher den azentrischen Faktor ω als Differenz der Logarithmen der Dampfdrücke des realen Fluids und fast idealen Fluids. ω berücksichtigt, wie sein Name andeutet, die Abweichungen von der Kugelsymmetrie sowohl bzgl. der Geometrie als auch des Kraftfelds und beschreibt die Komplexität eines Moleküls hinsichtlich seiner Geometrie und Polarität. Für monoatomare Gase ist $\omega = 0$, für Methan ist ω nahe Null. ω nimmt bei den Kohlenwasserstoffen mit der Kettenlänge zu und bei polaren Molekülen mit zunehmender Polarität der Moleküle.

Der azentrische Faktor enthält als thermodynamische Information den reduzierten Sättigungsdampfdruck bei der reduzierten Temperatur 0,7 und eignet sich aus verschiedenen Gründen als Korrespondenzparameter: Der Dampfdruck und seine Temperaturabhängigkeit sind relativ einfach zu messen, insbes. für $T_r = 0,7$, was für viele Substanzen in der Nähe des Normalsiedepunktes liegt (s. Guldbergsche Regel, Gl. (2.88)). Außerdem ist die Temperaturabhängigkeit des Dampfdrucks ein empfindliches Maß für Abweichungen vom Zwei-Parameter-Korrespondenzprinzip.

ω liegt in der Literatur tabelliert vor. Tab. A.20 (Abschn. A.5.6) gibt die Werte einiger ausgewählter Substanzen wieder.

Falls man den azentrischen Faktor für eine Substanz nicht tabelliert findet, kann man ihn mit verschiedenen Methoden berechnen. Die einfachste und eine sehr empfehlenswerte Methode ist die von Edmister (1958). Man setzt neben den kritischen Daten T_c und p_c einen Siedepunkt, z. B. die Normalsiedetemperatur T_b voraus und kann mit der Dampfdruckgleichung $p^0(T)$ (s. Abschn. 2.4.10) dann eine analytische Funktion für ω angeben. Z. B. ist für eine Dampfdruckgleichung der Form

$$\log_{10} p^0 = A + \frac{B}{T} \tag{2.121}$$

($p^0 = $ Sättigungsdampfdruck [atm], $T = $ Siedetemperatur [K]) der azentrische Faktor

$$\omega = \frac{3}{7} \frac{T_{b,r}}{1 - T_{b,r}} \log_{10} p_c - 1 \tag{2.122}$$

($T_{b,r} = T_b/T_c$, $T_b = $ Normalsiedetemperatur $= $ Siedetemperatur bei 1 atm, $p_c = $ kritischer Druck [atm]) (s. Lüdecke und Lüdecke 2000).

Ansatz von Pitzer

Mit der Einführung des azentrischen Faktors als drittem Parameter wird die *zweiparametrige generalisierte Zustandsgleichung* $z = z(T_r, p_r)$ zur *dreiparametrigen generalisierten Zustandsgleichung* $z = z(T_r, p_r, \omega)$. Alle Fluide, die denselben azentrischen Faktor besitzen, haben bei derselben reduzierten Temperatur und demselben reduzierten Druck denselben Wert des Kompressibilitätsfaktors.

Pitzer schlug vor, die dreiparametrige generalisierte Zustandsgleichung als lineare Funktion von ω gemäß der Gleichung

$$z = z(T_r, p_r, \omega) = z^{(0)}(T_r, p_r) + \omega z^{(1)}(T_r, p_r)$$ (2.123)

darzustellen, wobei der Term $z^{(0)}(T_r, p_r)$ Moleküle von kugelsymmetrischer Gestalt und symmetrischem Kraftfeld beschreibt und aus den p, V, T-Daten dieser Fluide bestimmt werden kann und $z^{(1)}(T_r, p_r)$ die Abweichung von der Kugelsymmetrie wiedergibt. Für kugelförmige Symmetrie ist definitionsgemäß $\omega = 0$, so dass der dreiparametrige Ansatz zum zweiparametrigen wird. Dies ist der Fall für Edelgase. Da $z^{(0)}(T_r, p_r)$ und $z^{(1)}(T_r, p_r)$ recht komplex sind, können sie durch einfache analytische Gleichungen nicht genau genug wiedergegeben werden. Daher findet man ihre Werte als Funktion von T_r und p_r entweder tabelliert (Pitzer et al. 1955) oder graphisch dargestellt (Edmister 1958). Mit diesen Tabellen bzw. Abbildungen kann man den Kompressibilitätsfaktor für beliebige Zustände (p, T) eines Fluids bestimmen, wenn T_c und p_c bekannt sind.

Alle Fluide, die denselben azentrischen Faktor besitzen, haben bei derselben reduzierten Temperatur und demselben reduzierten Druck denselben Wert für z und damit übereinstimmende thermodynamische Eigenschaften.

Dieser Drei-Parameter-Ansatz von Pitzer ist sicherlich das nützlichste und erfolgreichste Ergebnis des Korrespondenzprinzips.

Ansatz von Lee und Kesler

Einige Modifikationen und Erweiterungen der dreiparametrigen Zustandsgleichung auf größere Temperatur- und Druckbereiche wurden publiziert. Der erfolgreichste Ansatz ist der von *Lee und Kesler* (1975). Lee und Kesler berechnen die Funktionen $z^{(0)}(T_r, p_r)$ und $z^{(1)}(T_r, p_r)$ mit einer modifizierten Benedict-Webb-Rubin-Gleichung und geben sie in Form von Tabellen oder graphischen Darstellungen wieder. $z^{(0)}$ stimmt i.w. mit den ursprünglich von Pitzer angegebenen Daten überein, der Korrekturterm $z^{(1)}$ weicht aber etwas von dem von Pitzer ab und ist genauer als dieser. In Tab. A.22 (Abschn. A.5.8) sind die Werte der Funktionen $z^{(0)}(T_r, p_r)$ bzw. $z^{(1)}(T_r, p_r)$ tabelliert.

Der Ansatz von Lee und Kesler gibt verlässliche Resultate für Fluide, die nicht polar oder nur schwach polar sind, d. h. insbesondere für Kohlenwasserstoffe. In diesem Fall liegen die Fehler für Gas und Flüssigkeit im Temperaturbereich $T_r = 0{,}3$ bis 4 und im Druckbereich $p_r = 0$ bis 10 unterhalb von 2 bis 3 %. Für stark polare oder assoziierende Fluide sind die Fehler größer. Dennoch liefert er auch für polare Fluide häufig erstaunlich genaue Resultate, außer bei tiefen Temperaturen nahe dem Sattdampfgebiet (Reid et al. 1987).

Beispiel

Man berechne das Molvolumen von n-Butan bei 553 K und 22,8 bar mit Hilfe des Drei-Parameter-Ansatzes von Lee und Kesler und vergleiche das Ergebnis mit dem der Zwei-Parameter-Näherung ($\omega = 0$) und der Zustandsgleichung des idealen Gases. Die kritischen Daten von n-Butan sind $T_c = 425,2$ K und $p_c = 38,0$ bar (s. Tab. A.20).

Lösung: Die reduzierten thermischen Zustandsgrößen von n-Butan sind $T_r = T/T_c = 1,300$ und $p_r = p/p_c = 0,600$. Für diese Werte sind die Terme der dreiparametrigen generalisierten Zustandsgleichung $z^{(0)} = 0,9083$ und $z^{(1)} = 0,0429$ (Tab. A.22). Mit dem azentrischen Faktor $\omega = 0,199$ (s. Tab. A.20) ergibt sich der Kompressibilitätsfaktor nach Gl. (2.123) zu $z = 0,9168$ und das Molvolumen zu $V_m = zRT/p = 1,849 \cdot 10^{-3} \, \text{m}^3 \, \text{mol}^{-1}$. Für die Zwei-Parameter-Näherung ist $z = z^{(0)}$ und daher $V_m = z^{(0)} RT/p = 1,832 \cdot 10^{-3} \, \text{m}^3 \, \text{mol}^{-1}$. Mit der Zustandsgleichung des idealen Gases ergibt sich $V_m = RT/p = 2,017 \cdot 10^{-3} \, \text{m}^3 \, \text{mol}^{-1}$. Das Ergebnis der Zwei-Parameter-Näherung weicht um 0,9 % von dem des Drei-Parameter-Ansatzes ab, das Ergebnis der idealen Gasgleichung um 9,1 %.

Generalisierte Redlich-Kwong-Soave-Gleichung

Die Redlich-Kwong-Soave-Gleichung (Gl. (2.103b)) kann man umwandeln (s. Lüdecke und Lüdecke 2000) in die dreiparametrige generalisierte Form, die *generalisierte Redlich-Kwong-Soave-Gleichung*

$$z = \frac{V_r}{V_r - 0,25992} - \frac{1,28244\alpha(T_r)}{T_r(V_r + 0,25992)} \tag{2.124}$$

$\alpha(T) = \alpha(T_r, \omega)$ ist die gleiche Funktion wie Gl. (2.105).

Die generalisierte Redlich-Kwong-Soave-Gleichung ist in Abb. 2.11 im p_r, V_r-Diagramm dargestellt für $\omega = 0,635$ (Ethanol). Die Isothermen zeigen für unterkritische Temperaturen ($T_r < 1$) den für kubische Zustandsgleichungen typischen schleifenförmigen Verlauf, im überkritischen Temperaturbereich ($T_r > 1$) nähern sie sich mit zunehmender Temperatur den Hyperbeln des idealen Gases.

Als kubische Zustandsgleichung kann die generalisierte Redlich-Kwong-Soave-Gleichung für gegebene Werte von Temperatur und Druck analytisch nach dem Volumen aufgelöst werden.

Um die thermodynamischen Eigenschaften eines Fluids mit der generalisierten Redlich-Kwong-Soave-Gleichung zu berechnen, benötigt man also die kritischen Daten und den azentrischen Faktor. Alle Fluide, die den gleichen azentrischen Faktor besitzen, haben bei derselben reduzierten Temperatur und demselben reduzierten Druck denselben Kompressibilitätsfaktor.

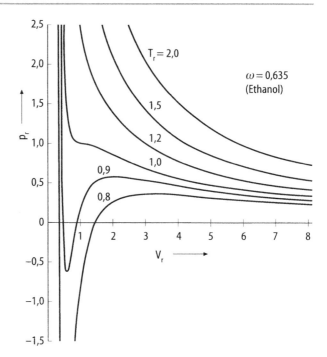

Abb. 2.11 Isothermen der Zustandsgleichung von Redlich-Kwong-Soave im p_r, V_r-Diagramm mit T_r als Parameter für $\omega = 0{,}635$ (Ethanol)

Aus der zwei- und dreiparametrigen generalisierten thermischen Zustandsgleichung $z = z(T_r, p_r)$ bzw. $z = z(T_r, p_r, \omega)$ kann man mit den in Abschn. 2.1.2 und 2.1.3 hergeleiteten Beziehungen die Realanteile der thermischen Zustandsgrößen, die Fugazität und den Fugazitätskoeffizienten als Funktion des reduzierten Druckes für verschiedene reduzierte Temperaturen berechnen. Alle Stoffe, die das Korrespondenzprinzip befolgen, besitzen für gleiche p_r und T_r (und ω) nicht nur denselben Wert des Kompressibilitätsfaktors, sondern z. B. auch des Fugazitätskoeffizienten φ oder des Realanteils H^r der Enthalpie. Wie $z = z(T_r, p_r, \omega)$ als dreiparametrige Gleichung dargestellt und tabellarisch oder graphisch wiedergegeben werden kann, so können dies auch die genannten thermodynamischen Größen.

Zusammenfassend kann man sagen, dass die praktische Bedeutung der generalisierten Zustandsgleichungen bzw. des Korrespondenzprinzips darin liegt, dass man die Eigenschaften vieler verschiedener Fluide mit einer einzigen Zustandsgleichung wiedergeben und die Eigenschaften eines Stoffes mit guter Genauigkeit aus wenigen experimentellen Daten, T_c, p_c und ω, gewinnen kann. Die Genauigkeit nimmt bei Verwendung des azentrischen Faktors deutlich zu. Die Gleichungen weisen einen weiten Anwendungsbereich (viele Stoffe, großer Temperatur- und Druckbereich) auf. Die berechneten Eigenschaften vieler unpolarer und schwach polarer Fluide zeigen nur geringe Abweichungen zu den gemessenen Werten. Für stark polare oder assoziierende Stoffe kann es jedoch größere Abweichungen zwischen berechneten und experimentellen Daten geben. Insbesondere das Molvolumen des flüssigen Zustands ist mit größeren Fehlern behaftet.

2.3 Der Joule-Thomson-Effekt

Die innere Energie und Enthalpie des idealen Gases hängen nicht von Volumen oder Druck ab, sondern sind reine Temperaturfunktionen. Reale Gase verhalten sich aber nur im Grenzfall verschwindender Drücke wie ideale Gase und erfahren bei der Expansion ins Vakuum eine Änderung der inneren Energie und Enthalpie (sog. Joule-Thomson-Effekt).

2.3.1 Überströmversuch von Gay-Lussac

Gay-Lussac führte folgenden Versuch durch: Ein gegen die Umgebung vollständig wärmeisoliertes Gefäß ist durch eine Trennwand in zwei Räume geteilt, von denen der eine ein ideales Gas bei mittlerem Druck enthält, während der andere evakuiert ist. Beim Öffnen der Trennwand strömt Gas in den evakuierten Raum bis in beiden Räumen der gleiche Druck herrscht. Gay-Lussac stellte fest, dass nach Einstellung des Gleichgewichts das auf beide Räume verteilte Gas dieselbe Temperatur besitzt wie vor Öffnen der Trennwand. Da das Gas während des Vorgangs keine Energie mit der Umgebung ausgetauscht hat, weder in Form von Arbeit noch in Form von Wärme, hat sich nach dem ersten Hauptsatz seine innere Energie nicht geändert. Da aber sein Volumen zugenommen hat, muss offenbar die innere Energie unabhängig vom Volumen und eine reine Temperaturfunktion sein, d. h. es muss gelten $U = U(T)$ (*zweites Gay-Lussacsches Gesetz*) und $(\partial U/\partial V)_T = 0$ (s. Gln. (1.61c) bzw. (1.61a)). Hieraus ergibt sich mit der Zustandsgleichung des idealen Gases $pV = nRT$, dass auch die Enthalpie des idealen Gases, $H = U + pV = U + nRT$, eine reine Temperaturfunktion ist: $H = H(T)$ (s. Gl. (1.62c)). Innere Energie und Enthalpie des idealen Gases sind unabhängig von Volumen und Druck, denn zwischen den Teilchen eines idealen Gases herrschen keine Wechselwirkungskräfte, und es ist daher unwichtig, in welchem Volumen und unter welchem Druck sich das ideale Gas befindet.

Während der Expansion des idealen Gases in einen evakuierten Raum ändern sich Temperatur, innere Energie und Enthalpie zwar nicht, aber die Entropie nimmt zu, da das Ausströmen mit einer Zunahme an Unordnung verbunden ist. Die Entropieänderung des idealen Gases infolge einer isothermen Zustandsänderung ist $S_2 - S_1 = nR\ln(V_2/V_1) = -nR\ln(p_2/p_1)$ (V_1 und V_2 sowie p_1 und p_2 die Anfangs- und Endvolumina bzw. -drücke, s. Gl. (1.157)). Da bei dem Überströmen das Volumen zunimmt ($V_2 > V_1$) und der Druck fällt ($p_2 < p_1$), nimmt die Entropie zu. Da das System abgeschlossen ist, ist dies gleichbedeutend damit, dass dieser Vorgang irreversibel ist.

Diese Beziehungen gelten nur für das ideale Gas oder für reale Gase bei verschwindend kleinen Drücken. Bei höheren Drücken beobachtet man bei adiabater Expansion eines realen Gases eine Temperaturänderung, meist eine Temperaturabnahme.

2.3.2 Joule-Thomson-Versuch

Adiabate Drosselung des realen Gases

Das Verhalten realer Gase bei Expansion ins Vakuum untersucht man mit dem Joule-Thomson-Versuch: Ein in dem Volumen V_1 bei dem Druck p_1 eingeschlossenes reales Gas wird durch eine Drossel gedrückt und dabei auf den Druck $p_2 < p_1$ entspannt, wobei das Volumen auf $V_2 > V_1$ zunimmt. Das System ist thermisch isoliert, so dass während des Vorgangs kein Wärmeaustausch stattfindet, und die Drossel leistet selbst keine Arbeit. Die Temperaturen vor und nach der Drosselung werden gemessen (T_1 bzw. T_2). Man stellt eine Temperaturänderung fest, die der Druckänderung proportional ist und deren Vorzeichen und Größe von der Anfangstemperatur und dem Anfangsdruck abhängen. Meist findet eine Abkühlung statt. Die Temperaturänderung bei adiabater Expansion ohne äußere Arbeitsleistung heißt *Joule-Thomson-Effekt*.

Der Joule-Thomson-Effekt ist auf die zwischenmolekularen Wechselwirkungskräfte der Gasteilchen zurückzuführen, denn bei der Expansion muss gegen die Anziehungskräfte der Teilchen Arbeit geleistet werden, die aus der inneren Energie genommen wird, so dass die Temperatur sinkt. Daher ist der Joule-Thomson-Effekt ein Maß für die Abweichung des Verhaltens realer Gase von dem des idealen Gases.

Joule-Thomson-Koeffizient

Die mit der Druckänderung verbundene Temperaturänderung berechnet man, indem man die Energiebilanz für den Joule-Thomson-Versuch aufstellt: Während des Prozesses wird dort, wo der höhere Ausgangsruck p_1 herrscht, am Gas die Volumenänderungsarbeit $-p_1(0 - V_1) = p_1 V_1$ geleistet, während dort, wo der niedrigere Enddruck p_2 herrscht, das Gas die Arbeit $-p_2(V_2 - 0) = -p_2 V_2$ leistet. Daher ist die insgesamt geleistete Arbeit $W_{12} = p_1 V_1 - p_2 V_2$. Diese ist, da während des Vorgangs keine Wärme ausgetauscht wird ($Q_{12} = 0$), nach dem ersten Hauptsatz der Thermodynamik gleich der Änderung der inneren Energie $U_2 - U_1$. Daher gilt $U_2 - U_1 = W_{12} = p_1 V_1 - p_2 V_2$, also $U_1 + p_1 V_1 = U_2 + p_2 V_2$ und mit der Definition der Enthalpie ($H = U + p V$) $H_1 = H_2$ oder

$$\boxed{H = \text{const}} \tag{2.125}$$

Die adiabate Entspannung ohne äußere Arbeitsleistung ist ein isenthalper Prozess. Daher gilt, wenn man die Enthalpie als eine Funktion von Temperatur und Druck auffasst,

$$0 = \mathrm{d}H = \left(\frac{\partial H}{\partial T}\right)_p \mathrm{d}T + \left(\frac{\partial H}{\partial p}\right)_T \mathrm{d}p \tag{2.126}$$

Mit der Definitionsgleichung der isobaren Wärmekapazität

$$C_p = \left(\frac{\partial H}{\partial T}\right)_p$$

und der thermodynamischen Beziehung Gl. (1.243)

$$\left(\frac{\partial H}{\partial p}\right)_T = V - T\left(\frac{\partial V}{\partial T}\right)_p$$

sowie der Definitionsgleichung für den isobaren thermischen Volumenausdehnungskoeffizienten

$$\beta = \frac{1}{V}\left(\frac{\partial V}{\partial T}\right)_p$$

erhält man aus Gl. (2.126)

$$C_p\,\mathrm{d}T + V(1 - \beta T)\,\mathrm{d}p = 0$$

Den Quotienten aus der mit der isenthalpen Druckänderung $\mathrm{d}p$ verbundenen Temperaturänderung $\mathrm{d}T$ zu dieser Druckänderung definiert man als den *Joule-Thomson-Koeffizienten* μ_{JT}

$$\boxed{\mu_{\mathrm{JT}} = \left(\frac{\partial T}{\partial p}\right)_H} \tag{2.127}$$

Damit ergibt sich

$$\boxed{\mu_{\mathrm{JT}} = \frac{V}{C_p}(\beta T - 1)} \tag{2.128}$$

Es ist $\mu_{\mathrm{JT}} = \mu_{\mathrm{JT}}(p, T)$: Größe und Vorzeichen des Joule-Thomson-Koeffizienten hängen von Druck und Temperatur ab. Möchte man die mit einer endlichen Druckänderung verbundene Änderung der Temperatur berechnen, so muss man für größere Druck-Temperatur-Bereiche entweder den Joule-Thomson-Koeffizienten über den Druckbereich integrieren

$$\Delta T = \int \mu_{\mathrm{JT}}\,\mathrm{d}p \tag{2.129a}$$

oder näherungsweise einen mittleren Koeffizienten verwenden

$$\Delta T = \langle \mu_{\mathrm{JT}} \rangle \Delta p \tag{2.129b}$$

Für das ideale Gas ist $\beta = 1/T$ (Gl. (1.58)) und daher nach Gl. (2.128) $\mu_{\mathrm{JT}} = 0$. Das ideale Gas zeigt also bei der adiabaten Expansion ohne äußere Arbeitsleistung bei allen Temperaturen und Drücken keine Temperaturänderung (s. Versuch von Gay-Lussac). Bei realen Gasen führt die adiabate Expansion ohne äußere Arbeitsleistung dagegen zu einer Temperaturänderung.

Tab. 2.4 Joule-Thomson-Koeffizient μ_{JT} einiger Fluide bei 1,013 bar und 25 °C (Quelle: Perry und Green 1997)

Fluid	μ_{JT} K bar^{-1}
He	$-0,0625$ (27 °C)
Ar	0,3720
N_2	0,2217
CO_2	0,8950 (50 °C)
Luft	0,2320

Die Joule-Thomson-Koeffizienten μ_{JT} einiger Fluide sind in Tab. 2.4 zusammengestellt.

Der Joule-Thomson-Koeffizient beträgt z. B. von Luft bei 25 °C und 1,013 bar $\mu_{JT} = 0,2320\,K\,bar^{-1}$, d. h. Luft kühlt sich unter diesen Bedingungen bei einer adiabaten Expansion von 1 bar um 0,23 K ab.

Inversionstemperatur und Inversionskurve

Der Joule-Thomson-Koeffizient ist eine Funktion von Druck und Temperatur. Das Vorzeichen des Joule-Thomson-Koeffizienten hängt nach Gl. (2.128) von dem Wert von βT ab: Ist $\beta T > 1$, so ist $\mu_{JT} > 0$, und eine Entspannung (d$p < 0$) führt zu einer Abkühlung (d$T < 0$). Ist dagegen $\beta T < 1$, so ist $\mu_{JT} < 0$, und eine Entspannung führt zu einer Erwärmung. Ist $\beta T = 1$, so ist $\mu_{JT} = 0$, und es findet bei Expansion keine Temperaturänderung statt. Die Temperatur, bei der der Joule-Thomson-Koeffizient sein Vorzeichen umkehrt und sein Wert gerade verschwindet, heißt *Inversionstemperatur* und wird mit T_I bezeichnet. Die Inversionstemperatur ist vom Druck abhängig. Der $T_I(p)$-Verlauf heißt *Inversionskurve*.

Abb. 2.12 zeigt schematisch eine Schar von $T(p)$-Kurven für $H = $ const, die sog. Isenthalpen, sowie die Inversionskurve $T_I(p)$. In den Maxima der Isenthalpen ist $(\partial T/\partial p)_H = 0$, d. h. der Joule-Thomson-Koeffizient verschwindet. Die Kurve, die die Maxima verbindet und längs der $\mu_{JT} = 0$ gilt, ist die Inversionskurve. Links von der Inversionskurve sind Anstieg der Isenthalpen und daher Joule-Thomson-Koeffizient positiv, eine adiabate Drosselung führt zur Abkühlung; rechts der Kurve sind Anstieg der Isenthalpen und Joule-Thomson-Koeffizient negativ, und die adiabate Drosselung führt zur Erwärmung. Das Temperaturintervall, in dem der Joule-Thomson-Koeffizient positiv ist, wird mit zunehmendem Druck kleiner und verschwindet bei einem bestimmten Druck ganz. Außerhalb dieses Gebietes ist der Joule-Thomson-Koeffizient negativ, so dass sich das Gas bei adiabater Drosselung erwärmt.

Die Inversionskurven verschiedener Fluide sind in Abb. 2.13 dargestellt. Für CO_2 und Ar ist, wie für die meisten Gase, bei Atmosphärendruck und Zimmertemperatur $\mu_{JT} > 0$, so dass eine adiabate Drosselung unter diesen Bedingungen zur Abkühlung führt. Wasserstoff und Helium erwärmen sich dagegen bei diesen Werten für Druck und Temperatur bei adiabater Entspannung. Dies hat Konsequenzen für die praktische Anwendung des Joule-Thomson-Effekts (s. Abschn. 2.3.3).

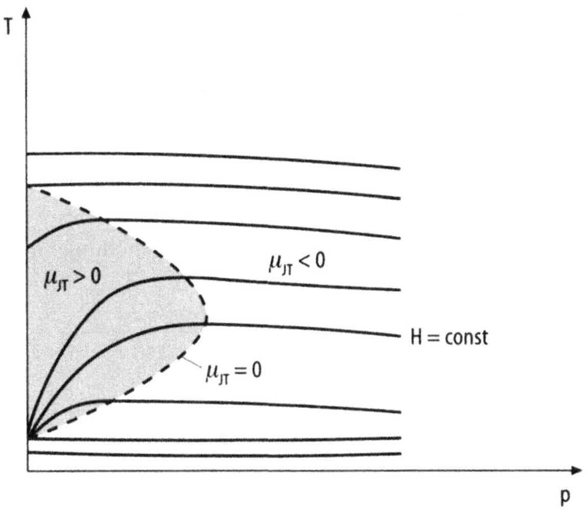

Abb. 2.12 Isenthalpen (—) und Inversionskurve (---) im T, p-Diagramm (schematisch). Im p, T-Bereich links von der Inversionskurve (getönter Bereich) findet bei adiabater Drosselung Abkühlung statt, rechts Erwärmung; auf der Inversionskurve ändert sich die Temperatur nicht

Abb. 2.13 Inversionskurven einiger Gase. Links von der Inversionskurve führt der Joule-Thomson-Effekt zu einer Abkühlung bei adiabater Drosselung

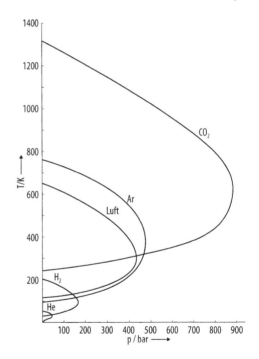

Joule-Thomson-Koeffizient und Inversionstemperatur des van-der-Waals-Gases

Man kann den Joule-Thomson-Koeffizienten und die Inversionstemperatur eines Fluids aus seiner thermischen Zustandsgleichung berechnen, indem man in Gl. (2.128) das Volumen V und den isobaren thermischen Volumenausdehnungskoeffizienten $\beta = (1/V)(\partial V/\partial T)_p$ einsetzt.

So ergibt sich (s. Lüdecke und Lüdecke 2000) z. B. für die vereinfachte van-der-Waals-Gleichung Gl. (2.65)

$$pV_m = RT + \left(b - \frac{a}{RT}\right) p$$

$$\boxed{\mu_{JT} = \frac{1}{C_{p,m}} \left(\frac{2a}{RT} - b\right)} \tag{2.130}$$

und für die vollständige van-der-Waals-Gleichung Gl. (2.63)

$$\mu_{JT} = \frac{1}{C_{p,m}} \left(\frac{2a}{RT} - b - \frac{3abp}{(RT)^2}\right) \tag{2.131}$$

Für das ideale Gas ist $a = 0$ und $b = 0$ und daher wie erwartet $\mu_{JT} = 0$.

Die Inversionstemperatur des van-der-Waals-Gases in der Form Gl. (2.65) ergibt sich aus Gl. (2.130) und der Bedingung $\mu_{JT} = 0$ zu

$$\boxed{T_I = \frac{2a}{Rb}} \tag{2.132}$$

Ersetzt man a und b mit den Gln. (2.84a) und (2.85a) durch die kritischen Größen und berücksichtigt Gl. (2.86), so erhält man

$$T_I = \frac{27}{4} T_c = 6{,}75 T_c \tag{2.133}$$

Mit Gl. (2.87) ergibt sich

$$T_I = 2T_B \tag{2.134}$$

d. h. die Inversionstemperatur ist doppelt so groß wie die Boyle-Temperatur.

2.3.3   Linde-Verfahren

Der Joule-Thomson-Effekt ist von großer praktischer Bedeutung, weil man die mit der adiabaten Drosselung verbundene Abkühlung großtechnisch zur Kühlung und Verflüssigung von Gasen anwendet. Damit mit Hilfe des Joule-Thomson-Effekts ein Gas abgekühlt werden kann, muss die Arbeitstemperatur allerdings unter der Inversionstemperatur liegen, und damit es verflüssigt werden kann, muss die Temperatur außerdem kleiner als die kritische Temperatur sein.

Das *Linde-Verfahren* ist das großtechnische Verfahren der Verflüssigung von Gasen. Es arbeitet nach folgendem Prinzip (schematische Darstellung einer solchen Anlage s. Abb. 2.14): Die zu verflüssigende Luft wird von dem Kompressor aus der Umgebung angesaugt und verdichtet, wobei sie sich erwärmt. Sie wird vorgekühlt, bevor sie in einem

Abb. 2.14 Linde-Verfahren zur Luftverflüssigung (schematisch): Vorgekühlte Luft wird durch Drosselung abgekühlt, bis sie schließlich kondensiert

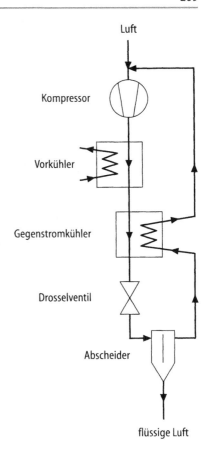

Luft

Kompressor

Vorkühler

Gegenstromkühler

Drosselventil

Abscheider

flüssige Luft

Gegenstromwärmetauscher mit bereits durch adiabate Expansion gekühltem aber noch nicht verflüssigtem Gas weiter abgekühlt wird. Die Luft wird dann durch die Drossel auf Atmosphärendruck entspannt und kühlt sich dabei weiter ab. Ist die Temperatur, mit der die Luft in die Drossel tritt, niedrig genug, so führt die Drosselung dazu, dass ein Teil des Gases kondensiert. Diese verflüssigte Luft wird dem System entzogen. Der nicht-verflüssigte Anteil wird durch den Gegenstromapparat (in dem sie sich erwärmt) geleitet und zusammen mit frischer Luft, welche die entnommene flüssige Luft ersetzt, in den Kreislauf zurückgeführt, wo sie erneut komprimiert, gekühlt und entspannt wird. Bevor Kondensation eintritt, muss der Kreislauf mehrmals durchlaufen werden. Allerdings wird die Temperaturabsenkung bei der Drosselung mit jedem Expansionsvorgang größer, da mit abnehmender Temperatur der Joule-Thomson-Effekt zunimmt.

Die Inversionstemperatur von Luft ($T_I = 659\,\text{K}$) liegt oberhalb von Zimmertemperatur, so dass sich Luft von Umgebungstemperatur durch adiabate Expansion abkühlen und verflüssigen lässt. Die Inversionstemperaturen von Wasserstoff und Helium liegen dagegen mit 202 bzw. 40 K weit unterhalb von Raumtemperatur, so dass sie sich bei adiabater Expansion bei Raumtemperatur erwärmen. Um diese Gase durch adiabate Expansion abkühlen und schließlich verflüssigen zu können, muss man sie unter die Inversionstemperatur vorkühlen, bevor man den Joule-Thomson-Effekt zur Kühlung nutzen kann. Die Vorkühlung geschieht für Wasserstoff meist mit flüssigem Stickstoff oder flüssiger Luft, für Helium mit flüssigem Wasserstoff.

Beispiel

Kann man Sauerstoff von 18 °C durch einmalige adiabate Drosselung von 180 bar auf 1 bar verflüssigen? Man beschreibe Sauerstoff näherungsweise mit der Zustandsgleichung von van-der-Waals. Sauerstoff hat die van-der-Waals-Konstanten (s. Tab. A.19) $a = 0{,}1382\,\mathrm{N\,m^4\,mol^{-2}}$ und $b = 3{,}1900 \cdot 10^{-5}\,\mathrm{m^3\,mol^{-1}}$ sowie die molare isobare Wärmekapazität ist $C_{p,m} = 29{,}4\,\mathrm{J\,mol^{-1}\,K^{-1}}$ (s. Tab. 1.1). Die obere Inversionstemperatur von Sauerstoff beträgt 764,43 K.

Lösung: Damit Sauerstoff verflüssigt werden kann, muss es unter die kritische Temperatur abgekühlt werden. Die kritische Temperatur T_c des van-der-Waals-Gases ist nach Gl. (2.82) $T_c = 8a/(27\,Rb) = 154{,}40\,\mathrm{K}$. Da 18 °C unterhalb der Inversionstemperatur von Sauerstoff liegt, kann das Gas bei dieser Temperatur durch Drosselung abgekühlt werden. Mit dem Joule-Thomson-Koeffizienten (Gl. (2.130)) $\mu_{JT} = (1/C_{p,m})(2a/(RT) - b) = 0{,}2799\,\mathrm{K\,bar^{-1}}$ ergibt sich die durch einmalige adiabate Drosselung von 180 bar auf 1 bar erreichte Temperaturänderung zu (s. Gl. (2.129b)) $\Delta T = \mu_{JT}\Delta p = -50{,}10\,\mathrm{K}$, und der Sauerstoff kühlt sich auf 241,05 K ab. Da dies oberhalb der kritischen Temperatur liegt, muss der Sauerstoff die Drossel mehrfach durchlaufen, um mit Hilfe des Joule-Thomson-Effekts verflüssigt werden zu können.

2.3.4 Messung thermodynamischer Zustandsgrößen

Mit dem Joule-Thomson-Experiment misst man $(\partial T/\partial p)_H$, also die Neigung der $T(p)_H$-Isenthalpen im T, p-Diagramm. Hieraus kann man die Druck- und Temperaturabhängigkeit der Enthalpie experimentell bestimmen, wie die folgenden thermodynamischen Beziehungen zeigen.

Wird die Enthalpie als Funktion von Temperatur und Druck betrachtet, so ist ihr totales Differential

$$\mathrm{d}H = \left(\frac{\partial H}{\partial T}\right)_p \mathrm{d}T + \left(\frac{\partial H}{\partial p}\right)_T \mathrm{d}p \tag{2.135}$$

Mit der Definitionsgleichung der isobaren Wärmekapazität C_p gilt

$$\mathrm{d}H = C_p\mathrm{d}T + \left(\frac{\partial H}{\partial p}\right)_T \mathrm{d}p$$

Durch Differentiation nach der Temperatur bei konstantem Volumen ergibt sich

$$\left(\frac{\partial H}{\partial T}\right)_V = C_p + \left(\frac{\partial H}{\partial p}\right)_T \left(\frac{\partial p}{\partial T}\right)_V \qquad (2.136)$$

Den partiellen Differentialquotienten $(\partial p/\partial T)_V$ kann man mit den Gln. (1.11b) und (1.11a) umformen zu

$$\left(\frac{\partial p}{\partial T}\right)_V = -\left(\frac{\partial p}{\partial V}\right)_T \left(\frac{\partial V}{\partial T}\right)_p = -\frac{\left(\frac{\partial V}{\partial T}\right)_p}{\left(\frac{\partial V}{\partial p}\right)_T}$$

Mit den Definitionsgleichungen des isobaren thermischen Volumenausdehungskoeffizienten β (Gl. (1.17)) und des isothermen Kompressibilitätskoeffizienten χ (Gl. (1.18)) folgt

$$\left(\frac{\partial p}{\partial T}\right)_V = \frac{\beta}{\chi} \qquad (2.137)$$

Der Differentialquotient $(\partial H/\partial p)_T$ wird umgeformt mit Gl. (1.11b) zu

$$\left(\frac{\partial H}{\partial p}\right)_T = -\left(\frac{\partial H}{\partial T}\right)_p \left(\frac{\partial T}{\partial p}\right)_H$$

und mit den Definitionsgleichungen der isobaren Wärmekapazität und des Joule-Thomson-Koeffizienten (Gl. (2.127)) zu

$$\boxed{\left(\frac{\partial H}{\partial p}\right)_T = -C_p \mu_{JT}} \qquad (2.138)$$

Damit ergibt sich für den Differentialquotienten der Enthalpie aus Gl. (2.136)

$$\boxed{\left(\frac{\partial H}{\partial T}\right)_V = C_p - \frac{C_p \mu_{JT} \beta}{\chi} = C_p \left(1 - \frac{\mu_{JT} \beta}{\chi}\right)} \qquad (2.139)$$

Druck- und Temperaturabhängigkeit der Enthalpie sind auf die messbaren Größen C_p, β, χ und μ_{JT} zurückgeführt und damit experimentell bestimmbar.

Für die Temperaturabhängigkeit der inneren Energie kann man analoge Beziehungen herleiten, die die innere Energie auf experimentell zugängliche Größen zurückführt.

2.4   Phasengleichgewichte

Eine *Phase* ist definiert als ein räumlich abgegrenztes Gebiet, in dem die makroskopischen physikalischen Eigenschaften keine sprunghaften Änderungen aufweisen. Benachbarte Phasen sind durch Grenzflächen, die *Phasengrenzflächen*, voneinander getrennt, bei deren Überschreiten sich manche Eigenschaften (z. B. innere Energie, Dichte und Brechungsindex) sprunghaft ändern können, obwohl Druck und Temperatur in beiden Phasen dieselben Werte haben. Phasen sind die drei *Aggregatzustände* Festkörper, Flüssigkeit und Gas, sowie die verschiedenen *Modifikationen* eines Festkörpers (z. B. verschiedene Kristallformen). Systeme, die aus einer Phase bestehen, heißen *homogene Systeme*. Systeme, die zwei oder mehr Phasen enthalten, nennt man *heterogene Systeme*. (Hiervon zu unterscheiden ist die Mischung, ein System aus mehreren Elementen oder chemischen Verbindungen, s. Abschn. 3.1.1.)

Die van-der-Waals-Gleichung war die erste thermische Zustandsgleichung, die das p, V, T-Verhalten der beiden unterschiedlichen Phasen Gas und Flüssigkeit qualitativ richtig beschrieben hat sowie Aussagen über die Phasenumwandlungen, die Verflüssigung von Gasen und das Verdampfen von Flüssigkeiten, sowie über das Dampf-Flüssigkeits-Gleichgewicht machen konnte. Daher werden im folgenden Phasengleichgewichts-Vorgänge anhand der van-der-Waals-Isothermen im p, V-Diagramm behandelt.

2.4.1   Verflüssigung und Verdampfung

Die van-der-Waals-Gleichung ist eine Gleichung dritten Grades in V_m. Sie hat bei überkritischen Temperaturen für jeden Druck eine reelle Lösung, und der Druck ist eine eindeutige Funktion des Molvolumens. Bei unterkritischen Temperaturen haben die Isothermen für einen gegebenen Druck drei reelle Lösungen des Molvolumens, und die Kurven besitzen einen schleifenförmigen Verlauf (s. Abschn. 2.2.4). Während die Isothermen oberhalb der kritischen Temperatur nahezu die gleichseitigen Hyperbeln des idealen Gases sind und die Gasphase beschreiben, sind die Isothermen unterhalb der kritischen Temperatur schleifenförmige Kurven und stellen das Gleichgewicht der gasförmigen und flüssigen Phase eines Fluids dar, wie im folgenden gezeigt wird.

Die nach der van-der-Waals-Gleichung berechneten und die gemessenen Isothermen sind beispielhaft für Kohlenstoffdioxid im p, V-Diagramms der Abb. 2.15 dargestellt. Bei und oberhalb der kritischen Temperatur stimmen die berechneten und gemessenen Isothermen qualitativ überein, und für alle Temperaturen ist der Druck des realen Fluids eine eindeutige Funktion des Molvolumens. Unterhalb der kritischen Temperatur gibt es aber große Unterschiede zwischen den berechneten und gemessenen Kurven: Während die berechneten Isothermen schleifenförmig verlaufen, zeigen die Messungen über einen gewissen Druckbereich einen horizontalen Verlauf. Dies ist darauf zurückzuführen, dass oberhalb der kritischen Temperatur das Fluid nur als Gas existiert, unterhalb

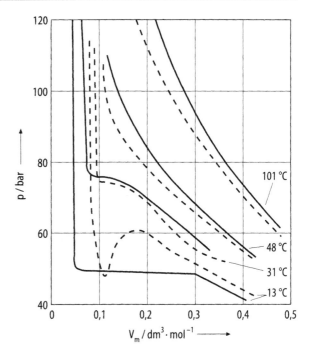

Abb. 2.15 p, V_m-Isothermen von Kohlenstoffdioxid (nach Barrow und Herzog 1984). — gemessen, --- berechnet mit der van-der-Waals-Gleichung

der kritischen Temperatur aber auch als Flüssigkeit, und die Horizontale das Dampf-Flüssigkeits-Gleichgewicht darstellt.

Der Vorgang der Verflüssigung eines Gases und das Dampf-Flüssigkeits-Gleichgewicht sind anhand der isothermen Kompression eines realen Fluids in Abb. 2.16 schematisch dargestellt: Bei der isothermen Kompression bei Temperaturen weit oberhalb der kritischen Temperatur (Kurve A in Abb. 2.16a) findet man experimentell, dass der Druck annähernd entlang der Hyperbel des idealen Gases zunimmt. Bei Temperaturen unterhalb der kritischen Temperatur (Kurve B in Abb. 2.16a sowie Abb. 2.16b) zeigen die Messungen, dass der Druck bei isothermer Kompression zunächst näherungsweise wie beim idealen Gas zunimmt (Zustand 1), jedoch die Abweichungen mit fortschreitender Kompression immer größer werden und ab einem gewissen Volumen V^v (Zustand 2) bei weiterer Volumenverkleinerung der Druck konstant bleibt. Diese Volumenverkleinerung bei konstantem Druck ist darauf zurück zu führen, dass die zunehmende Verdichtung des Gases zur Ausscheidung von Flüssigkeitströpfchen führt. Da die Dichte des Gases verschwindend gering ist im Vergleich mit der der Flüssigkeit, kann das Fluid beim Übergang vom gasförmigen zum flüssigen Zustand eine Volumenverkleinerung bei konstantem Druck realisieren. Dieser Vorgang des Übergangs vom gasförmigen zum flüssigen Aggregatzustand heißt *Verflüssigung* oder *Kondensation* (wobei der Begriff Verflüssigung auch für den Übergang vom festen in den flüssigen Zustand verwendet wird und Kondensation auch für den Übergang vom gasförmigen in den festen Zustand). Bei weiterer Kompression schreitet die Kondensation fort, die Flüssigkeitsmenge nimmt auf Kosten

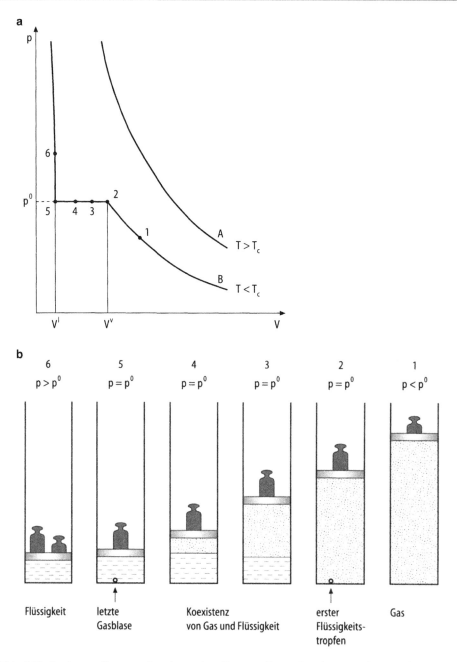

Abb. 2.16 Isotherme Kompression des realen Gases. **a** Zustandsänderungen im p, V-Diagramm, **b** Schematische Darstellung der Zustände des Systems entlang der Kurve B, p^0 ist der Sättigungsdampfdruck bei der Temperatur $T < T_c$, V^v und V^l sind das Volumen des Dampfes bzw. der Flüssigkeit bei p^0

der Gasmenge zu, Gas und Flüssigkeit stehen miteinander im Gleichgewicht, und der Druck bleibt konstant (Zustände 3 und 4), weil die Dichte des Gases gegenüber der der Flüssigkeit vernachlässigbar ist. Wenn die Kompression so weit fortgeschritten ist, dass die letzte Gasblase verflüssigt wird (Volumen V^l, Zustand 5), steigt der Druck wieder an (Zustand 6), weil die Flüssigkeit der Volumenverminderung einen Druck entgegensetzt. Dabei ist der Verlauf der p, V-Isothermen in diesem Bereich wesentlich steiler als im Bereich des Gases, da Flüssigkeiten eine deutlich geringere Kompressibilität besitzen als Gase. (Bei weiterer Kompression wird die Flüssigkeit schließlich zu einem Festkörper erstarren. Zu Phasenumwandlungen und Phasengleichgewichten, an denen Festkörper beteiligt sind, s. Abschn. 2.4.4 bis 2.4.6.)

Bei der isothermen Expansion durchläuft man die Isothermen in umgekehrter Richtung: Bei Temperaturen oberhalb der kritischen Temperatur folgt der gemessene Druck bei Volumenzunahme im Wesentlichen der Druckänderung des idealen Gases. Bei Temperaturen unterhalb der kritischen Temperatur wird mit zunehmender Expansion der Druck der Flüssigkeit stark abnehmen, bis sich bei einem bestimmten Volumen (V^l) die erste Gasblase bildet. Die Flüssigkeit siedet. Bei fortschreitender Expansion verdampft immer mehr Flüssigkeit, wobei Gas und Flüssigkeit miteinander im Gleichgewicht stehen und Temperatur und Druck konstant bleiben. Der Übergang vom flüssigen in den gasförmigen Aggregatzustand heißt *Sieden* (wenn der Vorgang an der Oberfläche und im Innern stattfindet) oder *Verdampfung* (wobei dieser Begriff auch die *Verdunstung* einschließt, d. h. den Vorgang an der freien Oberfläche der Flüssigkeit bei Temperaturen unterhalb des Siedepunkts, s. Abschn. 2.4.2). Wenn der letzte Flüssigkeitstropfen verdampft ist, fällt der Druck mit zunehmendem Volumen näherungsweise wie beim idealen Gas.

Das Volumen, bei dem die Kondensation einsetzt (Punkt 2 in Abb. 2.16a), ist das Volumen V^v der Gasphase, welche mit der Flüssigkeit im Gleichgewicht steht. Das Volumen, bei dem die Verdampfung beendet ist (Punkt 5), ist das Volumen V^l der mit der Gasphase im Gleichgewicht stehenden Flüssigkeit.

Man kann Verdampfung und Verflüssigung auch isobar realisieren, indem man dem System bei konstantem Druck Wärme zuführt bzw. entzieht: Bei der isobaren Erwärmung einer Flüssigkeit bildet sich ab der Temperatur, bei der die Geschwindigkeit und damit kinetische Energie der Flüssigkeitsteilchen groß genug ist, um gegen die Kohäsionskräfte der Nachbarteilchen die Flüssigkeit zu verlassen, Gas. Bei weiterer Wärmezufuhr verdampft immer mehr Flüssigkeit, wobei die Temperatur konstant bleibt, bis alle Flüssigkeit verdampft ist. Erst dann nimmt die Temperatur wieder zu. Analoges gilt für die Verflüssigung oder Kondensation durch isobare Abkühlung.

Während des Verdampfens und Kondensierens sind Gas und Flüssigkeit eindeutig durch eine Grenzfläche voneinander getrennt. Sie haben in diesen räumlich abgegrenzten Gebieten jeweils ihre spezifischen Stoffeigenschaften. Gas und Flüssigkeit stellen also zwei unterschiedliche Phasen dar. An der Grenzfläche werden dauernd Moleküle zwischen den beiden Phasen ausgetauscht, wobei sich das Mengenverhältnis von Flüssigkeit und Gas nicht ändert, wenn beide Phasen miteinander im Gleichgewicht stehen.

Der Druck, bei dem Gas und Flüssigkeit während der Verdampfung und Verflüssigung miteinander im Gleichgewicht stehen, heißt *Sättigungsdampfdruck*, *Kondensationsdruck* oder *Gleichgewichtsdampfdruck*, die Temperatur heißt *Siedetemperatur* (*Siedepunkt*, *Kochpunkt*). Der Sättigungsdampfdruck hängt nur von der Temperatur ab, die Siedetemperatur nur vom Druck (s. Abschn. 2.4.10).

Die Wärme, die der Flüssigkeit bei der Verdampfung zugeführt wird, ist gleich der Wärme, die dem Gas bei der Verflüssigung entzogen wird. Sie heißt *Verdampfungswärme* bzw. *Kondensationswärme* (beide unterscheiden sich nur durch das Vorzeichen) oder, da während der Umwandlung außer der Temperatur auch der Druck konstant bleibt und die isobar ausgetauschte Wärme gleich der Enthalpie ist, *Verdampfungsenthalpie* bzw. *Kondensationsenthalpie*. Da sich die während der Umwandlung zugeführte Wärme nicht in einer Temperaturänderung bemerkbar macht, heißt die Umwandlungswärme auch *latente Wärme* (latens (lat.) = verborgen). Die Verdampfungsenthalpie entspricht der Energie, die die Teilchen brauchen, um die Kohäsionskräfte der Flüssigkeit zu überwinden, und der Volumenänderungsarbeit auf Grund der Volumenzunahme.

Oberhalb der kritischen Temperatur kann die gasförmige Phase selbst bei Anwendung beliebig hoher Drücke nicht verflüssigt werden. Unterhalb der kritischen Temperatur führt eine Verdichtung des Gases zur Verflüssigung, wobei vorübergehend eine Phasengrenzfläche ausgebildet wird. Bei der kritischen Temperatur führt die isotherme Kompression einer Substanz kontinuierlich von einer geringen Dichte zu einer hohen Dichte, die gasförmige Phase geht kontinuierlich in die flüssige über, ohne dass man eine Phasengrenze beobachten und eine flüssige und gasförmige Phase voneinander unterscheiden kann. Man kann nicht feststellen, wo der flüssige Zustand aufhört und der gasförmige anfängt zu existieren und ob es sich bei einem bestimmten Zustand um eine Flüssigkeit oder um ein Gas handelt. Beide Phasen stellen eine einzige homogene fluide Phase dar, das *Fluid*. Daher ist es bei dieser Temperatur sinnlos, zwischen Gas und Flüssigkeit zu unterscheiden.

Diese Ununterscheidbarkeit von flüssiger und gasförmiger Phase am kritischen Punkt beobachtet man auch experimentell: Bei isochorer Erwärmung von einem Mol Substanz mit dem Volumen V_c von einer Temperatur unterhalb der kritischen Temperatur wird bei Annäherung an die kritische Temperatur die bestehende Grenzfläche zwischen Flüssigkeit und Gas unscharf, um bei der kritischen Temperatur zu verschwinden. Die Dichte der Flüssigkeit nimmt auf Grund der thermischen Ausdehnung mit zunehmender Temperatur ab und zugleich nimmt die Dichte des Dampfes auf Grund der Druckerhöhung mit der Temperatur zu, bis am kritischen Punkt beide Phasen die gleiche Dichte aufweisen und ununterscheidbar geworden sind. Umgekehrt zeigt ein Mol einer homogenen fluiden Phase mit dem Molvolumen V_c bei Abkühlung von einer Temperatur oberhalb der kritischen Temperatur mit Annäherung an die kritische Temperatur eine opaleszierende Trübung, die auf Dichtefluktuationen zurückzuführen ist, und bei der kritischen Temperatur erscheint eine Phasengrenzfläche, die anfangs diffus ist, sich mit weiterer Abkühlung aber immer deutlicher ausbildet.

Das Maxwell-Kriterium

Die gemessenen Isothermen zeigen bei unterkritischen Temperaturen im Gegensatz zu den schleifenförmigen van-der-Waals-Isothermen einen waagerechten Verlauf und werden offenbar im Zwei-Phasen-Gebiet durch die van-der-Waals-Gleichung nicht richtig wiedergegeben. Dennoch kann man für jede unterkritische Temperatur den Sättigungsdampfdruck und die Molvolumina von Flüssigkeit bzw. Dampf näherungsweise aus der van-der-Waals-Gleichung ableiten. Man bedient sich dazu des *Maxwell-Kriteriums* oder der *Maxwellschen Konstruktion*. Sie beruht auf folgender Überlegung: Zwei Phasen befinden sich im thermodynamischen Gleichgewicht, wenn sie dieselbe Temperatur, denselben Druck und dieselbe molare freie Enthalpie haben (s. Abschn. 2.4.9). Hätten sie das nicht, so würde ein Temperatur- und Druckausgleich sowie ggf. eine Phasenumwandlung stattfinden und sich die gleichen Werte einstellen. Daher müssen im p, V-Diagramm (s. Abb. 2.17) der flache Kurventeil der Isotherme, der das Gas repräsentiert, und der steile der Flüssigkeit durch die Isobare des Gleichgewichtsdrucks verbunden werden. Diese Isobare ersetzt den schleifenförmigen Teil der Isotherme. Der Gleichgewichtsdruck kann aus der van-der-Waals-Isotherme bestimmt werden, indem die Horizontale so gelegt wird, dass die beiden Flächen, die von der Isothermen mit dieser Horizontalen eingeschlossenen werden, gleich groß sind. Dies hat den folgenden Grund: Da die Verdampfung $(1 \rightarrow 2)$ und Verflüssigung $(2 \rightarrow 1)$ isotherm-isobar verlaufen, ist die während der Phasenumwandlung geleistete Volumenänderungsarbeit vom Prozessweg unabhängig, d. h. unabhängig davon, ob die Zustandsänderung bei konstantem Druck längs der Isobare oder bei variablem Druck längs der van-der-Waals-Isotherme erfolgt. Die mit der Zustandsänderung von

Abb. 2.17 Die Maxwellsche Konstruktion: Die von der Isothermen $p(V)$ mit der Isobare p^0 eingeschlossenen Flächen müssen gleich groß sein

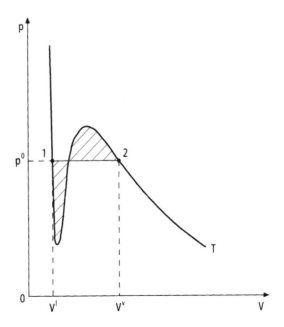

1 nach 2 oder 2 nach 1 verbundene reversible Volumenänderungsarbeit entspricht der Fläche unter der zugehörigen van-der-Waals-Isotherme $p(V)$ und zugleich der Fläche unter der Horizontalen $p = \text{const}$ zwischen den Volumina der beiden Zustände, V_1 und V_2. Also muss Flächengleichheit herrschen. Wäre die Flächengleichheit nicht gewährleistet, so würde man beim Durchlaufen eines isothermen Kreisprozesses, gebildet aus der van-der-Waals-Isothermen und der Horizontalen, bei geeignetem Umlaufsinn eine der Differenz der beiden Flächen entsprechende Arbeit gewinnen, was dem zweiten Hauptsatz der Thermodynamik widerspräche. Setzt man für $V_1 = V^l$ das Volumen der Flüssigkeit (l = liquid = Flüssigkeit) und $V_2 = V^v$ das Volumen des Dampfes (v = vapour = Dampf), so lässt sich das Kriterium der Flächengleichheit mathematisch durch die Gleichung

$$p^0(T)(V^v - V^l) = \int_{V^l}^{V^v} p(V, T)\, dV \tag{2.140}$$

darstellen, wobei p^0 den Gleichgewichtsdampfdruck bezeichnet.

Ist die Zustandsgleichung $p(V, T)$ bekannt, so kann man also für jede unterkritische Temperatur mit Hilfe der Maxwellschen Konstruktion den Dampfdruck p^0 und die Volumina V^l und V^v der Flüssigkeit bzw. des Dampfes bestimmen. V^l und V^v sind die Schnittpunkte der Isobaren mit der van-der-Waals-Isotherme und damit die Lösungen der kubischen Gleichung mit dem kleinsten bzw. größten Wert für den Gleichgewichtsdampfdruck. Sie hängen von der Temperatur oder vom Druck ab (denn der Dampfdruck ist durch die Temperatur gegeben und umgekehrt).

Die die beiden Volumina verbindende Horizontale nennt man *Konode*. Der Gleichgewichtsdampfdruck ist also die *Druckkonode*.

2.4.2 Dampf-Flüssigkeits-Gleichgewicht

Da das p, V-Diagramm (s. Abb. 2.18) gibt den Existenz-Bereich für einzelne Phasen (z. B. Gas, Flüssigkeit) oder Mehrphasengleichgewichte an und ist daher ein *Zustandsdiagramm* oder *Phasendiagramm*. Das Zustandsgebiet, in dem die Substanz aus den zwei miteinander im Gleichgewicht stehenden Phasen Flüssigkeit und Gas besteht, heißt *Zweiphasengebiet* oder *Koexistenzgebiet* oder *Nassdampfgebiet*. Es wird durch die sog. *Sättigungskurve* oder *Grenzkurve* begrenzt. Diese hat ihr Maximum im kritischen Punkt. Ihr linker Ast ist die sog. *Siedelinie* (oder *Verdampfungslinie*) und beschreibt den Zustand der siedenden Flüssigkeit. Sie verläuft steiler als ihr rechter Ast, die sog. *Taulinie* oder *Kondensationslinie*, die den Zustand des gesättigten Dampfes darstellt. Diese Linien beschreiben die Temperatur- oder Druckabhängigkeit des Molvolumens von siedender Flüssigkeit (V_m^l) bzw. gesättigtem Dampf (V_m^v). V_m^l und V_m^v werden durch die Druckkonode verbunden. Mit steigender Temperatur wird der Koexistenzbereich der beiden Phasen kleiner, bis Siedelinie und Taulinie in einem Punkt, dem kritischen Punkt, zusammentreffen, wo Flüssigkeit und Gas das gleiche Molvolumen und die gleiche Dichte besitzen und ununterscheidbar

Abb. 2.18 *p, V*-Diagramm als Phasendiagramm.
—— Isotherme (Gleichgewicht),
----- Isotherme (Nicht-Gleichgewicht),
— · — Grenzkurve (Sättigungskurve) bestehend aus Siedelinie und Taulinie,
   Koexistenzgebiet (Nassdampfgebiet),
C kritischer Punkt

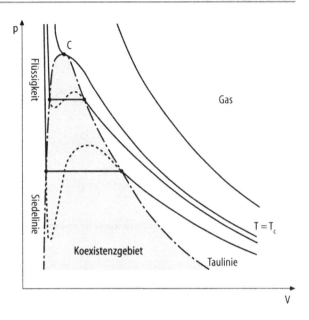

sind. Außerhalb des Nassdampfgebietes existiert die Substanz nur als eine Phase, Flüssigkeit oder Gas, oberhalb der kritischen Temperatur nur als Gas.

Die einzelnen Zustände in diesem Phasendiagramm werden folgendermaßen bezeichnet:

Dampf ist durch isotherme Kompression kondensierbares Gas.

Sattdampf oder (*trocken*) *gesättigter Dampf* ist das Gas in einem Zustand auf der Taulinie, d. h. Dampf, der mit der siedenden Flüsigkeit im thermodynamischen Gleichgewicht steht; es ist der Gaszustand mit der größtmöglichen Dichte für die gegebene Temperatur, das Gas kann durch eine beliebig kleine Temperaturabnahme verflüssigt werden.

Heiß-Dampf, überhitzter Dampf, ungesättigter Dampf oder *trockener Dampf* ist das Gas in einem Zustand außerhalb des Koexistenzgebietes aber in der Nähe der Taulinie. Seine Abkühlung oder Kompression führt nicht schon bei einer unendlich kleinen, sondern erst bei einer endlichen Temperaturabnahme zu einer Ausscheidung von Tröpfchen; daher wird er als trocken bezeichnet. Ist der Druck des Dampfes klein gegen den kritischen Druck, dann verhält er sich auch nahe der Taulinie annähernd ideal. Da der kritische Druck der meisten Stoffe weit oberhalb von Atmosphärendruck liegt, kann man das Verhalten von Dämpfen bei Atmosphärendruck gut mit dem Gesetz des idealen Gases beschreiben.

Nasser Dampf oder *Nassdampf* ist – im Gegensatz zum Sattdampf und Heißdampf, die beide gasförmige Phasen darstellen – eine Mischung aus zwei Phasen, der siedenden Flüssigkeit und dem mit ihr im thermodynamischen Gleichgewicht stehenden Dampf (Sattdampf). Dies entspricht einem Zustand im Koexistenzgebiet. Daher heißt das Koexistenzgebiet auch *Nassdampfgebiet*.

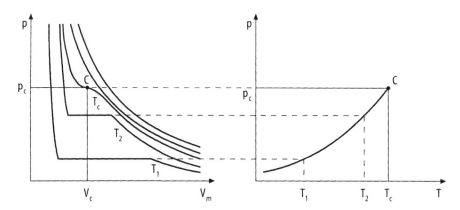

Abb. 2.19 Ableitung der Dampfdruckkurve $p(T)$ aus den $p(V_m)$-Isothermen (schematisch), C kritischer Punkt

Aus den Isothermen des p, V-Diagramms kann man das p, T-Diagramm (Dampfdruck als Funktion der Siedetemperatur) herleiten, indem man die Druckkonoden vom p, V-Diagramm auf das p, T-Diagramm überträgt (s. Abb. 2.19). Die Darstellung des Dampfdrucks gegen die Siedetemperatur heißt *Dampfdruckkurve*. Die Temperaturabhängigkeit des Dampfdrucks wird analytisch durch die Dampfdruckgleichung beschrieben (s. Abschn. 2.4.10).

Wenn sich das Dampf-Flüssigkeits-Gleichgewicht in einem geschlossenen Gefäß einstellt, so ist die Temperatur gleich der Siedetemperatur und der Druck gleich dem Sättigungsdampfdruck. Verdampft die Flüssigkeit bei Temperaturen unterhalb des Siedepunkts an einer freien Oberfläche in eine offene Umgebung (die Atmosphäre), dann stellt sich – da der Dampf ständig wegtransportiert wird – kein Gleichgewicht ein. Dieser Vorgang heißt *Verdunstung*. Die zur Verdunstung aufzuwendende Verdampfungswärme wird zum großen Teil der Flüssigkeit entzogen, so dass diese sich abkühlt (*Verdunstungskälte*). Die Verdunstung des Wassers ist wichtig für viele Vorgänge auf der Erde. So regulieren viele lebende Organismen ihre Körpertemperatur durch Verdunstung, und die Abkühlung von Wasser in Kühltürmen durch Wasserverdunstung beruht auf diesem Effekt.

2.4.3   Siedeverzug und Unterkühlung

Obwohl der schleifenförmige Verlauf der van-der-Waals-Isotherme im Zweiphasengebiet nicht die experimentell gefundenen Gleichgewichtszustände wiedergibt, kann ein Teil dieser schleifenförmigen Isotherme unter bestimmten Voraussetzungen experimentell realisiert werden, wie im folgenden gezeigt wird (s. Abb. 2.20).

Der Teil der van-der-Waals-Isotherme zwischen Siedelinie und Minimum (Zweig I) ist die Fortsetzung der Isotherme, die die Flüssigkeit darstellt, über den Verdampfungspunkt hinaus: Sie beschreibt die isotherm expandierte Flüssigkeit, die offenbar bei Drücken, bei

Abb. 2.20 p, V-Diagramm.
— Isotherme: Gleichgewicht,
--- I überhitzte Flüssigkeit,
--- II unterkühlter Dampf,
· · · nicht realisierbare Zustände,
—·—·— Sättigungskurve,
—··—··— Grenze der mechani-
schen Stabilität,
C kritischer Punkt

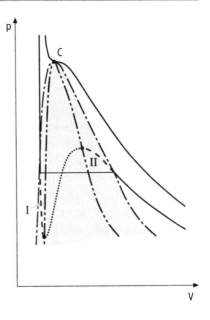

denen sie eigentlich verdampfen sollte, noch flüssig bleibt und erst bei einem kleineren Druck als dem der Systemtemperatur entsprechenden Dampfdruck siedet. Oder sie siedet, wenn isobar erhitzt, bei einer höheren als dem Systemdruck entsprechenden Siedetemperatur. Das Verdampfen ist erschwert und verzögert, weil für die Bildung von Gasblasen Oberflächenenergie aufzubringen ist. Der Vorgang heißt *Siedeverzug*, der Zustand *überhitzte Flüssigkeit*. Siedeverzug kann bei Flüssigkeiten großer Oberflächenspannung und großer Reinheit auftreten und wird durch schnelle Zustandsänderungen begünstigt. Sie kann durch Zugabe von Fremdkörpern oder durch Erschütterung verhindert werden. In der Praxis verwendet man sog. Siedesteinchen, die als Keime für die Bildung von Gasblasen wirken und das Sieden erleichtern.

Analog ist der Teil der van-der-Waals-Isotherme zwischen Kondensationslinie und Maximum (Zweig II) die Fortsetzung der Kurve des Gases über den Kondensationspunkt hinaus: Das Gas bleibt bei isothermer Kompression bei Drücken, bei denen es sich eigentlich verflüssigen sollte, im gasförmigen Zustand und kondensiert erst bei einem Druck, der oberhalb des der herrschenden Temperatur entsprechenden Dampfdrucks liegt. Oder das isobar komprimierte Gas kondensiert bei einer niedrigeren als dem herrschenden Druck entsprechenden Kondensationstemperatur. Auch hier behindert die aufzubringende Oberflächenenergie die Bildung der Flüssigkeitströpfchen und damit die Kondensation. Der Vorgang heißt *Unterkühlung*, der Zustand *übersättigter* oder *unterkühlter Dampf*. Unterkühlung kann auftreten, wenn das Gas von großer Reinheit ist und die Flüssigkeit große Oberflächenspannung besitzt, und wird begünstigt durch schnelle Zustandsänderungen. Auch die Unterkühlung kann durch Zugabe von Fremdkörpern zum Gas oder durch Erschütterung verhindert werden. In der Kernphysik verwendet man die Kondensation von übersättigtem Dampf zum Nachweis von elektrisch geladenen atomaren Teilchen in sog. Nebelkammern: Die von dem Teilchen auf dem Weg durch die Nebelkammer gebildeten Ionen dienen als Kondensationskeime für den durch adiabatische Expansion gebildeten übersättigten Dampf, und die an ihnen aus dem Dampf kondensierten Tröpfchen machen die Bahn des Teilchens als Nebelspur sichtbar. Die Kondensation von übersättigtem Wasserdampf beobachtet man auch in der Atmosphäre: In größeren Höhen kann die Luft mit Wasserdampf übersättigt sein, da Kondensationskeime fehlen; als Kondensationskeime können Rußpartikel und andere feste Bestandteile der Auspuffgase von Flugzeugen wirken, so dass sich an ihnen Wassertröpfchen oder Eiskristalle ausscheiden, die dann als sog. Kondensationsstreifen am Himmel sichtbar sind.

Die Zustände der überhitzten Flüssigkeit und des unterkühlten Dampfes sind keine stabilen Gleichgewichtszustände, sondern sog. *metastabile Zustände*: Die Zustände können, obwohl sie nicht stabil sind, vorübergehend bestehen, da der Übergang in den Gleichgewichtszustand unter den herrschenden Bedingungen gehemmt ist.

Die Zustände der van-der-Waals-Kurve zwischen dem Maximum und Minimum sind dagegen *instabil* und unter keinen Umständen zu verwirklichen, denn es ist physikalisch unmöglich, dass mit zunehmendem Volumen der Druck zunimmt. Die Kurve, die die Minima und Maxima verschiedener Isothermen miteinander verbindet, ist die Grenze der mechanischen Stabilität. Sie trifft die Sättigungskurve im kritischen Punkt. Innerhalb des von dieser Kurve begrenzten Zustandsgebiets ist die Zustandsgleichung physikalisch nicht sinnvoll. Von den drei reellen Lösungen, die die van-der-Waals-Gleichung unterhalb der kritischen Temperatur aufweist, hat die mittlere also keine physikalische Bedeutung; die beiden anderen stellen das Molvolumen von Flüssigkeit bzw. Dampf beim Sättigungsdampfdruck dar.

2.4.4 p, V, T-Diagramm

Man kann das p, V, T-Verhalten eines Fluids und die thermische Zustandsgleichung $p(T, V)$ nicht nur in Form von Isothermen im p, V-Diagramm, sondern in einem dreidimensionalen p, V, T-Diagramm darstellen, aus dem man durch Projektion die zweidimensionalen p, V-, p, T- und V, T-Diagramme ableiten kann. Diese verschiedenen Diagramme werden im folgenden genauer betrachtet, um Zustandsänderungen und Phasengleichgewichte zu beschreiben.

Die Zustände eines Stoffes werden durch die thermische Zustandsgleichung $p(T, V)$ beschrieben, die im dreidimensionales p, V, T-Diagramm dargestellt werden kann. Abb. 2.21 zeigt schematisch ein solches dreidimensionales p, V, T-Diagramm in Form einer $p, \lg v, T$-Auftragung. In dem dreidimensionalen p, V, T-Raum stellt die thermische Zustandsgleichung $p(T, V)$ eine Fläche dar. Sie ist in verschiedene Gebiete gegliedert, die den einzelnen Phasen und Phasengleichgewichten entsprechen. Es gibt die homogenen Bereiche, in denen das System aus einer einzigen Phase, *Gas*, *Flüssigkeit* oder *Festkörper*, besteht, sowie die Koexistenzgebiete, in denen es aus zwei miteinander im Gleichgewicht

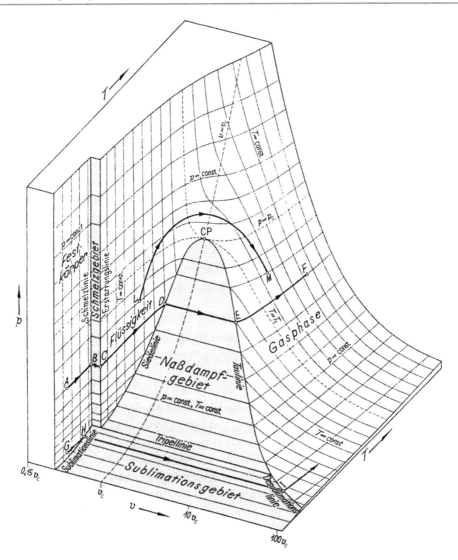

Abb. 2.21 Zustandsfläche im dreidimensionalen p, v, T-Diagramm (nach Baehr 1996). Das spezifische Volumen v ist logarithmisch aufgetragen. Phasenumwandlungen: B $\rightarrow$ C Schmelzen, D $\rightarrow$ E Verdampfen, H $\rightarrow$ I Sublimieren, C $\rightarrow$ B Erstarren, E $\rightarrow$ D Kondensieren, I $\rightarrow$ H Desublimieren, CP = kritischer Punkt

stehenden Phasen besteht: Das *Nassdampfgebiet* (Dampf und Flüssigkeit), das *Schmelzgebiet* (Flüssigkeit und Festkörper) und das *Sublimationsgebiet* (Gas und Festkörper). Der Zustandsbereich, in dem alle drei Phasen miteinander im Gleichgewicht stehen, ist eine Linie, die *Tripellinie*. Sie trennt Nassdampfgebiet und Sublimationsgebiet. Beim Überschreiten einer Grenzlinie findet ein Phasenübergang statt.

Im folgenden werden die verschiedenen Zustandsänderungen, die während einer isobaren Wärmezufuhr auftreten, mit Hilfe des dreidimensionalen p, v, T-Diagramms betrachtet (s. Abb. 2.21). Der Zustandspunkt A (kleines Volumen und niedrige Temperatur) befindet sich auf der Fläche, welche dem festen Zustand entspricht. Da die Zustandsebene nahezu parallel zur p, T-Ebene verläuft, ändert sich das Volumen selbst bei großen Druck- und Temperaturänderungen kaum; dies entspricht der Erfahrung, dass Festkörper eine geringe Kompressibilität und geringe thermische Ausdehnung besitzen. Bei einer isobaren Wärmezufuhr bewegt sich der Zustandspunkt auf der Höhenlinie $p = $ const von A nach B; die Temperatur nimmt deutlich zu, das Volumen aber aufgrund des kleinen thermischen Ausdehnungskoeffizienten von Festkörpern kaum. Bei B beginnt der Festkörper, in den flüssigen Aggregatzustand überzugehen. Der Vorgang des Übergangs vom festen in den flüssigen Aggregatzustand heißt *Schmelzen*. Die durch B führende Vertikale heißt *Schmelzlinie*. Sie stellt die Grenze des Existenzbereichs des festen Zustands dar. Bei weiterer Wärmezufuhr wandelt sich weiterer Festkörper in Flüssigkeit um, wobei Druck und Temperatur konstant bleiben (*Schmelzdruck* bzw. *Schmelztemperatur*). Der Stoff besteht aus den beiden Phasen Festkörper und Flüssigkeit, die miteinander im Gleichgewicht stehen. Das Zweiphasengebiet heißt *Schmelzgebiet*. Bei weiterer Wärmezufuhr schmilzt schließlich der gesamte Festkörper, die Substanz ist flüssig, Punkt C ist erreicht. Die Grenzlinie zwischen dem Schmelzgebiet und dem Gebiet der Flüssigkeit heißt *Erstarrungslinie*. Hier beginnt bei der umgekehrten Zustandsänderung des isobaren Wärmeentzugs der Übergang vom flüssigen in den festen Aggregatzustand, der Vorgang des *Erstarrens* der Schmelze. Wird der Flüssigkeit im Zustand C weiter isobar Wärme zugeführt, so nimmt die Temperatur der Flüssigkeit deutlich zu, das Volumen entsprechend der recht geringen thermischen Ausdehnung von Flüssigkeiten aber nur wenig. Erreicht der Zustand den Punkt D, so beginnt die Flüssigkeit, in den gasförmigen Aggregatzustand überzugehen. Man nennt dies *Verdampfen* oder *Sieden* (s. Abschn. 2.4.1). Die durch D führende Linie heißt *Siedelinie* (oder *Verdampfungslinie*) (s. Abschn. 2.4.2). Sie stellt die Grenze des Existenzbereichs des flüssigen Zustands zum *Nassdampfgebiet*, dem Gebiet der Koexistenz von Flüssigkeit und Sattdampf, dar. Bei weiterer isobarer Zufuhr von Wärme wandelt sich zunehmend mehr Flüssigkeit in Dampf um, wobei die Temperatur konstant bleibt. Sie heißt *Siedetemperatur*, der Druck heißt *Sättigungsdampfdruck*. Dieser Prozess ist in Punkt E beendet, in dem alle Flüssigkeit in den gasförmigen Zustand übergegangen ist. Er liegt auf der Grenzlinie zwischen dem Nassdampfgebiet und dem Gebiet der Gasphase. Sie heißt *Taulinie* oder *Kondensationslinie* (s. Abschn. 2.4.2), da bei ihr das Gas bei isobarem Wärmeentzug beginnt, in den flüssigen Aggregatzustand überzugehen. Bei weiterer isobarer Wärmezufuhr des Gases nehmen sowohl Temperatur als auch Volumen entlang der Linie E nach F deutlich zu.

Bei sehr niedrigen Drücken erfährt ein Festkörper bei isobarer Wärmezufuhr keine Verflüssigung, sondern einen direkten Übergang in den gasförmigen Aggregatzustand (s. Abb. 2.21): Punkt G befindet sich auch auf der Zustandsfläche des Festkörpers, aber bei einer Temperatur unterhalb der Temperatur der Tripellinie. Bei isobarer Wärmezufuhr ändern sich die Zustandsgrößen längs der Linie, die zu Punkt H führt. Hier wird die *Sublimationslinie* erreicht, die Grenzlinie zum *Sublimationsgebiet*, in dem Festkörper und Gas miteinander im Gleichgewicht stehen: Der Festkörper geht bei konstanter Temperatur vom festen in den gasförmigen Aggregatzustand über ohne vorübergehende Verflüssigung. Dieser Vorgang heißt *Sublimation*. In Punkt I wird die Grenzlinie zum Gebiet des Gases erreicht, die sog. *Desublimationslinie*, da hier bei Wärmeentzug der zur Sublimation umgekehrte Prozess, die Kondensation des Gases zum Festkörper ohne vorübergehende Verflüssigung stattfindet (*Desublimation*). Der gesamte Festkörper ist in die Gasphase übergegangen, und bei weiterer Wärmezufuhr steigt die Temperatur. Bei Temperaturen unterhalb der Tripeltemperatur wandelt sich also der Festkörper bei isobarer Wärmezufuhr direkt, d. h. ohne zu schmelzen, in Gas um.

Die Vorgänge des Schmelzens und Erstarrens sowie Verdampfens und Kondensierens sind im Alltag häufig anzutreffen, insbes. von Wasser. Sublimation beobachtet man beim sog. Trockeneis, festem Kohlendioxid, das bei Raumtemperatur ohne zu schmelzen direkt in die Gasphase übergeht. Desublimation findet man z. B. in vulkanischen Gebieten, wenn heiße Schwefeldämpfe aus der Erde treten und sich an der Austrittsstelle als Schwefelkristalle abscheiden.

Bei hohen Drücken und Temperaturen kann die Zustandsänderung vom flüssigen zum gasförmigen Aggregatzustand vorgenommen werden, ohne die Taulinie und Siedelinie zu überqueren und das Zwei-Phasen-Gebiet zu durchschreiten, also ohne dass Verdampfung stattfindet, wenn man im p, v, T-Diagramm (s. Abb. 2.21) von Punkt L auf der Zustandsfläche der Flüssigkeit um den kritischen Punkt herum zu Punkt M im Gasgebiet geht. Für die umgekehrte Zustandsänderung vom Gas (M) zur Flüssigkeit (L) gilt ebenso, dass die Umwandlung vom gasförmigen in den flüssigen Zustand ohne Bildung einer zweiten Phase, d. h. ohne Kondensation möglich ist. In diesem Druck-Temperatur-Bereich des p, v, T-Diagramms gibt es keine Grenzlinie zwischen den Zustandsflächen der Flüssigkeit und des Gases, die Existenzgebiete gehen kontinuierlich ineinander über, sie bilden ein zusammenhängendes Gebiet. In diesem Bereich sind flüssige und gasförmige Phase ununterscheidbar (s. Abschn. 2.4.1).

Von der dreidimensionalen Darstellung der thermischen Zustandsgleichung im p, V, T-Diagramm gelangt man durch Projektion der Zustandsflächen auf die p, V-, p, T- und T, V-Ebenen zu zweidimensionalen Darstellungen (s. Abb. 2.22). Die Darstellung der thermischen Zustandsgleichung durch Isobaren in der T, V-Ebene findet kaum Anwendung.

2.4.5 p, V-Diagramm

Projiziert man die Zustandsfläche im p, V, T-Raum auf die p, V-Ebene, so erhält man eine Schar von Isothermen im p, V-Diagramm (Abb. 2.23). Die Existenzgebiete der homogenen Phasen und der heterogenen Zweiphasengebiete sind voneinander abgegrenzt. In den Zweiphasengebieten (Schmelzgebiet, Nassdampfgebiet und Sublimationsgebiet) fallen aufgrund der Projektion die Isothermen mit den Isobaren zusammen.

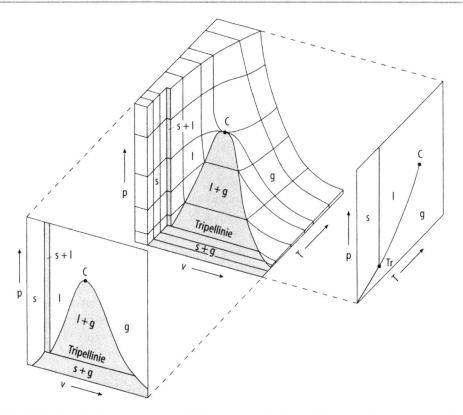

Abb. 2.22 Das dreidimensionale p, v, T-Diagramm und die zweidimensionalen p, v- und p, T-Diagramme als Projektionen; s = Festkörper, l = Flüssigkeit, g = Gas, C = kritischer Punkt, Tr = Tripelpunkt. Im p, v, T- und p, v-Diagramm werden die Zweiphasengebiete durch Flächen dargestellt (grau unterlegt), im p, T-Diagramm durch Linien

Im Vergleich zur Darstellung des Dampf-Flüssigkeits-Gleichgewichts in den Abschn. 2.4.1 und 2.4.2 (s. Abb. 2.18) enthält Abb. 2.23 zusätzlich die feste Phase. Es treten im Bereich hoher Verdichtung die Existenzbereiche des homogenen Festkörpers sowie des Schmelz- und des Sublimationsgebietes hinzu mit der Schmelz- und Erstarrungslinie sowie der Tripellinie. Von den drei Zweiphasengebieten des p, V, T-Diagramms ist das Nassdampfgebiet dasjenige mit der größten technischen Bedeutung, da sich zahlreiche technische Prozesse im Nassdampfgebiet abspielen.

2.4.6 p, T-Diagramm

Projiziert man die Zustandsfläche im p, V, T-Raum auf die p, T-Ebene, so erhält man die Isochorenschar des p, T-Diagramms (Abb. 2.24). Da im Schmelzgebiet, Nassdampfgebiet und Sublimationsgebiet während der isobaren Phasenumwandlung die Temperatur

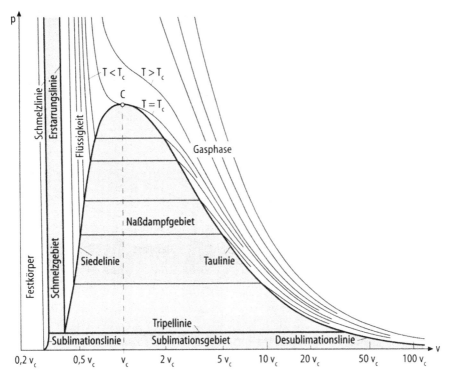

Abb. 2.23 Isothermen und Grenzkurven der Zweiphasengebiete im p, v-Diagramm (nach Baehr 1996). Das spezifische Volumen ist logarithmisch aufgetragen. Die Zweiphasengebiete sind grau unterlegt. C = kritischer Punkt

konstant bleibt, sind die Zustandsflächen der Zweiphasengebiete nicht wie die anderen Bereiche der p, V, T-Fläche doppelt gekrümmt, so dass bei der Projektion auf die p, T-Ebene die Linien, die im p, V, T-Diagramm die Zweiphasengebiete begrenzen, im p, T-Diagramm in eine Kurve zusammenfallen. So fallen Siedelinie und Taulinie im p, T-Diagramm zusammen zur *Dampfdruckkurve*; Schmelzlinie und Erstarrungslinie bilden die *Schmelzdruckkurve*, Sublimationslinie und Desublimationslinie die *Sublimationsdruckkurve*. Die Tripellinie ergibt den *Tripelpunkt*. Das Nassdampfgebiet, Schmelzgebiet und Sublimationsgebiet sind im p, T-Diagramm also durch die Dampfdruckkurve, Schmelzdruckkurve bzw. Sublimationsdruckkurve wiedergegeben. Sie repräsentieren das Gleichgewicht zwischen den benachbarten Phasen. Sie grenzen die Existenzgebiete von Festkörper, Flüssigkeit und Gas voneinander ab und schneiden sich im Tripelpunkt, in dem alle drei Phasen, Gas, Flüssigkeit und Festkörper, miteinander im Gleichgewicht stehen. In diesem Punkt besitzen Flüssigkeit und Festkörper den gleichen Dampfdruck. Die Zustandsgrößen dieses Punktes sind nicht frei wählbar, sondern liegen fest, sie sind stoffspezifische Konstanten. So liegt der Tripelpunkt von Kohlendioxid bei $t_{Tr} = -56,6\,°C$ und $p_{Tr} = 5,18\,bar$, der Tripelpunkt von Wasser bei $t_{Tr} = 0,01\,°C$ und $p_{Tr} = 0,006116\,bar$.

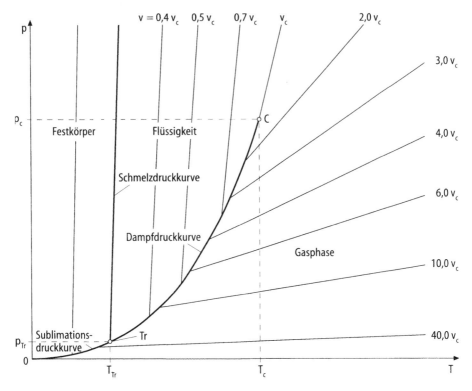

Abb. 2.24 Isochoren und die drei Grenzkurven im p, T-Diagramm (nach Baehr 1996). C = kritischer Punkt, Tr = Tripelpunkt

Da die Temperatur des Tripelpunktes eindeutig festliegt, eignet sich die Temperatur des Tripelpunktes besser zur Definition einer Temperaturskala als der druckabhängige Schmelzpunkt, so dass die Einheit 1 K definiert wurde als der 273,16te Teil der absoluten Temperatur des Tripelpunktes von Wasser statt der 273,15te Teil der absoluten Schmelztemperatur bei 1 atm (s. Abschn. 1.2.1).

Temperatur und Druck des Tripelpunktes einiger Substanzen sind in Tab. 2.5 zusammengestellt.

Die Sublimationsdruckkurve reicht von 0 K bis zum Tripelpunkt. Die Dampfdruckkurve beginnt am Tripelpunkt und endet am kritischen Punkt. Die Schmelzdruckkurve beginnt ebenfalls am Tripelpunkt.

Während die Sublimations- und Dampfdruckkurve stets mit der Temperatur ansteigen, kann die Schmelzdruckkurve mit zunehmender Temperatur abfallen. Dies ist der Fall, wenn das Schmelzen mit einer Volumenabnahme verbunden ist, wie z. B. bei Wasser (s. Abschn. 2.4.12). Bei Stoffen, die mehrere feste Modifikationen bilden, wie dies z. B. für Eis und Schwefel der Fall ist, treten im p, T-Diagramm weitere Einphasenbereiche, Umwandlungsdruckkurven und Tripelpunkte auf.

Tab. 2.5 Temperatur T_{Tr} und Druck p_{Tr} des Tripelpunktes einiger Substanzen (Quelle: Lide 1999)

Substanz	T_{Tr} K	p_{Tr} kPa	Substanz	T_{Tr} K	p_{Tr} kPa
Ne	24,556	50	NH_3	195,4	6,12
Ar	83,8058	68,9	H_2O	273,16	0,61166
Kr	115,8	73	H_2S	187,6	22,7
Xe	161,4	81,7	HCl	159	13,5
H_2	13,8	7,042	NO	109,5	21,9
N_2	63,15	12,463	CO	68,13	15,4
O_2	54,3584	0,14633	CO_2	216,58	518,0
Cl_2	170	1,054	CH_4	90,694	11,694
			C_2H_2	192,4	126,0
			CH_3COOH	289,7	1,29

Das p, T-Diagramm von Wasser ist in Abb. 2.25 dargestellt. Man erkennt die Existenzbereiche der unterschiedlichen Eismodifikationen sowie die abfallende Schmelzdruckkurve, die daraus resultiert, dass Eis aufgrund seiner offenen Struktur eine geringere Dichte besitzt als flüssiges Wasser (s. Abschn. 2.4.12).

Die schematischen p, V- und p, T-Diagramme der Abb. 2.26 zeigen, dass oberhalb der kritischen Temperatur die flüssige und gasförmige Phase, ohne eine Phasengrenze zu überschreiten, ineinander übergehen und somit eine fluide Phase darstellen.

Da das p, V, T-Diagramm sowie seine drei Projektionen die Existenzbereiche der einzelnen Phasen und der Mehrphasengleichgewichte darstellen, sind diese Diagramme *Zustandsdiagramme* oder *Phasendiagramme*.

2.4.7 Gibbssches Phasengesetz

Das *Gibbssche Phasengesetz* (s. Abschn. 4.1.2) besagt, dass die Zahl der *Freiheitsgrade F* (d. h. die Zahl der unabhängigen intensiven Zustandsgrößen, s. Abschn. 1.1.3) eines Reinstoffsystems aus P miteinander im Gleichgewicht stehenden Phasen gegeben ist durch die Gleichung

$$F = 3 - P$$

Im Einphasengebiet ist $P = 1$ und daher $F = 2$. Das Einphasengebiet ist ein sog. divariantes System, d. h. der Zustand der gasförmigen, flüssigen oder festen Phase ist durch zwei thermische Zustandsgrößen vollständig charakterisiert. Beispielsweise können Druck und Temperatur unabhängig voneinander variiert werden, ohne das Einphasengebiet zu verlassen. Dies entspricht der Tatsache, dass die Existenzbereiche von Gasphase, Flüssigkeit und Festkörper im p, T-Diagramm durch eine Fläche dargestellt werden.

Im Zweiphasengebiet ist $P = 2$ und daher $F = 1$ (monovariantes System), es ist durch Angabe einer Zustandsgröße vollständig bestimmt. Man kann Druck oder Tem-

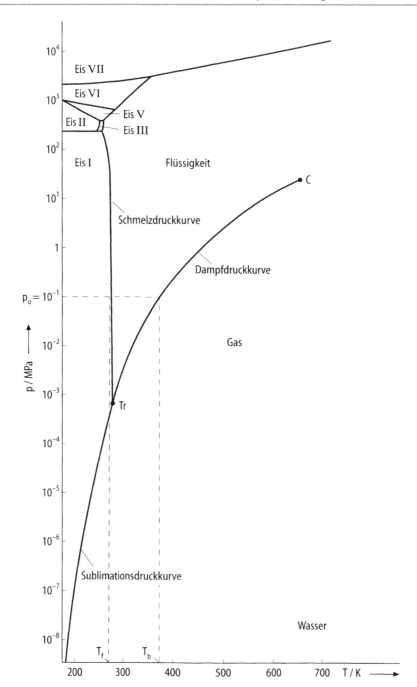

Abb. 2.25 p, T-Diagramm von Wasser. T_f und T_b sind die Schmelz- bzw. Siedetemperatur bei 1 bar. Eis I bis Eis VII sind die verschiedenen Kristall-Modifikationen von Eis. (Die Modifikation IV gibt es nicht.)

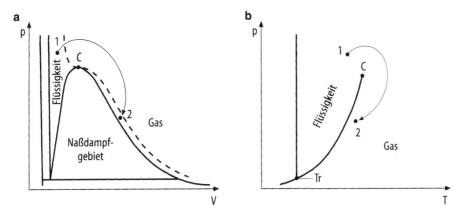

Abb. 2.26 Die fluide Phase: **a** *p, V*-Diagramm (- - - kritische Isotherme), **b** *p, T*-Diagramm. Flüssige und gasförmige Phase (Punkt 1 bzw. 2) gehen ineinander über, ohne eine Phasengrenze zu überschreiten. C = kritischer Punkt, Tr = Tripelpunkt

peratur frei wählen aber nicht beide, denn durch Angabe von Druck oder Temperatur ist die jeweils andere Größe festgelegt. Die Temperaturabhängigkeit des Gleichgewichtsdampfdrucks (Sublimationsdruck, Schmelzdruck, Dampfdruck) bzw. die Druckabhängigkeit der Gleichgewichtstemperatur (Sublimationstemperatur, Schmelztemperatur, Siedetemperatur) wird im *p, T*-Diagramm durch Linien repräsentiert, die Sublimationsdruckkurve, Schmelzdruckkurve bzw. Dampfdruckkurve. Den Zwei-Phasen-Gleichgewichten entsprechen im *p, T*-Diagramm also Kurven.

Für das Dreiphasengleichgewicht ist $P = 3$ und daher $F = 0$ (invariantes System). Für diesen Zustand ist keine Zustandsgröße frei wählbar, Druck und Temperatur liegen beide fest. Der Zustand, in dem Festkörper, Flüssigkeit und Dampf miteinander im Gleichgewicht stehen, entspricht im *p, T*-Diagramm einem Punkt, dem Tripelpunkt.

Im Reinstoffsystem können maximal drei unterschiedliche Phasen miteinander im Gleichgewicht stehen, da nach der Gibbsschen Phasenregel P maximal den Wert Drei annehmen kann.

2.4.8 Hebelgesetz

In den Zweiphasengebieten, z. B. im Nassdampfgebiet, in dem flüssige und gasförmige Phase miteinander im Gleichgewicht stehen, können die Mengenanteile der beiden Phasen zwischen fast 100 % Flüssigkeit und fast 100 % Dampf variieren, so dass man im Zweiphasengebiet neben Druck oder Temperatur eine weitere Zustandsgröße angeben muss, um den Zustand im Zweiphasen-Gebietes zu definieren. Diese Größe ist die Zusammensetzung des Systems, d. h. für das Nassdampfgebiet der Anteil der siedenden Flüssigkeit und des gesättigten Dampfes.

Um das Mengenverhältnis der beiden Phasen im Nassdampfgebiet bei gegebenem Druck bzw. gegebener Temperatur zu berechnen, definiert man den *Dampfgehalt* w^v als den Massenanteil des gesättigten Dampfes zur Gesamtmasse des heterogenen Systems. Sei m^l die Masse der siedenden Flüssigkeit und m^v die Masse des mit der siedenden Flüssigkeit im Gleichgewicht stehenden gesättigten Dampfes, so ist

$$w^v = \frac{m^v}{m^l + m^v} \qquad (2.141)$$

Der Dampfgehalt w^v ist gleich dem Massenbruch oder dem Molenbruch x^v des Dampfes (Definitionen s. Abschn. 3.1.1). Es ist

$$w^v = x^v = \frac{n^v}{n^l + n^v} \qquad (2.142)$$

wobei n^v und n^l die Molzahlen von Dampf bzw. Flüssigkeit sind.

Für die siedende Flüssigkeit (Zustandspunkt auf der Siedelinie) ist wegen $m^v = 0$ auch $w^v = 0$, für den trocken gesättigten Dampf (Zustandspunkt auf der Taulinie) wegen $m^l = 0$ nun $w^v = 1$.

Der Massenanteil der siedenden Flüssigkeit ist gegeben durch

$$w^l = \frac{m^l}{m^l + m^v} \qquad (2.143)$$

Es gilt

$$w^v + w^l = 1 \qquad (2.144)$$

Das Volumen des nassen Dampfes ist die Summe der Volumina der siedenden Flüssigkeit (V^l) und des gesättigten Dampfes (V^v), $V = V^l + V^v$. Es kann mit dem spezifischen Volumen (s. Gl. (1.4)) der siedenden Flüssigkeit (v^l) und des gesättigten Dampfes (v^v) geschrieben werden als

$$V = m^l v^l + m^v v^v \qquad (2.145)$$

Mit der Gesamtmasse des nassen Dampfes

$$m = m^l + m^v \qquad (2.146)$$

ist das über die beiden Phasen gemittelte spezifische Volumen v des Nassdampfes

$$v = \frac{V}{m} = \frac{m^l}{m^l + m^v} v^l + \frac{m^v}{m^l + m^v} v^v = (1 - w^v)\, v^l + w^v v^v = v^l + w^v (v^v - v^l) \qquad (2.147)$$

Sind Druck oder Temperatur vorgegeben, so kann man bei bekanntem Dampfgehalt w^v das spezifische Volumen berechnen, und der Zustand des Systems ist bestimmt.

Abb. 2.27 Das Hebelgesetz im p, v-Diagramm: Die Hebellängen l_1 und l_2 geben das Verhältnis der Mengenanteile von Dampf und Flüssigkeit: $\frac{m^v}{m_l} = \frac{l_1}{l_2} = \frac{v-v^l}{v^v-v}$. v^v, v^l sind die spezifischen Volumina von Dampf bzw. Flüssigkeit, C = kritischer Punkt

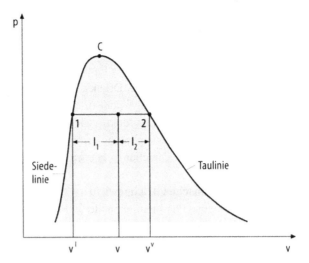

Der Massenanteil des Dampfes und der Flüssigkeit sind nach Gl. (2.147) bzw. Gl. (2.144)

$$w^v = \frac{v - v^l}{v^v - v^l}$$

$$w^l = 1 - w^v = 1 - \frac{v - v^l}{v^v - v^l} = \frac{v^v - v}{v^v - v^l}$$

Damit ergibt sich für das Molzahlverhältnis bzw. Massenverhältnis der beiden Phasen

$$\boxed{\frac{n^v}{n^l} = \frac{m^v}{m^l} = \frac{w^v}{w^l} = \frac{v - v^l}{v^v - v}}$$

(2.148a)

oder unter Verwendung der Beziehung $v = V_m/M$

$$\frac{n^v}{n^l} = \frac{m^v}{m^l} = \frac{V_m - V_m^l}{V_m^v - V_m}$$

(2.148b)

Die Gln. (2.148a) und (2.148b) bezeichnet man als *Hebelgesetz*.

Der Name Hebelgesetz erschließt sich, wenn man die Aussage der Gleichungen mit Hilfe des p, v-Diagramms betrachtet (s. Abb. 2.27): Das spezifische Volumen des Nassdampfes teilt die Druckkonode in zwei „Hebel" der Längen $l_1 = v - v^l$ und $l_2 = v^v - v$. Liest man diese aus dem Diagramm ab und bildet ihren Quotienten, so erhält man nach Gl. (2.148a) das Verhältnis der Mengenanteile von Dampf und Flüssigkeit. Es liegt also viel Dampf vor, wenn der Hebel auf der Seite der Siedelinie lang ist, und viel Flüssigkeit, wenn der Hebel auf der Seite der Taulinie lang ist.

Das Hebelgesetz für Mehrkomponentensysteme wird in Abschn. 4.1.4 behandelt.

2.4.9 Clausius-Clapeyronsche Gleichung

Im Nassdampfgebiet stehen Dampf und Flüssigkeit im Gleichgewicht miteinander, und der Dampfdruck ist eine eindeutige Funktion der Temperatur, bzw. die Siedetemperatur ist eine eindeutige Funktion des Drucks. Auch für die Gleichgewichte flüssig-fest und fest-gasförmig hängen Gleichgewichtsdruck und Umwandlungstemperatur in eindeutiger Weise voneinander ab. Die funktionale Abhängigkeit des Gleichgewichtsdrucks von der Temperatur für das Zweiphasengleichgewicht eines Reinstoffsystems ist durch die Clausius-Clapeyronsche Gleichung gegeben.

Das thermodynamische Gleichgewicht

Werden verschiedene Phasen miteinander in Kontakt gebracht, so findet i.a. ein Stoff- und Wärmetransport statt bis die Phasen im thermodynamischen Gleichgewicht miteinander stehen. *Thermodynamisches Gleichgewicht* ist erreicht, wenn weder Materie noch Energie freiwillig zwischen den Phasen ausgetauscht wird; die Phasen haben dann dieselbe Temperatur, denselben Druck und, wie sich zeigen wird, dieselbe spezifische oder molare freie Enthalpie.

Unter isotherm-isobaren Bedingungen nimmt die freie Enthalpie G des Gesamtsystems im Gleichgewicht einen Minimalwert an und ändert sich nicht (s. Gl. (1.296b)). Für ein System, das aus den P Phasen α, β, ..., π besteht, ist die *Bedingung für thermodynamisches Gleichgewicht*, dass mechanisches, thermisches und chemisches (stoffliches) Gleichgewicht erfüllt sein müssen:

$$\boxed{\mathrm{d}p = 0, \quad p^\alpha = p^\beta = \ldots = p^\pi \quad \text{mechanisches Gleichgewicht}} \tag{2.149a}$$

$$\boxed{\mathrm{d}T = 0, \quad T^\alpha = T^\beta = \ldots = T^\pi \quad \text{thermisches Gleichgewicht}} \tag{2.149b}$$

$$\boxed{\begin{array}{l}(\mathrm{d}G)_{p,T} = 0, \quad G = G^\alpha + G^\beta + \ldots + G^\pi \\[4pt] \quad \text{stoffliches Gleichgewicht} \quad \text{oder} \quad \text{chemisches Gleichgewicht}\end{array}} \tag{2.149c}$$

D. h. die Drücke p^α, p^β, ..., p^π und Temperaturen T^α, T^β, ..., T^π der Phasen α, β, ..., π stimmen überein, und die freie Enthalpie G des Gesamtsystems ist die Summe der freien Enthalpien G^α, G^β, ..., G^π aller Phasen α, β, ..., π. Daher ist

$$\mathrm{d}G = \mathrm{d}G^\alpha + \mathrm{d}G^\beta + \ldots + \mathrm{d}G^\pi = 0 \tag{2.150a}$$

und im stofflichen Gleichgewicht außerdem

$$G_\mathrm{m}^\alpha = G_\mathrm{m}^\beta = \ldots = G_\mathrm{m}^\pi \tag{2.150b}$$

Gl. (2.150b) kann man aus Gl. (2.149c) herleiten. Dies soll anhand eines zweiphasigen Systems, in dem die beiden Phasen α und β, z. B. Flüssigkeit und Feststoff oder Flüssigkeit und Dampf, miteinander im Gleichgewicht stehen, gezeigt werden. Besteht Phase α aus n^α Molen und Phase β aus n^β Molen und sind G_m^α und G_m^β die molaren freien Enthalpien in der Phase α bzw. β, dann ist $G^\alpha = n^\alpha G_m^\alpha$ die freie Enthalpie der Phase α und $G^\beta = n^\beta G_m^\beta$ die freie Enthalpie der Phase β. Wenn dn^α Mole aus der Phase α in die Phase β wechseln, nimmt die Molzahl in der Phase α um $-dn^\alpha$ ab, die der Phase β um dn^α zu, und die damit verbundene Änderung der freien Enthalpie in den beiden Phasen ist entsprechend $dG^\alpha = -dn^\alpha G_m^\alpha$ und $dG^\beta = dn^\alpha G_m^\beta$. Die Gleichgewichtsbedingung (Gl. (2.149c)) ist daher für ein zweiphasiges System gleichbedeutend mit

$$dG = dG^\alpha + dG^\beta = \left(-G_m^\alpha + G_m^\beta\right)_{p,T} dn^\alpha = 0$$

oder, da $dn^\alpha \neq 0$

$$G_m^\alpha(p, T) = G_m^\beta(p, T) \quad (p, T = \text{const})$$

Im Gleichgewicht haben also die beiden Phasen die gleiche molare freie Enthalpie.

Für P Phasen α, β, ..., π gilt analog, dass alle Phasen, die miteinander im stofflichen Gleichgewicht stehen, die gleiche molare freie Enthalpie besitzen:

$$\boxed{G_m^\alpha(p, T) = G_m^\beta(p, T) = \ldots = G_m^\pi(p, T) \quad (p, T = \text{const})} \tag{2.151}$$

Herleitung der Clausius-Clapeyronschen Gleichung

Für Zweiphasengleichgewichte ist nach der Gibbsschen Phasenregel die Anzahl der Freiheitsgrade $F = 1$. Daher sind die beiden Variablen Temperatur T und Druck p nicht unabhängig voneinander wählbar, wenn man den Gleichgewichtszustand erhalten will. Die Relation, die p und T im Gleichgewichtszustand miteinander verknüpft, kann man aus der Gleichgewichtsbedingung Gl. (2.151) herleiten. Ändert man Druck und Temperatur um infinitesimale Beträge, ohne den Gleichgewichtszustand zu verlassen, dann gilt für die Änderungen der molaren freien Enthalpien der beiden Phasen α und β nach Gl. (2.151) $dG_m^\alpha = dG_m^\beta$. Dabei gilt nach Gl. (1.228) für jede Phase $dG_m = -S_m dT + V_m dp$. Daher ist $-S_m^\alpha dT + V_m^\alpha dp = -S_m^\beta dT + V_m^\beta dp$, wobei S_m^α und S_m^β die molaren Entropien, V_m^α und V_m^β die Molvolumina der Phasen α und β sind. Es folgt

$$\boxed{\frac{dp}{dT} = \frac{\Delta_{\alpha\beta} S}{\Delta_{\alpha\beta} V}} \tag{2.152}$$

wobei $\Delta_{\alpha\beta} S = S_m^\beta - S_m^\alpha$ die mit der Umwandlung von der Phase α in die Phase β verbundene molare Entropieänderung und $\Delta_{\alpha\beta} V = V_m^\beta - V_m^\alpha$ die Änderung des Molvolumens während der Phasenumwandlung darstellen. $\Delta_{\alpha\beta} S$ ergibt sich nach Gl. (1.196) aus der beim Phasenübergang von α nach β auftretenden molaren Umwandlungsenthalpie $\Delta_{\alpha\beta} H = H_m^\beta - H_m^\alpha$ und der Umwandlungstemperatur T:

$$\Delta_{\alpha\beta} S = \frac{\Delta_{\alpha\beta} H}{T}$$

und Gl. (2.152) erhält dann die Form

$$\boxed{\frac{\mathrm{d}p}{\mathrm{d}T} = \frac{\Delta_{\alpha\beta} H}{T \Delta_{\alpha\beta} V}} \tag{2.153}$$

Die Gln. (2.152) und (2.153) sind zwei Formen der *Clausius-Clapeyronschen Gleichung*. Die Clausius-Clapeyronsche Gleichung verknüpft die Umwandlungsenthalpie mit den thermischen Zustandsgrößen. Mit ihr kann man aus der Umwandlungsenthalpie und der mit der Umwandlung verbundenen Volumenänderung die Steigung $\mathrm{d}p/\mathrm{d}T$ der Gleichgewichtsdruckkurve berechnen oder umgekehrt aus der Gleichgewichtsdruckkurve $p(T)$ die Umwandlungsenthalpie, wenn die Volumenänderung bekannt ist. Sie ist für alle Zweiphasengleichgewichte reiner Stoffe, die mit einer Volumenänderung verbunden sind, gültig, für Schmelz-, Sublimations- und Verdampfungsvorgänge ebenso wie für Umwandlungen zwischen allotropen Modifikationen.

2.4.10 Dampfdruckgleichungen

Dampfdruckgleichungen sind analytische Beschreibungen der Abhängigkeit des Sättigungsdampfdrucks von der Temperatur. Mit Hilfe der Dampfdruckgleichung lässt sich einerseits der Sättigungsdampfdruck als Funktion der Temperatur berechnen oder andererseits die Siedetemperatur als Funktion des Drucks. Die graphische Darstellung der Temperaturabhängigkeit des Dampfdrucks in einem p, T-Diagramm (Abb. 2.24) heißt *Dampfdruckkurve*. Die Siedetemperatur für $p = 1013,25$ mbar heißt *Normalsiedepunkt*.

Clausius-Clapeyronsche Gleichung für das Dampf-Flüssigkeits-Gleichgewicht
Wendet man Gl. (2.153) auf das Dampf-Flüssigkeits-Gleichgewicht an (α = flüssige Phase, β = Dampfphase), so ist $\Delta_{\alpha\beta} H = H_{\mathrm{m}}^{\mathrm{v}} - H_{\mathrm{m}}^{\mathrm{l}} = \Delta_{\mathrm{b}} H > 0$ die *molare Verdampfungsenthalpie* und $\Delta_{\alpha\beta} V = V_{\mathrm{m}}^{\mathrm{v}} - V_{\mathrm{m}}^{\mathrm{l}} > 0$ die molare Volumenänderung bei der Verdampfung, und es gilt $\mathrm{d}p/\mathrm{d}T > 0$, d. h. der Druck nimmt mit zunehmender Temperatur zu oder mit abnehmender Temperatur ab. So nimmt, da der Luftdruck gemäß der barometrischen Höhenformel mit zunehmender Höhe abnimmt, der Siedepunkt von Wasser mit zunehmender Höhe ab, was den Garprozess mit zunehmender Höhe verlangsamt. Umgekehrt herrscht im Dampfdrucktopf ein Überdruck, der Siedepunkt ist höher als der Normalsiedepunkt, und die Garzeit ist verkürzt.

Seien $\Delta_{\mathrm{b}} H = H_{\mathrm{m}}^{\mathrm{v}} - H_{\mathrm{m}}^{\mathrm{l}}$ die *molare Verdampfungsenthalpie*, $\Delta_{\mathrm{b}} S = S_{\mathrm{m}}^{\mathrm{v}} - S_{\mathrm{m}}^{\mathrm{l}}$ die *molare Verdampfungsentropie* und T die Siedetemperatur, dann gilt nach den Gln. (2.152) und (2.153)

$$\boxed{\frac{\mathrm{d}p}{\mathrm{d}T} = \frac{\Delta_{\mathrm{b}} H}{T \left(V_{\mathrm{m}}^{\mathrm{v}} - V_{\mathrm{m}}^{\mathrm{l}} \right)}} \tag{2.154}$$

oder mit den Beziehungen $\mathrm{d} \ln p = (1/p)\mathrm{d}p$ und $\mathrm{d}(1/T) = -\left(1/T^2\right) \mathrm{d}T$

$$\boxed{\frac{\mathrm{d} \ln p}{\mathrm{d}(1/T)} = -\frac{T \Delta_{\mathrm{b}} H}{p \left(V_{\mathrm{m}}^{\mathrm{v}} - V_{\mathrm{m}}^{\mathrm{l}} \right)}} \tag{2.155}$$

Ersetzt man die Volumenänderung durch die Änderung des Kompressibilitätsfaktors,

$$\Delta_b z = z^v - z^l = \frac{p}{RT} \left(V_m^v - V_m^l \right)$$

also

$$V_m^v - V_m^l = \frac{RT}{p} \Delta_b z \qquad (2.156)$$

dann werden die Gln. (2.154) und (2.155) zu

$$\boxed{\frac{dp}{dT} = \frac{p \Delta_b H}{RT^2 \Delta_b z}} \qquad (2.157)$$

bzw.

$$\boxed{\frac{d \ln p}{d(1/T)} = -\frac{\Delta_b H}{R \Delta_b z}} \qquad (2.158)$$

Durch Integration dieser Gleichung erhält man die Dampfdruckgleichung $p(T)$, die den Sättigungsdampfdruck p mit der Siedetemperatur T verknüpft. Um die Integration ausführen zu können, muss die Temperaturabhängigkeit von $\Delta_b H / \Delta_b z$ bekannt sein. Für sie gibt es verschiedene Modelle, und dementsprechend gibt es unterschiedliche Dampfdruckgleichungen.

Die Clapeyron-Gleichung

Falls $\Delta_b H / \Delta_b z$ temperaturunabhängig ist, kann man Gl. (2.158) integrieren zu

$$\boxed{\ln p = A - \frac{B}{T}} \qquad (2.159)$$

der *Clapeyron-Gleichung*. Hierin sind A und $B = \Delta_b H / (R \Delta_b z)$ stoffspezifische Konstanten, die man durch Anpassung der Gleichung an experimentelle Dampfdruckdaten gewinnen kann.

$\Delta_b H$ und $\Delta_b z$ sind zwar beide temperaturabhängig, aber ihr Temperaturverlauf ist ähnlich, so dass er sich im Quotienten $\Delta_b H / \Delta_b z$ weitgehend aufhebt. Gl. (2.159) gibt die Temperaturabhängigkeit des Dampfdrucks für kleine Temperaturbereiche recht gut wieder, insbesondere entfernt vom kritischen Punkt.

Wenn das Molvolumen der Flüssigphase V_m^l gegen das der Dampfphase V_m^v vernachlässigbar ist und außerdem die Dampfphase durch die Gleichung des idealen Gases darstellbar ist, dann wird nach Gl. (2.156) $\Delta_b z = 1$ und damit Gl. (2.158) zu

$$\boxed{\frac{d \ln p}{d(1/T)} \approx -\frac{\Delta_b H}{R}} \qquad (2.160)$$

Abb. 2.28 Sättigungsdampfdrücke und Sublimationsdrücke in Abhängigkeit von der
(reziproken) Temperatur (halblogarithmische Auftragung)

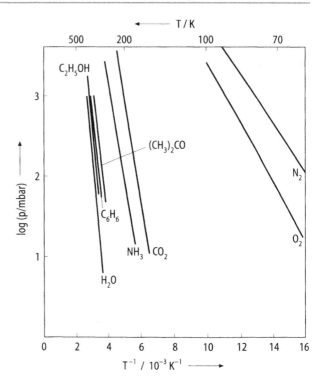

Integration unter der Annahme, dass $\Delta_b H$ temperaturunabhängig ist, ergibt

$$\ln p \approx -\frac{\Delta_b H}{RT} + \text{const} \tag{2.161}$$

Trägt man den Sättigungsdampfdruck halblogarithmisch gegen die reziproke absolute
Siedetemperatur auf, so erhält man also annähernd einen linearen Verlauf mit dem Anstieg $-\Delta_b H/R$. Diese Auftragung des Dampfdrucks ist für einige Stoffe in Abb. 2.28
dargestellt.

Delogarithmiert man Gl. (2.161), so erkennt man, dass der Dampfdruck eine exponen-
tielle Temperatur-Abhängigkeit zeigt gemäß

$$p \sim \exp\left(-\frac{\Delta_b H}{RT}\right) \tag{2.162}$$

Diese lineare Auftragung des Sättigungsdampfdrucks gegen die Siedetemperatur, die
Dampfdruckkurve $p(T)$, ist für einige Stoffe in Abb. 2.29 wiedergegeben.

Sind zwei p, T-Datenpaare bekannt, so ist

$$\ln \frac{p_2}{p_1} \approx -\frac{\Delta_b H}{R}\left(\frac{1}{T_2} - \frac{1}{T_1}\right) \tag{2.163a}$$

Abb. 2.29 Sättigungsdampfdrücke und Sublimationsdrücke in Abhängigkeit von der Temperatur (lineare Auftragung)

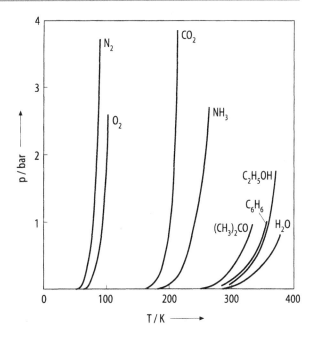

wobei p_i den Sättigungsdampfdruck bei der Temperatur T_i bedeutet, und daher

$$\frac{p_2}{p_1} \approx \exp\left(-\frac{\Delta_b H}{R}\left(\frac{1}{T_2} - \frac{1}{T_1}\right)\right) \tag{2.163b}$$

Kirchhoffsche Dampfdruckgleichung

Weist $\Delta_b H / \Delta_b z$ eine lineare Temperaturabhängigkeit auf, so hat Gl. (2.158) die Form

$$\frac{\mathrm{d}\ln p}{\mathrm{d}\,(1/T)} = -B - CT \tag{2.164}$$

Berücksichtigt man die Beziehung $\mathrm{d}\,(1/T) = -\left(1/T^2\right)\mathrm{d}T$ und separiert die Variablen, so ergibt sich

$$\mathrm{d}\ln p = +\frac{B}{T^2}\mathrm{d}T + \frac{C}{T}\mathrm{d}T$$

und nach Integration

$$\boxed{\ln p = A - \frac{B}{T} + C\ln T} \tag{2.165}$$

Diese Gleichung heißt *Kirchhoffsche Dampfdruckgleichung*. Sie enthält gegenüber der Clapeyron-Gleichung Gl. (2.159) zusätzlich den Term $C\ln T$, der auf die Berücksichtigung der linearen Temperaturabhängigkeit der Verdampfungsenthalpie zurückzuführen ist.

Antoine-Gleichung

Die Dampfdruckgleichungen von Clapeyron und Kirchhoff (Gln. (2.159) und (2.165)) sind wegen der ihnen zugrundeliegenden Annahmen nur für begrenzte Temperaturbereiche anwendbar. Um die experimentellen Dampfdruckdaten mit höherer Genauigkeit darstellen zu können, wurden weitere Gleichungen entwickelt, meist empirische Modifikationen der genannten Gleichungen. Die Dampfdruckgleichung mit der breitesten Anwendung in der Praxis ist die *Antoine-Gleichung*

$$\ln p = A - \frac{B}{C + T}   \tag{2.166}$$

Die Antoine-Gleichung wird in der Literatur nicht einheitlich formuliert: Statt des natürlichen Logarithmus wird häufig der dekadische Logarithmus verwendet, die Temperatur kann entweder in der Einheit K oder °C angegeben werden, und die Druckeinheiten in bar oder Pa oder Torr. Die Werte der *Antoine-Konstanten A*, *B* und *C* hängen von der verwendeten logarithmischen Funktion und den Einheiten von T und p ab.

Gegenüber der Clapeyron-Gleichung Gl. (2.159) tritt zusätzlich eine Konstante im Nenner des zweiten Terms auf, so dass die Antoine-Gleichung die drei stoffspezifischen Parameter A, B und C enthält. Sie werden durch Anpassung an experimentelle Dampfdruckdaten gewonnen. Diese Gleichung gilt mit guter Genauigkeit im Temperaturbereich vom Tripelpunkt bis zum Normalsiedepunkt.

Die Antoine-Konstanten einiger ausgewählter Stoffe sind in Tab. A.23 (Abschn. A.5.9) wiedergegeben.

Eine weitere empirische Darstellung der Dampfdruckdaten ist die vierparametrige Gleichung

$$\ln p = A - \frac{B}{T} + C \ln T + \frac{Dp}{T^2}$$

die einen größeren Temperaturbereich erfasst und deren Koeffizienten für viele Stoffe tabelliert sind (Reid et al. 1987).

Beispiel

Der Sättigungsdampfdruck von Aceton lässt sich im Temperaturbereich von -13 bis $55\,°C$ durch die Antoine-Gleichung $\lg(p/\text{mbar}) = A - B/(C + t/°C)$ mit den in Tab. A.23 notierten Werten beschreiben.

(a) Man stelle den Dampfdruck graphisch dar, logarithmisch gegen $1/T$ und im p, T-Diagramm.

(b) Man berechne die Normalsiedetemperatur von Aceton.

Lösung: (a) Mit der angegebenen Gleichung und den Koeffizienten $A = 7{,}24204$, $B = 1210{,}595$ und $C = 229{,}664$ ergeben sich die Dampfdrücke für einige Temperaturen als Stützwerte:

$t/°C$	$T^{-1}/(10^{-3}\,\mathrm{K}^{-1})$	p/mbar
−13	3,84	45,15
0	3,66	93,52
12	3,51	170,85
25	3,35	307,85
45	3,14	683,11
55	3,05	975,72

Trägt man p logarithmisch gegen $1/T$ auf, so erhält man eine Gerade mit negativem Anstieg. Die Auftragung von p gegen T zeigt einen exponentiellen Verlauf.

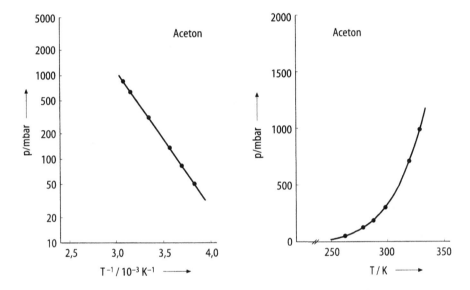

(b) Zur Berechnung der Normalsiedetemperatur löst man die Antoine-Gleichung nach t auf: $t = B/(A - \lg p) - C$ mit p in mbar und t in °C. Setzt man die Konstanten und den gewünschten Sättigungsdruck $p = 1{,}013$ bar ein, so ergibt sich $t = 56{,}09\,°C$ oder $T = 329{,}24$. Dieser Wert stimmt bis auf $0{,}04\,\mathrm{K}$ mit dem Literaturwert überein.

2.4.11 Verdampfungsenthalpie

Um aus der Dampfdruckgleichung die Verdampfungsenthalpie zu bestimmen, löst man Gl. (2.158) nach der molaren Verdampfungsenthalpie auf:

$$\Delta_b H = -R\Delta_b z \frac{\mathrm{d}\ln p}{\mathrm{d}(1/T)} \qquad (2.167)$$

und setzt $\Delta_b z$ und die Ableitung der Dampfdruckgleichung $p(T)$ ein.

Wenn das Molvolumen der Flüssigphase V_m^l gegen das der Dampfphase V_m^v vernachlässigt und die Dampfphase mit der idealen Gasgleichung beschrieben werden kann, dann ist $\Delta_b z = 1$ und

$$\Delta_b H \approx -R \frac{d \ln p}{d\,(1/T)} \tag{2.168}$$

Ist die halblogarithmische Auftragung des Sättigungsdampfdrucks gegen die reziproke Temperatur linear, so ist die Verdampfungsenthalpie in diesem Temperaturbereich konstant, und man kann sie aus dem Anstieg $-\Delta_b H/R$ der Geraden berechnen. Sind zwei p, T-Wertepaare für das Dampf-Flüssigkeits-Gleichgewicht des betrachteten Stoffes bekannt, so erhält man aus Gl. (2.168) die molare Verdampfungsenthalpie zu

$$\Delta_b H \approx -R \frac{\ln \frac{p_2}{p_1}}{\frac{1}{T_2} - \frac{1}{T_1}} \tag{2.169}$$

Um $\Delta_b H$ mit größerer Genauigkeit zu bestimmen, muss die Temperaturabhängigkeit von $\Delta_b z$ berücksichtigt werden. *Haggenmacher* (1946) berechnet $\Delta_b z$ mit einer modifizierten van-der-Waals-Gleichung zu

$$\Delta_b z = \left(1 - \frac{p_r}{T_r^3}\right)^{\frac{1}{2}} \tag{2.170}$$

Damit wird die molare Verdampfungsenthalpie nach Gl. (2.167)

$$\Delta_b H = -R \left(1 - \frac{p_r}{T_r^3}\right)^{\frac{1}{2}} \frac{d \ln p}{d\,(1/T)} \tag{2.171}$$

d. h. $\Delta_b H$ ist temperaturabhängig bzw. druckabhängig. Diese Gleichung stellt eine gute Näherung bis zur Siedetemperatur dar.

Die genauesten Ergebnisse für $\Delta_b H$ erhält man jedoch, wenn man in $\Delta_b z$ experimentelle Werte für die Molvolumina von Dampf und Flüssigkeit einsetzt.

Beispiel

Man bestimme die molare Verdampfungsenthalpie von Aceton bei 300 K

(a) mit der Clausius-Clapeyronschen Gleichung,

(b) unter der Voraussetzung, dass Acetondampf sich wie das ideale Gas verhält,

(c) mit der Gleichung von Haggenmacher.

Für den Sättigungsdampfdruck von Aceton verwende man die Antoine-Gleichung (s. Tab. A.23). Die Dichten der miteinander im Gleichgewicht stehenden Phasen Dampf und Flüssigkeit sind bei 300 K $\rho^v = 0{,}8\,\text{kg m}^{-3}$ bzw. $\rho^l = 787\,\text{kg m}^{-3}$. Die kritischen Daten von Aceton entnehme man Tab. A.20.

Lösung: (a) Die Clausius-Clapeyronsche Gleichung Gl. (2.155) lautet nach der molaren Verdampfungsenthalpie aufgelöst

$$\Delta_b H = -\frac{p}{T}\left(V_m^v - V_m^l\right)\frac{\mathrm{d}\ln p}{\mathrm{d}\,(1/T)}$$

Der Differentialquotient $\mathrm{d}\ln p/\mathrm{d}(1/T)$ ist der Anstieg der Dampfdruckkurve und kann entweder graphisch aus der logarithmischen Auftragung von p gegen $1/T$ (s. vorhergehendes Beispiel) oder analytisch durch Differentiation der Antoine-Gleichung bestimmt werden. Es gilt zu bedenken, dass in der Clausius-Clapeyronschen Gleichung $\ln p$ und T/K auftreten, während in Tab. A.23 die Antoine-Gleichung mit $\lg p$ und $t/^\circ\mathrm{C}$ formuliert ist, so dass die Umrechnungen $\ln p = 2{,}30258\,\lg p$ und $T/\mathrm{K} = t/^\circ\mathrm{C} + 273{,}15$ berücksichtigt werden müssen. Daher folgt aus der Antoine-Gleichung

$$\ln p = 2{,}30258\,\lg p = 2{,}30258\,A - 2{,}30258\,B/(C - 273{,}15 + T)\ \text{und}$$

$$\mathrm{d}\ln p/\mathrm{d}(1/T) = -2{,}30258\,B/(1 + (C - 273{,}15)/T)^2$$

Der Anstieg bei $300\,\mathrm{K}$ ergibt sich zu $\mathrm{d}\ln p/\mathrm{d}(1/T) = -3{,}8127 \cdot 10^3\,\mathrm{K}$.

Die Molvolumina der beiden Phasen werden mittels der Molmasse $M = 58{,}08\,\mathrm{g}\,\mathrm{mol}^{-1}$ (Tab. A.20) aus den Dichten berechnet zu $V_m^v = M/\rho^v = 72{,}6\,\mathrm{m}^3\,\mathrm{kmol}^{-1}$ und $V_m^l = M/\rho^l = 73{,}8 \cdot 10^{-3}\,\mathrm{m}^3\,\mathrm{kmol}^{-1}$. Den Dampfdruck bei $T = 300\,\mathrm{K}$ berechnet man aus der Dampfdruckgleichung zu $p = 333{,}1\,\mathrm{mbar}$. Für die molare Verdampfungsenthalpie erhält man schließlich $\Delta_b H = 30{,}71\,\mathrm{kJ}\,\mathrm{mol}^{-1}$.

(b) Da sich die Dichten der beiden Phasen um den Faktor 1000 unterscheiden, kann man das Molvolumen der Flüssigphase gegen das der Dampfphase vernachlässigen. Unter der Voraussetzung, dass Acetondampf sich wie das ideale Gas verhält, kann die molare Verdampfungsenthalpie mit Gl. (2.168) berechnet werden. Mit dem Differentialquotienten $\mathrm{d}\ln p/\mathrm{d}(1/T)$ aus (a) ergibt sich die molare Verdampfungsenthalpie bei $300\,\mathrm{K}$ zu $\Delta_b H = -R\,\mathrm{d}\ln p/\mathrm{d}(1/T) = 31{,}70\,\mathrm{kJ}\,\mathrm{mol}^{-1}$.

(c) Um die molare Verdampfungsenthalpie mit der Gleichung von Haggenmacher zu bestimmen, werden mit dem reduzierten Dampfdruck und der reduzierten Siedetemperatur die Änderung des Kompressibilitätsfaktors und die molare Verdampfungsenthalpie berechnet (s. Gln. (2.170) und (2.171)). Mit $T = 300\,\mathrm{K}$ und $p(300\,\mathrm{K}) = 333{,}1\,\mathrm{mbar}$ aus (a) sind die reduzierten thermischen Zustandsgrößen $T_r = T/T_c = 0{,}5904$ und $p_r = p/p_c = 7{,}0881 \cdot 10^{-3}$. Also ist $\Delta_b z = (1 - p_r/T_r^3)^{1/2} = 0{,}9826$ und mit dem Anstieg der Dampfdruckkurve aus (a) ist $\Delta_b H = 31{,}15\,\mathrm{kJ}\,\mathrm{mol}^{-1}$.

Der mit der Clausius-Clapeyronschen Gleichung berechnete Wert kommt dem tabellierten Wert $\Delta_b H = 29{,}092\,\mathrm{kJ}\,\mathrm{mol}^{-1}$ am nächsten.

$\Delta_b H$ ist temperatur- bzw. druckabhängig, und zwar umso stärker, je weiter man sich dem kritischen Punkt nähert. Am kritischen Punkt ist $\Delta_b H = 0$, denn hier verschwindet der Unterschied zwischen flüssigem und gasförmigem Zustand, und die Phasen gehen

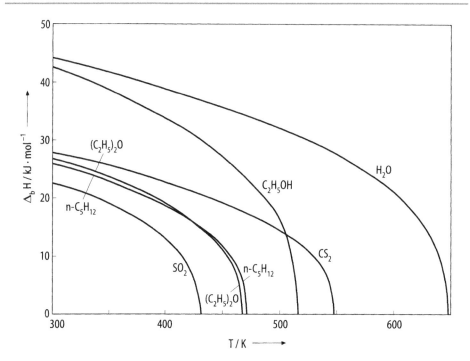

Abb. 2.30 Temperaturabhängigkeit der molaren Verdampfungsenthalpie $\Delta_b H$ einiger Flüssigkeiten (nach Reid et al. 1987). Die polaren Moleküle Wasser und Ethanol haben deutlich größere Verdampfungsenthalpien als die organischen Moleküle Ethylether und n-Pentan. Am kritischen Punkt ist $\Delta_b H = 0$

ineinander über, ohne dass eine Umwandlungswärme auftritt. Abb. 2.30 zeigt die Temperaturabhängigkeit von $\Delta_b H$ für einige Stoffe. Die Temperaturabhängigkeit der molaren Verdampfungsenthalpie kann analytisch beschrieben werden durch die *Gleichung von Watson* (1943):

$$\Delta_b H_2 = \Delta_b H_1 \left(\frac{1 - T_{r,2}}{1 - T_{r,1}} \right)^n \qquad (2.172)$$

in der $T_{r,i} = T_i / T_c$ die reduzierte Siedetemperatur und $\Delta_b H_i$ die molare Verdampfungsenthalpie bei der Siedetemperatur T_i bedeuten und n eine von der Substanz abhängige Konstante ist, für die in vielen Fällen der Wert 0,38 gesetzt werden kann. Mit dieser Gleichung kann man die molare (und spezifische) Verdampfungsenthalpie eines Stoffes bei einer beliebigen Temperatur berechnen, wenn der Wert bei einer anderen Temperatur, z. B. dem Normalsiedepunkt, bekannt ist.

Tab. A.25 (Abschn. A.5.11) gibt die Normalsiedepunkte T_b und molaren Verdampfungsenthalpien $\Delta_b H$ einiger Fluide am Normalsiedepunkt wieder.

Die molare Verdampfungsentropie $\Delta_b S$ kann aus der molaren Verdampfungsenthalpie $\Delta_b H$ berechnet werden gemäß Gl. (1.196)

$$\Delta_b S = \frac{\Delta_b H}{T_b}$$

Beispiel

15 g Wasserdampf (100 °C) werden bei 1 atm in 2 kg Wasser (22 °C) geleitet. Auf welche Temperatur erwärmt sich das Wasser (unter der Voraussetzung, dass keine Wärme an die Umgebung abgeführt wird)? Die molare Verdampfungsenthalpie von Wasser ist $\Delta_b H = 40{,}65 \, \text{kJ} \, \text{mol}^{-1}$. Die spezifische isobare Wärmekapazität von Wasser kann in dem betrachteten Temperaturbereich konstant $c_p^W = 4{,}18 \, \text{J} \, \text{g}^{-1} \, \text{K}^{-1}$ gesetzt werden.

Lösung: Der Wasserdampf (100 °C) kondensiert zu flüssigem Wasser (100 °C) und dieses kühlt sich auf die sich einstellende Gleichgewichtstemperatur ab. Die vom Dampf abgegebene Kondensationswärme und beim Abkühlen des Kondensats auf die Mischungstemperatur abgegebene Wärme werden von dem 22 °C-kalten Wasser aufgenommen. Da die Kondensationswärme gleich der negativen Verdampfungswärme ist, ergibt sich folgende Energiebilanz:

$$-m_D \Delta_b h + m_D c_p^W (T_m - T_b) + m_W c_p^W (T_m - T_W) = 0$$

(m_D und m_W = Masse von Dampf bzw. Wasser, T_b = Siedetemperatur, T_m = Mischtemperatur, T_W = Anfangstemperatur des Wassers, $\Delta_b h$ = spezifische Verdampfungsenthalpie von Wasser). Nach T_m aufgelöst erhält man

$$T_m = \frac{m_D c_p^W T_b + m_W c_p^W T_W + m_D \Delta_b h}{c_p^W (m_D + m_W)}$$

Die spezifische Verdampfungsenthalpie $\Delta_b h$ von Wasser am Normalsiedepunkt ergibt sich aus der molaren Verdampfungsenthalpie $\Delta_b H = 40{,}65 \, \text{kJ} \, \text{mol}^{-1}$ mit der Molmasse $M = 18{,}02 \, \text{g} \, \text{mol}^{-1}$ zu $\Delta_b h = \Delta_b H / M = 2256 \, \text{J} \, \text{g}^{-1}$ und die Mischtemperatur zu $T_m = 299{,}32 \, \text{K}$ oder $t_m = 26{,}17 \, °\text{C}$. Das Wasser erwärmt sich also um 4,2 Grad.

2.4.12 Gleichgewichtsdruckkurven

Ebenso wie man die Dampfdruckkurve bzw. die Dampfdruckgleichung $p(T)$ des Dampf-Flüssigkeits-Gleichgewicht mit der Clausius-Clapeyronschen-Gleichung berechnet (s. Abschn. 2.4.10), kann man auch die Schmelzdruck- und Sublimationsdruckkurven der Feststoff-Flüssigkeits-Gleichgewichte bzw. der Feststoff-Dampf-Gleichgewichte (s. Abschn. 2.4.6) quantitativ beschreiben.

Die *Schmelzdruckkurve* gibt Druck und Temperatur für das Gleichgewicht zwischen flüssigem und festem Zustand beim Schmelzen und Erstarren wieder. Wendet man die

Clausius-Clapeyronsche Gleichung (Gln. (2.152) und (2.153)) auf das Schmelzgleichgewicht an, so erhält man die *Schmelzdruckgleichung*

$$\frac{\mathrm{d}p}{\mathrm{d}T} = \frac{\Delta_{\mathrm{f}}S}{\Delta_{\mathrm{f}}V} = \frac{\Delta_{\mathrm{f}}H}{T\Delta_{\mathrm{f}}V} \qquad (2.173)$$

wobei $\Delta_{\mathrm{f}}S$ und $\Delta_{\mathrm{f}}H$ die molare Schmelzentropie bzw. Schmelzenthalpie bedeuten, wobei $\Delta_{\mathrm{f}}H = T\Delta_{\mathrm{f}}S$ gilt (T = Schmelztemperatur). $\Delta_{\mathrm{f}}V = V_{\mathrm{m}}^{\mathrm{l}} - V_{\mathrm{m}}^{s}$ ist die beim Schmelzen auftretende Volumenänderung pro Mol ($V_{\mathrm{m}}^{\mathrm{l}}$ und V_{m}^{s} sind die Molvolumina der flüssigen bzw. festen Phase bei der Schmelztemperatur). $\Delta_{\mathrm{f}}H$ ist immer positiv. $\Delta_{\mathrm{f}}V$ ist sehr klein und meist positiv, da die Dichte des Festkörpers meist höher ist als die der Flüssigkeit. Folglich ist der Anstieg der Schmelzdruckkurve $p(T)$ sehr steil und meist positiv, d. h. die Schmelztemperatur steigt mit zunehmendem Druck. Für wenige Stoffe ist $\Delta_{\mathrm{f}}V < 0$ und damit $\mathrm{d}p/\mathrm{d}T < 0$, d. h. die Schmelztemperatur fällt mit zunehmendem Druck. Dies trifft für Wasser zu (s. Abb. 2.25), da am Schmelzpunkt die Dichte von Eis geringer ist als die von Wasser. Dies hat zur Folge, dass man durch Drucksteigerung den Gefrierpunkt senken und bei Konstanthaltung der Temperatur die feste Phase in die flüssige Phase überführen kann. So nimmt der Schmelzpunkt von Eis bei einer Druckerhöhung von 1 bar um etwa 8 mK ab. Dies ermöglicht das Schlittschuhlaufen, denn die scharfen Schlittschuhkanten, die einen Druck von einigen 100 bar auf das Eis ausüben, schmelzen eine Rinne in das Eis, wenn dessen Temperatur nicht zu weit unterhalb von 0 °C liegt, und der Schlittschuh gleitet auf diesem Wasserfilm.

Der Temperaturverlauf der Schmelzdruckkurve lässt sich berechnen, wenn man voraussetzt, dass $\Delta_{\mathrm{f}}H/\Delta_{\mathrm{f}}V$ sich nicht mit der Temperatur ändert. Integration von Gl. (2.173) ergibt

$$p_2 = p_1 + \frac{\Delta_{\mathrm{f}}H}{\Delta_{\mathrm{f}}V} \ln \frac{T_2}{T_1} \qquad (2.174)$$

wobei T_{i} die Schmelztemperatur beim Druck p_{i} ist. Wenn sich die Temperaturen nicht stark voneinander unterscheiden, dann gilt näherungsweise $\ln(T_2/T_1) \approx (T_2 - T_1)/T_1$ und daher

$$p_2 \approx p_1 + \frac{\Delta_{\mathrm{f}}H}{T_1\Delta_{\mathrm{f}}V}(T_2 - T_1) \qquad (2.175)$$

p_2 ändert sich also linear mit T_2, und die Schmelzdruckkurve lässt sich im p, T-Diagramm näherungsweise durch eine Gerade darstellen.

Die *Sublimationsdruckkurve* beschreibt das Gleichgewicht zwischen fester und gasförmiger Phase. Aus der Clausius-Clapeyronschen Gleichung Gl. (2.153) folgt für den Anstieg der Sublimationsdruckkurve bei der Sublimationstemperatur T die *Sublimations-*

druckgleichung

$$\boxed{\frac{\mathrm{d}p}{\mathrm{d}T} = \frac{\Delta_s H}{T\left(V_m^v - V_m^s\right)}} \tag{2.176}$$

wobei $\Delta_s H$ die molare Sublimationsenthalpie des Stoffes, V_m^v und V_m^s die Molvolumina der miteinander im Gleichgewicht stehenden gasförmigen bzw. festen Phasen bedeuten. Da die Dampfphase eine viel geringere Dichte als der Festkörper hat und recht gut durch das ideale Gasgesetz beschrieben werden kann, kann man $V_m^v \gg V_m^s$ und $V_m^v \approx RT/p$ setzen, so dass sich Gl. (2.176) vereinfacht zu

$$\frac{\mathrm{d}p}{\mathrm{d}T} \approx \frac{\Delta_s H}{RT^2}\,p \tag{2.177}$$

bzw.

$$\boxed{\frac{\mathrm{d}\ln p}{\mathrm{d}\,(1/T)} \approx -\frac{\Delta_s H}{R}} \tag{2.178}$$

Die halblogarithmische Auftragung des Sublimationsdrucks gegen die reziproke Sublimationstemperatur ergibt also eine Gerade mit dem Anstieg $-\Delta_s H/R$. Eine solche halblogarithmische Auftragung zeigt Abb. 2.28 für einige Stoffe. Die lineare Auftragung des Sublimationsdrucks gegen die Sublimationstemperatur zeigt Abb. 2.29 für einige Stoffe.

Für die Sublimationsenthalpie gilt am Tripelpunkt, wo Dampfdruckkurve, Sublimationsdruckkurve und Schmelzdruckkurve zusammentreffen,

$$\boxed{\Delta_s H = \Delta_f H + \Delta_b H} \tag{2.179}$$

Da die Sublimationsenthalpie größer ist als die Verdampfungsenthalpie, verläuft die Sublimationsdruckkurve in der Nähe des Tripelpunktes steiler als die Dampfdruckkurve (s. Abb. 2.25).

Beispiel

Für Anthracen lässt sich die Dampfdruckkurve oberhalb des Tripelpunktes angenähert durch

$$\ln(p/\mathrm{bar}) = 11{,}777 - 7214/(T/\mathrm{K})$$

und die Sublimationsdruckkurve in der Nähe des Tripelpunktes angenähert durch

$$\ln(p/\mathrm{bar}) = 18{,}930 - 10705/(T/\mathrm{K})$$

darstellen.

(a) Man berechne die mittlere molare Verdampfungsenthalpie und Sublimations-
    enthalpie und nenne die Voraussetzungen, die in die Berechnungen eingehen.
(b) Man schätze die molare Schmelzenthalpie am Tripelpunkt ab.
(c) Man bestimme Druck und Temperatur des Tripelpunktes und den Normalsiede-
    punkt.

Lösung: (a) Unter der Voraussetzung, dass die Molvolumina der kondensierten Phasen
gegen das Molvolumen der Dampfphase vernachlässigbar sind und die Dampfphase
durch das ideale Gasgesetz beschrieben werden kann, kann man die über den Temperaturbereich gemittelte molare Verdampfungsenthalpie und molare Sublimationsenthal-
pie aus Gl. (2.168) bzw. Gl. (2.178) berechnen: $\Delta_b H = 7214\,\mathrm{K}\ R = 60{,}0\,\mathrm{kJ\,mol^{-1}}$,
$\Delta_s H = 10\,705\,\mathrm{K}\ R = 89{,}0\,\mathrm{kJ\,mol^{-1}}$.

(b) Am Tripelpunkt gilt für die molare Schmelzenthalpie nach Gl. (2.179) $\Delta_f H =
\Delta_s H - \Delta_b H$. Mit den in (a) berechneten Werten für die mittlere Verdampfungs-
und Sublimationsenthalpie ergibt sich für die molare Schmelzenthalpie $\Delta_f H =
29{,}0\,\mathrm{kJ\,mol^{-1}}$ in Übereinstimmung mit dem Literaturwert ($28{,}8\,\mathrm{kJ\,mol^{-1}}$).

(c) Im Tripelpunkt stehen Dampf, Flüssigkeit und Festkörper miteinander im
Gleichgewicht, die Sättigungsdampfdrücke über der flüssigen und festen Phase stim-
men überein, und Dampfdruck- und Sublimationsdruckkurve schneiden sich in diesem
Punkt. Daher gilt bei der Temperatur T_{Tr} des Tripelpunktes

$$11{,}777 - 7214/(T_{Tr}/\mathrm{K}) = 18{,}930 - 10\,705/(T_{Tr}/\mathrm{K})$$

Löst man diese Gleichung nach T_{Tr} auf, so erhält man $T_{Tr} = 488{,}1\,\mathrm{K}$. In der Literatur
findet man den Wert $T_{Tr} = 490\,\mathrm{K}$.

Den zugehörigen Sättigungsdampfdruck erhält man durch Einsetzen der Temperatur
in die Dampfdruckgleichung zu $p_{Tr} = 0{,}05\,\mathrm{bar}$.

Der Normalsiedepunkt, d. h. die Siedetemperatur bei Atmosphärendruck
($1{,}01325\,\mathrm{bar}$), ergibt sich, wenn man die Dampfdruckgleichung nach der Temperatur auflöst, zu $T_b = 613{,}24\,\mathrm{K}$. Der Literaturwert beträgt $T_b = 614{,}4\,\mathrm{K}$.

Beispiel

(a) Um wie viel Grad weicht der Siedepunkt von Wasser bei 950 mbar vom Normal-
    siedepunkt (100 °C bei 1013,25 mbar) ab?
(b) Welche Druckänderung bewirkt dieselbe Temperaturänderung für den Normal-
    schmelzpunkt (0 °C bei 1013,25 mbar)?

Die molare Verdampfungsenthalpie von Wasser ist $\Delta_b H = 40{,}65\,\mathrm{kJ\,mol^{-1}}$, die molare
Schmelzenthalpie von Eis $\Delta_f H = 6{,}01\,\mathrm{kJ\,mol^{-1}}$. Die Dichten von Wasser und Eis bei
0 °C sind $\rho_W = 0{,}999\,\mathrm{g\,cm^{-3}}$ bzw. $\rho_E = 0{,}917\,\mathrm{g\,cm^{-3}}$.

Lösung: (a) Da das Molvolumen der siedenden Flüssigkeit gegen das des gesättigten Dampfes vernachlässigt und die Dampfphase durch die Gleichung des idealen
Gases beschrieben, weiterhin die Verdampfungsenthalpie in dem betrachteten Temperaturbereich als annähernd temperaturunabhängig ansehen werden kann, so gilt die

Dampfdruckgleichung Gl. (2.163a)

$$\ln \frac{p_2}{p_1} = -\frac{\Delta_b H}{R} \left(\frac{1}{T_2} - \frac{1}{T_1} \right)$$

Aufgelöst nach $1/T_2$ gilt

$$\frac{1}{T_2} = \frac{1}{T_1} - R \frac{\ln \left(\frac{p_2}{p_1} \right)}{\Delta_b H}$$

Mit $T_1 = 373,15\,\text{K}$, $p_1 = 1013,25\,\text{mbar}$ und $p_2 = 950\,\text{mbar}$ ergibt sich $T_2 = 371,32\,\text{K}$, d. h. die Siedetemperatur hat gegenüber der Normalsiedetemperatur um 1,83 K abgenommen.

(b) Die Druckänderung für die gegebene Temperaturänderung ergibt sich aus der Schmelzdruckgleichung Gl. (2.174)

$$p_2 - p_1 = \frac{\Delta_f H}{\Delta_f V} \ln \frac{T_2}{T_1}$$

die unter der Voraussetzung, dass $\Delta_f H / \Delta_f V$ sich in dem Temperaturintervall $[T_1, T_2]$ nicht ändert, abgeleitet wurde, was hier erfüllt ist. Die mit dem Schmelzen verbundene molare Volumenänderung ergibt sich mit der Molmasse $M = 18,02\,\text{g mol}^{-1}$ aus der Dichte der beiden Phasen zu $\Delta_f V = M(1/\rho_W - 1/\rho_E)$. Für die Temperaturänderung von $t_1 = 0\,^\circ\text{C}$ nach $t_2 = -1,83\,^\circ\text{C}$ erhält man also die Druckänderung $p_2 - p_1 = 250,5\,\text{bar}$.

Während eine Druckabnahme von 6 % zu einer Abnahme des Siedepunktes um 1,83 Grad führt, muss für die Änderung der Schmelztemperatur um denselben Wert der Druck um das 250-fache erhöht werden. Dies ist darauf zurückzuführen, dass die Schmelzdruckkurve sehr viel steiler verläuft als die Dampfdruckkurve (s. Abb. 2.25).

2.4.13 Dampftafeln

Die thermodynamischen Potentiale U, S, F, H und G realer Fluide können als Funktionen der thermischen Zustandsgrößen p und T oder V und T aus der thermischen Zustandsgleichung unter Hinzunahme der spezifischen Wärme des idealen Gases berechnet werden (s. Abschn. 1.5.4). Da die Berechnungen meist sehr aufwendig sind, insbesondere wenn es sich um ein Zwei-Phasen-System handelt, werden für technisch wichtige Stoffe das spezifische Volumen v, die spezifische Enthalpie h und die spezifische Entropie s der Phase(n) Flüssigkeit und/oder Gas für gegebene Werte von p und T tabelliert. Diese Tabellen heißen *Dampftafeln*. Es gibt zwei Arten von Dampftafeln: Die Dampftafeln des Nassdampfgebiets und die Dampftafeln der homogenen Zustandsgebiete.

Im Nassdampfgebiet sind Druck und Temperatur durch die Dampfdruckgleichung miteinander verknüpft, so dass nur eine der beiden Größen frei wählbar ist und die andere dann festliegt. Es gibt also zwei Möglichkeiten, die *Dampftafel für das Nassdampfgebiet* anzulegen: Entweder findet man in Abhängigkeit von der Temperatur den Dampfdruck $p(T)$ und die spezifischen Zustandsgrößen $v^l(T)$, $v^v(T)$, $h^l(T)$, $h^v(T)$, $s^l(T)$, $s^v(T)$ der siedenden Flüssigkeit und des gesättigten Dampfes vertafelt oder in Abhängigkeit vom Druck die Siedetemperatur $T(p)$ und $v^l(p)$, $v^v(p)$, $h^l(p)$, $h^v(p)$, $s^l(p)$, $s^v(p)$. Oft enthalten die Tafeln auch die Dichten ρ^v und ρ^l der beiden Phasen sowie die spezifische Verdampfungsenthalpie und -entropie $\Delta_b h = h^v - h^l$ bzw. $\Delta_b s = s^v - s^l$ in Abhängigkeit von Temperatur oder Druck. Die Dampftafel für das Nassdampfgebiet reicht natürlich nur bis zum kritischen Punkt, wo $\Delta_b h$ und $\Delta_b s$ verschwinden. Mit der Dampftafel kann man alle Zustandsgrößen im Nassdampfgebiet berechnen. So sind das spezifische Volumen und die spezifische Enthalpie von Nassdampf mit dem Dampfgehalt

$$w^v = \frac{m^v}{m^l + m^v}$$

gegeben durch

$$v = w^v v^v + (1 - w^v)\, v^l = v^l + w^v(v^v - v^l) \tag{2.180}$$

bzw.

$$h = w^v h^v + (1 - w^v)\, h^l = h^l + w^v(h^v - h^l) \tag{2.181}$$

wobei v^v und h^v das spezifische Volumen bzw. die spezifische Enthalpie des gesättigten Dampfes und v^l und h^l die Größen der siedenden Flüssigkeit sind.

In den Einphasengebieten von Flüssigkeit und Gas (überhitztem Dampf) können Temperatur und Druck unabhängig voneinander variiert werden. Die *Dampftafel für Flüssigkeit und Dampf* listet daher für eine Reihe von Drücken in Abhängigkeit von der Temperatur die Zustandsgrößen $v(p, T)$, $h(p, T)$ und $s(p, T)$ für Flüssigkeit oder Dampf auf.

Die Dampftafel für Wasser heißt *Wasserdampftafel*. Ein Auszug aus der Wasserdampftafel für das Nassdampfgebiet ist im Anhang zu finden (Tab. A.24, Abschn. A.5.10).

Um die in Prozessen umgesetzte Wärme und Arbeit zu bestimmen, eignen sich häufig Diagramme, in denen die in den Dampftafeln tabellierten Zustandsgrößen graphisch dargestellt sind. So werden insbesondere das Nassdampfgebiet und die Bereiche des überhitzten Dampfes sowie der Flüssigkeit in T, s-, h, s- und p, h-Diagrammen dargestellt.

Beispiel

Dampfdrucktöpfe verkürzen die Garzeit von Speisen, da durch den Überdruck im Topf die Siedetemperatur größer ist als der Normalsiedepunkt und das Garen beschleunigt wird. In einen 3 l fassenden Dampfdrucktopf wird Wasser gegeben, der Topf hermetisch verschlossen und erhitzt. Bei 100 °C enthalte der Topf 1/4 l Flüssigkeit. Bei weiterem Erhitzen verdampft weiter Flüssigkeit, und der Druck steigt. Bei 1 bar Überdruck öffnet sich ein Ventil, und Dampf entweicht.

(a) Bei welcher Temperatur beginnt Dampf aus dem Ventil zu entweichen?

(b) Man berechne den Dampfgehalt bei $100\,°C$ und bei Erreichen des Enddrucks. Wie viel Flüssigkeit ist bei Erreichen des Enddrucks zusätzlich verdampft gegenüber $100\,°C$?

(c) Welche Energie muss zugeführt werden, um ausgehend von $100\,°C$ den Enddruck zu erreichen?

Lösung: (a) Aus der Wasserdampftafel (Tab. A.24) entnimmt man für den Druck von $2{,}013$ bar die zugehörige Temperatur durch lineare Interpolation zu $120{,}4\,°C$.

(b) Bei $100\,°C$ beträgt das Gesamtvolumen $V = V^l + V^v = 3\,l$, und daher sind die Volumina der beiden Phasen $V^l = 0{,}25\,l$ und $V^v = 2{,}75\,l$. Laut Wasserdampftafel sind die spezifischen Volumina für $100\,°C$ $v^l = 1{,}0437 \cdot 10^{-3}\,\mathrm{m^3\,kg^{-1}}$ bzw. $v^v = 1{,}673\,\mathrm{m^3\,kg^{-1}}$. Daraus ergeben sich die Massen zu $m^l = V^l/v^l = 239{,}53\,g$ und $m^v = V^v/v^v = 1{,}64\,g$. Die Gesamtmasse an Wasser ist daher $m = m^v + m^l = 241{,}17\,g$. Daher ist der Dampfgehalt bei $100\,°C$ und $1{,}013$ bar $w^v = m^v/(m^v + m^l) = m^v/m = 0{,}68\,\%$. Für $p = 2{,}013$ bar, $t = 120{,}4\,°C$ ergibt sich der Dampfgehalt aus der Volumenbilanzgleichung $V = m^v v^v + m^l v^l$. Mit $m^v = m w^v$, $m^l = m w^l$ und $w^v + w^l = 1$ erhält man $V = (w^v v^v + w^l v^l)m = (w^v v^v + (1-w^v)v^l)m = (w^v(v^v - v^l) + v^l)m$ und daher $w^v = (V/m - v^l)/(v^v - v^l)$. Die spezifischen Volumina für $t = 120{,}4\,°C$ sind laut Dampftafel (lineare Interpolation) $v^l = 1{,}061\,\mathrm{dm^3\,kg^{-1}}$ und $v^v = 0{,}8826\,\mathrm{m^3\,kg^{-1}}$. So ergibt sich für den Dampfgehalt bei $2{,}013$ bar: $w^v = 1{,}29\,\%$. Daher ist die Masse des Dampfes $m^v = m w^v = 3{,}11\,g$ und die der Flüssigkeit $m^l = m - m^v = 238{,}06\,g$ und schließlich die Menge der verdampften Flüssigkeit $\Delta m^v = 1{,}47\,g$.

(c) Da das Erhitzen des Dampfdrucktopfes ein isochorer Vorgang ist, ist die zugeführte Wärmeenergie nach dem ersten Hauptsatz gleich der Änderung der inneren Energie

$$Q = U_2 - U_1 = (H_2 - p_2 V) - (H_1 - p_1 V) = H_2 - H_1 - (p_2 - p_1)V$$

Zustand 1 ist der Zustand $p_1 = 1{,}013$ bar, $t_1 = 100\,°C$, Zustand 2 der Zustand $p_2 = 2{,}013$ bar, $t_2 = 120{,}4\,°C$. Die Enthalpien ergeben sich mit den spezifischen Enthalpien aus der Dampftafel zu $H_2 = (m^v h^v + m^l h^l)_2 = 128{,}5\,kJ$ und $H_1 = (m^v h^v + m^l h^l)_1 = 104{,}8\,kJ$. Außerdem ist $(p_2 - p_1)V = 0{,}3\,kJ$. Also ist die zugeführte Wärmeenergie $Q = 23{,}4\,kJ$.

2.4.14 Fugazität der kondensierten Phase

Für Phasengleichgewichtsberechnungen benötigt man häufig die Fugazität der reinen Flüssigkeit oder des reinen Feststoffs, da man meist den Zustand der kondensierten Phase als Standardzustand für den Aktivitätskoeffizienten wählt (s. Abschn. 3.4.3). Um die Fugazität der kondensierten Phase zu berechnen, geht man aus von Gl. (2.27), die sowohl für die Dampfphase als auch für kondensierte Phasen gilt

$$\ln \frac{f}{p} = \frac{1}{RT} \int_0^p \left(V_{\mathrm{m}} - \frac{RT}{p} \right) \mathrm{d}p \qquad (2.182)$$

Das Integral kann man in die beiden Abschnitte unterhalb und oberhalb des Sättigungs-dampfdrucks p^0 aufteilen:

$$\ln \frac{f}{p} = \frac{1}{RT} \int_0^{p^0} \left(V_{\mathrm{m}} - \frac{RT}{p} \right) \mathrm{d}p + \frac{1}{RT} \int_{p^0}^p \left(V_{\mathrm{m}} - \frac{RT}{p} \right) \mathrm{d}p \qquad (2.183)$$

Das erste Integral beschreibt die Fugazität $f^0 = f(p^0, T)$ des gesättigten Dampfes bzw. der gesättigten kondensierten Phase bei der Temperatur T und dem Sättigungsdampfdruck p^0:

$$\ln \frac{f^0}{p^0} = \frac{1}{RT} \int_0^{p^0} \left(V_{\mathrm{m}} - \frac{RT}{p} \right) \mathrm{d}p \qquad (2.184)$$

Das zweite Integral beschreibt den Effekt der Kompression der kondensierten Phase vom Sättigungsdampfdruck p^0 bis zum Druck p und kann umgeformt werden zu

$$\frac{1}{RT} \int_{p^0}^p \left(V_{\mathrm{m}} - \frac{RT}{p} \right) \mathrm{d}p = \frac{1}{RT} \int_{p^0}^p V_{\mathrm{m}} \, \mathrm{d}p - \ln \frac{p}{p^0} \qquad (2.185)$$

Damit wird Gl. (2.183) zu

$$\ln \frac{f}{p} = \ln \frac{f^0}{p^0} - \ln \frac{p}{p^0} + \frac{1}{RT} \int_{p^0}^p V_{\mathrm{m}} \, \mathrm{d}p$$

Erhebt man die Gleichung in den Exponenten und berücksichtigt, dass $f^0 = \varphi^0 p^0$ ($\varphi^0 =$ Fugazitätskoeffizient bei Sättigung) ist, dann ergibt sich

$$\boxed{f(p, T) = p^0 \varphi^0 \exp \left(\frac{1}{RT} \int_{p^0}^p V_{\mathrm{m}} \, \mathrm{d}p \right)} \qquad (2.186)$$

Die Fugazität der kondensierten Phase bei dem Druck p und der Temperatur T ist daher näherungsweise gleich dem Sättigungsdampfdruck p^0; φ^0 und die Exponentialfunktion stellen Korrekturfaktoren dar, die für moderate Drücke und in ausreichender Entfernung vom kritischen Punkt nahe bei Eins liegen.

φ^0 berücksichtigt die Abweichungen im Verhalten des gesättigten Dampfes vom Gesetz des idealen Gases. Bei Temperaturen weit genug unterhalb der kritischen Temperatur ist $\varphi^0 \approx 1$. Mit Annäherung an die kritische Temperatur wird φ^0 kleiner und damit auch die Fugazität. Es ist $\varphi^0 < 1$.

Die Exponentialfunktion heißt *Poynting-Faktor* (oder *Poynting-Korrektur*) und wird mit Poy abgekürzt:

$$\text{Poy} = \exp\left(\frac{1}{RT} \int_{p^0}^{p} V_\text{m}\,dp \right) \tag{2.187}$$

Der Poynting-Faktor berücksichtigt die Kompression der kondensierten Phase bei Druckerhöhung von p^0 auf p. Da Flüssigkeit und Festkörper im Gegensatz zum Gas nur wenig komprimierbar sind, kann in ausreichender Entfernung vom kritischen Punkt das Molvolumen als druckunabhängig betrachtet werden, so dass die Integration ausgeführt werden kann, und der Poyntingfaktor vereinfacht sich zu

$$\boxed{\text{Poy} = \exp\left(\frac{V_\text{m}}{RT}(p - p^0) \right)} \tag{2.188}$$

Beispiel

Man berechne für Methanol

(a) den Poynting-Faktor bei 323 K für Drücke, die 1, 10, 100, 1000 bar oberhalb des Sättigungsdampfdrucks liegen,

(b) den Fugazitätskoeffizienten φ^0 für den gesättigten Zustand bei den Temperaturen 323 und 400 K,

(c) die Fugazität von flüssigem Methanol für 323 K beim Sättigungsdruck und bei 500 bar.

Das Molvolumen von Methanol ist V_m (323 K) $= 40,65\,\text{cm}^3\,\text{mol}^{-1}$. Das p, V, T-Verhalten von Methanol lasse sich mit der Virialgleichung beschreiben mit B (323 K) $= -1391\,\text{cm}^3\,\text{mol}^{-1}$ und B (400 K) $= -557\,\text{cm}^3\,\text{mol}^{-1}$. Für den Sättigungsdampfdruck von flüssigem Methanol gelte die Antoine-Gleichung

$$\log_{10} \frac{p^0}{\text{mbar}} = 8,09497 - \frac{1521,230}{\frac{t}{°\text{C}} + 233,970}$$

Lösung: (a) Setzt man in Gl. (2.188) die gegebenen Daten ein, so erhält man die folgenden Werte für den Poynting-Faktor

$\dfrac{p - p^0}{\text{bar}}$	1	10	100	1000
Poy	1,0015	1,015	1,163	4,544

Bei kleinen Drücken kann man also Poy $= 1$ setzen, bei hohen Drücken können die Abweichungen von Poy $= 1$ aber nicht vernachlässigt werden.

(b) Der Fugazitätskoeffizient ergibt sich aus Gl. (2.50), die für den Sättigungszustand lautet: $\ln \varphi^0 = Bp^0/(RT)$, wobei p^0 der Sättigungsdampfdruck bei der

Systemtemperatur T ist. Man erhält ihn aus der Antoine-Gleichung zu $p^0(323\,\text{K}) = 54{,}341\,\text{kPa}$ und $p^0(400\,\text{K}) = 756{,}718\,\text{kPa}$. Mit den angegebenen Virialkoeffizienten folgt für die Fugazitätskoeffizienten $\varphi^0(323\,\text{K}) = 0{,}9722$ und $\varphi^0(400\,\text{K}) = 0{,}8810$. Mit Annäherung an die kritische Temperatur, die für Methanol bei $512{,}6\,\text{K}$ liegt, nimmt der Fugazitätskoeffizient ab, und die Korrektur hat einen stärkeren Einfluss auf die Fugazität.

(c) Die Fugazität erhält man aus Gl. (2.186). Für die Fugazität bei Sättigungsdruck ist der Poynting-Faktor Poy $= 1$, da die Druckdifferenz im Argument des Exponentialterms verschwindet. Daher ist für $T = 323\,\text{K}\; f(p^0, 323\,\text{K}) = p^0\varphi^0 = 52{,}830\,\text{kPa}$. Für $p = 500\,\text{bar}$ ist mit den Gln. (2.186) und (2.188) $f(p, 323\,\text{K}) = p^0\varphi^0\text{Poy} = 112{,}472\,\text{kPa}$.

Literatur

Baehr HD (1996) Thermodynamik, 9. Aufl. Springer, Berlin Heidelberg New York

Barrow M, Herzog GW (1984) Physikalische Chemie. Vieweg & Sohn, Bohmann, Braunschweig, Wien

Benedict M, Webb GB, Rubin LC (1940) J Chem Phys 8:334

Benedict M, Webb GB, Rubin LC (1942) J Chem Phys 10:747

Benedict M, Webb GB, Rubin LC (1951) Chem Eng Prog 47:419, 449, 571, 609

Chueh PL, Prausnitz JM (1967) A I Ch E J 13:896

Douslin DR (1962) In: Masi JF, Tsai DH (Hrsg) Progress in international research on thermodynamic and transport properties. ASME, Academic Press, New York

Edmister WC (1958) Petrol Refin 37(4):173

Gmehling J, Kolbe B (1992) Thermodynamik, 2. Aufl. VCH, Weinheim New York

Goup-Jen S (1946) Ind Eng Chem 38:803

Gray DE (Hrsg) (1972) American institute of physics handbook. McGraw-Hill, New York

Haggenmacher JE (1946) J Am Chem Soc 68:1633

Kvalnes HM, Gaddy VL (1931) J Am Chem Soc 53:394

Lee BI, Kesler MG (1975) A I Ch E J 21:510

Lide DR (Hrsg) (1999) CRC handbook of chemistry and physics. Springer, Berlin Heidelberg New York

Lüdecke C, Lüdecke D (2000) Thermodynamik. Springer, Berlin Heidelberg New York

Lydersen AL (1955) Eng Exp Stn. Rep 3. University of Wisconsin, Madison

Peng DY, Robinson DB (1976) Ind Eng Chem Fundam 15:59

Perry RH, Green D (1997) Chemical engineer's handbook, 7. Aufl. McGraw-Hill, New York

Pitzer KS, Lippmann DZ, Curl RF Jr, Huggins CM, Petersen DE (1955) J Am Chem Soc 77:3433

Prausnitz JM, Lichtenthaler RN, Gomes de Azevedo E (1999) Molecular Thermodynamics of Fluid-Phase Equilibria, 3. Aufl. Prentice Hall, Englewood Cliffs

Redlich O, Kwong JNS (1949) Chem Rev 44:223

Reid RC, Prausnitz JM, Poling PE (1987) The properties of gases and liquids, 4. Aufl. McGraw-Hill, New York

Soave G (1972) Chem Eng Sci 27:1197

Tsonopoulos C (1974) A I Ch E J 20:263

Watson KM (1943) Ind Eng Chem 35:398

Thermodynamische Eigenschaften homogener Mischungen

3

Meist besteht ein System nicht nur aus einer einzigen Komponente, sondern ist eine Mischung aus mehreren Komponenten. Die uns umgebende Luft beispielsweise besteht aus den Komponenten Stickstoff, Sauerstoff, Argon und anderen Gasen. Ebenso stellen Schnaps und die sich über dieser Flüssigkeit bildende Dampfphase Mischungen dar, die neben vielen Aromastoffen vor allem aus den Komponenten Wasser und Ethanol bestehen.

Die thermische Verfahrenstechnik beschäftigt sich vor allem mit Verfahren zur Trennung von Gemischen in ihre Komponenten mit dem Ziel, aus einem Reaktionsgemisch das gewünschte Produkt abzutrennen und zu reinigen. Um entsprechende Anlagen planen und auslegen zu können, ist die Kenntnis der thermodynamischen Eigenschaften von Mischungen nötig.

In diesem Kapitel werden homogene Mischungen betrachtet, also Mischungen, die als eine einzige Phase vorliegen. Die Zustandsgrößen sind nun nicht nur temperatur- und druckabhängig, sondern hängen vor allem von der Konzentration ab. Es werden unterschiedliche Mischungstypen diskutiert und Modelle vorgestellt, mit deren Hilfe sich die Konzentrations- sowie Temperatur- und Druckabhängigkeit von Mischungsgrößen in analytischen Gleichungen angeben lassen.

3.1 Beschreibung von Mischungen

Um die Zusammensetzung einer Mischung zu charakterisieren, müssen Konzentrationsmaße definiert werden sowie neue Größen, die die Konzentrationsabhängigkeiten der Zustandsgrößen von Mischungen beschreiben: sog. Mischungsgrößen und partielle molare Größen. Die entsprechenden Gleichungen werden wir für mehrkomponentige Systeme herleiten, uns bei ihrer Anwendung und Verdeutlichung in Beispielen und Diagrammen jedoch auf Zweikomponentensysteme beschränken.

© Springer-Verlag GmbH Deutschland, ein Teil von Springer Nature 2020
C. Lüdecke, D. Lüdecke, *Thermodynamik*, https://doi.org/10.1007/978-3-662-58800-0_3

3.1.1　Komponenten, Phasen, Konzentrationsmaße

Komponenten und Phasen

Systeme, die aus mehreren Elementen oder chemischen Verbindungen, den sog. *Komponenten*, bestehen, nennt man *Mischungen* oder *Gemische*. Sie können gasförmig, flüssig oder fest sein. So ist beispielsweise eine verdünnte wässrige Salzlösung eine Mischung aus den beiden Komponenten Salz und Wasser. Diese Mischung ist durch bestimmte physikalisch-chemische Eigenschaften wie Dichte, Zusammensetzung, Wärmekapazität, elektrische Leitfähigkeit, Brechungsindex u. a. charakterisiert. Fügt man zu dieser Lösung weiteres Salz hinzu, bis das Salz nicht mehr in Lösung gehen kann, sondern auskristallisiert, so bildet sich ein fester Bodensatz und die Salzlösung ist gesättigt. Neben der wässrigen Salzlösung liegt nun eine kristalline Substanz vor, und diese besitzt bestimmte Eigenschaften, die sich stark von denen der Salzlösung unterscheiden. Die beiden Bereiche des Systems, die durch eine Grenzfläche räumlich voneinander getrennt vorliegen und über ihre gesamte räumliche Ausdehnung dieselben physikalisch-chemischen Eigenschaften aufweisen, nennt man *Phasen*. Phasen können aus nur einer oder aus mehreren Komponenten bestehen. Die betrachtete gesättigte Salzlösung besteht demnach aus zwei Phasen: der flüssigen Mischphase aus Salz und Wasser und der festen Phase des kristallinen Salzes. Ein Gesamtsystem, das mehrere Phasen umfasst, nennt man *heterogen*; heterogene Gemische bezeichnet man auch als *Gemenge*. Da innerhalb einer Phase definitionsgemäß die Eigenschaften einheitlich sind, sind einzelne Phasen *homogen*. Homogene Gemische bezeichnet man auch als *Mischphasen*. Gasmischungen sind bis zu moderaten Drücken immer homogen, da Gase vollständig miteinander mischbar sind. Flüssigkeiten und Festkörper hingegen zeigen häufig nur begrenzte Mischbarkeiten ineinander, so dass flüssige Mischungen und Legierungen oft aus verschiedenen Phasen bestehen und demnach heterogen sind.

Für die Beschreibung von Mischungen benötigt man zusätzlich zu den thermodynamischen Zustandsgrößen, die ein Reinstoffsystem definieren, eine Größe, die die Zusammensetzung des Systems angibt. Es gibt verschiedene Konzentrationsmaße, die je nach Aufgabenstellung Anwendung finden und ineinander umgerechnet werden können. Sie sollen nun definiert werden.

Molenbruch

Wir betrachten eine Mischung aus K Komponenten. Man bezeichnet ein System mit

$K = 2$ als zweikomponentiges oder *binäres System*,

$K = 3$ als dreikomponentiges oder *ternäres System*.

Seien m_i die Masse und M_i die Molmasse der in der Mischung enthaltenen Komponente i $(i = 1, \ldots, K)$, dann gelten folgende Definitionen:

Molzahl oder *Stoffmenge* n_i der Komponente i:

$$\boxed{n_i = \frac{m_i}{M_i}} \qquad (3.1)$$

Molenbruch x_i der Komponente i:
$$\boxed{x_i = \frac{n_i}{n}} \qquad (3.2)$$

Gesamtmolzahl n der Mischung:
$$n = n_1 + n_2 + \ldots + n_K = \sum n_i \qquad (3.3)$$

Aus den Gln. (3.2) und (3.3) folgt, dass alle Molenbrüche kleiner eins sind und sich zu eins addieren müssen:
$$\boxed{\sum x_i = 1} \qquad (3.4)$$

Für ein binäres System, bestehend aus den Komponenten 1 und 2, vereinfachen sich die Gln. (3.1) bis (3.4) zu

$$n_1 = \frac{m_1}{M_1}, \quad n_2 = \frac{m_2}{M_2}, \quad n = n_1 + n_2$$

$$x_1 = \frac{n_1}{n_1 + n_2}, \quad x_2 = \frac{n_2}{n_1 + n_2}, \quad x_1 + x_2 = 1$$

Multipliziert man x_i mit 100, so erhält man die Gehaltsangabe in *Molprozent* (mol%).

Massenbruch

Legt man nicht die Molzahl sondern die Masse als Mengeneinheit zugrunde, so kommt man zu dem Konzentrationsmaß des Massenbruchs. Sei m_i die Masse der in der Mischung enthaltenen Komponente i ($i = 1, \ldots, K$), so gelten folgende Definitionen:

Gesamtmasse m der Mischung:
$$m = m_1 + m_2 + \ldots + m_K = \sum m_i \qquad (3.5)$$

Massenbruch w_i:
$$\boxed{w_i = \frac{m_i}{m}, \quad i = 1, \ldots, K} \qquad (3.6)$$

Auch hier gilt, dass alle $w_i < 1$ und

$$\boxed{\sum w_i = 1} \qquad (3.7)$$

Multipliziert man w_i mit 100, so erhält man die Konzentration in *Massenprozent* (häufig auch als Gewichtsprozent und mit gew% bezeichnet). Für ein binäres System vereinfachen sich die Gleichungen wieder zu:

$$w_1 = \frac{m_1}{m}, \quad w_2 = \frac{m_2}{m}, \quad m = m_1 + m_2, \quad w_1 + w_2 = 1$$

Molarität und Molalität

Zwei Konzentrationsmaße, die sich auf die Anzahl gelöster Mole beziehen, sind die Molarität und die Molalität. Sie werden meist dann verwendet, wenn eine Komponente im Überschuss vorliegt (sog. *Lösungsmittel*) und die anderen Komponenten in geringen Konzentrationen darin enthalten sind (*gelöste Stoffe*).

Tab. 3.1 Umrechnung verschiedener Konzentrationsmaße ineinander für binäre Systeme. n_i = Molzahl der Komponente i, M_i = Molmasse der Komponente i, ρ = Dichte der Lösung

	Molenbruch	Massenbruch	Molarität
$x_2 =$	x_2	$\dfrac{M_1 w_2}{M_2 + w_2(M_1 - M_2)}$	$\dfrac{M_1 c_2}{\rho + c_2(M_1 - M_2)}$
$w_2 =$	$\dfrac{M_2 x_2}{M_1 + x_2(M_2 - M_1)}$	w_2	$\dfrac{M_2 c_2}{\rho}$
$c_2 =$	$\dfrac{\rho x_2}{M_1 + x_2(M_2 - M_1)}$	$\dfrac{\rho w_2}{M_2}$	c_2

Seien n_i die Stoffmenge des gelösten Stoffes i, m_1 die Masse des Lösungsmittels (Komponente 1) und V das Volumen der Lösung. Dann gilt folgende Definition:

$$\text{Molarität } c_i: \qquad \boxed{c_i = \frac{n_i}{V}, \quad i = 2, \dots, K} \qquad (3.8)$$

c_i gibt die Anzahl Mole der gelösten Komponente i pro Liter Lösung an und hat die Einheit $\text{mol}\,\text{l}^{-1}$.

Die *Molalität* ist ein weniger häufig verwendetes Konzentrationsmaß und ist definiert als der Quotient n_i/m_1. Sie gibt die Anzahl Mole der gelösten Komponente i pro kg Lösungsmittel an und hat die Einheit $\text{mol}\,\text{kg}^{-1}$.

In stark verdünnten Lösungen gilt $n_1 \gg n_2 + n_3 + \dots + n_K$, und somit $n_1 \approx n$. Außerdem kann das Volumen V der Lösung durch das Volumen des Lösungsmittels, $n_1 V_1^0$, ersetzt werden, wobei V_1^0 das Molvolumen des reinen Lösungsmittels bedeutet. In dieser Näherung vereinfacht sich der Molenbruch zu

$$x_i = \frac{n_i}{n} \approx \frac{n_i}{n_1} \approx \frac{n_i V_1^0}{V} = c_i V_1^0$$

Die verschiedenen Konzentrationsmaße lassen sich ineinander umrechnen. Wir verzichten hier auf die Herleitung der Umrechnungsformeln, stellen aber die Gleichungen für binäre Systeme in Tab. 3.1 zusammen.

Beispiel

Es werde eine Mischung von Benzol (Komponente 1) mit Toluol (Komponente 2) bei 20 °C betrachtet.

(a) Man berechne jeweils den Molenbruch und die Zusammensetzung in Massenprozent für eine Mischung aus 100 g Benzol mit 100 g Toluol und 100 ml Benzol mit 50 ml Toluol.

(b) Für eine Lösung von 1 g Toluol in 100 g Benzol soll die Molarität von Toluol bestimmt werden.

Gegeben seien die Dichten $\rho_1 = 0{,}882\,\text{g}\,\text{cm}^{-3}$ und $\rho_2 = 0{,}867\,\text{g}\,\text{cm}^{-3}$. Die Molmassen sind $M_1 = 78{,}11\,\text{g}\,\text{mol}^{-1}$ und $M_2 = 92{,}14\,\text{g}\,\text{mol}^{-1}$.

Lösung: (a) Mit den Molmassen werden die Molzahlen nach den Gln. (3.1) und (3.3) für die erste Mischung berechnet zu $n_1 = 1{,}280\,\text{mol}$, $n_2 = 1{,}085\,\text{mol}$, $n = 2{,}365\,\text{mol}$. Daraus ergeben sich die Molenbrüche nach Gl. (3.2) zu $x_1 = 0{,}541$, $x_2 = 0{,}459$, und $x_1 + x_2 = 1$ ist erfüllt.

Da die Gesamtmasse der Mischung $m = 200\,\text{g}$ ist, ist der Massenbruch dieser Mischung nach Gl. (3.6) $w_1 = 0{,}5$, $w_2 = 0{,}5$, und $w_1 + w_2 = 1$ ist erfüllt. Die Mischung enthält also 50 gew% beider Komponenten.

Für die zweite Mischung müssen wir zunächst die Volumina V_i' mit Hilfe der Dichten ρ_i und Gl. (1.6) in die Massen m_i und die Gesamtmasse m umrechnen: $m_1 = 88{,}20\,\text{g}$, $m_2 = 43{,}35\,\text{g}$, $m = 131{,}55\,\text{g}$. Die Molzahlen und Molenbrüche sowie Massenbrüche erhalten wir analog der eben ausgeführten Berechnungen zu $n_1 = 1{,}129\,\text{mol}$, $n_2 = 0{,}471\,\text{mol}$, $n = 1{,}600\,\text{mol}$, $x_1 = 0{,}706$, $x_2 = 0{,}294$, $w_1 = 0{,}670$, $w_2 = 0{,}330$.

(b) Wir berechnen zunächst wieder die Molzahlen der beiden Komponenten gemäß Gl. (3.1) zu $n_1 = 1{,}280\,\text{mol}$, $n_2 = 0{,}011\,\text{mol}$. Für die Berechnung der Molarität gemäß Gl. (3.8) muss zunächst das Volumen V der Lösung berechnet werden. Wir setzen voraus, dass sich bei der Mischung die Einzelvolumina V_i' der beiden Komponenten, welche wir jeweils mit Gl. (1.6) berechnen, addieren, was für das System Benzol/Toluol gut erfüllt ist. Daher folgt $V_1' = 113{,}38\,\text{cm}^3$, $V_2' = 1{,}15\,\text{cm}^3$, $V = 114{,}53\,\text{cm}^3$. Die Molarität der Lösung ist also nach Gl. (3.8) $c_2 = 0{,}095\,\text{mol}\,\text{l}^{-1}$.

3.1.2 Gibbssche Fundamentalgleichungen für offene Systeme

Die *Fundamentalgleichungen* für offene Systeme enthalten gegenüber den entsprechenden Gleichungen für geschlossene Systeme außer den Zustandsgrößen p, V, T und S zusätzliche Variablen für die Zusammensetzung, meist die Molzahlen n_i der Komponenten $i = 1, \ldots, K$ des Systems. Daher gelten folgende Zusammenhänge:

Zustandsgröße		Integrale Form
Innere Energie	U	$U = U(S, V, n_1, \ldots, n_K)$
Enthalpie	$H = U + pV$	$H = H(S, p, n_1, \ldots, n_K)$
Freie Energie	$F = U - TS$	$F = F(T, V, n_1, \ldots, n_K)$
Freie Enthalpie	$G = H - TS$	$G = G(T, p, n_1, \ldots, n_K)$

Für die totalen Differentiale der Zustandsgrößen folgt

$$dU = \left(\frac{\partial U}{\partial S}\right)_{V,n_i} dS + \left(\frac{\partial U}{\partial V}\right)_{S,n_i} dV + \sum \left(\frac{\partial U}{\partial n_i}\right)_{S,V,n_{j\neq i}} dn_i \tag{3.9}$$

$$dH = \left(\frac{\partial H}{\partial S}\right)_{p,n_i} dS + \left(\frac{\partial H}{\partial p}\right)_{S,n_i} dp + \sum_i \left(\frac{\partial H}{\partial n_i}\right)_{S,p,n_{j\neq i}} dn_i \tag{3.10}$$

$$dF = \left(\frac{\partial F}{\partial T}\right)_{V,n_i} dT + \left(\frac{\partial F}{\partial V}\right)_{T,n_i} dV + \sum_i \left(\frac{\partial F}{\partial n_i}\right)_{V,T,n_{j\neq i}} dn_i \tag{3.11}$$

$$dG = \left(\frac{\partial G}{\partial p}\right)_{T,n_i} dp + \left(\frac{\partial G}{\partial T}\right)_{p,n_i} dT + \sum_i \left(\frac{\partial G}{\partial n_i}\right)_{T,p,n_{j\neq i}} dn_i \tag{3.12}$$

Die jeweils ersten beiden partiellen Differentiale entsprechen den Ausdrücken für geschlossene Systeme (s. Gln. (1.205), (1.206), (1.218), (1.219), (1.224), (1.225), (1.230), (1.231)):

$$\left(\frac{\partial U}{\partial S}\right)_{V,n_i} = T, \qquad\qquad \left(\frac{\partial U}{\partial V}\right)_{S,n_i} = -p \tag{3.13}$$

$$\left(\frac{\partial H}{\partial S}\right)_{p,n_i} = T, \qquad\qquad \left(\frac{\partial H}{\partial p}\right)_{S,n_i} = V \tag{3.14}$$

$$\left(\frac{\partial F}{\partial T}\right)_{V,n_i} = -S, \qquad\qquad \left(\frac{\partial F}{\partial V}\right)_{T,n_i} = -p \tag{3.15}$$

$$\left(\frac{\partial G}{\partial p}\right)_{T,n_i} = V, \qquad\qquad \left(\frac{\partial G}{\partial T}\right)_{p,n_i} = -S \tag{3.16}$$

Die partiellen Differentiale unter den Summenzeichen geben an, wie sich die Zustandsgrößen der Mischung ändern, wenn man der Mischung dn_i Mole der Komponente i hinzufügt oder ihr entzieht und dabei die Molzahlen aller anderen Komponenten $j \neq i$ sowie die anderen Zustandsgrößen konstant hält. Diese partiellen Differentiale werden abkürzend mit μ_i bezeichnet.

$$\boxed{\mu_i = \left(\frac{\partial U}{\partial n_i}\right)_{S,V,n_{j\neq i}} = \left(\frac{\partial H}{\partial n_i}\right)_{S,p,n_{j\neq i}} = \left(\frac{\partial F}{\partial n_i}\right)_{V,T,n_{j\neq i}} = \left(\frac{\partial G}{\partial n_i}\right)_{T,p,n_{j\neq i}}} \tag{3.17}$$

Mit den Gln. (3.9)–(3.17) können die Fundamentalgleichungen in offenen Systemen umgeformt werden zu

$$dU = T\,dS - p\,dV + \sum \mu_i dn_i \tag{3.18}$$

$$dH = T\,dS + V\,dp + \sum \mu_i dn_i \tag{3.19}$$

$$dF = -S\,dT - p\,dV + \sum \mu_i dn_i \tag{3.20}$$

$$dG = V\,dp - S\,dT + \sum \mu_i dn_i \tag{3.21}$$

μ_i ist als Quotient zweier extensiver Größen eine intensive Größe. μ_i hängt von Druck, Temperatur und Zusammensetzung des Systems ab. Man nennt μ_i *chemisches Potential* der Komponente i in der Mischung, wobei der Begriff Potential in Analogie zu Potentialen in anderen physikalischen Systemen gewählt ist: In elektrischen Systemen fließt Ladung aufgrund einer elektrischen Potentialdifferenz; in mechanischen Systemen, zwischen denen Druckdifferenzen herrschen, tritt eine Volumenverschiebung auf, bis die Drücke übereinstimmen; wenn zwischen Systemen eine Temperaturdifferenz besteht, findet ein Wärmetransport statt, bis die Temperaturen übereinstimmen. Analog stellt ein Gradient in μ_i die Ursache für einen Stofftransport dar aufgrund des Bestrebens nach minimaler Energie. Ebenso wie in Gl. (3.18) die Temperatur T als Vorfaktor zu dS als „thermisches Potential" und der Druck p als Vorfaktor zu dV als „mechanisches Potential" auftreten, wird μ_i als Vorfaktor zu dn_i als chemisches Potential interpretiert.

Es sei hinzugefügt, dass die in Abschn. 1.5.3 hergeleiteten Maxwell-Relationen auch für Gemische gelten, wenn bei der Differentiation zusätzlich die Molzahlen n_i aller Komponenten konstant gehalten werden.

Auch für die molaren Wärmekapazitäten bei konstantem Volumen bzw. bei konstantem Druck gilt

$$C_{V,m} = \left(\frac{\partial U_m}{\partial T}\right)_{V,n_i} \quad \text{und} \quad C_{p,m} = \left(\frac{\partial H_m}{\partial T}\right)_{p,n_i} \tag{3.22}$$

U_m und H_m sind die molare innere Energie bzw. die molare Enthalpie, die bei konstanten Werten aller Molzahlen $n_1, \ldots, n_K$ nach T zu differenzieren sind.

3.1.3 Mischungsgrößen

Mischt man 1 l flüssiges Toluol mit 1 l flüssigem Benzol, so erhält man 2 l Mischung, aber die Mischung von 1 l Wasser mit 1 l Ethanol ergibt bei 20 °C nur 1,92 l Mischung. Das Gesamtvolumen vor dem Mischungsvorgang ist also nicht gleich dem Volumen nach dem Mischungsvorgang. In ähnlicher Weise kann auch für andere Zustandsgrößen, etwa die Enthalpie, gelten, dass die Zustandsgröße der Mischphase von dem Wert vor der Mischung, der sich als Summe der Zustandsgrößen der reinen Komponenten berechnen lässt, abweicht und etwa zu einer Erwärmung oder Abkühlung der Mischung führt. Diese Differenz der beiden Werte nennt man Mischungsgröße. Anstatt die Zustandsgröße selbst in Abhängigkeit der Variablen zu beschreiben, gibt man vielmehr die Mischungsgröße in Abhängigkeit der Variablen an, wie im folgenden ausgeführt wird.

Z bezeichne eine beliebige extensive Zustandsgröße einer Mischphase, die aus K Komponenten mit den Molzahlen $n_1, \ldots, n_K$ bestehe. Z kann beispielsweise das Volumen V, die Entropie S oder die Enthalpie H sein. Die molaren Zustandsgrößen der reinen Komponenten seien Z_i^0, $i = 1, \ldots, K$, so dass die Zustandsgröße des Systems vor der Mischung $\sum n_i Z_i^0$ ist. Die *Mischungsgröße* ΔZ für die aus $n = \sum n_i$ Molen bestehende Mischung ist definiert als die Differenz der Zustandsgröße nach der Mischung und der vor der Mischung:

$$\Delta Z = Z - \sum n_i Z_i^0 \qquad (3.23a)$$

und die molare Mischungsgröße ΔZ_m als

$$\Delta Z_m = Z_m - \sum x_i Z_i^0 \qquad (3.23b)$$

wobei $Z_m = Z/n$ die molare Zustandsgröße der Mischung bedeutet. Sowohl Z und Z_m als auch ΔZ und ΔZ_m hängen von Druck, Temperatur und Zusammensetzung ab, d. h. sind Funktionen von p, T und $n_1, \ldots, n_K$ bzw. $x_1, \ldots, x_{K-1}$.

Die Mischungsgrößen der gebräuchlichen Zustandsgrößen sind Tab. 3.2 zusammengestellt.

Abb. 3.1 verdeutlicht graphisch die Definition der molaren Mischungsgröße für eine binäre Mischung aus den Komponenten 1 und 2. Gezeigt ist schematisch der Konzentrationsverlauf von Z_m, der bei $x_2 = 0$ und $x_2 = 1$, also für die reinen Komponenten, in die Werte der molaren Zustandsgrößen Z_1^0 bzw. Z_2^0 einmündet. Die Gerade, die diese Randwerte verbindet, entspricht der gewichteten Additivität $\sum x_i Z_i^0$, die dem Wert der Zustandsgröße vor der Mischung entspricht und auf die die Mischungsgröße ΔZ_m bezogen ist.

Der Konzentrationsverlauf der molaren Mischungsenthalpie, der molaren Mischungsentropie und der molaren freien Mischungsenthalpie dreier realer binärer Mischungen ist in Abb. 3.2 dargestellt. Man beachte, dass ΔG_m immer negativ ist, da im Gleichgewicht

Tab. 3.2 Definition der molaren Mischungsgrößen

Zustandsgröße	Molare Mischungsgröße	Molare Größe der Mischung	Molare Größe der reinen Komponente i
Volumen	$\Delta V_m = V_m - \sum x_i V_i^0$	V_m	V_i^0
Entropie	$\Delta S_m = S_m - \sum x_i S_i^0$	S_m	S_i^0
Innere Energie	$\Delta U_m = U_m - \sum x_i U_i^0$	U_m	U_i^0
Enthalpie	$\Delta H_m = H_m - \sum x_i H_i^0$	H_m	H_i^0
Freie Energie	$\Delta F_m = F_m - \sum x_i F_i^0$	F_m	F_i^0
Freie Enthalpie	$\Delta G_m = G_m - \sum x_i G_i^0$ $= \Delta H_m - T\Delta S_m$	$G_m = H_m - TS_m$	$G_i^0 = H_i^0 - TS_i^0$

x_i = Molenbruch der Komponente i in der Mischung

Abb. 3.1 Molare Zustandsgröße Z_m und molare Mischungsgröße ΔZ_m einer binären Mischung in Abhängigkeit der Zusammensetzung (für konstante p, T). ↕ $\Delta Z_m(x_1) = Z_m(x_1) - (x_1 Z_1^0 + x_2 Z_2^0)$

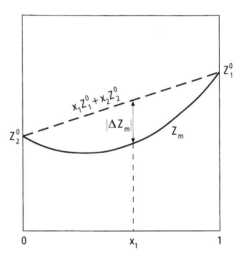

die freie Enthalpie ein Minimum annimmt, und ΔS_m mit wenigen Ausnahmen immer positiv ist aufgrund der zunehmenden Unordnung durch die Vermischung. ΔH_m kann sowohl positiv als auch negativ oder Null sein und auch das Vorzeichen wechseln.

Beispiel

Die Mischung von 1 l Ethanol(1) mit 1 l Wasser(2) ergibt bei 20 °C ein Gesamtvolumen von 1,921 l Mischung. Man berechne das molare Mischungsvolumen ΔV_m für diese Zusammensetzung. Die Dichten der reinen Komponenten sind bei 20 °C $\rho_1 = 0{,}789\,\text{g cm}^{-3}$ und $\rho_2 = 0{,}997\,\text{g cm}^{-3}$, die Molmassen $M_1 = 46{,}07\,\text{g mol}^{-1}$ und $M_2 = 18{,}02\,\text{g mol}^{-1}$

Lösung: Zunächst werden die Molzahlen $n_i = m_i/M_i$ und die Molenbrüche $x_i = n_i/(n_1 + n_2)$ der Komponenten in der Mischung analog dem vorhergehenden Beispiel berechnet zu $n_1 = 17{,}126\,\text{mol}$, $n_2 = 55{,}327\,\text{mol}$, $n = 72{,}453\,\text{mol}$, $x_1 = $

a
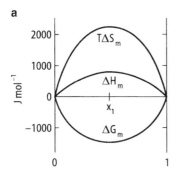

b
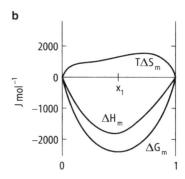

c
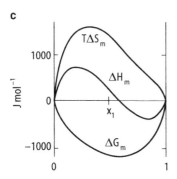

Abb. 3.2 Molare Mischungsenthalpie ΔH_m, molare Mischungsentropie ΔS_m und molare freie Mischungsenthalpie ΔG_m bei 50 °C in Abhängigkeit der Zusammensetzung für die Systeme. **a** Aceton(1)/Methanol(2), **b** Aceton(1)/Chloroform(2), **c** Ethanol(1)/Chloroform(2) (nach Perry und Green 1997)

0,2364, $x_2 = 0,7636$. Das Molvolumen V_m der Mischung ist daher $V_m = V/n = 1,92\,l/(72,453\,\text{mol}) = 26,500\,\text{cm}^3\,\text{mol}^{-1}$.

Die Molvolumina V_i^0 der reinen Komponenten lassen sich aus den Molmassen und Dichten berechnen gemäß $V_i^0 = M_i/\rho_i$ zu $V_1^0 = 58,390\,\text{cm}^3\,\text{mol}^{-1}$, $V_2^0 = 18,074\,\text{cm}^3\,\text{mol}^{-1}$. Nach Gl. (3.23b) folgt daraus das molare Mischungsvolumen: $\Delta V_m = V_m - \left(x_1 V_1^0 + x_2 V_2^0\right) = -1,104\,\text{cm}^3\,\text{mol}^{-1}$.

Man kann ΔV_m direkter auch ohne Verwendung der V_i^0 aus $\Delta V_m = \Delta V/n$ berechnen: aus $\Delta V = (1,92 - 2,00)\,l = -0,08\,l$ und $n = 72,453\,\text{mol}$ folgt $\Delta V_m = -1,104\,\text{cm}^3\,\text{mol}^{-1}$. Das negative Vorzeichen drückt den bei der Mischung auftretenden Volumenschwund aus.

Die Tatsache, dass Zustandsgrößen sich bei einer Mischung häufig nicht additiv verhalten, ist darauf zurückzuführen, dass die Wechselwirkung zwischen gleichartigen Molekülen innerhalb einer reinen Komponente anders ist als die zwischen unterschiedlichen

Molekülen innerhalb der Mischung. Dies kann sich in einer Volumenzu- oder -abnahme äußern oder auch in einer Wärmetönung, der sog. *Mischungswärme* ΔH.

Wird bei einem isobaren Mischungsvorgang Wärme frei, $\Delta H < 0$, so nennt man diesen *exotherm*; den umgekehrten Fall, bei dem Wärme bei der Vermischung aufgenommen wird, $\Delta H > 0$, *endotherm*. Die Bezeichnungen geben an, dass bei dem exothermen Mischungsvorgang dem System Wärme entzogen und bei dem endothermen Vorgang dem System Wärme zugeführt werden muss, wenn während der Mischung keine Temperaturänderung auftreten, d.h. die Mischung isotherm erfolgen soll. Im Gegensatz zu den Mischungsgrößen ΔU, ΔH, ΔS und ΔF, die für einen spontanen isotherm-isobaren Mischungsvorgang sowohl positive als auch negative Werte annehmen können, kann die freie Mischungsenthalpie ΔG nur abnehmen, d.h. $\Delta G < 0$. Denn das Gleichgewicht der bei konstantem Druck und konstanter Temperatur erfolgenden Vermischung ist durch die aus dem zweiten Hauptsatz folgenden Bedingung festgelegt, dass im Gleichgewicht die freie Enthalpie minimal wird. Eine Mischung mit $\Delta G > 0$ kann nur durch Aufbringen von Energie erzwungen werden. Mischungen mit $\Delta G < 0$ heißen *exergonisch*, solche mit $\Delta G > 0$ *endergonisch*.

Systeme, für die $\Delta V = 0$ und $\Delta H = 0$ gilt, nennt man *ideale Mischungen*, solche, die diese Bedingung nicht erfüllen, heißen *reale Mischungen*.

3.1.4 Partielle molare Größen

Die Eigenschaften einer Mischung können außer durch Mischungsgrößen, die das Verhalten der gesamten Mischung beschreiben, in anderer aber völlig gleichwertiger Weise auch durch sog. partielle molare Größen, die das Verhalten der einzelnen Komponenten in der Mischung beschreiben, formuliert werden. Wenn nämlich die Wechselwirkung gleichartiger Moleküle miteinander von der mit fremden Molekülen abweicht, so wird beispielsweise ein Mol einer Komponente in der Mischung, in der es außer von gleichartigen auch von fremden Molekülen umgeben ist, ein anderes Volumen einnehmen als im Reinzustand, wo es nur von den Molekülen der eigenen Art umgeben ist. Entsprechendes gilt auch für andere Zustandsfunktionen wie etwa Entropie und Enthalpie. Im folgenden wollen wir die partiellen molaren Größen definieren und ihre Beziehung zu den Mischungsgrößen herleiten.

Definition der partiellen molaren Größen
Betrachten wir wieder eine Mischphase aus K Komponenten mit den Molzahlen $n_1, \ldots, n_K$. Für die Zustandsgröße Z der Mischphase aus $n = \sum n_i$ Molen können wir schreiben, wenn wir Druck und Temperatur als unabhängige Variable wählen,

$$Z = Z(p, T, n_1, \ldots, n_K) \tag{3.24}$$

Führt man der Mischung dn_i Mole der Komponente i bei konstanten p und T zu und lässt dabei die Molzahlen aller anderen Komponenten $j \neq i$ unverändert, so ändert sich die Zustandsgröße Z um $(\partial Z / \partial n_i)_{p,T,n_{j \neq i}} dn_i$. Die partiellen Differentiale $(\partial Z / \partial n_i)_{p,T,n_{j \neq i}}$ heißen *partielle molare Zustandsgrößen* und werden mit Z_i bezeichnet:

$$Z_i = \left(\frac{\partial Z}{\partial n_i} \right)_{p,T,n_{j \neq i}} \tag{3.25}$$

Sie hängen von Druck, Temperatur und Zusammensetzung der Mischung ab und sind charakteristisch für das System.

Ist die Zustandsgröße Z beispielsweise das Volumen V, dann ist $V_i = (\partial V / \partial n_i)_{p,T,n_{j \neq i}}$ das partielle Molvolumen, und die Änderung des Volumens aufgrund der Zugabe von dn_i Molen der Komponente i bei sonst konstant gehaltenen p, T und den Molzahlen der restlichen Komponenten, ist $V_i dn_i = (\partial V / \partial n_i)_{p,T,n_{j \neq i}} dn_i$. V_i hängt von Druck, Temperatur und Zusammensetzung ab: $V_i = V_i (p, T, n_1, \ldots, n_K)$. Während Molvolumina immer positive Werte annehmen, können partielle Molvolumina durchaus negativ sein. Wenn etwa bei Hinzufügen einer gewissen Menge der Komponente i zur Mischung die Wechselwirkungen der Komponente mit dem Lösungsmittel zu Umstrukturierungen führen, die eine Abnahme des Gesamtvolumens zur Folge haben, so ist $V_i < 0$. Denn per definitionem ist das partielle Molvolumen ja gleich der Änderung des Volumens V der Mischung, wenn man ihr bei fester Zusammensetzung dn_i Mole der Komponente i hinzufügt.

Ein Beispiel dafür, wie man durch Differentiation gemäß Gl. (3.25) aus dem Volumen V die partiellen Molvolumina V_i erhält, folgt später (s. Beispiel in Abschn. 3.1.5).

Die Konzentrationsabhängigkeit der partiellen Molvolumina ist für Wasser/Ethanol-Mischungen bei $p = 1{,}013$ bar und $t = 20\,^\circ\text{C}$ in Abb. 3.3a dargestellt. Man erkennt, dass das partielle Molvolumen von Ethanol, und mit kleinen Einschränkungen auch das von Wasser, über den gesamten Konzentrationsbereich kleiner ist als das Molvolumen reinen Ethanols bzw. reinen Wassers. Das Molvolumen reinen Wassers lesen wir von der Ordinate zu $18\,\text{cm}^3\,\text{mol}^{-1}$ ab, das partielle Molvolumen von Wasser, wenn es in unendlicher Verdünnung in Ethanol gelöst ist, beträgt aber nur $14\,\text{cm}^3\,\text{mol}^{-1}$. Analog hat reines Ethanol ein Molvolumen von $58\,\text{cm}^3\,\text{mol}^{-1}$, während Ethanol, in geringen Konzentrationen in Wasser gelöst, nur das partielle Molvolumen von $54\,\text{cm}^3\,\text{mol}^{-1}$ einnimmt. Da die partiellen Molvolumina kleiner sind als die Molvolumina der Reinstoffe, ist das tatsächliche Volumen der Mischung kleiner als das gemäß einfacher Addition der Ausgangsvolumina berechnete. Die Abweichung des partiellen Molvolumens vom Reinstoffwert (das sog. partielle molare Mischungsvolumen) zeigt Abb. 3.3b.

Die partiellen molaren Größen sind nicht zu verwechseln mit dem chemischen Potential μ_i. Das chemische Potential ist zwar gleichfalls die partielle Ableitung einer Zustandsgröße nach der Molzahl, aber nicht bei konstanten p und T, sondern unter Konstanthaltung anderer Variabler, z. B. S und V für die innere Energie und p und S für die Enthalpie, wie aus Gl. (3.17) hervorgeht. Lediglich im Fall der freien Enthalpie G ist die partielle molare

Abb. 3.3 **a** Partielle Molvolumina und **b** partielle molare Mischungsvolumina von Wasser(2) und Ethanol(1) bei 20 °C und 1,013 bar

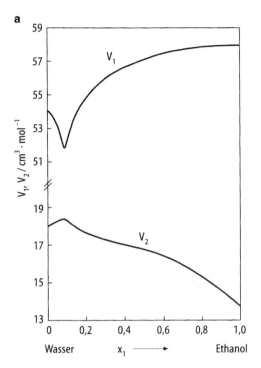

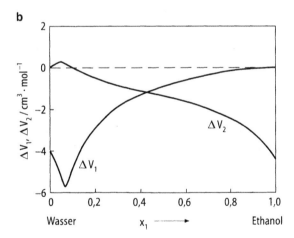

freie Enthalpie gleich dem chemischen Potential:

$$\mu_i = G_i = \left(\frac{\partial G}{\partial n_i}\right)_{p,T,n_{j\neq i}}$$

(3.26)

Das chemische Potential lässt sich aufgrund der allgemein gültigen Beziehung $G = H - TS$ auch mit Hilfe der partiellen molaren Enthalpie H_i und der partiellen molaren Entropie S_i ausdrücken gemäß

$$\boxed{\mu_i = G_i = H_i - TS_i}\tag{3.27}$$

Zusammenhang der partiellen molaren Größen mit den molaren Größen

Wir wollen nun die Zustandsgröße Z durch ihre partiellen molaren Größen darstellen. Dazu gehen wir nochmals auf Gl. (3.24) zurück. Da Z eine extensive Größe ist, ist sie proportional zu den Molmengen der Komponenten. Verdoppelt man beispielsweise die Anzahl Mole einer Mischung, so nimmt die neue Mischung das doppelte Volumen ein und hat den doppelten Energieinhalt. Allgemeiner, vergrößert oder verkleinert man alle Molmengen um einen beliebigen Faktor, so ändert sich auch der Wert von Z um diesen Faktor. Z ist, mathematisch ausgedrückt, eine homogene Funktion ersten Grades in den Molzahlen. Als eine Funktion dieser Eigenschaft lässt sich die Zustandsgröße Z als gewichtete Summe über die partiellen molaren Größen schreiben:

$$\boxed{Z = \sum_i n_i \left(\frac{\partial Z}{\partial n_i}\right)_{p,T,n_{j\neq i}} = \sum_i n_i Z_i}\tag{3.28}$$

Da p und T keine Variablen sind, bzgl. derer Z eine homogene Funktion ersten Grades ist, treten diese nicht in der Summe auf.

Aus Gl. (3.28) erhält man leicht die molare Zustandsgröße

$$Z_m = \frac{Z}{n} = \sum_i x_i Z_i\tag{3.29}$$

wobei $x_i = n_i/n$ der Molenbruch der Komponente i in der Mischung ist. Man kann also die molare Zustandsgröße einer Mischung berechnen als den mit den Molenbrüchen gewichteten Mittelwert der partiellen molare Größen.

Die Gln. (3.28) und (3.29) gelten für jede der extensiven Zustandsgrößen V, U, S, H, F und G. Die Beziehungen sind für die gebräuchlichen Zustandsgrößen in Tab. 3.3 zusammengestellt.

Mit Gl. (3.29) können die durch Gl. (3.23b) definierten molaren Mischungsgrößen geschrieben werden als

$$\Delta Z_m = Z_m - \sum x_i Z_i^0 = \sum x_i Z_i - \sum x_i Z_i^0 = \sum x_i \left(Z_i - Z_i^0\right)\tag{3.30}$$

Die Differenz aus der partiellen Größe Z_i und der molaren Reinstoffgröße Z_i^0 ist gleich der *partiellen molaren Mischungsgröße* ΔZ_i der Komponente i, die definiert ist durch

$$\Delta Z_i = \left(\frac{\partial \Delta Z}{\partial n_i}\right)_{p,T,n_{j\neq i}}\tag{3.31}$$

Tab. 3.3 Definition der partiellen molaren Zustandsgrößen und Zusammenhang mit den molaren Zustandsgrößen

Zustandsgröße	Partielle molare Zustandsgröße der Komponente i	Molare Zustandsgröße der Mischung
Volumen V	$V_i = \left(\frac{\partial V}{\partial n_i}\right)_{p,T,n_{j\neq i}}$	$V_m = \sum x_i V_i$
Entropie S	$S_i = \left(\frac{\partial S}{\partial n_i}\right)_{p,T,n_{j\neq i}}$	$S_m = \sum x_i S_i$
Innere Energie U	$U_i = \left(\frac{\partial U}{\partial n_i}\right)_{p,T,n_{j\neq i}}$	$U_m = \sum x_i U_i$
Enthalpie H	$H_i = \left(\frac{\partial H}{\partial n_i}\right)_{p,T,n_{j\neq i}}$	$H_m = \sum x_i H_i$
Freie Energie F	$F_i = \left(\frac{\partial F}{\partial n_i}\right)_{p,T,n_{j\neq i}}$	$F_m = \sum x_i F_i$
Freie Enthalpie G	$G_i = \left(\frac{\partial G}{\partial n_i}\right)_{p,T,n_{j\neq i}} = H_i - TS_i$	$G_m = \sum x_i G_i = H_m - TS_m$

Tab. 3.4 Die partiellen molaren Mischungsgrößen

Zustandsgröße	Partielle molare Mischungsgröße der Komponente i	Partielle molare Größe der Komp. i in der Mischung	Molare Größe der reinen Komponente i
Volumen V	$\Delta V_i = \left(\frac{\partial \Delta V}{\partial n_i}\right)_{p,T,n_{j\neq i}} = V_i - V_i^0$	V_i	V_i^0
Entropie S	$\Delta S_i = \left(\frac{\partial \Delta S}{\partial n_i}\right)_{p,T,n_{j\neq i}} = S_i - S_i^0$	S_i	S_i^0
Innere Energie U	$\Delta U_i = \left(\frac{\partial \Delta U}{\partial n_i}\right)_{p,T,n_{j\neq i}} = U_i - U_i^0$	U_i	U_i^0
Enthalpie H	$\Delta H_i = \left(\frac{\partial \Delta H}{\partial n_i}\right)_{p,T,n_{j\neq i}} = H_i - H_i^0$	H_i	H_i^0
Freie Energie F	$\Delta F_i = \left(\frac{\partial \Delta F}{\partial n_i}\right)_{p,T,n_{j\neq i}} = F_i - F_i^0$	F_i	F_i^0
Freie Enthalpie G	$\Delta G_i = \left(\frac{\partial \Delta G}{\partial n_i}\right)_{p,T,n_{j\neq i}} = G_i - G_i^0$	G_i	G_i^0

Wegen

$$\Delta Z_i = Z_i - Z_i^0 \tag{3.32}$$

gilt also

$$\Delta Z_m = \sum x_i \Delta Z_i \tag{3.33}$$

Die partiellen molaren Größen Z_i und die partiellen molaren Mischungsgrößen ΔZ_i sind konzentrationsabhängig. Für $x_i \rightarrow 1$ ist $Z_i = Z_i^0$ und $\Delta Z_i = 0$. Speziell gilt, dass das chemische Potential μ_i^0 der reinen Komponente i gleich der molaren freien Enthalpie G_i^0 der reinen Komponente i ist.

Partielle molare Mischungsgrößen und die Gln. (3.31) bis (3.33) lassen sich für alle extensiven Zustandsgrößen definieren. Sie sind für die gebräuchlichen Zustandsgrößen in Tab. 3.4 zusammengestellt.

Abb. 3.3b zeigt die Konzentrationsabhängigkeit der partiellen molaren Mischungsvolumina für Ethanol/Wasser-Mischungen. Sie sind fast über den gesamten Konzentrationsbereich negativ, was zu negativen Mischungsvolumina führt.

Beispiel

Es sollen 2 l einer 23,64 mol%igen Lösung von Ethanol(1) in Wasser(2) bei 20 °C hergestellt werden.

(a) Welche Volumina reinen Ethanols und reinen Wassers sind dafür nötig?

(b) Man berechne das Mischungsvolumen und die partiellen molaren Mischungsvolumina der Komponenten für diese Mischung.

Die partiellen Molvolumina der beiden Komponenten in der Mischung sind Abb. 3.3a zu entnehmen, Dichte und Molmassen der Reinkomponenten dem Beispiel in Abschn. 3.1.3.

Lösung: (a) Für die Zusammensetzung $x_1 = 0,2364$ lesen wir aus Abb. 3.3a folgende Werte für die partiellen Molvolumina ab: $V_1 = 56,1\,\mathrm{cm^3\,mol^{-1}}$, $V_2 = 17,3\,\mathrm{cm^3\,mol^{-1}}$. Daraus erhalten wir mit Gl. (3.29) für das Molvolumen der Mischung $V_\mathrm{m} = 26,5\,\mathrm{cm^3\,mol^{-1}}$. Um das geforderte Gesamtvolumen der Mischung von $V = 2\,l$ zu erhalten, benötigen wir $n = V/V_\mathrm{m} = 75,5\,\mathrm{mol}$ der Mischung. Mit $n_i = x_i n$ folgt $n_1 = 17,8\,\mathrm{mol}$ und $n_2 = 57,7\,\mathrm{mol}$. Die zugehörigen Volumina der reinen Komponenten sind $n_1 V_1^0 = 1039,5\,\mathrm{cm^3}$ und $n_2 V_2^0 = 1044,4\,\mathrm{cm^3}$, wobei V_1^0 und V_2^0 analog zu dem Beispiel in Abschn. 3.1.3 berechnet sind: $V_1^0 = 58,4\,\mathrm{cm^3}$, $V_2^0 = 18,1\,\mathrm{cm^3}$.

(b) Das Mischungsvolumen für diese Mischung ist $\Delta V = n V_\mathrm{m} - (n_1 V_1^0 + n_2 V_2^0) = -83,9\,\mathrm{cm^3}$ und das molare Mischungsvolumen $\Delta V_\mathrm{m} = \Delta V/n = -1,1\,\mathrm{cm^3\,mol^{-1}}$. Die partiellen molaren Mischungsvolumina sind nach Gl. (3.32) $\Delta V_1 = -2,3\,\mathrm{cm^3}$ $\mathrm{mol^{-1}}$ und $\Delta V_2 = -0,8\,\mathrm{cm^3\,mol^{-1}}$. Die Werte entsprechen denen, die man auch für $x_1 = 0,236$ aus Abb. 3.3b ablesen kann.

3.1.5 Gibbs-Duhem-Gleichung

Die partiellen molaren Größen der Komponenten eines Systems sind nicht unabhängig voneinander, sondern miteinander verknüpft, wie im folgenden gezeigt wird.

Ausgehend von Gl. (3.24) bilden wir das totale Differential

$$\mathrm{d}Z = \left(\frac{\partial Z}{\partial p}\right)_{T,n_i} \mathrm{d}p + \left(\frac{\partial Z}{\partial T}\right)_{p,n_i} \mathrm{d}T + \sum_i Z_i \mathrm{d}n_i. \tag{3.34}$$

Andererseits folgt aus Gl. (3.28) als totales Differential

$$\mathrm{d}Z = \sum n_i \mathrm{d}Z_i + \sum Z_i \mathrm{d}n_i$$

Tab. 3.5 Verschiedene Formen der Gibbs-Duhem-Gleichung für isotherm-isobare Bedingungen

Zustandsgröße	Multikomponentig	Binär
Volumen V	$\sum x_i dV_i = 0$	$dV_1 = -\frac{x_2}{x_1} dV_2$
Entropie S	$\sum x_i dS_i = 0$	$dS_1 = -\frac{x_2}{x_1} dS_2$
Enthalpie H	$\sum x_i dH_i = 0$	$dH_1 = -\frac{x_2}{x_1} dH_2$
freie Enthalpie G	$\sum x_i d\mu_i = 0$	$d\mu_1 = -\frac{x_2}{x_1} d\mu_2$

x_i = Molenbruch der Komponente i in der Mischung

Subtrahiert man diese Gleichung von Gl. (3.34), so folgt

$$\left(\frac{\partial Z}{\partial p}\right)_{T,n_i} dp + \left(\frac{\partial Z}{\partial T}\right)_{p,n_i} dT - \sum_i n_i dZ_i = 0 \qquad (3.35)$$

Diese Beziehung ist die allgemeine Form der *Gibbs-Duhem-Gleichung*. Sie verknüpft die partiellen molaren Größen Z_i miteinander. Unter isotherm-isobaren Bedingungen gilt speziell

$$\sum_i n_i dZ_i = 0 \quad (p, T = \text{const}) \qquad (3.36)$$

und, nach Division durch die Gesamtmolzahl n,

$$\sum_i x_i dZ_i = 0 \quad (p, T = \text{const}) \qquad (3.37)$$

Tab. 3.5 stellt die isotherm-isobaren Gibbs-Duhem-Gleichungen für die Zustandsgrößen V, S, H und G zusammen.

Für die freie Enthalpie G nimmt die Gibbs-Duhem-Gleichung folgende Form an:

$$\sum x_i d\mu_i = 0 \quad (p, T = \text{const}) \qquad (3.38)$$

Sie dient u. a. dazu, thermodynamische Daten auf ihre Konsistenz hin zu prüfen. Daten, die die Gibbs-Duhem-Relation nicht erfüllen, sind thermodynamisch inkonsistent (s. Abschn. 4.3.8).

Die Gibbs-Duhem-Gleichung soll nun für eine binäre Mischung und mit dem Volumen V als Zustandsgröße Z erläutert werden. Gl. (3.36) ist dann gleichbedeutend mit

$$n_1 \, dV_1 + n_2 \, dV_2 = 0$$

bzw.

$$dV_1 = -\frac{n_2}{n_1} dV_2 \quad \text{oder} \quad \frac{dV_1}{dx_1} = -\frac{n_2 \, dV_2}{n_1 dx_1} \qquad (3.39)$$

Diese Gleichung zeigt, dass die partiellen Molvolumina V_1 und V_2 sich nicht unabhängig voneinander ändern können, wie man am Beispiel Wasser/Ethanol sehr gut in Abb. 3.3a erkennen kann. Aus Gl. (3.39) folgt leicht, dass die Steigungen ihrer Konzentrationsverläufe, dV_1/dx_1 und dV_2/dx_1, entgegengesetzte Vorzeichen haben: Wenn das partielle Molvolumen von Wasser abnimmt mit zunehmender Konzentration an Ethanol, muss das partielle Molvolumen von Ethanol zunehmen. Desweiteren folgt aus Gl. (3.39), dass die partiellen Molvolumina V_1 bei $x_1 = 1$ und V_2 bei $x_2 = 1$ horizontal in die Ordinatenachsen einmünden, denn für die Anstiege gilt $dV_1/dx_1 = 0$ für $x_1 = 1$ und $dV_2/dx_1 = 0$ für $x_2 = 1$.

Von besonderer Bedeutung ist die Gibbs-Duhem-Gleichung für die freie Enthalpie G als Zustandsgröße (s. Abschn. 3.1.7).

Beispiel

Das Molvolumen von Mischungen aus Benzol(1) und Cyclohexan(2) hängt für 1,013 bar und 30 °C wie folgt von der Zusammensetzung ab:

$$V_m = (109{,}4 - 16{,}8x_1 - 2{,}64x_1^2)\, \text{cm}^3\, \text{mol}^{-1}.$$

(a) Man berechne die partiellen Molvolumina von Benzol und Cyclohexan in Abhängigkeit von x_1.

(b) Man gebe einen Ausdruck für das molare Mischungsvolumen ΔV_m in Abhängigkeit von x_1 an.

(c) Es sollen V_m, V_1, V_2 und ΔV_m als Funktion von x_1 graphisch dargestellt werden.

Lösung: In den folgenden Berechnungen sind alle Volumina in der Einheit $\text{cm}^3\, \text{mol}^{-1}$ angegeben, so dass die Einheit in den Gleichungen der Übersichtlichkeit halber weggelassen wird.

(a) Aus dem Molvolumen V_m erhält man durch Multiplikation mit der Molzahl n das Volumen V der Mischung:

$$V = nV_m = 109{,}4(n_1 + n_2) - 16{,}8n_1 - 2{,}64n_1^2/(n_1 + n_2)$$

und durch Ableiten nach n_1 bzw. n_2 die partiellen Molvolumina $V_i = \left(\dfrac{\partial V}{\partial n_i}\right)_{p,T,n_j}$:

$$V_1 = 92{,}6 - 2{,}64(2x_1 - x_1^2) \quad \text{und} \quad V_2 = 109{,}4 + 2{,}64x_1^2$$

(b) Das molare Mischungsvolumen ist durch Gl. (3.23b) gegeben:
$\Delta V_m = V_m - (x_1 V_1^0 + x_2 V_2^0)$. Die Molvolumina der reinen Komponenten V_1^0 und V_2^0 gewinnt man aus den partiellen Molvolumina V_1 und V_2 für die Randkonzentrationen $x_1 = 1$ bzw. $x_2 = 1$: $V_1^0 = V_1(x_1 = 1) = 89{,}96$; $V_2^0 = V_2(x_2 = 1) = 109{,}4$. Daraus folgt $\Delta V_m = 2{,}64x_1x_2$.

(c) Für die graphischen Auftragungen werden die Volumina nach den in (a) und (b) gefundenen Beziehungen für einige Stützstellen berechnet:

x_1	V_1 $cm^3\,mol^{-1}$	V_2 $cm^3\,mol^{-1}$	V_m $cm^3\,mol^{-1}$	ΔV_m $cm^3 mol^{-1}$
0,0	92,6	109,4	109,4	0,0
0,25	91,45	109,57	105,04	0,50
0,50	90,64	110,06	100,34	0,66
0,75	90,13	110,89	95,32	0,50
1,0	89,96	112,04	89,96	0,0

Man nennt die Werte $V_1(x_1 = 0) = V_1^\infty$ und $V_2(x_2 = 0) = V_2^\infty$ die partiellen Molvolumina bei unendlicher Verdünnung.

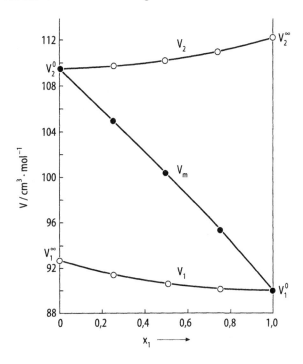

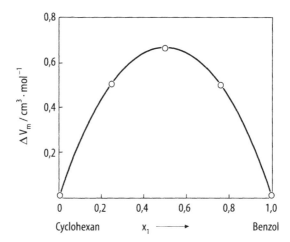

Die Auftragung der Volumina in Abhängigkeit von x_1 zeigt, dass die partiellen Molvolumina V_1 und V_2 in der Mischung größer sind als ihre Molvolumina V_1^0 und V_2^0 der reinen Komponenten. Dies hat zur Folge, dass das Mischungsvolumen ΔV_m positiv ist und V_m einen leicht konvex gekrümmten Verlauf zeigt. Verhielte sich das System ideal, so würde V_m eine Gerade bilden, die V_1^0 und V_2^0 verbindet, und es wäre $\Delta V_\mathrm{m} = 0$.

3.1.6 Achsenabschnittsmethode

Meist sind in der Praxis die partiellen molaren Zustandsgrößen nicht bekannt, aus denen die Zustandsgröße nach Gl. (3.28) berechnet werden kann, sondern man bestimmt umgekehrt die partiellen molaren Zustandsgrößen aus den Zustandsgrößen der Mischung. Nach der Definitionsgl. (3.25) lässt sich die partielle molare Größe Z_i aus der Größe Z der Mischung ableiten, wenn letztere als analytische Funktion der Zusammensetzung bekannt ist. Für binäre Systeme lässt sich dieses Vorgehen vereinfachen und auch graphisch veranschaulichen, wie im folgenden anhand von Abb. 3.4 erläutert wird.

Die molare Zustandsgröße Z_m der Mischung wird durch die gekrümmte Kurve dargestellt, die mit den Molenbrüchen gewichtete Additivität der Reinstoffgrößen Z_i^0 durch die Gerade. Gemäß Gl. (3.29) kann man auch Z_m durch eine Additivität darstellen, wenn man statt der Reinstoffgrößen die partiellen molaren Größen verwendet. Diese erhält man, wenn man bei dem Molenbruch x_1, für den man die partiellen molaren Größen bestimmen möchte, eine Tangente an die Z_m-Kurve anlegt und sie zum Schnitt mit den Ordinatenachsen bei $x_1 = 0$ und $x_1 = 1$ bringt. Die so erhaltenen Achsenabschnitte sind dann die partiellen molaren Zustandsgrößen $Z_2(x_1)$ und $Z_1(x_1)$, denn die Gerade wird ja durch $x_1 Z_1 + x_2 Z_2$ beschrieben und stellt damit Z_m für die Zusammensetzung x_1 dar.

Der Anstieg der Tangente in Abb. 3.4a ist $\frac{\mathrm{d}z_\mathrm{m}}{\mathrm{d}x_1} = Z_1 - Z_2$. Außerdem gilt für den Anstieg der Tangente für den Teilabschnitt zwischen $x_1 = 0$ und x_1: $\frac{\mathrm{d}z_\mathrm{m}}{\mathrm{d}x_1} = \frac{Z_\mathrm{m} - Z_2}{x_1 - 0}$ woraus

Abb. 3.4 Graphische Bestimmung der partiellen molaren Zustandsgrößen $Z_1(x_1)$ und $Z_2(x_2)$ für eine binäre Mischung bei $p, T = $ const. (Achsenabschnittsmethode).
a Für die molare Zustandsgröße Z_m bei der Zusammensetzung x_1 gilt $Z_m(x_1) = x_1 Z_1(x_1) + x_2 Z_2(x_1)$.
b Für die Randkonzentrationen gilt $Z_1(x_1 = 1) = Z_1^0$ und $Z_2(x_2 = 1) = Z_2^0$ sowie $Z_1(x_1 = 0) = Z_1^\infty$ bzw. $Z_2(x_2 = 0) = Z_2^\infty$

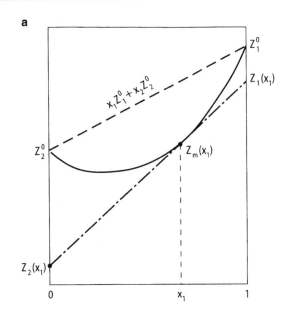

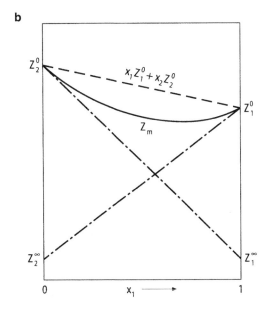

durch Auflösen nach Z_2 folgt

$$Z_2 = Z_m - x_1 \frac{dZ_m}{dx_1} \quad (p, T = \text{const})$$
(3.40)

Analog gilt für den Anstieg der Tangente für den Teilabschnitt zwischen x_1 und $x_1 = 1$: $\frac{dz_m}{dx_1} = \frac{Z_1 - Z_m}{1 - x_1}$, woraus durch Auflösung nach Z_1 folgt

$$Z_1 = Z_m + x_2 \frac{dZ_m}{dx_1} \quad (p, T = \text{const}) \tag{3.41}$$

Für binäre Systeme lassen sich die partiellen molaren Größen Z_1 und Z_2 also leicht aus der Konzentrationsabhängigkeit der molaren Zustandsgröße Z_m der Mischung durch Differentiation gewinnen. Diese Methode heißt *Achsenabschnittsmethode*. Sie lässt sich nicht nur auf molare Zustandsgrößen Z_m anwenden, sondern gleichfalls auf molare Mischungsgrößen ΔZ_m. Als Achsenabschnitte erhält man dann die partiellen molaren Mischungsgrößen ΔZ_i der Komponenten i, die durch Gl. (3.32) definiert sind.

3.1.7 Das chemische Potential

Als partielle molare freie Enthalpie G_i hat das *chemische Potential* μ_i eine zentrale Bedeutung in der Thermodynamik. Denn die freie Enthalpie G ist diejenige Zustandsgröße, die unter den Systembedingungen konstanten Drucks und konstanter Temperatur (entsprechen in der Praxis vorgegebenen Werten für Betriebsdruck und Betriebstemperatur) im Gleichgewicht einen Minimalwert annimmt. Daher sollen in Ergänzung zu Abschn. 3.1.4 noch einige Zustandsgleichungen für das chemische Potential angefügt werden.

Aus Gl. (3.16) folgt:

$$\left(\frac{\partial \mu_i}{\partial p}\right)_{T, \text{alle } n_j} = \left[\frac{\partial}{\partial p}\left(\frac{\partial G}{\partial n_i}\right)_{p, T, n_{j \neq i}}\right]_{T, \text{alle } n_j} = \left[\frac{\partial}{\partial n_i}\left(\frac{\partial G}{\partial p}\right)_{T, \text{alle } n_j}\right]_{p, T, n_{j \neq i}} = V_i \tag{3.42}$$

und analog

$$\left(\frac{\partial \mu_i}{\partial T}\right)_{p, \text{alle } n_j} = -S_i \tag{3.43}$$

Analog folgt mit Gl. (1.236)

$$\left[\frac{\partial}{\partial T}\left(\frac{\mu_i}{T}\right)\right]_{p, \text{alle } n_j} = -\frac{H_i}{T^2} \tag{3.44}$$

Speziell gilt, dass das chemische Potential μ_i^0 der reinen Komponente i gleich der molaren freien Enthalpie G_i^0 der reinen Komponente i ist.

3.2 Mischung idealer Gase

Der einfachste Fall einer Mischung ist die Mischung idealer Gase. Mit Hilfe der Gleichung des idealen Gases und des Gesetzes von Dalton werden im folgenden wichtige Beziehungen für die Zustandsgrößen einer Gasmischung hergeleitet, die die Grundlage für das Verständnis von Dampf-Flüssigkeits-Gleichgewichten und destillativen Trennprozessen darstellen.

3.2.1 Gesetz von Dalton

Das ideale Gas ist dadurch charakterisiert, dass zwischen seinen Teilchen, Atomen oder Molekülen, keine Wechselwirkungen herrschen (außer im Falle eines Stoßes). Daher ist der Druck einer Mischung idealer Gase gleich der Summe der Drücke, die die einzelnen Gase ausüben würden, befänden sie sich jeweils alleine in demselben Volumen. Dieses ist das Gesetz von Dalton, das im folgenden quantitativ formuliert wird.

Nehmen wir an, ein Gasgemisch bestehe aus K Komponenten mit den Molzahlen $n_1, \ldots, n_K$. Befände sich jedes der Gase alleine in dem Volumen V, so besäße jedes Gas nach der Zustandsgleichung des idealen Gases den Druck

$$p_i = n_i \frac{RT}{V} \quad i = 1, \ldots, K \tag{3.45}$$

p_i heißt *Partialdruck* der Komponente i. Die Gasmischung besitzt den Gesamtdruck p, der die Summe dieser Partialdrücke p_i ist, also

$$\boxed{p = p_1 + p_2 + \ldots + p_K = \sum_i p_i} \tag{3.46}$$

Dies ist das *Gesetz von Dalton*.

Die Partialdrücke und das Daltonsche Gesetz können mit Hilfe der Molenbrüche umformuliert werden: y_i sei der Molenbruch der Komponente i in der Gasmischung, also $y_i = \frac{n_i}{n}$, wobei $n = \sum n_i$ die Gesamtmolzahl bedeutet.

Dann ist wegen Gln. (3.45) und (3.46)

$$p = \sum p_i = \sum n_i \frac{RT}{V} = n\frac{RT}{V}.$$

Für das Verhältnis p_i/p aus Partialdruck und Gesamtdruck erhält man $p_i/p = n_i/n = y_i$. Der Partialdruck ist also proportional dem Molenbruch der Komponente i in der Gasmischung:

$$\boxed{p_i = y_i p} \tag{3.47}$$

Abb. 3.5 Gesamtdruck p und Partialdrücke p_1 und p_2 in Abhängigkeit des Molenbruches y_1 einer binären idealen Gasmischung

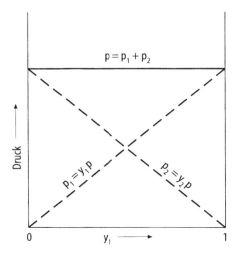

Abb. 3.5 stellt graphisch die Drücke einer binären Mischung idealer Gase in Abhängigkeit des Molenbruches y_1 der Komponente 1 dar: Der Partialdruck p_1 steigt mit zunehmendem Stoffmengenanteil der Komponente 1 proportional zu y_1 an, wohingegen p_2 entsprechend linear mit y_1 abnimmt, gemäß $p_2 = y_2 p = (1 - y_1) p$. Der Gesamtdruck als Summe der Partialdrücke entspricht der Horizontalen, die den Druck der reinen Komponente 2 (bei $y_1 = 0$) mit dem der reinen Komponente 1 (bei $y_1 = 1$) verbindet.

In trockener Luft beispielsweise sind bei einem Luftdruck von 0,5 bar die Partialdrücke der mit 78,10 bzw. 20,93 mol% vorhandenen Komponenten Stickstoff und Sauerstoff 0,391 bar bzw. 0,105 bar.

3.2.2 Chemisches Potential und Mischungsgrößen

In diesem Abschnitt werden für die Mischung idealer Gase Gleichungen für die Mischungsfunktionen hergeleitet, wobei der Index id das Kennzeichen für „ideales Gas" ist.

Chemisches Potential

Da für Reinstoffe die molare freie Enthalpie mit dem chemischen Potential identisch ist, lässt sich das chemische Potential der reinen Gaskomponente i, bei dem Druck p und der Temperatur T, durch Gl. (1.286) darstellen:

$$\mu_i^{id,0}(p, T) = \mu_i^{id,0}(p^+, T) + RT \ln \frac{p}{p^+}$$

wobei p^+ den Standarddruck angibt. Die hochgestellte 0 soll kennzeichnen, dass diese Gleichung für die reine Komponente gilt. Um das chemische Potential $\mu_i^{id}(p,T)$ der Gasart i in der Mischung bei Systemdruck p und Systemtemperatur T zu berechnen, muss im

Logarithmus der Druck p ersetzt werden durch den Partialdruck p_i, mit dem die Komponente i in der Mischung vorliegt. Also gilt für das chemische Potential der Komponente i in der Mischung beim Gesamtdruck p

$$\mu_i^{id}(p, T) = \mu_i^{id,0}(p^+, T) + RT \ln \frac{p_i}{p^+} \tag{3.48}$$

$\mu_i^{id,0}(p^+, T)$ ist das chemische Potential der reinen Komponente i bei Standarddruck p^+. Setzt man für den Partialdruck nach Gl. (3.47) $p_i = y_i p$ ein, so erhält man

$$\mu_i^{id}(p, T) = \mu_i^{id,0}(p^+, T) + RT \ln \frac{p}{p^+} + RT \ln y_i.$$

Die ersten beiden Ausdrücke auf der rechten Seite lassen sich zum chemischen Potential $\mu_i^{id,0}(p,T)$ des reinen Gases i beim Druck p zusammenfassen und man erhält

$$\boxed{\mu_i^{id}(p, T) = \mu_i^{id,0}(p, T) + RT \ln y_i} \tag{3.49}$$

Mischungsgrößen
Nach den Gln. (3.23a) und (3.28) gilt für die freie Mischungsenthalpie, die bei der Mischung von n_i Molen der Gaskomponenten $i = 1, \ldots, K$ auftritt,

$$\Delta G^{id} = G^{id} - \sum n_i G_i^0 = \sum n_i \mu_i^{id} - \sum n_i \mu_i^{id,0} = \sum n_i \left(\mu_i^{id} - \mu_i^{id,0} \right)$$

und mit Gl. (3.49)

$$\Delta G^{id} = RT \sum n_i \ln y_i \tag{3.50}$$

Für die molare freie Mischungsenthalpie ergibt sich hieraus

$$\boxed{\Delta G_m^{id} = RT \sum_i y_i \ln y_i} \tag{3.51}$$

Da immer $y_i \leq 1$ gilt, ist in jedem Fall $\Delta G_m^{id} \leq 0$. Die Mischung erfolgt also spontan.
Die Berechnung der Mischungsenthalpie ΔH^{id} geht auf Gl. (1.236) zurück:

$$\left[\frac{\partial}{\partial T} \left(\frac{\Delta G^{id}}{T} \right) \right]_{p,n_i} = -\frac{\Delta H^{id}}{T^2}$$

Da $\frac{\Delta G^{id}}{T}$ nach Gl. (3.50) temperaturunabhängig ist, folgt

$$\boxed{\Delta H_m^{id} = 0.} \tag{3.52}$$

Da zwischen den Molekülen eines idealen Gases keine Wechselwirkungen herrschen, kann es auch bei der Mischung idealer Gase zu keiner Wechselwirkung kommen, so dass bei dem Prozess keine Wärmetönung auftritt. Dies drückt Gl. (3.52) aus.

Die Berechnung der Mischungsentropie geht auf Gl. (1.227) zurück, die für die molare freie Mischungsenthalpie die Form $\Delta G_m^{id} = \Delta H_m^{id} - T \Delta S_m^{id}$ annimmt. Wegen $\Delta H_m^{id} = 0$ folgt mit Gl. (3.51) für die molare Mischungsentropie

$$\Delta S_m^{id} = -R \sum y_i \ln y_i \qquad (3.53)$$

Da $y_i \leq 1$ ist, ist die Mischungsentropie immer positiv, die Mischung idealer Gase ist immer mit einer Zunahme an Entropie verbunden. Es handelt sich also um einen spontanen Prozess. Es ist die Mischungsentropie aufgrund der durch die Mischung verursachten erhöhten Unordnung, welche die treibende Kraft für den Mischungsvorgang darstellt und die Ursache für die Abnahme der freien Enthalpie ist.

Die molaren Mischungsgrößen ΔH_m^{id}, ΔS_m^{id} und ΔG_m^{id} sind in Abb. 3.6 für eine binäre Mischung idealer Gase in Abhängigkeit der Zusammensetzung aufgetragen. Man erkennt, dass die Kurven symmetrisch in y_2 sind mit Extrema bei $y_1 = y_2 = 0{,}5$, die freie Mischungsenthalpie minimal und die Mischungsentropie maximal ist bei einer Mischung dieser Konzentration.

Differenziert man die freie molare Mischungsenthalpie nach dem Druck, so erhält man wegen Gl. (1.231) das molare Mischungsvolumen. Da ΔG_m^{id} nach Gl. (3.51) nicht vom Druck abhängt, verschwindet das molare Mischungsvolumen:

$$\Delta V_m^{id} = 0 \qquad (3.54)$$

Das bedeutet, dass das Molvolumen der Mischung die Summe der Molvolumina der reinen Komponenten, gewichtet mit den jeweiligen Molenbrüchen, ist:

$$V_m^{id} = \sum_i y_i V_i^0 \qquad (3.55)$$

Beispiel

Trockene Luft hat etwa folgende Zusammensetzung in mol%: Stickstoff(1) 78,10 %, Sauerstoff(2) 20,93 %, Argon(3) 0,93 %, Kohlendioxid(4) 0,03 %. Man berechne die molare Mischungsentropie sowie die molare freie Mischungsenthalpie bei 0 °C.

Lösung: Mit den Molenbrüchen $y_1 = 0{,}781$, $y_2 = 0{,}2093$, $y_3 = 0{,}0093$, $y_4 = 0{,}0003$ und Gl. (3.53) erhält man für die molare Mischungsentropie $\Delta S_m^{id} = 4{,}708 \, \text{J mol}^{-1} \, \text{K}^{-1}$. Wegen $\Delta G_m^{id} = -T \Delta S_m^{id}$ folgt für die molare freie Mischungsenthalpie bei $T = 273{,}15 \, \text{K}$: $\Delta G_m^{id} = -1286{,}11 \, \text{J mol}^{-1}$. Es ist $\Delta G_m^{id} < 0$ und $\Delta S_m^{id} > 0$, d.h. die Mischung ist ein spontaner Prozess.

Abb. 3.6 Molare Mischungsenthalpie $\Delta H_\mathrm{m}^\mathrm{id}$, Mischungsentropie $\Delta S_\mathrm{m}^\mathrm{id}$ und freie Mischungsenthalpie $\Delta G_\mathrm{m}^\mathrm{id}$ in Abhängigkeit von der Zusammensetzung für eine binäre Mischung idealer Gase bei 25 °C

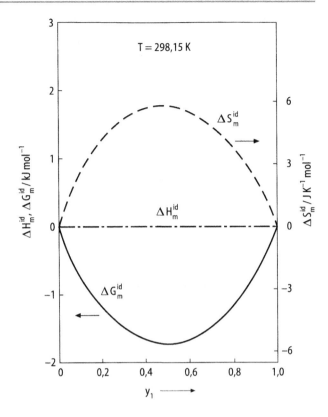

Partielle molare Mischungsgrößen

Aus den Mischungsgrößen ΔZ^id lassen sich die partiellen molaren Mischungsgrößen $\Delta Z_\mathrm{i}^\mathrm{id}$ der Komponente i nach Gl. (3.31) durch Differentiation berechnen. Für die partielle molare Mischungsentropie beispielsweise erhält man mit Gl. (3.53) sowie $\Delta S^\mathrm{id} = n\,\Delta S_\mathrm{m}^\mathrm{id}$ und $y_\mathrm{k} = \frac{n_\mathrm{k}}{n}$

$$\Delta S_\mathrm{i}^\mathrm{id} = \left(\frac{\partial \Delta S^\mathrm{id}}{\partial n_\mathrm{i}}\right)_{p,T,n_{\mathrm{j}\neq\mathrm{i}}} = \left[\frac{\partial}{\partial n_\mathrm{i}}\left(-R\sum_\mathrm{k} n_\mathrm{k}\ln\left(n_\mathrm{k}/n\right)\right)\right]_{p,T,n_{\mathrm{j}\neq\mathrm{i}}}$$

$$= -R\left[(\ln n_\mathrm{i} + 1) - (\ln n + 1)\right]$$

und schließlich

$$\boxed{\Delta S_\mathrm{i}^\mathrm{id} = -R\ln y_\mathrm{i}} \tag{3.56}$$

Analog folgt für die partielle molare freie Enthalpie

$$\boxed{\Delta G_\mathrm{i}^\mathrm{id} = RT\ln y_\mathrm{i}} \tag{3.57}$$

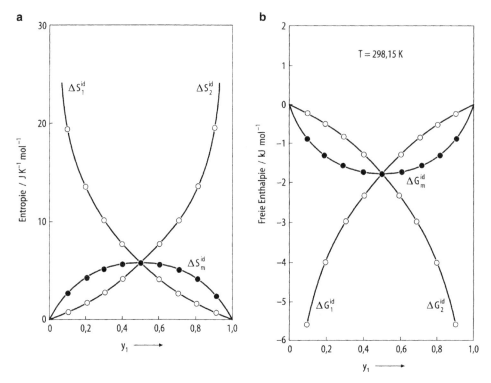

Abb. 3.7 a Partielle molare Mischungsentropie $\Delta S_i^{id} = -R \ln y_i$ und molare Mischungsentropie $\Delta S_m^{id} = y_1 \Delta S_1^{id} + y_2 \Delta S_2^{id}$, **b** Partielle molare freie Mischungsenthalpie $\Delta G_i^{id} = RT \ln y_i$ und molare freie Mischungsenthalpie $\Delta G_m^{id} = y_1 \Delta G_1^{id} + y_2 \Delta G_2^{id}$ in Abhängigkeit der Zusammensetzung für eine binäre ideale Mischung bei $T = 298{,}15\,\mathrm{K}$

Zusammenfassend erhält man für die partiellen molaren Mischungsgrößen

partielles molares Mischungsvolumen der Komponente i	$\Delta V_i^{id} = 0$
partielle molare Mischungsenthalpie der Komponente i	$\Delta H_i^{id} = 0$
partielle molare Mischungsentropie der Komponente i	$\Delta S_i^{id} = -R \ln y_i$
partielle molare freie Mischungsenthalpie der Komponente i	$\Delta G_i^{id} = RT \ln y_i$

In Abb. 3.7 sind die Konzentrationsverläufe für die partiellen molaren Mischungsgrößen und die molaren Mischungsgrößen für die Entropie und die freie Enthalpie einer binären idealen Mischung graphisch dargestellt. Die molaren und partiellen molaren Mischungsgrößen sind für die reinen Komponenten Null und zeigen ansonsten einen symmetrischen Verlauf bzgl. des Molenbruchs. Bei $y_1 = y_2 = 0{,}5$ schneiden sich die partiellen molaren Größen und die molare Größe in einem Punkt, denn dort gilt $\Delta S_1^{id} = \Delta S_2^{id} = \Delta S_m^{id} = -R \ln 0{,}5$ bzw. $\Delta G_1^{id} = \Delta G_2^{id} = \Delta G_m^{id} = RT \ln 0{,}5$.

Da die für ideale Gasmischungen hergeleiteten Gleichungen für die Mischungsgrößen auch für die ideale Mischung von Flüssigkeiten gelten, werden wir im nächsten Abschnitt nochmals auf die Gleichungen zurückkommen, wenn wir die Mischung von Flüssigkeiten behandeln.

3.3 Ideale Mischung von Flüssigkeiten und von Festkörpern

Die Moleküle einer Flüssigkeit oder eines Festkörpers üben Anziehungs- und Abstoßungskräfte aufeinander aus. Besteht eine Flüssigkeit oder ein Festkörper aus mehreren Komponenten, so kann sich die Wechselwirkung zwischen den Teilchen einer Komponente untereinander stark von der Wechselwirkung zwischen den Teilchen verschiedener Komponenten unterscheiden. Falls die Wechselwirkung zwischen den fremdartigen Molekülen gleich der zwischen gleichartigen Molekülen ist, nennt man eine solche Mischung eine *ideale Mischung*. Bei der idealen Mischung tritt also keine Wärmetönung, keine Mischungsenthalpie auf. Wie wir in Abschn. 3.2 gesehen haben, bildet eine Mischung idealer Gase immer eine ideale Mischung, da definitionsgemäß keine Wechselwirkungen zwischen den Molekülen idealer Gase auftreten. Aber auch Flüssigkeiten und Festkörper können miteinander eine ideale Mischung bilden; es sind meist Systeme, deren Komponenten ähnliche physikalisch-chemische Eigenschaften haben. Ein Beispiel hierfür ist das System Benzol/Toluol.

In diesem Abschnitt werden die Mischungsgrößen für ideale Flüssigkeitsmischungen hergeleitet, sie gelten gleichermaßen auch für feste Mischphasen.

3.3.1 Gesetz von Raoult

Im folgenden soll der Dampfdruck über einem binären Flüssigkeitsgemisch, das mit seinem Dampf im Gleichgewicht steht, berechnet werden.

In Abb. 3.8 sind die Dampf-Flüssigkeits-Gleichgewichte für die Mischung und die beiden reinen Komponenten dargestellt.

Zunächst lässt sich der Dampfdruck von jeder der beiden flüssigen Komponenten im Reinzustand für jede beliebige Temperatur mit Hilfe geeigneter Dampfdruckgleichungen berechnen (s. Abschn. 2.4.10). Diese Dampfdrücke der reinen Komponenten werden mit p_i^0 ($i = 1,2$) bezeichnet. Über dem Flüssigkeitsgemisch bildet sich ein Dampfgemisch aus, das die Moleküle beider Komponenten enthält. Der Dampfdruck über der Mischung ist nach dem Gesetz von Dalton (Gl. (3.46)) die Summe der Partialdrücke p_1 und p_2 beider Komponenten: $p = p_1 + p_2$.

Partialdrücke der Komponenten im Dampf
Für Mischungen, deren Komponenten sich chemisch recht ähnlich sind, fand Raoult empirisch die Gesetzmäßigkeit, dass der Partialdruck jeder Komponente $i = 1, \ldots, K$ über der

Abb. 3.8 Dampf-Flüssigkeits-
Gleichgewichte bei fester
Temperatur T.
a für die reinen Komponenten
Benzol(1) und Toluol(2) und
b für die flüssige Mischung aus
Benzol und Toluol.
Über den reinen Flüssigkeiten
stellen sich die Sättigungs-
dampfdrücke p_i^0 der reinen
Komponenten ein, über der
Mischung ist der Dampfdruck
p die Summe der Partialdrücke
p_1 und p_2

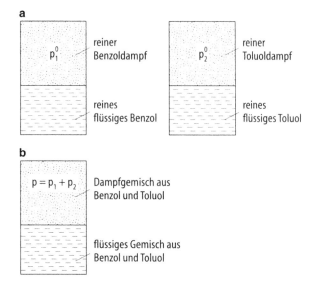

Mischung proportional dem Molenbruch x_i der jeweiligen Komponente in der Flüssigkeit ist und der Proportionalitätsfaktor der jeweilige Sättigungsdampfdruck im Reinzustand ist:

$$p_i = x_i p_i^0 \quad i = 1, \ldots, K \tag{3.58}$$

wobei p_i^0 der Sättigungsdampfdruck der reinen Komponente i bei der Temperatur der Mischung bedeutet. Gl. (3.58) ist das *Gesetz von Raoult*. Es stellt ein Kriterium für die Idealität einer Mischung dar, das gleichwertig ist zudem, dass die Mischungswärme idealer Mischungen verschwindet. Es lässt sich auch streng aus der Bedingung der Idealität herleiten.

Dampfdruck über der Mischung

Die Konzentrationsabhängigkeiten der Drücke sind für eine binäre Mischung graphisch in Abb. 3.9 dargestellt. Der Partialdruck p_1 stellt in Form des Raoultschen Gesetzes $p_1 = x_1 p_1^0$ eine Gerade in Abhängigkeit des Molenbruches x_1 dar zwischen den Grenzwerten $p_1 = 0$ bei $x_1 = 0$ und $p_1 = p_1^0$ bei $x_1 = 1$. Analoges gilt für p_2. Der Gesamtdruck p als Summe der Partialdrücke p_1 und p_2 ist folglich eine Gerade, die p_1^0 und p_2^0 verbindet. Wir können diese Linearität mathematisch formulieren: Aus den Gln. (3.46) und (3.58) folgt mit $x_1 + x_2 = 1$

$$p = p_1 + p_2 = x_1 p_1^0 + x_2 p_2^0 = x_1 p_1^0 + (1 - x_1) p_2^0$$

und daher

$$p = p_2^0 + x_1 \left(p_1^0 - p_2^0 \right) \tag{3.59}$$

Dies ist eine Geradengleichung für p in Abhängigkeit von x_1 zwischen den Ordinatenwerten p_2^0 und p_1^0.

Abb. 3.9 Gesamtdruck p
und Partialdrücke p_1 und p_2
über einer idealen binären
Mischung in Abhängigkeit der
Zusammensetzung nach dem
Raoultschen Gesetz

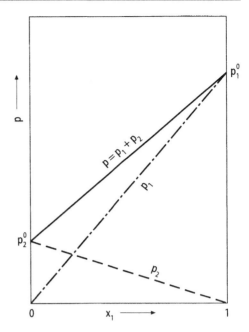

Es ist zu bedenken, dass in den Fällen, in denen nicht mit dem Molenbruch, sondern mit dem Massenbruch als Einheit für die Zusammensetzung gerechnet wird, die Drücke natürlich keine lineare Abhängigkeit von dem Massenbruch zeigen.

Beispiel

Welcher Druck herrscht über einer Mischung aus Benzol(1) und Toluol(2) der Zusammensetzung $x_1 = 0,4$ bei 20 °C? Die Sättigungsdampfdrücke der reinen Komponenten sind mit der Antoine-Gl. und den Parametern aus Tab. A.23 ($A_1 = 7,00477$, $B_1 =$ 1196,760, $C_1 = 219,161$, $A_2 = 7,07577$, $B_2 = 1342,310$, $C_2 = 219,187$) zu berechnen.

Lösung: Mit der Antoine-Gl. und den angegebenen Parametern erhält man für die Sättigungsdampfdrücke: $p_1^0 = 100,2\,\text{hPa}$ und $p_2^0 = 29,1\,\text{hPa}$. Mit dem Gesetz von Raoult Gl. (3.58) folgen für $x_1 = 0,4$ die Partialdrücke zu $p_1 = 4008\,\text{Pa}$ und $p_2 = 1746\,\text{Pa}$. Der Gesamtdruck ist nach Gl. (3.46) die Summe der Partialdrücke, also $p = 5754\,\text{Pa}$.

Dampfdruckdiagramm

Wir haben bisher den Dampfdruck über der Flüssigkeitsmischung und seine Abhängigkeit von der Zusammensetzung der Flüssigkeit berechnet. Nun wollen wir herleiten, welche Zusammensetzung dieser mit der Flüssigkeit im Gleichgewicht stehende Dampf hat. Hierzu gehen wir auf die Definitionsgl. (3.47) für den Molenbruch y_i in der Dampfphase, $y_i = p_i/p$, und auf das Raoultsche Gesetz in der Form $x_i = p_i/p_i^0$ zurück. Der Quotient der Molenbrüche in Dampfphase und Flüssigkeit folgt daraus zu $y_i/x_i = p_i^0/p$ (i = 1, 2).

Abb. 3.10 Dampfdruckdiagramm für Benzol(1)/Toluol(2) bei 20 °C: die Siedelinie $p\,(x_1)$ und die Kondensationslinie $p\,(y_1)$

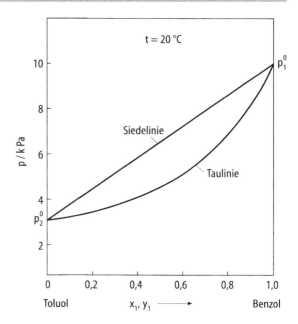

Wendet man diese Gleichung für die Komponente 1 an und löst sie nach x_1 auf, so ergibt sich $x_1 = y_1 p / p_1^0$. Setzt man diesen Ausdruck in Gl. (3.59) für den Gesamtdruck ein, so erhält man $p = p_2^0 + y_1 \frac{p}{p_1^0}\left(p_1^0 - p_2^0\right)$. Durch Auflösen nach p folgt daraus

$$p = \frac{p_1^0 p_2^0}{p_1^0 + \left(p_2^0 - p_1^0\right) y_1} \tag{3.60}$$

Diese Gleichung zeigt, dass p nicht linear in y_1 ist. Trägt man p als Funktion von y_1 auf, so erhält man einen gekrümmten Verlauf zwischen den Grenzpunkten p_2^0 bei $y_1 = 0$ und p_1^0 bei $y_1 = 1$.

Der Dampfdruck in Abhängigkeit von der Zusammensetzung des Dampfes ist in Abb. 3.10. für das System Benzol/Toluol dargestellt. Die Kurve $p(y_1)$ nennt man *Kondensationslinie* (oder auch *Taulinie*). Die Kurve $p(x_1)$, die für ideale Flüssigkeitsmischungen nach Gl. (3.59) linear verläuft, heißt *Siedelinie*, und das p, x, y-Diagramm isothermes *Dampfdruckdiagramm*. Da p_1^0 und p_2^0 von der Temperatur abhängen, ändert sich das Dampfdruckdiagramm mit der Temperatur, und die Siede- und Kondensationslinien stellen Isothermen dar.

Aus den Gln. (3.59) und (3.60) lassen sich durch Umformung direkt die Gleichgewichtskonzentrationen x_1 und y_1 für die flüssige und dampfförmige Phase bei Systemdruck p errechnen:

$$x_1 = \frac{p - p_2^0}{p_1^0 - p_2^0} \tag{3.61}$$

$$y_1 = \frac{p_1^0\left(p - p_2^0\right)}{p\left(p_1^0 - p_2^0\right)} \qquad (3.62)$$

Beispiel

Man berechne das Dampfdruckdiagramm des Systems Benzol(1)/Toluol(2) für 20 °C unter Verwendung der im vorangegangenen Beispiel berechneten Sättigungsdampfdrücke der Reinkomponenten.

Lösung: Für die Bestimmung des Dampfdruckdiagramms berechnen wir die Siedelinie und die Kondensationslinie und setzen für die Sättigungsdampfdrücke die Werte $p_1^0 = 100{,}2$ hPa und $p_2^0 = 29{,}1$ hPa ein.

Für die Siedelinie folgt aus Gl. (3.59): $p = 29{,}1$ hPa $+ 71{,}1$ hPa $\cdot x_1$. Daraus werden für einige x_1-Werte die entsprechenden $p\,(x_1)$-Werte berechnet.

Die Bestimmung der Kondensationslinie geht auf Gl. (3.62) zurück, um zu den Drücken p der Siedelinie die zugehörigen Konzentrationen y_1 in der Dampfphase zu berechnen. Man kann ebenso die Gleichheit $y_1 = p_1/p = x_1 p_1^0/p$ verwenden.

Man erhält so für verschiedene Konzentrationen der Flüssigmischung jeweils folgende Werte für den Gesamtdruck und die Konzentration der Dampfphase:

x_1	p/hPa	y_1
0,0	29,1	0,0
0,2	43,3	0,462
0,4	57,5	0,696
0,6	71,8	0,838
0,8	86,0	0,932
1,0	100,2	1,0

Diese Werte entsprechen der Siede- und Kondensationslinie des isothermen Dampfdruckdiagramms der Abb. 3.10. Man kann die Kondensationslinie auch nach Gl. (3.60) bestimmen, indem man y_1 Werte vorgibt und den Dampfdruck $p\,(y_1)$ mit Hilfe der gegebenen Sättigungsdampfdrücke der Reinsubstanzen ausrechnet.

Dampf-Flüssigkeits-Gleichgewichte sind Gegenstand von Abschn. 4.3. Dort werden Gleichgewichtsberechnungen ausgeführt und Phasendiagramme ausführlich diskutiert, so dass wir hier nicht darauf eingehen.

3.3.2 Mischungsgrößen

Chemisches Potential

Zur Berechnung der Mischungsgrößen betrachten wir eine ideale Flüssigkeitsmischung aus K Komponenten mit den Molenbrüchen $x_1, \ldots, x_K$, die im Gleichgewicht mit ihrem

Dampf steht. Setzen wir voraus, dass der Dampf sich wie ein ideales Gas verhält, so ist das chemische Potential der Komponente i im Gasgemisch nach Gl. (3.48)

$$\mu_i^g = \mu_i^{g,0}(p^+) + RT \ln \frac{p_i}{p^+} \tag{3.63}$$

Hier und im folgenden wird gegenüber Gl. (3.48) der Index id der Übersichtlichkeit halber fortgelassen, da der Index g auftritt, um die Gasphase zu kennzeichnen und wir es in diesem Abschnitt nur mit der idealen Mischung zu tun haben. $\mu_i^{g,0}(p^+)$ ist das chemische Potential der reinen Komponente i im Dampf bei Standarddruck p^+. Der Partialdruck p_i der Komponente i über der Mischung folgt aus dem Raoultschen Gesetz

$$p_i = x_i p_i^0 \tag{3.64}$$

wobei p_i^0 der Sättigungsdampfdruck der reinen Komponente i ist.

Mit Vorgriff auf Abschn. 4.1.1 nutzen wir nun folgende wichtige Eigenschaft des chemischen Potentials: Wenn sich der Dampf mit der flüssigen Mischphase im Gleichgewicht befindet, so muss für jede Komponente i das chemische Potential in der Dampfphase mit dem in der flüssigen Phase übereinstimmen. Wäre dies nicht der Fall, so würden Teilchen der Komponente i solange aus der Phase mit dem höheren chemischen Potential in die Phase mit dem geringeren chemischen Potential überwechseln, bis die chemischen Potentiale in beiden Phasen gleich groß sind. Die Gleichgewichtsbedingung lautet also

$$\mu_i^l = \mu_i^g \quad (i = 1, \dots, K)$$

wobei der Index l die flüssige Phase (liquid) symbolisiert. Aus den Gln. (3.63) und (3.64) und der Gleichgewichtsbedingung $\mu_i^l = \mu_i^g$ erhält man für das chemische Potential der Komponente i in der flüssigen Mischphase

$$\mu_i^l = \mu_i^{g,0}(p^+) + RT \ln \frac{x_i p_i^0}{p^+}$$

und daher

$$\mu_i^l = \mu_i^{g,0}(p^+) + RT \ln \frac{p_i^0}{p^+} + RT \ln x_i \tag{3.65}$$

Die beiden ersten Terme rechts vom Gleichheitszeichen lassen sich zum chemischen Potential der reinen Komponente i beim Sättigungsdampfdruck zusammenfassen, das gleichzeitig die freie Enthalpie der reinen Flüssigkeit ist, da Flüssigkeit und Dampf beim Sättigungsdruck im Gleichgewicht sind:

$$\mu_i^{l,0}\left(p_i^0\right) = \mu_i^{g,0}\left(p_i^0\right) = \mu_i^{g,0}(p^+) + RT \ln \frac{p_i^0}{p^+}$$

Damit wird aus Gl. (3.65) nun

$$\boxed{\mu_i^l = \mu_i^{l,0}\left(p_i^0\right) + RT \ln x_i} \tag{3.66}$$

Mischungsgrößen

Da das chemische Potential mit der partiellen molaren freien Enthalpie identisch ist, können wir nun die freie Mischungsenthalpie berechnen: Nach Gl. (3.23a) gilt für die Flüssigkeitsmischung aus n_i Molen der Komponenten $i = 1, \ldots, K$

$$\Delta G = G - \sum n_i G_i^0 = \sum n_i \mu_i^1 - \sum n_i \mu_i^{1,0} = \sum n_i \left(\mu_i^1 - \mu_i^{1,0} \right)$$

Mit Gl. (3.66) für die ideale Mischung folgt hieraus

$$\Delta G^{id} = RT \sum n_i \ln x_i \qquad (3.67)$$

wobei der Index id die ideale flüssige Mischung kennzeichnen soll.

ΔG^{id} nach Gl. (3.67) stimmt mit dem Ausdruck Gl. (3.50) für die Mischung idealer Gase überein, wenn man den Molenbruch in der Gasphase y_i durch den Molenbruch in der Flüssigphase x_i ersetzt. Die Herleitungen, die uns zu den Ausdrücken für die Mischungsenthalpie und Mischungsentropie der idealen Gasmischung geführt hatten, gelten daher analog auch für die ideale Mischung von Flüssigkeiten. Bezieht man sich nicht auf eine Mischung aus n Molen sondern auf 1 mol, so erhält man die entsprechenden molaren Mischungsgrößen einer idealen Mischung. Somit folgt für die molare freie Mischungsenthalpie

$$\boxed{\Delta G_m^{id} = RT \sum_i x_i \ln x_i} \qquad (3.68)$$

für die molare Mischungsenthalpie

$$\boxed{\Delta H_m^{id} = 0} \qquad (3.69)$$

für die molare Mischungsentropie

$$\boxed{\Delta S_m^{id} = -R \sum_i x_i \ln x_i} \qquad (3.70)$$

und für das molare Mischungsvolumen

$$\boxed{\Delta V_m^{id} = 0} \qquad (3.71)$$

In idealen Mischungen ist, da die Molenbrüche immer kleiner als Eins sind, die freie Mischungsenthalpie immer negativ und die Mischungsentropie immer positiv, d. h. der Mischungsvorgang erfolgt spontan. In idealen Mischungen verschwindet das Mischungsvolumen oder – gleichbedeutend – das partielle Molvolumen V_i der Komponente i in der Mischung ist gleich dem Molvolumen V_i^0 der reinen Komponente i. Hieraus folgt, dass das Molvolumen der Mischung gleich der mit den jeweiligen Molenbrüchen gewichteten Summe der Molvolumina der reinen Komponenten ist:

$$\boxed{V_m^{id} = \sum_i x_i V_i^0} \qquad (3.72)$$

Diese Gesetzmäßigkeit nennt man *Amagats Regel*. Für Mischungen, deren Komponenten sich chemisch nicht stark voneinander unterscheiden, und bei Drücken in ausreichender Entfernung vom kritischen Punkt stellt sie oft eine recht gute Näherung dar.

Da die Mischungsgrößen für die ideale Mischung von Flüssigkeiten durch die gleichen Ausdrücke beschrieben werden wie die für die ideale Mischung von Gasen, wenn wir die Molenbrüche der Gasphase durch die der Flüssigkeit ersetzen, stimmen auch die graphischen Darstellungen der Mischungsgrößen als Funktion der Zusammensetzung überein. Abb. 3.6 gilt daher nicht nur für binäre ideale Gasmischungen, sondern gleichermaßen für binäre ideale Flüssigkeitsgemische, wenn auf der Abszisse x_1 statt y_1 aufgetragen wird.

Für ideale Mischungen gilt außerdem

$$\Delta U_m^{id} = 0 \qquad (3.73)$$

und

$$\Delta F_m^{id} = RT \sum x_i \ln x_i \qquad (3.74)$$

wie leicht aus $U = H - pV$ und $F = U - TS$ unter Zuhilfenahme der Gln. (3.69), (3.71) und (3.70) zu ersehen ist.

Beispiel

Welche Werte nehmen die Mischungsgrößen ΔG_m^{id}, ΔH_m^{id}, ΔS_m^{id}, ΔG^{id}, ΔH^{id} und ΔS^{id} für eine Mischung aus 100 g Benzol(1) mit 100 g Toluol(2) bei 20 °C an? Man bestimme das Molvolumen der Mischung und das Volumen, das 200 g der Mischung einnehmen. Es darf vorausgesetzt werden, dass sich Mischungen von Toluol und Benzol ideal verhalten. Die Molmassen und Dichten der reinen Komponenten sind: $M_1 = 78{,}114 \text{ g mol}^{-1}$, $M_2 = 92{,}141 \text{ g mol}^{-1}$, $\rho_1 = 0{,}882 \text{ g cm}^{-3}$, $\rho_2 = 0{,}867 \text{ g cm}^{-3}$.

Lösung: In dem Beispiel in Abschn. 3.1.1 wurden die Molenbrüche und Molzahlen für die Mischung bereits unter Verwendung der Molmassen für die Reinstoffe berechnet zu: $x_1 = 0{,}541$, $x_2 = 0{,}459$, $n_1 = 1{,}280 \text{ mol}$, $n_2 = 1{,}085 \text{ mol}$, $n = 2{,}365 \text{ mol}$. Da es sich in diesem Beispiel um ein binäres System handelt, reduzieren sich die Summen in den Gleichungen für die Mischungsgrößen jeweils auf zwei Terme für die beiden Komponenten.

Die molare freie Mischungsenthalpie folgt aus Gl. (3.68) zu $\Delta G_m^{id} = -1681{,}2 \text{ J mol}^{-1}$ und die molare Mischungsentropie zu $\Delta S_m^{id} = -\Delta G_m^{id}/T = 5{,}7 \text{ J mol}^{-1}$. Durch Multiplikation mit der Gesamtmolzahl $n = 2{,}365 \text{ mol}$ folgen aus den molaren Mischungsgrößen die Mischungsgrößen für 200 g Mischung: $\Delta G^{id} = -3984{,}4 \text{ J}$ und $\Delta S^{id} = 13{,}5 \text{ J K}^{-1}$.

Da Toluol und Benzol ein ideales System bilden, sind ΔH_m^{id} und $\Delta H^{id} = 0$.

Das Molvolumen der Mischung folgt aus Gl. (3.72): $V_m^{id} = x_1 V_1^0 + x_2 V_2^0$, wobei die Molvolumina der Reinstoffe gemäß $V_i^0 = M_i/\rho_i$ berechnet werden zu $V_1^0 = 88{,}56 \text{ cm}^3 \text{ mol}^{-1}$ und $V_2^0 = 106{,}30 \text{ cm}^3 \text{ mol}^{-1}$. Daher ist $V_m^{id} = 96{,}70 \text{ cm}^3 \text{ mol}^{-1}$ und das Volumen der Mischung $V^{id} = 228{,}70 \text{ cm}^3$.

Partielle molare Mischungsgrößen

Aus den molaren Mischungsgrößen der Gln. (3.68) bis (3.71) lassen sich die partiellen molaren Mischungsgrößen der Komponente i nach Gl. (3.31) berechnen. Analog den Herleitungen für die Mischung idealer Gase, die zu den Gln. (3.56) und (3.57) führten, erhalten wir für die ideale Mischung von Flüssigkeiten

$$\Delta G_i^{id} = R T \ln x_i \tag{3.75}$$

$$\Delta H_i^{id} = 0 \tag{3.76}$$

$$\Delta S_i^{id} = -R \ln x_i \tag{3.77}$$

$$\Delta V_i^{id} = 0 \tag{3.78}$$

Abb. 3.7 gilt daher nicht nur für binäre Mischungen idealer Gase, sondern ebenso für die ideale Mischung zweier Flüssigkeiten, wenn auf der Abszisse y_1 durch x_1 ersetzt wird.

Es sei nochmals betont, dass alle in diesem Abschnitt hergeleiteten Gleichungen ebenso für ideale Mischungen von Festkörpern, beispielsweise Legierungen, gelten.

3.4 Nichtideale Mischung realer Fluide

Bei nichtidealen oder realen Mischungen sind im Gegensatz zu idealen Mischungen die Mischungsenthalpie und das Mischungsvolumen nicht gleich Null. So beobachtet man bei der Mischung von Ethanol und Wasser bei Raumtemperatur eine Erwärmung und Volumenabnahme.

Die Eigenschaften realer Flüssigkeitsgemische werden sowohl durch konzentrations- und temperaturabhängige Mischungsgrößen als auch durch sog. Exzessgrößen, die die Abweichungen der Mischungsgrößen der realen Mischung von denen der idealen Mischung angeben, beschrieben. Reale Mischungen zeigen außerdem Abweichungen von dem für ideale Mischungen geltenden Raoultschen Gesetz, die durch eine neue thermodynamische Größe, den Aktivitätskoeffizienten, berücksichtigt werden. Für die Exzessgrößen und die Aktivitätskoeffizienten, werden mit Hilfe empirischer Modelle analytische Gleichungen formuliert, in denen stoffspezifische Parameter für die Reinkomponenten und binäre Parameter für die Mischung den speziellen Eigenschaften des Systems Rechnung tragen.

Mischungen realer Gase werden durch die von den Reinstoffen her bekannten Zustandsgleichungen beschrieben, wobei die Parameter der Reinkomponenten durch konzentrationsabhängige Parameter für die Mischung ersetzt werden. Diese Parameter werden mit Hilfe geeigneter Mischungsregeln aus den Parametern der Reinstoffe berechnet.

3.4.1 Henrysches Gesetz

Wir betrachten ein binäres Flüssigkeitsgemisch analog zu Abb. 3.8, das mit seinem Dampf im Gleichgewicht steht, und wollen die Partialdrücke der Komponenten in dem Dampfge-

Abb. 3.11 Partialdrü-
cke und Gesamtdruck in
Abhängigkeit der Zusam-
mensetzung der flüssigen
Mischphase für das System
1,4-Dioxan(1)/Wasser(2)
bei 35 °C. Das System zeigt
eine positive Abweichung
vom Raoultschen Gesetz mit
Dampfdruckmaximum. (Quel-
le: Landolt-Börnstein 1975)

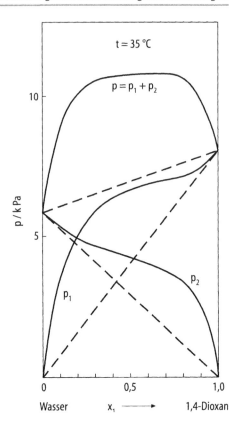

misch und den Dampfdruck berechnen. Wir setzen in diesem Abschnitt voraus, dass für
die Dampfphase das ideale Gasgesetz gilt und werden die Nichtidealität der Gasphase im
nächsten Abschnitt berücksichtigen.

Für reale Flüssigkeitsgemische gilt nicht das für ideale Mischungen formulierte Raoultsche Gesetz, d. h. die Partialdrücke der Komponenten und der Gesamtdruck über der
Mischung hängen nicht über den gesamten Konzentrationsbereich einfach linear von der
Konzentration der Mischung ab. Die Partialdrücke und der Gesamtdruck können dabei
sowohl unterhalb als auch oberhalb der linearen Beziehung, die dem Raoultschen Gesetz
entspricht, liegen; man spricht dann von Mischungen mit *unteridealem* bzw. *überidealem
Verhalten* oder von Mischungen mit *negativer* bzw. *positiver Abweichung*. Ein Beispiel
für ein binäres System mit stark positiver Abweichung zeigt Abb. 3.11.

Ob eine Mischung überideales oder unterideales Verhalten zeigt, hängt von den Eigenschaften der Komponenten ab, wie ähnlich sie einander chemisch sind, welche anziehenden oder abstoßenden Wechselwirkungen sie aufeinander ausüben. Auch wenn die Konzentrationsabhängigkeit des Dampfdrucks für verschiedene Systeme sehr unterschiedlich
sein kann, so ist allen Mischungen gemeinsam, dass der Partialdruck der im Überschuss
vorhandenen Komponente (Lösungsmittel) das Raoultsche Gesetz befolgt, der Partial-

Abb. 3.12 Schematische Darstellung des Partialdrucks von
Komponente 2 in Abhängig-
keit der Zusammensetzung
eines binären Flüssigkeitsgemisches.
----- Raoultsche Gerade, ideale
Mischung: $p_2 = x_2 p_2^0$,
·—·—·· Henrysche Gerade,
ideal verdünnte Lösung:
$p_2 = x_2 H_{2,1}$,
—— reales Verhalten.
Bereich a: Gültigkeitsbereich
des Raoultschen Gesetzes für
das Lösungsmittel.
Bereich b: Gültigkeitsbereich
des Henryschen Gesetzes für
den gelösten Stoff

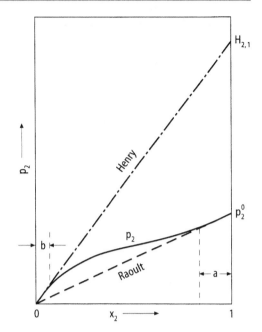

druck der verdünnt vorliegende Komponente (gelöste Substanz) das sog. Henrysche Gesetz befolgt. Dies Verhalten soll anhand von Abb. 3.12 erläutert werden.

Abb. 3.12 zeigt für eine binäre überideale Mischung schematisch den Konzentrationsverlauf des Partialdruckes von Komponente 2. Man erkennt, dass sich p_2 für Konzentrationen nahe $x_2 = 1$ der Raoultschen Gerade asymptotisch nähert; in diesem Konzentrationsbereich, in dem Komponente 2 im Überschuss vorliegt und das Lösungsmittel bildet,
folgt es also dem Raoultschen Gesetz (Gl. (3.58)):

$$p_2 = p_2^0 x_2 \quad (x_2 \to 1) \tag{3.79}$$

Bei Konzentrationen nahe $x_2 = 0$ findet man für $p_2(x_2)$ gleichfalls einen linearen Verlauf.
Der Anstieg unterscheidet sich allerdings vom Sättigungsdampfdruck der Raoultschen
Gerade. Man schreibt für ihn $H_{2,1}$ und nennt ihn *Henrysche Konstante* (oder Henryschen
Koeffizienten) der Komponente 2 in Komponente 1. Für die gelöste Substanz einer ver-
dünnten Lösung gilt somit

$$\boxed{p_2 = H_{2,1} x_2 \quad (x_2 \to 0)} \tag{3.80}$$

Diese Gleichung heißt *Henrysches Gesetz*. Die Konstante $H_{2,1}$ hängt für ein gegebenes
System von der Temperatur ab. Lösungen, die dem Henryschen Gesetz genügen, nennt
man *ideal verdünnte Lösungen*. Gl. (3.80) setzt voraus, dass sich die Gasphase ideal verhält. Ist dies nicht der Fall, so muss der Fugazitätskoeffizient berücksichtigt werden, wie
später gezeigt werden wird.

Die Gesetzmäßigkeit findet Anwendung vor allem bei der Berechnung der Löslichkeit von Gasen in Flüssigkeiten (s. Abschn. 4.4). Der Partialdruckbereich, für den das

Gesetz Ergebnisse mit ausreichender Genauigkeit liefert, hängt dabei ganz wesentlich davon ab, wie stark sich Lösungsmittel und gelöstes Gas in ihren chemischen Eigenschaften unterscheiden. Das Henrysche Gesetz ist auch Grundlage gaschromatographischer Trennverfahren, bei denen sich die Bestandteile des zu trennenden Substanzgemisches in der stationären Phase lösen.

Beispiel

Für eine verdünnte wässrige Lösung mit 4 mol% NH_3 betrage bei 20 °C der Gesamtdruck über der Mischung 6500 Pa, der Sättigungsdampfdruck reinen Wassers bei dieser Temperatur 2200 Pa. Man bestimme für eine wässrige Lösung mit 5 mol% NH_3 bei 20 °C

(a) die Partialdrücke beider Komponenten und den Gesamtdampfdruck

(b) die Zusammensetzung des Dampfes.

Die Gasphase kann als ideales Gas betrachtet werden.

Lösung: (a) Zur Berechnung der Partialdrücke wird für die im Überschuss vorliegende Komponente Wasser(1) das Raoultsche Gesetz, für die verdünnt vorliegende Komponente NH_3(2) das Henrysche Gesetz angewendet. Für die 4 mol%ige Lösung gilt zunächst $p_1 = x_1 p_1^0 = 0{,}96 \cdot 2200\,\text{Pa} = 2112\,\text{Pa}$, $p_2 = x_2 H_{2,1} = 0{,}04 H_{2,1}$, $p_1 + p_2 = p = 6500\,\text{Pa}$. Die Henrysche Konstante des Systems für 20 °C lässt sich nun aus $6500\,\text{Pa} = 2112\,\text{Pa} + 0{,}04 H_{2,1}$ berechnen zu $H_{2,1} = 109\,700\,\text{Pa}$.

Für die 5 mol%ige Lösung lauten die Gleichungen für die Partialdrücke und den Gesamtdruck entsprechend: $p_1 = x_1 p_1^0 = 2090\,\text{Pa}$, $p_2 = x_2 H_{2,1} = 5485\,\text{Pa}$, $p = p_1 + p_2 = 7575\,\text{Pa}$.

(b) Die Zusammensetzung des Dampfes folgt mit Gl. (3.47) zu: $y_2 = p_2/p = 0{,}724$, $y_1 = p_1/p = 0{,}276$. $y_1 + y_2 = 1$ ist erfüllt.

3.4.2 Fugazität und Fugazitätskoeffizient

Wie in Kap. 2 ausgeführt wurde, ist es zweckmäßig, das Verhalten realer Fluide mit Hilfe der Fugazität zu beschreiben anstatt mit Hilfe des für ideale Gase verwendeten Druckes. Hierzu ist es nötig, für die Mischung einen Standardzustand zu definieren, der mit einem hochgestellten + gekennzeichnet wird. Die Temperatur des Standardzustands ist die Temperatur T der Mischung, Druck p^+ und Zusammensetzung $x_1^+, \ldots, x_{K-1}^+$ des Standardzustands sind frei wählbar. Die Standardfugazität f_i^+ ist die Fugazität der Komponente i in diesem Standardzustand, so dass $f_i^+ = f_i\left(T, p^+, x_1^+, \ldots, x_{K-1}^+\right)$. Der Wert der Standardfugazität f_i^+ kann über die – jeweils abhängig von der Aufgabenstellung – geeignete Wahl eines Bezugszustandes willkürlich festgelegt werden. Ein Standardzustand könnte z. B. die reine Komponente i ($x_i^+ = 1$) beim Sättigungsdampfdruck ($p^+ = p_i^0$) oder bei Systemdruck ($p^+ = p$) sein. Später wird in Zusammenhang mit der Definition der Aktivität (Abschn. 3.4.3) und den Gleichgewichtsberechnungen (Kap. 4) genauer darauf eingegangen.

Die für das chemische Potential μ_i der Komponente i eines idealen Gases geltenden Beziehungen können auch auf reale Gase angewendet werden, wenn in den Gleichungen die Drücke durch Fugazitäten ersetzt werden. Gemäß Abschn. 2.1.3 gilt dann für das chemische Potential der Komponente i in der realen Mischung im Zustand $p, T, x_1, \ldots, x_{K-1}$ bezogen auf den Standardzustand

$$\mu_i(p, T, x_1, \ldots, x_{K-1}) = \mu_i\left(p^+, T, x_1^+, \ldots, x_{K-1}^+\right) + RT \ln \frac{f_i}{f_i^+} \tag{3.81}$$

Wir wollen nun das chemische Potential der Komponente i einer realen Mischung in Relation zu dem Wert in einer Mischung idealer Gase berechnen und wählen als Standardzustand den des idealen reinen Gases i. Für die Komponente i in einer Mischung idealer Gase folgt aus Gl. (3.81) – da für ideale Gase die Fugazität gleich dem Druck ist

$$\mu_i^{id}(p, T) = \mu_i^{id,0}(p^+, T) + RT \ln \frac{p_i}{p^+} \tag{3.82}$$

wobei $\mu_i^{id,0}(p^+, T)$ das chemische Potential der reinen Komponente i bei Standarddruck p^+ ist (s. auch Gl. (3.48)).

Für eine Mischung realer Fluide ist analog

$$\mu_i(p, T) = \mu_i^0(p^+, T) + RT \ln \frac{f_i}{p^+} \tag{3.83}$$

wobei der Standardzustand nach wie vor der des idealen Gases der reinen Komponente i ist, so dass die Standardpotentiale gleich sind: $\mu_i^0(p^+, T) = \mu_i^{id,0}(p^+, T)$. Durch Differenzbildung von Gln. (3.83) und (3.82) erhält man

$$\mu_i(p, T) - \mu_i^{id}(p, T) = RT \ln \frac{f_i}{p_i} \tag{3.84}$$

Die Nichtidealität des realen Fluids äußert sich im chemischen Potential also durch die Abweichung des Quotienten $\frac{f_i}{p_i}$ vom Wert Eins. Dieser Quotient heißt *Fugazitätskoeffizient* der Komponente i und wird mit φ_i bezeichnet:

$$\boxed{\varphi_i = \frac{f_i}{p_i}} \tag{3.85}$$

Verhält sich das Fluid wie ein ideales Gas, so ist natürlich $p_i = f_i$ und $\varphi_i = 1$. Da sich bei kleinen Drücken das Verhalten realer Gase dem idealer Gase annähert, ist

$$\boxed{\lim_{p \to 0} \varphi_i = 1} \tag{3.86}$$

Die Fugazitätskoeffizienten für die Komponenten einer Mischung sind abhängig von Druck, Temperatur und Zusammensetzung und werden i. a. aus empirischen Zustandsgleichungen berechnet (s. Abschn. 3.4.17).

Die Bedeutung der Fugazitätskoeffizienten φ_i liegt darin, dass mit ihrer Hilfe Phasengleichgewichte bestimmt werden können. Gelingt es etwa, die miteinander im Gleichgewicht stehende flüssige Phase und die Dampfphase eines Systems mit einer thermischen Zustandsgleichung zu beschreiben, so kann man die Fugazitätskoeffizienten in beiden Phasen und daraus das Phasengleichgewicht berechnen (s. Kap. 4).

Es sollen nun die Konzentrationsabhängigkeit der Fugazität und insbesondere die Grenzbereiche des fast reinen Lösungsmittels ($x_2 \rightarrow 1$) und der verdünnten Lösung ($x_2 \rightarrow 0$) diskutiert werden.

Abb. 3.13 zeigt schematisch die Fugazität der Komponente 2 in Abhängigkeit ihres Molenbruchs. Für Mischungen, deren Komponenten ähnliche physikalisch-chemische Eigenschaften haben, und bei niedrigen Drücken, für die die Gasphase annähernd ideal ist, ändert sich die Fugazität proportional mit dem Molenbruch gemäß

$$ f_i = x_i f_i^0 \qquad (3.87) $$

wobei f_i^0 die Fugazität der reinen Komponente i bei dem Druck und der Temperatur der Mischung ist. Gl. (3.87) ist die *Fugazitätsregel von Lewis*. Gleichbedeutend mit Gl. (3.87) ist die Aussage, dass der Fugazitätskoeffizient φ_i der Komponente i in der Mischung gleich dem Wert φ_i^0 der reinen Komponente ist:

$$ \varphi_i = \varphi_i^0 $$

φ_i ist dann nur druck- und temperaturabhängig und unabhängig von der Zusammensetzung der Mischung und der Natur der anderen Komponenten in der Mischung. Kann man die Gültigkeit des idealen Gasgesetzes voraussetzen, so lassen sich die Fugazitäten durch den Partialdruck p_i über der Mischung und den Sättigungsdampfdruck p_i^0 der reinen Komponente ersetzen, und die Lewis-Regel geht über in die bekannte Form des Raoultschen Gesetzes $p_i = x_i p_i^0$. Mischungen, die über den gesamten Konzentrationsbereich die Regel von Lewis erfüllen, sind ideale Mischungen.

Es sei darauf hingewiesen, dass – sofern eine der beiden Komponenten der Mischung die Lewis-Regel oder das Raoultsche Gesetz erfüllt – gemäß der Gibbs-Duhem-Relation auch die andere Komponente die Lewis-Regel bzw. das Raoultsche Gesetz erfüllt.

Für nichtideale Systeme stellt die Lewis-Regel für die im Überschuss vorliegende Lösungsmittelkomponente eine gute Näherung dar, wie Abb. 3.13 erkennen lässt: Für $x_2 \rightarrow 1$ mündet die Fugazität f_2 in die Gerade der Lewis-Regel ein.

Im Konzentrationsbereich der verdünnten Lösung $x_2 \rightarrow 0$ findet man häufig auch eine Proportionalität von f_2 mit x_2, aber der Proportionalitätsfaktor ist ein anderer als der für die Lösungsmittelkomponente, wie Abb. 3.13 zeigt. Man erhält den Proportionalitätsfaktor, wenn man bei $x_2 \rightarrow 0$ eine Tangente an den $f_2(x_2)$-Verlauf anlegt und sie bis zu $x_2 = 1$ extrapoliert. Der Anstieg der Tangente oder, gleichbedeutend, der Achsenabschnitt bei $x_2 = 1$, gibt die *Henrysche Konstante* $H_{2,1}$ der gelösten Komponente 2 im

Abb. 3.13 Schematischer Verlauf der Fugazität in Abhängigkeit der Zusammensetzung der Mischung.
----- Fugazitätsregel von Lewis: $f_2 = x_2 f_2^0$,
-·-·- Henrysches Gesetz: $f_2 = x_2 H_{2,1}$,
— reales Verhalten

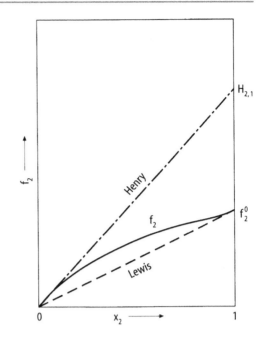

Lösungsmittel 1 an. Mit der mathematischen Definition

$$H_{2,1} = \lim_{x_2 \to 0} \frac{f_2}{x_2} \qquad (3.88)$$

lautet dann das *Henrysche Gesetz*

$$f_2 = H_{2,1} x_2 \qquad (3.89)$$

$H_{2,1}$ hängt stark von der Temperatur und nur leicht vom Druck ab. Kann man für die Dampfphase die Gültigkeit des idealen Gasgesetzes voraussetzen, so folgt aus Gl. (3.89) die vereinfachte Form des Henryschen Gesetzes $p_2 = H_{2,1} x_2$ für die ideal verdünnte Lösung (s. Gl. (3.80)). Die Henrysche Konstante ist insbesondere bei der Berechnung von Gaslöslichkeiten von Bedeutung (s. Abschn. 4.4).

3.4.3 Aktivität und Aktivitätskoeffizient

Um das Verhalten realer Mischungen im Vergleich zu idealen Mischungen zu beschreiben, ist es zweckmäßig, eine weitere Größe zusätzlich zur Fugazität zu definieren, die *Aktivität* a_i. Sie ist das Verhältnis der Fugazität der Komponente i in der Mischung zu der

Standardfugazität f_i^+:

$$a_i = \frac{f_i}{f_i^+}$$ (3.90)

f_i ist die Fugazität der Komponente i bei Systemdruck, Systemtemperatur und der Zusammensetzung der Mischung: $f_i(p, T, x_1, \ldots x_{K-1})$; f_i^+ ist die Fugazität der Komponente i bei Systemtemperatur und bei geeignet zu wählenden Werten für den Standarddruck p^+ und die Standardzusammensetzung x^+: $f_i^+(p^+, T, x_1^+, \ldots, x_{K-1}^+)$. Setzt man diese Definitionsgleichung für a_i in Gl. (3.81) ein, so erhält man für das chemische Potential der Komponente i in der Mischung

$$\mu_i(p, T, x_1, \ldots, x_{K-1}) = \mu_i\left(p^+, T, x_1^+, \ldots, x_{K-1}^+\right) + RT \ln a_i$$

Ist der Standardzustand die reine Komponente i ($x_i^+ = 1$) bei ihrem Sättigungsdruck ($p^+ = p_i^0$), so folgt daraus

$$\mu_i = \mu_i^0 + RT \ln a_i$$ (3.91)

Stellt man dieser Gleichung diejenige für die ideale Mischung (Gl. (3.66)) gegenüber:

$$\mu_i^{id} = \mu_i^0 + RT \ln x_i$$

so erhält man als Differenz

$$\mu_i - \mu_i^{id} = RT \ln \frac{a_i}{x_i}$$ (3.92)

Diese Beziehung legt die Definition einer weiteren Größe, des *Aktivitätskoeffizienten* γ_i nahe:

$$\gamma_i = \frac{a_i}{x_i}$$ (3.93)

Der Aktivitätskoeffizient ist allgemein als Verhältnis der Aktivität zu einem geeigneten Konzentrationsmaß definiert. Üblicherweise wird der Molenbruch als Konzentrationsmaß gewählt, wie auch Gl. (3.93) widerspiegelt. Falls ein anderes Maß gewählt wird, ändert sich natürlich der Wert des Aktivitätskoeffizienten. Tatsächlich verwendet man für wässrige Lösungen gelegentlich die Molarität oder Molalität und für Polymerlösungen den Volumenbruch.

Für den Fall, dass sich die Dampfphase wie das ideale Gas verhält, lässt sich Gl. (3.90) vereinfachen. Die Fugazität f_i kann dann durch den Partialdruck p_i im Dampf ersetzt werden und die Standardfugazität f_i^+ durch p_i^0, wenn wir als Standardzustand die reine Komponente i bei Systemtemperatur und Sättigungsdruck im Aggregatszustand der Mischung wählen. Damit erhält man

$$a_i = \frac{p_i}{p_i^0}$$ (3.94)

oder mit Gl. (3.93)

$$\boxed{p_i = \gamma_i x_i p_i^0}$$ (3.95)

Hieraus folgt unmittelbar, dass das Raoultsche Gesetz, $p_i = x_i p_i^0$, gleichbedeutend ist mit $a_i = x_i$ oder

$$\gamma_i = 1$$ (3.96)

Für das Henrysche Gesetz, $p_i = H_{i,1} x_i$ für $x_i \to 0$, folgt analog, dass im Bereich idealer Verdünnung von Komponente i im Lösungsmittel 1

$$\gamma_i = \text{const}$$ (3.97)

unabhängig von der Konzentration ist, denn $H_{i,1}$ und p_i^0 selbst hängen nicht von der Konzentration ab.

Der Aktivitätskoeffizient lässt sich also als Korrekturfaktor bezüglich des Molenbruchs interpretieren, der Abweichungen von der Idealität angibt. Er zeigt eine starke Konzentrationsabhängigkeit, die einen großen Einfluss auf die Phasengleichgewichte hat.

Da in die Definitionen von a_i und γ_i die Standardfugazität direkt eingeht, muss der Standardzustand (Temperatur, Druck und Zusammensetzung der Bezugsmischung) genau spezifiziert sein, wenn man Werte für a_i und γ_i angibt. Da der Standardzustand willkürlich gewählt werden kann, vereinbart man der Einfachheit halber entweder die reine Komponente oder – seltener – die ideal verdünnte Lösung als Bezugszustand, denn in beiden Fällen nimmt der Aktivitätskoeffizient dort den Wert Eins an, wie nun gezeigt werden soll.

Wenn als Standardzustand die reine Komponente i bei Systemdruck und Systemtemperatur im Aggregatszustand der Mischung gewählt wird, ist die Standardfugazität gleich der Fugazität der reinen Komponente i, $f_i^+ = f_i^0$, und daher

$$\gamma_i \to 1 \quad \text{für} \quad x_i \to 1 \quad (i = 1,2)$$ (3.98)

Da für beide Komponenten $\gamma_i \to 1$ für $x_i \to 1$ gilt, nennt man diese *Normierung symmetrisch*. Beide Komponenten erfüllen das Raoultsche Gesetz in der Form der Gl. (3.96).

In verdünnten Lösungen, in denen eine Komponente nur begrenzt im Lösungsmittel löslich ist, ist häufig ein anderer Standardzustand als der der reinen Komponente geeigneter. Wenn beispielsweise die gelöste Komponente in ihrem Reinzustand bei Systemdruck und -temperatur nicht im selben Aggregatszustand stabil ist wie die Mischung, definiert man häufig γ_i bezüglich der ideal verdünnten Lösung als Bezugszustand. Man bezieht sich also auf das Henrysche Gesetz, so dass $f_2^+ = H_{2,1}$ und somit $\gamma_2 = \frac{f_2}{x_2 H_{2,1}}$. Für $x_2 \to 0$ ist $f_2/x_2 \to H_{2,1}$ und somit gilt für den gelösten Stoff

$$\gamma_2^* \to 1 \quad \text{für} \quad x_2 \to 0.$$ (3.99a)

Hingegen ist für die Lösungsmittelkomponente

$$\gamma_1 \to 1 \quad \text{für} \quad x_1 \to 1.$$ (3.99b)

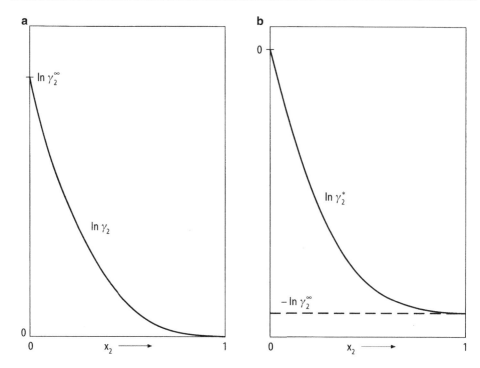

Abb. 3.14 Der Aktivitätskoeffizient für **a** symmetrische und **b** unsymmetrische Normierung. Die Aktivitätskoeffizienten aus beiden Normierungen, γ_2 und γ_2^*, sind miteinander verknüpft: Da die Fugazitäten in beiden Normierungen übereinstimmen, gilt $f_2 = \gamma_2 x_2 f_2^0 = \gamma_2^* x_2 H_{2,1}$ und daher $\frac{\gamma_2}{\gamma_2^*} = \frac{H_{2,1}}{f_2^0} = \lim_{x_2 \to 0} \frac{f_2/f_2^0}{x_2} = \lim_{x_2 \to 0} \frac{a_2}{x_2} = \gamma_2^\infty$, wobei γ_2^∞ der Aktivitätskoeffizient der Komponente 2 bei unendlicher Verdünnung in symmetrischer Normierung mit der reinen Komponente 2 als Standardzustand ist. Hieraus folgen die Beziehungen $\ln \gamma_2 = \ln \gamma_2^* + \ln \gamma_2^\infty$ und $\ln \gamma_2^*(x_2 = 1) = -\ln \gamma_2^\infty$, die sich graphisch im Vergleich der Diagramme **a** und **b** erkennen lassen

Da die Komponenten 1 und 2 auf unterschiedliche Weise normiert sind, nennt man diese *Normierung unsymmetrisch* und kennzeichnet sie durch einen Stern (*).

In Abb. 3.14 sind die Aktivitätskoeffizienten für beide Normierungen im Vergleich dargestellt. Man erkennt, dass für $x_2 \to 1$ $\ln \gamma_2 \to 0$ und damit $\gamma_2 \to 1$ in der symmetrischen Normierung gilt (gemäß Gl. (3.98)), wohingegen in der unsymmetrischen Normierung $\ln \gamma_2^* \to 0$ und damit $\gamma_2^* \to 1$ für $x_2 \to 0$ gilt (gemäß Gl. (3.99a)). Das Diagramm zeigt, dass für Mischungen, für die $\gamma_i > 1$ in der symmetrischen Normierung ist, in der unsymmetrischen Normierung $\gamma_i^* < 1$ über den gesamten Konzentrationsbereich ist.

Abb. 3.15 zeigt Beispiele für die Konzentrationsabhängigkeit des Aktivitätskoeffizienten in symmetrischer Normierung für unterideale Mischungen, für die $\gamma_i < 1$ oder $\ln \gamma_i < 0$ ist, und überideale Mischungen, für die $\gamma_i > 1$ oder $\ln \gamma_i > 0$ ist. In beiden Fällen nähert sich in dem Konzentrationsbereich des Lösungsmittels ($x_i \to 1$) γ_i dem Wert 1 (s. Gl. (3.98)). Im Grenzfall der verdünnten Lösung ($x_i \to 0$) ist γ_i konstant, unabhängig

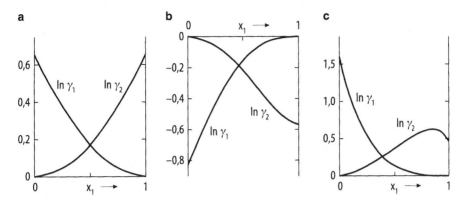

Abb. 3.15 Konzentrationsverlauf der Aktivitätskoeffizienten (logarithmische Auftragung) bei 50 °C in symmetrischer Normierung für die Systeme aus Abb. 3.2: **a** das überideale System Aceton(1)/Methanol(2), **b** das unterideale System Aceton(1)/Chloroform(2), **c** das überideale System Ethanol(1)/Chloroform(2) (nach Perry und Green 1997)

von der Konzentration; für $x_i \to 0$ ist nämlich $f_i = H_{i,1}x_i$ und für die symmetrische Normierung $f_i^+ = f_i^0$, so dass $\gamma_i = \frac{a_i}{x_i} = \frac{f_i}{f_i^+ x_i} = \frac{H_{i,1}x_i}{f_i^0 x_i} = \frac{H_{i,1}}{f_i^0}$; da $H_{i,1}$ und f_i^0 beide unabhängig von der Konzentration sind, ist γ_i konstant und die Lösung ist ideal verdünnt im Sinne des Henryschen Gesetzes.

In Abb. 3.14 sind die *Aktivitätskoeffizienten bei unendlicher Verdünnung* eingetragen. Sie werden mit γ_i^∞ bezeichnet und sind definiert durch

$$\gamma_i^\infty = \lim_{x_i \to 0} \gamma_i \tag{3.100}$$

Häufig werden aus experimentell bestimmten γ_i^∞-Werten Parameter für Modellgleichungen der freien Exzessenthalpie gewonnen (s. Abschn. 3.4.5), und mit ihrer Hilfe können dann Werte für die Aktivitätskoeffizienten auch für andere Konzentrationen berechnet werden.

Abb. 3.16 zeigt schematisch den Konzentrationsverlauf der Aktivität und des Aktivitätskoeffizienten für verschiedene Typen von Mischungen. Im Konzentrationsbereich $x_2 \to 1$ erfüllt das Lösungsmittel das Raoultsche Gesetz, im Konzentrationsbereich $x_2 \to 0$ erfüllt der gelöste Stoff das Henrysche Gesetz.

Der Wert des Aktivitätskoeffizienten ändert sich mit der Zusammensetzung, dem Druck und der Temperatur der Mischung. Er ist keine stoffspezifische Größe der einzelnen Komponente, sondern er hängt ganz entscheidend von den Eigenschaften der anderen Komponenten in der Mischung ab. Beispielsweise sind die Aktivitätskoeffizienten von Aceton in einer Mischung mit Chloroform kleiner als 1, in einer Mischung mit Methanol aber größer als 1 (für den Bezugszustand reinen Acetons) (vgl. Abb. 3.15). Die Aktivitätskoeffizienten der Komponenten einer Mischung sind nicht unabhängig voneinander, sondern durch die Gibbs-Duhem-Gleichung miteinander verknüpft (s. Abschn. 3.4.4).

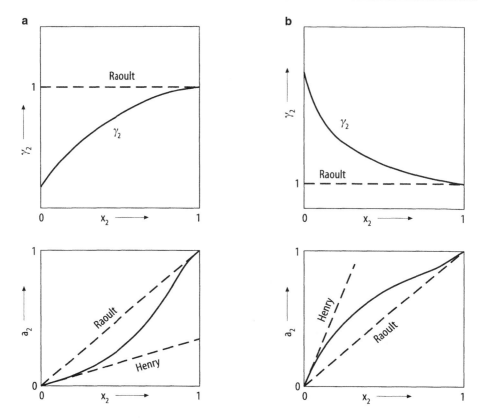

Abb. 3.16 Schematischer Konzentrationsverlauf für die Aktivität und den Aktivitätskoeffizienten (symmetrische Normierung) einer binären Mischung mit **a** negativer und **b** positiver Abweichung vom Raoultschen Gesetz

Werte des Aktivitätskoeffizienten, seine Konzentrations- und Temperaturabhängigkeit, werden benötigt, um Phasengleichgewichte zu berechnen (s. Kap. 4). Die Berechnung von Aktivitäten und Aktivitätskoeffizienten für verschiedene Mischungen erfolgt mit Hilfe von Modellgleichungen (s. Abschn. 3.4.6).

Beispiel

Das System Ethylacetat(1)/Ethanol(2) hat einen sog. azeotropen Punkt bei $t = 71{,}1\,°\text{C}$, $x_1 = 0{,}537$, $p = 10^5\,\text{Pa}$. Der azeotrope Punkt ist dadurch charakterisiert, dass der Dampf dieselbe Zusammensetzung hat wie die Flüssigkeit (s. Abschn. 4.3.1). Man berechne die Partialdrücke und die Aktivitätskoeffizienten der beiden Komponenten für diesen Punkt, wenn als Standardzustand die reine Komponente i bei Systemtemperatur und Sättigungsdampfdruck p_i^0 gewählt wird. Die Sättigungsdampfdrücke der reinen Komponenten bei der Temperatur sind $p_1^0 = 829{,}1\,\text{hPa}$, $p_2^0 = 756{,}9\,\text{hPa}$. Es kann vorausgesetzt werden, dass die Gasphase sich wie das ideale Gas verhält.

Lösung: Der Partialdruck p_i der Komponente i ist nach Gl. (3.47) $p_i = y_i p$, wobei p der Gesamtdruck über der Mischung ist, in unserem Beispiel $p = 1000\,\text{hPa}$. x_i und y_i seien die Molenbrüche der Komponente i in der flüssigen bzw. dampfförmigen Phase. Im azeotropen Punkt gilt $y_1 = x_1 = 0{,}537$ $y_2 = x_2 = 0{,}463$ und daher $p_1 = y_1 p = 537\,\text{hPa}$, $p_2 = y_2 p = 463\,\text{hPa}$. Da die Gasphase ideal ist, können die Aktivitätskoeffizienten mit Hilfe von Gl. (3.95) berechnet werden gemäß $\gamma_i = p_i/(x_i p_i^0)$ zu $\gamma_1 = 1{,}206$ und $\gamma_2 = 1{,}321$.

3.4.4 Mischungsgrößen und Exzessgrößen

Der Aktivitätskoeffizient beschreibt die Abweichung der realen Mischung von der idealen Mischung für jede einzelne Komponente einer Mischung. Die im folgenden definierten Exzessgrößen geben diese Abweichungen vom Idealverhalten als integrale Größe für die gesamte Mischung an, wobei die freie Exzessenthalpie direkt mit den Aktivitätskoeffizienten der Komponenten verknüpft ist.

Mischungsgrößen

Für eine reale Mischung von n_1 Molen der Komponente 1, n_2 Molen der Komponente 2,... und n_K Molen der Komponente K ist die Mischungsgröße ΔZ allgemein durch Gl. (3.23a) definiert als

$$\Delta Z = Z - \sum n_i Z_i^0$$

wobei Z die Zustandsgröße der Mischung und Z_i^0 die Zustandsgröße der reinen Komponente i unter den Bedingungen von Druck und Temperatur der Mischung bedeuten. ΔZ ist i. a. nicht nur temperatur- und druckabhängig, sondern vor allem auch konzentrationsabhängig.

Für die freie Mischungsenthalpie erhält man daraus und mit den Gln. (3.28) und (3.26)

$$\Delta G = G - \sum n_i G_i^0 = \sum n_i G_i - \sum n_i G_i^0 = \sum n_i (\mu_i - \mu_i^0)$$

Mit $\mu_i - \mu_i^0$ aus Gl. (3.91) erhält man

$$\Delta G = RT \sum n_i \ln a_i \qquad (3.101)$$

Für die molare freie Mischungsenthalpie folgt

$$\boxed{\Delta G_m = RT \sum_i x_i \ln a_i} \qquad (3.102)$$

Die freie Mischungsenthalpie der realen Mischung kann also durch die gleiche Beziehung beschrieben werden, wie die der idealen Mischung, wenn in Gl. (3.68) im Logarithmus der Molenbruch durch die Aktivität ersetzt wird.

Tab. 3.6 Beziehungen zwischen verschiedenen Mischungsgrößen, Exzessgrößen und partiellen molaren Exzessgrößen

Zustands-größe	Molare Mischungsgröße	Molare Exzessgröße der Mischung	Partielle molare Exzess-größe der Komponente i in der Mischung
Volumen	$\Delta V_{\mathrm{m}} = \left(\frac{\partial \Delta G_{\mathrm{m}}}{\partial p}\right)_{T,x_{\mathrm{i}}}$	$V_{\mathrm{m}}^{\mathrm{ex}} = \left(\frac{\partial G_{\mathrm{m}}^{\mathrm{ex}}}{\partial p}\right)_{T,x_{\mathrm{i}}}$	$V_{\mathrm{i}}^{\mathrm{ex}} = \left(\frac{\partial G_{\mathrm{i}}^{\mathrm{ex}}}{\partial p}\right)_{T,x_{\mathrm{j}}}$
Entropie	$\Delta S_{\mathrm{m}} = -\left(\frac{\partial \Delta G_{\mathrm{m}}}{\partial T}\right)_{p,x_{\mathrm{i}}}$	$S_{\mathrm{m}}^{\mathrm{ex}} = -\left(\frac{\partial G_{\mathrm{m}}^{\mathrm{ex}}}{T}\right)_{p,x_{\mathrm{i}}}$	$S_{\mathrm{i}}^{\mathrm{ex}} = -\left(\frac{\partial G_{\mathrm{i}}^{\mathrm{ex}}}{\partial T}\right)_{p,x_{\mathrm{j}}}$
Enthalpie	$\Delta H_{\mathrm{m}} = -T^{2}\left[\frac{\partial}{\partial T}\left(\frac{\Delta G_{\mathrm{m}}}{T}\right)\right]_{p,x_{\mathrm{i}}}$	$H_{\mathrm{m}}^{\mathrm{ex}} = -T^{2}\left[\frac{\partial}{\partial T}\left(\frac{G_{\mathrm{m}}^{\mathrm{ex}}}{T}\right)\right]_{p,x_{\mathrm{i}}}$	$H_{\mathrm{i}}^{\mathrm{ex}} = -T^{2}\left[\frac{\partial}{\partial T}\left(\frac{G_{\mathrm{i}}^{\mathrm{ex}}}{T}\right)\right]_{p,x_{\mathrm{j}}}$

Mit Hilfe der in Abschn. 1.5.1 und Abschn. 1.5.2 hergeleiteten Gln. (1.230), (1.231) und (1.236) lassen sich aus ΔG_{m} andere molare Mischungsgrößen berechnen; diese sind in Tab. 3.6 zusammengefasst.

Molare Exzessgrößen

Die Differenz aus der Mischungsgröße für die reale Mischung und dem Wert für die ideale Mischung nennt man *Exzessgröße* oder *Zusatzgröße* (gelegentlich auch Überschussgröße) und kennzeichnet sie durch den Index ex. Exzessgrößen sind also definiert durch

$$Z^{\mathrm{ex}} = \Delta Z - \Delta Z^{\mathrm{id}}$$

und die molaren Exzessgrößen entsprechend durch

$$\boxed{Z_{\mathrm{m}}^{\mathrm{ex}} = \Delta Z_{\mathrm{m}} - \Delta Z_{\mathrm{m}}^{\mathrm{id}}} \tag{3.103}$$

Z^{ex} und $Z_{\mathrm{m}}^{\mathrm{ex}}$ lassen sich auch über die Zustandsgrößen Z und Z^{id} des Gemisches definieren:

$$Z^{\mathrm{ex}} = Z - Z^{\mathrm{id}}$$
$$Z_{\mathrm{m}}^{\mathrm{ex}} = Z_{\mathrm{m}} - Z_{\mathrm{m}}^{\mathrm{id}}$$

Da $\Delta V_{\mathrm{m}}^{\mathrm{id}} = 0$ und $\Delta H_{\mathrm{m}}^{\mathrm{id}} = 0$ gilt, ist $V_{\mathrm{m}}^{\mathrm{ex}} = \Delta V_{\mathrm{m}}$ und $H_{\mathrm{m}}^{\mathrm{ex}} = \Delta H_{\mathrm{m}}$.

Für die molare Exzessentropie und molare freie Exzessenthalpie gilt hingegen

$$S_{\mathrm{m}}^{\mathrm{ex}} = \Delta S_{\mathrm{m}} - \Delta S_{\mathrm{m}}^{\mathrm{id}} = \Delta S_{\mathrm{m}} + R\sum x_{\mathrm{i}}\ln x_{\mathrm{i}}$$
$$G_{\mathrm{m}}^{\mathrm{ex}} = \Delta G_{\mathrm{m}} - \Delta G_{\mathrm{m}}^{\mathrm{id}} = \Delta G_{\mathrm{m}} - RT\sum x_{\mathrm{i}}\ln x_{\mathrm{i}}.$$

Mit Hilfe der in Abschn. 1.5.1 und Abschn. 1.5.2 hergeleiteten Relationen lassen sich aus $G_{\mathrm{m}}^{\mathrm{ex}}$ andere molare Mischungsgrößen berechnen; diese sind in Tab. 3.6 zusammengefasst.

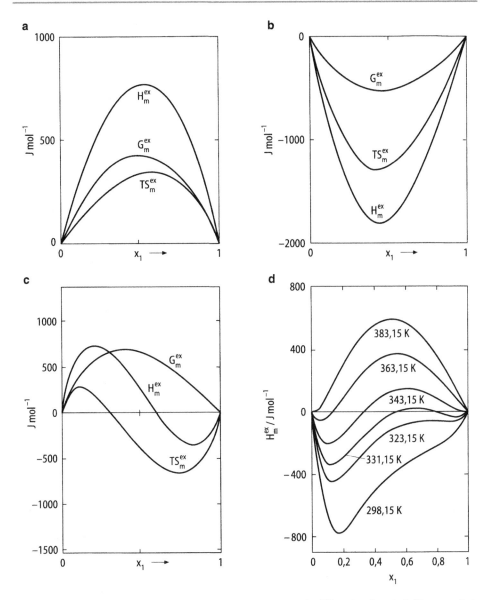

Abb. 3.17 Molare Exzessenthalpie H_m^{ex}, molare Exzessentropie S_m^{ex} und molare freie Exzessenthalpie G_m^{ex} bei 50 °C in Abhängigkeit der Zusammensetzung für die Systeme **a** Aceton(1)/Methanol(2), **b** Aceton(1)/Chloroform(2), **c** Ethanol(1)/Chloroform(2). Man vergleiche die Verläufe der Exzessgrößen mit denen der Mischungsgrößen in Abb. 3.2. **d** Temperaturabhängigkeit der molaren Exzessenthalpie für das System Ethanol(1)/Wasser(2) (nach Perry und Green 1997; Larkin 1975)

Abb. 3.17 zeigt den Konzentrationsverlauf der Exzessgrößen einiger Systeme. S_m^{ex}, H_m^{ex} und G_m^{ex} können positive oder negative Werte annehmen oder ihr Vorzeichen wechseln. Man beachte, dass für die Mischungsgrößen etwas anderes galt (vgl. Abb. 3.2): ΔG_m ist immer negativ, da im Gleichgewicht die freie Enthalpie ein Minimum annimmt, und ΔS_m ist mit wenigen Ausnahmen immer positiv aufgrund der zunehmenden Unordung durch die Vermischung.

Abb. 3.17d gibt einen Eindruck von der Temperaturabhängigkeit der molaren Exzessenthalpie am Beispiel von Ethanol/Wasser-Mischungen.

Partielle molare Exzessgrößen

Aus den Exzessgrößen Z^{ex} lassen sich nach Gl. (3.25) die partiellen molaren Exzessgrößen Z_i^{ex} ableiten:

$$\boxed{Z_i^{ex} = \left(\frac{\partial Z^{ex}}{\partial n_i}\right)_{p,T,n_{j\neq i}}} \qquad (3.104)$$

Sie können graphisch mit Hilfe der Achsenabschnittsmethode (s. Abschn. 3.1.6) aus den molaren Exzessgrößen gewonnen werden.

Durch Addition der partiellen molaren Größen erhält man wegen Gl. (3.29) die molaren Überschussgrößen:

$$H_m^{ex} = \sum x_i H_i^{ex}$$
$$S_m^{ex} = \sum x_i S_i^{ex}$$
$$G_m^{ex} = \sum x_i \mu_i^{ex} = H_m^{ex} - T S_m^{ex}$$

Auch die partiellen molaren Exzessgrößen stehen aufgrund der in Abschn. 1.5.1 und Abschn. 1.5.2 hergeleiteten Relationen miteinander in Beziehung (s. Tab. 3.6).

Die Mischungsgrößen und Exzessgrößen sind im Anhang in Tab. A.11 zusammengestellt.

Beispiel

Für das System Benzol(1)/Cyclohexan(2) sollen das molare Exzessvolumen der Mischung und die partiellen molaren Exzessvolumina der Komponenten bei 1,013 bar und 30 °C als Funktion des Molenbruchs der Mischung berechnet und graphisch dargestellt werden. Die Konzentrationsabhängigkeit des Molvolumens von Benzol/Cyclohexan-Mischungen für 1,013 bar und 30 °C sei aus dem Beispiel in Abschn. 3.1.5 bekannt: $\frac{V_m}{cm^3\,mol^{-1}} = 109,4 - 16,8x_1 - 2,64x_1^2$.

Lösung: Das molare Exzessvolumen ist definiert durch $V_m^{ex} = V_m - V_m^{id}$, wobei das Molvolumen der idealen Mischung nach $V_m^{id} = x_1 V_1^0 + x_2 V_2^0$ aus den Reinstoff-Molvolumina V_1^0 und V_2^0 berechnet wird. Werte für V_1^0 und V_2^0 folgen aus der Gleichung für V_m, wenn darin $x_1 = 1$ bzw. $x_2 = 1$ gesetzt wird: $V_1^0 = 89,96$ cm^3 mol^{-1} und $V_2^0 = 109,4$ cm^3 mol^{-1}. Im folgenden sind alle Volumina in cm^3 mol^{-1} angegeben, so dass die Einheit in den Gleichungen der Übersichtlichkeit fortgelassen wird. Somit folgt für die Konzentrationsabhängigkeit von V_m^{id}: $V_m^{id} = 89,96x_1 + 109,4x_2 = 109,4 - 19,44x_1$ und für das molare Exzessvolumen $V_m^{ex} = 2,64x_1x_2$.

Die partiellen molaren Exzessvolumina werden aus dem Exzessvolumen durch partielle Differentiation gemäß Gl. (3.104) berechnet:

$$V_1^{ex} = \left(\frac{\partial V^{ex}}{\partial n_1}\right)_{p,T,n_2} = 2{,}64\left(\frac{n_2}{n} - \frac{n_1 n_2}{n^2}\right) = 2{,}64 x_2^2$$

Analog erhält man $V_2^{ex} = 2{,}64 x_1^2$

Die für einige Werte von x_1 berechneten Werte von V_m^{ex}, V_1^{ex} und V_2^{ex} sind in folgender Tabelle und in dem Diagramm zusammengestellt:

x_1	V_m^{ex} cm^3 mol^{-1}	V_1^{ex} cm^3 mol^{-1}	V_2^{ex} cm^3 mol^{-1}
0,0	0,00	2,64	0,00
0,25	0,50	1,49	0,17
0,50	0,66	0,66	0,66
0,75	0,50	0,17	1,49
1,0	0,00	0,00	2,64

Man beachte, dass V_m^{ex} mit dem Mischungsvolumen ΔV_m aus dem Beispiel in Abschn. 3.1.5 übereinstimmt (da $\Delta V_m^{id} = 0$) und für diese einfache Mischung die Exzessvolumina symmetrisch sind.

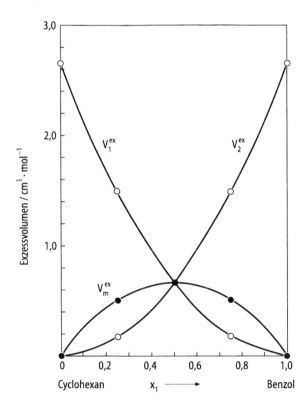

Es sei darauf hingewiesen, dass die Berechnungen auch in etwas anderer aber völlig gleichwertiger Weise ausgeführt werden können, indem man zunächst die partiellen molaren Exzessvolumina und daraus das molare Exzessvolumen berechnet: Wie in dem Beispiel in Abschn. 3.1.5 gezeigt, können aus dem Konzentrationsverlauf von V_m die partiellen Molvolumina der Komponenten zu $V_1 = 92{,}6 - 2{,}64(2x_1 - x_1^2)$ und $V_2 = 109{,}4 + 2{,}64 x_1^2$ und daraus mit $V_i^{ex} = V_i - V_i^0$ die partiellen molaren Exzessvolumina zu $V_1^{ex} = 2{,}64 x_2^2$ und $V_2^{ex} = 2{,}64 x_1^2$ berechnet werden. Schließlich folgt $V_m^{ex} = x_1 V_1^{ex} + x_2 V_2^{ex} = 2{,}64 x_1 x_2$.

Gibbs-Duhem-Gleichung

Es soll nun eine nützliche Beziehung, die die Aktivitäten der Komponenten miteinander verknüpft, hergeleitet werden.

Für ein binäres System lautet die Gibbs-Duhem-Gleichung (3.37) für die freie Mischungsenthalpie ΔG als Zustandsgröße Z

$$x_1 d\Delta\mu_1 + x_2 d\Delta\mu_2 = 0 \quad (p, T = \text{const})$$

Da für die partielle molare freie Mischungsenthalpie $\Delta G_i = \Delta\mu_i$ der Komponente i wegen Gl. (3.91) $\Delta\mu_i = RT \ln a_i$ gilt, lautet die Gibbs-Duhem-Gleichung

$$x_1 d\ln a_1 + x_2 d\ln a_2 = 0 \quad (p, T = \text{const})$$

und wegen $dx_1 = -dx_2$

$$\boxed{x_1 \frac{d\ln a_1}{dx_1} = x_2 \frac{d\ln a_2}{dx_2} \quad (p, T = \text{const})} \tag{3.105}$$

Diese Gleichung zeigt, dass die Konzentrationsverläufe der Aktivitäten nicht unabhängig voneinander sind.

3.4.5 Aktivitätskoeffizienten aus Exzessgrößen

Das chemische Exzesspotential ergibt sich sofort aus den Gln. (3.92) und (3.93) zu

$$\boxed{\mu_i^{ex} = \mu_i - \mu_i^{id} = RT \ln \gamma_i} \tag{3.106}$$

woraus wegen $G_m^{ex} = \sum x_i \mu_i^{ex}$ für die molare freie Exzessenthalpie

$$\boxed{G_m^{ex} = RT \sum_i x_i \ln \gamma_i} \tag{3.107}$$

folgt. Die freie Exzessenthalpie für eine Mischung aus $n = \sum n_i$ Molen ist daher

$$G^{ex} = n G_m^{ex} = RT \sum n_i \ln \gamma_i$$

Daher kann man bei Kenntnis der Aktivitätskoeffizienten in Abhängigkeit der Zusammensetzung die freie Exzessenthalpie berechnen.

Umgekehrt können aus der Konzentrationsabhängigkeit der freien Exzessenthalpie die Aktivitätskoeffizienten berechnet werden: Berücksichtigt man die Definitionsgleichung für das chemische Potential und Gl. (3.106), so erhält man

$$\left(\frac{\partial G^{ex}}{\partial n_i}\right)_{p,T,n_j} = \mu_i^{ex} = RT \ln \gamma_i \qquad (3.108)$$

Für binäre Systeme lassen sich γ_1 und γ_2 mit Hilfe der Achsenabschnittsmethode (Abschn. 3.1.6) bestimmen: Wendet man Gln. (3.40) und (3.41) auf die freie Exzessenthalpie G^{ex} als Zustandsgröße Z an, so erhält man wegen $\mu_i^{ex} = G_i^{ex}$ und Gl. (3.108)

$$RT \ln \gamma_i = G_m^{ex} + (1 - x_i)\frac{dG_m^{ex}}{dx_i} \qquad (p, T = \text{const})$$

Für den Aktivitätskoeffizienten bei unendlicher Verdünnung, γ_i^{∞}, definiert durch Gl. (3.100), folgt hieraus unter Berücksichtigung der Randbedingung $G_m^{ex} = 0$ für $x_1 = 0$ und $x_2 = 0$:

$$RT \ln \gamma_i^{\infty} = \left(\frac{dG_m^{ex}}{dx_i}\right)_{x_i \to 0} \qquad (p, T = \text{const})$$

Die graphische Ermittlung nach der Achsenabschnittsmethode ist in Abb. 3.18 dargestellt. Legt man an die Kurve G_m^{ex} bei der betreffenden Konzentration x_1 der Mischung eine

Abb. 3.18 Zusammenhang zwischen der molaren freien Exzessenthalpie $G_m^{ex} = x_1\mu_1^{ex} + x_2\mu_2^{ex}$ und den chemischen Exzesspotentialen $\mu_1^{ex} = RT \ln \gamma_1$ und $\mu_2^{ex} = RT \ln \gamma_2$ einer binären Mischung

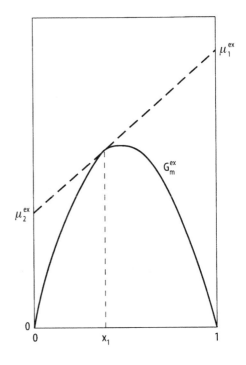

Tangente, so kann man die Werte für RT ln γ_1 und RT ln γ_2 für die Zusammensetzung x_1 als Abschnitte der Tangente auf den Reinstoffachsen $x_1 = 1$ bzw. $x_2 = 1$ ablesen. Abb. 3.18 veranschaulicht auch, dass sich γ_1 und γ_2 mit der Konzentration ändern: Denn für eine andere Konzentration muss die Tangente an einen anderen Punkt der Kurve G_m^{ex} (x_1) gelegt werden, und damit ändern sich auch der Anstieg und die Achsenabschnitte der Tangente.

Gibbs-Duhem-Gleichung

Es wurde bereits erwähnt, dass die Aktivitätskoeffizienten nicht unabhängig voneinander, sondern durch die Gibbs-Duhem-Gleichung miteinander verknüpft sind, wie nun gezeigt wird. Wir ersetzen in der Gibbs-Duhem-Gl. (3.37) die partielle molare Zustandsgröße Z_i durch die partielle molare freie Exzessenthalpie, oder gleichbedeutend, das chemische Exzesspotential μ_i^{ex} und erhalten für isotherm-isobare Bedingungen

$$\sum x_i\, d\mu_i^{ex} = 0 \quad (p,\, T = \text{const})$$

und mit Gl. (3.108)

$$\sum x_i\, d\ln\gamma_i = 0 \quad (p,\, T = \text{const}) \tag{3.109}$$

Für binäre Mischungen folgt daraus

$$x_1\, d\ln\gamma_1 + x_2\, d\ln\gamma_2 = 0$$

und wegen $dx_1 = -dx_2$

$$\boxed{x_1 \frac{d\ln\gamma_1}{dx_1} = x_2 \frac{d\ln\gamma_2}{dx_2} \quad (p,\, T = \text{const})} \tag{3.110}$$

Diese Form der Gibbs-Duhem-Gleichung zeigt die Verknüpfung der Aktivitätskoeffizienten für die Komponenten einer Mischung. Liegen Daten für γ_1 in Abhängigkeit von x_1 vor, so lassen sich daraus durch Integration der Gl. (3.110) γ_2-Werte in Abhängigkeit von x_2 berechnen. Falls experimentelle Daten sowohl von γ_1 als auch von γ_2 vorliegen, so kann Gl. (3.110) andererseits dazu dienen, den experimentellen Datensatz auf thermodynamische Konsistenz zu prüfen (s. Abschn. 4.3.8).

Beispiel

Für flüssige Mischungen aus Chloroform(1) und Ethanol(2) wurde bei 55 °C folgender Konzentrationsverlauf des Aktivitätskoeffizienten von Ethanol gemessen:

$\ln\gamma_2 = ax_1^2 + bx_1^3$ mit den Koeffizienten a $= -0{,}24$ und b $= 1{,}66$. Man berechne die Aktivitätskoeffizienten γ_i, Aktivitäten a_i und Partialdrücke p_i beider Komponenten (i $= 1,2$) sowie den Gesamtdruck p, die partiellen molaren freien Exzessenthalpien G_i^{ex} und die molare freie Exzessenthalpie G_m^{ex} für 55 °C in Abhängigkeit von der Konzentration. Die Konzentrationsverläufe von p_i und p, von γ_i und a_i sowie von G_i^{ex} und

$G_{\mathrm{m}}^{\mathrm{ex}}$ sollen graphisch dargestellt werden. Die Sättigungsdampfdrücke der reinen Komponenten für diese Temperatur sind $p_1^0 = 82{,}37\,\mathrm{kPa}$, $p_2^0 = 37{,}31\,\mathrm{kPa}$. Die Dampfphase kann als ideales Gas betrachtet werden.

Lösung: Aus der Gibbs-Duhem-Gl. (3.109) $x_1\,\mathrm{d}\ln\gamma_1 + x_2\,\mathrm{d}\ln\gamma_2 = 0$ folgt $\mathrm{d}\ln\gamma_1 = -\frac{x_2}{x_1}\,\mathrm{d}\ln\gamma_2$. $\ln\gamma_1$ wird durch Integration aus $\ln\gamma_2$ berechnet zu:

$$\ln\gamma_1 - \ln\gamma_1^\infty = -\int_0^{x_1} \frac{1-x_1}{x_1}\,\mathrm{d}\ln\gamma_2$$

Dabei ist γ_1 der Aktivitätskoeffizient der Komponente 1 bei dem Molenbruch x_1, γ_1^∞ der bei unendlicher Verdünnung ($x_1 = 0$). Setzt man die für $\ln\gamma_2$ angegebene Konzentrationsabhängigkeit in das Integral ein, so wird

$$\ln\gamma_1 - \ln\gamma_1^\infty = -\int_0^{x_1} \frac{1-x_1}{x_1}\left(2ax_1 + 3bx_1^2\right)\,\mathrm{d}x_1$$
$$= -2ax_1 + (a - 1{,}5b)x_1^2 + bx_1^3$$

Wendet man diese Gleichung auf $x_1 = 1$ an unter der Berücksichtigung, dass $\ln\gamma_1 = 0$, so erhält man mit den eingesetzten Werten für a und b: $\ln\gamma_1^\infty = a + 0{,}5b = 0{,}59$. Für den Aktivitätskoeffizienten bei unendlicher Verdünnung folgt $\gamma_1^\infty = 1{,}804$. Schließlich ergibt sich $\ln\gamma_1$ zu

$$\ln\gamma_1 = \ln\gamma_1^\infty - 2ax_1 + (a - 1{,}5b)x_1^2 + bx_1^3$$
$$= 0{,}59 + 0{,}48x_1 - 2{,}73x_1^2 + 1{,}66x_1^3$$

Mit $x_1 = 1 - x_2$ lässt sich diese Gleichung umformen zu $\ln\gamma_1 = x_2^2(2{,}25 - 1{,}66x_2)$.

Aus den Aktivitätskoeffizienten γ_1 und γ_2 werden nach Gl. (3.93) die Aktivitäten $a_i = \gamma_i x_i$ berechnet. Aus Gl. (3.94) folgen dann die Partialdrücke $p_i = a_i p_i^0$ und der Gesamtdruck $p = p_1 + p_2$. Die für einige Werte von x_1 bzw. x_2 berechneten Werte für γ_i, a_i, p_i und p sind in der folgenden Tabelle eingetragen sowie im Diagramm gegen x_1 aufgetragen:

x_1	x_2	γ_1	γ_2	a_1	a_2	p_1/kPa	p_2/kPa	p/kPa
0,0	1,0	1,804	1,0	0,0	1,0	0,0	37,31	37,31
0,2	0,8	1,804	1,004	0,361	0,803	29,721	29,958	59,679
0,4	0,6	1,571	1,070	0,628	0,642	51,747	23,957	75,704
0,6	0,4	1,289	1,313	0,773	0,525	63,698	19,592	83,290
0,8	0,2	1,080	2,006	0,864	0,401	71,151	14,971	86,122
1,0	0,0	1,0	4,137	1,0	0,0	82,37	0,0	82,37

Man erkennt, dass die Partialdrücke das Raoultsche Gesetz für die Komponente im Überschuss und das Henrysche Gesetz für die gelöste Komponente erfüllen. p geht durch ein Maximum bei $x_1 = 0,85$, $p = 86,3$ kPa, d. h. das System bildet ein sog. Azeotrop (s. Abschn. 4.3.2).

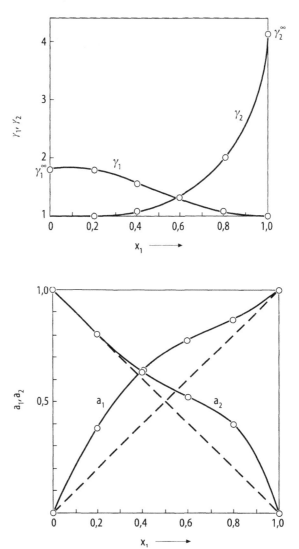

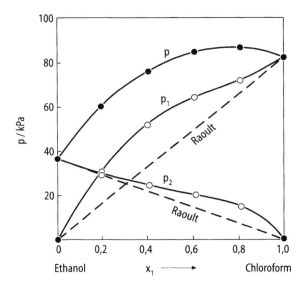

Für die Berechnung der partiellen molaren freien Exzessenthalpien G_i^{ex} (oder gleichbedeutend: der chemischen Exzesspotentiale μ_i^{ex}) der beiden Komponenten und der molaren freien Exzessenthalpie der Mischung G_m^{ex} geht man auf die Gln. (3.106) und (3.107) zurück. Für $T = 328{,}15\,\text{K}$ folgt für die obigen Konzentrationswerte:

x_1	x_2	γ_1	γ_2	$G_1^{\text{ex}}/\text{J mol}^{-1}$	$G_2^{\text{ex}}/\text{J mol}^{-1}$	$G_m^{\text{ex}}/\text{J mol}^{-1}$
0,0	1,0	1,804	1,0	1609,7	0,0	0,0
0,2	0,8	1,804	1,004	1609,7	10,9	330,7
0,4	0,6	1,571	1,070	1232,4	184,6	603,7
0,6	0,4	1,289	1,313	692,6	742,9	712,7
0,8	0,2	1,080	2,006	210,0	1899,2	547,8
1,0	0,0	1,0	4,137	0,0	3874,0	0,0

Die Auftragung von G_1^{ex}, G_2^{ex} und G_m^{ex} als Funktion von x_1 zeigt, dass sich die drei Kurven in einem Punkt schneiden. Denn für die Konzentration, bei der sich G_1^{ex} und G_2^{ex} schneiden, ist $G_1^{\text{ex}} = G_2^{\text{ex}}$ und $G_m^{\text{ex}} = x_1 G_1^{\text{ex}} + x_2 G_2^{\text{ex}} = G_1^{\text{ex}} = G_2^{\text{ex}}$ da $x_1 + x_2 = 1$.

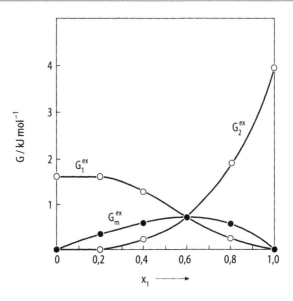

Temperatur- und Druckabhängigkeit des Aktivitätskoeffizienten

Die Temperaturabhängigkeit des Aktivitätskoeffizienten lässt sich unter Zuhilfenahme von Tab. 3.6 und unter Berücksichtigung von Gl. (3.108) herleiten zu

$$\left(\frac{\partial \ln \gamma_i}{\partial T} \right)_{p,x_j} = - \frac{H_i^{ex}}{RT^2}$$

oder

$$\boxed{\left[\frac{\partial \ln \gamma_i}{\partial (1/T)} \right]_{p,x_j} = \frac{H_i^{ex}}{R}} \tag{3.111}$$

Falls die partielle molare Mischungsenthalpie $\Delta H_i = H_i^{ex}$ im betrachteten Temperaturbereich als unabhängig von der Temperatur angesehen werden kann, so zeigt $\ln \gamma_i$ in der graphischen Auftragung gegen $1/T$ einen linearen Verlauf. Aus der Kenntnis eines γ_i-Wertes für eine bestimmte Temperatur und der Kenntnis von ΔH_i können γ_i-Werte für andere Temperaturen innerhalb des Temperaturbereiches, in dem ΔH_i weitgehend temperaturunabhängig ist, berechnet werden. Andererseits kann die Temperaturabhängigkeit der Aktivitätskoeffizienten dazu dienen, Aussagen über die Mischungsenthalpie zu gewinnen. Denn es gilt (s. Tab. 3.6)

$$\Delta H_m = H_m^{ex} = G_m^{ex} + T S_m^{ex} = G_m^{ex} - T \left(\frac{\partial G_m^{ex}}{\partial T} \right)_{p,x_i}$$

Berücksichtigt man Gl. (3.107), so erhält man für die molare Mischungsenthalpie

$$
\begin{aligned}
\Delta H_{\mathrm{m}} &= RT \sum_i x_i \ln \gamma_i - T\left[R \sum_i x_i \ln \gamma_i + RT \sum_i x_i \left(\frac{\partial \ln \gamma_i}{\partial T}\right)_{p,x_j} \right] \\
&= -RT^2 \sum_i x_i \left(\frac{\partial \ln \gamma_i}{\partial T}\right)_{p,x_j}
\end{aligned}
\tag{3.112}
$$

Die Druckabhängigkeit des Aktivitätskoeffizienten folgt aus der Gleichung für das partielle molare Exzessvolumen in Tab. 3.6 und Gl. (3.108) zu

$$
\boxed{\left(\frac{\partial \ln \gamma_i}{\partial p}\right)_{T,x_j} = \frac{V_i^{\mathrm{ex}}}{RT}}
\tag{3.113}
$$

Da die Exzessvolumina meist recht klein sind, ist die Druckabhängigkeit der Aktivitätskoeffizienten häufig vernachlässigbar.

Eine Zusammenstellung der in diesem Abschnitt hergeleiteten Relationen zwischen der Aktivität, dem Aktivitätskoeffizienten und den Exzessgrößen bietet Tab. 3.7.

Je nach der Größe von H^{ex} und S^{ex} ordnet man reale Mischungen unterschiedlichen Typen zu: Mischungen, für die $H^{\mathrm{ex}} = 0$ ist, nennt man *athermische Mischungen*. Für sie gilt $G^{\mathrm{ex}} = -TS^{\mathrm{ex}}$. Mischungen, für die $S^{\mathrm{ex}} = 0$ und daher $G^{\mathrm{ex}} = H^{\mathrm{ex}}$ gilt, heißen *reguläre Mischungen*.

Wendet man für die Temperaturabhängigkeit von $\ln \gamma_i$ die Gleichungen der Tab. 3.6 an, so folgt, dass für athermische Mischungen $[\partial \ln \gamma_i / \partial (1/T)]_{p,x_j} = 0$ gilt und $\ln \gamma_i$ sich nicht mit der Temperatur ändert, wohingegen für reguläre Mischungen $[\ln \gamma_i + T\,(\partial \ln \gamma_i / \partial T)]_{p,x_j} = 0$ und daher $\ln \gamma_i$ proportional zu $\frac{1}{T}$ ist.

Es gibt weder streng reguläre noch streng athermische Mischungen. Die athermische Mischung stellt aber eine gute Näherung dar für Mischungen, deren Komponenten sich stark in der Größe und kaum in den chemischen Eigenschaften unterscheiden, und findet Anwendung bei der Beschreibung von Polymerlösungen (s. Abschn. 3.4.14).

Für die Berechnung von Phasengleichgewichten, insbesondere von Flüssig-Flüssig- aber auch von Dampf-Flüssigkeits-Gleichgewichten ist die Kenntnis der Konzentrationsabhängigkeit der Aktivitätskoeffizienten oder der freien Exzessenthalpie unabdingbar.

3.4.6 Berechnung von Aktivitätskoeffizienten

Zur Berechnung von Dampf-Flüssigkeits-Gleichgewichten und Flüssig-Flüssig-Gleichgewichten benötigt man für die flüssige Phase die Aktivitätskoeffizienten in Abhängigkeit von der Zusammensetzung, der Temperatur und dem Druck. Zweckmäßigerweise stellt man die Aktivitätskoeffizienten als analytische Funktionen von Molenbruch und Temperatur dar. Diese Funktionen können komplexe, aus halbempirischen Modellen gewonnene

Tab. 3.7 Thermodynamische Eigenschaften nichtidealer Mischungen: Zusammenhang der Aktivität und des Aktivitätskoeffizienten mit den Mischungsgrößen

Aktivitätskoeffizient der Komponente i	γ_i
Aktivität der Komponente i	$a_i = \gamma_i x_i$
Molare Mischungsgrößen:	
Molare freie Mischungsenthalpie	$\Delta G_m = RT \sum x_i \ln a_i$
Molare freie Exzessenthalpie	$G_m^{ex} = RT \sum x_i \ln \gamma_i$
Molare Mischungsenthalpie	$\Delta H_m = H_m^{ex} = -RT^2 \sum x_i \left(\frac{\partial \ln \gamma_i}{\partial T} \right)_{p,x_j}$
Molare Exzesswärmekapazität	$C_{p,m}^{ex} = \left(\frac{\partial H_m^{ex}}{\partial T} \right)_{p,x_j} = T \left(\frac{\partial S_m^{ex}}{\partial T} \right)_{p,x_j} =$ $-T \left(\frac{\partial^2 G_m^{ex}}{\partial T^2} \right)_{p,x_j}$
Partielle molare Größen der Komponente i:	
Chemisches Potential	$\mu_i = \mu_i^0 + RT \ln a_i$
Partielle molare freie Mischungsenthalpie	$\Delta G_i = \Delta \mu_i = RT \ln a_i$
Chemisches Exzesspotential	$G_i^{ex} = \mu_i^{ex} = RT \ln \gamma_i$
Partielle molare Exzessenthalpie = partielle molare Mischungsenthalpie	$H_i^{ex} = \Delta H_i = R \left[\frac{\partial \ln \gamma_i}{\partial 1/T} \right]_{p,x_j} =$ $-RT^2 \left(\frac{\partial \ln \gamma_i}{\partial T} \right)_{p,x_j}$
Partielle molare Exzessentropie	$S_i^{ex} = -R \left[\ln \gamma_i + T \left(\frac{\partial \ln \gamma_i}{\partial T} \right) \right]_{p,x_j}$
Partielles molares Exzessvolumen	$V_i^{ex} = RT \left(\frac{\partial \ln \gamma_i}{\partial p} \right)_{T,x_j}$
Gibbs-Duhem-Relationen (p, T = const):	$\sum x_i \, d \ln a_i = 0$
	$\sum x_i \, d\mu_i^{ex} = 0$
	$\sum x_i \, d \ln \gamma_i = 0$

x_i = Molenbruch der Komponente i in der Mischung
μ_i^0 = chemisches Potential der reinen Komponente i

Gleichungen oder einfache Polynomansätze sein. Da die Aktivitätskoeffizienten eng mit der freien Exzessenthalpie zusammenhängen (s. Tab. 3.7), werden Ausdrücke gleichermaßen für die Aktivitätskoeffizienten und die freie Exzessenthalpie angegeben. Daher spricht man von Aktivitätsmodellen oder von Exzessmodellen.

Im Laufe der Zeit wurde eine große Zahl von Gleichungen entwickelt, die dem Mischungsverhalten unterschiedlichster Mischungstypen Rechnung tragen. Die unterschiedliche Größe der Moleküle der Komponenten und die intermolekularen Wechselwirkungskräfte, welche die Ursachen für die Abweichungen einer realen Mischung vom Verhalten der idealen Mischung sind, werden mit verschiedenen physikalisch-chemischen Modellen beschrieben. Die systemabhängigen Eigenschaften gehen über Wechselwirkungsparameter in die Gleichung für die freie Exzessenthalpie ein. Die meisten dieser Modelle gehen von Paarwechselwirkungen aus, d. h. sie setzen voraus, dass Wechselwirkungen nur zwischen jeweils zwei Molekülen auftreten und Wechselwirkungen zwischen drei oder mehr Molekülen vernachlässigt werden können. Außerdem genügt es häufig aufgrund der relativ kurzen Reichweite der molekularen Kräfte, nur Wechselwirkungen der nächsten Nachbarn um ein Molekül herum zu betrachten. Diese Annahmen führen zu Vereinfachungen insbesondere hinsichtlich der Erweiterung der Ansätze von binären Systemen auf ternäre und höhere Systeme: Wenn nur Paarwechselwirkungen und keine Wechselwirkungen zwischen drei Molekülen berücksichtigt werden, treten in den Ausdrücken für die freie Exzessenthalpie nur binäre Parameter auf, und die freie Exzessenthalpie für ternäre Systeme lässt sich aus den binären Daten der Randsysteme errechnen.

Die Wahl des geeigneten Modells aus der Vielzahl der in der Literatur vorliegenden Ansätze richtet sich i. a. nach der Natur der betrachteten Mischungskomponenten. Es ist aber nicht nur die algebraische Form für die Beschreibung des jeweiligen Systems von Bedeutung, sondern insbesondere auch die Zuverlässigkeit der in der Gleichung auftretenden empirischen Parameter. Da diese meist aus experimentellen Gleichgewichtsdaten gewonnen werden, indem die entsprechende Modell-Gleichung durch Variation der Parameter an experimentelle Daten angepasst wird, hängt ihre Güte von Umfang und Genauigkeit des zugrundeliegenden Datenmaterials ab. Für binäre Systeme lassen sich die experimentellen Daten meist mit zwei oder drei anpassbaren Parametern mit ausreichender Genauigkeit beschreiben. Mit einer höheren Anzahl an binären Parametern kann man zwar eine bessere Anpassung erzielen, aber gleichzeitig benötigt man auch mehr experimentelle Daten für die Bestimmung der Parameter. Häufig lassen sich Mischungen unpolarer Flüssigkeiten bereits gut durch einparametrige Gleichungen darstellen, und die Beschreibung mit zwei oder drei Parametern ist in diesem Fall nur unwesentlich besser. Lediglich in den Fällen, in denen eine große Zahl sehr genauer Messungen für die Parameteranpassung vorliegt, ist die Wahl von mehr als drei binären Parametern gerechtfertigt.

In der Literatur sind Parameter verschiedener Modellgleichungen für verschiedene Systeme veröffentlicht, mit deren Hilfe sich thermodynamische Größen und Phasengleichgewichte berechnen lassen (s. Weiterführende Literatur).

In den folgenden Abschnitten werden die bekanntesten und in der Praxis meist angewendeten Modellgleichungen vorgestellt und bezüglich ihrer Eignung für bestimmte Mischungstypen verglichen. Es werden die zugrundeliegenden Gedanken und die Voraussetzungen, die in die Gleichungen eingehen, erläutert; für die Herleitung der Gleichungen wird aber auf die an der jeweiligen Stelle genannte Literatur verwiesen. Manche Modelle gelten nur für binäre Systeme. Die Modelle, die auch auf Systeme mit mehr als zwei Komponenten anwendbar sind, werden in diesem Abschnitt der Übersichtlichkeit halber für binäre Mischungen formuliert. Ihre Ausdrücke für multikomponentige Mischungen werden aber im Anhang A.1-3 in Tab. A.12 wiedergegeben. In allen Fällen ist die freie Exzessenthalpie auf die ideale Lösung nach dem Raoultschen Gesetz bezogen, so dass die Randbedingung $G_m^{ex} = 0$ für $x_1 = 0$ und $G_m^{ex} = 0$ für $x_2 = 0$ gilt. Auf Beispielrechnungen wird hier verzichtet, da für die Anwendung der Modellgleichungen in der Praxis spezielle Software sowie elektronische Datenbanken für thermodynamische Daten zur Verfügung stehen, die für umfangreichere Berechnungen unabdingbar sind.

3.4.7 Modell von Porter

Das einfachste Modell ist das von *Porter* (Porter 1920). Es berücksichtigt nur Paarwechselwirkungen zwischen nächsten Nachbarn und führt zu einer symmetrischen Gleichung in der Konzentration für G_m^{ex}. Für binäre Mischungen lautet die Gleichung

$$\boxed{G_m^{ex} = A x_1 x_2} \tag{3.114}$$

A, ein von der Konzentration unabhängiger aber meist temperaturabhängiger Parameter, ist ein Maß dafür, wie stark die intermolekularen Wechselwirkungen zwischen fremdartigen Molekülen sich im Mittel von denen zwischen gleichartigen unterscheiden. Er kann – je nach den Eigenschaften der Mischung – sowohl positive als auch negative Werte annehmen. Für multikomponentige Systeme ist

$$G_m^{ex} = \frac{1}{2} \sum_i \sum_j A_{ij} x_i x_j \tag{3.115}$$

A_{ij} ist der binäre Wechselwirkungsparameter des binären Randsystems i–j. Die Parameter für die Wechselwirkungen zwischen gleichartigen Molekülen verschwinden: $A_{ii} = A_{jj} = 0$; die Parameter für die Wechselwirkungen zwischen unterschiedlichen Molekülsorten erfüllen die Symmetrie $A_{ij} = A_{ji}$. Aufgrund seiner Einfachheit ist dieses Modell nur für solche Mischungen anwendbar, deren Komponenten ähnliche chemische Eigenschaften und Molekülgröße und -gestalt aufweisen. Das System Benzol/Cyclohexan etwa lässt sich gut mit dem Porterschen Ansatz beschreiben.

Anhand des Porterschen Modells lässt sich beispielhaft zeigen, wie aus G^{ex} die Aktivitätskoeffizienten gewonnen werden können. Die Herleitung soll hier für binäre Systeme erfolgen. Dazu geht man auf Gl. (3.106) für den Aktivitätskoeffizienten γ_1 sowie Gl. (3.108) für das chemische Exzesspotential μ_1^{ex} zurück, wobei sich die darin auftretende freie Exzessenthalpie G^{ex} aus der molaren Größe G_m^{ex} durch Multiplikation mit der Molzahl $n = n_1 + n_2$ ergibt. Differenziert man G^{ex} nach n_1 bei konstantem n_2, so erhält man

$$\mu_1^{ex} = \left[\frac{\partial}{\partial n_1} \left(\frac{A n_1 n_2}{n_1 + n_2} \right) \right]_{p,T,n_2} = A x_2^2$$

und schließlich

$$\boxed{RT \ln \gamma_1 = A x_2^2} \tag{3.116a}$$

In gleicher Weise lässt sich der Aktivitätskoeffizient für die Komponente 2 herleiten zu

$$\boxed{RT \ln \gamma_2 = A x_1^2} \tag{3.116b}$$

Mit Gl. (3.116a), (3.116b) kann leicht gezeigt werden, dass die Gibbs-Duhem-Gleichung (3.110) erfüllt ist: Für die Ableitung $\frac{d \ln \gamma_1}{dx_i}$ erhält man $\frac{d \ln \gamma_1}{dx_i} = -2 \frac{A}{RT}(1 - x_i)$ und daher

$x_i \frac{\mathrm{d}\ln\gamma_i}{\mathrm{d}x_i} = -2\frac{A}{RT}x_i(1-x_i)$. Da dieser Ausdruck symmetrisch im Molenbruch ist, gilt $x_1\frac{\mathrm{d}\ln\gamma_1}{\mathrm{d}x_1} = x_2\frac{\mathrm{d}\ln\gamma_2}{\mathrm{d}x_2} = -2\frac{A}{RT}x_1 \cdot x_2$, und somit ist die Gibbs-Duhem-Relation Gl. (3.110) erfüllt.

Mit Hilfe der in Tab. 3.6 angeführten Gleichungen lassen sich auch die molare Exzessentropie, die molare Exzessenthalpie und das molare Exzessvolumen angeben:

$$S_m^{ex} = -\left(\frac{\partial A}{\partial T}\right)_p x_1 x_2 \tag{3.117}$$

$$H_m^{ex} = -T^2\left[\frac{\partial}{\partial T}\left(\frac{A}{T}\right)\right]_p \cdot x_1 x_2 \tag{3.118}$$

$$V_m^{ex} = \left(\frac{\partial A}{\partial p}\right)_T x_1 x_2 \tag{3.119}$$

Es sei darauf hingewiesen, dass der Portersche Ansatz auch in der Form

$$G_m^{ex} = RTA' x_1 x_2$$

in der Literatur und in Datensammlungen geschrieben wird. Während A die Einheit $\mathrm{J\,mol^{-1}}$ hat, hat A' keine Einheit. Gl. (3.116a), (3.116b) ändert sich entsprechend zu

$$\ln\gamma_1 = A' x_2^2 \quad \text{und} \quad \ln\gamma_2 = A' x_1^2$$

und die Gln. (3.117)–(3.119) werden zu

$$S_m^{ex} = -R\left[A' + T\left(\frac{\partial A'}{\partial T}\right)_p\right]x_1 x_2$$

$$H_m^{ex} = -RT^2\left(\frac{\partial A'}{\partial T}\right)_p x_1 x_2$$

$$V_m^{ex} = RT\left(\frac{\partial A'}{\partial p}\right)_T x_1 x_2$$

3.4.8 Margules-Gleichung

Eine Erweiterung von G^{ex} auf weniger symmetrische Mischungen erhält man, wenn man den konzentrationsunabhängigen Parameter A des Porterschen Ansatzes durch ein Polynom in der Konzentration ersetzt. Für binäre Systeme folgt daraus der *Redlich-Kister-Ansatz* (Redlich und Kister 1948), der auch als mehrparametriger *Margules-Ansatz* bezeichnet wird:

$$\boxed{G_m^{ex} = x_1 x_2\left[A_0 + A_1(x_1 - x_2) + A_2(x_1 - x_2)^2 + \ldots\right]} \tag{3.120a}$$

Abb. 3.19 Beiträge der Terme $A_0 x_1 x_2$, $A_1(x_1 - x_2) \cdot x_1 x_2$ und $A_2(x_1 - x_2)^2 x_1 x_2$ zur molaren freien Exzessenthalpie $G_m^{ex} = x_1 x_2 \cdot \big[A_0 + A_1(x_1 - x_2) + A_2(x_1 - x_2)^2\big]$ nach dem Redlich-Kister-Ansatz für $A_0 = A_1 = A_2 = 1$

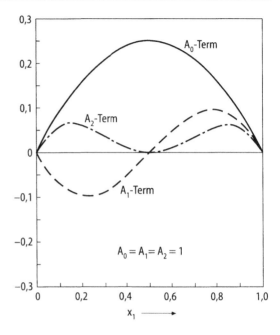

Die binären Parameter A_0, A_1, A_2 ... sind erneut unabhängig vom Molenbruch, hängen aber von der Temperatur und (in ausreichender Entfernung vom kritischen Punkt nur schwach) vom Druck ab. Für die dreiparametrige Margules-Gleichung erhält man gemäß Gln. (3.106) und (3.108) durch Differentiation die Exzesspotentiale und die Aktivitätskoeffizienten:

$$RT \ln \gamma_1 = \mu_1^{ex} = (A_0 + 3A_1 + 5A_2)x_2^2 - 4(A_1 + 4A_2)x_2^3 + 12A_2 x_2^4 \qquad (3.120b)$$

$$RT \ln \gamma_2 = \mu_2^{ex} = (A_0 - 3A_1 + 5A_2)x_1^2 + 4(A_1 - 4A_2)x_1^3 + 12A_2 x_1^4 \qquad (3.120c)$$

Wie Gl. (3.120a) erkennen lässt, stellen die Terme mit den Koeffizienten A_0, A_2, A_4, ... symmetrische Beiträge zu G_m^{ex} dar; d. h. vertauscht man x_1 und x_2, so ändern sich die Werte dieser Terme nicht. Die Terme mit den Koeffizienten A_1, A_3, A_5, ... hingegen stellen unsymmetrische Beiträge zu G_m^{ex} dar; sie ermöglichen die Beschreibung unsymmetrischer Gemische mit polaren oder assoziierenden Komponenten. Abb. 3.19 verdeutlicht den Verlauf der ersten drei Terme der Redlich-Kister-Gleichung für G_m^{ex}. Man erkennt, dass die A_0- und A_2-Terme spiegelsymmetrisch bzgl. $x_1 = x_2 = 0{,}5$ sind, nicht aber der A_1-Term. Systeme, deren Komponenten etwa gleiche Molekülgröße besitzen und nicht assoziieren, lassen sich gut durch den dreiparametrigen Margules-Ansatz darstellen. Für stark nichtideale Systeme, z. B. Mischungen von polaren mit unpolaren Komponenten, ist er weniger geeignet. Der Margules-Ansatz Gl. (3.120a)–(3.120c) lässt sich nicht auf Mehrkomponentensysteme anwenden.

Die Margules-Gleichung tritt, wie der Portersche Ansatz auch, in der Literatur in unterschiedlichen Formulierungen auf. Für den zweiparametrigen Ansatz etwa findet man auch

$$
\begin{aligned}
G_\mathrm{m}^\mathrm{ex} &= RTx_1x_2(A_{21}x_1 + A_{12}x_2) \\
&= \frac{1}{2}RTx_1x_2\left[(A_{12} + A_{21}) + (A_{21} - A_{12})(x_1 - x_2)\right]
\end{aligned}
$$

Die Koeffizienten A_0 und A_1, die die Einheit $\mathrm{J\,mol^{-1}}$ tragen, sind mit den Koeffizienten A_{12} und A_{21}, die keine Einheit haben, durch die Gleichungen

$$
A_0 = RT\frac{A_{21} + A_{12}}{2} \quad \text{und} \quad A_1 = RT\frac{A_{21} - A_{12}}{2}
$$

verknüpft. Für die Aktivitätskoeffizienten erhält man entsprechend

$$
\ln\gamma_1 = x_2^2\left[A_{12} + 2(A_{21} - A_{12})x_1\right]
$$

$$
\ln\gamma_2 = x_1^2\left[A_{21} + 2(A_{12} - A_{21})x_2\right]
$$

Tab. A.27 enthält Parameter für einige binäre Systeme.

3.4.9   Van-Laar-Gleichung

Binäre, leicht nichtideale Mischungen, deren Komponenten sich weniger in ihren chemischen Eigenschaften als vielmehr durch die Molekülgröße voneinander unterscheiden, lassen sich gut durch die Gleichungen von *van Laar* (Wohl 1946) beschreiben.

$$
\frac{G_\mathrm{m}^\mathrm{ex}}{RT} = Ax_1x_2\left(x_1\frac{A}{B} + x_2\right)^{-1} = \frac{AB}{Ax_1 + Bx_2}x_1x_2 \tag{3.121a}
$$

und

$$
\ln\gamma_1 = A\left(1 + \frac{Ax_1}{Bx_2}\right)^{-2} \tag{3.121b}
$$

$$
\ln\gamma_2 = B\left(1 + \frac{Bx_2}{Ax_1}\right)^{-2} \tag{3.121c}
$$

Die Parameter A und B sind i. a. temperaturabhängig. Sie lassen sich entweder durch Anpassung der Gleichungen an experimentelle Datensätze oder aus den Aktivitätskoeffizienten bei unendlicher Verdünnung gewinnen: Wendet man nämlich die Definitionsgleichung (3.100) für γ_i^∞ auf die Gln. (3.121a)–(3.121c) an, so erhält man

$$\boxed{\ln \gamma_1^\infty = A}$$

$$\boxed{\ln \gamma_2^\infty = B}$$

Die Gleichungen von van Laar finden breite Anwendung in der Praxis, da sie nicht nur für einfache, insbesondere unpolare Mischungen, sondern sogar für komplexere Mischungen, obwohl sie die der Gleichung zugrundeliegenden Voraussetzungen nicht erfüllen, geeignet sind. Zudem sind sie mathematisch weniger aufwendig als viele andere Ansätze.

Tab. A.27 enthält van-Laar-Parameter für einige binäre Systeme.

3.4.10 Wilson-Gleichung

Für stark nichtideale Mischungen entwickelte *Wilson* (Wilson 1964) eine Gleichung für die freie Exzessenthalpie, die mathematisch recht einfach ist und für binäre Systeme nur zwei anpassbare Parameter enthält. Für die Herleitung der Gleichungen ging Wilson davon aus, dass in Mischungen mit polaren Komponenten wie Alkoholen die Moleküle nicht statistisch verteilt sind. Vielmehr führt die elektrostatische Wechselwirkung ihrer Dipole dazu, dass sich die „lokale" Zusammensetzung in ihrer unmittelbaren Nachbarschaft stark von der Gesamtzusammensetzung der Mischung, gegeben durch ihren Molenbruch, unterscheidet. Dies ist in Abb. 3.20 schematisch dargestellt. Die Wahrscheinlichkeit dafür, dass sich um ein Molekül i gleichartige Moleküle i oder fremdartige Moleküle j anordnen, hängt dabei von der Energie des Molekülpaares i–j ab, denn gemäß dem Boltzmann-Faktor treten energiereiche Verteilungen exponentiell seltener auf als energieärmere. Aus der Wahrscheinlichkeit, mit der bestimmte Konfigurationen auftreten, leitete Wilson mit vereinfachenden Annahmen halbtheoretisch einen Ausdruck für die freie Exzessenthalpie her. Die Paarenergien der intermolekularen Wechselwirkungen gehen über anpassbare binäre Parameter in die Gleichung für G^{ex} ein. Unterschiedlichen Molekülgrößen wird durch die Molvolumina der beiden Komponenten Rechnung getragen. Wilson leitete folgende Gleichungen her:

$$\boxed{G_m^{ex} = RT \left[-x_1 \ln(x_1 + \Lambda_{12} x_2) - x_2 \ln(x_2 + \Lambda_{21} x_1) \right]} \qquad (3.122a)$$

und

$$\boxed{\ln \gamma_1 = -\ln(x_1 + \Lambda_{12} x_2) + x_2 \left(\frac{\Lambda_{12}}{x_1 + \Lambda_{12} x_2} - \frac{\Lambda_{21}}{x_2 + \Lambda_{21} x_1} \right)} \qquad (3.122b)$$

$$\boxed{\ln \gamma_2 = -\ln(x_2 + \Lambda_{21} x_1) - x_1 \left(\frac{\Lambda_{12}}{x_1 + \Lambda_{12} x_2} - \frac{\Lambda_{21}}{x_2 + \Lambda_{21} x_1} \right)} \qquad (3.122c)$$

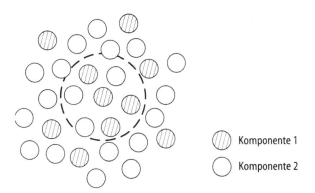

Abb. 3.20 Die Nachbarschaft eines polaren Zentralmoleküls weist eine lokale Zusammensetzung auf, die sich von der Gesamtzusammensetzung der Mischung deutlich unterscheiden kann: In der nächsten Umgebung des Zentralatoms (Komponente 1) sind mehr Moleküle der Komponente 1 als Moleküle der Komponente 2 vorhanden als es der Gesamtzusammensetzung entspricht. Von den insgesamt 30 Molekülen sind 10 Moleküle der Komponente 1 und 20 Moleküle der Komponente 2 zuzuordnen. Dies entspricht einer Gesamtzusammensetzung von $x_1 = 10/30 = 0{,}33$ und $x_2 = 20/30 = 0{,}67$. Von den 6 Molekülen in der nächsten Nachbarschaft des Zentralatoms sind je 3 von Komponente 1 und Komponente 2, so dass die lokale Zusammensetzung in der Umgebung des Zentralatoms $x_1 = x_2 = 3/6 = 0{,}5$ beträgt. Sie weicht deutlich von der Gesamtzusammensetzung ab

Λ_{12} und Λ_{21} sind binäre Parameter, die gemäß

$$\Lambda_{12} = \frac{V_2^0}{V_1^0} \exp\left(-\frac{\lambda_{12} - \lambda_{11}}{RT}\right)$$

$$\Lambda_{21} = \frac{V_1^0}{V_2^0} \exp\left(-\frac{\lambda_{12} - \lambda_{22}}{RT}\right)$$

von den Molvolumina V_i^0 der reinen flüssigen Komponenten i und den Wechselwirkungs-energien λ_{ij} des Molekülpaares i–j abhängen. Die Differenzen der λ-Werte, $\lambda_{12} - \lambda_{11} = \Delta\lambda_{12}$ und $\lambda_{12} - \lambda_{22} = \Delta\lambda_{21}$, können meist über einen nicht zu großen Temperaturbereich als weitgehend temperaturunabhängig angesehen werden. Wilson-Parameter für einige bi-näre Systeme sind in Tab. 3.8 enthalten.

Die Wilson-Gleichung findet Anwendung besonders zur Beschreibung von Dampf-Flüssigkeits-Gleichgewichten bei kleinen bis mittleren Drücken für stark nichtideale Mi-schungen, vor allem von polaren oder assoziierenden Komponenten in unpolaren Lö-sungsmitteln. Hierfür ist sie den zweiparametrigen Gleichungen von Margules und van Laar meist deutlich überlegen. Sie kann leicht auf Systeme mit mehr als zwei Komponen-ten erweitert werden, ohne dass höhere als binäre Wechselwirkungsparameter auftreten und ist daher vor allem auch für die Vorhersage von Dampf-Flüssigkeits-Gleichgewichten mehrkomponentiger Systeme aus den Daten binärer Randsysteme geeignet. Die Glei-chung von Wilson vermag allerdings keine Systeme mit Mischungslücke zu beschreiben

Tab. 3.8 Binäre Wechselwirkungsparameter der Wilson-, NRTL- und UNIQUAC-Gleichung für einige Systeme (Quelle: Gmehling und Kolbe 1992; Gmehling et al. 1977). Alle Parameter sind bezogen auf die allgemeine Gaskonstante R; die Einheit der $\Delta\lambda_{ij}/R$, $\Delta g_{ij}/R$ und $\Delta u_{ij}/R$ ist daher Kelvin

| Komponenten | | Wilson | | NRTL | | | UNIQUAC | |
1	2	$\Delta\lambda_{12}/R$ K	$\Delta\lambda_{21}/R$ K	$\Delta g_{12}/R$ K	$\Delta g_{21}/R$ K	α_{12}	$\Delta u_{12}/R$ K	$\Delta u_{21}/R$ K
Methanol	Wasser	54,04	236,3	−127,8	425,3	0,2994	−165,3	254,7
Methanol	Benzol	862,1	94,17	363,1	583,0	0,4694	−38,56	587,2
Ethanol	Wasser	95,68	506,7	−177,5	766,9	0,1803	81,22	58,39
Ethanol	Benzol	704,5	104,3	259,7	536,4	0,4774	−53,00	385,7
Aceton	Wasser	147,3	727,3	316,2	603,0	0,5341	323,4	−44,14
Aceton	Chloroform	14,53	−243,8	−323,7	115,0	0,3043	−357,5	561,0
Aceton	Methanol	−85,64	299,0	92,73	114,0	0,3009	221,2	−54,74

und ermöglicht daher nicht die Berechnung von Flüssig-Flüssig-Gleichgewichten und von Dreiphasengleichgewichten Dampf-Flüssigkeit-Flüssigkeit.

3.4.11 NRTL-Gleichung

Die Wilson-Gleichung hat den Nachteil, dass sie auf Dampf-Flüssigkeits-Gleichgewichte beschränkt ist. Daher entwickelten Renon und Prausnitz (Renon und Prausnitz 1968) eine neue Gleichung. Sie beruht ebenfalls auf dem Modell der lokalen Zusammensetzung, d. h. sie berücksichtigt, dass sich die Zusammensetzung in der unmittelbaren Umgebung eines Zentralatoms von der der Mischung unterscheiden kann. Abb. 3.21 veranschaulicht die wesentlichen Züge dieser Theorie, die die Mischung als aus zwei hypothetischen Modellflüssigkeiten bestehend betrachtet: Die eine hypothetische Flüssigkeit wird von Zellen gebildet, die als Zentralmoleküle Moleküle der Komponente 1 besitzen und die sowohl von Molekülen der Sorten 1 und 2 als nächsten Nachbarn umgeben sind; die

Abb. 3.21 Die Mischung wird als aus zwei hypothetischen Modellflüssigkeiten bestehend betrachtet: Die eine hypothetische Flüssigkeit wird von Zellen gebildet, die als Zentralmoleküle Moleküle der Komponente 1 besitzen, die andere besteht aus Zellen, die im Zentrum Moleküle der Komponente 2 enthalten

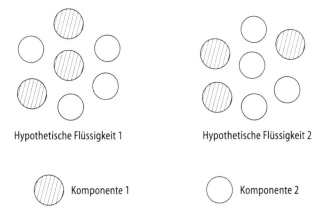

Hypothetische Flüssigkeit 1

Hypothetische Flüssigkeit 2

Komponente 1

Komponente 2

andere hypothetische Flüssigkeit besteht aus Zellen, die als Zentralmoleküle Moleküle der Komponente 2 besitzen und die ebenfalls von Molekülen der Sorten 1 und 2 umgeben sind. Die Zentralatome wählen nicht unabhängig von der Natur der Moleküle ihre nächsten Nachbarn, sondern aufgrund der unterschiedlichen Paarwechselwirkungsenergien bevorzugen sie, sich vorwiegend mit Molekülen ihrer eigenen Art oder denen der Fremdkomponente zu umgeben. Daher kann der der Wilson-Gleichung zugrunde gelegte Boltzmann-Ausdruck, der auf einer zufälligen Molekülverteilung beruht, nicht in seiner ursprünglichen Form herangezogen werden, sondern er wird um einen Parameter erweitert, der die nichtzufällige Molekülverteilung berücksichtigt. Zusätzlich zu den bei der Wilson-Gleichung auftretenden Energieparametern kommt also ein weiterer Parameter hinzu, und die Gleichung enthält drei anpassbare binäre Parameter. Mit dieser Vorstellung wurde die freie Exzessenthalpie der Mischung als Summe der Einzelbeiträge der beiden hypothetischen Flüssigkeiten zur freien Enthalpie, gewichtet mit den jeweiligen Molenbrüchen, berechnet. Die resultierenden Ausdrücke für die freie Exzessenthalpie und die Aktivitätskoeffizienten sind unter dem Namen *NRTL-Gleichungen* bekannt, abkürzend für „Non-Random-Two-Liquid". In dem vollständigen Namen kommen die Vorstellung, dass die Nachbarmoleküle nicht zufällig um die Zentralatome angeordnet sind, und die Idee der zwei hypothetischen Flüssigkeiten zum Ausdruck.

Für binäre Systeme erhält man folgende Gleichungen für die molare freie Exzessenthalpie

$$\frac{G_\mathrm{m}^{\mathrm{ex}}}{RT} = x_1 x_2 \left(\frac{\tau_{21} G_{21}}{x_1 + x_2 G_{21}} + \frac{\tau_{12} G_{12}}{x_2 + x_1 G_{12}} \right) \tag{3.123a}$$

und die Aktivitätskoeffizienten

$$\ln \gamma_1 = x_2^2 \left[\frac{\tau_{21} G_{21}^2}{(x_1 + x_2 G_{21})^2} + \frac{\tau_{12} G_{12}}{(x_2 + x_1 G_{12})^2} \right] \tag{3.123b}$$

$$\ln \gamma_2 = x_1^2 \left[\frac{\tau_{12} G_{12}^2}{(x_2 + x_1 G_{12})^2} + \frac{\tau_{21} G_{21}}{(x_1 + x_2 G_{21})^2} \right] \tag{3.123c}$$

mit

$$\tau_{12} = \frac{g_{12} - g_{22}}{RT} = \frac{\Delta g_{12}}{RT}, \quad \tau_{21} = \frac{g_{21} - g_{11}}{RT} = \frac{\Delta g_{21}}{RT}$$

und

$$\ln G_{12} = -\alpha_{12} \tau_{12}, \quad \ln G_{21} = -\alpha_{12} \tau_{21}$$

τ_{12}, τ_{21} und α_{12} sind die drei anpassbaren Parameter. Die Energieparameter g_{ij} für das Molekülpaar i–j entsprechen den Wilsonparametern λ_{ij}. α_{12} ist ein Maß für die Zufälligkeit der Molekülanordnung. $\alpha_{12} = 0$ beschreibt eine vollständig ungeordnete Mischung; für sie stimmt die lokale Zusammensetzung mit der Gesamtzusammensetzung der Mischung überein, und die NRTL-Gleichung geht in den Porterschen Ansatz über. NRTL-Energieparameter sind für einige binäre Systeme in Tab. 3.8 enthalten.

Die Vorzüge der NRTL-Gleichung liegen vor allem in der Beschreibung von stark nichtidealen Mischungen, für die die zweiparametrigen Gleichungen von Margules und van Laar ungeeignet sind, und von Mischungen mit Mischungslücke, auf die die Wilson-Gleichung nicht anwendbar ist. Für die Erweiterung der NRTL-Gleichung auf Systeme mit mehr als zwei Komponenten ist, wie bei der Wilson-Gleichung, nur die Kenntnis der binären Parameter der binären Randsysteme nötig. Mit der NRTL-Gleichung lassen sich also Dampf-Flüssigkeits- und Flüssig-Flüssig-Gleichgewichte stark nichtidealer Mehrkomponentensysteme bei geringen und mittleren Drücken berechnen.

3.4.12 UNIQUAC-Gleichung

Häufig sind Umfang und Genauigkeit der experimentellen Daten nicht ausreichend, um für die drei Parameter der NRTL-Gleichung durch Anpassung geeignete Werte zu bekommen. Daher wäre ein Ausdruck, der mit nur zwei Parametern auskommt, vorteilhaft. Abrams und Prausnitz gelang es, eine Gleichung zu entwickeln, die wie die NRTL-Gleichung auf Dampf-Flüssigkeits- und Flüssig-Flüssig-Gleichgewichte anwendbar ist, aber nur zwei binäre Parameter enthält (Abrams und Prausnitz 1975). Sie beruht auf der sog. quasichemischen Theorie von Guggenheim für Mischungen aus gleichgroßen Molekülen, die nicht statistisch verteilt sind, sondern eine gewisse Ordnung aufweisen (Guggenheim 1952). Diese Theorie wurde auf Moleküle unterschiedlicher Größe und Gestalt erweitert und erhielt entsprechend den Namen *UNIQUAC-Gleichung*, abkürzend für „Universal Quasi-Chemical Theory". Die UNIQUAC-Gleichung lässt sich auch aus dem Mischungsmodell der zwei hypothetischen Flüssigkeiten zusammen mit dem Konzept der lokalen Zusammensetzung herleiten (Maurer und Prausnitz 1978).

Es sollen nun die Grundzüge der UNIQUAC-Gleichung anhand einer binären Mischung aus den Komponenten 1 und 2 erläutert werden. Zwischen den Molekülen einer Flüssigkeit herrschen zwar keine langreichweitigen Wechselwirkungen wie zwischen denen eines Festkörpers, aber hinsichtlich seiner Dichte ist der flüssige Zustand dem festen ähnlicher als dem des gasförmigen, so dass die Beschreibung von Flüssigkeiten in Anlehnung an Festkörpermodelle erfolgte. In der quasichemischen Theorie von Guggenheim wird der Zustand einer Flüssigkeit als ein quasikristallines Gitter beschrieben; die Flüssigkeitsmoleküle sitzen auf Gitterplätzen und können sich nur begrenzt um ihre Plätze bewegen. Die unterschiedliche Größe und Gestalt der Molekülsorten wird in diese für gleichgroße Moleküle entwickelte Theorie so integriert, dass man die Moleküle der Komponenten in gleichgroße Segmente zerteilt, und jedes der Segmente besetzt einen Gitterplatz. Man bezeichnet mit r_i das relative Volumen und mit q_i die relative Oberfläche für die Komponente i. Die Parameter sind dimensionslos, da sie nicht die absolute Größe und Oberfläche des Moleküls angeben, sondern die auf die Werte der $-CH_2-$ Gruppe in einem hochmolekularen Paraffin als Referenzmolekül bezogenen Werte darstellen. Sie sind Reinstoffwerte . Für einige Verbindungen sind sie in Tab. 3.9 zusammengestellt.

Tab. 3.9 Reinstoffparameter r_i und q_i der UNIQUAC-Gleichung für einige Verbindungen. (Die Parameter r_i und q_i lassen sich aus den Gln. (3.129a) und (3.129b) berechnen) (Quelle: Gmehling et al. 1977)

Substanz	r_i	q_i
Wasser	0,9200	1,400
Chloroform	2,8700	2,410
Methanol	1,4311	1,432
Ethanol	2,1055	1,972
Aceton	2,5735	2,336
Benzol	3,1878	2,400
Toluol	3,9223	2,968

Mit dem Volumenparameter und dem Oberflächenparameter werden zusätzlich zum Molenbruch x_i zwei neue Konzentrationsmaße definiert: der *Volumenanteil* Φ_i

$$\Phi_i = \frac{x_i r_i}{x_1 r_1 + x_2 r_2} \tag{3.124a}$$

und der *Oberflächenanteil* Θ_i

$$\Theta_i = \frac{x_i q_i}{x_1 q_1 + x_2 q_2} \tag{3.124b}$$

Die freie Exzessenthalpie der Mischung setzt sich nun aus zwei Beiträgen zusammen: Dem kombinatorischen Anteil und dem Restanteil. Der kombinatorische Anteil entspricht weitgehend dem Exzessentropiebeitrag zur freien Enthalpie, der hauptsächlich von der Anordnung und Struktur der Moleküle in der Mischung bestimmt wird und von der Zusammensetzung, der Größe und Gestalt der Moleküle abhängt. Der Restanteil enthält zusätzlich die Energiebeiträge der intermolekularen Wechselwirkungskräfte, die die Ursache für die Mischungsenthalpie sind. Die Paarenergien gehen einerseits direkt in die Mischungsenthalpie ein, andererseits haben sie auch einen ordnenden Einfluss auf die Mischung und wirken sich damit auf die Energieverhältnisse aus. Während die Anzahl der Segmente r_i die Anordnung der Mischung beeinflusst und nur in den kombinatorischen Anteil eingeht, tritt q_i auch im Restanteil auf, da die Moleküle über ihre Oberfläche mit den Nachbaratomen wechselwirken und somit nicht nur die geometrische Anordnung, sondern auch die Energieverhältnisse mitbestimmen. Im kombinatorischen Anteil treten daher nur Parameter der reinen Komponenten auf, im Restanteil über die Wechselwirkungsenergien zwei anpassbare binäre Parameter.

Der kombinatorische Beitrag $G_m^{ex,c}$ zur molaren freien Exzessenthalpie folgt aus der Exzessentropie nach Guggenheim zu

$$G_m^{ex,c} = RT \left[x_1 \ln \frac{\Phi_1}{x_1} + x_2 \ln \frac{\Phi_2}{x_2} + \frac{z}{2} \left(q_1 x_1 \ln \frac{\Theta_1}{\Phi_1} + q_2 x_2 \ln \frac{\Theta_2}{\Phi_2} \right) \right] \tag{3.125}$$

Hierin ist z die Koordinationszahl, die Anzahl nächster Nachbarn um ein Zentralmolekül; z gibt man – beruhend auf experimentellen Beobachtungen – den Wert 10. $G_m^{ex,c}$ enthält nur die Parameter r_i und q_i der reinen Komponenten.

Für den Restanteil gilt die Gleichung

$$G_m^{ex,r} = RT \left[-q_1 x_1 \ln (\Theta_1 + \Theta_2 \tau_{21}) - q_2 x_2 \ln (\Theta_2 + \Theta_1 \tau_{12}) \right] \qquad (3.126)$$

mit

$$\ln \tau_{21} = -\frac{\Delta u_{21}}{RT}$$

$$\ln \tau_{12} = -\frac{\Delta u_{12}}{RT}$$

$G_m^{ex,r}$ enthält die beiden anpassbaren Parameter τ_{21} und τ_{12}, wobei die darin auftretenden Energiegrößen Δu_{ij} meist nur schwach temperaturabhängig sind. Werte für Δu_{12} und Δu_{21} sind für einige binäre Systeme in Tab. 3.8 wiedergegeben.

Die gesamte freie Exzessenthalpie ist die Summe aus kombinatorischem Anteil und Restanteil:

$$G_m^{ex} = G_m^{ex,c} + G_m^{ex,r} \qquad (3.127)$$

Durch Differentiation gemäß Gl. (3.108) erhält man daraus die Aktivitätskoeffizienten

$$\ln \gamma_i^c = \ln \frac{\Phi_i}{x_i} + \frac{z}{2} q_i \ln \frac{\Theta_i}{\Phi_i} + \Phi_j \left(l_i - \frac{r_i l_j}{r_j} \right) \qquad (3.128a)$$

$$\ln \gamma_i^r = -q_i \ln(\Theta_i + \Theta_j \tau_{ji}) + \Theta_j q_i \left(\frac{\tau_{ji}}{\Theta_i + \Theta_j \tau_{ji}} - \frac{\tau_{ij}}{\Theta_j + \Theta_i \tau_{ij}} \right) \qquad (3.128b)$$

$$\ln \gamma_i = \ln \gamma_i^c + \ln \gamma_i^r \qquad (3.128c)$$

für i $= 1$ und j $= 2$ oder i $= 2$ und j $= 1$ mit

$$l_i = \frac{z}{2}(r_i - q_i) - (r_i - 1)$$

$$l_j = \frac{z}{2}(r_j - q_j) - (r_j - 1)$$

Aus experimentellen Daten wurden durch Korrelationsrechnungen UNIQUAC-Parameter für eine Vielzahl binärer Systeme gewonnen, die in Veröffentlichungen vorliegen (Gmehling et al. 1977).

Die UNIQUAC-Gleichung ist anwendbar auf eine Vielzahl verschiedener Mischungen bei nicht zu hohen Drücken: Auf Systeme, die aufgrund von Unterschieden in der Molekülgröße stark von der Idealität abweichen; auf Systeme, die sowohl polare als auch unpolare Komponenten enthalten; und auf Systeme, die eine Mischungslücke aufweisen.

Die UNIQUAC-Gleichung lässt sich leicht auf Systeme mit mehr als zwei Komponenten erweitern, wobei weiterhin nur Parameter der reinen Komponenten und der binären Randsysteme auftreten. Für ternäre und höhere Systeme kann man auf diese Weise

Dampf-Flüssigkeits-Gleichgewichte gut aus Daten der binären Randsysteme berechnen, aber die Beschreibung von Flüssig-Flüssig-Gleichgewichten gelingt häufig so nicht. Für Flüssig-Flüssig-Gleichgewichte ternärer und höherer Systeme gilt es nämlich zu bedenken, dass die Ergebnisse viel stärker von der Wahl der binären Parameter abhängen als dies für die Dampf-Flüssigkeits-Gleichgewichte der Fall ist. Daher lassen sich häufig multikomponentige Flüssig-Flüssig-Gleichgewichte nicht vorausberechnen, wenn allein binäre Parameter zugrunde gelegt werden, die aus binären Dampf-Flüssigkeits-Korrelationen gewonnen wurden. Vielmehr sollte Information aus ternären Systemen für die Bestimmung der binären Parameter einfließen.

Da die UNIQUAC-Gleichung nur zwei anpassbare Parameter enthält, mag die Wiedergabe experimenteller Daten gelegentlich nicht befriedigend sein, vor allem dann, wenn das Datenmaterial recht genau und umfangreich ist. Andererseits sind die Einfachheit und die Vielfalt der beschreibbaren Mischungen die Ursache für die weitverbreitete Anwendung der Gleichung in der Praxis.

3.4.13 UNIFAC-Gleichung

Die bisher vorgestellten Gleichungen beschreiben die Konzentrationsabhängigkeit von Aktivitätskoeffzienten, wobei die darin enthaltenen binären Parameter durch Anpassung an experimentelle Daten binärer Systeme gewonnen werden. Obwohl viele binäre Systeme experimentell untersucht sind, gibt es eine große Zahl anderer binärer Systeme, für die keine experimentellen Daten vorliegen oder nur recht unzuverlässig und in ungenügendem Umfang. Daher besteht ein großer Bedarf an Methoden, die thermodynamische Eigenschaften von Flüssigkeitsmischungen ohne die Verwendung experimenteller Daten vorhersagen können. Für die Beschreibung von Mischungen aus Nichtelektrolyten haben sich verschiedene Ansätze, die auf der sog. Gruppenbeitragsmethode beruhen, als die erfolgreichsten durchgesetzt.

Die grundlegende Idee der Gruppenbeitragsmethode ist, dass die Zahl aller möglichen chemischen Verbindungen viel größer ist als die Anzahl der verschiedenen Molekülgruppen, aus denen sie bestehen. Daher kann man die große Vielfalt von Mischungen auf eine vergleichsweise kleine Anzahl von Strukturgruppen zurückführen. Abb. 3.22 zeigt die Zerlegung einiger Moleküle in Strukturgruppen. So kann beispielsweise 1-Hexanol in 5 gesättigte CH_2-Gruppen, 1 CH_3-Gruppe und eine OH-Gruppe zerlegt werden, und Toluol enthält 5 aromatisch gebundene CH-Gruppen und eine aromatische $C-CH_3$-Gruppe. Buten-(1) enthält neben den gesättigten CH_2- und CH_3-Gruppen die ungesättigten CH- und CH_2-Gruppen. Gesättigte und ungesättigte CH_2-Gruppe stellen unterschiedliche Strukturgruppen dar. Das System wird nun nicht als Mischung von Molekülen, sondern als Mischung von Strukturgruppen behandelt, und nicht die Wechselwirkung zwischen den Molekülen, sondern die zwischen den Strukturgruppen wird betrachtet, wie Abb. 3.22d für die Mischung von 1-Hexanol mit Buten-(1) veranschaulicht. Dabei wird vorausgesetzt, dass die Wechselwirkungen zwischen den Strukturgruppen nur von der Art der

Abb. 3.22 Zerlegung von Molekülen in Strukturgruppen am Beispiel von
a 1-Hexanol,
b Buten-(1) und
c Toluol.
d Mischung der Strukturgruppen für eine 1-Hexanol/Buten-(1)-Mischung

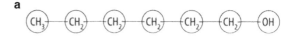

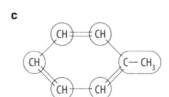

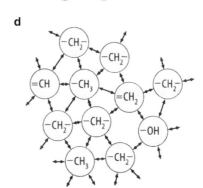

Gruppen selbst abhängen und nicht davon, in welchen Molekülen sie eingebaut sind. Die Wechselwirkung beispielsweise einer OH-Gruppe mit den gesättigten CH_2-Gruppen des n-Hexanol-Moleküls ist also dieselbe wie die der OH-Gruppe mit der gesättigten CH_2-Gruppe des Buten-Moleküls. Daher kommt man mit vergleichsweise wenig Gruppenparametern aus.

Die erste Gruppenbeitragsmethode, die in der Praxis eingesetzt wurde, war die von Deal, Derr und Wilson entwickelte ASOG-Methode (Analytical Solution Of Groups) (Derr und Deal 1969). Später schlugen Fredenslund et al. die *UNIFAC-Methode* (UNIversal Functional Group Activity Coefficient) vor, die die ASOG-Methode aufgrund verschiedener Vorteile bei der Anwendung auf Phasengleichgewichte weitgehend abgelöst hat (Fredenslund et al. 1975). Im folgenden sollen daher die Grundlagen der UNIFAC-Methode dargestellt werden.

Die UNIFAC-Methode geht davon aus, dass man die Moleküle der Mischung in ihre Strukturgruppen zerlegt, wie dies in Abb. 3.22 an einigen Beispielen gezeigt ist, und wendet das UNIQUAC-Modell statt auf eine Mischung von Molekülen auf die Mischung von Strukturgruppen an. Der Aktivitätskoeffizient setzt sich dann nach Gl. (3.128c) aus zwei Anteilen zusammen, dem kombinatorischen Anteil und dem Restanteil:

$$\boxed{\ln \gamma_i = \ln \gamma_i^c + \ln \gamma_i^r}$$

Der kombinatorische Beitrag berücksichtigt die geometrische Größe der Gruppen und wird mit Hilfe der UNIQUAC-Gleichung (3.128a) berechnet. Die Volumenparameter r_i und die Oberflächenparameter q_i des Moleküls i, die in die Berechnung der Volumenanteile Φ_i und der Oberflächenanteile Θ_i eingehen (s. Gln. (3.124a) und (3.124b)), werden dabei durch geeignete Gewichtung aus Volumenparametern R_k und Oberflächenparametern Q_k der Strukturgruppe k im Molekül i berechnet:

$$r_i = \sum_k v_k^{(i)} R_k \tag{3.129a}$$

$$q_i = \sum_k v_k^{(i)} Q_k \tag{3.129b}$$

Die Summation erstreckt sich über alle Strukturgruppen k des Moleküls i, wobei $v_k^{(i)}$ die Anzahl der Strukturgruppen des Typs k im Molekül i ist. Das Molekül i = Hexanol beispielsweise hat für die Strukturgruppe k = CH$_2$ die Zahl $v_k^{(i)} = 5$, für die Strukturgruppe k = CH$_3$ die Zahl $v_k^{(i)} = 1$ und für die Strukturgruppe k = OH die Zahl $v_k^{(i)} = 1$. Die Strukturgruppenparameter R_k und Q_k entsprechen Volumen- und Oberflächenparametern der Gruppe k bezogen auf die entsprechenden Werte der –CH$_2$-Gruppe in Polyethylen. Sie werden durch Anpassung an Reinstoffmesswerte gewonnen und liegen tabelliert vor (Fredenslund et al. 1977; Skjold-Jorgensen et al. 1979; Gmehling et al. 1982; Macedo et al. 1983; Tiegs et al. 1987).

In Tab. 3.10 sind die Gruppenvolumina und -oberflächen für einige Strukturgruppen wieder gegeben. Bei der Zerlegung der Moleküle in Strukturgruppen werden chemisch ähnliche Strukturgruppen in Hauptgruppen zusammengefasst. Die erste Hauptgruppe „CH$_2$" umfasst die in gesättigten Kohlenwasserstoffen, den Alkanen, auftretende CH$_3$-, CH$_2$-, CH-Gruppe. Die „ACH" und „ACCH$_2$"-Gruppen beispielsweise umfassen aromatisch gebundene C-Atome, die CH-, CH$_2$-, oder CH$_3$-Gruppe.

Der Restanteil berücksichtigt die Wechselwirkung zwischen den Molekülen der Mischung, und dieser wird in der UNIFAC-Methode durch die Wechselwirkung zwischen den Gruppen dargestellt. Er setzt sich additiv aus den Gruppenaktivitätskoeffizienten Γ_k der einzelnen Strukturgruppen k in der Mischung zusammen. Zusätzlich treten Aktivitätskoeffizienten $\Gamma_k^{(i)}$ auf, die das Verhalten der Gruppe k in der reinen Komponente i beschreiben und berücksichtigen, dass das Raoultsche Gesetz, d. h. die Randbedingung $\gamma_i \rightarrow 1$ für $x_i \rightarrow 1$, erfüllt ist. Der Restanteil des Aktivitätskoeffizienten lässt sich dann folgendermaßen schreiben:

$$\ln \gamma_i^r = \sum_k v_k^{(i)} \left(\ln \Gamma_k - \ln \Gamma_k^{(i)} \right) \tag{3.130}$$

Die Summation erstreckt sich über die Strukturgruppen k aller Komponenten i, die in der Mischung vorliegen. Die $\Gamma_k^{(i)}$ und Γ_k folgen aus der UNIQUAC-Gleichung für den

Tab. 3.10 Oberflächen- und Volumenparameter der ersten vier Hauptgruppen für die UNIFAC-Gleichung (Quelle: VDI Wärmeatlas 1994; Gmehling et al. 1977)

Haupt-gruppe	Untergruppe	i	R_i	Q_i	Beispiele für die Gruppenzuweisung	
1 „CH$_2$"	CH$_3$	1	0,9011	0,848	Hexan	2 CH$_3$, 4 CH$_2$
	CH$_2$	2	0,6711	0,540		
	CH	3	0,4469	0,228	2-Methylpropan	3 CH$_3$, 1 CH
	C	4	0,2195	0,000	2,2-Dimelhylpropan	4 CH$_3$, 1 C
2 „C=C"	CH$_2$=CH	5	1,3454	1,176	1-Hexen	1 CH$_3$, 3 CH$_2$, 1 CH$_2$=CH
	CH=CH	6	1,1167	0,867	2-Hexen	2 CH$_3$, 2 CH$_2$, 1 CH=CH
	CH$_2$=C	7	1,1173	0,988	2-Methyl-1-buten	2 CH$_3$, 1 CH$_2$, 1 CH$_2$=C
	CH=C	8	0,8886	0,676	2-Melhyl-2-buten	3 CH$_3$, 1 CH=C
	C=C	9	0,6605	0,485	2,3-Demithylbuten-2	4 CH$_3$, 1 C=C
3 „ACH"	ACH	10	0,5313	0,400	Benzol	6 ACH
	AC	11	0,3652	0,120	Styrol	1 CH$_2$=CH, 5 ACH, 1 AC
4 „ACCH$_2$"	ACCH$_3$	12	1,2663	0,968	Toluol	5 ACH, 1 ACCH$_3$
	ACCH$_2$	13	1,0396	0,660	Ethylbenzol	1 CH$_3$, 5 ACH, 1 ACCH$_2$
	ACCH	14	0,8121	0,348	Cumol	2 CH$_3$, 5 ACH, 1 ACCH

Restanteil, wobei statt der für binäre Mischungen geltenden Gl. (3.128b) der Ausdruck für multikomponentige Systeme (s. Tab. A.12) verwendet wird:

$$\ln \Gamma_k = Q_k \left[1 - \ln \left(\sum_m \theta_m \Psi_{mk} \right) - \sum_m \left(\theta_m \Psi_{km} / \sum_n \theta_n \Psi_{nm} \right) \right] \tag{3.131}$$

Die Summen erstrecken sich wieder über alle Strukturgruppen in der Mischung. $\Gamma_k^{(i)}$ folgt hieraus, wenn $x_i = 1$ und alle anderen $x_{j \neq i} = 0$ gesetzt werden. Die Oberflächenanteile θ_m sind analog zu Gl. (3.124b) zu berechnen, wobei für den Molenbruch x_i der Komponente i in der Mischung nun der Molanteil X_m der Strukturgruppe m in der Mischung zu setzen ist:

$$\boxed{\theta_m = \frac{X_m Q_m}{\sum_n X_n Q_n}} \tag{3.132}$$

$$\boxed{X_m = \frac{\sum_j \nu_m^{(j)} x_j}{\sum_j \sum_n \nu_n^{(j)} x_j}} \tag{3.133}$$

Tab. 3.11 Parameter a_{nm} (in K) für die Wechselwirkung der Hauptgruppen m und n für die UNIFAC-Gleichung (Quelle: VDI Wärmeatlas 1994; Reid et al. 1987)

	m	1	2	3	4
n		CH_2	$C=C$	ACH	ACCH
1	CH_2	0,00	86,02	61,13	76,50
2	$C=C$	$-35,36$	0,00	38,81	74,15
3	ACH	$-11,12$	3,45	0,00	167,00
4	$ACCH_2$	$-69,70$	$-113,60$	$-146,80$	0,00

Der Parameter Ψ_{nm} enthält den Wechselwirkungsparameter a_{nm} für die Wechselwirkung zwischen den Gruppen n und m und ist durch

$$\Psi_{nm} = \exp\left(-\frac{a_{nm}}{T}\right) \qquad (3.134)$$

definiert.

Für die Gruppenwechselwirkungsparameter a_{nm} gilt vereinfachend, dass Strukturgruppen, die sich chemisch ähnlich sind, wie etwa die in gesättigten Kohlenwasserstoffen auftretenden –CH, –CH_2, –CH_3-Gruppen, dieselben Werte für Wechselwirkungsparameter haben. Diese Strukturgruppen mit identischen a_{nm}-Werten fasst man zu einer Hauptgruppe zusammen. Daher findet man innerhalb einer Hauptgruppe verschiedene Strukturgruppen, die sich zwar in ihren Reinstoffparametern R_k und Q_k unterscheiden, aber gleiche a_{nm}-Werte aufweisen. Manche Moleküle, die entweder recht klein sind oder eine besondere Struktur aufweisen, bilden eine eigene Hauptgruppe.

Werte für a_{nm} werden aus einer großen Zahl zuverlässiger und auf Konsistenz überprüfter experimenteller Phasengleichgewichtsdaten gewonnen und liegen für eine Reihe von Gruppen tabelliert vor (Fredenslund et al. 1977; Skjold-Jorgensen et al. 1979; Gmehling et al. 1982; Macedo et al. 1983; Tiegs et al. 1987). Tab. 3.11 enthält Gruppenwechselwirkungsparameter a_{nm} für die ersten vier Hauptgruppen in Form einer Matrix. Man beachte, dass a_{nm} die Einheit Kelvin hat und dass $a_{mn} \neq a_{nm}$ gilt.

Die UNIFAC-Methode wird in der Praxis hauptsächlich zur Vorhersage von Dampf-Flüssigkeits-Gleichgewichten für mehrkomponentige Systeme für kleine bis mittlere Drücke (bis 15 bar) eingesetzt. Mit ihrer Hilfe lassen sich geeignete Hilfsstoffe für die extraktive und azeotrope Destillation finden. Bei höheren Drücken werden die Aktivitätskoeffizienten der flüssigen Phase für die Berechnung von Dampf-Flüssigkeits-Gleichgewichten statt aus einem Exzessmodell besser aus einer Zustandsgleichung berechnet, die für die Beschreibung beider Phasen, der flüssigen und dampfförmigen, geeignet ist (s. Abschn. 4.3.4).

Die Grenzen von UNIFAC liegen vor allem darin, dass diese Methode nur für einen beschränkten Temperaturbereich (etwa zwischen Raumtemperatur und 130 °C) anwendbar ist, da man die Wechselwirkungsparameter als temperaturunabhängig ansetzt. Bestimmt man aber aus experimentellen Daten die Temperaturabhängigkeit der Parameter, so lassen sich temperaturabhängige Aktivitätskoeffizienten vorhersagen. Aus der Temperaturabhängigkeit der Aktivitätskoeffizienten kann dann die Mischungsenthalpie durch partielles Ableiten der ln γ_k nach der Temperatur (s. Gl. (3.111)) berechnet werden (Gmehling 1986; Weidlich und Gmehling 1987).

3.4.14 Flory-Huggins-Gleichung

Abschließend soll noch eine Theorie für Mischungen, deren Moleküle sich sehr stark in ihrer Größe voneinander unterscheiden, vorgestellt werden. Sie wird zur Berechnung von Phasengleichgewichten für Mischungen von Polymeren in Lösungsmitteln mit Molekülen normaler Größe eingesetzt.

Flory und Huggins (Flory 1941, 1942; Huggins 1941, 1942) gingen in der Beschreibung von Polymerlösungen davon aus, dass die freie Exzessenthalpie hauptsächlich durch die Exzessentropie bestimmt wird und die Enthalpie einen vernachlässigbaren Einfluss hat. Der Berechnung der Exzessentropie liegt die Vorstellung zugrunde, dass sich die Polymermoleküle wie biegsame Ketten verhalten, die sich im Lösungsmittel unterschiedlich orientieren können. Man nimmt an, dass jedes Kettenmolekül aus Segmenten von der Größe des Lösungsmittelmoleküls zusammengesetzt ist, und dass die Mischung als ein quasikristallines Gitter angesehen werden kann, dessen Gitterplätze von den Lösungsmittelmolekülen oder von den Kettensegmenten des Polymers besetzt sind. Aus der Besetzungswahrscheinlichkeit der Plätze lässt sich mit Hilfe der statistischen Thermodynamik ein einfacher Ausdruck für die molare Mischungsentropie gewinnen:

$$\frac{\Delta S_m}{R} = -x_1 \ln \Phi_1 - x_2 \ln \Phi_2 \tag{3.135}$$

Φ_i ist der Bruchteil der Gitterplätze, die vom Lösungsmittel (i $=$ 1) bzw. vom Polymer (i $=$ 2) besetzt sind; Φ_i ist definiert durch

$$\Phi_1 = \frac{n_1}{n_1 + r n_2} \tag{3.136}$$

$$\Phi_2 = \frac{r n_2}{n_1 + r n_2} \tag{3.137}$$

wobei n_i die Molzahl der Komponente i in der Mischung bedeutet und r die Zahl der Segmente des Polymermoleküls. Unter der Annahme, dass bei der Mischung keine Mischungsenthalpie auftritt (athermische Mischung), also $\Delta H_m = 0$ gilt und die molare Mischungsentropie durch Gl. (3.135) beschrieben werden kann, erhält man für die molare freie Mischungsenthalpie

$$\Delta G_m = \Delta H_m - T\Delta S_m = -T\Delta S_m = +RT\left[x_1 \ln \Phi_1 + x_2 \ln \Phi_2\right] \tag{3.138}$$

Daraus lässt sich (mit Hilfe der Gln. (3.103) und (3.68)) die molare freie Exzessenthalpie herleiten:

$$
\begin{aligned}
G_m^{ex} &= \Delta G_m - \Delta G_m^{id} \\
&= RT(x_1 \ln \Phi_1 + x_2 \ln \Phi_2) - RT(x_1 \ln x_1 + x_2 \ln x_2) \\
&= RT(x_1 \ln \frac{\Phi_1}{x_1} + x_2 \ln \frac{\Phi_2}{x_2})
\end{aligned}
$$

Mit dieser Gleichung lässt sich der Aktivitätskoeffizient γ_1 berechnen, indem man Gl. (3.108) anwendet. Nach umfangreicheren Umformungen zur Eliminierung von x_1 und x_2 erhält man

$$
\ln \gamma_1 = \ln \left[1 - \Phi_2 \left(1 - \frac{1}{r} \right) \right] + \Phi_2 \left(1 - \frac{1}{r} \right)
\tag{3.139}
$$

Mit Hilfe der Gln. (3.138) und (3.139) lassen sich also die molare freie Mischungsenthalpie und der Aktivitätskoeffizient γ_1 in Polymerlösungen bestimmen.

Die ursprünglich von Flory und Huggins vorgeschlagene recht einfache Theorie für Polymerlösungen berücksichtigt nur die Größenunterschiede zwischen den Komponenten. Sie vernachlässigt den Einfluss der Form eines Polymermoleküls, ob es z. B. eher langkettig oder kugelförmig gebaut ist, und die bei einer Mischung auftretende Wärmetönung. Daher führt ihre Anwendung in der Praxis häufig nicht zu zufriedenstellenden Ergebnissen, weshalb diese einfache Theorie modifiziert wurde.

Die freie Exzessenthalpie der Theorie von Flory und Huggins wird um einen halbempirischen Mischungsenthalpie-Term erweitert, der aus der Theorie von van Laar, Scatchard und Hildebrand für reguläre Lösungen folgt. Für den Aktivitätskoeffizienten des Lösungsmittels erhält man dann

$$
\ln \gamma_1 = \ln \left[1 - \left(1 - \frac{1}{r} \right) + \Phi_2 \right] + \left(1 - \frac{1}{r} \right) \Phi_2 + \chi \Phi_2^2
\tag{3.140}
$$

wobei χ der sog. Flory-Huggins-Parameter ist. Der Term $\chi \Phi_2^2$ enthält die Energien der Paarwechselwirkungen, die zwischen einem Polymersegment und einem Lösungsmittelmolekül, zwischen Lösungsmittelmolekülen untereinander und Segmenten untereinander herrschen; χ hängt i. a. von der Temperatur ab. Der Theorie zufolge sollte χ aber von der Polymerkonzentration und vom Molekulargewicht unabhängig sein; für viele, insbesondere polare Mischungen gilt dies allerdings nicht. Auch die empirisch erweiterte Theorie von Flory und Huggins kann die thermodynamischen Eigenschaften von Polymerlösungen nicht immer quantitativ befriedigend wiedergeben, doch ihr Wert liegt in der Anschaulichkeit und Einfachheit, mit der sie die wesentlichen Züge von Polymerlösungen qualitativ richtig beschreibt.

3.4.15 Fugazität aus Exzessfunktionen

Für die Berechnung von Dampf-Flüssigkeits-Gleichgewichten benötigt man die Fugazitäten der Komponenten in beiden Phasen. Die Fugazitäten in der gasförmigen Phase berechnet man aus thermischen Zustandsgleichungen (s. Abschn. 3.4.17). Für die flüssige Phase ist dieses Vorgehen meist nicht geeignet, da hierfür die nötigen Daten für das Volumen in Abhängigkeit vom Druck für verschiedene Werte der Temperatur und Zusammensetzung nicht in ausreichendem Maße vorliegen. In diesem Fall berechnet man die Fugazitäten aus den Aktivitätskoeffizienten, die mit Hilfe empirischer Modelle aus Exzessgrößen gewonnen werden können.

Die Fugazität f_i der Komponente i in der Mischung lässt sich nach Gl. (3.90) angeben:

$$f_i = a_i f_i^+$$

wobei die Aktivität a_i über Gl. (3.93) mit dem Aktivitätskoeffizienten γ_i und dem Molenbruch x_i verknüpft ist:

$$a_i = \gamma_i x_i$$

Also folgt für die Fugazität

$$f_i = \gamma_i x_i f_i^+ \tag{3.141}$$

Hierin ist f_i^+ die Fugazität der Komponente i im Standardzustand. Zur Berechnung von Dampf-Flüssigkeits-Gleichgewichten wird als Standardzustand meist die reine Flüssigkeit bei Systemdruck und -temperatur gewählt. Daher ist nach Gl. (2.186)

$$f_i^+ = f_i^0 = \varphi_i^0 p_i^0 \exp\left(\int_{p_i^0}^{p} \frac{V_i^0}{RT} \mathrm{d}p\right), \quad i = 1, \ldots, K \tag{3.142}$$

wobei p_i^0 der Sättigungsdampfdruck der reinen Komponente i, φ_i^0 der Fugazitätskoeffizient des gesättigten Dampfes der reinen Komponente i, V_i^0 das Molvolumen der reinen flüssigen Komponente i und der Exponentialterm die Poynting-Korrektur bedeuten.

Wenn die Gasphase als ideal betrachtet werden kann und für Drücke ausreichend nah dem Sättigungsdampfdruck ist $f_i^0 = p_i^0$ und daher

$$f_i = \gamma_i x_i p_i^0 \tag{3.143}$$

Um die Fugazität im allgemeinen Fall zu berechnen, wird die Standardfugazität nach Gl. (3.142) aus Reinstoffdaten (Sättigungsdampfdrücke, Molvolumina, Koeffizienten für Zustandsgleichungen) bestimmt und mit dem Aktivitätskoeffizienten, der aus Modellgleichungen für die freie Exzessenthalpie gewonnen wird, in Gl. (3.141) eingesetzt.

Die Berechnung der Fugazität aus Aktivitätskoeffizienten wird in Kap. 4 bei der Berechnung von Gleichgewichten mit Beispielen verdeutlicht.

3.4.16 Thermische Zustandsgleichungen und Mischungsregeln

In Abschn. 2.2 wurden Zustandsgleichungen reiner Fluide vorgestellt. Mit ihrer Hilfe können p, V, T-Daten von flüssigen und gasförmigen Reinstoffen korreliert werden. In diesem Abschnitt sollen thermische Zustandsgleichungen für Mischungen formuliert werden, um daraus später Fugazitäten berechnen zu können. Man geht dabei so vor, dass man die mathematische Form der Zustandsgleichung als Verknüpfung von p, V und T für reine Fluide beibehält, für Mischungen aber die Parameter der Reinsubstanzen durch Parameter für die Mischung ersetzt, die dann konzentrationsabhängig sind.

Die Gleichungen, mit denen man aus den Reinsubstanzparametern und der Zusammensetzung die Parameter für die Mischung berechnet, heißen *Mischungsregeln* (oder *Kombinationsregeln*). Es gibt eine große stetig wachsende Zahl von Zustandsgleichungen und Mischungsregeln, die für Mischungen bestimmter Eigenschaften vorgeschlagen werden. Sie haben mit Ausnahme derjenigen für die Virialgleichung i. a. keine streng theoretische Grundlage, sondern werden empirisch aus dem Vergleich experimenteller Daten mit den aus Zustandsgleichungen berechneten Werten gewonnen. Die Mischungsregeln haben einen maßgeblichen Einfluss auf die Genauigkeit der Beschreibung thermodynamischer Eigenschaften. Im folgenden sollen die wichtigsten Mischungsregeln für die einzelnen Zustandsgleichungen angegeben werden. Für eine umfassende Diskussion von Mischungsregeln und Zustandsgleichungen sei auf spezielle Literatur (Copeman und Mathias 1986; Anderko 1990; Dohrn 1994; Prausnitz et al. 1999) verwiesen.

Mischungsregeln für die Virialgleichung

Um die *Virialgleichung* auf Mischungen anzuwenden geht man beispielsweise auf die Leiden-Form zurück (Gl. (2.32a)):

$$pV_\mathrm{m} = RT \left(1 + \frac{B}{V_\mathrm{m}} + \frac{C}{V_\mathrm{m}^2} \right)$$

Die Virialkoeffizienten B und C sind nun die konzentrationsabhängigen Koeffizienten der Mischung, für die Mischungsregeln angegeben werden müssen. Man ist hierbei nicht auf empirische Ansätze angewiesen, sondern die Virialkoeffizienten für Mischungen lassen sich mit Hilfe der statistischen Mechanik aus den Reinstoff-Koeffizienten gewinnen. Seien B_ii und C_iii die Virialkoeffizienten der reinen Komponente i für die Leiden-Form, so sind die Virialkoeffizienten der Mischung

$$B = \sum_\mathrm{i} \sum_\mathrm{j} y_\mathrm{i} y_\mathrm{j} B_\mathrm{ij} \tag{3.144}$$

$$C = \sum_\mathrm{i} \sum_\mathrm{j} \sum_\mathrm{k} y_\mathrm{i} y_\mathrm{j} y_\mathrm{k} C_\mathrm{ijk} \tag{3.145}$$

Die Kreuzkoeffizienten B_ij und C_ijk, für die nicht i $=$ j $=$ k ist, beschreiben die Wechselwirkungen zwischen den Molekülen i, j und k. Sie hängen ebenso wie die Reinstoff-

Koeffizienten nicht von Konzentration, Druck und Dichte ab, sondern nur von der Temperatur.

Für binäre Mischungen vereinfachen sich die Gln. (3.144) und (3.145) zu

$$B = y_1^2 B_{11} + 2 y_1 y_2 B_{12} + y_2^2 B_{22} \tag{3.146}$$

$$C = y_1^3 C_{111} + 3 y_1^2 y_2 C_{112} + 3 y_1 y_2^2 C_{122} + y_2^3 C_{222} \tag{3.147}$$

denn die Wechselwirkung eines Moleküls der Komponente 1 mit einem der Komponente 2 ist dieselbe wie die von 2 mit 1, so dass $B_{12} = B_{21}$ und $C_{112} = C_{121} = C_{211}$ sowie $C_{122} = C_{212} = C_{221}$.

Werte für die Kreuzkoeffizienten B_{ij} liegen in der Literatur vor (Warowny und Stecki 1979; Dymond und Smith 1980). Fehlen Werte für B_{ij}, so ist man auf halbempirische Mischungsregeln in der Literatur angewiesen. Dies gilt häufig auch für den dritten Virialkoeffizienten von Mischungen, da es für ihn meist nur wenige und recht ungenaue Daten gibt. Für verschiedene Ansätze sei auf die Literatur verwiesen (Prausnitz et al. 1999).

Die Virialkoeffizienten B′ und C′ der Berlin-Form lassen sich über die Gln. (2.41a) und (2.41b) aus denen der Leiden-Form errechnen. Da ihre Abhängigkeit von der Zusammensetzung nicht so einfach ist wie die für die Koeffizienten der Leiden-Form und die Leiden-Form zudem über einen größeren Druckbereich genauer ist, wird die Leiden-Form der Berlin-Form in der Anwendung meist vorgezogen.

Die Anwendbarkeit der Virialgleichung ist auf Gase bei mäßigen Drücken beschränkt, insbesondere wenn nur auf den zweiten Virialkoeffizienten zurückgegriffen werden kann (s. Abschn. 2.2.1). Auch für Gasmischungen gilt, dass die Virialgleichung nur für Dichten $\rho < 0{,}5\rho_c$ angewendet werden sollte, wenn sie nach dem zweiten Virialkoeffizienten abgebrochen wird, und wenn nach dem dritten Virialkoeffizienten abgebrochen wird bis $\rho < 0{,}75\rho_c$, wobei ρ_c die kritische Dichte ist.

Mischungsregeln für kubische Zustandsgleichungen

Es sollen nun Mischungsregeln behandelt werden für kubische Zustandsgleichungen. Die einfachste unter ihnen ist die *van-der-Waals-Gleichung*, die eine Erweiterung der Gleichung des idealen Gases darstellt, indem sie anziehende intermolekulare Wechselwirkungen und das Eigenvolumen der Gasmoleküle durch stoffspezifische Parameter a und b berücksichtigt (s. Abschn. 2.2.3). Sie lautet (s. Gl. (2.62a))

$$\left(p + \frac{a}{V_m^2} \right) (V_m - b) = RT \tag{3.148}$$

Wenn diese Gleichung auch für Mischungen gelten soll, dann sind a und b die konzentrationsabhängigen Parameter der Mischung, für die geeignete Mischungsregeln formuliert werden müssen. Für den Volumenparameter b der Mischung wird meist das einfache arithmetische Mittel der Reinstoffparameter gewählt. Wenn y_i der Molenbruch der Komponente i in der Mischung aus K Komponenten ist und b_i den Parameter der reinen

Komponente i darstellt, so ist der Volumenparameter der Mischung

$$b = \sum_i y_i b_i \tag{3.149}$$

Der Energieparameter a wird ebenfalls durch Mittelung aus den Reinstoffparametern berechnet. Da jedoch über die Wechselwirkungen aller Molekülpaare gemittelt wird, erhält man eine quadratische Konzentrationsabhängigkeit von a gemäß

$$a = \sum_i \sum_j y_i y_j a_{ij} \tag{3.150}$$

Hierin sind a_{ii} und a_{jj} die van-der-Waals-Parameter der reinen Komponenten i bzw. j und a_{ij} (i $\neq$ j) der Parameter der Wechselwirkung zwischen verschiedenen Molekülen i und j. Für a_{ij} verwendet man meist den empirischem Ansatz

$$a_{ij} = (a_{ii}a_{jj})^{1/2} \tag{3.151}$$

Eine Verbesserung von Phasengleichgewichtsberechnungen erreicht man, wenn man den Kreuzkoeffizienten a_{ij} um einen anpassbaren binären Parameter $k_{ij} = k_{ji}$ erweitert gemäß

$$a_{ij} = (a_{ii}a_{jj})^{1/2}(1 - k_{ij}) \tag{3.152}$$

k_{ij}-Werte werden durch Anpassung aus binären Phasengleichgewichtsdaten gewonnen. Sie haben häufig zwar sehr kleine Werte, dennoch haben sie einen großen Einfluss auf die Ergebnisse und sind keineswegs vernachlässigbar. Weitere Verbesserungen können durch die Berücksichtigung einer Temperaturabhängigkeit der k_{ij} erzielt werden.

Generell ist denkbar, nicht nur den Parameter a sondern auch b mit einer Mischungsregel zu formulieren, die quadratisch von der Zusammensetzung abhängt:

$$b = \sum_i \sum_j y_i y_j b_{ij} \tag{3.153}$$

wobei $b_{ii} = b_i$ der Reinstoff-Parameter der Komponente i ist und der Kreuzkoeffizient durch

$$b_{ij} = b_{ji} = \frac{1}{2}(b_{ii} + b_{jj})(1 - c_{ij}) \tag{3.154}$$

definiert ist. Der anpassbare binäre Parameter c_{ij} ist i. a. klein; für unpolare Mischungen ist häufig $c_{ij} = 0$, so dass sich die quadratische Mischungsregel zur linearen reduziert.

Für binäre Systeme vereinfachen sich die Mischungsregeln Gln. (3.149)–(3.152) zu

$$b = y_1 b_1 + y_2 b_2 \tag{3.155}$$

$$a = y_1^2 a_{11} + 2y_1 y_2 a_{12} + y_2^2 a_{22} \tag{3.156}$$

$$a_{12} = (a_{11}a_{22})^{1/2}(1 - k_{12}) \tag{3.157}$$

Tab. 3.12 Binäre Wechselwirkungsparameter für die Redlich-Kwong-Soave-Gleichung (Quelle: VDI Wärmeatlas 1994)

System	k_{ij}	System	k_{ij}
H_2-CH_4	$-0,0222$	$CH_4-C_2H_4$	$0,0186$
$H_2-C_2H_4$	$-0,0681$	$CH_4-C_2H_6$	$-0,0078$
N_2-CH_4	$0,0278$	$CH_4-C_3H_8$	$0,0090$
$N_2-C_2H_4$	$0,0798$	$CH_4-n-C_5H_{12}$	$0,0190$
$N_2-C_2H_8$	$0,0763$	CH_4-CO_2	$0,0933$
$N_2-n-C_4H_{20}$	$0,0700$	CH_4-CO_2	$0,0533$
N_2-CO_2	$-0,0315$	CO_2-H_2S	$0,0989$
N_2-NH_3	$0,2222$	$CO_2-n-C_5H_{12}$	$0,1311$

Die Weiterentwicklungen der van-der-Waals-Gleichung, die *Redlich-Kwong-Gleichung* (2.97a), (2.97b) die *Redlich-Kwong-Soave-Gl.* (2.103a), (2.103b) und die *Peng-Robinson-Gl.* (2.108a), (2.108b), enthalten gleichfalls die Energie- und Volumenparameter a und b. Bei der Anwendung dieser Gleichungen für Mischungen werden i. a. die Mischungsregeln Gln. (3.149), (3.150) und (3.152) der van-der-Waals-Gleichung übernommen. Ein Problem stellen die Kreuzkoeffizienten a_{ij} dar, die etwa aus kritischen p, V, T-Daten errechnet werden (Reid et al. 1987). Binäre Wechselwirkungsparameter für die Redlich-Kwong-Soave-Gleichung sind für einige binäre Systeme in Tab. 3.12 enthalten.

Wie gut experimentell bestimmte thermodynamische Eigenschaften vorhergesagt werden können, hängt vor allem von der Wahl der Mischungsregel für a ab, weniger von der für b. Daher ist vor allem die Mischungsregel für a zu modifizieren, um eine bessere Beschreibung von Phasengleichgewichten zu erzielen. Weitere Mischungsregeln für bestimmte Substanzklassen und Systeme sind in der Literatur zu finden (Dohrn 1994).

Modifizierte Mischungsregeln

Die Mischungsregeln Gln. (3.149) und (3.150) liefern insbesondere für hohe Drücke keine gute Beschreibung von Gleichgewichtsdaten. Sie gehen davon aus, dass die Verteilung der nächsten Nachbarn um ein Molekül statistisch erfolgt und die Konzentration der Mischung daher mit der Zusammensetzung in der direkten Umgebung eines Moleküls übereinstimmt. Bei hohen Dichten ist diese Voraussetzung nicht mehr erfüllt, sondern intermolekulare Wechselwirkungen können dazu führen, dass die lokale Zusammensetzung in unmittelbarer Nachbarschaft eines Moleküls stark von der mittleren Zusammensetzung der Mischung abweicht. In die Mischungsregel für den Parameter a wird dann die lokale Zusammensetzung integriert, die bei hohen Dichten die Wechselwirkung berücksichtigt, und für geringe Dichten geht der Ansatz in den quadratischen Ausdruck der Gl. (3.150) über. Andererseits ist denkbar, die Dichteabhängigkeit von Parameter a zu berücksichtigen, indem man ihn um einen Term, in dem die Dichte explizit auftritt, erweitert. Dies hat zur Folge, dass die als kubische Zustandsgleichungen bezeichneten Gleichungen von van der Waals, Peng-Robinson und Redlich-Kwong-Soave nicht mehr kubisch im Volumen sind und Gleichgewichtsberechnungen mit einem erhöhten Rechenaufwand verbunden sind. Der Ansatz, ein Aktivitätskoeffizientenmodell in die Mischungsregel zu integrieren, um damit die Wechselwirkungsenergie zu berücksichtigen, führt zu einer Erweiterung des Anwendungsbereiches von Zustandsgleichungen auf Mischungen (Wong und Sandler 1992).

3.4.17 Fugazität und Realanteile aus Zustandsgleichungen

In Abschn. 2.1.2 und Abschn. 2.1.3 haben wir Gleichungen hergeleitet, die die Realanteile U^{r}, S^{r}, H^{r}, F^{r} und G^{r} sowie die Fugazität und den Fugazitätskoeffizienten reiner Stoffe als Funktion der thermischen Zustandsvariablen p und T bzw. V und T darstellen und mit deren Hilfe man die thermodynamischen Potentiale aus einer thermischen Zustandsgleichung berechnen kann. In diesem Abschnitt werden die entsprechenden Beziehungen für Mischungen angegeben. Sie gelten unabhängig vom Aggregatszustand nicht nur für gasförmige sondern auch für kondensierte Phasen.

Je nachdem, ob die thermische Zustandsgleichung für eine Mischung aus K Komponenten in druckexpliziter Form $p = p(V, T, n_1, \ldots, n_K)$ oder in volumenexpliziter Form $V = V(p, T, n_1, \ldots, n_K)$ vorliegt, werden die Realanteile und der Fugazitätskoeffizient entweder als Funktionen der Variablen V und T oder als Funktionen der Variablen p und T zusätzlich zu den Molzahlen $n_1, \ldots, n_K$ als Variable für die Zusammensetzung formuliert. Es werden hier die Gleichungen für die Enthalpie, die Entropie, die freie Enthalpie und den Fugazitätskoeffizienten angegeben. Für die Gleichungen der anderen Zustandsgrößen und die Herleitung der Gleichungen verweisen wir auf die Literatur. In Tab. A.13 sind alle Gleichungen für die Realanteile zusammengefasst.

Realanteile
Die Realanteile für Mischungen werden mit denselben Gleichungen berechnet, die in Abschn. 2.1.2 für Reinstoffe hergeleitet wurden, wobei als Parameter diejenigen für die Mischung bestimmter Zusammensetzung einzusetzen sind.

Für thermische Zustandsgleichungen in volumenexpliziter Form erhält man

$$S^{\mathrm{r}} = S - S^{\mathrm{id}} = \int_0^p \left[-\left(\frac{\partial V}{\partial T}\right)_{p,n_{\mathrm{j}}} + \frac{nR}{p} \right] \mathrm{d}p \qquad (3.158)$$

$$H^{\mathrm{r}} = H - H^{\mathrm{id}} = \int_0^p \left[V - T\left(\frac{\partial V}{\partial T}\right)_{p,n_{\mathrm{j}}} \right] \mathrm{d}p \qquad (3.159)$$

$$G^{\mathrm{r}} = G - G^{\mathrm{id}} = \int_0^p \left[V - \frac{nRT}{p} \right] \mathrm{d}p \qquad (3.160)$$

mit

$$
S^{\mathrm{id}} = -R \sum_{\mathrm{i}} n_{\mathrm{i}} \ln \left(y_{\mathrm{i}} \frac{p}{p^+} \right) + \sum_{\mathrm{i}} n_{\mathrm{i}} S_{\mathrm{i}}^0 = -R \sum_{\mathrm{i}} n_{\mathrm{i}} \ln \left(\frac{n_{\mathrm{i}} RT}{Vp^+} \right) + \sum_{\mathrm{i}} n_{\mathrm{i}} S_{\mathrm{i}}^0
$$

$$
H^{\mathrm{id}} = \sum_{\mathrm{i}} n_{\mathrm{i}} H_{\mathrm{i}}^0
$$

$$
\begin{aligned}
G^{\mathrm{id}} &= RT \sum_{\mathrm{i}} n_{\mathrm{i}} \ln \left(y_{\mathrm{i}} \frac{p}{p^+} \right) + \sum_{\mathrm{i}} n_{\mathrm{i}} (H_{\mathrm{i}}^0 - T S_{\mathrm{i}}^0) \\
&= RT \sum_{\mathrm{i}} n_{\mathrm{i}} \ln \left(\frac{n_{\mathrm{i}} RT}{Vp^+} \right) + \sum_{\mathrm{i}} n_{\mathrm{i}} (H_{\mathrm{i}}^0 - T S_{\mathrm{i}}^0)
\end{aligned}
$$

Es bedeuten H_{i}^0 und S_{i}^0 die molare Enthalpie bzw. Entropie der reinen Komponente i im Zustand des idealen Gases bei der Temperatur T, n_{i} und y_{i} die Molzahl und der Molenbruch der Komponente i in der Mischung und $n = \sum n_{\mathrm{i}}$ die Gesamtmolzahl der Mischung. Die Entropie S_{i}^0 ist dabei der Wert beim Standarddruck p^+. Bei der Ausführung der partiellen Ableitungen ist zu beachten, dass die Ableitung $\left(\frac{\partial V}{\partial T} \right)_{p,n_{\mathrm{j}}}$ unter Konstanthaltung aller $n_1, \ldots, n_K$ erfolgt.

Die Realanteile für Mischungen hängen nach diesen Gleichungen nicht nur von den Variablen p und T ab, sondern auch von der Zusammensetzung.

Fugazitätskoeffizient

Aus der Gl. (3.160) für den Realanteil der freien Enthalpie lassen sich Ausdrücke für den Fugazitätskoeffizienten herleiten. Denn der Ausdruck Gl. (2.22), der den Realanteil der freien Enthalpie mit dem Fugazitätskoeffizienten einer Reinsubstanz verknüpft, gilt in analoger Weise auch für die Komponente einer Mischung, wenn man die molare freie Enthalpie durch die partielle molare freie Enthalpie der Komponente i ersetzt. Für eine Zustandsgleichung in volumenexpliziter Form erhält man daher

$$
\boxed{\ln \varphi_{\mathrm{i}} = \frac{1}{RT} \int_0^p \left(V_{\mathrm{i}} - \frac{RT}{p} \right) \mathrm{d}p}
\tag{3.161}
$$

Hierbei ist V_{i} das partielle Molvolumen, und bei der Ableitung $V_{\mathrm{i}} = \left(\frac{\partial V}{\partial n_{\mathrm{i}}} \right)_{T,p,n_{\mathrm{j} \neq \mathrm{i}}}$ sind die $n_1, \ldots, n_K$ außer n_{i} konstant zu halten. Man kann einen analytischen Ausdruck für den Fugazitätskoeffizienten in Abhängigkeit von Druck, Temperatur und Zusammensetzung der Mischung berechnen, indem man in Gl. (3.161) Zustandsgleichungen einsetzt und die Integration ausführt. Mit Hilfe des Fugazitätskoeffizienten kann dann auch die Fugazität f_{i} der Komponente i in einer Mischung nach Gl. (3.85) berechnet werden:

$$
\boxed{f_{\mathrm{i}} = \varphi_{\mathrm{i}} p_{\mathrm{i}} = y_{\mathrm{i}} \varphi_{\mathrm{i}} p}
\tag{3.162}
$$

wobei y_i der Molenbruch, φ_i der Fugazitätskoeffizient, p_i der Partialdruck der Komponente i in der Gasphase und p der Systemdruck bedeuten.

Diese Berechnung wird im folgenden beispielhaft an der Virialgleichung vorgeführt. Die Ausdrücke für den Fugazitätskoeffizienten für die Virialgleichung und für andere Zustandsgleichungen sind in Tab. A.13 zusammengefasst.

Die Berechnung des Fugazitätskoeffizienten geht auf Gl. (3.161) zurück. Mit der Virialgleichung wird zunächst das partielle Molvolumen $V_i = \left(\frac{\partial V}{\partial n_i}\right)_{T,p,n_{j\neq i}}$ berechnet, dieses wird in Gl. (3.161) eingesetzt, und die Integration wird ausgeführt. Die Berlin-Form der Virialgleichung lautet, wenn sie nach dem zweiten Virialkoeffizienten abgebrochen wird,

$$z = \frac{pV_m}{RT} = 1 + B'p$$

Diese Zustandsgleichung wird in die volumenexpliziten Form umgewandelt, indem sie mit RT/p multipliziert wird. Berücksichtigt man außerdem, dass der zweite Virialkoeffizient B der Leiden-Form und B' der Berlin-Form gemäß Gl. (2.41a) durch $B' = B/RT$ miteinander verknüpft sind, so folgt

$$V_m = \frac{RT}{p} + B \tag{3.163}$$

Das Molvolumen V_m und der zweite Virialkoeffizient B der Mischung hängen von den Molzahlen $n_1, \ldots, n_K$ ab, denn es gilt

$$V_m = \frac{V}{n} = \frac{V}{\sum_i n_i} \quad \text{und} \quad B = \sum_j \sum_k y_j y_k B_{jk} = \frac{\sum_j \sum_k n_j n_k B_{jk}}{n^2}$$

wobei $n = \sum_i n_i$ die Gesamtmolzahl ist.

Eingesetzt in Gl. (3.163) folgt

$$V = \frac{nRT}{p} + \frac{\sum_j \sum_k n_j n_k B_{jk}}{n} \tag{3.164}$$

Bildet man die partiellen Ableitungen nach der Variablen n_i bei konstant gehaltenen n_j, p, T und berücksichtigt, dass $\left(\frac{\partial n}{\partial n_i}\right)_{n_{j\neq i}} = 1$ und $B_{ij} = B_{ji}$ gilt, so folgt

$$\left[\frac{\partial}{\partial n_i}\left(\sum_j \sum_k n_j n_k B_{jk}\right)\right]_{T,p,n_{j\neq i}} = \sum_j \sum_k \left[\frac{\partial}{\partial n_i}\left(n_j n_k B_{jk}\right)\right]_{T,p,n_{j\neq i}}$$

$$= \sum_j n_j B_{ji} + \sum_k n_k B_{ik}$$

$$= 2\sum_j n_j B_{ij}$$

Mit Gl. (3.164) erhält man dann

$$V_i = \left(\frac{\partial V}{\partial n_i}\right)_{p,T,n_{j\neq i}} = \frac{RT}{p} - \frac{1}{n^2}\sum_j\sum_k n_j n_k B_{jk} + \frac{2\sum_j n_j B_{ij}}{n}$$

$$= \frac{RT}{p} - B + 2\sum_j y_j B_{ij}$$

und daher

$$V_i - \frac{RT}{p} = 2\sum_j y_j B_{ij} - B$$

Setzt man diesen Ausdruck in Gl. (3.161) ein, so erhält man

$$\ln\varphi_i = \frac{1}{RT}\int_0^p \left(2\sum_j y_j B_{ij} - B\right)\mathrm{d}p$$

Da die B_{ij} druckunabhängig sind, lässt sich die Integration ausführen:

$$\boxed{\ln\varphi_i = \left(2\sum_j y_j B_{ij} - B\right)\frac{p}{RT}} \tag{3.165}$$

Für binäre Systeme vereinfacht sich Gl. (3.165) zu

$$\ln\varphi_1 = [2(y_1 B_{11} + y_2 B_{12}) - B]\frac{p}{RT} \tag{3.166a}$$

$$\ln\varphi_2 = [2(y_1 B_{12} + y_2 B_{22}) - B]\frac{p}{RT} \tag{3.166b}$$

mit

$$B = y_1^2 B_{11} + 2y_1 y_2 B_{12} + y_2^2 B_{22}. \tag{3.167}$$

Möchte man den Fugazitätskoeffizienten nicht als Funktion des Druckes sondern des Volumens als Parameter erhalten, so geht man von der Leiden-Form der Virialgleichung aus; man schreibt sie in die druckexplizite Form um, bildet dann die partielle Ableitung $\left(\frac{\partial p}{\partial n_i}\right)_{T,V,n_{j\neq i}}$ und setzt sie in die entsprechende Gleichung für $\ln\varphi_i$ ein. So erhält man, wenn man auch den dritten Virialkoeffizienten mitberücksichtigt,

$$\boxed{\ln\varphi_i = \frac{2}{V_m}\sum_j y_j B_{ij} - \ln z + \frac{3}{2V_m^2}\sum_j\sum_k y_j y_k C_{ijk}} \tag{3.168}$$

Beispiel

Es werde eine gasförmige Mischung aus Ammoniak(1) und Methan(2) betrachtet.

(a) Man berechne die Fugazitäten beider Komponenten in einer Mischung mit $y_1 = 0,523$ bei 323 K und 30 bar. Es soll die Virialgleichung mit den Koeffizienten $B_{11} = -209 \, \text{cm}^3 \, \text{mol}^{-1}$, $B_{22} = -33 \, \text{cm}^3 \, \text{mol}^{-1}$, $B_{12} = -50 \, \text{cm}^3 \, \text{mol}^{-1}$ verwendet werden.

(b) Im Vergleich dazu berechne man die Fugazitäten beider Komponenten für die in (a) genannten Bedingungen mit der Fugazitätsregel von Lewis.

Lösung: (a) Zunächst wird der Fugazitätskoeffizient φ_i nach Gl. (3.166a), (3.166b) berechnet und daraus die Fugazität $f_i = y_i \varphi_i p$.

Setzt man die angegebenen Werte für die Virialkoeffizienten und die Zusammensetzung in Gl. (3.167) ein, so erhält man $B = -89,6 \, \text{cm}^3 \, \text{mol}^{-1}$. Aus Gl. (3.166a), (3.166b) folgt für $p = 30$ bar und $T = 323$ K: $\varphi_1 = 0,821$ und $\varphi_2 = 1,007$

Daraus erhält man für die Fugazitäten $f_1 = y_1 \varphi_1 p = 12,9$ bar und $f_2 = y_2 \varphi_2 p = 14,4$ bar.

(b) Die Fugazitätsregel nach Lewis (Gl. (3.87)) lautet $f_i = y_i f_i^0$ wobei $f_i^0 = \varphi_i^0 p$ die Fugazität der reinen Komponente i bei dem Druck p der Mischung ist. Die Fugazitätskoeffizienten φ_i^0 der reinen Komponenten 1 und 2 werden nach den Gln. (3.166a), (3.166b) und (3.167) berechnet, indem $y_1 = 1$ und $y_2 = 0$ bzw. $y_1 = 0$ und $y_2 = 1$ gesetzt wird. Es folgt $\ln \varphi_1^0 = B_{11} p / (RT) = -0,2335$; $\varphi_1^0 = 0,791$ und $\ln \varphi_2^0 = B_{22} p / (RT) = -0,0369$; $\varphi_2^0 = 0,964$. Daraus erhält man für die Fugazitäten $f_1 = y_1 \varphi_1^0 p = 12,4$ bar und $f_2 = y_2 \varphi_2^0 p = 13,8$ bar. Die Ergebnisse weichen um 4 % von den in (a) berechneten ab.

Literatur

Abrams DS, Prausnitz JM (1975) A I Ch E J 21:116

Anderko A (1990) Fluid -ph Equil 61:145

Chueh PL (1967) Dissertation. University of California Berkeley, Berkeley

Copeman IW, Mathias PM (1986) Recent mixing rules for equations of state: an industrial perspective. ACS symposium series 300

Derr EL, Deal CH (1969) Inst Chem Eng Symp Ser 3:40

Dohrn R (1994) Berechnung von Phasengleichgewichten. Vieweg, Braunschweig

Dymond JH, Smith EB (1980) The viral coefficients of pure gases and mixtures. Clarendon Press, Oxford

Flory PJ (1941) J Chem Phys 9:660

Flory PJ (1942) J Chem Phys 10:51

Fredenslund A, Jones RL, Prausnitz JM (1975) A I Ch E J 21:1086

Fredenslund A, Gmehling J, Rasmussen P (1977) Vapor-liquid equilibria using UNIFAC. Elsevier, Amsterdam

Gmehling J (1986) Fluid -ph Equil 30:119

Gmehling J, Kolbe B (1992) Thermodynamik, 2. Aufl. VCH, Weinheim New York

Gmehling J, Onken U, Arlt W, Grenzhenser P, Weidlich U, Kolbe B (1977) Vapor-liquid equilibrium data collection. DECHEMA Chemistry Data Series, Bd. 1. DECHEMA, Frankfurt/Main

Gmehling J, Rasmussen P, Fredenslund A (1982) Ind Eng Chem Proc Des Dev 21:118

Gomez de Azevedo E (1995) Termodinamica Aplicada. Escolar Editora, Lisboa

Guggenheim EA (1952) Mixtures. Clarendon Press, Oxford

Huggins ML (1941) J Phys Chem 9:440

Huggins ML (1942) Ann N Y Acad Sci 43:1

Landolt-Börnstein (1975) Zahlenwerk und Funktionen aus Naturwissenschaft und Technik, Neue Serie. Springer, Berlin Heidelberg New York

Larkin JA (1975) J Chem Thermodyn 7:137

Macedo EA, Weidlich U, Gmehling J, Rasmussen P (1983) Ind Eng Chem Proc Des Dev 22:676

Maurer G, Prausnitz JM (1978) Fluid -ph Equil 2:91

Perry RH, Green D (1997) Chemical engineer's handbook, 7. Aufl. McGraw-Hill, New York

Porter AW (1920) Trans Faraday Soc 16:1920

Prausnitz JM, Lichtenthaler RN, Gomes de Azevedo E (1999) Molecular Thermodynamics of Fluid-Phase Equilibria, 3. Aufl. Prentice Hall, Englewood Cliffs

Redlich O, Kister AT (1948) Ind Eng Chem 40:345

Reid RC, Prausnitz JM, Poling PE (1987) The properties of gases and liquids, 4. Aufl. McGraw-Hill, New York

Renon H, Prausnitz JM (1968) A I Ch E J 14:135

Skjold-Jorgensen S, Kolbe B, Gmehling J, Rasmussen P (1979) Ind Eng Chem Proc Des Dev 18:714

Tiegs D, Gmehling J, Rasmussen P, Fredenslund A (1987) Ind Eng Chem Res 26:159

VDI-Wärmeatlas, Berechnungsblätter für den Wärmeübergang 7. Aufl. (1994), VDI-Verlag, Düsseldorf

Warowny W, Stecki J (1979) The second cross virial coefficients of gaseous mixtures. PWN, Warschau

Weidlich U, Gmehling J (1987) Ind Eng Chem Prod Res Dev 26:1372

Wilson GM (1964) J Am Chem Soc 86:127

Wohl K (1946) Trans A I Chem Eng 42:215

Wong DSH, Sandler SI (1992) A I Ch Ej 38:671

Phasengleichgewichte mehrkomponentiger Systeme

4

Die im vorangegangenen Kapitel vorgestellten Berechnungen thermodynamischer Eigenschaften einzelner homogener Mischungen werden im folgenden Kapitel angewendet, mit dem Ziel, den Gleichgewichtszustand verschiedener miteinander in Gleichgewicht stehender Phasen zu beschreiben. Diese Phasengleichgewichte bilden die Grundlage für die Auslegung verfahrenstechnischer Prozesse wie etwa der Destillation oder Rektifikation, thermischer Trennverfahren, die auf dem Austausch zwischen der Dampf- und der Flüssigkeitsphase beruhen, sowie der Flüssig-Flüssig-Extraktion, ein Verfahren, bei dem die Verteilung eines Stoffes zwischen zwei Flüssigkeiten genutzt wird, um beispielsweise Wertstoffe oder Schadstoffe einem flüssigen Stoffgemisch zu entziehen.

In diesem Kapitel werden zunächst die allgemeinen Beziehungen hergeleitet, die die Bedingungen für mechanisches, thermisches und stoffliches Gleichgewicht angeben. Anschließend werden die Gleichgewichte Flüssigkeit-Flüssigkeit, Dampf-Flüssigkeit, Gas-Flüssigkeit, Feststoff-Flüssigkeit, Dampf-Feststoff sowie Dampf-Flüssigkeit-Feststoff behandelt.

4.1 Heterogene Gleichgewichte

Heterogene Systeme sind Systeme, die aus mehreren Phasen bestehen. So ist 0 °C kaltes Wasser mit darauf schwimmenden Eiswürfeln derselben Temperatur ein heterogenes System aus den beiden im Gleichgewicht stehenden Phasen Eis und Wasser. Ebenso bilden zwei begrenzt miteinander mischbare Flüssigkeiten ein heterogenes System, denn sie zerfallen, nachdem man sie gründlich durchmischt hat, in zwei getrennte Phasen. Auch Aerosole wie Nebel und Rauch sind heterogene Systeme, denn sie bestehen aus in einer Gasphase fein verteilten Flüssigkeits- bzw. Feststoffphase.

In diesem Abschnitt werden thermodynamische Gesetzmäßigkeiten für heterogene Gleichgewichte hergeleitet, um sie in späteren Abschnitten auf die Gleichgewichte zwischen festen, flüssigen und gasförmigen Phasen anzuwenden.

© Springer-Verlag GmbH Deutschland, ein Teil von Springer Nature 2020
C. Lüdecke, D. Lüdecke, *Thermodynamik*, https://doi.org/10.1007/978-3-662-58800-0_4

4.1.1 Gleichgewichtsbedingungen für heterogene Systeme

Extremalprinzip als Gleichgewichtskriterium

Aus Abschn. 1.5.5 ist bekannt, dass als Folge des zweiten Hauptsatzes die Entropie eines abgeschlossenen Systems im Gleichgewicht einen Maximalwert anstrebt: Für feste Werte der inneren Energie U und des Volumens V ist im Gleichgewicht (s. Gl. (1.289b))

$$S = S_{max} = \text{const} \quad \text{für} \quad U, V = \text{const} \tag{4.1}$$

Für geschlossene Systeme ist die Energie minimal, und zwar ist je nach den Bedingungen, unter denen ein Prozess geführt wird, entweder die innere Energie, die Enthalpie, die freie Energie oder die freie Enthalpie minimal. Für isobar-isotherme Prozessbedingungen, die für die Thermodynamik von besonderer Bedeutung sind, folgt aus Gl. (4.1), dass im Gleichgewicht die freie Enthalpie G minimal wird (s. Gl. (1.296a), (1.296b)):

$$G = G_{min} = \text{const} \quad \text{für} \quad p, T = \text{const} \tag{4.2}$$

Die Gln. (4.1) und (4.2) sowie die übrigen in Abschn. 1.5.5 hergeleiteten Gleichgewichtskriterien gelten sowohl für homogene als auch für heterogene geschlossene Systeme. Im folgenden werden diese Beziehungen wiedergegeben und diskutiert; für die Herleitung der Gleichungen wird auf allgemeine Werke der Thermodynamik (Stephan et al. 1988) verwiesen.

Für Gemische hängen die thermodynamischen Potentiale außer von den Variablen p, V und T zusätzlich von den Variablen zur Beschreibung der Zusammensetzung ab, für die meist die Molzahlen $n_1, \ldots, n_K$ der im System enthaltenen K Komponenten gewählt werden. Für die Entropie und freie Enthalpie des Systems gilt beispielsweise

$$S = S(U, V, n_1, \ldots, n_K)$$

und

$$G = G(p, T, n_1, \ldots, n_K)$$

Nach dem Extremalprinzip herrscht Gleichgewicht, wenn die Gesamtentropie im Gleichgewicht einen Maximalwert annimmt für feste Werte der inneren Energie U, des Volumens V und der Molzahlen n_i ($i = 1, \ldots, K$):

$$(\Delta S)_{U,V,n_i} \geq 0 \text{ für den Prozess und} \tag{4.3a}$$

$$S = S_{max} = \text{const im Gleichgewicht} \tag{4.3b}$$

Für die anderen Prozessbedingungen gilt, dass die thermodynamischen Potentiale U, H, F und G im Gleichgewicht einen Minimalwert annehmen. Dies ist in Tab. 4.1 zusammengestellt.

Die Extremalbedingung für G soll nun dazu dienen, die Gleichgewichtsbedingung für stoffliches Gleichgewicht herzuleiten, die gleichzeitig die Namensgebung „chemisches Potential" für die partielle molare freie Enthalpie μ_i erklärt.

Tab. 4.1 Extremalprinzip der thermodynamischen Potentiale für Gemische

Zustands-größe	System	Prozessbedingung	Extremalprinzip	Gleichgewichts-bedingung
Entropie	abgeschlossen	$U, V, n_1, \ldots, n_K = \text{const}$	$(\Delta S)_{U,V,n_i} \geq 0$	$S = S_{\max} = \text{const}$
Innere Energie	Isochor-isentrop geschlossen	$S, V, n_1, \ldots, n_K = \text{const}$	$(\Delta U)_{S,V,n_i} \leq 0$	$U = U_{\min} = \text{const}$
Enthalpie	Isentrop-isobar geschlossen	$S, p, n_1, \ldots, n_K = \text{const}$	$(\Delta H)_{S,p,n_i} \leq 0$	$H = H_{\min} = \text{const}$
freie Energie	Isotherm-isochor geschlossen	$T, V, n_1, \ldots, n_K = \text{const}$	$(\Delta F)_{T,V,n_i} \leq 0$	$F = F_{\min} = \text{const}$
Freie Enthalpie	Isotherm-isobar geschlossen	$T, p, n_1, \ldots, n_K = \text{const}$	$(\Delta G)_{T,p,n_i} \leq 0$	$G = G_{\min} = \text{const}$

Stoffliches Gleichgewicht

Es werde ein System aus mehreren Phasen, die Materie und Energie miteinander austauschen können, betrachtet (s. Abb. 4.1). Das System bestehe aus P Phasen α, β, $\ldots$, π, und enthalte K Komponenten. Die sich beim Druck p und der Temperatur T des Systems im Gleichgewicht einstellenden Zusammensetzungen der Phasen seien durch die Molenbrüche $x_1^\alpha, \ldots, x_K^\alpha; x_1^\beta, \ldots, x_K^\beta; \ldots; x_1^\pi, \ldots, x_K^\pi$ gegeben. Diese Zustandsvariablen für Druck, Temperatur und Zusammensetzung der Phasen beschreiben vollständig den Zustand des Systems. Sie sind aber nicht unabhängig voneinander, sondern durch Gleichungen, die die Bedingung für thermodynamisches Gleichgewicht zwischen den Phasen $\alpha, \beta, \ldots, \pi$ angeben, miteinander verknüpft. Diese Gleichungen lassen sich aus der Gleichgewichtsbedingung, dass im Gleichgewicht die freie Enthalpie bei konstantem Druck und konstanter Temperatur minimal ist (s. Tab. 4.1), herleiten.

Abb. 4.1 Ein System bestehend aus den Phasen α und β enthalte K Komponenten. Bei dem Druck p und der Temperatur T stellen sich im Gleichgewicht in den beiden Phasen die Molenbrüche $x_1^\alpha, \ldots, x_K^\alpha$ und $x_1^\beta, \ldots, x_K^\beta$ ein

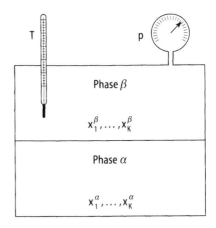

Die freie Enthalpie des aus den Teilsystemen oder Phasen α, β, …, π bestehenden Gesamtsystems ist – da die freie Enthalpie eine extensive Größe ist – die Summe der freien Enthalpien G^α, G^β, …, G^π dieser Phasen α, β, …, π:

$$G = G^\alpha + G^\beta + \ldots + G^\pi$$

Dabei lässt sich für jede Phase $\varphi = \alpha$, β, …, π die freie Enthalpie nach Gl. (3.28) durch das chemische Potential μ_i^φ und die Molzahl n_i^φ der Komponente i in der Phase φ ausdrücken gemäß $G^\varphi = \sum n_i^\varphi \mu_i^\varphi$. Daher ist

$$G = \sum_i n_i^\alpha \mu_i^\alpha + \sum_i n_i^\beta \mu_i^\beta + \ldots + \sum_i n_i^\pi \mu_i^\pi$$

Wandern Komponenten von einer Phase in die andere, so ist mit der Änderung der Molzahlen in den Phasen auch eine Änderung der freien Enthalpien verbunden. Für konstante Temperatur und konstanten Druck ist die Änderung der freien Enthalpie jeder Phase φ nach Gl. (3.21)

$$dG^\varphi = \sum_i \mu_i^\varphi dn_i^\varphi$$

und für das Gesamtsystem

$$dG = \sum_i \mu_i^\alpha dn_i^\alpha + \sum_i \mu_i^\beta dn_i^\beta + \ldots + \sum_i \mu_i^\pi dn_i^\pi \quad (p, T \text{ konstant}) \qquad (4.4)$$

In einem Zweiphasensystem und unter der Annahme, dass nur Komponente i von α nach β wandert, ist $dn_i^\alpha = -dn_i^\beta$ aufgrund der Konstanz der Molmenge $n_i = n_i^\alpha + n_i^\beta$, während $dn_j^\alpha = dn_j^\beta = 0$ für j $\neq$ i, da sich die anderen Molzahlen nicht ändern. Daher wird aus Gl. (4.4)

$$dG = \mu_i^\alpha dn_i^\alpha + \mu_i^\beta dn_i^\beta = \mu_i^\alpha dn_i^\alpha - \mu_i^\beta dn_i^\alpha = \left(\mu_i^\alpha - \mu_i^\beta\right) dn_i^\alpha$$

Im Gleichgewicht gilt $(dG)_{p,T} = 0$ und daher

$$\mu_i^\alpha = \mu_i^\beta \quad i = 1, \ldots, K$$

Erweitert man die Überlegungen darauf, dass auch andere Komponenten als nur die eine Komponente i von einer Phase in eine andere wandern und dass das System aus mehr als zwei Phasen besteht, so erhält man als *Bedingung für stoffliches* oder *chemisches Gleichgewicht* im System aus den Phasen α, β, γ, …, π

$$\boxed{\mu_i^\alpha = \mu_i^\beta = \ldots = \mu_i^\pi \quad i = 1, \ldots, K} \qquad (4.5)$$

Stehen die Phasen eines Systems bei konstantem p und T in chemischem Gleichgewicht, so ist also für jede einzelne Komponente i das chemische Potential μ_i in allen Phasen gleich. Ebenso wie thermisches Gleichgewicht Temperaturgleichheit in allen Phasen bedeutet und Ungleichheit der Temperaturen einen Wärmefluss verursacht, und mechanisches Gleichgewicht Druckgleichheit in allen Phasen bedeutet und Ungleichheit der Drücke zu einer Volumenausdehnung einiger Phasen auf Kosten der anderen Phasen führt, bedeutet chemisches Gleichgewicht die Gleichheit des chemischen Potentials für jede Komponente in allen Phasen, und bei Ungleichheit der chemischen Potentiale findet ein Austausch der Komponenten, also ein Materiefluss zwischen den Phasen statt, bis Gleichheit der Werte herrscht. Die Komponenten wandern dabei von Phasen höheren chemischen Potentials in Phasen niedrigeren chemischen Potentials, bis im Gleichgewicht das chemische Potential für jede Komponente i in allen Phasen übereinstimmt. Diese Interpretation verdeutlicht nachträglich den Namen des chemischen Potentials als eine treibende Kraft für einen Stoffaustausch.

Da das chemische Potential der Anschauung weniger zugänglich ist, ist es günstig, die Gleichgewichtsbedingung außer durch das chemische Potential auch durch die Fugazität auszudrücken, die durch die messbaren Variablen wie Druck und Zusammensetzung beschrieben werden kann. Für das chemische Potential μ_i und die Fugazität f_i der Komponente i in einer Mischphase gilt nach Gl. (3.81) der Zusammenhang

$$\mu_i = \mu_i^+(p^+, T) + RT \ln \frac{f_i}{f_i^+}$$

wobei μ_i^+ das chemische Potential der Komponente i im Standardzustand, p^+ der Standarddruck und f_i^+ die Standardfugazität bedeuten. Wählt man als Standardzustand die reine Komponente i bei Systemdruck und Systemtemperatur, so sind $\mu_i^+(p^+, T)$ und f_i^+ Reinstoffgrößen, die nur von Druck und Temperatur abhängen und in allen Phasen gleich sind. Daher lässt sich das stoffliche Gleichgewicht nach Gl. (4.5) auch völlig äquivalent durch die Fugazität ausdrücken:

$$\boxed{f_i^\alpha = f_i^\beta = \ldots = f_i^\pi \quad i = 1, \ldots, K} \tag{4.6}$$

Diese Gleichungen lassen sich leicht aus der Gl. (4.5) herleiten, wenn der Standardzustand für beide Phasen gleich gewählt ist. Aber auch für den Fall, dass die Standardzustände nicht übereinstimmen, folgt die Gleichheit der Fugazitäten, da die chemischen Potentiale der reinen Komponente i, $\mu_i^{0\alpha}(p^+, T)$ und $\mu_i^{0\beta}(p^+, T)$, durch $\mu_i^{0\alpha}(p^+, T) - \mu_i^{0\beta}(p^+, T) = RT \ln(f_i^{+\alpha}/f_i^{+\beta})$ miteinander verknüpft sind.

Die Gln. (4.6) stellen die Grundlage zur Berechnung von Phasengleichgewichten dar. Abhängig von der Aufgabenstellung und den zur Verfügung stehenden Daten kann die Fugazität dabei entweder über den Fugazitätskoeffizienten aus Zustandsgleichungen (s. Abschn. 3.4.17) oder über den Aktivitätskoeffizienten aus Exzessfunktionen (s. Abschn. 3.4.15) berechnet werden.

Thermodynamisches Gleichgewicht

Thermodynamisches Gleichgewicht ist dadurch definiert, dass neben dem *chemischen Gleichgewicht* auch *mechanisches* und *thermisches Gleichgewicht* gelten müssen, d. h. dass in allen Phasen nicht nur die chemischen Potentiale für jede Komponente übereinstimmen, sondern auch gleicher Druck und gleiche Temperatur herrschen müssen (wenn wir davon ausgehen, dass das System keine semipermeablen Membranen enthält, also keine osmotischen Drücke auftreten). Die Gleichungen, die die Bedingung für *thermodynamisches Gleichgewicht* zwischen den Phasen α, β, ..., π angeben, lauten daher

$$p^\alpha = p^\beta = \ldots = p^\pi \qquad\qquad (4.7a)$$

$$T^\alpha = T^\beta = \ldots = T^\pi \qquad\qquad (4.7b)$$

$$
\begin{aligned}
\mu_1^\alpha &= \mu_1^\beta = \ldots = \mu_1^\pi \\
\mu_2^\alpha &= \mu_2^\beta = \ldots = \mu_2^\pi \\
&\text{etc.} \\
\mu_K^\alpha &= \mu_K^\beta = \ldots = \mu_K^\pi
\end{aligned}
\qquad\qquad (4.7c)
$$

Hierbei sind p^α der Druck der Phase α, T^α die Temperatur der Phase α und μ_i^α das chemische Potential der Komponente i in der Phase α, analog für Phase β, ..., π.

Die Gleichgewichtsbedingungen der Gln. (4.7a) bis (4.7c) sind die Grundlage für das Gibbssche Phasengesetz, das im folgenden Abschnitt hergeleitet wird.

4.1.2 Gibbssches Phasengesetz

Der Zustand eines Systems, das aus mehreren Komponenten und Phasen bestehen mag, ist eindeutig charakterisiert, wenn für jede Phase Druck, Temperatur und Zusammensetzung angegeben sind. Wenn die Phasen miteinander im Gleichgewicht stehen, sind aber die genannten Variablen nicht alle unabhängig voneinander frei wählbar. In diesem Paragraphen wird die Frage beantwortet, wie viele intensive Zustandsgrößen für eine eindeutige Beschreibung des Systems nötig sind. Die Zahl der Variablen, die unabhängig voneinander variiert werden können, ohne dass der Gleichgewichtszustand verlassen wird, nennt man die Anzahl *Freiheitsgrade* (s. Abschn. 1.1.3). In der thermischen Verfahrenstechnik entsprechen die Freiheitsgrade der Anzahl der Parameter, die der Ingenieur beim Betrieb einer Anlage vorgeben kann, z. B. Druck und Temperatur, während die restlichen Größen, die den Systemzustand beschreiben, z. B. Zusammensetzungen der beteiligten Phasen, dann festgelegt sind.

Das System bestehe aus P Phasen und enthalte K Komponenten. Es sollen keine chemischen Reaktionen im System stattfinden. Um die Zahl der Freiheitsgrade F zu berechnen, bestimmt man zunächst die Zahl der Variablen, die für die Beschreibung der einzelnen Phasen nötig sind, und subtrahiert dann die Zahl der Gleichgewichtsbedingungen, die die Koexistenz der Phasen beschreiben.

Die Zusammensetzung jeder Phase wird durch die Molenbrüche $x_1, \ldots, x_K$ charakterisiert, von denen aber wegen $\sum x_i = 1$ nur $K - 1$ Werte unabhängig und damit zur eindeutigen Beschreibung notwendig sind. Für P Phasen ist das insgesamt $P(K - 1)$ Variable. Hinzu kommen zwei Freiheitsgrade für die Variablen Druck und Temperatur. Da die Phasen $\alpha, \beta, \ldots \pi$ miteinander im Gleichgewicht stehen, ist für jede Komponente das chemischen Potential in allen Phasen gleich gemäß Gl. (4.5):

$$\mu_i^\alpha = \mu_i^\beta = \ldots = \mu_i^\pi \quad (i = 1, \ldots, K)$$

Dies sind $P - 1$ Gleichungen für jede der K Komponenten, insgesamt also $K(P - 1)$ einschränkende Nebenbedingungen. Die Zahl der Freiheitsgrade ist daher $F = P(K - 1) + 2 - K(P - 1)$ also

$$\boxed{F = K - P + 2.} \qquad (4.8)$$

Diese Gleichung heißt *Gibbssches Phasengesetz* oder *Gibbssche Phasenregel*.

K ist die Anzahl der Komponenten des Systems, seien es Elemente oder chemische Verbindungen. Wenn im System chemische Reaktionen ablaufen, wenn also Verbindungen des Systems in chemischem Gleichgewicht miteinander stehen, so reduziert sich die Zahl der unabhängigen Komponenten um die Anzahl der Reaktionsgleichungen, und entsprechend verringert sich auch die Anzahl der Freiheitsgrade um diese Zahl der einschränkenden Bedingungen. Man betrachte beispielsweise eine wässrige Schwefelsäure, die aufgrund der Dissoziation H_2SO_4, HSO_4^-, SO_4^{2-}, H_3O^+ und H_2O-Teilchen in hydratisierter Form enthält. Die fünf unterschiedlichen Teilchensorten stehen im chemischen Gleichgewicht miteinander, gegeben durch die beiden Reaktionsgleichungen

$$H_2SO_4(aq) + H_2O \rightleftharpoons HSO_4^-(aq) + H_3O^+(aq)$$
$$HSO_4^-(aq) + H_2O \rightleftharpoons SO_4^{2-}(aq) + H_3O^+(aq)$$

Außerdem führt die Elektroneutralitätsbedingung, dass gleich viele positive wie negative Teilchen in der Lösung vorliegen müssen, zu der Gleichung $c_{H_3O^+} = c_{HSO_4^-} + 2c_{SO_4^{2-}}$. Zwischen den fünf Teilchenarten bestehen damit drei einschränkende Bedingungen, so dass die Zahl der Komponenten $K = 5 - 3 = 2$ ist. Einfacher könnten wir sagen, wässrige Schwefelsäure besteht aus den beiden Komponenten H_2O und H_2SO_4.

Beispiel

Wie groß ist die Zahl der Freiheitsgrade einer gesättigten Kochsalzlösung, die mit dem Bodensatz und ihrem Dampf im Gleichgewicht steht, d. h. wie viele Variablen kann man unabhängig voneinander variieren, ohne dass sich die Zahl der Phasen ändert? Können sich unter bestimmten Bedingungen Eiskristalle ausbilden?

Lösung: Das System enthält die beiden Komponenten H_2O und $NaCl$, also ist $K = 2$. Es besteht aus drei Phasen, nämlich dem festen Bodensatz aus $NaCl$, der flüssigen

NaCl-Lösung und der Dampfphase; also ist $P = 3$. Nach Gl. (4.8) ist daher $F = K - P + 2 = 2 - 3 + 2 = 1$. Man kann also nur eine Variable frei wählen, die anderen sind dann eindeutig bestimmt. Ist z. B. eine bestimmte Temperatur vorgegeben, so sind damit der Druck der Dampfphase (über die Dampfdruckkurve der Mischung) und die Konzentration der Lösung (über das Löslichkeitsprodukt) festgelegt. Ebenso könnte man eine andere Variable, z. B. den Druck, vorgeben, und dann sind die anderen Variablen, Temperatur und Konzentration, nicht mehr frei wählbar. Wenn sich Eiskristalle ausbilden, so liegen vier Phasen im System vor und demnach ist $F = 0$. Für diesen Zustand ist daher keine Variable frei wählbar, sondern die Werte des Druckes, der Temperatur und der Zusammensetzung sind eindeutig definiert.

Vereinfacht man Abb. 4.1 zu einem binären zweiphasigen System, so sind die interessierenden intensiven Zustandsvariablen i. a. x_1^α, x_1^β, p, T. Da $F = 2 - 2 + 2 = 2$, sind aber nur zwei unabhängig voneinander wählbar, und die anderen zwei Variablen lassen sich dann berechnen. Falls etwa α die Dampfphase über einem binären Flüssigkeitsgemisch (Phase β) darstellt, so können entweder die Zusammensetzungen der beiden Phasen (x_1^α, x_1^β) für vorgegebenen Druck und vorgegebene Temperatur (p, T) berechnet werden, oder bei vorgegebenen Werten für Druck und Flüssigkeitszusammensetzung (p, x_1^β) die Siedetemperatur und Dampfzusammensetzung (T, x_1^α). Auch andere Kombinationen zwischen vorgegebenen und zu berechnenden Variablen sind möglich (s. Abschn. 4.3.4, Tab. 4.3).

4.1.3 Phasendiagramme

Phasendiagramme sind 2- oder 3-dimensionale graphische Darstellungen, die die Existenzbereiche verschiedener Phasen in Abhängigkeit von Druck, Temperatur und – im Fall von Gemischen – von der Zusammensetzung angeben, und damit die Gleichgewichte zwischen verschiedenen Phasen veranschaulichen. Sie sind insbesondere für Systeme mit bis zu drei Komponenten geeignet. Sie finden Anwendung vor allem in der thermischen Verfahrenstechnik zur Darstellung von Dampf-Flüssigkeits-Gleichgewichten, Entmischungsverhalten und Löslichkeiten von Feststoffen in Flüssigkeiten sowie in der Metallurgie zur Beschreibung von Mischkristallbildung und Ausscheidungsvorgängen.

Es gibt unterschiedliche Arten von Phasendiagrammen, je nachdem, welche Variablen zur Darstellung gewählt werden.

Einkomponentige Systeme
Für Reinstoffe kann die Zahl der Freiheitsgrade nach dem Gibbsschen Phasengesetz maximal den Wert Zwei annehmen, nämlich dann, wenn nur eine Phase vorliegt. Daher können die Phasengleichgewichte in zweidimensionalen Diagrammen dargestellt werden (s. in Abschn. 2.4.5 und Abschn. 2.4.6 die p, V- und p, T-Phasendiagramme).

Binäre Systeme

Für binäre Systeme ist die Anzahl Freiheitsgrade nach der Gibbsschen Phasenregel maximal Drei, und als Variable kommt die Zusammensetzung hinzu. Binäre Phasengleichgewichte sind also prinzipiell in einem dreidimensionalen Diagramm mit den drei Koordinaten Druck p, Temperatur T und Zusammensetzung x darstellbar (wobei der Einfachheit der Schreibweise wegen x allgemein für die Zusammensetzung der Phase unabhängig von ihrem Aggregatszustand stehen kann, wenn keine Unterscheidung nötig ist, also auch für die Zusammensetzung des Dampfes). Übersichtlicher sind jedoch zweidimensionale Diagramme, die als Schnitte oder Projektionen aus dem dreidimensionalen Diagramm entstehen. Man erhält so isotherme p, x-Diagramme, in denen der Druck gegen die Zusammensetzungen der Phasen für konstante Temperatur aufgetragen ist, oder isobare T, x-Diagramme, in denen die Temperatur gegen die Zusammensetzungen der Phasen für konstanten Druck aufgetragen ist, oder p, T-Diagramme, in denen der Druck gegen die Temperatur für konstante Zusammensetzung aufgetragen ist. Für Dampf-Flüssigkeits-Gleichgewichte heißen p, x-Diagramme für $T = $ const isotherme *Dampfdruckdiagramme* und T, x-Diagramme für $p = $ const isobare *Siedediagramme*. Die Auftragung der Zusammensetzungen von Dampf und Flüssigkeit in einem x, y-Diagramm für konstanten Druck oder konstante Temperatur heißt *Gleichgewichtsdiagramm*.

Im folgenden werden einige allgemeine Eigenschaften von Phasendiagrammen diskutiert, und zwar am Beispiel eines isothermen Dampfdruckdiagramms für ein ideales System, da es bereits aus Abschn. 3.3 bekannt ist (s. Abb. 3.10). Die Aussagen gelten sinngemäß aber auch für andere Phasendiagramme wie isobare Siedediagramme oder isobare Schmelzdiagramme, die in der Verfahrenstechnik häufiger angewendet werden als isotherme Phasendiagramme, da Trennprozesse meist bei konstantem Druck ablaufen. Die einzelnen Phasendiagramme für die Gleichgewichte Dampf/Flüssigkeit, Flüssigkeit/Flüssigkeit und Feststoff/Flüssigkeit werden im Verlauf von Kap. 4 gesondert besprochen.

Abb. 4.2 zeigt das isotherme Dampfdruckdiagramm für das System Benzol(1)/Toluol(2), das in Abschn. 3.3.1 berechnet wurde. Die *Siedelinie* gibt den Druck in Abhängigkeit der Zusammensetzung x der flüssigen Phase (l) an, die *Kondensationslinie* oder *Taulinie* den Druck in Abhängigkeit der Zusammensetzung y des mit ihr im Gleichgewicht stehenden Dampfes (g) an: Die Siedelinie stellt den Verlauf $p(x_1)$, die Kondensationslinie den Verlauf $p(y_1)$ dar. Sie begrenzen die Existenzbereiche der beiden Phasen: Bei Drücken oberhalb der Siedekurve liegt die Mischung als Flüssigkeit vor, bei Drücken unterhalb der Kondensationskurve als Gas. Bei Drücken zwischen Siedelinie und Kondensationslinie koexistieren Flüssigkeit und Dampf, dies ist das Zweiphasengebiet, das man auch *Nassdampfgebiet* nennt. Die Konzentrationen x_1 und y_1 der bei einem bestimmten Druck miteinander im Gleichgewicht stehenden flüssigen und dampfförmigen Phase lassen sich aus dem Diagramm ablesen, indem man für den betreffenden Druck p die Isobare zeichnet und mit der Siede- und Kondensationslinie zum Schnitt bringt. Die Schnittpunkte geben die Zusammensetzungen x_1 bzw. y_1 an. Man nennt die Linie, die die Punkte für die Konzentrationen der im Gleichgewicht stehenden Phasen miteinander verbindet, *Konode*.

Abb. 4.2 Isothermes Dampfdruckdiagramm des Systems
Benzol(1)/Toluol(2) für
$t = 20\,^\circ$C. Eingetragen sind
die Konode für $p = 5{,}5\,$kPa
und die Molenbrüche x_1 und
y_1 der bei diesem Druck im
Gleichgewicht stehenden Flüssigkeit und Dampfphase

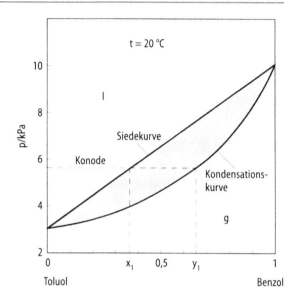

Beispiel

Man betrachte das isotherme Dampfdruckdiagramm des Systems Benzol(1)/Toluol(2)
der unten stehenden Abbildung.

(a) Man gebe die Freiheitsgrade für die verschiedenen Gebiete (Einphasengebiet,
    Zweiphasengebiet) an.

(b) Bei welchen Drücken liegt eine Mischung von 40 mol% Benzol bei 20 °C im
    flüssigen Zustand, bei welchen Drücken im gasförmigen Zustand vor? Welche
    Zusammensetzungen haben die miteinander im Gleichgewicht stehenden Phasen,
    wenn diese Mischung unter einem Druck von 5 kPa steht?

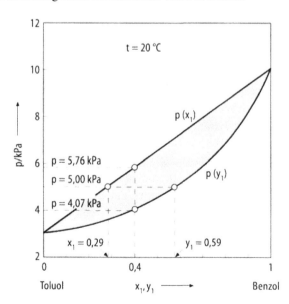

Lösung: (a) Für das binäre System ist $K = 2$ und daher nach Gl. (4.8) $F = 4 - P$.

In den Einphasengebieten (Flüssigkeit oder Gasphase) ist $P = 1$ und daher $F = 3$, es können daher drei Variable (Druck, Temperatur, Zusammensetzung) frei gewählt werden. Im isobaren Phasendiagramm drückt sich dies darin aus, dass man im Einphasengebiet (Flüssigkeit oder Gasphase) über die beiden Größen Temperatur und Zusammensetzung frei verfügen kann, und die dritte Variable der für das Diagramm geltende Druck ist. Liegen die beiden Phasen Flüssigkeit und Dampf im Gleichgewicht miteinander vor ($P = 2$), so ist $F = 2$. Daher können beispielsweise Temperatur und Druck frei gewählt werden, aber die Zusammensetzungen der beiden Phasen sind dann festgelegt, und zwar durch die Siedelinie und Kondensationslinie.

(b) Aus dem für 20 °C geltenden Dampfdruckdiagramm liest man für $x_1 = 0{,}4$ den Siededruck zu $p = 5760\,\text{Pa}$ ab. Also liegt die Mischung für Drücke $p > 5760\,\text{Pa}$ im flüssigen Zustand vor. Damit die Mischung als Dampf vorliegt, muss der Druck unterhalb dem Kondensationsdruck liegen, für den sich der Wert $p = 4070\,\text{Pa}$ für $y_1 = 0{,}4$ ablesen lässt.

Um die Gleichgewichtskonzentrationen für die flüssige und dampfförmige Phase für den vorgegebenen Druck $p = 5\,\text{kPa}$ zu bestimmen, zeichnet man die zugehörige Konode in das Dampfdruckdiagramm ein und liest die (gerundeten) Konzentrationen als Endpunkte der Konode ab: $x_1 = 0{,}29$ und $y_1 = 0{,}59$.

Ternäre Systeme

Für ternäre Systeme ist die Zahl der Freiheitsgrade maximal 4, so dass nach der Vorgabe von Druck und Temperatur noch zwei Freiheitsgrade für die Zusammensetzung übrigbleiben. Eine einzige Konzentrationsangabe reicht zur vollständigen Angabe der Zusammensetzung also nicht aus, wie dies bei binären Systemen noch der Fall war. Vielmehr benötigt man zwei Angaben, z. B. die Molenbrüche x_1 und x_2 der Komponenten 1 und 2; der Molenbruch der Komponente 3 ist dann durch $x_3 = 1 - (x_1 + x_2)$ gegeben. Um Phasengleichgewichte in einem Diagramm darzustellen, benötigt man daher zwei Koordinaten zur Angabe der Zusammensetzung. Diese werden in einem gleichseitigen Dreieck dargestellt, in dem die drei Molenbrüche jeweils entlang der drei Seiten eines gleichseitigen Dreiecks aufgetragen werden. Mit der Wahl dieses Dreieckskoordinatensystems ist automatisch die Bedingung $x_1 + x_2 + x_3 = 1$ erfüllt, denn im gleichseitigen Dreieck ist die Summe der vertikalen Höhen eines Punktes von den drei Kanten gleich der Höhe des Dreiecks. Man nennt diese von Gibbs eingeführte Darstellung in Dreieckskoordinaten *Gibbssches Dreieck* oder *Dreiecksdiagramm*.

Die Eigenschaften des Dreiecksdiagramms sollen nun anhand von Abb. 4.3 erläutert werden. Jeder Eckpunkt des Dreiecks entspricht einer der drei reinen Komponenten, die hier mit A, B und C bezeichnet sind, und jede Dreiecksseite gibt die Zusammensetzung des durch die begrenzenden Eckpunkte gegebenen binären Systems an. Für jeden beliebigen Punkt P innerhalb des Dreiecks lassen sich nun die Molenbrüche angeben, indem man durch P drei Parallelen zu den Dreiecksseiten zieht und sie mit ihnen zum Schnitt bringt.

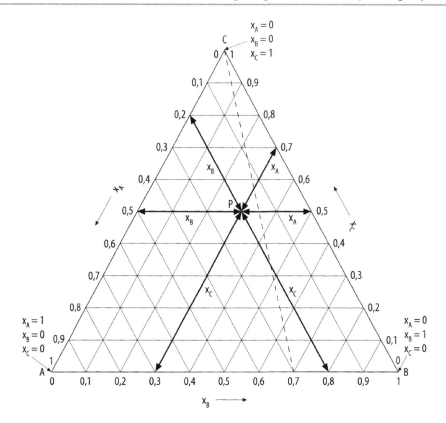

Abb. 4.3 Gibbssches Dreieck zur Darstellung der Zusammensetzung ternärer Systeme. Die Dreiecksseiten entsprechen den binären Systemen. Für jeden Punkt im Dreiecksdiagramm ist $x_A + x_B + x_C = 1$. Für den Punkt P ist $x_A = 0{,}2$; $x_B = 0{,}3$; $x_C = 0{,}5$. Für Mischungen, die auf einer Geraden liegen, die durch den Eckpunkt C führt, z. B. die gestrichelte Linie, ist das Mengenverhältnis der Komponenten A und B konstant, und nur die Konzentration der Komponente C unterscheidet sich in den Mischungen

Die zugehörigen Molenbrüche x_A, x_B und x_C kann man entweder als Abstände des Punktes von den Dreiecksseiten oder äquivalent als Abschnitte auf den Dreiecksseiten ablesen. In dem Beispiel der Abb. 4.3 sind die abgelesenen Molenbrüche $x_A = 0{,}2$; $x_B = 0{,}3$ und $x_C = 0{,}5$; ihre Summe ergibt den Wert Eins. Allgemein gilt, dass entlang der Parallelen zu den Dreiecksseiten der Molenbruch einer der Komponenten konstant ist, z. B. entlang der Parallele zur Dreiecksseite des binären Systems B/C durch die Punkte $x_A = 0{,}2$; $x_B = 0$; $x_C = 0{,}8$ sowie $x_A = 0{,}2$; $x_B = 0{,}8$; $x_C = 0$. Für das Dreiecksdiagramm gilt weiterhin, dass für Mischungen, deren Zusammensetzungen auf einer Gerade, die von einem Eckpunkt, z. B. C, zur gegenüberliegenden Dreiecksseite des binären Systems, hier A/B, führt, liegen, das Mengenverhältnis der Komponenten A und B konstant ist und nur die Konzentration der Komponente C entsprechend der Entfernung vom Eckpunkt C abnimmt. Will man also das Verhalten eines binären Systems der Zusammensetzung $x_A = 0{,}3$; $x_B = 0{,}7$ bei Zugabe einer dritten Komponente C verfolgen, so muss man entlang der Gerade, die von $x_A = 0{,}3$; $x_B = 0{,}7$ zum Eckpunkt C führt, wandern (entsprechend der gestrichelten Linie in Abb. 4.3).

Ternäre Phasendiagramme enthalten die Existenzbereiche von homogenen Mischphasen, Zweiphasengebieten und Dreiphasengebieten eines ternären Systems, eingetragen in das Gibbssche Dreieck für $p = $ const und $T = $ const. Die Kurve, die das Zweiphasengebiet und das Einphasengebiet trennt, heißt *Binode*, *Binodalkurve* oder *Löslichkeitskurve* (s. Abschn. 4.2.3); die Geraden, die die Konzentrationen der miteinander im Gleichgewicht stehenden Phasen verbindet, nennt man *Konoden*. Ternäre Phasengleichgewichte werden gesondert in Abschn. 4.2.3 und Abschn. 4.5.1 diskutiert.

4.1.4 Hebelgesetz

Aus Phasendiagrammen kann man die Zusammensetzungen der unter bestimmten Bedingungen von Druck und Temperatur miteinander im Gleichgewicht stehenden Phasen bestimmen. Das Mengenverhältnis der Phasen lässt sich mit dem Hebelgesetz berechnen, das nun anhand des Dampfdruckdiagramms der Abb. 4.4 hergeleitet wird.

Es werden n_0 Mole einer Flüssigkeit der Zusammensetzung $x_{1,0}$ (Punkt A) betrachtet. Durch Verringerung des Druckes auf den Wert p_B erreicht man den Zustandspunkt B im Zweiphasengebiet. Die Zusammensetzungen der miteinander im Gleichgewicht stehenden Dampf- und Flüssigkeitsphase seien y_1 bzw. x_1, die Anzahl Mole an Dampf und Flüssigkeit n^v bzw. n^l. Da während der Verdampfung die Stoffmenge erhalten bleibt, muss

Abb. 4.4 Das Hebelgesetz: Für eine Mischung im Zweiphasengebiet (Punkt B) ist das Mengenverhältnis n^v/n^l der bei Druck p_B im Gleichgewicht stehenden Dampf- und Flüssigphase gleich dem Verhältnis der Strecken $(x_{1,0} - x_1)$ zu $(y_1 - x_{1,0})$: $n^v/n^l = (x_{1,0} - x_1)/(y_1 - x_{1,0})$

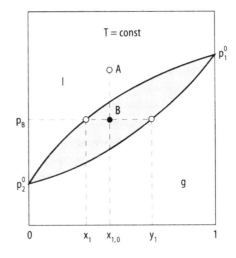

$n_0 = n^v + n^l$ und $n_0 x_{1,0} = y_1 n^v + x_1 n^l$ gelten. Dividiert man die zweite durch die erste der beiden Gleichungen, so ergibt sich

$$x_{1,0} = \frac{y_1 n^v + x_1 n^l}{n^v + n^l}$$

Multipliziert man diesen Ausdruck mit $n^v + n^l$, fasst die Terme mit n^v und n^l zusammen und löst nach n^v/n^l auf, so erhält man

$$\boxed{\frac{n^v}{n^l} = \frac{x_{1,0} - x_1}{y_1 - x_{1,0}} = \frac{x_1 - x_{1,0}}{x_{1,0} - y_1}} \tag{4.9a}$$

Liest man also im Dampfdruckdiagramm auf der Konode p_B die Strecken (Hebel) $x_{1,0} - x_1$ und $y_1 - x_{1,0}$ ab, so erhält man durch Quotientenbildung das Verhältnis der Mengenanteile von Dampf und Flüssigkeit. Es liegt also viel Dampf vor, wenn der Hebel auf der Seite der Siedelinie groß ist. Gl. (4.9a) ist eine Formulierung des *Hebelgesetzes*.

Aus Gl. (4.9a) lassen sich die Anteile der jeweiligen Phasen an der Gesamtmenge, n^v/n_0 bzw. n^l/n_0, berechnen. Unter Berücksichtigung von $n_0 = n^v + n^l$ erhält man

$$\frac{n^v}{n_0} = \frac{n^v}{n^v + n^l} = \frac{1}{1 + n^l/n^v} = \frac{1}{1 + \dfrac{y_1 - x_{1,0}}{x_{1,0} - x_1}}$$

und nach Umstellungen

$$\boxed{\frac{n^v}{n_0} = \frac{x_{1,0} - x_1}{y_1 - x_1}} \tag{4.9b}$$

Wegen $n^v/n_0 + n^l/n_0 = 1$ ergibt sich

$$\boxed{\frac{n^l}{n_0} = 1 - \frac{n^v}{n_0} = \frac{y_1 - x_{1,0}}{y_1 - x_1}} \tag{4.9c}$$

Die Gln. (4.9b) und (4.9c) sind zu Gl. (4.9a) äquivalente Formulierungen des Hebelgesetzes.

Die Mengenbilanzen, die am Beispiel des Dampfdruckdiagramms zum Hebelgesetz geführt haben, können ganz analog auch am Siedediagramm ausgeführt werden.

Das Hebelgesetz ist gleichermaßen auf andere Phasendiagramme wie etwa die von Fest-Flüssig-Gleichgewichten (Schmelzdiagramme, s. Abschn. 4.5) und Flüssig-Flüssig-Gleichgewichten (Entmischungen, s. Abschn. 4.2) anwendbar. Allgemein gilt für die Mengenverhältnisse der miteinander im Gleichgewicht stehenden Phasen α und β:

$$\frac{n^{\alpha}}{n^{\beta}} = \frac{x_{1,0} - x_1^{\beta}}{x_1^{\alpha} - x_{1,0}} \tag{4.10a}$$

$$\frac{n^{\alpha}}{n_0} = \frac{x_{1,0} - x_1^{\beta}}{x_1^{\alpha} - x_1^{\beta}} \tag{4.10b}$$

$$\frac{n^{\beta}}{n_0} = \frac{x_1^{\alpha} - x_{1,0}}{x_1^{\alpha} - x_1^{\beta}} \tag{4.10c}$$

Das Hebelgesetz ist nicht nur auf binäre Systeme beschränkt (s. Diskussion ternärer Systeme in Abschn. 4.2 und Abschn. 4.5).

Beispiel

Es werde eine Mischung aus Benzol(1) und Toluol(2) mit dem Molenbruch $x_1 = 0{,}35$ bei $20\,°C$ betrachtet. Welche Zusammensetzung haben der gesättigte Dampf und die siedende Flüssigkeit, wenn die Mischung unter einem Druck von 5 kPa steht, und wie groß sind die Mengenanteile von Dampf und Flüssigkeit. Man verwende das Dampfdruckdiagramm des Beispiels in Abschn. 4.1.3.

Lösung: Aus dem Diagramm des Beispiels lässt sich ablesen, dass bei 5 kPa die Mischung der Gesamtzusammensetzung $x_{1,0} = 0{,}35$ im Zweiphasengebiet liegt, der Dampf die Zusammensetzung $y_1 = 0{,}59$ und die mit ihm im Gleichgewicht stehende Flüssigkeit die Zusammensetzung $x_1 = 0{,}29$ hat. Mit den Gln. (4.9a) bis (4.9c) folgt daraus $n^{\mathrm{v}}/n^{\mathrm{l}} = 0{,}25$; $n^{\mathrm{v}}/n_0 = 0{,}20$; $n^{\mathrm{l}}/n_0 = 0{,}80$. Es liegt also 1/5 der Mischung dampfförmig, 4/5 liegen flüssig vor. (Legte man statt der Ablesung tabellierte Dampfdruckwerte zugrunde, lauteten die Werte: $y_1 = 0{,}5891$; $x_1 = 0{,}2940$; $n^{\mathrm{v}}/n^{\mathrm{l}} = 0{,}235$; $n^{\mathrm{v}}/n_0 = 0{,}190$; $n^{\mathrm{l}}/n_0 = 0{,}810$.)

4.2 Gleichgewicht zwischen flüssigen Phasen

Schadstoffe oder Wertstoffe können aus einem flüssigen Stoffgemisch mit Hilfe geeigneter Lösungsmittel herausgelöst werden, z. B. Aromaten aus belastetem Abwasser. Das thermische Trennverfahren, bei dem bestimmte Stoffe durch ein Lösungsmittel selektiv einem flüssigen Stoffgemisch entzogen werden, heißt *Flüssig-Flüssig-Extraktion*.

Eine einfache einstufige Extraktion ist in Abb. 4.5 schematisch dargestellt. Das Flüssigkeitsgemisch, das die herauszulösende Komponente B enthält, wird mit einem Lösungsmittel, das nicht mit dem Trägerstoff der Ausgangsmischung mischbar ist, versetzt und intensiv vermischt. Nach Einstellung des Gleichgewichts beobachtet man zwei Phasen: die *Raffinatphase*, aus der die Komponente B mehr oder weniger vollständig extrahiert wurde, und die *Extraktphase*, die nun auch Komponente B enthält.

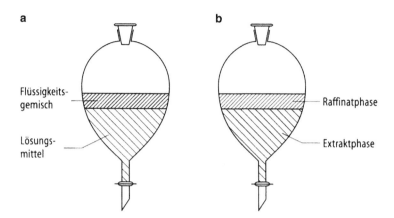

Abb. 4.5 Schematische Darstellung einer einstufigen Flüssig-Flüssig-Extraktion. Das Flüssigkeitsgemisch, das eine zu extrahierende Komponente B enthält (getönt), wird mit einem geeigneten Lösungsmittel versetzt (**a**) und intensiv vermischt. Nachdem man das Einstellen des Gleichgewichts abgewartet hat (**b**), ist Komponente B mehr oder weniger vollständig aus dem zu reinigenden Flüssigkeitsgemisch extrahiert (Raffinatphase) und in dem Lösungsmittel gelöst (Extraktphase, getönt). (Die Tönung soll andeuten, dass B vom Flüssigkeitsgemisch in das Lösungsmittel übergeht)

Um die Extraktion für ein bestimmtes Trennproblem planen und optimieren zu können, muss man u. a. die Löslichkeiten für die zu extrahierende Komponente in verschiedenen Lösungsmitteln kennen. Grundlage für die Auslegung der Flüssig-Flüssig-Extraktion ist daher die Kenntnis der Flüssig-Flüssig-Gleichgewichte.

Es sei besonders betont, dass die in den folgenden Abschnitten für Flüssig-Flüssig-Gleichgewichte dargelegten Zusammenhänge ganz analog auch für Gleichgewichte zwischen Feststoffen gelten: Die Konzentrationsverläufe der Aktivität (Abb. 4.9) und der freien Enthalpie (Abb. 4.6 und Abb. 4.7) beziehen sich dann auf feste Mischphasen, die Mischungslücke wird mit denselben Gleichungen berechnet, und die Interpretation von Phasendiagrammen erfolgt analog, wobei die Phasen nun feste Mischphasen sind. Gleichgewichte zwischen Feststoffen sind in der Materialkunde von großer Bedeutung, denn das Ausscheidungsgefüge, das sich beim Phasenzerfall eines übersättigten Mischkristalls bildet, bestimmt die mechanischen Eigenschaften des Materials. Fest-Fest-Gleichgewichte sind in Schmelzdiagrammen in Abschn. 4.5 enthalten.

4.2.1   Entmischung und Mischungslücke

In Abschn. 3.4 wurden Systeme betrachtet, deren beide Komponenten im flüssigen Zustand völlig miteinander mischbar sind. In diesem Fall erstreckt sich im Phasendiagramm das Gebiet der flüssigen Mischphase über den gesamten Konzentrationsbereich. Sind die Komponenten hingegen nur begrenzt miteinander mischbar, so tritt im Phasendiagramm

Abb. 4.6 Die molare freie Enthalpie einer binären Mischung in Abhängigkeit der Zusammensetzung bei konstantem Druck und konstanter Temperatur. Kurve a entspricht einem System mit vollständiger Mischbarkeit. Kurve b zeigt den Verlauf für ein System mit Mischungslücke: Eine Mischung der Zusammensetzung x_1 zerfällt in die beiden Phasen α und β mit den Konzentrationen x_1^{α} und x_1^{β} und kann dadurch ihre Energie von $G_m^{(1)}$ auf $G_m^{(2)}$ senken. Kurve c gilt für Nichtmischbarkeit

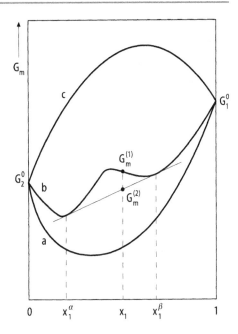

ein Zweiphasengebiet auf, in dem zwei flüssige Phasen miteinander im Gleichgewicht stehen.

Ein wohlbekanntes Beispiel für Systeme, deren Flüssigkeiten nicht oder nur begrenzt miteinander mischbar sind, ist das System Wasser/Öl: Nach einer gründlichen Durchmischung beider Komponenten beobachtet man eine Entmischung des Systems, d. h. es setzt sich eine ölreiche Schicht, in der kleine Mengen Wassers gelöst sind, über einer wasserreichen Phase, in der geringe Mengen Öles gelöst sind, ab. Hier sind die gegenseitigen Löslichkeiten so gering, dass man Wasser und Öl als nicht mischbar bezeichnen kann.

Instabilitätskriterium

Ein Zerfall einer homogenen flüssigen Mischphase in zwei flüssige Phasen tritt immer dann auf, wenn eine flüssige Mischphase thermodynamisch instabil ist und sie ihre Energie durch den Zerfall verringern kann, wie Abb. 4.6 zeigt. Hier ist die molare freie Enthalpie einer binären Mischung für konstanten Druck und konstante Temperatur in Abhängigkeit der Konzentration schematisch für drei unterschiedliche Fälle dargestellt: In den Fällen a und c verläuft die freie Mischungsenthalpie nach unten bzw. nach oben gewölbt über den gesamten Konzentrationsbereich, in Fall b weist sie Wendepunkte auf. Ob ein System dem Verlauf a, b oder c folgt, hängt von den Aktivitätskoeffizienten seiner Komponenten in der Mischung bzw. von der freien Exzessenthalpie der Mischung ab. Dabei kann ein und dasselbe System bei unterschiedlichen Temperaturen verschiedene Verläufe aufweisen, wie gezeigt werden wird.

Für konstante Temperatur und konstanten Druck ist ein Zustand dann stabil, wenn seine freie Enthalpie minimal ist. Eine binäre Mischung, deren freie Enthalpie den Kurvenverlauf b der Abb. 4.6 zeigt und deren Konzentration im Bereich zwischen den beiden Minima, z.B. bei der Zusammensetzung x_1 liegt, kann ihre freie Enthalpie verringern, wenn sie in zwei Phasen zerfällt: Liegt die Mischung als eine Phase vor, so hat die molare freie Enthalpie den Wert $G_m^{(1)}$. Zerfällt sie hingegen in zwei getrennte flüssige Phasen α und β, deren Zusammensetzungen x_1^α bzw. x_1^β die Berührungspunkte der Tangente an die G-Kurve sind, so ist die zugehörige molare freie Enthalpie $G_m^{(2)}$ Da $G_m^{(1)} > G_m^{(2)}$ ist, führt ein *Phasenzerfall* oder eine *Entmischung* zu einer Energieabsenkung.

Eine binäre Mischung, deren freie Mischungsenthalpie in Abhängigkeit von dem Molenbruch nach unten gewölbt verläuft, kann ihre Energie nicht durch Entmischung verringern, wie Kurve a in Abb. 4.6 erkennen lässt. Der freie Enthalpiewert der Mischphase ist über den gesamten Konzentrationsbereich kleiner als der einer heterogenen zweiphasigen Mischung, so dass die Komponenten in jedem Verhältnis mischbar sind. Bei einem Verlauf der freien Enthalpie gemäß Kurve c hat hingegen der einphasige Zustand immer eine größere freie Enthalpie als die Mischung aus den beiden Reinstoffen, deren Wert für die freie Enthalpie auf der Verbindungsgeraden von G_1^0 und G_2^0 liegt; diese beiden Flüssigkeiten sind daher nicht mischbar.

Ein System zeigt also dann eine Instabilität und damit eine Mischungslücke, wenn seine molare freie Enthalpie G_m bzw. seine molare freie Mischungsenthalpie ΔG_m in Abhängigkeit von der Zusammensetzung ein Maximum und zwei Wendepunkte aufweist. Im Konzentrationsbereich zwischen den Wendepunkten gilt

$$\boxed{\left(\frac{\partial^2 G_m}{\partial x^2}\right)_{T,p} < 0} \quad \text{oder} \quad \boxed{\left(\frac{\partial^2 \Delta G_m}{\partial x^2}\right)_{T,p} < 0} \qquad (4.11)$$

Man nennt Gl. (4.11) das *Instabilitätskriterium* für eine Mischung. Dem Molenbruch x wird kein Komponentenindex 1 oder 2 gegeben, da die Gleichungen sowohl mit x_1 als auch mit x_2 Gültigkeit besitzen.

Das Instabilitätskriterium lässt sich auch mit Hilfe der molaren freien Exzessenthalpie G_m^{ex} formulieren (s. Gl. (3.103)):

$$G_m^{ex} = \Delta G_m - RT(x_1 \ln x_1 + x_2 \ln x_2)$$
$$= G_m - RT(x_1 \ln x_1 + x_2 \ln x_2) - x_1 G_1^0 - x_2 G_2^0$$

wobei G_m die molare freie Enthalpie der Mischung der Zusammensetzung x und G_i^0 molare freie Enthalpie der reinen Komponente i bedeuten. Löst man nach G_m auf und bildet die Ableitungen $\partial G_m/\partial x_1$ und $\partial^2 G_m/\partial x_1^2$, so erhält man

$$\left(\frac{\partial G_m}{\partial x_1}\right)_{T,p} = \left(\frac{\partial G_m^{ex}}{\partial x_1}\right)_{T,p} + RT(\ln x_1 + 1 - \ln x_2 - 1) + G_1^0 - G_2^0$$

und

$$\left(\frac{\partial^2 G_m}{\partial x_1^2}\right)_{T,p} = \left(\frac{\partial^2 G_m^{ex}}{\partial x_1^2}\right)_{T,p} + RT \left(\frac{1}{x_1} + \frac{1}{x_2}\right)$$

Mit Gl. (4.11) folgt daraus

$$\left(\frac{\partial^2 G_m^{ex}}{\partial x_1^2}\right)_{T,p} + RT \left(\frac{1}{x_1} + \frac{1}{x_2}\right) < 0$$

und wegen $x_1 + x_2 = 1$

$$\left(\frac{\partial^2 G_m^{ex}}{\partial x_1^2}\right)_{T,p} + \frac{RT}{x_1 x_2} < 0 \tag{4.12}$$

Ideale Lösungen, für die $G_m^{ex} = 0$ über den gesamten Konzentrationsbereich gilt, erfüllen das Instabilitätskriterium Gl. (4.12) nicht, da x_1 und x_2 nur positive Werte zwischen 0 und 1 annehmen können. Ideale Mischungen sind daher über den gesamten Konzentrationsbereich stabil und zeigen keine Mischungslücke.

Kritische Entmischungstemperatur

Für eine nichtideale Mischung soll mit Hilfe des Instabilitätskriteriums verdeutlicht werden, dass eine Mischung je nach ihrer Temperatur als eine homogene Mischphase stabil sein oder in zwei flüssige Phasen zerfallen kann. Der Einfachheit halber soll die Mischung mit dem Porterschen Ansatz Gl. (3.114) beschrieben werden. Aus $G_m^{ex} = A x_1 x_2$ folgt

$$\left(\frac{\partial^2 G_m^{ex}}{\partial x_1^2}\right)_{T,p} = -2A$$

Einsetzen in das Instabilitätskriterium Gl. (4.12) liefert $RT/(x_1 x_2) < 2\,A$. Diese Ungleichheit ist – da das Produkt $x_1 x_2$ maximal den Wert $1/4$ annehmen kann – erfüllt, wenn $2\,A > 4\,RT$ gilt, und Instabilität tritt auf, wenn

$$\frac{A}{RT} > 2$$

Ob eine Mischung stabil oder instabil ist, hängt also von der Temperatur T und von dem Maße der Nichtidealität, die sich in dem Wert für A ausdrückt, ab. Abb. 4.7 verdeutlicht, wie sich der Verlauf der freien Mischungsenthalpie ΔG_m ändert, wenn $A/(RT)$ seinen Wert ändert: für $A/(RT) < 2$ ist die freie Mischungsenthalpie über den gesamten Konzentrationsbereich nach unten gewölbt, die Mischung ist somit stabil. Für $A/(RT) > 2$ ergibt sich im mittleren Konzentrationsbereich ein nach oben gewölbter Verlauf mit einem Maximum und zwei Wendepunkten; die Mischung ist daher instabil und zerfällt in zwei Phasen. Für $A/(RT) = 2$ fallen die Wendepunkte und das Maximum in einen Punkt zusammen. Die diesem Zustand entsprechende Temperatur heißt *kritische Entmischungstemperatur*. Für eine Mischung, die dem Porterschen Modell genügt, ist sie

$$\boxed{T_c = \frac{A}{2R}} \tag{4.13}$$

Abb. 4.7 Schematischer Verlauf der molaren freien Mischungsenthalpie $\Delta G_\mathrm{m} = RT(x_1 \ln x_1 + x_2 \ln x_2) + G_\mathrm{m}^\mathrm{ex}$ für eine binäre Mischung, deren freie Exzessenthalpie dem Porterschen Ansatz $G_\mathrm{m}^\mathrm{ex} = A x_1 x_2$ genügt. Je nachdem, welche Werte der Parameter A und die Temperatur T annehmen, ist die Mischung stabil ($A/RT < 2$) oder instabil ($A/RT > 2$). $A = 0$ entspricht der idealen Mischung

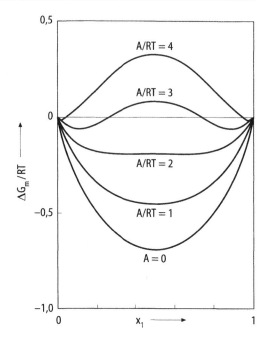

Falls A temperaturunabhängig ist, bestimmt die Temperatur darüber, ob die Mischung stabil ist: Für Temperaturen oberhalb von T_c ist $A/(RT) < 2$, und es liegt eine homogene Mischphase vor, während für $T < T_\mathrm{c}$ das Instabilitätskriterium erfüllt ist und die Mischung in zwei Phasen zerfällt.

Das zugehörige Phasendiagramm ist in Abb. 4.8a schematisch dargestellt. Oberhalb von T_c, der *oberen kritischen Entmischungstemperatur*, bildet die Mischung eine einzige Phase, die Komponenten sind unbegrenzt mischbar. Die unterhalb von T_c auftretende Entmischung drückt sich in der Existenz eines Zweiphasengebietes aus, das *Mischungslücke* genannt wird. Die Kurve, die die Mischungslücke umschließt, heißt *Binode* oder *Binodalkurve* oder *Löslichkeitsgrenze*. Auf der Binode liegen die Endpunkte der Konode, die die Zusammensetzungen der beiden miteinander im Gleichgewicht stehenden Phasen einer heterogenen Mischung im Zweiphasengebiet verbindet (vgl. Abb. 4.2). Außerhalb der Mischungslücke liegt das Einphasengebiet.

Da A meist temperaturabhängig ist, zeigen Mischungslücken auch andere Kurvenverläufe als den in Abb. 4.8a gezeigten Verlauf. Falls A von der Temperatur in der Form abhängt, dass mit zunehmender Temperatur $A/(RT)$ seinen Wert von < 2 nach > 2 ändert, dann hat das System bei $T_\mathrm{c} = A/(2R)$ eine untere kritische Entmischungstemperatur: Für $T > T_\mathrm{c}$ ist $A/(RT) > 2$, es liegt eine Mischungslücke vor; und für $T < T_\mathrm{c}$ ist $A/(RT) < 2$, die Komponenten sind unbegrenzt mischbar (entsprechend Abb. 4.8b). Abb. 4.8c,d zeigen Systeme, die eine untere und eine obere Entmischungstemperatur aufweisen. Manche Gemische zeigen eine oder auch zwei offene Mischungslücken, andere eine geschlossene

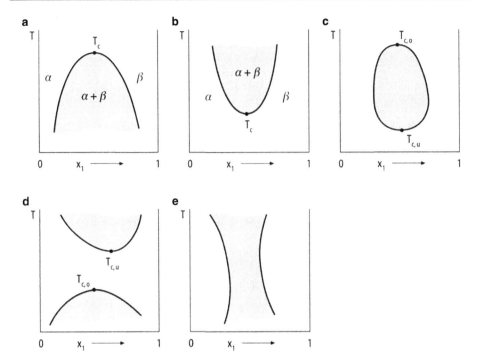

Abb. 4.8 Schematische Darstellung unterschiedlicher Typen von Mischungslücken: **a** System mit oberer kritischer Entmischungstemperatur, **b** System mit unterer kritischer Entmischungstemperatur, **c** System mit einer geschlossenen Mischungslücke, **d** System mit einer unteren und einer oberen kritischen Entmischungstemperatur, **e** System ohne kritische Entmischungspunkte. Getönt: heterogenes Gebiet

Mischungslücke. Es gibt nur sehr wenige Mischungen, die den Typen (c) und (d) entsprechen, solche mit einem Verhalten nach Typ (a) treten am häufigsten auf.

Konzentrationsabhängigkeit der Aktivität in Systemen mit Mischungslücke
Das Auftreten einer Instabilität soll nun graphisch anhand des Konzentrationsverlaufs der Aktivität verdeutlicht werden. Der Bedingung für den kritischen Punkt, dass das Maximum und die beiden Wendepunkte in einen Punkt zusammenfallen, sind folgende Gleichungen mathematisch äquivalent:

$$\left(\frac{\partial^2 G_m}{\partial x^2}\right)_{T,p} = 0 \quad \text{und} \quad \left(\frac{\partial^3 G_m}{\partial x^3}\right)_{T,p} = 0 \qquad (4.14)$$

Darin ersetzt man die molare freie Enthalpie G_m der Mischung durch einen Ausdruck, der die Aktivitäten a_1 und a_2 enthält

$$G_m = x_1 G_1^0 + x_2 G_2^0 + RT(x_1 \ln a_1 + x_2 \ln a_2)$$

wobei G_i^0 die molare freie Enthalpie der reinen Komponente i ist (s. Gl. (3.102)). Unter Berücksichtigung von $x_2 = 1 - x_1$ beim Bilden der Ableitung folgt

$$\left(\frac{\partial G_m}{\partial x_1}\right)_{T,p} = G_1^0 - G_2^0 + RT\left[\ln a_1 + x_1\left(\frac{\partial \ln a_1}{\partial x_1}\right)_{T,p} - \ln a_2 + x_2\left(\frac{\partial \ln a_2}{\partial x_1}\right)_{T,p}\right]$$

Dieser Ausdruck lässt sich vereinfachen, denn mit der Gibbs-Duhem-Gl. (3.105) in der Form

$$x_1\left(\frac{\partial \ln a_1}{\partial x_1}\right)_{T,p} + x_2\left(\frac{\partial \ln a_2}{\partial x_1}\right)_{T,p} = 0$$

wird

$$\left(\frac{\partial G_m}{\partial x_1}\right)_{T,p} = G_1^0 - G_2^0 + RT(\ln a_1 - \ln a_2)$$

Hieraus folgt durch nochmalige Differentiation

$$\left(\frac{\partial^2 G_m}{\partial x_1^2}\right)_{T,p} = RT\left[\left(\frac{\partial \ln a_1}{\partial x_1}\right)_{T,p} - \left(\frac{\partial \ln a_2}{\partial x_1}\right)_{T,p}\right]$$

und unter erneuter Anwendung der Gibbs-Duhem-Gleichung

$$\left(\frac{\partial^2 G_m}{\partial x_1^2}\right)_{T,p} = -\frac{RT}{x_1}\left(\frac{\partial \ln a_2}{\partial x_1}\right)_{T,p} = \frac{RT}{x_2}\left(\frac{\partial \ln a_1}{\partial x_1}\right)_{T,p} \tag{4.15}$$

Die Bedingung Gl. (4.14) für den kritischen Punkt entspricht daher dem Ausdruck

$$\left(\frac{\partial \ln a_1}{\partial x_1}\right)_{T,p} = \left(\frac{\partial \ln a_2}{\partial x_1}\right)_{T,p} = 0 \tag{4.16a}$$

Bildet man mit Gl. (4.15) die dritte Ableitung, so erhält man

$$\left(\frac{\partial^3 G_m}{\partial x_1^3}\right)_{T,p} = \frac{RT}{x_1^2}\left(\frac{\partial \ln a_2}{\partial x_1}\right)_{T,p} - \frac{RT}{x_1}\left(\frac{\partial^2 \ln a_2}{\partial x_1^2}\right)_{T,p}$$

bzw.

$$\left(\frac{\partial^3 G_m}{\partial x_1^3}\right)_{T,p} = \frac{RT}{x_2^2}\left(\frac{\partial \ln a_1}{\partial x_1}\right)_{T,p} + \frac{RT}{x_2}\left(\frac{\partial^2 \ln a_1}{\partial x_1^2}\right)_{T,p}$$

Hieraus folgt für die Bedingung Gl. (4.14) am kritischen Punkt

$$\left(\frac{\partial^2 \ln a_1}{\partial x_1^2}\right)_{T,p} = \left(\frac{\partial^2 \ln a_2}{\partial x_1^2}\right)_{T,p} = 0 \tag{4.16b}$$

Instabiles Verhalten lässt sich also auch aus dem Konzentrationsverlauf der Aktivität ablesen: Abb. 4.9 zeigt für unterschiedliche Temperaturen die Aktivität von Komponente 1

Abb. 4.9 Schematischer Verlauf der Aktivität von Komponente 1 in einer binären Mischung, die dem Porterschen Ansatz $G_{\mathrm{m}}^{\mathrm{ex}} = Ax_1x_2$ genügt. Für sie gilt $\ln a_1 = \ln x_1 + (A/RT) \cdot x_2^2$. Die Isothermen entsprechen verschiedenen Werten von A/RT

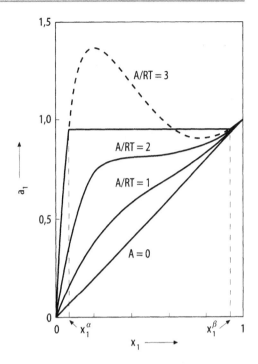

in Abhängigkeit der Zusammensetzung für eine Mischung, die dem Porterschen Modell genügt. Nach den Gln. (3.93) und (3.116a) gilt

$$\ln a_1 = \ln(\gamma_1 x_1) = \ln \gamma_1 + \ln x_1 = \frac{A}{RT} x_2^2 + \ln x_1,$$

so dass die eingetragenen Isothermen verschiedenen $A/(RT)$-Werten entsprechen. Für $A/(RT) < 2$ ist eine einzige Phase stabil. Für $A/(RT) > 2$ zeigt a_1 ein Maximum und Minimum; die Mischung ist instabil und zerfällt in zwei flüssige Phasen α und β der Konzentrationen x_1^α und x_1^β. Wenn $A/(RT) = 2$ ist, fallen Maximum und Minimum zusammen. Dies entspricht dem kritischen Punkt, die zugehörige Temperatur ist die kritische Entmischungstemperatur. Eine Entmischung tritt daher in Systemen auf, die große positive A-Werte haben, das sind Systeme mit stark positiver Abweichung vom Raoultschen Gesetz.

Das Instabilitätskriterium gibt die mathematische Bedingung dafür an, ob eine Mischung stabil oder instabil ist, macht aber keine Aussagen über die Konzentrationen x_1^α und x_1^β der miteinander im Gleichgewicht stehenden Phasen. Diese müssen separat aus Gleichgewichtsberechnungen, die Inhalt von Abschn. 4.2.4 sind, gewonnen werden.

Abb. 4.10 belegt den Konzentrationsverlauf der Aktivität mit experimentellen Daten für Mischungen von Wasser mit verschiedenen Alkoholen. Nur Butanol zeigt bei der angegebenen Temperatur eine Mischungslücke, die anderen Alkohole sind vollständig mit Wasser mischbar.

Abb. 4.10 Aktivität a_1 der Alkohol-Komponente in Abhängigkeit des Molenbruchs x_1 in wässrigen Alkohol-Lösungen bei 25 °C (Butler et al. 1933). Das System Butanol/Wasser weist eine deutliche Mischungslücke auf, die anderen Alkohole sind vollständig mit Wasser mischbar

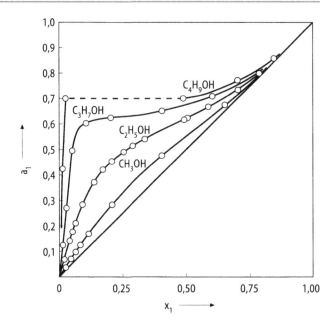

Zur Verdeutlichung der Instabilitätskriterien wurden der Einfachheit halber zunächst solche Mischungen diskutiert, deren freie Exzessenthalpien durch den Porterschen Ansatz beschrieben werden können. Es lassen sich die Kriterien aber ebenso auf andere G_{ex}-Modelle anwenden und daraus die kritischen Entmischungstemperaturen und die zugehörigen Zusammensetzungen der Mischungen berechnen. Für die Wilson-Gleichung führt die Instabilitätsanalyse zu dem Ergebnis, dass es keine Parameterkombination gibt, für die $(\partial^2 G_m / \partial x^2)_{T,p} < 0$ ist, d. h. dass keine Entmischung auftritt. Dies entspricht der Aussage in Abschn. 3.4.10, wonach die Wilson-Gleichung keine Systeme mit Mischungslücke und daher keine Flüssig-Flüssig-Gleichgewichte beschreiben kann.

Phasendiagramm mit oberer kritischer Entmischungstemperatur

Abschließend wird ein Phasendiagramm mit Mischungslücke diskutiert am Beispiel des Systems Wasser/Phenol, das eine obere kritische Entmischungstemperatur aufweist (s. Abb. 4.11). Reinem Wasser werde bei 25 °C schrittweise Phenol beigemischt. Bei nicht zu großen Mengen löst sich alles Phenol im Wasser, und es bildet sich eine homogene Mischphase. Überschreitet man eine gewisse Konzentration x_2^α an Phenol (hier etwa 0,02), so kann das Wasser das Phenol nicht mehr lösen, und es bildet sich eine zweite Phase aus mit der Konzentration x_2^β (hier etwa 0,32). Im Gleichgewicht liegen also zwei Phasen, eine wasserreiche α- und eine im Vergleich dazu phenolreiche β-Phase, vor: Über die untere phenolreiche Phase ist die wasserreiche Phase geschichtet. Die Zusammensetzungen beider Phasen sind durch die Löslichkeitsgrenze definiert. Fügt man dem heterogenen Gemenge weiter Phenol hinzu, so bleiben die zwei Phasen bestehen, ihre Konzentrationen ändern sich nicht, da sie durch die durch die Löslichkeitskurve ange-

Abb. 4.11 Mischungslücke
für das System Wasser(1)/
Phenol(2) bei $p = 1,013$ bar.
(Die Konoden und die Punkte
a bis e beziehen sich auf das
Beispiel)

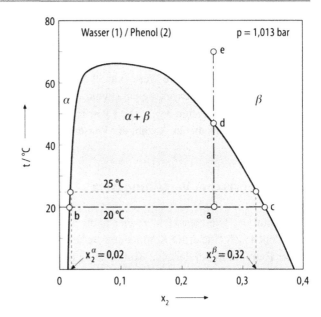

gebenen Werte festgelegt sind. Allerdings ändert sich das Mengenverhältnis der beiden Phasen zueinander gemäß dem Hebelgesetz: Mit zunehmender Menge an Phenol nimmt der Anteil der phenolreichen Phase zu auf Kosten der wasserreichen Phase. Überschreitet man bei weiterer Zugabe von Phenol die Löslichkeitsgrenze bei x_2^β, so verschwindet die wasserreiche Phase und löst sich in der phenolreichen, so dass nur noch eine homogene Mischphase vorliegt. Innerhalb der Löslichkeitsgrenze liegt also das Zweiphasengebiet, außerhalb der Bereich der homogenen Mischphasen. Das Diagramm lässt erkennen, dass die gegenseitigen Löslichkeiten mit der Temperatur zunehmen und in der oberen kritischen Entmischungstemperatur konvergieren. Oberhalb dieser Temperatur sind Wasser und Phenol in beliebigen Verhältnissen mischbar.

Auf Phasendiagramme mit Mischungslücke lassen sich die Gibbssche Phasenregel und das Hebelgesetz in gleicher Weise anwenden wie auf Dampfdruck- oder Siedediagramme idealer und nichtidealer Systeme. Dort stehen flüssige Phase und Dampfphase im Gleichgewicht, bei Phasendiagrammen mit Mischungslücken zwei flüssige Phasen.

Beispiel

Eine Mischung aus Wasser(1) und Phenol(2) der Zusammensetzung $x_2 = 0,25$ werde bei 1,013 bar von 20 °C bis auf 70 °C aufgewärmt. Anhand von Abb. 4.11 sollen die durchlaufenen Zustände der Mischung (Anzahl, Zusammensetzungen und Mengenverhältnisse der vorliegenden Phasen) beschrieben werden.

Lösung: Bei 20 °C liegt die Mischung der Zusammensetzung $x_2 = 0,25$ im Zweiphasengebiet (Punkt a), d. h. es liegen zwei Phasen übereinander geschichtet vor: Die wasserreiche (α) der Zusammensetzung $x_2^\alpha = 0,02$ (Punkt b) und die phenolreiche (β)

der Zusammensetzung $x_2^\beta = 0{,}33$ (Punkt c). Aus dem Hebelgesetz Gl. (4.10a) folgt das Mengenverhältnis $n^\alpha / n^\beta = (x_2^\beta - x_2)/(x_2 - x_2^\alpha) = 0{,}35$. Bei Erwärmen der Mischung nimmt der Anteil der α-Phase ab zugunsten der β-Phase, und die Konzentrationen der beiden Phasen ändern ihre Werte gemäß dem Verlauf der Löslichkeitsgrenze. Bei 48 °C ist die Löslichkeitsgrenze erreicht (Punkt d), d. h. es liegt nur noch die β-Phase mit der Ausgangskonzentration $x_2 = 0{,}25$ vor. Erwärmt man weiter auf 70 °C (Punkt e), so ändert sich nichts an der Anzahl der Phasen und der Zusammensetzung der Phase.

4.2.2 Nernstscher Verteilungssatz

Es soll nun das Gleichgewicht zweier nicht miteinander mischbarer Flüssigkeiten, zwischen denen sich eine dritte Komponente verteilt, behandelt werden. Dies ist die Situation bei der Extraktion, bei der eine Komponente aus einer Lösung mit Hilfe eines Lösungsmittels extrahiert wird.

Ein Flüssigkeitsgemisch, das einen Stoff (Komponente 2) in geringen Mengen gelöst enthält, wird mit einem Lösungsmittel ausgeschüttelt, das mit dem ersteren nicht mischbar sein soll. Es entstehen zwei Phasen (α und β) (s. Abb. 4.5). Die gelöste Komponente verteilt sich zwischen diesen beiden Phasen, wobei die sich im Gleichgewicht einstellenden Konzentrationen x_2^α und x_2^β i. a. unterschiedlich sind. In Abb. 4.12 ist das Verteilungsgleichgewicht schematisch dargestellt.

Aussagen über die Gleichgewichtskonzentrationen lassen sich aus der Bedingung für thermodynamisches Gleichgewicht gewinnen, dass das chemische Potential der gelösten Komponente in beiden Phasen gleich ist oder – gleichbedeutend – die Fugazitäten f_2^α und f_2^β der Komponente 2 in beiden Phasen übereinstimmen:

$$f_2^\alpha = f_2^\beta \tag{4.17}$$

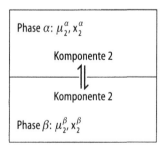

Abb. 4.12 Verteilung der Komponente 2 zwischen den nicht mischbaren Phasen α und β. Im Gleichgewicht stimmen die chemischen Potentiale der Komponente 2 in den Phasen überein, $\mu_2^\alpha = \mu_2^\beta$, und für die Konzentrationen der Komponente 2 in den Phasen, x_2^α und x_2^β, gilt: $x_2^\alpha / x_2^\beta = K$, $K =$ Verteilungskoeffizient

Die Fugazitäten sind gemäß den Gln. (3.90) und (3.93) durch

$$f_2^\alpha = x_2^\alpha \gamma_2^\alpha f_2^{\alpha+}$$

$$f_2^\beta = x_2^\beta \gamma_2^\beta f_2^{\beta+}$$

definiert, wobei γ_2^α und γ_2^β die Aktivitätskoeffizienten sowie $f_2^{\alpha+}$ und $f_2^{\beta+}$ die Standardfugazitäten der Komponente 2 in der Phase α bzw. β darstellen. Wird für beide Phasen der gleiche Standardzustand gewählt, so gilt $f_2^{\alpha+} = f_2^{\beta+}$ und die Gleichgewichtsbedingung Gl. (4.17) vereinfacht sich zu

$$x_2^\alpha \gamma_2^\alpha = x_2^\beta \gamma_2^\beta$$

Das sich einstellende Konzentrationsverhältnis hängt also von dem Verhältnis der Aktivitätskoeffizienten ab:

$$\frac{x_2^\alpha}{x_2^\beta} = \frac{\gamma_2^\beta}{\gamma_2^\alpha} \tag{4.18}$$

Das Verhältnis der Gleichgewichtskonzentrationen verhält sich umgekehrt wie das der Aktivitätskoeffizienten.

Wenn beide Phasen ideales Verhalten zeigen, ist $\gamma_2^\alpha = \gamma_2^\beta = 1$. Dann liegt Komponente 2 in gleichen Konzentrationen in den Phasen vor. Solche Flüssigkeiten sind daher für eine Extraktion nicht geeignet.

Für nichtideale Mischphasen lassen sich mit Hilfe der empirischen Ansätze für die Aktivitätskoeffizienten aus Abschn. 3.4 analytische Ausdrücke für γ_2^α und γ_2^β in Abhängigkeit von der Konzentration in Gl. (4.18) einsetzen und daraus das Konzentrationsverhältnis für die Verteilung der Komponente auf die beiden Phasen berechnen. Falls die Konzentrationen der gelösten Komponente in den Lösungsmitteln ausreichend gering sind, so dass das Henrysche Gesetz Gl. (3.89) erfüllt ist, gilt für die Fugazitäten

$$f_2^\alpha = H_{2,\alpha} x_2^\alpha$$

$$f_2^\beta = H_{2,\beta} x_2^\beta$$

Hierin sind $H_{2,\alpha}$ und $H_{2,\beta}$ die Henry-Konstanten für die Lösung der Komponente 2 in der Phase α bzw. β. Dann lautet die Gleichgewichtsbedingung Gl. (4.17) $H_{2,\alpha} x_2^\alpha = H_{2,\beta} x_2^\beta$ woraus

$$\frac{x_2^\alpha}{x_2^\beta} = \frac{H_{2,\beta}}{H_{2,\alpha}}$$

folgt. Das Verhältnis der Molenbrüche verhält sich also umgekehrt wie das der Henry-Konstanten. Da letztere nicht von der Konzentration sondern nur von der Temperatur und – in geringem Maße – vom Druck abhängen, hängt ihr Quotient auch nur von Temperatur und Druck ab. Für hinreichend kleine Konzentrationen, für die das Henrysche Gesetz gilt, ist x_2^α/x_2^β also konstant, unabhängig von der Konzentration:

$$\boxed{\frac{x_2^\alpha}{x_2^\beta} = K} \tag{4.19}$$

Tab. 4.2 Nernstsche Verteilungskoeffizienten im Fall ideal verdünnter Lösungen (Quelle: D'Ans-Lax 1998)

Stoff	Phase α	Phase β	$t/°C$	$K' = c^\alpha/c^\beta$
Jod	Wasser	Benzol	20	0,00272
Jod	Wasser	Chloroform	25	0,0074
Jod	Wasser	Tetrachlorkohlenstoff	20	0,0132
Jod	Wasser	Kohlenstoffdisulfid	25	0,00172
Aceton	Wasser	Benzol	25	1,113
Aceton	Wasser	Chloroform	25	0,19
Phenol	Wasser	Benzol	25	0,433
Phenol	Wasser	Tetrachlorkohlenstoff	25	2,04
Ammoniak	Wasser	Chloroform	25	24,1
Ethanol	Wasser	Tetrachlorkohlenstoff	25	41,8
Essigsäure	Wasser	Diethylether	25	2,17

Die Konstante K heißt *Verteilungskoeffizient*, Gl. (4.19) *Nernstscher Verteilungssatz*.

Statt der Molenbrüche werden häufig die Molaritäten c_2^α und c_2^β als Konzentrationseinheiten verwendet. Diese lassen sich aus x_2^α nach der in Tab. 3.1 angeführten Relation

$$c_2^\alpha = \frac{\rho^\alpha x_2^\alpha}{M_1^\alpha + x_2^\alpha \left(M_2 - M_1^\alpha\right)}$$

berechnen, wobei M_1^α die Molmasse der Lösungsmittelkomponente der α-Phase, M_2 die Molmasse des gelösten Stoffes und ρ^α die Dichte der Phase α sind. Eine analoge Gleichung gilt für die β-Phase. Für kleine Konzentrationen x_2^α und x_2^β kann der zweite Term im Nenner vernachlässigt werden, und es wird

$$c_2^\alpha = \frac{\rho^\alpha x_2^\alpha}{M_1^\alpha}$$

Bildet man das Verhältnis der Molaritäten, so erhält man wieder eine von der Konzentration unabhängige Konstante K', die sich allerdings in ihrem Wert von dem des Verteilungskoeffizienten K unterscheidet:

$$\boxed{\frac{c_2^\alpha}{c_2^\beta} = \frac{x_2^\alpha}{x_2^\beta} \frac{\rho^\alpha M_1^\beta}{\rho^\beta M_1^\alpha} = K \frac{\rho^\alpha M_1^\beta}{\rho^\beta M_1^\alpha} = K'} \tag{4.20}$$

Der Koeffizient K ist von System zu System verschieden und hängt von den Mischungseigenschaften der Phasen α und β ab. Die Extraktion einer Substanz aus einer flüssigen Mischphase ist umso effizienter, je höher der Verteilungskoeffizient dieser Substanz für das System Mischphase/Lösungsmittel ist. Werte für den Verteilungskoeffizienten K' einiger ausgewählter Systeme für hinreichend kleine Konzentrationen sind in Tab. 4.2 enthalten.

Die Extraktion kann in einfacher Weise, wie in Abb. 4.5 dargestellt, durch Ausschütteln erfolgen. Eine gewünschte Endkonzentration lässt sich durch wiederholtes Ausschütteln mit dem Lösungsmittel erreichen, wobei zu bedenken ist, dass ein mehrmaliges Ausschütteln mit jeweils kleinen Lösungsmittelmengen zu einem besseren Extraktionsergebnis führt als ein einziges Ausschütteln mit dem einmal zugeführten Gesamtvolumen.

Beispiel

Für die Verteilung von Phenol zwischen den nichtmischbaren Phasen Wasser (α) und Benzol (β) wurden für 25 °C die Gleichgewichtszusammensetzungen c_2^α und c_2^β gemessen. Sie entsprechen den in der Abbildung dargestellten Verläufen. (Das eingefügte Diagramm für höhere Konzentrationen soll verdeutlichen, dass der Nernstsche Verteilungssatz nur für hinreichend kleine Konzentrationen erfüllt ist.)

(a) Wie groß sind die Verteilungskoeffizienten $K' = c_2^\alpha/c_2^\beta$ und $K = x_2^\alpha/x_2^\beta$ für verdünnte Lösungen.

(b) 1 l einer wässrigen 1 g Phenol enthaltenden Lösung werde zweimal mit je 50 ml Benzol bei 25 °C ausgeschüttelt. Wie viel Phenol enthält die Lösung danach?

Gegeben seien die Molmassen $M_1^\alpha = 18{,}02\,\mathrm{g\,mol^{-1}}$, $M_1^\beta = 78{,}1\,\mathrm{g\,mol^{-1}}$ und die Dichten $\rho^\alpha = 0{,}998\,\mathrm{g\,cm^{-3}}$, $\rho^\beta = 0{,}885\,\mathrm{g\,cm^{-3}}$.

Lösung: (a) Den Verteilungskoeffizienten K' erhält man direkt als Steigung der Geraden zu $K' = 0{,}433$. Der auf den Molenbruch als Konzentrationseinheit bezogene Koeffizient K folgt aus Gl. (4.20) zu $K = 0{,}0886$.

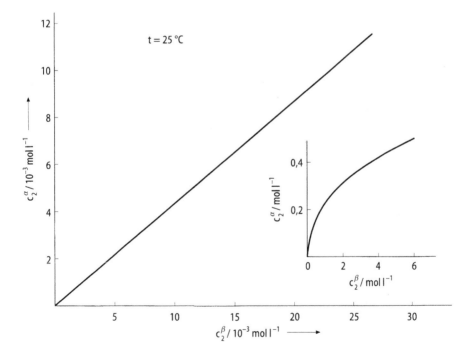

Der Molenbruch von Phenol ist in Benzol mehr als das Zehnfache des Wertes in Wasser.

(b) $m_0 = 1\,\mathrm{g}$ sei die anfänglich in Wasser enthaltene Menge an Phenol. Nach einmaligem Ausschütteln mit Benzol hat sich ein Teil Phenol aus der wässrigen Lösung in Benzol gelöst. Im Gleichgewichtszustand sei m_1 die Menge Phenols, die noch in 1 l Wasser enthalten ist, und die Menge $(m_0 - m_1)$ an Phenol liegt nun in 50 ml Benzol vor. Die Gleichgewichtskonzentrationen sind demnach $c_2^\alpha = m_1/(M_2 V^\alpha)$ und $c_2^\beta = (m_0 - m_1)/(M_2 V^\beta)$, wobei M_2 die Molmasse von Phenol ist, V^α und V^β die Volumina der Wasser- bzw. Benzol-Phase sind. Der Nernstsche Verteilungssatz lautet nun

$$K' = \frac{c_2^\alpha}{c_2^\beta} = \frac{m_1/V^\alpha}{(m_0 - m_1)/V^\beta}.$$

Die Gleichung wird nach der Unbekannten m_1 aufgelöst: $m_1 = m_0/(1 + V^\beta/(V^\alpha K'))$. Nach Einsetzen der Werte folgt $m_1 = 0{,}90\,\mathrm{g}$, so dass nach einmaligem Ausschütteln noch 0,90 g Phenol in der wässrigen Lösung enthalten sind. Wird 1 l dieser Lösung ein zweites Mal mit 50 ml Benzol ausgeschüttelt, so sei die dann noch enthaltene Menge Phenol in Wasser m_2. Man berechnet m_2 analog der vorherigen Rechnung nach der Gleichung $m_2 = m_1/(1 + V^\beta/(V^\alpha K'))$ mit dem Ergebnis, dass nach zweimaligem Ausschütteln die Lösung noch $m_2 = 0{,}81\,\mathrm{g}$ Phenol enthält. – Wenn man wiederholt k-mal nacheinander mit jeweils derselben Menge Benzol V^β ausschüttelt, so gilt für die nach der k-ten Extraktion in der Raffinatphase enthaltenen Menge

$$m_\mathrm{k} = \frac{m_0}{\left(1 + \dfrac{V^\beta}{V^\alpha K'}\right)^k}$$

Sie ist geringer, als wenn man einmal mit dem k-fachen Volumen $k\,V^\beta$ ausschüttelt.

Im folgenden soll die Verteilung einer Komponente zwischen nichtmischbaren Flüssigkeiten für Konzentrationen, die außerhalb des Gültigkeitsbereichs des Henryschen Gesetzes liegen, berechnet werden. Nimmt man an, das Mischungsverhalten der gelösten Komponente in den beiden Lösungsmitteln lasse sich durch den Porterschen Ansatz beschreiben, dann gilt nach Gl. (3.116b) für die Konzentrationsabhängigkeit der Aktivitätskoeffizienten der Komponente 2 in den Phasen α und β

$$RT \ln \gamma_2^\alpha = A^\alpha (1 - x_2^\alpha)^2 \quad \text{bzw.} \quad RT \ln \gamma_2^\beta = A^\beta (1 - x_2^\beta)^2$$

wobei die Parameter A^α und A^β i. a. unterschiedliche Werte annehmen. Setzt man diese Ausdrücke für die Aktivitätskoeffizienten in Gln. (4.18) und (4.19) ein, so folgt

$$K = \frac{x_2^\alpha}{x_2^\beta} = \frac{\gamma_2^\beta}{\gamma_2^\alpha} = \exp\left[A^\beta \frac{\left(1 - x_2^\beta\right)^2}{RT} - A^\alpha \frac{\left(1 - x_2^\alpha\right)^2}{RT}\right] \tag{4.21}$$

K ist also konzentrationsabhängig und der Nernstsche Verteilungssatz nicht erfüllt.

Im Grenzfall unendlicher Verdünnung ($x_2 \to 0$) geht Gl. (4.21) über in

$$K = \exp\left[\frac{A^\beta - A^\alpha}{RT}\right] \tag{4.22}$$

Da die Parameter A^α und A^β nicht von der Konzentration abhängen, ist K unabhängig von der Konzentration und Gl. (4.22) ist eine Formulierung des Nernstschen Satzes.

Häufig werden Abweichungen von dem Nernstschen Verteilungssatz beobachtet, obwohl die Konzentrationen der Komponenten in den beiden Phasen hinreichend klein sind. Der Grund hierfür können Dissoziation und Hydratisierung von Elektrolyten in Wasser oder Assoziationen organischer Säuren in nichtpolaren Lösungsmitteln sein. In diesen Fällen ist neben dem Verteilungsgleichgewicht der Komponenten zwischen den Phasen das chemische Gleichgewicht der Dissoziations- oder Dimerisierungsreaktion in der Lösungsmittelphase zu berücksichtigen, was zu konzentrationsabhängigen Verteilungskoeffizienten führt. Da die Theorie der Elektrolytlösungen im Rahmen dieses Buches nicht behandelt wird, wird für diesen Themenkomplex auf weiterführende Literatur verwiesen (Prausnitz et al. 1999).

Verteilungskoeffizienten in unterschiedlichen Systemen, auch für Konzentrationen außerhalb des Gültigkeitsbereichs des Henryschen Gesetzes, sind in D'Ans-Lax (1998) tabelliert.

4.2.3   Phasengleichgewichte in ternären Systemen

Wenn man die Voraussetzung von Abschn. 4.2.2, dass die beiden Lösungsmittelkomponenten nicht miteinander mischbar sind, fallen lässt und Flüssigkeiten betrachtet, die mehr oder weniger löslich ineinander sind, dann bilden sich bei der Verteilung einer Komponente zwischen den beiden Phasen zwei ternäre Mischungen, von denen jede die beiden Lösungsmittelkomponenten und die gelöste Komponente enthält. Solche Gleichgewichte sollen im folgenden in Phasendiagrammen veranschaulicht werden.

Binode und Konode im ternären Phasendiagramm
Als Beispiel wird das System Chloroform/Wasser/Essigsäure ($CHCl_3/H_2O/CH_3COOH$), dessen Phasendiagramm für feste Werte von Temperatur und Druck in Abb. 4.13 dargestellt ist, betrachtet. Unter den angegebenen Bedingungen für Druck und Temperatur sind Wasser mit Essigsäure und Essigsäure mit Chloroform jeweils über den gesamten Konzentrationsbereich mischbar, aber das binäre System Chloroform/Wasser weist eine Mischungslücke auf, die im Diagramm auf der zugehörigen Dreiecksseite eingetragen ist (Punkte a_1 und a_2). Wasser/Chloroform-Mischungen mit Konzentrationen außerhalb der Mischungslücke (links von a_1 oder rechts von a_2), liegen als homogene Phasen vor. Bei der Mischung geeigneter Mengen von Chloroform mit Wasser, so dass die Konzentration in der Mischungslücke liegt (z. B. bei Punkt a_0), zerfällt das Gemisch in zwei Phasen, eine chloroformreiche und eine wasserreiche (entsprechend den Punkten a_1 uns a_2). Gibt man ausgehend von der Konzentration a_0 im Zweiphasengebiet als dritte Komponente

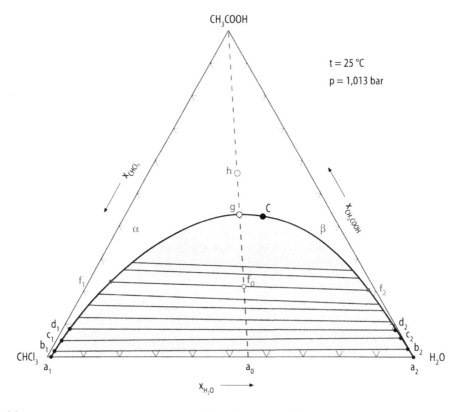

Abb. 4.13 Phasendiagramm des Systems Chloroform/Wasser/Essigsäure bei 25 °C und 1,013 bar (nach Messungen von Othmer und Ping 1960). Die Binode a_1Ca_2 schließt das Zweiphasengebiet (getönt) ein, und die Endpunkte der Konoden b_1b_2, c_1c_2 etc. geben die Konzentrationen der miteinander im Gleichgewicht stehenden Phasen an. Die gestrichelte Gerade entspricht Mischungen mit konstantem Mengenverhältnis an Chloroform zu Wasser (hier: $x_{CHCl_3}/x_{H_2O} = 0{,}805$). C ist der kritische Punkt. (Die Punkte f_0, f_1, f_2, und h beziehen sich auf das Rechenbeispiel weiter unten)

schrittweise Essigsäure hinzu, so wandert die Gesamtzusammensetzung entlang der Geraden, die von der Konzentration der binären Mischung (a_0) zum Essigsäure-Eckpunkt führt (vgl. Abschn. 4.1.3). Bei Zugabe von Essigsäure bleiben zunächst zwei Phasen bestehen, aber sie enthalten nun auch Essigsäure, wobei sich die Mengenverhältnisse (gemäß dem Hebelgesetz) und die Zusammensetzungen der beiden Phasen ändern. Die Gleichgewichtskonzentrationen (b_1 und b_2, c_1 und c_2 usw.) liegen auf der Gleichgewichtskurve, der sog. *Binode* oder *Binodalkurve* oder Löslichkeitskurve, und sind durch Geraden, die sog. *Konoden* verbunden. Letztere verlaufen i. a. weder parallel zur Dreiecksseite Wasser/Chloroform noch parallel zueinander, da sich Essigsäure in unterschiedlichem Maße in den beiden Phasen löst. Überschreitet man durch weitere Zugabe von Essigsäure die Binode (bei Punkt g), so bildet sich eine einzige homogene Phase aus. Außerhalb der Binode liegt also das Einphasengebiet, innerhalb das Zweiphasengebiet. Der Punkt, in dem die immer kürzer werdenden Konoden zu einem Punkt zusammenschrumpfen, heißt *kritischer Punkt* (Punkt C). Der linke Ast der Binode, a_1C, gibt die Zusammensetzung der chloroformreichen Phase, der rechte Ast, a_2C, die Zusammensetzung der wasserreichen Phase an. Den Verlauf der Binode und die Lage der Konoden und des kritischen Punktes erhält man aus Phasengleichgewichtsberechnungen (s. Abschn. 4.2.4). Hieraus lassen sich für eine gegebene Gesamtzusammensetzung einer Mischung die Zusammensetzungen und mit Hilfe des Hebelgesetzes die Mengenverhältnisse der miteinander im Gleichgewicht stehenden Phasen berechnen.

Es soll nun die Zahl der Freiheitsgrade für die Phasengebiete des ternären Phasendiagramms mit Hilfe der Gibbsschen Phasenregel Gl. (4.8) gemäß $F = K + 2 - P$ berechnet werden. Die binäre Mischung ($K = 2$) der Konzentration a_0 liegt innerhalb des Zweiphasengebietes ($P = 2$), so dass für sie $F = 2$ ist. Sind Druck und Temperatur vorgegeben ($T = 298{,}15\,\mathrm{K}$, $p = 1{,}013\,\mathrm{bar}$ für das Phasendiagramm der Abb. 4.13), so bleiben keine weiteren Freiheitsgrade mehr: Die Konzentrationen der Phasen als Endpunkte der Konoden sind durch ihre Lage auf der Binode festgelegt.

Für ternäre Mischungen ($K = 3$) ist $F = 5 - P$. Für Mischungen innerhalb des Zweiphasengebietes ($P = 2$) ist $F = 3$. Außer Druck und Temperatur lässt sich zusätzlich eine weitere Variable, z. B. die Konzentration innerhalb des Zweiphasengebietes frei variieren, ohne dass das Zweiphasengebiet verlassen wird. Für Mischungen im Einphasengebiet ($P = 1$) ist $F = 4$. Neben Druck und Temperatur sind zwei Konzentrationsvariable frei wählbar.

Beispiel

Es werde das System Chloroform(1)/Wasser(2)/Essigsäure(3) bei 25 °C der Abb. 4.13 betrachtet. Aus einer binären Mischung aus $100\,\mathrm{cm}^3$ Chloroform(1) und $28\,\mathrm{cm}^3$ Wasser(2) werden zwei ternäre Mischungen hergestellt, indem im einen Fall $41\,\mathrm{cm}^3$, im anderen Fall $155\,\mathrm{cm}^3$ Essigsäure(3) hinzugegeben werden. Für die binäre und die beiden ternären Mischungen sollen jeweils die Gesamtzusammensetzungen der Mischungen, die Anzahl, Zusammensetzungen und Mengenverhältnisse der vorliegenden Phasen berechnet werden.

Gegeben sind die Dichten der Reinstoffe $\rho_1 = 1{,}489\,\mathrm{g\,cm}^{-3}$, $\rho_2 = 0{,}998\,\mathrm{g\,cm}^{-3}$, $\rho_3 = 1{,}049\,\mathrm{g\,cm}^{-3}$. Die Molmassen sind $M_1 = 119{,}38\,\mathrm{g\,mol}^{-1}$, $M_2 = 18{,}02\,\mathrm{g\,mol}^{-1}$ und $M_3 = 60{,}05\,\mathrm{g\,mol}^{-1}$.

Lösung: Für die binären Mischungen werden zunächst die Molzahlen $n_1 = m_1/M_1 = \rho_1 V_1/M_1$ und $n_2 = m_2/M_2 = \rho_2 V_2/M_2$ berechnet zu $n_1 = 1{,}247\,\mathrm{mol}$ und $n_2 = 1{,}551\,\mathrm{mol}$ und daraus mit Gl. (3.2) die Molenbrüche der Komponenten zu $x_1 = 0{,}446$ und $x_2 = 0{,}554$. Diese Zusammensetzung (Punkt a_0) liegt innerhalb des Zweiphasengebietes, so dass die Mischung in zwei Phasen α (chloroformreich) und β (wasserreich) zerfällt, deren Konzentrationen auf der binären Randlinie für Chloroform/Wasser abzulesen sind: $x_1^\alpha = 0{,}99$; $x_2^\alpha = 0{,}01$; $x_1^\beta \approx 0{,}001$; $x_2^\beta \approx 0{,}999$. Fügt man dieser Mischung $V_3 = 41\,\mathrm{cm}^3$ Essigsäure hinzu, entsprechend $n_3 = m_3/M_3 = \rho_3 V_3/M_3 = 0{,}716\,\mathrm{mol}$, so ist die Gesamtzusammensetzung des ternären Gemisches nun $x_1 = 0{,}355$; $x_2 = 0{,}441$; $x_3 = 0{,}204$. Sie entspricht Punkt f_0 im Dreiecks-Diagramm, liegt im Zweiphasengebiet und zerfällt daher in zwei Phasen mit den durch die Binode gegebenen Konzentrationen bei den Endpunkten f_1 und f_2 der Konode. Wir lesen aus dem Diagramm folgende Werte ab:

Punkt f_1 : $x_1^\alpha = 0{,}71$ $x_2^\alpha = 0{,}06$ $x_3^\alpha = 0{,}23$

Punkt f_2 : $x_1^\beta = 0{,}02$ $x_2^\beta = 0{,}78$ $x_3^\beta = 0{,}20$

Die zweite Mischung enthält $155\,\mathrm{cm}^3$ Essigsäure, entsprechend $n_3 = 3{,}637\,\mathrm{mol}$. Die Gesamtmolzahl ist nun $n = 6{,}435\,\mathrm{mol}$ und die Molenbrüche gemäß Gl. (3.2) $x_1 = 0{,}194$; $x_2 = 0{,}241$; $x_3 = 0{,}565$. Der zugehörige Punkt h liegt im Einphasengebiet des Phasendiagramms. Somit liegt die Mischung als homogene Phase vor.

Man beachte, dass die Punkte a_0, f_0, g und h auf der Geraden liegen, die von der Zusammensetzung der binären Mischung zum Essigsäure-Eckpunkt führt. Aus den für die Mischungen a_0, f_0 und h berechneten Molenbrüchen erhält man für alle drei Mischungen $x_1/x_2 = 0{,}805$.

Die Mengenverhältnisse der im Gleichgewicht vorliegenden Phasen werden mit dem Hebelgesetz berechnet. Für die Ausgangszusammensetzung a_0 gilt nach Gl. (4.10a): $n^\alpha/n^\beta = (x_2^\beta - x_{2,0})/(x_{2,0} - x_2^\alpha) = 0{,}818$. Für die ternäre Mischung f_0 liest man aus dem Phasendiagramm die Strecken auf den Konoden ab und erhält als Verhältnis $n^\alpha/n^\beta = 0{,}93$.

Extraktionsverlauf im ternären Phasendiagramm

Anhand des Systems Chloroform(1)/Wasser(2)/Essigsäure(3) soll nun der Verlauf der Extraktion von Essigsäure aus einer Essigsäure/Chloroform-Mischung mit Wasser als Extraktionsmittel erläutert werden (s. Abb. 4.14).

Wird zu einer binären Chloroform/Essigsäure-Mischung mit dem Essigsäure-Molenbruch $x_3 = 0{,}33$ (Punkt a) Wasser hinzugefügt, so erhält man ein ternäres System, dessen Zusammensetzung auf der Geraden zwischen a und dem Eckpunkt Wasser liegt. Ab einer bestimmten Menge Wassers, die dem Schnittpunkt der Gerade mit der Binode entspricht, bilden sich zwei Phasen aus. Bei der Zusammensetzung in Punkt b beispielsweise zerfällt das System nach gründlicher Durchmischung und Abwarten des Gleichgewichts in zwei Phasen c und d, die die Endpunkte der durch b verlaufenden Konode bilden. Die Raffinatphase (Punkt c) enthält nun noch $22\,\mathrm{mol}\%$ Essigsäure, die Extraktphase (d) enthält viel Wasser, etwas Essigsäure und kaum Chloroform. Trennt man die Raffinatphase ab und versetzt sie mit Wasser, so dass sich beispielsweise eine Mischung der Gesamtkonzentration gemäß Punkt e ergibt, so spaltet diese wieder in eine Raffinatphase (Punkt f) mit dem Essigsäure-Gehalt $x_3 = 0{,}16$ und eine Extraktphase (Punkt g) auf. Wiederholt man diese Schritte hinreichend oft, so lässt sich Chloroform gewünschter Reinheit mit geringen Zusätzen an Wasser und Essigsäure herstellen. Die Konstruktion der Extraktionsschritte im Dreiecksdiagramm zeigt, dass eine Trennung bei solchen Systemen, deren Konoden steiler zur Horizontale verlaufen, wirkungsvoller ist.

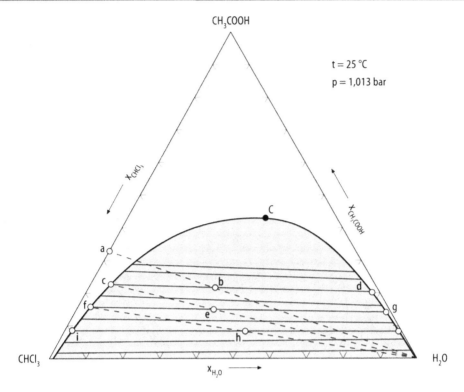

Abb. 4.14 Verlauf der Extraktion von Essigsäure aus einem Chloroform-Essigsäure-Gemisch mit Wasser als Extraktionsmittel

Verschiedene Typen ternärer Phasendiagramme

Im Beispiel Chloroform/Wasser/Essigsäure sind sowohl Chloroform und Essigsäure als auch Wasser und Essigsäure vollständig mischbar, nur das binäre System Wasser/Chloroform zeigt eine Mischungslücke. Es können aber auch zwei oder alle drei der binären Randsysteme Mischungslücken aufweisen, so dass sich unterschiedliche Typen von Phasendiagrammen ergeben (s. Abb. 4.15). Die Binoden schließen wieder das Zweiphasengebiet ein, wobei die Endpunkte der Konoden die Zusammensetzungen der miteinander im Gleichgewicht stehenden flüssigen Mischphasen angeben. Phasendiagramme des Typs (a) (Systeme mit geschlossenen Mischungslücken) findet man weitaus häufiger als solche des Typs (c) (System mit offener Mischungslücke). Bei Systemen des Typs (d) tritt in der Mitte des Diagramms ein Dreiphasengebiet auf: Mischungen, deren Konzentrationen in diesem Bereich liegen, zerfallen in drei flüssige Phasen, deren Zusammensetzungen den Konzentrationswerten der drei Eckpunkte des Dreiphasengebiets entsprechen. Um die Mengenverhältnisse der drei miteinander im Gleichgewicht stehenden Phasen zu berechnen, muss das Hebelgesetz zweimal nacheinander angewendet werden.

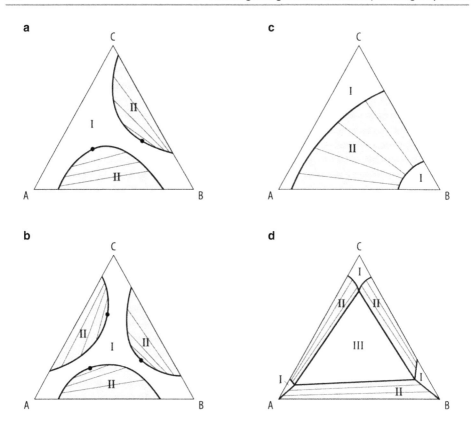

Abb. 4.15 Ternäre Phasendiagramme (T, p = const) für Flüssig-Flüssig-Gleichgewichte, wenn die binären Randsysteme Mischungslücken aufweisen: **a, b** Systeme mit geschlossenen Mischungslücken, **c** System mit offener Mischungslücke, **d** System mit Dreiphasengebiet. I = Einphasengebiet, II = Zweiphasengebiet, III = Dreiphasengebiet, • Kritischer Punkt, —Konoden

---

Beispiel

Das Phasendiagramm des Systems Perfluortributylamin(1)/Nitroäthan(2)/2,2,4-Trimethylpentan(3) ist für 25 °C und 1 bar abgebildet. Es sollen Zustand (Anzahl, Konzentration und Mengenverhältnisse der vorliegenden Phasen) für die Mischung mit $x_1 = 0,4$; $x_2 = 0,2$ bei 25 °C und 1 bar angegeben werden.

Lösung: Die Konzentration der Mischung $x_1 = 0,4$; $x_2 = 0,2$; $x_3 = 0,4$ liegt im Dreiphasengebiet (Punkt P). Die Mischung zerfällt also in die drei homogenen Phasen, deren Konzentrationen an den Eckpunkten des Dreiphasengebietes abgelesen werden:

α-Phase:	$x_1 = 0,87$,	$x_2 = 0,04$,	$x_3 = 0,09$
β-Phase:	$x_1 = 0,03$,	$x_2 = 0,70$,	$x_3 = 0,27$
γ-Phase:	$x_1 = 0,12$,	$x_2 = 0,15$,	$x_3 = 0,73$

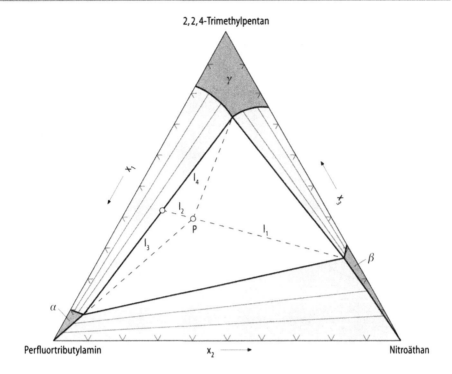

Die Mengenverhältnisse lassen sich nach dem Hebelgesetz berechnen, indem man die Strecken aus dem Diagramm abliest: Beim Zerfall in die β-Phase und das $(\alpha + \gamma)$-Zweiphasengemisch sind die Mengenverhältnisse $l_2/(l_1 + l_2) = 0{,}17 = 17\,\%$ β-Phase und 83 % $(\alpha + \gamma)$-Zweiphasengemisch; letzteres liegt zu $l_3/(l_3 + l_4) = 0{,}53 = 53\,\%$ als γ-Phase und 47 % als α-Phase vor. Insgesamt zerfällt die Mischung also in $0{,}83 \cdot 47\,\% = 39\,\%$ α-Phase, 17 % β-Phase und $0{,}83 \cdot 53\,\% = 44\,\%$ γ-Phase.

Temperaturabhängigkeit der Binode

Die in den Abb. 4.13 bis 4.15 gezeigten Diagramme stellen isotherme Phasengleichgewichte dar. Da eine Temperaturänderung eine Änderung der gegenseitigen Mischbarkeit zur Folge hat, ändert die Binodalkurve ihren Verlauf bei Temperaturerhöhung oder -senkung. Meist wird bei einer Temperaturerhöhung eine Zunahme der gegenseitigen Löslichkeit beobachtet, so dass das von der Binode eingeschlossene Zweiphasengebiet schrumpft, bis das Zweiphasengebiet – bei der kritischen Temperatur – schließlich ganz verschwindet. Oberhalb des kritischen Punktes existiert das ternäre Gemisch als eine einzige homogene Mischphase.

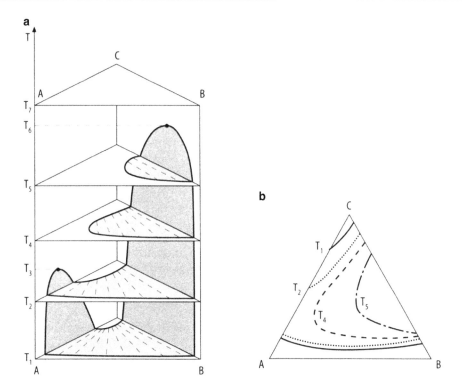

Abb. 4.16 Schematische Darstellungen der Temperaturabhängigkeit ternärer Flüssig-Flüssig-Gleichgewichte. **a** Die isothermen Phasendiagramme werden den Temperaturen entsprechend entlang der Temperaturachse übereinander angeordnet. **b** Die isothermen Binodalkurven werden in ein Diagramm projiziert.
Bei der Temperatur T_1 zeigen die binären Systeme A/C und B/C Mischungslücken, die durch die Binodalkurven angedeutet sind, und das ternäre System hat eine offene Mischungslücke. Oberhalb der kritischen Entmischungstemperatur T_3 sind A und C mischbar, und das ternäre System weist ein geschlossenes Zweiphasengebiet auf. Bei Erreichen der kritischen Entmischungstemperatur T_6 des Systems B/C werden C und B vollständig mischbar. Bei $T > T_6$ besteht das System aus einer homogenen Mischphase. Die Zweiphasengebiete sind getönt

Die Änderung des Mischungsverhaltens mit der Temperatur lässt sich graphisch darstellen, indem entweder die isothermen Dreiecksdiagramme für verschiedene Temperaturen entlang der T-Achse vertikal aufgetragen werden oder die Binoden zusammen in ein Diagramm projiziert werden. Abb. 4.16 zeigt dies schematisch am Beispiel eines Systems, das bei niedrigen Temperaturen eine offene Mischungslücke (Typ c in Abb. 4.15) und bei höheren Temperaturen eine geschlossene Mischungslücke zeigt (Abb. 4.14).

4.2.4 Berechnung von Flüssig-Flüssig-Gleichgewichten

Mit Hilfe der Stabilitätsanalyse kann aus dem Konzentrationsverlauf der freien Exzessenthalpie eines Systems eine Aussage darüber gewonnen werden, ob das System eine Mischungslücke aufweist oder nicht (s. Abschn. 4.2.1). Aus dem Instabilitätskriterium kann man aber nicht die Binodalkurve berechnen, sondern hierzu sind i. a. recht aufwendige Gleichgewichtsberechnungen nötig, deren Grundlagen nun kurz wiedergegeben werden sollen.

Eine Mischung, bestehend aus K Komponenten, zerfalle in die beiden Phasen α und β. Die Phasen stehen miteinander im Gleichgewicht, wenn die Fugazitäten f_i^α und f_i^β für jede Komponente i in den Phasen übereinstimmen (s. Gl. (4.6)):

$$f_i^\alpha = f_i^\beta \quad i = 1, \ldots, K$$

Wählt man gleiche Standardfugazitäten für beide Phasen, so folgt daraus, dass die Aktivitäten in beiden Phasen übereinstimmen, $a_i^\alpha = a_i^\beta$, oder gleichbedeutend

$$\boxed{\gamma_i^\alpha x_i^\alpha = \gamma_i^\beta x_i^\beta \quad i = 1, \ldots K} \tag{4.23}$$

x_i^α und x_i^β sind die Gleichgewichtskonzentrationen der beiden Phasen.

Es sei angemerkt, dass Gl. (4.23) formal Gl. (4.18) für den Nernstschen Verteilungssatz entspricht; es gilt aber zu bedenken, dass Gl. (4.18) für das Verteilungsgleichgewicht einer Komponente (Index 2) zwischen zwei nichtmischbaren Flüssigkeiten gilt, wohingegen Gl. (4.23) das Gleichgewicht zwischen zwei Phasen, von denen jede Phase alle Komponenten i = 1, ..., K beinhalten kann, beschreibt. Mit Gl. (4.18) werden die Gleichgewichtskonzentrationen der Komponente 2 in den beiden reinen Lösungsmitteln berechnet, mit Gl. (4.23) sollen die Gesamtzusammensetzungen der multikomponentigen Phasen berechnet werden.

Für diese Berechnungen benötigt man die Abhängigkeit der Aktivitätskoeffizienten γ_i^α und γ_i^β von Konzentration, Temperatur und Druck. Analytische Ausdrücke hierfür erhält man aus Modellen (s. Abschn. 3.4). Da die Aktivitätskoeffizienten i. a. nicht linear in x_i und T sind, stellt Gl. (4.23) ein nichtlineares Gleichungssystem dar, das iterativ gelöst werden muss. Es werden verschiedene Verfahren in der Literatur vorgeschlagen (Gmehling u. Kolbe 1992; Dohrn 1994) und auch Computerprogramme zur Berechnung von Flüssig-Flüssig-Gleichgewichten angeboten.

Beispiel

Es soll die Binodalkurve für eine binäre Mischung, die dem Porterschen Ansatz Gl. (3.114) mit dem Parameter $A = 7 \, \text{kJ} \, \text{mol}^{-1}$ genügt, berechnet und die Mischungslücke in einem T, x-Phasendiagramm dargestellt werden.

Lösung: Zunächst wird die kritische Entmischungstemperatur nach Gl. (4.13) berechnet: $T_c = A/(2\,R) = 420{,}98$ K. Unterhalb dieser Temperatur zerfällt die Mischung in zwei Phasen α und β, deren Gleichgewichtskonzentrationen x_2^α und x_2^β zu berechnen sind. Die Gleichgewichtsbedingung lautet nach Gl. (4.23) $\gamma_i^\alpha x_i^\alpha = \gamma_i^\beta x_i^\beta$ $i = 1,2$, wobei sich die Aktivitätskoeffizienten aus dem Porterschen Ansatz gemäß Gl. (3.116a), (3.116b) berechnen lassen: $R T \ln \gamma_1^\alpha = A \cdot (x_2^\alpha)^2$ und $R T \ln \gamma_2^\alpha = A \cdot (x_1^\alpha)^2$. Analoge Gleichungen gelten auch für die β-Phase. Eingesetzt in die Gleichgewichtsbedingung, die nach x_i^α / x_i^β aufgelöst und anschließend logarithmiert wird, erhält man

$$\ln \frac{x_1^\alpha}{x_1^\beta} = \frac{A}{RT}[(x_2^\beta)^2 - (x_2^\alpha)^2] \tag{Ia}$$

und

$$\ln \frac{x_2^\alpha}{x_2^\beta} = \frac{A}{RT}[(x_1^\beta)^2 - (x_1^\alpha)^2] \tag{Ib}$$

Diese beiden Gleichungen müssen nach den beiden Unbekannten x_1^α und x_1^β gelöst werden. Hierbei hilft die Eigenschaft, dass der Portersche Ansatz und damit auch die Mischungslücke symmetrisch im Molenbruch ist, so dass $x_2^\alpha = x_1^\beta$ und $x_1^\alpha = x_2^\beta$ gilt. Da außerdem $x_2^\alpha = 1 - x_1^\alpha$ und $x_2^\beta = 1 - x_1^\beta$ gilt, können x_1^β, x_2^β und x_2^α in Gl. (Ia) (bzw. x_2^α, x_2^β und x_1^β durch x_1^α in Gl. (Ib)) durch x_1^α ausgedrückt werden, so dass folgt

$$\ln \frac{x_1^\alpha}{1 - x_1^\alpha} = \frac{A}{RT}\left[\left(x_1^\alpha\right)^2 - \left(1 - x_1^\alpha\right)^2\right] = \frac{A}{RT}\left(2x_1^\alpha - 1\right)$$

Diese Gleichung wird nun für unterschiedliche Werte von $T < T_c$ nach x_1^α aufgelöst. Das kann nur iterativ erfolgen. Man erhält so die folgenden in der Tabelle zusammengestellten Werte für die Binode:

$t\,/^\circ$C	$T/$K	A/RT	$x_1^\alpha = x_2^\beta$
0	273,15	3,0823	0,0635
50	323,15	2,6055	0,1230
100	373,15	2,2563	0,2220
140	413,15	2,0379	0,3800
147,8	420,98	2,0000	0,5000

Diese Werte, in ein T, x-Diagramm eingetragen, stellen die Mischungslücke dar, die das Zweiphasengebiet von dem Gebiet der homogenen Mischphase trennt.

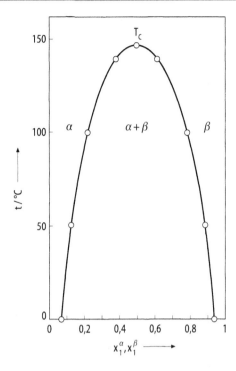

Die Ergebnisse der Gleichgewichtsberechnungen nach Gl. (4.23) hängen empfindlich von den Daten ab, die der Berechnung der Aktivitätskoeffizienten zugrunde liegen. Die Vorhersage binärer Gleichgewichte kann daher mit recht großen Fehlern behaftet sein, wenn das Aktivitätskoeffizienten-Modell das System nicht mit ausreichender Genauigkeit wiedergibt und die Parameter nicht genau genug sind. Dies trifft insbesondere für die Vorhersage ternärer Gleichgewichte aus den Daten der binären Randsysteme zu. Für zuverlässige Berechnungen ternärer Gleichgewichte ist daher die Kenntnis von Parametern, die aus ternären Gleichgewichtsdaten gewonnen wurden, unumgänglich.

Die Berechnung von Flüssig-Flüssig-Gleichgewichten kann statt über Aktivitätskoeffizienten auch über Zustandsgleichungen erfolgen, indem die Fugazitäten f_i^α und f_i^β durch die Fugazitätskoeffizienten φ_i^α und φ_i^β ausgedrückt werden. Diese Methode kommt seltener zur Anwendung, und für Algorithmen und Beispiele wird daher auf die Literatur verwiesen (Dohrn 1994).

Die gegenseitige Löslichkeit von Flüssigkeiten hängt nicht nur von der Temperatur, sondern auch vom Druck ab. So kann ein bei geringen Drücken mischbares System bei hohen Drücken eine Mischungslücke bilden und umgekehrt. Für die Beschreibung des Einflusses hoher Drücke auf das Phasendiagramm wird auf die Literatur verwiesen (Prausnitz et al. 1999).

4.3 Dampf-Flüssigkeits-Gleichgewicht

Hochprozentiger Alkohol wird durch Brennen aus bei der alkoholischen Gärung entstandenen niederprozentigen Alkohol-Lösungen hergestellt. In der Lebensmitteltechnik ist Brennen die Bezeichnung für das thermische Trennverfahren der Destillation. Bei ihr wird das Flüssigkeitsgemisch aus Wasser und Ethanol durch Verdampfen des Gemisches und Kondensation des Dampfes teilweise getrennt, da sich die leichter flüchtige Komponente (Ethanol) im Dampf, die schwerer flüchtige Komponente (Wasser) im Rückstand anreichert. Da bei destillativen Trennverfahren die Flüssigkeitsgemische im Gleichgewicht mit ihrer Dampfphase vorliegen, ist für die Auslegung von Trennanlagen die Kenntnis von Dampf-Flüssigkeits-Gleichgewichten nötig.

In diesem Abschnitt werden Dampf-Flüssigkeits-Gleichgewichte berechnet und mit Phasendiagrammen beschrieben, und es wird anhand dieser Diagramme die Trennung von Mischungen durch Destillation erläutert. Abschließend werden Methoden zur Überprüfung der Richtigkeit thermodynamischer Daten vorgestellt.

4.3.1 Dampfdruckdiagramm, Siedediagramm, Gleichgewichtsdiagramm

In Abschn. 4.1.3 wurde als einfaches Beispiel eines binären Phasendiagramms das *isotherme Dampfdruckdiagramm* oder p,x-Diagramm, in dem der Siede- und Kondensationsdruck bei konstanter Temperatur als Funktion der Konzentration aufgetragen sind (s. Abb. 4.2), ausführlich diskutiert.

Isotherme Dampfdruckdiagramme gelten für bestimmte Temperaturen. In der Praxis arbeitet man jedoch häufig bei konstantem Druck und führt eine Verdampfung oder Verflüssigung durch eine Temperaturerhöhung bzw. -erniedrigung herbei. In solchen Fällen ist ein Diagramm, in dem die Siede- und Kondensationstemperatur bei konstantem Druck gegen die Zusammensetzung aufgetragen sind, geeigneter. Ein solches T, x-Diagramm heißt *isobares Siedediagramm*.

Dampfdruckdiagramm und Siedediagramm idealer Systeme
Den Zusammenhang zwischen isothermem Dampfdruckdiagramm und isobarem Siedediagramm verdeutlicht Abb. 4.17. Der obere Teil der Abbildung zeigt für ein binäres ideales System Siede- und Kondensationslinien bei verschiedenen Temperaturen im Dampfdruckdiagramm. Um daraus ein isobares Siedediagramm zu erhalten, müssen bei einem bestimmten Druck p_0 für verschiedene Temperaturen $T_1, T_2, \ldots$ die Zusammensetzungen x_1 und y_1 der miteinander im Gleichgewicht stehenden Phasen ermittelt werden. Diese sind die Schnittpunkte der gewählten Isobare p_0 mit den Siede- und Kondensationslinien den verschiedenen Temperaturen. Die Konzentrationsintervalle werden bei den entsprechenden Temperaturen in das untere Diagramm übertragen und ergeben die *Siedelinie* $T(x_1)$ und die *Kondensationslinie* $T(y_1)$ im Siedediagramm. Im Gegensatz zum p, x-Diagramm verläuft die Siedelinie im T, x-Diagramm eines idealen Systems

nicht linear, sondern gekrümmt. Die Temperaturen, bei denen sich Kondensations-
und Siedelinie treffen, sind die Siedetemperaturen der beiden reinen Komponenten
bei dem Druck, für den das Siedediagramm gilt. Das Existenzgebiet der Dampfphase liegt im T, x-Diagramm oberhalb der Kondensationslinie, das der flüssigen Phase
unterhalb der Siedelinie. Der Bereich zwischen den beiden Kurven ist das Zweiphasengebiet.

Dampfdruckdiagramm und Siedediagramm nichtidealer Systeme
Für nichtideale Mischungen können Dampfdruckdiagramm und Siedediagramm stark von
den Diagrammen der Abb. 4.17 idealer Systeme abweichen und sehr unterschiedliche

Abb. 4.17 Zusammenhang
zwischen isothermem Dampfdruckdiagramm und isobarem
Siedediagramm für ein ideales System. $p(x_1)$ bzw. $T(x_1)$
heißen Siedelinie, $p(y_1)$ bzw.
$T(y_1)$ Kondensationslinie. Das
Zweiphasengebiet ist getönt

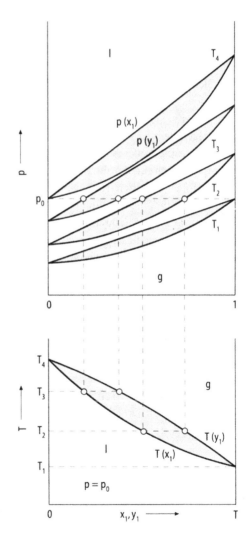

Formen annehmen je nachdem, wie stark die Abweichungen von der Idealität sind, ob es sich um überideale oder unterideale Mischungen handelt und ob die Sättigungsdrücke bzw. Siedepunkte der Reinstoffe stark voneinander abweichen.

In Abb. 4.18 und Abb. 4.19 sind isotherme Dampfdruckdiagramme und die zugehörigen isobaren Siedediagramme für unterschiedliches Mischungsverhalten nichtidealer Systeme dargestellt. Die Systeme (a) und (b) zeigen eine negative Abweichung vom Idealverhalten, d. h. der tatsächliche Dampfdruck der Mischung ist niedriger ist als der, den man nach dem Raoultschen Gesetz für die ideale Mischung erhält. Die Systeme (c) und (d) entsprechen Mischungen mit positiver Abweichung von der Idealität.

Wenn die Flüssigphase sehr starke Abweichungen von der Idealität zeigt oder sich die reinen Komponenten nur wenig in ihren Sättigungsdampfdrücken unterscheiden, können im Phasendiagramm Maxima oder Minima auftreten, wobei einem Minimum im Dampfdruckdiagramm ein Maximum im Siedediagramm entspricht und umgekehrt (s. Abb. 4.18b,d und Abb. 4.19b,d). Ein solcher Extremalpunkt heißt *azeotroper Punkt* und die Mischung mit dieser Zusammensetzung *Azeotrop*. Am azeotropen Punkt kommen Siedelinie und Kondensationslinie in einer gemeinsamen horizontalen Tangente zusammen, in ihm haben flüssige und dampfförmige Phase die gleiche Zusammensetzung. Daher siedet das Azeotrop wie ein reiner Stoff bei konstanter Temperatur und heißt auch *azeotrope* oder *konstant siedende Mischung*. Ein Azeotrop kann somit nicht durch einfache Destillation getrennt werden, denn die Destillation beruht ja darauf, dass die Dampfphase sich mit der flüchtigeren Komponente anreichert.

Azeotropes Verhalten tritt beispielsweise bei dem System Wasser/Ethanol auf: Bei $p = 1{,}013$ bar tritt für eine Mischung aus 90 mol% Alkohol und 10 mol% Wasser bei 78 °C ein Minimum im Siedediagramm auf. Destillativ kann daher ein beliebiges Wasser/Ethanol-Gemisch nur bis zu dieser Konzentration an Alkohol angereichert werden. Reinen Alkohol kann man u. a. dadurch gewinnen, dass man die Destillation bei einem anderen Druck ausführt, denn der azeotrope Punkt verändert sich mit dem Druck; oder man fügt dem binären Azeotrop eine dritte Komponente hinzu, an die sich eine Phasentrennung des sich bildenden heterogenen Systems und Destillationen anschließen.

Es sei darauf hingewiesen, dass die Anzahl der Freiheitsgrade im azeotropen Punkt eines binären Systems $F = 1$ ist. Im azeotropen Punkt liegen die beiden Phasen Dampf und Flüssigkeit im Gleichgewicht vor mit der zusätzlichen Bedingung, dass sie dieselbe Zusammensetzung haben. Diese zusätzliche Gleichung $x_1 = y_1$ bedeutet eine Einschränkung der nach der Gibbsschen Phasenregel berechneten Freiheitsgrade um 1. Wählt man beispielsweise den Druck vor, so sind die Temperatur des Azeotrops und seine Zusammensetzung festgelegt.

Baly-Kurven

Außer T, x- und p, x-Diagrammen binärer Systeme gibt es eine andere sehr anschauliche und gebräuchliche Form, Phasengleichgewichte graphisch darzustellen: das *Gleichgewichtsdiagramm*, in dem der Molenbruch der Dampfphase in Abhängigkeit vom

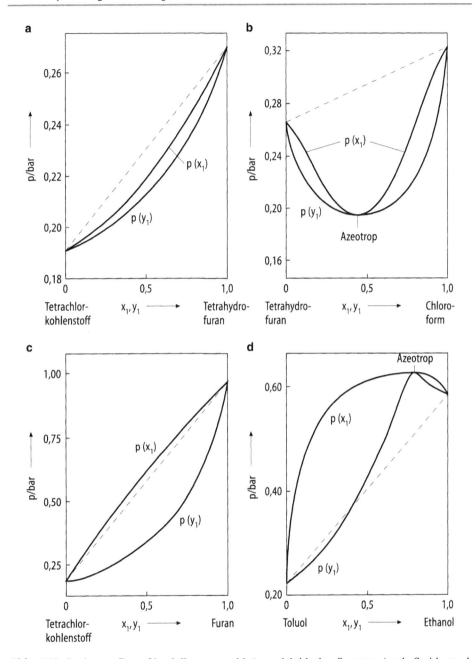

Abb. 4.18 Isotherme Dampfdruckdiagramme binärer nichtidealer Systeme (nach Smith et al. 1996). **a** Tetrahydrofuran(1)/Tetrachlorkohlenstoff(2) bei 30 °C; **b** Chloroform(1)/Tetrahydrofuran(2) bei 30 °C; **c** Furan(1)/Tetrachlorkohlenstoff(2) bei 30 °C; **d** Ethanol(1)/Toluol(2) bei 65 °C. Die gestrichelte Linie bezeichnet den $p(x)$-Verlauf für eine ideale Flüssigkeitsmischung nach dem Raoultschen Gesetz

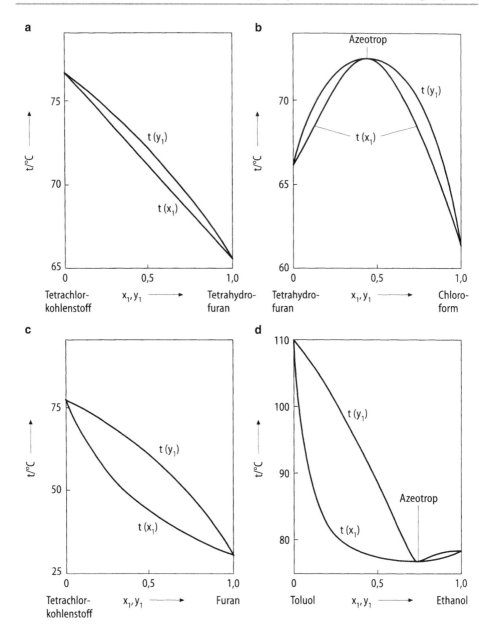

Abb. 4.19 Isobare Siedediagramme der in Abb. 4.18 gezeigten binären nichtidealen Systeme für $p = 1{,}013\,\text{bar}$ (nach Smith et al. 1996). **a** Tetrahydrofuran(1)/Tetrachlorkohlenstoff(2); **b** Chloroform(1)/Tetrahydrofuran(2); **c** Furan(1)/Tetrachlorkohlenstoff(2); **d** Ethanol(1)/Toluol(2)

Abb. 4.20 Isobare Baly-Kurven für die in Abb. 4.18 und Abb. 4.19 gezeigten nicht-idealen Systeme für $p =$ 1,013 bar (nach Smith et al. 1996). a Tetrahydrofuran(1)/Tetrachlorkohlenstoff(2); b Chloroform(1)/Tetra-hydrofuran(2); c Furan(1)/Tetrachlorkohlenstoff(2); d Ethanol(1)/Toluol(2)

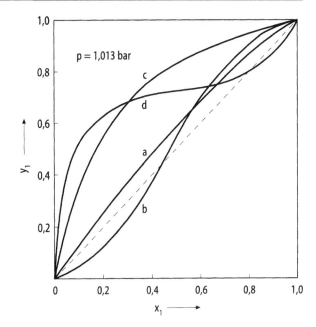

Molenbruch der mit ihr im Gleichgewicht stehenden Flüssigphase aufgetragen ist. Diese Gleichgewichtslinien, auch *Baly-Kurven* genannt, gelten für konstanten Systemdruck oder konstante Systemtemperatur, sind also isobare oder isotherme Kurven. Abb. 4.20 zeigt die Gleichgewichtsdiagramme für die verschiedenen Mischungstypen der Abb. 4.18 und Abb. 4.19. Die Kurven sind gegenüber der Diagonalen $x = y$ gekrümmt. Die Krümmung ist konvex, wenn die Molenbrüche der leichter flüchtigen Komponente aufgetragen sind, sie ist konkav, wenn die Molenbrüche der schwerer flüchtigen Komponente aufgetragen sind. Auf der 45°-Diagonale haben Flüssigkeit und Dampf die gleiche Zusammensetzung. Daher schneidet die Gleichgewichtskurve die Diagonale für $x = y$ im azeotropen Punkt.

Diese Form des Phasendiagramms ist besonders nützlich und wird vielfach verwendet, da sie erkennen lässt, wie effektiv eine Anreicherung bei einer Destillation oder Rektifikation ist, und man anhand des Kurvenverlaufs die Anzahl der Trennstufen für eine Rektifikation graphisch ermitteln kann. Die Trennung einer Mischung kann nur erfolgen, wenn der Dampf eine andere Zusammensetzung aufweist als die Flüssigkeit. Dies ist umso besser erfüllt und die Anreicherung bei einer Destillation daher umso stärker, je stärker die Gleichgewichtskurve von der Diagonalen entfernt verläuft.

Besonderheiten im Phasendiagramm treten auf, wenn die Systembedingungen überkritisch sind (s. Abschn. 4.3.7).

4.3.2 Destillation

Die Trennung von Gemischen durch Destillation soll nun anhand von Siede- und Dampf-druckdiagrammen erläutert werden.

Isotherme Verdampfung und Kondensation

Die isotherme Verdampfung ist in Abb. 4.21 anhand einer isothermen Dampfdruckkurve dargestellt. Der Druck p_A, unter dem die binäre Flüssigkeitsmischung der Zusammen-setzung $x_{1,0}$ steht (Punkt A), werde isotherm verringert, bis er die Siedekurve erreicht (Punkt B). Hier siedet die Mischung, und die Zusammensetzung des sich bildenden ersten Dampfes ergibt sich aus dem Diagramm, indem man den Schnittpunkt der Horizontalen durch Punkt B mit der Kondensationskurve aufsucht (Punkt C). Die Endpunkte der Ho-rizontalen, die man auch *Konode* nennt, geben die Konzentrationen der miteinander im Gleichgewicht stehenden Phasen an, $x_{1,0}$ und $y_{1,C}$. Senkt man den Druck weiter, etwa bis zum Punkt D, so entsteht zunehmend mehr Dampf auf Kosten der Flüssigkeit, und die zu-gehörigen Konzentrationen der beim Druck p_D miteinander im Gleichgewicht stehenden Phasen Dampf und Flüssigkeit gibt wieder die Konode an: $x_{1,E}$ und $y_{1,F}$. Da $x_{1,E} < x_{1,0}$ hat sich die Flüssigkeit mit der schwerer siedenden Komponente 2 (das ist die Kompo-nente mit dem niedrigeren Dampfdruck bzw. der höheren Siedetemperatur) angereichert,

Abb. 4.21 Verlauf der iso-thermen Verdampfung in dem Dampfdruckdiagramm einer idealen Mischung

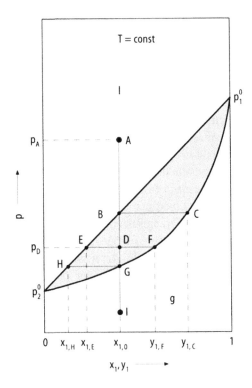

wohingegen sich die Dampfphase an der flüchtigeren (der leichter siedenden) Komponente 1 angereichert hat gegenüber der Ausgangsmischung ($y_{1,\mathrm{F}} > x_{1,0}$). Bei einer weiteren Druckabsenkung trifft man auf die Kondensationslinie (Punkt G), und die noch in geringen Mengen vorhandene Flüssigkeit der Zusammensetzung $x_{1,\mathrm{H}}$ verschwindet, und es liegt Dampf der Zusammensetzung $x_{1,0}$ vor. Unterhalb der Kondensationslinie liegt die Mischung als Gasphase der ursprünglichen Zusammensetzung $x_{1,0}$ vor, denn während der Verdampfung ist die Stoffmenge der beiden Komponenten erhalten geblieben. Die Siedelinie gibt also an, wie sich die Konzentration der flüssigen Mischung während der Verdampfung ändert aufgrund ihrer Anreicherung mit der schwerer siedenden Komponente; die Kondensationslinie beschreibt, wie sich die Konzentration der Dampfphase ändert aufgrund ihrer Anreicherung mit der leichter siedenden Komponente.

In analoger Weise kann die isotherme Kondensation anhand des Dampfdruckdiagramms diskutiert werden: Ausgehend von Punkt I wird das Zweiphasengebiet durch schrittweise Druckerhöhung durchlaufen: Bei Punkt G beginnt die Kondensation, erste Flüssigkeit bildet sich, und bei Punkt B verflüssigt sich der letzte Dampf. Die jeweiligen Zusammensetzungen der Phasen sind wieder durch die Endpunkte der Konoden auf der Siede- und Kondensationskurve gegeben.

Aus der Diskussion wird nachträglich auch die Benennung der Kurven deutlich: Bei der Siedelinie beginnt die Flüssigkeit bei isothermer Verdampfung gerade Dampf zu bilden, d. h. zu sieden, bei der Kondensationslinie beginnt der Dampf bei isothermer Kompression gerade Flüssigkeit auszuscheiden, also zu kondensieren.

Abb. 4.22 Verlauf der fraktionierten Destillation in einem Siedediagramm

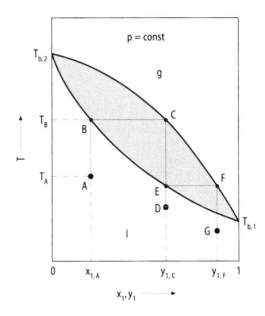

Destillation

Der Verlauf des Destillationsverfahrens soll nun anhand des T, x-Diagramms erörtert werden (Abb. 4.22). Eine Flüssigkeit der Anfangszusammensetzung $x_{1,A}$ wird von der Anfangstemperatur T_A aus durch Erwärmung bis zum Erreichen der Siedelinie bei T_B zum Sieden gebracht. Die sich gerade bildende Dampfblase hat die Zusammensetzung $y_{1,C}$ wobei $y_{1,C} > x_{1,A}$, denn der Dampf ist gegenüber der Flüssigkeit an der flüchtigeren Komponente angereichert. Wird der Dampf abgezogen und kondensiert, so entspricht dies im Diagramm dem Übergang zu dem Zustandspunkt D bei derselben Konzentration $y_{1,C}$. Durch einmalige Verdampfung und anschließende Kondensation hat man also eine gewisse Anreicherung an leichter flüchtiger Komponente erzielt, der erste Schritt zum Erhalt der reinen Komponente 1. Bei der *fraktionierten* oder *stufenweisen Destillation* wird dieser Prozess der Verdampfung und Kondensation mehrmals wiederholt: Die Flüssigkeit mit dem Molenbruch $y_{1,C}$ wird bei E zum Sieden gebracht. Es bildet sich Dampf der Zusammensetzung $y_{1,F}$, der abgezogen und kondensiert wird. Das Kondensat ist weiter angereichert mit der flüchtigeren Komponente. Diese Anreicherung kann im Prinzip schrittweise wiederholt werden, bis die gewünschte Reinheit erreicht ist, was allerdings sehr aufwendig ist. Apparativ wird diese Wiederholung in Form einer *Rektifikation* realisiert, bei der der aufströmende Gemischdampf in einer Kolonne im Gegenstrom zu dem herabfließenden Kondensat geführt wird. Mit dieser *Gegenstromdestillation* lässt sich die Trennung von Gemischen und die gewünschte Anreicherung erreichen.

Abb. 4.23 Verlauf der fraktionierten Destillation im isobaren Siedediagramm für ein System mit azeotropem Punkt

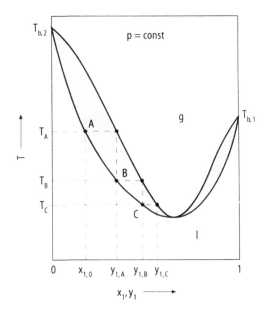

Für Mischungen mit Extrema im Siedediagramm ist eine vollständige Trennung in die reinen Komponenten durch einfache Destillation nicht möglich, wie Abb. 4.23 verdeutlicht. Eine Mischung der Zusammensetzung $x_{1,0}$ siedet bei der Temperatur T_A (Zustandspunkt A) und steht dann mit Dampf der Zusammensetzung $y_{1,A}$ im Gleichgewicht. Bei Abkühlung des Dampfes auf die Temperatur T_B kondensiert der Dampf (Zustandspunkt B); seine Zusammensetzung ändert sich dabei nicht und der Molenbruch des Kondensats ist daher $x_{1,B} = y_{1,A}$. Diese Flüssigkeit steht im Gleichgewicht mit dem Dampf der Zusammensetzung $y_{1,B}$, der als Kondensat bei der Temperatur T_C (Zustandspunkt C) im Gleichgewicht mit dem Dampf der Zusammensetzung $y_{1,C}$ steht usw. Im Dampf reichert sich also die leichter flüchtige Komponente stufenweise an. Als Kondensat wird man nach etlichen Destillationen allerdings nicht die reine Komponente 1, sondern das azeotrope Gemisch erhalten. Es ist nicht möglich, über den azeotropen Punkt hinaus zu destillieren. Zweistoffgemische eines Systems mit azeotropem Punkt können in einer einfachen fraktionierten Destillation daher nur in das azeotrope Gemisch und in eine der beiden Reinkomponenten getrennt werden. Da die azeotrope Zusammensetzung i. a. druckabhängig ist, können azeotrope Gemische destilliert werden, wenn man den Druck ändert (sofern man auf die Trennung durch Zugabe eines zusätzlichen Hilfsstoffes verzichten möchte).

Beispiel

Für das azeotrope System Ethylacetat(1)/Ethanol(2) ist das isobare Siedediagramm für $p = 1$ bar unten abgebildet. Bei welcher Temperatur beginnt eine Mischung mit $x_1 = 0{,}25$ zu sieden? Welche Zusammensetzung hat der sich bildende Dampf? Diese Mischung werde auf 73,0 °C aufgeheizt. Welche Zusammensetzung haben Dampf und Flüssigkeit, wenn sich das Gleichgewicht eingestellt hat, und in welchen Mengen relativ zueinander liegen sie vor? Welche Zusammensetzung hat das Kondensat am Kopf einer Destillationskolonne?

Lösung: Die Vertikale bei $x_1 = 0{,}25$ schneidet die Siedekurve bei $T = 345{,}5$ K. Bei dieser Temperatur beginnt die Mischung zu sieden, und es bildet sich Dampf, dessen Zusammensetzung als Schnittpunkt der zugehörigen Konode mit der Kondensationslinie zu $y_1 = 0{,}37$ abgelesen wird. Wird die Mischung auf 73 °C aufgeheizt, so haben Flüssigkeit und Dampf die durch die zugehörige Konode bei 346,2 K gegebenen Werte $x_1 = 0{,}19$ und $y_1 = 0{,}31$. Aus dem Hebelgesetz (s. Gl. (4.9a)) erhält man die relativen Mengenanteile Dampf zu Flüssigkeit: $n^v/n^l = (0{,}25 - 0{,}19)/(0{,}31 - 0{,}25) = 1$. Dampf und Flüssigkeit liegen also zu gleichen Mengen vor.

Am Kolonnenkopf erhält man das azeotrope Gemisch der Zusammensetzung $x_1 = 0{,}55$.

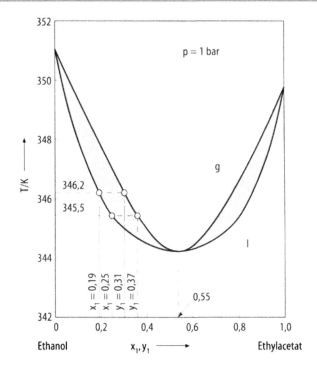

Ethanol x_1, y_1 ⟶   Ethylacetat

4.3.3   Heteroazeotrope Systeme

Im vorangegangenen Abschnitt wurde zur Berechnung von Dampf-Flüssigkeits-Gleichgewichten davon ausgegangen, dass die flüssige Phase, die mit dem Dampf im Gleichgewicht steht, eine homogene Phase darstellt, d. h. die beiden Komponenten bei Systemtemperatur im flüssigen Zustand miteinander mischbar sind. Im folgenden sollen Dampf-
Flüssigkeits-Gleichgewichte von Systemen mit Mischungslücke untersucht werden.

Phasendiagramme für Systeme mit Mischungslücke
Systeme mit stark positiver Abweichung vom Raoultschen Gesetz weisen im Dampfdruckdiagramm ein Dampfdruckmaximum bzw. im Siedediagramm ein Siedetemperatur-
minimum auf (s. Abschn. 4.3.1) und zeigen eine Mischungslücke (s. Abschn. 4.2.1). Das
isobare Siedediagramm ändert sich stark mit dem Druck, Siede- und Kondensationslinie
verschieben sich mit abnehmendem Druck zu kleineren Temperaturen. Die Mischungslücke hingegen ist weniger druckabhängig, die Löslichkeit kann aber mit abnehmendem
Druck entweder zu- oder abnehmen je nachdem, welches Vorzeichen das Mischungsvolumen hat. Falls es negativ ist, verschiebt sich die Mischungslücke mit abnehmendem
Druck zu höheren Temperaturen. Im T, x-Diagramm verschieben sich also bei Druckänderung Siede- und Taulinie relativ zur Mischungslücke. Dieses Verhalten ist schematisch in Abb. 4.24 dargestellt. Bei hohen Drücken treten homogene Azeotrope auf ((a)
und (b)). Mit abnehmendem Druck rutschen die Siede- und Kondensationslinie zu tie-

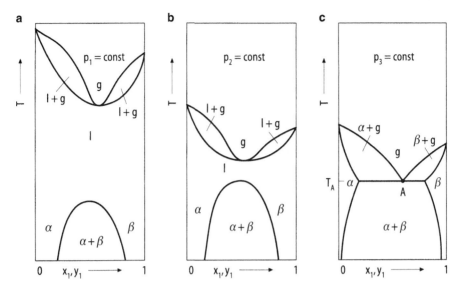

Abb. 4.24 Schematische Darstellung für den Einfluss des Druckes auf die Bildung heterogener Azeotrope: $p_1 > p_2 > p_3$. Mit abnehmendem Druck von **a** nach **c** sinken die Siedetemperaturen, und die gegenseitige Löslichkeit nimmt ab. Bei **c** hat sich ein Heteroazeotrop gebildet. Es bezeichnen A den Punkt des Heteroazeotrops, α und β die flüssigen Phasen

feren Temperaturen, und der azeotrope Punkt rutscht schließlich in die Mischungslücke. Dann siedet eine heterogene Zweiphasen-Mischung schon bei Temperaturen unterhalb der kritischen Entmischungstemperatur (c). Bei der Siedetemperatur T_A stehen drei Phasen miteinander im Gleichgewicht: zwei flüssige Phasen α und β und die Dampfphase. Eine solche Mischung, bei der die Dampfphase mit zwei flüssigen Phasen, also einer heterogenen Flüssigkeitsmischung, im Gleichgewicht steht, nennt man *Heteroazeotrop*. Nach der Gibbsschen Phasenregel ist die Zahl der Freiheitsgrade am azeotropen Punkt $F = K - P + 2 = 2 - 3 + 2 = 1$. Da mit dem Druck, für den das isobare Siedediagramm gilt, der Freiheitsgrad ausgeschöpft ist, sind Siedetemperatur und Konzentrationen der im Gleichgewicht stehenden Phasen festgelegt. Sie lassen sich aus dem Diagramm ablesen. Alle Flüssigkeitsmischungen, die innerhalb des Zweiphasengebietes liegen, sieden bei dieser Temperatur und haben dieselbe Dampfzusammensetzung.

Wie sich die Zusammensetzung des Heteroazeotrops mit dem Druck bzw. mit der Temperatur ändern kann, ist schematisch in Abb. 4.25 dargestellt für ein System, bei dem die Mischungslücke druckunabhängig ist, aber Siede- und Kondensationslinie sich mit dem Druck verschieben. Die Zusammensetzung des azeotropen Gemisches in Abhängigkeit des Druckes gibt der Kurvenverlauf AA' wieder.

Abb. 4.26 zeigt schematisch das isobare Siedediagramm (a), isotherme Dampfdruckdiagramm (b), die Partialdrücke der Komponenten und den Gesamtdampfdruck (c) sowie die Balykurve (d) eines heteroazeotropen Systems.

Abb. 4.25 Siedediagramme
eines binären heteroazeotropen
Systems (mit druckunabhän-
giger Mischungslücke, getönt)
bei verschiedenen Drücken p_1
$< p_2 < p_3$. A, A' = Verlauf des
azeotropen Punktes

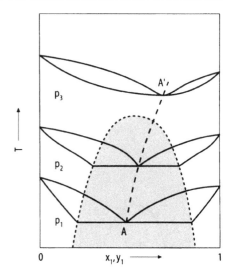

Es soll nun das Verdampfen eines heterogenen Flüssigkeitsgemisches anhand des Siedediagramms diskutiert werden (Abb. 4.27). Ein Flüssigkeitsgemisch, das bei der Temperatur T_1 innerhalb der Mischungslücke liegt (Punkt a), zerfällt in zwei Phasen, deren
Konzentrationen durch die Löslichkeitsgrenze gegeben sind (Punkte b und c). Bei der
Siedetemperatur T_2 liegen die beiden flüssigen Phasen α und β (Punkte d und f) der Konzentrationen $x_{1,d}$ und $x_{1,f}$ zusammen mit dem Dampf (Punkt e) der Zusammensetzung $y_{1,e}$
im Gleichgewicht nebeneinander vor. Bei Wärmezufuhr siedet das heterogene System bei
konstanter Temperatur T_2, bis die Phase β verschwunden ist. Bei weiterem Temperatur-
anstieg steht nur noch eine flüssige Phase, die Phase α, deren Zusammensetzung sich
mit zunehmender Temperatur entlang der Siedekurve ändert, im Gleichgewicht mit der
Dampfphase, deren Zusammensetzung sich entlang der Kondensationslinie ändert. Die
Gleichgewichtskonzentrationen von Flüssigkeit und Dampf sind durch die Endpunkte der
Konoden gegeben: Bei der Temperatur T_3 haben die im Gleichgewicht stehenden Phasen
(Punkte g und h) die Zusammensetzungen $x_{1,g}$ und $y_{1,h}$. Bei T_4 (Punkt i) verschwindet die
flüssige Phase, und es liegt nur Dampf der ursprünglichen Gesamtzusammensetzung des
Gemisches vor.

Heteroazeotrope können auch ohne Zugabe eines Hilfsstoffes durch Destillation getrennt werden.

Phasendiagramme für Systeme aus nichtmischbaren Flüssigkeiten
Besteht das System aus Flüssigkeiten, die ineinander völlig unlöslich sind, so nehmen
Siede- und Dampfdruckdiagramm die in Abb. 4.28a,b gezeigte Form an. In der flüssigen
Mischung liegen reine Komponente 1 und reine Komponente 2 nebeneinander vor. Da die
beiden Komponenten nicht miteinander wechselwirken, üben sie keinen Einfluss auf den
Dampfdruck der jeweils anderen Komponente aus. Die Partialdrücke der Komponenten

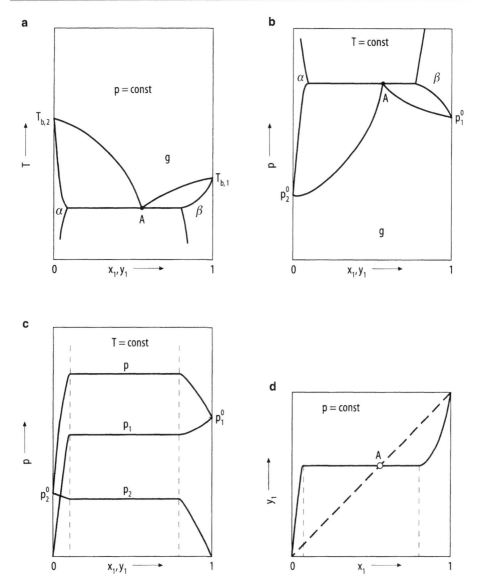

Abb. 4.26 Schematische Darstellung der Dampf-Flüssigkeits-Gleichgewichte eines heteroazeotropen Systems. **a** Isobares Siedediagramm. **b** Isothermes Dampfdruckdiagramm. **c** Partialdrücke der Komponenten und Gesamtdampfdruck am azeotropen Punkt. **d** Isobare Baly-Kurve. Es bezeichnen A den heteroazeotropen Punkt, α und β die flüssigen Phasen, g die gasförmige Phase

über der Mischung sind daher gleich ihren Sättigungsdampfdrücken im Reinzustand, und der Dampfdruck des heterogenen Zweiphasengemisches ist die Summe der Sättigungsdampfdrücke der reinen Komponenten bei der Temperatur des Gemisches: $p = p_1^0 + p_2^0$

Abb. 4.27 Zustandsänderungen eines heteroazeotropen Systems im isobaren Siedediagramm

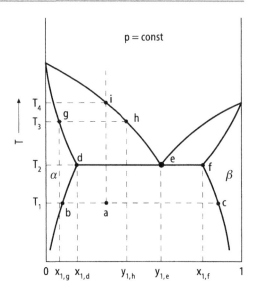

(Abb. 4.28c). Der Gesamtdruck ist somit größer als der Sättigungsdampfdruck jeder einzelnen Komponente. Die Temperatur, bei der der Dampfdruck p gleich dem Betriebsdruck wird, ist die Siedetemperatur des Gemisches. Diese Siedetemperatur des Gemisches (T_A) ist niedriger als die auf den gleichen Druck bezogenen Siedetemperaturen $T_{b,1}$ und $T_{b,2}$ der Reinkomponenten, wie Abb. 4.28a zeigt. Jedes heterogene Gemisch nicht mischbarer Flüssigkeiten siedet unabhängig von seiner Zusammensetzung bei der Temperatur T_A und steht mit dem Dampf der Zusammensetzung $y_{1,A}$ des Azeotrops im Gleichgewicht. Im Zweiphasengebiet $l_1 + g$ liegen die reine Flüssigkeit(1) und Dampf der Zusammensetzung, die durch die Kondensationslinie gegeben ist, im Gleichgewicht vor. Analoges gilt für das Zweiphasengebiet $l_2 + g$. Kühlt man einen Dampf im Zustand a ab, bildet sich bei Erreichen der Kondensationslinie (Punkt b) reine Flüssigkeit(2). Kühlt man weiter bis T_A ab, so kondensiert mehr und mehr der reinen Flüssigkeit(2), und der Dampf ändert seine Zusammensetzung gemäß der Kondensationslinie. Bei T_A zerfällt der restliche Dampf, der die azeotrope Zusammensetzung $y_{1,A}$ hat, in die beiden reinen flüssigen Komponenten.

Abb. 4.28d zeigt die Gleichgewichtskurve für ein System nicht mischbarer Flüssigkeiten.

Die Eigenschaft, dass der Siedepunkt eines heterogenen Gemisches nicht mischbarer Flüssigkeiten niedriger ist als der der reinen Komponenten, wird technisch bei der *Trägerdampfdestillation* ausgenutzt. Gemische höher siedender Flüssigkeiten können so unterhalb der Siedetemperaturen der reinen Komponenten schonend destilliert werden, um sie von nicht flüchtigen Verunreinigungen zu trennen: Ein leicht flüchtiger Hilfsstoff (Trägerkomponente), der nicht in dem zu trennenden Gemisch löslich sein darf, wird als Sattdampf in Kontakt mit dem Flüssigkeitsgemisch gebracht. Aus der zu destillierenden verunreinigten Flüssigkeit und der Trägersubstanz bildet sich ein azeotropes Gemisch, das

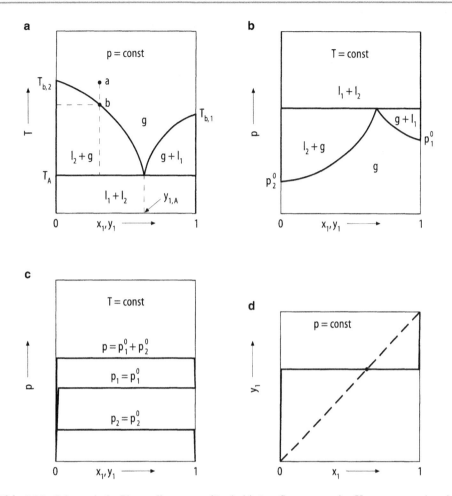

Abb. 4.28 Schematische Phasendiagramme für ein binäres System aus den Komponenten 1 und 2, deren flüssige Phasen l_1 und l_2 unlöslich über den gesamten Konzentrationsbereich sind. **a** Isobares Siedediagramm, **b** Isothermes Dampfdruckdiagramm, **c** Konzentrationsabhängigkeit der Partialdrücke und des Gesamtdrucks, **d** Isobare Baly-Kurve

einen deutlich niedrigeren Siedepunkt als die Reinsubstanzen des verunreinigten Flüssigkeitsgemisches hat. So können bei niedriger Temperatur temperaturinstabile Gemische, d. h. solche, die sich bei hohen Temperaturen zersetzen würden, über destilliert werden.

Wird als Trägersubstanz Wasserdampf eingesetzt, so spricht man von *Wasserdampfdestillation*. Sie findet insbesondere in der Fettindustrie Anwendung.

Beispiel

Für das System Wasser(1) und 1, 2, 3, 4 Tetrahydro-naphthalin(2), die unlöslich ineinander sind, soll folgendes berechnet werden:

(a) Die Siedetemperaturen reinen Tetrahydronaphthalins und eines Gemisches aus den nichtmischbaren Flüssigkeiten Wasser und Tetrahydro-naphthalin für $p = 1$ bar.

(b) Die Partialdrücke und die Zusammensetzung des Dampfes über der Mischung bei der Siedetemperatur. Hängt die Dampfzusammensetzung von der Zusammensetzung des Flüssigkeitsgemisches ab?

Für die Sättigungsdampfdrücke der Reinkomponenten gelten folgende Gleichungen:

$$\ln(p_1^0/\text{bar}) = 11{,}9649 - 3984{,}9486/(T/\text{K} - 39{,}7240),$$

$$\ln(p_2^0/\text{bar}) = 9{,}6602 - 4009{,}49/(T/\text{K} - 64{,}89).$$

Die Molmassen sind $M_1 = 18{,}02 \, \text{gmol}^{-1}$, $M_2 = 132{,}21 \, \text{g mol}^{-1}$.

Lösung: (a) Die Siedetemperatur reinen Tetrahydro-naphthalins wird aus der Antoine-Gleichung berechnet, indem die Gleichung für $p_2^0 = 1$ bar nach T aufgelöst wird. So erhält man $T_{b,2} = 479{,}94 \, \text{K}$.

Da die Komponenten nicht mischbar sind, ist der Gesamtdruck gleich der Summe der Sättigungsdampfdrücke der reinen Komponenten: $p = p_1^0 + p_2^o$. Setzt man für p_1^0 und p_2^0 die aus den Antoine-Gleichungen folgenden Ausdrücke ein und berücksichtigt, dass am Siedepunkt der Mischung $p = 1$ bar ist, so erhält man folgende Gleichung für den Siedepunkt T der Mischung:

$$1 = \exp[11{,}9649 - 3984{,}9486/(T/\text{K} - 39{,}7240)]$$
$$+ \exp[9{,}6602 - 4009{,}49/(T/\text{K} - 64{,}89)].$$

Diese Gleichung lässt sich iterativ lösen, und man erhält als Siedepunkt der Mischung $T = 371{,}9 \, \text{K}$ bzw. $t = 98{,}7 \, °\text{C}$.

(b) Setzt man den Siedepunkt der Mischung ($T = 371{,}9 \, \text{K}$) in die Antoine-Gleichungen ein, so erhält man für die Sättigungsdampfdrücke der reinen Komponenten $p_1^0 = 0{,}967 \, \text{bar}$ und $p_2^0 = 0{,}033 \, \text{bar}$. Da sie den Partialdrücken der Komponenten im Dampf entsprechen und der Gesamtdampfdruck $p = 1$ bar ist, ist die Zusammensetzung des Dampfes $y_1 = 0{,}967$, $y_2 = 0{,}033$. Da die Dampfzusammensetzung durch $y_i = p_i^0/p$ festgelegt ist, ist sie unabhängig von der Gesamtzusammensetzung der Flüssigkeit; sie ist gleich der Zusammensetzung des Azeotrops.

4.3.4 Grundgleichungen für die Berechnung von Dampf-Flüssigkeits-Gleichgewichten

Es sollen nun die Grundlagen zur Berechnung von Phasendiagrammen für Systeme mit vollständiger Mischbarkeit der Flüssigkeiten behandelt werden.

Gleichgewichtsbedingung

Steht eine homogene Flüssigkeitsmischung mit ihrem Dampf im Gleichgewicht, so treten nur zwei Phasen auf: die flüssige Phase (Index 1) und die Dampfphase (Index v). Im thermodynamischen Gleichgewicht haben die beiden Phasen nicht nur gleiche Temperatur und gleichen Druck, sondern es sind auch die Fugazitäten der Komponenten in beiden Phasen gleich (s. Gl. (4.6)):

$$\boxed{f_i^l = f_i^v \quad (i = 1, \ldots, K)}$$
(4.24)

Die Fugazität in der Dampfphase, f_i^v, wird aus einer Zustandsgleichung berechnet (s. Abschn. 3.4.17). Die Fugazität der flüssigen Phase, f_i^l, wird meist mit Hilfe eines Exzessmodells berechnet (s. Abschn. 3.4.15) oder, wie die Fugazität der Dampfphase, aus einer Zustandsgleichung – insbesondere für die Berechnung von Dampf-Flüssigkeits-Gleichgewichten bei hohen Drücken. Die Fugazitäten in Gl. (4.24) sollen nun durch messbare Größen ausgedrückt werden.

Die Fugazität f_i^v der Komponente i in der Dampfphase ist definiert durch Gl. (3.85):

$$f_i^v = \varphi_i{}^v p_i \quad (i = 1, \ldots, K)$$

wobei $\varphi_i{}^v$ der Fugazitätskoeffizient der Komponente i in der Dampfphase bedeutet. Der Partialdruck der Komponente i ist dabei durch $p_i = y_i\, p$ gegeben, wobei y_i der Molenbruch und p der Systemdruck bedeuten. Daher gilt

$$f_i^v = y_i \varphi_i{}^v p \quad (i = 1, \ldots, K)$$
(4.25)

Nach Gl. (3.90) ist die Fugazität der Komponente i in der flüssigen Phase

$$f_i^v = a_i f_i^+ \quad (i = 1, \ldots, K)$$

wobei f_i^+ die Fugazität im Standardzustand bedeutet und sich die Aktivität a_i aus dem Aktivitätskoeffizienten γ_i und dem Molenbruch x_i der Komponente i in der flüssigen Phase nach Gl. (3.93) berechnen lässt: $a_i = \gamma_i x_i$. Daher ist

$$f_i^l = \gamma_i x_i f_i^+ \quad (i = 1, \ldots, K)$$
(4.26)

Mit den Gln. (4.25) und (4.26) lässt sich die Gleichgewichtsbedingung (Gl. (4.24)) umformulieren zu

$$\boxed{y_i \varphi_i{}^v p = \gamma_i x_i f_i^+ \quad (i = 1, \ldots, K)}$$
(4.27)

Zur Berechnung von Dampf-Flüssigkeits-Gleichgewichten wird als Standardzustand meist die reine Flüssigkeit bei Systemdruck p und Systemtemperatur T gewählt, so dass nach Gl. (2.186)

$$f_i^+ = f_i^0 = \varphi_i^0 p_i^0 \exp\left(\int_{p_i^0}^{p} \frac{V_i^0}{RT}\,\mathrm{d}p\right) \quad (i = 1, \ldots, K) \tag{4.28}$$

Hierin bedeuten p_i^0 der Sättigungsdampfdruck der reinen Komponente i, φ_i^0 der Fugazitätskoeffizient des gesättigten Dampfes der reinen Komponente i, V_i^0 das Molvolumen der reinen flüssigen Komponente i. Der Exponentialterm ist die Poynting-Korrektur. Gl. (4.28) lässt erkennen, dass die Fugazität der reinen Komponente i in erster Näherung gleich dem Sättigungsdampfdruck p_i^0 bei der Temperatur T ist. Die anderen Größen stellen eine Korrektur dieser einfachen Beziehung dar und berücksichtigen, dass sich der gesättigte Dampf möglicherweise nicht wie das ideale Gas verhält und die Flüssigkeit komprimierbar ist (s. Abschn. 2.4.14).

Als Gleichgewichtsbedingung folgt daher

$$y_i\varphi_i^v p = \gamma_i x_i\varphi_i^0 p_i^0 \exp\left(\int_{p_i^0}^{p} \frac{V_i^0}{RT}\,\mathrm{d}p\right) \quad (i = 1, \ldots K) \tag{4.29}$$

Die Größen φ_i^0, p_i^0 und V_i^0 sind Reinstoffgrößen, wohingegen φ_i^v und γ_i Eigenschaften der Mischung beschreiben und außer von Druck und Temperatur vor allem von den Konzentrationen x_i bzw. y_i abhängen. Die analytischen Beziehungen für diese Abhängigkeiten sind im Fall von φ_i^v durch geeignete Zustandsgleichungen (s. Abschn. 3.4.16), für γ_i durch Aktivitätskoeffizientenmodelle (s. Abschn. 3.4) gegeben. Die Gln. (4.29) stellen somit ein System von K nichtlinearen Gleichungen mit den Variablen p, T, $x_1, \ldots, x_{K-1}$, $y_1, \ldots, y_{K-1}$ dar, die durch Iteration zu lösen sind, wie gleich gezeigt wird.

Zuvor soll die Möglichkeit aufgezeigt werden, die Fugazität in der flüssigen Phase nicht durch ein Modell für den Aktivitätskoeffizienten darzustellen, sondern durch eine Zustandsgleichung. Diese Methode, beide Fugazitäten, die der Dampf- und Flüssigkeitsphase, durch eine Zustandsgleichung zu beschreiben, wird hauptsächlich für Dampf-Flüssigkeits-Gleichgewichte bei hohen Drücken und für Gleichgewichte im kritischen Gebiet angewendet.

Die Fugazitäten f_i^l und f_i^v der Komponente i in der Flüssig- bzw. Dampfphase lauten dann

$$f_i^l = x_i\varphi_i^l p \quad (i = 1, \ldots, K)$$
$$f_i^v = y_i\varphi_i^v p \quad (i = 1, \ldots, K)$$

wobei φ_i^l und φ_i^v die Fugazitätskoeffizienten der Komponente i in der flüssigen bzw. dampfförmigen Phase bedeuten und aus Zustandsgleichungen zu berechnen sind. Die

Gleichgewichtsbedingung nimmt nun die Form

$$\boxed{x_i \varphi_i^{\,l} = y_i \varphi_i^{\,v} \quad (i = 1, \ldots, K)} \tag{4.30}$$

an.

Diese Form der Gleichgewichtsbedingung hat den Vorteil gegenüber Gl. (4.27), dass keine Standardfugazität auftritt, also kein Standardzustand angegeben werden muss. Andererseits besteht die Schwierigkeit, eine geeignete Zustandsgleichung zu finden, die sowohl die flüssige Phase als auch die Dampfphase beschreibt. Am häufigsten finden kubische Zustandsgleichungen Anwendung, z. B. die Redlich-Kwong-Soave-Gleichung oder die Peng-Robinson-Gleichung. Großen Einfluss auf die Güte der Berechnungen hat dabei weniger die Wahl der Zustandsgleichung selbst, vielmehr spielen die zugrundeliegenden Mischungsregeln eine wichtige Rolle.

Da die Fugazitätskoeffizienten konzentrationsabhängig sind, erfolgen die Berechnungen von Dampf-Flüssigkeits-Gleichgewichten auch in diesem Fall iterativ, wobei sie insbesondere im kritischen Gebiet sehr aufwendig und problematisch werden können. Einen umfangreichen Überblick über verwendete Zustandsgleichungen und die Algorithmen zur Gleichgewichtsberechnung gibt Dohrn (Dohrn 1994).

Phasengleichgewichtsberechnungen

Nun sollen die Grundlagen von Phasengleichgewichtsberechnungen für den Fall, dass die flüssige Phase durch ein Exzessmodell beschrieben wird, erläutert werden, die Durchführung der Berechnungen anhand von Beispielen folgt im nächsten Abschnitt.

Die Gleichgewichtsberechnungen bestehen darin, das Gleichungssystem (Gl. (4.29)) zu lösen. Dabei gibt es verschiedene Möglichkeiten, je nachdem, welche Variablen vorgegeben und welche Variablen zu berechnen sind. Beispielsweise kann man für bekannte Werte des Drucks und der Zusammensetzung der flüssigen Mischung die Siedetemperatur und die Zusammensetzung des Dampfes berechnen. Ebenso ließe sich auch die Kondensationstemperatur und die Zusammensetzung der flüssigen Phase berechnen für vorgegebene Werte des Drucks und der Dampfzusammensetzung. In Tab. 4.3 sind die unterschiedlichen Möglichkeiten der Gleichgewichtsberechnungen zusammengestellt.

Tab. 4.3 Zusammenstellung der verschiedenen Möglichkeiten von Dampf-Flüssigkeits-Gleichgewichtsberechnungen für Systeme mit K Komponenten

Gegebene Variablen	Gesuchte Variablen	Typ der Berechnung
$p, x_1, \ldots, x_K$	$T, y_1, \ldots, y_K$	Siedepunkt (Temperatur)
$T, x_1, \ldots, x_K$	$p, y_1, \ldots, y_K$	Siedepunkt (Druck)
$p, y_1, \ldots, y_K$	$T, x_1, \ldots, x_K$	Taupunkt (Temperatur)
$T, y_1, \ldots, y_K$	$p, x_1, \ldots, x_K$	Taupunkt (Druck)

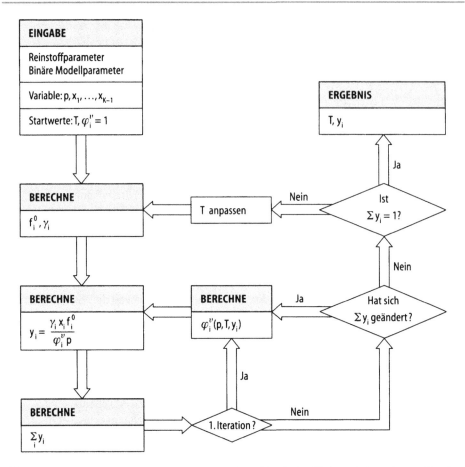

Abb. 4.29 Blockdiagramm zur Verdeutlichung des Ablaufs der Siedepunktberechnung (Bestimmung von Siedetemperatur und Dampfzusammensetzung)

Die Vorgehensweise bei der Lösung des Gleichungssystems ist schematisch als Blockdiagramm in Abb. 4.29 am Beispiel der Berechnung des Siedepunkts (Siedetemperatur und Dampfzusammensetzung) dargestellt. Zunächst werden die benötigten Reinstoffparameter aller K Komponenten (z. B. die Antoine-Parameter für die Sättigungsdampfdrücke p_i^0 und Parameter für die Zustandsgleichungen zur Berechnung der Fugazitätskoeffizienten φ_i^0 und der Molvolumina V_i^0) sowie die binären Parameter für die Mischung (z. B. die Viralkoeffizienten für die Beschreibung der Dampfphase und die Wechselwirkungsparameter für eine Exzessmodell-Gleichung) eingegeben und die als bekannt vorausgesetzten Variablen (Druck und Zusammensetzung der Flüssigphase) vorgegeben. Mit einem Schätzwert für die Temperatur und der Näherung, die Dampfphase zunächst als ideal zu betrachten (alle $\varphi_i^v = 1$), lassen sich die Fugazität der reinen Komponente f_i^0 nach Gl. (4.28), die Aktivitätskoeffizienten γ_i aus einem geeigneten Exzessmodell mit

Gl. (3.107) und daraus die Zusammensetzung der Dampfphase gemäß Gl. (4.29) berechnen:

$$y_i = \frac{\gamma_i x_i \varphi_i^0 p_i^0}{p} \exp\left(\int_{p_i^0}^{p} \frac{V_i^0}{RT}\,\mathrm{d}p\right).$$

Mit dieser ersten Näherung für die y_i und den Werten für Druck und Temperatur werden die Fugazitätskoeffizienten φ_i^v aus der gegebenen Zustandsgleichung berechnet (s. Gl. (3.161)). und mit ihnen die y_i der zweiten Iteration gemäß

$$y_i = \frac{\gamma_i x_i \varphi_i^0 p_i^0}{\varphi_i^v p} \exp\left(\int_{p_i^0}^{p} \frac{V_i^0}{RT}\,\mathrm{d}p\right) \tag{4.31}$$

sowie die Summe $\sum y_i$. In den folgenden Iterationsschritten werden diese Berechnungen solange wiederholt, bis sich der Wert von $\sum y_i$ nicht mehr ändert. Weicht der so erreichte Wert allerdings von dem Wert Eins ab, so ist der anfängliche Schätzwert der Temperatur zu ändern und in weiteren Iterationsschritten solange anzupassen, bis $\sum y_i = 1$ gilt. Die so berechneten Werte für y_i und T sind das Endergebnis der Siedepunktsberechnung. Für binäre Systeme kann man mit diesen Daten ein Siedediagramm erstellen.

K-Faktor und Trennfaktor

In der Verfahrenstechnik verwendet man als Hilfsgröße für die Berechnungen den K-Faktor, auch *Gleichgewichtskonstante* genannt. Der K-Faktor K_i der Komponente i ist als Verhältnis des Molenbruchs y_i der Komponente i in der dampfförmigen Phase und des Molenbruchs x_i der Komponente i in der flüssigen Phase definiert:

$$\boxed{K_i = \frac{y_i}{x_i} \quad (i = 1, \ldots, K)} \tag{4.32}$$

Damit lautet die Gleichgewichtsbedingung Gl. (4.30)

$$\boxed{K_i = \frac{\varphi_i^l}{\varphi_i^v} \quad (i = 1, \ldots, K)} \tag{4.33}$$

Der K-Faktor gibt ein Maß für die Effektivität einer Trennung an, ebenso wie der in der Phasengleichgewichtsthermodynamik häufig verwendete Trennfaktor. Der *Trennfaktor* oder die *relative Flüchtigkeit* α_{ij} ist der Quotient aus den K-Faktoren der Komponenten i und j:

$$\boxed{\alpha_{ij} = \frac{K_i}{K_j} = \frac{y_i x_j}{y_j x_i}} \tag{4.34}$$

wobei üblicherweise mit i der leichter siedende Stoff (Komponente mit dem höheren Sättigungsdampfdruck), mit j der schwerer siedende Stoff bezeichnet wird.

Wenn $\alpha_{ij} = 1$ ist, können die beiden Komponenten nicht destillativ getrennt werden. Je stärker α_{ij} vom Wert Eins abweicht, umso höher ist die Wirksamkeit der Trennung und umso geringer der Aufwand (Zahl theoretischer Böden einer Kolonne). Da α_{ij} von Druck, Temperatur und Zusammensetzung abhängt, lässt sich die Effektivität der Trennung durch Veränderung des Druckes oder der Temperatur verbessern.

4.3.5 Berechnung binärer Dampf-Flüssigkeits-Gleichgewichte

Es sollen nun binäre Dampf-Flüssigkeits-Gleichgewichte berechnet werden unter Zuhilfenahme von Gl. (4.29), welche für Systeme mit bestimmten Eigenschaften vereinfacht werden kann.

Ideale Dampfphase und ideale Flüssigphase
Es werde ein System bei mäßigem Druck betrachtet, dessen gasförmige Phase das Gesetz des idealen Gases und dessen mit dem Gas im Gleichgewicht stehende flüssige Phase das Raoultsche Gesetz befolge. Dann nehmen die Fugazitätskoeffizienten φ_i^0 und φ_i^v sowie der Aktivitätskoeffizient γ_i den Wert Eins an. Außerdem ist die Poynting-Korrektur in Gl. (4.29) vernachlässigbar, denn in ausreichender Entfernung vom kritischen Punkt kann die Flüssigkeit als inkompressibel und das Molvolumen daher als unabhängig vom Druck betrachtet werden, so dass sich die Poynting-Korrektur vereinfacht zu

$$\exp\left(\int_{p_i^0}^{p} \frac{V_i^0}{RT}\,\mathrm{d}p\right) = \exp\left(V_i^0 \frac{p - p_i^0}{RT}\right)$$

Für Drücke nicht zu weit entfernt vom Sättigungsdampfdruck nimmt die Poynting-Korrektur etwa den Wert Eins an. Das Gleichungssystem (Gl. (4.29)) vereinfacht sich also zu

$$\boxed{y_1 p = x_1 p_1^0 \quad \text{und} \quad y_2 p = x_2 p_2^0} \tag{4.35}$$

Hierin sind die Sättigungsdampfdrücke p_i^0 temperaturabhängig. Nach dem Gibbsschen Phasengesetz ist die Zahl der Freiheitsgrade im Zweiphasengebiet $F = K - P + 2 = 2 - 2 + 2 = 2$. Nach Vorgabe zweier frei wählbarer Variablen können also zwei Unbekannte aus den beiden Gleichungen berechnet werden. Für eine Flüssigmischung mit gegebenem Molenbruch x_1 bzw. $x_2 = 1 - x_1$ bei vorgegebenem Druck p beispielsweise können die Siedetemperatur T und der Molenbruch y_1 bzw. $y_2 = 1 - y_1$ in der Dampfphase berechnet werden. Ebenso lassen sich bei Vorgabe von x_1 und T Werte für y_1 und p berechnen.

Abb. 4.30 Isotherme Baly-Kurven binärer idealer Mischungen. Parameter ist die relative Flüchtigkeit $\alpha_{12} = p^0_1/p^0_2$, wobei Komponente 1 die leichter flüchtige Komponente sei (p^0_i = Sättigungsdampfdruck der reinen Komponente i)

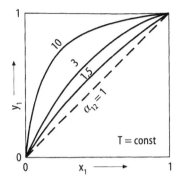

Aus Gl. (4.35) erhält man für die K-Faktoren (s. Gl. (4.32))

$$K_i = \frac{y_i}{x_i} = \frac{p^0_i}{p} \qquad (4.36)$$

und für den Trennfaktor nach Gl. (4.34)

$$\alpha_{ij} = \frac{p^0_i}{p^0_j} \qquad (4.37)$$

Da Komponente i als die leichter flüchtige Komponente angenommen wird, ist $\alpha_{ij} > 1$. α_{ij} ist temperatur- bzw. druckabhängig, hängt also von der Verdampfungstemperatur bzw. vom Verdampfungsdruck, nicht aber von der Zusammensetzung der Mischung ab.

In Abb. 4.30 ist die isotherme Baly-Kurve für verschiedene α_{12}-Werte dargestellt. Je stärker sich die Sättigungsdampfdrücke der Reinkomponenten voneinander unterscheiden, umso größer ist α_{12}, umso weiter weicht die Baly-Kurve von der Diagonalen $x = y$ ab und umso effektiver ist die Trennung.

Beispiel

Die Gln. (4.35) waren bereits in Abschn. 3.3.1 hergeleitet worden, und sie bildeten dort die Grundlage für die Berechnung des isothermen Dampfdruckdiagramms am Beispiel des idealen Systems Benzol(1)/Toluol(2). Nun sollen für Benzol(1)/Toluol(2) das isobare Siedediagramm und die isobare Gleichgewichtskurve für $p = 1$ bar sowie die zugehörigen K-Faktoren berechnet und der Verlauf des Trennfaktors gegen x_1 aufgetragen werden. In dem betrachteten Temperaturbereich können die Sättigungsdampfdrücke der reinen Komponenten durch die Antoine-Gleichung $\lg(p^0_i/\text{hPa}) = A_i - B_i/(C_i + t/°\text{C})$ wieder gegeben werden, mit den Koeffizienten

$$A_1 = 7{,}03055 \quad B_1 = 1211{,}033 \quad C_1 = 220{,}790;$$
$$A_2 = 7{,}07954 \quad B_2 = 1344{,}800 \quad C_2 = 219{,}482$$

Lösung: Zunächst werden die Siedetemperaturen der reinen Komponenten für $p = 1$ bar berechnet, indem die Antoine-Gleichung nach t aufgelöst wird:
$$T_{b,1} = 352{,}82\,\text{K}, \quad T_{b,2} = 383{,}31\,\text{K}.$$

Die Berechnung des Siedediagramms und der Gleichgewichtskurve geht auf die Gleichgewichtsbedingung Gl. (4.35) zurück, wobei für die Sättigungsdampfdrücke der reinen Komponenten die Antoine-Gleichung eingesetzt wird:

$$y_1 p = x_1 10 ** \left(A_1 - \frac{B_1}{C_1 + t/{}^\circ\mathrm{C}} \right)$$

$$y_2 p = x_2 10 ** \left(A_2 - \frac{B_2}{C_2 + t/{}^\circ\mathrm{C}} \right)$$

Aus den beiden Gleichungen sollen für den vorgegebenen Druck $p = 1$ bar die T, x-Wertepaare (Siedekurve) für gegebene y-Werte oder die T, y-Wertepaare (Kondensationskurve) für gegebene x-Werte berechnet werden. Diese Gleichungen lassen sich nur iterativ lösen. Die Iterationen lassen sich umgehen, indem man für einige Temperaturwerte, die zwischen den Siedepunkten der Reinstoffe liegen, die zugehörigen x, y-Werte bestimmt. In diesem Fall kann eine geschlossene Lösung formuliert werden. Durch Addition der beiden obigen Gleichungen erhält man

$$p = (y_1 + y_2)p = x_1 p_1^0 + x_2 p_2^0 = x_1 p_1^0 + (1 - x_1)p_2^0 = p_2^0 + x_1 \left(p_1^0 - p_2^0 \right)$$

woraus sich die Zusammensetzungen ergeben zu

$$x_1 = \frac{p - p_2^0}{p_1^0 - p_2^0}, \quad y_1 = \frac{x_1 p_1^0}{p} = \frac{p_1^0 \left(p - p_2^0 \right)}{p \left(p_1^0 - p_2^0 \right)}$$

Beispielhaft für die drei Temperaturen $t = 80$, 90 und $100\,{}^\circ\mathrm{C}$ erhält man folgende in der Tabelle zusammengefassten Werte für die Sättigungsdampfdrücke p_1^0 und p_2^0 sowie für x_1 und y_1 und für $K_1 = y_1/x_1$, $K_2 = y_2/x_2$ und den Trennfaktor $\alpha_{12} = K_1/K_2 = p_1^0/p_2^0$:

$t/{}^\circ\mathrm{C}$	80	90	100
p_1^0/kPa	101,012	136,120	180,049
p_2^0/kPa	38,826	54,227	74,170
$x_1 = \dfrac{p - p_2^0}{p_1^0 - p_2^0}$	0,984	0,559	0,244
$y_1 = \dfrac{x_1 p_1^0}{p}$	0,994	0,761	0,439
$K_1 = \dfrac{y_1}{x_1}$	1,010	1,361	1,801
$K_2 = \dfrac{y_2}{x_2}$	0,387	0,542	0,742
$\alpha_{12} = \dfrac{K_1}{K_2} = \dfrac{p_1^0}{p_2^0}$	2,60	2,51	2,43

Diese Daten stellen – als t, x, y-Diagramm aufgetragen – das isobare Siedediagramm dar und – als y, x-Diagramm aufgetragen – die isobare Gleichgewichtskurve.

Der K-Faktor und der Trennfaktor werden mit den Gln. (4.36) und (4.37) berechnet. Speziell für die Randwerte der Reinstoffe gilt folgende Berechnung unter Berücksichtigung der Antoine-Gleichungen: Für $x_1 = 0$ ist $p_2^0 = 1$ bar, der Siedepunkt der reinen Komponente 2 ist $t_{b,2} = 110,16\,°C$ und $p_1^0(110,16\,°C) = 2,35$ bar; für $x_1 = 1$ ist $p_1^0 = 1$ bar, der Siedepunkt der reinen Komponente 1 ist $t_{b,1} = 79,67\,°C$ und $p_2^0(79,67\,°C) = 0,384$ bar. Daraus folgt $\alpha_{12}(x_1 = 0) = 2,35/1 = 2,35$ und $\alpha_{12}(x_1 = 1) = 1/0,384 = 2,61$. Diese Werte sind mit den Werten aus der Tabelle in ein Diagramm eingetragen; es zeigt, dass der Trennfaktor nicht konstant ist, da sich mit veränderlicher Zusammensetzung der Mischung ihr Siedepunkt ändert.

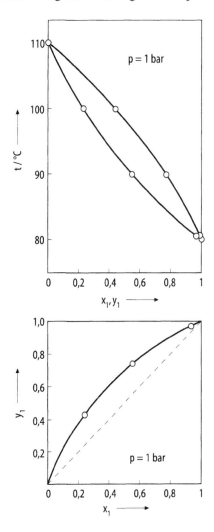

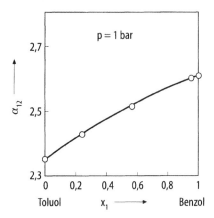

Ideale Dampfphase und reale Flüssigphase

Für Flüssigmischungen, die nicht dem Raoultschen Gesetz genügen, deren Dampfphase aber das ideale Gasgesetz erfüllt, ist es günstig, die Gleichgewichtsbedingung Gl. (4.29) umzuschreiben in die Form

$$y_i p = \gamma_i x_i p_i^0 F_i \quad (i = 1,2) \tag{4.38}$$

wobei $F_i = \dfrac{\varphi_i^0}{\varphi_i^v} \exp\left(\int\limits_{p_i^0}^{p} \dfrac{V_i^0}{RT}\, dp\right)$ einen Faktor darstellt, der die Nichtidealität der Dampfphase und die Abweichungen des Systemdrucks vom Sättigungsdruck berücksichtigt (s. Abschn. Abschn. 2.4.14). Da die Idealität der Dampfphase vorausgesetzt wird, ist $\varphi_i^v = \varphi_i^0 = 1$. Wenn der Systemdruck p nicht zu hoch ist, nimmt auch die Poynting-Korrektur den Wert 1 an, so dass $F_i = 1$ gesetzt werden kann. Die Gleichgewichtsbedingung Gl. (4.38) lautet dann

$$\boxed{y_i p = x_i \gamma_i p_i^0 \quad (i = 1,2)} \tag{4.39}$$

und die zugehörigen Gleichungen für die K-Faktoren und den Trennfaktor sind

$$K_i = \frac{y_i}{x_i} = \frac{\gamma_i p_i^0}{p} \quad (i = 1, 2) \tag{4.40}$$

und

$$\alpha_{ij} = \frac{K_i}{K_j} = \frac{\gamma_i p_i^0}{\gamma_j p_j^0} \quad (i = 1,2) \tag{4.41}$$

Die Aktivitätskoeffizienten γ_i, die von Zusammensetzung, Temperatur und in geringem Maße auch vom Druck abhängen, spiegeln die Nichtidealität der Mischphase wieder und werden aus Modellen für die freie Exzessenthalpie gewonnen (s. Abschn. 3.4).

In realen Systemen ist α_{ij} aufgrund der Konzentrationsabhängigkeit der Aktivitätskoeffizienten nicht nur temperatur- sondern auch konzentrationsabhängig. Dies hat zur Folge, dass die isotherme Baly-Kurve nicht symmetrisch bzgl. der Diagonalen verläuft wie bei idealen Systemen.

Bei azeotropen Gemischen haben Dampf und Flüssigkeit gleiche Zusammensetzung ($x_i = y_i$), und im azeotropen Punkt schneidet die Gleichgewichtskurve die Diagonale im y-x-Diagramm (s. Abb. 4.20). Dann gilt wegen Gl. (4.39)

$$p = \gamma_1 p_1^0 = \gamma_2 p_2^0$$

und daher

$$\frac{\gamma_1}{\gamma_2} = \frac{p_2^0}{p_1^0}$$

Hieraus folgt: Selbst Systeme, die nur geringe Abweichungen von der Idealität zeigen, für die also $\gamma_1 \approx \gamma_2 \approx 1$ gilt, können durchaus Azeotrope bilden, nämlich dann, wenn sich die Sättigungsdampfdrücke ihrer Komponenten nur wenig voneinander unterscheiden, also $p_1^0 \approx p_2^0$ gilt.

Beispiel

Für das System Cyclohexanon(1)/Phenol(2) sollen das isotherme Dampfdruckdiagramm und die Gleichgewichtskurve für $T = 400\,\text{K}$ erstellt sowie die K-Werte und der Trennfaktor für $T = 400\,\text{K}$ über den gesamten Konzentrationsbereich berechnet werden. Außerdem bestimme man Druck und Zusammensetzung des azeotropen Punktes für 350 und 400 K. Die Dampfphase kann als ideal betrachtet werden, und die Flüssigphase erfülle den Porterschen Ansatz $G_m^{ex}/RT = D x_1 x_2$ mit dem druckunabhängigen Parameter $D = -2{,}1$. Die Sättigungsdampfdrücke der reinen Komponenten in dem betrachteten Temperaturbereich werden beschrieben durch die Antoine-Gleichung $\lg(p_i^0/\text{kPa}) = A_i - B_i/(C_i + t/°C)$ mit den Koeffizienten

$$A_1 = 6{,}5529; \qquad B_1 = 1777{,}6976; \qquad C_1 = 236{,}120;$$
$$A_2 = 6{,}2595; \qquad B_2 = 1516{,}0721; \qquad C_2 = 174{,}569.$$

Lösung: Die Gleichgewichtsbedingung unter der Voraussetzung, dass sich die Gasphase ideal verhält, beschreibt Gl. (4.39), wobei die analytische Form der Aktivitätskoeffizienten aus dem Porterschen Ansatz für das Exzessmodell folgt (s. Gl. (3.116a), (3.116b)): $\gamma_i = \exp[D(1 - x_i)^2]$. Die Gleichgewichtsbedingung lautet somit

$$y_1 p = x_1 \exp\left[D(1 - x_1)^2\right] p_1^0, \quad y_2 p = x_2 \exp\left[D(1 - x_2)^2\right] p_2^0 \qquad \text{(I)}$$

Addiert man diese beiden Gleichungen, so erhält man

$$p = y_1 p + y_2 p = x_1 \exp\left[D(1 - x_1)^2\right] p_1^0 + x_2 \exp\left[D(1 - x_2)^2\right] p_2^0$$

Für bekannte Temperatur und Gemischzusammensetzung kann daraus der Gesamt-druck p und aus Gl. (I) dann die Zusammensetzung des Dampfes y_1 berechnet werden.

Mit $T = 400\,\text{K}$ und Stützwerten für x_1 bzw. x_2 zwischen 0 und 1 folgen die unten in der Tabelle notierten Werte, die in die p, x, y- und y, x-Phasendiagramme übertra-gen werden. Man erkennt, dass im azeotropen Punkt A Siede- und Kondensationslinie in einer gemeinsamen Horizontalen zusammenkommen und im Gleichgewichtsdia-gramm die Gleichgewichtskurve die 45° Diagonale bei der azeotropen Zusammenset-zung schneidet.

Die K-Faktoren und der Trennfaktor lassen sich leicht mit den Gln. (4.40) und (4.41) aus den Gleichgewichtskonzentrationen errechnen. Für die Randkonzentrationen $x_1 = 0$ und $x_2 = 0$ sind die K_1- bzw. K_2-Werte nicht direkt aus den Konzentrationen zu bestimmen. Vielmehr geht man auf die Gln. (I) zurück, löst sie nach y_i/x_i auf, setzt auf der rechten Seite $x_1 = 0$ bzw. $x_2 = 0$ ein und berücksichtigt, dass $p(x_1 = 0) = p_2^0$ und $p(x_2 = 0) = p_1^0$ gilt. Dann folgt für $x_1 = 0$ und $T = 400\,\text{K}$

$$\frac{y_1}{x_1} = \frac{1}{p} \exp\left[D(1-x_1)^2\right] p_1^0 = \frac{p_1^0}{p_2^0} \exp(D) = \frac{45{,}212}{16{,}971} \exp(-2{,}1) = 0{,}326$$

und für $x_2 = 0$ und $T = 400\,\text{K}$ analog $y_2/x_2 = 0{,}046$. Somit gelten folgende Werte:

x_1	p/kPa	y_1	K_1	K_2	α_{12}
0,0	16,971	0,0	0,326	1,0	0,326
0,2	14,841	0,1589	0,795	1,051	0,756
0,4	15,768	0,5385	1,346	0,769	1,750
0,6	22,573	0,8588	1,431	0,353	4,054
0,8	34,141	0,9740	1,217	0,130	9,362
1,0	45,212	1,0	1,0	0,046	21,755

Die Berechnung des azeotropen Punktes geht von den Gln. (I) aus und berücksich-tigt, dass am azeotropen Punkt $x_1 = y_1$ und $x_2 = y_2$ gilt:

$$p = \exp\left[D(1-x_1)^2\right] p_1^0, \quad p = \exp\left[D(1-x_2)^2\right] p_2^0 \qquad \text{(II)}$$

Dividiert man diese Gleichungen durcheinander, logarithmiert die erhaltene Gleichung und löst anschließend nach x_1 auf, so folgt $x_1 = [\ln(p_1^0/p_2^0)]/(2D) + 0{,}5$. Mit den für $T = 400\,\text{K}$ bereits berechneten Werten für p_1^0 und p_2^0 folgt $x_1 = 0{,}268 = y_1$ und mit Gl. (II) dann $p = 14{,}66\,\text{kPa}$. Analog erhält man für $T = 350\,\text{K}$ $p_1^0 = 7{,}461\,\text{kPa}$, $p_2^0 = 1{,}696\,\text{kPa}$ und daher $x_1 = 0{,}147 = y_1$ und mit Gl. (II) dann $p = 1{,}62\,\text{kPa}$.

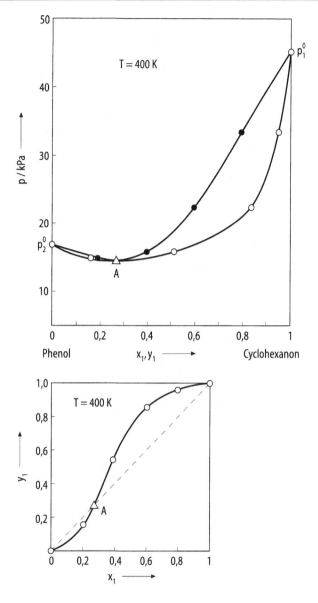

Dies Rechenbeispiel zeigt, dass sich die Lage des azeotropen Punktes durch Änderung des Druckes verschieben lässt, was für die destillative Trennung azeotroper Systeme ohne Einsatz von Hilfsstoffen von Bedeutung ist.

Reale Dampfphase und reale Flüssigphase
Nun wird noch die Annahme, dass sich die Dampfphase eines Gemisches ideal verhält, fallen gelassen, indem die Nichtidealität durch den Fugazitätskoeffizienten beschrieben wird.

Zunächst wird eine geeignete Zustandsgleichung gewählt, die das Verhalten der Gasphase beschreibt. Mit ihrer Hilfe lassen sich für den Fugazitätskoeffizienten φ_i der Komponente i in der Dampfmischung und für den Fugazitätskoeffizienten φ_i^0 des gesättigten Dampfes der reinen Komponente i analytische Ausdrücke angeben. Die Gleichgewichtsbedingung Gl. (4.29) stellt nun ein hoch nichtlineares Gleichungssystem dar, das nur iterativ zu lösen ist.

Es sollen die wesentlichen Schritte einer solchen Gleichgewichtsberechnung verdeutlicht werden anhand eines einfachen binären Gemisches bei mäßigem Druck, dessen Dampfphase sich durch die Virialgleichung bis zum zweiten Virialkoeffizienten darstellen lässt. Für die Virialgleichung in der Leiden-Form ist der Kompressibiltätsfaktor $z = 1 + B/V_m$ (s. Gl. (2.32b)), wobei V_m das Molvolumen der Mischung bedeutet; der Fugazitätskoeffizient φ_i der Komponente i in der binären Mischung ist durch Gl. (3.166a) und (3.166b) gegeben

$$\ln \varphi_1 = [2(y_1 B_{11} + y_2 B_{12}) - B] \frac{p}{RT} \tag{4.42a}$$

$$\ln \varphi_2 = [2(y_1 B_{12} + y_2 B_{22}) - B] \frac{p}{RT} \tag{4.42b}$$

Der zweite Virialkoeffizient für eine binäre Mischung ist nach Gl. (3.167)

$$B = y_1^2 B_{11} + 2 y_1 y_2 B_{12} + y_2^2 B_{22} \tag{4.43}$$

wobei B_{12} der Kreuz-Virialkoeffizient und B_{11}, B_{22} die Virialkoeffizienten der reinen Stoffe 1 und 2 sind.

Für den reinen Stoff 1 ist $y_1 = 1$, $y_2 = 0$ und $B = B_{11}$, für den reinen Stoff 2 entsprechend $y_1 = 0$, $y_2 = 1$ und $B = B_{22}$, so dass für die Fugazitätskoeffizienten der reinen Phasen folgt

$$\ln \varphi_1(y_1 = 1) = \frac{B_{11} p}{RT} \tag{4.44a}$$

$$\ln \varphi_2(y_2 = 1) = \frac{B_{22} p}{RT} \tag{4.44b}$$

Die Fugazitätskoeffizienten des reinen gesättigten Dampfes sind entsprechend

$$\ln \varphi_1^0 = \frac{B_{11} p_1^0}{RT} \tag{4.45a}$$

$$\ln \varphi_2^0 = \frac{B_{22} p_2^0}{RT} \tag{4.45b}$$

wobei p_i^0 den Sättigungsdampfdruck der reinen Komponente i darstellt.

Wenn man die Eigenschaften der gasförmigen und flüssigen Mischphase (Fugazitätskoeffizienten, Aktivitätskoeffizienten) und die Poyntingkorrektur der Reinstoffe kennt, kann man aus der Gleichgewichtsbedingung Gl. (4.29) Phasengleichgewichte (T, x, y-oder p, x, y-Daten) berechnen. Andersherum lassen sich aber auch aus Gl. (4.29) Aktivitätskoeffizienten in der flüssigen Phase berechnen, wenn Gleichgewichtsdaten und Eigenschaften der dampfförmigen Phase bekannt sind, wie im folgenden Beispiel gezeigt wird.

Beispiel

Für das System Benzol(1)/Cyclopentan(2) sind bei $t = 35\,°C$ und $p = 44{,}743\,kPa$ die gemessenen Gleichgewichtszusammensetzungen des Dampfes und der Flüssigkeit $y_1 = 0{,}2543$ bzw. $x_1 = 0{,}5166$. Es sind die Aktivitätskoeffizienten γ_1 und γ_2 und die molare freie Exzessenthalpie $G_{\mathrm{m}}^{\mathrm{ex}}$ für diesen Gleichgewichtspunkt zu berechnen. Es darf vorausgesetzt werden, dass sich die Dampfphase der Mischung und der gesättigte Dampf der reinen Komponenten durch die Virialgleichung mit den zweiten Virialkoeffizienten $B_{11} = -1358\,cm^3\,mol^{-1}$, $B_{22} = -994\,cm^3\,mol^{-1}$, $B_{12} = -1096\,cm^3\,mol^{-1}$ darstellen lassen. Für die reinen Komponenten seien die Sättigungsdampfdrücke bei 308 K: $p_1^0 = 19{,}648\,kPa$, $p_2^0 = 61{,}832\,kPa$ und die Molvolumina $V_1^0 = 90{,}49\,cm^3\,mol^{-1}$, $V_2^0 = 95{,}98\,cm^3\,mol^{-1}$.

Lösung: Grundlage der Gleichgewichtsberechnungen ist Gl. (4.29), aus der die gesuchte Größe γ_i in expliziter Form gewonnen werden kann:

$$\gamma_i = \frac{y_i \varphi_i^{\mathrm{v}} p}{x_i \varphi_i^0 p_i^0 \mathrm{Poy}_i} (i = 1, 2) \quad \text{mit} \quad \mathrm{Poy}_i = \exp\left(\int_{p_i^0}^{p} \frac{V_i^0}{RT}\,\mathrm{d}p\right)$$

Hierin sind x_i, y_i und p die bekannten Gleichgewichtsdaten, p_i^0 und V_i^0 die bekannten Reinstoffdaten. Die Fugazitätskoeffizienten φ_1^0 und φ_2^0 des reinen gesättigten Dampfes werden nach Gl. (4.45a), (4.45b) berechnet: $\varphi_1^0 = 0{,}9869$ und $\varphi_2^0 = 0{,}9763$.

Für den Dampf der Zusammensetzung $y_1 = 0{,}2543$ ist der Virialkoeffizient gemäß Gl. (4.43) $B = -1056\,cm^3\,mol^{-1}$, woraus die Fugazitätskoeffizienten nach Gl. (4.42a), (4.42b) folgen: $\varphi_1^{\mathrm{v}} = 0{,}9781$ und $\varphi_2^{\mathrm{v}} = 0{,}9830$.

Unter der Voraussetzung, dass die V_i^0 als druckunabhängig betrachtet werden können, sind die Poynting-Korrekturen $\mathrm{Poy}_1 = \exp[V_1^0(p - p_1^0)/(RT)] = 1{,}0009$ und $\mathrm{Poy}_2 = \exp[V_2^0(p - p_2^0)/(RT)] = 0{,}9994$. Setzt man die erhaltenen Werte für x_i, y_i, p, p_i^0, φ_i^{v}, φ_i^0 und Poy_i in die obige Gleichung für die Aktivitätskoeffizienten ein, so erhält man $\gamma_1 = 1{,}107$ und $\gamma_2 = 1{,}124$. Die zugehörige molare freie Exzessenthalpie wird mit Gl. (3.107) berechnet zu $G_{\mathrm{m}}^{\mathrm{ex}} = 279{,}6\,J\,mol^{-1}$.

In analoger Weise lassen sich aus weiteren p, x, y-Gleichgewichtsdaten (Hermsen und Prausnitz 1963) γ_i- und $G_{\mathrm{m}}^{\mathrm{ex}}$-Werte für $t = 35\,°C$ errechnen. Die Ergebnisse sind in der folgenden Tabelle zusammengestellt:

x_1	y_1	p/kPa	γ_1	γ_2	$G_m^{ex}/\text{J mol}^{-1}$
0,1417	0,0684	57,38	1,384	1,009	138,1
0,2945	0,1391	52,49	1,242	1,040	234,2
0,4362	0,2091	47,68	1,147	1,088	275,6
0,5166	0,2543	44,74	1,107	1,124	279,6
0,5625	0,2829	42,97	1,087	1,148	275,3
0,8465	0,5732	29,61	1,015	1,351	150,7

Unter der Annahme, dass γ_i und G_m^{ex} in diesem Druckbereich als druckunabhängig betrachtet werden können, lässt sich die Konzentrationsabhängigkeit von γ_i und G_m^{ex} graphisch darstellen, wie in dem Diagramm zu sehen ist.

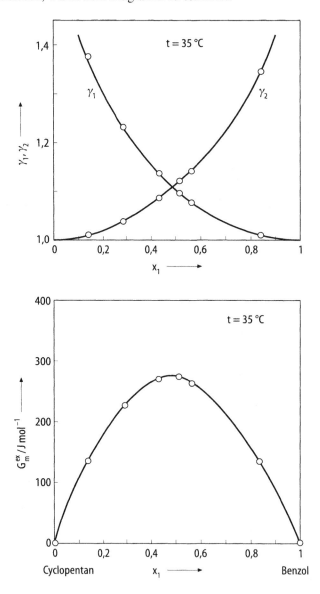

4.3.6 Berechnung binärer Dampf-Flüssigkeits-Flüssigkeits-Gleichgewichte

Um das Dreiphasengleichgewicht für zwei begrenzt miteinander mischbare Flüssigkeiten und den darüber stehenden Dampf eines heteroazeotropen Systems zu beschreiben, wird der Einfachheit halber davon ausgegangen, dass der Systemdruck nicht zu hoch ist, so dass die Gasphase als ideal betrachtet werden kann.

Da die beiden Flüssigkeiten nur begrenzt miteinander mischbar sind, zerfällt die Mischung in zwei flüssige Phasen. Darüber steht die Dampfphase, so dass insgesamt drei Phasen im Gleichgewicht sind. Phase α sei die an Komponente 1 angereicherte flüssige Phase, die Komponente 2 in geringer Konzentration enthält; analog sei Phase β die an Komponente 2 angereicherte flüssige Phase, die Komponente 1 in geringer Konzentration enthält. Für jede der beiden Komponenten i $= 1, 2$ gilt, dass die Fugazitäten in allen drei Phasen gleich sein müssen:

$$f_i^v = f_i^\alpha = f_i^\beta \quad (i = 1, 2)$$

Für moderate Drücke kann Gl. (4.39) angewendet werden, und zwar sowohl für das Gleichgewicht zwischen der α-Phase und der Dampfphase, als auch für das Gleichgewicht zwischen der β-Phase und der Dampfphase. Daher folgt

$$y_i p = \gamma_i^\alpha x_i^\alpha p_i^0 = \gamma_i^\beta x_i^\beta p_i^0 \quad (i = 1, 2) \tag{4.46}$$

Hierin geben x_i^α und x_i^β die Zusammensetzungen der beiden flüssigen Phasen, y_i die Zusammensetzung der Dampfphase an. γ_i^α und γ_i^β sind die Aktivitätskoeffizienten der Komponente i in den beiden Flüssigphasen bei den Konzentrationen x_i^α bzw. x_i^β. Der Druck, bei dem die drei Phasen im Gleichgewicht sind, ist die Summe der Partialdrücke beider Komponenten:

$$\boxed{p = y_1 p + y_2 p = \gamma_1^\alpha x_1^\alpha p_1^0 + \gamma_2^\beta x_2^\beta p_2^0} \tag{4.47}$$

und die Zusammensetzung des Dampfes im Dreiphasengleichgewicht

$$\boxed{y_1 = \frac{\gamma_1^\alpha x_1^\alpha p_1^0}{p} = 1 - \frac{\gamma_2^\beta x_2^\beta p_2^0}{p}} \tag{4.48}$$

Zur Veranschaulichung der Gleichungen wird der Fall betrachtet, dass die Komponenten 1 und 2 völlig unlöslich ineinander sind, Phase α also aus reiner Komponente 1 und Phase β aus reiner Komponente 2 bestehen. Dann ist $x_1^\alpha = 1$, $\gamma_1^\alpha = 1$ und $x_2^\beta = 1$, $\gamma_2^\beta = 1$, und aus den Gln. (4.47) und (4.48) folgt für den azeotropen Punkt

$$p = p_1^0 + p_2^0 \tag{4.49}$$

und

$$y_1 = \frac{p_1^0}{p} = 1 - \frac{p_2^0}{p} \tag{4.50}$$

Gl. (4.49) war bereits in Abschn. 4.3.3 anhand einer Plausibilitätsbetrachtung in Zusammenhang mit der Trägerdampfdestillation hergeleitet worden.

Für den Fall der Nichtmischbarkeit lassen sich auch leicht Gleichungen zur Berechnung der Kondensationslinien für die beiden Zweiphasengebiete herleiten. Wegen $x_1^\alpha = \gamma_1^\alpha = 1$ und $x_1^\beta = \gamma_1^\beta = 1$ folgt aus Gl. (4.46) für das Zweiphasengleichgewicht Dampf/α-Phase (Index α)

$$y_1^\alpha p = p_1^0$$

und daher

$$y_1^\alpha = \frac{p_1^0}{p} \tag{4.51}$$

und für das Gleichgewicht Dampf/β-Phase (Index β)

$$y_2^\beta p = p_2^0$$

so dass

$$y_1^\beta = 1 - \frac{p_2^0}{p} \tag{4.52}$$

Damit lassen sich für einen gegebenen Systemdruck p aus der Temperaturabhängigkeit der Sättigungsdampfdrücke p_1^0 und p_2^0 die zugehörigen Dampfzusammensetzungen y_1^α und y_2^β berechnen und das Phasendiagramm erstellen.

Beispiel

Für das System Benzol(1)/Wasser(2) soll das T,x-Diagramm für $p = 1{,}013$ bar berechnet und graphisch dargestellt werden. Die Sättigungsdampfdrücke der Reinkomponenten werden mit der Antoine-Gleichung und den Parametern aus Tab. A.23 berechnet.

Lösung: Gemäß Tab. A.23 gilt

$$\lg \frac{p_1^0}{\mathrm{mbar}} = 7{,}00477 - \frac{1196{,}760}{219{,}161 + t/^\circ\mathrm{C}}$$

$$\lg \frac{p_2^0}{\mathrm{mbar}} = 8{,}19621 - \frac{1730{,}630}{233{,}426 + t/^\circ\mathrm{C}}$$

Zunächst werden die Siedepunkte der Reinstoffe berechnet, indem die Antoine-Gleichung nach t aufgelöst und für den Druck $p = 1013{,}25$ mbar eingesetzt wird. Für die Normalsiedepunkte folgt $t_{b,1} = 80{,}10\,^\circ\mathrm{C}$ und $t_{b,2} = 100{,}00\,^\circ\mathrm{C}$. Um den azeotropen Punkt des Dreiphasengleichgewichts zu berechnen, wird in Gl. (4.49) $p = 1013{,}25$ mbar und für p_1^0 und p_2^0 die aus den Antoine-Gleichungen durch Delogarithmieren folgenden Ausdrücke eingesetzt. Man erhält so eine Gleichung mit t als der einzigen Unbekannten, deren Wert durch Iteration gewonnen wird zu $t = 69,2\,°C$. Die für diese Temperatur mit den Antoine-Gleichungen berechneten Sättigungsdampf-drücke der reinen Komponenten sind $p_1^0(69,2\,°C) = 714,34$ mbar, $p_2^0 = 298,91$ mbar und die Zusammensetzung des Dampfes in diesem Punkt folgt aus Gl. (4.50) zu $y_1 = 0,705$. Die Kondensationslinien folgen aus den Gln. (4.51) und (4.52), indem für einige Temperaturwerte die Sättigungsdampfdrücke und daraus mit $p = 1013,25$ mbar die zugehörigen y_1-Werte berechnet werden:

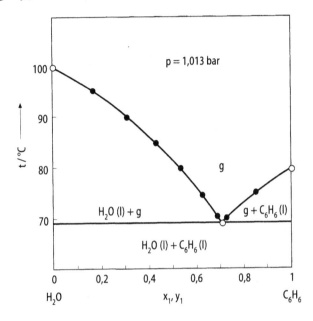

$t/°C$	p_1^0/mbar	p_2^0/mbar	$y_1^\alpha = p_1^0/p$	$y_1^\beta = 1 - p_2^0/p$
70	734,58	310,87	0,725	0,693
75	863,75	384,63	0,853	0,620
80	1010,14	472,67	0,997	0,534
85		577,11	–	0,430
90		700,29	–	0,309
95		844,78	–	0,166
100		1013,25	–	0

Aus der graphischen Auftragung dieser Werte folgt das t, x, y-Diagramm. Unter-halb der azeotropen Temperatur stehen die beiden reinen Flüssigkeiten miteinander im Gleichgewicht. Bei der azeotropen Temperatur liegen diese beiden Flüssigkeiten mit dem Dampf der Zusammensetzung $y_1 = 0,705$ im Gleichgewicht vor. Oberhalb der azeotropen Temperatur treten zwei Dampf-Flüssigkeits-Phasengebiete und das Einpha-sengebiet des Dampfes auf.

4.3.7 Binäre Gleichgewichte im kritischen Gebiet

Wenn Temperatur und Druck des Systems geringer sind als die kritischen Temperaturen und kritischen Drücke der beiden Komponenten, bilden Dampf und Flüssigkeit getrennte Phasen. Am kritischen Punkt lassen sich gasförmige und flüssige Phasen nicht mehr unterscheiden, so dass das Verhalten binärer Systeme bei überkritischen Drücken und Temperaturen gesondert betrachtet werden muss.

p, T-Diagramm
Die Dampfdruckkurven für einfache binäre Systeme sollen anhand von Abb. 4.31 diskutiert werden. Kurvenverlauf 1 stellt die Dampfdruckkurve der reinen Komponente 1 dar, Kurvenverlauf 2 die der reinen Komponente 2; beide enden an den zugehörigen kritischen Punkten C_1 und C_2, da dort flüssige und gasförmige Phase ununterscheidbar sind (s. Abschn. 2.4.4). Ein Gemisch beliebiger Zusammensetzung aus den beiden Komponenten wird durch eine Schleife dargestellt, und Mischungen unterschiedlicher Zusammensetzungen entsprechen unterschiedlichen Schleifen. Jede Schleife enthält zwei Kurven: die Siedelinie $p(T)$ des flüssigen Gemisches der Konzentration x_2 und die Kondensationslinie $p(T)$ des gesättigten Dampfes der Konzentration $y_2 = x_2$. Während für Reinstoffe Siede- und Kondensationslinie im p, T-Diagramm übereinstimmen, unterscheidet sich für eine binäre Mischung die $p(T)$-Kurve für den gesättigten Dampf von der für die gesättigte Flüssigkeit gleicher Zusammensetzung. Die Siedelinie und Kondensationslinie einer Schleife beschreiben also nicht die im Gleichgewicht stehenden Phasen. Die Phasen, die miteinander im Gleichgewicht stehen, sind vielmehr durch die Schnittpunkte von Kondensations- und Siedelinie gegeben: bei a schneidet die Kondensationslinie des gesättigten Dampfes einer bestimmten Konzentration die Siedelinie der gesättigten Flüssigkeit einer anderen Konzentration; beide Phasen haben also gleiche Temperatur und gleichen Druck und sind im Gleichgewicht. Schnittpunkt b beschreibt analog das Gleichgewicht von gesättigtem Dampf und gesättigter Flüssigkeit bei anderen Werten von Temperatur und Druck für andere Konzentrationen. Siede- und Kondensationslinie treffen sich im kritischen Punkt des Gemisches und enden dort. Während für Reinstoffe der kritische Punkt maximale Temperatur und maximalen Druck für die Koexistenz von Dampf und Flüssigkeit wiedergibt, muss der kritische Punkt binärer Gemische nicht am Punkt maximaler Temperatur oder maximalen Druckes der Schleife liegen.

Die kritischen Punkte von Mischungen für unterschiedliche Gemischzusammensetzungen liegen auf dem Kurvenverlauf, der die kritischen Punkte C_1 und C_2 der Reinstoffe verbindet. Diese kritische Kurve kann ein Maximum durchlaufen, muss es aber nicht. Es gibt auch Systeme, für die die kritische Kurve nicht die kritischen Punkte der reinen Komponenten verbindet.

Das in Abb. 4.31 dargestellte Diagramm für einfache Systeme wird komplexer, wenn etwa Systeme mit einer Mischungslücke im flüssigen Zustand betrachtet werden. Auf die Darstellung des Verhaltens solcher Systeme soll hier verzichtet und auf weiterführende Literatur verwiesen werden (Prausnitz et al. 1999).

Abb. 4.31 **a** Dampfdruckkurven für unterschiedliche
Gemischzusammensetzungen
des Systems Ethan(1)/Me-
than(2) (Landolt-Börnstein
1975). **b** Schematische
Darstellung der Dampfdruckkurven zweier reiner Stoffe
(1 und 2) und der Siede- und
Kondensationslinie für drei
binäre Gemische unterschiedlicher Zusammensetzungen.
Auf der Linie, die die kritischen Punkte C_1 und C_2 der
Reinsubstanzen miteinander
verbindet, liegen die kritischen
Punkte C der Mischungen.
—— Kondensationslinie
(Zusammensetzung des
gesättigten Dampfes), ----- Siedelinie (Zusammensetzung
der gesättigten Flüssigkeit).
Kondensations- und Siedelinie
treffen am kritischen Punkt
zusammen

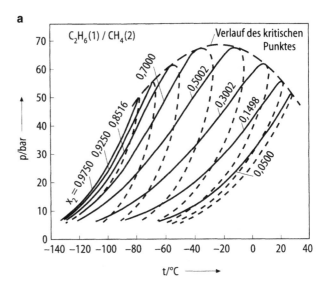

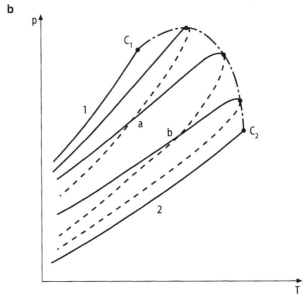

p, x, y-Diagramm und T, x, y-Diagramm

In Abb. 4.32 sind Dampfdruck- und Siedediagramm einer einfachen binären Mischung
schematisch dargestellt. Das isotherme p, x, y-Diagramm (Abb. 4.32a) zeigt für die Temperatur T_1 den bekannten Verlauf für die Siede- und Kondensationslinie, die bei den
jeweiligen Sättigungsdampfdrücken der reinen Komponenten enden und ein linsenförmi-
ges Zweiphasengebiet einschließen. Ist die Systemtemperatur T_2 größer als die kritische
Temperatur $T_{c,1}$ der Komponente 1, so erstreckt sich das Zweiphasengebiet nicht bis zur

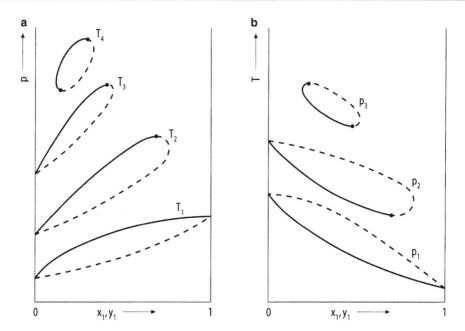

Abb. 4.32 a Isothermes Dampfdruckdiagramm und **b** isobares Siedediagramm einer binären Mischung bei überkritischen Bedingungen bzgl. der Reinkomponenten (schematisch). Es seien $T_1 < T_2 < T_3 < T_4$ mit $T_1 < T_{c,1}$, $T_2 > T_{c,1}$, $T_3 < T_{c,2}$ und $T_4 > T_{c,2}$ sowie $p_1 < p_2 < p_3$ mit $p_1 < p_{c,1}$, $p_2 > p_{c,1}$ und $p_3 > p_{c,2}$. $T_{c,1}$, $T_{c,2}$ sind die kritischen Temperaturen der Komponenten 1 und 2, wobei $T_{c,2} > T_{c,1}$, und $p_{c,1}$, $p_{c,2}$ sind die kritischen Drücke der Komponenten 1 und 2, wobei $p_{c,2} > p_{c,1}$. Im kritischen Punkt grenzen Siede- und Kondensationslinie aneinander. ● Kritischer Punkt, ----- Kondensationslinie, —— Siedelinie

Konzentration $x_1 = 1$, da hier Dampf und Flüssigkeit eine ununterscheidbare Phase bilden. Der Punkt, in dem Siede- und Kondensationslinie sich treffen, ist der kritische Punkt der Mischung. Er ist der Berührungspunkt einer horizontalen Tangente an die Kurve des Zweiphasengebietes. Bei einer weiteren Temperaturerhöhung engt sich das Zweiphasengebiet immer mehr ein (Temperatur T_3), bis es sich bei einer Temperatur T_4, die oberhalb des kritischen Punktes $T_{c,2}$ von Komponente 2 liegt, von der Achse $x_2 = 1$ lösen kann, da unter dieser Bedingung Dampf und Flüssigkeit der Reinkomponente 2 nicht mehr unterscheidbar sind. Das Zweiphasengebiet hat dann zwei kritische Punkte, die Siede- und Kondensationslinie voneinander trennen und die Berührungspunkte horizontaler Tangenten darstellen. Bei weiterer Temperaturerhöhung zieht sich das Zweiphasengebiet weiter zusammen und verschwindet schließlich völlig.

Das überkritische Verhalten lässt sich auch im isobaren T,x,y-Diagramm darstellen (Abb. 4.32b). Ist der Systemdruck kleiner als die kritischen Drücke der reinen Komponenten, so erhält man den bekannten Verlauf des Zweiphasengebietes über den gesamten Konzentrationsbereich. Bei Erhöhen des Drucks über den kritischen Druck der Kompo-

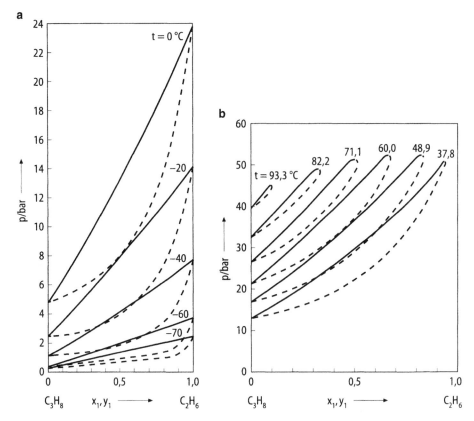

Abb. 4.33 Isothermes Dampfdruckdiagramm des Systems Ethan(1)/Propan(2) für **a** unterkritische Bedingungen und **b** überkritische Bedingungen. (Landolt-Börnstein 1975) Die kritischen Daten der Komponenten sind $t_{c,1} = 32{,}3\,°C$, $t_{c,2} = 96{,}7\,°C$, $p_{c,1} = 48{,}8\,bar$, $p_{c,2} = 42{,}4\,bar$. ----- Kondensationslinie, —— Siedelinie

nente 1 hinaus löst sich das Zweiphasengebiet von der Achse $x_1 = 1$ ab, engt sich bei weiterer Kompression zunehmend ein und löst sich schließlich auch von der Vertikalen $x_2 = 1$, wenn der kritische Druck der Komponente 2 überschritten wird. Im kritischen Punkt der Mischung, der dem Berührungspunkt einer Horizontalen mit dem Kurvenverlauf des Zweiphasengebietes entspricht, treffen sich Siede- und Kondensationslinie.

Abb. 4.33 zeigt das isotherme Dampfdruckdiagramm des Systems Ethan(1)/Propan(2) für Temperaturen unterhalb (a) und oberhalb (b) der kritischen Temperatur von Ethan.

Innerhalb der Zweiphasengebiete stehen Dampf und Flüssigkeit im Gleichgewicht, wobei die zugehörigen Konzentrationen y_1 und x_1 als Endpunkte der Konode auf der Kondensationslinie bzw. Siedelinie abgelesen werden können. Dies ist in Abb. 4.34a wiedergegeben: Ausgehend von einer Mischung, die dem Zustand des kritischen Punktes C entspricht, wird eine isobare Temperaturerhöhung bis zum Punkt P durchgeführt. In

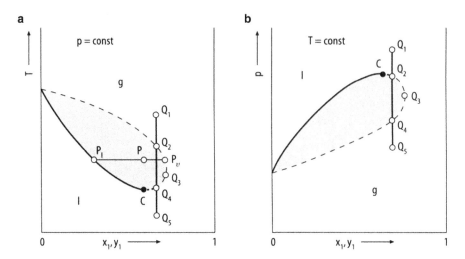

Abb. 4.34 Zweiphasengebiet im **a** isobaren Siedediagramm bzw. **b** isothermen Dampfdruckdiagramm im kritischen Gebiet (schematisch). Die Zustandspunkte Q_1 bis Q_5 geben den Verlauf einer retrograden Kondensation wieder. C ist der kritische Punkt, ----- Kondensationslinie, —— Siedelinie

diesem Punkt zerfällt die Mischung in eine flüssige Phase (Zustandspunkt P_l) und eine Dampfphase (Zustandspunkt P_v). Es liegen also Flüssigphase und Dampfphase im Gleichgewicht vor, obwohl die Temperatur oberhalb der des kritischen Punktes der Mischung liegt. Der kritische Punkt C kennzeichnet also nicht, wie bei reinen Stoffen, die maximale Temperatur, bei der Dampf und Flüssigkeit koexistieren können.

Das überkritische Gebiet für Mischungen liegt vielmehr oberhalb einer Linie, die die Umhüllende aller isobaren Zweiphasengebiete im T, x, y-Diagramm bzw. aller isothermen Zweiphasengebiete im p, x, y-Diagramm bildet.

Retrograde Kondensation

In der Nähe des kritischen Punktes einer Mischung ist ein weiteres Phänomen zu beobachten, das bei reinen Stoffen und Mischungen in ausreichender Entfernung vom kritischen Punkt nicht auftritt, das der *retrograden Kondensation*. Kühlt man eine Gasmischung isobar, so bildet sich bei Überschreiten der Kondensationslinie Flüssigkeit, deren Menge bei weiterer Abkühlung normalerweise anteilmäßig gegenüber der Dampfphase zunimmt, bis bei Überschreiten der Siedelinie aller Dampf verschwunden ist und nur noch Flüssigkeit vorliegt. Dies Verhalten kann sich in der Nähe des kritischen Punktes völlig ändern, indem die bei der Kühlung zunächst gebildete Flüssigkeit bei weiterer Kühlung wieder verdampft.

Dieses Phänomen soll nun anhand des isobaren Siedediagramms (Abb. 4.34a) erläutert werden. Ausgehend von einem Gasgemisch in Zustand Q_1 wird durch isobare Temperatursenkung die Kondensationslinie bei Q_2 unterschritten und es bildet sich Flüssigkeit aus, die nach dem Hebelgesetz bei weiterer Abkühlung zunächst mengenmäßig zunimmt gegenüber dem Dampf. Bei Abkühlung unter die dem Punkt Q_3 (Punkt mit vertikaler Tangente) entsprechende Temperatur nimmt der Anteil Dampf gegenüber der Flüssigkeit wieder zu, bis bei Erreichen der Kondensationslinie bei Q_4 das Gemisch wieder gasförmig wird. Da die anfänglich erfolgte Verflüssigung (Kondensation) bei weiterer Abkühlung wieder rückgängig gemacht wird, nennt man diese Erscheinung retrograde Kondensation. Voraussetzung für ihr Auftreten ist, dass das Dampfgemisch eine Zusammensetzung hat, die zwischen der des kritischen Punktes C und des Punktes Q_3 liegt, so dass die Zustandsänderung von Q_1 nach Q_5 die Kondensationslinie zweimal schneidet. Bei einer Zusammensetzung links von C kondensiert Dampf bei Abkühlung vollständig, wenn die Siedelinie erreicht wird.

Man kann die retrograde Kondensation auch bei isobarer Erwärmung beobachten: Geht man von einem Dampfgemisch bei Q_5 aus und erwärmt dieses isobar, so bildet sich bei Überschreiten der Kondensationslinie bei Q_4 Kondensat, das oberhalb Q_3 verdampft, bis bei Q_2 wieder Dampf der anfänglichen Zusammensetzung vorliegt.

Retrograde Kondensation lässt sich gleichermaßen durch isotherme Druckveränderung erreichen (s. Abb. 4.34b): Durch isotherme Entspannung wird der Dampf im Zustand Q_1 bei Überschreiten der Taulinie (Punkt Q_2) teilweise kondensiert; bei weiterer Entspannung unter Q_3 verdampft die Flüssigkeit wieder, bis bei Q_4 alles verdampft ist. Umgekehrt lässt sich die retrograde Kondensation auch ausgehend von Q_5 durch isotherme Verdichtung erreichen.

Analog lässt sich auch das Phänomen der *retrograden Verdampfung* verstehen: Durch isobare Erwärmung oder Abkühlung sowie durch isotherme Verdichtung oder Entspannung wird jeweils die Siedelinie im T, x, y-Diagramm bzw. im p, x, y-Diagramm zweimal gekreuzt, und der sich bei Erreichen des Zweiphasengebietes zunächst bildende Dampf verschwindet wieder bei Verlassen des Zweiphasengebietes.

4.3.8 Konsistenztest

In diesem Abschnitt werden Methoden vorgestellt, mit deren Hilfe man die Zuverlässigkeit experimenteller Phasengleichgewichtsdaten überprüfen kann. Dabei geht es hier nicht um den statistischen Fehler von p, T, x, y-Daten, der sich in einer mehr oder weniger großen Streuung ausdrückt, sondern um die Richtigkeit der Daten, d. h. ob sie die thermodynamischen Grundgleichungen erfüllen.

Gibbs-Duhem-Gleichung
Die Gibbs-Duhem-Gleichung (3.109) verknüpft die Aktivitätskoeffizienten γ_i miteinander gemäß

$$\sum x_i\, d \ln \gamma_i = 0 \quad (p, T = \text{const}) \tag{4.53}$$

Ist für ein binäres System der Konzentrationsverlauf von γ_1 bekannt, so kann man also aus der Gibbs-Duhem-Gleichung den Konzentrationsverlauf von γ_2 berechnen. Andererseits, wenn sowohl γ_1 als auch γ_2 in ihren Konzentrationsabhängigkeiten beispielsweise aus Dampf-Flüssigkeits-Gleichgewichten bekannt sind, müssen sie der Gibbs-Duhem-Gleichung genügen. Die Gibbs-Duhem-Gleichung ermöglicht also eine Überprüfung, ob die Datensätze konsistent sind. Es bleibt allerdings zu bedenken, dass die Daten, auch wenn sie die Gibbs-Duhem-Gleichung erfüllen, nicht in jedem Fall richtig sein müssen. Nur der umgekehrte Fall gilt: wenn die Daten die Gleichung nicht erfüllen, sind sie mit Sicherheit falsch.

Für binäre Systeme lautet Gl. (4.53):

$$\boxed{x_1 \frac{\mathrm{d}\ln\gamma_1}{\mathrm{d}x_1} + x_2 \frac{\mathrm{d}\ln\gamma_2}{\mathrm{d}x_1} = 0 \quad (p, T = \mathrm{const})} \tag{4.54}$$

Prinzipiell könnte man aus den Kurven $\ln\gamma_1 (x_1)$ und $\ln\gamma_2 (x_2)$ Werte für die Anstiege $\mathrm{d}\ln\gamma_1/\mathrm{d}x_1$ und $\mathrm{d}\ln\gamma_2/\mathrm{d}x_1$ bestimmen, daraus für verschiedene Konzentrationen jeweils den ersten und zweiten Term von Gl. (4.54) berechnen und prüfen, ob die Gleichheit tatsächlich erfüllt ist. In einem solchen Test, der sich auch auf mehrkomponentige Systeme erweitern lässt, wird zwar für jeden Wert der Konzentration die Gültigkeit der Gibbs-Duhem-Gleichung überprüft, aber dieser Test ist nicht sehr genau, da die Bestimmung der Steigungen $\mathrm{d}\ln\gamma_i/\mathrm{d}x_1$ recht ungenau ist. Auf diese Weise können also nur große Fehler aufgedeckt werden.

Flächentest

Daher hat sich die Anwendung eines Konsistenzkriteriums in integraler Form, die gleichfalls auf die Gibbs-Duhem-Gleichung zurückgeht, durchgesetzt (Herington 1947, 1951, 1952; Redlich und Kister 1948). Man geht dazu von der molaren freien Exzessenthalpie G_m^{ex} aus (s. Gl. (3.107))

$$\frac{G_m^{ex}}{RT} = x_1 \ln\gamma_1 + x_2 \ln\gamma_2$$

und differenziert sie für konstante p und T nach x_1. Da $\mathrm{d}x_2/\mathrm{d}x_1 = -1$ gilt, erhält man

$$\frac{\mathrm{d}}{\mathrm{d}x_1}\left(\frac{G_m^{ex}}{RT}\right) = x_1 \frac{\mathrm{d}\ln\gamma_1}{\mathrm{d}x_1} + \ln\gamma_1 + x_2 \frac{\mathrm{d}\ln\gamma_2}{\mathrm{d}x_1} - \ln\gamma_2$$

Mit Gl. (4.54) folgt hieraus

$$\frac{\mathrm{d}}{\mathrm{d}x_1}\left(\frac{G_m^{ex}}{RT}\right) = \ln\gamma_1 - \ln\gamma_2 = \ln\frac{\gamma_1}{\gamma_2} \quad (p, T = \mathrm{const})$$

Durch Integration folgt daraus

$$\int_0^1 \left[\frac{\mathrm{d}}{\mathrm{d}x_1}\left(\frac{G_m^{ex}}{RT}\right)\right] \mathrm{d}x_1 = \int_0^1 \ln\frac{\gamma_1}{\gamma_2}\,\mathrm{d}x_1 \quad (p, T = \mathrm{const})$$

Für die linke Seite dieser Gleichung gilt

$$\int\limits_{0}^{1} \left[\frac{\mathrm{d}}{\mathrm{d}x_1} \left(\frac{G_{\mathrm{m}}^{\mathrm{ex}}}{RT} \right) \right] \mathrm{d}x_1 = \frac{1}{RT} \left[G_{\mathrm{m}}^{\mathrm{ex}}(x_1 = 1) - G_{\mathrm{m}}^{\mathrm{ex}}(x_1 = 0) \right] = 0$$

denn für die Grenzkonzentrationen der reinen Komponenten ist $G_{\mathrm{m}}^{\mathrm{ex}} = 0$, wenn als Standardzustand die reinen Flüssigkeiten bei Systemtemperatur gewählt werden. Dann lautet das integrale Konsistenzkriterium:

$$\int\limits_{0}^{1} \ln \frac{\gamma_1}{\gamma_2} \, \mathrm{d}x_1 = 0 \quad (p, T = \mathrm{const}) \tag{4.55}$$

Diese Gleichung ist die Grundlage des *Flächentests*.

Der Konsistenztest verläuft in folgenden Schritten: Man berechnet aus den experimentellen Gleichgewichtsdaten (p, T, x, y-Daten) mit Hilfe von Gl. (4.39) das Verhältnis der Aktivitätskoeffizienten γ_1/γ_2 für verschiedene Konzentrationen, wobei für ausreichend geringe Drücke die Fugazitätskoeffizienten und der Poynting-Faktor vernachlässigt werden können, und erhält daraus

$$\frac{\gamma_1}{\gamma_2} = \frac{y_1 p_2^0 x_2}{y_2 p_1^0 x_1} \tag{4.56}$$

wobei p_1^0 und p_2^0 die Sättigungsdampfdrücke der Reinkomponenten sind. Trägt man $\ln \gamma_1/\gamma_2$ gegen x_1 auf, so erhält man eine Kurve, die von einem positiven Wert bei $x_1 = 0$ stetig zu negativen Werten übergeht (s. Abb. 4.35). Das Integral als Fläche unter der Kurve setzt sich somit aus einem positiven Beitrag oberhalb und einem negativen Beitrag unterhalb der Abszisse zusammen. Damit das Integral gemäß dem Konsistenzkriterium Gl. (4.55) Null ist, müssen also beide Flächen den Beträgen nach gleich groß sein. Da die $\ln \gamma_1/\gamma_2$-Werte aus experimentellen und damit fehlerbehafteten Daten stammen, wird das Konsistenzkriterium nie exakt erfüllt sein. Beträgt die relative Abweichung der beiden Flächen, bezogen auf die Summe der Beträge beider Flächen, weniger als 10 %, so betrachtet man die Daten i. a. als konsistent.

Der Flächentest lässt sich auch auf mehrkomponentige Systeme erweitern (Herington 1952; Prausnitz und Snider 1959). Er hat den Nachteil, dass aufgrund der Integration die zu prüfenden Datensätze nicht punktweise überprüft werden, sondern über sie gemittelt wird, so dass dieser Test weniger streng ist. Außerdem geht nur das Verhältnis γ_1/γ_2 in den Test ein, was die Aussagefähigkeit des Flächentests weiter beschränkt.

Anpassung von Gleichgewichtsdaten

Der zuverlässigste Weg, thermodynamische Daten auf ihre Konsistenz hin zu untersuchen, besteht darin, gemessene Gleichgewichtsdaten mit den Daten zu vergleichen, die man – gibt man zwei der drei Größen vor – als Vorhersage der dritten berechnet. Aus der Größe

Abb. 4.35 Flächentest für
das System Chloroform(1)/
Ethanol(2) bei 55 °C

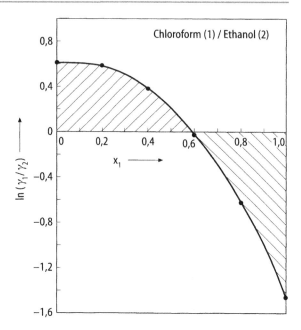

der Abweichungen der berechneten von den experimentellen Daten lässt sich dann auf die Güte der Datensätze schließen.

Van Ness und Mitarbeiter (Byer et al. 1973; Abbott und van Ness 1975) haben dazu eine Methode vorgeschlagen, nach der aus experimentellen Gleichgewichtsdaten (p, x- oder x, y-Daten) zunächst die Parameter in der Margules-Gleichung, die als analytische Darstellung für die molare freie Exzessenthalpie dient, gewonnen werden. Diese Koeffizientenberechnung lässt sich nur mit einem Computer ausführen, da die Anpassung der Parameter an die experimentellen Daten ein iterativer Prozess ist. Mit Hilfe der Parameter lassen sich dann die Aktivitätskoeffizienten und daraus der Druck und die Gleichgewichtszusammensetzungen x und y bestimmen, die anschließend mit den experimentellen Daten verglichen werden.

Um diese Schritte zu erläutern werde angenommen, die experimentellen Gleichgewichtsdaten ließen sich gut durch eine zweiparametrige Margules-Gleichung mit den Koeffizienten A_0 und A_1 beschreiben gemäß Gl. (3.120a):

$$G_m^{ex} = x_1 x_2 [A_0 + A_1(x_1 - x_2)] \tag{4.57}$$

Dann gilt für die Aktivitätskoeffizienten nach den Gln. (3.120b), (3.120c):

$$RT \ln \gamma_1 = (A_0 + 3A_1)x_2^2 - 4A_1 x_2^3 \tag{4.58a}$$

$$RT \ln \gamma_2 = (A_0 - 3A_1)x_1^2 + 4A_1 x_1^3 \tag{4.58b}$$

γ_1 und γ_2 lassen sich nun in Abhängigkeit von x_2 berechnen. Mit Hilfe der Sättigungsdampfdrücke p_1^0 und p_2^0 der beiden Komponenten lässt sich – unter der Voraussetzung, dass die Drücke ausreichend gering sind und die Fugazitätskoeffizienten und der Poynting-Faktor vernachlässigt werden können – für eine gegebene Zusammensetzung x_2 der Druck nach Gl. (4.39) berechnen:

$$p = p_1 + p_2 = \gamma_1 x_1 p_1^0 + \gamma_2 x_2 p_2^0 \tag{4.59}$$

Hieraus folgt direkt die zugehörige Gleichgewichtszusammensetzung des Dampfes:

$$y_1 = \frac{p_1}{p} = \frac{\gamma_1 x_1 p_1^0}{p} \tag{4.60}$$

Die so berechneten p, x, y-Daten können nun gemeinsam mit den experimentellen Daten in ein Dampfdruckdiagramm eingetragen werden. Aus der Größe der Abweichungen bzw. aus der Übereinstimmung dieser beiden Datensätze lässt sich auf die Konsistenz der experimentellen Daten schließen.

4.4 Löslichkeit von Gasen in Flüssigkeiten

Die Fähigkeit von Gasen, sich in Flüssigkeiten zu lösen – wenn auch meist nur in sehr geringen Mengen – ist sowohl für biologische Vorgänge als auch für verfahrenstechnische Prozesse von grundlegender Bedeutung. Die meisten Fische nehmen den Sauerstoff nicht aus der Luft auf, sondern atmen über die Kiemen den in Wasser gelösten Sauerstoff ein. Bei der Rauchgasentschwefelung industrieller Abgase wird Schwefeldioxid dem Gasstrom entzogen, indem es beispielsweise in wässrigen Kalzium-Carbonat-Lösungen gelöst wird. In der biologischen Stufe einer Kläranlage wird das Abwasser belüftet, um Sauerstoff aus der Luft im Abwasser zu lösen, der für den biologischen Abbau mit Hilfe von Mikroorganismen nötig ist.

Verschiedene Gase lösen sich in unterschiedlichem Maße in Flüssigkeiten. Daher lässt sich eine Gaskomponente aus einem Gasgemisch selektiv mit Hilfe eines Lösemittels (Absorbens, Waschmittel) herauswaschen. Der Prozess des Herauslösens einer oder mehrerer Komponenten (der Absorbenden) aus einer Gasmischung wird *Absorption* genannt. Er beruht auf dem sog. Sorptionsgleichgewicht zwischen der Gasphase und der Flüssigphase, in der die Gase gelöst sind.

In diesem Paragraphen werden Löslichkeiten von Gasen in Flüssigkeiten berechnet und ihre Abhängigkeit von Druck und Temperatur beschrieben.

4.4.1 Gleichgewichtsbedingung

Die Löslichkeit eines Gases in einer Flüssigkeit wird durch die *Gleichgewichtsbedingung* (Gl. (4.6)) beschrieben, dass für jede Komponente i die Fugazitäten in der Gasphase und der flüssigen Phase gleich sein müssen:

$$\boxed{f_i^g = f_i^l \quad (i = 1, \ldots, K)}$$

(4.61)

Die Fugazitäten werden entweder aus Aktivitätsmodellen (s. Abschn. 3.4.15) oder aus Zustandsgleichungen (s. Abschn. 3.4.17) gewonnen. Die Fugazität der Komponente i in der Gasphase, f_i^g, berechnet man meist nach Gl. (3.162)

$$f_i^g = y_i \varphi_i^g p \quad (i = 1, \ldots, K)$$

(4.62)

wobei der Fugazitätskoeffizient φ_i^g mit einer Zustandsgleichung bestimmt wird gemäß Gl. (3.115). y_i ist der Molenbruch der Komponente i in der Gasphase und p der Systemdruck.

Die Fugazität der Gaskomponente i in der flüssigen Phase, f_i^l, berechnet man nach Gl. (3.141)

$$f_i^l = \gamma_i x_i f_i^+ \quad (i = 1, \ldots, K)$$

(4.63)

wobei γ_i der Aktivitätskoeffizient der Komponente i in der flüssigen Mischung ist, der aus Exzessmodellen gewonnen wird. Als Standardzustand für die Fugazität wird wieder die reine Flüssigkeit i bei Systemdruck und -temperatur gewählt, so dass $f_i^+ = f_i^0$ gilt. Die Wahl des Standardzustandes wirft die Schwierigkeit auf, dass die zu lösende Komponente i in reiner Form bei Systemdruck und -temperatur nicht als Flüssigkeit, sondern als Gas vorliegt, der Zustand der reinen Flüssigkeit i daher unter diesen Bedingungen einen hypothetischen Zustand darstellt. Hierauf wird etwas später an entsprechender Stelle, wenn Gaslöslichkeiten berechnet werden, eingegangen.

Die Gleichgewichtsbedingung Gl. (4.61) wird mit den Gln. (4.62) und (4.63) zu:

$$\boxed{y_i \varphi_i^g p = \gamma_i x_i f_i^0 \quad (i = 1, \ldots, K)}$$

(4.64)

Die sich im Gleichgewicht einstellende Konzentration der Komponente i in der flüssigen Phase, x_i, ist die *Löslichkeit*.

Man kann die Fugazität der flüssigen Phase gleichfalls mit Hilfe einer Zustandsgleichung beschreiben gemäß

$$f_i^l = x_i \varphi_i^l p \quad (i = 1, \ldots, K)$$

(4.65)

wobei φ_i^l der Fugazitätskoeffizient der Komponente i in der Flüssigkeit ist. In diesem Fall gibt es kein Problem mit der Wahl des Standardzustandes. Die Gleichgewichtsbedingung lautet dann

$$y_i \varphi_i^g = x_i \varphi_i^l \quad (i = 1, \ldots, K)$$

(4.66)

Im Rahmen dieses Buches wird die flüssige Phase durch Exzessmodelle beschrieben, und die Gleichgewichtsberechnungen gehen auf Gl. (4.64) zurück. Für die Berechnung von Gaslöslichkeiten nach Gl. (4.66) und die Anwendung geeigneter Zustandsgleichungen wird auf die Literatur verwiesen (Dohrn 1994).

4.4.2 Ideale Gaslöslichkeit

Die Gaslöslichkeit soll mit Gl. (4.64) unter folgenden vereinfachenden Annahmen berechnet werden: (1) Die Gasphase folge dem Gesetz des idealen Gases, so dass die Fugazitätskoeffizienten φ_i^g gleich 1 sind. (2) Die Poynting-Korrektur für die flüssige Phase sei vernachlässigbar. (3) Die flüssige Mischphase verhalte sich ideal gemäß dem Raoultschen Gesetz, so dass die Aktivitätskoeffizienten γ_i ebenfalls den Wert 1 annehmen. Dann wird $f_i^0 = p_i^0$ und Gl. (4.64) vereinfacht sich zu

$$\boxed{y_i p = x_i p_i^0 \quad (i = 1, \dots, K)} \tag{4.67}$$

wobei $p_i = y_i p$ der Partialdruck der Komponente i in der Gasphase, x_i die Gaslöslichkeit und p_i^0 der Sättigungsdampfdruck der reinen Flüssigkeit i bei Systemtemperatur sind. Da die Systemtemperatur meist oberhalb der kritischen Temperatur der reinen Komponente i liegt, ist der flüssige Zustand, für den der Sättigungsdampfdruck zu berechnen ist, ein hypothetischer Zustand. Um p_i^0 bei Systemtemperatur dennoch zu bestimmen, wird die Dampfdruckkurve, die bei der kritischen Temperatur endet, über die kritische Temperatur hinaus bis zur gewünschten Temperatur extrapoliert. Da p_i^0 näherungsweise exponentiell mit $1/T$ verläuft (s. Gl. (2.161)), erfolgt diese Extrapolation am einfachsten, indem man $\ln p_i^0$ in einem Diagramm gegen $1/T$ aufträgt und die sich ergebende Gerade über den kritischen Punkt hinaus in den Bereich der hypothetischen Flüssigkeit zur Systemtemperatur hin verlängert.

Löst man Gl. (4.67) nach x_i auf, so erhält man die *ideale Gaslöslichkeit*. Sie ist aufgrund der getroffenen Annahmen nicht sehr genau und gibt nur eine Abschätzung der Größenordnung wieder. Die beschränkte Aussagefähigkeit der idealen Gaslöslichkeit zeigt sich auch anhand zweier aus Gl. (4.67) folgender Konsequenzen: (1) Die ideale Gaslöslichkeit x_i eines Gases i sollte unabhängig von der Art des Lösungsmittels in allen Lösungsmitteln gleich groß sein. Diese Aussage widerspricht der Beobachtung, dass Gase sich in unterschiedlichen Flüssigkeiten in unterschiedlichem Maß lösen. (2) Bei festem Partialdruck sollte die Löslichkeit mit zunehmender Temperatur sinken; dieses Verhalten wird zwar meist beobachtet, aber es gibt auch wichtige Gegenbeispiele.

4.4.3 Henry-Konstante

Es soll nun der Einfluss des Lösungsmittels auf die Gaslöslichkeit in die Berechnungen einbezogen werden.

Henrysches Gesetz
Die Löslichkeit von Gasen in Flüssigkeiten ist meist recht klein, so dass sie sich häufig mit Hilfe des Henryschen Gesetzes beschreiben lässt (s. Abschn. 3.4.1, Henry-Konstanten,

s. Tab. A.28). Wenn Index 2 die gelöste Gaskomponente und Index 1 die Lösungsmittelkomponente bezeichnen, so ist die Fugazität f_2^l des Gases in der Flüssigkeit gemäß Gl. (3.89) $f_2^l = H_{2,1}x_2$, wobei x_2 die Gaslöslichkeit und $H_{2,1}$ die Henry-Konstante der gelösten Komponente im Lösungsmittel bedeutet. Unter der Voraussetzung, dass sich die Gasphase ideal verhält, ist der Fugazitätskoeffizient $\varphi_2^g = 1$ und die Fugazität in der Gasphase nach Gl. (4.62) gleich dem Partialdruck: $f_2^g = p_2 = y_2 p$. Die Gleichgewichtsbedingung Gl. (4.61) lautet daher

$$y_2 p = H_{2,1}x_2 \qquad (4.68)$$

woraus die Gaslöslichkeit x_2 für bekannte Partialdrücke p_2 und Henry-Konstanten berechnet werden kann. Der Wert der Henry-Konstante hängt von den Eigenschaften der Komponenten des Systems ab und berücksichtigt somit den Einfluss des Lösungsmittels auf die Gaslöslichkeit. Er wird aus gemessenen Gaslöslichkeiten bestimmt und ist temperaturabhängig und in geringem Maße auch druckabhängig (s. Abschn. 4.4.4).

Gl. (4.68) stellt für nicht zu hohe Partialdrücke und Löslichkeiten eine gute Beschreibung der Löslichkeit dar, wobei der tatsächliche Gültigkeitsbereich von den Eigenschaften der Komponenten des Systems abhängen und sich daher von System zu System stark ändern kann.

Beispiel

Für die Löslichkeit von Wasserstoff in flüssigem Kohlenmonoxid hat die Henry-Konstante für 85 K den Wert $H_{2,1} = 475,8$ bar. Zu berechnen sind (a) die Löslichkeit von H_2 in flüssigem CO für den Arbeitsdruck $p = 14,5$ bar, bei dem H_2 in der Gasphase mit dem Molenbruch $y_2 = 0,873$ vorliegt, und (b) der Partialdruck des Wasserstoffs in der mit der Lösung im Gleichgewicht stehenden Gasphase. H_2 kann als ideales Gas betrachtet werden.

Lösung: (a) Gl. (4.68) wird nach x_2 aufgelöst, und nach Einsetzen der Werte für die genannten Bedingungen erhält man für die Löslichkeit x_2 (14,5 bar) $= 0,0266$. (b) Der Partialdruck ist $p_2 = y_2 p = 12,66$ bar.

Als Maß für die Löslichkeit von Gasen in Flüssigkeiten werden in der Verfahrenstechnik neben der Henry-Konstante noch weitere Größen angewendet, u. a. der Bunsensche Absorptionskoeffizient und der Ostwaldsche Absorptionskoeffizient sowie der technische Löslichkeitskoeffizient (s. Lüdecke und Lüdecke 2000).

Abweichungen vom Henryschen Gesetz und von der Idealität der Gasphase

Je höher die Gaslöslichkeit ist, umso größer werden die Abweichungen von Gl. (4.68). In solchen Fällen stellt das Henrysche Gesetz keine ausreichende Beschreibung für die Fugazität dar, sondern es muss die Konzentrationsabhängigkeit des Aktivitätskoeffizienten γ_2 berücksichtigt werden (s. Gl. (4.63)):

$$f_2^l = \gamma_2 x_2 f_2^+$$

Mit der unsymmetrischen Normierung (s. Abschn. 3.4.3), für die $\gamma_2^* \to 1$ für $x_2 \to 0$, ist die Standardfugazität gleich der Henry-Konstante $H_{2,1}$ bei Systemdruck und es folgt

$$f_2^1 = \gamma_2^* H_{2,1} x_2$$

Aus dem Vergleich mit dem Henryschen Gesetz $f_2^1 = H_{2,1} x_2$ folgt, dass für die Berechnung der Löslichkeit über einen erweiterten Konzentrationsbereich die Henry-Konstante $H_{2,1}$ zu ersetzen ist durch das Produkt $\gamma_2^* \cdot H_{2,1}$.

Die Konzentrationsabhängigkeit von γ_2^* wird meist mit ausreichender Genauigkeit mit einem einfachen Exzessmodell berechnet. Wählt man das von Porter, das nur einen Modellparameter A hat, so ist in der unsymmetrischen Normierung, die $\gamma_2^* = 1$ für $x_2 = 0$ erfüllen muss,

$$RT \ln \gamma_2^* = A(x_1^2 - 1)$$

und daher

$$\gamma_2^* = \exp\left[A \frac{x_1^2 - 1}{RT} \right] \tag{4.69}$$

Die zweite Vereinfachung, die in Gl. (4.68) eingeht, folgt aus der Annahme, dass sich die Gasphase ideal verhält, so dass die Fugazität f_2^g der Gasphase gleich dem Partialdruck p_2 gesetzt werden konnte. Ist diese Annahme nicht erfüllt, so muss der Fugazitätskoeffizient φ_2^g für die Gasphase berücksichtigt werden gemäß Gl. (4.62)

$$f_2^g = y_2 \varphi_2^g p$$

Als Bedingung für das Löslichkeitsgleichgewicht gilt daher

$$\boxed{y_2 \varphi_2^g p = \gamma_2^* \cdot H_{2,1} \cdot x_2} \tag{4.70}$$

Für vorgegebene Werte des Druckes, der Temperatur und der Zusammensetzung der Gasphase kann aus dieser Gleichung die unbekannte Löslichkeit x_2 berechnet werden. Da γ_2^* von x_2 abhängt, im einfachsten Fall z. B. exponentiell nach Gl. (4.69), und φ_2^g von y_2 abhängt, z. B. über den konzentrationsabhängigen Virialkoeffizienten, stellt Gl. (4.70) i. a. eine nichtlineare Gleichung dar, die iterativ zu lösen ist.

Beispiel

Es soll die Löslichkeit von CO_2 in Wasser bei 50 °C für die Gesamtdrücke $p = 1$ bar und $p = 15$ bar berechnet werden. Es darf vorausgesetzt werden, dass sich die Löslichkeit nach dem Henryschen Gesetz mit einer in diesem Bereich konzentrations- und druckunabhängigen Henry-Konstanten $H_{2,1} = 2955$ bar beschreiben lässt und die Gasphase durch die Virialgleichung mit den Virialkoeffizienten $B_{11} = -812\,\text{cm}^3\,\text{mol}^{-1}$, $B_{22} = -102\,\text{cm}^3\,\text{mol}^{-1}$, $B_{12} = -198\,\text{cm}^3\,\text{mol}^{-1}$ wiedergegeben werden kann. Der Sättigungsdruck reinen Wassers kann aus der Antoine-Gleichung errechnet werden (Tab. A.23).

Lösung: Die Berechnungen beruhen auf Gl. (4.70) mit $\gamma_2^* = 1$, da die Henry-Konstante voraussetzungsgemäß als konzentrationsunabhängig betrachtet werden kann. Der Gesamtdruck p des Systems setzt sich zusammen aus dem Partialdruck p_2 von CO_2 und dem Partialdruck p_1 von Wasser. Da die Löslichkeit von CO_2 in Wasser gering sein wird, kann man den Partialdruck des Wassers über der Lösung gleich dem Sättigungsdampfdruck des reinen Wassers setzen und aus der Antoine-Gleichung berechnen. Man erhält so $p_1 = p_1^0 = 123\,\text{mbar}$ bei $50\,°\text{C}$. Die unterschiedlichen Systemdrücke $p = 1\,\text{bar}$ und $p = 15\,\text{bar}$ werden durch unterschiedliche CO_2-Partialdrücke erhalten, und diese stehen mit unterschiedlichen CO_2-Konzentrationen in der Wasserphase im Gleichgewicht. Die Zusammensetzung der Dampfphase erhält man gemäß $y_1 = p_1^0/p$ und $y_2 = 1 - y_1$ zu $y_1 = 0,123$ und $y_2 = 0,877$ für $p = 1\,\text{bar}$ bzw. $y_1 = 0,008$ und $y_2 = 0,992$ für $p = 15\,\text{bar}$.

Der Fugazitätskoeffizient φ_2^g wird mit den Gln. (3.165) und (3.167) berechnet. Für binäre Systeme gilt

$$\ln \varphi_2^g = [2(y_1 B_{12} + y_2 B_{22}) - B]\frac{p}{RT}, \quad B = y_1^2 B_{11} + 2y_1 y_2 B_{12} + y_2^2 B_{22}$$

Für den Virialkoeffizienten der Mischung erhält man $B = -133,5\,\text{cm}^3\,\text{mol}^{-1}$ für $p = 1\,\text{bar}$ und $B = -103,6\,\text{cm}^3\,\text{mol}^{-1}$ für $p = 15\,\text{bar}$, und für den Fugazitätskoeffizienten erhält man $\varphi_2^g = 0,9965$ für $p = 1\,\text{bar}$ und $\varphi_2^g = 0,9447$ für $p = 15\,\text{bar}$.

Löst man Gl. (4.70) nach x_2 auf und setzt die berechneten Werte für y_2, φ_2^g, p und $H_{2,1}$ ein, so erhält man schließlich $x_2 = 2,96 \cdot 10^{-4}$ für $p = 1\,\text{bar}$ und $x_2 = 4,76 \cdot 10^{-3}$ für $p = 15\,\text{bar}$. Die Löslichkeit ist also im Wesentlichen proportional zum Systemdruck, und der Fugazitätskoeffizient stellt nur eine Korrektur dar.

4.4.4 Druck- und Temperaturabhängigkeit der Gaslöslichkeit

Die Henry-Konstante, die in die Berechnung der Gaslöslichkeit eingeht, hängt von der Temperatur und – allerdings schwächer – vom Druck ab. Im folgenden werden Gleichungen, die die Löslichkeit als Funktion von Druck und Temperatur darstellen, angegeben, und es werden die System-Eigenschaften, die die Löslichkeit beeinflussen, erörtert. Für die Ableitung der Gleichungen wird auf die Literatur verwiesen (Hildebrand und Scott 1962; Sherwood und Prausnitz 1962; Lüdecke und Lüdecke 2000).

Druckabhängigkeit der Löslichkeit
Insbesondere bei hohen Drücken ist der Einfluss des Drucks auf die Henry-Konstante nicht vernachlässigbar.

Die Druckabhängigkeit der Henry-Konstante lässt sich durch die Gleichung

$$\ln H_{2,1}(p) - \ln H_{2,1}(p_0) = \frac{V_2^{1\infty}}{RT}(p - p_0) \tag{4.71}$$

beschreiben. Gl. (4.71), die den Namen *Krichevsky-Kasarnovsky-Gleichung* trägt, vermag die Löslichkeit bis zu sehr hohen Drücken sehr gut zu beschreiben, vorausgesetzt, das partielle Molvolumen der gelösten Komponente in der Flüssigkeit bei unendlicher Verdünnung, $V_2^{1\infty}$, ist annähernd vom Druck unabhängig (Krichevski und Kasarnovsky 1935). ln $H_{2,1}$ ändert sich also linear mit dem Druck, wobei der Anstieg durch $V_2^{1\infty}/RT$ bestimmt ist. p_0 ist ein Referenzdruck, für den vielfach der Sättigungsdampfdruck p_1^0 des reinen Lösungsmittels gewählt wird.

Falls die Löslichkeit sehr klein ist, die Gasphase als ideal betrachtet werden kann und das Lösungsmittel nicht flüchtig ist, also kein Lösungsmittel im Dampfraum enthalten ist, folgt aus Gl. (4.71) für die Änderung der Löslichkeit x_2 mit dem Druck:

$$\ln x_2(p) - \ln x_2(p_0) = \ln \frac{p}{p_0} - \frac{V_2^{1\infty}}{RT}(p - p_0) \quad (x_2 \to 0) \qquad (4.72)$$

Der Term $V_2^{1\infty}(p-p_0)/RT$ stellt einen Korrekturterm dar, der häufig klein gegenüber dem Term $\ln p/p_0$ ist. In erster Näherung ist die Druckabhängigkeit der Löslichkeit also durch

$$x_2(p) = x_2(p_0)\frac{p}{p_0} \qquad (4.73)$$

gegeben, d. h. die Löslichkeit nimmt proportional mit dem Druck zu, was im einfachsten Fall nach dem Henryschen Gesetz (s. Gl. (4.68)) zu erwarten ist.

Für Systeme mit großer Gaslöslichkeit muss die Konzentrationsabhängigkeit des Aktivitätskoeffizienten berücksichtigt werden. Wählt man hierfür etwa das Modell von Porter (s. Abschn. 3.4.7), so ergibt sich

$$\boxed{\ln \frac{f_2^1}{x_2} = A\frac{x_1^2 - 1}{RT} + \ln H_{2,1}(p_0) + \frac{V_2^{1\infty}}{RT}(p - p_0)} \qquad (4.74)$$

Diese Gleichung heißt *Krichevsky-Ilinskaya-Gleichung* (Krichevsky und Ilinskaya 1945). Im Gegensatz zu Gl. (4.71) ist sie nicht auf verdünnte Lösungen beschränkt, sondern gilt über einen weiteren Konzentrationsbereich, da sie nicht auf der Gültigkeit des Henryschen Gesetzes beruht. So kann beispielsweise die Löslichkeit von Wasserstoff, die in verschiedenen Lösungsmitteln durchaus bis zu 20 mol% betragen kann, gut durch Gl. (4.74) beschrieben werden (Orentlicher und Prausnitz 1964).

Temperaturabhängigkeit der Gaslöslichkeit
In den meisten Fällen nimmt die Gaslöslichkeit mit zunehmender Temperatur ab, es kann aber auch das umgekehrte Verhalten auftreten. Abb. 4.36 zeigt die Temperaturabhängigkeit der Henry-Konstante für einige Gase in Wasser.

Abb. 4.36 Temperaturabhängigkeit der Henry-Konstante $H_{2,1}$ für die Lösung verschiedener Gase in Wasser

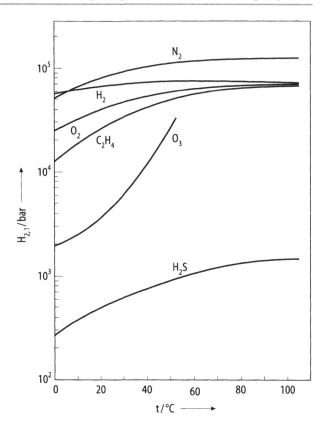

Für unendliche Verdünnung gelten folgende Beziehungen für die Temperaturabhängigkeit der Löslichkeit x_2:

$$\left(\frac{\partial \ln x_2}{\partial 1/T}\right)_{p,y} = -\frac{H_2^{1\infty} - H_2^{g}}{R} \quad (x_2 \to 0) \tag{4.75}$$

$H_2^{1\infty}$ und H_2^{g} sind die partielle molare Enthalpie der Komponente 2 in der flüssigen Phase bei unendlicher Verdünnung bzw. in der Gasphase. Die Enthalpiedifferenz $H_2^{1\infty} - H_2^{g}$ ist die partielle molare Lösungsenthalpie, die sich als Summe zweier Anteile darstellen lässt: Der molaren Kondensationsenthalpie der gelösten Komponente, die negativ ist, und der partiellen molaren Mischungsenthalpie der gelösten Komponente in der flüssigen Mischung, die für endotherme Mischungen positiv ist. Für stark endotherme Mischung kann der zweite Anteil den ersten überkompensieren, so dass die Löslichkeit mit zunehmender Temperatur ansteigt. Überwiegt der erste Term (schwach endotherme Mischung), so sinkt die Löslichkeit mit zunehmender Temperatur. Wenn spezifische Wechselwirkungen zwischen Lösungsmittel und gelöstem Stoff auftreten, z. B. starke Hydratations-Wechselwirkungen polarer Moleküle oder Dissoziationsgleichgewichte, dann sind beide Terme negativ und die Löslichkeit fällt stark mit steigender Temperatur. Dieses Verhalten zeigen z. B. wässrige Lösungen von NH_3, H_2S und SO_2.

Die Temperaturabhängigkeit lässt sich außer mit Hilfe der Enthalpiedifferenz $H_2^{l\infty} - H_2^g$ auch mit der entsprechenden partiellen molaren Lösungsentropie $S_2^{l\infty} - S_2^g$ ausdrücken, wobei $S_2^{l\infty}$ die partielle molare Entropie der Komponente 2 bei unendlicher Verdünnung und S_2^g die partielle molare Entropie der Komponente 2 in der Gasphase darstellen. Für verdünnte Lösungen nichtflüchtiger Lösungsmittel gilt

$$\boxed{\left(\frac{\partial \ln x_2}{\partial \ln T}\right)_{p,y} = \frac{S_2^{l\infty} - S_2^g}{R} \quad (x_2 \to 0)} \tag{4.76}$$

(s. Hildebrand und Scott 1962; Sherwood und Prausnitz 1962). Die Interpretation der Gleichung erfolgt analog der für die partielle molare Lösungsenthalpie. $S_2^{l\infty} - S_2^g$ lässt sich als Summe zweier Anteile darstellen: Der molaren Kondensationsentropie, die i. a. negativ ist, da sich mit der Kondensation eine höhere Ordnung einstellt und somit die Entropie abnimmt, und der partiellen molaren Mischungsentropie, die in jedem Fall positiv und umso größer ist, je geringer die Löslichkeit ist. Für Gase sehr geringer Löslichkeit kann dieser Term den ersten überkompensieren, so dass $S_2^{l\infty} - S_2^g > 0$ und die Löslichkeit mit zunehmender Temperatur zunimmt.

Abb. 4.37 zeigt die Löslichkeit einiger Gase in Cyclohexan in Abhängigkeit der Temperatur. Für weitere experimentelle Untersuchungen und Diskussionen der Temperaturabhängigkeit der Gaslöslichkeit wird auf die Literatur verwiesen (Hayduk und Buckley 1971; Hayduk und Laudie 1973).

4.4.5 Löslichkeit von Gasen in Flüssigkeitsgemischen

Da es nur äußerst wenige Messungen über die Löslichkeit von Gasen in flüssigen Mischungen gibt, sind Methoden zur Abschätzung solcher Daten von besonderem Interesse. Man versucht, aus den Löslichkeiten des Gases in den einzelnen reinen Komponenten der Mischung Aussagen über die Löslichkeit in der Mischung zu gewinnen. Kehiaian (1964), O'Connell und Prausnitz (1964) und Chueh und Prausnitz (1967) haben ausgehend von einem Ausdruck für die freie Exzessenthalpie der Mischung einen Ausdruck für die Henry-Konstante $H_{2,M}$ hergeleitet, der die Löslichkeit des Gases (Komponente 2) in der Mischung (M, Komponente i $= 1, 3, \ldots, K$) beschreibt. Wenn nur binäre Wechselwirkungen zwischen dem Gas und einer Lösungsmittelkomponente und keine ternären Wechselwirkungen berücksichtigt sowie alle binären Randsysteme als ideal betrachtet werden, folgt für $\ln H_{2,M}$ eine lineare Abhängigkeit von der Zusammensetzung der flüssigen Mischung:

$$\ln H_{2,M} = \sum_{i \neq 2} x_i \ln H_{2,i}$$

Abb. 4.37 Temperaturabhängigkeit der Löslichkeit x_i verschiedener Gase in Cyclohexan (beim Partialdruck 1,013 bar) (Landolt-Börnstein 1975). In der Auftragung $\lg x_i$ gegen $\lg T$ streben die isobaren Löslichkeiten mit zunehmender Temperatur einem Punkt zu: Bei der kritischen Temperatur des Lösungsmittels, T_c, haben alle Gase dieselbe molare Konzentration x_0, die als Bezugslöslichkeit bezeichnet wird. Auf der Abszisse sind der Normalschmelzpunkt $t_f = 6{,}5\,°C$, der Normalsiedepunkt $t_b = 81\,°C$ und die kritische Temperatur $t_c = 280\,°C$ für das Lösungsmittel Cyclohexan eingetragen

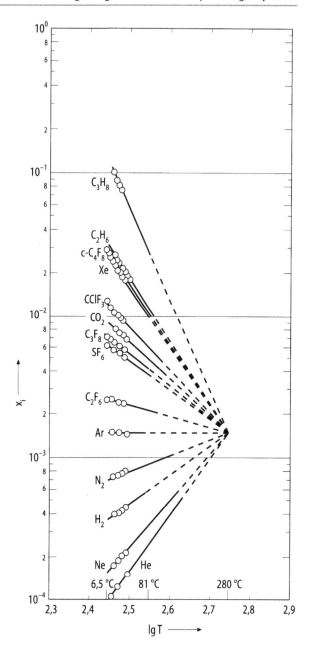

$H_{2,i}$ ist die Henry-Konstante für das gelöste Gas (Komponente 2) in dem reinen Lösungsmittel i bei Systemtemperatur, und x_i ist der Molenbruch der Komponente i = 1, 3, ..., K in der flüssigen Mischung ohne Berücksichtigung der Gaskomponente.

Diese Gleichung stellt eine Näherung für die Gaslöslichkeit in idealen Mischungen dar und ist weniger geeignet für polare Mischungen oder solche mit starken intermolekularen Wechselwirkungen. Wenn die Mischung positive oder negative Abweichungen vom Raoultschen Gesetz zeigt, so ist die Gleichung zu ergänzen um einen Term, der die Wechselwirkungen zwischen Molekül i und j durch einen binären Parameter, welcher aus binären Gleichgewichten in dem System i/j gewonnen werden muss, berücksichtigt. Für Einzelheiten des Modells und Anwendungsbeispiele sei auf weiterführende Literatur verwiesen (Prausnitz et al. 1999).

4.4.6   Einfluss chemischer Reaktionen auf die Gaslöslichkeit

In den vorangehenden Abschnitten wurde davon ausgegangen, dass Lösungsmittelkomponente und Gaskomponente nur schwach miteinander wechselwirken. Es gibt aber viele Fälle, in denen so starke Wechselwirkungskräfte herrschen, dass sich eine chemische Bindung zwischen den Komponenten ausbildet. Chemische Wechselwirkungen, die zu einer neuen chemischen Verbindung führen und sich durch eine chemische Reaktion beschreiben lassen, sind die Grundlage der *chemischen Absorption* (*Chemisorption*).

Chemische Wechselwirkungen haben einen großen Einfluss auf die Gaslöslichkeit. So führen etwa die Ausbildung von Wasserstoffbrückenbindungen oder die Dissoziation der Gaskomponente in einem Lösungsmittel zu einer Zunahme der Löslichkeit. Um Löslichkeiten zu berechnen, muss zusätzlich zum Phasengleichgewicht zwischen Gas- und Flüssigphase das chemische Gleichgewicht der chemischen Reaktion betrachtet werden. Dies ist in Abb. 4.38 schematisch dargestellt. Wendet man beispielsweise das Henrysche Gesetz für das Löslichkeitsgleichgewicht an, so ist die darin auftretende Konzentration diejenige des nicht reagierten Anteils der Gaskomponente in der flüssigen Phase, die sich aus dem zugehörigen chemischen Gleichgewicht, das durch die Gleichgewichtskonstante für die chemische Reaktion gegeben ist, berechnen lässt. Auf diese Weise hat die chemische Reaktion einen direkten Einfluss auf die Löslichkeit. Beispiele und weiterführende Literatur sind bei Prausnitz et al. (1999) zu finden.

Abb. 4.38 Bei der Lösung von Schwefeldioxid in Wasser sind zwei Gleichgewichte beteiligt: das Phasengleichgewicht zwischen der flüssigen und gasförmigen Phase ($\uparrow\downarrow$) und das chemische Gleichgewicht der Ionisierungsreaktion ($\rightleftharpoons$)

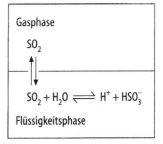

4.5 Feststoff-Flüssigkeits-Gleichgewicht

Löst man einen Feststoff in einer Flüssigkeit, beispielsweise Zucker in Wasser, so erhält man bei nicht zu großer Feststoffkonzentration eine homogene flüssige Mischphase. In ihr ist der Feststoff molekulardispers gelöst, d. h. die Moleküle liegen molekular fein verteilt vor und bilden keine zweite Phase. Fügt man zu dieser homogenen wässrigen Lösung weiter schrittweise Zucker hinzu, so wird die Zuckerkonzentration in der Lösung zunehmen, bis sie gesättigt ist. Diese Konzentration der Lösung heißt Löslichkeit. Bei weiterer Zugabe von Zucker zur gesättigten Lösung kann der Zucker nicht mehr in Lösung gehen, sondern bildet als Feststoff eine zweite Phase, den Bodenkörper, der mit der gesättigten Lösung im Gleichgewicht steht.

Die Löslichkeit ist temperaturabhängig und nimmt i. a. mit steigender Temperatur zu. Kühlt man eine homogene Lösung ab, so fällt der Feststoff aus, wenn die Löslichkeit kleiner als die in der Lösung enthaltene Feststoffkonzentration wird. Man erhält dann ein Zweiphasengleichgewicht aus der reinen kristallinen Phase und der flüssigen Mischphase.

Das Ausfallen einer kristallinen Phase aus einer flüssigen oder gasförmigen Mischphase ist die Grundlage der *Kristallisation*, eines thermischen Verfahrens, das in der Verfahrenstechnik u. a. zur Herstellung hochreiner Stoffe genutzt wird. In der Zuckerindustrie wird aus einer konzentrierten Rohrzuckerlösung der Zucker auskristallisiert. Ein weiteres Verfahren, das in der Verfahrenstechnik eingesetzt wird, um gelöste Stoffe im Lösungsmittel auf zu konzentrieren, beruht auf dem *Ausfrieren*, bei dem nicht der gelöste Stoff sondern das Lösungsmittel bei Temperaturabsenkung kristallisiert. In der Halbleiterindustrie etwa beruht die Herstellung hochreinen Siliziums auf diesem Prinzip.

4.5.1 Schmelzdiagramme

Schmelzdiagramme sind Phasendiagramme von Fest-Flüssig-Gleichgewichten, die die Schmelz- und Erstarrungstemperaturen der festen bzw. flüssigen Mischungen in Abhängigkeit ihrer Zusammensetzungen darstellen. Die eingetragene Gleichgewichtskurve $T(x_i^s)$ heißt *Schmelzkurve* (oder *Soliduskurve*), die Gleichgewichtskurve $T(x_i^l)$ heißt *Erstarrungskurve* (oder *Liquiduskurve*); x_i^s und x_i^l sind die Molenbrüche der bei der Temperatur T miteinander im Gleichgewicht stehenden festen (s) bzw. flüssigen (l) Phase.

Schmelzdiagramme binärer Systeme
Die Form der Schmelzdiagramme hängt ab von den Eigenschaften der beteiligten Komponenten, beispielsweise von den Schmelzenthalpien und -temperaturen beider Komponenten sowie den Aktivitätskoeffizienten (s. Abschn. 4.5.2). Abb. 4.39 zeigt die wichtigsten Typen von Schmelzdiagrammen.

Die Interpretation von Schmelzdiagrammen erfolgt in derselben Weise, wie die von den Siedediagrammen und Flüssig-Flüssig-Gleichgewichten: Aus den Gleichgewichtskurven lassen sich die Zusammensetzungen der Gleichgewichtsphasen ablesen, und ihre Men-

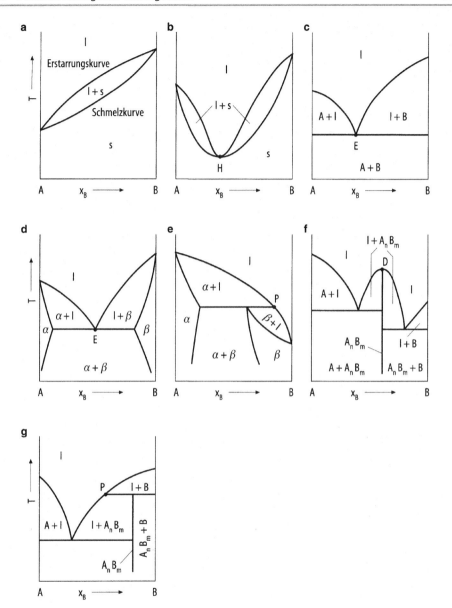

Abb. 4.39 Einige Typen binärer Schmelzdiagramme bei konstantem Druck (schematisch). **a** Ideales System mit vollständiger Mischbarkeit im festen und flüssigen Zustand. **b** Holytropes System mit vollständiger Mischbarkeit im festen und flüssigen Zustand. **c** Eutektisches System mit nichtmischbaren festen Phasen. **d** Eutektisches System mit begrenzter Mischbarkeit der festen Phasen. **e** Peritektisches System mit begrenzter Mischbarkeit der festen Phasen. **f** System mit kongruent schmelzender intermetallischer Verbindung A_nB_m und nichtmischbaren festen Phasen. **g** System mit inkongruent schmelzender intermetallischer Verbindung A_nB_m und nichtmischbaren festen Phasen. E = eutektischer Punkt, P = peritektischer Punkt, D = dystektischer Punkt, H = holytroper Punkt, α und β = Mischphasen im festen Zustand, l = flüssige Phase, s = feste Phase

genverhältnisse lassen sich nach dem Hebelgesetz berechnen. Die Zahl der Freiheitsgrade folgt aus der Gibbsschen Phasenregel.

Im folgenden werden die Schmelzdiagramme der Abb. 4.39 diskutiert.

Im Fall der völligen Mischbarkeit im festen und flüssigen Zustand erhält man Diagramme des Typs Abb. 4.39a,b.

Systeme mit Mischungslücke im festen Zustand können durch ein eutektisches oder, für Komponenten mit sehr unterschiedlichen Schmelzpunkten, peritektisches Zustandsdiagramm dargestellt werden (Typ c, d und e). Am eutektischen und peritektischen Punkt (E bzw. P) stehen drei Phasen miteinander im Gleichgewicht: zwei feste Phasen und die flüssige Schmelze. Im *eutektischen Punkt* zerfällt die Schmelze bei Abkühlung in zwei feste Phasen: in die beiden reinen Feststoffe A und B (bei vollständiger Nichtmischbarkeit der beiden Komponenten, Typ c) oder in die beiden Mischphasen α und β (bei begrenzter Mischbarkeit der beiden Komponenten, Typ d). Im eutektischen Punkt erstrecken sich die Prozesse des Erstarrens und Schmelzens nicht über ein Temperaturintervall sondern erfolgen, wie bei reinen Stoffen, bei konstanter Temperatur, der eutektischen Temperatur. Im *peritektischen Punkt* zersetzt sich die β-Phase beim Erwärmen in feste α-Phase und Schmelze, deren Zusammensetzung dem des peritektischen Punktes entspricht (Typ e). Am eutektischen und peritektischen Punkt ist die Anzahl der Freiheitsgrade nach der Gibbsschen Phasenregel $F = K + 2 - P = 2 + 2 - 3 = 1$, d. h. im isobaren Schmelzdiagramm (p vorgegeben) sind die Temperatur und die Zusammensetzungen der drei Gleichgewichtsphasen festgelegt.

Es kommt häufig vor, dass die Komponenten nicht nur Mischphasen, sondern auch Verbindungen mehr oder weniger stöchiometrischer Zusammensetzung A_nB_m bilden, die man *intermetallische Verbindungen* nennt. Man erhält dann Phasendiagramme des Typs Abb. 4.39f oder g. Das Diagramm Abb. 4.39f unterteilt sich in zwei benachbarte binäre Phasendiagramme, die die Schmelzdiagramme der Komponenten A und B mit der intermetallischen Verbindung darstellen: eines für A mit A_nB_m und eines für A_nB_m mit B. Der Schmelzpunkt der intermetallischen Verbindung ist das gemeinsame Maximum der angrenzenden Liquiduslinien, und die intermetallische Verbindung schmilzt kongruent. Intermetallische Verbindungen können auch inkongruent schmelzen, d. h. die Verbindung zerfällt beim Schmelzen in zwei Phasen, die Schmelze und die kristalline Phase (Typ g).

Ternäre Fest-Flüssig-Gleichgewichte

Fest-Flüssig-Gleichgewichte mit drei Komponenten lassen sich wie Flüssig-Flüssig- und Dampf-Flüssigkeits-Gleichgewichte im Gibbsschen Dreieck graphisch darstellen. Ein Beispiel zeigt Abb. 4.40. Das an die Wasser-Ecke angrenzende Gebiet entspricht der Lösung von KCl und NaCl in Wasser; es stellt ein Einphasengebiet dar, da die wässrigen KCl- und NaCl-Lösungen vollständig miteinander mischbar sind. Mit zunehmenden Salzgehalten schließen sich daran die Zweiphasengebiete an, in denen sich die gesättigten wässrigen Salzlösungen im Gleichgewicht mit den Salzen als Bodenkörper befinden. Jede Mischung im Zweiphasengebiet zerfällt in reines festes Salz (KCl- oder NaCl-Eckpunkt) und eine ternäre gesättigte Lösung, deren Konzentration auf der Phasengrenzkurve ab-

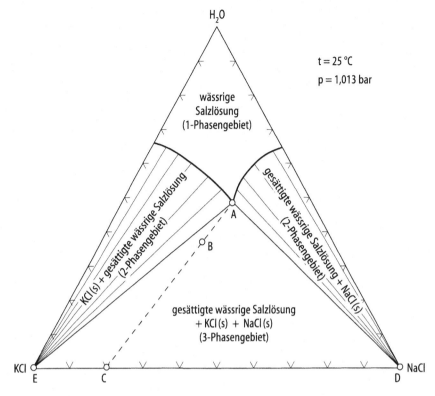

Abb. 4.40 Ternäres Schmelzdiagramm des Systems KCl/NaCl/H₂O bei 25 °C und 1,013 bar

gelesen werden kann. Die Geraden, die vom Eckpunkt ausgehend an der Grenzkurve enden, sind die Konoden. Sie verbinden die beiden Punkte der im Gleichgewicht stehenden Phasen. Das Gebiet, das von der binären Randlinie der ineinander unlöslichen Komponenten NaCl und KCl und den Zweiphasengebieten der übersättigten wässrigen NaCl- und KCl-Lösungen begrenzt wird, ist das Dreiphasengebiet. Eine Mischung, deren Zusammensetzung im Dreiphasengebiet liegt, besteht aus den drei Phasen an den Ecken dieses Gebietes, das sind reines KCl, reines NaCl und die ternäre wässrige Lösung (Punkt A). Um die Mengenverhältnisse der miteinander im Gleichgewicht stehenden Phasen zu berechnen, muss für Mischungen im Dreiphasengebiet das Hebelgesetz zweimal nacheinander angewendet werden.

Auch das Gibbssche Phasengesetz lässt sich wie bei den ternären Flüssig-Flüssig-Gleichgewichten anwenden. Im Dreiphasengebiet etwa ist die Zahl der Freiheitsgrade $F = K - P + 2 = 3 - 3 + 2 = 2$. Wenn man Druck und Temperatur festlegt, wie für das Diagramm der Abb. 4.40 geschehen, verbleiben keine Freiheitsgrade mehr.

Beispiel

In welchem Zustand (Anzahl, Zusammensetzung und Mengenverhältnis der Phasen) liegt eine Lösung von 50 g NaCl(1) und 20 g Wasser(3), der 80 g KCl(2) hinzugefügt werden, bei 25 °C und 1,013 bar vor? Für die Berechnungen sollen das Phasendiagramm der Abb. 4.40 sowie die Molmassen M_i aus Tab. A.20 verwendet werden.

Lösung: Aus den Einwaagen $m_1 = 50$ g, $m_2 = 80$ g, $m_3 = 20$ g und den Molmassen $M_1 = 58,5$ g mol^{-1}, $M_2 = 75,4$ g mol^{-1}, $M_3 = 18,0$ g mol^{-1} werden die Molzahlen $n_i = m_i/M_i$ und daraus die Molenbrüche $x_i = n_i/n$ der Komponenten $i = 1$, 2 und 3 berechnet: $n_1 = 0,855$ mol; $n_2 = 1,061$ mol; $n_3 = 1,111$ mol; $n = n_1 + n_2 + n_3 = 3,027$ mol; $x_1 = 0,282$; $x_2 = 0,351$; $x_3 = 0,367$. Der Zustandspunkt liegt im Dreiphasengebiet (Punkt B). Das Gemisch liegt also in Form von reinem KCl, reinem NaCl und der ternären, NaCl und KCl enthaltenden wässrigen Lösung vor. Die Konzentration der Lösung lässt sich aus den Koordinaten des Punktes A aus dem Diagramm ablesen: $x_1 = 0,30$; $x_2 = 0,21$; $x_3 = 0,49$. Die Mengenverhältnisse erhält man durch zweimaliges Anwenden des Hebelgesetzes: Die Gerade durch die Punkte A und B wird verlängert bis zur binären Randlinie KCl-NaCl (Punkt C). Aus den Hebeln AB und BC folgt, dass die Mischung (Punkt B) in die homogene Lösung (Punkt A) und das heterogene Gemisch (Punkt C) zerfällt mit den entsprechenden Mengenanteilen BC/AC = 0,76 bzw. AB/AC = 0,24. Die heterogene Mischung (Punkt C) wiederum besteht aus reinem KCl und reinem NaCl mit den Anteilen CD/ED = 0,80 bzw. EC/ED = 0,20. Insgesamt besteht die Mischung also aus $0,24 \cdot 0,20 = 5$ mol% reinem NaCl, $0,24 \cdot 0,80 = 19$ mol% reinem KCl und zu 76 mol% wässriger NaCl-KCl-Lösung (Punkt A).

Abb. 4.41 zeigt ein einfaches Beispiel für die Temperaturabhängigkeit eines ternären Schmelzdiagramms. Die Komponenten des dargestellten Systems Wismut/Blei/Zinn zeigen im festen Zustand keine gegenseitigen Löslichkeiten. Alle drei binären Randsysteme bilden Eutektika (Typ *c* der Abb. 4.39), die im ternären System zu einem ternären eutektischen Punkt zusammenkommen, bei dem die drei Komponenten rein auskristallisieren. Mit zunehmender Temperatur weitet sich der Bereich der Schmelze im Zentrum des Diagramms aus, und die Zweiphasengebiete aus Schmelze und reiner fester Komponente schrumpfen zu den Ecken hin zusammen.

Aufgrund der größeren Vielfalt der binären Schmelzdiagramme fallen die ternären Schmelzdiagramme häufig komplexer aus als die Phasendiagramme für Flüssig-Flüssig-Gleichgewichte. Da Schmelzdiagramme insbesondere in der Metallurgie von Bedeutung sind, wird für weiterführende Literatur auf Arbeiten aus diesem Gebiet verwiesen (Haasen 1984; Hultgren et al. 1973; Massalski et al. 1992; Villars et al. 1995; Petzow und Effenberg 1988).

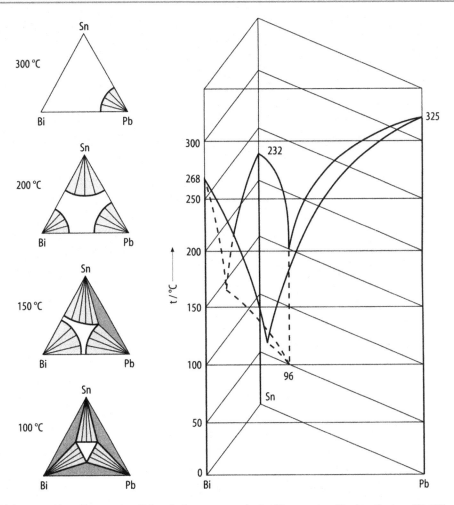

Abb. 4.41 Veränderung des Schmelzdiagramms mit der Temperatur für das System Blei/Zinn/ Wismut bei 1,013 bar (Barrow und Herzog 1984). In den Dreiecksdiagrammen entspricht das wei- ße Gebiet der schmelzflüssigen Mischphase, die hell getönten Gebiete sind Zweiphasengebiete (Schmelze und Reinkomponente im festen Zustand), die dunkel getönten Gebiete sind Dreiphasen- gebiete (jeweils zwei kristalline Reinkomponenten und Schmelze). Der ternäre eutektische Punkt liegt bei 96 °C

4.5.2 Berechnung der Löslichkeit von Feststoffen in Flüssigkeiten

Die Berechnung der Löslichkeit eines Feststoffes (Komponente i) in einer Flüssigkeit geht von der Gleichgewichtsbedingung aus, dass die chemischen Potentiale der Feststoffkom- ponente in den beiden Phasen gleich sein müssen:

$$\mu_i^s = \mu_i^l \tag{4.77}$$

wobei die Indices s und l die feste bzw. flüssige Phase kennzeichnen. Die chemischen Potentiale in der festen und flüssigen Phase sind gegeben durch die Gln. (3.91) und (3.93):

$$\mu_i^s = \mu_i^{0,s} + RT \ln(\gamma_i^s x_i^s) \tag{4.78a}$$

und

$$\mu_i^l = \mu_i^{0,l} + RT \ln(\gamma_i^l x_i^l) \tag{4.78b}$$

wenn als Standardzustand die reine Komponente i im festen bzw. flüssigen Zustand bei Systemtemperatur gewählt wird. Hierin bedeuten γ_i^s und γ_i^l die Aktivitätskoeffizienten sowie x_i^s und x_i^l die Konzentrationen der gelösten Feststoffkomponente i in der festen bzw. flüssigen Mischphase. $\mu_i^{0,s}$ und $\mu_i^{0,l}$ sind die chemischen Potentiale der Reinstoffe im festen bzw. flüssigen Zustand bei Systemtemperatur und Sättigungsdampfdruck.

Aus den Gln. (4.77) und (4.78a), (4.78b) folgt die Löslichkeit in der flüssigen Phase zu

$$\boxed{x_i^l = x_i^s \frac{\gamma_i^s}{\gamma_i^l} \exp\left(\frac{\mu_i^{0,s} - \mu_i^{0,l}}{RT}\right)} \tag{4.79}$$

Um die Löslichkeit zu berechnen, benötigt man also die Aktivitätskoeffizienten in Abhängigkeit von der Temperatur und der Zusammensetzung, die i. a. aus Modellgleichungen für die freie Exzessenthalpie gewonnen werden, und einen Ausdruck für $\mu_i^{0,s} - \mu_i^{0,l}$, der nun hergeleitet wird.

Bei Systemtemperatur T ist die reine Komponente i ein Feststoff mit dem chemischen Potential $\mu_i^{0,s}$, und das chemische Potential $\mu_i^{0,l}$ entspricht dem Zustand der unterkühlten Flüssigkeit. Diese beiden Zustände sind ineinander überführbar, indem der reine Feststoff von der Temperatur T bis zu seinem Normalschmelzpunkt $T_{f,i}$ erwärmt, am Schmelzpunkt bei konstant gehaltener Temperatur geschmolzen und schließlich in diesem schmelzflüssigen Zustand wieder auf T abgekühlt wird, aber ohne dass Erstarrung eintritt (s. Abb. 4.42). Mit diesem aus drei Schritten bestehenden Gesamtprozess von s $\rightarrow$ l ist eine Änderung der freien Enthalpie verknüpft, die der Differenz der freien Enthalpien im Endzustand (unterkühlte Flüssigkeit, l) und Anfangszustand (Feststoff, s) entspricht:

$$\Delta G_{m,i}^{s \rightarrow l} = \mu_i^{0,l} - \mu_i^{0,s} \tag{4.80}$$

Diese Änderung der freien Enthalpie bei der Überführung eines Moles reiner Komponente i vom festen in den flüssigen Zustand bei Systemtemperatur lässt sich mit der Beziehung $\Delta G = \Delta H - T \Delta S$ durch die entsprechenden Enthalpie- und Entropiebeiträge, $\Delta H_{m,i}^{s \rightarrow l}$ bzw. $\Delta S_{m,i}^{s \rightarrow l}$, ausdrücken:

$$\Delta G_{m,i}^{s \rightarrow l} = \Delta H_{m,i}^{s \rightarrow l} - T \Delta S_{m,i}^{s \rightarrow l} \tag{4.81}$$

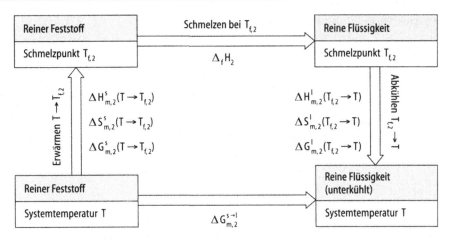

Abb. 4.42 Schematischer Kreisprozess zur Berechnung der Differenz $\mu_2^{0,s} - \mu_2^{0,l}$ der chemischen Potentiale der reinen Komponente 2 im festen Zustand ($\mu_2^{0,s}$) und im Zustand der unterkühlten Flüssigkeit ($\mu_2^{0,l}$). Die einzelnen Größen sind im Text erläutert

Enthalpie und Entropie werden aus den jeweiligen Werten der drei Teilschritte zusammengesetzt (s. Abb. 4.42):

$$\Delta H_{m,i}^{s \to l} = \Delta H_{m,i}^{s}(T \to T_{f,i}) + \Delta_f H_i(T_{f,i}) + \Delta H_{m,i}^{l}(T_{f,i} \to T)$$

$\Delta_f H_i(T_{f,i})$ ist die molare Schmelzenthalpie der Komponente i an ihrem Schmelzpunkt. Die molare Enthalpieänderung $\Delta H_{m,i}^{s}(T \to T_{f,i})$ bei Erwärmung des Feststoffes i von T auf $T_{f,i}$ wird aus der molaren Wärmekapazität $C_{p,m,i}^{s}$ des reinen Feststoffes berechnet gemäß

$$\Delta H_{m,i}^{s}(T \to T_{f,i}) = \int_{T}^{T_{f,i}} C_{p,m,i}^{s}\, dT$$

Analog ist die mit der Abkühlung der Flüssigkeit von $T_{f,i}$ nach T verbundene Enthalpieänderung

$$\Delta H_{m,i}^{l}(T_{f,i} \to T) = \int_{T_{f,i}}^{T} C_{p,m,i}^{l}\, dT$$

wobei $C_{p,m,i}^{l}$ die molare Wärmekapazität der reinen flüssigen Komponente i bedeutet. Schreibt man zusammenfassend $\Delta_f C_{p,i} = C_{p,m,i}^{l} - C_{p,m,i}^{s}$ für die Änderung der molaren Wärmekapazität beim Schmelzen, so folgt

$$\Delta H_{m,i}^{s \to l} = \Delta_f H_i(T_{f,i}) + \int_{T_{f,i}}^{T} \Delta_f C_{p,i}\, dT \qquad (4.82)$$

Analog erhält man für die molare Entropieänderung

$$\Delta S_{m,i}^{s \to l} = \Delta_f S_i(T_{f,i}) + \int_{T_{f,i}}^{T} \frac{\Delta_f C_{p,i}}{T} \, dT \tag{4.83}$$

Allgemein gilt, dass die Umwandlungsentropie gleich dem Verhältnis aus latenter Umwandlungswärme und Umwandlungstemperatur ist (s. Gl. (1.196)). Das bedeutet für die Schmelzentropie $\Delta_f S_i$ $(T_{f,i})$ am Schmelzpunkt

$$\Delta_f S_i(T_{f,i}) = \frac{\Delta_f H_i(T_{f,i})}{T_{f,i}} \tag{4.84}$$

Setzt man nun die Gln. (4.82) bis (4.84) in Gl. (4.81) ein und berücksichtigt Gl. (4.80), so wird

$$\mu_i^{0,l} - \mu_i^{0,s} = \Delta_f H_i(T_{f,i}) \left(1 - \frac{T}{T_{f,i}}\right) + \int_{T_{f,i}}^{T} \Delta_f C_{p,i} \, dT - T \cdot \int_{T_{f,i}}^{T} \frac{\Delta_f C_{p,i}}{T} \, dT \tag{4.85}$$

Falls $\Delta_f C_{p,i}$ als von der Temperatur unabhängig betrachtet werden kann, vereinfachen sich die Integrale in Gl. (4.85), und man erhält

$$\mu_i^{0,l} - \mu_i^{0,s} = \Delta_f H_i(T_{f,i}) \left(1 - \frac{T}{T_{f,i}}\right) + \Delta_f C_{p,i}(T - T_{f,i}) - T \cdot \Delta_f C_{p,i} \ln \frac{T}{T_{f,i}} \tag{4.86}$$

Wird dieser Ausdruck für $\mu_i^{0,l} - \mu_i^{0,s}$ in Gl. (4.79) eingesetzt, so lässt sich bei Kenntnis der Aktivitätskoeffizienten die Löslichkeit berechnen. Solche Berechnungen können i. a. sehr umfangreich sein. Im folgenden werden einfache aber wichtige Fälle vorgestellt.

Gl. (4.86) ist in der Anwendung vorteilhaft gegenüber der häufig zitierten Formulierung, die sich nicht auf den Normalschmelzpunkt sondern auf den Tripelpunkt bezieht, da Werte für den Normalschmelzpunkt, die Schmelzenthalpie und -entropie meist bekannt sind, seltener hingegen die Daten für den Tripelpunkt.

Flüssige Mischphase und reine feste Phase
Unter der Annahme, der Feststoff habe eine gewisse Löslichkeit in der flüssigen Phase, aber im Feststoff seien alle anderen Komponenten unlöslich, d. h. Komponente i kristallisiere als reiner Stoff aus der Lösung aus, gilt $\mu_i^s = \mu_i^{0,s}$ bzw. $\gamma_i^s x_i^s = 1$. Berücksichtigt man, dass $\mu_i^{0,l} - \mu_i^{0,s}$ mit den Fugazitäten $f_i^{0,l}$ und $f_i^{0,s}$ der reinen Komponente i im festen bzw. flüssigen Zustand durch $\mu_i^{0,l} - \mu_i^{0,s} = RT \ln(f_i^{0,l}/f_i^{0,s})$ verknüpft ist, folgt aus Gl. (4.79)

$$x_i^l = \frac{f_i^{0,s}}{\gamma_i^l f_i^{0,l}} \tag{4.87}$$

Meist sind die Sättigungsdampfdrücke so gering, dass die Fugazitätskoeffizienten vernachlässigbar sind und die Fugazitäten durch die Sättigungsdampfdrücke $p_i^{0,s}$ und $p_i^{0,l}$ ersetzt werden können. So folgt $x_i^l = p_i^{0,s}/(\gamma_i^l p_i^{0,l})$. Während $p_i^{0,s}$ aus der Sublimationsdruckkurve erhalten wird, muss $p_i^{0,l}$ durch Extrapolation der Dampfdruckkurve über den Tripelpunkt hinaus in den Bereich der unterkühlten Flüssigkeit gewonnen werden. Letzteres kann mit einem beträchtlichen Fehler verbunden sein und ist daher von Nachteil, weshalb man meist einen anderen, den im folgenden dargestellten Weg zur Berechnung der Löslichkeit geht.

Mit den Gln. (4.86) und (4.87) folgt für die Löslichkeit der Ausdruck

$$
\begin{aligned}
\ln x_i^l = {} & -\ln \gamma_i^l - \frac{\Delta_f H_i(T_{f,i})}{RT}\left(1 - \frac{T}{T_{f,i}}\right) - \frac{\Delta_f C_{p,i}}{R}\left(1 - \frac{T_{f,i}}{T}\right) \\
& + \frac{\Delta_f C_{p,i}}{R}\ln\frac{T}{T_{f,i}}
\end{aligned}
\tag{4.88}
$$

Die letzten beiden Terme in Gl. (4.88) sind vielfach vernachlässigbar, da sie beide klein sind gegen den Enthalpieterm und sich zudem teilweise gegenseitig aufheben. Dies gilt insbesondere für Temperaturen nahe dem Schmelzpunkt für die $\ln(T_{f,i}/T) \approx T_{f,i}/T - 1$ gesetzt werden kann, so dass

$$
\ln x_i^l = -\ln \gamma_i^l - \frac{\Delta_f H_i}{RT}\left(1 - \frac{T}{T_{f,i}}\right)
\tag{4.89}
$$

Diese Gleichung gibt die Löslichkeit x_i^l für eine gegebene Temperatur an, oder umgekehrt, die Schmelztemperatur T für eine Mischung gegebener Zusammensetzung. Sie gilt unter der Voraussetzung, dass der Feststoff keine Mischkristalle bildet, d. h. die reine kristalline Komponente i ist, und die Systemtemperatur nicht zu weit entfernt vom Schmelzpunkt ist.

Für Elektrolytlösungen muss die Dissoziation des Elektrolyten in Ionen berücksichtigt werden, die dazu führt, dass mehr Teilchen in der Lösung vorliegen als der Anzahl hinzugefügter Elektrolytmoleküle entspricht (s. Abschn. 4.7.1).

Die Gln. (4.88) und (4.89) enthalten den Aktivitätskoeffizienten des gelösten Feststoffes in der flüssigen Mischung. Die Löslichkeit bei gegebener Temperatur hängt daher außer von den Reinstoffdaten $\Delta_f H_i$ und $T_{f,i}$ auch von den Eigenschaften der flüssigen Mischung ab, ob diese ideal oder unter- bzw. überideal ist.

Aus Gl. (4.89) lassen sich einige allgemeine Schlussfolgerungen ziehen:

1. Einfluss der Schmelzenthalpie: Vergleicht man die Löslichkeiten zweier Feststoffe bei einer bestimmten Temperatur miteinander, so hat diejenige Verbindung mit der kleineren Schmelzenthalpie die höhere Löslichkeit, wenn die Stoffe in den übrigen Eigenschaften (Aktivitätskoeffizient, Schmelztemperatur) etwa übereinstimmen.

2. Einfluss der Temperatur: Wenn γ_i^l als temperaturunabhängig angenommen werden kann, dann nimmt die Löslichkeit mit zunehmender Temperatur zu, und zwar umso stärker, je größer die Schmelzenthalpie ist.

3. Einfluss der Mischungseigenschaften: Feststoffe, die mit der Flüssigkeit eine über-ideale Mischung bilden ($\gamma_i^l > 1$), zeigen eine kleinere Löslichkeit als solche Stoffe, die eine ideale Mischung ($\gamma_i^l = 1$) oder unterideale Mischung ($\gamma_i^l < 1$) bilden. Die *ideale Löslichkeit* erhält man aus Gl. (4.89) mit $\gamma_i = 1$ zu

$$\boxed{\ln x_i^l = -\frac{\Delta_f H_i}{RT}\left(1 - \frac{T}{T_{f,i}}\right)} \qquad (4.90)$$

Beispiel

Für flüssige Naphthalin(1)/Benzol(2)-Lösungen sollen für $p = 1$ bar berechnet werden:

(a) Die Erstarrungskurve, die dann in einem Schmelzdiagramm dargestellt werden soll.

(b) Die Zusammensetzung und Temperatur des eutektischen Punktes.

(c) Es sollen die Zustandsänderungen, die bei der Abkühlung einer Lösung mit $x_2 = 0,4$ von $t = 80\,°C$ auf $-10\,°C$ durchlaufen werden, diskutiert werden.

Flüssige Naphthalin/Benzol-Lösungen verhalten sich ideal, und Naphthalin und Benzol kristallisieren als reine Stoffe aus. Die Schmelztemperaturen und molaren Schmelz-enthalpien der Reinstoffe am Schmelzpunkt sind Tab. A.25 zu entnehmen.

Lösung: (a) Die Berechnung der Erstarrungskurve beruht auf Gl. (4.90), die nach der Erstarrungstemperatur T aufgelöst wird:

$$\frac{1}{T} = \frac{1}{T_{f,1}} - \frac{R\ln x_1^l}{\Delta_f H_1} \quad \text{für} \quad i = 1 \quad \text{und} \quad \frac{1}{T} = \frac{1}{T_{f,2}} - \frac{R\ln x_2^l}{\Delta_f H_2} \quad \text{für} \quad i = 2.$$

Mit den Reinstoffdaten $\Delta_f H_1 = 19{,}01\,\text{kJ}\,\text{mol}^{-1}$, $\Delta_f H_2 = 9{,}87\,\text{kJ}\,\text{mol}^{-1}$, $T_{f,1} = 353{,}4\,\text{K}$ und $T_{f,2} = 278{,}6\,\text{K}$ folgt daraus

$1/T = 2{,}830 \cdot 10^{-3}\,\text{K}^{-1} - 4{,}373 \cdot 10^{-4}\,\text{K}^{-1}\ln x_1^l$ für die naphthalinreiche Lösung

$1/T = 3{,}589 \cdot 10^{-3}\,\text{K}^{-1} - 8{,}424 \cdot 10^{-4}\,\text{K}^{-1}\ln x_2^l$ für die benzolreiche Lösung

Die für einige x_i^l-Stützwerte berechneten Erstarrungstemperaturen T sind in der Tabelle zusammengestellt und in ein T,x-Diagramm als Erstarrungskurve eingetragen.

x_1^l	T/K	x_2^l	T/K
1,00	353,4	1,00	278,6
0,90	347,7	0,95	275,3
0,80	341,6	0,90	271,9
0,70	334,9	0,87	269,8
0,60	327,5		
0,50	319,2		
0,40	309,5		
0,30	297,9		
0,20	283,0		
0,15	273,3		

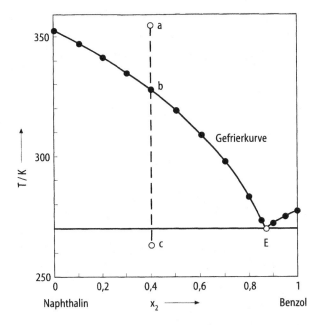

(b) Am eutektischen Punkt stimmen die Gefrierpunkte der beiden Mischphasen überein. Die zugehörige eutektische Zusammensetzung $x_{2,E}$ erhält man daher durch Gleichsetzen der obigen Gleichungen:

$$\frac{1}{T_{f,1}} - \frac{R \ln x_{1,E}}{\Delta_f H_1} = \frac{1}{T_{f,2}} - \frac{R \ln x_{2,E}}{\Delta_f H_2}$$

Setzt man die Reinstoffdaten ein und berücksichtigt, dass $x_{2,E} = 1 - x_{1,E}$ gilt, so kann man die Unbekannte $x_{1,E}$ iterativ bestimmen. Man erhält $x_{1,E} = 0,133$, $x_{2,E} = 0,867$. Setzt man diese Werte in die Gleichungen für die Erstarrungskurven ein, so folgt für die eutektische Temperatur $T_{f,E} = 269,5 \, \text{K}$. In der Literatur (Landolt-Börnstein 1971) werden für den eutektischen Punkt $T_{f,E} = 269,7 \, \text{K}$ und $x_{2,E} = 0,875$ angegeben.

(c) Kühlt man die Schmelze vom Ausgangspunkt a (entspricht $x_2^l = 0{,}4$, $t = 80\,°C$) ab, so kristallisiert bei Erreichen der Erstarrungskurve (Punkt b) reines Naphthalin aus. Bei weiterer Abkühlung kristallisiert zunehmend mehr reines Naphthalin aus, und die Schmelze reichert sich an Benzol an gemäß dem Verlauf der Erstarrungskurve. Bei Erreichen der eutektischen Temperatur ($-3{,}7\,°C$) hat die Schmelze die eutektische Zusammensetzung und zerfällt in reines Naphthalin und reines Benzol, beide in kristalliner Form.

Wenn die flüssige Mischung nicht ideal ist, muss der Aktivitätskoeffizient γ_i^l berechnet werden. Beispielsweise ergibt sich für eine binäre Mischung, die dem Porterschen Ansatz $RT \ln \gamma_i^l = A \left(1 - x_i^l\right)^2$ (A ein konzentrationsunabhängiger Parameter, Gl. (3.116a), (3.116b)) genügt, mit Gl. (4.89)

$$\ln x_i^l = -\frac{A}{RT} \left(1 - x_i^l\right)^2 - \frac{\Delta_f H_i}{RT} \left(1 - \frac{T}{T_{f,i}}\right)$$

Diese Gleichung ist nicht geschlossen nach x_i^l lösbar, sondern die Löslichkeit muss iterativ berechnet werden.

Feste und flüssige Phase sind Mischphasen

Falls der Feststoff nicht rein kristallisiert, die feste Phase also einen Mischkristall bildet, so wird Gl. (4.85) für die Differenz der chemischen Potentiale in die strenge Form der Gleichgewichtsbedingung Gl. (4.79) eingesetzt:

$$- RT \ln \left(\frac{\gamma_i^l x_i^l}{\gamma_i^s x_i^s}\right) = \Delta_f H_i(T_{f,i}) \left(1 - \frac{T}{T_{f,i}}\right) + \int_{T_{f,i}}^{T} \Delta_f C_{p,i} \, dT - T \cdot \int_{T_{f,i}}^{T} \frac{\Delta_f C_{p,i}}{T} \, dT \quad (4.91)$$

Unter der Voraussetzung, dass die Systemtemperatur nahe der Schmelzpunkt-Temperatur ist, erhält man die vereinfachte Form

$$\boxed{\ln \left(\frac{\gamma_i^l x_i^l}{\gamma_i^s x_i^s}\right) = -\frac{\Delta_f H_i(T_{f,i})}{RT} \left(1 - \frac{T}{T_{f,i}}\right) \quad i = 1, \ldots, K} \quad (4.92)$$

Die Gln. (4.92) stellen ein Gleichungssystem aus K Gleichungen dar, aus dem die Löslichkeiten x_i^l und x_i^s in Abhängigkeit der Temperatur berechnet werden können, wenn die Reinstoffdaten $\Delta_f H_i$ und $T_{f,i}$ und die Mischungsdaten γ_i^l und γ_i^s für die flüssige und feste Mischphase bekannt sind. Trägt man die zu einer Temperatur gehörenden Löslichkeiten in ein Diagramm ein, so erhält man das Phasendiagramm.

Beispiel

Für das ideale System Niob(1)/Tantal(2) sind die Löslichkeiten x_i^l und x_i^s bei 1 bar in Abhängigkeit von der Temperatur zu berechnen und in ein T, x-Diagramm einzutragen. Die molaren Schmelzenthalpien sind $\Delta_f H_1 = 30{,}01\,\text{kJ mol}^{-1}$ und $\Delta_f H_2 = 36{,}57\,\text{kJ mol}^{-1}$. Die Normalschmelzpunkte sind $T_{f,1} = 2750\,\text{K}$ und $T_{f,2} = 3290\,\text{K}$.

Lösung: Die Berechnungen gehen auf Gl. (4.92) zurück, wobei die Aktivitätskoeffizienten den Wert Eins annehmen, da das betrachtete System ideal ist. Nach dem Delogarithmieren folgt wegen $x_2^l = 1 - x_1^l$ und $x_2^s = 1 - x_1^s$ für die beiden Komponenten

$$x_1^l = x_1^s \exp\left[-\frac{\Delta_f H_1}{RT}\left(1 - \frac{T}{T_{f,1}}\right)\right] \tag{I}$$

$$1 - x_1^l = \left(1 - x_1^s\right) \exp\left[-\frac{\Delta_f H_2}{RT}\left(1 - \frac{T}{T_{f,2}}\right)\right]$$

Diese Gleichungen werden addiert und die resultierende Gleichung wird nach x_1^s aufgelöst:

$$x_1^s = \frac{1 - \exp\left[-\frac{\Delta_f H_2}{RT}\left(1 - \frac{T}{T_{f,2}}\right)\right]}{\exp\left[-\frac{\Delta_f H_1}{RT}\left(1 - \frac{T}{T_{f,1}}\right)\right] - \exp\left[-\frac{\Delta_f H_2}{RT}\left(1 - \frac{T}{T_{f,2}}\right)\right]} \tag{II}$$

Setzt man x_1^s in Gl. (I) ein, so kann dann auch x_1^l berechnet werden.

Die Werte für die Schmelzenthalpien und die Schmelzpunkte der reinen Komponenten werden in die Gln. (I) und (II) eingesetzt, x_1^s und x_1^l werden für einige Temperaturen berechnet (s. Tabelle) und in ein Schmelzdiagramm eingezeichnet.

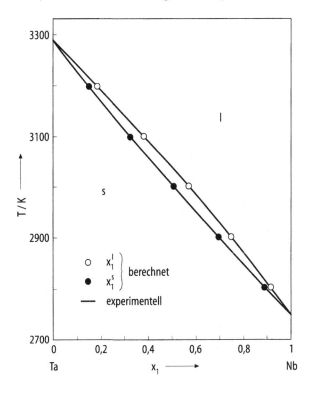

T/K	x_1^{s}	x_1^{l}
2750	1	1
2800	0,8979	0,9192
2900	0,7008	0,7501
3000	0,5119	0,5711
3100	0,3300	0,3827
3200	0,1540	0,1852
3290	0	0

Die Gegenüberstellung mit Literaturdaten zeigt, dass die Abweichungen der berechneten von den experimentellen Daten nur gering sind.

Verteilung eines Feststoffes zwischen zwei flüssigen Phasen
Abschließend sei erwähnt, dass die Verteilung eines Feststoffes zwischen zwei nichtmischbaren Flüssigkeiten in gleicher Weise beschrieben werden kann wie die Verteilung einer flüssigen Komponente zwischen zwei Flüssigkeiten (s. Abschn. 4.2.2). Der dort hergeleitete Nernstsche Verteilungssatz gilt ebenso für die Verteilung eines Feststoffes zwischen zwei Flüssigkeiten, und die Gleichungen für den Verteilungskoeffizienten sind unverändert anwendbar.

4.6 Dampf-Feststoff- und Dampf-Flüssigkeits-Feststoff-Gleichgewicht

Dampf-Feststoff-Gleichgewicht
Der Vorgang, bei dem ein Feststoff direkt in den gasförmigen Zustand übergeht, heißt *Sublimation*; der umgekehrte Vorgang des Auskristallisierens aus dem gasförmigen Zustand heißt *Desublimation*. Einige thermische Trennprozesse beruhen auf der Sublimation und Desublimation. Bei der Gefriertrocknung von Lebensmitteln wird das Produkt tiefgefroren und dann das im Gefriergut enthaltene auskristallisierte Wasser unter Hochvakuum direkt in den gasförmigen Zustand überführt. Eine Abtrennung von Gasen aus Gasgemischen kann über die Desublimation gelingen, wenn das Gemisch desublimierfähige Komponenten enthält, die aus der Dampfphase auskristallisieren und so dem Gasgemisch entzogen werden.

Solche Gleichgewichte werden in diesem Paragraphen kurz diskutiert.

Aus einem Dampfgemisch kristallisiere Komponente i rein aus, d. h. die anderen Komponenten $j \neq i$ seien nicht in der festen Phase löslich. Der Molenbruch von Komponente i in der Dampfphase soll in Abhängigkeit von Druck und Temperatur berechnet werden.

Wenn Komponente i im Dampf (v) und als reiner Feststoff (s) im Gleichgewicht vorliegt, müssen die Fugazitäten dieser Komponente im Dampf, f_i^{v}, und im reinen Feststoff, $f_i^{0,\mathrm{s}}$, übereinstimmen. Die Gleichgewichtsbedingung der Fugazitätengleichheit Gl. (4.6) lautet für das Dampf-Feststoff-Gleichgewicht

$$\boxed{f_i^{0,\mathrm{s}} = f_i^{\mathrm{v}} \quad (i = 1, \ldots, K)}$$

(4.93)

Die Fugazität der Komponente i in der Dampfphase ist

$$f_i^{\mathrm{v}} = \varphi_i^{\mathrm{v}} y_i p \quad (i = 1, \ldots, K)$$

wobei y_i der Molenbruch und φ_i^{v} der Fugazitätskoeffizient der Komponente i in der Dampfphase und p der Systemdruck bedeuten.

Für mäßige Drücke ist die Fugazität der Komponente i im festen Zustand durch die Gln. (2.186) und (2.188) gegeben:

$$f_i^{0,\mathrm{s}} = \varphi_i^0 p_i^0 \exp\left(V_i^0 \frac{p - p_i^0}{RT}\right) \quad (i = 1, \ldots, K)$$

wobei φ_i^0 der Fugazitätskoeffizient des beim Sublimationsdruck p_i^0 im Gleichgewicht mit dem Festkörper stehenden Dampfes ist und V_i^0 das Molvolumen der reinen kondensierten Komponente i. Die Gleichgewichtsbedingung Gl. (4.93) lautet also

$$\boxed{y_i \varphi_i^{\mathrm{v}} p = \varphi_i^0 p_i^0 \exp\left(V_i^0 \frac{p - p_i^0}{RT}\right) \quad (i = 1, \ldots, K)}$$

(4.94)

φ_i^0, p_i^0 und V_i^0 sind Reinstoffgrößen, φ_i^{v} hängt von der Zusammensetzung des Dampfes ab.

φ_i^0 und φ_i^{v} berücksichtigen, dass das Verhalten der Dampfphase von dem des idealen Gases abweichen kann, und der Poynting-Faktor $\exp\left(V_i^0 \dfrac{p - p_i^0}{RT}\right)$ beschreibt den Einfluss des Druckes auf die Fugazität des Festkörpers. Wenn der Systemdruck p nicht stark von dem Sublimationsdruck p_i^0 abweicht, ist die Poyntingkorrektur vernachlässigbar. Außerdem können häufig wegen des meist geringen Sublimationsdruckes $\varphi_i^0 \approx 1$ und $\varphi_i^{\mathrm{v}} \approx 1$ gesetzt werden. Fasst man diese Korrekturfaktoren geeignet in einen Faktor $F_i = \dfrac{\varphi_i^0}{\varphi_i^{\mathrm{v}}} \exp\left(V_i^0 \dfrac{p - p_i^0}{RT}\right)$ zusammen, so vereinfacht sich Gl. (4.94) zu

$$\boxed{y_i p = p_i^0 F_i \quad (i = 1, \ldots, K)}$$

(4.95)

wobei $F_i \approx 1$ für nicht zu hohe Drücke gilt. Der Molenbruch y_i ist also näherungsweise umgekehrt proportional zum Systemdruck und proportional zum Sublimationsdruck und über diesen abhängig von der Temperatur.

Beispiel

Aus einem Gasgemisch, das $10\,\text{mol}\%$ CO_2(1) und $90\,\text{mol}\%$ N_2(2) enthält, soll CO_2 durch isotherme Kompression bei $183\,\text{K}$ auskristallisiert werden. Welcher Druck ist nötig, um die Hälfte des in der Mischung enthaltenen CO_2 zu entfernen?

Die Gasphase beschreibe man mit der Virialgleichung ($B_{11} = -340\,\text{cm}^3\,\text{mol}^{-1}$, $B_{22} = -44\,\text{cm}^3\,\text{mol}^{-1}$, $B_{12} = -130\,\text{cm}^3\,\text{mol}^{-1}$). Der Sublimationsdampfdruck von CO_2 bei $183\,\text{K}$ ist $p_1^0 = 0{,}373\,\text{bar}$.

Lösung: Das Gleichgewicht zwischen CO_2 in der gasförmigen Mischphase und dem reinen auskristallisierten CO_2 lässt sich durch Gl. (4.94) beschreiben. Da der Sublimationsdruck p_1^0 ausreichend gering ist, kann $\varphi_1^0 \approx 1$ gesetzt werden. Setzt man zunächst die Poynting-Korrektur ebenfalls gleich Eins, so vereinfacht sich die Gleichgewichtsbedingung zu $y_1 \varphi_1^v p = p_1^0$, wobei φ_1^v mit der Virialgleichung berechnet wird (Gln. (3.166a), (3.166b) und (3.167)): Vor der Desublimation von CO_2 besteht die Mischung anteilmäßig aus $90\,\text{mol}$ N_2 und $10\,\text{mol}$ CO_2; durch die Desublimation werden $5\,\text{mol}$ CO_2 entfernt, so dass die Zusammensetzung des Dampfes dann $y_1 = 5/95 = 0{,}0526$, $y_2 = 0{,}9474$ beträgt, man für den Viralkoeffizienten der Mischung $B = -53\,\text{cm}^3\,\text{mol}^{-1}$ erhält und für den Fugazitätskoeffizienten von CO_2 in der Dampfphase $\ln \varphi_1^v = -0{,}01506\,p/\text{bar}$. Eingesetzt in obige Gleichgewichtsbedingung folgt: $p\exp(-0{,}01506p/\text{bar}) = p_1^0/y_1 = 7{,}09\,\text{bar}$. Löst man diese Gleichung numerisch nach p, so erhält man $p = 8\,\text{bar}$. Berechnet man mit diesem Wert für p die Poynting-Korrektur, so liegt diese sehr nahe bei Eins, so dass sie vernachlässigt werden darf.

Dampf-Flüssigkeits-Feststoff-Gleichgewicht

Das Dreiphasengleichgewicht tritt auf, wenn einer Flüssigkeit soviel Feststoff hinzugegeben wird, dass nicht alles gelöst werden kann und der Feststoff als Bodensatz ausfällt. Dann stehen die flüssige Mischphase, die an der Feststoffkomponente gesättigt ist, mit dem reinen Feststoff und der Dampfphase im Gleichgewicht. Wenn die Löslichkeit nicht zu groß ist, lässt sich die Sättigungskonzentration mit der Henry-Konstanten ausdrücken, wie nun gezeigt werden soll.

Die Gleichgewichtsbedingung besagt, dass der Feststoff (Komponente 2) in allen drei Phasen die gleiche Fugazität hat:

$$f_2^1 = f_2^v = f_2^{0,\text{s}}$$

Die hierin enthaltene Bedingung, dass die Fugazität der Feststoffkomponente in der flüssigen Mischphase, f_2^1, mit der Fugazität des reinen Feststoffes im Bodensatz, $f_2^{0,\text{s}}$, übereinstimmt, entspricht Gl. (4.93), die sich für moderate Drücke zu Gl. (4.95) vereinfacht:

$$y_2 p \approx p_2^0$$

Der Partialdruck ist somit etwa gleich dem Sublimationsdruck der reinen Komponente bei Systemtemperatur. Ist die Löslichkeit von Komponente 2 in der Flüssigkeit ausreichend

Tab. 4.4 Löslichkeit x_2 und Henry-Konstante $H_{2,1}$ verschiedener organischer Feststoffe (Komponente 2) in Wasser (Komponente 1) bei 25 °C

Verbindung	x_2	$H_{2,1}/\text{bar}$
Biphenyl	$8{,}4 \cdot 10^{-7}$	$1{,}6 \cdot 10^1$
Naphthalin	$4{,}4 \cdot 10^{-6}$	$2{,}4 \cdot 10^1$
Anthracen	$6{,}3 \cdot 10^{-9}$	$2{,}2$
Phenanthren	$1{,}1 \cdot 10^{-7}$	$1{,}8$
Pyren	$1{,}2 \cdot 10^{-8}$	$5{,}1 \cdot 10^{-1}$

klein, so dass das Henrysche Gesetz erfüllt ist, dann gilt für die Henry-Konstante

$$H_{2,1} = \frac{p_2}{x_2} \approx \frac{p_2^0}{x_2}$$

Die Löslichkeit x_2 lässt sich also aus der Henry-Konstante und dem Sublimationsdruck berechnen.

In Tab. 4.4 sind die Sättigungsmolenbrüche und Henry-Konstanten für die Lösung einiger organischer Verbindungen in Wasser wiedergegeben.

4.7 Kolligative Eigenschaften verdünnter Lösungen

Im Winter streut(e) man Salz auf die Straßen, um Schnee und Eis zu schmelzen und damit Glätte zu verhindern. Dem Wasser der Autoscheibenwaschanlage wird im Winter Glykol beigemischt, um den Gefrierpunkt des Wassers herabzusetzen, damit es nicht einfriert. Fleisch kann durch Pökeln konserviert werden; dazu legt man es in eine Salzlake, die dem Fleisch Wasser entzieht, um es vor dem Verderben zu bewahren. Gewebe von Organismen können ihren Wasserhaushalt regeln, indem Wasser durch die Zellmembranen von der verdünnteren in die konzentriertere Lösung tritt, was zur einem veränderten Druck in den Zellen führt.

Wird in einem Lösungsmittel eine Substanz gelöst, so hat die Lösung einen niedrigeren Dampfdruck, einen höheren Siedepunkt, einen niedrigeren Gefrierpunkt und einen osmotischen Druck gegenüber dem reinen Lösungsmittel. Die Ursache für diese Phänomene ist die Abnahme des chemischen Potentials eines Lösungsmittels, wenn in ihm eine Substanz gelöst wird. Es zeigt sich, dass in verdünnten Lösungen diese Effekte nicht von dem molekularen Aufbau der Substanz, sondern nur von der Art des Lösungsmittels und von der Anzahl der gelösten Teilchen in der Lösung abhängen. Dampfdruckerniedrigung, Siedepunktserhöhung, Gefrierpunktserniedrigung und Osmose heißen daher *kolligative Eigenschaften* (colligare, lat. = sammeln).

In diesem Paragraphen werden Gleichungen für die Dampfdruckerniedrigung und die daraus resultierende Siedepunktserhöhung und Gefrierpunktserniedrigung sowie den osmotischen Druck hergeleitet für *verdünnte Lösungen*, d. h. Mischphasen, in denen eine

Komponente, das *Lösungsmittel*, im Überschuss vorliegt, in der die anderen Komponenten, die *gelösten Komponenten*, in geringer Konzentration enthalten sind. Da es hier u. a. um Dampf-Flüssigkeits-Gleichgewichte (Siedepunkt) und Fest-Flüssig-Gleichgewichte (Gefrierpunkt) geht, gibt es z. T. Überschneidungen mit Ergebnissen aus den Paragraphen 4.3 und 4.6.

4.7.1 Dampfdruckerniedrigung, Siedepunktserhöhung und Gefrierpunktserniedrigung

Es wird das Gleichgewicht zwischen zwei Phasen, einer flüssigen Mischphase und einer Nachbarphase aus der reinen Lösungsmittelkomponente in fester oder gasförmiger Form betrachtet. Die gelöste Komponente trete also weder in der Dampfphase noch in der festen Phase auf, d. h. sie sei nicht flüchtig und nicht im festen Lösungsmittel löslich. Zur Verdeutlichung denke man beispielsweise an eine wässrige Kochsalzlösung, die im Gleichgewicht mit reinem Eis oder mit der reinen Wasserdampfphase steht. Es soll berechnet werden, wie sich Dampfdruck, Siede- und Gefrierpunkt der Lösung gegenüber den Werten des reinen Lösungsmittels verändern.

Dampfdruckerniedrigung

Die Phasen und Komponenten seien folgendermaßen gekennzeichnet: α sei die Mischphase und β die reine Nachbarphase, das Lösungsmittel werde durch den Index 1 und der gelöste Stoff durch den Index 2 gekennzeichnet. Der Partialdruck des im Überschuss vorhandenen Lösungsmittels lässt sich nach dem Raoultschen Gesetz Gl. (3.58) zu $p_1 = x_1^\alpha p_1^0$ berechnen, wobei x_1^α der Molenbruch des Lösungsmittels in der Mischphase und p_1^0 der Sättigungsdampfdruck des reinen Lösungsmittels bedeuten. Da gemäß der Voraussetzung die gelöste Substanz nicht flüchtig ist, ist ihr Partialdruck über der Mischung gleich Null und der Dampfdruck über der Lösung p_1. Im Vergleich zum Dampfdruck des reinen Lösungsmittels p_1^0 ist der Dampfdruck der Lösung verringert um $\Delta p = p_1^0 - p_1 = (1 - x_1^\alpha) p_1^0$.

Mit $x_2^\alpha = 1 - x_1^\alpha$ folgt, dass die *Dampfdruckerniedrigung*

$$\boxed{\Delta p = x_2^\alpha p_1^0} \tag{4.96}$$

direkt proportional zum Molenbruch x_2^α der gelösten Komponente ist, mit dem Sättigungsdampfdruck des reinen Lösungsmittels als Proportionalitätskonstante.

Elektrolyte dissoziieren bei dem Lösungsvorgang, so dass mehr Teilchen in der Lösung vorliegen als der Anzahl hinzugefügter Elektrolytmoleküle entspricht. Der *Dissoziationsgrad δ* gibt an, wie stark der Elektrolyt dissoziiert, d. h. wie viel Mole dissoziiert vorliegen in Relation zur Molzahl des Elektrolyten vor der Dissoziation: Wenn n_2 die Molzahl der Elektrolytkomponente in der Lösung bezeichnet (entsprechend der Einwaage des Elektrolyten) und $n_{2,d}$ die Molzahl derer die dissoziieren, dann ist der Dissoziationsgrad

$$\delta = \frac{n_{2,d}}{n_2} \tag{4.97}$$

Entstehen aus einem Elektrolytmolekül bei vollständiger Dissoziation k Teilchen, dann bilden sich aus n_2 Molen gelösten Elektrolyts $n_2\delta k$ Mole Ionen und $n_2 - n_2\delta$ Mole liegen undissoziiert vor. In der Lösung sind also insgesamt $n_2\delta k + n_2(1-\delta) = n_2[1 + \delta(k-1)]$ Teilchen gelöst, und der Molenbruch gelöster Teilchen in der verdünnten Lösung ist

$$x_2'^\alpha = x_2^\alpha[1 + \delta(k-1)] \tag{4.98}$$

Für Elektrolytlösungen ohne interionische Wechselwirkungen muss daher in Gl. (4.96) x_2^α durch das Produkt $x_2^\alpha[1 + \delta(k-1)]$ ersetzt werden. Für Ammoniumsulfat beispielsweise, das in wässriger Lösung vollständig dissoziiert ($\delta = 1$) und dabei drei Ionen bildet (zwei NH_4^+ und ein SO_4^{2-}, $k = 3$), ist $[1 + \delta(k-1)] = 3$. Wollte man interionische Wechselwirkungen berücksichtigen, müsste man zusätzlich einen konzentrationsabhängigen Faktor, den Aktivitätskoeffizienten, einführen, worauf im Rahmen dieses Buches verzichtet wird.

Beispiel

Es soll die Dampfdruckerniedrigung einer Benzol-Lösung bei 25 °C, die 20 g Naphthalin(2) in 1 l Benzol(1) gelöst enthält, berechnet werden. Die Lösung kann als ideal angesehen werden. Die Molmassen der Komponenten entnehme man Tab. A.20, den Dampfdruck reinen Benzols berechne man mit den Daten der Tab. A.23. Die Dichte reinen Benzols bei 25 °C ist $\rho_1 = 0{,}885\,\text{g cm}^{-3}$.

Lösung: Aus den angegebenen Einwaagen und den Molmassen lässt sich zunächst der Molenbruch der Lösung berechnen:

$$V = 1\,\text{l Benzol entspricht } n_1 = \frac{\rho_1 V}{M_1} = \frac{0{,}885\,\text{g cm}^{-3}\,1000\,\text{cm}^3}{78{,}114\,\text{g mol}^{-1}} = 11{,}330\,\text{mol}$$

$$m_2 = 20\,\text{g Naphthalin entspricht } n_2 = \frac{m_2}{M_2} = \frac{20\,\text{g}}{128{,}174\,\text{g mol}^{-1}} = 0{,}156\,\text{mol}$$

Die Zusammensetzung der Lösung ist daher $x_2^\alpha = n_2/(n_1 + n_2) = 1{,}36 \cdot 10^{-2}$.

Der Dampfdruck reinen Benzols für 25 °C folgt aus der Antoine-Gleichung zu $p_1^0 = 126{,}85\,\text{mbar}$. Daher ist die Dampfdruckerniedrigung nach Gl. (4.96) $\Delta p = x_2^\alpha p_1^0 = 1{,}73\,\text{mbar}$. Der Druck über der Lösung ist daher unter der Voraussetzung, dass Naphthalin nicht flüchtig ist, um 1,4 % geringer als über reinem Benzol.

Dampfdruckerniedrigung, Siedepunktserhöhung und Gefrierpunktserniedrigung im p, T-Diagramm

Die Erniedrigung des Dampfdrucks lässt sich im p, T-Diagramm veranschaulichen. Abb. 4.43 zeigt den Gleichgewichtsdruck reinen Wassers in Abhängigkeit der Temperatur

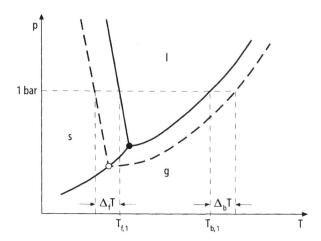

Abb. 4.43 Schematische Darstellung der Dampfdruckerniedrigung durch Lösen einer Substanz in Wasser anhand des p, T-Diagramms. Das Diagramm lässt die durch die gelöste Substanz verursachte Gefrierpunktserniedrigung $\Delta_f T$ und Siedepunktserhöhung $\Delta_b T$ erkennen. $T_{f,1}$ und $T_{b,1}$ sind Normalschmelzpunkt bzw. Normalsiedepunkt des reinen Lösungsmittels. —— reines Lösungsmittel, ● Tripelpunkt des reinen Lösungsmittels, ----- Lösung, ○ Tripelpunkt der Lösung

für die drei Phasengleichgewichte: die Sublimationsdruckkurve für das Feststoff-Gas-Gleichgewicht, die Schmelzdruckkurve für das Fest-Flüssig-Gleichgewicht und die Dampfdruckkurve für das Dampf-Flüssigkeits-Gleichgewicht. Die drei Kurven treffen sich im Tripelpunkt, in dem die drei Phasen im Gleichgewicht sind. Ist in Wasser eine Substanz gelöst, die weder in die Dampfphase noch in Eis übergeht, so erniedrigt sich der Dampfdruck über der Lösung, die Dampfdruckkurve der Lösung verläuft also unterhalb derjenigen für das reine Lösungsmittel (gestrichelte Kurve in Abb. 4.43). Auch die Schmelzdruckkurve ist zu kleineren Drücken hin verschoben; lediglich die Sublimationsdruckkurve ändert ihren Verlauf nicht, da der gelöste Stoff weder in die Dampfphase noch in die feste Phase übergeht, und die im Gleichgewicht stehenden Phasen Festkörper und Dampf beide aus reinem Lösungsmittel bestehen.

Ursache für die Dampfdruckerniedrigung sind nicht die unterschiedlichen physikalisch-chemischen Eigenschaften der Komponenten, denn es war bei der Herleitung ja vorausgesetzt worden, dass die Lösung ideal ist. Der Grund ist vielmehr die mit der Lösung der Substanz verbundene Zunahme an Entropie, da der gelöste Stoff zu einer höheren Unordnung in der Lösung gegenüber der des reinen Lösungsmittels führt, so dass das Bestreben der Flüssigkeit, in den gasförmigen Zustand überzugehen, abnimmt. Daher ist der Dampfdruck der Lösung niedriger als der des Lösungsmittels, bzw. man muss die Temperatur der Lösung über den Siedepunkt des reinen Lösungsmittels hinaus erhöhen, um denselben Dampfdruck zu erhalten wie für das Lösungsmittel. Die Lösung zeigt also eine *Siedepunktserhöhung* $\Delta_b T$. Ähnliches gilt auch für die Schmelzkurve: Aufgrund der höheren Entropie der Lösung gegenüber der des Lösungsmittels ist die Flüssigkeit weniger bestrebt, den sehr geordneten Zustand des Festkörpers einzunehmen; um die Lösung zu gefrieren, muss daher die Temperatur unter den Gefrierpunkt des Lösungsmittels gesenkt werden. Man erhält also eine *Gefrierpunktserniedrigung* $\Delta_f T$.

Es gilt zu bedenken, dass Abb. 4.43 nur für Wasser und wenige andere Stoffe gilt, die aufgrund einer Dichteanomalie eine fallende Schmelzdruckkurve im p, T-Diagramm zeigen (s. Abschn. 2.4.12). Die Mehrzahl der Stoffe hat eine ansteigende Schmelzdruckkurve, und das p, T-Diagramm ändert sich entsprechend gegenüber Abb. 4.43; an der Diskussion bzgl. der Gefrierpunktserniedrigung als Folge der Entropiezunahme der Lösung ändert dies allerdings nichts.

Berechnung der Siedepunktserhöhung und Gefrierpunktserniedrigung

Es sollen nun Beziehungen hergeleitet werden, die die isobare Siedepunktserhöhung $\Delta_b T$ und Gefrierpunktserniedrigung $\Delta_f T$ mit der Konzentration der gelösten Substanz und den Eigenschaften des Lösungsmittels verknüpfen. Dazu geht man von der Gleichgewichtsbedingung aus, dass das chemische Potential der Lösungsmittelkomponente in der Mischphase gleich dem in der reinen Nachbarphase ist. Dies lässt sich anhand der Abb. 4.44 veranschaulichen. Dort sind für das reine Lösungsmittel(1) die chemischen Potentiale $\mu_1^{0,s}$, $\mu_1^{0,l}$ und $\mu_1^{0,g}$ der drei Phasen (fest, flüssig, gasförmig) in Abhängigkeit der Temperatur dargestellt. Da für Reinstoffe das chemische Potential gleich der molaren freien Enthalpie ist (s. Abschn. 3.1.7), kann man μ_1^0 durch die molare Enthalpie H_1^0 und die mo-

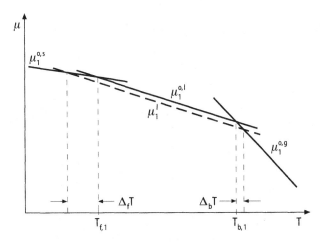

Abb. 4.44 Temperaturabhängigkeit des chemischen Potentials der Lösungsmittelkomponente(1) für die feste ($\mu_1^{0,s}$), flüssige ($\mu_1^{0,l}$) und gasförmige ($\mu_1^{0,g}$) Phase. Durch das Lösen einer Substanz im flüssigen Lösungsmittel verringert sich das chemische Potential der Lösungsmittelkomponente in der Lösung auf μ_1^l, so dass sich der Siedepunkt $T_{b,1}$ um $\Delta_b T$ zu höheren Werten verschiebt und der Gefrierpunkt $T_{f,1}$ um $\Delta_f T$ zu niedrigeren Werten. Dabei ist die Änderung des Erstarrungspunktes größer als die des Siedepunktes, da $\mu_1^{0,s}$ flacher verläuft als $\mu_1^{0,g}$. Es wird vorausgesetzt, dass feste und gasförmige Phase aus reiner Lösungsmittelkomponente bestehen. —— reines Lösungsmittel, ----- Lösung

lare Entropie S_1^0 des reinen Lösungsmittels ausdrücken gemäß $\mu_1^0 = H_1^0 - TS_1^0$. Nimmt man an, dass H_1^0 und S_1^0 weitgehend temperaturunabhängig sind und berücksichtigt man, dass nach dem dritten Hauptsatz der Thermodynamik die Entropie eines Stoffes oberhalb des absoluten Nullpunkts positiv ist, so folgt, dass μ_1^0 linear mit zunehmender Temperatur fällt. Da die gasförmige Phase den geringsten Ordnungszustand und damit die größte Entropie aufweist, verläuft das chemische Potential der Gasphase, $\mu_1^{0,\mathrm{g}}(T)$, am steilsten. Der Schnittpunkt zweier $\mu_1^0(T)$-Geraden gibt die Temperatur an, bei der die beiden Phasen miteinander im Gleichgewicht stehen, d. h. der Schnittpunkt $\mu_1^{0,\mathrm{s}} = \mu_1^{0,\mathrm{l}}$ gibt den Schmelzpunkt an, und $\mu_1^{0,\mathrm{g}} = \mu_1^{0,\mathrm{l}}$ den Siedepunkt. Fügt man dem reinen Lösungsmittel einen Stoff hinzu, der laut Voraussetzung weder in die Gasphase noch in die feste Phase übergeht, so bleiben $\mu_1^{0,\mathrm{s}}(T)$ und $\mu_1^{0,\mathrm{g}}(T)$ unverändert die Kurven des reinen Lösungsmittels. Das chemische Potential der Lösungsmittelkomponente in der flüssigen Mischung ändert sich jedoch, denn nach Gl. (3.91) gilt für ihren Wert in der Lösung $\mu_1^\mathrm{l} = \mu_1^{0,\mathrm{l}} + RT \ln a_1^\mathrm{l}$, wobei a_1^l die Aktivität des Lösungsmittels in der Lösung ist. Da immer $a_1^\mathrm{l} < 1$ ist, ist $\mu_1^\mathrm{l} < \mu_1^{0,\mathrm{l}}$, und das chemische Potential der Lösung verläuft unterhalb dem des reinen Lösungsmittels. Daher verschieben sich die Schnittpunkte und damit die Temperaturen für das Siede- und Schmelzgleichgewicht gegenüber denen des reinen Lösungsmittels (s. Abb. 4.44).

T_b bezeichne den Siedepunkt und T_f den Gefrierpunkt der Lösung, $T_{\mathrm{b},1}$ und $T_{\mathrm{f},1}$ seien die entsprechenden Werte für das reine Lösungsmittel(1). Die Siedetemperatur des reinen Lösungsmittels ist gegenüber der des reinen Lösungsmittels erhöht um die *Siedepunktserhöhung*

$$\boxed{\Delta_\mathrm{b} T = T_\mathrm{b} - T_{\mathrm{b},1}} \tag{4.99}$$

wohingegen die Erstarrungstemperatur der Lösung um die *Gefrierpunktserniedrigung*

$$\boxed{\Delta_\mathrm{f} T = T_{\mathrm{f},1} - T_\mathrm{f}} \tag{4.100}$$

niedriger ist als die des reinen Lösungsmittels.

Sei $\mu_1^{0,\alpha}$ das chemische Potential des reinen Lösungsmittels im flüssigen Zustand, dann ist das chemische Potential des Lösungsmittels in der Lösung (s. Gl. (3.91))

$$\mu_1^\alpha = \mu_1^{0,\alpha} + RT \ln a_1^\alpha$$

wobei a_1^α die Aktivität des Lösungsmittels in der Lösung bezeichnet. Die Lösung steht im Gleichgewicht mit der Phase β, der reinen Nachbarphase (Lösungsmittelkomponente), die das chemische Potential $\mu_1^{0,\beta}$ hat. Die Gleichgewichtsbedingung $\mu_1^\alpha = \mu_1^{0,\beta}$ lautet daher

$$\mu_1^{0,\alpha} + RT \ln a_1^\alpha = \mu_1^{0,\beta}$$

Sie wird nach $\ln a_1^\alpha$ aufgelöst, und es wird die Ableitung nach der Temperatur bei konstantem Druck und konstanter Konzentration gebildet:

$$\left(\frac{\partial \ln a_1^\alpha}{\partial T}\right)_{p,x} = \left[\frac{\partial}{\partial T}\left(\frac{\mu_1^{0,\beta} - \mu_1^{0,\alpha}}{RT}\right)\right]_{p,x}$$

Wendet man die allgemeine Beziehung $\frac{\partial}{\partial T}\left(\frac{G}{T}\right) = -\frac{H}{T^2}$ auf die chemischen Potentiale $\mu_1^{0,\alpha}$ und $\mu_1^{0,\beta}$ an, so folgt

$$\left(\frac{\partial \ln a_1^\alpha}{\partial T}\right)_{p,x} = -\frac{H_1^{0,\beta} - H_1^{0,\alpha}}{RT^2} \tag{4.101}$$

wobei $H_1^{0,\beta}$ die partielle molare Enthalpie des Lösungsmittels in der reinen Nachbarphase und $H_1^{0,\alpha}$ die partielle molare Enthalpie des reinen Lösungsmittels im flüssigen Zustand darstellt. Durch Integration können hieraus Gleichungen für $\Delta_b T$ und $\Delta_f T$ in Abhängigkeit von der Konzentration hergeleitet werden:

Wenn Gl. (4.101) auf das Siedegleichgewicht zwischen der Dampfphase β und der Flüssigphase α angewendet wird, so ist $H_1^{0,\beta} - H_1^{0,\alpha} = \Delta_b H_1$ die molare Verdampfungsenthalpie des Lösungsmittels. Es gilt also

$$\left(\frac{\partial \ln a_1^\alpha}{\partial T}\right)_{p,x} = -\frac{\Delta_b H_1}{RT^2}$$

Hieraus folgt durch Integration zwischen den Grenzen $T_{b,1}$ und T_b

$$\ln a_1^\alpha = \frac{\Delta_b H_1}{R}\left(\frac{1}{T_b} - \frac{1}{T_{b,1}}\right) \tag{4.102}$$

wenn $\Delta_b H_1$ im Temperaturbereich zwischen der Siedetemperatur der Lösung, T_b, und der Siedetemperatur des reinen Lösungsmittels, $T_{b,1}$, als temperaturunabhängig vorausgesetzt wird. Außerdem wurde berücksichtigt, dass bei der Integrationsgrenze $T_{b,1}$ das reine Lösungsmittel die Aktivität $a_1^\alpha = 1$ hat. Gl. (4.102) beschreibt die Abhängigkeit des Siedepunktes T_b von der Aktivität der Lösung.

Gl. (4.102) kann unter der in Abschn. 4.7 getroffenen Voraussetzung verdünnter Lösungen vereinfacht werden. Erstens lässt sich dann das Raoultsche Gesetz anwenden, so dass $a_1^\alpha = x_1^\alpha$, und wegen $x_2^\alpha \ll 1$, ergibt sich $\ln a_1^\alpha = \ln x_1^\alpha = \ln\left(1 - x_2^\alpha\right) \approx -x_2^\alpha$. Einsetzen in Gl. (4.102) liefert

$$x_2^\alpha = -\frac{\Delta_b H_1}{R}\left(\frac{1}{T_b} - \frac{1}{T_{b,1}}\right) \tag{4.103}$$

Diese Gleichung gibt den Siedepunkt in Abhängigkeit der Konzentration des gelösten Stoffes an, umgekehrt lässt sich aus ihr auch bei bekanntem Siedepunkt der Molenbruch x_2^α berechnen. Zweitens unterscheidet sich der Siedepunkt der verdünnten Lösung nicht stark von der des Lösungsmittels, so dass sich der Klammerausdruck in Gl. (4.103) vereinfachen lässt: $1/T_b - 1/T_{b,1} = (T_{b,1} - T_b)/T_b T_{b,1} \approx -\Delta_b T/T_{b,1}^2$. Damit folgt aus Gl. (4.103)

$$x_2^\alpha = \frac{\Delta_b H_1}{RT_{b,1}^2}\Delta_b T$$

Die isobare Siedepunktserhöhung ist daher

$$\Delta_b T = R \frac{T_{b,1}^2}{\Delta_b H_1} x_2^\alpha \qquad (4.104)$$

Sie ist proportional zum Molenbruch der gelösten Substanz, wobei der Proportionalitätsfaktor nur von den Reinstoffdaten des Lösungsmittels abhängt und nicht von den Eigenschaften der gelösten Substanz. Die Siedepunktserhöhung ist umso größer, je höher die Siedetemperatur und je geringer die Verdampfungsenthalpie des Lösungsmittels ist.

Häufig formuliert man die Siedepunktserhöhung nicht mit dem Molenbruch x_2^α sondern mit der Molalität $m_2^{*\alpha}$ als Konzentrationsmaß, definiert als die pro kg Lösungsmittel gelöste Anzahl Mole der Komponente 2. In verdünnten Lösungen ist $m_2^{*\alpha} \approx x_2^\alpha / M_1$, wobei M_1 die Molmasse des Lösungsmittels bedeutet (s. Lüdecke und Lüdecke 2000). Eingesetzt in Gl. (4.104) folgt

$$\Delta_b T = K_b m_2^{*\alpha} \qquad (4.105a)$$

wobei die Lösungsmitteleigenschaften in dem *ebullioskopische Konstante* genannten Vorfaktor K_b zusammen gefasst sind:

$$K_b = R \frac{M_1 T_{b,1}^2}{\Delta_b H_1} \qquad (4.105b)$$

K_b entspricht der molaren Siedepunktserhöhung.

Die ebullioskopischen Konstanten einiger Lösungsmittel sind in Tab. A.26 enthalten.

Die Herleitung der isobaren Gefrierpunktserniedrigung für das Erstarrungsgleichgewicht zwischen der rein auskristallisierten β-Phase und der Mischphase α erfolgt ganz analog zu der jenigen für die Herleitung der isobaren Siedepunktserhöhung. Sie geht gleichermaßen auf Gl. (4.101) zurück, wobei $H_1^{0,\alpha} - H_1^{0,\beta} = \Delta_f H_1$ nun die molare Schmelzenthalpie des Lösungsmittels ist. Unter der Voraussetzung, dass die molare Schmelzenthalpie $\Delta_f H_1$ als temperaturunabhängig zwischen dem Gefrierpunkt des reinen Lösungsmittels, $T_{f,1}$, und dem Gefrierpunkt der Lösung, T_f, betrachtet werden kann, folgt durch Integration die Gleichheit

$$\ln a_1^\alpha = -\frac{\Delta_f H_1}{R} \left(\frac{1}{T_f} - \frac{1}{T_{f,1}} \right) \qquad (4.106)$$

(die der früher hergeleiteten Gl. (4.89) für die Löslichkeit von Feststoffen in Flüssigkeiten entspricht). Unter der Voraussetzung, dass die Mischphase eine verdünnte Lösung ist, also einerseits das Raoultsche Gesetz angewendet werden kann und andererseits der Schmelzpunkt der Lösung nicht stark von dem des reinen Lösungsmittels abweicht, erhält man mit den Rechenschritten, die zu Gl. (4.104) führten, nun analog

$$x_2^\alpha = \frac{\Delta_f H_1}{R T_{f,1}^2} \Delta_f T$$

Die isobare Gefrierpunktserniedrigung $\Delta_f T$ ist daher

$$\Delta_f T = R \frac{T_{f,1}^2}{\Delta_f H_1} x_2^\alpha \qquad (4.107)$$

Sie ist proportional zum Molenbruch der gelösten Substanz, wobei der Proportionalitätsfaktor nur von den Reinstoffdaten des Lösungsmittels abhängt und nicht von den Eigenschaften der gelösten Substanz.

Mit der Molalität $m_2^{*\alpha}$ als Konzentrationsmaß folgt aus Gl. (4.107) analog zu den Gln. (4.105a) und (4.105b) nun

$$\Delta_f T = K_f m_2^{*\alpha} \qquad (4.108a)$$

Darin ist K_f die nur von den Lösungsmitteleigenschaften abhängende *kryoskopische Konstante*, definiert durch

$$K_f = R \frac{M_1 T_{f,1}^2}{\Delta_f H_1} \qquad (4.108b)$$

Der Effekt der Gefrierpunktserniedrigung ist umso größer, je höher der Schmelzpunkt und je kleiner die Schmelzenthalpie des Lösungsmittels ist. Die kryoskopische Konstante entspricht der molaren Gefrierpunktserniedrigung, und sie ist für einige Lösungsmittel in Tab. A.26 enthalten.

Für ideal verdünnte Elektrolytlösungen ohne interionische Wechselwirkungen müssen, wie dies für die Dampfdruckerniedrigung dargelegt wurde, der Molenbruch x_2^α und die Molalität $m_2^{*\alpha}$ in den Gln. (4.104) und (4.105a) sowie in den Gln. (4.107) und (4.108a) mit dem Faktor $[1 + \delta(k - 1)]$ multipliziert werden, wobei δ der Dissoziationsgrad und k die Anzahl der Ionen, die aus einem Molekül entstehen, bedeuten.

Beispiel

Ethylenglykol ($C_2H_6O_2$) dient als Frostschutzmittel und wird der Scheibenwischerflüssigkeit in Fahrzeugen beigemischt. Man berechne, welches Volumen an Ethylenglykol(2) mit 1 l Wasser(1) vermischt werden muss, um den Gefrierpunkt des Wassers um 10 °C zu senken. Es darf vorausgesetzt werden, dass Wasser als reines Eis auskristallisiert und – mangels verfügbarer Mischungsdaten – sich Wasser/Glykol-Mischungen im betrachteten Konzentrationsbereich ideal verhalten. Gegeben seien die folgenden Reinstoffdaten: $M_1 = 18{,}02 \, \text{g mol}^{-1}$, $M_2 = 62{,}07 \, \text{g mol}^{-1}$, $\rho_1 = 0{,}997 \, \text{g cm}^{-3}$, $\rho_2 = 1{,}114 \, \text{g cm}^{-3}$. Die molare Schmelzenthalpie und die Schmelztemperatur von Wasser entnehme man Tab. A.25.

Lösung: Da nicht angenommen werden kann, dass die Voraussetzungen für Gl. (4.107) erfüllt sind, wird Gl. (4.106) verwendet, wobei wegen der Idealität der Mischphase

$a_1^\alpha = x_1^\alpha = 1 - x_2^\alpha$ gilt. Man setzt nun die Daten für das reine Lösungsmittel Wasser ein ($\Delta_f H_1 = 6{,}01\,\text{kJ}\,\text{mol}^{-1}$, $T_{f,1} = 273{,}15\,\text{K}$) und für den Schmelzpunkt der Mischung $T_f = 263{,}15\,\text{K}$, löst nach x_2^α auf und erhält $x_2^\alpha = 0{,}096$. Nach der Definition des Molenbruchs ist

$$x_2^\alpha = \frac{n_2}{n_1 + n_2} = \frac{\dfrac{m_2^\alpha}{M_2}}{\dfrac{m_1^\alpha}{M_1} + \dfrac{m_2^\alpha}{M_2}} = \left(\frac{m_1^\alpha}{M_1} \frac{M_2}{m_2^\alpha} + 1 \right)^{-1}$$

wobei m_1^α und m_2^α die Massen der Komponente 1 bzw. 2 in der Lösung α sind. Diese Gleichung wird nach m_2^α aufgelöst, es werden die Molmassen M_1 und M_2 sowie die Masse $m_1^\alpha = 997\,\text{g}$ für 1 l Lösungsmittel eingesetzt, und man erhält die nötige Masse Glykols zu $m_2^\alpha = 0{,}3646\,\text{kg}$. Dies entspricht dem Volumen $V_2 = m_2^\alpha / \rho_2 = 327{,}3\,\text{cm}^3$.

Kryoskopische Molmassenbestimmung
Die Siedepunktserhöhung und vor allem der i. a. größere Effekt der Gefrierpunktserniedrigung werden häufig zur Molmassenbestimmung unbekannter Substanzen angewendet. Zunächst bestimmt man aus der Messung der Gefrierpunktserniedrigung $\Delta_f T$ und der als bekannt vorausgesetzten kryoskopischen Konstante K_f des Lösungsmittels die Molalität $m_2^{*\alpha}$ der Lösung nach Gl. (4.108a). Mit der bekannten Masse m_1 des Lösungsmittels kann man daraus die Molzahl $n_2 = m_2^{*\alpha} m_1$ der gelösten Substanz berechnen. Die gesuchte Molmasse M_2 folgt dann mit der Einwaage m_2 der Substanz zu $M_2 = m_2 / n_2 = m_2 / (m_2^{*\alpha} m_1)$. Insgesamt ergibt sich damit folgende Gleichung zur Bestimmung von M_2:

$$\boxed{M_2 = \frac{m_2}{m_1} \frac{K_f}{\Delta_f T}} \tag{4.109}$$

Diese Methode ist für makromolekulare Verbindungen nicht geeignet, denn aufgrund ihrer großen Molmasse ist für sie der Effekt der Gefrierpunktserniedrigung zu klein (s. Bsp. in Abschn. 4.7.2).

4.7.2 Osmose

Eine Lösung sei von dem reinen Lösungsmittel durch eine semipermeable (halbdurchlässige) Membran getrennt, die nicht für alle Teilchen, sondern nur für bestimmte Moleküle oder Ionen durchlässig sei (s. Abb. 4.45). Können beispielsweise die Lösungsmittelmoleküle durch die Membran wandern und die gelösten Teilchen werden zurückgehalten, so steigt der Flüssigkeitsspiegel in dem Steigrohr der Zelle an und es baut sich ein Druckunterschied zwischen den durch die Membran getrennten Flüssigkeiten auf. Ursache dafür ist die Wanderung des Lösungsmittels durch die Membran in die Zelle, um die konzentriertere Lösung in der Zelle zu verdünnen. Diese Wanderung des Lösungsmittels heißt *Osmose*. Sie erfolgt solange, bis im Gleichgewicht der in der Zelle aufgebaute Druck ein weiteres

Abb. 4.45 Schematische Darstellung eines Osmose-Experiments

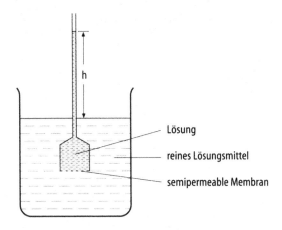

Eindringen der Lösungsmittelmoleküle verhindert. Die Differenz der Drücke beiderseits der Membran heißt *osmotischer Druck*.

Berechnung des osmotischen Druckes

Mischphase α und die Phase β des reinen Lösungsmittels seien durch eine semipermeable Wand getrennt, die nur die Lösungsmittelkomponente (Index 1), nicht aber die gelöste Substanz (Index 2) hindurch lässt. Aufgrund der Osmose sind im Gleichgewicht die Drücke in der Lösung, p^α, und in dem Lösungsmittel, p^β, nicht gleich, aber nach der Bedingung für stoffliches Gleichgewicht stimmen die chemischen Potentiale in den beiden Phasen überein. Es seien $\mu_1^\alpha(p^\alpha, x_1^\alpha)$ das chemische Potential der Lösungsmittelkomponente in der Lösung der Konzentration x_1^α beim Gleichgewichtsdruck p^α, $\mu_1^{0,\beta}(p^\beta)$ das chemische Potential des reinen Lösungsmittels in der Lösungsmittelphase beim Gleichgewichtsdruck p^β. Die Bedingung für stoffliches Gleichgewicht Gl. (4.5) lautet dann

$$\mu_1^\alpha \left(p^\alpha, x_1^\alpha \right) = \mu_1^{0,\beta} \left(p^\beta \right)$$

Da für $x_1^\alpha \to 1$ beide Phasen aus reinem Lösungsmittel bestehen, ist das chemische Potential der reinen Lösungsmittelkomponente in der α-Phase beim Druck $p^\beta \mu_1^{0,\alpha}(p^\beta) = \mu_1^{0,\beta}(p^\beta)$ so dass folgt

$$\mu_1^\alpha \left(p^\alpha, x_1^\alpha \right) = \mu_1^{0,\alpha} \left(p^\beta \right). \tag{4.110}$$

Die Konzentrations- und Druckabhängigkeit von μ_1^α kann mit Gl. (3.91) dargestellt werden:

$$\mu_1^\alpha \left(p^\beta, x_1^\alpha \right) = \mu_1^{0,\alpha} \left(p^\beta \right) + RT \ln a_1^\alpha \left(p^\beta \right) \tag{4.111}$$

$a_1^\alpha(p^\beta)$ ist die Aktivität der Lösungsmittelkomponente in der Mischung der Konzentration x_1^α beim Druck p^β. Ersetzt man in Gl. (4.111) $\mu_1^{0,\alpha}(p^\beta)$ durch $\mu_1^\alpha(p^\alpha, x_1^\alpha)$ gemäß Gl. (4.110), so folgt

$$RT \ln a_1^\alpha \left(p^\beta \right) = \mu_1^\alpha \left(p^\beta, x_1^\alpha \right) - \mu_1^\alpha \left(p^\alpha, x_1^\alpha \right) \tag{4.112}$$

Außerdem gilt nach Gl. (3.42) $(\partial \mu_1 / \partial p)_{T,x} = V_1$, woraus durch Integration

$$\mu_1^\alpha \left(p^\alpha, x_1^\alpha \right) = \mu_1^\alpha \left(p^\beta, x_1^\alpha \right) + \int_{p^\beta}^{p^\alpha} V_1^\alpha \, dp \qquad (4.113)$$

folgt. Hierin bedeutet V_1^α das partielle Molvolumen der Lösungsmittelkomponente in der Mischung. Setzt man Gl. (4.113) in Gl. (4.112) ein, so ergibt sich

$$RT \ln a_1^\alpha (p^\beta) = - \int_{p^\beta}^{p^\alpha} V_1^\alpha \, dp$$

In ausreichender Entfernung vom kritischen Punkt kann V_1^α als druckunabhängig betrachtet werden, so dass sich das Integral vereinfacht, und man erhält

$$RT \ln a_1^\alpha \left(p^\beta \right) = - \left(p^\alpha - p^\beta \right) V_1^\alpha \qquad (4.114)$$

Die Druckdifferenz $p^\alpha - p^\beta$ ist der *osmotische Druck* Π

$$\Pi = p^\alpha - p^\beta \qquad (4.115)$$

Er lässt sich aus Gl. (4.114) berechnen zu

$$\boxed{\Pi = - \frac{RT \ln a_1^\alpha \left(p^\beta \right)}{V_1^\alpha}} \qquad (4.116)$$

a_1^α und V_1^α sind i. a. konzentrationsabhängig. Für ideale Mischungen oder verdünnte Lösungen folgt die Aktivität des Lösungsmittels dem Raoultschen Gesetz und ist gleich dem Molenbruch x_1^α. Wegen $x_1^\alpha = 1 - x_2^\alpha$ ist dann

$$\ln a_1^\alpha = \ln x_1^\alpha = \ln \left(1 - x_2^\alpha \right) \approx -x_2^\alpha \quad \left(x_2^\alpha \ll 1 \right)$$

so dass

$$\boxed{\Pi = \frac{RT}{V_1^\alpha} x_2^\alpha \quad \left(x_2^\alpha \to 0 \right)} \qquad (4.117)$$

Der osmotische Druck verdünnter Lösungen ist also proportional zum Molenbruch der gelösten Komponente, unabhängig von ihrer chemischen Natur. Sie ist damit eine kolligative Eigenschaft.

Führt man die Molarität $c_2^\alpha = n_2 / V$ ein, wobei n_2 die Molzahl des Gelösten im Volumen V der Lösung ist, so erhält man in der Näherung der verdünnten Lösung, für die die

Molzahl der gelösten Komponente klein ist gegen die Molzahl des Lösungsmittels in der Lösung, $n_2 \ll n_1$, $V = n_1 V_1^\alpha + n_2 V_2^\alpha \approx n_1 V_1^\alpha$ und daher

$$x_2^\alpha \approx \frac{n_2}{n_1} = \frac{c_2^\alpha V}{n_1} \approx c_2^\alpha V_1^\alpha$$

Aus Gl. (4.117) folgt dann die *Van't Hoffsche Gleichung*

$$\boxed{\Pi = c_2^\alpha R T \quad \left(x_2^\alpha \to 0\right)} \qquad (4.118)$$

oder

$$\Pi V = n_2 R T \quad \left(x_2^\alpha \to 0\right) \qquad (4.119)$$

die in ihrer Formulierung an das ideale Gasgesetz erinnert.

Für Elektrolytlösungen muss der Molenbruch x_2^α bzw. die Konzentration c_2^α wieder mit dem Faktor $[1 + \delta(k - 1)]$ multipliziert werden, um die Dissoziation der Elektrolytkomponente (δ ist der Dissoziationsgrad und k die Anzahl der Ionen, die aus einem Elektrolytmolekül gebildet werden) zu berücksichtigen (s. Gl. (4.98)).

Beispiel

Für eine 0,1 gew%ige wässrige Protein-Lösung und eine 0,1 gew%ige wässrige Kochsalz-Lösung bei 25 °C sollen berechnet werden: (a) die osmotischen Drücke (b) die zugehörigen Höhen der Flüssigkeitssäulen in der Anordnung der Abb. 4.45c die Siedepunktserhöhungen und Gefrierpunktserniedrigungen. Die Empfindlichkeiten der kolligativen Eigenschaften sind zu diskutieren. Gegeben seien die Molmasse des Proteins mit 60 000 g mol^{-1} und die von NaCl mit 58,44 g mol^{-1}. Für das Lösungsmittel Wasser ist $K_b = 0{,}513$ K kg mol^{-1}, $K_f = 1{,}86$ K kg mol^{-1}, $\rho_1 = 0{,}997$ g cm^{-3}.

Lösung: (a) Die in gew% angegebenen Konzentrationen werden zunächst in Molaritäten umgerechnet gemäß $c_2^\alpha = \rho w_2^\alpha / M_2$, wobei M_2 die Molmasse, w_2^α der Massenbruch der gelösten Komponente in der Lösung und ρ die Dichte der Lösung ist (s. Tab. 3.1). Letztere stimmt für die vorliegenden verdünnten Lösungen ($w_2^\alpha = 0{,}001$) etwa mit der Dichte des Lösungsmittels überein. Also ist für die Protein-Lösung mit $M_2 = 60 000$ g mol^{-1} $c_2^\alpha = 1{,}7 \cdot 10^{-5}$ mol l^{-1} und für die NaCl-Lösung mit $M_2 = 58{,}44$ g mol^{-1} $c_2^\alpha = 1{,}7 \cdot 10^{-2}$ mol l^{-1}. Aus der Vant'Hoffschen Gleichung (Gl. (4.118)) folgt der osmotische Druck: Für die Protein-Lösung hat er den Wert $\Pi = 41{,}1$ Pa, für die NaCl-Lösung unter Berücksichtigung des Faktors 2 für die Dissoziation in zwei Ionen $\Pi = 84{,}6$ kPa.

(b) Die Steighöhen lassen sich nach der Gleichung $p = \rho g h$ für den Schweredruck p, den eine Flüssigkeitssäule der Dichte ρ und Höhe h auf ihre Grundfläche ausübt, berechnen. So erhält man die Steighöhe $h = \Pi / (\rho g)$, wobei $g = 9{,}81$ m s^{-2} die Erdbeschleunigung ist. Für die Protein-Lösung erhält man $h = 4{,}2$ mm und für die NaCl-Lösung $h = 8{,}65$ m.

(c) Die Berechnung der Siedpunktserhöhung und Gefrierpunktserniedrigung geht auf die Gln. (4.105a), (4.105b) und (4.108a), (4.108b) zurück. Dabei wird die Molalität m_2^α aus der mit der für verdünnte Lösungen geltenden Beziehung $m_2^{*\alpha} \approx x_2^\alpha / M_1$ und darin eingesetzt $x_2^\alpha = M_1 c_2^\alpha / [\rho + c_2^\alpha (M_1 - M_2)]$ (s. Tab. 3.1) berechnet, wobei M_1 die Molmasse des Lösungsmittels bedeutet. So folgt für die Protein-Lösung

$$m_2^{*\alpha} = 1{,}7 \cdot 10^{-8} \, \text{mol g}^{-1}, \; \Delta_b T = 8{,}7 \cdot 10^{-6} \, \text{K}, \; \Delta_f T = 3{,}1 \cdot 10^{-5} \, \text{K}$$

und für die Salzlösung

$$m_2^{*\alpha} = 1{,}7 \cdot 10^{-5} \, \text{mol g}^{-1}, \; \Delta_b T = 0{,}02 \, \text{K}, \; \Delta_f T = 0{,}06 \, \text{K}.$$

Für die Protein-Lösung sind – aufgrund der großen Molmasse des Proteins – die Effekte viel geringer als für die Salzlösung.

Osmometrie, Umkehrosmose

Die Messung des osmotischen Druckes kann ebenso wie die der Siedepunktserhöhung und Gefrierpunktserniedrigung zur Bestimmung von Molmassen dienen. Diese *Osmometrie* genannte Methode ist insbesondere für Stoffe hoher Molmassen, wie Eiweiße oder Polymere, geeignet, die nur eine kleine Veränderung des Siede- und Gefrierpunkts aber leicht messbare osmotische Drücke zeigen, wie das vorhergehende Beispiel verdeutlicht. Die Empfindlichkeit der Osmometrie ist einerseits von Vorteil, andererseits können in einem Gemisch, das außer makromolekulare auch niedermolekulare Substanzen enthält, letztere den Effekt der Makromoleküle um Größenordnungen übertreffen, wenn der Massenbruch der makromolekularen Komponente nicht ausreichend hoch ist.

Für Lösungen hochmolekularer Substanzen gilt es weiterhin zu bedenken, dass selbst bei relativ kleinen Konzentrationen das Raoultsche Gesetz nicht gut erfüllt ist. Daher kann nicht einfach $a_2^\alpha = x_2^\alpha$ gesetzt, sondern es muss der Aktivitätskoeffizient γ_2^α der Substanz in der Lösung berücksichtigt werden. Man erhält dann eine Abweichung von der einfachen Proportionalität des osmotischen Druckes mit der Konzentration, und der osmotische Druck wird in Form einer Virialgleichung, einer Potenzreihe in der Molarität, dargestellt.

Die Osmose ist nicht nur für den lebenden Organismus von Bedeutung, sondern findet als *Umkehrosmose* (*Reversosmose*) auch technische Anwendung, z. B. zur Entsalzung von Meerwasser. Hierbei wird das Salzwasser mit einem Druck beaufschlagt, der wesentlich höher ist als der osmotische Druck der Lösung, so dass die Lösungsmittelmoleküle durch die semipermeable Membran auf die Seite des reinen Lösungsmittels Wasser wandern, und die aufkonzentrierte Lösung bleibt zurück.

Literatur

Abbott MM, van Ness HC (1975) A I Ch E J 21:62

Barrow M, Herzog GW (1984) Physikalische Chemie. Vieweg & Sohn, Bohmann, Braunschweig, Wien

Butler JAV, Thomson DW, Maclennan WH (1933) J Chem Soc 1933:674

Byer SM, Gibbs RE, van Ness HC (1973) A I Chem E J 19:238

Chueh PL, Prausnitz JM (1967) A I Ch E J 13:896

D'Ans-Lax (1998) Elemente, anorganische Verbindungen und Materialien, Minerale, 4. Aufl. Taschenbuch für Chemiker und Physiker, Bd. 3. Springer, Berlin Heidelberg New York

Dohrn R (1994) Berechnung von Phasengleichgewichten. Vieweg, Braunschweig

Gmehling J, Kolbe B (1992) Thermodynamik, 2. Aufl. VCH, Weinheim New York

Gomez de Azevedo E (1995) Termodinamica Aplicada. Escolar Editora, Lisboa

Haasen P (1984) Physikalische Metallkunde. Springer, Berlin Heidelberg New York

Hayduk W, Buckley WD (1971) Can J Chem Eng 49:667

Hayduk W, Laudie H (1973) A I Ch E J 19:1233

Herington EFG (1947) Nature 160:610

Herington EFG (1951) J Inst Petrol 37:457

Herington EFG (1952) J Appl Chem 2:14

Hermsen RW, Prausnitz JM (1963) Chem Eng Sci 18:485

Hildebrand JH, Scott RL (1962) Regular Solutions. Prentice Hall, Englewood Cliffs NJ

Hultgren R, Desai PR, Hawkins DT, Gleiser M, Kelly KK, Wagman DD (1973) Selected values of the thermodynamic properties of the elements. Selected values of the thermodynamic properties of binary alloys. American Society for Metals, Metals Park

Kehiaian H (1964) Bull Acad Polon Sci Ser Sci Chim 12:323

Krichevsky IR, Ilinskaya AA (1945) Zhur Fiz Khim Ussr 19:621 ((in Russisch)

Krichevsky IR, Kasarnovsky JS (1935) J Am Chem Soc 57:2168

Landolt-Börnstein (1971) Zahlenwerte und Funktionen aus Physik, Chemie, Astronomie, Geophysik und Technik. Springer, Berlin Heidelberg New York

Landolt-Börnstein (1975) Zahlenwerk und Funktionen aus Naturwissenschaft und Technik, Neue Serie. Springer, Berlin Heidelberg New York

Lüdecke C, Lüdecke D (2000) Thermodynamik. Springer, Berlin Heidelberg New York

Massalski TB, Okamoto H, Subramanian PR, Kacprzak L (Hrsg) (1992) Binary alloy phase diagrams, 2. Aufl. ASM International, USA-Materials Park, OH

O'Connell JP, Prausnitz JM (1964) I Ec Fundam 3:347

Orentlicher M, Prausnitz JM (1964) Chem Eng Sci 19:775

Othmer DF, Ping LK (1960) J Chem Eng Data 5:42

Petzow G, Effenberg G (Hrsg) (1988) Ternary alloys. A comprehensive compendium of evaluated constitutional data and phase diagrams Bd. 40. VCH, Weinheim New York

Prausnitz JM, Snider GH (1959) A I Ch E J 5:7S–8S

Prausnitz JM, Lichtenthaler RN, Gomes de Azevedo E (1999) Molecular Thermodynamics of Fluid-Phase Equilibria, 3. Aufl. Prentice Hall, Englewood Cliffs

Redlich O, Kister AT (1948) Ind Eng Chem 40:345

Sherwood AE, Prausnitz JM (1962) A I Ch E J 8:519 (Errata (1963) 9: 246)

Smith JM, van Ness HC, Abbott MM (1996) Introduction to chemical engineering thermodynamics, 5. Aufl. McGraw-Hill, New York

Stephan K, Mayinger F (1988) Mehrstoffsysteme und chemische Reaktionen, 12. Aufl. Thermodynamik, Bd. 2. Springer, Berlin Heidelberg New York

Villars P, Prince A, Okamoto H (1995) Handbook of ternary alloy phase diagrams. ASM International, USA-Materials Park, OH

Anhang

A.1 Kompendium

A.1.1 Grundlagen der Thermodynamik

System

Ein *thermodynamisches System* ist ein abgegrenzter Raum, der von dem außerhalb liegenden Bereich, der *Umgebung*, durch Grenzen, die *Systemgrenzen*, getrennt ist. Je nach der Durchlässigkeit dieser Grenzen für Materie und Energie unterscheidet man drei Arten von Systemen:

- *offenes System*: Materie- und Energieaustausch mit der Umgebung
- *geschlossenes System*: kein Materie-, aber Energieaustausch mit der Umgebung
- *abgeschlossenes (isoliertes) System*: kein Materie- und kein Energieaustausch mit der Umgebung

Ein *Mol* ist die Menge eines Stoffes bestimmter Zusammensetzung, das aus $6{,}0221367 \cdot 10^{-23}$ einander gleichen Teilchen besteht. $N_A = 6{,}0221367 \cdot 10^{-23} \, \mathrm{mol}^{-1}$ heißt *Avogadro-Konstante (Loschmidt-Zahl)*.

Stoffmenge oder *Molzahl* n: Zahl der in einem System enthaltenen Mole

Teilchenzahl N: Zahl der Teilchen in einem System.

Für ein System mit n Molen gilt $N = n N_A$.

Molmasse oder *molare Masse* M: Masse eines Mols eines Stoffes.

Es ist $M = m/n$ für ein System der Masse m und der Molzahl n.

Molvolumen oder *molares Volumen* V_m: Volumen eines Mols eines Stoffes.

Es ist $V_m = V/n$ für ein System mit dem Volumen V und der Molzahl n.

Spezifisches Volumen v: $v = V/m = V_m/M$.

Dichte $\rho = m/V = M/V_m$.

Zustandsgrößen

Zustandsgrößen sind physikalische Größen, die den Zustand eines Systems eindeutig beschreiben. Sie hängen nur vom Zustand des Systems ab aber nicht davon, wie dieser erreicht wurde. Man unterscheidet:

© Springer-Verlag GmbH Deutschland, ein Teil von Springer Nature 2020
C. Lüdecke, D. Lüdecke, *Thermodynamik*, https://doi.org/10.1007/978-3-662-58800-0

– *Intensive Zustandsgrößen*: Sie sind unabhängig von der Größe des Systems.
– *Extensive Zustandsgrößen*: Sie sind proportional zur Größe des Systems.
– *Thermische Zustandsgrößen* (*einfache Zustandsgrößen*): Sie sind direkt messbar (Volumen V, Druck p und Temperatur T).
– *Kalorische Zustandsgrößen* (*abgeleitete Zustandsgrößen*): Sie werden indirekt aus kalorischen Messungen, d. h. Messungen von Wärmemengen, gewonnen (innere Energie U, Enthalpie H, freie Energie F, freie Enthalpie G, Entropie S, isochore und isobare Wärmekapazität).

Mathematische Eigenschaften von Zustandsgrößen

Jede Zustandsgröße Z kann als eindeutige Funktion von F unabhängigen Zustandsgrößen $Z_1, \ldots, Z_F$ geschrieben werden (F = Anzahl der Freiheitsgrade des Systems): $Z = Z(Z_1, \ldots, Z_F)$, und es gilt:

(1) Z besitzt ein *vollständiges (totales) Differential* dZ

$$\mathrm{d}Z = \left(\frac{\partial Z}{\partial Z_1} \right)_{Z_{\mathrm{i},\mathrm{i} \neq 1}} \mathrm{d}Z_1 + \ldots + \left(\frac{\partial Z}{\partial Z_F} \right)_{Z_{\mathrm{i},\mathrm{i} \neq F}} \mathrm{d}Z_F$$

und

(2) Z erfüllt die *Integrabilitätsbedingung (Schwarzscher Satz)*, d. h. die Reihenfolge der Differentiation in den gemischten zweiten partiellen Differentialquotienten ist unwichtig:

$$\left(\frac{\partial^2 Z}{\partial Z_\mathrm{i} \partial Z_\mathrm{j}} \right)_{Z_{\mathrm{k},\mathrm{k} \neq \mathrm{i},\mathrm{j}}} = \left(\frac{\partial^2 Z}{\partial Z_\mathrm{j} \partial Z_\mathrm{i}} \right)_{Z_{\mathrm{k},\mathrm{k} \neq \mathrm{i},\mathrm{j}}}, \quad \mathrm{i}, \mathrm{j}, \mathrm{k} = 1, \ldots, F$$

Das Integral über eine Zustandsgröße Z ist unabhängig vom Prozessweg und nur abhängig von Anfangs- und Endzustand (1 bzw. 2):

$$\int\limits_{\substack{1 \\ \text{Weg A}}}^{2} \mathrm{d}Z = \int\limits_{\substack{1 \\ \text{Weg B}}}^{2} \mathrm{d}Z$$

Die partiellen Differentialquotienten der thermischen Zustandsgrößen haben folgende physikalische Bedeutung:

$$\beta = \frac{1}{V} \left(\frac{\partial V}{\partial T} \right)_p \qquad \textit{isobarer thermischer Volumenausdehnungskoeffizient}$$

$$\chi = -\frac{1}{V} \left(\frac{\partial V}{\partial p} \right)_T \qquad \textit{isothermer Kompressibilitätskoeffizient}$$

$$\gamma = \frac{1}{p} \left(\frac{\partial p}{\partial T} \right)_V \qquad \textit{isochorer Spannungs- oder Druckkoeffizient}$$

Es gilt: $\beta = p\gamma\chi$.

Zustandsgleichungen

Zustandsvariable sind Zustandsgrößen, deren Werte frei gewählt und unabhängig voneinander variiert werden können. Alle anderen Zustandsgrößen sind Verknüpfungen von Zustandsvariablen und daher abhängig von diesen; es sind die *Zustandsfunktionen*. Die Anzahl der *Freiheitsgrade F* eines Systems ist die Zahl der unabhängigen intensiven Zustandsvariablen.

Zustandsgleichungen sind die funktionalen Zusammenhänge zwischen den Zustandsvariablen und den Zustandsfunktionen.

Die *thermische Zustandsgleichung* ist die mathematische Verknüpfung der drei thermischen Zustandsgrößen Druck p, spezifisches Volumen v (oder Molvolumen V_m) und Temperatur T.

Die *kalorische Zustandsgleichung* verknüpft die spezifische innere Energie u (bzw. molare innere Energie U_m) oder spezifische Enthalpie h (bzw. molare Enthalpie H_m) und je zwei der drei intensiven thermischen Zustandsgrößen p, v (bzw. V_m) und T: $u = u(v, T)$, $h = h(p, T)$.

Die *Entropie-Zustandsgleichung* stellt die spezifische Entropie s (oder molare Entropie S_m) als Funktion der beiden thermischen Zustandsgrößen T und v (bzw. V_m) oder T und p dar: $s = s(T, v)$ bzw. $s = s(T, p)$.

Die *kanonischen Zustandsgleichungen* oder *(integralen) Fundamentalgleichungen* $u = u(s, v)$ und $h = h(s, p)$ verknüpfen die Entropie (s), eine kalorische Zustandsgröße (u oder h) und eine thermische Zustandsgröße (p oder v) miteinander. Die kanonische Zustandsgleichung vereinigt die thermische Zustandsgleichung $p = p(v, T)$, die kalorische Zustandsgleichung $u = u(v, T)$ und die Entropie-Zustandsgleichung $s = s(v, T)$. Sie beschreibt vollständig den Zustand und die thermodynamischen Eigenschaften eines Systems.

Die kalorischen Zustandsfunktionen innere Energie U, Enthalpie H, freie Energie F, freie Enthalpie G und Entropie S heißen *thermodynamische Potentiale*. Ihre Definitionen sind in Tab. A.2 zusammengestellt, ebenso die Fundamentalgleichungen.

Prozess

Der *Zustand* eines Systems ist charakterisiert durch die Gesamtheit seiner physikalischen Eigenschaften. Dieser Zustand heißt *Gleichgewichtszustand*, wenn unter den gegebenen Bedingungen kein freiwilliger Stoff- und/oder Energieumsatz stattfindet und sich die Systemeigenschaften nicht ändern. Geht das System als Folge äußerer Einwirkungen in einen anderen Zustand über, so heißt dieser Übergang *Zustandsänderung* oder *Prozess*.

Eine Zustandsänderung heißt

- *isotherm*, wenn die Temperatur während des Prozesses konstant bleibt
- *isobar*, wenn der Druck während des Prozesses konstant bleibt
- *isochor*, wenn das Volumen während des Prozesses konstant bleibt
- *adiabat*, wenn während des Prozesses kein Wärmeaustausch mit der Umgebung stattfindet
- *isentrop*, wenn die Entropie während des Prozesses konstant bleibt
- *exotherm*, wenn das System während des Prozesses isobar Wärme abgibt (Abnahme der Enthalpie, $\Delta H < 0$)

– *endotherm*, wenn das System während des Prozesses isobar Wärme aufnimmt (Zunahme der Enthalpie, $\Delta H > 0$)
– *exergonisch*, wenn der Prozess mit einer Abnahme der freien Enthalpie ($\Delta G < 0$) verbunden ist
– *endergonisch*, wenn der Prozess mit einer Zunahme der freien Enthalpie ($\Delta G > 0$) verbunden ist
– *reversibel* (*umkehrbar*), wenn der Anfangszustand des Systems wieder hergestellt werden kann, ohne dass Änderungen in der Umgebung zurück bleiben
– *irreversibel* (*nicht umkehrbar*), wenn der Anfangszustand des Systems nicht wieder hergestellt werden kann, ohne dass Änderungen in der Umgebung zurückbleiben.
– *spontan*, wenn er ohne äußere Einwirkung geschieht; die Rückrichtung ist nur mit äußerer Einwirkung möglich.

Die Umkehrbarkeit einer Zustandsänderung setzt voraus, dass

– die Zustandsänderung *quasistatisch* verläuft, d. h. so langsam, dass das System in jedem Moment der Zustandsänderung als im Gleichgewicht befindlich betrachtet werden kann, und
– dass keine dissipativen Kräfte auftreten, d. h. keine Kräfte, die Energie in Wärme überführen.

Prozessgrößen, Wärme und Arbeit

Prozess- oder *Austauschgrößen* sind physikalische Größen, die die Zustandsänderung beschreiben und wegabhängig sind. Ihr Differential ist nicht vollständig, kann aber mit dem *integrierenden Nenner* (oder *integrierenden Faktor*) in ein vollständiges überführt werden. Es können unter speziellen Bedingungen Prozessgrößen wegunabhängig sein und dann mathematisch wie Zustandsgrößen behandelt werden. Die infinitesimale Änderung einer Prozessgröße wird mit δ (statt mit d) gekennzeichnet.

Die mechanische Arbeit W und die Wärmeenergie Q sind Prozessgrößen.

Die *Wärme* Q ist die Energie, die aufgrund eines Temperaturunterschieds zwischen einem System und seiner Umgebung durch die Systemgrenzen transportiert wird.

Die *mechanische Arbeit* W ist das Produkt aus der an einem Körper in Richtung des Weges angreifenden Kraftkomponente und dem unter ihrer Einwirkung zurückgelegten Weg. Die *Volumenänderungsarbeit* ist:

$$\delta W = -p\,dV \quad \text{oder} \quad W_{12} = -\int_{V_1}^{V_2} p\,dV \quad \text{(1 und 2 Anfangs- bzw. Endzustand)}$$

Bei reversibler Führung ist die Arbeit, die an oder von einem System geleistet wird, die minimal bzw. maximal mögliche. Bei irreversibler Führung ist die von dem System geleistete Arbeit dem Betrage nach kleiner und die an dem System geleistete Arbeit größer als bei reversibler Führung: $\delta W_{\mathrm{irr}} > \delta W_{\mathrm{rev}}$ (δW_{rev} und $\delta W_{\mathrm{irr}} =$ reversibel bzw. irreversibel geleistete Arbeit).

Exergie und Anergie

Man unterscheidet
- *Exergie E*: die vollständig in jede andere Energieform umwandelbare Energie
- *Anergie B*: die nicht in Exergie umwandelbare Energie.

Die Exergie ist als uneingeschränkt umwandelbare Energie die bei der Einstellung des Gleichgewichts mit der Umgebung maximal gewinnbare Arbeit, die *Nutzarbeit* oder *technische Arbeitsfähigkeit*. Die Anergie ist die nicht in Nutzarbeit umwandelbare Energie.

Es gilt:

$$\text{Energie} = \text{Exergie} + \text{Anergie} = E + B$$

Bei reversiblen Prozessen bleibt die Exergie konstant; bei irreversiblen Prozessen wird Exergie in Anergie umgewandelt.

Unter isothermen und isotherm-isobaren Bedingungen sind von der inneren Energie U und der Enthalpie H eines Systems die in ihnen enthaltenen Anteile der freien Energie F bzw. der freien Enthalpie G in Arbeit umwandelbar, d. h. F und G sind die *Exergie der inneren Energie* bzw. *Enthalpie*. Es gilt (δW_A = Nichtvolumenänderungsarbeit):

$$(\mathrm{d}G)_{p,T} = \delta W_A, \quad (\mathrm{d}F)_{T,V} = \delta W_A, \quad (\mathrm{d}F)_T = -p\,\mathrm{d}V + \delta W_A$$

Carnotscher Kreisprozess

Ein *Kreisprozess* ist eine Zustandsänderung, die von einem beliebigen Zustand auf einem beliebigen Prozessweg zu dem Ausgangszustand zurückführt.

Der *Carnotsche Kreisprozess* ist ein reversibler Kreisprozess bestehend aus einer Folge isothermer, adiabater, isothermer und adiabater Zustandsänderungen. Er heißt *rechtslaufend* oder *linkslaufend*, je nach dem, ob die isothermen und adiabaten Zustandsänderungen im p,V-Diagramm im Uhrzeigersinn oder Gegenuhrzeigersinn verlaufen. Der rechtslaufende Kreisprozess wandelt Wärme in mechanische Energie um und entspricht einer *Wärmekraftmaschine*, der linkslaufende Kreisprozess nimmt Wärme auf, um sie bei einer höheren Temperatur abzugeben, wozu Arbeit geleistet werden muss, und entspricht einer *Wärmepumpe* oder *Kältemaschine*.

Der *thermische Wirkungsgrad* η des als *Wärmekraftmaschine* zwischen den Temperaturen T_o und T_u ($T_o > T_u$) arbeitenden rechtslaufenden Carnotschen Kreisprozesses ist definiert als das Verhältnis aus dem Betrag der während des Kreisprozesses geleisteten Nutzarbeit W und der bei T_o zugeführten Wärmemenge Q_{12}:

$$\eta = \frac{|W|}{Q_{12}} = 1 - \frac{T_u}{T_o} < 1$$

Er ist der maximal mögliche für Wärmekraftmaschinen.

Die *Leistungsziffer* oder *Leistungszahl* ε_W des als *Wärmepumpe* zwischen den Temperaturen T_o und T_u ($T_o > T_u$) arbeitenden linkslaufenden Carnotschen Kreisprozesses ist definiert als der Quotient aus dem Betrag der bei der höheren Temperatur abgegebenen Wärmemenge Q_{ab} zur aufgewendeten Arbeit W:

$$\varepsilon_W = \frac{|Q_{ab}|}{W} = \frac{1}{1 - \frac{T_u}{T_o}} = \frac{1}{\eta} > 1$$

Die *Leistungsziffer* oder *Leistungszahl* ε_K des als *Kältemaschine* zwischen den Temperaturen T_o und T_u ($T_o > T_u$) arbeitenden linkslaufenden Carnotschen Kreisprozesses ist definiert als der Quotient aus der bei der niedrigeren Temperatur aufgenommenen Wärmemenge Q_{zu} zur aufzuwendenden Arbeit W. Es gilt

$$\varepsilon_K = \frac{|Q_{zu}|}{W} = \frac{1}{\frac{T_o}{T_u} - 1}$$

Es gilt

$$\varepsilon_W = \varepsilon_K + 1$$

Wärmekapazität

Die *Wärmekapazität* C ist definiert als der Quotient aus der einem System zugeführten Wärmemenge δQ und der hieraus resultierenden Temperaturerhöhung dT:

$$C = \frac{\delta Q}{dT}$$

Man definiert die

stoffmengenbezogene oder molare Wärmekapazität $C_m = C/n$

massenbezogene oder spezifische Wärmekapazität $c = C/m$

Es ist $C_m = M\, c$.

Man unterscheidet

C_p = *Wärmekapazität bei konstantem Druck, isobare Wärmekapazität*

C_V = *Wärmekapazität bei konstantem Volumen, isochore Wärmekapazität*

und daher

c_p = spezifische isobare Wärmekapazität

$C_{p,m}$ = molare isobare Wärmekapazität

c_V = spezifische isochore Wärmekapazität

$C_{V,m}$ = molare isochore Wärmekapazität

Der *Adiabatenexponent* (*Isentropenexponent, Poisson-Konstante*) ist der Quotient

$$\kappa = \frac{C_p}{C_V} = \frac{C_{p,\mathrm{m}}}{C_{V,\mathrm{m}}} = \frac{c_p}{c_V}$$

Es ist $C_p > C_V$ und daher $\kappa > 1$.
Es ist $C_V = \left(\frac{\partial U}{\partial T}\right)_V$ und $C_p = \left(\frac{\partial H}{\partial T}\right)_p$.

Die Wärmekapazität ist i. a. temperaturabhängig.

Für die Wärmekapazität von Festkörpern gilt:
- Bei sehr tiefen Temperaturen (in der Nähe des absoluten Nullpunkts) gilt das *Debyesche T^3-Gesetz*: $C_{V,\mathrm{m}} \sim T^3$.
- Bei hohen Temperaturen (im Bereich von Raumtemperatur und darüber) gilt die *Dulong-Petitsche Regel*: $C_{V,\mathrm{m}} \approx 3\,R \approx 25\,\mathrm{J}\,\mathrm{mol}^{-1}\,\mathrm{K}^{-1}$

Entropie

Die Zustandsgröße *Entropie* S ist (für geschlossene Systeme) definiert durch ihr totales Differential

$$\mathrm{d}S = \frac{\delta Q_{\mathrm{rev}}}{T}$$

(δQ_{rev} bei der Temperatur T reversibel ausgetauschte Wärmemenge).

Bei reversiblen adiabaten Prozessen ist $S = \mathrm{const}$. Daher heißen reversible adiabate Zustandsänderungen *isentrope Zustandsänderungen*.

Es gilt die *Clausiussche Ungleichung* $\mathrm{d}S \geq \delta Q/T$ (δQ die bei der Temperatur T ausgetauschte Wärmemenge), wobei das Gleichheitszeichen für reversible Prozesse und Gleichgewicht, das Ungleichheitszeichen für irreversible Prozesse gilt.

Das *T, S-Diagramm* (*Wärmediagramm*) ist ein Diagramm mit der Temperatur T als Ordinate und der Entropie S als Abszisse. In einem solchen Diagramm ist
- die reversible isotherme Zustandsänderung eine Horizontale
- die reversible adiabate (isentrope) Zustandsänderung eine Vertikale
- der Carnotsche Kreisprozess als eine Folge von zwei reversiblen isothermen und adiabaten Zustandsänderungen ein Rechteck
- die Fläche unter der $T(S)$-Kurve die reversibel ausgetauschte Wärme $\delta Q_{\mathrm{rev}} = T\,\mathrm{d}S$
- die Fläche unter der Isochore die Änderung der inneren Energie (reversibel ausgetauschte Wärme)
- die Fläche unter der Isobaren die Änderung der Enthalpie (reversibel ausgetauschte Wärme).

Nullter Hauptsatz (Satz von der Existenz der Temperatur)

Systeme im thermischen Gleichgewicht haben dieselbe Temperatur, und Systeme derselben Temperatur sind im thermischen Gleichgewicht.

Erster Hauptsatz (Satz von der Erhaltung der Energie)
In einem abgeschlossenen System ist die Summe aller Energieformen konstant. Die Energie, die ein geschlossenes System in Form von Wärme oder Arbeit mit der Umgebung austauscht (δQ bzw. δW), ist gleich der Änderung der in dem System gespeicherten Energie, der *inneren Energie U*:

$$\mathrm{d}U = \delta Q + \delta W$$

Zweiter Hauptsatz (Entropiesatz)
Für abgeschlossene Systeme ($\delta Q = 0$) gilt $\mathrm{d}S \geq 0$ (Gleichheitszeichen für reversible, Ungleichheitszeichen für irreversible Prozesse).

Die Entropie eines abgeschlossenen Systems kann niemals abnehmen; sie nimmt bei irreversiblen Prozessen zu und bleibt bei reversiblen Prozessen konstant.

Alle natürlichen Prozesse sind irreversibel.

Wärme kann nicht von selbst von einem Körper niedrigerer Temperatur auf einen Körper höherer Temperatur übergehen.

Eine irreversible Zustandsänderung führt vom unwahrscheinlichen Zustand hoher Ordnung zum wahrscheinlicheren Zustand größerer Unordnung (statistische Formulierung).

Es gibt keinen höheren Wirkungsgrad als den des Carnot-Prozesses.

Es gibt Exergie und Anergie. Bei reversiblen Prozessen bleibt die Exergie konstant; bei irreversiblen Prozessen wird Exergie in Anergie umgewandelt.

Dritter Hauptsatz (Satz von der Unerreichbarkeit des absoluten Nullpunkts,
Nernstscher Wärmesatz, Nernstsches Wärmetheorem)
Bei Annäherung an den absoluten Nullpunkt der Temperatur strebt die Entropie jedes perfekten, kondensierten, chemisch homogenen, stabilen Stoffes dem Wert Null zu:

$$\lim_{T \to 0} S = 0$$

Daher nähern sich bei Annäherung an den absoluten Nullpunkt der Temperatur die isobare und isochore Wärmekapazität C_p bzw. C_V einander an und streben gegen Null, der Adiabatenexponent κ strebt gegen Eins:

$$\lim_{T \to 0} C_p = \lim_{T \to 0} C_V = 0, \quad \lim_{T \to 0} \kappa = 1$$

Daher kann man sich dem absoluten Nullpunkt zwar beliebig nähern, aber man kann ihn nicht erreichen.

Jedes System besitzt bei endlicher Temperatur eine positive Entropie:

$$S > 0 \text{ für } T > 0$$

Statistische Deutung der Entropie
Die *statistische Thermodynamik* führt die makroskopisch beobachtbaren thermodynamischen Zustandsgrößen eines Systems auf die physikalischen Größen der mikroskopischen

Teilchen zurück, aus denen das System besteht, indem sie die Bewegung der einzelnen Teilchen mit den Gesetzen der klassischen Mechanik beschreibt und hieraus mit den Gesetzen der Statistik die Eigenschaften des Gesamtsystems berechnet.

Der sog. *Mikrozustand* eines Systems, bestehend aus N Teilchen, ist definiert durch die Angabe der 3 N Ortskoordinaten und 3 N Impulse.

Der sog. *Makrozustand* eines Systems ist definiert durch die Werte der makroskopischen Zustandsgrößen.

Es kann ein und derselbe Makrozustand durch verschiedene Mikrozustände verwirklicht werden. Die statistische Mechanik setzt voraus, dass alle Mikrozustände, die einem Makrozustand entsprechen, mit gleicher Wahrscheinlichkeit vorkommen. Die Anzahl der möglichen unterscheidbaren Mikrozustände eines bestimmten Makrozustands heißt *thermodynamische Wahrscheinlichkeit W* des Makrozustands.

Da ein Zustand großer thermodynamischer Wahrscheinlichkeit durch eine große Zahl von Mikrozuständen realisiert werden kann, kann man ihn als einen Zustand großer Unordnung auffassen und daher die thermodynamische Wahrscheinlichkeit als quantitativen Ausdruck für den qualitativen Begriff der *Unordnung*.

Eine Zustandsänderung führt mit großer Wahrscheinlichkeit vom Zustand geringer thermodynamischer Wahrscheinlichkeit zu einem Zustand größerer thermodynamischer Wahrscheinlichkeit. Daher lautet die statistische Formulierung des zweiten Hauptsatzes der Thermodynamik: Eine irreversible Zustandsänderung führt vom unwahrscheinlichen Zustand hoher Ordnung zum wahrscheinlicheren Zustand größerer Unordnung. (Die Zustandsänderung ist irreversibel in dem Sinne, dass der umgekehrte Prozess zwar nicht völlig unmöglich aber äußerst unwahrscheinlich ist.)

Einen Zusammenhang zwischen der thermodynamischen Wahrscheinlichkeit W der statistischen Thermodynamik und der makroskopischen thermodynamischen Zustandsgröße Entropie S gibt die *Boltzmann-Gleichung*

$$S = k \ln W$$

Temperaturabhängigkeit der Entropie

Die Entropie eines Stoffes bei einer Temperatur oberhalb des Siedepunktes ist gegeben durch

$$S_{\mathrm{m}}(T) = S_{\mathrm{m}}(0\,\mathrm{K}) + \int\limits_{0\,\mathrm{K}}^{T_{\mathrm{f}}} \frac{C_{p,\mathrm{m}}^{\mathrm{s}}}{T}\,\mathrm{d}T + \frac{\Delta_{\mathrm{f}}H}{T_{\mathrm{f}}} + \int\limits_{T_{\mathrm{f}}}^{T_{\mathrm{b}}} \frac{C_{p,\mathrm{m}}^{\mathrm{l}}}{T}\,\mathrm{d}T + \frac{\Delta_{\mathrm{b}}H}{T_{\mathrm{b}}} + \int\limits_{T_{\mathrm{b}}}^{T} \frac{C_{p,\mathrm{m}}^{\mathrm{g}}}{T}\,\mathrm{d}T$$

(T_{f} = Schmelztemperatur, T_{b} = Siedetemperatur, $\Delta_{\mathrm{f}}H$ = molare Schmelzenthalpie, $\Delta_{\mathrm{b}}H$ = molare Verdampfungsenthalpie, $C_{p,\mathrm{m}}^{\mathrm{s}}$, $C_{p,\mathrm{m}}^{\mathrm{l}}$, $C_{p,\mathrm{m}}^{\mathrm{g}}$ = molare isobare Wärmekapazität des Festkörpers, der Flüssigkeit, des Gases).

Richtung spontaner Prozesse und Gleichgewicht

Aus dem zweiten Hauptsatz der Thermodynamik ergeben sich folgende *Extremalbedingungen* bzw. *Gleichgewichtsbedingungen* für die folgenden thermodynamischen Potentiale für bestimmte Systembedingungen:

- für abgeschlossene Systeme
  irreversibler Prozess $(dS)_{U,V} > 0$
  reversibler Prozess, Gleichgewicht $(dS)_{U,V} = 0$ und $S = S_{max} = $ const
- für isochor-isentrope geschlossene Systeme
  irreversibler Prozess $(dU)_{S,V} < 0$
  reversibler Prozess, Gleichgewicht $(dU)_{S,V} = 0$ und $U = U_{min} = $ const
- für isochor-isotherme geschlossene Systeme
  irreversibler Prozess $(dF)_{T,V} < 0$
  reversibler Prozess, Gleichgewicht $(dF)_{T,V} = 0$ und $F = F_{min} = $ const
- für isobar-isentrope geschlossene Systeme
  irreversibler Prozess $(dH)_{S,p} < 0$
  reversibler Prozess, Gleichgewicht $(dH)_{S,p} = 0$ und $H = H_{min} = $ const
- für isobar-isotherme geschlossene Systeme
  irreversibler Prozess $(dG)_{T,p} < 0$
  reversibler Prozess, Gleichgewicht $(dG)_{T,p} = 0$ und $G = G_{min} = $ const

Die mit max bzw. min indizierten Zustandsgrößen sind die Gleichgewichtswerte der Zustandsgrößen.

Das ideale Gas

Nach der kinetischen Gastheorie besteht das *ideale Gas* aus Teilchen, die keine räumliche Ausdehnung besitzen und keine Wechselwirkungskräfte aufeinander ausüben (außer bei elastischen Stößen).

Die *kinetische Gastheorie* führt die makroskopisch beobachtbaren thermischen Zustandsgrößen p, V und T des idealen Gases auf die mikroskopischen Eigenschaften der Masse und Geschwindigkeit der Gasteilchen zurück und leitet so die *thermische Zustandsgleichung des idealen Gases* her: $pV = nRT$ bzw. $pV_m = RT$.

Gesetzmäßigkeiten der Zustandsänderungen des idealen Gases s. Abb. A.1.

Das ideale Gas besitzt folgende Stoffdaten:

- isobarer thermischer Volumenausdehnungskoeffizient $\beta = \frac{1}{V}\left(\frac{\partial V}{\partial T}\right)_p = \frac{1}{T}$

- isothermer Kompressibilitätskoeffizient $\chi = -\frac{1}{V}\left(\frac{\partial V}{\partial p}\right)_T = \frac{1}{p}$

- isochorer Spannungskoeffizient $\gamma = \frac{1}{p}\left(\frac{\partial p}{\partial T}\right)_V = \frac{1}{T}$

Die *kalorischen Zustandsgleichungen* des idealen Gases lauten

$$U = U(T), \quad H = H(T), \quad dU = C_V\,dT, \quad dH = C_p\,dT$$

Nach der kinetischen Gastheorie ist die thermische Energie eines Gases gespeichert in den verschiedenen Bewegungsformen der Moleküle, die bei der gegebenen Temperatur

Zustandsänderung	Bedingung	thermische Zustandsgleichung	p,V-Diagramm	Polytropenexponent	Erster Hauptsatz	Volumenänderungsarbeit	ausgetauschte Wärmeenergie
isotherm	$T = \text{const}$ $dT = 0$	$p \cdot V = \text{const}$ (Gesetz von Boyle-Mariotte)	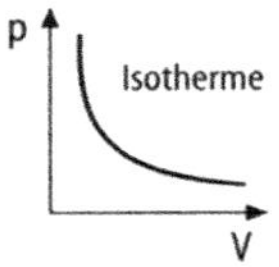 Isotherme	$\nu = 1$	$\delta Q + \delta W = 0$ $Q_{12} + W_{12} = 0$	$\delta W = -\dfrac{nRT}{V}\,dV$ $W_{12} = -nRT \ln \dfrac{V_2}{V_1}$	$\delta Q = -\delta W = +\dfrac{nRT}{V}\,dV$ $Q_{12} = -W_{12} = +nRT \ln \dfrac{V_2}{V_1}$
isochor	$V = \text{const}$ $dV = 0$	$p/T = \text{const}$ (Gesetz von Charles)	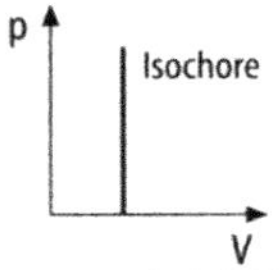 Isochore	$\nu \to \infty$	$dU = \delta Q$ $\Delta U = Q_{12}$	$\delta W = 0$ $W_{12} = 0$	$\delta Q = C_V\,dT$ $Q_{12} \approx C_V\,(T_2 - T_1)$
isobar	$p = \text{const}$ $dp = 0$	$V/T = \text{const}$ (Gesetz von Gay-Lussac)	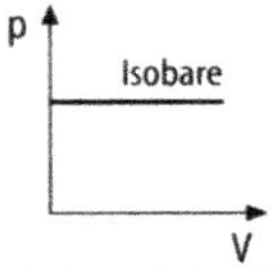 Isobare	$\nu = 0$	$dU = \delta Q + \delta W$ $\Delta U = Q_{12} + W_{12}$	$\delta W = -p\,dV$ $W_{12} = -p(V_2 - V_1)$	$\delta Q = C_p\,dT$ $Q_{12} \approx C_p\,(T_2 - T_1)$
isentrop (reversibel adiabat)	$S = \text{const}$ $dS = 0$ $\delta Q = 0$	$p \cdot V^{\kappa} = \text{const}$ $T \cdot V^{\kappa-1} = \text{const}$ $p^{1-\kappa}T^{\kappa} = \text{const}$ (Poisson-Gln.) (Adiabatengln.)	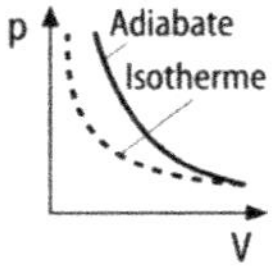 Adiabate Isotherme	$\nu = \kappa$	$dU = \delta W$ $\Delta U = W_{12}$	$\delta W = -p\,dV$ $W_{12} = \dfrac{nR}{\kappa - 1}(T_2 - T_1)$ $= \dfrac{p_2 V_2 - p_1 V_1}{\kappa - 1}$	$\delta Q = 0$ $Q_{12} = 0$
polytrop		$p \cdot V^{\nu} = \text{const}$ $T \cdot V^{\nu-1} = \text{const}$ $p^{1-\nu}T^{\nu} = \text{const}$ (Polytrope Zustandsgln.)	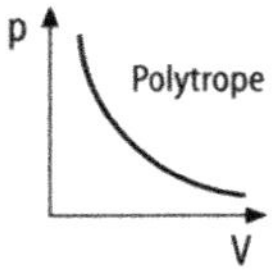 Polytrope	ν	$dU = \delta Q + \delta W$ $\Delta U = Q_{12} + W_{12}$	$\delta W = -p\,dV$ $W_{12} = \dfrac{nR}{\nu - 1}(T_2 - T_1)$ $= \dfrac{p_2 V_2 - p_1 V_1}{\nu - 1}$	$\delta Q = dU - \delta W$ $Q_{12} = nR(T_2 - T_1)$ $\cdot \left(\dfrac{1}{\kappa - 1} - \dfrac{1}{\nu - 1}\right)$

Abb. A.1 Die Zustandsänderungen des idealen Gases ($\kappa =$ Isentropexponent, $\nu =$ Polytropenexponent)

Tab. A.1 Molare isochore Wärmekapazität $C_{V,\mathrm{m}}$ des idealen Gases gemäß der kinetischen Gastheorie. Die molare isobare Wärmekapazität des idealen Gases $C_{p,\mathrm{m}}$ ergibt sich hieraus zu $C_{p,\mathrm{m}} = C_{V,\mathrm{m}} + R$

	Einatomig	Zweiatomig	Polyatomar (v Atome), linear	Polyatomar (v Atome), nicht linear
Translation	$\frac{3}{2}R$	$\frac{3}{2}R$	$\frac{3}{2}R$	$\frac{3}{2}R$
Rotation	0	R	R	$\frac{3}{2}R$
Oszillation	0	R	$(3v-5)R$	$(3v-6)R$
Grenzwert für hohe Temperaturen	$\frac{3}{2}R$	$\frac{7}{2}R$	$\left(3v-\frac{5}{2}\right)R$	$(3v-3)R$

angeregt sind: der Translation (geradlinig fortschreitende Bewegung), Rotation (Drehung) und Oszillation (Schwingung). Die Zahl der unabhängigen Bewegungsmöglichkeiten aller Atome eines Moleküls heißt *Zahl der Freiheitsgrade f* eines Moleküls und ist die Summe der Freiheitsgrade f_{T}, f_{R} und f_{O} der Bewegungsformen Translation, Rotation und Oszillation: $f = f_{\mathrm{T}} + f_{\mathrm{R}} + f_{\mathrm{O}}$. Jeder angeregte Freiheitsgrad der Translation, Rotation und Oszillation eines Teilchens erhält nach dem *Gleichverteilungssatz (Äquipartitionsgesetz)* im zeitlichen Mittel die Energie $kT/2$ (k = Boltzmann-Konstante). Daher ist die *Wärmekapazität des idealen Gases* und ihre Temperaturabhängigkeit sowie der Adiabatenexponent κ des idealen Gases

$$C_{V,\mathrm{m}} = \frac{f}{2}R, \quad C_{p,\mathrm{m}} = \frac{f+2}{2}R, \quad C_{p,\mathrm{m}} - C_{V,\mathrm{m}} = R, \quad \kappa = \frac{f+2}{f}$$

Durch Abzählen der Freiheitsgrade kann man $C_{V,\mathrm{m}}$ und $C_{p,\mathrm{m}}$ sowie κ von Gasen näherungsweise berechnen (s. Tab. A.1).

Die Entropieänderung, die mit einer Zustandsänderung des idealen Gases vom Anfangszustand (T_1, V_1, p_1) zum Endzustand (T_2, V_2, p_2) verbunden ist, beträgt

$$S_2 - S_1 = \int_{T_1}^{T_2} \frac{C_V}{T}\,\mathrm{d}T + nR\ln\frac{V_2}{V_1} \quad \text{oder} \quad S_2 - S_1 = \int_{T_1}^{T_2} \frac{C_p}{T}\,\mathrm{d}T - nR\ln\frac{p_2}{p_1}$$

Die Entropie nimmt mit der Temperatur und dem Volumen zu aber mit zunehmendem Druck ab. Für isotherme Zustandsänderungen gilt

$$S_2 - S_1 = n\,R\ln\frac{V_2}{V_1} = -n\,R\ln\frac{p_2}{p_1} > 0$$

Fundamentalgleichungen, Maxwell-Relationen, Gibbs-Helmholtz-Gleichungen, thermodynamische Zustandsgleichungen

Die kalorischen Zustandsfunktionen innere Energie, Enthalpie, freie Energie und freie Enthalpie sowie die Entropie heißen *thermodynamische Potentiale*. Ihre Ableitungen ergeben wieder physikalische Größen.

Tab. A.2 Thermodynamische Potentiale und Fundamentalgleichungen

Thermodynamisches Potential		Fundamentalgleichung	
Potential	Definition	Integrale Form	Differentielle Form
Innere Energie	U	$U = U\,(S, V)$	$\mathrm{d}U = T\,\mathrm{d}S - p\,\mathrm{d}V$
Entropie	S	$S = S\,(U, V)$	$\mathrm{d}S = \frac{1}{T}\,\mathrm{d}U + \frac{p}{T}\,\mathrm{d}V$
Enthalpie	$H = U + pV$	$H = H\,(S, p)$	$\mathrm{d}H = T\,\mathrm{d}S + V\,\mathrm{d}p$
Entropie	S	$S = S\,(H, p)$	$\mathrm{d}S = \frac{1}{T}\,\mathrm{d}H - \frac{V}{T}\,\mathrm{d}p$
Freie Energie	$F = U - TS$	$F = F\,(T, V)$	$\mathrm{d}F = -S\,\mathrm{d}T - p\,\mathrm{d}V$
Freie Enthalpie	$G = H - TS = F + pV$ $= U + pV - TS$	$G = G\,(T, p)$	$\mathrm{d}G = -S\,\mathrm{d}T + V\,\mathrm{d}p$

Tab. A.3 Thermodynamische Beziehungen

Thermodynamisches Potential	Unabhängige Variablen	Konjugierte Variablen		Maxwell-Relationen
U	V, S	$\left(\frac{\partial U}{\partial S}\right)_V = T$	$\left(\frac{\partial U}{\partial V}\right)_S = -p$	$\left(\frac{\partial T}{\partial V}\right)_S = -\left(\frac{\partial p}{\partial S}\right)_V = \frac{\partial^2 U}{\partial V \partial S}$
S	U, V	$\left(\frac{\partial S}{\partial U}\right)_V = \frac{1}{T}$	$\left(\frac{\partial S}{\partial V}\right)_U = \frac{p}{T}$	
H	S, p	$\left(\frac{\partial H}{\partial S}\right)_p = T$	$\left(\frac{\partial H}{\partial p}\right)_S = V$	$\left(\frac{\partial T}{\partial p}\right)_S = \left(\frac{\partial V}{\partial S}\right)_p = \frac{\partial^2 H}{\partial p \partial S}$
F	T, V	$\left(\frac{\partial F}{\partial T}\right)_V = -S$	$\left(\frac{\partial F}{\partial V}\right)_T = -p$	$\left(\frac{\partial S}{\partial V}\right)_T = \left(\frac{\partial p}{\partial T}\right)_V = -\frac{\partial^2 F}{\partial V \partial T}$
G	T, p	$\left(\frac{\partial G}{\partial T}\right)_p = -S$	$\left(\frac{\partial G}{\partial p}\right)_T = V$	$\left(\frac{\partial S}{\partial p}\right)_T = -\left(\frac{\partial V}{\partial T}\right)_p = -\frac{\partial^2 G}{\partial p \partial T}$

Die (*integrale*) Fundamentalgleichung (kanonische Zustandsgleichung) verknüpft die thermische Zustandsgleichung $p = p(V, T)$, die kalorische Zustandsgleichung $U = U(V, T)$ und die Entropiezustandsgleichung $S = S(V, T)$ miteinander und beschreibt daher vollständig den Zustand eines Systems.

Die thermodynamischen Potentiale und Fundamentalgleichungen sind in Tab. A.2 zusammengestellt.

Aus der differentiellen, Gibbsschen Fundamentalgleichung ergeben sich für die partiellen Differentialquotienten der Zustandsfunktionen die *thermodynamische Beziehungen*, die in Tab. A.3 zusammengefasst sind.

Durch Anwendung der Integrabilitätsbedingung (Schwarzscher Satz) auf die gemischten zweiten partiellen Ableitungen der thermodynamischen Potentiale erhält man die *Maxwell-Relationen* (s. Tab. A.3).

Aus den Maxwell-Relationen ergeben sich mit Hilfe von Differentiationsregeln *thermodynamische Zustandsgleichungen*, die in Tab. A.4 zusammengefasst sind.

Tab. A.4 Thermodynamische Zustandsgleichungen

$U(T,V)$	$\left(\frac{\partial U}{\partial T}\right)_V = C_V(T,V) = -T\left(\frac{\partial^2 F}{\partial T^2}\right)_V$	$\left(\frac{\partial U}{\partial V}\right)_T = T\left(\frac{\partial p}{\partial T}\right)_V - p$	$\left(\frac{\partial C_V}{\partial V}\right)_T = T\left(\frac{\partial^2 p}{\partial T^2}\right)_V$
$H(T,p)$	$\left(\frac{\partial H}{\partial T}\right)_p = C_p(T,V) = -T\left(\frac{\partial^2 G}{\partial T^2}\right)_p$	$\left(\frac{\partial H}{\partial p}\right)_T = V - T\left(\frac{\partial V}{\partial T}\right)_p$	$\left(\frac{\partial C_p}{\partial p}\right)_T = -T\left(\frac{\partial^2 V}{\partial T^2}\right)_p$
$S(T,V)$	$\left(\frac{\partial S}{\partial T}\right)_V = \frac{C_V(T,V)}{T}$	$\left(\frac{\partial S}{\partial V}\right)_T = \left(\frac{\partial p}{\partial T}\right)_V$	
$S(T,p)$	$\left(\frac{\partial S}{\partial T}\right)_p = \frac{C_p(T,p)}{T}$	$\left(\frac{\partial S}{\partial p}\right)_T = -\left(\frac{\partial V}{\partial T}\right)_p$	

Außerdem gilt:

$$C_p - C_V = T\left(\frac{\partial V}{\partial T}\right)_p \left(\frac{\partial p}{\partial T}\right)_V = \frac{TV\beta^2}{\chi}$$

Durch Umformung der Gibbsschen Fundamentalgleichung erhält man die *Gibbs-Helmholtz-Gleichungen*:

$$\left(\frac{\partial (F/T)}{\partial (1/T)}\right)_V = U$$

$$\left(\frac{\partial (G/T)}{\partial (1/T)}\right)_p = H$$

$$U + T\left(\frac{\partial F}{\partial T}\right)_V = F$$

$$H + T\left(\frac{\partial G}{\partial T}\right)_p = G$$

Die *thermodynamischen Potentiale* und ihre Differentiale als Funktion der thermischen Zustandsgrößen für das reale Fluid und das ideale Gas sind in Tab. A.5 zusammengestellt.

A.1.2 Thermodynamische Eigenschaften reiner Fluide

Fluid oder *fluide Phase* ist der Oberbegriff für Flüssigkeiten und Gase.

Kompressibilitätsfaktor (Realgasfaktor) und Realanteil, Fugazität und Fugazitätskoeffizient

Der *Kompressibilitätsfaktor* oder *Realgasfaktor* z ist definiert als

$$z = z(p,T) = \frac{pV}{nRT} = \frac{pV_{\mathrm m}}{RT} = \frac{pv}{R_{\mathrm i}T}$$

($v = V_{\mathrm m}/M$ = spezifisches Volumen und $R_{\mathrm i} = R/M$ = spezielle Gaskonstante).

Für das ideale Gas ist $z^{\mathrm{id}} = 1$, für reale Fluide $\lim_{p\to 0} z = 1$ bzw. $\lim_{V\to\infty} z = 1$.

Der *Realanteil* (*residual function*) $Z^{\mathrm r}$ der Zustandsgröße $Z(T,p)$ eines realen Fluids ist definiert als

$$Z^{\mathrm r} = Z(T,p) - Z^{\mathrm{id}}(T,p)$$

($Z^{\mathrm{id}}(T,p)$ = Zustandsgröße des idealen Gases).

Tab. A.5 Thermodynamische Potentiale und ihre Differentiale als Funktion der thermischen Zustandsgrößen für das reale Fluid und das ideale Gas. p_0 = Bezugsdruck, T_0 = Bezugstemperatur, V_0 = Bezugsvolumen

Totale Differentiale der thermodynamischen Potentiale	
Reales Fluid	Ideales Gas
$dU = C_V(T, V)\, dT + \left(T\left(\frac{\partial p}{\partial T}\right)_V - p\right) dV$	$dU = C_V^{\text{id}}(T)\, dT$
$dH = C_p(T, p)\, dT + \left(V - T\left(\frac{\partial V}{\partial T}\right)_p\right) dp$	$dH = C_p^{\text{id}}(T)\, dT$
$dS = \frac{C_V(T,V)}{T}\, dT + \left(\frac{\partial p}{\partial T}\right)_V dV$	$dS = \frac{C_V^{\text{id}}(T)}{T}\, dT + n\,R\,d\ln V$
$dS = \frac{C_p(T,p)}{T}\, dT - \left(\frac{\partial V}{\partial T}\right)_p dp$	$dS = \frac{C_p^{\text{id}}(T)}{T}\, dT - n\,R\,d\ln p$
$dF = -S\, dT - p\, dV$	$dF = -S\, dT - n\,R\,T\,d\ln V$
$dG = -S\, dT + V\, dp$	$dG = -S\, dT + n\,R\,T\,d\ln p$
Druckexplizite Form, $p = p(V, T)$	
$U(T, V) = U^{\text{id}}(T) + \int_V^\infty \left(p - T\left(\frac{\partial p}{\partial T}\right)_V\right) dV$	$U^{\text{id}}(T) = U^{\text{id}}(T_0) + \int_{T_0}^T C_V^{\text{id}}(T)\, dT$
$S(T, V) = S^{\text{id}}(T, V) - \int_V^\infty \left(\left(\frac{\partial p}{\partial T}\right)_V - \frac{nR}{V}\right) dV$	$S^{\text{id}}(T, V) = S^{\text{id}}(T_0, V_0) + \int_{T_0}^T \frac{C_V^{\text{id}}(T)}{T}\, dT$ $\qquad\qquad + n\,R\,\ln\frac{V}{V_0}$
$F(T, V) = F^{\text{id}}(T, V) + \int_V^\infty \left(p - \frac{nRT}{V}\right) dV$	$F^{\text{id}}(T, V) = U^{\text{id}}(T) - T\,S^{\text{id}}(T, V)$
$H(T, V) = H^{\text{id}}(T) + \int_V^\infty \left(p - T\left(\frac{\partial p}{\partial T}\right)_V\right) dV$ $\qquad + pV - n\,R\,T$	$H^{\text{id}}(T) = H^{\text{id}}(T_0) + \int_{T_0}^T C_p^{\text{id}}(T)\, dT$
$G(T, V) = G^{\text{id}}(T, V) + \int_V^\infty \left(p - \frac{nRT}{V}\right) dV$ $\qquad + pV - n\,R\,T$	$G^{\text{id}}(T, V) = H^{\text{id}}(T) - T\,S^{\text{id}}(T, V)$
Volumenexplizite Form, $V = V(p, T)$	
$H(T, p) = H^{\text{id}}(T) + \int_0^p \left(V - T\left(\frac{\partial V}{\partial T}\right)_p\right) dp$	$H^{\text{id}}(T) = H^{\text{id}}(T_0) + \int_{T_0}^T C_p^{\text{id}}(T)\, dT$
$S(T, p) = S^{\text{id}}(T, p) - \int_0^p \left(\left(\frac{\partial V}{\partial T}\right)_p - \frac{nR}{p}\right) dp$	$S^{\text{id}}(T, p) = S^{\text{id}}(T_0, p_0) + \int_{T_0}^T \frac{C_p^{\text{id}}(T)}{T}\, dT$ $\qquad\qquad - n\,R\,\ln\frac{p}{p_0}$
$G(T, p) = G^{\text{id}}(T, p) + \int_0^p \left(V - \frac{nRT}{p}\right) dp$	$G^{\text{id}}(T, p) = H^{\text{id}}(T) - T\,S^{\text{id}}(T, p)$

Die Realanteile der thermodynamischen Zustandsgrößen V, S, H und G sind in Tab. A.6 zusammengestellt.

Die *departure function* Z^{d} der Zustandsgröße $Z(T, p)$ eines realen Fluids bei Systemdruck p ist definiert als

$$Z^{\text{d}} = Z(T, p) - Z^{\text{id}}(T, p_0)$$

($Z^{\text{id}}(T, p_0)$ = Zustandsgröße des idealen Gases bei Bezugsdruck p_0 (meist 1 atm)).

Tab. A.6 Realanteile verschiedener Zustandsgrößen sowie Fugazitätskoeffizient und seine Temperatur- und Druckabhängigkeit (für volumenexplizite Zustandsgleichung)

$$V_m^r(p,T) = V_m(p,T) - V_m^{id}(p,T) \qquad = V_m - \frac{RT}{p} \qquad\qquad = \frac{RT}{p}(z-1)$$

$$S_m^r(p,T) = S_m(p,T) - S_m^{id}(p,T) \qquad = \int_0^p \left(-\left(\frac{\partial V_m}{\partial T}\right)_p + \frac{R}{p}\right) dp \qquad \begin{aligned} &= -RT \int_0^p \left(\frac{\partial z}{\partial T}\right)_p \frac{dp}{p} \\ &\quad -R \int_0^p (z-1) \frac{dp}{p} \end{aligned}$$

$$H_m^r(p,T) = H_m(p,T) - H_m^{id}(p,T) \qquad = \int_0^p \left(V_m - T\left(\frac{\partial V_m}{\partial T}\right)_p\right) dp \qquad = -RT^2 \int_0^p \left(\frac{\partial z}{\partial T}\right)_p \frac{dp}{p}$$

$$G_m^r(p,T) = G_m(p,T) - G_m^{id}(p,T) \qquad = \int_0^p \left(V_m - \frac{RT}{p}\right) dp \qquad\qquad = RT \int_0^p (z-1) \frac{dp}{p}$$

$$\ln\varphi = \ln\frac{f}{p} = \frac{G_m^r}{RT}$$

$$\left(\frac{\partial \ln\varphi}{\partial T}\right)_p = \left(\frac{\partial \ln f}{\partial T}\right)_p = -\frac{H_m^r}{RT^2}$$

$$\left(\frac{\partial \ln\varphi}{\partial p}\right)_T = \frac{V_m}{RT} - \frac{1}{p}$$

$$\left(\frac{\partial \ln f}{\partial p}\right)_T = \frac{V_m}{RT}$$

Die *Fugazität f* ist definiert durch die Gleichung $dG = n\,RT\,d\ln f$, der *Fugazitätskoeffizient φ* durch $\varphi = f/p$.

Für das ideale Gas gilt $dG^{id} = n\,RT\,d\ln p$, $f^{id} = p$, $\varphi^{id} = 1$.

Für reale Fluide gilt $\lim_{p\to 0}\frac{f}{p} = 1$, $\lim_{p\to 0}\varphi = 1$.

Die Temperatur- und Druckabhängigkeit der Fugazität und des Fugazitätskoeffizienten sind in Tab. A.6 wiedergegeben.

Virialgleichung

Die *Virialgleichung* ist eine thermische Zustandsgleichung für reale Fluide in Form einer Reihenentwicklung von pV_m oder z nach p oder $1/V_m$.

Die *Berlin-Form* der Virialgleichung ist eine Entwicklung nach p:

$$pV_m = RT\left(1 + B'p + C'p^2 + D'p^3 + \ldots\right)$$

$$z = \frac{pV_m}{RT} = 1 + B'p + C'p^2 + D'p^3 + \ldots$$

Die *Leiden-Form* der Virialgleichung ist eine Entwicklung nach $1/V_m$:

$$pV_m = RT\left(1 + \frac{B}{V_m} + \frac{C}{V_m^2} + \frac{D}{V_m^3} + \ldots\right)$$

$$z = \frac{pV_m}{RT} = 1 + \frac{B}{V_m} + \frac{C}{V_m^2} + \frac{D}{V_m^3} + \ldots$$

oder mit der Definition der *Moldichte* $\rho = 1 \,/\, V_\mathrm{m}$:

$$p V_\mathrm{m} = RT \, (1 + B \, \rho + C \, \rho^2 + D \, \rho^3 + \ldots)$$

$$z = \frac{p V_\mathrm{m}}{RT} = 1 + B \, \rho + C \, \rho^2 + D \, \rho^3 + \ldots$$

(B, B' = zweiter Virialkoeffizient, C, C' = dritter Virialkoeffizient, D, D' = vierter Virialkoeffizient).

Die *Virialkoeffizienten* sind Stoffkonstanten, die für reine Stoffe nur von der Temperatur abhängen.

Die Virialkoeffizienten der Berlin- und Leiden-Form können ineinander umgerechnet werden:

$$B' = \frac{B}{RT}, \quad C' = \frac{C - B^2}{(RT)^2}, \quad D' = \frac{D - 3\,B\,C + 2\,B^3}{(RT)^3}$$

Die *Boyle-Temperatur* T_B ist definiert durch die Gleichung

$$\left(\frac{\partial \, (pV)}{\partial p} \right)_{T_\mathrm{B}} = 0 \quad \text{bei} \quad p = 0$$

Daher ist $B' \, (T_\mathrm{B}) = 0$ und $B \, (T_\mathrm{B}) = 0$.

Der zweite Virialkoeffizient nimmt mit der Temperatur zu. Unterhalb der Boyle-Temperatur ist er negativ, oberhalb positiv.

Die mit der Virialgleichung berechneten Realanteile der molaren Entropie, Enthalpie und freien Enthalpie sowie der Fugazitätskoeffizient und seine Temperatur- und Druckabhängigkeit sind in Tab. A.7 zusammengestellt.

Bricht man die Virialgleichung nach dem dritten Koeffizienten ab, so ist die Leiden-Form die genauere Gleichung, bricht man sie nach dem zweiten Koeffizienten ab, so ist die Berlin-Form die genauere. Die Virialgleichung ist nicht für Flüssigkeiten geeignet, sondern nur für Gase bis zu mäßigen Dichten: Werden B und C berücksichtigt, so werden die p, V, T-Daten bis $\rho = 0{,}75\rho_\mathrm{c}$ gut und bis $\rho = \rho_\mathrm{c}$ befriedigend wiedergegeben, wird nur B berücksichtigt, so ist die Gleichung nur bis $\rho = 0{,}5\rho_\mathrm{c}$ anwendbar (ρ_c = kritische Moldichte).

Das p, V, T-Verhalten von Gasen bei hohen Dichten und von Flüssigkeiten sowie Dampf-Flüssigkeits-Gleichgewichte beschreiben modifizierte Virialgleichungen:

Die Virialgleichung von *Kamerlingh Onnes* lautet

$$p V_\mathrm{m} = RT \left(1 + \frac{B}{V_\mathrm{m}} + \frac{C}{V_\mathrm{m}^2} + \frac{D}{V_\mathrm{m}^4} + \frac{E}{V_\mathrm{m}^6} + \frac{F}{V_\mathrm{m}^8} \right)$$

Tab. A.7 Realanteile der molaren Entropie, Enthalpie und freien Enthalpie sowie Fugazitätskoeffizient und seine Temperatur- und Druckabhängigkeit für die nach dem zweiten bzw. dritten Virialkoeffizienten abgebrochene Virialgleichung (linke bzw. rechte Spalte)

$z = 1 + B'p = 1 + \frac{Bp}{RT}$	$z = 1 + B'p + C'p^2$
$S_m^r = -p\frac{dB}{dT}$	$S_m^r = -RTp\left(\frac{B'}{T} + \frac{1}{2}p\frac{C'}{T} + \frac{dB'}{dT} + \frac{1}{2}p\frac{dC'}{dT}\right)$
$H_m^r = \left(B - T\frac{dB}{dT}\right)p$	$H_m^r = -RT^2\left(p\frac{dB'}{dT} + \frac{1}{2}p^2\frac{dC'}{dT}\right)$
$G_m^r = Bp$	$G_m^r = RT\left(B'p + \frac{1}{2}C'p^2\right)$
$\ln\varphi = \frac{Bp}{RT}$	$\ln\varphi = B'p + \frac{1}{2}C'p^2$
$\left(\frac{\partial\ln\varphi}{\partial T}\right)_p = \frac{p}{RT}\left(\frac{dB}{dT} - \frac{B}{T}\right)$	
$\left(\frac{\partial\ln\varphi}{\partial p}\right)_T = \frac{B}{RT}$	

$(B = b_1T + b_2 + \frac{b_3}{T} + \frac{b_4}{T^2} + \dots, C = c_1T + c_2 + \frac{c_3}{T} + \frac{c_4}{T^2} + \dots$, für D, E und F analoge Gleichungen, b_i und c_i ($i = 1, 2, 3, 4, \dots$) sind temperaturunabhängige Koeffizienten).

Die *Zustandsgleichung nach Benedict, Webb und Rubin (BWR-Gleichung)* lautet

$$z = 1 + B\rho + C\rho^2 + D\rho^5 + \frac{\alpha + \beta\rho^2}{RT}\rho^2 \exp\left(-\gamma\rho^2\right)$$

$$\text{mit} \quad B = B_0 - \frac{A_0}{RT} - \frac{C_0}{RT^3}, \quad C = b - \frac{a}{RT}, \quad D = \frac{a\delta}{RT}, \quad \alpha = \frac{c}{T^2}, \quad \beta = \frac{c\gamma}{T^2}$$

mit A_0, B_0, C_0, a, b, c, γ, δ = stoffspezifische Konstanten.

Die BWR-Gleichung ist vor allem geeignet zur Beschreibung thermodynamischer Daten der flüssigen Phase und Dampfphase insbesondere von leichten Kohlenwasserstoffen und ihren Mischungen.

Van-der-Waals-Gleichung

Die *van-der-Waals-Gleichung* lautet

$$\left(p + \frac{a}{V_m^2}\right)(V_m - b) = RT \qquad \text{(intensive Form)}$$

$$\left(p + \frac{n^2a}{V^2}\right)(V - nb) = nRT \qquad \text{(extensive Form)}$$

a, b = van-der-Waals-Konstanten. Sie sind unabhängig von Druck und Temperatur. a beschreibt die zwischenmolekularen Anziehungskräfte und b die Abstoßungskräfte.

Tab. A.8 Realanteile der molaren Entropie, Enthalpie und freien Enthalpie sowie Fugazitätskoeffizient und seine Temperatur- und Druckabhängigkeit für die vereinfachte Form der van-der-Waals-Gleichung $z = 1 + \left(b - \frac{a}{RT}\right)\frac{p}{RT}$

$S_{\mathrm{m}}^{\mathrm{r}} = -\frac{ap}{RT^2}$	$\left(\frac{\partial \ln \varphi}{\partial T}\right)_p = \left(\frac{2a}{RT^2} - \frac{b}{T}\right)\frac{p}{RT}$
$H_{\mathrm{m}}^{\mathrm{r}} = \left(b - \frac{2a}{RT}\right)p$	$\left(\frac{\partial \ln \varphi}{\partial p}\right)_T = \frac{b - \frac{a}{RT}}{RT}$
$G_{\mathrm{m}}^{\mathrm{r}} = \left(b - \frac{a}{RT}\right)p$	
$\ln \varphi = \left(b - \frac{a}{RT}\right)\frac{p}{RT}$	

Zwischen den van-der-Waals-Konstanten a und b und dem zweiten Virialkoeffizienten B besteht folgende Beziehung:

$$B = b - \frac{a}{RT} \quad \text{und} \quad \frac{\mathrm{d}B}{\mathrm{d}T} = \frac{a}{RT^2}$$

Die Boyle-Temperatur T_{B} des van-der-Waals-Gases ist $T_{\mathrm{B}} = a/(bR)$.

Für das van-der-Waals-Gas sind die Realanteile verschiedener Zustandsgrößen sowie der Fugazitätskoeffizient und seine Temperatur- und Druckabhängigkeit in Tab. A.8 zusammengestellt.

Kritischer Punkt

Die van-der-Waals-Gleichung hat bei niedrigen Temperaturen für jeden Druck drei reelle Lösungen für V_{m}. Beim *kritischen Punkt* fallen sie zusammen. Oberhalb dieses Punktes gibt es für jeden Druck nur eine reelle Lösung. Die thermischen Zustandsgrößen am kritischen Punkt heißen *kritische Temperatur T_{c}*, *kritischer Druck p_{c}* und *kritisches Molvolumen V_{c}* (bzw. *kritische Moldichte $\rho_{\mathrm{c}} = 1/V_{\mathrm{c}}$*). Sie sind stoffspezifische Konstanten. Sie stehen mit den van-der-Waals-Konstanten a und b in folgender Beziehung

$$V_{\mathrm{c}} = 3b, \quad p_{\mathrm{c}} = \frac{a}{27 b^2}, \quad T_{\mathrm{c}} = \frac{8a}{27 R b}$$

$$a = 3 p_{\mathrm{c}} V_{\mathrm{c}}^2 = \frac{9}{8}RT_{\mathrm{c}}V_{\mathrm{c}} = \frac{27}{64}\frac{R^2 T_{\mathrm{c}}^2}{p_{\mathrm{c}}}, \quad b = \frac{V_{\mathrm{c}}}{3} = \frac{64}{27}\frac{p_{\mathrm{c}}^2 V_{\mathrm{c}}^3}{R^2 T_{\mathrm{c}}^2} = \frac{1}{8}\frac{RT_{\mathrm{c}}}{p_{\mathrm{c}}}$$

Der Kompressibilitätsfaktor am kritischen Punkt, der *kritische Kompressibiltätsfaktor* ist

$$z_{\mathrm{c}} = \frac{p_{\mathrm{c}} V_{\mathrm{c}}}{RT_{\mathrm{c}}} = \frac{3}{8} = 0{,}375.$$

Die Boyle-Temperatur ist $T_{\mathrm{B}} = (27/8)T_{\mathrm{c}}$.

Die kritische Temperatur ist nach der *Guldbergschen Regel* $T_{\mathrm{b}}/T_{\mathrm{c}} \approx 2/3$ ($T_{\mathrm{b}} = $ Normalsiedepunkt in K).

Für die kritischen Daten gilt nach der *Inkrementmethode von Lydersen*:

$$\frac{T_c}{K} = \frac{T_b}{0,567 + \sum \Delta_T - (\sum \Delta_T)^2}$$

$$\frac{p_c}{atm} = \frac{M}{(0,34 + \sum \Delta_p)^2}$$

$$\frac{V_c}{cm^3\,mol^{-1}} = 40 + \sum \Delta_V$$

(T_b = Normalsiedepunkt in K, Δ_T, Δ_p, Δ_V = Beiträge der einzelnen Strukturgruppen, s. Tab. A.21).

Empirische kubische Zustandsgleichungen
Empirische kubische Zustandsgleichungen sind halbempirische Modifikationen der van-der-Waals-Gleichung. Man kann sie darstellen durch die Gleichungen

$$p = \frac{RT}{V_m - b} - \frac{\Theta}{V_m^2 + \delta V_m + \varepsilon}$$

$$z = \frac{V_m}{V_m - b} - \frac{\Theta V_m}{RT\,(V_m^2 + \delta V_m + \varepsilon)}$$

(Θ, δ, ε = Parameter).

In Tab. 2.2 sind die Parameter verschiedener empirischer kubischer Zustandsgleichungen zusammengestellt.

Enthalten die Parameter nur die beiden van-der-Waals-Konstanten a und b, so heißen die Zustandsgleichungen *zweiparametrige Zustandsgleichungen*, enthalten sie weitere stoffspezifische Konstanten, so nennt man sie *drei-* oder *mehrparametrige Zustandsgleichungen*.

Die *Redlich-Kwong-Gleichung* hat die Parameter $\Theta = a/T^{1/2}$, $\delta = b$, $\varepsilon = 0$ und lautet

$$p = \frac{RT}{V_m - b} - \frac{a}{T^{1/2} V_m\,(V_m + b)}$$

$$z = \frac{V_m}{V_m - b} - \frac{a}{RT^{3/2}\,(V_m + b)}$$

a und b ergeben sich aus den kritischen Daten zu

$$a = 1,28244\,RT_c^{3/2} V_c = 0,42748\,\frac{R^2 T_c^{5/2}}{p_c} \quad \text{und} \quad b = 0,25992\,V_c = 0,08664\,\frac{RT_c}{p_c}$$

Der kritische Kompressibilitätsfaktor ist $z_c = 1/3 = 0,333$.

Zwischen dem zweiten Virialkoeffizienten B und den Paramtern a und b bestehen die Beziehungen

$$B = b - \frac{a}{RT^{3/2}} \quad \text{und} \quad \frac{\mathrm{d}B}{\mathrm{d}T} = \frac{3a}{2\,RT^{5/2}} > 0.$$

Die Boyle-Temperatur ist $T_\mathrm{B} = \left(\frac{a}{Rb}\right)^{\frac{2}{3}}$.

Die Redlich-Kwong-Gleichung hat sich bei der Berechnung der Eigenschaften von Gasen und Gasmischungen bewährt.

Die *Redlich-Kwong-Soave-(RKS-)Gleichung* ist eine Modifikation der Redlich-Kwong-Gleichung, bei der der Parameter a als temperaturabhängig angenommen wird. Die Parameter haben die Werte $\Theta = a(T)$, $\delta = b$ und $\varepsilon = 0$, und die Gleichung lautet:

$$p = \frac{RT}{V_\mathrm{m} - b} - \frac{a\,(T)}{V_\mathrm{m}\,(V_\mathrm{m} + b)}$$

$$z = \frac{V_\mathrm{m}}{V_\mathrm{m} - b} - \frac{a\,(T)}{RT\,(V_\mathrm{m} + b)}$$

Es ist $a\,(T) = a_\mathrm{c}\alpha\,(T)$, wobei a_c eine Konstante ist und

$$\alpha\,(T) = \left(1 + \left(0{,}480 + 1{,}574\,\omega - 0{,}176\,\omega^2\right)\left(1 - T_\mathrm{r}^{1/2}\right)\right)^2$$

wobei $T_\mathrm{r} = T/T_\mathrm{c}$ die reduzierte Temperatur ist und ω der *azentrische Faktor*

$$\omega = -1{,}000 - \log_{10}\left(p_\mathrm{r}^0\right)_{T_\mathrm{r}=0{,}7}$$

mit $\left(p_\mathrm{r}^0\right)_{T_\mathrm{r}=0{,}7}$ = reduzierter Sättigungsdampfdruck p^0/p_c bei der reduzierten Temperatur $T/T_\mathrm{c} = 0{,}7$. Der azentrische Faktor ist eine stoffspezifische Größe. Für einfache Fluide (kugelsymmetrische Form und kugelsymmetrisches Kraftfeld) ist $\left(p_\mathrm{r}^0\right)_{T_\mathrm{r}=0{,}7} = 0{,}1$

Die Parameter a_c und b ergeben sich aus den kritischen Daten zu

$$a_\mathrm{c} = 0{,}42748 \frac{R^2 T_\mathrm{c}^2}{p_\mathrm{c}} \quad \text{und} \quad b = 0{,}08664 \frac{RT_\mathrm{c}}{p_\mathrm{c}}$$

Der kritische Kompressibilitätsfaktor ist $z_\mathrm{c} = 1/3 = 0{,}333$.

Die Redlich-Kwong-Soave-Gleichung hat sich für leichte Kohlenwasserstoffe bei der Berechnung von Gas-Flüssigkeits-Gleichgewichten bewährt.

Die *Peng-Robinson-Gleichung* ist eine Modifikation der Redlich-Kwong-Soave-Gleichung. Ihre Parameter sind $\Theta = a(T)$, $\delta = 2b$ und $\varepsilon = -b^2$, und sie lautet

$$p = \frac{RT}{V_\mathrm{m} - b} - \frac{a\,(T)}{V_\mathrm{m}^2 + 2bV_\mathrm{m} - b^2} = \frac{RT}{V_\mathrm{m} - b} - \frac{a\,(T)}{V_\mathrm{m}\,(V_\mathrm{m} + b) + b\,(V_\mathrm{m} - b)}$$

$$z = \frac{V_\mathrm{m}}{V_\mathrm{m} - b} - \frac{a\,(T)\,V_\mathrm{m}}{RT\,(V_\mathrm{m}\,(V_\mathrm{m} + b) + b\,(V_\mathrm{m} - b))}$$

Es ist $a(T) = a_c\alpha(T)$, wobei a_c eine Konstante ist und

$$\alpha(T) = \left(1 + \left(0{,}37464 + 1{,}54226\,\omega - 0{,}26992\,\omega^2\right)\left(1 - T_r^{1/2}\right)\right)^2$$

($T_r = T/T_c$ = reduzierte Temperatur, ω = azentrischer Faktor).

Die Parameter a_c und b ergeben sich aus den kritischen Daten zu

$$a_c = 0{,}4572\frac{R^2 T_c^2}{p_c} \quad \text{und} \quad b = 0{,}07780\frac{RT_c}{p_c}$$

Der kritische Kompressibilitätsfaktor ist $z_c = 0{,}307$.

Die Peng-Robinson-Gleichung liefert insbesondere eine genaue Beschreibung der Flüssigkeitsdichte.

Die Redlich-Kwong-Soave- und Peng-Robinson-Gleichung haben sich insbesondere bei der Anwendung auf polare und große Moleküle praktisch bewährt.

Die Parameter a und b und der kritische Kompressibilitätsfaktor z_c der verschiedenen empirischen kubischen Zustandsgleichungen sind in Tab. 2.3 zusammengestellt.

Korrespondenzprinzip und generalisierte Zustandsgleichungen

Generalisierte Zustandsgleichungen sind Zustandsgleichungen, in denen die thermischen Zustandsgrößen in Einheiten der kritischen Größen, als sog. reduzierte thermische Zustandsgrößen auftreten. Sie enthalten keine individuellen Konstanten. Daher kann eine generalisierte Zustandsgleichung die Eigenschafte vieler verschiedener Fluide wiedergeben. Dieses Phänomen heißt *Korrespondenzprinzip* oder *Gesetz der übereinstimmenden Zustände*.

Die *reduzierten thermischen Zustandsgrößen* (*reduzierter Druck, reduzierte Temperatur* und *reduziertes Molvolumen*) und der *reduzierte Kompressibilitätsfaktor* sind definiert durch die Gleichungen

$$p_r = \frac{p}{p_c}, \quad T_r = \frac{T}{T_c}, \quad V_r = \frac{V_m}{V_c} \quad \text{und} \quad z_r = \frac{p_r V_r}{R T_r}$$

Kann man die generalisierte Zustandsgleichung in der Form der *zweiparametrigen generalisierten Zustandsgleichung* $z = z(T_r, p_r)$ schreiben, die außer den kritischen Zustandsgrößen T_c und p_c keine stoffspezifischen Konstanten enthält, so erfüllt sie das *Zwei-Parameter-Korrespondenzprinzip*: Fluide, die die gleiche reduzierte Temperatur und den gleichen reduzierten Druck haben, besitzen den gleichen Kompressibilitätsfaktor.

Man kann die van-der-Waals-Gleichung in die zweiparametrige *generalisierte van-der-Waals-Gleichung* umformen:

$$\left(p_r + \frac{3}{V_r^2}\right)(3V_r - 1) = 8T_r$$

Die Redlich-Kwong-Gleichung kann in die zweiparametrige *generalisierte Redlich-Kwong-Gleichung* umgeformt werden:

$$z = \frac{V_r}{V_r - 0{,}25992} - \frac{1{,}28244}{T_r^{3/2}\,(V_r + 0{,}25992)}$$

Das zweiparametrige Korrespondenzprinzip gilt insbesondere für Gase, die aus kugelförmigen, unpolaren und nicht assoziierenden Teilchen bestehen.

Für nicht-kugelförmige und polare Moleküle führt man in die zweiparametrige generalisierte Zustandsgleichung zusätzlich zu den kritischen Daten einen oder mehrere stoffspezifische Parameter ein und gelangt zum *erweiterten Korrespondenzprinzip*. Mit dem azentrischen Faktor ω erhält man die *dreiparametrige generalisierte Zustandsgleichung* $z = z(T_r, p_r, \omega)$ bzw. das *Drei-Parameter-Korrespondenzprinzip*: Alle Fluide, die denselben azentrischen Faktor besitzen, haben bei derselben reduzierten Temperatur und demselben reduzierten Druck denselben Wert für z. z kann nach *Pitzer* als lineare Funktion von ω dargestellt werden:

$$z = z\,(T_r, p_r, \omega) = z^{(0)}\,(T_r, p_r) + \omega z^{(1)}\,(T_r, p_r)$$

wobei $z^{(0)}\,(T_r, p_r)$ kugelsymmetrische Moleküle beschreibt und aus den p, V, T-Daten dieser Fluide bestimmt werden kann und $z^{(1)}\,(T_r, p_r)$ die Abweichung von der Kugelsymmetrie. Für kugelförmige Symmetrie ist definitionsgemäß $\omega = 0$. $z^{(0)}\,(T_r, p_r)$ und $z^{(1)}\,(T_r, p_r)$ liegen tabelliert vor (s. Tab. A.22).

Die Gleichung von Redlich-Kwong-Soave kann in die dreiparametrige *generalisierte Redlich-Kwong-Soave-Gleichung* umgeformt werden:

$$z = \frac{V_r}{V_r - 0{,}25992} - \frac{1{,}28244\alpha\,(T_r)}{T_r\,(V_r + 0{,}25992)}$$

mit

$$\alpha\,(T_r) = \left(1 + \left(0{,}480 + 1{,}574\omega - 0{,}176\omega^2\right)\left(1 - T_r^{1/2}\right)\right)^2$$

Mit den generalisierten Zustandsgleichungen kann man die Eigenschaften eines Stoffes mit guter Genauigkeit aus wenigen experimentellen Daten, T_c, p_c und ω, gewinnen.

Joule-Thomson-Effekt

Der *Überströmversuch von Gay-Lussac* zeigt, dass die innere Energie des idealen Gases unabhängig vom Volumen und eine reine Temperaturfunktion ist, $U = U\,(T)$ (*zweites Gay-Lussacsches Gesetz*) und daher auch die Enthalpie, $H = H\,(T)$.

Der *Joule-Thomson-Versuch* zeigt, dass bei der Expansion realer Gase ins Vakuum eine Temperaturänderung (meist eine Abkühlung) eintritt, die der Druckänderung proportional ist und deren Vorzeichen und Größe von der Ausgangstemperatur und dem Ausgangsdruck abhängen. Diese Temperaturänderung bei adiabater Expansion ohne äußere Arbeitsleistung heißt *Joule-Thomson-Effekt*.

Der *Joule-Thomson-Koeffizienten* μ_{JT} ist definiert als die mit der isenthalpen Druckänderung verbundene Temperaturänderung:

$$\mu_{JT} = \left(\frac{\partial T}{\partial p}\right)_H$$

Er ergibt sich zu

$$\mu_{JT} = \frac{V}{C_p}(\beta T - 1)$$

(β = isobarer thermischer Volumenausdehnungskoeffizient).

Es ist $\mu_{JT} = \mu_{JT}(p, T)$.

$\mu_{JT} > 0$: Adiabate Expansion führt zu Abkühlung.

$\mu_{JT} < 0$: Adiabate Expansion führt zu Erwärmung.

$\mu_{JT} = 0$ definiert die *Inversionstemperatur* T_I. Sie ist vom Druck abhängig. Der $T_I(p)$-Verlauf heißt *Inversionskurve*.

Man kann ein Gas mit Hilfe des Joule-Thomson-Effekts abkühlen, wenn die Arbeitstemperatur unter der Inversionstemperatur liegt.

Beim *Lindeverfahren*, dem großtechnischen Verfahren zur Verflüssigung von Gasen, wird vorgekühlte Luft durch Drosselung so weit abgekühlt, bis sie kondensiert.

Mit dem Joule-Thomson-Effekt kann man thermodynamische Zustandsgrößen, insbesondere die Druck- und Temperaturabhängigkeit der Enthalpie bestimmen:

$$\left(\frac{\partial H}{\partial p}\right)_T = -C_p \mu_{JT} \quad \text{und} \quad \left(\frac{\partial H}{\partial T}\right)_V = C_p\left(1 - \frac{\mu_{JT}}{\chi}\beta\right)$$

(χ = isothermer Kompressibiltätskoeffizient).

Dampf-Flüssigkeits-Gleichgewicht

Eine *Phase* ist ein räumlich abgegrenztes Gebiet, in dem die makroskopischen Eigenschaften keine sprunghaften Änderungen aufweisen. Benachbarte Phasen sind durch Grenzflächen, die *Phasengrenzflächen*, voneinander getrennt, bei deren Überschreiten sich manche makroskopischen Stoffeigenschaften sprunghaft ändern, obwohl Druck und Temperatur in beiden Phasen dieselben Werte haben. Ein einphasiges System heißt *homogen*, eine System aus zwei oder mehr Phasen *heterogen*.

Bei Temperaturen unterhalb der kritischen Temperatur geht bei isothermer Kompression oder isobarer Abkühlung der gasförmige Zustand in den flüssigen Zustand über, wobei Gas und Flüssigkeit miteinander im Gleichgewicht stehen und Temperatur und Druck konstant bleiben. Der Übergang vom gasförmigen in den flüssigen Aggregatzustand heißt *Verflüssigung* (wobei der Begriff auch den Übergang fest nach flüssig bezeichnet) oder

Kondensation (wobei der Begriff auch den Übergang gasförmig nach fest bezeichnet). Unterhalb der kritischen Temperatur geht bei isothermer Expansion oder isobarer Erwärmung der flüssige in den gasförmigen Zustand über, wobei Gas und Flüssigkeit miteinander im Gleichgewicht stehen und Temperatur und Druck konstant bleiben. Der Übergang vom flüssigen in den gasförmigen Aggregatzustand heißt *Sieden* (wenn der Vorgang an der Oberfläche oder im Innern stattfindet) oder er heißt *Verdampfung* (wobei dieser Begriff auch die *Verdunstung* einschließt, d. h. den bei Temperaturen unterhalb des Siedepunkts an der freien Oberfläche der Flüssigkeit stattfindende Übergang vom flüssigen in den gasförmigen Aggregatzustand). Verflüssigung und Sieden finden bei denselben Werten von Temperatur und Druck statt, der *Siedetemperatur* bzw. dem *Sättigungsdampfdruck*. Die dabei ausgetauschte Wärme heißt *Verdampfungsenthalpie*. *Sublimation* ist der direkte Übergang vom festen in den gasförmigen Aggregatzustand ohne vorübergehende Verflüssigung. *Schmelzen* ist der Übergang vom festen in den flüssigen Aggregatzustand. *Erstarren* ist der umgekehrte Vorgang.

Bei der kritischen Temperatur gehen die gasförmige und flüssige Phase einer Substanz ohne Phasentrennung ineinander über.

Man kann aus der thermischen Zustandsgleichung für jede unterkritische Temperatur den Dampfdruck und die Molvolumina der miteinander im Gleichgewicht stehenden Phasen Flüssigkeit und Dampf näherungsweise berechnen mit Hilfe des *Maxwell-Kriteriums* (*Maxwellsche Konstruktion*):

$$p^0 (T) \left(V^{\mathrm{v}} - V^{\mathrm{l}} \right) = \int_{V^{\mathrm{l}}}^{V^{\mathrm{v}}} p (V, T) \, \mathrm{d}V$$

(p^0 = Sättigungsdampfdruck, V^{v} bzw. V^{l} = Volumen des gesättigten Dampfes bzw. der siedenden Flüssigkeit), d. h. im p, V-Diagramm liegt die p^0-Isobare so, dass die beiden Flächen, die sie mit den $p(V)$-Isothermen einschließt, gleich groß sind.

p, V, T-Diagramm, p, V-Diagramm, p, T-Diagramm
Die thermische Zustandsgleichung $p(T, V)$ entspricht einer Fläche im dreidimensionalen p, V, T-Diagramm. Das p, V, T-Diagramm und seine drei Projektionen (p, V-Diagramm, p, T-Diagramm und V, T-Diagramm) sind *Zustandsdiagramme* oder *Phasendiagramme*, denn sie geben die p, V, T-Bereiche an, in denen einzelne Phasen oder Mehrphasengleichgewichte existieren.

Die Zweiphasengebiete sind:
Nassdampfgebiet (Dampf-Flüssigkeits-Gleichgewicht). Es wird durch die *Grenzkurve* oder *Sättigungskurve* begrenzt. Ihr linker Ast, die *Siedelinie*, grenzt die Flüssigkeit vom Nassdampfgebiet ab und beschreibt den Zustand der siedenden Flüssigkeit; ihr rechter Ast, die *Taulinie* oder *Kondensationslinie*, grenzt den gasförmigen Zustand vom Nassdampfgebiet ab und beschreibt den Zustand des gesättigten Dampfes.
Schmelzgebiet (Flüssigkeits-Festkörper-Gleichgewicht). Die *Schmelzlinie* stellt die Grenze zwischen dem Existenzbereich des festen Zustands und dem Schmelzgebiet dar,

die *Erstarrungslinie* die Grenze zwischen dem Schmelzgebiet und dem Bereich der Flüssigkeit.

Sublimationsgebiet (Gas-Festkörper-Gleichgewicht). Es wird durch die *Sublimationslinie* und *Desublimationslinie* abgegrenzt von den Zustandsgebieten des Festkörpers und des Gases.

Auf der *Tripellinie* stehen alle drei Phasen miteinander im Gleichgewicht.

Die einzelnen Zustände werden folgendermaßen bezeichnet:

Dampf ist durch isotherme Kompression kondensierbares Gas.

Sattdampf oder (*trocken*) *gesättigter Dampf* ist das Gas in einem Zustand auf der Taulinie und kann durch eine beliebig kleine Temperatursenkung verflüssigt werden.

Heiß-Dampf, überhitzter Dampf, ungesättigter Dampf oder *trockener Dampf* ist Gas in einem Zustand außerhalb des Koexistenzgebietes aber in der Nähe der Taulinie und kann erst durch eine endliche Temperatursenkung verflüssigt werden.

Nasser Dampf oder *Nassdampf* ist eine Mischung aus der siedenden Flüssigkeit und dem mit ihr im thermodynamischen Gleichgewicht stehenden Dampf (Sattdampf).

Die Fortsetzung der $p(V)$-Kurve des Gases über die Kondensationslinie hinaus bis zum Maximum beschreibt den *übersättigten* oder *unterkühlten Dampf*. Die Fortsetzung der $p(V)$-Kurve der Flüssigkeit über die Siedelinie hinaus bis zum Minimum beschreibt die *überhitzte Flüssigkeit*. Die Zustände sind *metastabile Zustände*, d. h. keine stabilen Gleichgewichtszustände.

Die Zustände zwischen dem Maximum und Minimum der $p(V)$-Isotherme sind instabil und nicht realisierbar.

Im p, V-Diagramm fallen in den Zweiphasengebieten die Isothermen und Isobaren zusammen.

Im p,T-Diagramm werden die Zweiphasengebiete dargestellt durch die *Dampfdruckkurve*, die *Schmelzdruckkurve* und die *Sublimationsdruckkurve*. Im *Tripelpunkt* schneiden sich Dampfdruckkurve, Schmelzdruckkurve und Sublimationsdruckkurve, und alle drei Phasen stehen miteinander im Gleichgewicht. Die Sublimationsdruckkurve reicht von 0 K bis zum Tripelpunkt, die Dampfdruckkurve vom Tripelpunkt bis zum kritischen Punkt. Die Sublimations- und Dampfdruckkurve steigen stets mit der Temperatur an; die Schmelzdruckkurve fällt mit zunehmender Temperatur ab, wenn beim Schmelzen das Volumen abnimmt.

Für Reinstoffsysteme ist nach dem *Gibbsschen Phasengesetz* die Zahl der Freiheitsgrade $F = 3 - P$, wenn P die Zahl der miteinander im Gleichgewicht stehenden Phasen ist. Im Einphasengebiet hat das System zwei Freiheitsgrade, im Zweiphasengebiet einen Freiheitsgrad, im Tripelpunkt keinen. Der Tripelpunkt ist eine stoffspezifische Größe.

Das *Hebelgesetz* gibt die Mengenanteile von Dampf und Flüssigkeit für ein Dampf-Flüssigkeits-Gleichgewicht an:

$$\frac{n^{\mathrm{v}}}{n^{\mathrm{l}}} = \frac{m^{\mathrm{v}}}{m^{\mathrm{l}}} = \frac{w^{\mathrm{v}}}{w^{\mathrm{l}}} = \frac{v - v^{\mathrm{l}}}{v^{\mathrm{v}} - v}$$

wobei n^{v}, n^{l} = Molenbruch des gesättigten Dampfes bzw. der siedenden Flüssigkeit, m^{v}, m^{l} = Masse des gesättigten Dampfes bzw. der siedenden Flüssigkeit, v^{v}, v^{l} = spezifisches Volumen des gesättigten Dampfes bzw. der siedenden Flüssigkeit, v = das über die beiden Phasen gemittelte spezifische Volumen und w^{v}, w^{l} = *Dampfgehalt* bzw. Gehalt an siedender Flüssigkeit, definiert durch den Massenanteil des gesättigten Dampfes bzw. der siedenden Flüssigkeit zur Gesamtmasse des Systems:

$$w^{\mathrm{v}} = \frac{m^{\mathrm{v}}}{m^{\mathrm{l}} + m^{\mathrm{v}}} \qquad w^{\mathrm{l}} = \frac{m^{\mathrm{l}}}{m^{\mathrm{l}} + m^{\mathrm{v}}}$$

Im p, v-Diagramms teilt das spezifische Volumen v des Nassdampfes die Druckkonode in zwei „Hebel" der Längen $v - v^{\mathrm{l}}$ und $v^{\mathrm{v}} - v$, und deren Quotient gibt direkt das Verhältnis der Mengenanteile von Dampf und Flüssigkeit wieder.

Clausius-Clapeyronsche Gleichung

Die *Bedingung für thermodynamisches Gleichgewicht* für ein System, das aus den P Phasen α, β, ..., π besteht, ist, dass mechanisches, thermisches und chemisches (stoffliches) Gleichgewicht erfüllt sein müssen:

$$\mathrm{d}p = 0, \qquad p^{\alpha} = p^{\beta} \ldots = p^{\pi} \qquad \text{mechanisches Gleichgewicht}$$

$$\mathrm{d}T = 0, \qquad T^{\alpha} = T^{\beta} = \ldots = T^{\pi} \qquad \text{thermisches Gleichgewicht}$$

$$(\mathrm{d}G)_{p,T} = 0 \qquad G = G^{\alpha} + G^{\beta} + \ldots + G^{\pi} \qquad \begin{array}{l} \text{stoffliches Gleichgewicht} \\ \text{oder chemisches Gleichgewicht} \end{array}$$

oder

$$G_{\mathrm{m}}^{\alpha} = G_{\mathrm{m}}^{\beta} = \ldots = G_{\mathrm{m}}^{\pi}$$

(p^{α}, p^{β}, ..., p^{π} = Drücke der Phasen α, β, ..., π
T^{α}, T^{β}, ..., T^{π} = Temperaturen der Phasen α, β, ..., π
G^{α}, G^{β}, ..., G^{π} = freie Enthalpien der Phasen α, β, ..., π)

Die *Clausius-Clapeyronsche Gleichung* lautet:

$$\frac{\mathrm{d}p}{\mathrm{d}T} = \frac{\Delta_{\alpha\beta}S}{\Delta_{\alpha\beta}V} = \frac{\Delta_{\alpha\beta}H}{T\Delta_{\alpha\beta}V}$$

(p = Gleichgewichtsdruck, T = Umwandlungstemperatur, $\Delta_{\alpha\beta}S$ = molare Entropieänderung bei Phasenumwandlung $\alpha \rightarrow \beta$, $\Delta_{\alpha\beta}V$ = molare Volumenänderung bei Phasenumwandlung $\alpha \rightarrow \beta$, $\Delta_{\alpha\beta}H$ = molare Enthalpieänderung bei Phasenumwandlung $\alpha \rightarrow \beta$).

Mit der Clausius-Clapeyronschen Gleichung kann man aus der Umwandlungsenthalpie und der mit der Umwandlung verbundenen Volumenänderung die Steigung $\mathrm{d}p/\mathrm{d}T$ der Dampfdruckkurve berechnen oder umgekehrt aus der Dampfdruckkurve $p(T)$ die Umwandlungsenthalpie, wenn die mit der Umwandlung verbundene Volumenänderung bekannt ist. Sie ist für alle Zweiphasengleichgewichte reiner Stoffe, die mit einer Volumenänderung verbunden sind, gültig, d. h. für Schmelz-, Sublimations- und Verdampfungsvorgänge sowie für Umwandlungen zwischen allotropen Modifikationen.

Dampfdruckgleichungen

Dampfdruckgleichungen sind analytische Beschreibungen der Abhängigkeit des Sättigungsdampfdrucks von der Temperatur.

Für das Dampf-Flüssigkeits-Gleichgewicht lautet die Clausius-Clapeyronschen Gleichung:

$$\frac{\mathrm{d}p}{\mathrm{d}T} = \frac{\Delta_b H}{T\left(V_m^v - V_m^l\right)}$$

oder

$$\frac{\mathrm{d}\left(\ln\ p\right)}{\mathrm{d}\left(1/T\right)} = -\frac{T\Delta_b H}{p\left(V_m^v - V_m^l\right)}$$

(p = Dampfdruck, T = Siedetemperatur, $\Delta_b H$ = molare Verdampfungsenthalpie, V_m^v, V_m^l = Molvolumen des Dampfes bzw. der Flüssigkeit).

Integration dieser Gleichung ergibt die Dampfdruckgleichung $p(T)$.

Wenn $\frac{T\Delta_b H}{p\left(V_m^v - V_m^l\right)}$ temperaturunabhängig ist (was oft der Fall ist), so hat die Dampfdruckgleichung die Form der *Clapeyron-Gleichung*

$$\ln\ p = A - \frac{B}{T}$$

(A, B = stoffspezifische Konstanten). Sie gibt die Temperaturabhängigkeit des Dampfdrucks für kleine Temperaturbereiche, insbesondere entfernt vom kritischen Punkt, recht gut wieder.

Wenn das Molvolumen der Flüssigphase V_m^l gegen das der Dampfphase V_m^v vernachlässigbar und die Dampfphase durch die Gleichung des idealen Gases darstellbar ist, so gilt

$$\frac{\mathrm{d}\left(\ln\ p\right)}{\mathrm{d}\left(1/T\right)} \approx -\frac{\Delta_b H}{R}$$

und, wenn $\Delta_b H$ temperaturunabhängig ist,

$$\ln\ p \approx -\frac{\Delta_b H}{RT} + \mathrm{const} \quad \mathrm{oder} \quad p \sim \exp\left(-\frac{\Delta_b H}{RT}\right)$$

Falls $\frac{T\Delta_b H}{p\left(V_m^v - V_m^l\right)}$ eine lineare Temperaturabhängigkeit aufweist, erhält man die *Kirchhoffsche Dampfdruckgleichung*

$$\ln\ p = A - \frac{B}{T} + C\ \ln\ T$$

(A, B, C = stoffspezifische Konstanten).

Eine empirische Modifikation der genannten Gleichungen ist die *Antoine-Gleichung*

$$\ln\ p = A - \frac{B}{C + T}$$

(A, B, C = stoffspezifische Konstanten). Sie gilt mit guter Genauigkeit vom Tripelpunkt bis zum Normalsiedepunkt.

Verdampfungsenthalpie

Die molare *Verdampfungsenthalpie* kann man aus der Dampfdruckgleichung bestimmen:

$$\Delta_b H = -\frac{p\left(V_m^v - V_m^l\right)}{T}\frac{d\ln p}{d\left(1/T\right)}$$

Wenn das Molvolumen der Flüssigphase V_m^l gegen das der Dampfphase V_m^v vernachlässigbar ist und außerdem die Dampfphase mit der idealen Gasgleichung darstellbar ist, dann gilt

$$\Delta_b H = -R\frac{d\ln p}{d\left(1/T\right)}$$

Ist die halblogarithmische Auftragung des Sättigungsdampfdrucks gegen die reziproke Temperatur über einen Temperaturbereich linear, so ist in diesem Bereich die molare Verdampfungsenthalpien $\Delta_b H$ temperaturunabhängig und gleich dem mit R multiplizierten Anstieg der Geraden.

Eine genauere Berechnung von *Haggenmacher* führt zu

$$\Delta_b H = -R\left(1 - \frac{p_r}{T_r^3}\right)^{\frac{1}{2}}\frac{d\ln p}{d\left(1/T\right)}$$

(T_r = reduzierte Siedetemperatur, p_r = reduzierter Sättigungsdampfdruck bei der reduzierten Temperatur). Diese Gleichung stellt eine gute Näherung dar für Temperaturen unterhalb der Siedetemperatur.

Die genauesten Ergebnisse für $\Delta_b H$ erhält man, wenn man für die Molvolumina von Dampf und Flüssigkeit experimentelle Werte einsetzt.

$\Delta_b H$ ist temperatur- bzw. druckabhängig, und zwar um so stärker, je weiter man sich dem kritischen Punkt nähert. Am kritischen Punkt ist $\Delta_b H = 0$. Die Temperaturabhängigkeit wird durch die *Gleichung von Watson* beschrieben:

$$\Delta_b H_2 = \Delta_b H_1\left(\frac{1 - T_{r,2}}{1 - T_{r,1}}\right)^n$$

($\Delta_b H_1$, $\Delta_b H_2$ = molare Verdampfungsenthalpien bei den reduzierten Siedetemperaturen $T_{r,1}$ bzw. $T_{r,2}$, $n = 0{,}38$). Mit dieser Gleichung kann man die Verdampfungsenthalpie bei einer beliebigen Temperatur aus dem Normalsiedepunkt berechnen.

Gleichgewichtsdruckkurven

Die *Dampfdruckkurve* ist die graphische Darstellung der *Dampfdruckgleichung*

$$\frac{dp}{dT} = \frac{\Delta_b H}{T\left(V_m^v - V_m^l\right)}$$

in einem p, T-Diagramm.

Die *Schmelzdruckkurve* bzw. *-gleichung* gibt den Druck für das Gleichgewicht zwischen flüssigem und festen Zustand beim Schmelzen und Erstarren wieder:

$$\frac{\mathrm{d}p}{\mathrm{d}T} = \frac{\Delta_{\mathrm{f}}H}{T\left(V_{\mathrm{m}}^{\mathrm{l}} - V_{\mathrm{m}}^{\mathrm{s}}\right)}$$

(p = Schmelzdruck, T = Schmelztemperatur, $\Delta_{\mathrm{f}}H$ = molare Schmelzenthalpie, $V_{\mathrm{m}}^{\mathrm{l}}$, $V_{\mathrm{m}}^{\mathrm{s}}$ = Molvolumen der Flüssigkeit bzw. des Festkörpers). Meist steigt die Schmelztemperatur mit zunehmendem Druck. Für wenige Stoffe, z. B. Wasser, fällt die Schmelztemperatur mit zunehmendem Druck.

Die *Sublimationsdruckkurve* bzw. *-gleichung* beschreibt das Gleichgewicht zwischen fester und gasförmiger Phase:

$$\frac{\mathrm{d}p}{\mathrm{d}T} = \frac{\Delta_{\mathrm{s}}H}{T\left(V_{\mathrm{m}}^{\mathrm{v}} - V_{\mathrm{m}}^{\mathrm{s}}\right)}$$

(p = Sublimationsdruck, T = Sublimationstemperatur, $\Delta_{\mathrm{s}}H$ = molare Sublimationsenthalpie, $V_{\mathrm{m}}^{\mathrm{v}}$, $V_{\mathrm{m}}^{\mathrm{s}}$ = Molvolumen des Gases bzw. des Festkörpers). Hieraus ergibt sich mit den Näherungen $V_{\mathrm{m}}^{\mathrm{v}} \gg V_{\mathrm{m}}^{\mathrm{s}}$ und $V_{\mathrm{m}}^{\mathrm{v}} \approx RT/p$

$$\frac{\mathrm{d}\,(\ln p)}{\mathrm{d}\,(1/T)} \approx -\frac{\Delta_{\mathrm{s}}H}{R}$$

Für die Sublimationsenthalpie am Tripelpunkt gilt

$$\Delta_{\mathrm{s}}H = \Delta_{\mathrm{f}}H + \Delta_{\mathrm{b}}H$$

Dampftafeln

Die *Dampftafeln* listen für gegebene Werte von T und p das spezifische Volumen v, die spezifische Enthalpie h und die spezifische Entropie s der vorhandenen Phase(n) Flüssigkeit und/oder Gas.

Die *Dampftafeln des Nassdampfgebiets* listen in Abhängigkeit von der Temperatur oder dem Druck den Dampfdruck bzw. die Siedetemperatur sowie v, h und s der siedenden Flüssigkeit und des gesättigten Dampfes, manchmal auch die Dichten der beiden Phasen und die spezifische Verdampfungsenthalpie und -entropie.

Die *Dampftafeln für die homogenen Phasen* Flüssigkeit und Dampf listen für eine Reihe von Drücken in Abhängigkeit von der Temperatur v, h und s der Flüssigkeit oder des Dampfes.

Die *Wasserdampftafel* ist die Dampftafel für Wasser.

Fugazität der kondensierten Phase

Die Fugazität der kondensierten Phase (Flüssigkeit oder Festkörper) bei dem Druck p und der Temperatur T ist

$$f\,(p, T) = p^0 \varphi^0 \exp\left(\frac{1}{RT} \int_{p^0}^{p} V_{\mathrm{m}}\mathrm{d}p\right)$$

(f = Fugazität, p^0 = Sättigungsdampfdruck, φ^0 = Fugazitätskoeffizient bei Sättigung).
Der Exponentialterm berücksichtigt die Kompression der kondensierten Phase bei Druckerhöhung von p^0 auf p und wird *Poynting-Faktor* (oder *Poynting-Korrektur*) Poy genannt:

$$\text{Poy} = \exp\left(\frac{1}{RT}\int\limits_{p^0}^{p} V_\text{m}\,dp\right)$$

In ausreichender Entfernung vom kritischen Punkt ist

$$\text{Poy} = \exp\left(\frac{V_\text{m}}{RT}(p - p^0)\right)$$

A.1.3 Thermodynamische Eigenschaften homogener Mischungen

Mischungen oder *Gemische* sind Systeme, die aus mehreren Elementen oder chemischen
Verbindungen, den sog. *Komponenten*, bestehen. *Binäre* Mischungen enthalten zwei Komponenten, *ternäre* Mischungen drei, *quaternäre* Mischungen vier.

Eine *Phase* ist ein räumlich abgegrenztes Gebiet mit bestimmten physikalisch-
chemischen Eigenschaften. Eine *homogene* Mischung besteht aus einer einzigen Phase,
die dann *Mischphase* genannt wird; eine *heterogene* Mischung besteht aus mehreren
Phasen, die miteinander im Gleichgewicht stehen, und wird *Gemenge* genannt.

Konzentrationsmaße
Die Zusammensetzung einer Mischung kann mit verschiedenen *Gehaltsangaben* beschrieben werden:

Name	Definition	Einheit
Molenbruch der Komponente i (i = 1, ..., K)	$x_\text{i} = \dfrac{n_\text{i}}{\sum n_\text{j}}$	1
Molarität der Komponente i (i = 1, ..., K)	$c_\text{i} = \dfrac{n_\text{i}}{V}$	mol l^{-1}
Massenbruch der Komponente i (i = 1, ..., K)	$w_\text{i} = \dfrac{m_\text{i}}{\sum m_\text{j}}$	1

$n_\text{i} = $ Molzahl der Komponente i
$n = \sum n_\text{j} = $ Gesamtmolzahl der Mischung
$K = $ Anzahl der Komponenten in der Mischung
$V = $ Volumen der Lösung
$m_\text{i} = $ Masse (Einwaage) der Komponente i
$m = \sum m_\text{j} = $ Gesamtmasse der Mischung

Es gilt $\sum x_\text{i} = 1$, $\sum w_\text{i} = 1$.
Zur Umrechnung der Konzentrationseinheiten binärer Systeme s. Tab. 3.1.

Fundamentalgleichungen für offene Systeme

Die *Fundamentalgleichungen für offene Systeme* enthalten gegenüber den entsprechenden Gleichungen für geschlossene Systeme außer den Zustandsgrößen p, V, T und S Variablen für die Zusammensetzung, meist die Molzahlen n_i aller Komponenten i. Es gilt:

Zustandsgröße	Integrale Form	Differentielle Form
Innere Energie	$U = U\ (S, V, n_1, \ldots, n_K)$	$dU = T\ dS - p\ dV + \sum \mu_i\ dn_i$
Enthalpie	$H = H\ (S, p, n_1, \ldots, n_K)$	$dH = T\ dS + V\ dp + \sum \mu_i\ dn_i$
Freie Energie	$F = F\ (T, V, n_1, \ldots, n_K)$	$dF = -S\ dT - p\ dV + \sum \mu_i\ dn_i$
Freie Enthalpie	$G = G\ (T, p, n_1, \ldots, n_K)$	$dG = -S\ dT + V\ dp + \sum \mu_i\ dn_i$

(μ_i = chemisches Potential der Komponente i)

Partielle molare Größen und Mischungsgrößen

Partielle molare Größen Z_i sind definiert als die partiellen Ableitungen einer Zustandsgröße Z nach der Molzahl n_i, wenn p, T und alle n_j mit j $\neq$ i konstant gehalten werden:

$$Z_i = \left(\frac{\partial Z}{\partial n_i} \right)_{p,T,n_{j \neq i}} = \left[\frac{\partial\ (n Z_m)}{\partial n_i} \right]_{p,T,n_{j \neq i}}$$

(Z_m = molare Zustandsgröße der Mischung, $Z = n Z_m$ = Zustandsgröße der Mischung der Gesamtmolzahl $n = \sum n_i$).

Die partiellen molaren Größen sind intensive Zustandsgrößen, die i. a. von Druck, Temperatur und Zusammensetzung abhängen.

Das *chemische Potential* μ_i der Komponente i ist definiert als die partiellen Ableitungen einer Zustandsgröße Z nach der Molzahl n_i, wenn alle anderen Variablen konstant gehalten werden:

$$\mu_i = \left(\frac{\partial U}{\partial n_i} \right)_{S,V,n_{j \neq i}} = \left(\frac{\partial H}{\partial n_i} \right)_{S,p,n_{j \neq i}} = \left(\frac{\partial F}{\partial n_i} \right)_{T,V,n_{j \neq i}} = \left(\frac{\partial G}{\partial n_i} \right)_{T,p,n_{j \neq i}}$$

Partielle Ableitungen des chemischen Potentials:

$$\left(\frac{\partial \mu_i}{\partial p} \right)_{T,\text{alle } n_j} = V_i, \quad \left(\frac{\partial \mu_i}{\partial T} \right)_{T,\text{alle } n_j} = -S_i, \quad \left[\frac{\partial}{\partial T} \left(\frac{\mu_i}{T} \right) \right]_{p,\text{alle } n_j} = -\frac{H_i}{T^2}$$

Nur für die Zustandsgröße der freien Enthalpie (G) ist die partielle molare Größe (G_i) zugleich das chemischen Potential (μ_i): $\mu_i = G_i$.

Die partiellen molaren Größen Z_i können für binäre Mischungen mit Hilfe der *Achsenabschnittsmethode* aus den molaren Zustandsgrößen Z_m der Mischung gewonnen werden (s. Abb. 3.4):

$$Z_i = Z_m + (1 - x_i) \left(\frac{\partial Z_m}{\partial x_i} \right)_{p,T}$$

Die *molare Zustandsgröße einer Mischung*, Z_m, ist definiert als die mit den Molenbrüchen x_i gewichtete Summe über die partiellen molaren Größen Z_i:

$$Z_m = \sum x_i Z_i$$

Die *molare Mischungsgröße* ΔZ_m ist definiert als die Differenz der molaren Zustandsgröße des Systems nach der Mischung, Z_m, und der molaren Zustandsgröße des Systems vor der Mischung der Komponenten. Letztere sind die mit den Molenbrüchen x_i gewichteten Zustandsgrößen Z_i^0 der reinen Komponenten i:

$$\Delta Z_m = Z_m - \sum x_i Z_i^0$$

Die *partiellen molaren Mischungsgrößen* ΔZ_i ergeben sich mit der Achsenabschnittsmethode aus den molaren Mischungsgrößen ΔZ_m. Es gilt

$$\Delta Z_i = \left[\frac{\partial (n \Delta Z_m)}{\partial n_i} \right]_{p,T,n_{j \neq i}}$$
$$\Delta Z_m = \sum x_i \Delta Z_i$$

Zusammenstellung der Definitionen und der Zusammenhänge dieser Größen s. Tab. A.9.

Gibbs-Duhem-Relationen

Die *Gibbs-Duhem-Gleichung* besagt, dass die partiellen molaren Größen der Komponenten einer Mischung nicht unabhängig voneinander, sondern miteinander verknüpft sind. Es gilt

$$\left(\frac{\partial Z_m}{\partial p} \right)_{T,n_i} dp + \left(\frac{\partial Z_m}{\partial T} \right)_{p,n_i} dT - \sum_i x_i dZ_i = 0$$

Für die Zustandsgröße freie Enthalpie G gilt

$$S_m dT - V_m dp + \sum_i x_i d\mu_i = 0$$

Speziell für isobar-isotherme Bedingungen gilt $\sum x_j dZ_j = 0$.

Ideale Mischung

Ideale Mischungen sind dadurch charakterisiert, dass beim Mischungsvorgang keine Wärmetönung und keine Volumenänderung auftritt. Die Vermischung führt aber zu einer Zunahme der Entropie und Abnahme der freien Enthalpie und des chemischen Potentials. Für das chemische Potential der Komponente i in der Mischung gilt

$$\mu_i^{id} = \mu_i^0 + RT \ln x_i$$

(μ_i^0 = chemisches Potential der reinen Komponente i).

Tab. A.9 Definitionen der partiellen molaren Zustandsgrößen und der Mischungsgrößen

Zustandsgröße	Molare Zustandsgröße der reinen Komponente i	Partielle molare Zustandsgröße der Komponente i in der Mischung	Molare Zustandsgröße der Mischung	Molare Mischungsgröße	Partielle molare Mischungsgröße der Komponente i
Volumen	V_i^0	$V_i = \left(\dfrac{\partial V}{\partial n_i}\right)_{p,T,n_{j\neq i}}$	$V_m = \sum x_i V_i$	$\Delta V_m = V_m - \sum x_i V_i^0$ $= \sum x_i \Delta V_i$	$\Delta V_i = V_i - V_i^0$
Entropie	S_i^0	$S_i = \left(\dfrac{\partial S}{\partial n_i}\right)_{p,T,n_{j\neq i}}$	$S_m = \sum x_i S_i$	$\Delta S_m = S_m - \sum x_i S_i^0$ $= \sum x_i \Delta S_i$	$\Delta S_i = S_i - S_i^0$
Innere Energie	U_i^0	$U_i = \left(\dfrac{\partial U}{\partial n_i}\right)_{p,T,n_{j\neq i}}$	$U_m = \sum x_i U_i$	$\Delta U_m = U_m - \sum x_i U_i^0$ $= \sum x_i \Delta U_i$	$\Delta U_i = U_i - U_i^0$
Enthalpie	H_i^0	$H_i = \left(\dfrac{\partial H}{\partial n_i}\right)_{p,T,n_{j\neq i}}$	$H_m = \sum x_i H_i$	$\Delta H_m = H_m - \sum x_i H_i^0$ $= \sum x_i \Delta H_i$	$\Delta H_i = H_i - H_i^0$
Freie Energie	F_i^0	$F_i = \left(\dfrac{\partial F}{\partial n_i}\right)_{p,T,n_{j\neq i}}$	$F_m = \sum x_i F_i$	$\Delta F_m = F_m - \sum x_i F_i^0$ $= \sum x_i \Delta F_i$	$\Delta F_i = F_i - F_i^0$
Freie Enthalpie	G_i^0	$G_i = \left(\dfrac{\partial G}{\partial n_i}\right)_{p,T,n_{j\neq i}}$	$G_m = \sum x_i G_i$	$\Delta G_m = G_m - \sum x_i G_i^0$ $= \sum x_i \Delta G_i$	$\Delta G_i = G_i - G_i^0$
	$G_i^0 = H_i^0 - TS_i^0$	$G_i = H_i - TS_i$	$G_m = H_m - TS_m$	$\Delta G_m = \Delta H_m - T\Delta S_m$	$\Delta G_i = \Delta H_i - T\Delta S_i$

Tab. A.10 Mischungsgrößen der idealen Mischung

Zustandsgröße	Molare Mischungsgröße	Partielle molare Mischungsgröße der Komponente i
Volumen	$\Delta V_\mathrm{m}^\mathrm{id} = 0$	$\Delta V_\mathrm{i}^\mathrm{id} = 0$
Innere Energie	$\Delta U_\mathrm{m}^\mathrm{id} = 0$	$\Delta U_\mathrm{i}^\mathrm{id} = 0$
Entropie	$\Delta S_\mathrm{m}^\mathrm{id} = -R \sum x_\mathrm{i} \ln x_\mathrm{i}$	$\Delta S_\mathrm{i}^\mathrm{id} = -R \ln x_\mathrm{i}$
Enthalpie	$\Delta H_\mathrm{m}^\mathrm{id} = 0$	$\Delta H_\mathrm{i}^\mathrm{id} = 0$
Freie Energie	$\Delta F_\mathrm{m}^\mathrm{id} = RT \sum x_\mathrm{i} \ln x_\mathrm{i}$	$\Delta F_\mathrm{i}^\mathrm{id} = RT \ln x_\mathrm{i}$
Freie Enthalpie	$\Delta G_\mathrm{m}^\mathrm{id} = RT \sum x_\mathrm{i} \ln x_\mathrm{i}$	$\Delta G_\mathrm{i}^\mathrm{id} = \Delta \mu_\mathrm{i}^\mathrm{id} = RT \ln x_\mathrm{i}$

In Tab. A.10 sind die Gleichungen für die molaren und partiellen molaren Mischungsgrößen zusammengestellt. Sie gelten für die Mischung idealer Gase und für die ideale Mischung von Gasen, Flüssigkeiten und Festkörpern.

Für *Mischungen idealer Gase* gilt das *Gesetz von Dalton*: Die Partialdrücke p_i aller Komponenten i der Mischung addieren sich zum Gesamtdruck p, und der Molenbruch y_i jeder Komponente i in der Gasmischung ist der Quotient aus dem Partialdruck und dem Gesamtdruck:

$$p = \sum p_\mathrm{i}, \quad y_\mathrm{i} = \frac{p_\mathrm{i}}{p}$$

Für ideale Mischungen von Flüssigkeiten und Festkörpern gilt das *Raoultsche Gesetz*: Der Partialdruck p_i jeder Komponente i in der Dampfmischung über der kondensierten Mischphase ist gleich dem Sättigungsdampfdruck p_i^0 der reinen Komponente i bei der Temperatur der Mischung multipliziert mit dem Molenbruch x_i der Komponente i in der kondensierten Mischphase:

$$p_\mathrm{i} = x_\mathrm{i} p_\mathrm{i}^0$$

Der Gesamtdampfdruck und die Zusammensetzung des Dampfes über der kondensierten Mischphase sind nach dem Gesetz von Dalton

$$p = \sum p_\mathrm{i} = \sum x_\mathrm{i} p_\mathrm{i}^0 \quad \text{und} \quad y_\mathrm{i} = \frac{x_\mathrm{i} p_\mathrm{i}^0}{p}$$

Für binäre Dampf-Flüssigkeits-Gleichgewichte sind die Konzentrationen der bei Systemdruck p im Gleichgewicht miteinander stehenden Phasen

$$x_1 = 1 - x_2 = \frac{p - p_2^0}{p_1^0 - p_2^0}$$

$$y_1 = 1 - y_2 = \frac{p_1^0 \left(p - p_2^0 \right)}{p \left(p_1^0 - p_2^0 \right)}$$

($x_\mathrm{i} = $ Molenbruch der Komponente i in der flüssigen Mischung, $y_\mathrm{i} = $ Molenbruch der Komponente i in der Dampfphase, $p_\mathrm{i}^0 = $ Sättigungsdampfdruck der reinen Komponente i bei der Temperatur der Mischung).

Fugazität und Fugazitätskoefftzient

Fugazität f_i und *Fugazitätskoeffizient* φ_i der Komponente i in der Mischung drücken die Abweichungen des realen Fluids vom idealen Gas aus und sind definiert durch

$$f_i = \varphi_i p_i$$

(p_i = Partialdruck der Komponente i).

Es gilt $\lim_{p \to 0} \varphi_i = 1$.

Die *Fugazitätsregel von Lewis* gibt die Fugazität f_1 der Lösungsmittelkomponente im Grenzbereich des fast reinen Lösungsmittels an:

$$f_1 = x_1 f_1^0 \quad \text{für} \quad x_1 \to 1$$

(f_1^0 = Fugazität des reinen Lösungsmittels, x_1 = Molenbruch der Lösungsmittelkomponente). Sie geht für das ideale Gas in das Raoultsche Gesetz über.

Das *Henrysche Gesetz* gibt die Fugazität f_2 der gelösten Komponente im Grenzbereich der verdünnten Lösung an und definiert die Henrysche Konstante $H_{2,1}$ der gelösten Komponente 2 in der Lösungsmittelkomponente 1:

$$f_2 = H_{2,1} x_2 \quad \text{für} \quad x_2 \to 0, \quad H_{2,1} = \lim_{x_2 \to 0} \frac{f_2}{x_2}$$

(x_2 = Molenbruch der gelösten Komponente).

Lösungen, die dem Henryschen Gesetz genügen, heißen *ideal verdünnte Lösungen*.

Aktivität und Aktivitätskoeffizient

Nichtideale Mischungen erfüllen nicht das Raoultsche Gesetz. Die Abweichungen werden durch die *Aktivität* a_i und den *Aktivitätskoeffizienten* γ_i der Komponente i in der Mischung beschrieben, die definiert sind durch

$$a_i = \frac{f_i}{f_i^+} \quad \text{und} \quad \gamma_i = \frac{a_i}{x_i}$$

(f_i^+ = Standardfugazität der Komponente i = Fugazität der Komponente i im Standardzustand).

Der *Standardzustand* kann willkürlich gewählt werden. Je nach Aufgabenstellung wählt man zwischen der symmetrischen Normierung, für die die reine Komponente i als Bezugszustand dient, und der unsymmetrischen (gekennzeichnet durch *), für die die ideal verdünnte Lösung als Bezugszustand dient. Entsprechend gelten für die Aktivitätskoeffizienten γ_1 und γ_2 folgende Grenzfälle für eine binäre Mischung:

symmetrische Normierung: $\gamma_1 \to 1$ für $x_1 \to 1$

$\gamma_2 \to 1$ für $x_2 \to 1$

unsymmetrische Normierung: $\gamma_1 \rightarrow 1$ für $x_1 \rightarrow 1$ (für das Lösungsmittel)

$\gamma_2^* \rightarrow 1$ für $x_2 \rightarrow 0$ (für den gelösten Stoff)

Für den Fall, dass sich die Dampfphase wie das ideale Gas verhält und die symmetrische Normierung gewählt wird, vereinfacht sich die Definitionsgleichung für die Aktivität, und es gilt

$$a_i = \frac{p_i}{p_i^0}, \quad p_i = \gamma_i x_i p_i^0$$

Die *Aktivitätskoeffizienten bei unendlicher Verdünnung* sind definiert durch

$$\gamma_i^\infty = \lim_{x_i \rightarrow 0} \gamma_i$$

Die Aktivitätskoeffizienten γ_i sind durch die *Gibbs-Duhem-Gleichung* miteinander verknüpft:

$$\sum x_i \, \mathrm{d} \ln \gamma_i = 0 \ (p, T = \text{const})$$

Die Beziehungen der Aktivität und des Aktivitätskoeffizienten mit den Mischungsgrößen sind in Tab. 3.7 zusammengefasst.

Exzessgrößen

Eine *Exzessgröße* ist definiert als die Differenz der Mischungsgröße einer realen Mischung und der der idealen Mischung:

$$Z_m^{ex} = \Delta Z_m - \Delta Z_m^{id}$$

$$Z_m^{ex} = \sum x_i Z_i^{ex}$$

$$Z_i^{ex} = Z_i - Z_i^{id} = \Delta Z_i - \Delta Z_i^{id}$$

Z_m^{ex} = molare Exzessgröße

ΔZ_m = molare Mischungsgröße der realen Mischung

ΔZ_m^{id} = molare Mischungsgröße der idealen Mischung

Z_i^{ex} = partielle molare Exzessgröße der Komponente i

Z_i = partielle molare Größe der Komponente i für die reale Mischung

Z_i^{id} = partielle molare Größe der Komponente i für die ideale Mischung

ΔZ_i = partielle molare Mischungsgröße der Komponente i für die reale Mischung

ΔZ_i^{id} = partielle molare Mischungsgröße der Komponente i für die ideale Mischung

x_i = Molenbruch der Komponente i

Beziehungen zwischen den molaren Mischungsgrößen und den molaren bzw. partiellen molaren Exzessgrößen sind in Tab. A.11 zusammengestellt.

Tab. A.11 Zusammenhänge der Mischungsgrößen und Exzessgrößen

Zustandsgröße	Molare Mischungsgröße	Molare Exzessgröße	Partielle molare Exzessgröße der Komponente i
Volumen	ΔV_m	$V_\mathrm{m}^\mathrm{ex} = \Delta V_\mathrm{m}$	$V_\mathrm{i}^\mathrm{ex} = \Delta V_\mathrm{i}$
Innere Energie	ΔU_m	$U_\mathrm{m}^\mathrm{ex} = \Delta U_\mathrm{m}$	$U_\mathrm{i}^\mathrm{ex} = \Delta U_\mathrm{i}$
Entropie	ΔS_m	$S_\mathrm{m}^\mathrm{ex} = \Delta S_\mathrm{m} + R \sum x_\mathrm{i} \ln x_\mathrm{i}$	$S_\mathrm{i}^\mathrm{ex} = \Delta S_\mathrm{i} + R \ln x_\mathrm{i}$
Enthalpie	ΔH_m	$H_\mathrm{m}^\mathrm{ex} = \Delta H_\mathrm{m}$	$H_\mathrm{i}^\mathrm{ex} = \Delta H_\mathrm{i}$
Freie Energie	ΔF_m	$F_\mathrm{m}^\mathrm{ex} = \Delta F_\mathrm{m} - RT \sum x_\mathrm{i} \ln x_\mathrm{i}$	$F_\mathrm{i}^\mathrm{ex} = \Delta F_\mathrm{i} - RT \ln x_\mathrm{i}$
		$F_\mathrm{m}^\mathrm{ex} = U_\mathrm{m}^\mathrm{ex} - T S_\mathrm{m}^\mathrm{ex}$	$F_\mathrm{i}^\mathrm{ex} = U_\mathrm{i}^\mathrm{ex} - T S_\mathrm{i}^\mathrm{ex}$
Freie Enthalpie	ΔG_m	$G_\mathrm{m}^\mathrm{ex} = \Delta G_\mathrm{m} - RT \sum x_\mathrm{i} \ln x_\mathrm{i}$	$G_\mathrm{i}^\mathrm{ex} = \Delta G_\mathrm{i} - RT \ln x_\mathrm{i}$
		$G_\mathrm{m}^\mathrm{ex} = H_\mathrm{m}^\mathrm{ex} - T S_\mathrm{m}^\mathrm{ex}$	$G_\mathrm{i}^\mathrm{ex} = H_\mathrm{i}^\mathrm{ex} - T S_\mathrm{i}^\mathrm{ex}$

Mischungen lassen sich unterschiedlichen *Mischungstypen* zuordnen je nach ihren Werten für die Exzessgrößen:

Ideale Mischung	$H^\mathrm{ex} = 0$	$S^\mathrm{ex} = 0$	$G^\mathrm{ex} = 0$
Athermische Mischung	$H^\mathrm{ex} = 0$	$S^\mathrm{ex} \neq 0$	$G^\mathrm{ex} = -T S^\mathrm{ex}$
Reguläre Mischung	$H^\mathrm{ex} \neq 0$	$S^\mathrm{ex} = 0$	$G^\mathrm{ex} = H^\mathrm{ex}$
Reale Mischung	$H^\mathrm{ex} \neq 0$ und/oder	$S^\mathrm{ex} \neq 0$	$G^\mathrm{ex} = H^\mathrm{ex} - T S^\mathrm{ex}$

Für den Zusammenhang der molaren und partiellen molaren Mischungsgrößen mit der Aktivität und dem Aktivitätskoeffizienten gelten die in Tab. 3.7 zusammengestellten Gleichungen.

Für die Mischungsgrößen nichtidealer Systeme lassen sich im Gegensatz zu idealen Systemen i. a. keine einfachen analytischen Gleichungen angeben. Mit Hilfe *halbempirischer Modelle* kann man für verschiedene Mischungstypen die Konzentrations- und Temperaturabhängigkeiten der freien Exzessenthalpie und der Aktivitätskoeffizienten berechnen. Es gibt eine große Anzahl solcher Modelle, von denen die wichtigsten in Tab. A.12 für multikomponentige Systeme zusammengefasst sind, gemeinsam mit Hinweisen bzgl. der Eignung für bestimmte Mischungstypen.

Fugazität aus Exzessfunktionen

Die Fugazität f_i berechnet man aus dem Aktivitätskoeffizienten γ_i, der aus einer geeigneten Modellgleichung für die molare freie Exzessenthalpie gewonnen wird, mit der Gleichung:

$$f_\mathrm{i} = \gamma_\mathrm{i} x_\mathrm{i} f_\mathrm{i}^+$$

($f_\mathrm{i}^+ =$ Standardfugazität der Komponente i).

Dieses Vorgehen wird vor allem auf Flüssigkeitsgemische angewendet, für die die Berechnung der Fugazität aus Zustandsgleichungen ungeeignet ist.

Thermische Zustandsgleichungen für Mischungen

Zustandsgleichungen für Mischungen haben dieselbe mathematische Form wie die für reine Fluide, wobei die Reinstoffparameter durch konzentrationsabhängige Parameter für die Mischung ersetzt werden. Mit *Mischungsregeln* werden aus den Reinstoffparametern und der Zusammensetzung die Parameter für die Mischung berechnet. Von der Fülle der in der Literatur diskutierten Zustandsgleichungen und Mischungsregeln werden meist die folgenden angewendet:

Zustandsgleichung	Mischungsregeln	
Virialgleichung (Leiden-Form) (Gl. (2.32a))	Zweiter Virialkoeffizient für die Mischung	$B = \sum_i \sum_j y_i y_j B_{ij}$
	Dritter Virialkoeffizient für die Mischung	$C = \sum_i \sum_j \sum_k y_i y_j y_k C_{ijk}$
	B_{ii} = zweiter Virialkoeffizient der reinen Komponente i B_{ij} = zweiter Virialkoeffizient für die Wechselwirkung i–j (Kreuzkoeffizient) C_{iii} = dritter Virialkoeffizient der reinen Komponente i C_{ijk} = dritter Virialkoeffizient für die Wechselwirkung i–j–k (Kreuzkoeffizient) y_i = Molenbruch der Komponente i	
Kubische Zustandsgleichungen vom van-der-Waals-Typ (Gl. (2.62a))	Energieparameter für die Mischung	$a = \sum_i \sum_j y_i y_j a_{ij}$ mit $a_{ij} = \left(a_{ii}a_{jj}\right)^{1/2}\left(1 - k_{ij}\right)$
	Volumenparameter für die Mischung	$b = \sum_i y_i b_i$ oder $b = \sum_i \sum_j y_i y_j b_{ij}$ mit $b_{ij} = b_{ji} = \left(b_{ii} + b_{jj}\right)\left(1 - c_{ij}\right)/2$
	a_{ii}, b_{ii} = Reinstoffparameter der Komponente i y_i = Molenbruch der Komponente i $k_{ij} = k_{ji}, c_{ij} = c_{ji}$ binäre Parameter	

Fugazität aus Zustandsgleichungen

Der Fugazitätskoeffizient (und damit die Fugazität) kann man aus der Zustandsgleichung berechnen.

Für die druckexplizite Zustandsgleichung gilt

$$\ln \varphi_i = \frac{1}{RT} \int_\infty^V \left[\frac{RT}{V} - \left(\frac{\partial p}{\partial n_i}\right)_{T,V,n_{j \neq i}} \right] \mathrm{d}V - \ln z$$

und für die volumenexplizite Zustandsgleichung

$$\ln \varphi_i = \frac{1}{RT} \int_0^p \left[\left(\frac{\partial V}{\partial n_i}\right)_{T,p,n_{j \neq i}} - \frac{RT}{p} \right] \mathrm{d}p$$

Die mit verschiedenen Zustandsgleichungen berechneten Fugazitätskoeffizienten sind in Tab. A.13 zusammengestellt.

Tab. A.12 Ausdrücke für die molare freie Exzessenthalpie und die Aktivitätskoeffizienten für einige

Modell	Molare freie Exzessenthalpie
Porter	$\dfrac{G_{\mathrm{m}}^{\mathrm{ex}}}{RT} = \dfrac{1}{2} \displaystyle\sum_i \sum_j A_{\mathrm{ij}} x_{\mathrm{i}} x_{\mathrm{j}}$
Margules (binär, zweiparametrig)	$\dfrac{G_{\mathrm{m}}^{\mathrm{ex}}}{RT} = \dfrac{x_1 x_2}{2} \left[(A_{12} + A_{21}) + (A_{21} - A_{12})(x_1 - x_2) \right]$
van Laar (binär)	$\dfrac{G_{\mathrm{m}}^{\mathrm{ex}}}{RT} = \dfrac{A\,x_1 x_2}{x_1\,(A/B) + x_2}$
Wilson	$\dfrac{G_{\mathrm{m}}^{\mathrm{ex}}}{RT} = -\displaystyle\sum_i x_{\mathrm{i}}\,\ln\left(\sum_j x_{\mathrm{j}} \Lambda_{\mathrm{ij}} \right)$
NRTL	$\dfrac{G_{\mathrm{m}}^{\mathrm{ex}}}{RT} = \displaystyle\sum_i x_{\mathrm{i}} \dfrac{\sum_j \tau_{\mathrm{ji}} G_{\mathrm{ji}} x_{\mathrm{j}}}{\sum_j G_{\mathrm{ji}} x_{\mathrm{j}}}$
UNIQUAC	$G_{\mathrm{m}}^{\mathrm{ex}} = G_{\mathrm{m}}^{\mathrm{ex,c}} + G_{\mathrm{m}}^{\mathrm{ex,r}}$ $\dfrac{G_{\mathrm{m}}^{\mathrm{ex,c}}}{RT} = \displaystyle\sum_i x_{\mathrm{i}}\,\ln \dfrac{\Phi_{\mathrm{i}}}{x_{\mathrm{i}}} + \dfrac{z}{2} \sum_i q_{\mathrm{i}} x_{\mathrm{i}}\,\ln \dfrac{\theta_{\mathrm{i}}}{\Phi_{\mathrm{i}}}$ $\dfrac{G_{\mathrm{m}}^{\mathrm{ex,r}}}{RT} = -\displaystyle\sum_i q_{\mathrm{i}} x_{\mathrm{i}} \cdot \ln\left(\sum_j \theta_{\mathrm{j}} \tau_{\mathrm{ji}} \right)$
UNIFAC	$G_{\mathrm{m}}^{\mathrm{ex}} = G_{\mathrm{m}}^{\mathrm{ex,c}} + G_{\mathrm{m}}^{\mathrm{ex,r}}$

Exzessmodelle und die UNIFAC-Methode

Aktivitätskoeffizienten

$$\ln \gamma_i = -\frac{1}{2} \sum_k \sum_j A_{kj} x_k x_j + \sum_j x_j A_{ij}$$

$$\ln \gamma_1 = x_2^2 \left[A_{12} + 2 \left(A_{21} - A_{12} \right) x_1 \right]$$

$$\ln \gamma_2 = x_1^2 \left[A_{21} + 2 \left(A_{12} - A_{21} \right) x_2 \right]$$

$$\ln \gamma_1 = A \left(1 + \frac{A}{B} \frac{x_1}{x_2} \right)^{-2}, \ \ln \gamma_2 = B \left(1 + \frac{B}{A} \frac{x_2}{x_1} \right)^{-2}$$

$$\ln \gamma_i = -\ln \left(\sum_j x_j \Lambda_{ij} \right) + 1 - \sum_j \frac{x_j \Lambda_{ji}}{\sum_l x_l \Lambda_{jl}}$$

$$\ln \gamma_i = \frac{\sum_j \tau_{ji} G_{ji} x_j}{\sum_l G_{li} x_l} + \sum_j \frac{x_j G_{ij}}{\sum_l G_{lj} x_l} \left(\tau_{ij} - \frac{\sum_m x_m \tau_{mj} G_{mj}}{\sum_l G_{lj} x_l} \right)$$

$$\ln \gamma_i = \ln \gamma_i^c + \ln \gamma_i^r$$

$$\ln \gamma_i^c = \ln \frac{\Phi_i}{x_i} + \frac{z}{2} q_i \ln \frac{\theta_i}{\Phi_i} + l_i - \frac{\Phi_i}{x_i} \sum_j x_j l_j$$

$$\ln \gamma_i^r = -q_i \ln \left(\sum_j \theta_j \tau_{ji} \right) + q_i - q_i \frac{\sum_j \theta_j \tau_{ij}}{\sum_l \theta_l \tau_{lj}}$$

$$\ln \gamma_i = \ln \gamma_i^c + \ln \gamma_i^r$$
$\ln \gamma_i^c$ nach UNIQUAC mit

$$r_i = \sum_{k=1}^{N} v_k^{(i)} R_k, \, q_i = \sum_{k=1}^{N} v_k^{(i)} Q_k$$

$v_k^{(i)}$ = Anzahl der Strukturgruppe k in Komponente i
$k = 1, \ldots, N$ Strukturgruppen des Moleküls i

$$\ln \gamma_i^r = \sum_{k=1}^{M} v_k^{(i)} (\ln \Gamma_k - \ln \Gamma_k^{(i)}) \text{ mit}$$

$k = 1, \ldots, M$ alle Strukturgruppen in der Mischung

$$\ln \Gamma_k = Q_k \left[1 - \ln \left(\sum_m \theta_m \Psi_{mk} \right) - \sum_m \left(\theta_m \Psi_{km} / \sum_n \theta_n \Psi_{nm} \right) \right]$$

Tab. A.12 (Fortsetzung)

Modell	Parameterdefinitionen	Binäre Parameter
Porter	$A_{ii} = A_{jj} = 0$	1 binärer Parameter A_{ij} für jedes binäre Randsystem i–j
Margules (zweiparametrig)		A_{12}, A_{21}
van Laar		A, B
Wilson	$\Lambda_{ij} = \dfrac{V_j^0}{V_i^0} \exp\left(-\dfrac{\lambda_{ij} - \lambda_{ii}}{RT}\right)$ $\Lambda_{ji} = \dfrac{V_i^0}{V_j^0} \exp\left(-\dfrac{\lambda_{ij} - \lambda_{jj}}{RT}\right)$ $\Lambda_{ii} = \Lambda_{jj} = 1$	2 binäre Parameter $(\lambda_{ij} - \lambda_{ii})$ und $(\lambda_{ij} - \lambda_{jj})$ für jedes binäre Randsystem i–j des multikomponentigen Systems
NRTL	$\ln G_{ji} = -\alpha_{ji} \cdot \tau_{ji}$ $\tau_{ji} = \dfrac{\Delta g_{ji}}{RT}$ $\alpha_{ij} = \alpha_{ji}$	3 binäre Parameter Δg_{ij}, Δg_{ji} und α_{ij} für jedes binäre Randsystem i–j des multikomponentigen Systems
UNIQUAC	$\Phi_i = \dfrac{x_i r_i}{\sum_j r_j x_j}$ $\qquad$ $\ln \tau_{ij} = -\dfrac{\Delta u_{ij}}{RT}$ $\theta_i = \dfrac{x_i q_i}{\sum_j q_j x_j}$ $\qquad$ $\tau_{ii} = \tau_{jj} = 1$ $l_j = \dfrac{z}{2}\left(r_j - q_j\right) - \left(r_j - 1\right)$ $z = 10$	2 binäre Parameter Δu_{ij}, Δu_{ji} für jedes binäre Randsystem i–j des multikomponentigen Systems
UNIFAC	$\theta_m = X_m Q_m / \sum_j X_n Q_n$ $X_m = \sum_j v_m^{(j)} x_j / \sum_j \sum_n v_n^{(j)} x_j$ $\Psi_{nm} = \exp\left(-a_{nm}/T\right)$ Q_k, R_k tabellierte Gruppenparameter a_{mn}, a_{nm} tabellierte binäre Wechselwirkungsparameter	

Eignung/Bemerkungen

Einfache Mischungen (Moleküle ähnlicher Größe, Gestalt und chemischer Eigenschaften)

Keine Assoziation,
Erweiterung auf multikomponentige Systeme (s. Prausnitz et al. 1999)

Komponenten unterschiedlicher Molekülgrößen, ähnlicher chemischer Eigenschaften, unpolare
Komponenten; Erweiterung auf multikomponentige Systeme (s. Prausnitz et al. 1999)

Stark nichtideale Mischungen vollständiger Mischbarkeit (auch polarer und assoziierender
Komponenten in unpolaren Lösungsmitteln); nur Dampf-Flüssigkeits-Gleichgewichte, keine
Flüssig-Flüssig-Gleichgewichte

Stark nichtideale Mischungen, auch beschränkter Mischbarkeit; Dampf-Flüssigkeits- und
Flüssig-Flüssig-Gleichgewichte

Stark nichtideale Mischungen, auch beschränkter Mischbarkeit; Dampf-Flüssigkeits- und
Flüssig-Flüssig-Gleichgewichte

Vorhersage von Aktivitätskoeffizienten, für die keine experimentellen Daten vorliegen

Tab. A.13 Ausdrücke für die Fugazitätskoeffizienten einiger Zustandsgleichungen

Zustandsgleichung	Fugazitätskoeffizient
Virialgleichung (Leiden-Form)	$\ln \varphi_i = \dfrac{2}{V_m} \sum_k y_k B_{ki} - \ln z + \dfrac{3}{2 V_m^2} \sum_j \sum_k y_j y_k C_{ijk}$ $B_{ki} =$ zweiter Viralkoeffizient für die Wechselwirkung k–i (Kreuzkoeffizient) $C_{ijk} =$ dritter Viralkoeffizient für die Wechselwirkung i–j–k (Kreuzkoeffizient)
Redlich-Kwong-Gleichung	$\ln \varphi_i = \ln \dfrac{V_m}{V_m - b} + \dfrac{b_i}{V_m - b} - \dfrac{2 \sum\limits_k y_k a_{ki}}{R T^{3/2} \cdot b} \cdot \ln \dfrac{V_m + b}{V_m} - \ln \dfrac{p V_m}{R T}$ $\quad + \dfrac{a b_i}{R T^{3/2} b^2} \left(\ln \dfrac{V_m + b}{V_m} - \dfrac{b}{V_m + b} \right)$
Redlich-Kwong-Soave-Gleichung	$\ln \varphi_i = \ln \dfrac{V_m}{V_m - b} + \dfrac{b_i}{V_m - b} - \dfrac{2 \sum\limits_k y_k a_{ki}}{R T b} \cdot \ln \dfrac{V_m + b}{V_m} - \ln \dfrac{p V_m}{R T}$ $\quad + \dfrac{a b_i}{R T b^2} \left(\ln \dfrac{V_m + b}{V_m} - \dfrac{b}{V_m + b} \right)$ $b_i =$ Volumenparameter der Komponente i $b = \sum\limits_j y_j b_j =$ Volumenparameter der Mischung $a_{ki} =$ Kreuzkoeffizient für die Wechselwirkung k–i $a = \sum\limits_i \sum\limits_j y_i y_j a_{ij} =$ Energieparameter der Mischung
Peng-Robinson-Gleichung	$\ln \varphi_i = \dfrac{b_i}{b} \left(\dfrac{p \cdot V_m}{R T} - 1 \right) - \ln \dfrac{p (V_m - b)}{R T}$ $\quad - \dfrac{a}{2\sqrt{2} b R T} \left(\dfrac{2 \sum\limits_j y_j a_{ji}}{a} - \dfrac{b_i}{b} \right) \ln \dfrac{V_m + \left(1 + \sqrt{2}\right) b}{V_m + \left(1 - \sqrt{2}\right) b}$ $b_i =$ Volumenparameter der Komponente i $b = \sum\limits_i \sum\limits_j y_i y_j b_{ij} =$ Volumenparameter der Mischung $a_{ki} =$ Kreuzkoeffizient für die Wechselwirkung k–i $a = \sum\limits_i \sum\limits_j y_i y_j a_{ij} =$ Energieparameter der Mischung
	$\varphi_i =$ Fugazitätskoeffizient der Komponente i in der Mischung $y_i =$ Molenbruch der Komponente i

Die Fugazität erhält man aus

$$f_i = \varphi_i p_i = y_i \varphi_i p$$

$f_i =$ Fugazität der Komponente i
$\varphi_i =$ Fugazitätskoeffizient der Komponente i

p_i = Partialdruck der Komponente i
y_i = Molenbruch der Komponente i

Realanteile aus Zustandsgleichungen
Die thermodynamischen Potentiale kann man aus Zustandsgleichungen berechnen mit Hilfe der in Tab. A.14 zusammengestellten Gleichungen.

A.1.4 Phasengleichgewichte mehrkomponentiger Systeme

Heterogene Gleichgewichte
Heterogene Systeme sind Systeme, die aus mehreren Phasen bestehen.

Die Phasen α, β, ..., π stehen miteinander im *thermodynamischen Gleichgewicht*, wenn die Drücke und Temperaturen in den Phasen gleich sind und das chemische Potential jeder Komponente i ($i = 1, ..., K$; K = Zahl der Komponenten) in allen Phasen gleich ist:

$$p^\alpha = p^\beta = \ldots = p^\pi$$
$$T^\alpha = T^\beta = \ldots = T^\pi$$
$$\mu_i^\alpha = \mu_i^\beta = \ldots = \mu_i^\pi$$

Phasendiagramme sind 2- oder 3-dimensionale graphische Darstellungen, die die Existenzbereiche verschiedener Phasen und die Gleichgewichte zwischen den Phasen in Abhängigkeit von Druck, Temperatur und – im Fall von Gemischen – der Zusammensetzung angeben. Gleichgewichte in ternären Systemen werden im *Gibbsschen Dreieck* veranschaulicht. *Konoden* sind Linien im Phasendiagramm, die die Zustandspunkte der miteinander im Gleichgewicht stehenden Phasen verbinden. Die *Löslichkeitsgrenze* oder *Binode* oder *Binodalkurve* ist die graphische Darstellung der Konzentrationen der miteinander im Gleichgewicht stehenden Phasen in einem Phasendiagramm; sie umschließt das Zweiphasengebiet.

Die Zahl der *Freiheitsgrade F* eines Systems ist die Zahl der intensiven Zustandsvariablen, die nötig sind, den Zustand des Systems eindeutig zu beschreiben. Sie ist gleich der Zahl der Variablen, die unabhängig voneinander variiert werden können, ohne dass der Gleichgewichtszustand des Systems verlassen wird.

Die *Gibbssche Phasenregel* verknüpft die Zahl der Freiheitsgrade F mit der Anzahl der Komponenten K und Phasen P in einem System:

$$F = K - P + 2$$

Das *Hebelgesetz* gibt das Mengenverhältnis der miteinander im Gleichgewicht stehenden Phasen an. Für das Gleichgewicht zwischen zwei Phasen α und β eines binären Systems gilt

$$\frac{n^\alpha}{n^\beta} = \frac{x_{2,0} - x_2^\beta}{x_2^\alpha - x_{2,0}} = \frac{x_{1,0} - x_1^\beta}{x_1^\alpha - x_{1,0}}$$

n^α, n^β = Anzahl Mole der Phase α bzw. β
$x_{i,0}$ = Molenbruch der Komponente i in der Mischung
x_i^α, x_i^β = Molenbruch der Komponente i in der Phase α bzw. β

Tab. A.14 Realanteile der thermodynamischen Potentiale für Zustandsgleichungen in druck- und volumenexpliziter Form

Druckexplizite Form, $p = p(V, T)$

$$S^{\mathrm{r}} = S - S^{\mathrm{id}} = \int\limits_{V}^{\infty} \left[-\left(\frac{\partial p}{\partial T} \right)_{V,n_j} + \frac{nR}{V} \right] \mathrm{d}V \qquad S^{\mathrm{id}} = -R \sum n_i \ln\left(\frac{n_i RT}{Vp^+} \right) + \sum n_i S_i^0$$

$$U^{\mathrm{r}} = U - U^{\mathrm{id}} = \int\limits_{V}^{\infty} \left[p - T \left(\frac{\partial p}{\partial T} \right)_{V,n_j} \right] \mathrm{d}V \qquad U^{\mathrm{id}} = \sum n_i U_i^0$$

$$H^{\mathrm{r}} = H - H^{\mathrm{id}}$$
$$= \int\limits_{V}^{\infty} \left[p - T \left(\frac{\partial p}{\partial T} \right)_{V,n_j} \right] \mathrm{d}V + pV - nRT \qquad H^{\mathrm{id}} = \sum n_i H_i^0$$

$$F^{\mathrm{r}} = F - F^{\mathrm{id}} = \int\limits_{V}^{\infty} \left(p - \frac{nRT}{V} \right) \mathrm{d}V \qquad \begin{aligned} F^{\mathrm{id}} &= RT \sum n_i \ln\left(\frac{n_i RT}{Vp^+} \right) \\ &+ \sum n_i \left(U_i^0 - TS_i^0 \right) \end{aligned}$$

$$G^{\mathrm{r}} = G - G^{\mathrm{id}}$$
$$= \int\limits_{V}^{\infty} \left(p - \frac{nRT}{V} \right) \mathrm{d}V + pV - nRT \qquad \begin{aligned} G^{\mathrm{id}} &= RT \sum n_i \ln\left(\frac{n_i RT}{Vp^+} \right) \\ &+ \sum n_i \left(H_i^0 - TS_i^0 \right) \end{aligned}$$

$$\mu_i^{\mathrm{r}} = \mu_i - \mu_i^{\mathrm{id}} = \int\limits_{V}^{\infty} \left[\left(\frac{\partial p}{\partial n_i} \right)_{T,V,n_{j \neq i}} - \frac{RT}{V} \right] \mathrm{d}V \qquad \mu_i^{\mathrm{id}} = RT \ln\left(\frac{n_i RT}{Vp^+} \right) + \left(H_i^0 - TS_i^0 \right)$$

Volumenexplizite Form, $V = V(p, T)$

$$S^{\mathrm{r}} = S - S^{\mathrm{id}} = \int\limits_{0}^{p} \left[-\left(\frac{\partial V}{\partial T} \right)_{p,n_j} + \frac{nR}{p} \right] \mathrm{d}p \qquad S^{\mathrm{id}} = -R \sum n_i \ln\left(y_i p / p^+ \right) + \sum n_i S_i^0$$

$$U^{\mathrm{r}} = U - U^{\mathrm{id}}$$
$$= \int\limits_{0}^{p} \left[V - T \left(\frac{\partial V}{\partial T} \right)_{p,n_j} \right] \mathrm{d}p - pV + nRT \qquad U^{\mathrm{id}} = \sum n_i U_i^0$$

$$H^{\mathrm{r}} = H - H^{\mathrm{id}} = \int\limits_{0}^{p} \left[V - T \left(\frac{\partial V}{\partial T} \right)_{p,n_j} \right] \mathrm{d}p \qquad H^{\mathrm{id}} = \sum n_i H_i^0$$

$$F^{\mathrm{r}} = F - F^{\mathrm{id}} = \int\limits_{0}^{p} \left(V - \frac{nRT}{p} \right) \mathrm{d}p - pV + nRT \qquad \begin{aligned} F^{\mathrm{id}} &= RT \sum n_i \ln\left(y_i p / p^+ \right) \\ &+ \sum n_i \left(U_i^0 - TS_i^0 \right) \end{aligned}$$

$$G^{\mathrm{r}} = G - G^{\mathrm{id}} = \int\limits_{0}^{p} \left(V - \frac{nRT}{p} \right) \mathrm{d}p \qquad \begin{aligned} G^{\mathrm{id}} &= RT \sum n_i \ln\left(y_i p / p^+ \right) \\ &+ \sum n_i \left(H_i^0 - TS_i^0 \right) \end{aligned}$$

$$\mu_i^{\mathrm{r}} = \mu_i - \mu_i^{\mathrm{id}}$$
$$= \int\limits_{0}^{p} \left[\left(\frac{\partial V}{\partial n_i} \right)_{T,p,n_{j \neq i}} - \frac{RT}{p} \right] \mathrm{d}p \qquad \mu_i^{\mathrm{id}} = RT \ln\left(y_i p / p^+ \right) + \left(H_i^0 - TS_i^0 \right)$$

$S^{\mathrm{r}}, U^{\mathrm{r}}, H^{\mathrm{r}}, F^{\mathrm{r}}, G^{\mathrm{r}}$ = Realanteile der Entropie, inneren Energie, Enthalpie, freien Energie und freien Enthalpie
$S^{\mathrm{id}}, U^{\mathrm{id}}, H^{\mathrm{id}}, F^{\mathrm{id}}, G^{\mathrm{id}}$ = Entropie, innere Energie, Enthalpie, freie Energie und freie Enthalpie der idealen Gasmischung
$S_i^0, U_i^0, H_i^0, F_i^0, G_i^0$ = Entropie, innere Energie, Enthalpie, freie Energie und freie Enthalpie der reinen Komponente i im Zustand des idealen Gases bei der Temperatur T und dem Standarddruck p^+
μ_i^{r} = Realanteil des chemischen Potentials der Komponente i
μ_i^{id} = chemisches Potential der Komponente i in der idealen Gasmischung
n_i = Molzahl der Komponente i in der Mischung
y_i = Molenbruch der Komponente i in der Mischung
φ_i = Fugazitätskoeffizient der Komponente i in der Mischung
p^+ = Standarddruck (Bezugsdruck)

Gleichgewicht zwischen flüssigen Phasen

Eine *Entmischung* oder ein *Phasenzerfall von Flüssigkeitsmischungen* tritt auf, wenn der Konzentrationsverlauf der freien Mischungsenthalpie des Systems ein Maximum und zwei Wendepunkte aufweist. Ein binäres System besitzt eine *Mischungslücke*, wenn das *Instabilitätskriterium*

$$\left(\frac{\partial^2 G_{\mathrm{m}}}{\partial x^2}\right)_{p,T} < 0 \quad \text{oder} \quad \left(\frac{\partial^2 G_{\mathrm{m}}^{\mathrm{ex}}}{\partial x_1^2}\right)_{p,T} + \frac{RT}{x_1 x_2} < 0$$

erfüllt ist. Die Komponenten einer idealen Mischung sind in jedem Verhältnis miteinander mischbar, es gibt keine Mischungslücke. Nichtideale Mischungen können – je nach Größe und Vorzeichen der Abweichung von der Idealität – eine obere oder untere *kritische Entmischungstemperatur* oder beides zeigen.

Die Mischungslücke wird berechnet aus der *Gleichgewichtsbedingung*

$$\gamma_{\mathrm{i}}^{\alpha} x_{\mathrm{i}}^{\alpha} = \gamma_{\mathrm{i}}^{\beta} x_{\mathrm{i}}^{\beta} \quad \mathrm{i} = 1, \dots, K$$

$x_{\mathrm{i}}^{\alpha}, x_{\mathrm{i}}^{\beta}$ = Molenbruch der Komponente i in der Phase α bzw. β
$\gamma_{\mathrm{i}}^{\alpha}, \gamma_{\mathrm{i}}^{\beta}$ = Aktivitätskoeffizienten der Komponente i in der Phase α bzw. β

Zur Gleichgewichtsberechnung werden die Konzentrations- sowie Temperatur- und Druckabhängigkeit der Aktivitätskoeffizienten mittels geeigneter Exzessmodelle analytisch dargestellt und das Gleichungssystem der K nichtlinearen Gleichungen gelöst. Die Ergebnisse hängen stark von der Güte der zugrunde gelegten Parameter der verwendeten Exzessmodelle ab; insbesondere bei Flüssig-Flüssig-Gleichgewichten in ternären Systemen sollten für ihre Berechnung außer Daten der binären Randsysteme auch Gleichgewichtsdaten des ternären Systems eingehen.

Der *Nernstsche Verteilungssatz* gibt das Konzentrationsverhältnis an, mit dem sich ein Stoff (Komponente 2) zwischen zwei im Gleichgewicht stehenden nicht mischbaren Flüssigkeiten (Phasen α und β) verteilt. Wenn der gelöste Stoff in ausreichend kleiner Konzentration vorliegt, so dass die binären Mischphasen α und β ideal verdünnte Lösungen nach dem Henryschen Gesetz bilden, dann ist das Konzentrationsverhältnis unabhängig von der Konzentration:

$$\frac{x_2^{\alpha}}{x_2^{\beta}} = K \quad \text{oder} \quad \frac{c_2^{\alpha}}{c_2^{\beta}} = K' = K \frac{\rho^{\alpha} M_1^{\beta}}{\rho^{\beta} M_1^{\alpha}}$$

$x_2^{\alpha}, x_2^{\beta}$ = Molenbruch der gelösten Komponente (2) in Phase α bzw. β
$c_2^{\alpha}, c_2^{\beta}$ = Molarität der gelösten Komponente (2) in Phase α bzw. β
$\rho^{\alpha}, \rho^{\beta}$ = Dichte der Phase α bzw. β
$M_1^{\alpha}, M_1^{\beta}$ = Molmasse der Lösungsmittelkomponente (1) der α- bzw. β-Phase
K, K' = Verteilungskoeffizienten

Wenn die Konzentrationen x_2^α und x_2^β so groß sind, dass die beiden Phasen α und β keine ideal verdünnten Lösungen im Sinne des Henryschen Gesetzes sind oder chemische Gleichgewichte in den Lösungsmittelphasen bestehen, dann treten Abweichungen von dem Nernstschen Verteilungssatz auf, und K ist konzentrationsabhängig. Die Konstante K heißt *Verteilungskoeffizient*.

Dampf-Flüssigkeits-Gleichgewicht

Im *isobaren Siedediagramm* (T, x, y-Diagramm für $p = $ const) sind die Konzentrationen der miteinander im Gleichgewicht stehenden flüssigen und dampfförmigen Phasen eines binären Systems für verschiedene Temperaturen bei konstantem Druck aufgetragen; im *isothermen Dampfdruckdiagramm* (p, x, y-Diagramm für $T = $ const) sind die Gleichgewichtskonzentrationen der beiden Phasen für verschiedene Drücke bei konstanter Temperatur aufgetragen. Die *Siedelinie* $T(x)$ im Siedediagramm bzw. $p(x)$ im Dampfdruckdiagramm gibt die Siedetemperatur bzw. den Siededruck der flüssigen Mischung wieder. Die *Taulinie* (oder *Kondensationslinie*) $T(y)$ im Siedediagramm bzw. $p(y)$ im Dampfdruckdiagramm beschreibt die Temperatur bzw. den Druck, wo Kondensation des Dampfes eintritt. Siedelinie und Kondensationslinie schließen das Zweiphasengebiet ein, in dem Flüssigkeit und Dampf miteinander im Gleichgewicht stehen. Die *Konode* verbindet die Zustandspunkte der bei konstanter Temperatur und konstantem Druck miteinander im Gleichgewicht stehenden flüssigen und dampfförmigen Phasen, und die Mengenverhältnisse der beiden Phasen können nach dem Hebelgesetz berechnet werden.

Im *Gleichgewichtsdiagramm* wird die Konzentration der Dampfphase (Molenbruch y) gegen die Konzentration der mit ihr im Gleichgewicht stehenden flüssigen Phase (Molenbruch x) binärer Systeme aufgetragen. Die sich ergebende *Baly-Kurve*, eine Isotherme für die betreffende Systemtemperatur oder Isobare für den betreffenden Systemdruck, ist eine gegenüber der Diagonale $y = x$ gekrümmte Kurve, aus der sich bei einer Destillation oder Rektifikation die stufenweise Trennung eines Gemisches durch Anreicherung der leichter flüchtigen Komponente im Dampf ermitteln lässt.

Die Mischungseigenschaften (Mischungsgrößen, Aktivitätskoeffizienten) und Gleichgewichte (Phasendiagramme und Gleichgewichtsdiagramm) sind in Abb. A.3 für verschiedene Mischungstypen zusammengefasst.

Im Dampfdruckdiagramm einer *idealen Mischung* verbindet die Siedelinie die Sättigungsdampfdrücke der reinen Komponenten linear, bei *nichtidealen Mischungen* verläuft die Siedelinie gekrümmt. Die Kondensationslinie verläuft in jedem Fall gekrümmt. Im Siedediagramm sind Siede- und Kondensationslinie beide gekrümmt, auch im Fall der idealen Mischung.

Azeotrope Mischungen zeigen im Siede- und Dampfdruckdiagramm Maxima oder Minima. Im Extremum, dem azeotropen Punkt, kommen Siede- und Kondensationslinie in einer gemeinsamen horizontalen Tangente zusammen. Im azeotropen Punkt haben Dampf und Flüssigkeit dieselbe Zusammensetzung, und die Baly-Kurve schneidet die Diagonale. Azeotrope lassen sich daher nicht durch einfache Destillation trennen.

Heteroazeotrope sind Mischungen, bei denen das mit dem Dampf im Gleichgewicht stehende Flüssigkeitsgemisch eine Entmischung zeigt, d. h. bei denen die Dampfphase im Gleichgewicht mit zwei flüssigen Phasen steht. Im Gegensatz zu homogenen Azeotropen lassen sich Heteroazeotrope destillativ trennen und sind technisch von Bedeutung (Trägerdampfdestillation, Wasserdampfdestillation).

Die *Gleichgewichtsbedingung* für Dampf-Flüssigkeits-Gleichgewichte nimmt, wenn die Dampfphase durch eine Zustandsgleichung und die flüssige Phase durch Aktivitätskoeffizienten beschrieben sowie als Standardzustand die reine Flüssigkeit i bei Systemdruck p und Systemtemperatur T gewählt wird, folgende Form an:

$$y_i \varphi_i^v \, p = \gamma_i x_i \varphi_i^0 \, p_i^0 \, \exp \left(\int_{p_i^0}^{p} \frac{V_i^0}{RT} \, \mathrm{d}p \right) \quad (i = 1, \ldots, K)$$

x_i = Molenbruch der Komponente i in der flüssigen Phase
y_i = Molenbruch der Komponente i in der gasförmigen Phase
φ_i^v = Fugazitätskoeffizient der Komponente i in der Dampfphase
φ_i^0 = Fugazitätskoeffizient der reinen Komponente i bei Sättigungsdampfdruck
p_i^0 = Sättigungsdampfdruck der reinen Komponente i
V_i^0 = Molvolumen der reinen flüssigen Komponente i
γ_i = Aktivitätskoeffizient der Komponente i in der flüssigen Phase

p_i^0, φ_i^0 und V_i^0 sind als Reinstoffgrößen der Komponente i nur von der Temperatur und z. T. vom Druck abhängig. Die Abhängigkeiten der Größen φ_i^v und γ_i von der Zusammensetzung der beiden Mischphasen sowie von Temperatur und Druck folgen aus geeigneten Zustandsgleichungen bzw. Exzessmodellen. Die *Gleichgewichtsberechnungen* bestehen in der Lösung des nichtlinearen Gleichungssystems aus K Gleichungen mit den $2K$ Variablen $p, T, x_1, \ldots, x_{K-1}, y_1, \ldots, y_{K-1}$. Je nachdem welche Variablen vorgegeben und welche berechnet werden, unterscheidet man zwischen Siedepunktsberechnungen und Taupunktsberechnungen.

Wenn sowohl flüssige als auch dampfförmige Phase durch Zustandsgleichungen beschrieben werden, lautet die Gleichgewichtsbedingung für Dampf-Flüssigkeits-Gleichgewichte

$$y_i \varphi_i^v = x_i \varphi_i^l \quad (i = 1, \ldots, K)$$

x_i, y_i = Molenbruch der Komponente i in der flüssigen bzw. gasförmigen Phase
φ_i^l, φ_i^v = Fugazitätskoeffizient der Komponente i in der flüssigen bzw. gasförmigen Phase

Der *K-Faktor* (auch Gleichgewichtskonstante genannt) und die *relative Flüchtigkeit* α_{ij} (auch *Trennfaktor* genannt) sind definiert durch

$$K_i = \frac{y_i}{x_i} \quad (i = 1, \ldots, K)$$

$$\alpha_{ij} = \frac{K_i}{K_j} = \frac{y_i x_j}{y_j x_i}$$

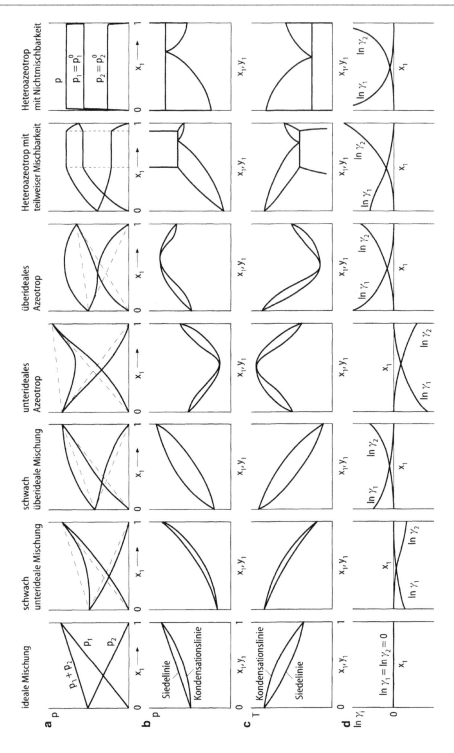

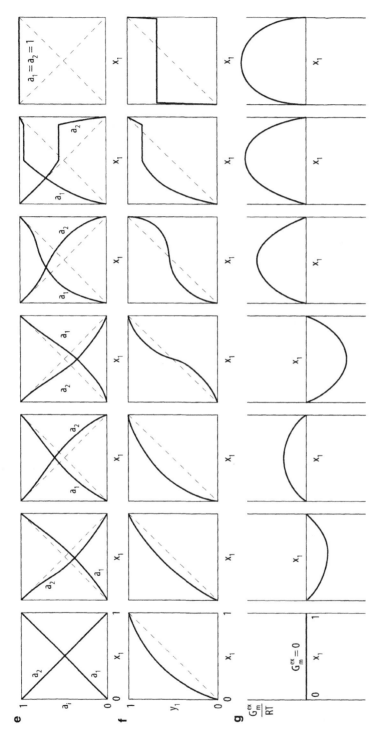

Abb. A.3 Schematische Darstellung der Eigenschaften von Dampf-Flüssigkeits-Gleichgewichten für verschiedene Mischungstypen. **a** Partialdrücke und Gesamtdruck ($T =$ const), **b** isothermes Dampfdruckdiagramm ($T =$ const), **c** isobares Siedediagramm ($p =$ const), **d** Aktivitätskoeffizienten (symm. Normierung) ($T =$ const, $p =$ const), **e** Aktivitäten (symm. Normierung) ($T =$ const, $p =$ const), **f** Gleichgewichtsdiagramm ($T =$ const oder $p =$ const) **g** molare freie Exzessenthalpie ($T =$ const, $p =$ const)

K_i = K-Faktor der Komponente i
x_i, y_i = Molenbruch der Komponente i in der Flüssigkeit bzw. im Dampf
i, j = leichter bzw. schwerer siedende Komponente

K-Faktor und α_{ij} sind ein Maß für die Effektivität der destillativen Trennung.

Werden die Fugazitäten beider Phasen durch eine Zustandsgleichung beschrieben, so lautet die Gleichgewichtsbedingung, ausgedrückt mit Hilfe des K-Faktors K_i

$$K_i = \frac{\varphi_i^l}{\varphi_i^v} \quad (i = 1, \ldots, K)$$

Wenn Dampf- und Flüssigkeitsphase ideal sind, gilt

$$K_i = \frac{p_i^0}{p} \quad \text{und} \quad \alpha_{ij} = \frac{p_i^0}{p_j^0}$$

Wenn die Dampfphase ideal und die Flüssigkeitsphase real ist, gilt

$$K_i = \frac{\gamma_i p_i^0}{p} \quad \text{und} \quad \alpha_{ij} = \frac{\gamma_i p_i^0}{\gamma_j p_j^0}$$

(γ_i = Aktivitätskoeffizient der Komponente i in der flüssigen Phase).

Ist der Druck oder die Temperatur eines binären Systems größer als der kritische Druck bzw. die kritische Temperatur einer der beiden reinen Komponenten, dann erstreckt sich das Zweiphasengebiet nicht über den gesamten Konzentrationsbereich; Siede- und Kondensationslinie schneiden sich nicht auf den Reinstoffachsen, sondern treffen im kritischen Punkt zusammen, und auch oberhalb des kritischen Punktes treten zwei Phasen auf (im Gegensatz zur Situation von Reinstoffen). Im kritischen Gebiet gibt es die Phänomene der *retrograden Kondensation* und *retrograden Verdampfung*: Die bei isobarer Kühlung oder isothermer Entspannung einer Gasmischung gebildete Flüssigkeit verdampft bei weiterer Abkühlung bzw. Entspannung wieder, und der bei isobarer Erwärmung oder isothermer Entspannung einer Flüssigkeit gebildete Dampf verflüssigt sich bei weiterer Erwärmung bzw. Entspannung wieder.

Mit Hilfe des *Konsistenztestes* werden thermodynamische Daten hinsichtlich ihrer Richtigkeit überprüft. Thermodynamische Daten, die die Gibbs-Duhem-Gleichung nicht erfüllen, sind in jedem Fall thermodynamisch inkonsistent; aber auch Datensätze, die die Gibbs-Duhem-Gleichung erfüllen, können falsch sein. Der *Flächentest* dient häufig der Prüfung binärer Dampf-Flüssigkeits-Gleichgewichtsdaten. Wenn die aus den Gleichgewichtsdaten berechneten Verhältnisse der Aktivitätskoeffizienten der beiden Komponenten in der flüssigen Phase die Relation (*Konsistenzkriterium*)

$$\int_0^1 \ln \frac{\gamma_1}{\gamma_2} \, dx_1 = 0 \quad (p, T = \text{const})$$

(x_1 = Molenbruch der Komponente 1 in der flüssigen Phase) mit einer Abweichung $\leq 10\,\%$ erfüllen, betrachtet man die Gleichgewichtsdaten i. a. als konsistent.

Auch die *Anpassung der experimentellen Daten durch Exzessmodelle* und die anschließende Berechnung von Phasengleichgewichten mit Hilfe dieser Modelle ermöglichen es,
aus der Übereinstimmung oder aus den Abweichungen der experimentellen und berechneten Datensätze eine Aussage über die Zuverlässigkeit der Datensätze zu treffen.

Löslichkeit von Gasen in Flüssigkeiten

Die *Gleichgewichtsbedingung* für die Lösung von Gasen in Flüssigkeiten lautet unter der
Voraussetzung, dass die Gasphase durch eine Zustandsgleichung und die flüssige Phase
durch Aktivitätskoeffizienten beschrieben sowie als Standardzustand die reine Flüssigkeit
bei Systemdruck und -temperatur gewählt wird:

$$y_i \varphi_i^g p = \gamma_i x_i f_i^0 = \gamma_i x_i \varphi_i^0 p_i^0 \exp\left(\int_{p_i^0}^{p} \frac{V_i^0}{RT}\, \mathrm{d}p\right) \quad (i = 1, \ldots, K)$$

x_i, y_i = Molenbruch der Komponente i in der flüssigen Phase bzw. Gasphase
γ_i = Aktivitätskoeffizient der Komponente i in der flüssigen Phase
φ_i^g = Fugazitätskoeffizient der Komponente i in der Gasphase
φ_i^0 = Fugazitätskoeffizient der reinen Komponente i bei Sättigungsdampfdruck
f_i^0 = Fugazität der reinen flüssigen Komponente i
V_i^0 = Molvolumen der reinen flüssigen Komponente i

Die *ideale Gaslöslichkeit* erhält man aus der Gleichgewichtsbedingung unter den Voraussetzungen dass (1) die Gasphase sich nach dem Gesetz des idealen Gases beschreiben
lässt, (2) die Poynting-Korrektur für die flüssige Phase vernachlässigbar ist, (3) die flüssige
Mischung eine ideale Mischung nach dem Raoultschen Gesetz ist und (4) als Standardzustand die reine Flüssigkeit bei Systemdruck und -temperatur gewählt wird:

$$x_2 = \frac{y_2 p}{p_2^0}$$

x_2 = Molenbruch des in der flüssigen Phase gelösten des Gases (Komponente 2)
y_2 = Molenbruch des Gases (Komponente 2) in der Gasphase
p_2^0 = Sättigungsdampfdruck der reinen Komponente 2 bei Systemtemperatur

p_i^0 erhält man durch Extrapolation der Dampfdruckkurve über den kritischen Punkt hinaus
zur gewünschten Temperatur. Die ideale Gaslöslichkeit ergibt wegen der vereinfachenden
Annahmen nur eine Abschätzung und keine genauen Werte der Gaslöslichkeit.

Die *Gaslöslichkeit in nichtidealen Systemen* lässt sich unter der Voraussetzung, dass
die Löslichkeit so gering ist, dass sie mit dem Henryschen Gesetz beschrieben werden
kann, mit folgender Gleichung berechnen:

$$x_2 = \frac{y_2 \varphi_2 p}{H_{2,1}}$$

x_2, y_2 = Molenbruch des Gases (Komponente 2) in der flüssigen Phase bzw. in der Gasphase

φ_2 = Fugazitätskoeffizient des Gases (Komponente 2) in der Gasphase

$H_{2,1}$ = Henry-Konstante für die Lösung des Gases (Komponente 2) im Lösungsmittel (Komponente 1)

Wenn die Gasphase als ideal betrachtet werden kann, ist $\varphi_2 = 1$ und $x_2 = y_2 p / H_{21}$.

Die *Krichevsky-Kasarnovsky-Gleichung* beschreibt die Druckabhängigkeit der Henry-Konstante:

$$\ln H_{2,1}(p) - \ln H_{2,1}\left(p_1^0\right) = V_2^{1\infty} \frac{p - p_1^0}{RT}$$

$H_{2,1}(p)$, $H_{2,1}\left(p_1^0\right)$ = Henry-Konstante für die Lösung des Gases (Komponente 2) im Lösungsmittel (Komponente 1) bei Systemdruck p bzw. beim Sättigungsdampfdruck p_1^0 des reinen Lösungsmittels

$V_2^{1\infty}$ = partielles Molvolumen des im Lösungsmittel (Komponente 1) gelösten Gases (Komponente 2) bei unendlicher Verdünnung

Sie beschreibt die Druckabhängigkeit der Löslichkeit sehr gut bis zu sehr hohen Drücken, wenn $V_2^{1\infty}$ annähernd vom Druck unabhängig ist.

In weniger verdünnten Lösungen, die nicht dem Henryschen Gesetz genügen, gilt unter der Voraussetzung, dass die Konzentrationsabhängigkeit des Aktivitätskoeffizienten mit dem Porterschen Ansatz beschrieben werden kann, die *Krichevsky-Ilinskaya-Gleichung*

$$\ln \frac{f_2^1}{x_2} = A \frac{x_1^2 - 1}{RT} + \ln H_{2,1}\left(p_1^0\right) + V_2^{1\infty} \frac{p - p_1^0}{RT}$$

x_1, x_2 = Molenbruch des Lösungsmittels (Komponente 1) bzw. des Gases (Komponente 2) in der Lösung

f_2^1 = Fugazität des Gases (Komponente 2) in der Lösung

A = Parameter in der Gleichung für die molare freie Exzessenthalpie nach Porter

$H_{2,1}\left(p_1^0\right)$ = Henry-Konstante für die Lösung des Gases (Komponente 2) im Lösungsmittel (Komponente 1) beim Sättigungsdampfdruck p_1^0 des reinen Lösungsmittels

$V_2^{1\infty}$ = partielles Molvolumen des im Lösungsmittel (Komponente 1) gelösten Gases (Komponente 2) bei unendlicher Verdünnung

Diese Gleichung stellt eine deutliche Verbesserung für nichtverdünnte Lösungen dar.

Die *Druckabhängigkeit der Gaslöslichkeit in Flüssigkeiten* bei unendlicher Verdünnung lässt sich unter den Voraussetzungen, dass (1) die Gasphase sich ideal verhält, (2) das Lösungsmittel nicht flüchtig ist und (3) $V_2^{1\infty}$ druckunabhängig ist, berechnen nach

$$\ln x_2(p) - \ln x_2(p_0) = \ln \frac{p}{p_0} - V_2^{1\infty} \frac{p - p_0}{RT} \qquad (x_2 \to 0)$$

x_2 = Löslichkeit des Gases (Komponente 2) in der flüssigen Phase
$V_2^{1\infty}$ = partielles Molvolumen des im Lösungsmittel (Komponente 1) gelösten Gases
         (Komponente 2) bei unendlicher Verdünnung
p_0 = Referenzdruck

Die *Temperaturabhängigkeit der Gaslöslichkeit in Flüssigkeiten* für unendliche Verdünnung lässt sich mit folgenden Gleichungen berechnen:

$$\left(\frac{\partial \ln x_2}{\partial 1/T}\right)_{p,y} = -\frac{H_2^{1\infty} - H_2^g}{R} \qquad (x_2 \to 0)$$

$$\left(\frac{\partial \ln x_2}{\partial \ln T}\right)_{p,y} = \frac{S_2^{1\infty} - S_2^g}{R} \qquad (x_2 \to 0)$$

x_2 = Molenbruch des in der flüssigen Phase (Komponente 1) gelösten Gases
              (Komponente 2)
$H_2^{1\infty} - H_2^g$ = partielle molare Lösungsenthalpie des Gases
$S_2^{1\infty} - S_2^g$ = partielle molare Lösungsentropie des Gases

Je nach den Vorzeichen der Lösungsenthalpie und Lösungsentropie nimmt die Löslichkeit mit zunehmender Temperatur zu oder ab.

Chemische Reaktionen zwischen Lösungsmittelkomponente und Gaskomponente üben einen großen Einfluss auf die Gaslöslichkeit aus und werden über die zugehörige Gleichgewichtskonstante im Henry-Gesetz berücksichtigt.

Feststoff-Flüssigkeits-Gleichgewicht
In einem *Schmelzdiagramm* sind die Gleichgewichtszusammensetzungen der flüssigen und festen Phase für verschiedene Temperaturen dargestellt. Die *Schmelzkurve (Soliduskurve)* gibt den Verlauf der Schmelztemperatur der festen Mischphase in Abhängigkeit ihrer Zusammensetzung wieder, die *Erstarrungskurve (Liquiduskurve)* den Verlauf der Gefriertemperatur der flüssigen Mischphase in Abhängigkeit ihrer Zusammensetzung. Solidus- und Liquiduskurve schließen das Zweiphasengebiet ein. Im *eutektischen Punkt* und *peritektischen Punkt* stehen jeweils zwei feste Phasen und die flüssige Schmelze im Gleichgewicht.

Die *Löslichkeit* x_i^l eines Feststoffes i in einer Flüssigkeit lässt sich berechnen mit

$$x_i^l = x_i^s \frac{\gamma_i^s}{\gamma_i^l} \frac{f_i^{0,s}}{f_i^{0,l}} = x_i^s \frac{\gamma_i^s}{\gamma_i^l} \exp\left(\frac{\mu_i^{0,s} - \mu_i^{0,l}}{RT}\right)$$

x_i^l, x_i^s = Molenbruch der gelösten Feststoffkomponente i in der flüssigen bzw. festen
              Mischphase
γ_i^l, γ_i^s = Aktivitätskoeffizient der gelösten Feststoffkomponente i in der flüssigen bzw.
              festen Mischphase

$f_i^{0,l}, f_i^{0,s}$ = Fugazität der reinen Feststoffkomponente i im flüssigen bzw. festen Zustand
$\mu_i^{0,l}, \mu_i^{0,s}$ = Chemisches Potential der reinen Feststoffkomponente i im flüssigen bzw. festen Zustand

Unter den Voraussetzungen, dass (1) der Standardzustand der Zustand der reinen Komponente 2 im flüssigen Zustand bei Systemtemperatur ist, (2) das Lösungsmittel sich nicht im Feststoff löst und (3) Poynting-Faktoren und Fugazitätskoeffizienten vernachlässigbar sind, gilt

$$x_i^l = \frac{p_i^{0,s}}{\gamma_i^l p_i^{0,l}}$$

x_i^l, γ_i^l = Molenbruch bzw. Aktivitätskoeffizient der gelösten Feststoffkomponente i in der flüssigen Mischphase
$p_i^{0,s}$ = Sättigungsdampfdruck der reinen Komponente i bei Sublimation bei Systemtemperatur
$p_i^{0,l}$ = Sättigungsdampfdruck der reinen Komponente i beim Sieden bei Systemtemperatur (durch Extrapolation der Dampfdruckkurve über den Tripelpunkt hinaus zu bestimmen)

Eine Möglichkeit, die Löslichkeit zu berechnen ohne die nachteilige Extrapolation der Dampfdruckkurve über den Tripelpunkt hinaus, beruht auf der Gleichung

$$\ln x_i^l = -\ln \gamma_i^l - \frac{\Delta_f H_i}{RT}\left(1 - \frac{T}{T_{f,i}}\right)$$

x_i^l, γ_i^l = Molenbruch bzw. Aktivitätskoeffizient der gelösten Feststoffkomponente i in der flüssigen Mischphase
$\Delta_f H_i$ = molare Schmelzenthalpie der reinen Feststoffkomponente i
$T_{f,i}$ = Schmelztemperatur der reinen Feststoffkomponente i

Sie gilt unter den Voraussetzungen, dass (1) das Lösungsmittel nicht im Feststoff löslich ist, (2) der Standardzustand der Zustand der reinen Komponente i im flüssigen Zustand bei Systemtemperatur ist, und (3) die Systemtemperatur nahe dem Schmelzpunkt liegt.
    Falls das Lösungsmittel in der Feststoffkomponente löslich ist, also auch die feste Phase eine Mischphase darstellt, so kann man für die o. g. Voraussetzungen (2) und (3) im binären Fall x_2^l und x_2^s bestimmen aus dem Gleichungssystem

$$RT \ln\left(\frac{\gamma_1^l x_1^l}{\gamma_1^s x_1^s}\right) = -\Delta_f H_1\left(1 - \frac{T}{T_{f,1}}\right)$$

$$RT \ln\left(\frac{\gamma_2^l x_2^l}{\gamma_2^s x_2^s}\right) = -\Delta_f H_2\left(1 - \frac{T}{T_{f,2}}\right)$$

x_i^l, x_i^s = Molenbruch der Komponente i in der flüssigen bzw. festen Mischphase

γ_i^l, γ_i^s = Aktivitätskoeffizient der Komponente i in der flüssigen bzw. festen Mischphase
$T_{f,i}$ = Schmelztemperatur der reinen Komponente i
$\Delta_f H_i$ = molare Schmelzenthalpie der reinen Komponente i

Für die Verteilung eines Feststoffes zwischen zwei nichtmischbaren Flüssigkeiten gilt der Nernstsche Verteilungssatz (s. Flüssig-Flüssig-Gleichgewichte).

Dampf-Feststoff-Gleichgewicht
Wenn aus einem Dampfgemisch eine Komponente rein auskristallisiert, so gilt für das Gleichgewicht zwischen reinem Feststoff (Komponente i) und Dampfphase

$$y_i = \frac{p_i^0}{p} F_i \, (i = 1, \ldots, K) \quad \text{mit} \quad F_i = \frac{\varphi_i^0}{\varphi_i^v} \exp\left(V_i^0 \frac{p - p_i^0}{RT} \right)$$

y_i = Molenbruch der Komponente i in der Dampfphase
p_i^0 = Sublimationsdruck der reinen Komponente i
φ_i^0 = Fugazitätskoeffizient der reinen Komponente i bei Sublimationsdruck
φ_i^v = Fugazitätskoeffizient der Komponente i in der Dampfphase
V_i^0 = Molvolumen der reinen festen Phase i

Für nicht zu hohe Drücke ist $F_i \approx 1$.

Kolligative Eigenschaften verdünnter Lösungen
Kolligative Eigenschaften sind die Eigenschaften eines Lösungsmittels in einer Lösung, die von der Anzahl der gelösten Teilchen abhängen aber nicht von den Eigenschaften der gelösten Substanz. Hierzu zählen die Dampfdruckerniedrigung, Siedepunktserhöhung, Gefrierpunktserniedrigung und der osmotische Druck verdünnter Lösungen. Die kolligativen Eigenschaften finden Anwendung zur Molmassenbestimmung unbekannter Substanzen.

Die *Dampfdruckerniedrigung* ist definiert durch

$$\Delta p = p_1^0 - p_1$$

p_1^0 = Sättigungsdampfdruck des reinen Lösungsmittels (Komponente 1)
p_1 = Dampfdruck des Lösungsmittels (Komponente 1) über der Lösung

Unter der Voraussetzung, dass die Lösung (Phase α) eine Nichtelektrolytlösung ist und sich in dem betreffenden Konzentrationsbereich ideal verhält (Gültigkeit des Raoultschen Gesetzes), ist die Dampfdruckerniedrigung Δp proportional zum Molenbruch x_2^α der gelösten Komponente 2:

$$\Delta p = x_2^\alpha p_1^0$$

Die Dampfdruckerniedrigung hat eine *Siedepunktserhöhung* und *Gefrierpunktserniedrigung* zur Folge, die beide gleichfalls direkt proportional zum Molenbruch der gelösten

Komponente sind. Für Nichtelektrolytlösungen, die das Raoultsche Gesetz erfüllen und für die die Siede- und Gefrierpunkte sich nicht stark von denen des Lösungsmittels unterscheiden, sind die isobare Siedepunktserhöhung $\Delta_b T$ und die isobare Gefrierpunktserniedrigung $\Delta_f T$

$$\Delta_b T = T_b - T_{b,1} = R\frac{T_{b,1}^2}{\Delta_b H_1}x_2^\alpha \quad \text{bzw.}$$

$$\Delta_f T = T_{f,1} - T_f = R\frac{T_{f,1}^2}{\Delta_f H_1}x_2^\alpha$$

und für stark verdünnte Lösungen näherungsweise

$$\Delta_b T = K_b m_2^{*\alpha} \quad \text{mit} \quad K_b = R\frac{M_1 T_{b,1}^2}{\Delta_b H_1} \quad \text{bzw.}$$

$$\Delta_f T = K_f m_2^{*\alpha} \quad \text{mit} \quad K_f = R\frac{M_1 T_{f,1}^2}{\Delta_f H_1}$$

$T_b, T_{b,1}$ = Siedepunkt der Mischung bzw. des reinen Lösungsmittels (Komponente 1)

$\Delta_b H_1, \Delta_f H_1$ = molare Verdampfungsenthalpie bzw. Schmelzenthalpie des reinen Lösungsmittels (Komponente 1)

$T_f, T_{f,1}$ = Gefrierpunkt der Mischung bzw. des reinen Lösungsmittels (Komponente 1)

$x_2^\alpha, m_2^{*\alpha}$ = Molenbruch bzw. Molalität des gelösten Stoffes (Komponente 2) in der Mischung

K_b, K_f = Ebullioskopische bzw. kryoskopische Konstante

M_1 = Molmasse des Lösungsmittels (Komponente 1)

In die ebullioskopische und kryoskopische Konstante gehen nur Eigenschaften des reinen Lösungsmittels ein.

Osmose ist die Wanderung einer Flüssigkeit aus einer Lösung durch eine semipermeable Membran in eine benachbarte Lösung, Dieser Durchtritt geschieht so lange, bis das chemische Potential des Lösungsmittels in beiden Phasen gleich groß ist (Gleichgewicht). Der sich so zwischen den beiden Seiten der Membran aufgebaute Druckunterschied ist der *osmotische Druck* Π. Er ist definiert durch die Differenz aus dem Druck p^α in der Lösung (Phase α) und dem Druck p^β in der Lösungsmittelkammer (Phase β)

$$\Pi = p^\alpha - p^\beta$$

Für Nichtelektrolytlösungen, die das Raoultsche Gesetz erfüllen, ist der osmotische Druck direkt proportional dem Molenbruch der gelösten Komponente:

$$\Pi = \frac{RT}{V_1^\alpha}x_2^\alpha$$

und für verdünnte Nichtelektrolytlösungen gilt vereinfacht die *van't Hoffsche Gleichung*

$$\Pi = RT\, c_2^\alpha$$

V_1^α = partielles Molvolumen der Lösungsmittelkomponente in der Lösung

x_2^α, c_2^α = Molenbruch bzw. Molarität des gelösten Stoffes in der Lösung (Phase α)

Für *Elektrolytlösungen* sind die Gleichungen für die Dampfdruckerniedrigung, Siedepunktserhöhung, Gefrierpunktserniedrigung und den osmotischen Druck zu modifizieren, da die durch die Dissoziation des Elektrolyten in der Lösung verursachte Zunahme der Anzahl der Teilchen berücksichtigt werden muss. Daher sind in den Gleichungen für Δp, $\Delta_\mathrm{b}T$, $\Delta_\mathrm{f}T$ und Π der Molenbruch x_2^α, die Molalität $m_2^{*\alpha}$ und die Molarität c_2^α jeweils zu multiplizieren mit dem Faktor $[1 + \delta(k - 1)]$, wobei δ der Dissoziationsgrad des Elektrolyten und k die Anzahl der Teilchen, in die ein Elektrolytmolekül bei vollständiger Dissoziation zerfällt, bedeuten.

A.2   Verzeichnis der Symbole, ihrer deutschen und englischen Begriffe und Einheiten

Lateinische Buchstaben

a	Parameter in kubischen Zustandsgleichungen	*parameter in cubic equations of state*	$\mathrm{dm^6\,Pa\,mol^{-2}}$
a_i	Aktivität der Komponente i	*activity of species* i	–
a_nm	Gruppenwechselwirkungsparameter (UNIFAC-Gl.)	*group interaction parameter (UNIFAC-eq.)*	K
a, b, c, d	Koeffizienten für die Temperaturabhängigkeit von $C_{p,\mathrm{m}}^\mathrm{id}$	*coefficients for the temperature dependence of* $C_{p,\mathrm{m}}^\mathrm{id}$	–
A, B	Parameter in der van Laar-Gl.	*parameter in the van Laar-eq.*	–
A, B, C	Parameter in der Antoine-Gl.	*parameter in the Antoine-eq.*	–
$A_0, A_1,$ $A_2, \ldots$	Parameter in der Margules- und Redlich-Kister-Gl.	*parameter in the Margules- and Redlich-Kister-eq.*	–
b	Parameter in kubischen Zustandsgleichungen	*parameter in cubic equations of state*	$\mathrm{dm^3\,mol^{-1}}$
B	Zweiter Virialkoeffizient (Leiden-Form)	*second virial coefficient (density expansion)*	$\mathrm{cm^3\,mol^{-1}}$
B'	Zweiter Virialkoeffizient (Berlin-Form)	*second virial coefficient (pressure expansion)*	$\mathrm{Pa^{-1}}$
c	Molare Konzentration (Molarität)	*molar concentration*	$\mathrm{mol\,l^{-1}}$
c	Spezifische Wärmekapazität	*specific heat capacity*	$\mathrm{J\,g^{-1}\,K^{-1}}$
c_p	Spezifische Wärmekapazität bei konstantem Druck	*specific heat capacity at constant pressure*	$\mathrm{J\,g^{-1}\,K^{-1}}$
c_V	Spezifische Wärmekapazität bei konstantem Volumen	*specific heat capacity at constant volume*	$\mathrm{J\,g^{-1}\,K^{-1}}$
C	Wärmekapazität	*heat capacity*	$\mathrm{J\,K^{-1}}$
C_m	Molare Wärmekapazität	*molar heat capacity*	$\mathrm{J\,mol^{-1}\,K^{-1}}$

$C_{p,\mathrm{m}}$	Molare Wärmekapazität bei konstantem Druck	*molar heat capacity at constant pressure*	$\mathrm{J\,mol^{-1}\,K^{-1}}$
$C_{V,\mathrm{m}}$	Molare Wärmekapazität bei konstantem Volumen	*molar heat capacity at constant volume*	$\mathrm{J\,mol^{-1}\,K^{-1}}$
C	Dritter Virialkoeffizient (Leiden-Form)	*third virial coefficient (density expansion)*	$\left(\mathrm{cm^3\,mol^{-1}}\right)^2$
C'	Dritter Virialkoeffizient (Berlin-Form)	*third virial coefficient (pressure expansion)*	$\mathrm{Pa^{-2}}$
F	Kraft	*force*	N
F	Anzahl Freiheitsgrade	*degree of freedom*	–
F	Freie Energie	*Helmholtz energy*	J
f_i	Fugazität der Komponente i	*fugacity of species* i	Pa
g_{ij}	Parameter in der NRTL-Gl.	*parameter in the NRTL-eq.*	–
G	Freie Enthalpie	*Gibbs energy*	J
G_{ij}	Parameter in der NRTL-Gl.	*parameter in the NRTL-eq.*	–
H	Enthalpie	*enthalpy*	J
$\Delta_\mathrm{b}H$	Molare Verdampfungsenthalpie	*molar enthalpy of vaporazation*	$\mathrm{J\,mol^{-1}}$
$\Delta_\mathrm{f}H$	Molare Schmelzenthalpie	*molar enthalpy of fusion*	$\mathrm{J\,mol^{-1}}$
$H_{2,1}$	Henrysche Konstante für Komponente 1 in Komponente 2	*Henry's constant*	Pa
k	Boltzmann-Konstante	*Boltzmann's constant*	$\mathrm{J\,K^{-1}}$
k_{ij}	Binärer Wechselwirkungsparameter in kubischer Zustandsgleichung	*binary interaction parameter in cubic equation-of-state*	–
K	Anzahl der Komponenten	*number of chemical species*	–
K	Verteilungskoeffizient	*distribution coefficient*	–
K_i	Phasengleichgewichtskonstante (K-Faktor) für Komponente i	*equilibrium-ratio (K-value) for species* i	–
l	Parameter in der UNIQUAC-Gl.	*UNIQUAC-Parameter*	–
m	Masse	*mass*	kg
M	Molmasse	*molar mass*	$\mathrm{kg\,kmol^{-1}}$
n	Stoffmenge, Molzahl	*number of moles*	mol
N_A	Avogadro-Konstante	*Avogadro's number*	$\mathrm{mol^{-1}}$
p	Druck	*total pressure*	Pa
p_c	Kritischer Druck	*critical pressure*	Pa
p_i	Partialdruck der Komponente i	*partial pressure of species* i	Pa
p_i^0	Sättigungsdampfdruck der reinen Komponente i	*saturation vapor pressure of pure species* i	Pa
p_r	Reduzierter Druck	*reduced pressure*	–
p_0	Referenzdruck	*reference pressure*	Pa
P	Anzahl Phasen	*number of phases*	–

q_i	Oberflächen-Parameter von Komponente i (UNIQUAC- und UNIFAC-Gl.)	*relative molecular surface area of species* i *(UNIQUAC- and UNIFAC-parameter)*	–
Q	Wärme	*heat*	J
Q_k	Oberflächen-Parameter für Strukturgruppe k (UNIFAC-Gl.)	*relative surface area of the subgroup* k *(UNIFAC)*	–
r_i	Volumen-Parameter von Komponente i (UNIQUAC- und UNIFAC-Gl.)	*relative molecular volume of species* i *(UNIQUAC- and UNIFAC-eq.)*	–
R	Universelle Gaskonstante	*universal gas constant*	$\text{J mol}^{-1}\,\text{K}^{-1}$
R_k	Volumen-Parameter für Strukturgruppe k (UNIFAC-Gl.)	*relative volume of the subgroup* k *(UNIFAC-eq.)*	–
S	Entropie	*entropy*	J K^{-1}
$\Delta_b S$	Molare Verdampfungsentropie	*molar entropy of vaporization*	$\text{J K}^{-1}\,\text{mol}^{-1}$
$\Delta_f S$	Molare Schmelzentropie	*molar entropy of fusion*	$\text{J K}^{-1}\,\text{mol}^{-1}$
t	Temperatur in °C	*temperature in* °C	°C
T	Absolute Temperatur	*absolute temperature*	K
T_b	Siedetemperatur	*boiling-point temperature*	K
T_c	Kritische Temperatur	*critical temperature*	K
T_c	Kritische Entmischungstemperatur	*consolute temperature*	K
T_f	Schmelztemperatur	*melting-point temperature*	K
T_r	Reduzierte Temperatur	*reduced temperature*	–
T_B	Boyle-Temperatur	*Boyle temperature*	K
T_I	Inversionstemperatur	*inversion temperature*	K
T_{Tr}	Temperatur des Tripelpunktes	*triple-point temperature*	K
T_0	Referenztemperatur	*reference temperature*	K
U	Innere Energie	*internal energy*	J
v	Spezifisches Volumen	*specific volume*	$\text{cm}^3\,\text{g}^{-1}$
V	Volumen	*volume*	cm^3
V_c	Kritisches Molvolumen	*molar critical volume*	$\text{cm}^3\,\text{mol}^{-1}$
V_r	Reduziertes Volumen	*reduced volume*	–
w	Massenbruch	*mass fraction*	–
W	Arbeit	*work*	J
x	Molenbruch in der kondensierten Phase	*mole fraction in the condensed phase*	–
X_k	Molanteil der Strukturgruppe k *(UNIFAC-Gl.)*	*mole fraction of the subgroup* k *(UNIFAC-eq.)*	–
y	Molenbruch in der Gasphase	*mole fraction in the vapor phase*	–

z	Kompressibilitätsfaktor (Realgasfaktor)	*compressibility factor*	–
z	Koordinationszahl (*UNIQUAC-Gl.*)	*coordination number (UNIQUAC-eq.)*	–
z_c	Kritischer Kompressibilitätsfaktor	*critical compressibilty factor*	–

Griechische Buchstaben

α	Isobarer thermischer Längenausdehnungskoeffizient	*coefficient of isobaric linear expansion*	K^{-1}
α_{ij}	Trennfaktor	*separation factor*	–
α_{12}	Parameter in der NRTL-Gl.	*parameter in the NRTL-eq.*	–
β	Isobarer thermischer Volumenausdehnungskoeffizient	*isobaric volume expansivity*	K^{-1}
γ_i	Aktivitätskoeffizient der Komponente i	*activity coefficient of species i*	–
Γ_k	Gruppenaktivitätskoeffizient der Strukturgruppe k (UNIFAC-Gl.)	*activity coefficient for subgroup k (UNIFAC-eq.)*	–
δ	Infinitesimale Änderung einer Prozessgröße	*differential change of a pathfunction*	–
δ	Dissoziationsgrad	*dissociation degree*	–
Δ	Differenzwert zweier Zustandsgrößen	*difference operator for state functions*	–
ε_K	Leistungsziffer der Kältemaschine	*coefficient of performance (refrigeration cycles)*	–
ε_W	Leistungsziffer der Wärmepumpe	*coefficient of performance (heat engine)*	–
η	Thermischer Wirkungsgrad	*thermal efficiency*	–
θ_m	Oberflächenanteil der Strukturgruppe m (UNIFAC-Gl.)	*surface area parameter of subgroup m (UNIFAC-eq.)*	–
Θ_i	Oberflächenanteil der Komponente i (UNIQUAC-Gl.)	*surface area parameter of species i (UNIQUAC-eq.)*	–
κ	Adiabatenexponent, Isentropenexponent	*ratio of heat capacities at constant pressure and constant volume*	–
λ_{ij}	Parameter in der Wilson-Gl.	*parameter in the Wilson-eq.*	–
Λ_{ij}	Parameter in der Wilson-Gl.	*parameter in the Wilson-eq.*	–

μ	Chemisches Potential	*chemical potential*	J
μ_{JT}	Joule-Thomson-Koeffizient	*Joule-Thomson coefficient*	$K\,Pa^{-1}$
ν	Polytropenexponent	*polytropic index*	–
ν_k	Anzahl der Strukturgruppen von Typ k (UNIFAC-Gl.)	*number of subgroups of type k (UNIFAC-eq.)*	–
Π	Osmotischer Druck	*osmotic pressure*	Pa
ρ	Dichte	*density*	$g\,cm^{-3}$
ρ	Moldichte	*molar density*	$mol\,cm^{-3}$
ρ_c	Kritische Dichte	*critical density*	$mol\,cm^{-3}$
τ_{ij}	Wechselwirkungsparameter (NRTL- und UNIQUAC-Gl.)	*interaction parameter (NRTL- and UNIQUAC-eq.)*	–
φ	Fugazitätskoeffizient	*fugacity coefficient*	–
Φ_i	Volumenanteil der Komponente i (UNIQUAC-Gl.)	*volume fraction of component i (UNIQUAC-eq.)*	–
χ	Isothermer Kompressibilitätskoeffizient	*isothermal compressibility*	Pa^{-1}
Ψ_{nm}	Binärer Parameter (UNIFAC-Gl.)	*binary parameter (UNIFAC-eq.)*	–
ω	Azentrischer Faktor	*acentric factor*	–

Index, hochgestellt

c	Kombinatorischer Anteil	*combinatorial part*
ex	Exzessgröße (Überschussgröße)	*excess property*
g	Gasphase	*gasphase*
id	Ideale Mischung	*ideal solution*
id	Ideales Gas	*ideal gas*
l	Flüssige Phase	*liquid phase*
r	Realanteil	*residual function*
s	Feste Phase	*solid phase*
v	Dampfphase	*vapor Phase*
α, β, π	Phasen	*phases*
0	Reinsubstanz	*pure-species property*
∞	Wert bei unendlicher Verdünnung	*value at infinite dilution*
+	Standardzustand	*standard-state*

Index, tiefgestellt

b	Verdampfung	*boiling*
c	Wert am kritischen Punkt	*value for the critical state*
f	Schmelzen	*fusion*
i, j	Komponente i, j	*species* i, j
irr	Irreversible Prozessführung	*irreversible process*
m	Molare Größe	*molar property*
r	Reduzierte Größe	*reduced value*
rev	Reversible Prozessführung	*reversible process*
p	bei konstantem Druck	*at constant pressure*
Tr	Wert am Tripelpunkt	*value for the triple point*
V	bei konstantem Volumen	*at constant volume*
12	Änderung von Zustand 1 nach 2	*change from state* 1 *to state* 2

A.3   Physikalische Konstanten, Einheiten und Umrechnungsfaktoren

Naturkonstanten

Boltzmann-Konstante	k	$1{,}380658 \cdot 10^{-23}\, \mathrm{J\,K^{-1}}$
Avogadro-Konstante	N_A	$6{,}0221367 \cdot 10^{23}\, \mathrm{mol^{-1}}$
Universelle Gaskonstante	$R = k\,N_A$	$8{,}314510\, \mathrm{J\,mol^{-1}\,K^{-1}}$

SI-Basiseinheiten

Physikalische Größe	SI Einheit	
	Name	Symbol
Länge	Meter	m
Masse	Kilogramm	kg
Zeit	Sekunde	s
Stoffmenge	Mol	mol
thermodynamische Temperatur	Kelvin	K

Einige abgeleitete SI-Einheiten mit eigenen Namen

Physikalische Größe	SI Einheit		
	Name	Symbol	Definitionsgleichung
Kraft	Newton	N	$1\,\mathrm{N} = 1\,\mathrm{kg\,m\,s^{-2}}$
Druck	Pascal	Pa	$1\,\mathrm{Pa} = 1\,\mathrm{N\,m^{-2}} = 1\,\mathrm{kg\,m^{-1}\,s^{-2}}$
Energie	Joule	J	$1\,\mathrm{J} = 1\,\mathrm{N\,m} = 1\,\mathrm{kg\,m^2\,s^{-2}}$
Leistung	Watt	W	$1\,\mathrm{W} = 1\,\mathrm{J\,s^{-1}} = 1\,\mathrm{kg\,m^2\,s^{-3}}$

Umrechnungsfaktoren zur Umrechnung der SI-Einheiten in andere gebräuchliche Einheiten

Physikalische Größe	Einheit	Umrechnung	
Druck	bar	1 bar	$= 10^5\,\text{Pa}$
	Torr	1 Torr	$= 133{,}322\,\text{Pa}$
	Meter-Wassersäule	1 mWS	$= 9806{,}65\,\text{Pa}$
	Phys. Atmosphäre	1 atm	$= 101\,325{,}0\,\text{Pa}$
	Techn. Atmosphäre	1 at	$= 98\,066{,}50\,\text{Pa}$
	pound/square inch	1 psi	$= 6894{,}757\,\text{Pa}$
Energie	Kalorie	1 cal	$= 4{,}186800\,\text{J}$
	Erg	1 erg	$= 10^{-7}\,\text{J}$
	Kilowatt-Stunde	1 kWh	$= 3{,}6 \cdot 10^6\,\text{J}$
Temperatur	Grad Celsius	$\dfrac{t}{°\text{C}} = \dfrac{T}{\text{K}} - 273{,}15; \qquad \dfrac{T}{\text{K}} = \dfrac{t}{°\text{C}} + 273{,}15$	
	Grad Fahrenheit	$\dfrac{t}{°\text{F}} = \dfrac{9}{5}\dfrac{T}{\text{K}} - 459{,}67 = \dfrac{9}{5}\dfrac{t}{°\text{C}} + 32; \qquad \dfrac{T}{\text{K}} = \dfrac{5}{9}\left(\dfrac{t}{°\text{F}} + 459{,}67\right)$	
		$\dfrac{t}{°\text{C}} = \dfrac{5}{9}\left(\dfrac{t}{°\text{F}} - 32\right)$	
	Grad Réaumur	$\dfrac{t}{°\text{R}} = \dfrac{4}{5}\dfrac{t}{°\text{C}}; \qquad \dfrac{t}{°\text{C}} = \dfrac{5}{4}\dfrac{t}{°\text{R}}$	

A.4 Mathematische Beziehungen und Formelsammlung

Logarithmus und Exponentialfunktion

$$e = 2{,}71828$$

$$e^{2{,}30258} = 10$$

$\lg x = \log_{10} x$	$\lg 1 = 0$	$\lg 10 = 1$	$\lg e = 0{,}43429$
$\ln x = \log_e x$	$\ln 1 = 0$	$\ln e = 1$	$\ln 10 = 2{,}30258$
$\ln a = 2{,}30258 \cdot \lg a$	$\lg a = 0{,}43430 \cdot \ln a$		
$x = \ln a$	$e^x = a$	$x = \lg a$	$10^x = a$
$\ln(a \cdot b) = \ln a + \ln b$	$e^{(a+b)} = e^a \cdot e^b$		
$\lg(a \cdot b) = \lg a + \lg b$	$10^{a+b} = 10^a \cdot 10^b$		
$\ln a^b = b \ln a$	$\exp\left(a^b\right) = [\exp(a)]^b$		

Näherungsformeln

für $x \ll 1$ gilt

$$(1 + x)^2 \approx 1 + 2x$$

$$\frac{1}{1 + x} \approx 1 - x$$

$$e^x \approx 1 + x$$

$$\ln(1 + x) \approx x$$

Totale Differentiale

$u = u(x)$ und $v = v(x)$ seien Funktionen von x; a sei eine Konstante unabhängig von x.

$$\frac{\mathrm{d}(u \cdot v)}{\mathrm{d}x} = v\frac{\mathrm{d}u}{\mathrm{d}x} + u\frac{\mathrm{d}v}{\mathrm{d}x}$$

$$\frac{\mathrm{d}}{\mathrm{d}x}\left(\frac{1}{u}\right) = -\frac{1}{u^2}\frac{\mathrm{d}u}{\mathrm{d}x}$$

$$\frac{\mathrm{d}}{\mathrm{d}x}\left(\frac{u}{v}\right) = \frac{v\frac{\mathrm{d}u}{\mathrm{d}x} - u\frac{\mathrm{d}v}{\mathrm{d}x}}{v^2}$$

$$\frac{\mathrm{d}u^n}{\mathrm{d}x} = nu^{n-1}\frac{\mathrm{d}u}{\mathrm{d}x}$$

$$\frac{\mathrm{d}\sqrt{u}}{\mathrm{d}x} = \frac{1}{2\sqrt{u}}\frac{\mathrm{d}u}{\mathrm{d}x}$$

$$\frac{\mathrm{d}y}{\mathrm{d}x} = \frac{\mathrm{d}y}{\mathrm{d}z} \cdot \frac{\mathrm{d}z}{\mathrm{d}x} \quad \text{für} \quad y = y(z), z = z(x)$$

$$\frac{\mathrm{d}(\lg x)}{\mathrm{d}x} = \frac{1}{x}\lg e$$

$$\frac{\mathrm{d}(a\ln x)}{\mathrm{d}x} = \frac{a}{x}$$

$$\frac{\mathrm{d}(\ln u)}{\mathrm{d}x} = \frac{1}{u}\frac{\mathrm{d}u}{\mathrm{d}x}$$

Integrale (ohne Integrationskonstanten)

$u = u(x)$ und $v = v(x)$ seien Funktionen von x; a und b seien Konstanten unabhängig von x.

$$\int (a + bx)^n \, \mathrm{d}x = \frac{(a + bx)^{n+1}}{(n + 1)b} \quad \text{für} \quad n \neq -1$$

$$\int e^{ax} \, \mathrm{d}x = \frac{e^{ax}}{a}$$

$$\int a^x \, \mathrm{d}x = \frac{a^x}{\ln a}$$

$$\int \ln x \, \mathrm{d}x = x\ln x - x$$

$$\int \frac{1}{a + bx} \, \mathrm{d}x = \frac{1}{b}\ln(a + bx)$$

Partielle Differentiale

f, f_1, f_2 und f_3 seien Funktionen von x und y und voneinander.

$$\mathrm{d}f = \left(\frac{\partial f}{\partial x}\right)_y \mathrm{d}x + \left(\frac{\partial f}{\partial y}\right)_x \mathrm{d}y$$

$$\frac{\partial^2 f}{\partial x \partial y} = \left(\frac{\partial}{\partial x}\left(\frac{\partial f}{\partial y}\right)_x\right)_y = \left(\frac{\partial}{\partial y}\left(\frac{\partial f}{\partial x}\right)_y\right)_x = \frac{\partial^2 f}{\partial y \partial x} \qquad \text{(Schwarzscher Satz)}$$

$$\left(\frac{\partial f_1}{\partial f_2}\right)_f = \frac{1}{\left(\frac{\partial f_2}{\partial f_1}\right)_f}$$

$$\left(\frac{\partial f_1}{\partial f_2}\right)_f = -\left(\frac{\partial f_1}{\partial f}\right)_{f_2}\left(\frac{\partial f}{\partial f_2}\right)_{f_1}$$

$$\left(\frac{\partial f}{\partial f_1}\right)_{f_2}\left(\frac{\partial f_1}{\partial f_2}\right)_f\left(\frac{\partial f_2}{\partial f}\right)_{f_1} = -1 \qquad \text{(Eulersche Kettenformel)}$$

$$\left(\frac{\partial f}{\partial f_1}\right)_{f_3} = \left(\frac{\partial f}{\partial f_1}\right)_{f_2} + \left(\frac{\partial f}{\partial f_2}\right)_{f_1}\left(\frac{\partial f_2}{\partial f_1}\right)_{f_3}$$

$$\left(\frac{\partial f}{\partial f_1}\right)_{f_2} = \left(\frac{\partial f}{\partial f_3}\right)_{f_2}\left(\frac{\partial f_3}{\partial f_1}\right)_{f_2}$$

Aufgrund der Bedeutung der totalen und partiellen Differentiale in der Thermodynamik sollen diese mit den folgenden Überlegungen veranschaulicht werden. Seien die beiden Variablen x und y zwei Raumkoordinaten, und beschreibe die Funktion $f(x, y)$ ein Gelände in dem dreidimensionalen Raum (x, y, f), z. B. einen Berggipfel (s. Abbildung). Dann ist $f(x, y)$ die Höhe, d. h. der senkrechte Abstand über dem Punkt (x, y), in der von x und y aufgespannten (x, y)-Ebene. Möchte man von einem Punkt I am Fuß des Berges zu einen Punkt II in größerer Höhe des Berges fortschreiten, so muss man den Höhenunterschied $f(x_{II}, y_{II}) - f(x_I, y_I)$ bewältigen. Man kann dies tun, indem man direkt, auf dem kürzesten Weg von Punkt I zu Punkt II geht. Man kann aber auch zwei verschiedene Umwege nehmen: entweder zunächst parallel zur x-Achse zu Punkt (x_{II}, y_I) und dann parallel zur y-Achse zu Punkt II gehen, oder erst entlang y zu (x_I, y_{II}) und dann entlang x zu II. Diese Wege in Richtung der x- und y-Achsen auf der Fläche $f(x, y)$ sind für den ersten Weg die Kurven $f(x, y_I)$ und $f(x_{II}, y)$ bzw. für den zweiten Weg $f(x_I, y)$ und $f(x, y_{II})$. Auf den Wegen parallel zur x-Achse sind die Steigungen des Geländes gleich den partiellen Differentialquotienten $\left(\frac{\partial f}{\partial x}\right)_{y_I}$ und $\left(\frac{\partial f}{\partial x}\right)_{y_{II}}$, und daher ist die bewältigte Höhendifferenz $\left(\frac{\partial f}{\partial x}\right)_{y_I} \mathrm{d}x$ bzw. $\left(\frac{\partial f}{\partial x}\right)_{y_{II}} \mathrm{d}x$ wenn $\mathrm{d}x = x_{II} - x_I$ infinitesimal klein ist. Analog nimmt man auf den Wegen parallel zur y-Achse entsprechend den Anstiegen $\left(\frac{\partial f}{\partial y}\right)_{x_I}$ bzw. $\left(\frac{\partial f}{\partial y}\right)_{x_{II}}$ die Höhendifferenzen von $\left(\frac{\partial f}{\partial y}\right)_{x_I} \mathrm{d}y$ und $\left(\frac{\partial f}{\partial y}\right)_{x_{II}} \mathrm{d}y$ mit $\mathrm{d}y = y_{II} - y_I$. Unabhängig davon, welchen Weg man von I nach II beschreitet, ist der überwundene Höhenunterschied $\mathrm{d}f$ die Summe der beiden Höhenunterschiede beim Fortschreiten längs x um $\mathrm{d}x$ und längs y um $\mathrm{d}y$, d. h. gleich dem vollständigen (totalen)

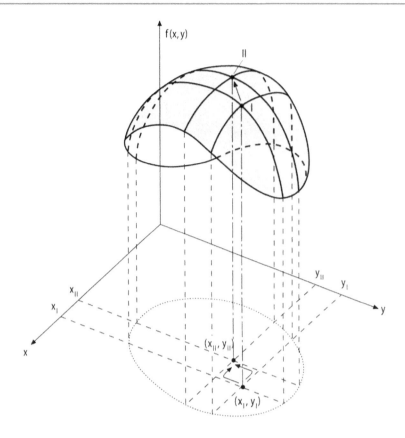

Differential

$$\mathrm{d}f = \left(\frac{\partial f}{\partial x}\right)_{y_{\mathrm{I}}} \mathrm{d}x + \left(\frac{\partial f}{\partial y}\right)_{x_{\mathrm{II}}} \mathrm{d}y = \left(\frac{\partial f}{\partial y}\right)_{x_{\mathrm{I}}} \mathrm{d}y + \left(\frac{\partial f}{\partial x}\right)_{y_{\mathrm{II}}} \mathrm{d}x$$

Also gilt

$$\mathrm{d}f = \left(\frac{\partial f}{\partial x}\right)_{y} \mathrm{d}x + \left(\frac{\partial f}{\partial y}\right)_{x} \mathrm{d}y$$

Analog gelten für die totalen Differentiale der Zustandsgrößen x und y

$$\mathrm{d}x = \left(\frac{\partial x}{\partial y}\right)_{f} \mathrm{d}y + \left(\frac{\partial x}{\partial f}\right)_{y} \mathrm{d}f$$

$$\mathrm{d}y = \left(\frac{\partial y}{\partial x}\right)_{f} \mathrm{d}x + \left(\frac{\partial y}{\partial f}\right)_{x} \mathrm{d}f$$

A.5   Thermodynamische Daten

In den folgenden Tabellen sind die Elemente und Verbindungen nach der modifizierten Hill-Konvention angeordnet: Zuerst werden die Elemente und Verbindungen, die keinen

Kohlenstoff enthalten, aufgelistet. Dabei werden die Elemente einer Verbindung in der Summenformel in alphabetischer Reihenfolge ihrer chemischen Symbole aufgeführt und die Elemente und Verbindungen in der Tabelle nach aufsteigender Stöchiometriezahl der alphabetisch angeordneten Elemente und Verbindungen, also z. B. Ar, HJ, H_2, H_2O, H_2S, H_3N, He ... Dann folgen die Kohlenstoffverbindungen. Deren Summenformeln werden so geschrieben, dass C an erster Stelle steht, an zweiter Stelle H, dann folgen alle anderen Elemente in alphabetischer Reihenfolge ihrer chemischen Symbole. Die Reihenfolge in der Tabelle ist nach steigender Zahl der C-Atome, weiter nach steigender Zahl der H-Atome und dann nach steigender Zahl der weiteren, alphabetisch angeordneten Elemente, z. B. CCl_4, CH_2Cl_2, C_2ClF_5, C_2HCl_3, C_2H_4, C_2H_4O, $C_2H_6O_2$, ... festgelegt.

A.5.1 Spezifische isobare Wärmekapazität

Tab. A.15 Spezifische isobare Wärmekapazität c_p einiger Gase, Flüssigkeiten und Festkörper bei 25 °C (Quelle: Lide 1999)

Gas	c_p $\mathrm{J\,g^{-1}\,K^{-1}}$	Flüssigkeit	c_p $\mathrm{J\,g^{-1}\,K^{-1}}$	Festkörper	c_p $\mathrm{J\,g^{-1}\,K^{-1}}$
He	5,193	CS_2	1,00	Li	3,582
Ne	1,030	H_2O	4,18	Na	1,228
Ar	0,520	Hg	0,140	K	0,757
Kr	0,248	C_6H_{14}[a]	2,27	Mg	1,023
Xe	0,158	C_6H_{12}[b]	1,84	Ca	0,647
H_2	14,304	C_6H_6	1,74	Al	0,897
N_2	1,040	$C_6H_5CH_3$	1,70	C(gr)	0,709
O_2	0,918	CH_3OH	2,53	Si	0,705
Cl_2	0,479	C_2H_5OH	2,44	Ge	0,320
Luft	1,007	$(CH_3)_2\,CO$	2,18	Pb	0,129
		$CHCl_3$	0,96	P (weiß)	0,769
		CCl_4	0,85	S(rh)	0,710
		$(CH_3)_3\,N$	2,33	Ti	0,523
		$(CH_3)\,H_2N$	3,29	Cr	0,449
		$(C_2H_5)\,H_2N$	2,88	Fe	0,449
				Co	0,421
				Ni	0,444
				Zr	0,278
				Mo	0,251
				W	0,132
				Cu	0,385
				Ag	0,235
				Au	0,129
				Pt	0,133

[a] n-Hexan, [b] Cyclohexan

A.5.2 Adiabatenexponent

Tab. A.16 Adiabatenexponent κ einiger ein- und zweiatomiger Gase sowie drei- und mehratomiger Gase bei 0 °C (Quelle: Stephan und Mayinger 1990)

Gas	κ	Gas	κ
Ein- und zweiatomige Gase		Drei- und mehratomige Gase	
He, Ne, Ar, Kr, Xe	1,66	CO_2	1,301
		N_2O	1,285
H_2	1,409	SO_2	1,271
N_2	1,400		
O_2	1,397	NH_3	1,312
CO	1,400	C_2H_2	1,268
NO	1,384	CH_4	1,317
HCl	1,40	CH_3Cl	1,288
Luft	1,400		
		C_2H_6	1,20
		C_2H_5Cl	1,106
		C_2H_4	1,225

A.5.3 Temperaturabhängigkeit der molaren isobaren Wärmekapazität

Tab. A.17 Koeffizienten zur Berechnung der Temperaturabhängigkeit der molaren isobaren Wärmekapazität (ideales Gas) mit der Potenzreihe $C_{p,m}^{id} = a + bT + cT^2 + dT^{-2}$, wobei $C_{p,m}^{id}$ in $J\,mol^{-1}\,K^{-1}$, T in K. Die Temperaturen geben den für die Koeffizienten gültigen Temperaturbereich an: der in derselben Zeile stehende den unteren Temperaturwert, der in der nächsten Zeile stehende den oberen Temperaturwert. (Quelle: Scientific Group Thermodata Europe (SGTE))

T/K	a	b	c	d
Br_2	Brom			
298,15	$3,79890 \cdot 10^1$	$-7,64978 \cdot 10^{-4}$	$6,75189 \cdot 10^{-7}$	$-1,59132 \cdot 10^5$
2100,00	$8,18361$	$1,73321 \cdot 10^{-2}$	$-2,34220 \cdot 10^{-6}$	$2,23690 \cdot 10^7$
4300,00	$1,09623 \cdot 10^2$	$-1,72115 \cdot 10^{-2}$	$9,67881 \cdot 10^{-7}$	$-2,38431 \cdot 10^8$
6000,00				
ClH	Chlorwasserstoff			
298,15	$2,90172 \cdot 10^1$	$-1,96279 \cdot 10^{-3}$	$4,70464 \cdot 10^{-6}$	$2,58785 \cdot 10^4$
800,00	$2,52993 \cdot 10^1$	$7,87099 \cdot 10^{-3}$	$-1,32047 \cdot 10^{-6}$	$-1,61625 \cdot 10^5$
2400,00	$3,16728 \cdot 10^1$	$2,50833 \cdot 10^{-3}$	$-1,85572 \cdot 10^{-7}$	$-3,86757 \cdot 10^5$
6000,00				
Cl_2	Chlor			
298,15	$3,62462 \cdot 10^1$	$1,91327 \cdot 10^{-3}$	$-4,63484 \cdot 10^{-7}$	$-2,52680 \cdot 10^5$
1300,00	$4,06930 \cdot 10^1$	$-3,20771 \cdot 10^{-3}$	$1,10079 \cdot 10^{-6}$	$-8,92310 \cdot 10^5$
3300,00	$1,22268 \cdot 10^1$	$1,46805 \cdot 10^{-2}$	$-1,64921 \cdot 10^{-6}$	$-7,63286 \cdot 10^6$
5600,00	$1,09552 \cdot 10^2$	$-1,33123 \cdot 10^{-2}$	$5,56550 \cdot 10^{-7}$	$-3,12958 \cdot 10^8$
10000,00				

Tab. A.17 (Fortsetzung)

T/K	a	b	c	d
F_2	Fluor			
298,15	$2,90849 \cdot 10^1$	$1,49321 \cdot 10^{-2}$	$-6,97102 \cdot 10^{-6}$	$-1,44235 \cdot 10^5$
800,00	$3,24381 \cdot 10^1$	$5,78296 \cdot 10^{-3}$	$-1,27854 \cdot 10^{-6}$	$6,24121 \cdot 10^4$
2500,00	$6,61923 \cdot 10^1$	$-9,39884 \cdot 10^{-3}$	$5,61908 \cdot 10^{-7}$	$-4,55801 \cdot 10^7$
6800,00	$2,80003 \cdot 10^1$	$-9,73077 \cdot 10^{-4}$	$3,74298 \cdot 10^{-8}$	$1,92446 \cdot 10^8$
10000,00				
H_2	Wasserstoff			
298,15	$3,13571 \cdot 10^1$	$-5,51798 \cdot 10^{-3}$	$4,47834 \cdot 10^{-6}$	$-1,13165 \cdot 10^5$
1000,00	$1,78486 \cdot 10^1$	$1,16834 \cdot 10^{-2}$	$-1,88771 \cdot 10^{-6}$	$2,56007 \cdot 10^6$
2100,00	$3,20508 \cdot 10^1$	$2,14565 \cdot 10^{-3}$	$-6,85691 \cdot 10^{-8}$	$-7,12201 \cdot 10^6$
6000,00				
H_2O	Wasser			
298,15	$2,84092 \cdot 10^1$	$1,24748 \cdot 10^{-2}$	$3,60916 \cdot 10^{-7}$	$1,28327 \cdot 10^5$
1100,00	$3,14304 \cdot 10^1$	$1,41109 \cdot 10^{-2}$	$-1,83321 \cdot 10^{-6}$	$-2,49262 \cdot 10^6$
2800,00	$4,29684 \cdot 10^1$	$6,13997 \cdot 10^{-3}$	$-4,18556 \cdot 10^{-7}$	$-4,91646 \cdot 10^6$
8400,00	$9,24077 \cdot 10^1$	$-3,34070 \cdot 10^{-3}$	$7,93999 \cdot 10^{-8}$	$-3,53125 \cdot 10^8$
18000,00	$5,97787 \cdot 10^1$	$-4,42720 \cdot 10^{-4}$	$7,75266 \cdot 10^{-9}$	$8,38633 \cdot 10^8$
20000,00				
H_2S	Schwefelwasserstoff			
298,15	$2,53743 \cdot 10^1$	$2,44604 \cdot 10^{-2}$	$-3,97321 \cdot 10^{-6}$	$1,72918 \cdot 10^5$
900,00	$3,65406 \cdot 10^1$	$1,49231 \cdot 10^{-2}$	$-2,64203 \cdot 10^{-6}$	$-2,79195 \cdot 10^6$
2200,00	$5,66616 \cdot 10^1$	$1,28036 \cdot 10^{-3}$	$-1,28489 \cdot 10^{-8}$	$-1,65019 \cdot 10^7$
6000,00				
H_3N	Ammoniak			
298,15	$2,12177 \cdot 10^1$	$4,57434 \cdot 10^{-2}$	$-1,08486 \cdot 10^{-5}$	$1,53397 \cdot 10^5$
1100,00	$4,58284 \cdot 10^1$	$1,96269 \cdot 10^{-2}$	$-2,84612 \cdot 10^{-6}$	$-6,58232 \cdot 10^6$
2600,00	$7,61766 \cdot 10^1$	$2,45440 \cdot 10^{-3}$	$-8,42879 \cdot 10^{-8}$	$-3,61225 \cdot 10^7$
6000,00				
H_4N_2	Hydrazin			
298,15	$9,50089$	$1,45081 \cdot 10^{-1}$	$-6,57446 \cdot 10^{-5}$	$1,33576 \cdot 10^5$
600,00	$5,14780 \cdot 10^1$	$5,58914 \cdot 10^{-2}$	$-1,23052 \cdot 10^{-5}$	$-2,63927 \cdot 10^6$
1600,00	$1,12895 \cdot 10^2$	$5,96280 \cdot 10^{-3}$	$-6,33596 \cdot 10^{-7}$	$-3,18581 \cdot 10^7$
4200,00	$1,27366 \cdot 10^2$	$3,17150 \cdot 10^{-4}$	$-1,95313 \cdot 10^{-8}$	$-5,99025 \cdot 10^7$
6000,00				
He	Helium			
298,15	$2,07861 \cdot 10^1$	$0,00000$	$0,00000$	$0,00000$
6000,00				

Tab. A.17 (Fortsetzung)

T/K	a	b	c	d
NO	Stickstoffmonoxid			
298,15	$2,30512 \cdot 10^1$	$1,54735 \cdot 10^{-2}$	$-4,77524 \cdot 10^{-6}$	$2,33303 \cdot 10^5$
1300,00	$3,75563 \cdot 10^1$	$-5,19188 \cdot 10^{-5}$	$6,06124 \cdot 10^{-8}$	$-3,98615 \cdot 10^6$
5500,00	$1,32120 \cdot 10^1$	$3,79481 \cdot 10^{-3}$	$-6,46330 \cdot 10^{-8}$	$2,07153 \cdot 10^8$
9800,00	$4,46075$	$7,27464 \cdot 10^{-3}$	$-2,86474 \cdot 10^{-7}$	$-1,81474 \cdot 10^8$
14500,00	$1,70936 \cdot 10^2$	$-8,64342 \cdot 10^{-3}$	$1,42162 \cdot 10^{-7}$	$-5,60285 \cdot 10^9$
20000,00				
NO$_2$	Stickstoffdioxid			
298,15	$2,26500 \cdot 10^1$	$5,28449 \cdot 10^{-2}$	$-2,28592 \cdot 10^{-5}$	$7,05941 \cdot 10^4$
800,00	$5,42397 \cdot 10^1$	$2,81892 \cdot 10^{-3}$	$-1,59918 \cdot 10^{-7}$	$-3,83245 \cdot 10^6$
2400,00	$4,64440 \cdot 10^1$	$4,77973 \cdot 10^{-3}$	$-9,60865 \cdot 10^{-8}$	$1,18544 \cdot 10^7$
6000,00				
N$_2$	Stickstoff			
298,15	$2,72233 \cdot 10^1$	$2,51984 \cdot 10^{-3}$	$3,23629 \cdot 10^{-6}$	$7,66534 \cdot 10^4$
800,00	$2,84238 \cdot 10^1$	$6,37855 \cdot 10^{-3}$	$-1,23983 \cdot 10^{-6}$	$-8,33938 \cdot 10^5$
2200,00	$3,75501 \cdot 10^1$	$1,23180 \cdot 10^{-5}$	$2,53528 \cdot 10^{-8}$	$-6,85502 \cdot 10^6$
6000,00				
O$_2$	Sauerstoff			
298,15	$2,22586 \cdot 10^1$	$2,04773 \cdot 10^{-2}$	$-8,03968 \cdot 10^{-6}$	$1,53499 \cdot 10^5$
900,00	$3,35573 \cdot 10^1$	$2,46980 \cdot 10^{-3}$	$-1,00166 \cdot 10^{-7}$	$-1,07977 \cdot 10^6$
3700,00	$2,44798 \cdot 10^1$	$5,26952 \cdot 10^{-3}$	$-3,60927 \cdot 10^{-7}$	$3,02419 \cdot 10^7$
9600,00	$8,75614 \cdot 10^1$	$-5,15745 \cdot 10^{-3}$	$1,12726 \cdot 10^{-7}$	$-5,81050 \cdot 10^8$
18500,00	$6,37370 \cdot 10^1$	$-2,87500 \cdot 10^{-3}$	$5,40000 \cdot 10^{-8}$	$-5,03078 \cdot 10^{-1}$
20000,00				
O$_2$S	Schwefeldioxid			
298,15	$2,62544 \cdot 10^1$	$5,37933 \cdot 10^{-2}$	$-2,63205 \cdot 10^{-5}$	$-6,57532 \cdot 10^3$
800,00	$5,54669 \cdot 10^1$	$2,44003 \cdot 10^{-3}$	$-3,36248 \cdot 10^{-7}$	$-3,05276 \cdot 10^6$
2600,00	$5,81643 \cdot 10^1$	$6,28077 \cdot 10^{-4}$	$-1,70486 \cdot 10^{-10}$	$-4,79871 \cdot 10^6$
6000,00				
O$_3$S	Schwefeltrioxid			
298,15	$2,55158 \cdot 10^1$	$1,05502 \cdot 10^{-1}$	$-5,91743 \cdot 10^{-5}$	$-9,24250 \cdot 10^4$
600,00	$6,55260 \cdot 10^1$	$1,93459 \cdot 10^{-2}$	$-6,15492 \cdot 10^{-6}$	$-2,75770 \cdot 10^6$
1300,00	$8,26532 \cdot 10^1$	$1,64215 \cdot 10^{-4}$	$-1,46443 \cdot 10^{-8}$	$-7,09736 \cdot 10^6$
6000,00				
CCl$_4$	Tetrachlorkohlenstoff			
298,15	$8,70514 \cdot 10^1$	$3,74054 \cdot 10^{-2}$	$-1,90394 \cdot 10^{-5}$	$-1,21356 \cdot 10^6$
800,00	$1,07797 \cdot 10^2$	$1,17512 \cdot 10^{-4}$	$-1,22700 \cdot 10^{-8}$	$-3,19472 \cdot 10^6$
6000,00				

Tab. A.17   (Fortsetzung)

T/K	a	b	c	d
CHCl$_3$	Chloroform			
298,15	$5{,}24869 \cdot 10^1$	$8{,}63824 \cdot 10^{-2}$	$-3{,}67101 \cdot 10^{-5}$	$-7{,}24669 \cdot 10^5$
700,00	$8{,}90326 \cdot 10^1$	$2{,}02492 \cdot 10^{-2}$	$-2{,}39482 \cdot 10^{-6}$	$-4{,}18889 \cdot 10^6$
2300,00	$1{,}06825 \cdot 10^2$	$7{,}96815 \cdot 10^{-3}$	$1{,}70577 \cdot 10^{-9}$	$-1{,}59474 \cdot 10^7$
6000,00				
CH$_2$Cl$_2$	Dichlormethan			
298,15	$2{,}86187 \cdot 10^1$	$9{,}98295 \cdot 10^{-2}$	$-4{,}25218 \cdot 10^{-5}$	$-3{,}26372 \cdot 10^5$
700,00	$6{,}67993 \cdot 10^1$	$3{,}06633 \cdot 10^{-2}$	$-6{,}75810 \cdot 10^{-6}$	$-3{,}89879 \cdot 10^6$
1800,00	$1{,}04520 \cdot 10^2$	$1{,}07614 \cdot 10^{-3}$	$-9{,}07197 \cdot 10^{-8}$	$-2{,}35604 \cdot 10^7$
6000,00				
CH$_2$O	Formaldehyd			
298,15	$9{,}26623$	$7{,}85588 \cdot 10^{-2}$	$-2{,}63768 \cdot 10^{-5}$	$4{,}47932 \cdot 10^5$
900,00	$5{,}01237 \cdot 10^1$	$2{,}26838 \cdot 10^{-2}$	$-4{,}56277 \cdot 10^{-6}$	$-6{,}22709 \cdot 10^6$
2000,00	$8{,}07084 \cdot 10^1$	$7{,}09136 \cdot 10^{-4}$	$-5{,}80489 \cdot 10^{-8}$	$-2{,}48484 \cdot 10^7$
6000,00				
CH$_4$	Methan			
298,15	$2{,}23466$	$9{,}69265 \cdot 10^{-2}$	$-2{,}60253 \cdot 10^{-5}$	$6{,}10863 \cdot 10^5$
1000,00	$4{,}72293 \cdot 10^1$	$4{,}22179 \cdot 10^{-2}$	$-7{,}06771 \cdot 10^{-6}$	$-8{,}63391 \cdot 10^6$
2000,00	$1{,}01131 \cdot 10^2$	$5{,}36894 \cdot 10^{-3}$	$1{,}41713 \cdot 10^{-7}$	$-4{,}48093 \cdot 10^7$
6000,00				
CH$_4$O	Methanol			
298,15	$1{,}16919$	$1{,}38625 \cdot 10^{-1}$	$-5{,}17787 \cdot 10^{-5}$	$5{,}50612 \cdot 10^5$
700,00	$4{,}09417 \cdot 10^1$	$6{,}77210 \cdot 10^{-2}$	$-1{,}58478 \cdot 10^{-5}$	$-3{,}24541 \cdot 10^6$
1500,00	$1{,}09530 \cdot 10^2$	$7{,}96299 \cdot 10^{-3}$	$-9{,}38995 \cdot 10^{-7}$	$-3{,}13675 \cdot 10^7$
3700,00	$1{,}27090 \cdot 10^2$	$3{,}96912 \cdot 10^{-4}$	$-2{,}57081 \cdot 10^{-8}$	$-5{,}96657 \cdot 10^7$
6000,00				
CO$_2$	Kohlenstoffdioxid			
298,15	$2{,}93296 \cdot 10^1$	$3{,}99272 \cdot 10^{-2}$	$-1{,}47503 \cdot 10^{-5}$	$-2{,}48862 \cdot 10^5$
900,00	$5{,}44385 \cdot 10^1$	$5{,}11339 \cdot 10^{-3}$	$-8{,}05105 \cdot 10^{-7}$	$-4{,}35874 \cdot 10^6$
2700,00	$7{,}60034 \cdot 10^1$	$-5{,}21496 \cdot 10^{-3}$	$6{,}40081 \cdot 10^{-7}$	$-3{,}50809 \cdot 10^7$
7600,00	$-8{,}56212 \cdot 10^1$	$2{,}45224 \cdot 10^{-2}$	$-9{,}05250 \cdot 10^{-7}$	$1{,}40189 \cdot 10^9$
10000,00				
CS$_2$	Kohlenstoffdisulfid			
298,15	$4{,}21611 \cdot 10^1$	$2{,}94958 \cdot 10^{-2}$	$-1{,}24498 \cdot 10^{-5}$	$-3{,}89299 \cdot 10^5$
900,00	$6{,}22574 \cdot 10^1$	$1{,}13098 \cdot 10^{-6}$	$1{,}40586 \cdot 10^{-7}$	$-3{,}42855 \cdot 10^6$
3700,00	$6{,}76485 \cdot 10^1$	$-4{,}56550 \cdot 10^{-3}$	$8{,}86035 \cdot 10^{-7}$	$1{,}44072 \cdot 10^7$
6000,00				

Tab. A.17 (Fortsetzung)

T/K	a	b	c	d
C_2HCl_3	Trichlorethen			
298,15	$6,48211 \cdot 10^1$	$9,76583 \cdot 10^{-2}$	$-4,52746 \cdot 10^{-5}$	$-8,7684 \cdot 10^5$
700,00	$1,11494 \cdot 10^2$	$1,45444 \cdot 10^{-2}$	$-2,82826 \cdot 10^{-6}$	$-5,43171 \cdot 10^6$
2300,00	$1,31800 \cdot 10^2$	$3,38610 \cdot 10^{-4}$	$-2,64601 \cdot 10^{-8}$	$-1,84069 \cdot 10^7$
6000,00				
C_2H_3Cl	Chlorethen			
298,15	$1,90983 \cdot 10^1$	$1,45294 \cdot 10^{-1}$	$-6,53992 \cdot 10^{-5}$	$-2,60809 \cdot 10^5$
600,00	$6,01742 \cdot 10^1$	$5,96117 \cdot 10^{-2}$	$-1,48799 \cdot 10^{-5}$	$-3,08835 \cdot 10^6$
1400,00	$1,18531 \cdot 10^2$	$5,93519 \cdot 10^{-3}$	$-6,91287 \cdot 10^{-7}$	$-2,47893 \cdot 10^7$
3900,00	$1,31940 \cdot 10^2$	$2,37204 \cdot 10^{-4}$	$-1,50304 \cdot 10^{-8}$	$-4,64093 \cdot 10^7$
6000,00				
C_2H_4O	Acetaldehyd			
298,15	$9,30531$	$1,63475 \cdot 10^{-1}$	$-6,16391 \cdot 10^{-5}$	$2,43392 \cdot 10^5$
700,00	$5,64227 \cdot 10^1$	$8,04209 \cdot 10^{-2}$	$-2,00570 \cdot 10^{-5}$	$-4,34129 \cdot 10^6$
1400,00	$1,34499 \cdot 10^2$	$8,35335 \cdot 10^{-3}$	$-1,02968 \cdot 10^{-6}$	$-3,27183 \cdot 10^7$
3600,00	$1,55457 \cdot 10^2$	$-8,24432 \cdot 10^{-4}$	$9,81998 \cdot 10^{-8}$	$-6,55663 \cdot 10^7$
4000,00				
$C_2H_4O_2$	Essigsäure			
298,15	$8,02286$	$2,14815 \cdot 10^{-1}$	$-8,48229 \cdot 10^{-5}$	$-9,86696 \cdot 10^4$
700,00	$7,62337 \cdot 10^1$	$9,73109 \cdot 10^{-2}$	$-2,73426 \cdot 10^{-5}$	$-7,02022 \cdot 10^6$
1500,00				
C_2H_6	Ethan			
298,15	$-2,38417$	$1,92404 \cdot 10^{-1}$	$-6,90186 \cdot 10^{-5}$	$3,22320 \cdot 10^5$
700,00	$4,50366 \cdot 10^1$	$1,08311 \cdot 10^{-1}$	$-2,65804 \cdot 10^{-5}$	$-4,26017 \cdot 10^6$
1400,00	$1,45619 \cdot 10^2$	$1,52759 \cdot 10^{-2}$	$-2,02774 \cdot 10^{-6}$	$-4,04409 \cdot 10^7$
3200,00	$1,75852 \cdot 10^2$	$6,95821 \cdot 10^{-4}$	$-4,81760 \cdot 10^{-8}$	$-7,98389 \cdot 10^7$
6000,00				
C_2H_6O	Ethanol			
298,15	$-7,79665 \cdot 10^{-1}$	$2,41177 \cdot 10^{-1}$	$-1,03287 \cdot 10^{-4}$	$3,28354 \cdot 10^5$
600,00	$5,95638 \cdot 10^1$	$1,15447 \cdot 10^{-1}$	$-2,93084 \cdot 10^{-5}$	$-3,82558 \cdot 10^6$
1300,00	$1,56219 \cdot 10^2$	$2,10448 \cdot 10^{-2}$	$-2,95508 \cdot 10^{-6}$	$-3,50439 \cdot 10^7$
3000,00	$1,95629 \cdot 10^2$	$9,64157 \cdot 10^{-4}$	$-6,84827 \cdot 10^{-8}$	$-8,13650 \cdot 10^7$
6000,00				
C_3H_6O	Aceton			
298,15	$1,06791 \cdot 10^1$	$2,40126 \cdot 10^{-1}$	$-9,07421 \cdot 10^{-5}$	$-7,61124 \cdot 10^4$
600,00	$3,11113 \cdot 10^1$	$1,96592 \cdot 10^{-1}$	$-6,43721 \cdot 10^{-5}$	$-1,44607 \cdot 10^6$
1000,00				

Tab. A.17   (Fortsetzung)

T/K	a	b	c	d
C_3H_8	Propan			
298,15	$-2,15262 \cdot 10^1$	$3,44356 \cdot 10^{-1}$	$-1,59743 \cdot 10^{-4}$	$5,83986 \cdot 10^5$
600,00	$4,90988 \cdot 10^1$	$1,78173 \cdot 10^{-1}$	$-4,89499 \cdot 10^{-5}$	$-3,30435 \cdot 10^6$
1000,00	$7,22246 \cdot 10^1$	$1,29999 \cdot 10^{-1}$	$-2,72064 \cdot 10^{-5}$	$0,00000$
1473,15	$-2,17225 \cdot 10^2$	$3,02486 \cdot 10^{-1}$	$-5,20368 \cdot 10^{-5}$	$1,93657 \cdot 10^8$
2200,00	$-2,18137$	$1,19325 \cdot 10^{-1}$	$-1,38844 \cdot 10^{-5}$	$2,09412 \cdot 10^8$
2800,00	$-2,05569 \cdot 10^3$	$9,56960 \cdot 10^{-1}$	$-1,09656 \cdot 10^{-4}$	$3,80784 \cdot 10^9$
3400,00	$1,88615 \cdot 10^2$	$2,09200 \cdot 10^{-2}$	$0,00000$	$0,00000$
4000,00				
C_4H_{10}	n-Butan			
298,15	$-1,16904 \cdot 10^2$	$7,51358 \cdot 10^{-1}$	$-4,92177 \cdot 10^{-4}$	$3,03278 \cdot 10^6$
500,00	$5,22833 \cdot 10^1$	$2,53967 \cdot 10^{-1}$	$-7,63162 \cdot 10^{-5}$	$-3,08119 \cdot 10^6$
1000,00	$2,93778 \cdot 10^2$	$-1,13351 \cdot 10^{-2}$	$7,92613 \cdot 10^{-6}$	$-6,35123 \cdot 10^7$
1600,00	$2,68317 \cdot 10^2$	$6,96941 \cdot 10^{-3}$	$4,63412 \cdot 10^{-6}$	$-5,17343 \cdot 10^7$
2200,00	$4,23048 \cdot 10^2$	$-6,05508 \cdot 10^{-2}$	$1,16356 \cdot 10^{-5}$	$-2,45698 \cdot 10^8$
3000,00	$1,88341 \cdot 10^2$	$6,06693 \cdot 10^{-2}$	$-5,72560 \cdot 10^{-6}$	$0,00000$
3500,00				
C_5H_{12}	n-Pentan			
298,15	$-1,21008 \cdot 10^2$	$8,50992 \cdot 10^{-1}$	$-5,39020 \cdot 10^{-4}$	$3,15122 \cdot 10^6$
500,00	$5,98291 \cdot 10^1$	$3,23276 \cdot 10^{-1}$	$-1,01471 \cdot 10^{-4}$	$-3,44014 \cdot 10^6$
1350,00				
C_6H_5Cl	Chlorbenzol (Chlorbenzen)			
298,15	$1,79991 \cdot 10^2$	$1,59620 \cdot 10^{-2}$	$0,00000$	$-7,79186 \cdot 10^6$
1500,00				
C_6H_6	Benzol (Benzen)			
298,15	$-1,82327 \cdot 10^2$	$9,54161 \cdot 10^{-1}$	$-6,87975 \cdot 10^{-4}$	$3,61915 \cdot 10^6$
500,00	$5,85676 \cdot 10^1$	$2,35948 \cdot 10^{-1}$	$-8,00642 \cdot 10^{-5}$	$-4,82269 \cdot 10^6$
1350,00				
C_6H_6O	Phenol			
298,15	$-2,93581$	$4,45764 \cdot 10^{-1}$	$-2,24243 \cdot 10^{-4}$	$-5,71763 \cdot 10^5$
600,00	$1,22229 \cdot 10^2$	$1,70681 \cdot 10^{-1}$	$-5,26415 \cdot 10^{-5}$	$-8,45282 \cdot 10^6$
900,00				
C_6H_{12}	Cyclohexan			
298,15	$-2,43132 \cdot 10^2$	$1,21487$	$-7,76232 \cdot 10^{-4}$	$5,00022 \cdot 10^6$
500,00	$-1,29058 \cdot 10^1$	$5,31410 \cdot 10^{-1}$	$-1,99989 \cdot 10^{-4}$	$-3,13871 \cdot 10^6$
1350,00				
C_6H_{14}	n-Hexan			
298,15	$-1,20180 \cdot 10^2$	$9,33141 \cdot 10^{-1}$	$-5,68886 \cdot 10^{-4}$	$3,17166 \cdot 10^6$
500,00	$7,72136 \cdot 10^1$	$3,72420 \cdot 10^{-1}$	$-1,15331 \cdot 10^{-4}$	$-4,43358 \cdot 10^6$
1350,00				

Tab. A.17 (Fortsetzung)

T/K	a	b	c	d
C_7H_8	Toluol (Toluen)			
298,15	$-5,59564 \cdot 10^1$	$6,00584 \cdot 10^{-1}$	$-3,02071 \cdot 10^{-4}$	$6,61202 \cdot 10^5$
600,00	$9,50166 \cdot 10^1$	$2,53180 \cdot 10^{-1}$	$-7,52183 \cdot 10^{-5}$	$-8,05014 \cdot 10^6$
1350,00				
C_7H_{16}	n-Heptan			
298,15	$-1,93180 \cdot 10^2$	1,26749	$-8,36059 \cdot 10^{-4}$	$4,94570 \cdot 10^6$
500,00	$7,00192 \cdot 10^1$	$4,73173 \cdot 10^{-1}$	$-1,59058 \cdot 10^{-4}$	$-3,87723 \cdot 10^6$
800,00	$5,50196 \cdot 10^1$	$4,79277 \cdot 10^{-1}$	$-1,52716 \cdot 10^{-4}$	0,00000
1350,00				
C_8H_8	Styrol (Styren)			
298,15	$-2,45947 \cdot 10^2$	1,34979	$-1,02805 \cdot 10^{-3}$	$5,07030 \cdot 10^6$
500,00	$7,18581 \cdot 10^1$	$3,39838 \cdot 10^{-1}$	$-1,24404 \cdot 10^{-4}$	$-4,61575 \cdot 10^6$
800,00	$5,74045 \cdot 10^1$	$3,39737 \cdot 10^{-1}$	$-1,12968 \cdot 10^{-4}$	0,00000
1350,00				
C_8H_{10}	o-Xylol (o-Xylen)			
298,15	$-1,34578 \cdot 10^2$	$9,60337 \cdot 10^{-1}$	$-6,11554 \cdot 10^{-4}$	$3,19405 \cdot 10^6$
500,00	$5,43510 \cdot 10^1$	$4,01771 \cdot 10^{-1}$	$-1,42914 \cdot 10^{-4}$	$-3,50797 \cdot 10^6$
800,00	$4,76976 \cdot 10^1$	$3,90994 \cdot 10^{-1}$	$-1,27608 \cdot 10^{-4}$	0,00000
1350,00				
C_8H_{10}	m-Xylol (m-Xylen)			
298,15	$-1,96848 \cdot 10^2$	1,15407	$-7,81082 \cdot 10^{-4}$	$4,42347 \cdot 10^6$
500,00	$6,60963 \cdot 10^1$	$3,75951 \cdot 10^{-1}$	$-1,26990 \cdot 10^{-4}$	$-4,92289 \cdot 10^6$
1350,00				
C_8H_{10}	p-Xylol (p-Xylen)			
298,15	$2,84205 \cdot 10^3$	$-1,02424 \cdot 10^1$	$1,03054 \cdot 10^{-2}$	$-5,52836 \cdot 10^7$
500,00	$5,88819 \cdot 10^1$	$3,86727 \cdot 10^{-1}$	$-1,31873 \cdot 10^{-4}$	$-4,54851 \cdot 10^6$
1350,00				
C_8H_{18}	n-Octan			
298,15	$-2,61905 \cdot 10^2$	1,58553	$1,08624 \cdot 10^{-3}$	$6,63767 \cdot 10^6$
500,00	$7,23204 \cdot 10^1$	$5,53296 \cdot 10^{-1}$	$-1,90438 \cdot 10^{-4}$	$-3,87723 \cdot 10^6$
800,00	$7,40568 \cdot 10^1$	$5,18398 \cdot 10^{-1}$	$-1,58992 \cdot 10^{-4}$	0,00000
1350,00				
$C_{10}H_8$	Naphthalin			
293,15	$-2,16376 \cdot 10^2$	1,27776	$-8,83836 \cdot 10^{-4}$	$4,14192 \cdot 10^6$
500,00	$9,33999 \cdot 10^1$	$3,72379 \cdot 10^{-1}$	$-1,31204 \cdot 10^{-4}$	$-7,16920 \cdot 10^6$
900,00				

A.5.4   Virialkoeffizienten

Tab. A.18 Zweiter Virialkoeffizient B einiger Stoffe für verschiedene Temperaturen (Quellen: Lide 1999, Dymond und Smith 1980). Es gilt
$z = \frac{pV_m}{RT} = 1 + \frac{B}{V_m}$ (Leiden-Form), $z = \frac{pV_m}{RT} = 1 + B'p$ (Berlin-Form)
mit $B = \frac{B'}{RT}$

Stoff		T	B
Formel	Name	K	$cm^3 \, mol^{-1}$
Ar	Argon	100	-184
		120	-131
		160	-76
		200	-48
		300	-16
		400	-1
		600	12
		800	18
		1000	22
ClH	Chlorwasserstoff	190	-451
		270	-181
		350	-102
		470	-54
Cl_2	Chlor	210	-508
		240	-432
		270	-360
		300	-299
		400	-166
		500	-97
		700	-36
		900	-12
H_2	Wasserstoff	15	-230
		25	-108
		40	-52
		70	-16
		100	-3
		200	11
		300	15
		400	18

Tab. A.18 (Fortsetzung)

Stoff		T	B
Formel	Name	K	$cm^3\,mol^{-1}$
H_2O	Wasser	300	−1126
		340	−660
		400	−356
		440	−258
		500	−175
		600	−104
		800	−44
		1000	−20
		1200	−11
H_3N	Ammoniak	290	−302
		300	−265
		330	−194
		360	−154
		400	−118
		420	−101
He	Helium	2	−172
		10	−24
		18	−7
		26	−1
		50	6
		90	10
		250	12
		700	13
NO	Stickstoffmonoxid	120	−232
		150	−113
		200	−58
		270	−24
N_2	Stickstoff	75	−274
		125	−104
		200	−34
		300	−4
		500	16
		700	24
N_2O	Distickstoffmonoxid	240	−219
		300	−128
		340	−96
		400	−68
Ne	Neon	60	−25
		100	−6
		200	7
		400	13
		600	15

Tab. A.18 (Fortsetzung)

Stoff		T	B
Formel	Name	K	$cm^3\,mol^{-1}$
O_2	Sauerstoff	90	-241
		150	-88
		210	-44
		290	-18
		400	-1
O_2S	Schwefeldioxid	290	-465
		350	-276
		410	-181
		470	-132
CCl_4	Tetrachlorkohlenstoff	320	-1345
		340	-1171
		380	-942
		420	-814
$CHCl_3$	Chloroform	320	-1001
		340	-858
		370	-689
		400	-559
CH_4	Methan	110	-328
		130	-237
		160	-160
		200	-105
		300	-43
		400	-16
		600	10
CH_4O	Methanol	320	-1431
		350	-1056
		400	-557
CO	Kohlenstoffmonoxid	210	-36
		300	-8
		480	11
CO_2	Kohlenstoffdioxid	220	-244
		300	-126
		400	-62
		500	-30
		800	7
		900	12
		1100	19
CS_2	Kohlenstoffdisulfid	280	-932
		340	-603
		400	-431
		430	-375

Tab. A.18 (Fortsetzung)

Stoff		T	B
Formel	Name	K	$cm^3\,mol^{-1}$
C_2H_2	Ethin (Acetylen)	200	−573
		220	−440
		250	−315
		270	−263
C_2H_4	Ethen	240	−218
		300	−139
		390	−76
		450	−52
C_2H_6	Ethan	200	−409
		240	−284
		300	−181
		400	−96
		600	−24
C_2H_6O	Ethanol	320	−2710
		340	−1676
		360	−1043
		390	−622
C_2H_6O	Dimethylether	275	−536
		300	−449
		310	−418
C_2H_7N	Dimethylamin	310	−606
		350	−454
		400	−322
C_3H_8	Propan	240	−641
		300	−381
		400	−208
		560	−90
C_4H_{10}	Butan	250	−1170
		310	−668
		400	−371
		550	−171
$C_4H_{10}O$	Diethylether	280	−1550
		300	−1199
		340	−776
		420	−340
C_5H_5N	Pyridin	350	−1257
		370	−1099
		400	−892
		440	−659

Tab. A.18 (Fortsetzung)

Stoff		T	B
Formel	Name	K	$cm^3 \, mol^{-1}$
C_6H_6	Benzol	290	−1588
		300	−1454
		330	−1139
		400	−712
		500	−429
		600	−291
C_6H_{12}	Cyclohexan	300	−1698
		340	−1170
		400	−786
		500	−488
		560	−368
C_6H_{14}	Hexan	300	−1920
		330	−1424
		360	−1123
		400	−859
		450	−616
C_7H_8	Toluol	350	−1641
		370	−1394
		400	−1110
		430	−903
C_8H_{10}	1,2-Dimethylbenzol	380	−2046
		400	−1681
		420	−1428
		440	−1261
C_8H_{18}	Octan	300	−4042
		400	−1704
		500	−936
		600	−583
		700	−375

A.5.5 Van-der-Waals-Konstanten

Tab. A.19 van-der-Waals-Konstanten a und b einiger Stoffe (Quelle: Lide 1999). Die van-der-Waals-Gleichung lautet $\left(p + \frac{a}{V_m^2}\right)(V_m - b) = RT$. a und b können mit den kritischen Daten T_c und p_c dargestellt werden gemäß $a = \frac{27}{64} \frac{R^2 T_c^2}{p_c}$ und $b = \frac{1}{8} \frac{RT_c}{p_c}$

Stoff		a	b
Summenformel	Name	$\mathrm{Pa\ m^6\ mol^{-2}}$	$10^{-3}\ \mathrm{m^3\ mol^{-1}}$
Ar	Argon	0,1355	0,0320
BrH	Bromwasserstoff	0,4500	0,0442
Br_2	Brom	0,975	0,0591
ClH	Chlorwasserstoff	0,3700	0,0406
Cl_2	Chlor	0,6343	0,0542
FH	Fluorwasserstoff	0,9565	0,0739
F_2	Fluor	0,1171	0,0290
F_6S	Schwefelhexafluorid	0,7857	0,0879
HI	Jodwasserstoff	0,6309	0,0530
H_2	Wasserstoff	0.02452	0.0265
H_2O	Wasser	0,5537	0,0305
H_2S	Schwefelwasserstoff	0,4544	0,0434
H_3N	Ammoniak	0,4225	0,0371
H_4N_2	Hydrazin	0,846	0,0462
He	Helium	0,00346	0,0238
Kr	Krypton	0,5193	0,0106
NO	Stickstoffmonoxid	0,146	0,0289
NO_2	Stickstoffdioxid	0,536	0,0443
N_2	Stickstoff	0,1370	0,0387
N_2O	Distickstoffmonoxid	0,3852	0,0444
Ne	Neon	0,0208	0,0167
O_2	Sauerstoff	0,1382	0,0319
O_2S	Schwefeldioxid	0,6865	0,0568
O_3	Ozon	0,3570	0,0487
Xe	Xenon	0,4192	0,0516
CCl_4	Tetrachlorkohlenstoff	2,001	0,1281
CF_4	Tetrafluormethan	0,4040	0,0633
$CHCl_3$	Trichlormethan (Chloroform)	1,534	0,1019
CHF_3	Trifluormethan	0,5378	0,0640
CHN	Cyanwasserstoff	1,129	0,0881
CH_3Cl	Chlormethan	0,7566	0,0648
CH_4	Methan	0,2303	0,0431
CH_4O	Methanol	0,9476	0,0659
CH_5N	Methylamin	0,7106	0,0588

Tab. A.19   (Fortsetzung)

Stoff		a	b
Summenformel	Name	Pa m^6 mol^{-2}	10^{-3} m^3 mol^{-1}
CO	Kohlenstoffmonoxid	0,1472	0,0395
CO$_2$	Kohlenstoffdioxid	0,3658	0,0429
CS$_2$	Kohlenstoffdisulfid	1,125	0,0726
C$_2$F$_4$	Tetrafluorethen	0,6954	0,0809
C$_2$H$_2$	Ethin	0,4516	0,0522
C$_2$H$_3$Cl$_3$	1,1,1-Trichlorethan	2,015	0,1317
C$_2$H$_4$	Ethen	0,4612	0,0582
C$_2$H$_4$O$_2$	Essigsäure	1,771	0,1065
C$_2$H$_5$Cl	Chlorethan	1,166	0,0903
C$_2$H$_6$	Ethan	0,5580	0,0651
C$_2$H$_6$O	Ethanol	1,256	0,0871
C$_2$H$_6$O	Dimethylether	0,8690	0,0774
C$_3$H$_6$	Cyclopropan	0,834	0,0747
C$_3$H$_6$	Propen	0,8442	0,0824
C$_3$H$_6$O	Aceton	1,602	0,1124
C$_3$H$_8$	Propan	0,939	0,0905
C$_3$H$_8$O	1-Propanol	1,626	0,1079
C$_3$H$_8$O	2-Propanol	1,582	0,1109
C$_3$H$_9$N	Trimethylamin	1,337	0,1101
C$_4$H$_4$O	Furan	1,274	0,0926
C$_4$H$_4$S	Thiophen	1,721	0,1058
C$_4$H$_8$O	2-Butanon	1,997	0,1326
C$_4$H$_8$O	Tetrahydrofuran	1,639	0,1082
C$_4$H$_{10}$	n-Butan	1,389	0,1164
C$_4$H$_{10}$	Isobutan	0,1332	0,1164
C$_4$H$_{10}$O	1-Butanol	2,094	0,1326
C$_4$H$_{10}$O	Diethylether	1,746	0,1333
C$_5$H$_5$N	Pyridin	1,977	0,1137
C$_5$H$_{12}$	n-Pentan	1,909	0,1449
C$_5$H$_{12}$	Neopentan	1,717	0,1411
C$_5$H$_{12}$O	1-Pentanol	2,588	0,1568
C$_6$H$_5$Cl	Chlorbenzol (Chlorbenzen)	2,580	0,1454
C$_6$H$_6$	Benzol (Benzen)	1,882	0,1193
C$_6$H$_6$O	Phenol	2,293	0,1177
C$_6$H$_7$N	Anilin (Phenylamin)	2,914	0,1486
C$_6$H$_{12}$	Cyclohexan	2,192	0,1411
C$_6$H$_{14}$	n-Hexan	2,484	0,1744
C$_6$H$_{14}$O	1-Hexanol	3,179	0,1856

Tab. A.19 (Fortsetzung)

Stoff		a	b
Summenformel	Name	Pa m^6 mol^{-2}	10^{-3} m^3 mol^{-1}
C_7H_8	Toluol (Toluen)	2,486	0,1497
C_7H_{16}	n-Heptan	3,106	0,2049
$C_7H_{16}O$	1-Heptanol	3,817	0,2150
C_8H_{18}	n-Octan	3,788	0,2374
$C_8H_{18}O$	1-Octanol	4,471	0,2442
$C_{10}H_{22}$	n-Decan	5,274	0,3043
$C_{10}H_{22}O$	1-Decanol	5,951	0,3036
$C_{12}H_{26}$	n-Dodecan	6,938	0,3758
$C_{12}H_{26}O$	1-Dodecanol	0,7570	0,3750

A.5.6 Molmasse, kritische Daten und azentrischer Faktor

Tab. A.20 Molmasse (M), kritische Daten (T_c, p_c, V_c, z_c) und azentrischer Faktor (ω) einiger Stoffe (Quelle: Reid et al. 1987)

Stoff		M	T_c	p_c	V_c	z_c	ω
Formel	Name	g mol^{-1}	K	bar	cm^3 mol^{-1}		
Ar	Argon	39,948	150,8	48,7	74,9	0,291	0,001
Br_2	Brom	159,0808	588,	103,	127,2	0,268	0,108
Cl_2	Chlor	70,906	416,9	79,3	123,8	0,285	0,090
F_2	Fluor	37,997	144,3	52,2	66,3	0,288	0,054
HBr	Bromwasserstoff	80,912	363,2	85,5			0,088
HCl	Chlorwasserstoff	36,461	324,7	83,1	80,9	0,249	0,133
HF	Fluorwasserstoff	20,006	461,	64,8	69,2	0,117	0,329
HI	Jodwasserstoff	127,912	424,0	83,1			0,049
H_2	Wasserstoff	2,016	33,0	12,9	64,3	0,303	$-0,216$
H_2O	Wasser	18,015	647,3	221,2	57,1	0,235	0,344
H_2S	Schwefelwasser-stoff	34,080	373,2	89,4	98,6	0,284	0,097
H_3N	Ammoniak	17,031	405,5	113,5	72,5	0,244	0,250
H_4N_2	Hydrazin	32,045	653,	147,			0,316
He	Helium-4	4,003	5,19	2,27	57,4	0,302	$-0,365$

Tab. A.20   (Fortsetzung)

Stoff		M	T_c	p_c	V_c	z_c	ω
Formel	Name	$g\,mol^{-1}$	K	bar	$cm^3\,mol^{-1}$		
I_2	Jod	253,82	819,		155,		
Kr	Krypton	83,800	209,4	55,0	91,2	0,288	0,005
NO	Stickstoffmonoxid	30,006	180,	64,8	57,7	0,250	0,588
NO_2	Stickstoffdioxid	46,006	431,	101,	167,8	0,473	0,834
N_2	Stickstoff	28,013	126,2	33,9	89,8	0,290	0,039
N_2O	Distickstoffmon-oxid	44,013	309,6	72,4	97,4	0,274	0,165
Ne	Neon	20,183	44,4	27,6	41,6	0,311	−0,029
O_2	Sauerstoff	31,999	154,6	50,4	73,4	0,288	0,025
O_2S	Schwefeldioxid	64,063	430,3	78,8	122,2	0,269	0,256
O_3	Ozon	47,998	261,1	55,7	88,9	0,228	0,691
O_3S	Schwefeltrioxid	80,058	491,0	82,1	127,3	0,256	0,481
Xe	Xenon	131,300	289,7	58,4	118,4	0,287	0,008
CCl_4	Tetrachlorkohlen-stoff	153,823	556,4	45,6	275,9	0,272	0,193
$CHCl_3$	Chloroform	119,378	536,4	53,7	233,9	0,293	0,218
CHN	Cyanwasserstoff	27,026	456,7	53,9	138,8	0,197	0,388
CH_2Cl_2	Dichlormethan	84,933	510,	63,			0,199
CH_2O	Formaldehyd	30,026	408,	65,9			0,253
CH_2O_2	Ameisensäure	46,025	580,				
CH_3Cl	Methylchlorid	50,488	416,3	67,0	138,9	0,269	0,153
CH_4	Methan	16,043	190,4	46,0	99,2	0,288	0,011
CH_4O	Methanol	32,042	512,6	80,9	118,0	0,224	0,556
CH_5N	Methylamin	31,058	430,0	74,3			0,292
CO	Kohlenstoffmon-oxid	28,010	132,9	35,0	93,2	0,295	0,066
CO_2	Kohlenstoffdioxid	44,010	304,1	73,8	93,9	0,274	0,239
CS_2	Kohlenstoffdisulfid	76,131	552,	79,0	160,	0,276	0,109
C_2HCl_3	Trichlorethen	131,389	572,	50,5	256,	0,265	0,213
C_2H_2	Acetylen	26,038	308,3	61,4	112,7	0,270	0,190
C_2H_3Cl	Vinylchlorid	62,499	425,	51,5	169,	0,265	0,122
C_2H_4	Ethylen	28,054	282,4	50,4	130,4	0,280	0,089
C_2H_4O	Acetaldehyd	44,054	461,	55,7	154,	0,220	0,303
$C_2H_4O_2$	Essigsäure	60,052	592,7	57,9	171,	0,201	0,447
C_2H_5Cl	Chlorethan	64,515	460,4	52,7	199,	0,274	0,191
C_2H_6	Ethan	30,070	305,4	48,8	148,3	0,285	0,099
C_2H_6O	Dimethylether	46,069	400,0	52,4	178,	0,287	0,200
C_2H_6O	Ethanol	46,069	513,9	61,4	167,1	0,240	0,644
C_2H_7N	Dimethylamin	45,085	437,7	53,1			0,302
C_3H_3N	Acrylnitril	53,064	536,	45,6	210,	0,21	0,35

Tab. A.20 (Fortsetzung)

Stoff		M	T_c	p_c	V_c	z_c	ω
Formel	Name	g mol^{-1}	K	bar	cm^3 mol^{-1}		
C_3H_6	Cyclopropan	42,081	397,8	54,9	163,	0,274	0,130
C_3H_6O	Aceton	58,080	508,1	47,0	209,	0,232	0,304
C_3H_6O	Allylalkohol	58,080	543,0				
$C_3H_6O_2$	Propionsäure	74,80	612,	54,	222,	0,183	0,520
$C_3H_6O_2$	Methylacetat	74,080	506,8	46,9	228,	0,254	0,326
C_3H_8	Propan	44,094	369,3	42,5	203,	0,281	0,153
C_3H_8O	1-Propanol	60,096	536,8	51,7	219,	0,253	0,623
C_3H_8O	Isopropylalkohol	60,096	508,3	47,6	220,	0,248	0,665
$C_3H_8O_2$	1,2-Propandiol	76,096	625,	60,7	237,	0,28	
$C_3H_8O_3$	Glycerin	92,095	726,	66,8	255,	0,28	
C_3H_9N	Trimethylamin	59,112	433,3	40,9	254,	0,288	0,205
C_4H_4O	Furan	68,075	490,2	55,0	218,	0,295	0,209
C_4H_6	1,3-Butadien	54,092	425,	45,3	221,	0,270	0,195
C_4H_8O	Tetrahydrofuran	72,107	540,1	51,9	224,	0,259	0,217
$C_4H_8O_2$	1,4-Dioxan	88,107	587,	52,1	238,	0,254	0,281
$C_4H_8O_2$	Ethylacetat	88,107	523,2	38,3	286,	0,252	0,362
C_4H_{10}	n-Butan	58,124	425,2	38,0	255,	0,274	0,199
$C_4H_{10}O$	n-Butanol	74,123	563,1	44,2	275,	0,259	0,593
$C_4H_{10}O$	2-Butanol	74,123	536,1	41,8	269,	0,252	0,577
$C_4H_{10}O$	tert-Butanol	74,123	506,2	39,7	275,	0,259	0,612
$C_4H_{10}O$	Diethylether	74,123	406,7	36,4	280,	0,262	0,281
$C_4H_{11}N$	Diethylamin	73,139	496,5	37,1	301,	0,271	0,291
$C_5H_4O_2$	Furfural	96,085	670,	58,9			0,383
C_5H_5N	Pyridin	79,102	620,0	56,3	254,	0,277	0,243
C_5H_{12}	n-Pentan	72,151	469,7	33,7	304,	0,263	0,251
$C_5H_{12}O$	1-Pentanol	88,150	588,2	39,1	326,	0,26	0,579
C_6H_5Cl	Chlorbenzol	112,559	632,4	45,2	308,	0,265	0,249
C_6H_6	Benzol	78,114	562,2	48,9	259,	0,271	0,212
C_6H_6O	Phenol	94,113	694,2	61,3	229,	0,240	0,438
C_6H_7N	Anilin	93,129	699,	53,1	274,	0,250	0,384
C_6H_{10}	Cyclohexen	82,146	560,5	43,4			0,210
C_6H_{12}	Cyclohexan	84,162	553,5	40,7	308,	0,273	0,212
$C_6H_{12}O$	Cyclohexanol	100,160	625,	37,5			
C_6H_{14}	n-Hexan	86,178	507,5	30,1	370,	0,264	0,299
$C_6H_{14}O$	1-Hexanol	102,177	611,	40,5	381,	0,300	0,560
$C_6H_{15}N$	Triethylamin	101,193	535,	30,3	389,	0,265	0,320
C_7H_6O	Benzaldehyd	106,124	694,8	45,4			0,316
$C_7H_6O_2$	Benzoesäure	122,124	752,	45,6	341,	0,25	0,62
C_7H_8	Toluol	92,141	591,8	41,0	316,	0,263	0,263

Tab. A.20 (Fortsetzung)

Stoff		M	T_c	p_c	V_c	z_c	ω
Formel	Name	$g\,mol^{-1}$	K	bar	$cm^3\,mol^{-1}$		
C_7H_{16}	n-Heptan	100,205	540,3	27,4	432,	0,263	0,349
C_8H_8	Styrol	104,152	647,	49,9			0,257
C_8H_{10}	o-Xylol	106,168	630,3	37,3	369,	0,262	0,310
C_8H_{10}	m-Xylol	106,168	617,1	35,4	376,	0,259	0,325
C_8H_{10}	p-Xylol	106,168	616,2	35,1	379,	0,260	0,320
C_8H_{18}	n-Octan	114,232	568,8	24,9	492,	0,259	0,398
$C_{10}H_8$	Naphthalin	128,174	748,4	40,5	413,	0,269	0,302
$C_{10}H_{22}$	n-Decan	142,286	617,7	21,2	603,	0,249	0,489
$C_{10}H_{22}O$	1-Decanol	158,285	687,	22,2	600,	0,230	
$C_{12}H_{26}$	Dodecan	170,340	658,2	18,2	714	0,24	0,575
$C_{12}H_{26}O$	Dodecanol	186,339	679,	19,2	718,	0,24	
$C_{14}H_{10}$	Anthracen	173,234	869,3		554,		
$C_{14}H_{10}$	Phenanthren	178,234	873,		554,		

A.5.7 Gruppenbeiträge nach Lydersen

Tab. A.21 Gruppenbeiträge einiger Strukturgruppen zur Berechnung der kritischen Daten T_c, p_c und V_c nach Lydersen (1955). Es gilt

$$\frac{T_c}{K} = \frac{T_b}{0,567 + \sum \Delta_T - (\sum \Delta_T)^2},$$

$$\frac{p_c}{atm} = \frac{M}{(0,34 + \sum \Delta_p)^2},$$

$$\frac{V_c}{cm^3\,mol^{-1}} = 40 + \sum \Delta_V$$

(Die in Klammern gesetzten Werte sind unsicher.)

	Δ_T	Δ_p	Δ_V
Inkremente nicht im Ring			
$-CH_3$	0,020	0,227	55
$-CH_2$	0,020	0,227	55
$-CH$	0,012	0,210	51
$-C-$	0,00	0,210	41
$=CH_2$	0,018	0,198	45
$=CH$	0,018	0,198	45
$=C-$	0,0	0,198	36
$=CH=$	0,0	0,198	36
$\equiv CH$	0,005	0,153	(36)
$\equiv C-$	0,005	0,153	(36)

Tab. A.21 (Fortsetzung)

	Δ_T	Δ_p	Δ_V
Inkremente im Ring			
$-CH_2-$	0,013	0,184	44,5
$-\overset{\mid}{C}H$	0,012	0,192	46
$-\overset{\mid}{\underset{\mid}{C}}-$	(−0,007)	(0,154)	(31)
$=\overset{\mid}{C}H$	0,011	0,154	37
$=\overset{\mid}{C}-$	0,011	0,154	36
$=C=$	0,011	0,154	36
Halogen Inkremente			
$-F$	0,018	0,224	18
$-Cl$	0,017	0,320	49
$-Br$	0,010	(0,50)	(70)
$-I$	0,012	(0,83)	(95)
Sauerstoffhaltige Inkremente			
$-OH$ (Alkohol)	0,082	0,06	(18)
$-OH$ (Phenol)	0,031	(−0,02)	(3)
$-O-$ (nicht im Ring)	0,021	0,16	20
$-O-$ (im Ring)	(0,014)	(0,12)	(8)
$-\overset{\mid}{C}=O$ (nicht im Ring)	0,040	0,29	60
$-\overset{\mid}{C}=O$ (im Ring)	(0,033)	(0,2)	(50)
$H\overset{\mid}{C}=O$ (Aldehyd)	0,048	0,33	73
$-COOH$ (Säure)	0,085	(0,4)	80
$-COO-$ (Ester)	0,047	0,47	80
$=O$ (ausschließlich der obigen)	(0,02)	(0,12)	(11)
Stickstoffhaltige Inkremente			
$-NH_2$	0,031	0,095	28
$-\overset{\mid}{N}H$ (nicht im Ring)	0,031	0,135	(37)
$-\overset{\mid}{N}H$ (im Ring)	(0,024)	(0,09)	(27)
$-\overset{\mid}{N}-$ (nicht im Ring)	0,014	0,17	(42)
$-\overset{\mid}{N}-$ (im Ring)	(0,007)	(0,13)	(32)
$-CN$	(0,060)	(0,36)	(80)
$-NO_2$	(0,055)	(0,42)	(78)

Tab. A.21 (Fortsetzung)

	Δ_T	Δ_p	Δ_V
Schwefelhaltige Inkremente			
−SH	0,015	0,27	55
−S− (nicht im Ring)	0,015	0,27	55
−S− (im Ring)	(0,008)	(0,24)	(45)
= S	(0,003)	(0,24)	(47)
Verschiedene			
−Si−	0,03	(0,54)	
−B−	(0,03)		

A.5.8 $z^{(0)}$- und $z^{(1)}$-Funktionen von Lee und Kesler

Tab. A.22 Die Funktionen $z^{(0)}(T_r, p_r)$ und $z^{(1)}(T_r, p_r)$ von Lee und Kesler (1975). Es gilt $z(T_r, p_r, \omega) = z^{(0)}(T_r, p_r) + \omega\, z^{(1)}(T_r, p_r)$

a) $z^{(0)}$-Werte

T_r	0,010	0,050	0,100	0,200	0,400	0,600	0,800	1,000	1,200	1,500	2,000	3,000	5,000	7,000	10,000
0,30	0,0029	0,0145	0,0290	0,0579	0,1158	0,1737	0,2315	0,2892	0,3470	0,4335	0,5775	0,8648	1,4366	2,0048	2,8507
0,35	0,0026	0,0130	0,0261	0,0522	0,1043	0,1564	0,2084	0,2604	0,3123	0,3901	0,5195	0,7775	0,2902	1,7987	2,5539
0,40	0,0024	0,0119	0,0239	0,0477	0,0953	0,1429	0,1904	0,2379	0,2853	0,3563	0,4744	0,7095	1,1758	1,6373	2,3211
0,45	0,0022	0,0110	0,0221	0,0442	0,0882	0,1322	0,1762	0,2200	0,2638	0,3294	0,4384	0,6551	1,0841	1,5077	2,1338
0,50	0,0021	0,0103	0,0207	0,0413	0,0825	0,1236	0,1647	0,2056	0,2465	0,3077	0,4092	0,6610	1,0094	1,4017	1,9801
0,55	0,9804	0,0098	0,0195	0,0390	0,0778	0,1166	0,1553	0,1939	0,2323	0,2899	0,3853	0,5747	0,9475	1,3137	1,8520
0,60	0,9849	0,0093	0,0186	0,0371	0,0741	0,1109	0,1476	0,1842	0,2207	0,2753	0,3657	0,5446	0,8959	0,2398	1,7440
0,65	0,9881	0,9377	0,0178	0,0356	0,0710	0,1063	0,1415	0,1765	0,2113	0,2634	0,3495	0,5197	0,8526	1,1773	1,6519
0,70	0,9904	0,9504	0,8958	0,0344	0,0687	0,1027	0,1366	0,1703	0,2038	0,2538	0,3364	0,4991	0,8161	1,1241	1,5729
0,75	0,9922	0,9598	0,9165	0,0336	0,0670	0,1001	0,1330	0,1656	0,1981	0,2464	0,3260	0,4823	0,7854	1,0787	1,5047
0,80	0,9935	0,9669	0,9319	0,8539	0,0661	0,0985	0,1307	0,1626	0,1942	0,2411	0,3182	0,4690	0,7598	1,0400	1,4456
0,85	0,9946	0,9725	0,9436	0,8810	0,0661	0,0983	0,1301	0,1614	0,1924	0,2382	0,3132	0,4591	0,7388	1,0071	1,3943
0,90	0,9954	0,9768	0,9528	0,9015	0,7800	0,1006	0,1321	0,1630	0,1935	0,2383	0,3114	0,4527	0,7220	0,9793	1,3496
0,93	0,9959	0,9790	0,9573	0,9115	0,8059	0,6635	0,1359	0,1664	0,1963	0,2405	0,3122	0,4507	0,7138	0,9648	0,3257
0,95	0,9961	0,9803	0,9600	0,9174	0,8206	0,6967	0,1410	0,1705	0,1998	0,2432	0,3138	0,4501	0,7092	0,9561	1,3108
0,97	0,9963	0,9815	0,9625	0,9227	0,8338	0,7240	0,5580	0,1770	0,2055	0,2474	0,3164	0,4504	0,7052	0,9480	1,2968
0,98	0,9965	0,9821	0,9637	0,9253	0,8398	0,7360	0,5887	0,1844	0,2097	0,2503	0,3182	0,4508	0,7035	0,9442	0,1201
0,99	0,9966	0,9826	0,9648	0,9277	0,8455	0,7471	0,6138	0,1959	0,2154	0,2538	0,3204	0,4514	0,7018	0,9406	1,2835
1,00	0,9967	0,9832	0,9659	0,9300	0,8509	0,7475	0,6353	0,2901	0,2237	0,2538	0,3229	0,4522	0,7004	0,9372	1,2772
1,01	0,9968	0,9837	0,9669	0,9322	0,8561	0,7671	0,6542	0,4648	0,2370	0,2640	0,3260	0,4533	0,6991	0,9339	1,2710
1,02	0,9969	0,9842	0,9679	0,9343	0,8610	0,7761	0,6710	0,5146	0,2629	0,2715	0,3297	0,4547	0,6980	0,9307	1,2650
1,05	0,9971	0,9855	0,9707	0,9401	0,8743	0,8002	0,7130	0,6026	0,4437	0,3131	0,3452	0,4640	0,6956	0,9222	1,2481
1,10	0,9975	0,9874	0,9747	0,9485	0,8930	0,8323	0,7649	0,6880	0,5984	0,4580	0,3953	0,4770	0,6950	0,9110	1,2232
1,15	0,9978	0,9891	0,9780	0,9554	0,9081	0,8576	0,8032	0,7443	0,6803	0,5798	0,4760	0,5042	0,6987	0,9033	1,2021

Tab. A.22 (Fortsetzung)

a) $z^{(0)}$-Werte

T_r	p_r														
	0,010	0,050	0,100	0,200	0,400	0,600	0,800	1,000	1,200	1,500	2,000	3,000	5,000	7,000	10,000
1,20	0,9981	0,9904	0,9808	0,9611	0,9205	0,8779	0,8330	0,7858	0,7363	0,6605	0,5605	0,5425	0,7069	0,8990	1,1844
1,30	0,9985	0,9926	0,9852	0,9702	0,9396	0,9083	0,8764	0,8438	0,8111	0,7624	0,6908	0,6344	0,7358	0,8993	1,1580
1,40	0,9988	0,9942	0,9884	0,9768	0,9534	0,9298	0,9062	0,8827	0,8595	0,8256	0,7753	0,7202	0,7761	0,9112	1,1419
1,50	0,9991	0,9954	0,9909	0,9818	0,9636	0,9456	0,7278	0,9103	0,8933	0,8689	0,8328	0,7887	0,8200	0,9297	1,1339
1,60	0,9993	0,9964	0,9928	0,9856	0,9714	0,9575	0,9439	0,9308	0,9180	0,9000	0,8738	0,8410	0,8617	0,9518	1,1320
1,70	0,9994	0,9971	0,9943	0,9886	0,9775	0,9667	0,9563	0,9463	0,9367	0,9234	0,9043	0,8809	0,8984	0,9745	1,1343
1,80	0,9995	0,9977	0,9955	0,9910	0,9823	0,9739	0,9659	0,9583	0,9511	0,9413	0,9275	0,9118	0,9297	0,9961	1,1391
1,90	0,9996	0,9982	0,9964	0,9929	0,9861	0,9796	0,9735	0,9678	0,9624	0,9552	0,9456	0,9359	0,9557	1,0157	1,1452
2,00	0,9997	0,9936	0,9972	0,9944	0,9892	0,9842	0,9796	0,9754	0,9715	0,9664	0,9599	0,9550	0,9772	1,0328	1,1516
2,20	0,9998	0,9992	0,9983	0,9967	0,9937	0,9910	0,9886	0,9865	0,9847	0,9826	0,9806	0,9827	1,0094	1,0600	1,1635
2,40	0,9999	0,9996	0,9991	0,9983	0,9969	0,9957	0,9948	0,9941	0,9936	0,9935	0,9945	1,0011	1,0313	1,0793	1,1728
2,60	1,0000	0,9998	0,9997	0,9994	0,9991	0,9990	0,9990	0,9993	0,9998	1,0010	1,0040	1,0137	1,0463	1,0926	1,1792
2,80	1,0000	1,0000	1,0001	1,0002	1,0007	1,0013	1,0021	1,0031	1,0042	1,0063	1,0106	1,0223	1,0565	1,1016	1,1830
3,00	1,0000	1,0002	1,0004	1,0008	1,0018	1,0030	1,0043	1,0057	1,0074	1,0101	1,0153	1,0284	1,0635	1,1075	1,1848
3,50	1,0001	1,0004	1,0008	1,0017	1,0035	1,0055	1,0075	1,0097	1,0120	1,0156	1,0221	1,0368	1,0723	1,1138	1,1834
4,00	1,0001	1,0005	1,0010	1,0021	1,0043	1,0066	1,0090	1,0115	1,0140	1,0179	1,0249	1,0401	1,0747	1,1136	1,1773

Tab. A.22 (Fortsetzung)

b) $z^{(1)}$-Werte

T_r	p_r														
	0,010	0,050	0,100	0,200	0,400	0,600	0,800	1,000	1,200	1,500	2,000	3,000	5,000	7,000	10,000
0,30	−0,0008	−0,0040	−0,0081	−0,0161	−0,0323	−0,0484	−0,0645	−0,0806	−0,0966	−0,1207	−0,1608	−0,2407	−0,3996	−0,5572	−0,7915
0,35	−0,0009	−0,0046	−0,0093	−0,0185	−0,0370	−0,0554	−0,0738	−0,0921	−0,1105	−0,1379	−0,1834	−0,2738	−0,4523	−0,6279	−0,8863
0,40	−0,0019	−0,0048	−0,0095	−0,0190	−0,0380	−0,0570	−0,0758	−0,0946	−0,1134	−0,1414	−0,1879	−0,2799	−0,4603	−0,6365	−0,8936
0,45	−0,0009	−0,0047	−0,0094	−0,0187	−0,0374	−0,0560	−0,0745	−0,0929	−0,1113	−0,1387	−0,1840	−0,2734	−0,4475	−0,6162	−0,8606
0,50	−0,0009	−0,0045	−0,0090	−0,0181	−0,0360	−0,0539	−0,0716	−0,0893	−0,1069	−0,1330	−0,1762	−0,2611	−0,4253	−0,5831	−0,8099
0,55	−0,0314	−0,0043	−0,0086	−0,0172	−0,0343	−0,0513	−0,0682	−0,0849	−0,1015	−0,1263	−0,1669	−0,2465	−0,3991	−0,5446	−0,7521
0,60	−0,0205	−0,0041	−0,0032	−0,0164	−0,0326	−0,0487	−0,0646	−0,0803	−0,0960	−0,1192	−0,1572	−0,2312	−0,3718	−0,5047	−0,6928
0,65	−0,0137	−0,0772	−0,0078	−0,0156	−0,0309	−0,0461	−0,0611	−0,0759	−0,0906	−0,1122	−0,1476	−0,2160	−0,3447	−0,4653	−0,6346
0,70	−0,0093	−0,0507	−0,1161	−0,0148	−0,0294	−0,0438	−0,0579	−0,0718	−0,0855	−0,1057	−0,1385	−0,2013	−0,3184	−0,4270	−0,5785
0,75	−0,0064	−0,0339	−0,0744	−0,0143	−0,0282	−0,0417	−0,0550	−0,0681	−0,0808	−0,0996	−0,1298	−0,1872	−0,2929	−0,3901	−0,5250
0,80	−0,0044	−0,0228	−0,0487	−0,1160	−0,0272	−0,0401	−0,0526	−0,0648	−0,0767	−0,0940	−0,1217	−0,1736	−0,2682	−0,3545	−0,4740
0,85	−0,0029	−0,0152	−0,0319	−0,0715	−0,0268	−0,0391	−0,0509	−0,0622	−0,0731	−0,0888	−0,1138	−0,1602	−0,2439	−0,3201	−0,4254
0,90	−0,0019	−0,0099	−0,0205	−0,0442	−0,1118	−0,0396	−0,0503	−0,0604	−0,0701	−0,0840	−0,1059	−0,1463	−0,2195	−0,2862	−0,3788
0,93	−0,0015	−0,0075	−0,0154	−0,0326	−0,0763	−0,1662	−0,0514	−0,0602	−0,0687	−0,0810	−0,1007	−0,1374	−0,2045	−0,2661	−0,3516
0,95	−0,0012	−0,0062	−0,0126	−0,0262	−0,0589	−0,1110	−0,0540	−0,0607	−0,0678	−0,0788	−0,0967	−0,1310	−0,1943	−0,2526	−0,3339
0,97	−0,0010	−0,0050	−0,0101	−0,0208	−0,0450	−0,0770	−0,1647	−0,1623	−0,0669	−0,0759	−0,0921	−0,1240	−0,1837	−0,2391	−0,3163
0,98	−0,0009	−0,0044	−0,0090	−0,0184	−0,0390	−0,0641	−0,1100	−0,0641	−0,0661	−0,0740	−0,0893	−0,1202	−0,1783	−0,2322	−0,3075
0,99	−0,0008	−0,0039	−0,0079	−0,0161	−0,0335	−0,0531	−0,0796	−0,0680	−0,0646	−0,0715	−0,0861	−0,1162	−0,1728	−0,2254	−0,2989
1,00	−0,0007	−0,0034	−0,0069	−0,0140	−0,0285	−0,0435	−0,0588	−0,0879	−0,0609	−0,0678	−0,0824	−0,1118	−0,1672	−0,2185	−0,2902
1,01	−0,0006	−0,0030	−0,0060	−0,0120	−0,0240	−0,0351	−0,0429	−0,0223	−0,0473	−0,0621	−0,0778	−0,1072	−0,1615	−0,2116	−0,2816
1,02	−0,0005	−0,0025	−0,0051	−0,0102	−0,0198	−0,0277	−0,0303	−0,0062	−0,0227	−0,0524	−0,0722	−0,1021	−0,1556	−0,2047	−0,2731
1,05	−0,0003	−0,0015	−0,0029	−0,0054	−0,0092	−0,0097	−0,0032	0,0220	0,1059	0,0451	−0,0432	−0,0838	−0,1370	−0,1835	−0,2476
1,10	−0,0000	0,0000	0,0001	0,0007	0,0038	0,0106	0,0236	0,0476	0,0897	0,1630	0,068	−0,0373	−0,1021	−0,1469	−0,2056
1,15	0,0002	0,0011	0,0023	0,0052	0,0127	0,0237	0,0396	0,0625	0,0943	0,1518	0,1667	0,0332	−0,0611	−0,1084	−0,1642

Tab. A.22 (Fortsetzung)

b) $z^{(1)}$-Werte

T_r	p_r														
	0,010	0,050	0,100	0,200	0,400	0,600	0,800	1,000	1,200	1,500	2,000	3,000	5,000	7,000	10,000
1,20	0,0004	0,0019	0,0039	0,0084	0,0190	0,0326	0,0499	0,0719	0,0991	0,1477	0,1990	0,1095	−0,0141	−0,678	−0,1231
1,30	0,0006	0,0030	0,0061	0,0125	0,0267	0,0429	0,0612	0,0819	0,1048	0,1420	0,1991	0,2079	0,0875	0,0176	−0,0423
1,40	0,0007	0,0036	0,0072	0,0147	0,0306	0,0177	0,0661	0,0857	0,1063	0,1383	0,1894	0,2397	0,1737	0,1008	0,0350
1,50	0,0008	0,0039	0,0078	0,0158	0,0323	0,0497	0,0677	0,0864	0,1055	0,1345	0,1806	0,2433	0,2309	0,1717	0,1058
1,60	0,0008	0,0040	0,0080	0,0162	0,0330	0,0501	0,0677	0,0855	0,1035	0,1303	0,1729	0,2381	0,2631	0,2255	0,1573
1,70	0,0008	0,0040	0,0081	0,0163	0,0329	0,0497	0,0667	0,0838	0,1008	0,1259	0,1658	0,2305	0,2788	0,2628	0,2179
1,80	0,0008	0,0040	0,0081	0,0162	0,0325	0,0488	0,0652	0,0816	0,0978	0,1216	0,1593	0,2224	0,2846	0,2871	0,2576
1,90	0,0008	0,0040	0,0079	0,0159	0,0318	0,0477	0,0635	0,0792	0,0947	0,1173	0,1532	0,2114	0,2848	0,3017	0,2876
2,00	0,0008	0,0039	0,0078	0,0155	0,0310	0,0464	0,0617	0,0767	0,0916	0,1133	0,1476	0,2069	0,2819	0,3097	0,3096
2,20	0,0007	0,0037	0,0074	0,0147	0,0293	0,0437	0,0579	0,0719	0,0857	0,1057	0,1374	0,1932	0,2720	0,3135	0,3355
2,40	0,0007	0,0035	0,0070	0,0139	0,0276	0,0411	0,0544	0,0675	0,0803	0,0989	0,1285	0,1812	0,2602	0,3089	0,3459
2,60	0,0007	0,0033	0,0066	0,0131	0,0260	0,0387	0,0512	0,0634	0,0754	0,0929	0,1207	0,1706	0,2484	0,3009	0,3475
2,80	0,0006	0,0031	0,0062	0,0124	0,0245	0,0365	0,0483	0,0598	0,0711	0,0876	0,1138	0,1631	0,2372	0,2915	0,3443
3,00	0,0006	0,0029	0,0059	0,0117	0,0232	0,0345	0,0456	0,0565	0,0672	0,0828	0,1076	0,1529	0,2268	0,2817	0,3385
3,50	0,0005	0,0026	0,0052	0,0103	0,0204	0,0303	0,0401	0,0497	0,0591	0,0728	0,0949	0,1356	0,2042	0,2584	0,3194
4,00	0,0005	0,0023	0,0046	0,0091	0,0182	0,0270	0,0357	0,0443	0,0527	0,0651	0,0849	0,1219	0,1857	0,2378	0,2994

A.5.9 Antoine-Konstanten

Tab. A.23 Antoine-Konstanten einiger Stoffe (Quelle: Gmehling et al. 2014, Reid et al. 1977). Die Antoine-Gleichung lautet $\lg \frac{p}{\text{mbar}} = A - \frac{B}{C + t/°C}$. t_{min} und t_{max} geben den Gültigkeitsbereich der Antoine-Konstanten an

Substanz		A	B	C	t_{min}	t_{max}
Formel	Name				°C	°C
H_2O	Wasser	8,19621	1730,630	233,426	1	100
		8,14257	1715,700	234,263	100	265
H_3N	Ammoniak	7,4854	926,1330	240,17	−94	−12
H_4N_2	Hydrazin	7,9378	1684,042	228,00	15	70
N_2	Stickstoff	6,6194	255,6778	265,55	−219	−183
O_2	Sauerstoff	6,8163	319,011	266,70	−210	−173
CCl_4	Tetrachlorkohlenstoff	7,00420	1212,021	226,409	−14	77
$CHCl_3$	Chloroform	7,07955	1170,966	226,232	−10	60
		7,57267	1488,990	264,915	61	217
CH_2Cl_2	Dichlormethan	7,53406	1325,938	252,616	−40	40
CH_2O	Formaldehyd	8,19621	970,595	244,124	−109	22
CH_2O_2	Ameisensäure	7,06949	1295,260	218,000	36	108
CH_4	Methan	6,7367	389,927	265,990	−180	−153
CH_4O	Methanol	8,20587	1582,271	239,726	15	84
		7,89369	1408,360	223,600	25	56
		3,09497	1521,230	233,970	65	214
CO_2	Kohlenstoffdioxid	9,9355	1347,7852	272,990	−119	−69
CS_2	Kohlenstoffdisulfid	7,06773	1169,110	241,593	−45	69
C_2HCl_3	Trichlorethen	6,64317	1018,603	192,731	17	86
C_2H_3Cl	Chlorethen	7,15020	1271,254	222,927	−31	99
C_2H_4O	Acetaldehyd	7,33302	1099,810	233,945	−82	20
$C_2H_4O_2$	Essigsäure	8,14590	1936,010	258,451	18	118
C_2H_6	Ethan	6,9276	656,401	255,990	−143	−74
C_2H_6O	Ethanol	8,23710	1592,864	226,184	20	93
		7,71157	1281,590	193,768	78	203
C_2H_6O	Dimethylether	7,4413	1025,560	256,050	−94	−8
$C_2H_6O_2$	1,2-Ethandiol	8,21573	2088,936	203,454	50	200
C_3H_3N	Acrylnitril	7,16345	1232,530	222,470	−20	140
C_3H_6O	Allylalkohol	11,31188	4068,457	392,732	21	97
C_3H_6O	Aceton	7,24204	1210,595	229,664	−13	55
		7,75622	1566,690	273,419	57	205
$C_3H_6O_2$	Propionsäure	8,11554	1929,300	236,430	25	141
$C_3H_6O_2$	Methylacetat	7,19014	1157,630	219,726	2	56

Tab. A.23 (Fortsetzung)

Substanz		A	B	C	t_{min}	t_{max}
Formel	Name				°C	°C
C_3H_7NO	N,N-Dimethylformamid	7,05286	1400,869	196,434	30	90
		7,23340	1537,780	210,390	50	150
C_3H_8	Propan	6,9546	813,199	247,990	−109	−24
C_3H_8O	1-Propanol	8,50385	1788,020	227,438	−15	98
C_3H_8O	2-Propanol	9,00319	2010,330	252,636	−26	83
$C_3H_8O_2$	1,2-Propandiol	9,04200	2645,700	250,700	18	100
$C_3H_8O_3$	Glycerol	6,28991	1036,056	28,097	183	260
C_4H_4O	Furan	7,1002	1060,851	227,74	−35	90
C_4H_8O	2-Butanon	7,18846	1261,339	221,969	43	88
C_4H_8O	Tetrahydrofuran	7,12005	1202,290	226,254	23	100
$C_4H_8O_2$	Butansäure	8,83509	2433,014	255,189	20	150
$C_4H_8O_2$	Essigsäureethylester	7,22669	1244,951	217,881	16	76
$C_4H_8O_2$	Ethylacetat	7,22669	1244,951	217,881	16	76
$C_4H_8O_2$	1,4-Dioxan	7,55645	1554,679	240,337	20	105
C_4H_{10}	n-Butan	6,9339	935,861	238,730	−78	−17
$C_4H_{10}O$	1-Butanol	7,96290	1558,190	196,881	−1	118
		7,48856	1305,198	173,427	89	126
$C_4H_{10}O$	2-Butanol	7,32621	1157,000	168,279	72	107
$C_4H_{10}O$	tert.-Butanol	7,48658	1180,930	180,476	−20	83
$C_4H_{10}O_2$	2,3-Butandiol	9,90941	3295,770	295,146	44	182
$C_4H_{11}N$	Diethylamin	5,92649	583,297	144,145	31	61
$C_5H_4O_2$	Furfural	8,52690	2338,490	261,638	19	162
C_5H_5N	Pyridin	7,13818	1356,930	212,655	−19	115
C_5H_{12}	n-Pentan	7,0012	1075,778	233,210	−53	57
C_6H_5Cl	Chlorbenzol	7,1030	1431,052	217,550	47	147
C_6H_6	Benzol (Benzen)	7,00477	1196,760	219,161	8	80
		7,32580	1415,800	248,028	80	250
C_6H_6O	Phenol	7,25950	1516,072	174,569	63	182
C_6H_7N	Anilin (Phenylamin)	7,58931	1840,790	216,923	35	184
C_6H_{12}	Cyclohexan	6,97636	1206,470	223,136	7	81
$C_6H_{12}O$	Cyclohexanol	8,47727	2258,560	251,624	44	161
C_6H_{14}	n-Hexan	7,03548	1189,640	226,280	−30	170
$C_6H_{14}O$	1-Hexanol	8,03079	1819,570	205,086	24	157
$C_6H_{15}N$	Triethylamin	5,98369	695,666	144,832	50	95
C_7H_8	Toluol (Toluen)	7,07577	1342,310	219,187	−27	111
C_7H_{16}	n-Heptan	7,01876	1264,370	216,640	−3	127
C_8H_8	Styrol (Styren)	7,62723	1819,810	248,662	−7	145
C_8H_{10}	o-Xylol (o-Xylen)	7,12644	1476,393	213,872	63	145
C_8H_{10}	p-Xylol (p-Xylen)	7,11543	1453,430	215,310	27	166

Tab. A.23 (Fortsetzung)

Substanz		A	B	C	t_{min}	t_{max}
Formel	Name				°C	°C
C_8H_{18}	n-Octan	7,05632	1358,800	209,855	−14	126
		7,0487	1355,125	209,520	19	152
$C_{10}H_8$	Naphthalin	8,20253	2603,260	282,769	86	218
$C_{10}H_{14}N_2$	Nikotin	7,74752	2341,530	246,496	62	247

A.5.10 Wasserdampftafel

Tab. A.24 Wasserdampftafel (Temperaturtafel) für das Nassdampfgebiet (Quelle: Grigull 1982).
v^l, h^l, s^l = spezifisches Volumen, spezifische Enthalpie bzw. spezifische Entropie der siedenden Flüssigkeit,
v^v, h^v, s^v = spezifisches Volumen, spezifische Enthalpie bzw. spezifische Entropie des gesättigten Dampfes,
$\Delta_b h = h^v - h^l$ = spezifische Verdampfungsenthalpie

t	p	v^l	v^v	h^l	h^v	$\Delta_b h$	s^l	s^v
°C	bar	$dm^3\,kg^{-1}$	$m^3\,kg^{-1}$	$kJ\,kg^{-1}$	$kJ\,kg^{-1}$	$kJ\,kg^{-1}$	$kJ\,kg^{-1}\,K^{-1}$	$kJ\,kg^{-1}\,K^{-1}$
0,01	0,006112	1,0002	206,2	0,00	2501,6	2501,6	0,0000	9,1575
5	0,008718	1,0000	147,2	21,01	2510,7	2489,7	0,0762	9,0269
10	0,01227	1,0003	106,4	41,99	2419,9	2477,9	0,1510	8,9020
15	0,01704	1,0008	77,98	62,94	2529,1	2466,1	0,2243	8,7326
20	0,02337	1,0017	57,04	83,86	2538,2	2454,3	0,2963	8,6684
25	0,03166	1,0029	43,40	104,77	2547,3	2442,5	0,3670	8,5592
30	0,04241	1,0043	32,93	125,66	2556,4	2430,7	0,4365	8,4546
35	0,05622	1,0060	25,24	146,56	2565,4	2418,8	0,5049	8,3543
40	0,07375	1,0078	19,55	167,45	2574,4	2406,9	0,5721	8,2583
45	0,09582	1,0099	15,28	188,35	2583,3	2394,9	0,6383	8,1661
50	0,12335	1,0121	12,05	209,26	2592,2	2382,9	0,7035	8,0776
55	0,1574	1,0145	9,579	230,17	2601,0	2370,8	0,7677	7,9926
60	0,1992	1,0171	7,679	251,09	2609,7	2358,6	0,8310	7,9108
65	0,2501	1,0199	6,202	272,02	2618,4	2346,3	0,8933	0,8322
70	0,3116	1,0228	5,046	292,97	2626,9	2334,0	0,9548	7,7565
75	0,3855	1,0259	4,134	313,94	2635,4	2321,5	1,0154	7,6835
80	0,4736	1,0292	3,409	334,92	2643,8	2308,8	1,0753	7,6132
85	0,5780	1,0326	2,829	355,92	2652,0	2296,5	1,1343	7,5454
90	0,7011	1,0361	2,361	376,94	2660,1	2283,2	1,1925	7,4799
95	0,8453	1,0399	1,982	397,99	2668,1	2270,2	1,2501	7,4166
100	1,0133	1,0437	1,673	419,1	2676,0	2256,9	1,3069	7,3554
110	1,4327	1,0519	1,210	461,3	2691,3	2230,0	1,4185	7,2388
120	1,9854	1,0606	0,8915	503,7	2706,0	2202,3	1,5276	7,1293
130	2,701	1,0700	0,6681	546,3	2719,9	2173,6	1,6344	7,0261

Tab. A.24 (Fortsetzung)

t	p	v^l	v^v	h^l	h^v	$\Delta_b h$	s^l	s^v
°C	bar	dm³ kg⁻¹	m³ kg⁻¹	kJ kg⁻¹	kJ kg⁻¹	kJ kg⁻¹	kJ kg⁻¹ K⁻¹	kJ kg⁻¹ K⁻¹
140	3,614	1,0801	0,5085	589,1	2733,1	2144,0	1,7390	6,9284
150	4,760	1,0908	0,3924	632,2	2745,4	2113,2	1,8416	6,8358
160	6,181	1,1022	0,3068	675,5	2756,7	2081,2	1,9425	6,7475
170	7,920	1,1145	0,2426	719,1	2767,1	2048,0	2,0416	6,6630
180	10,027	1,1275	0,1938	763,1	2776,3	2013,2	2,1393	6,5819
190	12,551	1,1415	0,1563	807,5	2784,3	1976,8	2,2356	6,5036
200	15,549	1,1565	0,1272	852,4	2790,9	1938,5	2,3307	6,4278
210	19,077	1,173	0,1042	897,5	2796,2	1898,7	2,4247	6,3539
220	23,198	1,190	0,08604	943,7	2799,9	1856,2	2,5178	6,2817
230	27,976	1,209	0,07145	990,3	2802,0	1811,7	2,6102	6,2107
240	33,478	1,229	0,05965	1037,6	2802,2	1764,6	2,7020	6,1406
250	39,776	1,251	0,05004	1085,8	2800,4	1714,6	2,7935	6,0708
260	46,943	1,276	0,04213	1134,9	2796,4	1661,5	2,8848	6,0010
270	55,058	1,303	0,03559	1185,2	2789,9	1604,6	2,9763	5,9304
280	64,202	1,332	0,03013	1236,8	2780,4	1543,6	3,0683	5,8586
290	74,461	1,366	0,02554	1290,0	2767,6	1477,6	3,1611	5,7848
300	85,927	1,404	0,02165	1345,0	2751,0	1406,0	3,2552	5,7081
310	98,700	1,448	0,01833	1402,4	2730,0	1327,6	3,3512	5,6278
320	112,89	1,500	0,01548	1462,6	2703,7	1241,1	3,4500	5,5423
330	128,63	1,562	0,01299	1526,5	2670,2	1143,6	3,5528	5,4490
340	146,05	1,639	0,01078	1595,5	2626,2	1030,7	3,6616	5,3427
350	165,35	1,741	0,00880	1671,9	2567,7	895,7	3,7800	5,2177
360	186,75	1,896	0,00694	1764,2	2485,4	721,3	3,9210	5,0600
370	210,54	2,214	0,00497	1890,2	2342,8	452,6	4,1108	4,8144
374,15	221,20	3,17	0,00317	2107,4	2107,4	0,0	4,4429	4,4429

A.5.11 Siedetemperatur und Verdampfungsenthalpie, Schmelztemperatur und Schmelzenthalpie

Tab. A.25 Normalsiedepunkt t_b und molare Verdampfungsenthalpie $\Delta_b H$ am Normalsiedepunkt, Normalschmelztemperatur t_f und molare Schmelzenthalpie $\Delta_f H$ am Normalschmelzpunkt (Quelle: Lide 1999). Die molaren Umwandlungsentropien bei den zugehörigen Umwandlungstemperaturen lassen sich berechnen nach $\Delta_b S = \frac{\Delta_b H}{T_b}$ und $\Delta_f S = \frac{\Delta_f H}{T_f}$ mit $T_b/K = T_b/°C + 273{,}15$, analog für T_f. Ein t hinter der Schmelztemperatur bedeutet, dass sich diese Werte nicht auf den Normaldruck, sondern auf den Druck am Tripelpunkt beziehen

Substanz		t_b	$\Delta_b H$	t_f	$\Delta_f H$
Formel	Name	°C	kJ mol^{-1}	°C	kJ mol^{-1}
Ar	Argon	−185,85	6,43	−189,36 t	1,18
ClH	Chlorwasserstoff	−85	16,15	−114,17	2,00
Cl$_2$	Chlor	−34,04	20,41	−101,5	6,40
H$_2$	Wasserstoff	−252,87	0,90	−259,34	0,12
H$_2$O	Wasser	100	40,65	0,00	6,01
H$_2$S	Schwefelwasserstoff	−59,55	18,67	−85,5	2,38
H$_3$N	Ammoniak	−33,33	23,33	−77,73	5,66
Kr	Krypton	−152,22	9,08	−157,38 t	1,64
NO	Stickstoffmonoxid	−151,74	13,83	−163,6	2,30
N$_2$	Stickstoff	−195,79	5,57	−210,0	0,71
N$_2$O	Distickstoffmonoxid	−88,48	16,53	−90,8	6,54
Ne	Neon	−246,08	1,71	−248,61 t	0,328
O$_2$	Sauerstoff	−182,95	6,82	−218,79	0,44
O$_3$S	Schwefeltrioxid	45	40,69	16,8	8,6
S	Schwefel	444,60	45	115,21	1,72
Xe	Xenon	−108,11	12,57	−111,79 t	2,27
CCl$_4$	Tetrachlorkohlenstoff	76,8	29,82	−22,62	2,56
CHCl$_3$	Chloroform	61,17	29,24	−63,41	9,5
CH$_2$O$_2$	Ameisensäure	101	22,69	8,3	12,68
CH$_3$Cl	Chlormethan	−24,09	21,40	−97,7	6,43
CH$_4$	Methan	−161,48	8,19	−182,47	0,94
CH$_4$O	Methanol	64,6	35,21	−97,53	3,215
CH$_5$N	Methylamin	−6,32	25,60	−93,5	6,13
CO	Kohlenstoffmonoxid	−191,5	6,04	−205,02	0,833
CS$_2$	Kohlenstoffdisulfid	46	26,74	−112,1	4,39
C$_2$H$_3$Cl	Chlorethen	−13,3	20,8	−153,84	4,92
C$_2$H$_4$	Ethen	−103,77	13,53	−169,15	3,35
C$_2$H$_4$O	Acetaldehyd	20,1	25,76	−123,37	2,31
C$_2$H$_4$O$_2$	Essigsäure	117,9	23,70	16,64	11,73
C$_2$H$_6$O	Ethanol	78,29	38,56	−114,14	4,931
C$_2$H$_6$O	Dimethylether	−24,8	21,51	−141,5	4,94
C$_2$H$_6$O$_2$	Ethylenglykol	197,3	50,5	−12,69	9,96

Tab. A.25 (Fortsetzung)

Substanz		t_b	$\Delta_b H$	t_f	$\Delta_f H$
Formel	Name	°C	kJ mol^{-1}	°C	kJ mol^{-1}
C$_2$H$_7$N	Dimelhylamin	6,88	26,40	−92,18	5,94
C$_3$H$_6$	Propen	−47,69	18,42	−185,24	3,003
C$_3$H$_6$	Cyclopropan	−32,81	20,05	−127,58	5,44
C$_3$H$_6$O	Aceton	56,05	29,10	−94,7	5,77
C$_3$H$_7$NO	N, N-Dimethylformamid	153		−60,48	7,90
C$_3$H$_8$	Propan	−42,1	19,04	−187,63	3,50
C$_3$H$_8$O	1-Propanol	97,2	41,44	−124,39	5,37
C$_3$H$_8$O	2-Propanol	82,3	39,85	−87,9	5,41
C$_3$H$_8$O$_3$	Glycerin	290	61,0	18,1	18,3
C$_3$H$_9$N	Trimethylamin	2,87	22,94	−117,1	7
C$_4$H$_4$O	Furan	31,5	27,10	−85,61	3,80
C$_4$H$_6$	1,2-Butadien	10,9	24,02	−136,2	6,96
C$_4$H$_6$	1,3-Butadien	−4,41	22,47	−108,91	7,98
C$_4$H$_8$O	2-Butanon	79,59	31,30	−86,64	8,39
C$_4$H$_8$O	Tetrahydrofuran	65	29,81	−108,44	8,54
C$_4$H$_8$O$_2$	1,4-Dioxan	101,5	34,16	11,85	12,84
C$_4$H$_{10}$	n-Butan	−0,5	22,44	138,3	4,66
C$_4$H$_{10}$	Isobutan	−11,73	21,30	−159,4	4,54
C$_4$H$_{10}$O	1-Butanol	117,73	43,29	−88,6	9,37
C$_4$H$_{10}$O	Diethylether	34,5	26,52	−116,2	7,19
C$_5$H$_4$O$_2$	Furfural	161,7	43,2	−38,1	14,37
C$_5$H$_5$N	Pyridin	115,23	35,09	−41,70	8,28
C$_5$H$_{12}$	n-Pentan	36,05	25,79	−129,67	8,40
C$_5$H$_{12}$	Neopentan	9,48	22,74	−16,4	3,10
C$_5$H$_{12}$O	1-Pentanol	137,98	44,36	−77,6	10,5
C$_6$H$_5$Cl	Chlorbenzol	131,72	35,19	−45,31	9,6
C$_6$H$_5$NO$_2$	Nitrobenzol	210,8		5,7	12,12
C$_6$H$_6$	Benzol (Benzen)	80,09	30,72	5,49	9,87
C$_6$H$_6$O	Phenol	181,87	45,69	40,89	11,51
C$_6$H$_7$N	Anilin (Phenylamin)	184,17	42,44	−6,02	10,54
C$_6$H$_{12}$	Cyclohexan	80,73	29,97	6,59	2,68
C$_6$H$_{14}$	n-Hexan	68,73	28,85	−95,35	13,08
C$_6$H$_{14}$O	1-Hexanol	157,6	44,50	−47,4	15,38
C$_7$H$_5$N	Benzonitril	191,1	45,9	−13,99	9,1
C$_7$H$_8$	Toluol (Toluen)	110,63	33,18	−94,95	6,64
C$_7$H$_{16}$	n-Heptan	98,5	31,77	−90,55	14,03
C$_8$H$_8$	Styrol (Styren)	145	38,7	−30,65	10,9
C$_8$H$_{10}$	o-Xylol (o-Xylen)	144,5	36,24	−25,2	13,6
C$_8$H$_{10}$	m-Xylol (m-Xylen)	139,12	35,66	−47,8	11,6

Tab. A.25 (Fortsetzung)

Substanz		t_b	$\Delta_b H$	t_f	$\Delta_f H$
Formel	Name	°C	kJ mol^{-1}	°C	kJ mol^{-1}
C_8H_{10}	p-Xylol (p-Xylen)	138,37	35,67	13,25	17,12
C_8H_{18}	n-Octan	125,67	34,41	−56,82	20,73
$C_{10}H_8$	Naphthalin	217,9	43,2	80,26	19,01
$C_{14}H_{10}$	Phenanthren	340		99,24	16,46

A.5.12 Ebullioskopische und kryoskopische Konstanten

Tab. A.26 Ebullioskopische und kryoskopische Konstanten K_b bzw. K_f (Quelle: Lide, 1999). K_b und K_f lassen sich aus dem Siedepunkt T_b und der molaren Verdampfungsenthalpie $\Delta_b H$ bzw. der Schmelztemperatur T_f und der molaren Schmelzenthalpie $\Delta_f H$ sowie der Molmasse M des Lösungsmittels berechnen nach $K_b = \frac{R M T_b^2}{\Delta_b H}$ und $K_f = \frac{R M T_f^2}{\Delta_f H}$

Substanz		K_b	K_f
Formel	Name	K kg mol^{-1}	K kg mol^{-1}
H_2O	Wasser	0,513	1,86
CCl_4	Tetrachlorkohlenstoff	5,26	31,36
$CHCl_3$	Chloroform	3,80	4,60
CH_2O_2	Ameisensäure	2,36	2,38
CH_4O	Methanol	0,86	
CS_2	Kohlenstoffdisulfid	2,42	3,74
$C_2H_4O_2$	Essigsäure	3,22	3,63
C_2H_6O	Ethanol	1,23	
$C_2H_6O_2$	Ethylenglycol	2,26	3,11
C_3H_6O	Aceton	1,80	
C_3H_8O	1-Propanol	1,66	
C_3H_8O	2-Propanol	1,58	
$C_3H_8O_3$	Glycerin		3,56
$C_4H_8O_2$	1,4-Dioxan	3,01	4,63
$C_4H_{10}O$	1-Butanol	2,17	
$C_4H_{10}O$	Diethylether	2,20	2,11
C_5H_5N	Pyridin	2,83	4,26
C_6H_5Cl	Chlorbenzol	4,36	
$C_6H_5NO_2$	Nitrobenzol	5,2	6,87
C_6H_6	Benzol (Benzen)	2,64	5,07
C_6H_6O	Phenol	3,54	6,84
C_6H_7N	Anilin (Phenylamin)	3,82	5,23
C_6H_{12}	Cyclohexan	2,92	20,8
C_6H_{14}	n-Hexan	2,90	1,73
C_7H_8	Toluol (Toluen)	3,40	3,55
C_7H_{16}	n-Heptan	3,62	1,98
C_8H_{10}	o-Xylol (o-Xylen)	4,25	
C_8H_{10}	p-Xylol (p-Xylen)		1,31
$C_{10}H_8$	Naphthalin	5,93	7,45

A.5.13 Binäre Wechselwirkungsparameter für die Margules- und van-Laar-Gleichung

Es gelten folgende Gleichungen:

Margules:

$$G_{\mathrm{m}}^{\mathrm{ex}} = RT x_1 x_2 (A_{21} x_1 + A_{12} x_2)$$

$$\ln \gamma_1 = x_2^2 [A_{12} + 2(A_{21} - A_{12}) x_1]$$

$$\ln \gamma_2 = x_1^2 [A_{21} + 2(A_{12} - A_{21}) x_2]$$

van Laar:

$$\frac{G_{\mathrm{m}}^{\mathrm{ex}}}{RT} = A x_1 x_2 \left(x_1 \frac{A}{B} + x_2 \right)^{-1} = A B x_1 x_2 (A x_1 + B x_2)^{-1}$$

$$\ln \gamma_1 = A \left(1 + \frac{A}{B} \frac{x_1}{x_2} \right)^{-2}$$

$$\ln \gamma_2 = B \left(1 + \frac{B}{A} \frac{x_2}{x_1} \right)^{-2}$$

Tab. A.27 Binäre Wechselwirkungsparameter der Margules- und van-Laar-Gleichung für einige Systeme (Quelle: Perry und Green 1997, Gmehling et al. 1977)

Komponente		Margules-Parameter		van-Laar-Parameter	
1	2	A_{12}	A_{21}	A	B
Wasser	Ameisensäure	−0,2966	−0,2715	−0,2935	−0,2757
Wasser	Essigsäure	0,4178	0,9533	0,4973	1,0623
Wasser	1-Butanol	0,8608	3,2051	1,0996	4,1760
Methanol	Wasser	0,7923	0,5434	0,8041	0,5619
Methanol	Ethylacetat	1,0016	1,0517	1,0017	1,0524
Methanol	Benzol	2,1411	1,7905	2,1623	1,7925
Ethanol	Wasser	1,6022	0,7947	1,6798	0,9227
Ethanol	Benzol	1,8362	1,4717	1,8570	1,4785
Aceton	Wasser	2,0400	1,5461	2,1041	1,5555
Aceton	Chloroform	−0,8404	−0,5610	−0,8643	−0,5899
Aceton	Methanol	0,6184	0,5788	0,6184	0,5797
1-Propanol	Wasser	2,7070	0,7172	2,9095	1,1572
2-Propanol	Wasser	2,3319	0,8976	2,4702	1,0938
Tetrahydrofuran	Wasser	2,8258	1,9450	3,0216	1,9436
Ethylacetat	Ethanol	0,8557	0,7476	0,8552	0,7526
n-Hexan	Ethanol	1,9398	2,7054	1,9195	2,8463

A.5.14   Löslichkeit von Gasen in Wasser

Tab. A.28 Löslichkeiten verschiedener Gase in Wasser bei 25 °C (Quelle: Lide 1999). Tabelliert sind der Molenbruch x_2 des Gases in der Lösung für einen Gaspartialdruck von 1,013 bar und die Henry-Konstante $H_{2,1}$ für das in Wasser (Komponente 1) gelöste Gas (Komponente 2). Aufgrund der geringen Löslichkeiten besteht zwischen x_2 und $H_{2,1}$ folgender Zusammenhang: $H_{2,1} = \frac{1,01325\,\text{bar}}{x_2}$

Gelöstes Gas		x_2	$H_{2,1}/\text{bar}$
Ar	Argon	$2,52 \cdot 10^{-5}$	$4,02 \cdot 10^{4}$
Cl_2	Chlor (bei 20 °C)	$1,88 \cdot 10^{-3}$	$5,39 \cdot 10^{2}$
H_2	Wasserstoff	$1,41 \cdot 10^{-5}$	$7,19 \cdot 10^{4}$
H_2S	Schwefelwasserstoff	$1,85 \cdot 10^{-3}$	$5,48 \cdot 10^{2}$
He	Helium	$7,0 \cdot 10^{-6}$	$1,45 \cdot 10^{5}$
NH_3	Ammoniak (bei 20 °C)	$4,31 \cdot 10^{-4}$	$2,35 \cdot 10^{3}$
NO	Stickstoffmonoxid	$3,477 \cdot 10^{-5}$	$2,91 \cdot 10^{5}$
N_2	Stickstoff	$1,18 \cdot 10^{-5}$	$8,59 \cdot 10^{4}$
N_2O	Distickstoffoxid	$4,367 \cdot 10^{-4}$	$2,32 \cdot 10^{3}$
Ne	Neon	$8,152 \cdot 10^{-6}$	$5,47 \cdot 10^{5}$
O_2	Sauerstoff	$2,29 \cdot 10^{-5}$	$4,42 \cdot 10^{4}$
SO_2	Schwefeldioxid	$2,46 \cdot 10^{-2}$	$4,12 \cdot 10^{1}$
CH_4	Methan	$2,55 \cdot 10^{-5}$	$3,97 \cdot 10^{4}$
CO	Kohlenmonoxid	$1,77 \cdot 10^{-5}$	$5,72 \cdot 10^{4}$
CO_2	Kohlendioxid	$6,15 \cdot 10^{-4}$	$1,63 \cdot 10^{3}$
C_2H_3Cl	Chlorethylen	$7,78 \cdot 10^{-4}$	$1,30 \cdot 10^{3}$
C_2H_4	Ethylen	$8,58 \cdot 10^{-5}$	$1,18 \cdot 10^{4}$
C_2H_5Cl	Chlorethan	$1,59 \cdot 10^{-3}$	$6,37 \cdot 10^{2}$
C_2H_6	Ethan	$3,40 \cdot 10^{-5}$	$2,98 \cdot 10^{4}$
C_2H_6O	Dimethylether	$0,176$	$5,76$
C_3H_8	Propan	$2,732 \cdot 10^{-5}$	$3,71 \cdot 10^{4}$
C_4H_6	1,3-Butadien	$2,45 \cdot 10^{-4}$	$4,14 \cdot 10^{3}$
C_4H_{10}	Butan	$2,244 \cdot 10^{-5}$	$4,52 \cdot 10^{4}$

Weiterführende Literatur

Lehrbücher und Monographien

Atkins PW (1990) Physikalische Chemie. VCH, Weinheim

Baehr HD, Kabelac S (2016) Thermodynamik, 16. Aufl. Springer, Berlin Heidelberg New York

Dohrn R (1994) Berechnung von Phasengleichgewichten. Vieweg, Braunschweig

Gmehling J, Kolbe B (1992) Thermodynamik, 2. Aufl. VCH, Weinheim New York

Hering E, Martin R, Stohrer M (1989) Physik für Ingenieure, 3. Aufl. VDI-Verlag, Düsseldorf

Lüdecke C, Lüdecke D (2000) Thermodynamik. Springer, Berlin Heidelberg New York

Mersmann A (1980) Thermische Verfahrenstechnik. Springer, Berlin Heidelberg New York

Prausnitz JM, Andersen TF, Grens EA, Eckert CA, Hsieh R, O'Connell JP (1980) Computer calculations for multicomponent vapor-liquid and liquid-liquid equilibria. Prentice Hall, Englewood Cliffs

Prausnitz JM, Lichtenthaler RN, Gomes de Azevedo E (1999) Molecular Thermodynamics of Fluid-Phase Equilibria, 3. Aufl. Prentice Hall, Englewood Cliffs

Reid RC, Prausnitz JMS, Sherwood TK (1977) The Properties of Gases and Liquids, 3. Aufl. McGraw-Hill, New York

Sattler K (1995) Thermische Trennverfahren. VCH, Weinheim

Stephan P, Schaber K, Stephan K, Mayinger F (2013) Thermodynamik Bd. 1 – Einstoffsysteme, 19. Aufl. Springer, Berlin Heidelberg New York

Stephan P, Schaber K, Stephan K, Mayinger F (2018) Thermodynamik Bd. 2 – Mehrstoffsysteme und chemische Reaktionen, 16. Aufl. Springer, Berlin Heidelberg New York

Tester J, Modell M (1997) Thermodynamics and its Applications, 3. Aufl. Prentice Hall, Englewood Cliffs

Ullmann's Encyclopädie der technischen Chemie (1972) Bd 1, 4. neubearbeitete Auflage, VCH-Verlagsgesellschaft, Weinheim, New York

Ullmann's Encyclopedia of Industrial Chemistry (1990) Vol B1, 5th ed, VCH-Verlagsgesellschaft, Weinheim, New York

Zeitschriften

Anderson TF, Prausnitz JM (1987) Ind Eng Chem Proc Des Dev 17(552):561

Berthelot D (1899) J De Phys Theor Et Applique 8:263

Campbell AN, Campbell AJR (1937) J Am Chem Soc 59:2481

Deiters UK (1987) Fluid -ph Equil 33:267

Gmehling J, Anderson TF, Pausnitz JM (1978) Ind Eng Chem Fund 17:269

Gmehling U, Tiegs D, Knipp U (1990) Fluid -ph Equil 54:147

Holmes MJ, van Winkle M (1970) Ind Eng Chem 62(1):21

Hudson JW, van Winkle M (1970) Ind Eng Chem Proc Des Dev 9:466

van Laar JJ (1910) Z Phys Chem 72:723

Lee BI, Kesler MG (1975) A I Ch E J 21:510

Margules M (1895) Akad Wiss Wien, math-naturwiss Klasse 104 Abt II a: 1234

Michels A, De Graaff W, Ten Seldam CA (1960) Physica 26:393

Newton RH (1935) Ind Chem Eng 27:302

Orye RV, Prausnitz JM (1965) Ind Eng Chem 57(5):19

Passut CA, Danner RP (1973) Ind Eng Chem Process Des Dev 12:365

Renon H, Prausnitz JM (1969) Ind Eng Chem Proc Des Dev 8:413

Seltz H (1934) J Am Chem Soc 56:307

Severns WH, Sesonske A, Perry RH, Pigford RL (1955) AIChE 1:401

Stephan K, Wagner W (1985) Fluid Phase Equilib 19:201

Wong DSH, Sandler SI (1992b) Ind Eng Chem Res 31:2033

Datensammlungen

Ambrose D (1980) Vapour-liquid critical properties. Nat Phys Lab, Teddington

Arlt W, Macedo MEA, Rasmussen P, Sorensen JM (1979–1987) Liquid-liquid equilibrium data collection. DECHEMA Chemistry Data Series, Vol. V. DECHEMA, Frankfurt/Main

Canjar LN, Manning FS (1967) Thermodynamic properties and reduced correlations for gases. Gulf Publ, Houston

Christensen C, Gmehling J, Rasmussen P, Weidlich U, Holderbaum T (1984–1991) Heats of mixing data collection. DECHEMA Chemistry data series, Vol. III. DECHEMA, Frankfurt/Main

D'Ans-Lax (1983) Organische Verbindungen, 4. Aufl. Taschenbuch für Chemiker und Physiker, Bd. 2. Springer, Berlin Heidelberg New York

D'Ans-Lax (1992) Physikalisch Chemische Daten, 4. Aufl. Taschenbuch für Chemiker und Physiker, Bd. 1. Springer, Berlin Heidelberg New York

D'Ans-Lax (1998) Elemente, anorganische Verbindungen und Materialien, Minerale, 4. Aufl. Taschenbuch für Chemiker und Physiker, Bd. 3. Springer, Berlin Heidelberg New York

Daubert TE, Danner RP, Sibul HM, Stebbins CG (1995) Physical and thermodynamic properties of pure chemicals: data compilation. Taylor & Francis, Bristol

Dymond JH, Smith EB (1980) The virial coefficients of pure gases and mixtures. Clarendon Press, Oxford

Gmehling J, Onken U, Arlt W, Grenzheuser P, Weidlich U, Kolbe B, Rarey J (1991–2014) Vapor-liquid equilibrium data collection. DECHEMA Chemistry Data Series, Vol. I. DECHEMA, Frankfurt/Main

Gmehling J, Tiegs D, Medina A, Soares M, Bastos J, Alessi P, Kikic I (1986–2008) Activity coefficients at infinite dilution. DECHEMA Chemistry Data Series, Vol. IX. DECHEMA, Frankfurt/Main

Grigull U (Hrsg) (1982) Properties of water and steam in SI units, 3. Aufl. Springer, Berlin Heidelberg New York

Hirata M, Ohe S, Nagama K (1975) Computer aided data book of vapor-liquid Equlibria. Elsevier, Amsterdam

Kaye GWC, Laby TH (Hrsg) (1995) Tables of physical and chemical constants, 16. Aufl. Longman, London

Knapp H, Döring R, Oellrich L, Plöcker U, Prausnitz JM (1982–1989) Vapor-liquid equilibria for mixtures of low boiling substances. DECHEMA Chemistry data series, Vol. VI. DECHEMA, Frankfurt/Main

Landolt-Börnstein (1975) Zahlenwerk und Funktionen aus Naturwissenschaft und Technik, Neue Serie. Springer, Berlin Heidelberg New York

Landolt-Börnstein (1999) Vapor pressure of chemicals, Subvolume A: vapor pressure and Antoine constants for hydrocarbons and sulfur, selenium, tellurium, and halogen containing organic compounds. Group IV: physical chemistry, Bd. 20. Springer, Berlin Heidelberg New York

Lide DR, ed. (1999) CRC Handbook of chemistry and physics. Springer, Berlin, Heidelberg, New York

Lydersen AL (1955) Eng Exp Stn. Rep 3. University of Wisconsin, Madison

Perry RH, Green D (1997) Chemical engineer's handbook, 7. Aufl. McGraw-Hill, New York

Reid RC, Prausnitz JM, Poling PE (1987) The properties of gases and liquids, 4. Aufl. McGraw-Hill, New York

SGTE: Scientific Group Thermodata Europe, F-38402 Saint Martin D'Hères, France, Thermochemical Databases, www.sgte.net

Simrock KH, Janowski R, Ohnsorge A (1986) Critical data of pure substances. DECHEMA Chemistry Data Series, Vol II. DECHEMA, Frankfurt/Main

TRC: Thermodynamic Research Center, Texas A & M University; Thermodynamic Tables Hydrocarbons and Non-Hydrocarbons; Selected Data on Mixtures, Series A

Stephan K, Hildwein H (1987) Recommended data of selected compounds and binary mixtures. DECHEMA Chemistry Data Series, Vol. IV. DECHEMA, Frankfurt/Main

Wagmann DD (1982) The NBS tables of chemical and thermodynamic properties. Selected values for inorganic and C_1 and C_2 organic substances in SI units. J Phys Chem Ref Data 11(Suppl 2)

Stichwortverzeichnis

Printed in the United States
By Bookmasters